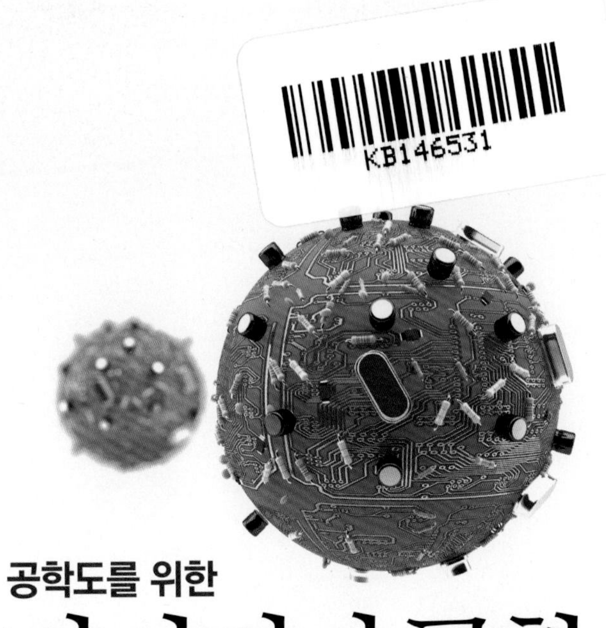

공학도를 위한

전기전자공학

THOMAS L. FLOYD
DAVID M. BUCHLA

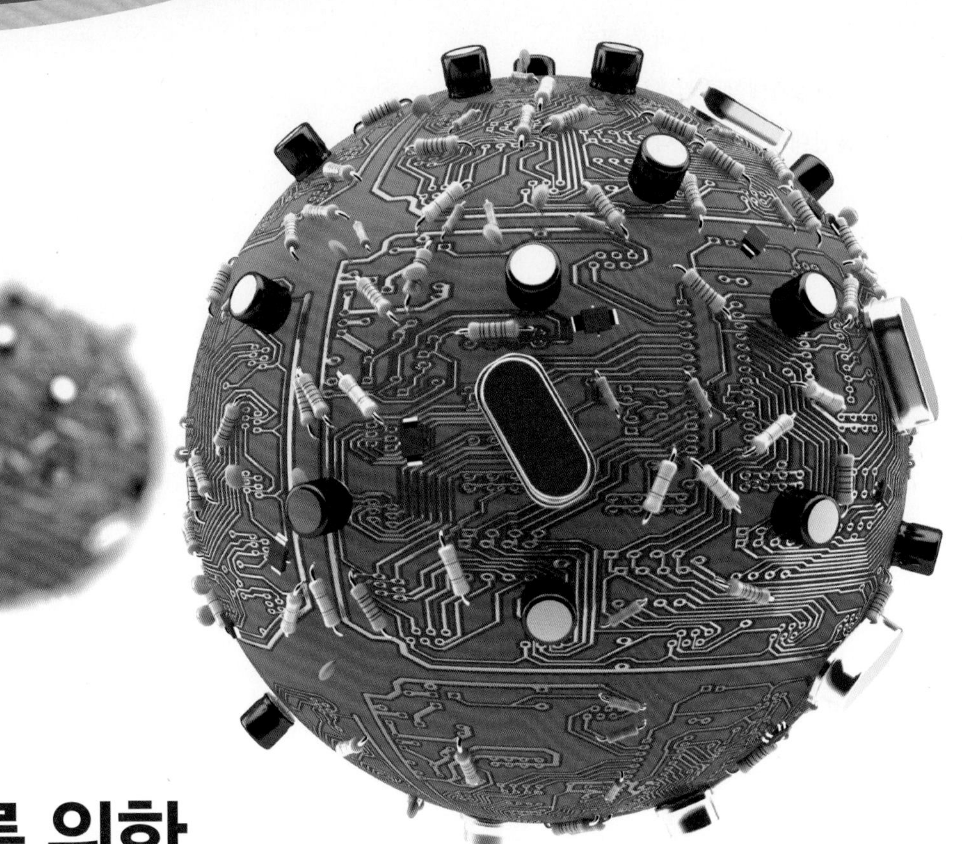

공학도를 위한

전기전자공학

A Systems Approach

이규철 | 이춘영 | 박경석 | 양순용 옮김

옮긴이

이규철 울산대학교 전기공학부 교수
이춘영 경북대학교 기계공학부 교수
박경석 금오공과대학교 기계시스템공학과 교수
양순용 울산대학교 기계공학부 교수

공학도를 위한
전기전자공학

펴낸날 2022년 8월 25일
지은이 Thomas L. Floyd, David M. Buchla
옮긴이 이규철, 이춘영, 박경석, 양순용
펴낸이 오성준
펴낸곳 카오스북
출판등록 제 2020-000074 호
전화 02-3144-8755
팩스 02-3144-8757
편집 디자인콤마
인쇄 이산문화사

정가 35,000원
ISBN 978-89-98338-49-7 93560

홈페이지 www.chaosbook.co.kr

옮긴이 머리말

이 책은 Thomas L. Floyd와 David M. Buchla의 "DC/AC Fundamentals - A Systems Approach"와 "Analog Fundamentals - A Systems Approacs" 두 권의 도서를 편역한 것이다. 전기 및 전자공학의 분야는 매우 다양하며, 많은 분야에서 필요로 하는 기술이다. 최근에는 메카트로닉스 분야가 여러 산업에서 활용되면서, 공학도들에게 기본적으로 전기 및 전자공학에 관한 지식의 함양이 필요조건인 시대가 되었다. 따라서 전자, 전기, 통신 등의 직접적인 관련 전공자뿐만 아니라, 기계, 화학, 재료, 바이오 등을 전공하는 학생들에게도 융복합 산업 환경에서 역량을 발휘하기 위한 기본적인 지식으로 자리매김 되어야만 한다. 이런 관점에서 역자들은 실제 시스템에서 사용되는 전기 및 전자공학 관련 지식을 배양하고, 충분한 실무적인 개념과 응용을 할 수 있도록 구성된 책을 만들기 위해 노력하였다.

이 책은 어떤 점에서 우수한가? Floyd 교수의 저서가 미국의 많은 대학에서 높은 평가를 받고 있는 이유는 무엇일까? 한마디로 이 책은 유치원 선생님처럼 친절하고 쉬우며, 심장외과 전문의처럼 자세하고 꼼꼼하며, 자동차 정비공과 같이 실용적이다. 이 책으로 학습을 시작하는 독자들은 처음에 의아할 정도로 쉽게 생각할지도 모른다. 가령 10의 몇 승은 10을 몇 번 곱한 것이나 소수점에 대한 설명 같은 부분은 한국 학생들에겐 중학생 정도의 지식으로도 아는 수준이어서 대학교재에서 언급되는 것 자체가 이상하게 여겨질지도 모른다. 그러나 이는 행여 무시하거나 놓칠 수 있는 학습의 기초적인 전제조건을 고려하여 출발 시의 수준을 아주 기초적인 내용부터 쉽게 설명한다는 것일 뿐, 책 전체의 수준을 결정짓는 것은 아니다. 각 장별로 실무적인 내용과 함께 시스템에서 고려해야 하는 고급 수준까지 설명되어 있어 전문적이다. 또한 이 책의 후반부를 보면 전기 전자 또는 메카트로닉스 분야에서 필요한 상당히 수준 높은 내용들까지 빠짐없이 다루고 있으며 어려운 내용을 쉽고 상세히 설명하고 있다. 이 책의 특징 중 하나는 예제가 많다는 것이다. 대개의 교과서에서 예제들은 본문에서 설명한 내용을 수식으로 풀어보게 하는 것이다. 그러나 이 책에서의 예제들을 살펴보면 실제 시스템에서 적용되는 것과 핵심 내용을 이해하기 위해 필요한 개념을 중점으로 구성되어 있다. 예를 들면 회로의 병렬 연결을 설명할 때 자동차의 전조등, 정지등, 서리 제거 장치 등 실제 승용차의 전기회로를 예시하고 여러 상황에 따른 문제를 제시하여 이를 풀도록 한다. 따라서 학생들이 어떤 토픽을 공부할 때 막연하게 추상적으로 관련 이론을 이해하는 것이 아니라 그것의 목적과 이유를 알고 실제 우리 주변의 현상과 관련되는 유용한 지식을 배우고 이해하게 된다. 이것은 공학계열 교과서로 매우 바람직하고 충실한 구성이며 학생들의 학습효과를 높일 수 있는 지침서가 될 것으로 생각된다.

학생들이 어떤 과목의 공부를 시작할 때, 가장 중요한 것은 좋은 교재를 선택하는 것이다. 또한 좋은 책을 찾아내거나 개발하여 학생들에게 제공하는 것은 교수들의 중요한 임무 중 하나이다. 이 책을 번역하면서 역자들은 그러한 일을 하고 있다는 확신과 보람을 가질 수 있었고 이런 즐거움으로 번역 작업의 지루함과 글쓰기의 어려움도 잊을 수 있었다. 이런 점에서 역자들은 이 교재를 번역 출판하는 기획을 실행하게 도와주신 카오스북의 오성준 대표에게 깊은 감사를 드린다.

2014년 3월
옮긴이 일동

이 책의 특징

- 실제 시스템 예제와 함께 전기 및 전자공학의 기본 개념을 설명하였다.
- 예제, 시스템 예제, 복습 문제, 연습 문제, 자습 문제 등 다양한 형태의 문제를 활용하여 기본 개념을 확고히 다질 수 있도록 하였다.
- 고장진단 기법과 장비의 사용 등을 각 장별로 구성하여, 사고력을 함양하며, 문제의 발생 원인을 다양한 각도에서 살펴보고 핵심 내용을 이해하도록 하였다.
- 각 장별 핵심 내용은 다음과 같다.

1장: 전자산업, 전기회로, 측정 데이터의 유효숫자, 그리고 전기안전에 관한 내용을 학습한다.

2장: 전압, 전류, 저항의 정의와 특성을 공부하고, 회로에서 전압계, 전류계 등을 사용하여 전기와 관련된 측정에 관하여 학습한다.

3장: 옴의 법칙과 전원장치에 관하여 학습하고, 에너지와 전력의 개념을 이해한다.

4장: 직렬연결과 병렬연결을 이해하고, 키르히호프의 전류법칙 및 전압법칙을 적용하여 회로에서 전압, 전류, 전력 등에 관하여 학습한다.

5장: 직-병렬 관계를 식별하고, 등가회로, 중첩의 원리, 최대전력 전달의 개념을 학습한다.

6장: 전자기 유도, 패러데이의 법칙 등의 원리를 바탕으로 발전기와 전동기의 동작원리를 이해하고, 자계회로와 전기회로를 비교한다.

7장: 교류 신호와 관련된 개념과 용어를 이해하고, 교류 회로를 해석하고, 오실로스코프를 사용한 파형 측정 등을 학습한다.

8장: 커패시터의 기본 구조와 종류를 학습하고, 실제 회로에서 커패시터의 동작 특성을 이해한다.

9장: 인덕터의 기본 구조와 종류를 학습하고, 실제 회로에서 인덕터의 동작 특성을 이해한다.

10장: *RC*/*RL* 회로의 시간 응답 특성과 위상 천이를 임피던스로 해석하고, 미분기와 적분기의 펄스 입력에 대한 응답을 이해한다.

11장: 변압기의 구조와 동작을 이해하고, 변압기를 사용한 임피던스 정합을 공부한다.

12장: 반도체 다이오드의 기본적인 특성과 다이오드를 활용한 정류회로와 응용회로를 학습하고, 특수 목적 다이오드의 특징을 살펴본다.

13장: 트랜지스터의 대표적 형태인 BJT와 FET의 동작과 특징을 이해하고, 스위칭 용도로 동작하는 회로를 이해한다.

14장: 연산증폭기의 특징을 이해하고, 입출력 임피던스와 부궤환의 개념을 공부하고, 여러 가지 연산증폭기를 사용한 증폭회로의 특징과 응답을 살펴본다.

15장(웹페이지): 파워 앰프, 레귤레이터, 계측증폭기, 아이솔레이션 증폭기, 아날로그-디지털 변환, 디지털-아날로그 변환 등 대표적인 IC 소자와 데이터 변환 기법을 학습한다.
http://www.chaosbook.co.kr/book/FLOYD_CH15.zip

한국어판의 구성에 대하여

이 책은 역자서문에서 밝혔듯이 Thomas L. Floyd와 David M. Buchla의 『DC/AC Fundamentals – A Systems Approach』와 『Analog Fundamentals – A Systems Approach』 두 권의 도서에서 4명의 교수들이 여러 차례의 의견조율과 협의를 거쳐 필요한 장을 발췌하여 새로 구성하는 방식으로 출간되었다.

탈고 이후 여러 차례의 교정과 감수를 거치면서 참 괜찮은 교재로 선보일 수 있겠다는 번역자 모두의 기대에도 불구하고, 시간적 제약과 기타 사정으로 미진한 부분이 있을 것이라는 아쉬움은 남는다. 지속적인 수정보완을 통해 증쇄할 때마다 반영하기로 약속한다.

이 책을 교재로 하여 원서를 참고하는 경우를 위해 각각의 원서에 대응하는 이 책의 구성과 각각의 번역 담당자를 아래와 같이 밝혀둔다.

이 책을 교재로 사용하고자 하는 경우 카오스북에서 PPT 강의자료를 제공한다.

한글판에 대응하는 원서의 구성과 번역 담당 교수는 다음과 같다.

한글판 목차		원서 목차	번역자	전체 교정 및 감수
1장	전기전자 시스템	D† 1-1,2,3,7,8	이춘영	이규철 이춘영
2장	전압, 전류, 저항	D2	이규철	
3장	옴의 법칙, 에너지와 전력	D3	이규철	
4장	직렬회로와 병렬회로	D4, D5 간략히 통합	이규철	
5장	직-병렬 회로	D6, A‡ 1-3	이규철	
6장	자기와 전자기	D7	이규철	
7장	교류전류와 전압의 기초	D8	양순용	
8장	커패시터	D9	양순용	
9장	인덕터	D11	양순용	
10장	*RC* 회로와 *RL* 회로 및 리액티브 회로의 시간 응답	D10-1,2,6,7,8, D12-1,2,6,7,8, D15	박경석	
11장	변압기	D14	양순용	
12장	다이오드와 응용	A2	박경석	
13장	쌍극성 트랜지스터와 전기장 효과 트랜지스터	A3-1,2,3,7,8,9, A4-1,2,4,7,8	박경석	
14장	연산 증폭기	A6, A7-1, A8	이춘영	
15장	응용 소자(웹페이지)	A5-8, A10-6,7, A11-5, A12-1,2, A14-3,4,5,6	이춘영	

† DC/AC Fundamentals–A Systems Approach
‡ Analog Fundamentals–A Systems Approach

CONTENTS

CHAPTER 4 직렬회로와 병렬회로

CHAPTER 5 직-병렬 회로

CHAPTER 6 자기와 전자기

CHAPTER 7 교류전류와 전압의 기초

CHAPTER 8 커패시터

CHAPTER 9 인덕터

CHAPTER 10 RC 회로와 RL 회로 및 리액티브 회로의 시간 응답

CHAPTER 11 변압기

CHAPTER 12 다이오드와 응용

CHAPTER 13 쌍극성 트랜지스터와 전기장 효과 트랜지스터

CHAPTER 14 연산 증폭기

CHAPTER 15 응용 소자

웹페이지 수록 http://www.chaosbook.co.kr/book/FLOYD_CH15.zip

전기전자 시스템

차례

목적

- 전자산업에 관해 일반적인 말로 설명한다.
- 시스템의 속성을 설명한다.
- 회로의 속성을 일반적으로 설명한다.
- 측정된 데이터 값을 적당한 유효 숫자를 이용하여 표현한다.
- 전기의 위험상황을 인식하고, 적절한 안전 절차에 관하여 이해한다.

핵심 용어

경계선
능동 소자
디지털
메카트로닉스
반올림
블록도
수동 소자
수직 조직
수평 조직
시스템
아날로그
이득
입력
오실레이터
오차
유효 숫자
전달 곡선
전기 쇼크
집적 회로
얼터네이터
정확도
정밀도
출력
트랜스듀서
회로

서론

전자공학과 관련된 직업은 소자 레벨에서 회로의 고장을 수리하는 것에 역점을 덜 두게 되었고, 대신 시스템을 설치하고 테스트하는 작업에 중점을 두도록 변해왔다. 따라서 기술자들은 과거보다 더욱 시스템 통합(system integration)을 지향하도록 요구되고 있다. 기술자들이 시스템의 동작을 이해하기 위해서는 기본 법칙을 확실히 이해하고 있어야 한다. 이 장에서는 전자산업의 개요와 시스템 및 회로의 속성에 관하여 살펴보기로 한다.

1-1 전자산업

전자산업 분야에는 수많은 회사들이 전자제품의 생산과 판매 사업으로 경쟁을 벌이고 있다. 이같은 치열한 경쟁으로 인하여 기술혁신과 새로운 제품의 수준이 엄청난 발전을 해왔고 지금 이 순간에도 계속 발전하고 있다. 전자산업에서의 변화의 한 가지 특징은 작은 시장 영역을 가진 특화된 소규모 회사들의 성장이 두드러진다는 점이다.

이 절을 마친 후 다음을 할 수 있어야 한다.

- 전자산업에 관해 일반적인 말로 설명한다.
- 엔지니어가 새로운 회로를 설계하고 테스트하는 과정을 간략히 설명한다.
- 수직 조직 회사와 수평 조직 회사의 차이점을 설명한다.
- 서비스 기술자가 시스템 관련 일을 하는 데 필요한 전문기술의 예를 든다.
- 특정 분야의 자격증을 가지면 얻을 수 있는 장점을 논의한다.

전자산업에서는 지금까지 획기적인 기술적 진보가 일어났으며, 특히 반도체 분야의 발전이 혁명적이다. 이러한 기술의 진보는 전자산업을 변화시켰으며, 회로를 개발하고, 제조하고 수리하는 방법도 바꾸었다. **회로(circuit)**는 원하는 결과를 나타내도록 설계한 전기 소자들의 상호 연결을 의미한다. 회로는 과거보다 더욱 밀집되었고 신뢰도가 더욱 향상되었다. 오늘날 엔지니어는 새로운 회로 설계를 시작할 때 워크스테이션에서 회로 설계 소프트웨어를 사용한다. 컴퓨터를 이용한 시뮬레이션으로 최소한의 비용을 들여 회로를 최적화할 수 있다. 회로에 대한 요구사항을 만족하는 시뮬레이션 결과를 얻으면, 컴퓨터에서 인쇄 기판(printed circuit board)의 레이아웃을 자동으로 생성하고 전체 부품 리스트를 만들게 된다. 앞의 과정을 거친 후, 사내(in-house) 또는 전문회사의 용역을 통해 프로토타입을 48시간 이내로 제작할 수 있으며, 엔지니어는 프로토타입 회로를 테스트한 후, 검토팀에서 설계를 수정하거나 최종 생산을 승인하는 절차로 진행된다.

최근에는 컴퓨터를 이용한 설계 및 시뮬레이션 뿐만 아니라 뚜렷한 계층구조를 가진 **수직 조직(vertical organization)**에서 벗어나 전문화된 것에 집중하는 회사로 변화해가는 경향이 나타나고 있다. 수직 조직은 원재료에서부터 최종 제품까지 모두 관여하는 회사이다. **수평 조직(horizaontal organization)**을 가진 회사는 의사결정이 분산되어 있으며, 전문분야에 집중적이고, 비전문적인 분야는 되도록 아웃소싱한다. 수평 조직 기업은 최종 제품에 사용되는 중간 단계의 부품 생산을 많은 소기업에 맡기는 것이 특징이다. 생산에 특화된 회사는 중간 부품을 사용하여 최종 제품을 조립한다. 이러한 소규모의 특화된 회사들은 운송 및 재고 비용을 낮추기 위해 특정한 지역에 밀집되는 것이 보통이다. 어떤 제품은 제조비용이 적게 드는 나라에 전문 납품회사와 조립회사가 위치하기도 하여, 많은 제품들이 한 국가에서 생산되는 경우가 드물어졌다.

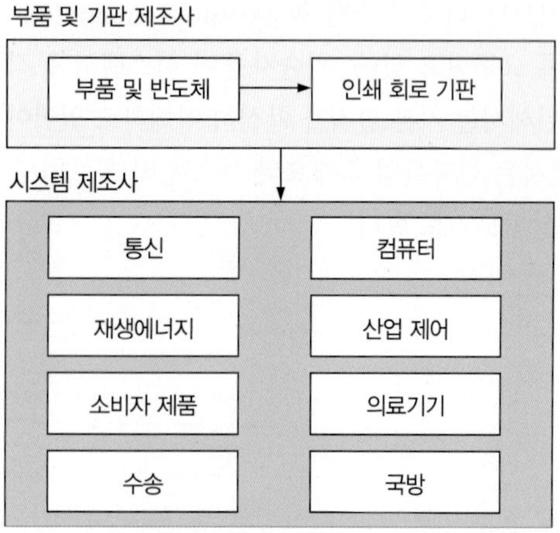

부품 및 기판 제조사

부품 및 반도체 → 인쇄 회로 기판

시스템 제조사

통신	컴퓨터
재생에너지	산업 제어
소비자 제품	의료기기
수송	국방

그림 1-1 **전자공학 제조산업**

주요 분과

전자산업은 서비스 섹터와 제조업 섹터의 두 개 분과로 나눌 수 있다. 서비스 섹터는 소비자 뿐만 아니라 제조업 섹터의 모든 것을 지원한다. 제조업 섹터는 그림 1-1에 도식화하였다. 제조업 섹터의 핵심은 부품 및 반도체와 인쇄회로기판 생산이다. 시스템 제조업은 핵심 부품과 인쇄회로기판을 사용하여 모듈 시스템을 만들고, 이를 조합하여 완전한 시스템을 생산한다. 방송을 포함한 통신 장비, 컴퓨터, 재생 에너지 시스템 등을 제조하는 회사도 여기에 해당한다.

요즈음 생산되는 모든 전자제품은 고도로 자동화된 공정으로 만들어지며, 집적회로에서 인쇄회로기판까지 광범위한 품목을 조립할 수 있다. **집적회로(integrated circuit)**는 저항, 트랜지스터 등 여러 소자들로 구성된 복잡한 회로를 하나의 유닛으로 제작하여 다양한 개별 부품의 기능을 할 수 있도록 만든 것이다. 자동화 시스템을 통해 더욱 저렴한 제품을 생산할 수 있게 되었고, 기술(동작 속도, 신뢰성 및 새로운 기능)의 꾸준한 향상이 가능하게 되었다.

전자제품의 신뢰성이 향상되면서 서비스 섹터의 역할은 고장 진단과 수리에서 시스템 접근법으로 변하게 되었다. 따라서 서비스 기술자들은 고장 난 보드를 빨리 확인하고 그것을 교체하는 능력이 필요하게 되어, 과거보다 더욱 넓은 기술적 지식을 요구받고 있다. 제조업 섹터의 기술자들은 PLC (Programmable Logic Controller, 프로그램 가능한 논리 제어 장치), 컴퓨터, 로봇 및 기구 조립 등을 이용한 작업을 수행한다. 숙련 기술자들은 어디에서 고장이 발생하더라도 진단, 유지보수, 설치 등의 전체 시스템을 다룰 수 있어야 한다. 이러한 작업은 기계공학과 전자공학의 시너지 조합인 **메카트로닉스(mechatronics)**라고 불리는 새로운 공학 분야에 대한 이해가 필요할 수 있다.

약간의 중첩된 부분(제조 공장에 있는 기계 시스템에 대한 서비스) 등이 있기는 하지만, 제조업 섹터보다 서비스 부분에 더 많은 일자리가 있다. 많은 서비스 섹터의 작업은 넓은 기술 범위를 필요로 한다. 예를 들어 태양 전기 시스템의 설치와 유지보수에 관하여 요구되는 기술을 생각해 보자. 기술자는 전기 및 전자 시스템의 지식을 가지고 있어야 하며, 모듈, 접속 배전함, 과전류 보호 장치, 접지 설비나 펌프 등의 전기 및 기계 시스템 설치를 수행해야 한다. 또한 시스템을 시험하고 고장을 진단할 수 있어야 하며, 시스템과 관련된 전기적 및 비전기적 위험요소를 알고 안전하게 동작시킬 수 있어야 한다.

제조업체는 해당 산업에 필요한 기계와 시스템을 다룰 수 있고 필요한 경우 새로운 프로그램을 할 수 있는 사람을 요구한다. 예를 들어 식품 가공 회사는 보통 전자 시스템에 의해 제어되는 분류, 무게 측정 및 포장을 담당하는 특화된 기계를 활용한다. 그림 1-2는 식품 가공 산업에서 주로 사용되는 무게 측정 저울을 보여준다. 이것은 전체 포장 시스템의 단지 한 요소이다. 제품이 지정된 범위를 만족하는지 알기 위해, 무게 측정 저울에 하위 설비를 부착하여 데이터를 획득하고 컴퓨터에 전송하도록 구성할 수도 있다. 만약 포장 단위가 바뀌게 되면, 기술자는 제어기에 새로운 범위를 설정하여 사용하여야 한다.

서비스 섹터의 기술자는 다양한 작업에서 전자공학 기술이 요구되는데, 전문적인 통신 장비(방송 산업), 시스템 통합 사업자 그리고 태양 에너지 및 풍력 에너지 시스템 등을 예로 들 수 있다. 서비

그림 1-2 식품 가공 산업의 자동 무게 계측 시스템
(Cornerstone Automation Systems, LLC 제공)

스 영역에 관련된 다른 직업으로 기술 교육자, 기술 작가, 고객 서비스 상담원 및 영업직 등이 있다.

자격증

거의 모든 분야에서, 해당 분야의 능력을 표시하는 자격증 발급 전문 기관이 있다. 자격증은 기술 영역에 관한 능력을 보여주는 것 뿐만 아니라 고용주가 해당 능력을 판단하는 수단이 될 수 있다. 미국에서 방송 분야에서의 공인 기관은 iNARTE(interNational Association for Radio, Telecommunications, and Electromagnetics)이다. 이 기관은 연방통신위원회(FCC)의 상업용 오퍼레이터 면허 시험도 관리한다. 에너지 분야에서의 공인기관은 North American Board of Certified Energy Practitioners(NABCEP)이다. 태양광 발전 시스템(PV system), 태양열 시스템 또는 소형 풍력 발전 시스템 등의 설치 기사 자격증을 발급하고 있다. 어떠한 분야에서도 자격증은 정부 또는 기관에서 요구하는 면허를 대체할 수는 없지만 그 분야와 관련된 기술 능력을 보여주기 위한 구직자들에게는 유용하다.

1-1절 복습 문제*

1. 새로운 회로를 제작하기 전에 컴퓨터로 시뮬레이션하면 어떤 이점이 있는가?
2. 전자산업에서 두 가지 주요 분과는 무엇인가?
3. 전자 시스템 제조산업에 속하는 6개 제품군을 나열해 보시오.
4. 자격증의 목적은 무엇인가?

*해답은 이 장의 끝에 있다.

1-2 전자 시스템에 관한 소개

전자 시스템은 특정한 기능을 수행하도록 설계된 부품과 회로가 조립된 것이다. 전자 시스템에는 간단한 차고문 개폐기에서 레이더 시스템과 같은 복잡한 것까지 매우 다양한 것들이 있다.

이 절을 마친 후 다음을 할 수 있어야 한다.

- 시스템의 속성을 설명한다.
- 전기 및 전자 시스템에 적용되는 시스템(system)이라는 용어를 정의한다.
- 블록도의 목적을 설명하고, 간단한 블록도를 해석한다.
- 전자 시스템 내의 어떤 블록에 적용되는 전달 곡선의 예를 든다.

시스템의 개념

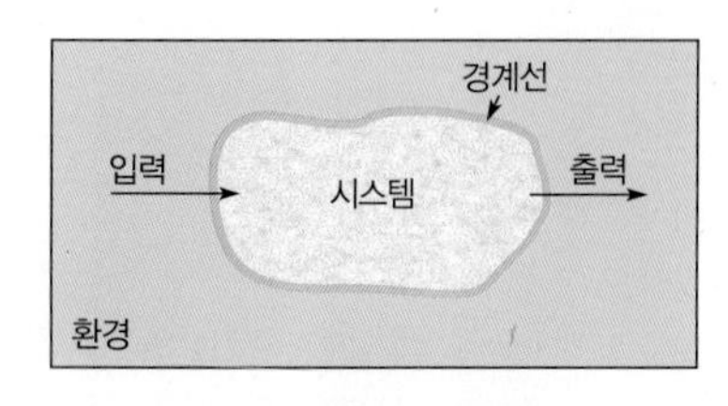

그림 1-3 시스템과 주변 환경

시스템(system)은 특정한 기능을 수행하는 상호 관련된 부품들의 그룹이다. 시스템에 속하는 부분과 그 이외의 모든 것에 해당하는 주변 환경으로 구분지어 나누는 선을 **경계선(boundary)**이라고 하며, 그림 1-3에 나타내었다.

시스템은 입력과 출력을 통하여 외부 세계와 통신한다. **입력(input)**은 원하는 결과를 얻기 위해 전기 회로에 가하는 전압, 전류, 또는 전력이다. **출력(output)**은 한 개 이상의 입력을 처리한 후, 시스템으로부터 얻을 수 있는 결과를 의미한다. 시스템은 다중 입력과 다중 출력을 가질 수 있다. 어떠한 시스템도 완전히 외부 환경과 격리 또는 절연될 수 없으나, 시스템의 분석을 간단히 하기 위해, 절연된 것처럼 처리하곤 한다. 국제 우주 정거장과 같이 완전히 격리된 시스템조차도 태양 에너지를 받고, 우주공간에 열을 방출하며, 지구의 중력장에 영향을 받고 있다.

전기 시스템 전기 시스템은 전기 에너지(또는 전력)를 다루는 시스템으로, 가정의 전기 배선을 예로 생각해 보자. 보통 외벽과 지붕은 경계선으로 정의하고, 지하실과 다락을 포함한 내부 공간을 시스템으로 정의한다. 급전망(utility grid)에 연결되는 패널은 시스템의 입력으로 볼 수 있고, 여러 부하장치들이 연결되는 집 내외부의 특정 지점은 출력을 나타낸다. 분석을 쉽게 하기 위해 경계선을 변경할 수도 있다. 가정용 배선 시스템의 일부분, 즉 주방 회로도 하나의 시스템 또는 서브시스템으로 생각할 수 있다.

전자 시스템 일반적으로 전자 시스템은 전력보다는 신호를 다룬다. 전자 시스템의 관점에서 신호(signal)는 정보를 전송하는 전기적 또는 전자기적 변화량이다. 만약 시스템에 대한 특정한 입력이 변하지 않으면, 완전히 예측가능하며, 이때 입력은 정보가 없기 때문에 신호라고 할 수 없다. 대부분의 전자 시스템은 신호 속에 포함된 정보를 처리한다. 전자 회로와 전기 회로 사이의 명확한 구분이 어려운 것은 전기 회로가 빈번히 전자 부품을 사용하여 여러가지 제어를 수행하기 때문이다. 보통 전자 회로는 동작에 필요한 전력을 공급받기 위해 전기 서브시스템을 포함한다.

블록도(Block Diagrams)

전자 시스템은 일반적으로 논리적으로 연결된 공정 시퀀스를 가지고 있다. 복잡한 시스템을 단순화하고 공정의 순서를 표시하기 위해 블록도를 자주 사용한다. **블록도(block diagram)**는 그래픽 형태로 시스템 모델을 표현한 구조이고, 기능별로 표시된 블록과 신호의 흐름을 나타내는 연결선으로 구성된다. 그림 1-4에 디지털 체온계의 블록도를 예로 나타내었다. 온도 센서는 환경의 온도에 따라 출력 전압이 변한다고 가정한다. 센서로부터 나오는 신호는 증폭기에 의해 증폭되어 ADC(Analog-to-Digital converter, 증폭기의 연속된 전압을 디지털 값으로 변환함)로 보내진다. 디지털 데이터는 아날로그에 비해 노이즈 영향이 적으며, 저장과 복원을 정확하게 할 수 있다. 프로세서(processor)는 디지털 데이터를 온도값으로 표시되도록 변환한다. 디지털 온도계의 표시는 불이 켜진 숫자형태이다. 블록도는 시스템의 주요 부분과 신호의 흐름을 나타내며, 회로의 상세한 내용은 표시하지 않는다.

그림 1-4 디지털 체온계의 블록도

시스템 예제 1-1

블록도와 순서도

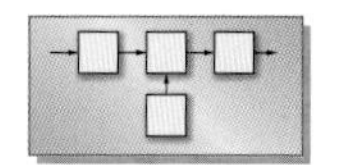

데이터 획득 시스템은 매우 다양하게 적용되고 있으며, 보통 아날로그 값을 디지털 데이터로 변환하여 처리하는 데 사용된다. AD 변환기(ADC)는 데이터 획득 시스템의 중요한 부분이다. 시스템 분석가는 블록도와 순서도를 사용하여 축차 비교 ADC(successive approximation ADC)의 관계를 설명한다. 블록도는 전체 시스템의 신호 흐름을 나타내는 반면, 순서도는 제어 로직이 수행하는 논리적인 처리과정을 보여준다.

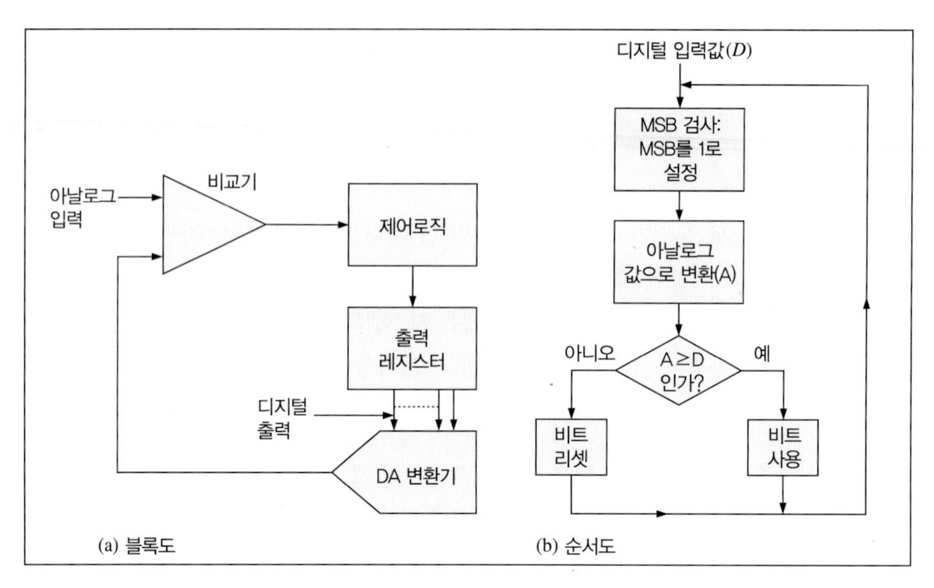

그림 1-5 블록도와 순서도의 비교

블록도와 순서도의 차이점은 그림 1–5에 표시하였다. 파트(a)는 하드웨어 구성의 블록도를 신호 흐름과 함께 나타내었고, 자세한 제어 로직의 수행과정은 표시되지 않는다. 제어 로직 블록은 전체 시스템의 한 부분이며, 그림 1–5(b)에 나타낸 것과 같이 제어 로직 블록에서 수행되는 논리적 연산과정이 순서도에 표시된다.

블록도는 신호의 흐름을 나타낸다. 제어 로직 회로는 입력(아날로그)과 출력(디지털) 신호를 비교한 결과에 따라 어떤 동작을 수행할지를 결정한다. 순서도는 신호를 처리하는 데 필요한 논리적 과정을 보여준다. 전체 시스템은 신호 흐름과 논리적 연산 과정을 명확하게 설명하기 위해 두 가지 형태의 다이어그램을 사용할 수 있다.

전달 곡선

전달 곡선(transfer curve)은 입력에 대한 출력의 비율을 나타내는 그래프이다. 전자 시스템에서는 전달 곡선(또는 응답 곡선)이 주어진 입력에 대해 시스템이 어떻게 반응하는지를 기술하므로 유용하다. 하나의 블록 또는 여러 개의 블록 그룹의 거동을 보여주는 데 사용될 수 있다. 그림 1–4의 디지털 체온계에서 증폭기 블록의 목적은 온도 센서로부터 발생하는 작은 신호를 증폭하여 ADC를 수행하도록 하는 것이다. 선형 증폭기의 이상적인 전달 곡선은 그림 1–6에 나타낸 직선과 같다. 입력은 x축을 따라 표시된 작은 전압이며, 출력은 y축에 표시된 큰 전압으로 입력에 비례한다. 입력값은 **이득(gain)**으로 불리는 인수에 의해 큰 출력 전압을 만든다. 여기서는 주어진 입력값에 출력값이 10배 증가되어 있으므로, 이득은 10이다.

증폭기 특성 곡선은 두 전압의 비율이므로, 단위가 없는 양이며 증폭기의 전압 이득(V_{out}/V_{in})이 된다. 이상적으로 선형 증폭기의 특성 곡선은 직선이며 입력에 대해 일정한 이득을 나타낸다. 실제적으로는 특정한 입력의 범위에서 이러한 이상적인 특성 곡선으로 생각하며, 어떠한 증폭기도 "완전하지" 않다.

어떤 경우에는 입력과 출력의 단위가 다를 수 있다. 이 경우에는 특성 곡선이 단위를 가지는 양이 된다. 예로 어떤 센서의 특성 곡선이 온도에 대하여 저항의 변화(전류를 방해하는 정도가 변하는 것)

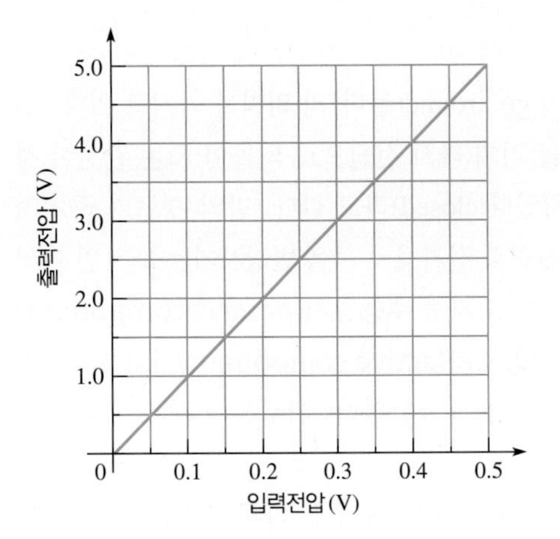

그림 1-6 이득이 10인 증폭기의 이상적인 전달 곡선

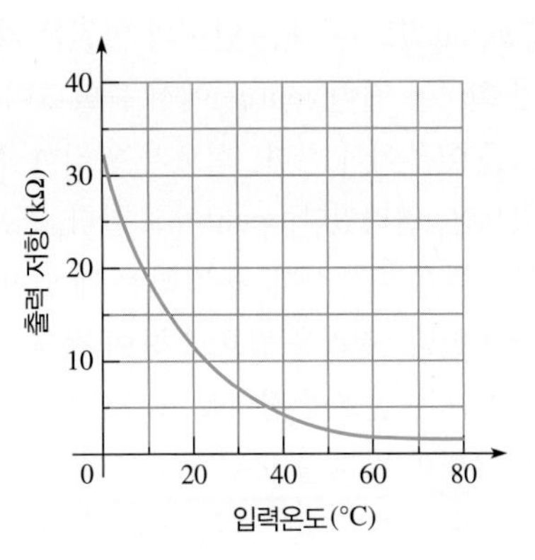

그림 1-7 전형적인 서미스터의 전달 곡선

를 나타낼 수 있다. 이러한 유형의 전달 곡선은 그림 1-7에 나타낸 전형적인 서미스터(온도 센서의 한 종류)가 해당된다. 서미스터는 비선형 응답을 보이고 있음을 쉽게 알 수 있다. 디지털 체온계에 사용된다면, 데이터는 어떠한 처리과정을 거쳐 표시될 온도값 출력으로 변환하는 것이 필요하다.

1-2절 복습 문제

1. 디지털 체온계 시스템의 입력과 출력은 무엇인가?
2. 국제 우주 정거장을 시스템으로 가정하자. 이 시스템의 환경을 구성하는 것은 무엇인가?
3. 블록도의 목적은 무엇인가?
4. 어떤 블록의 입력에 대한 출력의 비율을 나타낸 그래프를 무엇이라고 하는가?

1-3 회로의 유형

전기 시스템은 전력을 다루지만, 전자 시스템은 신호를 다룬다. 전기 시스템은 dc(직류) 또는 ac(교류) 전류일 수 있다. 전자 시스템은 어떤 형태의 전력이 필요하므로, 전기 시스템과 전자 시스템 모두 이해하는 것이 중요하다. 두 시스템 모두에 적용되는 기본 법칙은 대부분 동일하다. 이 절에서는 전기 및 전자 시스템에서 사용되는 회로의 유형에 중점을 둔다.

이 절을 마친 후 다음을 할 수 있어야 한다.

- 회로를 일반적 용어로 설명한다.
- 수동 소자와 능동 소자의 차이점을 설명한다.
- 전력 분배기에서 직류 및 교류 회로의 적용 사례를 든다.
- 디지털 및 아날로그 전자 회로를 비교한다.
- 트랜스듀서(변환기)를 정의한다.

소자

Circuit(회로)이라는 단어의 어원은 라틴어 *circuitus*이며 go around(돌다)의 의미를 가지고 있다. 전기 회로는 전원(source)에서 출발하여 (원과 같이) 부하를 거쳐 다시 전원으로 되돌아 오는 완전한 경로를 이루어야 한다. 회로가 완전한 경로를 가질 때 닫혀있다(closed)라고 한다. 만약 경로가 끊어져 있으면, 열려있다(open)라고 한다. 회로는 한 개 이상의 전원과 전기적 특성을 변경시키는 소자인 여러 부품들을 이용한다. 동작하는 데 있어 전력을 필요하지 않는 소자를 **수동소자(passive component)**라고 한다. 전력을 필요로 하여 전원이 요구되는 소자는 **능동소자(active component)**라고 한다. 수동소자는 신호의 전력을 증가시킬 수 없으나 능동소자는 그것이 가능하다. 대부분의 시스템은 두 가지 유형의 소자를 모두 포함한다.

가장 기본적인 수동소자 세 가지는 저항, 커패시터, 그리고 인덕터이다. 다른 수동소자는 다이오드, 변압기, 배터리, 그리고 모터 등이 있다. 배터리는 전력을 공급하지만 신호의 전력을 증가시킬 수 없기 때문에 수동소자이다.

능동소자로 분류되는 것은 신호 전력을 증가시킬 수 있는 것들이다. 여기에는 트랜지스터, 연산증폭기, 그리고 마이크로프로세서 등이 해당된다. 어떤 경우에는 신호가 시스템의 입력은 아니지만 내부적으로 발생하기도 한다. **전자 발진기(oscillator)** 회로는 내부적으로 출력이 발생하는 예이나, 출력을 생성하는 디바이스이므로 **능동 디바이스(active device)**라고 한다. 발진기는 몇 가지 형태의 연속된 출력을 생성하는 회로이며, 무선 통신, 시험 장비 및 컴퓨터에 보통 사용된다.

전기 회로

전기 회로(electrical circuits)는 직류 또는 교류의 형태로 전력을 생성하고, 전송하며 제어한다.

교류 회로(AC circuits) 교류는 1초에 특정한 수(주파수)만큼 극성이 바뀐다. 이 세상의 전력망은 몇 가지 예외를 제외하고는 대부분이 교류이다. 전력 전송을 위해 교류를 생성하는 가장 일반적인 방법은 **얼터네이터(alternator**, 교류 발전기)를 사용하는 것이다. 얼터네이터는 7-6절에서 자세히 설명하기로 한다.

교류는 전압의 변경(낮은 전압에서 높은 전압으로, 또는 반대로)이 쉬우며, 직류보다 비용이 적게 든다 (몇몇 초고전압 시스템은 직류를 사용하기도 한다). 고전압은 원거리 전송이 용이하므로 거의 모든 전력 분배 시스템은 교류를 사용한다. 과거에 전력 회사는 상호접속을 고려하지 않고 소비자에게 전력을 생산하여 공급하였다. 결과적으로 서로 다른 주파수와 전압을 가진 시스템들이 혼재하여 개발되었다. 따라서 지역에 따라 두 가지 주파수 중 하나를 표준으로 선택하게 되었다. 세계 대부분의 지역에서 표준 주파수는 50 Hz(헤르츠, 주파수의 단위)이다. 미국과 북미지역은 60 Hz를 사용한다. 무게가 중요한 항공기나 군사용 시스템에서는 400 Hz를 사용하는데, 그것은 소형 경량의 부품을 사용할 수 있기 때문이다.

직류 회로(DC circuits) 직류는 교류와 달리 극성이 바뀌지 않는 전류 형태이다. 대부분의 유틸리티(utility) 전력은 교류이지만, 고압 직류(HVDC) 기술은 몇몇 장거리 전송과 수중 전송에 사용한다. 효율적으로 직류를 고전압으로 변환하여 전송하는 것은 교류에 비하여 상대적으로 비용이 많이 들지만, 송전탑과 전송선로는 교류에 비하여 마일당 단가를 저렴하게 설계할 수 있다. 따라서 매우 긴 장거리 전송에는 직류가 비용효율적이다. 또한 직류는 동기화되지 않은 독립적인 교류망을 접속하는 데 유용하다. 두 개의 완전히 다른 주파수를 가진 교류(50 Hz와 60 Hz)가 사용되는 일본에서 적용되는 경우이다. 직류는 저전압 군사용 시스템 및 항공기에 전력을 공급하기 위해 사용되기도 하며, 대체로 28 V가 사용된다.

전자 회로

전자 회로(electronic circuits)는 신호를 주로 다룬다. 순수한 직류는 정보가 없는 신호이지만, 능동 전자 회로에서 필요하므로 전자 응용에 있어 매우 중요하다. 따라서 직류 회로에 대한 이해는 전기 및 전자 시스템을 이해하려는 사람에게 반드시 필요하다. 직류 전원은 배터리, 연료 전지, 태양 전지, 그리고 발전기 등이 해당된다. 이러한 전원은 2-3절에서 설명할 것이다. 직류를 생성하는 가장 보편적인 방법은 전원공급장치에서 교류를 직류로 변환하는 것이다. 전원공급장치는 3-7절에서 설명한다.

그림 1-8 자전거 경고등(natenn/iStockphoto.com)

신호에는 전압 또는 주파수와 같은 파라미터를 인위적으로 변경하여 정보를 포함시킬 수 있다. 신호의 유형은 두 가지로 나눌 수 있다. 이산적인 레벨을 가지는 **디지털(digital)** 신호와 연속적인 값을 가지는 **아날로그(analog)** 신호가 있다. 어떤 경우에는 신호가 시스템 내부에서 생성되기도 한다. 그림 1-8은 자전거 경고등을 보여준다. 그것은 점멸 신호가 내부적으로 생성되는 간단한 디지털 시스템이다.

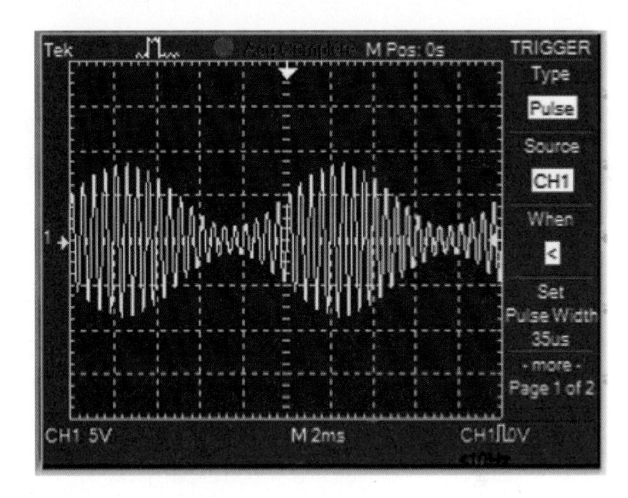

그림 1-9 모의생성된 AM 라디오 신호

아날로그 신호는 정해진 범위 내에서 연속적으로 변화한다. AM 라디오 신호를 예로 들 수 있다. 라디오 방송국은 고주파 신호(carrier, 반송파)의 진폭이 원하는 정보를 가진 저주파 신호에 의해 변조된(modulated) 것을 송신한다. 그림 1-9는 아날로그 신호의 예로 가상적으로 만든 AM 신호를 나타내고 있다. 이 경우에 정보는 포락선(envelope)에 포함되어 있다.

종종 아날로그와 디지털 부분이 동일한 회로에 함께 포함된 전자 회로를 접하게 된다(앞에서 예를 든 디지털 체온계). 트랜스듀서로부터 입력된 아날로그 신호를 디지털 신호로 변환하는 것은 ADC에서 수행된다. **트랜스듀서(transducer)**는 에너지의 형태를 변환하는 디바이스이다. 전자 시스템에서는 전기적 신호가 하나의 에너지 형태이다. 디지털 체온계에서 온도 센서는 입력 트랜스듀서의 예가 된다. 트랜스듀서는 온도를 전압으로 변환하고, 그것은 다시 처리를 위한 디지털 신호로 변환된다.

오디오와 같은 경우에는 DA 변환기(digital-to-analog converter, DAC)에 의해 디지털 신호가 아날로그 신호로 변환되어야 한다. CD 플레이어는 CD에서 디지털 신호를 전송받고, 그것을 처리하여 아날로그 신호로 만든다. 아날로그 신호는 증폭되어 스피커로 보내진다. 스피커는 전기적 에너지를 음파로 변환하는 출력 트랜스듀서이다.

1-3절 복습 문제

1. 수동 소자와 능동 소자의 차이점은 무엇인가?
2. 배터리를 전자 디바이스로 생각하지 않는 이유는 무엇인가?
3. 세계 전력망에서 대부분 사용되는 두 개의 주파수는 무엇 무엇인가?
4. 직류가 능동 회로에서 중요한 이유는 무엇인가?
5. 디지털 회로와 아날로그 회로의 차이점은 무엇인가?
6. 트랜스듀서가 무엇인가?

1-4 측정값의 표현

어떤 양을 측정할 때, 사용하는 기기의 한계가 있으므로 결과값의 불확실성이 존재한다. 측정값을 근사값으로 표현할 때, 정확한 값을 가지는 숫자를 유효 숫자라고 한다. 측정값을 보고할 때 반드시 보존되어야 하는 자릿수는 유효 숫자와 단지 1개의 불확실한 자릿수이다.

이 절을 마친 후 다음을 할 수 있어야 한다.

- 측정 데이터를 적절한 유효 숫자로 표현한다.
- **정확도**(accuracy), **오차**(error), **정밀도**(precision)를 정의한다.
- 적절하게 반올림하여 수를 표현한다.

오차, 정확도 및 정밀도

실험으로 얻은 데이터는 완전하지 않은데 그 이유는 데이터의 정확도가 시험장비의 정확도 및 측정이 수행된 환경에 영향을 받기 때문이다. 측정 데이터를 적절히 표현하기 위해서 측정과 관련된 오차를 고려해야 한다. 실험적 오차를 실수로 생각해서는 안 된다. 하나부터 순서대로 세는 것(counting)을 제외한 모든 측정은 참값의 근사값으로 보아야 한다. 오차(error)는 참값 또는 가장 적합한 값과 측정값 사이의 차이를 의미한다. 만약 오차가 작으면 측정이 정확하다고 말할 수 있다. 정확도(accuracy)는 측정에서 오차의 범위를 나타내는 값이다. 예를 들면 마이크로미터를 사용하여 10.00 mm 게이지 블록의 두께를 10.8 mm라고 측정하였을 때, 그 측정값은 정확하지 않다. 왜냐하면 게이지 블록은 상용 표준기로 간주하기 때문이다. 하지만 측정값이 10.02 mm라면 표준값에 적절히 부합하므로 측정이 정확하다고 할 수 있다.

교정 장비(Calibrating Equipment)

전자 장비를 교정한다면, 정밀도와 정확도를 잘 이해하여야 한다. 교정(calibration)은 주어진 기기를 표준규격(standard)과 비교하는 과정이다. 표준규격은 교정하고자 하는 기기보다 4배 이상 정밀해야 하는 것이 일반적이나, 이것만으로 정확도를 보장하지는 않는다. 정확도를 확신하기 위해서는 교정이 보증되어야 하며, 국가 표준규격(미국에서는 National Institute of Standards and Technology)을 따라야 한다. 표준규격은 정확도를 보증하기 위해 주기적으로 갱신된다.

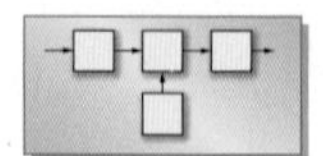

시스템 노트

측정의 특성과 관련된 다른 용어로 정밀도가 있다. **정밀도(precision)**는 어떤 양에 대한 측정의 반복성(또는 일관성)에 대한 잣대이다. 일련의 측정값이 산재하여 분포되어 있지 않으면 정밀한 측정이 이루어졌다고 할 수 있으나, 기기의 오차로 인하여 각각의 측정값은 정확하지 않을 수 있다. 예를 들면 계측기가 교정되지 않아 부정확한 값을 표시할 수 있으나, 일관된(또는 정밀한) 결과를 나타낼 수도 있다. 그러나 측정이 정밀하지 않는 한, 정확한 기기가 되는 것은 불가능하다(의미가 없다).

유효 숫자

측정값에서 정확한 자리숫자를 **유효 숫자(significant digit)**라고 한다. 대부분의 측정 기기는 적절한 유효 숫자를 보여주지만, 어떤 기기는 유효 숫자 이외의 자리숫자까지 표시하는데, 이때 어디까지 사용할지는 사용자가 결정해야 한다. 이런 경우는 부하 효과(loading)에 의해 발생할 수 있다(5-4절에서 논의한다). 회로에 계측기를 접속할 때, 계측기로 인해 실제값이 변경될 수 있다. 측정값이 부정확할 때를 인식하는 것은 매우 중요하므로, 부정확한 자리수는 표현하지 않아야 한다.

유효 숫자의 또 다른 문제는 수학적 연산을 수행할 때 발생한다. 계산된 결과의 유효자리 숫자 개수는 원본 측정값의 유효 숫자 개수를 초과할 수 없다. 예를 들면 1.0 V를 3.0 Ω으로 나누면, 계산기는 0.33333333을 표시한다. 원본 숫자는 2개의 유효 숫자를 가지므로, 계산값은 0.33 A로 기록되어 유효 숫자의 개수가 같아야 한다.

표현된 자리숫자가 유효 숫자인지 판단하는 규칙은 다음과 같다.

1. 영(0)이 아닌 숫자는 항상 유효 숫자로 생각한다.

2. 처음 영이 아닌 숫자 좌측에 있는 영들은 유효 숫자가 아니다.

3. 영이 아닌 숫자 사이에 있는 영들은 유효 숫자이다.

4. 십진수의 소수점 우측에 있는 영들은 유효 숫자이다.

5. 정수에서 소수점 좌측에 있는 영들은 측정에 따라 유효 숫자일 수도 있고, 아닐 수도 있다. 예를 들면 숫자 12,100 Ω에서 유효 숫자는 3개, 4개, 또는 5개가 가능하다. 유효 숫자를 명확히 나타내기 위해 과학적 표기법(또는 미터법 접두사)을 사용해야 한다. 예를 들면 12.10 kΩ은 4개의 유효 숫자를 가진다.

측정값을 표현할 때는 1개의 불확실한 자리수를 포함할 수 있으나, 다른 불확실한 숫자는 버려야 한다. 어떤 숫자에서 유효 숫자의 개수를 찾기 위해서, 소수점을 무시하고 좌측에서부터 출발하여 처음으로 영이 아닌 숫자부터 맨우측의 마지막 숫자까지 세면 된다. 숫자의 우측편 끝에 있는 영(0)들은 유효 숫자일 수도 있고 아닐 수도 있으며, 우측의 영들을 제외하고 계수한 모든 숫자는 유효 숫자이다. 다른 특별한 정보가 없을 경우, 우측의 영은 유효 숫자인지 불분명하다. 일반적으로, 측정값에 해당하지 않고 숫자의 크기를 표시하는 플레이스홀더 영들은 유효 숫자로 생각하지 않는다. 혼돈을 피하기 위해서, 유효 숫자인 영을 나타내려면 과학적 또는 공학적 표기법을 사용하는 것이 바람직하다.

예제 1-1

측정값 4300을 유효 숫자 2개, 3개, 4개를 사용하여 표현하시오.

풀이

십진수의 소수점 우측에 있는 영은 유효 숫자이므로, 2개의 유효 숫자로 표현하면,

$$\mathbf{4.3 \times 10^3}$$

3개의 유효 숫자로 표현하면,

$$\mathbf{4.30 \times 10^3}$$

4개의 유효 숫자로 표현하면,

$$\mathbf{4.300 \times 10^3}$$

관련문제

숫자 10,000을 3개의 유효 숫자로 표현하시오.

*해답은 이 장의 끝에 있다.

예제 1-2

다음 측정값 각각에 대하여, 유효 숫자에 밑줄을 그으시오.

(a) 40.0 **(b)** 0.3040 **(c)** 1.20×10^5 **(d)** 120,000 **(e)** 0.00502

풀이

(a) <u>40.0</u>은 3개의 유효 숫자를 가진다. 규칙 4

(b) 0.<u>3040</u>은 4개의 유효 숫자를 가진다. 규칙 2, 3

(c) <u>1.20</u> $\times 10^5$은 3개의 유효 숫자를 가진다. 규칙 4

(d) <u>12</u>0,000은 적어도 2개의 유효 숫자를 가진다. 이 숫자는 (c)와 같은 값이지만, 여기서의 영은 불확실한 값이다(규칙 5). 이렇게 측정값을 표현하는 것은 권장하지 않으며, 과학적 표기법 또는 미터법 접두사를 사용해야 한다. 예제 1-1을 참고하시오.

(e) 0.00<u>502</u>는 3개의 유효 숫자를 가진다. 규칙 2, 3

관련문제

측정값 10과 10.0의 차이점은 무엇인가?

숫자 반올림

측정은 항상 근사치를 포함하고 있으므로, 유효 숫자와 단지 1개의 불확실한 숫자로 나타내어야 한다. 표시한 숫자의 개수는 측정의 정밀도를 나타내는 지표이다. 이러한 이유에서 마지막 유효 숫자 우측의 숫자들을 탈락시키고 **반올림(round off)**하여야 한다. 반올림하는 방법은 탈락시키는 숫자 중 최상위 숫자를 사용하여 결정하며, 다음과 같다.

1. 탈락되는 숫자의 최상위 숫자가 5보다 크면, 마지막 남은 숫자를 1만큼 증가시킨다.
2. 탈락되는 숫자의 최상위 숫자가 5보다 작으면, 마지막 남은 숫자를 그대로 둔다.
3. 탈락되는 숫자의 최상위 숫자가 5이면, 마지막 남은 숫자를 1만큼 증가시켜 짝수가 되지 않으면 그대로 두고, 짝수가 되면 1만큼 증가시킨다. 이것을 "짝수로의 반올림(round-to-even)" 규칙이라고 한다.

대부분의 전기 및 전자 시스템과 회로에 사용되는 소자들은 1%(5% 그리고 10%가 일반적)보다 큰 공차를 가지고 있다. 대부분의 측정 기기는 이것보다 훨씬 좋은 정확도 사양을 가지고 있으나, 측정값이 1000분의 1 이상의 정확도를 가지도록 하는 경우는 드물다. 매우 까다로운 경우를 제외하고 거의 대부분 측정값을 나타내는데 3개의 유효 숫자가 적절하다. 만약 여러 개의 중간 결과를 가지는 문제라면, 계산할 때 모든 숫자를 보관하고, 최종 결과를 표현할 때 3개의 유효 숫자를 가지도록 반올림하면 된다.

예제 1-3

다음 숫자들을 3개의 유효 숫자를 가지도록 반올림하시오.

(a) 10.071 **(b)** 29.961 **(c)** 6.3948 **(d)** 123.52 **(e)** 122.52

풀이

(a) 10.1 **(b)** 30.0 **(c)** 6.39 **(d)** 124 **(e)** 122

관련문제

짝수로의 반올림 규칙을 사용하여 3.2850을 3개의 유효 숫자로 반올림하시오.

1-4절 복습 문제

1. 소수점의 우측에 있는 영을 표시하는 규칙은 무엇인가?
2. 짝수로의 반올림 규칙은 무엇인가?
3. 회로도에서 종종 1000 Ω 저항이 1.0 kΩ으로 표기되어 있는 것을 볼 수 있다. 이렇게 표시하는 것은 저항값에 관하여 어떤 점을 의미하고 있는가?
4. 전원 장치가 10.00 V로 설정되도록 요구된다면, 측정 기기가 요구하는 정확도는 어떻게 되어야 하는가?
5. 과학적 또는 공학적 표기법이 측정값에서 유효 숫자의 정확한 개수를 보여주기 위해, 어떻게 사용될 수 있는가?

1-5 전기 안전

전기 시스템을 다룰 때 안전은 중요한 관심사이다. 전기 쇼크나 화상의 가능성이 항상 있으므로 주의가 필요하다. 신체의 두 지점 사이에 전압이 가해지면 전류의 경로가 발생하므로, 전류는 전기 쇼크를 유발한다. 전기 부품은 종종 고온으로 동작하므로 접촉할 때 피부 화상을 입을 수 있다. 또한 전기는 화재 발생의 위험성도 내재하고 있다.

이 절을 마친 후 다음을 할 수 있어야 한다.

- 전기의 위험상황을 인식하고, 적절한 안전 절차에 관하여 이해한다.
- 전기 쇼크의 원인을 설명한다.
- 신체를 통해 흐를 수 있는 전류 경로들을 나열한다.
- 전류가 인체에 미치는 영향을 논의한다.
- 전기를 다룰 때 지켜야 하는 안전 절차를 나열한다.

전기 쇼크

전기 쇼크(electrical shock)의 원인은 전압이 아니라 신체를 통해 흐르는 전류이다. 물론 전류를 흐르게 하기 위해서는 저항을 가로질러 전압이 가해져야 한다. 만약 당신의 신체 중 한 점이 어떠한 전압에 접촉되고, 신체의 다른 부위가 다른 전압이나 금속 섀시와 같은 접지에 연결되면, 접촉된 두 점 사이에 신체를 통해서 전류가 흐르게 된다. 전류의 경로는 전압이 가해진 지점들에 의해 결정된다. 그 결과 발생하는 전기 충격의 크기는 전압의 크기와 신체를 통해 전류가 흐르는 경로에 따라 결정된다.

신체를 통한 전류의 경로에 따라 어떤 조직과 기관들이 영향을 받는다. 그림 1–10에 도시한 것과 같이 전류의 경로에 따라 터치 포텐셜(touch potential), 스텝 포텐셜(step potential), 그리고 터치/스텝 포텐셜(touch/step potential)의 세 가지로 구분할 수 있다.

인체에 대한 전류의 영향 전류의 크기는 전압과 저항값에 따른다. 인체의 저항크기는 여러 가지 요소에 의해 결정되는데, 몸무게, 피부 습도, 그리고 접촉 부위 등이 해당된다. 표 1–1에 전류의 크기에 따른 영향을 정리하였다.

신체 저항 인체의 저항은 보통 10 kΩ에서 50 kΩ 사이의 값이며, 측정하는 두 지점에 따라 달라진다. 피부의 습도 또한 저항의 크기에 영향을 끼친다. 저항의 크기는 표 1–1에서 제시한 각각의 전류 크

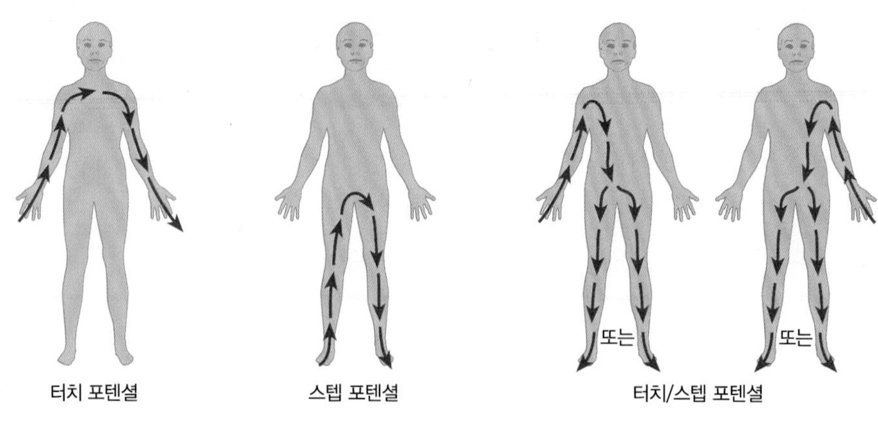

그림 1-10 세 가지 기본 전류 경로 그룹에 따른 쇼크 위험

표 1-1 • 전류의 물리적 영향. 몸무게에 따라 값이 달라질 수 있다.

전류 (mA)	물리적 영향
0.4	경미한 느낌
1.1	자각 임계값
1.8	쇼크, 고통 없음, 근육 조절 기능 비상실
9	고통스러운 쇼크, 근육 조절 기능 비상실
16	고통스러운 쇼크, 렛고(let-go) 임계값(근육제어 손실)
23	매우 고통스러운 쇼크, 근수축, 호흡 곤란
75	심실 세동 임계값
235	심실 세동, 보통 5초 이상 지속 시 치명적
4,000	심장 마비(심실 세동 없음)
5,000	조직 화상

기별 영향을 일으키기 위해 필요한 전압값을 결정한다. 예를 들어 신체 두 지점 사이의 저항이 10 kΩ 이라고 하면, 90 V의 전압이 고통스러운 쇼크를 일으키기에 충분한 전류(9 mA)를 생성할 수 있다.

유틸리티 전압

우리는 유틸리티 전압(utility voltages)을 예사로 여기고 있지만, 치명적일 수 있다. 전압원 주변에서는 어떠한 경우라도 항상 주의를 기울여야 한다(낮은 전압도 심각한 화상을 입힐 수 있다). 일반적인 규칙으로, 어떤 전원이 인가된 상태에서 회로를 작업하는 것은 피해야 하며, 잘 알려진 우수한 계측기를 사용하여 전원이 꺼져있는지 확인해야 한다. 교육용 실습실에서는 대부분 저전압을 사용하지만, 어떤 가압된 회로라도 접촉해서는 안 된다. 만약 유틸리지 전압에 연결된 회로에서 작업을 하는 경우는 유틸리티 서비스를 차단하여야 하며, 장비 또는 차단된 장소에 안내판을 부착하고, 뜻하지 않게 전원을 켜지 않도록 자물쇠로 잠그도록 한다. 이러한 절차는 산업계에서 널리 알려진 로크아웃/태그아웃(lockout/tagout) 안전규정이며, 직업안전위생관리국(OSHA, Occupational Safety and Health Administration)과 산업계 표준 규정으로 되어 있다.

대부분의 실험실 장비는 유틸리티 라인(교류)에 연결되어 있으며, 북미에서는 120 V rms(rms(실효값)는 7-2절 참고)를 가진다. 장비의 결함으로 "활선(hot)" 리드(lead)가 우연히 노출되어 있을 수 있다. 장비의 전선에 노출부위가 있는지 검사하고, 장비 덮개 여부 및 다른 잠재적인 안전 문제를 확인하여야 한다. 일반 가정과 실험실에서 사용하는 단상(single-phase) 유틸리티 라인은 세 개의 절연선으로 구성되며, 각각 "활선"(hot, 검정 또는 적색선), 중성선(neutral, 백색선), 그리고 안전 접지(safety ground, 녹색선)로 되어 있다. 정상적인 동작에서 활선과 중성선은 전류가 흐르지만, 녹색의 안전 접지선은 전류가 흐르지 않아야 한다. 안전 접지선은 장비 케이스의 외부 금속과 주택용 콘센트의 금속 박스 및 전선관(conduit)에 연결된다. 그림 1-11은 표준 콘센트의 도체 위치를 보여준다. 중성 리드가 "핫" 리드보다 콘센트 구멍이 더 큰 것에 주의한다.

안전 접지는 서비스 패널에 있는 중성선과 연결되어야 하고, 전기 기기의 금속 새시도 접지에 연결된다. 핫 전선이 우연히 접지와 접촉하는 경우 발생되는 고전류는 회로 차단기(circuit breaker)를 동작시키거나 퓨즈를 개방하여 위험을 방지하게 된다. 그러나 접지 리드가 파손되었거나 연결되지 않았을 경우에는 사람에 의해 접촉이 되었을 때 고전류를 흐르게 한다. 이러한 위험이 있으므로 접지 핀을 임의로 제거하지 말아야 한다.

많은 회로는 누전 차단기(ground fault circuit interrupter, GFCI 또는 GFI)라고 부르는 특별한 장치로 보호하고 있다. GFCI 회로에서 결함이 발생하면, 핫 라인과 중성 라인의 전류의 차이를 센서가 감지하여 회로 차단기를 동작시키도록 한다. GFCI 차단기는 매우 고속으로 동작하여 주 패널에 있는 차단기보다 먼저 반응할 수 있다. 물이나 습기가 많은 지역에서 감전 위험이 높은 곳에는 GFCI 차단기를 설치하여야 한다. 수영장, 욕실, 부엌, 지하실 및 차고 등은 모두 GFCI 아웃렛이 설치되어야 한다. 그림 1-12는 리셋(reset) 및 테스트 버튼이 있는 접지 콘센트(ground-fault receptacle)를 보여준다. 테스트 버튼을 누르면 회로는 즉각 개방되며, 리셋 버튼으로 전원을 다시 공급할 수 있다.

HANDS ON TIP

콘센트 시험기(receptacle tester)는 특수 아웃렛(outlet)을 포함한 특정한 콘센트에 사용되도록 설계되어 있다. 개방된 전원선(open line), 배선 오류, 극성의 반전 등과 같은 문제가 발생한 위치를 찾아, 발광다이오드(LED) 또는 네온 전구로 결과를 표시한다. 일부 시험기는 누전 차단기(ground fault circuit interrupter, GFCI)를 테스트할 수 있도록 된 것도 있다.

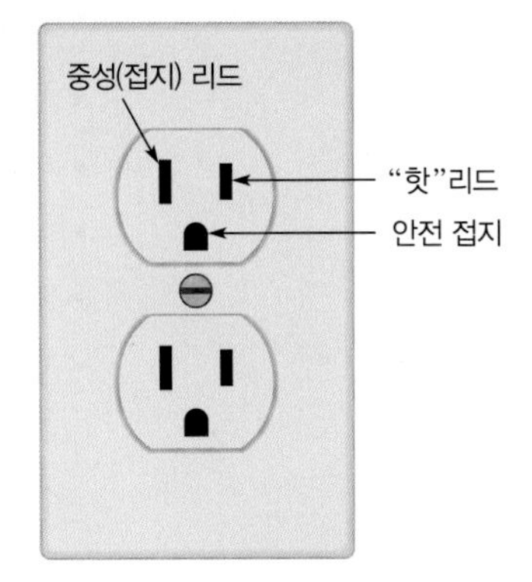

그림 1-11 표준 콘센트와 연결 부위

그림 1-12 GFCI 콘센트

안전 예방조치

전기 및 전자 장치를 사용하여 작업할 때 따라야 하는 실무적인 사항들이 많다. 중요한 예방조치를 나열하면 다음과 같다.

- 어떠한 전압원과의 접촉을 피한다. 회로의 부품에 접촉을 할 필요가 있을 경우 반드시 전원을 차단한다.
- 혼자서 작업하지 않는다. 비상사태를 대비하여 항상 사용가능한 전화가 있어야 한다.
- 피곤하거나 졸음을 유발하는 약을 복용하고 있을 때는 작업을 하지 않는다.
- 반지, 시계 또는 다른 금속성 장신구는 제거하고 작업한다.
- 장비의 운용에 관한 절차와 내재하는 위험성을 확실히 알고 작업에 임한다(그때까지 작업하지 않는다).
- 전원선의 상태를 확인하고, 접지 핀이 구부러져 있거나 손실되지 않았는지 점검한다.
- 도구들의 유지보수 상태를 확인한다. 금속 도구의 손잡이는 절연이 잘 되어 있는지 확인한다.
- 도구를 적합하게 사용하고, 작업장을 깨끗이 정돈한다.
- 납땜, 전선 피복제거 또는 전동 공구를 사용할 때는 보안경을 착용한다.

SAFETY NOTE

GFCI 이웃렛은 모든 경우의 감전이나 재해를 방지하는 것은 아니다. 접지되어 있지 않은 상태에서 핫 전선과 중성선을 접촉하면, 접지 결함이 발생하지 않아 GFCI 차단기가 동작하지 않는다. 또한 GFCI는 감전사를 방지할 수 있으나, 회로 차단기가 동작하기 전의 초기 전기 쇼크는 방지되지 않는다. 초기의 쇼크는 낙상에 의한 2차 손상을 일으킬 수 있다.

- 손으로 직접 회로의 부품을 만지기 전에는 항상 전원을 차단하고, 커패시터를 방전시킨다.
- 비상 전원 차단 스위치 및 비상구의 위치를 알고 있어야 한다.
- 연동 스위치(interlock switch) 또는 3극 플러그(three-prong plug)의 접지 핀과 같은 안전 디바이스를 함부로 변경/훼손하거나 무시하지 않는다.
- 항상 신발을 착용하고 건조한 상태로 유지한다. 전기 회로에서 작업할 경우에 금속 또는 젖은 바닥에 서 있지 않는다.
- 젖은 손으로 기기를 절대로 다루지 않는다.
- 회로에 전원이 차단되어 있다고 절대로 가정하여 믿지 않는다. 작업 전에 항상 고장 나지 않은, 신뢰성 있는 계측기를 사용하여 이중 점검한다.
- 테스트 중인 회로에 필요 이상의 과전류가 공급되는 것을 방지하기 위해 전자식 전원공급장치(electronic power supply)를 사용하여 전류 리미터(limiter)를 설정한다.
- 커패시터와 같은 부품은 전원이 차단된 후라도 장시간 치명적인 전하를 저장할 수 있으므로, 작업 전에 반드시 방전시켜야 한다.
- 회로를 연결할 경우에는 가장 높은 전압을 가지는 접점을 맨 마지막에 결선한다.
- 전원공급장치의 단자(terminal)에 접촉을 피한다.
- 항상 절연선과 절연피복이 있는 커넥터 및 클립(clip)을 사용한다.
- 케이블과 전선은 가능한 한 짧게 유지하고, 극성이 있는 부품의 연결에 주의한다.
- 위험하다고 판단되는 어떠한 상황도 보고한다.
- 작업장과 실험실 규칙을 인지하고 따른다. 장비 근처에서 음료수 또는 음식을 먹지 않는다.
- 만약 어떤 사람이 전기가 통하는 도체에서 벗어나지 못하는 경우에는 즉시 전원을 차단한다. 그것이 불가능한 상황이라면, 가용한 부도체 물질을 사용하여 신체를 접촉된 곳에서 분리되도록 시도한다.
- 회로 작업 도중 누군가 전원을 켜지 않도록 로크아웃/태그아웃 절차를 사용한다.

1-5절 복습 문제

1. 전기 접촉이 일어날 때 인체에 물리적 고통과/혹은 손상을 일으키는 것은 무엇인가?
2. 전기 회로를 작업할 때 반지를 끼는 것은 괜찮다. (O/X)
3. 전기와 관련된 작업을 할 때 젖은 바닥에 서 있는 것은 안전에 위험이 없다. (O/X)
4. 만약 주의를 잘하고 있으면, 전원을 제거하지 않고 회로 결선을 새로 연결할 수 있다. (O/X)
5. 전기 쇼크는 매우 고통스러우며 또는 심지어 치명적일 수 있다. (O/X)
6. GFCI는 무엇을 의미하는가?

요약

- 새로운 제품을 설계하는 과정은 회로 설계 소프트웨어, 컴퓨터를 이용한 레이아웃, 프로토타입 제작 및 테스트 과정을 포함한다.
- 많은 회사들이 수직 조직(원자재에서 최종제품까지 하나의 설비에서 완성)에서 수평 조직(전문성에 중점을 둠)으로 이동하는 경향이 있다.
- 전자산업은 제조업 섹터와 서비스 섹터로 나눌 수 있다.
- 기술 서비스 섹터의 업무는 전기/전자 공학과 기계적인 설비의 설치 등에 관련된 다양한 기술을 필요로 한다.

- 시스템은 특정한 기능을 수행하도록 서로 연결된 부품들의 그룹이다. 시스템과 그것의 주변 환경을 구분하는 경계선으로 특징지어진다. 시스템은 입력과 출력을 통하여 외부 세계와 통신한다.
- 블록도는 그래픽 형태로 시스템의 구조를 표현하는 시스템의 모델이며, 라벨이 있는 블록은 기능을 나타내고, 연결선은 신호의 흐름을 표현한다.
- 전달 곡선은 시스템 또는 회로의 입력에 출력의 비율이다.
- 전기 및 전자 회로는 완전한 경로, 하나 이상의 전원, 그리고 부하를 가지고 있어야 한다. 전기 및 전자 회로는 수동 소자 또는 능동 소자를 포함한다.
- 수동 소자는 신호의 전력을 증가시킬 수 없다. 능동 소자는 그것이 가능하다.
- 이산적인 레벨을 가지는 신호를 디지털 신호라고 한다. 연속된 신호는 아날로그 신호이다.
- 트랜스듀서는 에너지의 형태를 다른 종류로 변환하는 디바이스이다.
- 측정된 양의 불확실성은 측정의 정확도와 정밀도에 의존한다.
- 수학적인 연산에서 유효 숫자의 개수는 원본 수의 유효 숫자 개수를 초과하면 안된다.
- 전기 플러그의 표준 연결은 활선, 중성선, 안전 접지로 구성된다.
- GFCI 차단기는 활선과 중성선의 전류를 감지하여 접지 오류에 해당하는 전류 이상이 발생하였을 때 차단기를 동작시킨다.

핵심 용어

핵심용어 및 볼드체로 된 용어는 책 뒷부분의 용어사전에도 정의되어 있다.

경계선 Boundary 시스템에 속하는 부분과 주변 환경을 구분하는 라인

능동 소자 Active component 정상적으로 동작하기 위해 전력을 필요로 하는 소자로, 입력 신호로 받은 것보다 더 높은 신호 전력을 제공할 수 있다.

디지털 Digital 이산적인 레벨을 가지는 신호

메카트로닉스 Mechatronics 계장, 제어 시스템을 포함한 기계공학과 전자공학의 시너지 조합

반올림 Round off 어떤 수에서 마지막 유효 숫자 우측의 자리를 제거하는 과정

블록도 Block diagram 그래픽 형태로 시스템의 구조를 표현하는 시스템의 모델이며, 라벨이 있는 블록은 기능을 나타내고, 연결선은 신호의 흐름을 표현한다.

수동 소자 Passive component 전력을 필요로 하지 않는 소자로 신호의 전력을 증가시킬 수 없다.

수직 조직 Vertical organization 탑다운 형태로 조직된 중앙집중형 사업 구조로, 전문화되기 어렵다.

수평 조직 Horizontal organization 분산된 사업 구조로 매니저는 전문성에 중점을 두고 의사결정을 간소화할 수 있다.

시스템 System 특정한 기능을 수행하기 위해 상호연결된 부품의 그룹

아날로그 Analog 연속된 신호

얼터네이터 Alternator, 교류 발전기 얼터네이터는 기계적 에너지를 전기 에너지로 변환한다.

오실레이터 Oscillator 출력 신호가 내부적으로 생성되는 회로; 출력은 여러 가지 다른 형태를 가지는 연속된 신호이다.

오차 Error 어떤 양의 참값 또는 가장 좋은 용인된 값과 측정된 값 사이의 차이

유효 숫자 Significant digit 어떤 수에서 맞다고 알려지는 자리 숫자

이득 Gain 증폭기에서 입력에 대한 출력의 비

입력 Input 원하는 결과를 만들기 위해 전기 회로에 인가되는 전압, 전류 및 전력

전기 쇼크 Electrical shock 신체를 통해 흐르는 전류에 의한 물리적 느낌

전달 곡선 Transfer curve 입력에 대한 출력의 비를 보여주는 그래프

정밀도 Precision 연속된 측정의 반복성(또는 일관성)에 대한 척도

정확도 Accuracy　측정에서 오차의 범위를 나타내는 정도

집적 회로 Integrated circuit　저항, 트랜지스터 및 다른 부품을 포함한 복잡한 능동 회로를 하나의 유닛에 제조한 것으로 다양한 개별 부품의 기능을 수행한다.

출력 Output　입력을 처리한 후 시스템으로부터 얻게 되는 결과

트랜스듀서 Transducer　에너지를 다른 형태로 변환하는 디바이스

회로 Circuit　원하는 결과를 만들기 위해 설계된 전기 소자의 상호 연결

O/X 퀴즈 해답은 이 장의 끝에 있다.

1. 수직 조직은 분산된 의사결정이 그 특징이다.
2. 서비스와 수리를 담당하는 기술자는 보통 고장난 부품을 찾아내고 교체하는 것이 요구된다.
3. 메카트로닉스는 기계공학과 전자공학의 시너지 조합을 뜻하는 응용 공학적 분류이다.
4. 시스템을 환경으로부터 완전히 격리하는 것은 가능하지 않다.
5. 블록도는 순서도와 같은 것이다.
6. 전달 곡선의 단위는 입력과 출력의 단위와 같아야 한다.
7. 수동 디바이스는 전력 이득을 가질 수 없다.
8. 트랜스듀서의 한 예는 스피커이다.
9. 0.0102의 수에서 유효 숫자의 개수는 3개이다.
10. 짝수로의 반올림 규칙을 적용하여 26.25를 세 개의 자리수로 표시할 때 결과는 26.3이다.
11. 교류 전원의 흰색 중성 리드는 핫 리드와 같은 전류를 가져야 한다.

자습문제 해답은 이 장의 끝에 있다.

1. PLC는 무엇인가?
(a) printed logic circuit　**(b)** power limiting circuit
(c) programmable logic controller　**(d)** peak limit controller

2. 시스템의 경계선은 무엇을 구분하는가?
(a) 입력과 출력　**(b)** 시스템과 주변 환경
(c) 입력과 주변 환경　**(d)** 출력과 주변 환경

3. 시스템에서 블록도는 무엇을 설명하기 위한 그래픽 도구인가?
(a) 기능과 신호 흐름　**(b)** 시스템의 세부 사항
(c) 전원 공급　**(d)** 논리 과정

4. 전달 곡선에 관하여 옳은 것은?
(a) 항상 직선이다.　**(b)** 입력에 대한 출력의 비이다.
(c) 단위가 없다.　**(d)** 모두 맞다.

5. 능동 소자는 어떤 디바이스인가?
(a) 자기 자신의 전력을 공급한다.　**(b)** 다른 소자에 전력을 공급한다.
(c) 출력이 없다.　**(d)** 신호 전력을 증가시킬 수 있다.

6. 교류 전원의 예에 해당하는 것은 무엇인가?
(a) 배터리　**(b)** 얼터네이터　**(c)** 태양 전지　**(d)** 연료 전지

7. 0.1050에서 유효 숫자의 개수는?

   (a) 2 **(b)** 3 **(c)** 4 **(d)** 5

연습문제 선별된 일부 문제의 해답은 이 책의 끝에 있다.

1-1 전자산업

1. 엔지니어가 회로 보드를 개선하는 아이디어가 있을 때, 변경 사항을 구현하기 전에 어떤 절차를 가져야 하는가?
2. 시스템 제조업에서 만들어지는 제품의 예를 드시오.
3. 기술자의 업무가 부품 레벨의 고장 점검과 수리에서 시스템 접근법으로 바뀌어 가는 근본적인 이유를 말하시오.

1-2 전자 시스템에 관한 소개

4. 전기 시스템과 전자 시스템의 중요한 차이점은 무엇인가?
5. 아날로그 신호를 디지털 신호로 변환했을 때, 두 가지 장점은 무엇인가?
6. 블록도와 순서도의 주요 차이점은 무엇인가?

1-3 회로의 유형

7. **(a)** 오실레이터는 무엇인가? **(b)** 오실레이터는 다른 대부분의 회로와 무엇이 다른가?
8. **(a)** HVDC는 무엇을 나타내는 약자인가? **(b)** 어디에 사용되는가?
9. 반송파(carrier)는 무엇인가?
10. 디바이스의 전달 함수는 입력에 대한 출력의 그래프이다. ADC의 전달 함수는 어떤 모양인가?

1-4 측정값의 표현

11. 다음 수에서 유효 숫자의 개수는 몇 개인가?

    (a) 1.00×10^3 **(b)** 0.0057 **(c)** 1502.0 **(d)** 0.000036 **(e)** 0.105 **(f)** 2.6×10^2

12. 다음 수를 세 개의 유효 숫자로 반올림하시오. 짝수로의 반올림 규칙을 사용하시오.

    (a) 50,505 **(b)** 220.45 **(c)** 4646 **(d)** 10.99 **(e)** 1.005

복습문제 해답

1-1 전자산업

1. 시뮬레이션 소프트웨어는 최소 비용으로 회로의 최적화를 수행할 수 있다. 타이밍, 노이즈, 또는 발열 문제 등의 발생가능한 문제를 찾을 수 있다.
2. 제조업과 서비스
3. 통신, 컴퓨터, 재생 에너지, 산업 제어, 소비자 제품, 의료 기기, 수송, 국방
4. 자격증은 기술에 관한 개인의 능력을 보여주는 것 뿐만 아니라 고용주가 해당 능력을 판단하는 수단이 될 수 있다.

1-2 전자 시스템에 관한 소개

1. 디지털 체온계는 주변에서 열을 추출하므로, 입력은 열이다. 출력은 표시된 온도값이다.
2. ISS의 환경은 지구와 지구 주변을 도는 물체와의 중력장 그리고 태양으로부터 방사된 열과 빛을 포함한다.
3. 블록도는 기능적인 블록과 신호 흐름의 경로를 보여준다.
4. 전달 곡선은 입력에 대한 출력의 비를 보여주는 그래프이다.

1-3 회로의 유형

1. 수동 소자는 기능을 하기 위해 전력을 필요로 하지 않으며, 신호의 전력을 증가시킬 수 없다. 능동 소자는 동작 수행을 위해 전기적인 전력을 필요로 하며 신호의 전력을 증가시킬 수 있다.
2. 배터리는 전기적인 전력을 공급만 할 수 있다. 신호의 전력을 증가시킬 수는 없다.
3. 50 Hz와 60 Hz
4. 보통 능동 회로에 의해 신호 전력으로 변환된 것이 직류이기 때문이다.
5. 디지털 회로는 이산적인 신호를 처리하는 회로이다. 아날로그 회로는 연속적인 신호를 처리하는 회로이다.
6. 트랜스듀서는 에너지의 형태를 다른 것으로 변환하는 디바이스이다.

1-4 측정값의 표현

1. 영(0)은 표시가 되었을 때 유효 숫자를 의미하므로, 유효 숫자일 때만 표시되어야 한다.
2. 탈락하는 숫자가 5이면, 마지막 남은 숫자를 1만큼 증가시켜 짝수를 만들지 않으면 그대로 두고, 짝수가 되면 1만큼 증가시킨다.
3. 소수점 우측에 있는 영(0)은 그 저항이 가장 가까운 100 Ω(0.1 kΩ) 단위까지 정확하다는 것을 의미한다.
4. 그 기기는 4개의 유효 숫자까지 정확해야 한다.
5. 과학적 및 공학적 표기법은 소수점 우측에 임의의 개수의 숫자를 나타낼 수 있다. 소수점 우측에 있는 수들은 항상 유효 숫자로 생각된다.

1-5 전기 안전

6. 전류
7. X
8. X
9. X
10. O
11. 누전 차단기(Ground−fault circuit interrupter)

예제의 관련문제 해답

1-1 10.0×10^3

1-2 숫자 10은 2개의 유효 숫자를 가지고 있다. 숫자 10.0은 3개의 유효 숫자를 가지고 있다.

1-3 3.28

O/X 퀴즈 해답

1. O **2.** X **3.** O **4.** O **5.** X **6.** X
7. O **8.** O **9.** O **10.** X **11.** O

자습문제 해답

1. (c) **2.** (b) **3.** (a) **4.** (b) **5.** (d) **6.** (b) **7.** (c)

전압, 전류, 저항

차례

목적

- 원자의 기본적인 구조를 설명한다.
- 전하의 개념을 설명한다.
- 전압을 정의하고 특성을 설명한다.
- 전류를 정의하고 특성을 설명한다.
- 저항을 정의하고 특성을 설명한다.
- 기본적인 전기회로를 설명한다.
- 기본적인 회로의 측정법을 습득한다.

핵심 용어

가감저항기
개회로
도체
반도체
볼트(V)
부하
스위치
암페어(A)
연료전지
원자
옴(Ω)
자유전자
저항
저항기
저항계
전압
전자
전압계
전압원
전하
전류
전류계
전류원
접지
절연체
지멘스(S)
폐회로
퓨즈
컨덕턴스
쿨롱(C)
쿨롱의 법칙
포텐쇼미터
회로도
회로차단기
AWG
DMM

서론

이 장에서는 전기의 기본 개념인 전압, 전류 및 저항을 소개한다. 전기 전자의 어느 분야에서나 이 세 가지 전기적 개념은 매우 중요하다. 이것은 직류(dc) 회로와 교류(ac) 회로에 모두 해당되지만, 이 책의 전반부에서는 직류 회로에 초점을 둘 것이다. 어떤 개념을 설명할 때는, 전기 분야에서의 중요성 때문에 간혹 교류 회로를 사용할 수도 있지만 그런 경우에도 그 해석과 계산은 등가 직류 회로에 대한 것과 같다.

전압, 전류 및 저항에 대한 이해를 돕기 위해 원자의 기본적인 구조를 설명하고, 전하의 개념을 소개하였다. 전압, 전류 및 저항을 측정하는 방법과 함께 기본적인 전기회로를 학습할 것이다.

2-1 원자

모든 물질은 원자로 구성되며, 모든 원자는 전자, 양성자 및 중성자로 구성되어 있다. 도체나 반도체 물질의 전기 전도는 원자 내의 전자의 구성에 달려 있다.

이 절을 마친 후 다음을 할 수 있어야 한다.

- 원자의 기본 구조를 설명한다.
- 핵, 양성자, 중성자 및 전자에 대해 설명한다.
- 원자번호를 설명한다.
- 전자각에 대해 설명한다.
- 가전자에 대해 설명한다.
- 이온화에 대해 설명한다.
- 자유전자에 대해 설명한다.
- 도체, 반도체 및 절연체에 대해 설명한다.

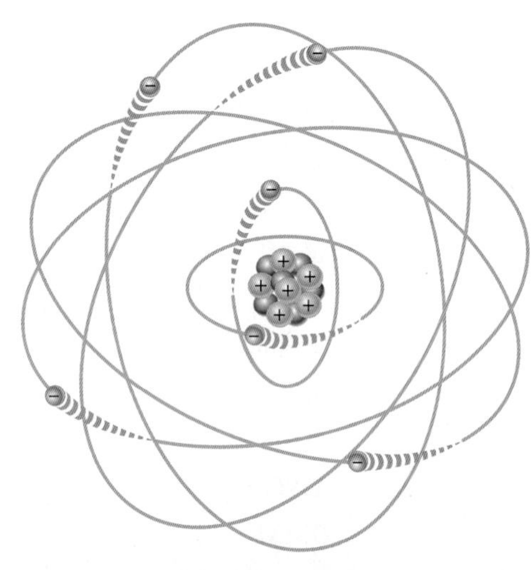

그림 2-1 핵 주위의 원형 궤도를 돌고 있는 전자를 보여주는 보어의 원자 모델. 전자의 '꼬리'는 이들이 운동하고 있음을 나타낸다.

원자(atom)는 **원소**의 성질을 유지하고 있는 가장 작은 입자이다. 지금까지 알려진 118개 원소들은 모두 다른 원소의 원자들과 다른 고유한 원자를 갖는다. 모든 원소들은 각각 독특한 원자구조를 갖는다. 고전적인 보어 모델에 따르면, 원자는 그림 2-1에 보인 것과 같이 중앙의 핵을 궤도전자가 둘러싸고 있는 형태로 태양계 구조와 유사하다. 핵은 양(+) 전하 입자인 양성자와 전하를 갖지 않는 입자인 중성자로 구성된다. 음(−) 전하 입자인 **전자(electron)**는 핵 주위 궤도를 돌고 있다.

각 원자들은 모두 고유한 수의 양성자를 갖고 있어 다른 원소의 원자와 구별된다. 예를 들어 가장 간단한 수소 원자는 그림 2-2(a)과 같이 한 개의 양성자와 한 개의 전자를 가지고 있다. 그림 2-2(b)의 헬륨 원자는 핵에 두 개의 양성자와 두 개의 중성자를 가지고 있으며 핵 주위 궤도를 두 개의 전자가 돌고 있다.

원자번호

모든 원소들은 원자번호 순서에 따라 주기율표에 배열되어 있다. **원자번호**는 핵에 있는 양성자 수와 같다. 예를 들어 수소는 원자번호가 1이며, 헬륨의 원자번호는 2이다. 정상

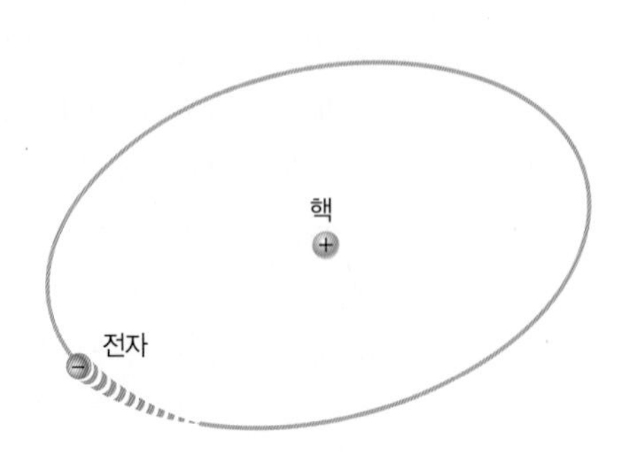

(a) 수소원자

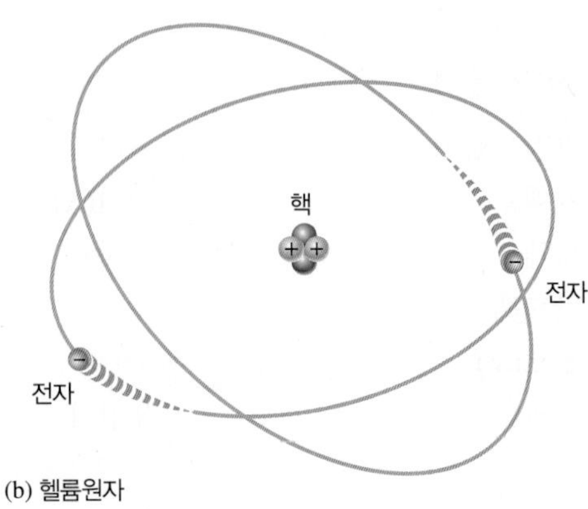

(b) 헬륨원자

그림 2-2 가장 간단한 두 원자, 수소와 헬륨

상태의 원자는 전자와 양성자의 수가 같으며, 양 전하와 음 전하는 서로 상쇄되어 원자의 순 전하(net charge)는 영이고 전기적으로 평형상태이다.

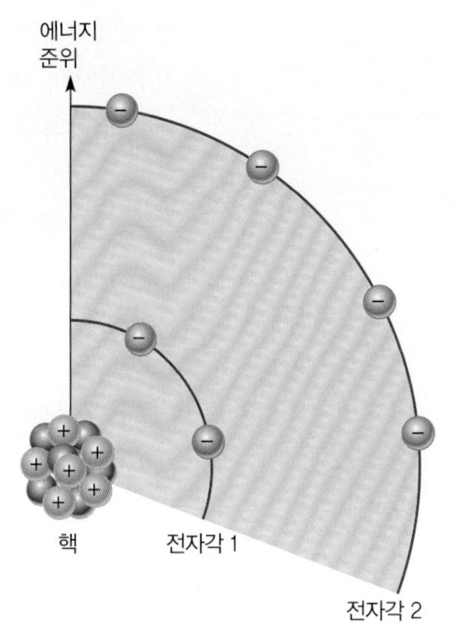

그림 2-3 핵으로부터 거리가 멀어질수록 에너지 준위가 높아진다.

전자각과 궤도

전자는 원자핵으로부터 일정한 거리의 **궤도(orbit)**를 돈다. 핵 가까이에 있는 전자는 먼 궤도에 있는 전자보다 적은 에너지를 갖는다. 원자 내의 전자는 이산적인(불연속적인) 에너지 값을 갖는다. 따라서 전자는 핵으로부터 이산적인 거리에 있는 궤도를 돌고 있다.

에너지 준위 핵으로부터의 이산적인 거리(궤도)는 각각의 에너지 준위에 해당된다. 원자에서 궤도들은 **전자각(shell)**이라고 하는 에너지 밴드들로 무리지어 있다. 각 원자들은 특정한 수의 전자각을 갖는다. 각각의 전자각은 허용된 에너지 준위(궤도)에서 정해진 최대 수의 전자를 가지고 있다. 전자각들은 1, 2, 3…으로 나타내며 1이 핵에서 가장 가깝다. 이 에너지 밴드 개념을 그림 2-3에 보였으며, 여기에는 두 개의 에너지 준위가 있다. 다른 종류의 원자들에는 더 많은 전자각들이 존재할 수 있다. 각 전자각에 존재할 수 있는 전자의 수는 공식 $2N^2$에 따른다. 여기서 N은 전자각의 번호이다. 원자의 첫 번째 전자각($N = 1$)은 2개의 전자까지, 두 번째 전자각($N = 2$)은 8개의 전자까지, 세 번째 전자각($N = 3$)은 18개의 전자까지, 그리고 네 번째 전자각($N = 4$)은 32개의 전자까지 가질 수 있다. 많은 원소에서 전자들은 여덟 개의 전자가 세 번째 전자각을 채운 다음 네 번째 전자각을 채우기 시작한다.

가전자

핵에서 멀리 떨어진 궤도에 있는 전자들은 핵 가까이 있는 전자들보다 큰 에너지를 가지며, 원자에 약하게 구속되어 있다. 핵으로부터의 거리가 멀어질수록 양의 전하를 띤 핵과 음의 전하를 띤 전자 사이의 인력이 감소하기 때문이다. 가장 높은 에너지 준위를 갖는 전자들은 원자의 가장 바깥쪽 전자각에 존재하며, 상대적으로 느슨하게 구속되어 있다. 가장 바깥쪽 전자각은 가전자 각이라 하며, 여기에 있는 전자는 **가전자(valence electron)**라고 한다. 가전자는 물질의 화학 작용 및 결합에 관여하며, 물질의 전기적 특성을 결정한다.

자유전자와 이온

어떤 전자가 충분한 에너지를 갖는 **광자**를 흡수하면, 원자로부터 탈출하여 **자유전자(free electron)**가 된다. 어떤 원자나 원자 그룹이 전하를 띠게 되면 **이온**이라 한다. 중성의 수소 원자(H)로부터 전자 한 개가 탈출하면, 이 원자는 양전하로 남게 되어 양 이온(H)이 된다. 반대로 원자가 전자를 얻을 경우에 음 이온이 된다.

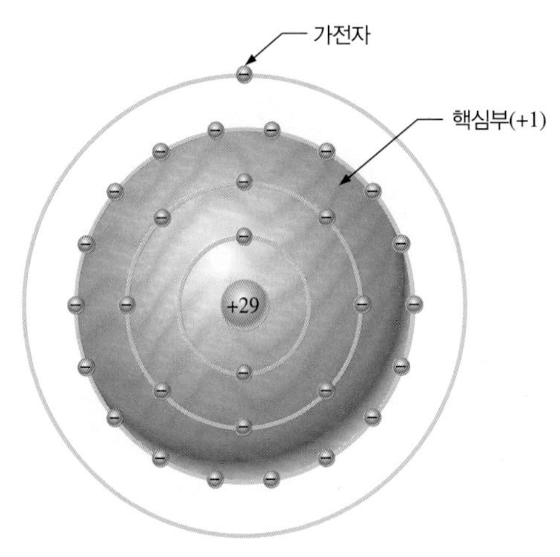

그림 2-4 구리 원자

구리 원자

구리는 전기 분야에서 가장 널리 사용되는 물질이다. 구리 원자는 29개의 전자를 가지고 있으며 이 전자들은 그림 2-4와 같이 핵을 중심으로 네 개의 궤도를 돌고 있다. 네 번째 즉 가장 바깥쪽 전자각인 가전자 각에는 단 한 개의 가전자만이 있다. 구리 원자의 가장 최외각에 있는 가전자가 충분한 열에너지를 얻으면, 원래의 원자로부터 탈출하여 자유전자가 된다. 상온에서 한 조각의 구리에는 자유전자의 '바다'가 존재한다고 할 정도로 많다. 이 전자들은 특정 원자에 구속되지 않고 구리 물질 내에서 자유롭게 운동한다. 자유전자들 때문에 구리는 양도체이고 전류를 잘 통한다.

물질의 분류

전자공학에서는 도체, 반도체와 절연체의 세 부류의 물질이 사용되고 있다.

도체 **도체(conductor)**는 전류를 잘 통하는 물질이다. 도체에는 자유전자가 많이 있으며, 원자 내에 한 개에서 세 개까지의 가전자를 가지고 있다. 대부분의 금속은 양도체이다. 은(Ag)은 최상의 도체이며, 그 다음은 구리이다. 구리는 은보다 가격이 싸기 때문에 가장 널리 사용된다. 전기회로에서는 대개 구리선이 도체로 사용된다.

반도체 **반도체(semiconductor)**는 도체보다 자유전자를 적게 가지고 있기 때문에 도체보다는 전류를 잘 통하지 않는다. 반도체 원자들은 네 개의 가전자를 가지고 있다. 어떤 반도체 물질은 그 독특한 특성 때문에, 다이오드, 트랜지스터 및 집적회로와 같은 전자 소자에 사용된다. 실리콘과 게르마늄은 대표적인 반도체 물질들이다.

절연체 **절연체(insulator)**는 전류의 전도성이 낮은 비금속성 물질이며 전류의 흐름을 차단하기 위하여 사용된다. 절연체는 자유전자를 갖고 있지 않다. 가전자는 핵에 구속되어 있고 '자유롭지' 않다. 일반적으로 비금속성 물질들은 모두 절연체로 간주될 수 있지만, 실제로 전기 및 전자 분야에서 사용되는 절연체는 대부분 유리, 자기, 테플론, 폴리에틸렌 등과 같은 합성물들이다.

2-1절 복습 문제*

1. 음전하의 기본 입자는 무엇인가?
2. 원자에 대해 설명(정의)하라.
3. 원자의 구조를 설명하라.
4. 원자번호란 무엇인가?
5. 모든 원소는 같은 종류의 원자로 구성되어 있는가?
6. 자유전자란 무엇인가?
7. 원자구조에서 전자각을 설명하라.
8. 도체 물질 두 가지를 들어라.

*해답은 이 장의 끝에 있다.

2-2 전하

전자는 음의 전하를 갖는 가장 작은 입자다. 물질에 잉여 전자가 존재하면 음 전하를 띠게 된다. 전자가 부족할 때는 양전하를 띠게 된다.

이 절을 마친 후 다음을 할 수 있어야 한다.

- 전하의 개념을 설명한다.
- 전하의 단위를 설명한다.
- 전하의 종류를 들고 설명한다.

- 전하 사이에 작용하는 힘에 대해 설명한다.
- 주어진 수의 전자에 대한 전하량을 구한다.

양성자와 전자는 전하의 크기는 같고 그 부호는 반대이다. **전하(charge)**는 Q로 나타낸다. 물질이 전기적으로 양전하 혹은 음전하가 될 때 정전기가 생긴다. 금속 표면을 만지거나 다른 사람과 접촉할 때, 혹은 의류 건조기 내에서 옷들이 서로 달라붙는 것을 볼 때 정전기 효과를 경험할 수 있다.

그림 2–5와 같이 반대 극성의 전하를 갖는 물질들은 서로 당기고, 같은 극성의 전하를 갖는 물질들은 서로 밀어낸다. 끌어당기거나 밀어내는 현상에서 알 수 있듯이 전하 사이에는 힘이 작용한다. 이 힘은 **전장**(전계)이라 하며, 그림 2–6과 같이 보이지 않는 역선으로 구성된다.

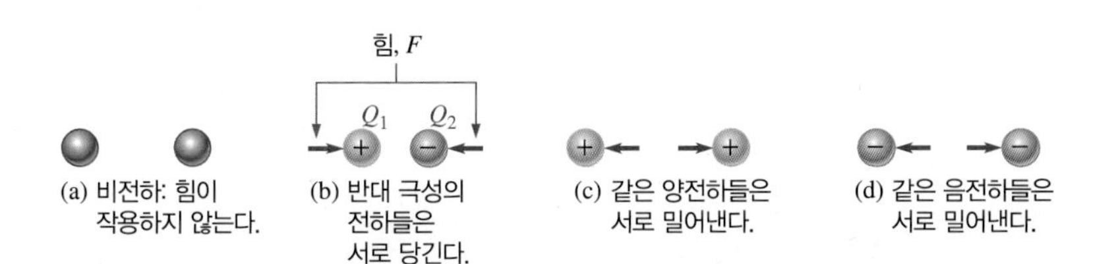

그림 2–5 전하들 사이의 인력과 척력

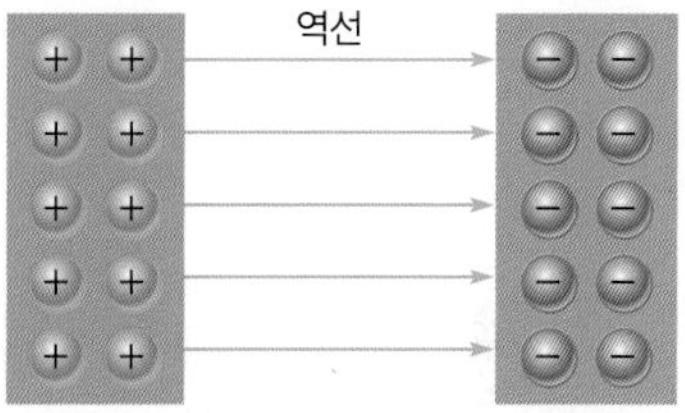

역선

그림 2–6 반대 극성 전하로 대전된 두 표면 사이의 전계

쿨롱의 법칙(Coulomb's law)은 다음과 같다.

두 점전하(Q_1, Q_2) 사이에는 힘(F)이 존재한다. 이 힘은 두 전하의 곱에 비례하고 두 전하 사이 거리(d)의 제곱에 반비례한다.

쿨롱: 전하의 단위

전하의 단위는 쿨롱이며 C로 나타낸다.

1쿨롱(coulomb)은 6.25×10^{18}개의 전자가 갖는 총 전하량이다.

한 개의 전자는 1.6×10^{-19} C의 전하를 갖는다. 주어진 개수의 전자에 대한 전체 전하량 Q(쿨롱으로 나타냄)는 다음 공식으로 구할 수 있다.

$$Q = \frac{\text{전자의 개수}}{6.25 \times 10^{18}\ \text{전자/C}} \qquad (2\text{–}1)$$

양전하와 음전하

중성원자는 전자와 양성자의 수가 같으며, 따라서 전기적으로 중성이다. 그러나 어떤 가전자가 에너지를 받아서 원자에서 떨어져 나가면, 그 원자는 양전하가 더 많게(전자보다 양성자의 수가 많음) 되고 양이온이 된다. **양이온**이란 순 양전하를 갖는 원자들을 뜻한다. 만약 원자가 최외각에 전자를 한 개 얻게 되면 이 원자는 음전하가 더 많아지고 음이온이 된다. **음이온**이란 순 음전하를 갖는 원자들로 정의된다.

가전자가 자유롭게 되기 위해 필요한 에너지양은 최외각에 있는 전자의 수와 관련이 있다. 원자는 여덟 개까지 가전자를 가질 수 있다. 최외각이 완전할수록 원자는 더 안정되고, 따라서 전자를 떼어내기 위해서는 더 큰 에너지가 필요하다. 그림 2–7은 수소 원자가 한 개의 가전자를 염소 원자에게 주면서 양이온과 음이온이 생성되고, 가스 상태의 염화수소(HCl)가 되는 것을 보여준다. 가스 상태의 HCl이 물에 용해되면 염산이 된다.

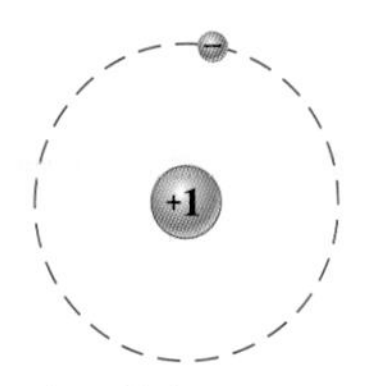
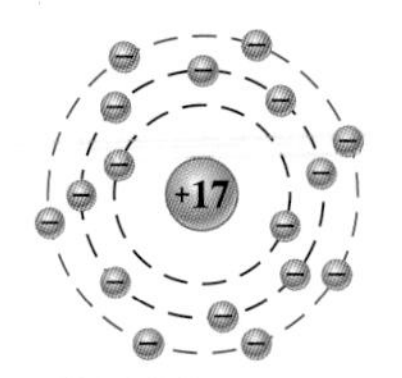

수소 원자
(양성자 1개, 전자 1개)

염소 원자
(양성자 17개, 전자 17개)

(a) 중성의 수소 원자는 한 개의 가전자를 갖는다.

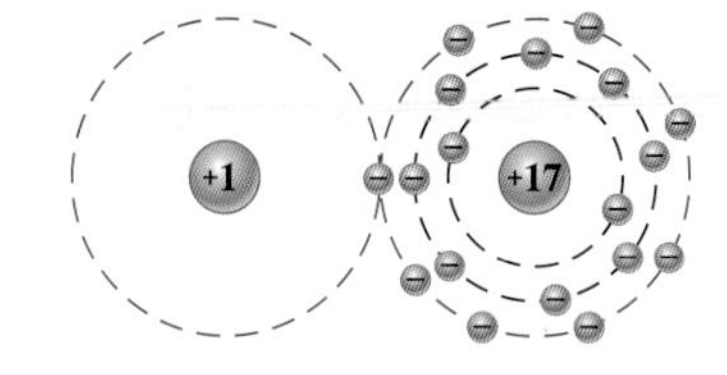

(b) 원자들은 가전자를 공유하여 결합하고 가스 상태의 염화수소(HCl)가 된다.

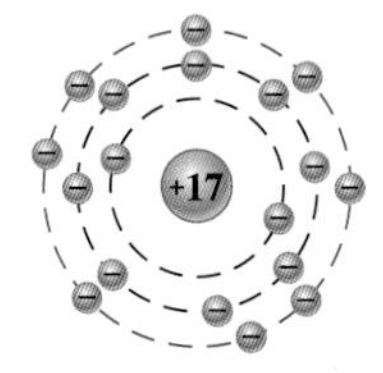

양의 수소 이온
(양성자 1개, 전자 없음)

음의 염소 이온
(양성자 17개, 전자 18개)

(c) 가스 상태의 염화수소가 물에 용해될 때, 양의 수소 이온과 음의 염소 이온으로 분리된다. 염소 원자는 수소 원자로부터 전자를 넘겨받고 용액 내에 양이온과 음이온을 형성한다.

그림 2-7 양이온과 음이온 형성 예

예제 2-1

93.8×10^{16}개의 전자의 전하량은 몇 쿨롱인가?

풀이

$$Q = \frac{\text{전자의 개수}}{6.25 \times 10^{18}\ \text{전자/C}} = \frac{93.8 \times 10^{16}\ \text{전자}}{6.25 \times 10^{18}\ \text{전자/C}} = 15 \times 10^{-2}\ \text{C} = \mathbf{0.15\ C}$$

관련문제

3 C의 전하는 몇 개의 전자를 갖고 있는가?

*해답은 이 장의 끝에 있다.

2-2절 복습 문제

1. 전하의 기호는 무엇인가?
2. 전하의 단위는 무엇이고, 그 기호는 무엇인가?
3. 두 종류의 전하는 무엇인가?
4. 10×10^{12}개의 전자의 전하량은 몇 쿨롱인가?

2-3 전압

앞에서 공부한 바와 같이, 양전하와 음전하 사이에는 끌어당기는 힘이 작용한다. 이 힘에 대항하여 전하가 정해진 거리를 유지하며 운동하기 위해서는 얼만큼의 에너지가 일의 형태로 작용해야 한다. 극성이 반대인 전하들은 분리에 따른 일정량의 위치에너지를 갖는다. 전하들의 위치에너지의 차를 전위차 혹은 전압이라고 한다. 전압은 전기회로의 구동력이며 전류를 흐르게 한다.

이 절을 마친 후 다음을 할 수 있어야 한다.

- 전압에 대해 설명한다.
- 전압에 대한 공식을 설명한다.
- 전압의 단위를 설명한다.
- 기본적인 전압원을 들고 설명한다.

전압(Voltage)은 단위 전하당 에너지로 정의되며 다음 식과 같이 표현된다.

$$V = \frac{W}{Q} \qquad (2-2)$$

여기서 V는 전압이고 단위는 볼트(V), W는 에너지이며 단위는 줄(J), Q는 전하이며 단위는 쿨롱(C)이다. 쉽게 비유하자면, 전압은 폐수로에서 파이프로 물이 흐르게 하는 펌프에 의해 발생된 수압 차와 유사한 것으로 생각할 수 있다.

볼트: 전압의 단위

전압의 단위는 **볼트(volt)**이며, 기호는 V이다.

한 점에서 다른 점까지 1쿨롱의 전하를 이동시키는 데 사용되는 에너지가 1줄일 때, 두 점 간의 전위차(전압)는 1볼트이다.

예제 2-2

10 C의 전하를 이동하기 위해 50 J의 에너지가 필요하다면, 전압은 얼마인가?

풀이

$$V = \frac{W}{Q} = \frac{50\ \text{J}}{10\ \text{C}} = \mathbf{5\ V}$$

관련문제

회로 상의 두 점 간의 전압이 12 V일 때, 그 두 점 사이를 50 C의 전하를 이동시키는 데 필요한 에너지는 얼마인가?

DC 전압원

전압원(voltage source)은 일반적으로 전압이라고 하는 전기 에너지 혹은 기전력(emf)을 공급한다. 전압은 화학 에너지, 빛에너지, 그리고 자기에너지와 기계적 운동의 결합에 의하여 발생한다.

그림 2-8
직류 전압원 기호

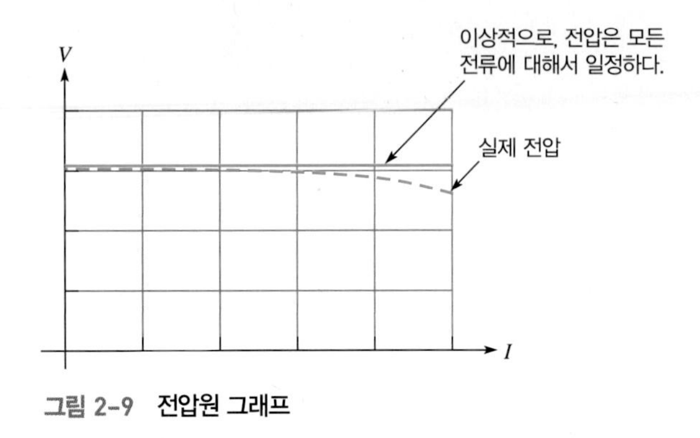

그림 2-9 전압원 그래프

이상적인 DC 전압원 이상적인 전압원은 회로에 필요한 전류를 흐르게 하기 위해 일정한 전압을 공급한다. 완벽히 이상적인 전압원은 존재하지 않지만 실제로는 거의 이상적인 것으로 봐도 된다. 특별한 언급이 없으면 이상적인 것으로 간주한다.

전압원은 직류일 수도 있고 교류일 수도 있다. 직류 전압원은 보통 그림 2-8과 같이 나타낸다. 이상적인 직류 전압원에서 전류 대 전압 관계를 보여주는 그래프를 그림 2-9에 보였다. 그림에서와 같이, 전원으로부터의 모든 전류에 대해 전압이 일정하다. 회로에 연결된 실제(비이상적인) 전압원의 경우, 점선으로 보인 것처럼 전압은 전류가 증가함에 따라 조금씩 감소한다. 저항과 같은 부하가 회로에 연결되어 있을 때 전류는 항상 전압원에서 나온다.

직류 전압원의 종류

전지 **전지**는 화학 에너지를 직접 전기 에너지로 변환시켜주는 하나 또는 여러 개의 셀(cells)들로 구성된 전압원의 일종이다. 전압의 기본 단위는 전하당 일(혹은 에너지)이고, 전지는 각각의 단위 전하에 에너지를 공급한다. 전지는 전하를 저장한다기보다 화학적 포텐셜 에너지를 저장하는 것이므로 "전지를 충전한다"는 것은 사실은 옳은 표현이 아니다. 모든 전지는 산화-환원 반응이라고 하는 특유의 화학 반응을 이용한다. 이러한 반응에서 전자는 한 반응물에서 다른 반응물로 전달된다. 반응에서 사용되는 화학 물질이 분리되면, 전자를 외부 회로로 이동하게 하며 전류가 발생하는 것이다. 전자를 위한 외부 통로가 존속하는 한, 반응은 계속되고 저장된 화학 에너지가 전류로 변환된다. 만약 통로가 차단되면 반응은 멈추고 전지는 평형상태가 된다. 전지에서 전자를 공급하는 단자는 잉여 전자를 갖고 있으며 음극(anode, 애노드)이라 한다. 전자를 받아들이는 전극은 양의 전위를 갖고 양극(cathode, 캐소드)이라 한다.

그림 2-10은 비충전식 구리-아연 전지이며, 일반 전지의 동작을 보여준다. 구리-아연 셀은 만들기도 간편하며 모든 비충전용 전지에 공통이 되는 개념을 보여준다. 구조를 보면 아연 전극과 구리 전극이 황산아연 용액과 황산구리 용액에 잠겨 있다. 이 두 용액은 Cu 이온이 Zn 금속과 직접적으로 반응

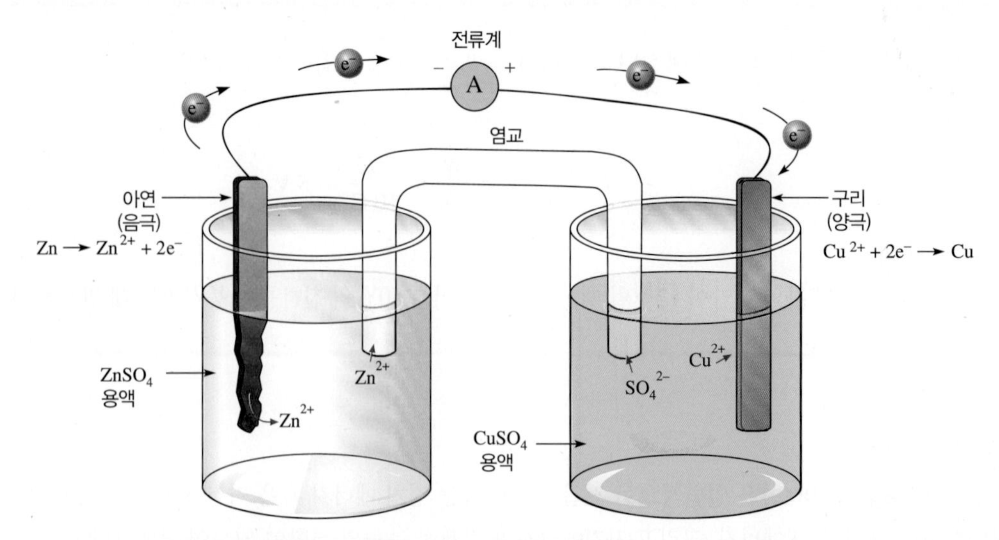

그림 2-10 구리-아연 전지. 외부에 전자 통로가 있을 때만 반응이 일어난다. 반응이 진행될 때, 아연 음극은 부식되고 Cu^{2+}이온은 전자와 결합하여 양극에 구리 금속을 침착시킨다.

하는 것을 막기 위해 염교(salt bridge)로 분리되어 있다. 아연 금속 전극은 Zn 이온을 용액에 공급하고 전자를 외부 회로에 공급한다. 따라서 이 전극은 반응이 계속됨에 따라 끊임없이 부식된다. 염교는 셀에서 전하 균형을 유지하도록 하기 위해 이온이 통과하도록 허용한다. 용액에는 자유전자가 없다. 따라서 전자를 위한 외부통로가 전류계(그림 2-10의 경우)나 다른 부하를 통해 제공된다. 양극에서는 아연에서 건너 온 전자가 용액의 구리 이온과 결합하여 구리 금속이 되며 이는 구리전극에 침착된다. 전극에서는 화학반응(그림에 보인)이 일어난다. 여러 종류의 전지들의 반응은 다 다르지만, 공통적인 것은 전지가 방전될 때 외부회로를 통해서 전자가 전송되고 내부적으로는 이온이 이동한다.

단일 셀은 특정한 전압을 갖는다. 구리-아연 셀의 전압은 1.1 V이다. 자동차 전지로 사용되는 종류인 납-산 셀의 음극과 양극 사이의 전위차는 대략 2.1 V 정도이다. 일반적인 자동차용 전지는 이러한 셀 여섯 개를 직렬로 연결하여 사용한다. 셀의 전압은 셀의 화학적 성질에 따라 달라진다. 니켈-카드뮴 셀의 전압은 대략 1.2 V이고 리튬 셀은 2차 반응물에 따라 거의 4 V까지 올라갈 수 있다. 또 셀의 화학 반응은 셀의 수명과 전지의 방전특성을 결정한다. 예를 들어 리튬-이산화망간 전지의 수명은 그와 비슷한 탄소-아연전지의 다섯 배 정도나 된다.

SAFETY NOTE

납-산 전지는 황산의 부식성이 높고 전지의 가스(주로 수소)는 폭발성이 커서 위험할 수 있다. 전지의 산이 눈에 접촉되면 심각한 손상을 일으킬 수 있고, 피부 화상을 일으키거나 옷을 망칠 수도 있다. 전지 작업을 할 때는 눈 보호 안경을 착용하여야 하고 전지를 다룬 후에는 잘 씻어야 한다. 전지를 제거할 때는 전류를 방지하고 양극의 스파크를 피하기 위해 접지를 먼저 끊어 준다.

전지 내부에는 보통 여러 개의 셀이 전기적으로 연결되어 있다. 셀이 연결되는 방법과 셀의 종류에 따라 전지의 전압과 전류 용량이 결정된다. 그림 2-11(a)와 같이 한 셀의 양극이 다음 셀의 음극에 연이어 연결되면 직렬연결이라 하며 전지 전압은 개개의 셀 전압의 합과 같다. 전지의 전류 용량을 증가시키기 위해 그림 2-11(b)처럼 여러 셀들의 양의 전극을 함께 연결하고 모든 음의 전극도 함께 연결한 것을 병렬연결이라 한다.

(a) 셀을 직렬연결하면 전압이 높아진다.

(b) 셀을 병렬연결하면 전류 용량이 커진다.

그림 2-11 전지를 구성하는 셀의 연결

HANDS ON TIP

납-산 전지의 보존 기간을 연장시키기 위해서는 충전을 충분히 하고, 서늘하고 건조한 곳에 보관하여 결빙이나 과도한 열로부터 보호해야 한다. 전지는 시간이 흐르면 자체 방전을 한다. 따라서 주기적으로 확인하여 충전율이 70% 미만으로 되었을 때는 재충전해줘야 한다.

전지들은 크기와 형태도 다양하지만 이외에도 화학적 구성과 재충전 가능 여부에 따라 분류된다. 1차 전지는 충전이 불가능하고 화학 반응이 비가역적이기 때문에 다 닳으면 폐기해야 한다. 2차 전지는 화학 반응이 가역적이므로 재사용이 가능하다. 몇 가지 중요한 전지의 종류를 들면 다음과 같다.

- **알칼리-이산화망간** 팜형 컴퓨터, 사진 장비, 장난감, 라디오 및 녹음기에 주로 사용되는 1차 전지이다. 탄소-아연 전지보다 보존 기간이 길고 전력 밀도가 높다.
- **탄소-아연** 손전등 및 소형 전기제품용의 다용도 1차 전지이다. AAA, AA, C 및 D 등 다양한 크기의 형태가 있다.
- **납-산** 일반적으로 자동차, 선박 기타 유사한 곳에 사용되는 2차 전지이다.
- **리튬-이온** 대부분의 휴대용 전자 제품에 사용되는 2차 전지이다. 이 전지는 국방, 항공, 자동차 분야에 이용이 점점 더 증가하고 있다.

- **리튬-이산화망간** 사진 및 전자 장비, 화재경보기, 전자수첩, 메모리 백업 기타 통신 장비에 주로 사용되는 1차 전지이다.
- **니켈-금속 수소화물** 휴대용 컴퓨터, 휴대폰, 캠코더 및 기타 휴대용 소비자 전자 제품에 주로 사용되는 2차 전지이다.
- **은 산화물** 시계, 사진장비, 보청기, 그리고 고용량 전지를 요구하는 전자 제품에 사용되는 1차 전지이다.
- **아연 공기** 일반적으로 보청기, 의료 감시 장비, 무선 호출기 등 기타 유사한 곳에 많이 사용되는 1차 전지이다.

연료전지 **연료전지(fuel cell)**는 전기화학 에너지를 직류 전압으로 직접 변환시켜주는 소자이다. 연료전지는 연료(보통은 수소)를 산화제(보통은 산소)와 결합시킨다. 수소 연료전지에서는 수소와 산소가 반응하여 물이 생기는데 이것이 유일한 부산물이다. 이 과정은 깨끗하고, 조용하며, 연소보다 효율적이다. 연료전지와 일반 전지는 모두 산화-환원 화학 반응을 이용한다는 점에서 유사하다. 이 화학 반응에 의해 전자들이 강제로 외부 회로로 밀려나게 된다. 그러나 일반 전지는 모든 화학 물질이 내부에 저장되는 폐쇄 형태인 반면, 연료 전지에서는 수소와 산소가 연속적으로 연료전지 내로 흘러 들어간다. 여기서 이들이 결합하고 전기를 발생시킨다.

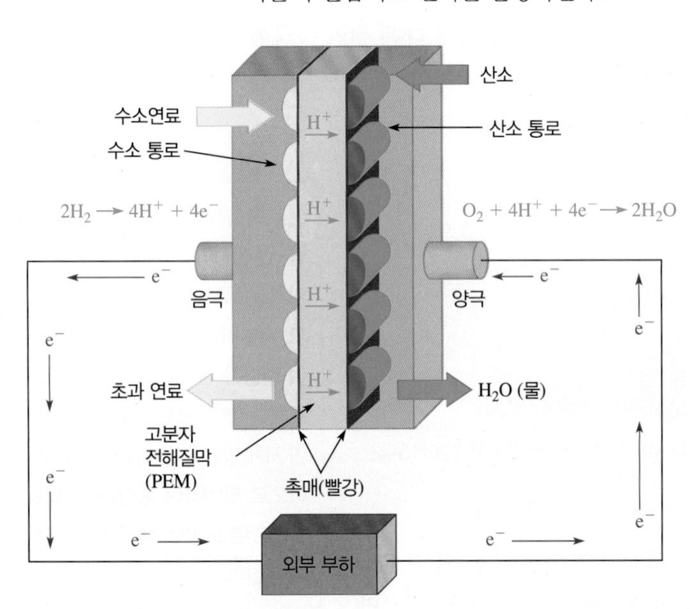

그림 2-12 연료전지의 개략도

수소 연료 전지는 일반적으로 반응 온도와 사용하는 전해질의 종류에 따라 분류된다. 어떤 종류는 정지형 발전 설비에 유용하다. 어떤 것은 작은 휴대용 기기나 자동차의 동력으로 사용하기에 적합하다. 예를 들어 자동차에 가장 적합한 종류는 PEMFC(Polymer Exchange Membrane Fuel Cell)이다. 그림 2-12에 간략한 기본 동작을 보였다.

고압의 수소 가스와 산소 가스가 각 통로를 통해 촉매 표면 위에 균등하게 분사되고, 촉매는 산소와 수소의 반응을 촉진시킨다. H_2 분자는 연료 전지의 음극 쪽에서 백금 촉매와 접촉하면서 두 개의 H이온과 두 개의 전자(e)로 쪼개진다. 수소 이온은 고분자 전해질막(PEM)을 통과하여 양극으로 이동한다. 전자는 음극을 통하여 외부 회로로 이동하여 전류를 발생시킨다.

O_2 분자는 양극 쪽에서 촉매와 접촉할 때, 분리되어 두 개의 산소 이온을 생성한다. 이 이온의 음전하는 전해질막을 통해 두 개의 H^+ 이온을 끌어들이고, 외부 회로에서 온 전자와 결합하여 물 분자(H_2O)가 된다. 이 물은 부산물로 배출된다. 이 반응으로 단일 연료 전지에서 발생하는 전압은 대략 0.7 V 정도이다. 더 높은 전압을 얻기 위해서는 여러 개의 연료 전지를 직렬로 연결한다.

연료 전지는 현재 연구가 진행 중이며 자동차 등의 분야에 응용하기 위해 신뢰성이 있고, 크기가 작으며, 비용 대비 효과가 높은 제품 개발에 초점을 두고 있다. 연료 전지의 실용화를 위해서는 수소 연료를 얻고 공급하는 최상의 방법에 관한 연구가 필요하다.

잠재적인 수소의 원천으로는 태양, 지열, 혹은 풍력에너지 등을 사용하여 물을 분리하는 것을 생각할 수 있다. 수소를 풍부하게 함유하는 석탄이나 천연가스 분자들을 분해하여 얻을 수도 있다. 수소 연료 전지의 시범적인 시행 예로 앵커리지의 우편물 처리 센터를 들 수 있는데, 여기서는 다섯 개의 200 kW 연료 전지를 이용하여 건물에 전력을 공급한다.

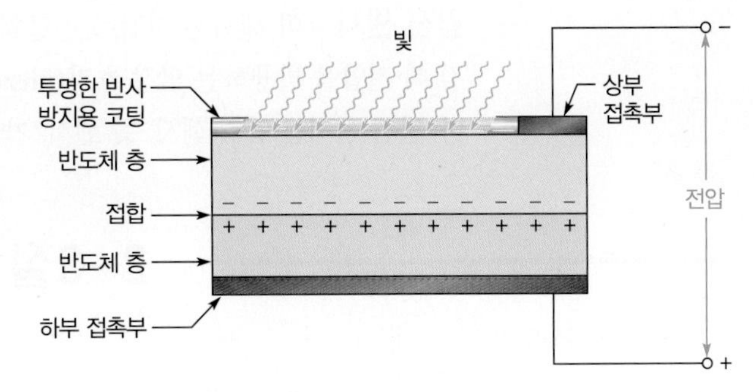

그림 2-13 기본적인 태양전지 구조

태양전지 태양전지는 빛 에너지가 전기 에너지로 직접 변환되는 광기전 효과를 이용한다. 기본적인 태양전지의 구조는 서로 다른 종류의 반도체 물질 두 층이 결합하여 접합을 이룬다. 한 층이 빛에 노출되면 많은 전자들이 충분한 에너지를 얻어 소속 원자로부터 이탈하여 접합을 통과한다. 이 과정에서 접합의 한쪽에는 음이온이, 다른 쪽에는 양이온이 형성되어, 전위차(전압)가 발생한다. 그림 2-13은 기본적인 태양전지의 구조를 보여준다.

태양전지는 현재까지는 실내의 빛을 계산기 전원으로 사용할 수 있을 정도지만, 태양광을 전기로 변환시키는 데 많은 연구가 집중되고 있다. 태양광을 이용한 깨끗한 에너지원이라는 이유 때문에 태양전지와 광기전력(PV) 모듈의 효율을 증가시키기 위한 연구가 상당히 진척되고 있다. 연속적인 전력 공급을 위해서는 태양광이 충분하지 않을 때 에너지 공급을 위한 배터리 백업이 필요하다. 태양전지는 다른 에너지원을 이용할 수 없는 원격지에 적합하고 위성에 전력을 공급하는 데도 사용된다.

과학자들은 화폐 발행하듯 인쇄할 수 있는 플랙시블 태양전지를 개발 중이다. 이 기술은 화폐를 인쇄할 때처럼 대량 인쇄로 값싸게 제조된 유기 전지를 이용하는 것이며, 고분자 중합체 연구에서 대단히 중요한 분야다.

발전기 **발전기**는 전자기유도 원리(6장 참조)를 이용하여 기계적 에너지를 전기 에너지로 변환시킨다. 코일이 자장 내에서 회전하면, 그 양단에 전압이 발생한다. 대표적인 발전기를 그림 2-14에 보였다.

전원장치 **전원장치(power supply)**는 일반 교류 전압을 일정한(직류) 전압으로 변환시켜 준다. 기본적인 상용 전원장치를 그림 2-15에 보였다. 전원장치는 3-7절에서 자세히 다룬다.

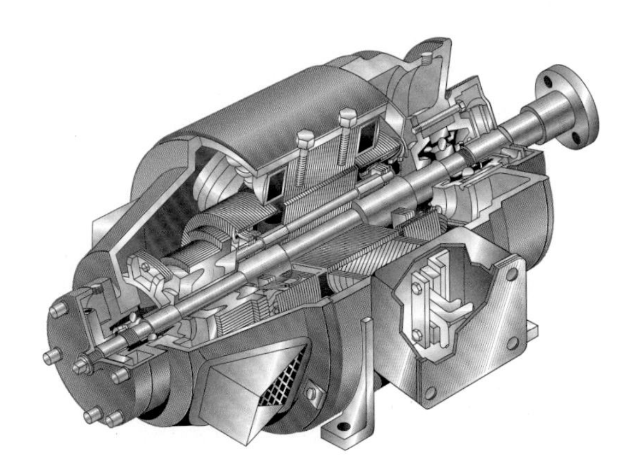

그림 2-14 직류 발전기의 절삭도

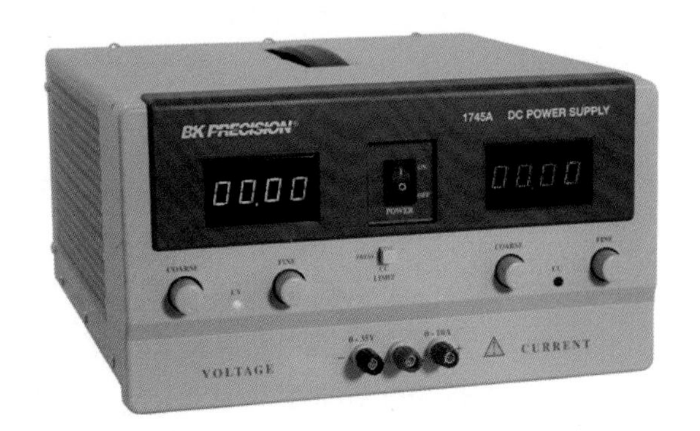

그림 2-15 기본적인 전원공급장치(B+K정밀 제공)

열전대 **열전대**는 온도 감지를 위해 흔히 사용되는 열전형의 전압원이다. 열전대는 두 개의 다른 금속의 접합으로 구성되고, 동작 원리는 금속의 접합에서 온도의 함수로서 발생하는 전압을 나타내는 **제벡 효과(Seebeck effect)**를 토대로 하고 있다.

표준형의 열전대는 사용되는 금속에 의해 분류된다. 표준 열전대는 어떤 온도 범위 내에서 예측할 수 있는 출력전압을 발생한다. 가장 흔한 것은 크로멜과 알루멜로 만들어진 유형 K이다. 또한 다른 유형은 E, J, N, B, R, 그리고 S와 같은 문자로 나타낸다.

압전 센서 이 센서는 저전력 전압원 역할을 하며, 압전 물질이 외부 힘에 의해 기계적 변형이 생길 때 전압을 발생하는 **압전 효과(piezoelectric effect)**를 이용한다. 수정과 세라믹은 압전 물질들이다. 압전 센서는 압력 센서, 힘 센서, 가속도계, 마이크로폰, 초음파 장치 등 나양한 장치에 사용된다.

2-3절 복습 문제

1. 전압을 정의하라.
2. 전압의 단위는 무엇인가?
3. 10 C의 전하를 움직이는데 24 J의 에너지가 필요하다면 전압은 얼마인가?
4. 전압원의 예를 일곱 개 들라.
5. 일반 전지와 연료전지에서 어떤 유형의 화학 반응이 일어나는가?

2-4 전류

전압은 전자들이 회로를 통해 이동할 수 있도록 에너지를 공급한다. 전자의 이런 운동이 전류이고, 전류는 전기회로에서 일을 수행한다.

이 절을 마친 후 다음을 할 수 있어야 한다.

- 전류를 정의하고 그 특성을 설명한다.
- 전자의 운동을 설명한다.
- 전류의 공식을 설명한다.
- 전류의 단위를 기술하고 정의한다.

앞에서 설명한 바와 같이, 모든 도체와 반도체 물질 내에는 자유전자가 존재한다. 그림 2–16에 보인 것과 같이, 바깥쪽 전자각에 있는 모든 전자는 물질 내에서 원자에서 원자로 아무 방향으로나 무질서하게 떠돈다. 이 전자들은 양의 금속 이온들에게 느슨하게 구속되어 있지만 열에너지로 인해 금속의 결정 구조 내를 자유롭게 돌아다닌다.

그림 2–17에서와 같이 도체 혹은 반도체 물질 양단에 전압이 인가되면, 한쪽은 양이 되고 다른 쪽은 음이 된다. 왼쪽 끝의 음의 전압에 의해 발생되는 척력은 자유전자(음전하)를 오른쪽으로 이동시킨다. 오른쪽 끝에 있는 양의 전압에 의해 발생되는 인력은 자유전자(음전하)를 오른쪽으로 끌어당긴다. 결과적으로 자유전자는 그림 2–17과 같이 물질의 음의 끝에서 양의 끝 쪽으로 이동하게 된다.

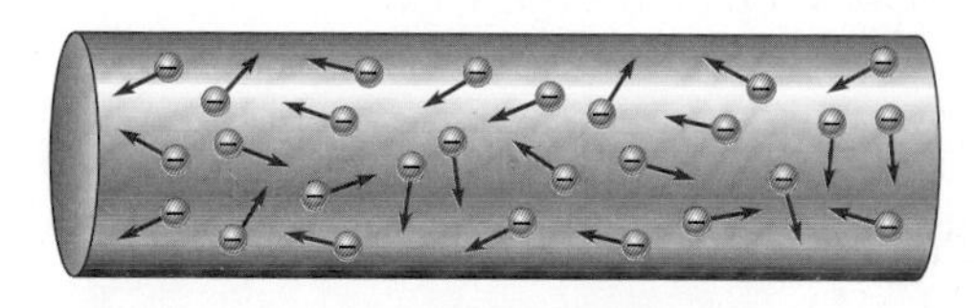

그림 2–16 물질 내의 자유전자의 랜덤운동

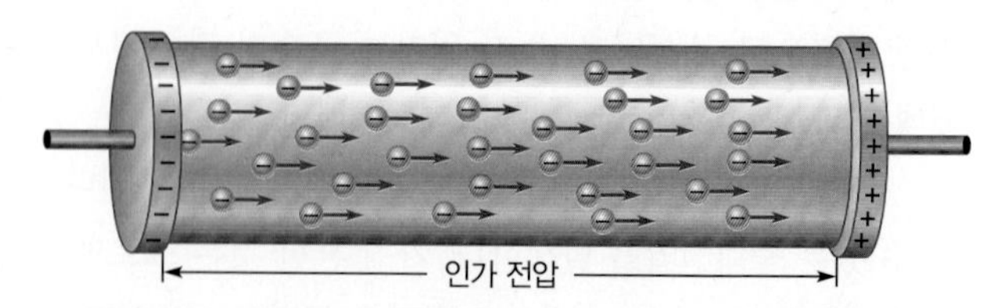

그림 2–17 도체나 반도체 물질 양단에 전압이 인가되면 전자는 음에서 양으로 흐른다.

이 같은 물질 내에서의 자유전자의 이동을 전류라 하고 I로 나타낸다.

전류(current)란 전하가 흐르는 비율이다.

도체 내에서 전류는 단위 시간당 임의의 점을 통과하여 흐르는 전자의 수(전하량)가 된다.

$$I = \frac{Q}{t} \tag{2-3}$$

여기서 I는 전류이며 단위는 암페어(A), Q는 전자의 전하이며 단위는 쿨롱(C), t는 시간이고 단위는 초(s)이다. 쉽게 비유하자면, 전류는 수계에서 펌프(전압원에 해당)에 의해 압력(전압에 해당되는)이 가해질 때 파이프를 통해 물이 흐르는 것과 유사하다고 생각할 수 있다. 전압은 전류를 발생시킨다.

암페어: 전류의 단위

전류의 단위는 암페어라고 하며, A로 나타낸다.

1 암페어(ampere)(1 A)는 1초 동안 임의의 단면적을 통해 1쿨롱(1 C)의 전자가 이동할 때 흐르는 전류의 양이다.

그림 2–18을 참고할 것. 1쿨롱은 6.25×10^{18}개의 전자에 의해 운반되는 전하다.

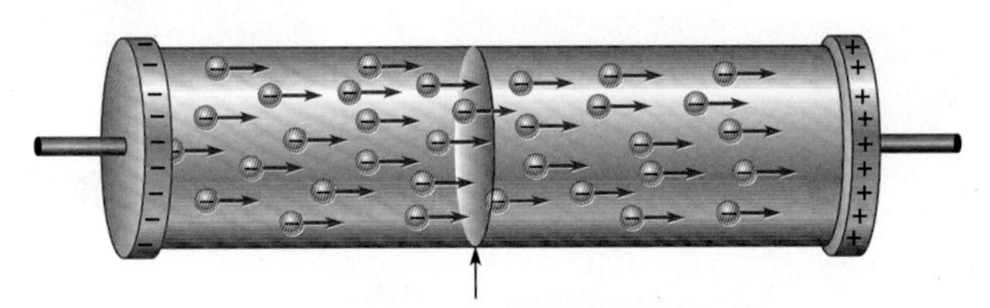

그림 2–18 1 A 전류(1 C/s) 설명

예제 2–3

2초 동안 10쿨롱의 전하가 전선을 통해 흘렀다. 전류는 몇 암페어인가?

풀이

$$I = \frac{Q}{t} = \frac{10\text{ C}}{2\text{ s}} = \mathbf{5\ A}$$

관련문제

전구의 필라멘트선을 통하여 8 A의 전류가 흐른다면, 1.5초 동안 몇 쿨롱의 전하가 필라멘트선을 통하여 이동하였는가?

전류원

이상적인 전류원 이상적인 전압원은 어떤 부하에도 일정한 전압을 제공할 수 있다. 이상적인 전류원은 어떠한 부하에도 일정한 전류를 공급할 수 있다. 이상적인 전압원이나 **전류원(current source)**은 존재하지 않지만 실제로 거의 이상적일 정도로는 만들 수 있다. 특별한 언급이 없으면 이상적인 전

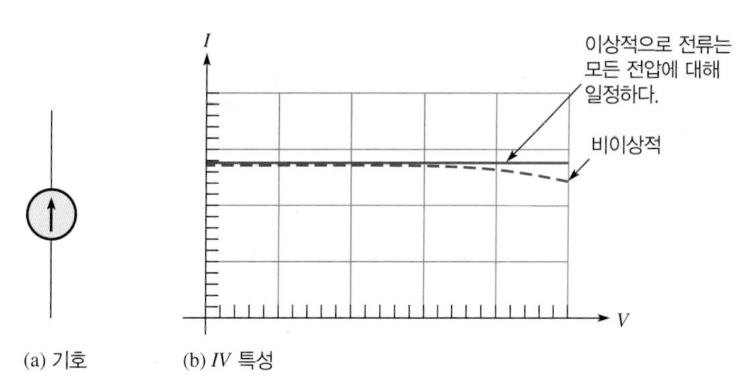

그림 2-19 전류원

류원으로 가정한다.

그림 2-19(a)는 전류원의 기호를 나타낸다. 이상적인 전류원의 그래프는 그림 2-19(b)에 보인 것처럼 수평적인 선이다. 이 그래프는 *IV* 특성 곡선이라고 한다. 전류원 양단의 어떤 전압에 대해서도 전류가 일정하다는 사실을 주목하라. 비이상적인 전류원에서는 그림 2-19(b)의 점선과 같이 전류가 감소한다.

실제의 전류원 실험실에서는 전원장치로 대개 전압원이 많이 쓰이기 때문에 전원장치라고 하면 보통은 전압원을 말한다. 전류원은 또 다른 종류의 전원장치이다.

전류원은 독립적으로 사용될 수도 있고 전압원, DMM 혹은 함수발생기와 같은 다른 기기들과 결합될 수도 있다. 그림 2-20에 보인 전원-측정 장치들은 결합형 기기의 예이다. 이 장치들은 DMM이나 다른 기기를 내장하고 있으며 전압원 혹은 전류원으로 사용될 수 있다. 이들은 주로 트랜지스터와 다른 반도체를 테스트하기 위해 사용된다.

그림 2-20 전류원과 전압원을 갖는 전원-측정 장치

대부분의 트랜지스터 회로에서, 그림 2-21의 트랜지스터 특성에 보인 것처럼 *IV* 특성 곡선의 일부가 수평선이기 때문에 트랜지스터는 전류원으로 작용한다. 이 그래프의 평평한 부분은 어떤 전압 범위 내에서 트랜지스터 전류가 일정한 것을 보여주며 이 때문에 정전류원으로 이용된다.

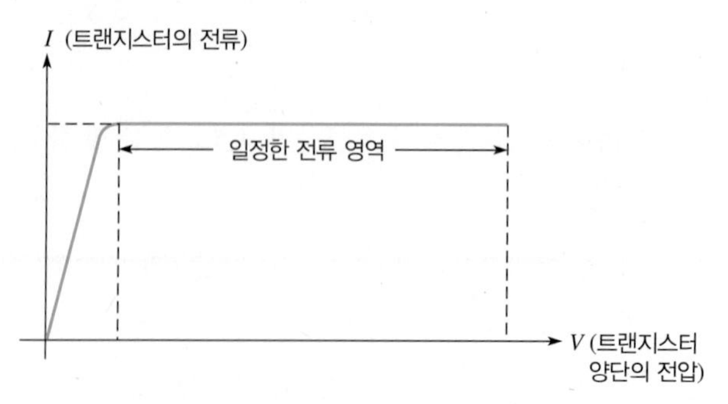

그림 2-21 일정한 전류 영역을 보여주는 트랜지스터의 특성 곡선

시스템 예제 2-1

전류원

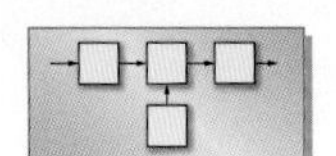

전류원은 자동차의 여러 조명장치(후진등, 방향지시등, 브레이크등, 주간주행등, 실내등)와 안정된 조명이 필요한 스튜디오의 조명 등에 유용하게 사용된다. 고휘도 LED는 에너지 효율이 좋고 신뢰도가 높으며 크기가 작고 점등 속도가 빨라서 이런 응용에 적합하다. 안정된 조명을 위한 대전류를 공급해 주기 위해 많은 집적회로가 특별히 제작되었다. 한 가지 예로 조명용 정전류 LED 구동용 BP5843A를 들 수 있다. BP5843A는 직류 전원(113 V~170 V)이나 교류 전원(80 V~120 V)에서 모두 사용이 가능하며 용도에 따라 250 mA에서 350 mA까지 범위에서 안정된 전류를 공급할 수 있다.

기본적인 정전류 조명 시스템을 그림 2-22에 보였다.

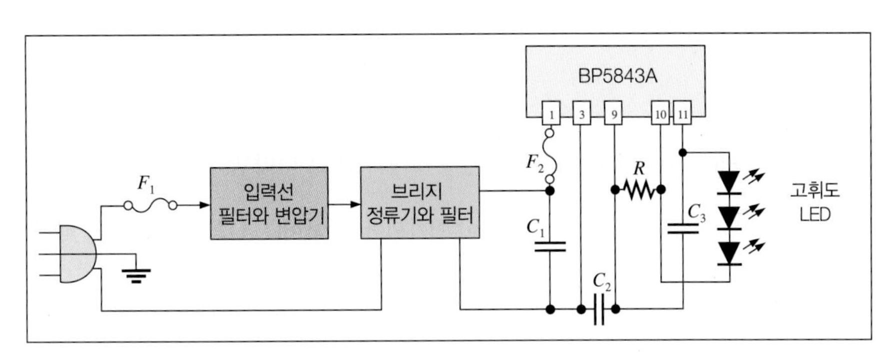

그림 2-22 기본적인 정전류 조명 시스템

2-4절 복습 문제

1. 전류를 정의하고 그 단위를 설명하라.
2. 1쿨롱의 전하에는 몇 개의 전자가 있는가?
3. 20 C의 전하가 4초 동안 전선의 어떤 점을 통과했다면 전류는 몇 암페어인가?

2-5 저항

어떤 물질에 전류가 흐를 때, 자유전자는 물질을 통해 이동하면서 수시로 원자들과 충돌한다. 충돌 과정에서 전자들은 에너지의 일부를 잃고, 따라서 이동에 제한을 받는다. 충돌이 많을수록, 전자의 흐름은 더 억제된다. 이러한 제한은 물질에 따라 다르다. 전자의 흐름을 억제하는 물질의 특성을 저항이라고 하며, R로 나타낸다.

이 절을 마친 후 다음을 할 수 있어야 한다.

- 저항을 정의하고 그 특성을 설명한다.
- 저항의 단위를 정의하고 설명한다.
- 기본적인 종류의 저항기를 설명한다.
- 컬러 코드 혹은 색 표시를 보고 저항값을 읽는다.

저항(Resistance)은 전류의 흐름을 억제하는 성질이다.

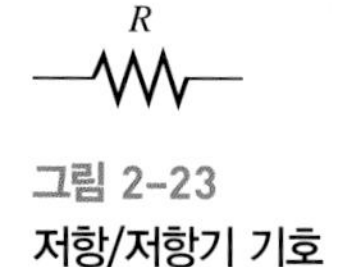

그림 2-23
저항/저항기 기호

저항은 그림 2-23과 같은 기호로 나타낸다. 저항을 갖는 물질을 통해 전류가 흐를 때 전자와 원자의 충돌에 의해 열이 발생된다. 따라서 전선은 대개 저항이 매우 작지만 많은 전류가 흐르면 따뜻해지거나 뜨거워질 수도 있다. 쉽게 비유하자면, 저항기는 폐쇄된 수계에서 파이프를 통해 흐르는 물의 양을 제한하는, 부분적으로 열린 밸브에 해당한다고 생각할 수 있다. 만약 밸브가 더 열리면(저항이 작으면) 물의 흐름(전류에 상응되는)은 증가한다. 만약 밸브가 조금 닫히면(저항이 커지면) 물의 흐름(전류에 상응되는)은 감소한다.

옴: 저항의 단위

저항 R의 단위는 옴(ohm)이며, 기호는 그리스 문자 오메가(Ω)로 나타낸다.

1옴(1 Ω)은 물질 양단에 1볼트(1 Ω)의 전압이 인가되어 1암페어(1 A)의 전류가 흐를 때의 저항이다.

컨덕턴스 저항의 역수는 **컨덕턴스(conductance)**이며, G로 나타낸다. 이것은 전류가 잘 흐르는 정도를 나타내는 척도이며, 공식은 다음과 같다.

$$G = \frac{1}{R} \tag{2-4}$$

컨덕턴스의 단위는 **지멘스(siemens)**이고, S로 나타낸다. 예를 들어 22 kΩ 저항기의 컨덕턴스는 다음과 같다.

$$G = \frac{1}{22\ \text{k}\Omega} = 45.5\ \mu S$$

가끔 *mho*라는 구 단위도 여전히 컨덕턴스의 단위로 쓰이고 있다.

저항기

특정한 크기의 저항값을 갖도록 제작된 소자를 저항기라고 한다(역주-저항과 저항기는 분명히 다른 개념이지만 우리말에서는 이를 구분하지 않고 모두 저항이라 하며, 실제로 **저항기(resistor)**란 말은 잘 쓰지 않는다). 저항기는 주로 전류를 제한하거나, 전압을 분배하거나, 때로는 열을 발생시키는 데 응용된다. 저항기들의 형태와 크기는 다양하지만 크게 두 부류, 즉 고정형과 가변형으로 분류할 수 있다.

고정형 저항기 고정형 저항기의 저항값은 폭넓게 여러 가지가 있는데 그 값은 제조 과정에서 정해지며 쉽게 바뀌지 않는다. 고정형 저항기는 다양한 방법과 재료로 만들어진다. 그림 2-24에 몇 가지 종류를 보였다.

가장 흔한 고정형 저항기는 탄소-합성 유형이며, 이것은 미세 분말 탄소, 절연 충전제, 합성수지 접합제의 혼합물로 제조된다. 탄소와 절연 충전제의 혼합비에 의해 저항값이 결정된다. 이 혼합물은 막대 형태로 만들어진 후 짧은 길이로 절단되고, 리드선이 연결된다. 전체 저항기는 보호를 위하여 절연

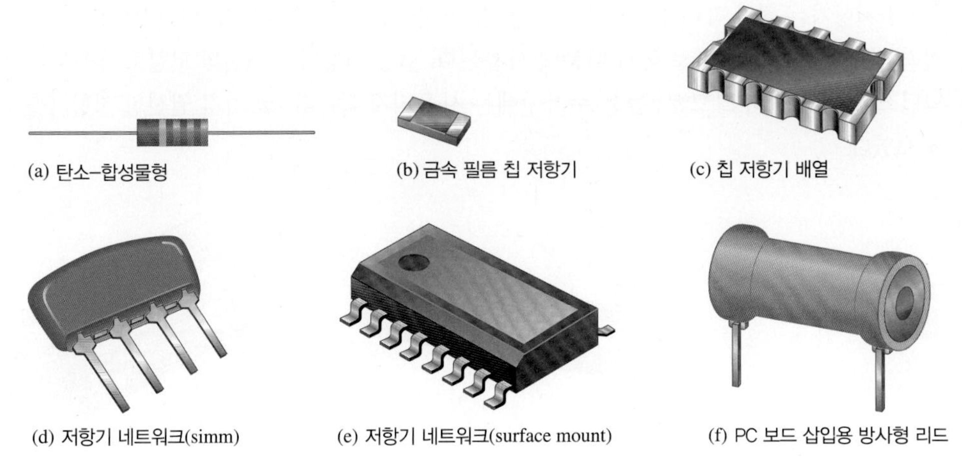

그림 2-24 전형적인 고정형 저항기들

물로 도포되어 있다. 그림 2-25(a)에 전형적인 탄소 합성 저항기의 구조를 보였다.

칩 저항기는 또 다른 종류의 고정 저항기이고 SMT(surface mount technology, 표면 실장 기술) 소자에 속한다. 이것은 크기가 매우 작아 소형 조립품에 적합하다는 이점을 갖고 있다. 작은 값의 칩 저항기(<1 Ω)는 매우 정밀한 허용오차(±0.5%)를 갖고 있으며 전류 감지 저항기 등에 응용된다. 그림 2-25(b)에 칩 저항기의 구조를 보였다.

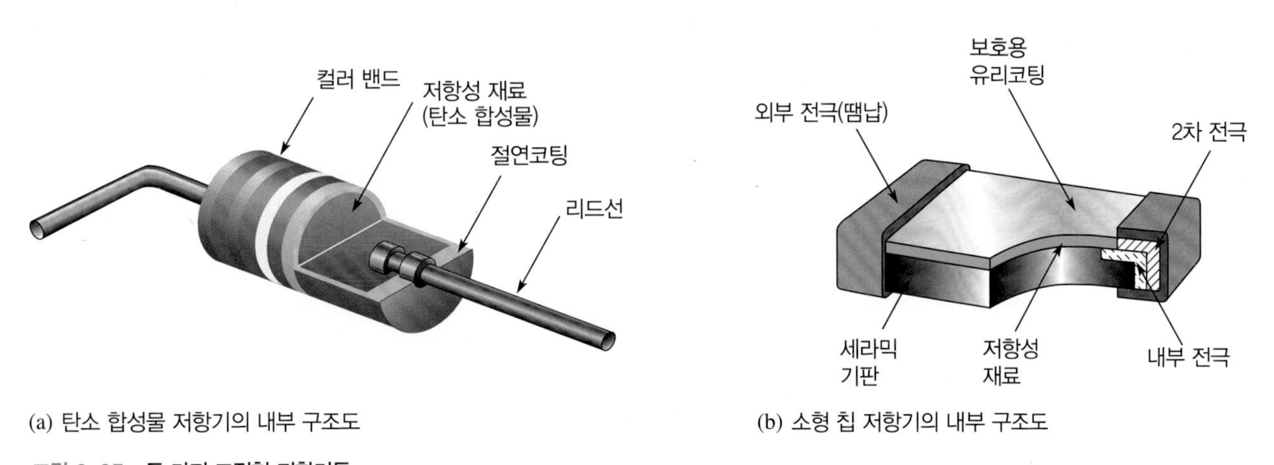

그림 2-25 두 가지 고정형 저항기들

다른 종류의 고정형 저항기로는 탄소 피막, 금속 피막, 금속 산화물 피막, 권선 저항기 등이 있다. 피막 저항기는 고등급의 세라믹 막대 표면에 저항성 재료가 균일하게 증착되어 있다. 저항성 피막으로는 탄소(탄소 피막), 혹은 니켈 크롬(금속 피막) 등이 사용된다. 이러한 종류의 저항에서, 원하는 저항값은 그림 2-26(a)에서와 같이 나선 기법을 이용하여 막대를 따라 나선형 저항성 재료의 일부를 제거함으로써 얻어진다. 이러한 방법으로 매우 정밀한 허용오차를 얻을 수 있다. 피막 저항기는 그림 2-26(b)와 같이 저항기 네트워크 형태로도 제품화되어 있다.

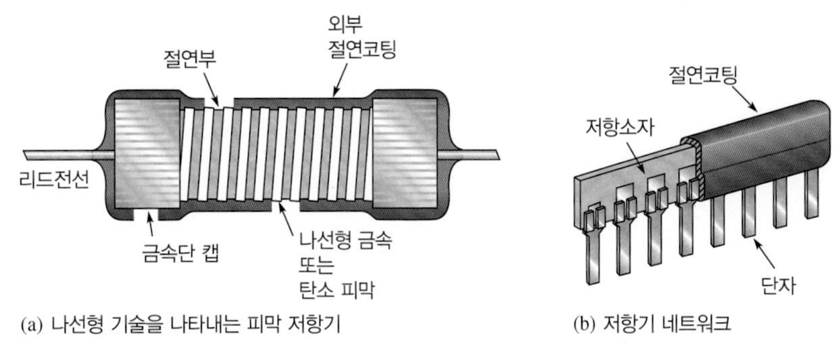

그림 2-26 피막 저항기의 구조도

권선형 저항기는 절연 막대에 저항성 도선을 감아 밀폐한 구조를 갖는다. 일반적으로, 권선 저항기는 전력 정격 값이 상대적으로 높기 때문에 사용된다. 권선 저항기는 전선의 코일로 제작되기 때문에 인덕턴스 값이 대단히 크므로, 높은 주파수에는 사용되지 않는다. 몇 가지 권선형 저항기를 그림 2–27에 보였다.

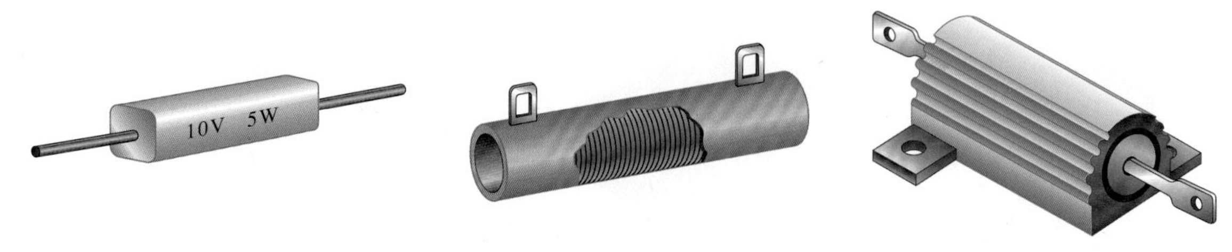

그림 2–27 권선형 전력 저항기

저항 컬러 코드 허용오차가 5%나 10%인 고정형 저항기들 중 어떤 종류는 4개의 밴드(bands)로 컬러 코드화하여 저항값과 허용오차를 나타낸다. **컬러 코드** 밴드 시스템을 그림 2–28에 보였으며, 표 2–1에 컬러 코드를 나타내었다. 이 밴드는 항상 저항기 한쪽 끝 부분에 그려져 있다.

이 4밴드 컬러 코드 읽는 법은 다음과 같다.

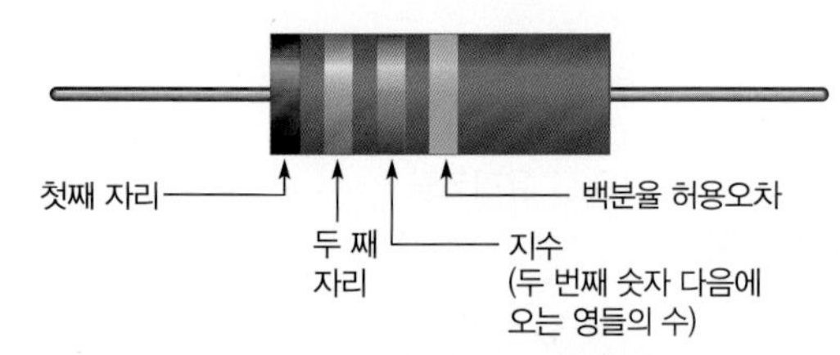

그림 2–28 4밴드 저항기의 컬러 코드

1. 저항기의 한쪽 끝 첫 번째 밴드는 저항값의 첫 자리 숫자를 나타낸다.
2. 두 번째 밴드는 저항값의 두 번째 자리 숫자다.
3. 세 번째 밴드는 **지수**(*multiplier*), 즉 두 번째 숫자 다음에 오는 영(zero)의 개수이다.
4. 네 번째 밴드는 백분율(%) 허용오차를 나타내고, 보통 금색이나 은색이다. 만약 네 번째 밴드가 없으면 허용오차는 20%이다.

표 2–1 • 4밴드 저항기 컬러 코드

	숫자	색
저항값, 처음 세 개의 밴드: 첫 번째 밴드 —첫 번째 숫자 두 번째 밴드 —두 번째 숫자 * 세 번째 밴드 —지수(두 번째 숫자 다음에 오는 영들의 수)	0	검정
	1	갈색
	2	빨강
	3	주황
	4	노랑
	5	초록
	6	파랑
	7	보라
	8	회색
	9	흰색

네 번째 밴드 — 허용오차	±5% ±10% 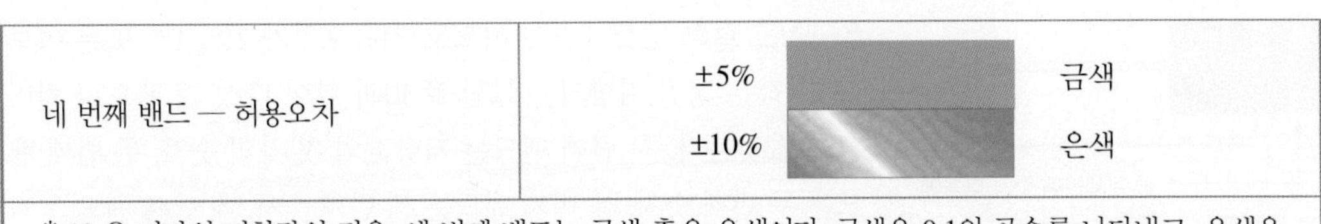	금색 은색
* 10 Ω 미만의 저항값의 경우, 세 번째 밴드는 금색 혹은 은색이다. 금색은 0.1의 곱수를 나타내고, 은색은 0.01의 곱수를 나타낸다.		

예를 들어 5%의 허용오차는 실제 저항값이 컬러 코드가 나타내는 저항값의 ±5% 오차 범위 이내에 있다는 뜻이다. 즉 5%의 허용오차를 갖는 100 Ω의 저항은 최소 95 Ω에서 최대 105 Ω까지의 저항값을 가진다.

표에서 보인 바와 같이, 10 Ω 미만 저항값의 경우, 세 번째 밴드는 금색 혹은 은색이다. 세 번째 밴드의 금색은 0.1의 곱수를 나타내고, 은색은 0.01의 곱수를 나타낸다. 예를 들어 적색, 보라색, 금색, 그리고 은색의 컬러 코드는 10%의 허용오차를 갖는 2.7 Ω을 나타낸다. 표준 저항값의 표는 부록 A에 있다.

예제 2-4

그림 2-29에 보인 컬러 코드 저항기들의 저항값과 백분율 허용오차를 구하라.

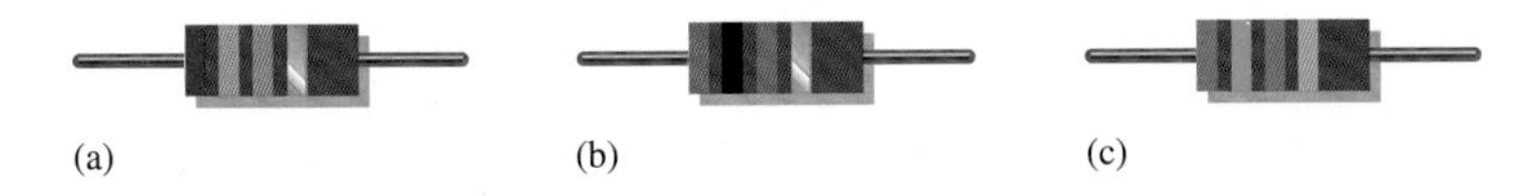

그림 2-29

풀이

(a) 첫 번째 밴드는 빨강 = 2, 두 번째 밴드는 보라 = 7, 세 번째 밴드는 주황 = 3(000)이고, 네 번째 밴드 은색은 10% 허용오차이다.

$$R = \mathbf{27{,}000\ \Omega \pm 10\%}$$

(b) 첫 번째 밴드는 갈색 = 1, 두 번째 밴드는 검정 = 0, 세 번째 밴드는 갈색 = 1(0)이고, 네 번째 밴드 은색은 ±10% 허용오차이다.

$$R = \mathbf{100\ \Omega \pm 10\%}$$

(c) 첫 번째 밴드는 초록 = 5, 두 번째 밴드는 파랑 = 6이며, 세 번째 밴드는 초록 = 5(00000)이고, 네 번째 밴드 금색은 ±5% 허용오차이다.

$$R = \mathbf{5{,}600{,}000\ \Omega \pm 5\%}$$

관련문제

어떤 저항기의 첫 번째 밴드는 노란색, 두 번째 밴드는 보라색, 세 번째 밴드는 적색, 네 번째 밴드는 금색이다. 저항값과 백분율 허용오차를 구하여라.

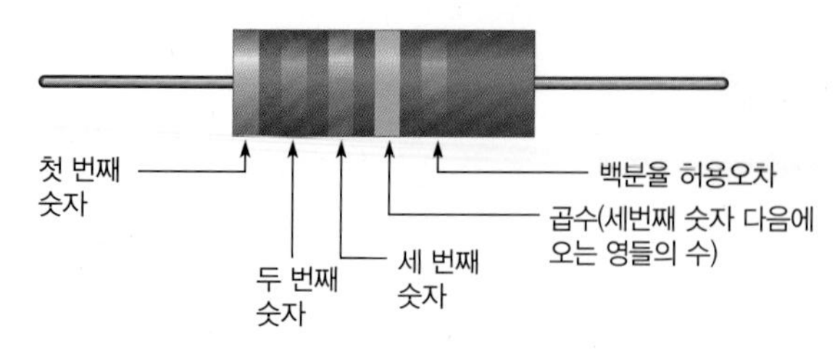

그림 2-30 5밴드 저항기의 컬러코드밴드

5-밴드 컬러 코드 일반적으로 허용오차가 2%, 1% 또는 이보다 더 작은 정밀 저항기는 그림 2-30과 같이 다섯 개 밴드의 컬러 코드를 갖는다. 첫 번째 밴드는 저항값의 첫 자리 숫자, 두 번째 밴드는 두 번째 숫자, 세 번째 밴드는 세 번째 숫자, 네 번째 밴드는 지수(세 번째 숫자 다음의 영의 수), 다섯 번째 밴드는 허용오차를 나타낸다. 표 2-2는 5밴드 컬러 코드를 나타내고 있다.

표 2-2 • 5-밴드 저항기 컬러 코드

	숫자	색깔
저항값, 처음 네 개의 밴드	0	검정
	1	갈색
	2	빨강
첫 번째 밴드 — 첫 번째 숫자	3	주황
두 번째 밴드 — 두 번째 숫자	4	노랑
세 번째 밴드 — 세 번째 숫자	5	초록
네 번째 밴드 — 지수	6	파랑
(세 번째 숫자 다음의 영의 수)	7	보라
	8	회색
	9	흰색
네 번째 밴드 — 지수	0.1	금색
	0.01	은색
	2%	빨강
	1%	갈색
다섯 번째 밴드 — 허용오차	0.5%	초록
	0.25%	파랑
	0.1%	보라

예제 2-5

그림 2-31에 보인 저항기들의 저항값과 백분율 허용오차를 구하라.

(a) (b) (c)

그림 2-31

풀이

(a) 첫 번째 밴드는 빨강 = 2, 두 번째 밴드는 보라 = 7, 세 번째 밴드는 검정 = 0, 네 번째 밴드는 금색 = 0.1이며, 다섯 번째 밴드 빨강은 2% 허용오차이다.

$$R = 270 \times 0.1 = \mathbf{27\ \Omega \pm 2\%}$$

(b) 첫 번째 밴드는 노랑 = 4, 두 번째 밴드는 검정 = 0, 세 번째 밴드는 빨강 = 2, 네 번째 밴드는 검정 = 0이며, 다섯 번째 밴드 갈색은 1% 허용오차이다.

$$R = \mathbf{402\ \Omega \pm 1\%}$$

(c) 첫 번째 밴드는 주황색 = 3, 두 번째 밴드는 주황 = 3, 세 번째 밴드는 빨강 = 2, 네 번째 밴드는 주황 = 3이며, 다섯 번째 밴드 초록은 0.5% 허용오차이다.

$$R = \mathbf{332{,}000\ \Omega \pm 0.5\%}$$

관련문제

어떤 저항기의 첫째 밴드는 노랑, 두 번째 밴드는 보라, 세 번째 밴드는 초록, 네 번째 밴드는 금색, 그리고 다섯 번째 밴드는 빨강이다. 저항값(옴으로)과 백분율 허용오차를 구하여라.

가변저항기 가변저항기는 저항값을 자유롭게 변화시킬 수 있게끔 설계되어 있다. 가변저항기는 주로 전압 분배와 전류 제어에 이용된다. 전압 분배에 이용되는 가변저항기는 **포텐쇼미터(potentiometer)**라고 부르며, 전류 제어에 이용되는 가변저항기는 **가감저항기(rheostat)**라고 한다. 그 기호는 그림 2-32과 같다. 포텐쇼미터는 그림 2-32(a)에 보인 것과 같이 3단자 소자이다. 단자 1과 단자 2 사이의 전체 저항값은 고정돼 있다. 단자 3은 이동 접점(**와이퍼**)에 연결된다. 접점을 이동시켜 단자 3과 단자 1, 또는 단자 3과 단자 2 사이의 저항값을 바꿀 수 있다.

그림 2-32(b)는 2단자 가변저항기인 가감저항기이다. (c)는 포텐쇼미터 단자 3을 단자 1 또는 단자 2에 접속시켜 가감저항기로 사용하는 방법을 나타내고 있다. (b)와 (c)는 등가 기호이다. 대표적인 포텐쇼미터들을 그림 2-33에 보였다. 아래 쪽 그림들은 구조를 보여 준다.

포텐쇼미터와 가감저항기는 그림 2-34에서와 같이 선형 또는 비선형으로 분류할 수 있다. 여기서는 전체 저항이 100 Ω인 포텐쇼미터를 하나의 예로서 사용하고 있다. (a)에 나타낸 바와 같이, 선형 포텐쇼미터에서 양 단자와 이동 접점 사이의 저항은 이동 접점의 위치에 따라 선형적으로 변한다. 예를 들어 접점이 중간에 위치하면 저항은 전체 저항의 절반이 된다. 접점이 3/4의 위치에 있으면 한 단자와 이동 접점 사이의 저항은 전체 저항의 3/4이며, 다른 단자와 이동 접점 사이의 저항은 전체 저항의 1/4이다.

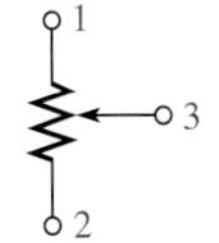

(a) 포텐쇼미터

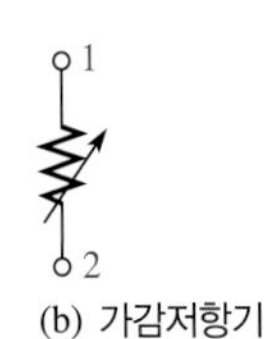

(b) 가감저항기

(c) 가감저항기 역할의 포텐쇼미터

그림 2-32 포텐쇼미터와 가감저항기 기호

비선형(tapered) 포텐쇼미터에서, 저항은 이동 접점의 위치에 따라 비선형적으로 변하며, 가령 접

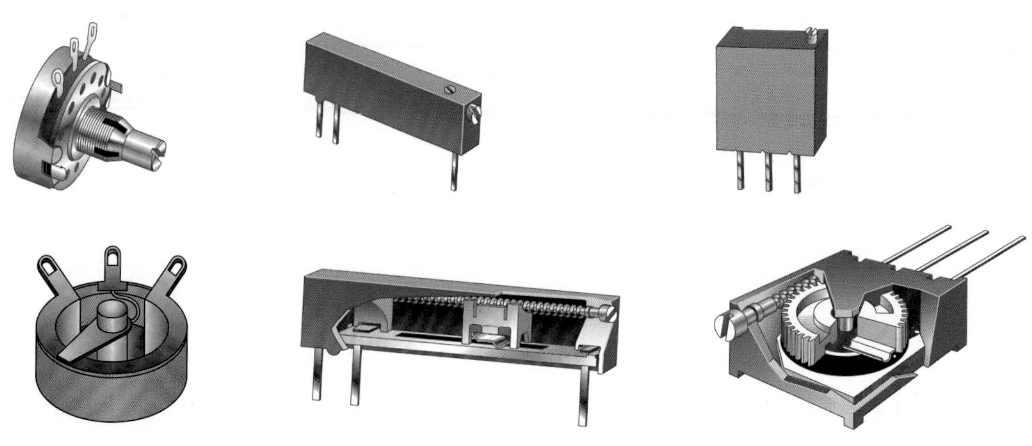

그림 2-33 대표적인 포텐쇼미터들

점이 1/2 위치에 있어도 전체 저항은 1/2이 되지 않는다. 이 개념은 그림 2-34(b)에서 설명하고 있으며, 여기서 비선형 값은 임의적이다.

포텐쇼미터는 전압제어 소자로 이용된다. 두 단자 사이에 일정 전압이 인가되었을 때 각 단자와 이동 접점(와이퍼 접점) 사이에 가변전압을 얻을 수 있다. 가감저항기는 전류제어 소자로 이용된다. 와이퍼 위치를 변경함으로써 전류를 조절할 수 있다.

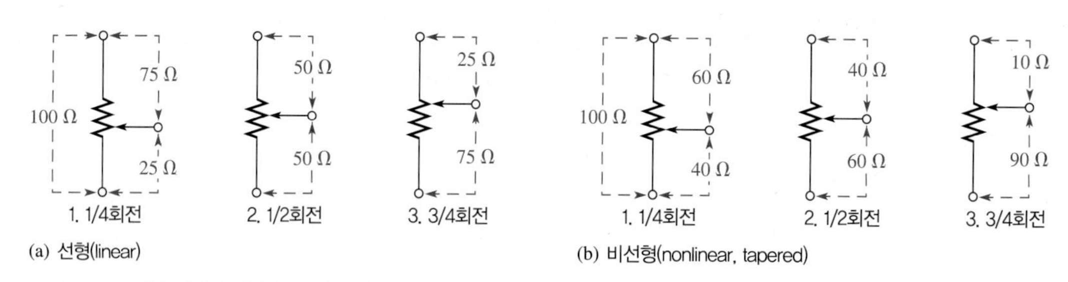

그림 2-34 (a) 선형 및 (b) 비선형 포텐쇼미터의 예

가변 저항 센서 많은 센서들은 가변저항의 개념으로 동작한다. 여기서 물리량은 전기저항을 변화시킨다. 센서 및 측정 요구조건에 따라 저항의 변화는 전압 혹은 전류를 변경시키는 저항 변화를 이용하여 직접적으로 혹은 간접적으로 결정된다.

저항 센서의 예는 온도의 함수로 저항이 변하는 **서미스터(thermistors)**, 빛의 함수로 저항이 변하는 **광전도 셀(photoconductive cells)**, 힘이 가해질 때 저항이 변하는 **스트레인게이지(strain gauges)** 등이 있다. 서미스터는 보통 자동 온도 제어장치에 사용된다. 광전지(photocells)는 날이 저물 때 가로등을 켜고 날이 샐 때 가로등을 끄는 데 사용되는 등 응용 범위가 넓다. 스트레인게이지는 저울에도 이용되고 기계적인 동작(움직임)을 감지할 필요가 있을 때 널리 응용된다. 스트레인게이지의 측정 장치는 저항의 변화가 작기 때문에 매우 예민해야 한다. 그림 2-35는 이런 저항 센서들에 대한 기호를 보여준다.

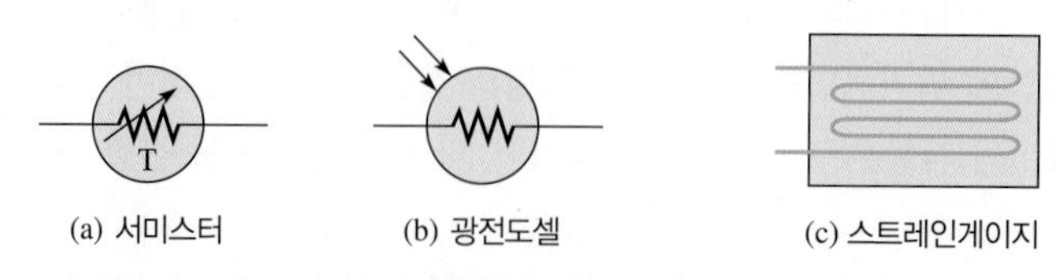

그림 2-35 온도, 빛, 힘을 감지하는 저항소자 기호

2-5절 복습 문제

1. 저항을 정의하고, 그 단위를 설명하라.
2. 저항기의 두 가지 종류를 들고 그 차이점을 간단히 설명하여라.
3. 4밴드 저항기 컬러 코드에서 각각의 밴드는 무엇을 나타내는가?
4. 다음 컬러 코드들의 저항과 백분율 허용오차는 얼마인가?
   (a) 노랑, 보라, 빨강, 금색
   (b) 파랑, 빨강, 주황, 은색
   (c) 갈색, 회색, 검정, 금색
   (d) 빨강, 빨강, 파랑, 빨강, 초록
5. 가감저항기와 포텐쇼미터의 기본적인 차이점은 무엇인가?
6. 저항센서의 예를 세 가지 들고 이들 저항에 영향을 주는 물리량을 설명하라.

2-6 전기회로

기본적인 전기회로는 어떤 유용한 목적을 위해 전압, 전류 및 저항을 이용하는 물리적 소자들을 배열한 것이다.

이 절을 마친 후 다음을 할 수 있어야 한다.

- 기본적인 전기회로를 설명한다.
- 회로도와 실제회로와의 관계를 기술한다.
- *개회로*와 *폐회로*를 정의한다.
- 여러 종류의 보호 소자를 설명한다.
- 여러 종류의 스위치를 설명한다.
- 전선의 크기와 게이지 번호와의 관계를 설명한다.
- 접지를 정의한다.

전기회로는 기본적으로 전압원, 부하, 전원과 부하 사이의 전류통로로 구성된다. **부하(load)**는 전류에 의해 일이 행해지는 소자로 정의한다. 간단한 전기회로의 한 예를 그림 2-36에 보였다. 전지는 두 개의 도체(전선)로 전구에 연결되어 있다. 전지는 전압원이며, 전구는 전지로부터 전류를 공급받으므로 전지의 부하이다. 두 개의 전선은 빨간 화살표로 표시된 것과 같이, 전지의 (−) 단자에서 램프를 거쳐 전지의 (+) 단자까지 전류 통로를 제공한다. 전류는 램프의 필라멘트(저항을 갖는)를 통해 흐르며, 이로 인해 필라멘트는 가열되어 가시광선을 발한다. 전지의 전류는 화학 작용에 의해 발생된다.

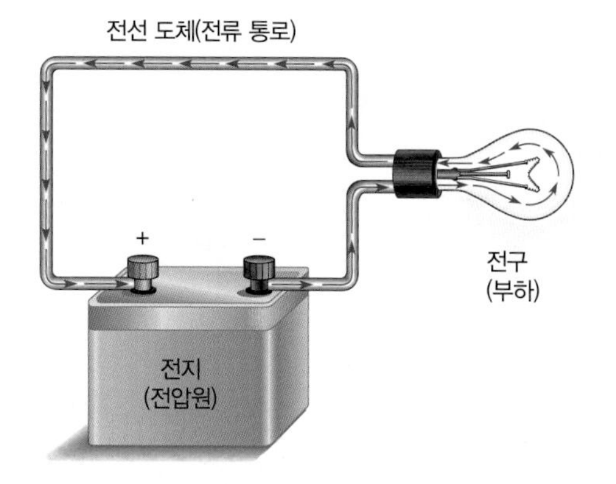

그림 2-36 간단한 전기회로

대개 전지의 한 단자는 접지(ground, common)에 연결되어 있다. 예를 들어 자동차에서 전지의 (−) 단자는 일반적으로 자동차의 금속 차대에 연결되어 있다. 차대는 자동차 전기 시스템의 접지이고 회로의 전류 통로가 된다(접지의 개념은 이 장 후반부 참조).

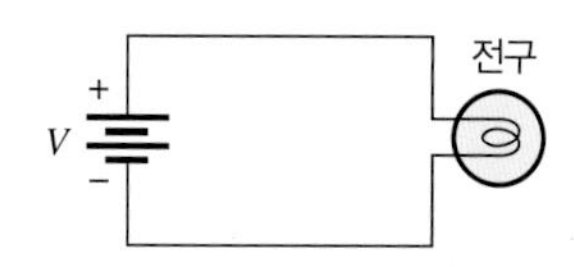

그림 2-37 그림 2-36의 회로에 대한 회로도

전기회로는 회로도로 나타낸다. 회로도는 각 소자에 대한 기호와 선으로 회로의 구성을 보여주며 회로의 동작을 알 수 있게 해준다. 회로도는 실제 회로의 물리적 배열과 상당히 다를 수도 있다. 그림 2–37은 그림 2–36의 회로에 대한 회로도이다.

회로 전류 제어 및 보호

그림 2–39(a)는 폐회로를 보여준다. **폐회로(closed circuit)**는 전류가 완전한 통로를 갖는 회로이다. **개회로(open circuit)**는 (b)와 같이 통로가 끊어져서 전류가 흐르지 않는 회로이다. 개회로의 저항은 무한대이다.

기계식 스위치 **스위치**는 일반적으로 회로를 열고 닫는 것을 제어하기 위해 사용된다. 예를 들어 그림 2–38과 같이 전구를 켜고(on) 끄는(off) 데 스위치가 사용된다. 각각의 회로를 회로도와 함께 보였다. 여기에 표시된 스위치 종류는 SPST(*single-pole-single-throw*) 토글스위치이다. **폴**(*pole*)은 스위치에서 움직일 수 있는 암(arm)을 말하고, **스로우**(*throw*)는 한 번의 스위치 동작(폴 동작)에 의해 영향 받는(열린 혹은 닫힌) 접점의 수를 의미한다.

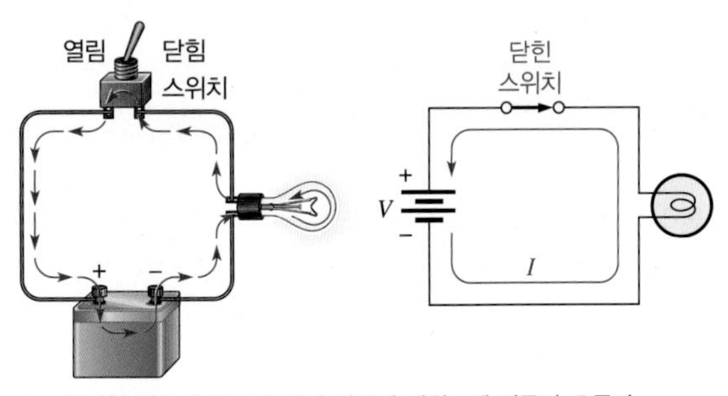

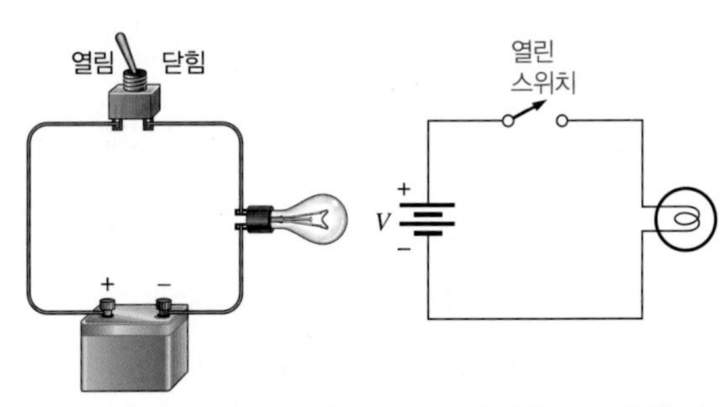

(a) 완전한 전류의 통로가 있기 때문에 폐회로에 전류가 흐른다. (스위치는 ON 즉 닫힌 위치)

(b) 통로가 끊어져 있기 때문에 개방된 회로에 전류는 흐르지 않는다. (스위치는 OFF 즉 열린 위치)

그림 2–38 SPST 스위치를 이용한 개회로와 폐회로

그림 2–39는 SPDT(*single-pole-double-throw*) 스위치를 이용하여 두 개의 전구에 흐르는 전류를 제어하는 조금 더 복잡한 회로를 보이고 있다. 각각의 스위치 위치를 나타내는 두 개의 회로도에 보인 것처럼 한 전구가 켜질(꺼질) 때 나머지 전구는 꺼진(켜진)다.

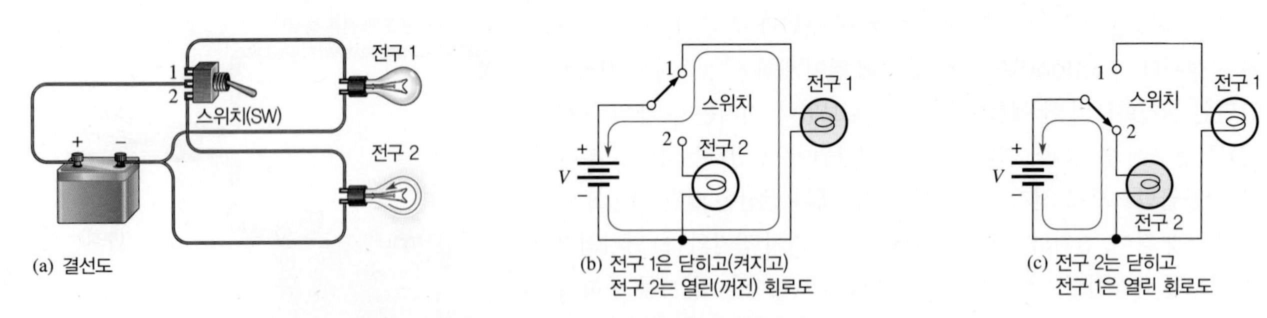

(a) 결선도

(b) 전구 1은 닫히고(켜지고) 전구 2는 열린(꺼진) 회로도

(c) 전구 2는 닫히고 전구 1은 열린 회로도

그림 2–39 SPDT 스위치를 이용하여 두 개의 전구를 제어하는 예

SPST와 SPDT 스위치 외에 다음과 같은 스위치들도 중요하다.

- **Double-Pole-Single-Throw(DPST).** DPST 스위치는 두 세트의 접점을 동시에 열거나 닫을 수 있다. 그림 2–40(c)에 그 기호를 보였다. 점선은 한 번의 스위치 동작으로 접점 암(contact arms) 양쪽이 모두 동작하도록 기계적으로 연결된 것을 나타낸다.
- **Double-Pole-Double-Throw(DPDT).** DPDT 스위치는 한 세트의 접점으로부터 두 개의 다른

세트로 연결시켜 준다. 그림 2-40(d)에 그 기호를 보였다.

- **Push-Button(PB).** 그림 2-40(e)와 같이 정상개방 푸시버튼 스위치(NOPB)에서, 버튼을 누르면 두 접점이 접속되고, 버튼을 복귀시키면 연결이 끊어진다. 그림 2-40(f)와 같이 정상단락 푸시버튼 스위치(NCPB)는, 버튼을 누를 때 두 접점 간의 연결이 끊어진다.
- **로터리(rotary).** 로터리 스위치는 하나의 접점과 다른 여러 개의 접점 중의 어느 하나를 연결하기 위해 손잡이(knob)를 돌린다. 간단한 6접점 회전식 스위치의 기호를 그림 2-40(g)에 보였다.

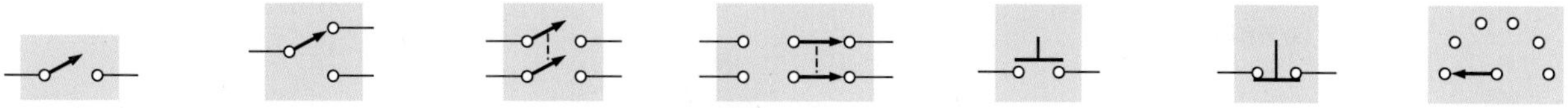

(a) SPST (b) SPDT (c) DPST (d) DPDT (e) NOPB (f) NCPB (g) 단일 폴 회전식 (6 위치)

그림 2-40 스위치 기호

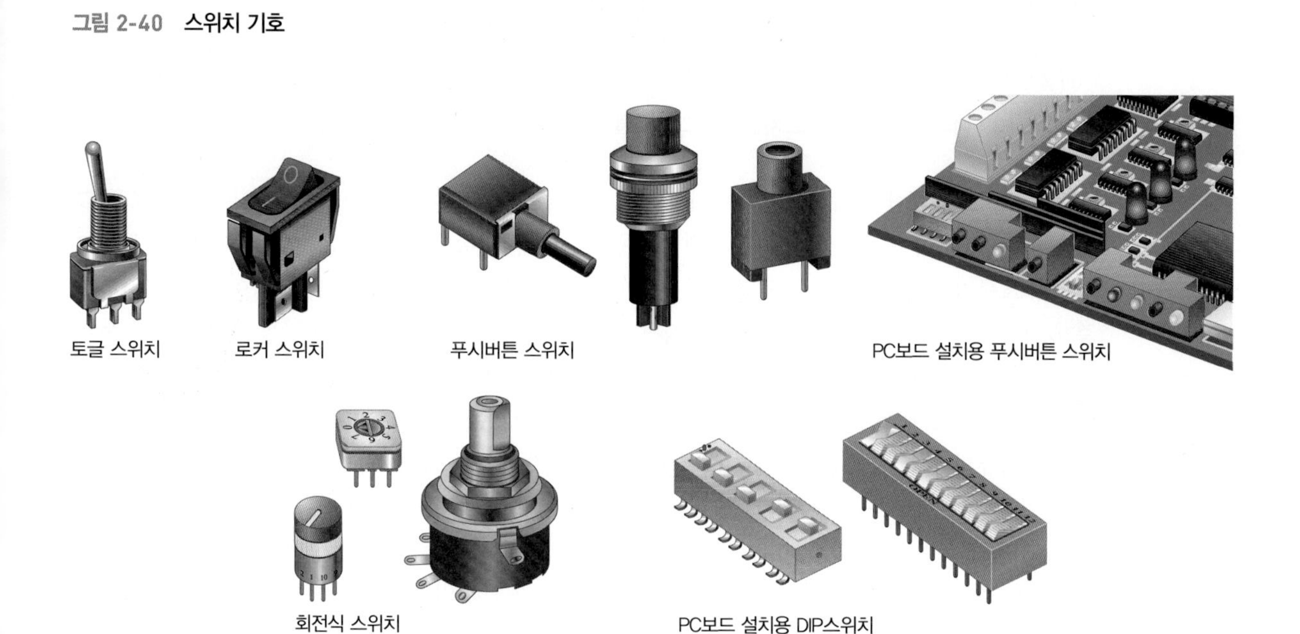

그림 2-41 기계적 스위치들

그림 2-41은 여러 종류의 스위치를 보인 것이고, 그림 2-42는 대표적인 토글 스위치의 구조도이다. 기계적 스위치 이외에 어떤 경우에는 SPST 스위치의 등가로 트랜지스터가 사용될 수 있다.

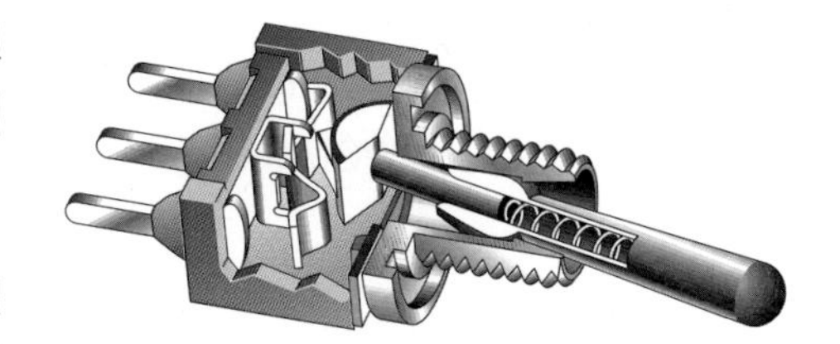

그림 2-42 토글 스위치의 구조도

보호 소자 **퓨즈(fuse)**와 **회로차단기(circuit breaker)**는 전류 통로에 설치되어 회로에서 고장 또는 비정상적인 상태로 인해 과전류가 흐를 경우 개회로를 만들어 준다. 예를 들어 20 A 정격의 퓨즈 혹은 회로차단기는 전류가 20 A를 초과할 때 회로를 개방시킨다.

퓨즈와 회로차단기의 근본적 차이점은 퓨즈는 끊어지면 교체해야 하지만 회로차단기는 개방되었을 때 복구시켜 계속 사용할 수 있다는 것이다. 이 장치들은 과전류로 인해 회로가 손상되는 것을 보호하거나 혹은 과전류로 전선이나 부품들이 과열되어 발생할 위험을 방지한다. 퓨즈는 회로차단기보다 더 빨리 과전류를 차단하기 때문에 정교한 전자장비를 보호하기 위해 사용된다. 여러 가지 퓨즈와 회로차단기를 기호와 함께 그림 2-43에 보였다.

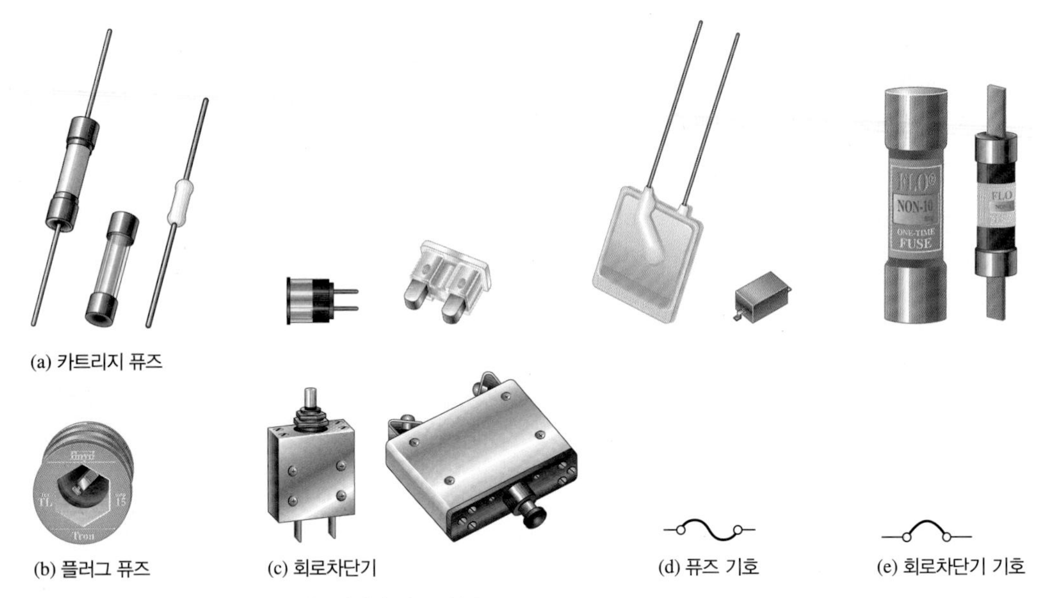

그림 2-43 여러 가지 푸즈와 회로차단기 및 그 기호들

퓨즈는 그 형태에 따라 카트리지형과 플러그형의 두 가지로 분류할 수 있다. 카트리지형 퓨즈는 그림 2–43(a)와 같이 여러 형태의 하우징에 리드선이나 다른 접속물이 연결되어 있다. 대표적인 플러그형의 퓨즈를 (b)에 보였다. 퓨즈의 작동은 전선이나 다른 금속 물질의 용융 온도를 이용한다. 전류가 증가하면, 퓨즈 소자에는 열이 축적되고 정격전류를 초과하면 소자의 용융 온도를 넘어 퓨즈가 녹게 되고 회로가 개방되어 전류가 차단된다. 그림 2–43(d)에 퓨즈 기호를 나타내었다.

그림 2–43(c)에 대표적인 회로차단기를 보였고 그 기호는 (e)에 나타내었다. 일반적으로 회로차단기는 전류의 발열 효과 혹은 전류에 의해 발생되는 자계를 이용해 과도 전류를 검출한다. 발열 효과를 이용하는 회로차단기는 정격 전류가 초과될 때 바이메탈 스프링이 접촉을 개방한다. 일단 개방이 되면, 접촉은 수동적으로 복구될 때까지 기계적인 수단에 의해 개방상태를 유지한다. 자계를 이용하는 회로차단기는 과전류에 의해 발생되는 과잉 자계에 의해 접촉이 개방되고 기계적으로 복구시켜야 한다.

전선

전선(wire)은 전기분야에 가장 널리 사용되는 도전 물질이다. 전선은 직경의 크기가 다양하며, **AWG**(American Wire Gauge)라 하는 표준 게이지 번호(gauge number)에 따라 정리되어 있다. 게이지 번호가 증가함에 따라 전선의 직경은 감소한다. 전선의 크기는 또한 그림 2–44에서와 같이 단면적으로 명기된다. 단면적의 단위는 **서큘러 밀(circular mil)**이며 줄여서 CM으로 표시한다. 1서큘러 밀은 직경이 0.001인치(0.001 in 또는 1 mil)인 전선의 면적이다. 서큘러 밀(CM)로 나타낸 단면적은 직경(단위는 1/1000인치 = 1 mil)의 제곱으로 다음과 같이 표현된다.

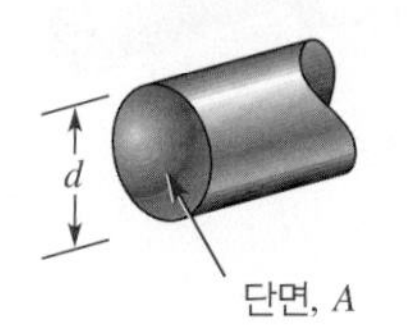

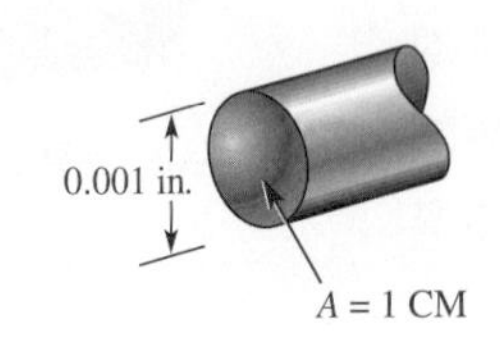

그림 2-44 전선의 단면

$$A = d^2 \tag{2-5}$$

여기서, A는 서큘러 밀(CM)로 나타낸 단면적, d는 mil로 나타낸 직경이다. 표 2–3은 AWG 크기를 이에 상응하는 단면적(CM으로) 및 20°C에서 1000 ft당 저항(Ω)과 함께 보여준다.

전선저항 구리선은 전기가 매우 잘 흐르지만 다른 도체와 마찬가지로 약간의 저항을 가지고 있다. 전선의 저항은 물질의 종류, 전선의 길이, 단면적 등에 의해 결정된다. 또한 온도도 저항에 영향을 준다.

모든 물질은 고유저항(resistivity), 저항률을 가지며 그리스 문자 ρ(rho)로 나타낸다. 각 물질의 ρ는 주어진 온도에서 일정한 값을 갖는다. 길이가 l이고 단면적이 A인 전선의 저항은 다음과 같다.

$$R = \frac{\rho l}{A} \tag{2-6}$$

이 공식으로부터 저항은 고유저항과 길이에 비례하며, 단면적에 반비례하는 것을 알 수 있다. 저항을 옴(Ω)으로 계산하기 위해서는 길이는 피트(ft), 단면적은 서큘러 밀(CM), 고유저항은 CM-Ω/ft로 하여야 한다.

표 2-3은 20°C에서 여러 표준 규격 전선의 1000 ft당 저항을 보여주고 있다. 예를 들어 길이가 1000 ft인 14 gauge 구리선의 저항은 2.525 Ω이다. 또 길이가 1000 ft인 22-gauge 전선의 저항은 16.14 Ω이다. 길이가 같을 때, 게이지가 큰 전선이 게이지가 작은 전선보다 더 큰 저항을 갖는다. 따라서 주어진 전압에서 큰 게이지의 전선이 작은 게이지의 전선보다 더 작은 전류를 전달한다.

표 2-3 • AWG(American Wire Gauge)와 저항

AWG #	면적 (CM)	저항 (Ω/1000 FT AT 20°C)	AWG #	면적 (CM)	저항 (Ω/1000 FT AT 20°C)
0000	211,600	0.0490	19	1,288.1	8.051
000	167,810	0.0618	20	1,021.5	10.15
00	133,080	0.0780	21	810.10	12.80
0	105,530	0.0983	22	642.40	16.14
1	83,694	0.1240	23	509.45	20.36
2	66,373	0.1563	24	404.01	25.67
3	52,634	0.1970	25	320.40	32.37
4	41,742	0.2485	26	254.10	40.81
5	33,102	0.3133	27	201.50	51.47
6	26,250	0.3951	28	159.79	64.90
7	20,816	0.4982	29	126.72	81.83
8	16,509	0.6282	30	100.50	103.2
9	13,094	0.7921	31	79.70	130.1
10	10,381	0.9989	32	63.21	164.1
11	8,234.0	1.260	33	50.13	206.9
12	6,529.0	1.588	34	39.75	260.9
13	5,178.4	2.003	35	31.52	329.0

AWG #	면적 (CM)	저항 (Ω/1000 FT AT 20°C)	AWG #	면적 (CM)	저항 (Ω/1000 FT AT 20°C)
16	2,582.9	4.016	38	15.72	659.6
17	2,048.2	5.064	39	12.47	831.8
18	1,624.3	6.385	40	9.89	1049.0

접지

접지(ground)는 전기회로에서 기준점이다. 접지란 용어는 대지에 박아놓은 8피트 길이의 금속 막대에 회로의 한 도체를 연결해 놓았던 사실에서 유래되었다. 오늘날 이런 식의 연결을 **대지접지**(*earth ground*)라고 한다. 가정용 배선에서, 대지접지는 초록색 선 혹은 나동선으로 나타낸다. 대지접지는 안전을 위해 보통 전기기구의 금속 섀시나 금속 전기박스에 연결한다. 금속섀시를 대지접지하지 않았을 경우 위험할 수도 있다. 계기나 전기기구 작업 전에 금속 섀시가 실제로 대지접지 전위에 있다는 것을 확인하는 것이 좋다.

또 다른 종류의 접지는 **기준접지**(*reference ground*)라 한다. 전압은 다른 어떤 점에 대한 상대적 개념이다. 만약 그 점이 명확히 명시되지 않으면, 기준접지로 간주된다. 기준접지는 회로에 대해 0 V로 정의한다. 기준접지는 대지접지와 전위가 완전히 다를 수 있다. 기준접지는 또한 **공동(common)**이라 불리는데, 이것은 공동의 도체를 나타내기 때문에 COM 혹은 COMM으로 표시된다. 실험실에서 프로토보드(protoboard)를 결선할 때 보통은 버스 스트립(보드 둘레의 긴 선) 중 하나를 이러한 공동의 도체로 잡는다.

세 가지의 접지 기호를 그림 2-45에 보였다. 대지접지와 기준접지를 구별하는 별도의 기호는 없다. (a)의 기호는 대지접지 혹은 기준접지를 나타내고, (b)는 섀시 접지(chassis ground)를 보여주며, (c)는 다른 기준 기호이다. 이 기호는 일반적으로 하나 이상의 공동 연결(같은 회로에서의 아날로그와 디지털 접지와 같은)이 있을 때 사용된다. 이 책에서는 전반적으로 (a)가 사용될 것이다.

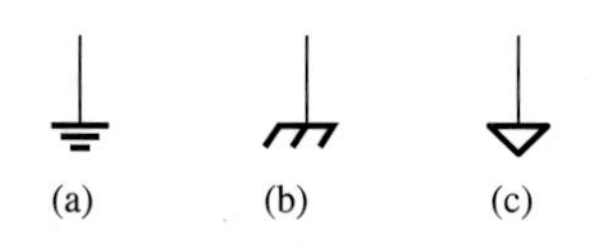

그림 2-45 접지 기호

그림 2-46은 접지 연결을 갖는 간단한 회로를 보여 준다. 전류는 12 V 전원의 음(−) 단자로부터 공동의 접지 연결을 통해, 전구와 전선을 거쳐 전원의 양(+) 단자로 되돌아온다. 모든 접지 점들이 전기적으로 같은 점이고 저항이 0인(이상적으로) 전류 통로를 제공하기 때문에 접지는 전원으로부터 전류에 대한 통로를 제공한다. 회로 윗부분의 전압은 접지에 대해 12 V이다. 회로의 모든 접지 점들은 도체에 의해 함께 연결된 것으로 간주할 수 있다.

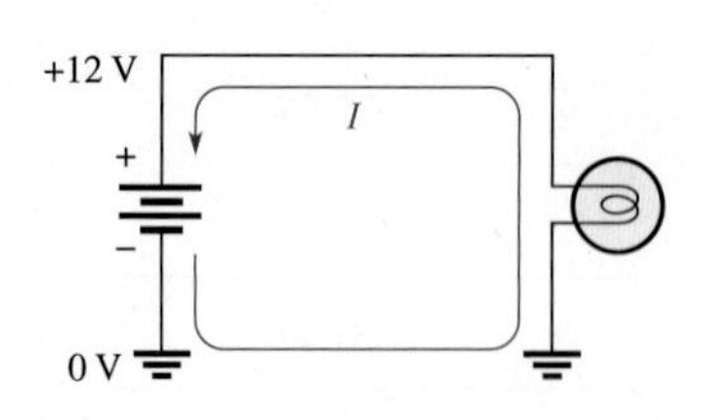

그림 2-46 접지 연결을 갖는 간단한회로

2-6절 복습 문제

1. 전기회로의 기본적인 요소는 무엇인가?
2. 개회로를 정의하여라.
3. 폐회로를 정의하여라.
4. 개방 스위치의 저항은 얼마인가? 이상적으로 폐쇄 스위치의 저항은 얼마인가?
5. 퓨즈의 목적은 무엇인가?
6. 퓨즈와 회로차단기의 차이점은 무엇인가?
7. AWG #3와 AWG #22 중 어느 전선의 직경이 더 큰가?
8. 전기회로에서 접지란 무엇인가?

2-7 기본회로 측정

전기 혹은 전자회로 작업 시, 전압, 전류 및 저항을 측정하고, 계측기를 안전하고 올바르게 사용하는 것이 필요하다.

이 절을 마친 후 다음을 할 수 있어야 한다.

- 기초회로를 측정한다.
- 회로에서 정확하게 전압을 측정한다.
- 회로에서 정확하게 전류를 측정한다.
- 정확하게 저항을 측정한다.
- 기본적인 계측기를 설치하고 측정 결과를 읽는다.

전기 전자 작업에서는 전압, 전류 및 저항을 자주 측정하게 된다. 전압 측정용 계측기는 전압계이고, 전류 측정용 계측기는 전류계이며, 저항 측정에 이용되는 계측기는 저항계이다. 보통 이 세 가지 측정기는 멀티미터라고 하는 하나의 장비로 결합되어 있어, 사용자가 스위치로 원하는 기능을 선택하여 필요한 양을 측정할 수 있다.

대표적인 휴대용 멀티미터를 그림 2-47에 보였다. (a)는 측정된 양을 디지털로 나타내는 디지털 멀티미터(DMM, digital multimeter)이고, (b)는 지침을 갖는 아날로그 멀티미터이다. 막대 그래픽 디스플레이로 나타내는 디지털 멀티미터도 많이 있다.

(a) 디지털 멀티미터

(b) 아날로그 멀티미터

그림 2-47 대표적인 휴대용 멀티미터. (a) Fluke Corporation 제공, (b) B + K 정밀 제공

계측기 기호

이 책에서는 그림 2-48과 같은 계측기들을 나타내기 위하여 특정한 기호를 사용한다. 전압계, 전류계 및 저항계를 나타내는 네 종류의 기호가 있으며, 필요에 따라 적절한 기호들이 사용된다. 디지털 미터 기호는 회로 내에서 명확한 값을 나타내려할 때 이용하며, 막대 그래픽 미터 기호와 지침형 미터 기호는 명확한 값보다는 상대적인 측정값이나 양의 변화를 나타낼 필요가 있을 때 회로의 동작을 보여주기 위해서 사용된다. 변화량은 디스플레이에 화살로 표시되어 증가 혹은 감소를 보여준다. 일반적인 기호는 어떤 값이나 그 변화를 나타낼 필요가 없을 때 단지 회로에서 계측기의 연결을 표시하기 위해 사용된다.

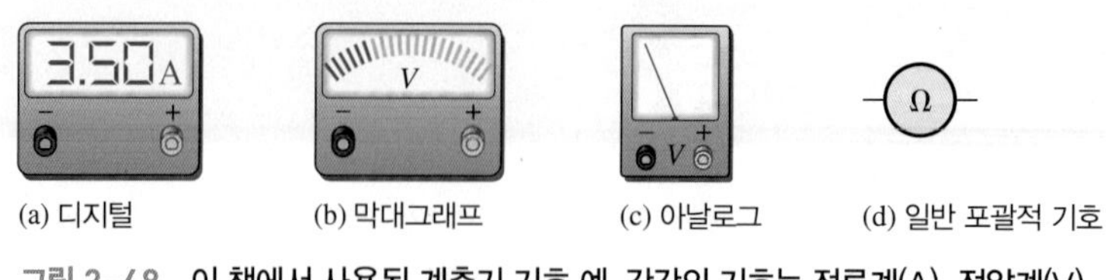

그림 2-48 이 책에서 사용된 계측기 기호 예. 각각의 기호는 전류계(A), 전압계(V), 혹은 저항계(Ω)를 나타내기 위해 이용될 수 있다.

전류 측정

그림 2-49는 전류계로 전류를 측정하는 방법을 보여준다. (a)는 저항에 흐르는 전류를 측정하기 위한 간단한 회로를 보여준다. (b)와 같이 먼저 회로를 개방하고 (c)에 보인 것처럼 전류 통로에 계측기를 연결한다. 이것은 직렬 연결이다. 계측기의 극성은 전류가 흘러 들어오는 쪽은 음의 단자로, 나가는 쪽은 양의 단자로 한다.

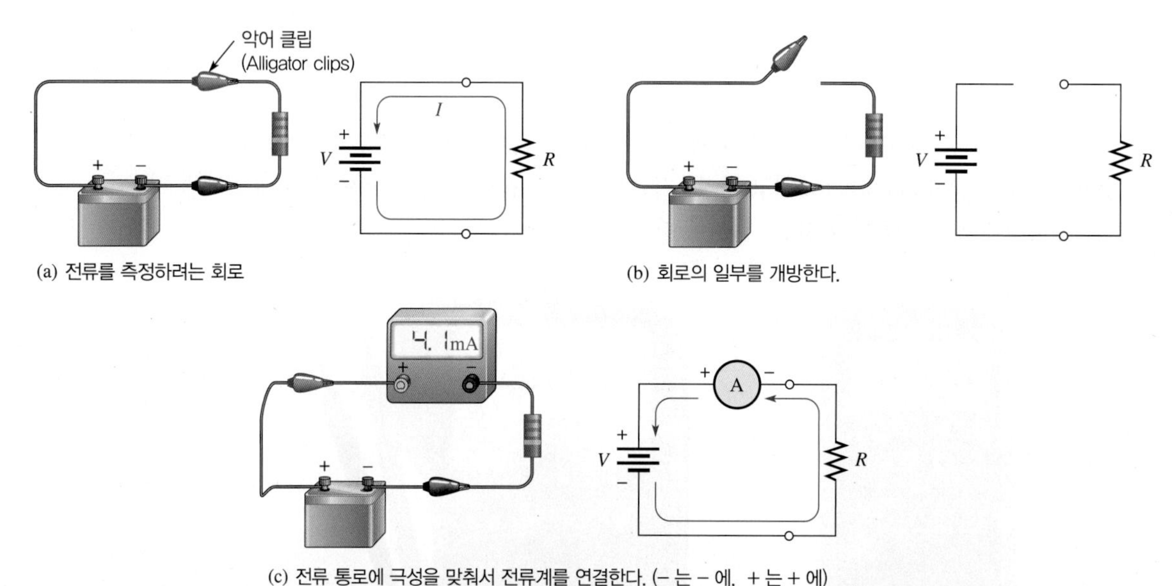

그림 2-49 간단한 회로의 전류 측정을 위한 전류계 연결

전압 측정

전압을 측정하기 위해서는 소자 양단에 병렬로 전압계를 연결한다. 계측기의 − 단자는 회로의 −쪽에, 계측기의 + 단자는 회로의 +쪽에 연결되어야 한다. 그림 2-50은 저항 양단의 전압을 측정하기 위해 연결된 전압계를 보이고 있다.

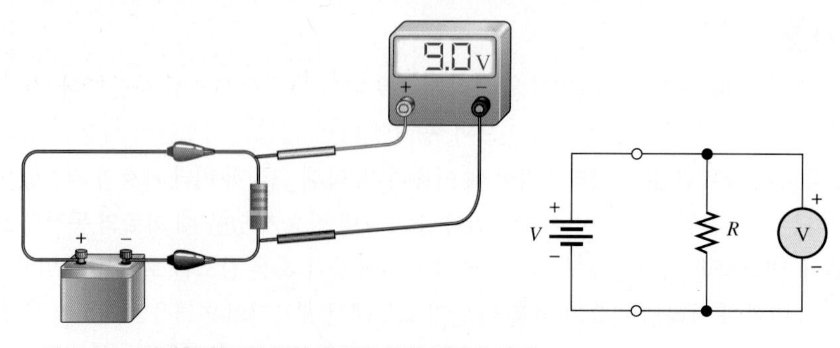

그림 2-50 간단한 회로의 전압 측정을 위한 전압계 연결

저항 측정

저항을 측정하기 위해서는 저항기를 회로에서 제거하거나 차단하고 저항기 양단에 저항계를 연결해야 한다. 그 과정을 그림 2–51에 보였다.

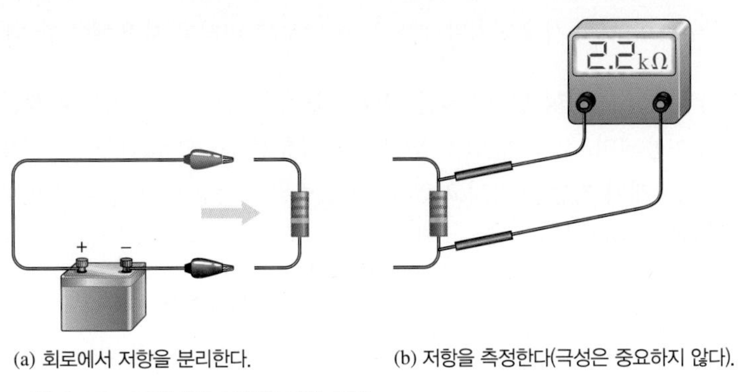

(a) 회로에서 저항을 분리한다.

(b) 저항을 측정한다(극성은 중요하지 않다).

그림 2–51 저항계를 이용한 저항 측정

SAFETY NOTE

전기회로에서 작업할 때 반지나 기타 어떤 종류의 금속성 장신구도 착용하면 안된다. 이러한 것들이 회로와 접촉되면 회로에 충격이나 손상을 초래할 수 있다. 자동차 전지와 같이 고에너지 전원에서 이같은 단락은 순간적으로 착용자에게 화상을 입힐 수 있다.

디지털 멀티미터

DMM(digital multimeter)은 전압, 전류, 혹은 저항을 측정할 수 있는 다기능 전자 계기이다. DMM은 가장 널리 사용되는 종류의 전자계측기이다. 일반적으로 DMM은 다음에 설명할 아날로그 미터보다 기능이 더 많고 정확도가 더 높고 읽기도 편리하며, 신뢰도도 더 높다. 그러나 아날로그 미터는 DMM에 비해 한 가지 이점을 가지고 있다. DMM의 속도가 너무 느려 응답할 수 없는 단기간의 변화와 경향을 아날로그 미터는 추적할 수 있다. 그림 2–52는 대표적인 DMM을 나타내고 있다.

그림 2–52 대표적인 디지털 멀티미터(DMM). (B+K 정밀 제공)

DMM 기능 대부분의 DMM은 다음과 같은 것들을 측정할 수 있다.

- 저항
- DC 전압과 전류
- AC 전압과 전류

어떤 DMM은 아날로그 바 그래프 디스플레이, 트랜지스터 또는 다이오드 테스트, 전력 측정, 그리고 오디오 증폭기 시험을 위한 데시벨 측정과 같은 기능을 추가로 갖추고 있다.

아날로그 멀티미터 측정

전기량 측정에는 주로 DMM이 사용되지만, 때로는 아날로그 미터를 사용해야 할 때도 있다.

기능 대표적인 아날로그 지침형 멀티미터를 그림 2-53에 보였다. 이 계기는 저항값은 물론 직류와 교류 전기량 측정에 이용되며, 직류전압(DC VOLTS), 직류전류(DC mA), 교류전압(AC VOLTS) 그리고 저항(OHMS) 등 4개의 기능을 가지고 있다. 측정 범위와 눈금 차이는 있지만, 대부분의 아날로그 멀티 미터는 이것과 유사하다.

측정 범위 각각의 기능에서 측정 범위(range)는 회전식 스위치 회전으로 다양하게 선택할 수 있다. 예를 들어 DC 전압 기능은 0.3 V, 3 V, 12 V, 60 V, 300 V, 600 V의 측정 범위를 갖는다. 결과적으로 최대 눈금 범위 0.3 V에서 최대 눈금 범위 600 V까지 직류전압을 측정할 수 있다. DC mA 기능에서 직류전류는 최대 눈금 범위 0.06 mA에서 최대눈금범위 120 mA까지 측정할 수 있다.

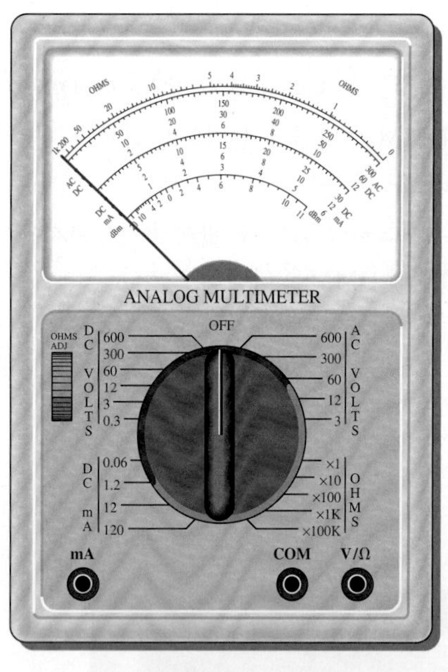

그림 2-53 대표적인 아날로그 멀티미터

옴 스케일 계측기의 맨 위에는 옴 스케일이 있다. 이것은 각각의 구간에 나타난 값들이 크게 또는 적게 변하는 비선형 눈금을 가지고 있다. 그림 2-53에서 눈금이 오른쪽에서 왼쪽으로 가면서 좀 더 압축되는 것에 주목하라.

실제 저항값을 읽기 위해서는 회전식 스위치에 의해 선택된 수와 눈금의 수를 곱해야 한다. 예를 들어 스위치가 ×100에 맞추어져 있고, 지침이 눈금 20을 가리키고 있으면, 저항값은 20 × 100 = 2000 Ω이 된다.

또 다른 예로, 스위치가 ×10에 위치하고, 지침이 1과 2 사이의 7번째 작은 눈금을 가리키고 있다면 17 Ω(1.7 × 10)이 된다. 만약 저항값은 변동이 없고 스위치의 위치를 ×1로 바꾼다면 지침은 15와 20 사이의 두 번째로 작은 구간으로 이동할 것이다. 물론 이것 역시 17 Ω이며, 스위치의 선택에 따라 저항을 다양한 눈금으로 측정할 수 있음을 말해준다. 그러나 측정 범위를 변경할 때마다 두 측정 단자를 접촉시켜 0점 조절을 하여야 한다.

AC-DC와 DC mA 스케일 위에서 두 번째, 세 번째, 네 번째 눈금은 DC VOLTS, DC mA, 그리고 AC VOLTS 기능을 공동으로 이용하고 있다. 위쪽 AC-DC 눈금은 최대값이 300으로 측정 범위는 0.3, 3 그리고 300 중 어느 하나를 선택해 이용할 수 있다. 예를 들어 스위치를 DC VOLTS 기능에서 3에 맞추었다면, 300 눈금의 전체 눈금 값은 3 V가 된다. 300에 맞추었다면, 전체 눈금 값은 300 V가 된다. 중간 AC-DC 스케일의 최대 눈금은 60이다. 이 눈금은 0.06, 60 그리고 600의 범위설정과 함께 사용된다. 스위치를 DC VOLTS 기능의 60에 맞추었을 때 최대 눈금값은 60 V가 된다. 아래쪽 AC-DC 눈금은 최대 눈금이 12이며, 1.2, 12 그리고 120과 같은 스위치 설정으로 사용된다. 나머지 눈금은 직류전류와 데시벨 측정을 위한 것이다.

2-7절 복습 문제

1. 다음을 측정하기 위한 멀티미터 기능은 무엇인가?
   (a) 전류
   (b) 전압
   (c) 저항
2. 그림 2-39의 회로에서 어느 한쪽의 전구를 통하여 흐르는 전류를 측정하기 위해 두 개의 전류계를 어떻게 설치해야 하는지 보여라(반드시 극성을 확인하라). 한 개의 전류계로 동일한 측정을 하려면 어떻게 하나?
3. 그림 2-39의 전구 2에 걸리는 전압을 측정하려면 전압계를 어떻게 연결하여야 하는가?
4. DMM 디스플레이의 대표적인 유형 두 개를 열거하고, 각각의 장점과 단점을 논하라.
5. 그림 2-53에서 아날로그 멀티미터는 DC 전압을 측정하기 위하여 3 V 범위로 설정하였다. 지침이 위쪽 AC-DC 눈금 150을 가리킨다면 측정된 전압은 얼마인가?
6. 275 V DC를 측정하려면 그림 2-53의 멀티미터는 어떻게 설정하고 전압을 어느 스케일로 읽는가?
7. 그림 2-53의 멀티미터로 20 kΩ이 넘을 것으로 예상되는 저항을 측정하려면 스위치를 어디에 두어야 하는가?

요약

- 원자는 원소의 성질을 유지하는 가장 작은 입자이다.
- 전자는 음(–) 전하의 기본 입자이다.
- 양성자는 양(+) 전하의 기본 입자이다.
- 이온은 전자를 얻거나 잃은 원자이며, 전기적으로 중성이 아니다.
- 원자의 바깥쪽 궤도에 있는 전자(가전자)들이 이탈하면, 이들은 자유전자들이 된다.
- 자유전자는 전류를 흐르게 한다.
- 극성이 같은 전하는 서로 밀고, 극성이 다른 전하는 서로 당긴다.
- 회로에 전압이 인가되어야 전류가 흐를 수 있다.
- 연료전지(Fuel cell)와 배터리는 산화–환원 작용을 이용하여 화학에너지를 전기에너지로 변환한다.
- 저항은 전류를 억제한다.
- 전기회로는 기본적으로, 전원, 부하 및 전류통로로 구성된다.

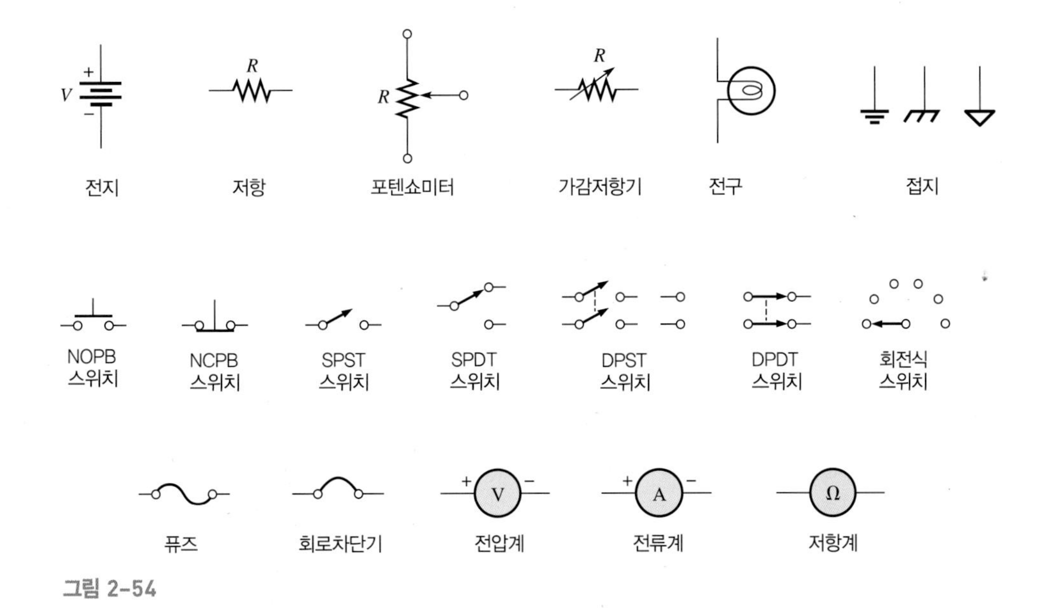

그림 2-54

- 개회로는 전류통로가 끊어진 회로이다.
- 폐회로는 완전한 전류통로를 갖고 있는 회로이다.
- 전류계는 전류를 측정하기 위해서 전류통로와 직선으로(직렬로) 연결된다.
- 전압계는 전압을 측정하기 위해서 전류통로 양단에(병렬로) 연결된다.
- 저항계는 저항을 측정하기 위해서 저항기 양단에 연결된다. 저항기는 회로로부터 연결이 끊어져야 한다.
- 그림 2–54는 이 장에서 소개된 전기 기호를 나타낸다.
- 1쿨롱은 6.25×10^{18}개의 전자들이 가지고 있는 전하량이다.
- 한 점에서 다른 점까지 1 C의 전하를 이동시키기 위해 1 J의 에너지가 필요하다면 두 점 간의 전위차(전압)는 1 V이다.
- 1 A는 1 C의 전하가 1초 동안 물질의 주어진 단면적을 통해 이동할 때 흐르는 전류량이다.
- 물질 양단에 1 V의 전압이 인가되었을 때 1 A의 전류가 흐르면 그 때의 저항은 1 Ω이다.

핵심 용어 핵심용어 및 볼드체로 된 용어는 책 뒷부분의 용어사전에도 정의되어 있다.

가감저항기 Rheostat 2단자 가변저항기

개회로 완전한 전류통로가 존재하지 않는 회로

도체 전류가 쉽게 흐르는 물질. 예를 들어 구리

반도체 컨덕턴스 값이 도체와 절연체 사이에 있는 물질. 실리콘, 게르마늄 등

볼트 전압 혹은 기전력의 단위

부하 회로의 출력단자 양단에 연결되어 있으며 전원으로부터 전류를 끌어들이고 일을 행하는 소자(저항 혹은 다른 부품)

스위치 전류의 통로를 열거나 닫아주기 위한 전기 또는 전자소자

암페어 전류의 단위

연료전지 Fuel cell 전기화학 에너지를 DC 전압으로 변환하는 장치. 예를 들어 수소연료 전지

옴 저항의 단위

원자 원소의 독특한 성질을 유지하고 있는 가장 작은 입자

자유전자 모원자로부터 이탈한 가전자. 물질 내에서 원자들 사이를 자유롭게 이동한다.

저항 전류를 억제하는 성질. 단위는 옴(Ω)

저항계 저항을 측정하기 위한 계기

저항기 Resistor 특정한 값의 저항을 갖도록 제조된 전기 부품

전류 전하(자유전자)가 흐르는 비율. 전하의 흐름 자체를 전류라고도 한다.

전류계 전류를 측정하기 위해 이용되는 전기 계기

전류원 여러 부하에 일정한 전류를 공급하는 장치

전압 회로에서 전자를 한 점에서 다른 점까지 이동시킬 수 있는 단위 전하당 일의 양

전압계 전압 측정을 위한 계기

전압원 여러 부하에 대해 일정한 전압을 공급하는 장치

전자 물질의 전하의 기본 입자. 전자는 음(−) 전하를 갖는다.

전하 전자가 남거나 부족하기 때문에 생기는 물질의 전기적 상태. 전하는 양(+)이거나 음(−)이다.

절연체 정상 상태에서는 전류가 흐르지 않는 물질

접지 회로에서의 공통점 혹은 기준점

지멘스 컨덕턴스의 단위

컨덕턴스 전류를 허용할 수 있는 회로의 능력. 단위는 지멘스(siemens, S)

쿨롱 전하의 단위. 6.25 × 10개의 전자들이 가지는 전하량

쿨롱의 법칙 두 전하 사이에 존재하는 힘은 두 전하의 곱에 비례하고 두 전하 사이 거리의 제곱에 반비례한다는 법칙

폐회로 완전한 전류 통로를 갖는 회로

포텐쇼미터 Potentiometer 3단자(3-terminal) 가변저항기

퓨즈 회로에 과전류가 흐를 때 녹아서 회로를 개방시켜 보호하는 소자

회로도 전기 또는 전자회로를 기호화하여 그린 다이어그램

회로차단기 전기회로에서 과전류를 차단해 주는 재설정이 가능한 보호소자

AWG American Wire Gaug 전선 직경을 기준으로 표준화한 번호

DMMs Digital multimeter 전압, 전류와 저항을 측정하는 계측기들을 결합한 전자계기

주요 공식

(2–1) $Q = \dfrac{\text{전하의 개수}}{6.25 \times 10^{18}\ \text{전자/C}}$ 전하

(2–2) $V = \dfrac{W}{Q}$ 전압(V)은 에너지(J)를 전하(C)로 나눈 것과 같다.

(2–3) $I = \dfrac{Q}{t}$ 전류(A)는 전하(C)를 시간(s)으로 나눈 것과 같다.

(2–4) $G = \dfrac{1}{R}$ 컨덕턴스(siemens)는 저항(Ω)의 역수이다.

(2–5) $A = d^2$ 단면적(CM)은 직경(mil)의 제곱과 같다.

(2–6) $R = \dfrac{\rho l}{A}$ 저항은 비저항(CM Ω/ft)에 길이(ft)를 곱하고 단면적(CM)으로 나눈 것이다.

O/X 퀴즈 해답은 이 장의 끝에 있다.

1. 핵에 있는 중성자 수는 그 원소의 원자번호이다.
2. 전하의 단위는 암페어이다.
3. 전지에서 에너지는 화학에너지 형태로 저장되어 있다.
4. 볼트는 단위 전하당 에너지로 정의될 수 있다.
5. 5밴드 정밀저항기에서 네 번째 밴드는 허용오차다.
6. 가감저항기는 포텐쇼미터와 기능이 같다.
7. 변형게이지는 인가되는 힘에 응하여 저항을 변화시킨다.
8. 모든 회로는 전류를 위한 완전한 통로를 가져야 한다.
9. 서큘러밀(circular mil, CM)은 면적의 단위이다.
10. DMM으로 측정할 수 있는 세 가지 기본적인 양은 전압, 전류 및 전력이다.

자습문제 해답은 이 장의 끝에 있다.

1. 원자번호가 3인 중성원자는 몇 개의 전자를 가지고 있는가?
(a) 1 **(b)** 3 **(c)** 없다. **(d)** 원자의 종류에 달려 있다.

2. 전자궤도는 무엇이라 불리는가?
(a) 전자각(shells) **(b)** 핵(nuclei) **(c)** 파동(waves) **(d)** 원자가(valences)

3. 전류가 흐르기 어려운 물질은 무엇인가?
(a) 필터 **(b)** 도체 **(c)** 절연체 **(d)** 반도체

4. 양(+)으로 대전된 물질과 음(−)으로 대전된 물질을 서로 가까이 두면 어떻게 되나?
(a) 반발한다. **(b)** 중성이 된다. **(c)** 당긴다. **(d)** 전하를 교환한다.

5. 전자 한 개의 전하는 얼마인가?
(a) 6.25×10^{-18}C **(b)** 1.6×10^{-19}C **(c)** 1.6×10^{-19} J **(d)** 3.14×10^{-6}C

6. 다음 중 전위차와 같은 용어는?
(a) 에너지 **(b)** 전압 **(c)** 핵으로부터 전자까지의 거리 **(d)** 전하

7. 에너지의 단위는 무엇인가?
(a) 와트(watt) **(b)** 쿨롱(coulomb) **(c)** 줄(joule) **(d)** 볼트(volt)

8. 다음 중 에너지원의 종류가 아닌 것은?
(a) 전지 **(b)** 태양전지 **(c)** 발전기 **(d)** 포텐쇼미터

9. 수소 연료 전지의 부산물은?
(a) 산소 **(b)** 이산화탄소(carbon dioxide) **(c)** 염산(hydrochloric acid) **(d)** 물

10. 다음 중 전기회로에서 일반적으로 가능하지 않은 조건은?
(a) 전압은 있고 전류는 없음 **(b)** 전류는 있고 전압은 없음
(c) 전압과 전류 모두 있음 **(d)** 전압은 없고 전류는 없음

11. 전류를 정의하면?
(a) 자유전자들 **(b)** 자유전자들이 흐르는 비율
(c) 전자들을 이동시키는 데 필요한 에너지 **(d)** 자유전자들의 전하

12. 다음 중 어느 때 회로에 전류가 흐르지 않는가?
(a) 직렬 스위치가 닫혀 있을 때 **(b)** 직렬 스위치가 열려 있을 때
(c) 전원전압이 없을 때 **(d)** (a)와(c) 모두
(e) (b)와(c) 모두

13. 저항기의 주목적은 무엇인가?
(a) 전류를 증가시킨다. **(b)** 전류를 제한한다.
(c) 열을 발생시킨다. **(d)** 전류의 변화를 억제한다.

14. 포텐쇼미터와 가감저항기는 다음 중 어느 유형에 속하나?
(a) 전압원 **(b)** 가변저항기 **(c)** 고정저항기 **(d)** 회로차단기

15. 어떤 회로의 전류가 22 A를 초과하지 않는다면 가장 바람직한 퓨즈 값은?
(a) 10 A **(b)** 25A **(c)** 20 A **(d)** 퓨즈가 필요하지 않다.

연습문제 선별된 일부 문제의 해답은 이 책의 끝에 있다.

기초문제

2-2 전하

1. 50×10^{31}개의 전자는 몇 C의 전하를 가지는가?

2. 80 μC의 전하를 만들려면 몇 개의 전자가 필요한가?

3. 구리원자 핵의 전하는 몇 쿨롱(C)인가?

4. 염소원자 핵의 전하는 몇 쿨롱(C)인가?

2-3 전압

5. 다음 각 경우의 전압을 구하라.

(a) 10 J/C **(b)** 5 J/2 C **(c)** 100 J/25 C

6. 저항을 통해 100 C의 전하를 이동시키는데 500 J의 에너지가 사용되었다. 저항 양단의 전압은 ?

7. 저항을 통해 40 C의 전하를 이동시키는데 800 J의 에너지가 소모되는 전지의 전압은 얼마인가?

8. 전기회로를 통해 2.5 C을 이동시키기 위해 자동차의 12 V 전지가 소모한 에너지는 얼마인가?

9. 0.2 C의 전하가 이동될 때 태양전지 충전기가 2.5 J의 에너지를 전달했다면 전압은 얼마인가?

2-4 전류

10. 문제 9의 태양전지가 그 전하를 10 s 동안 이동시켰다면, 전류는 얼마인가?

11. 다음 각 경우의 전류를 구하라.

(a) 1초 동안 75 C의 전하가 이동 **(b)** 0.5초 동안 10 C의 전하가 이동

(c) 2초 동안 5 C의 전하가 이동

12. 6/10 C의 전하가 어떤 점을 3초 동안 통과한다면 전류는 몇A인가?

13. 전류가 5 A라면, 10 C의 전하가 한 점을 통과하는데 걸린 시간은?

14. 전류가 1.5 A라면, 0.1초 동안 몇 C의 전하가 한 점을 통과하는가?

2-5 저항

15. 그림 2–55(a)는 컬러코드화 된 저항기들을 보여준다. 각각의 저항값과 허용오차를 구하여라.

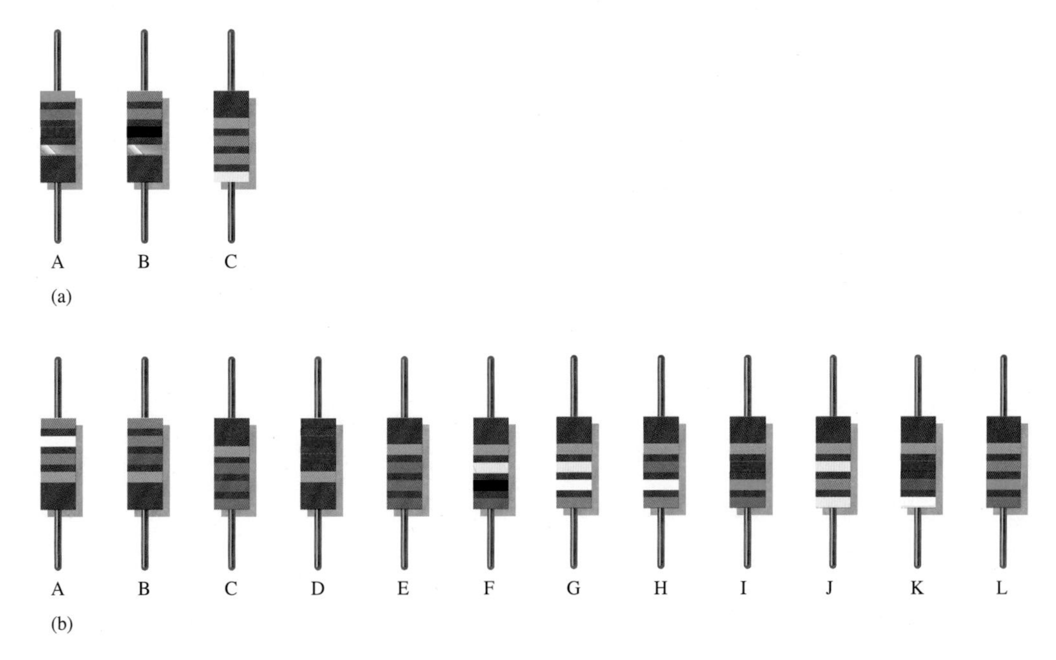

그림 2–55

16. 그림 2–55(a)의 각 저항기에 대해 허용오차 범위 내에서 최소 및 최대저항을 구하라.

17. (a) 5% 허용오차를 갖는 270 Ω의 저항이 필요하다면 어떤 컬러밴드를 골라야 하는가?

(b) 그림2–55(b)의 저항기들에서 330 Ω, 2.2 kΩ, 39 kΩ, 56 kΩ 및 100 kΩ을 고르라.

18. 그림 2–56의 저항기들의 저항값과 허용오차를 구하여라.

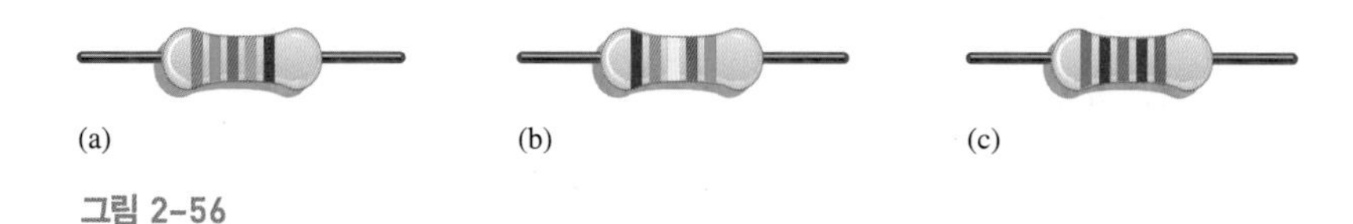

그림 2–56

19. 다음 4밴드 저항기들의 저항과 허용 오차를 구하라.

(a) 갈색, 검정, 검정, 금색 **(b)** 초록, 갈색, 초록, 은색 **(c)** 파랑, 회색, 검정, 금색

20. 다음 4밴드 저항기들에 대한 컬러밴드를 결정하라. 모두 5% 허용 오차를 가지고 있다고 가정한다.

(a) 0.47 Ω **(b)** 270 kΩ **(c)** 5.1 MΩ

21. 다음 5밴드 저항기들의 저항과 허용오차를 구하라.

(a) 빨강, 회색, 보라, 빨강, 갈색 **(b)** 파랑, 검정, 노랑, 금색, 갈색

(c) 흰색, 주황, 갈색, 갈색, 갈색

22. 다음 5밴드 저항기들에 대한 컬러밴드를 결정하여라. 모두 1% 허용오차를 가지고 있다고 가정한다.

(a) 14.7 kΩ **(b)** 39.2 Ω **(c)** 9.76 kΩ

2–6 전기회로

23. 그림 2–39(a)의 전등회로에서 전류통로를 그려라. 이 회로의 스위치는 중간핀과 아래핀 사이를 연결하고 있다.

24. 그림 2–39(b)의 전등회로에 과전류로부터 회로를 보호하기 위해 퓨즈를 연결하였다. 회로도를 다시 그려라.

2–7 기본 회로 측정

25. 그림 2–57에서 전류와 전원 전압 측정을 위해 전류계와 전압계를 설치해야 할 위치를 보여라.

26. 그림 2–57에서 저항 R_2를 측정할 방법을 설명하라.

27. 그림 2–58에서 스위치(SW)가 위치 1에 있을 때 각각의 전압계가 지시하는 값은 얼마인가? 위치 2에서는?

28. 그림 2–58에서 스위치(SW)의 위치에 관계없이 전압원으로부터 오는 전류를 측정하려면 전류계를 어떻게 연결해야 하는지 보여라.

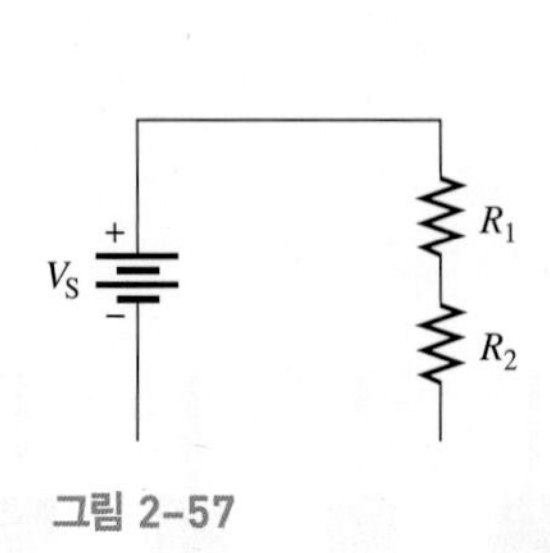

그림 2–57

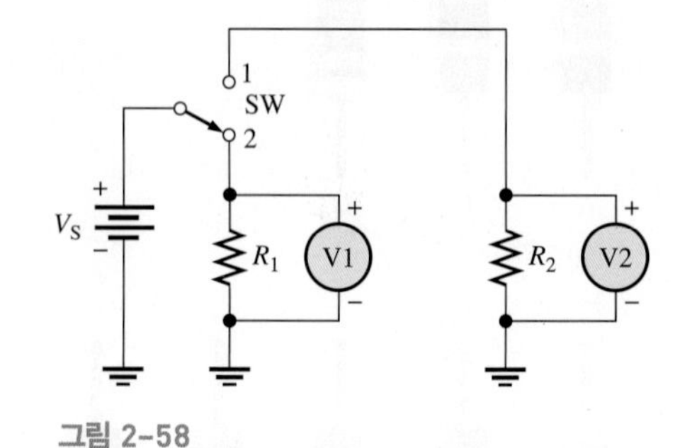

그림 2–58

29. 그림 2–59의 계측기가 지시하는 전압은 얼마인가?

30. 그림 2–60의 계측기가 측정한 저항값은 얼마인가?

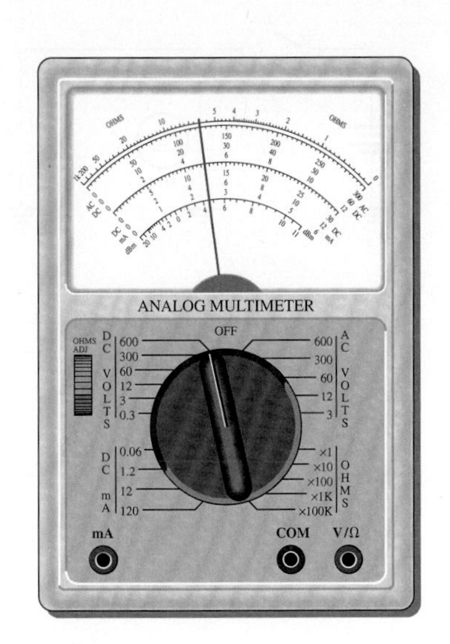

그림 2-59

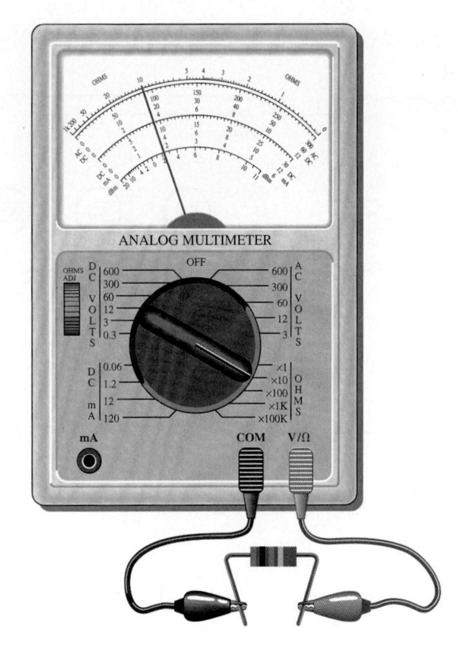

그림 2-60

31. 다음 각각의 경우, 저항값은 얼마인가?

(a) 측정범위(레인지)는 R × 100로 설정, 지침은 2를 지시하고 있다.

(b) 지침은 15를 지시, 범위설정은 R × 10M

(c) 지침은 45를 지시, 범위설정은 R × 100

32. 어떤 멀티미터가 1 mA, 10 mA, 100 mA; 100 mV, 1 V, 10 V ; R × 1, R×10, R×100의 레인지를 가지고 있다. 다음 양들을 측정하려면 그림 2–61에 멀티미터를 어떻게 연결해야 할지 그림으로 표시하여라.

(a) I_{R1} **(b)** V_{R1} **(c)** R_1

각각의 경우에 계측기에서 선택할 기능과 사용범위(레인지)를 보여라.

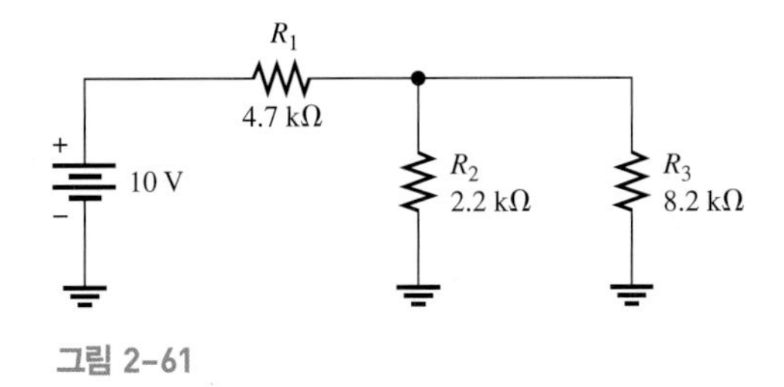

그림 2–61

고급문제

33. 어떤 증폭기회로의 저항기에 2 A의 전류가 흐르고 15 s 동안 1000 J의 전기에너지가 열에너지로 변환된다. 이 저항기 양단의 전압은 얼마인가?

34. 57410개의 전자가 250 ms 동안 스피커 전선을 통해 흘렀다면, 이때의 전류는 몇 암페어인가?

35. 120 V 전압원이 그림 2–62와 같이 두 가닥의 전선에 의해 1500 Ω 부하저항에 연결되어 있다. 전압원에서 부하까지의 거리는 50 ft이다. 전선의 전체저항이 6 Ω을 초과하지 않을 경우, 사용 가능한 가장 작은 전선의 게이지번호를 표 2–3을 이용하여 알아내어라.

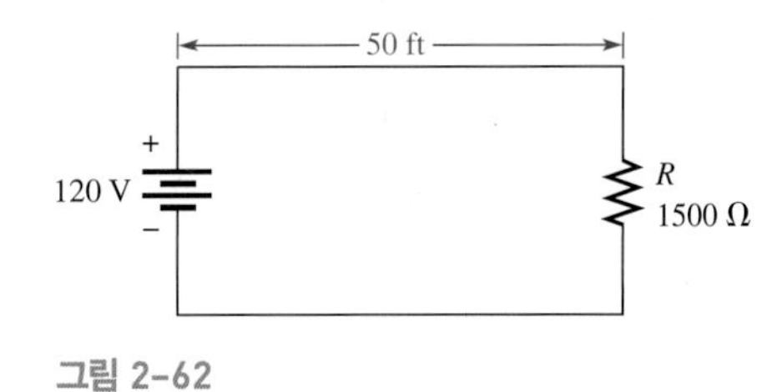

그림 2–62

36. 그림 2–63의 회로 중에 모든 전등을 동시에 켤 수 있는 회로가 한 개 있다. 어느 회로인지 알아내어라.

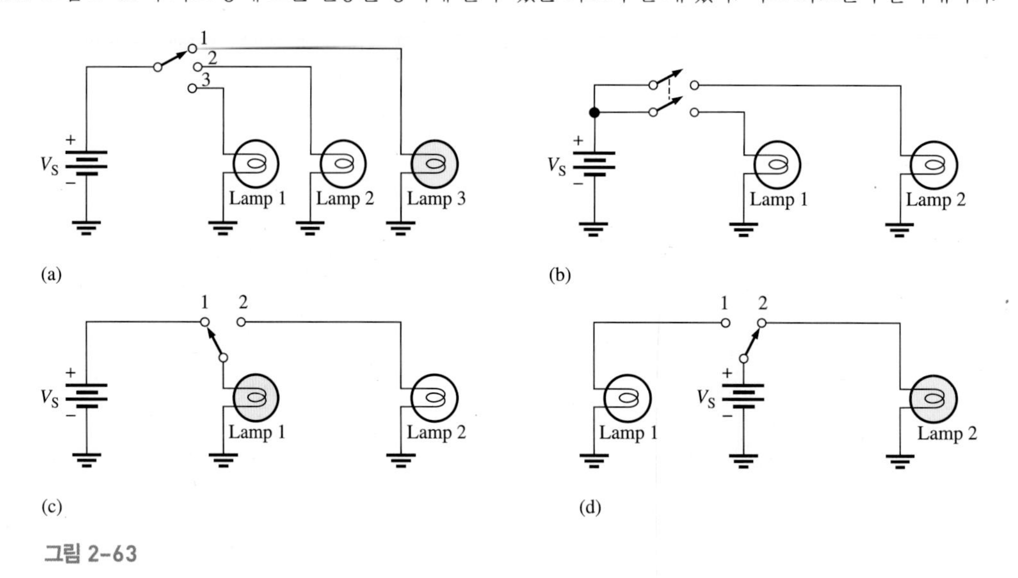

그림 2–63

37. 그림 2–64의 회로에서 스위치의 위치에 관계없이 항상 전류가 흐르는 저항은 어느 것인가?

38. 그림 2–64에서 각각의 저항을 통해 흐르는 전류와 전지로부터 나오는 전류를 측정하려면 전류계들을 어떻게 연결해야 하는가?

39. 그림 2–64의 저항들에 걸리는 전압을 측정하기 위해서는 전압계들을 어떻게 연결해야 하는가?

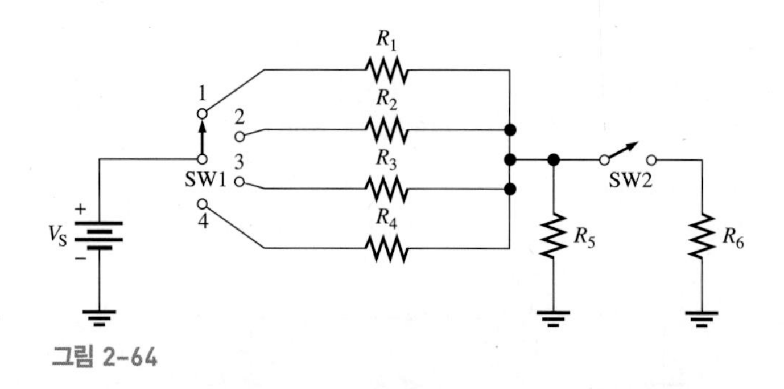

그림 2–64

복습문제 해답

2–1 원자

1. 전자는 음전하의 기본적인 입자이다.
2. 원자는 원소의 고유한 성질을 유지하는 가장 작은 입자이다.
3. 원자 구조는 양 전하를 가지는 핵 둘레를 궤도 전자가 둘러싸고 있는 형태이다.
4. 원자번호는 핵의 양성자의 수와 같다.
5. 아니다. 각각의 원소는 다른 유형의 원자를 가진다.
6. 자유전자는 모원자로부터 이탈한 최외각전자이다.
7. 전자각은 전자가 원자핵 주위 궤도를 도는 에너지밴드이다.
8. 구리와 은

2–2 전하

1. 전하의 기호는 Q이다.
2. 전하의 단위는 쿨롱이며, 그 기호는 C이다.

3. 두 가지 종류의 전하는 양(+)과 음(−)이다.

4. $Q = \dfrac{10 \times 10^{12}\ \text{electrons}}{6.25 \times 10^{18}\ \text{electrons/C}} = 1.6 \times 10^{-6}\ \text{C} = 1.6\ \mu\text{C}$

2-3 전압

1. 전압은 단위 전하당 에너지를 말한다.

2. 전압의 단위는 볼트(V)이다.

3. $V = W/Q = 24\ \text{J}/10\ \text{C} = 2.4\ \text{V}$

4. 배터리, 연료전지, 전원장치(power supply), 태양전지, 발전기, 열전지(thermocouple), 압전(piezoelectric) 센서 등은 중요한 전압원이다.

5. 산화환원반응(oxidation−reduction reactions)

2-4 전류

1. 전류는 전하의 시간에 대한 변화율이다. 전류의 단위는 암페어(A)이다.

2. 1 C에는 6.25×10^{18}개의 전자가 있다.

3. $I = Q/t = 20\ \text{C}/4\ \text{s} = 5\ \text{A}$

2-5 저항

1. 저항은 전류의 흐름을 억제하는 성질이다. 단위는 옴(Ω).

2. 저항기는 고정저항기와 가변저항기로 분류된다. 고정저항기의 저항값은 변화될 수 없으나, 가변저항기의 저항값은 변화될 수 있다.

3. 첫 번째 밴드: 저항값의 첫 번째 숫자
두 번째 밴드: 저항값의 두 번째 숫자
세 번째 밴드: 두 번째 숫자 뒤에 붙는 0의 수
네 번째 밴드: 백분율 허용오차

4. **(a)** 노랑, 보라, 빨강, 금색 = 4700 Ω ± 5%
(b) 파랑, 빨강, 주황, 은색 = 62,000 Ω ± 10%
(c) 갈색, 회색, 검정, 금색 = 18 Ω ± 5%
(d) 빨강, 빨강, 파랑, 빨강, 초록 = 22.6 kΩ ± 0.5%

5. 가감저항기는 두 개의 단자를 가지고 있으며, 포텐쇼미터는 세 개의 단자를 가지고 있다.

6. 서미스터−온도, 광전도체 셀−빛, 변형게이지−힘

2-6 전기회로

1. 전기회로는 기본적으로 전원, 부하, 그리고 전류통로(전원과 부하 사이의)로 구성된다.

2. 개회로는 전류 통로가 끊어진 회로이다.

3. 폐회로는 완전한 전류 통로를 가지고 있는 회로이다.

4. $R = \infty$(무한대), $R = 0\ \Omega$

5. 퓨즈는 과도한 전류로부터 회로를 보호한다.

6. 퓨즈는 일단 끊어지면 교체되어야 한다. 회로차단기는 회로가 끊어지면 리셋할 수 있다.

7. AWG #3이 AWG #22보다 크다.

8. 접지는 다른 점에 대한 기준점으로 전압이 0이다.

2-7 기본회로 측정

1. **(a)** 전류계는 전류를 측정한다.
(b) 전압계는 전압을 측정한다.

(c) 저항계는 저항을 측정한다.

2. 그림 2–65를 보라.

3. 그림 2–66을 보라.

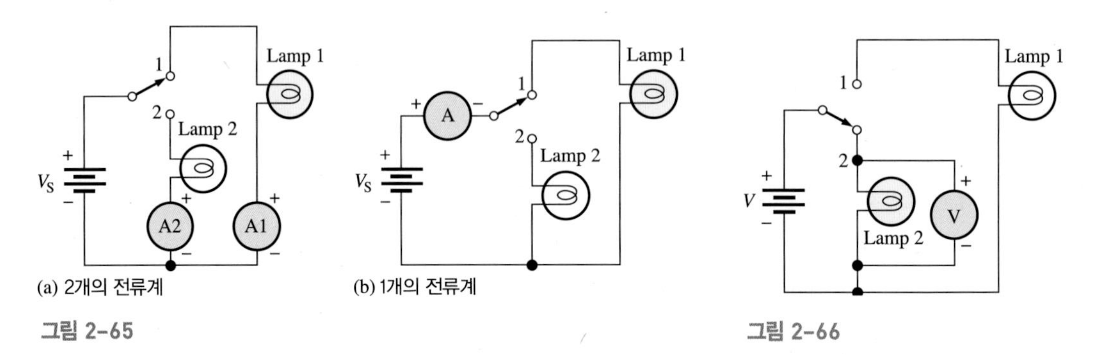

(a) 2개의 전류계

(b) 1개의 전류계

그림 2–65

그림 2–66

4. DMM 디스플레이로는 LED와 LCD가 있다. LCD는 전류가 작아도 되지만, 어두울 때 보기가 어렵고 반응이 느리다. LED는 어두운 곳에서도 볼 수 있고, 반응이 빠른 반면 LCD 보다 큰 전류가 필요하다.

5. 측정되는 전압은 1.5 V이다.

6. DC VOLTS, 측정범위 600 설정, 275 V는 60 눈금자의 중간점 가까이에서 읽힌다.

7. OHMS × 1000

예제의 관련문제 해답

2–1 1.88×10^{19}개의 전자들

2–2 600 J

2–3 12 C

2–4 4700 Ω ± 5%

2–5 47.5 Ω ± 2%

O/X 퀴즈 해답

1. O **2.** X **3.** O **4.** O **5.** X
6. X **7.** O **8.** O **9.** O **10.** X

자습문제 해답

1. (b) **2.** (a) **3.** (c) **4.** (c) **5.** (b) **6.** (b) **7.** (c) **8.** (d)
9. (d) **10.** (b) **11.** (b) **12.** (e) **13.** (b) **14.** (b) **15.** (c)

CHAPTER 3

옴의 법칙, 에너지와 전력

차례

목적

- 옴의 법칙을 설명한다.
- 옴의 법칙을 이용하여 전압, 전류, 저항 등을 구한다.
- 에너지와 전력을 정의한다.
- 회로에서 전력을 계산한다.
- 전력을 고려하여 적합한 저항을 선택한다.
- 에너지 변환과 전압강하를 설명한다.
- 전원장치와 배터리의 특성을 논의한다.
- 고장진단의 기본적인 접근법을 기술한다.

핵심 용어

고장진단
반분할법
선형
에너지
와트(W)
와트의 법칙
옴의 법칙
전력
전력 정격
전압강하
전원장치
줄(J)
킬로와트시(kWh)
효율
암페어시(Ah) 정격

서론

Georg Simon Ohm(1787~1854)은 전압, 전류 및 저항 간에는 서로 특정한 관련이 있다는 것을 실험적으로 발견하였다. 옴의 법칙으로 알려진 이 관계는 전기 전자 분야에서 가장 기본적인 중요한 법칙 중의 하나이다. 이 장에서는 옴의 법칙을 공부하고 여러 가지 예를 통해 실제 회로에 응용해 볼 것이다. 옴의 법칙 외에도 전기회로의 에너지와 전력의 개념과 정의 그리고 와트의 법칙인 전력 공식을 공부한다. 또한 분석, 계획 및 측정을 통한 고장 진단법을 공부한다.

3-1 옴의 법칙

옴의 법칙은 회로 내에서 전압, 전류 및 저항들 사이의 관계를 수학적으로 표현한다. 옴의 법칙은 구하려는 양에 따라 세 가지 등가 형식으로 표현할 수 있다.

이 절을 마친 후 다음을 할 수 있어야 한다.

- 옴의 법칙을 설명한다.
- 전압(V), 전류(I) 및 저항(R) 사이의 관계를 기술한다.
- I를 V와 R의 함수로 나타낸다.
- V를 I와 R의 함수로 나타낸다.
- R을 V와 I의 함수로 나타낸다.

옴(Ohm)은 저항 양단의 전압이 증가하면 저항에 흐르는 전류가 증가하고, 전압이 감소하면 전류도 감소한다는 사실을 실험적으로 확인하였다. 예를 들어 전압이 두 배가 되면 전류도 두 배가 되고, 전압이 반으로 감소하면 전류도 반으로 감소한다. 이러한 사실을 그림 3-1에 보였다.

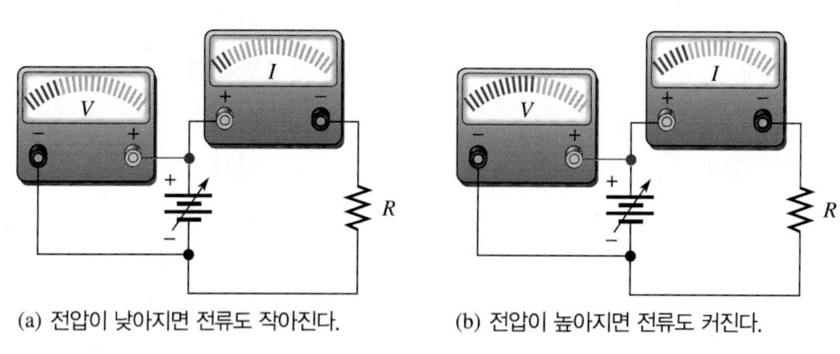

(a) 전압이 낮아지면 전류도 작아진다.　(b) 전압이 높아지면 전류도 커진다.

그림 3-1　저항이 일정할 때 전압의 변화에 따른 전류의 변화

또한 옴은 전압이 일정할 때, 저항이 작을수록 전류는 커지고 저항이 커질수록 전류는 작아진다는 것을 확인하였다. 예를 들어 저항이 반으로 줄면 전류는 두 배로 증가한다. 저항이 두 배가 되면 전류는 반으로 된다. 이 사실을 그림 3-2에서 설명하고 있다. 여기서 전압은 일정하게 유지되고 저항은 증가한다.

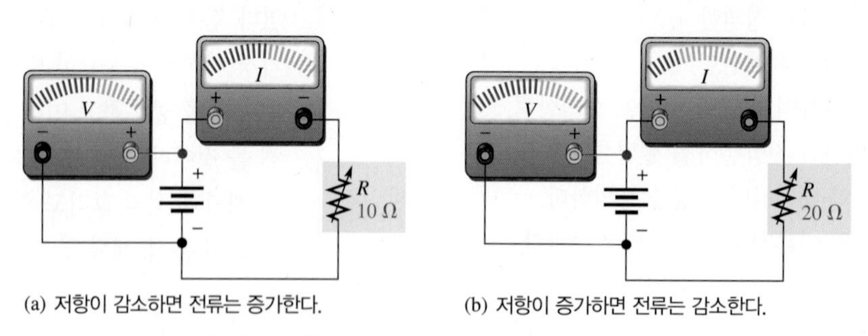

(a) 저항이 감소하면 전류는 증가한다.　(b) 저항이 증가하면 전류는 감소한다.

그림 3-2　전압이 일정할 때 저항의 변화에 따른 전류의 변화

옴의 법칙(ohm's law)에 의하면 전류는 전압에 비례하고 저항에 반비례한다.

$$I = \frac{V}{R} \tag{3-1}$$

여기서 I는 전류(단위: A), V는 전압(단위: V), R은 저항(단위: Ω)이다. 이 공식은 그림 3–1과 3–2의 회로에서 보인 관계를 나타낸다.

저항이 일정할 때, 회로에 인가된 전압이 증가하면 전류도 증가하고, 전압이 감소하면 전류도 감소한다.

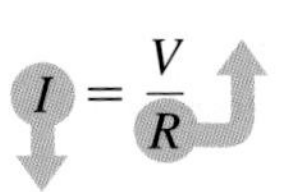

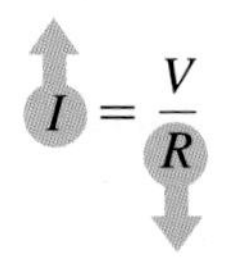

R 일정

V가 증가하면 I도 증가한다. V가 감소하면 I도 감소한다.

전압이 일정할 경우, 회로의 저항이 증가하면 전류는 감소하고, 저항이 감소하면 전류는 증가한다.

$$I = \frac{V}{R} \qquad I = \frac{V}{R}$$

V 일정

R이 증가하면 I는 감소한다. R이 감소하면 I는 증가한다.

예제 3-1

식 3–1의 옴의 법칙 공식을 이용하여, 전압이 5 V에서 20 V로 증가할 때 10 Ω 저항을 통해 흐르는 전류가 증가하는 것을 증명하여라.

풀이

$V = 5$ V의 경우,

$$I = \frac{V}{R} = \frac{5\ \text{V}}{10\ \Omega} = \mathbf{0.5\ A}$$

$V = 20$ V의 경우,

$$I = \frac{V}{R} = \frac{20\ \text{V}}{10\ \Omega} = \mathbf{2\ A}$$

관련문제

전압은 10 V로 일정하고 저항이 5 Ω에서 20 Ω으로 증가할 때 전류가 감소하는 것을 보여라.

*해답은 이 장의 끝에 있다.

옴의 법칙은 또다른 형태로 표현될 수 있다. 식 3–1 양변에 R을 곱하고 이항하면 다음과 같은 옴의 법칙을 얻는다.

$$\mathbf{V = IR} \qquad (3-2)$$

전류(A)와 저항(Ω)을 알면 이 공식에 의해 전압(V)을 계산할 수 있다.

예제 3-2

식 3–2의 옴의 법칙을 이용하여 전류가 5.0 mA일 때 1.0 kΩ 저항 양단의 전압을 구하라.

풀이

$$V = IR = (5.0\ \text{mA})(1.0\ \text{k}\Omega) = \mathbf{5.0\ V}$$

관련문제

전류가 1 mA일 때 1.0 kΩ 저항 양단의 전압을 구하여라.

옴의 법칙을 표현하는 또 다른 방법이 있다. 식 3–2의 양변을 I로 나누고 이항하면

$$\boldsymbol{R = \frac{V}{I}} \tag{3-3}$$

전압(V)과 전류(A) 값을 알고 있을 경우 이 공식으로 저항(Ω)을 구할 수 있다. 식 3–1, 3–2, 그리고 3–3은 모두 옴의 법칙을 표현하는 다른 방법일 뿐이다.

예제 3-3

식 3–3의 옴의 법칙을 이용하여 자동차 뒤 유리 서리 제거기 그리드(grid)의 저항을 계산하라. 이것이 12.6 V에 연결될 때, 15.0 A의 전류가 전지로부터 흐른다. 이 서리 제거기 그리드의 저항은 얼마인가?

풀이

$$R = \frac{V}{I} = \frac{12.6\text{ V}}{15.0\text{ A}} = \mathbf{840\text{ m}\Omega}$$

관련문제

만약 그리드선 중 하나가 개방되면, 전류는 13.0 A로 떨어진다. 이때의 저항은 얼마인가?

전류와 전압의 선형 관계

저항성 회로에서 전류와 전압은 선형적으로 비례한다. **선형(linear)**이란 저항이 일정할 경우, 하나의 값이 증가되거나 혹은 감소되면 나머지 다른 값도 같은 비율로 증가하거나 혹은 감소한다는 것을 의미한다. 예를 들어 저항 양단의 전압이 세 배가 되면 전류는 세 배가 될 것이다. 만약 전압이 반으로 줄면, 전류는 반으로 감소할 것이다.

예제 3-4

그림 3–3의 회로에서 전압이 현재 값의 세 배로 증가되면, 전류의 값이 세 배가 되는 것을 보여라.

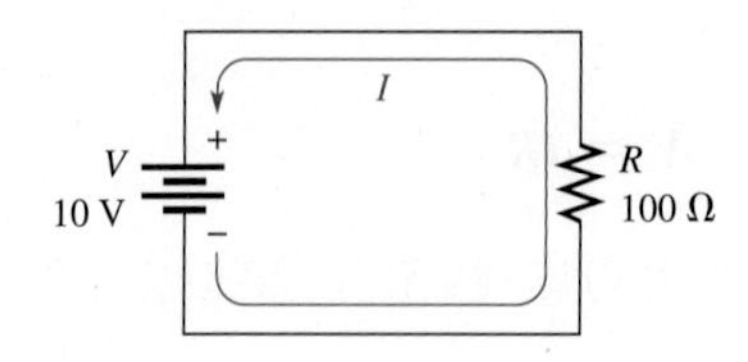

그림 3-3

풀이

10 V 전압의 경우, 전류는

$$I = \frac{V}{R} = \frac{10\text{ V}}{100\ \Omega} = 0.1\text{ A}$$

전압이 30 V로 증가하면, 전류는

$$I = \frac{V}{R} = \frac{30\ \text{V}}{100\ \Omega} = 0.3\ \text{A}$$

전압이 30 V로 세 배가 될 때 전류는 0.1 A에서 0.3 A로 된다.

관련문제

그림 3-3의 전압이 네 배로 되면 전류도 네 배가 되는가?

예를 들어 저항값을 10 Ω으로 일정하게 두고, 그림 3-4(a)의 회로에서 전압이 10 V에서 100 V까지 변할 때 전류를 구해 보자. 계산 결과를 그림 3-4(b)에 보였다. 그림 3-4(c)는 I 값 대 V 값의 그래프이다. 이것이 직선 그래프임을 주목하라. 이 그래프는 전압의 변화에 따라 전류가 선형적으로 비례하여 변하는 것을 보여준다. 저항이 일정할 경우, R의 값에 상관없이 I 대 V의 그래프는 항상 직선이 된다.

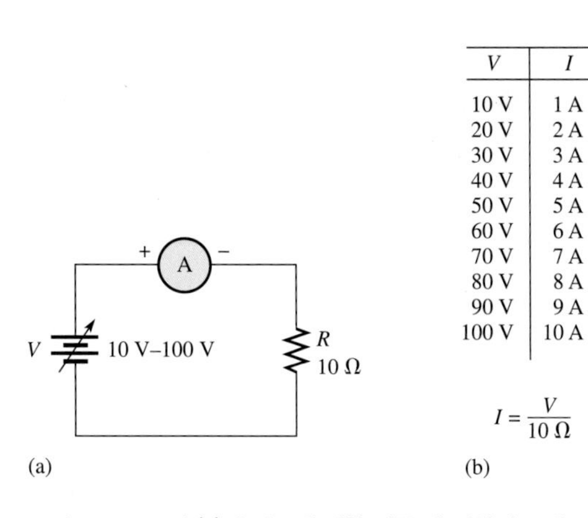

V	I
10 V	1 A
20 V	2 A
30 V	3 A
40 V	4 A
50 V	5 A
60 V	6 A
70 V	7 A
80 V	8 A
90 V	9 A
100 V	10 A

$I = \frac{V}{10\ \Omega}$

(b)

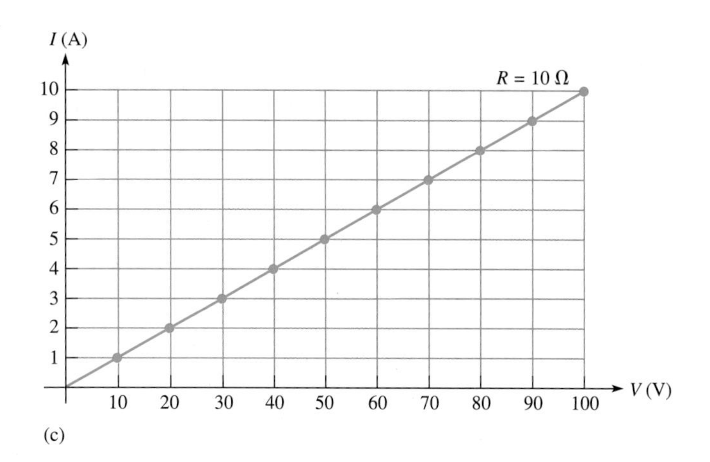

그림 3-4 그림 (a)의 회로에 대한 전류 대 전압의 그래프

옴의 법칙에 대한 그림 설명

그림 3-5는 옴의 법칙을 그림으로 보여주고 있다.

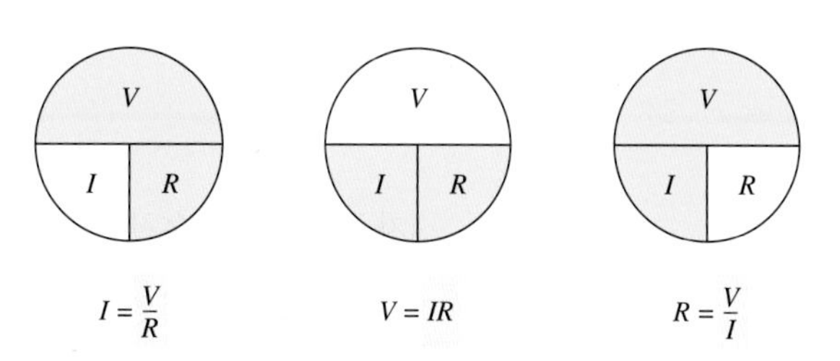

그림 3-5 옴의 법칙 공식에 대한 그래픽 보조

3-1절 복습 문제*

1. 옴의 법칙을 간단히 설명하라.
2. 전류를 계산하기 위한 옴의 법칙 공식을 써라.
3. 전압을 계산하기 위한 옴의 법칙 공식을 써라.
4. 저항을 계산하기 위한 옴의 법칙 공식을 써라.
5. 만약 저항 양단의 전압이 세 배가 되면, 전류는 어떻게 되는가?
6. 가변저항기 양단에 전압이 고정되어 있고, 전류는 10 mA이었다. 저항을 두 배로 하면, 전류는 어떻게 될까?
7. 선형회로에서 전압과 저항이 모두 두 배가 되면 전류는 어떻게 될까?

*해답은 이 장의 끝에 있다.

3-2 옴의 법칙의 응용

이 절에서는 전기회로에서 전압, 전류 및 저항을 계산하기 위한 옴의 법칙의 응용 예를 학습한다. 또한 계산과정에서 미터법 접두어로 표현된 양의 사용법을 배울 것이다.

이 절을 마친 후 다음을 할 수 있어야 한다.

- 옴의 법칙을 이용하여 전압, 전류 및 저항을 구한다.
- 전압과 저항을 알고 있을 때, 옴의 법칙을 이용하여 전류를 구한다.
- 전류와 저항을 알고 있을 때, 옴의 법칙을 이용하여 전압을 구한다.
- 전압과 전류를 알고 있을 때, 옴의 법칙을 이용하여 저항을 구한다.
- 미터법 접두어를 이용하여 양을 나타낸다.

전류 계산

다음 예제들에서 전압과 저항값을 알고 있을 때 전류값을 구하는 방법을 공부한다. 이 문제들에서 공식 $I = V/R$을 사용한다. 전류를 암페어(A)로 구하기 위해서는 전압은 볼트(V)로, 저항은 옴(Ω)으로 표현해야 한다.

예제 3-5

어떤 표시등 조명에 전류를 제한하기 위해 330 Ω 저항이 필요하다. 전류 제한 저항기 양단에 걸리는 전압은 3 V이다. 저항기의 전류는 얼마인가?

풀이

$$I = \frac{V}{R} = \frac{3.0\ \text{V}}{330\ \Omega} = \mathbf{9.09\ mA}$$

관련문제

만약 270 Ω이 대신 사용되고 저항기 양단에 여전히 3.0 V가 걸리면 전류는 어떻게 변할까?

전자공학에서는 수천 혹은 수백만 옴의 저항이 흔히 사용된다. 큰 값을 표시하기 위해 미터법 접두어 킬로(k)와 메가(M)를 사용한다. 수천 옴은 수 킬로옴(kΩ)으로, 수백만 옴은 수 메가옴(MΩ)으로 표현한다. 다음 예제는 옴의 법칙을 이용하여 전류를 구할 때 킬로옴과 메가옴을 어떻게 이용하는지 보여주고 있다.

예제 3-6

그림 3-6의 회로에서 전류를 밀리암페어로 구하라.

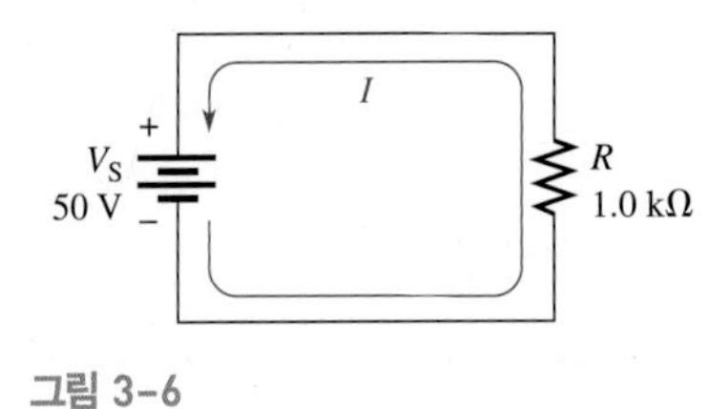

그림 3-6

풀이

1.0 kΩ은 1.0 × 10^3 Ω과 같다. 공식 $I = V/R$에서 V에 50 V, R에 1.0 × 10^3 Ω을 대입한다.

$$I = \frac{V_S}{R} = \frac{50\ \text{V}}{1.0\ \text{k}\Omega} = \frac{50\ \text{V}}{1.0 \times 10^3\ \Omega} = 50 \times 10^{-3}\ \text{A} = \mathbf{50\ mA}$$

관련문제

만약 그림 3-6에서 저항이 10 kΩ으로 증가하면, 전류는 얼마인가?

예제 3-6에서 전류는 50 mA로 표현되었다. 이와 같이 볼트(V)가 킬로옴(kΩ)으로 나누어질 때, 전류는 밀리암페어(mA)가 된다. 볼트(V)가 메가옴(MΩ)으로 나누어질 때, 전류는 예제 3-7에서와 같이 마이크로암페어(μA)가 된다.

예제 3-7

그림 3-7의 회로에서 전류를 마이크로암페어로 구하여라.

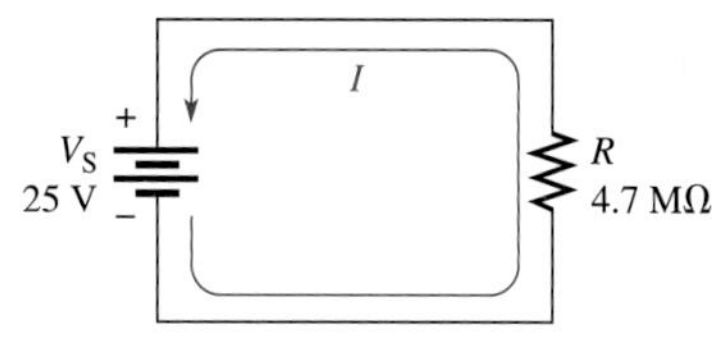

그림 3-7

풀이

4.7 MΩ은 4.7 × 10^6 Ω과 같다. 공식 $I = V/R$에서 V에 25 V, R에는 4.7 × 10^6 Ω을 대입한다.

$$I = \frac{V_S}{R} = \frac{25\ \text{V}}{4.7\ \text{M}\Omega} = \frac{25\ \text{V}}{4.7 \times 10^6\ \Omega} = 5.32 \times 10^{-6}\ \text{A} = \mathbf{5.32\ \mu A}$$

관련문제

그림 3-7에서 저항이 1.0 MΩ으로 감소하면, 전류는 어떻게 되는가?

전자회로에서는 보통 50 V보다 작은 전압이 흔히 사용된다. 그러나 경우에 따라서는 큰 전압이 사용될 때도 있다. 예를 들어 무선송신기, 플라즈마 건, 이온 모터, X선 장치 등의 고전압 전원장치는 보통 1,000 V를 훨씬 넘는다. 전력회사의 송전 전압은 345,000 V(345 kV)일 때도 있다.

예제 3-8

100 MΩ 저항기 양단에 50 kV가 인가될 때 이 저항에 흐르는 전류는 몇 마이크로암페어인가?

풀이

50 kV를 100 MΩ으로 나누어 전류를 구한다. 전류를 구하는 공식에서 50 kV에는 50 × 10^3 V, 100 MΩ에는 100 × 10^6 Ω을 대입하라. V는 저항 양단에 걸리는 전압이다.

$$I = \frac{V_R}{R} = \frac{50\ \text{kV}}{100\ \text{M}\Omega} = \frac{50 \times 10^3\ \text{V}}{100 \times 10^6\ \Omega} = 0.5 \times 10^{-3}\ \text{A}$$

$$= 500 \times 10^{-6} = \mathbf{500\ \mu A}$$

관련문제

10 MΩ에 2 kV가 인가되면 전류는 얼마가 되는가?

전압 계산

다음 예에서는 전류와 저항을 알고 있을 때, 공식 $V = IR$을 이용하여 전압을 구하는 방법을 공부할 것이다. 전압을 볼트(V)로 구하려면 I값을 암페어(A)로, R값을 옴(Ω)으로 표현해야 한다.

예제 3-9

그림 3-8의 회로에서 전류가 5 A가 되려면 전압은 얼마가 되어야 하는가?

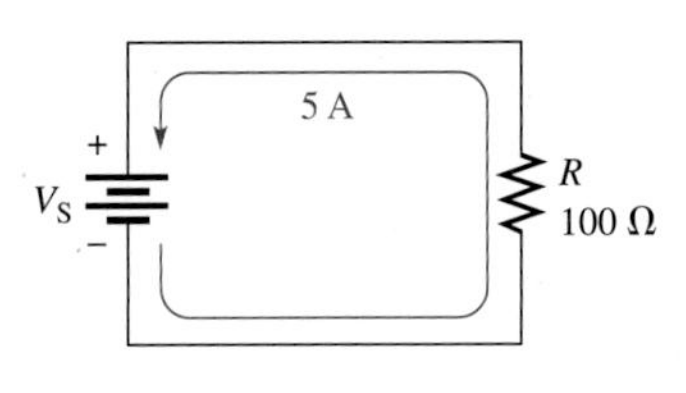

그림 3-8

풀이

공식 $V = IR$에서 I에는 5 A를, R에는 100 Ω을 대입한다.

$$V_S = IR = (5\text{ A})(100\ \Omega) = \mathbf{500\ V}$$

이와 같이, 100 Ω 저항에 5 A의 전류가 흐르게 하려면 500 V의 전압이 필요하다.

관련문제

그림 3-8의 회로에서 전류가 8 A가 되려면 얼마의 전압이 필요한가?

예제 3-10

그림 3-9에서 저항 양단의 전압은 얼마인가?

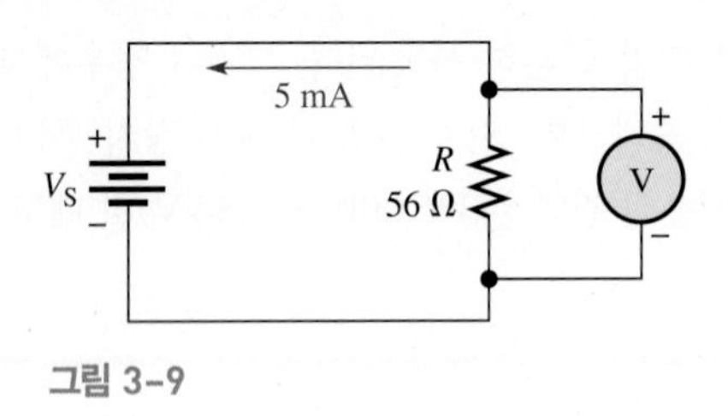

그림 3-9

풀이

5 mA는 5×10^{-3} A와 같다. 공식 $V = IR$에 I와 R의 값을 대입한다.

$$V_R = IR = (5\text{ mA})(56\ \Omega) = (5 \times 10^{-3}\text{ A})(56\ \Omega) = \mathbf{280\ mV}$$

밀리암페어에 옴을 곱하면, 그 결과는 밀리볼트가 된다.

관련문제

그림 3-9의 저항을 22 Ω으로 바꾸고 10 mA를 흐르게 하기 위해 필요한 전압을 구하라.

예제 3-11

그림 3-10의 회로의 전류는 10 mA이다. 전압원의 전압은 얼마인가?

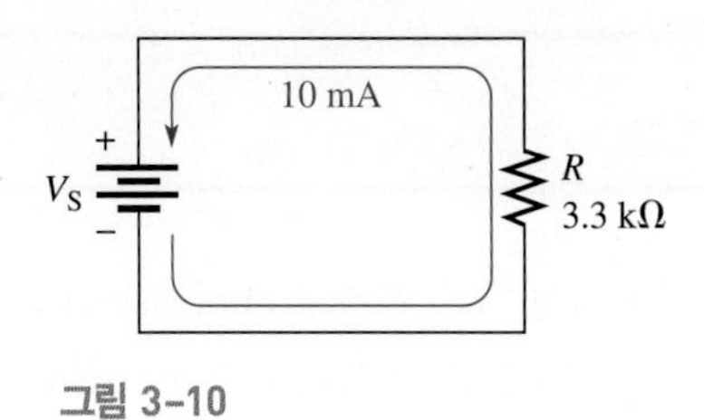

그림 3-10

풀이

10 mA는 10×10^{-3} A와 같고 3.3 kΩ은 3.3×10 Ω과 같다. 이 값들을 공식 $V = IR$에 대입한다.

$$V_S = IR = (10\text{ mA})(3.3\text{ k}\Omega) = (10 \times 10^{-3}\text{ A})(3.3 \times 10^3\ \Omega) = \mathbf{33\ V}$$

밀리암페어와 킬로옴을 곱하면, 그 결과는 볼트가 된다.

관련문제

그림 3-10에서 전류가 5 mA라면, 전압은 얼마인가?

예제 3-12

27 kΩ 저항에 작은 태양전지가 연결되었다. 밝은 태양빛에서는 태양전지는 그림 3-11에 보인 것처럼 180 μA를 저항기에 공급할 수 있는 전류원과 같다. 저항기 양단의 전압은 얼마인가?

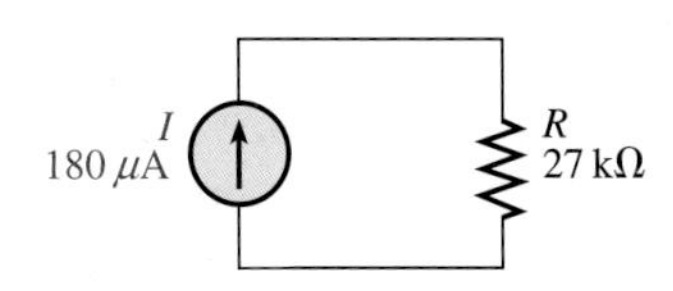

그림 3-11

풀이

$$V_R = IR = (180\ \mu\text{A})(27\text{ k}\Omega) = \mathbf{4.86\ V}$$

관련문제

날씨가 흐려져서 전류가 40 μA로 떨어졌다면 전압은 얼마로 변했는가?

저항 계산

다음 예제에서는 전압과 전류를 알고 있을 때, 공식 $R = V/I$를 이용하여 저항값을 구하는 방법을 공부할 것이다. 저항을 옴으로 구하기 위해 V의 값은 볼트(V)로, 그리고 I의 값은 암페어(A)로 표현해야 한다.

예제 3-13

자동차 전구가 13.2 V 전지로부터 2 A를 받는다. 전구의 저항은 얼마인가?

풀이

$$R = \frac{V}{I} = \frac{13.2\text{ V}}{2.0\text{ A}} = \mathbf{6.6\ \Omega}$$

관련문제

같은 전구가 6.6 V에 연결되었을 때, 1.1 A의 전류가 흐른다. 전구의 저항은 얼마인가?

예제 3-14

황화카드뮴 셀(CdS cell)은 광에 의해 저항이 변하는 감광성(photosensitive) 저항 소자이며, 해질 무렵에 전등이 켜지는 것과 같은 데 응용된다. 이 셀이 그림 3-12에 보인 것과 같이 능동회로에 있을 때 암미터에 의해 간접적으로 저항을 측정할 수 있다. 지시된 전류값은 얼마의 저항을 의미하나?

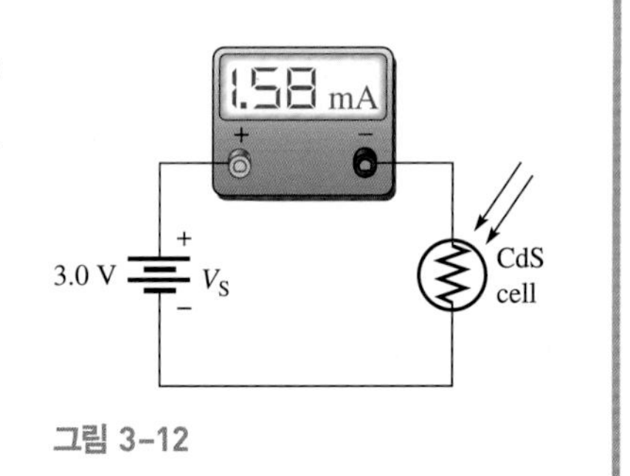

그림 3-12

풀이

$$R = \frac{V}{I} = \frac{3.0\text{ V}}{1.58\text{ mA}} = \mathbf{1.90\text{ k}\Omega}$$

관련문제

어두워져서, 전류가 76 μA로 떨어졌다. 이것은 얼마의 저항을 의미하나?

3-2절 복습 문제

1. $V = 10$ V이고, $R = 4.7\ \Omega$이다. I를 구하라.
2. 4.7 MΩ 저항 양단에 20 kV의 전압이 인가된다면, 전류는 얼마인가?
3. 2 kΩ 저항 양단 전압이 10 kV라면 얼마의 전류가 흐르는가?
4. $I = 1$ A이고, $R = 10\ \Omega$이다. V를 구하여라.
5. 3 kΩ 저항에 3 mA의 전류를 흐르게 하려면 얼마의 전압이 필요한가?
6. 어떤 전지가 6 Ω의 저항성 부하에 2 A의 전류를 흐르게 한다. 전지의 전압은 얼마인가?
7. $V = 10$ V이고, $I = 2$ A이다. R을 구하여라.
8. 어떤 스테레오 증폭기 회로의 저항기 양단의 측정 전압은 25 V이고, 전류계로 측정한 저항기 전류는 50 mA이다. 저항은 몇 킬로옴인가? 이것은 몇 옴인가?

3-3 에너지와 전력

저항에 전류가 흐를 때 전기 에너지는 열이나 빛과 같은 형태의 에너지로 변환된다. 예를 들어 가열되어 뜨거운 백열 전구의 경우, 필라멘트의 저항 때문에 빛과 함께 불필요한 열까지 발생시킨 것이다. 전기 소자는 일정 시간에 일정량의 에너지를 소모시킬 수 있어야 한다.

이 절을 마친 후 다음을 할 수 있어야 한다.

- *에너지*와 *전력*을 정의한다.
- 전력을 에너지와 시간의 항으로 표현한다.
- 전력의 단위를 설명한다.

- 에너지의 일반적인 단위를 설명한다.
- 에너지와 전력을 구한다.

에너지(energy)는 일을 할 수 있는 능력이고, 전력(power)은 에너지가 사용되는 비율(rate)이다.

즉, 전력 P는 단위 시간(t) 동안 사용된 에너지(W)의 양이며, 다음과 같이 표현된다.

$$P = \frac{W}{t} \tag{3-4}$$

여기서 P는 와트(W)로 나타낸 전력, W는 줄(J)로 나타낸 에너지이며, t는 초(s)로 나타낸 시간이다. 이탤릭체 W는 에너지를 일의 형태로 나타낸 것이고, 정자체 W는 전력의 단위인 와트를 나타낸다. **줄(joule)**은 에너지의 SI 단위이다. 에너지(줄)를 시간(초)으로 나누면 전력(와트)이 된다. 예를 들어 50 J의 에너지가 2초 동안 사용되면, 전력은 50 J/2 s = 25 W가 된다. 정의하면,

1와트(watt)는 1줄의 에너지가 1초 동안 사용될 때의 전력량이다.

따라서 1초 동안 사용된 줄의 수는 와트의 수와 항상 같다. 예를 들어 1초 동안 75 J이 사용되면 전력은 다음과 같다.

$$P = \frac{W}{t} = \frac{75\ \text{J}}{1\ \text{s}} = 75\ \text{W}$$

전자공학에서는 1와트보다 훨씬 작은 전력량이 흔히 사용된다. 작은 전력량을 나타내기 위해서 밀리와트(mW)와 마이크로와트(μW)와 같이 미터법 접두어를 사용한다. 전력 분야에서는 킬로와트(kW)와 메가와트(MW)가 일반적인 단위이다. 라디오와 TV 방송국 역시 신호전송을 위해 대 전력을 사용한다. 전기 전동기는 보통 마력(horsepower, hp)으로 나타낸다. 여기서 1 hp = 746 W이다.

전력은 에너지가 사용되는 비율이므로, 일정 기간 사용된 전력은 에너지의 소모를 나타낸다. 전력(와트)과 시간(초)을 곱하면 에너지(줄)가 되고, W로 나타낸다.

$$W = Pt$$

예제 3-15

100 J의 에너지가 5초 동안 사용된다. 전력은 몇 와트인가?

풀이

$$P = \frac{\text{에너지}}{\text{시간}} = \frac{W}{t} = \frac{100\ \text{J}}{5\ \text{s}} = \mathbf{20\ W}$$

관련문제

30초 동안 100 W의 전력이 발생한다면, 에너지는 몇 줄이 사용되는가?

킬로와트시(kWh) 에너지의 단위

줄은 에너지의 단위라고 정의하였다. 그러나 에너지를 표현하는 또 다른 방법이 있다. 전력은 와트로 표현되고 시간은 시(hour)로 표현되기 때문에 킬로와트시(Kilowatt-hour, kWh)라 불리는 에너지의 단위가 사용될 수 있다.

전기 수용가들이 지불하는 전기요금은 사용한 에너지의 양을 기준으로 한 것이다. 전력회사는 거대한 양의 에너지를 다루기 때문에 가장 실제적인 단위는 킬로와트시이다. 1000 W의 전력을 1시간 동안 사용하면 1**킬로와트시(kilowatt-hour)**의 에너지를 사용한 것이다. 예를 들어 100 W 전구를 10시간 켜면 1 kWh의 에너지를 사용하게 된다.

$$W = Pt = (100\text{ W})(10\text{ h}) = 1000\text{ Wh} = 1\text{ kWh}$$

예제 3-16

다음 각각의 에너지 소비량을 kWh로 구하여라.

(a) 1 h 동안 1400 W **(b)** 2 h 동안 2500 W **(c)** 5 h 동안 100,000 W

풀이

(a) 1400 W = 1.4 kW

$W = Pt = (1.4\text{ kW})(1\text{ h}) = \mathbf{1.4\text{ kWh}}$

(b) 2500 W = 2.5 kW

에너지 = $(2.5\text{ kW})(2\text{ h}) = \mathbf{5\text{ kWh}}$

(c) 100,000 W = 100 kW

에너지 = $(100\text{ kW})(5\text{ h}) = \mathbf{500\text{ kWh}}$

관련문제

250 W의 전구를 8시간 동안 켰다면 몇 킬로와트시(kWh)의 에너지가 사용되었나?

표 3-1은 여러 가지 가전제품에 대한 대표적인 전력 소요량을 와트로 나타낸 것이다.

표 3-1의 전력 소요량을 킬로와트로 바꾸고 사용시간을 곱하면 여러 가전제품에 대한 최대 kWh를 구할 수 있다.

표 3-1

전기 기구	전력소요량(와트)
에어컨	860
헤어 드라이어	1000
시계	2
빨래 건조기	4000
식기세척기	1200
히터	1322
전자레인지	800
레인지(Range)	12,200
냉장고	500
텔레비전	250
세탁기	400
온수기	2500

예제 3-17

어느 날 24시간 동안 여러 가전제품들을 다음과 같이 사용하였다.

에어컨: 15시간
헤어드라이어: 10분
시계: 24시간
빨래 건조기: 1시간
식기세척기: 45분
전자레인지: 15분
냉장고: 12시간
텔레비전: 2시간
온수기: 8시간
이 시간 동안 전체 킬로와트시 및 전기 요금을 계산하여 구하라.
전기요금은 1 킬로와트시에 11센트이다.

풀이

표 3–1의 와트를 킬로와트로 변환하고 시간(h로 변환)을 곱하여, 사용한 각각의 가전제품에 대한 kWh를 구한다.

에어컨: $0.860\text{ kW} \times 15\text{ h} = 12.9\text{ kWh}$
헤어드라이어: $1.0\text{ kW} \times 0.167\text{ h} = 0.167\text{ kWh}$
시계: $0.002\text{ kW} \times 24\text{ h} = 0.048\text{ kWh}$
빨래 건조기: $4.0\text{ kW} \times 1\text{ h} = 4.0\text{ kWh}$
식기세척기: $1.2\text{ kW} \times 0.75\text{ h} = 0.9\text{ kWh}$
전자레인지: $0.8\text{ kW} \times 0.25\text{ h} = 0.2\text{ kWh}$
냉장고: $0.5\text{ kW} \times 12\text{ h} = 6\text{ kWh}$
텔레비전: $0.25\text{ kW} \times 2\text{ h} = 0.5\text{ kWh}$
온수기: $2.5\text{ kW} \times 8\text{ h} = 20\text{ kWh}$
24시간 동안 소비한 전체 에너지는
전체 에너지 $= (12.9 + 0.167 + 0.048 + 4.0 + 0.9 + 0.2 + 6.0 + 0.5 + 20)\text{ kWh} = \mathbf{44.7\text{ kWh}}$
24시간 동안 가전제품을 사용한 에너지의 비용은 다음과 같다.
에너지 비용 $= 44.7\text{ kWh} \times 0.11\text{ \$/kWh} = \mathbf{\$4.92}$

관련문제

위의 가전제품 외에 200 W 가습기를 2시간, 75 W 히팅패드를 3시간 사용했다고 했을 때 24시간 동안 가전제품 모두에 대한 비용을 계산하여라.

3-3절 복습 문제

1. 전력을 정의하여라.
2. 전력의 공식을 에너지와 시간의 항으로 기술하라.
3. 와트를 정의하여라.
4. 다음 각각의 전력량을 가장 적절한 단위로 변환하여라.
   (a) 68,000 W **(b)** 0.005 W **(c)** 0.000025 W
5. 100 W의 전력을 10시간 사용했다면, 얼마의 에너지(킬로와트시)를 소모한 것인가?
6. 2000 W를 킬로와트로 변환하여라.
7. 전기요금이 kWh당 11센트라면, 1,322 W 전열기를 24시간 동안 사용한 비용은 얼마인가?

3-4 전기회로에서의 전력

회로에서 전기에너지가 열에너지로 변환될 때 발생하는 열은 불필요한 부산물이다. 그러나 전기 히터 같은 경우는 열의 발생이 회로의 주목적이 된다. 어떤 경우든 전기 전자 회로에서 전력을 자주 다루게 된다.

이 절을 마친 후 다음을 할 수 있어야 한다.

- 회로의 전력을 구한다.
- I와 R을 알고 있을 때 전력을 구한다.
- V와 I를 알고 있을 때 전력을 구한다.
- V와 R을 알고 있을 때 전력을 구한다.

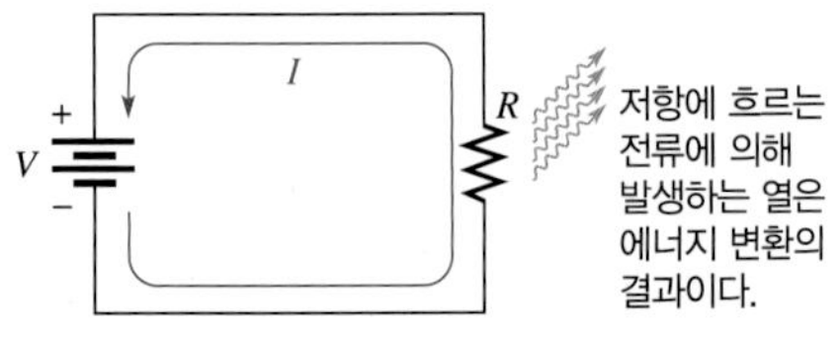

그림 3-13 전기회로의 에너지 소모는 저항에 의해 방출되는 열로 나타난다. 전력 소모는 전압원에 의해 공급된 전력과 같다.

저항에 전류가 흐를 때 전자는 저항을 통해 이동하면서 충돌하여 열을 발생시키며, 그림 3–13에 보인 바와 같이 전기에너지를 열에너지로 변환시킨다. 전기회로에서 소모되는 전력의 양은 저항과 전류의 양에 의해서 결정되고 다음과 같이 표현된다.

$$P = I^2R \tag{3-5}$$

여기서 P는 전력이며 단위는 와트(W), V는 전압이며 단위는 볼트(V), I는 전류이며 단위는 암페어(A)로 나타낸 전류이다. I^2 대신에 $I \times I$을, 그리고 IR 대신에 V를 대입하여 전압과 전류에 관한 유사한 전력수식을 얻을 수 있다.

$$P = I^2R = (I \times I)R = I(IR) = (IR)I$$

$$P = VI \tag{3-6}$$

I 대신에 V/R(옴의 법칙)를 대입하여 다른 형태의 수식을 얻을 수 있다.

$$P = VI = V\left(\frac{V}{R}\right)$$

$$P = \frac{V^2}{R} \tag{3-7}$$

세 개의 전력 식 3–5, 3–6, 3–7은 **와트의 법칙(Watt's law)**으로 알려져 있다. 세 식 중 어느 하나를 이용해서 저항의 전력을 구할 수 있다. 예를 들어 전류와 전압값을 알고 있다면 공식 $P = VI$를 이용하여 전력을 구한다. I와 R을 알면 공식 $P = I^2R$을 이용한다. V와 R을 알면 공식 $P = V^2/R$을 이용한다.

옴의 법칙과 와트의 법칙 이용을 위한 그래픽 보조는 이 장의 요약, 그림 3–24에 보였다.

예제 3-18

그림 3-14의 세 회로의 전력을 계산하여라.

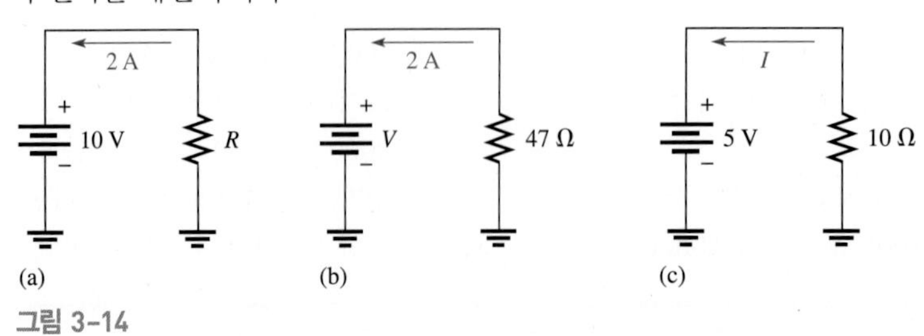

그림 3-14

풀이

회로 (a)에서 V와 I를 알고 있으므로 전력은 다음과 같이 구한다.

$$P = VI = (10\text{ V})(2\text{ A}) = \mathbf{20\ W}$$

회로 (b)에서는 I와 R을 알고 있다. 따라서

$$P = I^2R = (2\text{ A})^2(47\ \Omega) = \mathbf{188\ W}$$

회로 (c)에서는 V와 R을 알고 있다. 따라서

$$P = \frac{V^2}{R} = \frac{(5\text{ V})^2}{10\ \Omega} = \mathbf{2.5\ W}$$

관련문제

그림 3–14에 있는 회로들이 다음과 같이 바뀔 때, 전력을 계산하여라. 회로 (a)에서 I는 두 배가 되고 V는 같다. 회로 (b)에서 R은 두 배가 되고 I는 같다. 회로 (c)에서 V는 반으로 되고 R은 같다.

예제 3-19

그림 3–15와 같은 태양광 정원등은 3.0 V 전지를 충전하기 위해 1.0 W의 전력을 공급할 수 있는 태양열 집열기를 가지고 있다. 태양열 집열기가 완전히 방전된 3.0 V 전지에 공급할 수 있는 최대 충전 전류는 얼마인가?

그림 3–15

풀이

$$I = \frac{P}{V} = \frac{1.0\text{ W}}{3.0\text{ V}} = \mathbf{0.33\ A}$$

관련문제

만약 전류가 30 mA이면, 밤에 전구로 소비되는 전력은 얼마인가?

3-4절 복습 문제

1. 자동차 유리 서리 제거 장치가 13.0 V에 연결되어 있고 12 A의 전류가 흐른다. 서리제거 장치에서 소비되는 전력은 얼마인가?
2. 47 Ω의 저항에 5 A의 전류가 흐른다면 전력은 얼마인가?
3. 대개의 오실로스코프들은 입력과 접지 사이에 2 W, 50 Ω의 저항을 두는 50 Ω 입력 위치를 가지고 있다. 이 저항기의 전력 정격을 초과하지 않으면서 입력에 인가할 수 있는 최대 전압은 얼마인가?
4. 자동차 좌석 히터의 내부 저항이 3.0 Ω이고, 전지 전압이 13.4 V라면, 히터를 켰을 때 소비되는 전력은 얼마인가?
5. 2.2 kΩ 저항기 양단에 8 V가 인가될 때 생기는 전력은 얼마인가?
6. 55 W 전구에 0.5 A의 전류가 흐르고 있다면 저항은 얼마인가?

3-5 저항의 전력 정격

저항기는 전류가 흐를 때 열을 방출한다. 저항이 방출할 수 있는 열의 양은 제한되며, 전력 정격에 의해 명시된다.

이 절을 마친 후 다음을 할 수 있어야 한다.

- 전력을 고려하여 적합한 저항기를 선택한다.
- 전력 정격을 정의한다.
- 저항기의 물리적 특성에 의해 전력 정격이 결정되는 이유를 설명한다.
- 저항계로 저항의 고장을 검사한다.

SAFETY NOTE
어떤 저항기는 정상동작에서도 매우 뜨겁다. 화상을 입지 않으려면 전력이 회로에 연결되어 있는 동안 회로 부품에 손을 대면 안 된다. 전력이 끊어진 후, 부품이 식기를 기다려야 한다.

전력 정격(power rating)이란 저항이 열의 축적으로 인해 파손되지 않고 소모할 수 있는 최대 전력량이다. 전력 정격은 저항값보다는 오히려 저항기의 성분, 크기 및 모양 등에 의해 결정된다. 다른 모든 조건이 동일할 경우 저항기의 표면적이 클수록 더 큰 전력을 소모할 수 있다. 원통형 저항기의 표면적은 그림 3–16에 보인 바와 같이 길이(l)에 원주(c)를 곱한 것과 같다. 양단면의 면적은 포함되지 않는다.

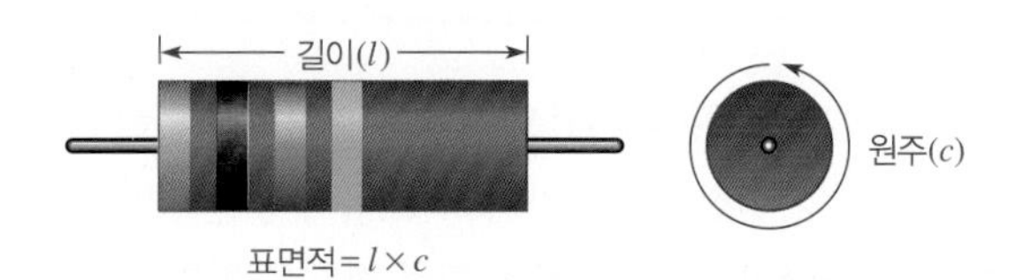

그림 3-16 저항기의 전력 정격은 표면적에 직접 관련된다.

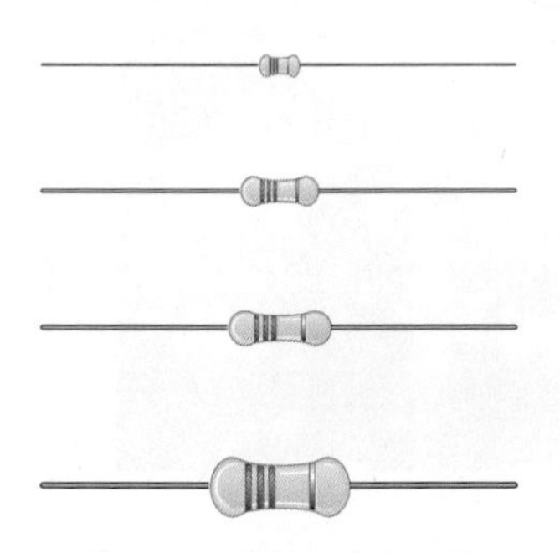

그림 3-17 1/8 W, 1/4 W, 1/2 W, 1 W 표준 전력 정격의 금속-필름 저항기의 상대적인 크기 비교

금속-필름 저항기는 그림 3–17과 같이 1/8 W부터 1 W까지의 표준 전력 정격이 있다. 다른 종류의 저항기의 전력 정격은 다양하다. 예를 들어 권선형 저항기는 225 W 또는 그 이상의 전력 정격을 가진다. 그림 3–18에 그중 몇 가지를 보였다.

회로에 저항기를 사용할 때 안전을 위해 전력 정격을 여유 있게 선택해야 한다. 일반적으로 한 단계 높은 표준치를 채용한다. 예를 들어 금속-필름 저항기가 회로에서 0.75 W의 전력을 소모하면, 그보다 한 단계 높은 표준 값인 1 W의 정격을 선택한다.

저항기에서 소모되는 전력이 정격보다 크면, 저항기는 과열될 것이고 그 결과 저항기가 타서 회로가 개방되거나 혹은 저항값이 크게 변할 수 있다.

과열로 손상된 저항기는 검게 타거나 혹은 변형된 외관으로 알 수 있다. 육안으로 알 수 없으면, 저항계를 이용하여 의심되는 저항기의 개방 혹은 저항값의 증가여부를 검사할 수 있다. 저항 측정을 위해서는 저항기를 회로로부터 분리되어야 한다는 것을 기억하라. 간혹

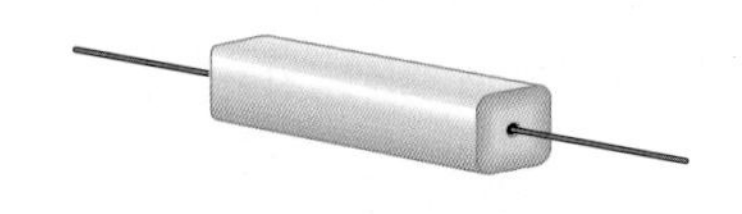

(a) 축방향-리드 권선저항기

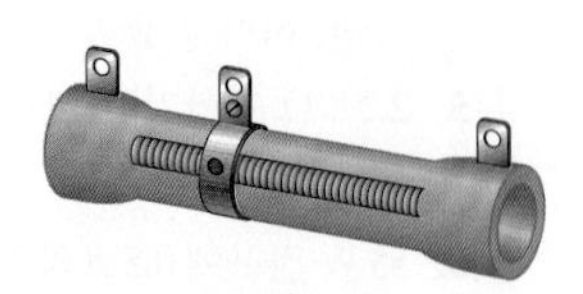

(b) 가변 권선저항기

(c) PC 보드 설치용 방사형-리드 저항기

(d) 후막 전력용 저항기

그림 3-18 높은 전력 정격의 대표적인 저항기

저항기의 과열은 회로 내의 다른 고장이 원인일 수도 있다. 과열된 저항기를 교체한 후, 회로에 전력을 복구시키기 전에 근본 원인을 조사하여야 한다.

예제 3-20

그림 3-19의 각 회로들의 저항이 과열로 인한 손상 가능성이 있는지 확인하여라.

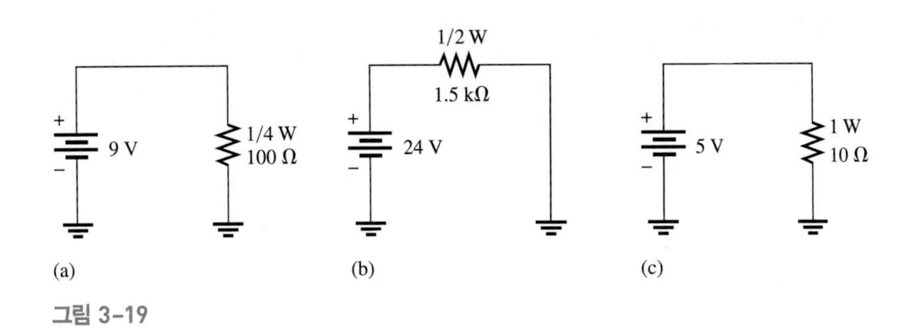

그림 3-19

풀이

그림 3-19(a) 회로의 경우,

$$P = \frac{V^2}{R} = \frac{(9\text{ V})^2}{100\ \Omega} = 0.81\text{ W}$$

저항기의 정격은 1/4 W(0.25 W)이며, 전력을 감당하기에 충분하지 못하다. 저항기는 과열로 타버려 개방이 될지도 모른다.

그림 3-19(b) 회로의 경우

$$P = \frac{V^2}{R} = \frac{(24\text{ V})^2}{1.5\text{ k}\Omega} = 0.384\text{ W}$$

저항기의 정격은 1/2 W(0.5 W)이며, 전력을 감당하기에 충분하다.

그림 3-19(c) 회로의 경우,

$$P = \frac{V^2}{R} = \frac{(5\text{ V})^2}{10\ \Omega} = 2.5\text{ W}$$

저항기의 정격은 1 W이며, 전력을 감당하기에 충분하지 못하다. 저항기는 과열되고, 타버려 개방될지도 모른다.

관련문제

1/4 W, 1.0 kΩ의 저항기가 12 V 전지 양단에 연결되어 있다. 이것은 과열될까?

3-5절 복습 문제

1. 저항에 관련되는 두 가지 중요한 매개변수를 기술하여라.
2. 저항기의 최대 전력량이 저항기의 물리적 크기에 의해 결정되는 이유는?
3. 금속-필름 저항기의 표준 전력 정격을 열거하라.
4. 0.3 W 전력에 사용하기 위해서는 어떤 표준 크기 금속-필름 저항을 선택해야 하는가?
5. 전력 정격을 초과하지 않으면서, 1/4 W, 100 Ω저항기에 인가할 수 있는 최대 전압은 얼마인가?

3-6 저항에서 에너지 변환과 전압강하

앞에서 공부한 바와 같이, 저항에 전류가 흐를 때 전기에너지는 열에너지로 변환된다. 이 열은 물질의 원자구조 내에 있는 자유전자들의 충돌 때문에 발생하는 것이다. 충돌 시 열이 발생하고, 전자는 물질 내를 이동하면서 얻은 에너지의 일부를 잃게 된다.

이 절을 마친 후 다음을 할 수 있어야 한다.

- 에너지 변환과 전압강하를 설명한다.
- 회로에서 에너지 변환의 원인을 논의한다.
- 전압강하를 정의한다.
- 에너지 변환과 전압강하의 관계를 설명한다.

그림 3–20은 전하가 전자의 형태로 전지의 음(−) 단자로부터 나와 회로를 통해 양(+) 단자로 되돌아 흘러들어가는 것을 보이고 있다. 전자가 − 단자에서 나올 때, 에너지 준위가 가장 높다. 전자는 전류의 통로 역할을 하는 각 저항기들을 통해 흐른다(이 같은 접속은 직렬이다, 4장 참고). 전자가 각 저항기들을 흐를 때 에너지 일부를 열의 형태로 잃기 때문에 그림에서 붉은색 농도 차이로 나타낸 것처럼 전자는 저항기로 들어올 때보다 저항기에서 나갈 때 에너지가 더 작아진다. 전자가 회로를 일주하고 전지의 + 단자로 다시 돌아올 때, 전자의 에너지 준위는 가장 낮게 된다.

전압은 단위 전하당 에너지($V = W/Q$)이고, 전하는 전자의 본질이라는 것을 기억하라. 전지의 전압에 의해, − 단자에서 흘러나가는 모든 전자들에게 일정량의 에너지가 전달된다. 회로 전체에 걸쳐 각 점에 같은 수의 전자가 흐르지만, 그 에너지는 회로의 저항을 통해 흐르면서 감소한다.

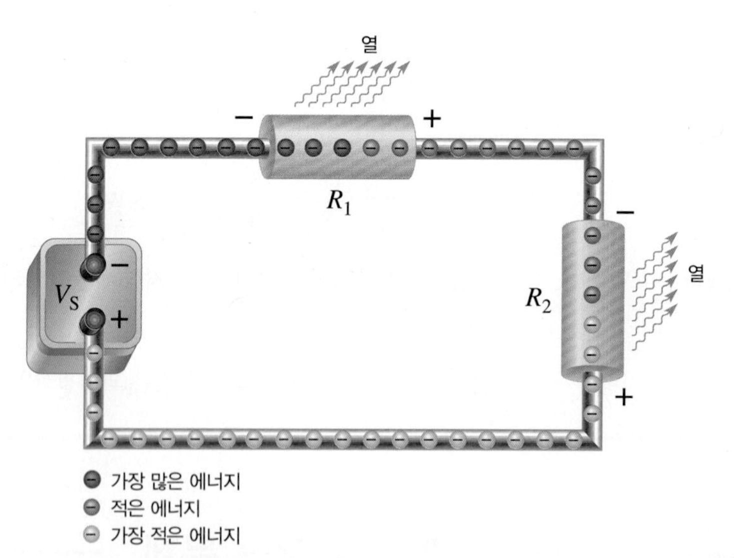

그림 3–20 전압은 단위 전하당 에너지이므로, 전자가 저항을 흐르면서 발생하는 전자(전하)의 에너지 손실은 전압강하를 만든다.

그림 3–20에서, R_1의 왼쪽 끝의 전압은 W_{enter}/Q와 같고 R_1의 오른쪽 끝의 전압은 W_{exit}/Q와 같다. R_1으로 들어간 전자의 수와 R_1을 나오는 전자의 수는 같으므로 Q는 일정하다. 그러나 에너지 W_{exit}는 W_{enter}보다 적다. 따라서 R_1의 오른쪽 끝에서의 전압이 왼쪽 끝에서의 전압보다 작다. 에너지 손실에 따른 저항 양단 간의 전압 감소를 **전압강하(voltage drop)**라 한다. R_1의 오른쪽 끝에서의 전압은 왼

쪽 끝에서의 전압보다 덜 음(−)[혹은 더 양(+)]이다. 전압강하는 −와 +부호로 나타낸다(+는 보다 더 양의 전압인 것을 의미한다).

전자는 R_1에서 일부의 에너지를 잃고, 에너지 준위가 낮아진 상태로 R_2로 들어간다. 전자가 R_2를 통해 흐르면서 에너지를 더 잃고, 그 결과 R_2 양단에 또 다른 전압강하가 생긴다.

3-6절 복습 문제

1. 저항기에서 에너지 변환이 생기는 이유는 무엇인가?
2. 전압강하란 무엇인가?
3. 전류 방향과 관련하여 전압강하의 극성을 설명하라.

3-7 전원장치 및 전지

2-3절에서 전원장치와 배터리 등의 전압원 종류를 간단히 소개하였다. **전원장치(power supply)**는 전력회사로부터 받는 교류 전기를 실제로 대부분의 전자회로나 트랜스듀서에 필요한 직류로 변환시켜 주는 장치이다. 배터리도 직류를 공급할 수 있다. 랩탑 컴퓨터와 같은 많은 시스템은 전원장치 혹은 내부 배터리로 동작할 수 있다. 이 절에서는 이 두 가지 전원을 설명한다.

이 절을 마친 후 다음을 할 수 있어야 한다.

- 전원장치와 배터리의 특성에 대해 설명한다.
- 실험실용 전원장치에 대한 제어를 설명한다.
- 전원장치의 효율을 구한다.
- 배터리의 암페어-시간(ampere-hour) 정격을 정의한다.

전력 회사들은 발전소로부터 수용가에게까지 전기를 전송하는 데 교류를 이용한다. 교류는 쉽게 고전압으로 승압시켜 전송하고 다시 저전압으로 강압하여 최종 수용가에게 공급할 수 있기 때문이다. 원거리 전력전송에는 고전압이 훨씬 더 효율적이고 비용효과가 크다. 미국에서 수용가에게 공급되는 표준 전압은 60 Hz, 120 V 혹은 240 V이지만, 유럽과 기타 다른 나라에서는 50 Hz, 240 V를 쓰기도 한다. 한국은 60 Hz, 220 V이다.

HANDS ON TIP

전원장치는 출력전압과 전류를 공급한다. 전압 범위가 응용에 충분한지 반드시 확인해야 한다. 또 회로가 정확하게 동작하기 위해 전류 용량이 충분해야 한다. 전류 용량은 전원장치가 주어진 전압에서 부하에 공급할 수 있는 최대 전류이다.

모든 전자 시스템은 직접회로와 기타 다른 소자들의 적절한 동작을 위해 안정된 직류가 필요하다. 이를 위해 전원장치는 교류를 안정된 직류로 변환시켜 주며, 보통은 제품 내에 내장되어 있다. 많은 전자 시스템은 함입 보호 스위치가 설치되어 있어서 내부 전원장치를 120 V 표준이나 240 V 표준으로 설정할 수 있다. 이 스위치는 정확히 설정되어야 하며 그렇지 않으면 장비에 심각한 손상을 줄 수 있다.

실험실에서는 회로가 개발되고 테스트된다. 실험실 전원장치의 목적은 테스트 중인 회로에 필요한 안정된 직류를 공급하는 것이다. 테스트 회로는 단순한 저항성 회로망에서부터 복잡한 증폭기나 논리회로까지 다양하다. 잡음이나 리플(맥류)이 거의 없는 일정한 전

그림 3-21 3중 출력 전원장치(B&K 정밀 제공)

압을 위해 실험실 전원장치는 **자동 조절 전원장치**를 사용하는데 이것은 선 간 전압이나 부하의 변화로 인한 출력의 변화를 계속 감지하고, 출력을 자동적으로 조정해 준다.

많은 회로들은 전압을 정밀한 값으로 조정하거나 테스트를 위해 약간 변경시키는 능력뿐만 아니라 다중 전압이 필요하다. 이 때문에 실험실 전원장치는 보통 서로 독립적이고 별도로 제어될 수 있는 두세 개의 출력을 갖고 있다. 출력 전압 혹은 전류를 조정하고 감시하기 위해서 보통 고급 실험실용 전원장치에는 출력 계기(metering)가 장착되어 있다. 조절에는 미세조절과 대략적인 조절, 혹은 아주 정확한 전압을 맞추기 위한 디지털 입력 등이 있다.

그림 3-21은 많은 전자 실험실에서 사용되는 유형의 삼중 출력 탁상형 전원장치를 보여 준다. 이 모델은 두 개의 0~30 V 독립 전원 장치와 4~6.5 V 대전류 전원 장치(보통 논리 전원 장치라 하는)를 갖고 있다. 대략적인 조절과 미세 조절을 이용하여 전압을 정확하게 조정할 수 있다. 0~30 V 전원 장치는 부동(floating) 출력을 갖는데 이는 접지 기준이 아님을 의미한다. 사용자가 이 전원 장치를 양 혹은 음의 전원 장치로 설정하거나, 혹은 이 장치를 또 다른 외부 공급 장치에 연결할 수도 있다. 이 장치의 또 다른 특징은 이 장치가 정전류 응용으로 설정된 최대 전압을 갖는 전류원으로 설정될 수 있다는 것이다.

많은 전원장치에서처럼 0~30 V 공급 장치의 각각에 세 개의 출력 바나나 잭이 있다. 출력은 빨간색(보다 더 양의)과 검정색 단자 사이에서 취한다. 초록색 잭은 대지 접지인 섀시가 기준으로 되어 있다. 접지는 빨간색 혹은 검정색 잭에 연결될 수도 있다. 이 잭들은 보통은 '부동' (접지 기준이 아닌) 상태이다. 전류와 전압은 내장 디지털 계기로 볼 수 있다.

전원장치에 의해 전달되는 전력은 절대 전압과 전류의 곱이다. 예를 들어 전원장치가 3.0 A에서 −15.0 V를 공급하면, 공급되는 전력은 45 W이다. 삼중 전원장치의 경우 세 전원 장치에 의해 공급되는 전체 전력은 각각의 전원 장치에 의해 개별적으로 공급되는 전력의 합과 같다.

예제 3-21

출력전압과 전류가 다음과 같다면, 3중 출력 전원장치에 의해 전달되는 전체 전력은 얼마인가?

전원 1: 2.0 A에서 18 V
전원 2: 1.5 A에서 −18 V
전원 3: 1.0 A에서 5.0 V

풀이

각각의 장치에서 전달되는 전력은 전압과 전류(부호는 무시)의 곱이다.

전원 1: $P_1 = V_1I_1 = (18\text{ V})(2.0\text{ A}) = 36\text{ W}$
전원 2: $P_2 = V_2I_2 = (18\text{ V})(1.5\text{ A}) = 27\text{ W}$
전원 3: $P_3 = V_3I_3 = (5.0\text{ V})(1.0\text{ A}) = 5.0\text{ W}$

전체 전력은 다음과 같다.

$$P_T = P_1 + P_2 + P_3 = 36\text{ W} + 27\text{ W} + 5.0\text{ W} = \mathbf{68\text{ W}}$$

관련문제

전원 1의 전류가 2.5 A로 증가되면, 전달되는 전체 전력은 어떻게 될까?

전원장치의 효율

전원장치에서는 효율이 중요하다. **효율(efficiency)**이란 입력전력 P_{IN}에 대한 출력전력 P_{OUT}의 비율이다.

$$\text{효율} = \frac{P_{OUT}}{P_{IN}} \quad (3-8)$$

효율은 보통 백분율(%)로 표현한다. 예를 들어 입력전력이 100 W이고, 출력전력이 50 W이면 효율은 (50 W/100 W) × 100% = 50%이다.

모든 전자 전원장치는 에너지 변환기이고 출력을 내기 위해서는 입력이 필요하다. 예를 들어 전자식 직류 전원장치는 벽에 설치된 콘센트로부터 교류 전력을 받아 입력으로 사용한다. 출력은 조절된 직류 전압이다. 전체 전력의 일부는 전원장치 회로를 동작시키기 위해 사용되기 때문에, 출력전력은 항상 입력전력보다 작다. 이 내부 전력 소모를 전력 손실이라고 한다.

출력전력은 입력전력에서 전력 손실을 뺀 것이다.

$$P_{OUT} = P_{IN} - P_{LOSS} \quad (3-9)$$

효율이 높다는 것은 전원장치 내부에서 전력 손실이 매우 작고 입력에 대한 출력의 비율이 크다는 것을 의미한다.

예제 3-22

어떤 전자 전원장치의 입력이 25 W이고 출력은 20 W이다. 이 장치의 효율과 내부 손실을 구하라.

풀이

$$\text{효율} = \frac{P_{OUT}}{P_{IN}} = \left(\frac{20\text{ W}}{25\text{ W}}\right) = \mathbf{0.8}$$

백분율로 나타내면

$$\text{효율} = \frac{20\text{ W}}{25\text{ W}} = 80\%$$

$$\text{손신} = P_{IN} - P_{OUT} = 25\text{ W} - 20\text{ W} = \mathbf{5\text{ W}}$$

관련문제

어떤 전원장치의 효율이 92%이다. 입력이 50 W라면, 출력은 얼마인가?

배터리의 암페어시 정격

배터리는 저장된 화학에너지를 전기에너지로 변환한다. 배터리는 랩탑 컴퓨터와 휴대폰과 같은 소형 시스템에 필요한 안정된 직류를 공급하기 위해 널리 사용된다. 이러한 소형 시스템에 사용되는 배터리들은 일반적으로 재충전이 가능한 2차 전지이다. 이것은 외부 전원에 의해 화학반응이 가역적이라는 것을 의미한다. 배터리의 용량은 암페어-시간(Ah)으로 측정된다. 2차 전지의 Ah 정격은 재충전이 필요하게 될 때까지의 용량이다. **암페어시(Ah rating)**는 배터리가 정격 전압으로 일정한 양의 전류를 흐르게 할 수 있는 시간을 말한다.

1 암페어시(Ah)의 정격은 배터리가 정격 전압으로 부하에 평균 1 A의 전류를 1시간 동안 공급할 수

있다는 것을 의미한다. 이 배터리는 평균 2 A의 전류를 반시간 동안 전달할 수 있다. 배터리가 더 큰 전류를 전달할수록, 전지의 수명은 더 짧아진다. 실제로 배터리의 정격은 대개 일정한 전류와 출력 전압을 기준으로 한다. 예를 들어 12 V의 차량용 배터리는 3.5 A의 전류에서 70 Ah의 정격을 갖는다. 이것은 이 배터리가 주어진 정격 전압에서 평균 3.5 A의 전류를 20시간 동안 공급할 수 있다는 것을 의미한다.

예제 3-23

어떤 전지의 정격이 70 Ah라면, 이 전지는 2 A의 전류를 몇 시간 동안 공급할 수 있는가?

풀이

암페어시(Ah) 정격은 전류 곱하기 시간이다.

$$70\text{ Ah} = (2\text{ A})(x\text{ h})$$

시간 x에 대해서 풀면, 다음과 같다.

$$x = \frac{70\text{ Ah}}{2\text{ A}} = \mathbf{35\text{ h}}$$

관련문제

어떤 전지가 10 A를 6 h 동안 공급한다. 최소 Ah 정격은 얼마인가?

3-7절 복습 문제

1. 전원장치로부터 부하 소자에 흐르는 전류량이 증가했다면, 부하는 증가한 것인가 감소한 것인가?
2. 전원장치의 출력 전압이 10 V이다. 이 장치가 부하에 0.5 A를 공급한다면, 출력전력은 얼마인가?
3. 어떤 배터리의 암페어시 정격이 100 Ah라면, 이 전지는 부하에 5 A의 전류를 몇 시간 동안 공급할 수 있는가?
4. 질문 3의 배터리의 전압이 12 V라면 명시된 전류에 대한 이 전지의 전력출력은 얼마인가?
5. 실험실에서 사용되는 전원장치가 1 W의 입력전력으로 동작하고 있다. 이 장치는 750 mW의 출력전력을 낸다. 이 장치의 효율은 얼마인가?

3-8 고장진단의 기초

기술자들은 오동작하는 회로나 시스템을 진단하고 수리할 수 있어야 한다. 이 절에서는 간단한 예제들을 통하여 일반적인 고장진단법을 공부할 것이다. 고장진단은 이 책의 중요한 부분 중 하나이므로, 기술 습득을 위한 고장진단 문제들뿐만 아니라 여러 장에서 고장진단에 관한 절을 취급하였다.

이 절을 마친 후 다음을 할 수 있어야 한다.

- 기본적인 고장진단 방법을 설명한다.
- 고장진단의 3단계를 설명한다.
- 반분할법(half-splitting)의 의미를 설명한다.
- 전압, 전류 및 저항의 기본적인 측정 방법을 비교 설명한다.

고장진단(troubleshooting)은 회로나 시스템 동작에 대한 철저한 지식을 토대로 논리적 사고로서 오동작을 고치는 것이다. 고장진단은 기본적으로 분석, 계획 및 측정의 세 가지 단계로 구성된다. 이러한 3단계 접근방법을 APM(Analysis, Planning, Measuring)이라 한다.

분석

회로 고장진단의 첫 단계는 우선 고장의 단서나 증상을 분석하는 것이다. 분석은 다음과 같은 의문에 대한 답을 찾는 것으로 시작할 수 있다.

1. 회로가 이전까지는 정상 작동을 하였는가?
2. 회로가 정상적인 작동을 했다면, 고장이 발생한 조건은 무엇인가?
3. 고장의 증상은 무엇인가?
4. 고장의 가능한 원인은 무엇인가?

계획

단서를 분석한 다음, 고장진단의 두 번째 단계는 논리적인 계획 수립이다. 계획이 적절하면 시간이 절약된다. 회로에 대한 실무적인 지식은 고장해결을 위한 계획에 필수적이다. 회로의 정상 동작을 잘 모를 경우에는 우선 회로도, 동작 안내서, 기타 관련 정보를 검토한다. 여러 점검 점의 전압이 표시된 회로도는 특히 유용하다. 논리적 사고가 고장진단에 가장 중요하지만 그 자체만으로 문제를 해결할 수는 없다.

측정

세 번째 단계는 세심한 측정으로 가능한 고장의 원인 범위를 좁혀가는 것이다. 이러한 측정으로 문제 해결 방향을 확인할 수도 있고, 혹은 새로운 방향을 찾아 낼 수도 있다. 때로는 전혀 예상 밖의 결과를 발견하기도 한다.

APM의 한 가지 예

간단한 예로, APM의 일부인 사고과정을 보였다. 그림 3–22에 보인 것과 같이 120 V 전원에 15 V 장식용 전구 8개가 직렬로 연결되어 있다. 이 회로가 정상적으로 동작하다가 위치를 이동시킨 후 동작을 멈추었다고 한다. 새 장소에서 플러그를 끼웠을 때 전구가 켜지지 않는다. 문제를 어떻게 해결할 수 있을까?

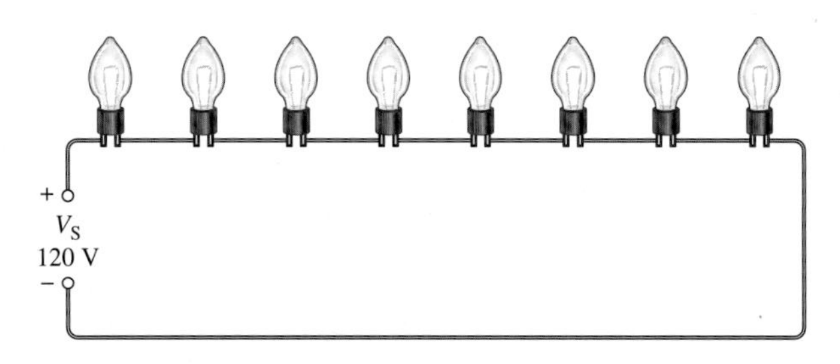

그림 3–22 전압원에 연결된 전구열

분석 사고과정 상황을 분석하여 다음과 같이 생각할 수 있다.

- 이동하기 전까지는 정상적으로 동작하였으므로, 새 장소의 전원이 끊어졌을지도 모른다.
- 아마도 결선이 엉성하여 이동 시 끊어졌을 수도 있다.
- 어떤 전구가 타버렸거나 또는 소켓의 접촉이 느슨할 가능성이 있다.

이런 것들이 고장의 원인일 수 있다. 조금 더 생각해 보면,

- 회로가 정상적으로 동작했었다는 사실로 미루어 원래 회로의 배선이 잘못된 것은 아니다.
- 고장이 한 통로의 개방 때문이라면, 접속 불량이나 혹은 전구가 타버리는 등의 또 다른 고장 가능성은 희박하다.

문제를 분석하였고, 이제 회로의 고장을 찾는 절차를 계획할 준비가 된 것이다.

계획 사고과정 계획의 첫 단계는 새 장소에서 전압을 측정하는 것이다. 만약 전압이 정상이면, 문제는 전구의 줄에 있을 것이다. 만약 전압이 안 걸리면, 옥내 배전반의 회로 차단기를 점검해야 한다. 차단기를 복구시키기 전에 차단기가 작동한 원인을 찾아봐야 한다. 전압이 정상이라고 가정하면 전선에 문제가 있다는 뜻이 된다.

두 번째 단계는 전구의 전선 저항을 측정하거나, 혹은 전구 양단의 전압들을 측정하는 것이다. 저항과 전압 중 쉬운 쪽부터 먼저 측정하면 된다. 고장진단 계획이 모든 상황을 다 고려할 정도로 완벽하기는 어렵다. 계획을 진행해 가면서 수정할 필요도 있을 것이다.

측정 과정 우선 새 장소에서 멀티미터로 전압을 확인한다. 측정된 전압이 120 V라면 이제 전압이 문제일 가능성은 배제한다. 전선줄 양단에 전압이 걸려 있는데 전류가 흐르지 않는 것(전구가 켜지지 않으니까)을 보면 분명히 전류 통로가 개방된것이다. 전구가 타버렸거나, 전구 소켓의 접속이 끊어져 있거나 혹은 전선이 끊어져 있는 것이다.

다음은 멀티미터로 저항을 측정하여 단락 위치를 찾아내야 한다. 논리적으로 생각해보면 모든 전구의 저항을 일일이 측정하는 것보다 전선줄 절반씩의 저항을 측정함으로써 개방 위치를 찾는 데 드는 노력을 줄일 수 있다. 이 방법은 **반분할법(half-splitting)**이라 불리는 고장진단 절차의 한 기법이다.

일단 무한대의 저항에 의해 개방이 된 절반의 위치를 확인하면, 그 고장난 절반에 대해 다시 반분할법을 반복하고, 고장을 찾아 낼 때까지 계속한다. 그림 3–24에 7번째 전구가 탔다고 가정하여 그 과정을 보였다.

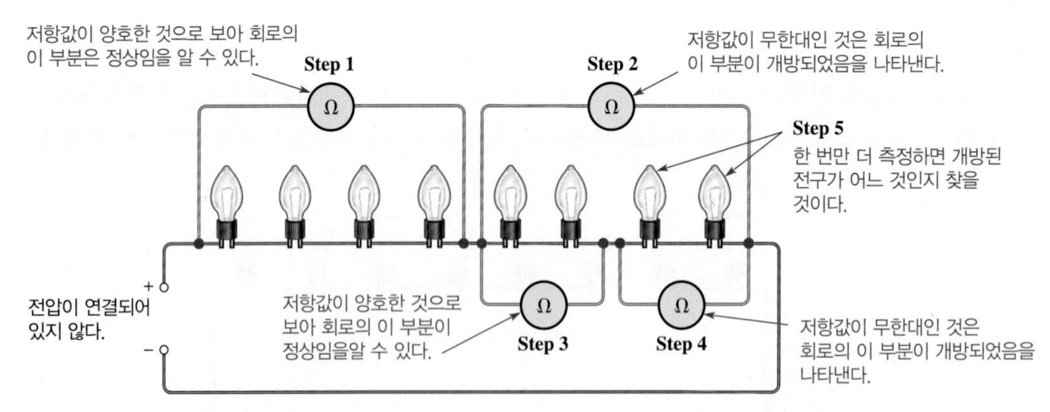

그림 3–23 고장진단의 반분할법의 예. 각 단계의 번호는 멀티미터가 한 지점에서 또 다른 지점으로 이동되는 순서를 나타낸다.

그림에서 볼 수 있듯이, 이러한 특별한 경우에 반분할 접근방법으로 개방된 전구를 찾아내기 위해 최대 5번의 측정이 필요했다. 만약 각각의 전구를 개별적으로 측정하기로 하고 왼쪽부터 시작했다면, 7번 측정을 해야 했을 것이다. 따라서 반분할법은 단계를 줄일 수도 있고 그렇지 않을 수도 있다. 필요한 단계의 수는 측정 위치와 순서에 달려 있다.

대부분의 고장진단은 이 예보다 더 어렵다. 그러나 어떤 경우에도 효과적인 고장진단을 위해 분석과 계획은 필수적이다. 측정을 하면서 종종 계획이 수정된다. 노련한 기술자는 증상과 측정을 그럴법한 원인에 맞추어서 조사범위를 좁혀간다. 고장진단과 수리비용이 교체비용과 비슷할 경우, 저가의 장비는 간단히 폐기하거나 혹은 재활용하기도 한다.

V, *R*, 및 *I* 측정의 비교

2–7절에서 공부한 바와 같이 회로에서 전압, 전류 또는 저항을 측정할 수 있다. 전압을 측정하기 위해서는 소자 양단에 전압계를 병렬로 연결한다. 즉, 소자 양쪽에 리드 선을 하나씩 연결한다. 그렇기 때문에 세 가지 종류의 측정 중 전압 측정이 가장 쉽다.

저항을 측정하기 위해서는 소자 양단에 저항계를 연결한다. 그러나 먼저 전압을 차단하거나 때로는 소자를 회로로부터 분리시켜야 한다. 따라서 일반적으로 저항 측정이 전압 측정보다 더 어렵다.

전류를 측정하기 위해서는 전류계를 소자와 직렬로 연결해야 한다. 즉, 전류계는 전류 경로와 같은 라인으로 있어야 한다. 그러기 위해서는 전류계를 연결하기 전에 소자의 리드 혹은 전선을 절단해야 한다. 이 때문에 보통 전류 측정이 가장 어렵다.

3–8절 복습 문제

1. 고장진단에 대한 APM 접근방법의 세 단계는 무엇인가?
2. 반분할법의 기본적인 아이디어를 설명하라.
3. 회로에서 전류보다 전압을 측정하는 것이 쉬운 이유는 무엇인가?

요약

- 전압과 전류는 선형적으로 비례한다.
- 옴의 법칙은 전압, 전류 및 저항의 관계를 나타낸다.
- 전류는 저항에 반비례한다.
- 1킬로옴(kΩ)은 1,000 Ω이다.
- 1메가옴(MΩ)은 1,000,000 Ω이다.
- 1마이크로암페어(μA)는 1/1,000,000 A이다.
- 1밀리암페어(mA)는 1/1,000 A이다.
- 전류를 계산하기 위해서는 $I = V/R$를 이용한다.
- 전압을 계산하기 위해서는 $V = IR$을 이용한다.
- 저항을 계산하기 위해서는 $R = V/I$를 이용한다.
- 1와트(watt)는 단위 초당 1줄(joule)과 같다.
- 와트는 전력의 단위이고, 줄은 에너지의 단위이다.
- 저항기의 전력 정격은 저항기가 안전하게 다룰 수 있는 최대 전력을 말한다.
- 물리적 크기가 더 큰 저항기는 작은 것보다 더 많은 전력을 열 형태로 발산할 수 있다.
- 저항기의 전력 정격은 회로에서 다룰 것으로 예상되는 최대 전력과 같거나 더 커야 한다.
- 전력 정격은 저항값과는 관계 없다.
- 저항기는 과열되고 고장 날 때 일반적으로 개방된다.
- 에너지는 전력에 시간을 곱한 것과 같다.

- 킬로와트시(kWh)는 에너지의 단위이다.
- 1 kWh의 예는 1,000 W를 1시간 동안 사용한 것이다.
- 전원장치는 진기 전자 장치(소자)를 동작시키기 위해 사용되는 에너지원이다.
- 배터리는 화학에너지를 전기에너지로 변환하는 전원장치의 한 종류이다.
- 전원장치는 상업용에너지(전력회사로부터의 교류)를 여러 전압 레벨로 조정된 직류로 변환한다.
- 전원장치의 출력전력은 출력전압과 부하전류의 곱이다.
- 부하는 전원장치로부터 전류를 이끌어 내는 소자이다.
- 배터리의 용량은 암페어시(Ah)로 측정된다.
- 1 Ah는 1암페어가 1시간 동안 사용되거나, 혹은 암페어와 시간의 곱이 1이 되는 임의의 조합이다.
- 효율이 높은 전원장치는 효율이 낮은 전원장치보다 전력 손실이 작다.
- 그림 3–24의 공식 원반(wheel)은 옴의 법칙과 와트의 법칙에 대한 관계를 보여준다.
- APM(분석, 계획, 측정)은 고장진단에 대한 논리적 접근방법을 제공한다.
- 고장진단의 반분할법에 따르면 일반적으로 측정회수를 줄일 수 있다.

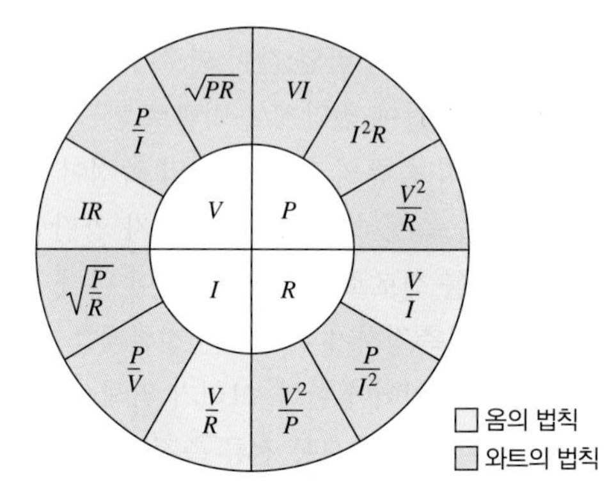

그림 3–24

핵심 용어

핵심용어 및 볼드체로 된 용어는 책 뒷부분의 용어사전에도 정의되어 있다.

고장진단 Troubleshooting 회로나 시스템에서 결함을 격리하고, 확인하고, 수리하는 체계적인 절차

반분할법 Half-splitting 고장을 빨리 찾기 위해 회로나 시스템의 절반씩 나누어 점검해 가는 고장진단 방식

암페어시 정격 Ah rating 배터리의 정격 용량을 말하며, 전류(A) 곱하기 배터리가 그 전류를 낼 수 있는 시간으로 계산된다.

에너지 일을 할 수 있는 능력. 단위는 줄(J)

옴의 법칙 전류는 전압에 비례하고, 저항에 반비례한다는 법칙

와트 전력의 단위. 1와트는 1 J의 에너지가 1 s 동안 사용될 때의 전력이다.

와트의 법칙 전압, 전류 및 저항과 전력의 관계를 나타내는 법칙

전력 Power 에너지 사용률. 단위는 와트(W)

전력 정격 Power rating 저항이 과열로 손상 받지 않고 발산할 수 있는 최대 전력량

전압강하 에너지 손실로 인한 저항 양단 간의 전압 감소

전원장치 유틸리티 전선으로부터 공급되는 교류를 직류 전압으로 변환하는 장치

줄 Joule, J 에너지의 SI 단위

킬로와트시 Kilowatt-hour, kWh 주로 전력회사에서 이용하는 에너지의 단위

효율 회로의 입력전력에 출력전력의 비, 보통은 백분율로 표현한다.

주요 공식

(3–1)	$I = \frac{V}{R}$	전류를 계산하기 위한 옴의 법칙
(3–2)	$V = IR$	전압을 계산하기 위한 옴의 법칙
(3–3)	$R = \frac{V}{I}$	저항을 계산하기 위한 옴의 법칙
(3–4)	$P = \frac{W}{t}$	전력은 에너지를 시간으로 나눈 것과 같다.

(3–5)	$P = I^2R$	전력은 전류의 제곱 곱하기 저항과 같다
(3–6)	$P = VI$	전력은 전압 곱하기 전류와 같다.
(3–7)	$P = \frac{V^2}{R}$	전력은 전압의 제곱을 저항으로 나눈 것과 같다.
(3–8)	$\text{Efficiency} = \frac{P_{OUT}}{P_{IN}}$	전원장치 효율
(3–9)	$P_{OUT} = P_{IN} - P_{LOSS}$	출력 전력

O/X 퀴즈 해답은 이 장의 끝에 있다.

1. 회로의 전체 저항이 증가하면, 전류는 감소한다.
2. 저항을 구하는 옴의 법칙은 R = I /V이다.
3. 밀리암페어와 킬로옴을 곱하면 결과는 볼트가 된다.
4. 10 kΩ 저항이 10 V 전원에 연결되면, 저항에 흐르는 전류는 1 A가 된다.
5. 킬로와트시는 전력의 단위이다.
6. 1와트는 초당 1줄과 같다.
7. 저항의 전력 정격은 회로에 필요한 전력 소비보다 항상 작아야 한다.
8. 자동조절 전원장치는 부하가 변하더라도 출력 전압을 자동으로 일정하게 유지한다.
9. 음의 출력전압을 갖는 전원장치는 부하로부터 전력을 흡수한다.
10. 회로문제를 분석할 때는 고장이 발생한 조건을 생각해봐야 한다.

자습문제 해답은 이 장의 끝에 있다.

1. 옴의 법칙은?
   (a) 전류는 전압 곱하기 저항과 같다.
   (b) 전압은 전류 곱하기 저항과 같다.
   (c) 저항은 전류 나누기 전압과 같다.
   (d) 전압은 전류의 제곱 곱하기 저항과 같다.

2. 저항기 양단의 전압이 두 배로 될 때, 전류는 어떻게 될까?
   (a) 세 배 **(b)** 절반 **(c)** 두 배 **(d)** 변하지 않는다.

3. 20 Ω 저항기 양단에 10 V가 인가될 때, 전류는 얼마인가?
   (a) 10 A **(b)** 0.5 A **(c)** 200 A **(d)** 2 A

4. 1.0 kΩ 저항기에 10 mA의 전류가 흐를 때, 저항 양단의 전압은 얼마인가?
   (a) 100 V **(b)** 0.1 V **(c)** 10 kV **(d)** 10 V

5. 저항기 양단에 20 V의 전압이 인가되고, 6.06 mA의 전류가 흐른다면 저항은 얼마인가?
   (a) 3.3 kΩ **(b)** 33 kΩ **(c)** 330 Ω **(d)** 3.03 kΩ

6. 4.7 kΩ 저항기에 250 μA의 전류가 흐를 때 전압강하는 얼마인가?
   (a) 53.2 V **(b)** 1.175 mV **(c)** 18.8 V **(d)** 1.175 V

7. 2.2 MΩ의 저항이 1 kV 전원 양단에 연결되어 있다. 전류는 얼마인가?
   (a) 2.2 mA **(b)** 455 μA **(c)** 45.5 μA **(d)** 0.455 A

8. 전력을 정의하면?
   (a) 에너지 **(b)** 열 **(c)** 에너지가 이용되는 비율 **(d)** 에너지가 이용되는 시간

9. 10 V와 50 mA에 대한 전력은 얼마인가?

(a) 500 mW **(b)** 0.5 W **(c)** 500,000 μW **(d)** 답 (a), (b), 및 (c)

10. 10 kΩ 저항기를 통해 10 mA의 진류가 흐를 때, 전력은 얼마인가?

(a) 1 W **(b)** 10 W **(c)** 100 mW **(d)** 1 mW

11. 2.2 kΩ 저항기가 0.5 W를 소모한다. 전류는 얼마인가?

(a) 15.1 mA **(b)** 227 μA **(c)** 1.1 mA **(d)** 4.4 mA

12. 330 Ω 저항이 2 W를 소모한다. 전압은 얼마인가?

(a) 2.57 V **(b)** 660 V **(c)** 6.6 V **(d)** 25.7 V

13. 1.1 W까지 다룰 수 있으려면 저항기의 전력 정격은 얼마이어야 하는가?

(a) 0.25 W **(b)** 1 W **(c)** 2 W **(d)** 5 W

14. 22 Ω, 1/2 W 저항기와 220 Ω, 1/2 W 저항기가 10 V 전원 양단에 연결되어 있다. 어느 것(들)이 과열될까?

(a) 22 Ω **(b)** 220 Ω **(c)** 둘 다 **(d)** 둘 다 아니다.

15. 아날로그 저항계의 지침이 무한대를 지시한다면, 그 측정된 저항기는?

(a) 과열된 것이다. **(b)** 단락된 것이다.

(c) 개방된 것이다. **(d)** 역방향으로 연결된 것이다.

고장진단: 증상과 원인

이 연습의 목적은 고장진단에 중요한 사고력 개발을 돕기 위한 것이다. 해답은 이 장의 끝에 있다.

각 세트의 증상들에 대한 원인을 찾으라. 그림 3–25 참조.

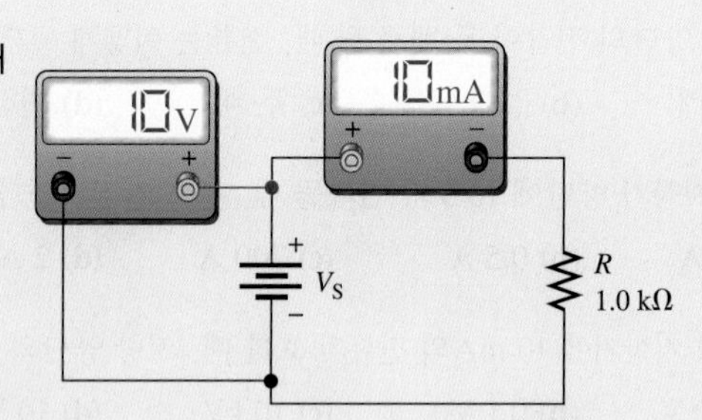

그림 3–25 계기들은 이 회로에 대해 정확한 값을 나타내고 있다.

1. 증상: 전류계는 0을 나타내고, 전압계는 10 V를 나타낸다.

원인:

(a) R이 단락

(b) R이 개방

(c) 전압원이 고장

2. 증상: 전류계는 0을 지시하고, 전압계는 0 V를 지시한다.

원인:

(a) R이 개방

(b) R이 단락

(c) 전압원이 꺼져 있거나 고장

3. 증상: 전류계는 10 mA를 지시하고, 전압계는 0 V를 지시한다.
   원인:
   (a) 전압계 결함
   (b) 전류계 고장
   (c) 전압원이 꺼져 있거나 혹은 고장

4. 증상: 전류계는 1 mA를 지시하고, 전압계는 10 V를 지시한다.
   원인:
   (a) 전압계 결함
   (b) 저항기의 지시 값이 정확한 값보다 높다.
   (c) 저항기의 지시 값이 정확한 값보다 낮다.

5. 증상: 전류계는 100 mA를 나타내고, 전압계는 10 V를 나타낸다.
   원인:
   (a) 전압계에 결함이 있다.
   (b) 저항기의 지시 값이 정확한 값보다 높다.
   (c) 저항기의 지시 값이 정확한 값보다 낮다.

연습문제 선별된 일부 문제의 해답은 이 책의 끝에 있다.

기초문제

3-1 옴의 법칙

1. 어떤 회로에 1 A의 전류가 흐른다. 다음과 같을 때 전류는 얼마가 될까?
   (a) 전압이 3배로 증가 (b) 전압이 80% 감소 (c) 전압이 50% 증가
2. 어떤 회로의 전류가 100 mA이다. 다음의 경우 전류는 얼마가 될까?
   (a) 저항이 100% 증가 (b) 저항이 30% 감소 (c) 저항이 4배로 증가
3. 어떤 회로의 전류가 10 mA이다. 만약 전압이 3배, 저항은 2배로 된다면 전류는 얼마가 될까?

3-2 옴의 법칙의 응용

4. 다음의 경우 전류를 구하여라.
   (a) $V = 5\ \text{V}, R = 1.0\ \Omega$ (b) $V = 15\ \text{V}, R = 10\ \Omega$
   (c) $V = 50\ \text{V}, R = 100\ \Omega$ (d) $V = 30\ \text{V}, R = 15\ \text{k}\Omega$
   (e) $V = 250\ \text{V}, R = 4.7\ \text{M}\Omega$
5. 다음의 경우 전류를 구하여라.
   (a) $V = 9\ \text{V}, R = 2.7\ \text{k}\Omega$ (b) $V = 5.5\ \text{V}, R = 10\ \text{k}\Omega$
   (c) $V = 40\ \text{V}, R = 68\ \text{k}\Omega$ (d) $V = 1\ \text{kV}, R = 2\ \text{k}\Omega$
   (e) $V = 66\ \text{kV}, R = 10\ \text{M}\Omega$
6. $10\ \Omega$ 저항기가 12 V 전지에 연결되어 있다. 저항기를 통하는 전류는 얼마인가?
7. 그림 3-26과 같이 저항기들이 직류 전압원 양단에 연결되어 있다. 각 저항기에 흐르는 전류를 구하라.

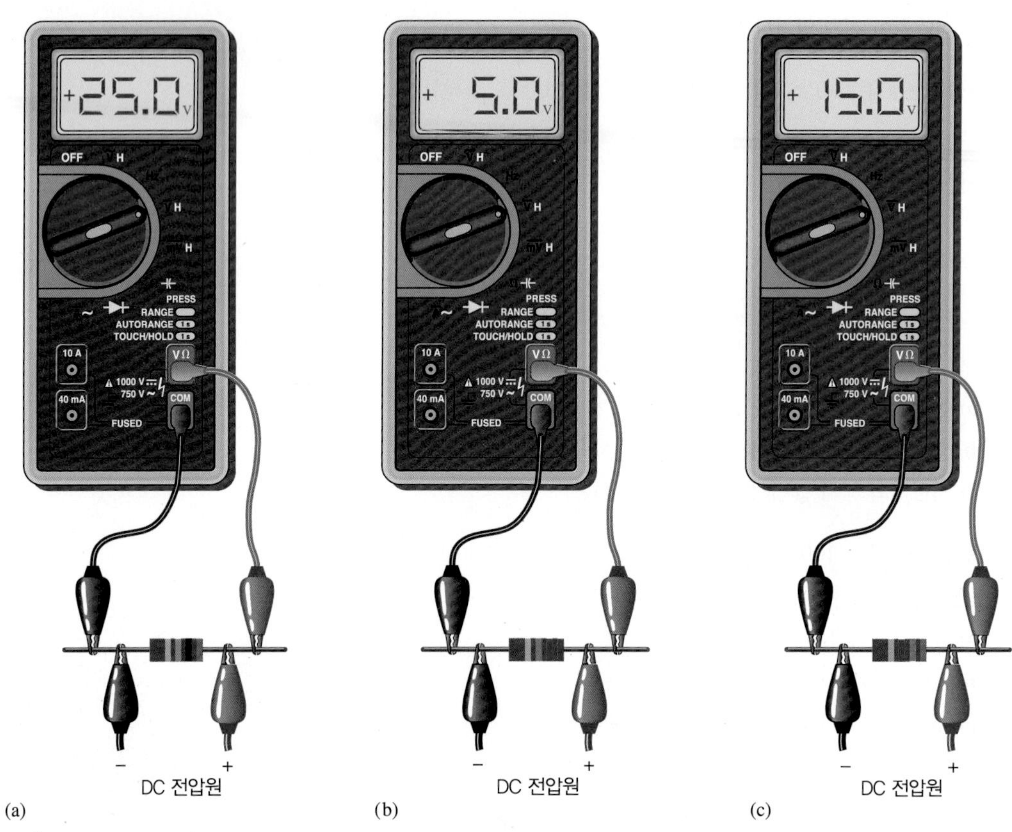

그림 3–26

8. 5 밴드 저항이 12 V 전원 양단에 연결되었다. 저항 컬러 코드가 주황색, 보라색, 노랑색, 금색, 갈색일 경우 전류를 구하라.

9. 만약 문제 8에서 전압이 두 배가 되면, 0.5 A 퓨즈는 끊어질까? 그 이유를 설명하라.

10. 다음 각 경우의 전압을 구하여라.

(a) $I = 2\text{ A}, R = 18\ \Omega$ **(b)** $I = 5\text{ A}, R = 47\ \Omega$

(c) $I = 2.5\text{ A}, R = 620\ \Omega$ **(d)** $I = 0.6\text{ A}, R = 47\ \Omega$

(e) $I = 0.1\text{ A}, R = 470\ \Omega$

11. 다음 각 경우의 전압을 구하여라.

(a) $I = 1\text{ mA}, R = 10\ \Omega$ **(b)** $I = 50\text{ mA}, R = 33\ \Omega$

(c) $I = 3\text{ A}, R = 4.7\text{ k}\Omega$ **(d)** $I = 1.6\text{ mA}, R = 2.2\text{ k}\Omega$

(e) $I = 250\ \mu\text{A}, R = 1.0\text{ k}\Omega$ **(f)** $I = 500\text{ mA}, R = 1.5\text{ M}\Omega$

(g) $I = 850\ \mu\text{A}, R = 10\text{ M}\Omega$ **(h)** $I = 75\ \mu\text{A}, R = 47\text{ k}\Omega$

12. 전원에 연결된 27 Ω 저항에 흐르는 전류가 3 A이다. 전원의 전압은 얼마인가?

13. 그림 3–27의 각 회로에 표시된 전류가 흐르려면 각 전원의 전압은 얼마가 되어야 하는가?

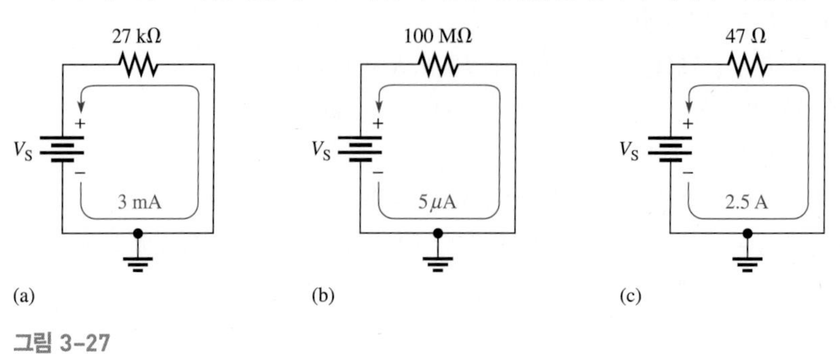

그림 3–27

14. V와 I 값이 다음과 같을 때 저항을 구하라.

(a) $V = 10$ V, $I = 2$ A **(b)** $V = 90$ V, $I = 45$ A
(c) $V = 50$ V, $I = 5$ A **(d)** $V = 5.5$ V, $I = 10$ A
(e) $V = 150$ V, $I = 0.5$ A

15. V와 I 값이 각각 다음과 같을 때 R을 구하라.

(a) $V = 10$ kV, $I = 5$ A **(b)** $V = 7$ V, $I = 2$ mA
(c) $V = 500$ V, $I = 250$ mA **(d)** $V = 50$ V, $I = 500$ μA
(e) $V = 1$ kV, $I = 1$ mA

16. 어떤 저항에 6 V를 인가하였다. 전류는 2 mA였다. 저항은 얼마인가?

17. 그림 3–28의 각 회로에 표시된 전류를 얻기 위한 정확한 저항값을 구하라.

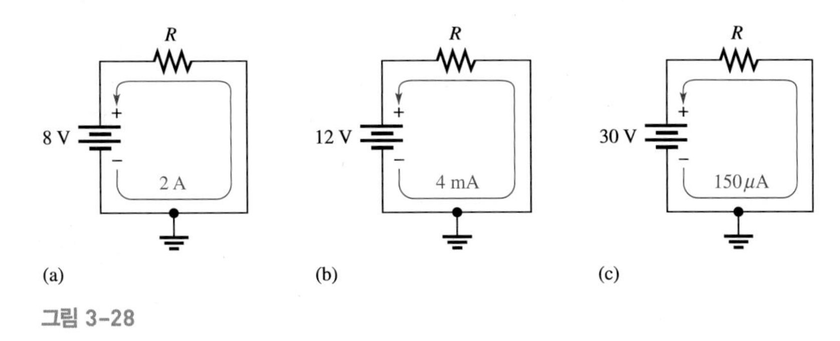

그림 3–28

18. 어떤 손전등이 3.2 V에서 동작되고 필라멘트가 뜨거울 때 저항이 3.9 Ω이었다. 배터리에서 공급되는 전류는 얼마인가?

3–3 에너지와 전력

19. 문제 18의 손전등이 10초 동안 26 J을 사용하면 전력은 몇 와트인가?

20. 에너지가 350 J/s의 비율로 사용될 때 전력은 얼마인가?

21. 7500 J의 에너지가 5시간 동안 사용되었을 경우 전력은 얼마인가?

22. 다음을 킬로와트로 바꾸어라.

(a) 1000 W **(b)** 3750 W **(c)** 160 W **(d)** 50,000 W

23. 다음을 메가와트로 바꾸어라.

(a) 1,000,000 W **(b)** 3×10^6 W **(c)** 15×10^7 W **(d)** 8,700 kW

24. 다음을 밀리와트로 바꾸어라.

(a) 1 W **(b)** 0.4 W **(c)** 0.002 W **(d)** 0.0125 W

25. 다음을 마이크로와트로 바꾸어라.

(a) 2 W **(b)** 0.0005 W **(c)** 0.25 mW **(d)** 0.00667 mW

26. 다음을 와트로 바꾸어라.

(a) 1.5 kW **(b)** 0.5 MW **(c)** 350 mW **(d)** 9,000 μW

27. 전력의 단위(와트)는 1 V × 1 A와 같다는 것을 보여라.

28. 1 킬로와트시에는 3.6 × 10줄이 있음을 보여라.

3–4 전기회로에서의 전력

29. 어떤 저항기 양단 간의 전압이 5.5 V이고, 3 mA의 전류가 흐른다면 전력은 얼마인가?

30. 115 V에 사용되는 전기 히터에 3 A의 전류가 흐른다. 전력은 얼마인가?

31. 4.7 kΩ 저항에 500 mA의 전류가 흐르고 있다면 전력은 얼마인가?

32. 25 mΩ 전류감지 저항기에 5 A의 전류가 흐른다. 소모되는 전력은 얼마인가?.

33. 620 Ω 저항기 양단 간의 전압이 60 V라면, 전력은 얼마인가?

34. 1.5 V배터리 단자 사이에 56 Ω의 저항이 연결되었다. 저항에서 소모되는 전력은 얼마인가?

35. 어떤 저항에 2 A의 전류가 흐르고, 전력은 100 W라면 저항값은 얼마인가? 전압은 특정 값으로 조정되어 있다고 가정한다.

36. 5 × 10 W를 1분 동안 사용한 전력량을 kWh로 바꾸어라.

37. 6700 W를 1초 동안 사용한 전력량을 kWh로 바꾸어라.

38. 50 W를 12 h 동안 사용하였다면 몇 kWh인가?

39. 알카라인(alkaline) D-셀 배터리는 수명이 다하기 전까지 10 Ω 부하에서 90시간 동안 평균 1.25 V의 전압을 유지할 수 있다고 가정한다. 전지의 수명 동안 부하에 전달되는 평균 전력은 얼마인가?

40. 문제 39의 전지가 90시간 동안 내는 총 에너지는 몇 줄인가?

3-5 저항의 전력 정격

41. 6.8 kΩ 저항기가 회로에서 타버렸다. 저항값이 같은 다른 저항기로 바꿔야 한다. 저항기에 10 mA의 전류가 흐른다면, 어떤 전력 정격을 선택해야 하는가? 모든 표준 전력 정격의 저항기를 쓸 수 있다고 가정한다.

42. 어떤 종류의 전력 저항기가 3 W, 5 W, 8 W, 12 W, 20 W의 정격으로 출시되어 있다. 지금 필요한 것은 대략 8 W를 다룰 수 있는 저항기이다. 정격값보다 20% 높은 최소 안전 여유를 두려면 어떤 것을 선택해야 하는가? 그 이유는?

3-6 저항에서의 에너지 변환과 전압강하

43. 그림 3–29의 각 회로에서 저항 양단 전압의 극성을 나타내라.

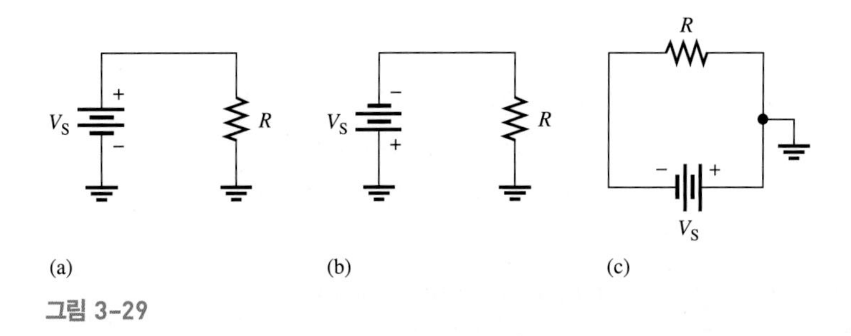

그림 3–29

3-7 전원장치 및 전지

44. 50 Ω의 부하가 1 W의 전력을 소모한다. 전원장치의 출력전압은 얼마인가?

45. 어떤 배터리가 평균 1.5 A의 전류를 24시간 공급하고 있다. 이 배터리의 암페어시 정격은 얼마인가?

46. 80 Ah 배터리로부터 10시간 동안 계속 얻을 수 있는 평균 전류는 얼마인가?

47. 어떤 배터리의 정격이 650 mAh라면 48시간 동안 지속적으로 공급할 수 있는 평균 전류는?

48. 전원장치의 입력이 500 mW이고 출력이 400 mW이다. 전력 손실은 얼마인가? 또 이 전원장치의 효율은 얼마인가?

49. 전원장치의 입력전력이 5 W일 때 85%의 효율을 유지하려면 출력전력은 얼마가 되어야 하는가?

3-8 고장진단의 기초

50. 그림 3–30의 전구회로에서 저항계들의 지시 값을 근거로 불량 전구를 찾아라.

51. 32개의 전구가 직렬로 연결된 회로에서 1개의 전구가 타버렸다고 한다. 왼쪽에서부터 시작하여 반분할법을 이용할 경우, 불량 전구를 찾아내려면 저항 측정을 몇 번 해야 하는가? 불량 전구는 왼쪽에서 17번째에 있다고 가정한다.

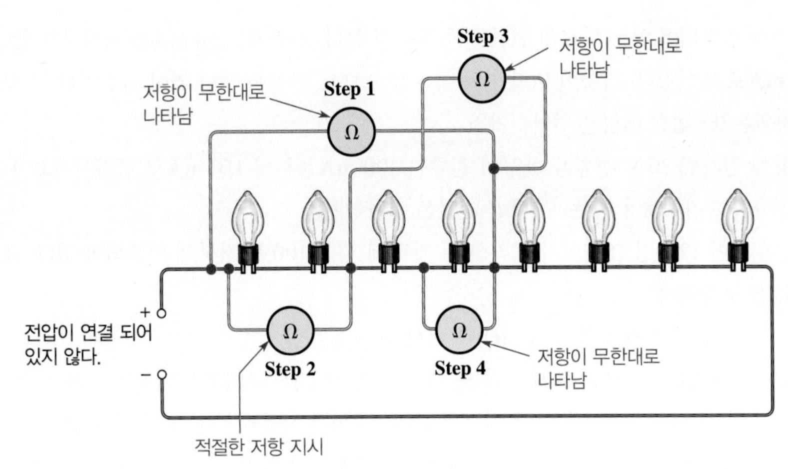

그림 3-30

고급문제

52. 어떤 전원장치가 부하에 2 W를 지속적으로 공급한다. 효율은 60%이다. 24시간 동안 전원장치는 몇 kWh를 사용하는가?

53. 그림 3-31(a) 회로의 전구 필라멘트를 그림 3-31(b)의 등가저항으로 나타냈다. 120 V에서 전구에 0.8 A의 전류가 흐른다면, 필라멘트의 저항은 얼마인가?

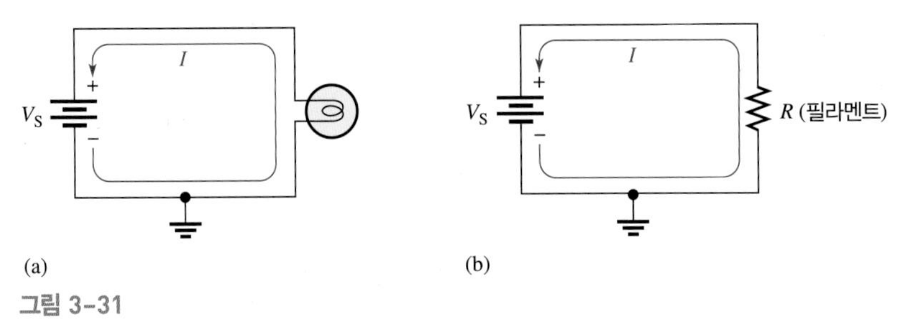

그림 3-31

54. 어떤 전기 장치에 저항값을 모르는 저항기가 있다. 12 V 배터리와 전류계를 사용하여 이 저항값을 알아내라. 필요한 회로도를 그려라.

55. 가변전압원이 그림 3-32의 회로에 연결되어 있다. 전압을 0 V부터 시작하여 100 V까지 10 V씩 증가시킨다. 각각의 전압 값에서의 전류를 구하고, V–I 그래프를 그려라. 이 그래프는 직선인가? 그래프는 무엇을 나타내는가?

56. 어떤 회로에서, $V = 1$ V이고 $I = 5$ mA이다. 저항이 같을 때 전압이 다음과 같다면 각각에 대한 전류를 구하여라.

(a) $V_s = 1.5$ V **(b)** $V_s = 2$ V **(c)** $V_s = 3$ V **(d)** $V_s = 4$ V **(e)** $V_s = 10$ V

57. 그림 3-33은 세 개의 저항값에 대한 전류 대 전압의 그래프이다. R_1, R_2 및 R_3를 구하여라.

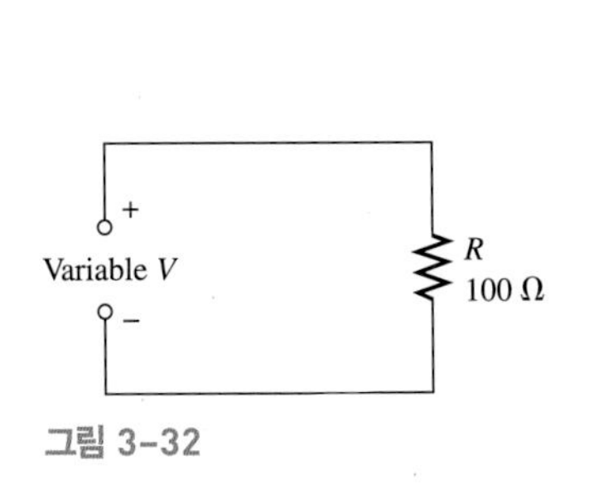

그림 3-32

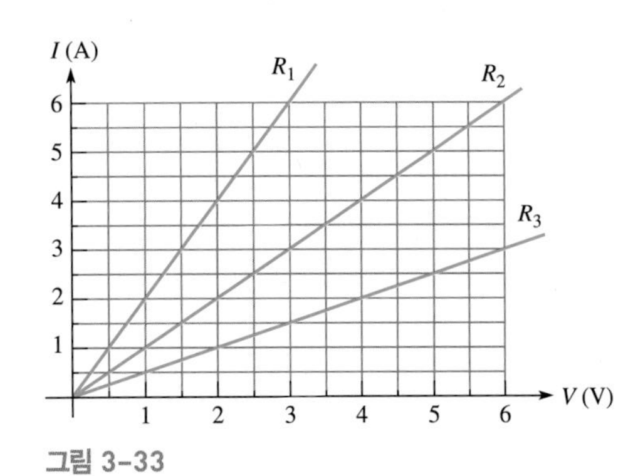

그림 3-33

58. 10 V 전지에 연결되어 있는 회로의 전류를 측정하려 한다. 전류계는 50 mA를 지시하고 있다. 잠시 후 전류가 30 mA로 떨어졌다. 저항이 변할 가능성은 없으므로 전압이 변한 것이 확실하다. 전지의 전압은 얼마가 변하였는가? 변한 진압은 얼마인가?

59. 어떤 저항에 인가된 20 V 전원을 바꾸어 전류를 100 mA로부터 150 mA로 증가시키고자 한다. 전원의 전압을 얼마나 증가시켜야 하는가? 바꾼 전압은 얼마인가?

60. 6 V 전원이 길이 12 ft인 18게이지 구리선 두 가닥에 의해 100 V 저항에 연결되어 있다. 표 2–3을 참고하여 다음을 구하여라.

(a) 전류 **(b)** 저항의 전압 **(c)** 각 전선 양단의 전압

61. 300 W 전구가 30일 동안 계속 켜져 있다면, 전구는 몇 킬로와트시(kWh)의 에너지를 사용하나?

62. 31일 기간의 끝 날 전력 요금 청구서에 의하면 1500 kWh를 사용하였다. 일일 평균 전력은 얼마인가?

63. 어떤 종류의 전력 저항기의 정격이 3 W, 5 W, 8 W, 12 W, 20 W가 있다. 어떤 용도에 대략 10 W를 다룰 수 있는 저항이 필요하다면 어떤 정격을 사용할 것인가? 이유는?

64. 12 V 전원이 10 Ω 저항 양단에 2분 동안 연결되었다.

(a) 소모된 전력은 얼마인가?

(b) 사용된 에너지량은 얼마인가?

(c) 저항이 추가로 1분 동안 더 연결된다면, 전력 소모는 증가하나 혹은 감소하나?

65. 그림 3–34에서 발열소자의 전류 제어용으로 가감 저항기가 사용된다. 가감 저항기가 8 Ω 이하로 조절되면, 발열소자는 타버릴 수 있다. 전류 값이 최대일 때 발열 소자 양단 전압이 100 V라면, 이 회로를 보호하기 위해 필요한 퓨즈의 정격은 얼마인가?

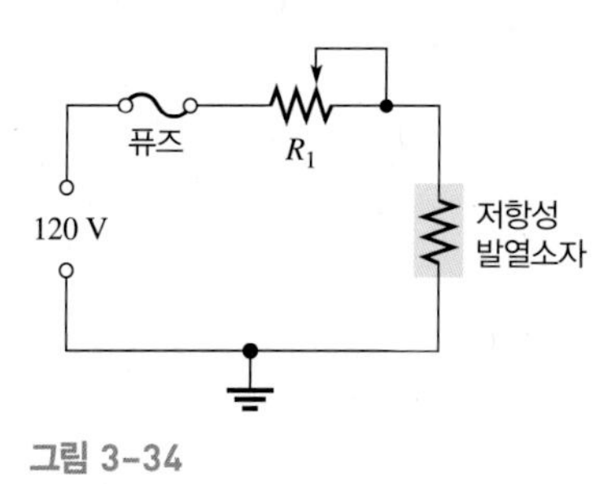

그림 3–34

66. 어떤 전류 감지 저항기의 정격이 1/2 W 이다. 정격을 초과하지 않는 최대 전류는 얼마인가?

67. 전류가 두 배로 되면 저항기에서 소모되는 전력은 어떻게 되는가?

복습문제 해답

3–1 옴의 법칙

1. 전류는 전압에 비례하고, 저항에 반비례한다.

2. $I = V/R$

3. $V = IR$

4. $R = V/I$

5. 전압이 세 배로 되면 전류는 세 배 증가한다.

6. R이 두 배로 되면 전류는 절반인 5 mA로 된다.

7. V와 R이 모두 두 배로 되면 I는 변하지 않는다.

3–2 옴의 법칙의 응용

8. $I = 10\text{ V}/4.7\ \Omega = 2.13\text{ A}$

9. $I = 20\text{ kV}/4.7\text{ M}\Omega = 4.26\text{ mA}$

10. $I = 10\ \text{kV}/2\ \text{k}\Omega = 5\ \text{A}$

11. $V = (1\ \text{A})(10\ \Omega) = 10\ \text{V}$

12. $V = (3\ \text{mA})(3\ \text{k}) = 9\ \text{V}$

13. $V = (2\text{A})(6) = 12\ \text{V}$

14. $R = 10\ \text{V}/2\ \text{A} = 5$

15. $R = 25\ \text{V}/50\ \text{mA} = 0.5\ \text{k} = 500$

3-3 에너지와 전력

1. 전력은 에너지가 사용되는 비율(rate)이다.

2. $P = W/t$

3. 와트(W)는 전력의 단위이다. 1 W는 1 J의 에너지가 1 s 동안 사용될 때의 전력이다.

4. **(a)** 68,000 W = 68 kW **(b)** 0.005 W = 5 mW **(c)** 0.000025 W = 25 μW

5. (100 W)(10 h) = 1 kWh

6. 2000 W = 2 kW

7. (1.322 kW)(24 h) = 31.73 kWh; (0.11 $/kWh)(31.73 kWh) = $3.49

3-4 전기회로에서의 전력

1. $P = IV = (12\ \text{A})(13\ \text{V}) = 156\ \text{W}$

2. $P = (5\ \text{A})^2(47\ \Omega) = 1175\ \text{W}$

3. $V = \sqrt{PR} = \sqrt{(2\ \text{W})(50\ \Omega)} = 10\ \text{V}$

4. $P = \dfrac{V^2}{R} = \dfrac{(13.4\ \text{V})^2}{3.0\ \Omega} = 60\ \text{W}$

5. $P = (8\ \text{V})^2/2\ 2\ \text{k}\Omega = 29\ 1\ \text{mW}$

6. $R = 55\ \text{W}/(0.5\ \text{A})^2 = 220\ \Omega$

3-5 저항의 전력 정격

1. 저항과 전력 정격

2. 저항의 크기가 클수록 더 많은 에너지를 발산할 수 있다.

3. 금속박막 저항기들의 표준 정격은 0.125 W, 0.25 W, 0.5 W, 1 W이다.

4. 0.3 W를 다루기 위해서는 최소한 정격이 0.5 W이어야 한다.

5. 5.0 V

3-6 저항에서의 에너지 변환과 전압강하

1. 저항에서의 에너지 변환의 원인은 물질 내의 자유 전자들이 원자들과 충돌하기 때문이다.

2. 전압강하란 에너지 손실 때문에 저항 양단의 전압이 떨어지는 것이다.

3. 전압강하는 전류의 방향으로 볼 때 음에서 양으로 향한다.

3-7 전원장치 및 전지

1. 전류가 증가하였다는 것은 부하가 더 커졌다는 뜻이다.

2. $P = (10\ \text{V})(0.5\ \text{A}) = 5\ \text{W}$

3. 100 Ah/5 A = 20 h

4. $P = (12\ \text{V})(5\ \text{A}) = 60\ \text{W}$

5. 효율 = (750 mW/1000 mW)100% = 75%

3-8 고장진단의 기초

1. 분석, 계획, 측정

2. 반분할법은 남은 회로의 반을 계속 반으로 나누어 가며 분리시켜 고장을 찾는 방법이다.

3. 전압은 소자의 양단에서 측정한다. 전류는 소자와 직렬로 측정한다.

예제의 관련문제 해답

3–1 $I_1 = 10\text{ V}/5\ \Omega = 2\text{ A}; I_2 = 10\text{ V}/20\ \Omega = 0.5\text{ A}$

3–2 1 V

3–3 970 m

3–4 그렇다

3–5 11.1 mA

3–6 5 mA

3–7 25 A

3–8 200 A

3–9 800 V

3–10 220 mV

3–11 16.5 V

3–12 1.08 V로 전압강하

3–13 6.0 Ω

3–14 39.5 kΩ

3–15 3000 J

3–16 2 kWh

3–17 $4.92 + $0.07 = $4.99

3–18 **(a)** 40 W **(b)** 376 W **(c)** 625 mW

3–19 26 W

3–20 아니오

3–21 77 W

3–22 46 W

3–23 60 Ah

O/X 퀴즈 해답

1. O **2.** X **3.** O **4.** X **5.** X **6.** O **7.** X
8. O **9.** X **10.** O

자습문제 해답

1. (b) **2.** (c) **3.** (b) **4.** (d) **5.** (a) **6.** (d) **7.** (b) **8.** (c)
9. (d) **10.** (a) **11.** (a) **12.** (d) **13.** (c) **14.** (a) **15.** (c)

고장진단 해답

1. (b) **2.** (c) **3.** (a) **4.** (b) **5.** (c)

CHAPTER 4

직렬회로와 병렬회로

차례

목적

- 직렬저항 회로와 병렬저항 회로를 판별한다.
- 직렬저항과 병렬저항 값을 구한다.
- 직렬회로를 통해 흐르는 전류를 구한다.
- 각 병렬 가지에 걸리는 전압을 구한다.
- 키르히호프의 전압법칙과 전류법칙을 응용한다.
- 직렬회로를 전압 분배기로 이용한다.
- 병렬회로를 전류 분배기로 이용한다.
- 직렬회로와 병렬회로의 전력을 구한다.
- 접지에 대한 전압 측정 방법을 설명한다.
- 회로의 고장을 진단한다.

핵심용어

가지	**개방**
기준접지	**단락**
마디	**병렬**
전류 분배기	**전압 분배기**
직렬	**키르히호프의 전류법칙**
키르히호프의 전압법칙	

서론

저항성 회로는 직렬과 병렬의 두 가지 기본 형태가 있다. 이 장에서는 직렬회로와 병렬회로를 공부한다. 직병렬 복합회로는 5장에서 공부할 것이다. 이 장에서는 직렬회로와 병렬회로에서 옴의 법칙의 사용법을 배우고, 키르히호프의 전압법칙과 전류법칙을 학습할 것이다. 몇 가지 중요한 직렬회로의 응용 사례와 자동차의 조명장치, 주택의 배선, 제어 회로 및 아날로그 계기의 내부 결선 등을 포함한 병렬회로의 몇 가지 응용 사례를 살펴본다. 또한 전체 병렬저항을 구하는 방법과 개방 저항의 고장 진단법을 학습한다.

4-1 저항의 직렬연결

저항기들을 직렬로 연결하면 그 형태가 일렬이 되므로 전류의 통로는 오직 하나 뿐이다.

이 절을 마친 후 다음을 할 수 있어야 한다.

- 직렬회로를 식별한다.
- 실제 저항의 배열을 회로도로 그린다.

그림 4–1(a)는 점 A에서 점 B사이에 두 개의 저항기가 직렬로 연결된 것을 보여준다. (b)에는 3개가 직렬로, (c)에는 4개가 직렬로 연결되어 있다.

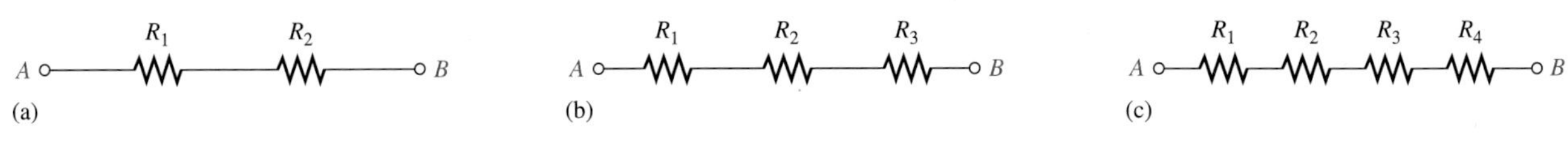

그림 4–1 직렬로 연결된 저항

그림 4–1에서 점 A와 B 사이에 전압원을 연결할 경우 전류가 흐를 수 있는 길은 각 저항을 통과하는 한 가지 뿐이다. 직렬회로는 다음과 같이 설명할 수 있다.

직렬(series)회로에서 두 점 사이의 전류 통로는 오직 하나이므로 각 직렬저항을 통해 흐르는 전류는 같다.

실제 회로도에서 직렬회로는 언제나 그림 4–1과 같이 쉽게 구분되지 않는다. 예를 들어 그림 4–2는 전압이 인가된 직렬저항들을 다른 형태로 그린 것이다. 두 점 사이에 전류 통로가 하나뿐이라면 회로도에서 어떻게 보이더라도 이 두 점 사이의 저항들은 직렬이라는 것을 기억하라.

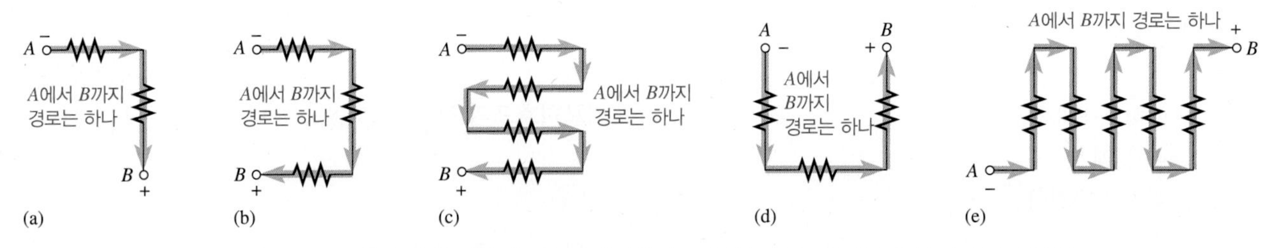

그림 4–2 저항의 직렬연결의 예. 통로가 하나뿐이므로 전류는 모든 점에서 같다는 것을 주목하라.

예제 4–1

그림 4–3과 같이 다섯 개의 저항이 회로기판에 배열되어 있다. 음(–)의 단자로부터 시작하여 R_1, R_2, R_3 ....의 순서로 직렬로 연결하고, 회로도를 그려라.

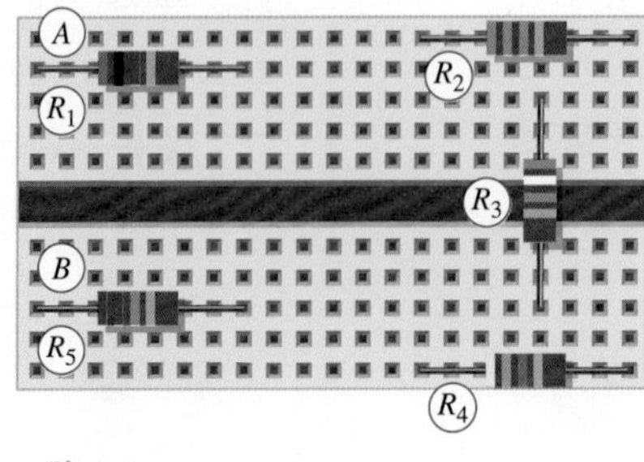

그림 4–3

풀이

그림 4–4(a)의 조립도와 같이 전선을 연결한다. 회로도는 그림 4–4(b)에 보였다. 회로도가 조립도와 같이 반드시 저항의 실제 물리적 배열을 나타내야 하는 것은 아니다. 회로도는 소자들의 전기적 연결을 나타낸다. 조립도는 부품들의 배열과 물리적 연결 형태를 보여준다.

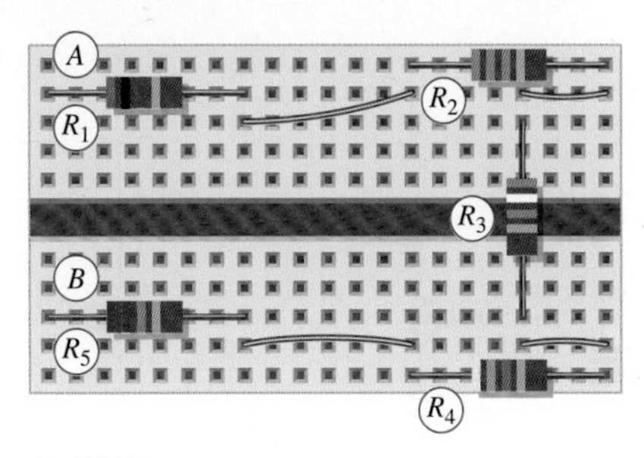

(a) 조립도

(b) 회로도

그림 4–4

관련문제

(a) 그림 4–4(a)의 회로기판에서 모든 홀수 번호의 저항들이 짝수 번호의 저항들 앞에 배열되도록 다시 결선하라.

(b) 각 저항의 값들을 구하라.

*해답은 이 장의 끝에 있다.

4–1절 복습 문제*

1. 직렬회로에서는 저항들이 어떻게 연결되는가?
2. 직렬회로를 어떻게 식별할 수 있는가?
3. 그림 4–5의 저항들을 A에서 B까지 번호 순서대로 직렬로 연결하여 회로도를 완성하라.
4. 그림 4–5의 각 직렬저항 그룹들을 모두 직렬로 연결하여라.

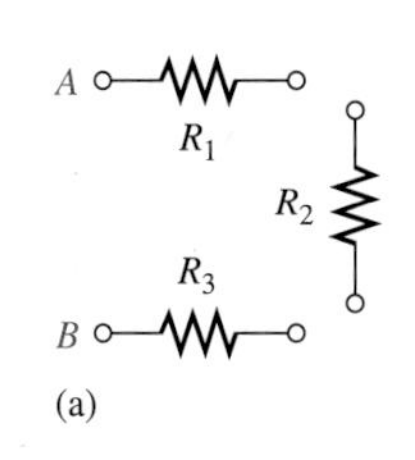

(a)

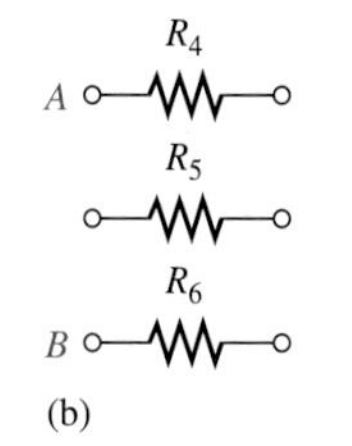

(b)

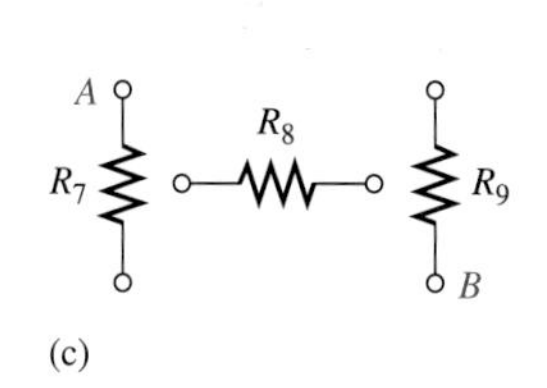

(c)

그림 4–5

*해답은 이 장의 끝에 있다.

4–2 전체 직렬저항의 합

직렬회로의 전체 저항은 각 저항기들의 저항 값의 합과 같다.

이 절을 마친 후 다음을 할 수 있어야 한다.

- 전체 직렬저항 값을 구한다.
- 전체 직렬저항 값을 구하기 위해 각 저항 값을 합산해야 하는 이유를 설명한다.
- 직렬저항 공식을 응용한다.

직렬저항의 합산

직렬로 연결된 저항기들은 각각의 저항 값에 비례하여 전류의 흐름을 방해하므로 전체 저항 값은 각각의 저항 값을 합한 것과 같다. 직렬로 연결된 저항의 수가 증가할수록 전류는 더욱 억제된다. 전류가 더욱 억제된다는 것은 저항 값이 증가한다는 것을 뜻한다. 따라서 저항이 직렬로 더해질수록 전체 저항은 증가한다.

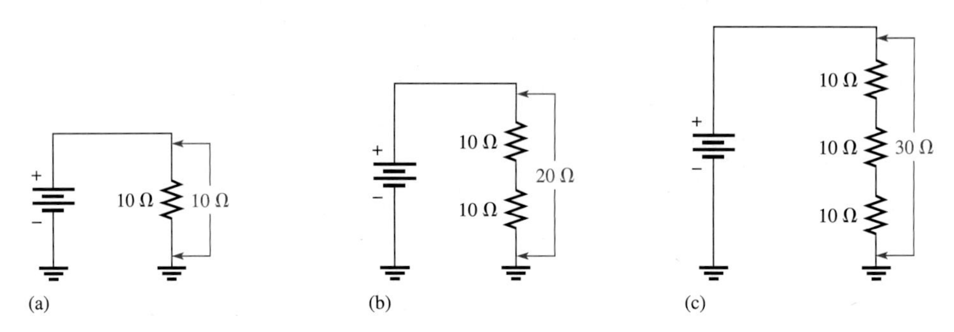

그림 4-6 직렬저항이 추가될수록 전체 저항은 증가한다. 접지 기호는 2-6절에서 소개되었다.

그림 4-6은 직렬회로에 저항기를 추가시켜 전체 저항 값을 증가시키는 방법을 보여주고 있다. 그림 (a)의 회로에는 10 Ω 저항이 한 개 있다. 그림 (b)는 여기에 또 하나의 10 Ω 저항이 직렬로 연결되어 전체 저항이 20 Ω이 된다. 그림 (c)와 같이 세 번째 10 Ω 저항이 처음 두 저항에 직렬로 연결된다면 전체 저항은 30 Ω이 된다.

직렬저항 공식

n개의 저항기들이 직렬로 연결된 경우, 전체 저항 값은 각 저항 값을 더한 것과 같다.

$$\boldsymbol{R_T = R_1 + R_2 + R_3 + \cdots + R_n} \qquad (4-1)$$

여기서 R_T는 전체 저항이며, R_n은 직렬저항의 마지막 저항이다(n은 직렬저항의 수). 예를 들어 4개의 저항($n = 4$)이 직렬로 연결되어 있다면 전체 저항 공식은

$$R_T = R_1 + R_2 + R_3 + R_4$$

6개의 저항($n = 6$)이 직렬로 연결되어 있다면, 전체 저항 공식은 다음과 같다.

$$R_T = R_1 + R_2 + R_3 + R_4 + R_5 + R_6$$

전체 직렬저항 계산 방법을 보이기 위해서, 그림 4-7의 회로에서 R_T를 구해보자. 여기서 V_S는 전압원이다. 이 회로는 다섯 개의 저항이 직렬로 연결되어 있다. 전체 저항을 구하기 위해서는 간단히 각 저항 값을 더하면 된다.

$$R_T = 56\ \Omega + 100\ \Omega + 27\ \Omega + 10\ \Omega + 47\ \Omega = 240\ \Omega$$

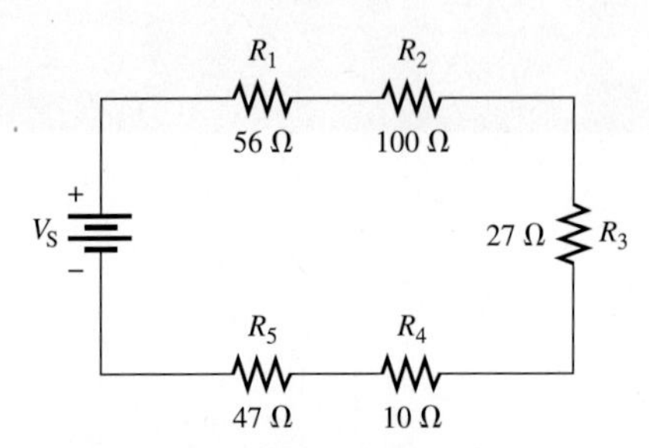

그림 4-7 5개의 직렬저항의 예. V_S는 전압원을 나타낸다.

그림 4-7에서 저항을 합하는 순서는 상관없다. 회로 내에서 저항기의 위치를 바꾸어도 전체 저항과 전류는 달라지지 않는다.

예제 4-2

그림 4-8의 회로기판의 저항들을 직렬로 연결하고, 전체 저항 R_T를 구하여라.

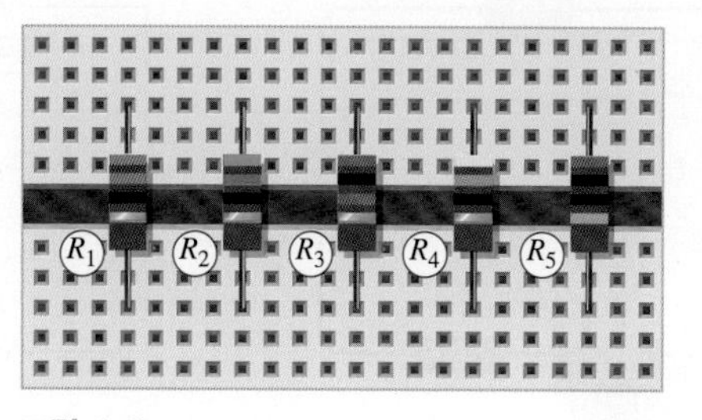

그림 4-8

풀이

저항기들은 그림 4-9와 같이 연결되었다. 모든 저항 값을 합산해 전체 저항을 구하라.

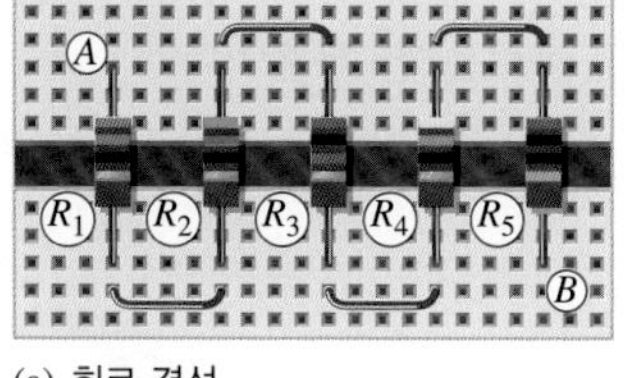

(a) 회로 결선

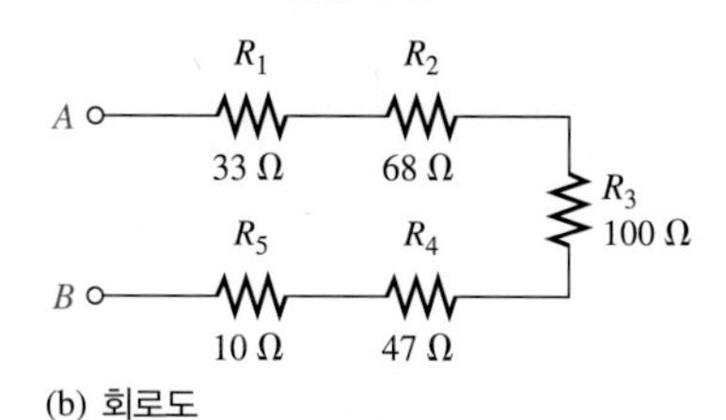

(b) 회로도

그림 4-9

관련문제

그림 4-9(a)에서 R_2와 R_4의 위치를 서로 바꿔 놓았을 때 전체 저항을 구하여라.

4-2절 복습 문제

1. 그림 4-10의 각 회로에서 단자 A와 B 사이의 R_T를 구하라.
2. 다음의 저항들이 직렬로 연결되어 있다. 전체 저항을 구하라. 100 Ω 1개, 47 Ω 2개, 12 Ω 4개, 330 Ω 1개
3. 다음 저항들을 한 개씩 가지고 있다고 가정하자: 1.0 kΩ, 2.7 kΩ, 3.3 kΩ, 1.8 kΩ. 여기에 저항기 한 개를 더 추가하여 전체 저항이 10 kΩ이 되게 하려면 어떤 저항기가 필요한가?
4. 47 Ω 저항기 12개가 직렬로 연결되어 있다면 R_T는 얼마인가?

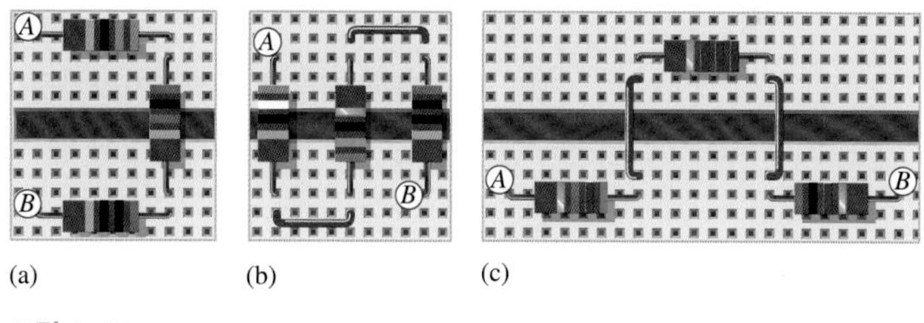

(a) (b) (c)

그림 4-10

4-3 직렬회로의 전류

직렬회로 내의 모든 점에서 전류의 크기는 같다. 즉, 직렬회로에서 각 저항을 통하여 흐르는 전류는 그 저항과 직렬로 연결된 다른 저항을 통하여 흐르는 전류와 같다.

이 절을 마친 후 다음을 할 수 있어야 한다.

- 직렬회로에서 전류를 구한다.
- 직렬회로의 모든 점의 전류는 같다는 것을 보인다.

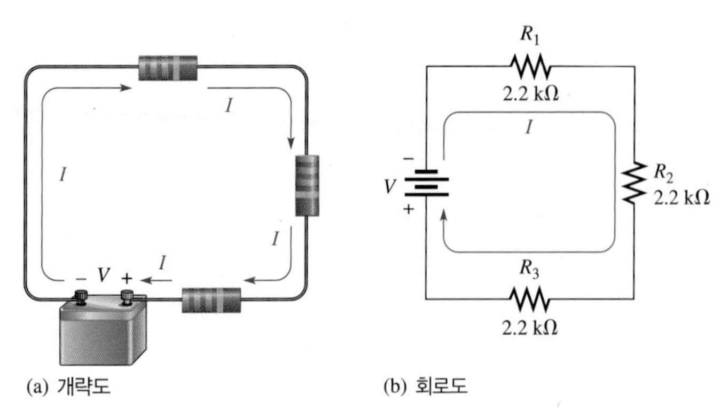

그림 4-11 직렬회로에서 어떤 점으로 들어간 전류는 그 점에서 나가는 전류와 같다.

그림 4-11은 전압원에 직렬로 연결된 3개의 저항기들을 보여준다. 전류 방향 화살표가 보여주는 것과 같이 **회로상의 어느 점에서나 그 점으로 들어가는 전류는 그 점에서 나가는 전류와 같아야 한다.** 또 전류의 일부가 갈라지거나 다른 곳으로 갈 수도 없기 때문에 각 저항기에서 나오는 전류는 들어가는 전류와 같아야 함에 유의하라. 따라서 회로의 각 부분에서의 전류는 다른 모든 부분에서의 전류와도 같아야 한다. 전원의 음(−)쪽에서 양(+)쪽까지 통로는 한 개뿐이다.

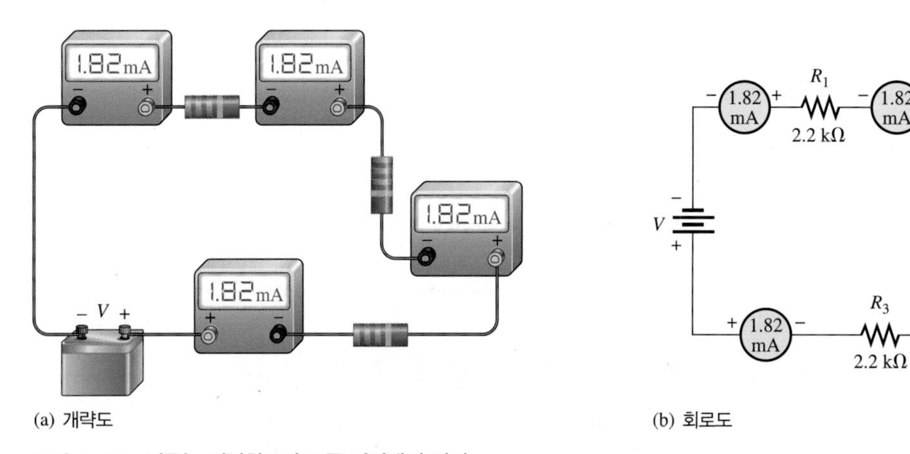

그림 4-12 전류는 직렬회로의 모든 지점에서 같다.

그림 4-12에서 배터리는 직렬저항기들에 1.82 mA의 전류를 공급한다. 전지의 음(−) 단자로부터 나오는 전류는 1.82 mA이다. 그림과 같이 직렬회로의 여러 지점에서 측정한 전류 값은 모두 같다.

4-3절 복습 문제

1. 직렬회로의 임의의 점에서의 전류에 대해 특기사항을 설명하라.
2. 100 Ω과 47 Ω 저항기가 직렬로 연결된 회로에서 100 Ω 저항기를 통해 20 mA의 전류가 흐른다. 47 Ω 저항기에 흐르는 전류는 얼마일까.
3. 그림 4-13에서 전류계는 점 A와 B 사이에 연결되어 있으며, 전류 50 mA를 지시한다. 전류계를 점 C와 D 사이에 연결하였다면, 전류계의 지시값은 얼마일까? 또, E와 F 사이에 연결하면 전류는 얼마일까?
4. 그림 4-14에서, 전류계 1과 2의 지시값은 각각 얼마인가?

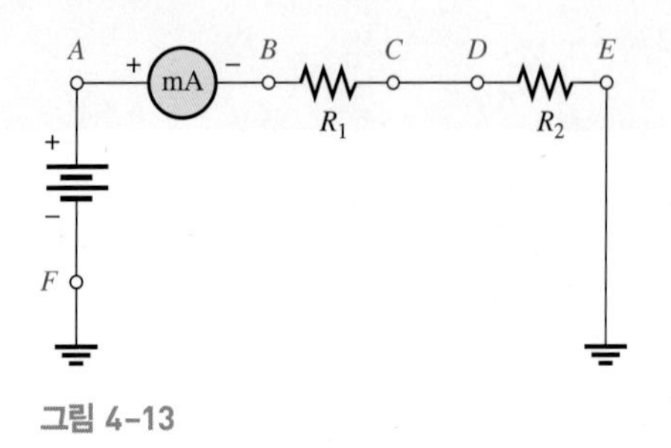

그림 4-13

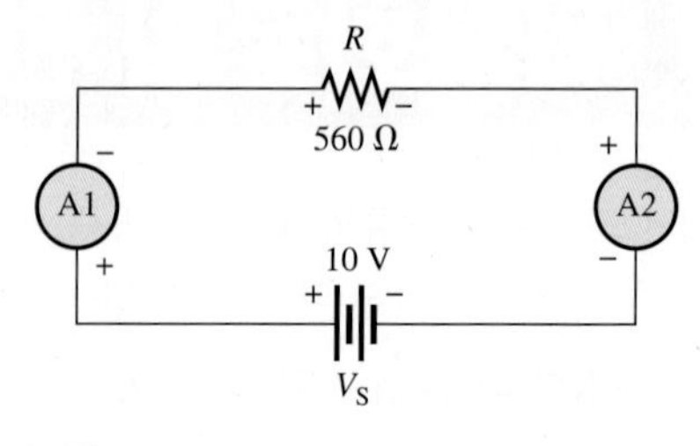

그림 4-14

4-4 직렬 전압원

전압원은 부하에 일정한 전압을 공급하는 에너지원이다. 직류 전압원의 실제 예로는 배터리와 전원장치를 들 수 있다. 두 개 이상의 전압원이 직렬로 연결되면, 전체 전압은 각 전원의 전압을 대수적으로 합한 것과 같다.

이 절을 마친 후 다음을 할 수 있어야 한다.

- 직렬로 연결된 전압원의 전체 전압을 구한다.
- 극성이 같게 직렬로 연결된 전원의 전체 전압을 구한다.
- 반대의 극성으로 직렬 연결된 전원의 전체 전압을 구한다.

손전등에 전지를 넣을 때 전압을 높이기 위해 그림 4-15처럼 **직렬로 배열(series-aiding)**하여 연결한다. 여기서는 1.5 V 전지 3개가 직렬로 연결되었으므로 전체 전압 $V_{S(tot)}$는 다음과 같다.

$$V_{S(tot)} = V_{S1} + V_{S2} + V_{S3} = 1.5\text{ V} + 1.5\text{ V} + 1.5\text{ V} = 4.5\text{ V}$$

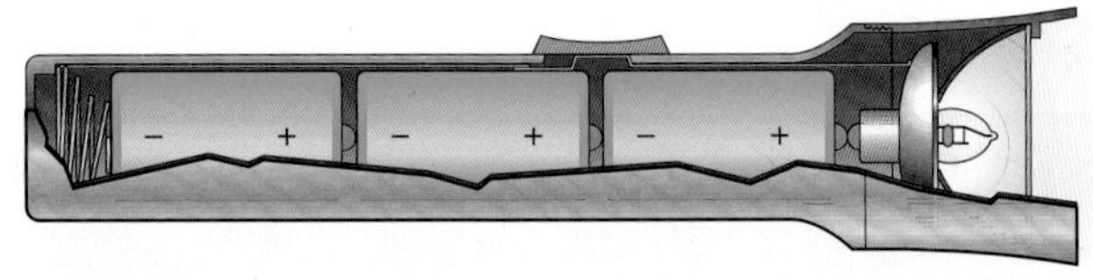

(a) 직렬 전지를 갖는 손전등

− 4.5 V +

1.5 V 1.5 V 1.5 V

V_{S1} V_{S2} V_{S3}

(b) 손전등 회로의 회로도

그림 4-15 직렬 전압원의 예

직렬 전압원들(여기서는 전지들)은 극성이 같은 방향이면 더해지고, 극성이 반대면 빼진다. 예를 들어 그림 4-16에서와 같이 손전등 내의 전지 중 하나가 반대로 놓이면, 음의 값을 갖기 때문에 이의 전압이 감해져 전체 전압이 낮아진다.

$$V_{S(tot)} = V_{S1} - V_{S2} + V_{S3} = 1.5\text{ V} - 1.5\text{ V} + 1.5\text{ V} = 1.5\text{ V}$$

의도적으로 전지를 거꾸로 연결하는 경우는 없고, 실수로 이런 현상이 발생하면 전류는 줄고 수명이 단축될 수 있다. 전동기의 경우 역방향 전압이 발생하기도 한다.

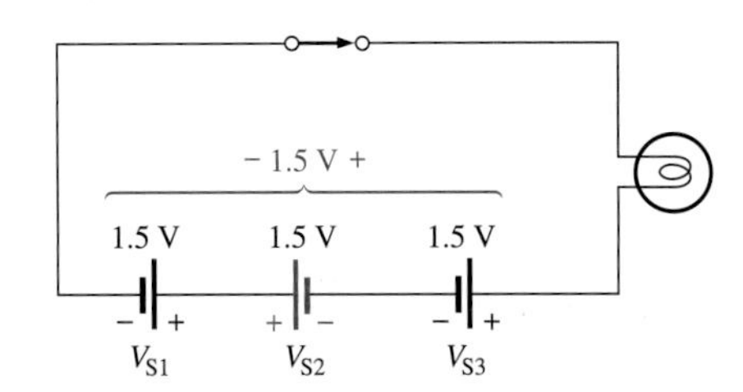

그림 4-16 전지가 반대 방향으로 연결될 때, 전체 전압은 각 전지 전압의 대수합과 같다. 이것은 정상적인 전지 배열은 아니다.

4-4절 복습 문제

1. 60 V를 내기 위해서는 12 V 전지 몇 개를 직렬로 연결해야 하는가? 회로도를 그려라.
2. 손전등에 4개의 1.5 V 전지가 직렬로 연결되어 있다. 손전등 전구 양단에 걸리는 전체 전압은 얼마인가?
3. 그림 4–17의 회로가 트랜지스터 증폭기의 바이어스에 이용된다. 직렬저항에 30 V가 걸리게 하려면 저항을 두 개의 15 V 전원장치에 어떻게 연결하는지 보여라.

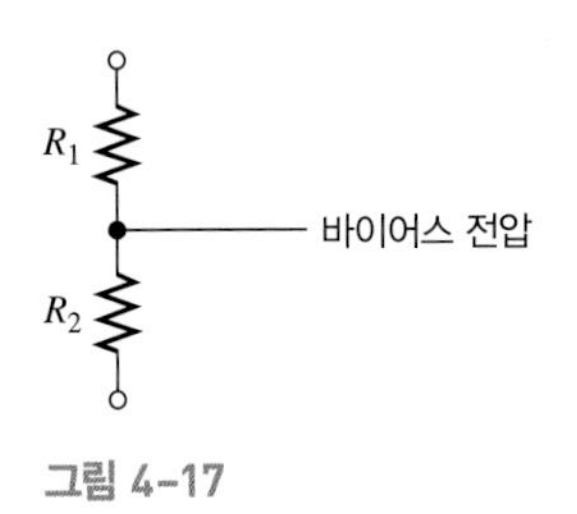

그림 4-17

4. 그림 4–18의 회로에서 전체 전원 전압을 구하라.

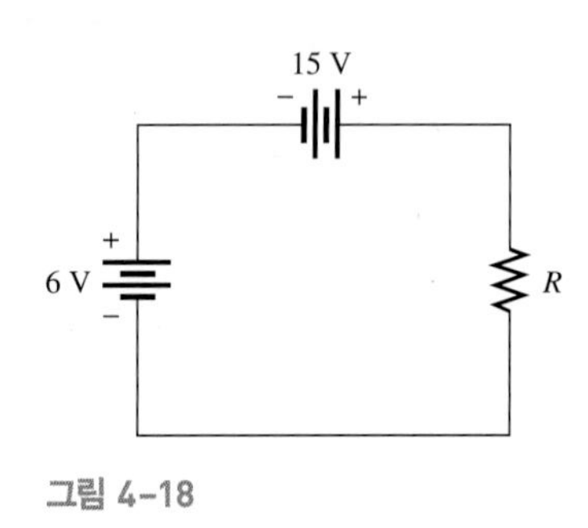

그림 4-18

5. 4셀 손전등에서 1.5 V 전지 네 개 중 하나가 실수로 반대 방향으로 연결되었다. 전구가 켜졌을 때 그 전구 양단에 걸리는 전압은 얼마였을까?

4-5 키르히호프의 전압법칙

키르히호프의 전압법칙은 단일 폐경로 내의 모든 전압의 대수적인 합은 0이라는, 다시 말해, 전압강하의 합은 전체 전원 전압과 같다는 기본적인 회로 법칙이다.

이 절을 마친 후 다음을 할 수 있어야 한다.

- 키르히호프의 전압법칙을 응용한다.
- 키르히호프의 전압법칙을 설명한다.
- 전압강하를 합하여 전원 전압을 구한다.
- 미지의 전압강하를 구한다.

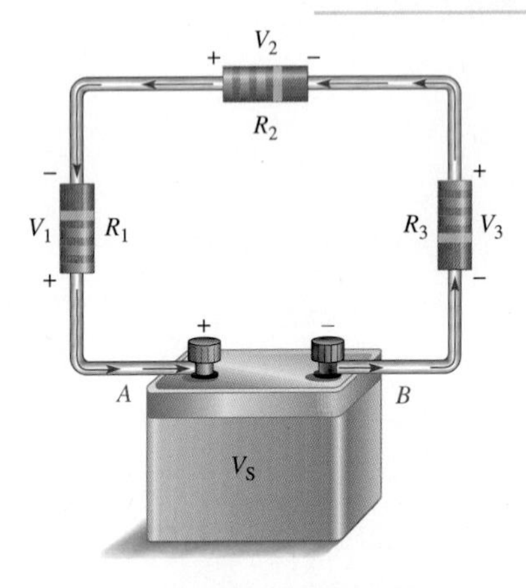

그림 4-19 폐 루프 회로에서 전압극성

전기회로에서 저항 양단에 걸리는 전압(전압강하)의 극성은 항상 전원 전압의 극성과 반대이다. 예를 들면 그림 4–19의 회로를 반시계 방향 루프로 따라가 보면, 전원의 극성은 +에서 −이고, 각 전압강하의 극성은 −에서 +이다.

그림 4–19에서 전류는 전원의 −측에서 나와 화살표 방향으로 저항을 흐른다. 전류는 각 저항의 −측으로 들어가서 +측으로 나온다. 3장에서 공부한 바와 같이, 전자는 저항을 통해 흐를 때 에너지를 잃으며, 나올 때 에너지 상태가 낮아진다. 저항 양단 간의 에너지 준위 차이로 전위차 즉 전압강하가 생기며, 이때의 극성은 전류 방향으로 −에서 +이다.

그림 4–19의 회로에서 점 A로부터 점 B로의 전압은 전원 전압 V_S이다. 또한 점 A

로부터 점 B로의 전압은 직렬저항기의 전압강하의 합이다. 따라서 **키르히호프의 전압법칙(Kirchhoff's voltage law)**이 설명하는 것과 같이 전원 전압은 세 개의 전압강하의 합과 같다.

회로에서 단일 폐경로 내의 모든 전압강하의 합은 그 폐경로 내의 전체 전원 전압의 합과 같다.

직렬회로에 대한 키르히호프의 전압법칙을 그림 4-20에 보였다. 이 경우 키르히호프 전압법칙은 다음 식과 같이 나타낼 수 있다.

$$\mathbf{V_S = V_1 + V_2 + V_3 + \cdots + V_n} \quad (4-2)$$

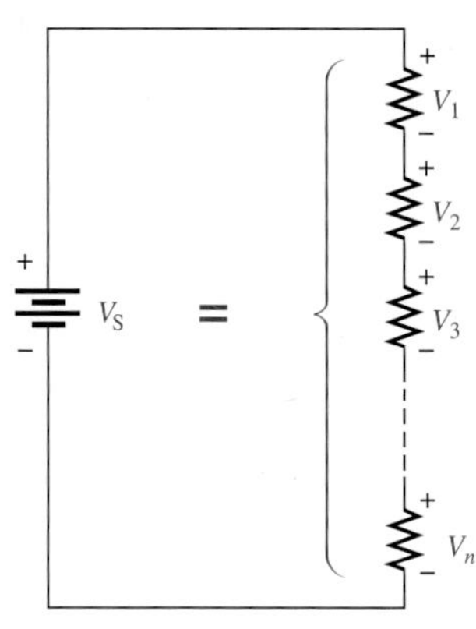

그림 4-20 n개의 전압강하의 합은 전원 전압과 같다.

여기서 아래 첨자 n은 전압강하의 개수를 나타낸다.

폐경로 내의 전체 전압강하를 더하고 이 합을 전원 전압에서 빼면 그 결과는 0이다. 직렬회로에서 전압강하의 합은 항상 전원 전압과 같기 때문이다.

식 4-2는 하나의 전압원과 저항기나 다른 부하들을 갖고 있는 어떤 회로에도 적용될 수 있다. 중요한 것은 단일 폐경로를 임의의 출발점에서 시작하여 다시 그 점까지 돌아와야 한다는 것이다. 직렬회로에서 폐경로 내에는 항상 하나의 전압원과 하나 이상의 저항기 또는 다른 부하들이 있다. 이 경우 전압원은 전압**상승**을 나타내고 각 부하는 전압**강하**를 나타낸다. 직렬회로에 대한 키르히호프의 전압법칙을 달리 표현하면, 모든 전압상승의 합은 모든 전압강하의 합과 같다.

예제 4-3

전압강하가 두 개 있는 그림 4-2의 회로에서 전원 전압 V_S를 구하라.

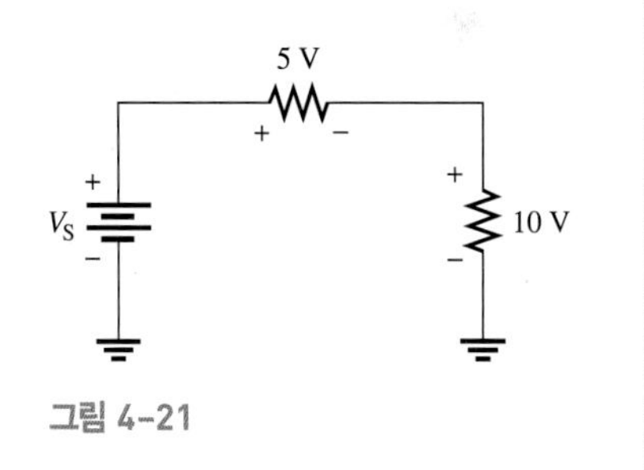

그림 4-21

풀이

키르히호프의 전압법칙(식 4-3)에 의해, 전원 전압(인가전압)은 전압강하의 합과 같아야 한다. 전압강하를 전부 더하면 전원 전압의 값이 된다.

$$V_S = 5\text{ V} + 10\text{ V} = \mathbf{15\text{ V}}$$

관련문제

그림 4-21에서 V_S가 30 V로 증가하면, 각 저항에서의 전압강하는 얼마가 될까?

4-5절 복습 문제

1. 키르히호프의 전압법칙을 두 가지 방법으로 기술하라.
2. 50 V의 전원이 직렬저항성 회로에 연결되어 있다. 이 회로에서 전압강하의 합은 얼마인가?
3. 동일한 값의 저항 두 개가 10 V 전지 양단에 직렬로 연결되어 있다. 각 저항기 양단 간의 전압강하는 얼마인가?
4. 25 V 전원을 갖는 직렬회로에 3개의 저항기들이 있다. 하나의 전압강하는 5 V이고, 또 하나의 전압강하는 10 V이다. 세 번째 저항기의 전압강하는 얼마인가?
5. 어떤 직렬회로에서 각 전압강하가 1 V, 3 V, 5 V, 7 V, 그리고 8 V이다. 이 직렬회로의 양단에 인가되는 전체 전압은 얼마인가?

4-6 전압 분배기

직렬회로는 전압 분배기로서 작용한다. 전압 분배기는 직렬회로의 중요한 응용이다.

이 절을 마친 후 다음을 할 수 있어야 한다.

- 직렬회로를 전압 분배기로 이용한다.
- 전압 분배기 공식을 응용한다.
- 가변전압 분배기로서 포텐쇼미터를 이용한다.
- 전압 분배기 응용을 몇 가지 기술한다.

전압원에 연결된 직렬저항 회로는 **전압 분배기(voltage divider)**로 작용한다. 저항기의 수는 제한 받지 않지만 그림 4–22(a)는 두 개의 저항기로 된 직렬회로의 예를 보여준다. 이미 공부한 바와 같이, 이 회로에는 R_1 양단에 V_1, R_1양단에 V_2의 두 개의 전압강하가 있다. 각 저항기에 흐르는 전류는 같으므로, 전압강하는 저항 값에 비례한다. 예를 들어 R_2가 R_1의 2배라면 V_2는 V_1의 2배가 된다.

단일 폐경로에 대한 전체 전압강하는 직렬저항기들의 저항 값에 비례하여 분배된다. 가장 작은 저항에 가장 작은 전압이 걸리고 가장 큰 저항에 가장 큰 전압이 걸린다($V = IR$). 예를 들어 그림 4–22(b)의 회로에서 V_S가 10 V, R_1이 100 Ω, R_2가 200 Ω이라면, R_1은 전체 저항의 1/3이므로 V_1은 전체 전압의 1/3인 3.33 V가 된다. 마찬가지로 R_2는 전체 저항의 2/3이므로 V_2는 V_S의 2/3인 6.67 V이다.

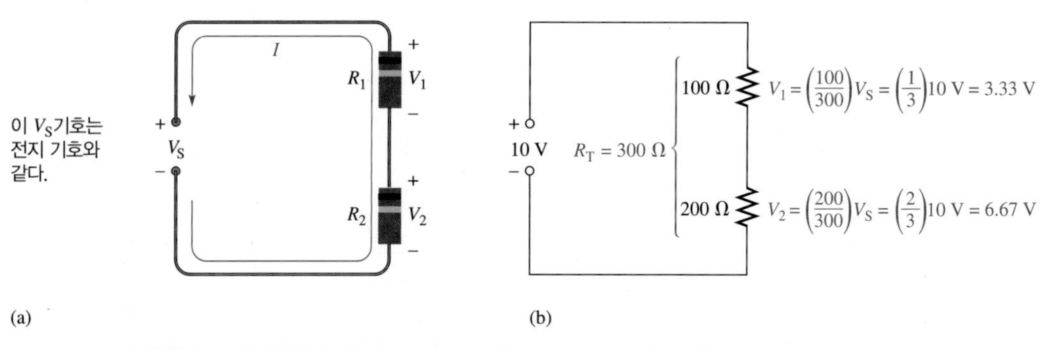

그림 4–22 2–저항기 전압 분배기의 예

전압 분배기 공식

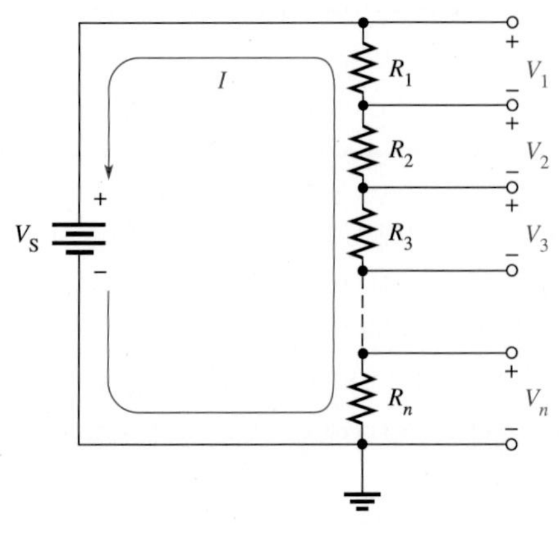

그림 4–23 *n*개의 저항기를 갖는 전압 분배기

간단한 계산으로 직렬저항기 사이에 분배되는 전압에 대한 공식을 구할 수 있다. 그림 4–23과 같이 n개의 저항기가 직렬로 연결되어 있다고 가정하자. 여기서 n은 임의의 수이다.

임의의 저항기 양단의 전압강하를 Vx라 하고, 특정한 저항기 혹은 저항기 결합들의 저항 값을 Rx라 하자. 옴의 법칙에 의해 R_2양단의 전압강하는 다음과 같이 표현할 수 있다.

$$V_x = IR_x$$

회로에 흐르는 전류는 전원 전압을 전체 저항으로 나눈 것과 같다($I = V_S/R_T$). 예를 들어 그림 4–23의 회로에서 전체 저항은

$$R_T = R_1 + R_2 + R_3 + \cdots + R_n$$

V_x에 대한 식에서 I에 V_S/R_T를 대입하면,

$$V_x = \left(\frac{V_S}{R_T}\right)R_x$$

정리하면

$$\boldsymbol{V_x = \left(\frac{R_x}{R_T}\right)V_S} \qquad (4-3)$$

식 4–3은 일반적인 전압 분배기 공식으로, 다음과 같이 요약할 수 있다.

직렬회로에서 임의의 저항기 혹은 저항기들의 결합 양단의 전압강하는 전체 저항에 대한 그 저항의 비에 전원 전압을 곱한 것과 같다.

예제 4-4

그림 4–24의 회로에서 다음 점들 사이의 전압을 구하여라.

(a) A와 B **(b)** A와 C **(c)** B와 C **(d)** B와 D **(e)** C와 D

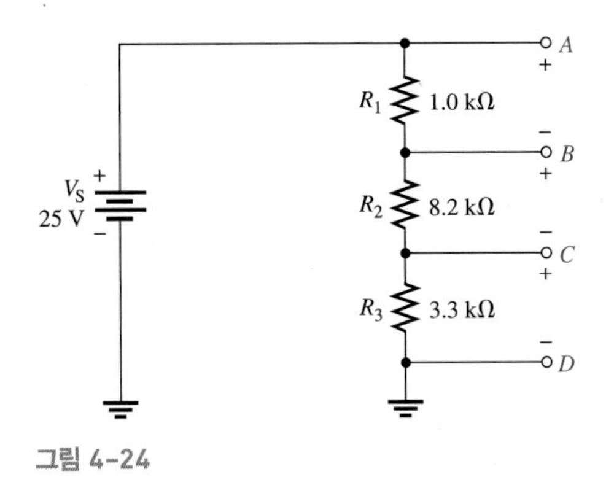

그림 4-24

풀이

먼저 R_T를 구한다.

$$R_T = 1.0\,\text{k}\Omega + 8.2\,\text{k}\Omega + 3.3\,\text{k}\Omega = 12.5\,\text{k}\Omega$$

전압 분배기 공식을 이용하여 각각의 전압을 구한다.

(a) A와 B 사이의 전압은 R_1 양단의 전압강하이다.

$$V_{AB} = \left(\frac{R_1}{R_T}\right)V_S = \left(\frac{1.0\,\text{k}\Omega}{12.5\,\text{k}\Omega}\right)25\text{ V} = \mathbf{2\text{ V}}$$

(b) A와 C 사이의 전압은 R_1과 R_2 양단에 걸리는 전체 전압강하이다. 이 경우, 식 4-3에서 R_x는 $R_1 + R_2$가 된다.

$$V_{AC} = \left(\frac{R_1 + R_2}{R_T}\right)V_S = \left(\frac{9.2\,\text{k}\Omega}{12.5\,\text{k}\Omega}\right)25\text{ V} = \mathbf{18.4\text{ V}}$$

(c) B와 C 사이의 전압은 R_2 양단의 전압강하이다.

$$V_{BC} = \left(\frac{R_2}{R_T}\right)V_S = \left(\frac{8.2\text{ k}\Omega}{12.5\text{ k}\Omega}\right)25\text{ V} = \mathbf{16.4\text{ V}}$$

(d) B와 D 사이의 전압은 R_2와 R_3 양단에 걸리는 전체 전압강하이다. 이 경우, 식 4-3에서 R_x는 $R_2 + R_3$이다.

$$V_{BD} = \left(\frac{R_2 + R_3}{R_T}\right)V_S = \left(\frac{11.5\text{ k}\Omega}{12.5\text{ k}\Omega}\right)25\text{ V} = \mathbf{23\text{ V}}$$

(e) C와 D 사이의 전압은 R_3 양단의 전압강하이다.

$$V_{CD} = \left(\frac{R_3}{R_T}\right)V_S = \left(\frac{3.3\text{ k}\Omega}{12.5\text{ k}\Omega}\right)25\text{ V} = \mathbf{6.6\text{ V}}$$

이 전압 분배기를 연결하면, 각 경우에 해당 점들 사이에 전압계를 연결하여 계산한 각각의 전압들을 확인할 수 있다.

관련문제

만약 V_S가 두 배로 되면, 앞에서 계산한 각 전압들은 어떻게 되는가?

가변 전압 분배기로서의 포텐쇼미터

2장에서 공부했듯이, 포텐쇼미터는 세 개의 단자를 갖는 가변저항기이다. 전원에 연결된 선형 포텐쇼미터를 그림 4–25에 보였다. 양 끝 단자는 1과 2, 가변단자(와이퍼)는 3으로 표시하였다. 포텐쇼미터는 전압 분배기 역할을 하며, 이것을 그림 4-25(c)와 같이 전체 저항을 두 부분으로 나누어 나타내 보였다. 단자 1과 단자 3 사이의 저항(R_{13})이 한 부분, 단자 3과 2 사이의 저항(R_{32})이 또 한 부분이 된다. 이 포텐쇼미터는 수동으로 조절이 가능한 2-저항 전압 분배기이다.

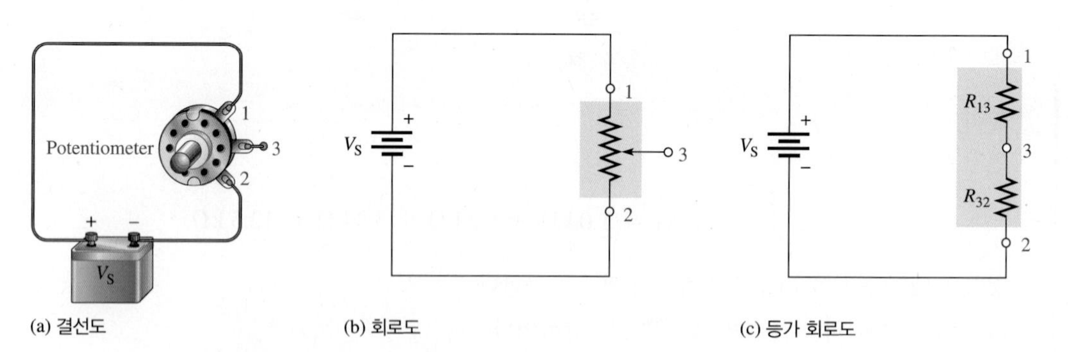

(a) 결선도 (b) 회로도 (c) 등가 회로도

그림 4–25 전압 분배기로서 사용되는 포텐쇼미터

그림 4–26은 와이퍼 접촉(3)이 이동하면 어떻게 되는지 보여준다. (a)에서 와이퍼는 정확히 중간에 있으며, 양쪽 저항은 같다. 단자 3과 단자 2 사이의 전압을 측정하면, 전체 전원 전압의 반이 된다. (b)와 같이, 와이퍼를 중간점에서 위로 움직이면 단자 3과 단자 2 사이의 저항은 증가하며, 그 사이의 전압도 비례하여 증가한다. (c)에서와 같이, 와이퍼를 중간점에서 아래로 움직이면, 단자 3과 단자 2 사이의 저항은 감소하고, 그 사이의 전압은 비례하여 감소한다.

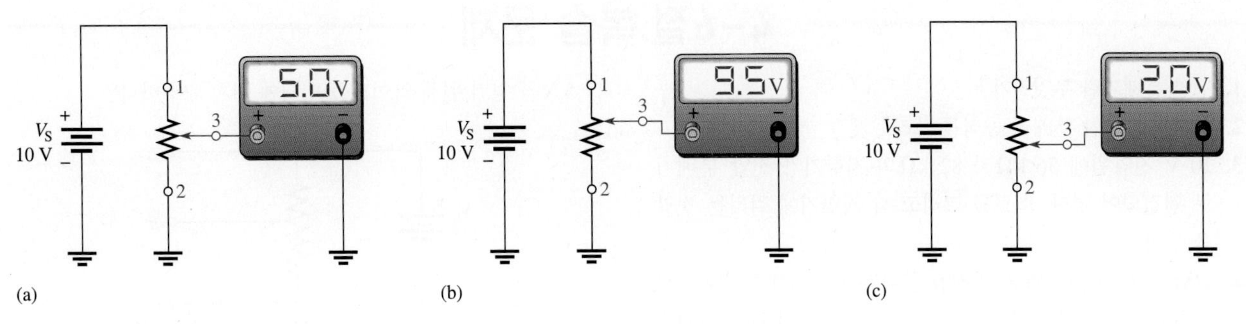

그림 4-26 전압 분배기의 조정

응용

전압분배기는 여러 곳에 응용되는데 그 한 예로 라디오 수신기를 들 수 있다. 라디오 수신기의 볼륨 조절은 포텐쇼미터를 전압 분배기로 응용한 것이다. 소리의 크기는 음성 신호에 관련된 전압의 크기에 따라 변하기 때문에 볼륨 조절 손잡이를 돌려서 포텐쇼미터를 조절함으로써 소리를 크고 작게 할 수 있다. 그림 4-27에 있는 블록 다이어그램은 볼륨 조절에 포텐쇼미터가 어떻게 사용될 수 있는지 보여준다.

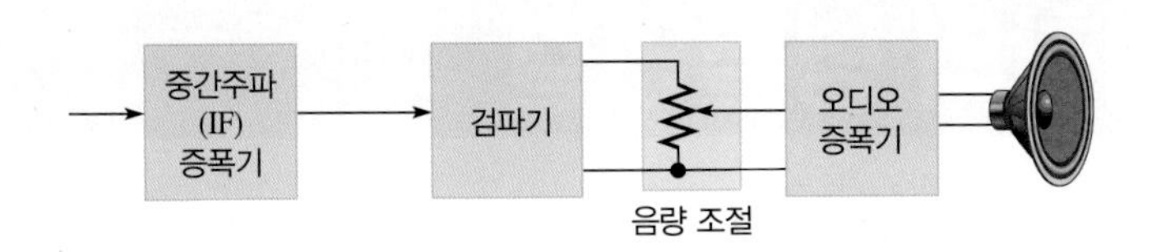

그림 4-27 라디오 수신기의 음량 조절용 가변 전압 분배기

그림 4-28은 저장 탱크에서 포텐쇼미터 전압 분배기가 레벨 센서(level sensor)로 사용되는 것을 수 보여준다. (a)에서 볼 수 있듯이, 탱크가 채워지면 부표는 위로 올라가고, 탱크가 비워지면 아래로 내려간다. (b)에서와 같이, 부표는 포텐쇼미터의 와이퍼 암에 기계적으로 연결되어 있다. 출력전압은 와이퍼 암의 위치에 비례하여 변한다. 탱크에 있는 액체가 감소하면, 센서 출력전압도 감소한다. 출력전압은 지시 회로를 통해 디지털판독기를 제어하여 탱크에 있는 액체의 양을 나타낸다. 이 시스템의 회로도를 (c)에 보였다.

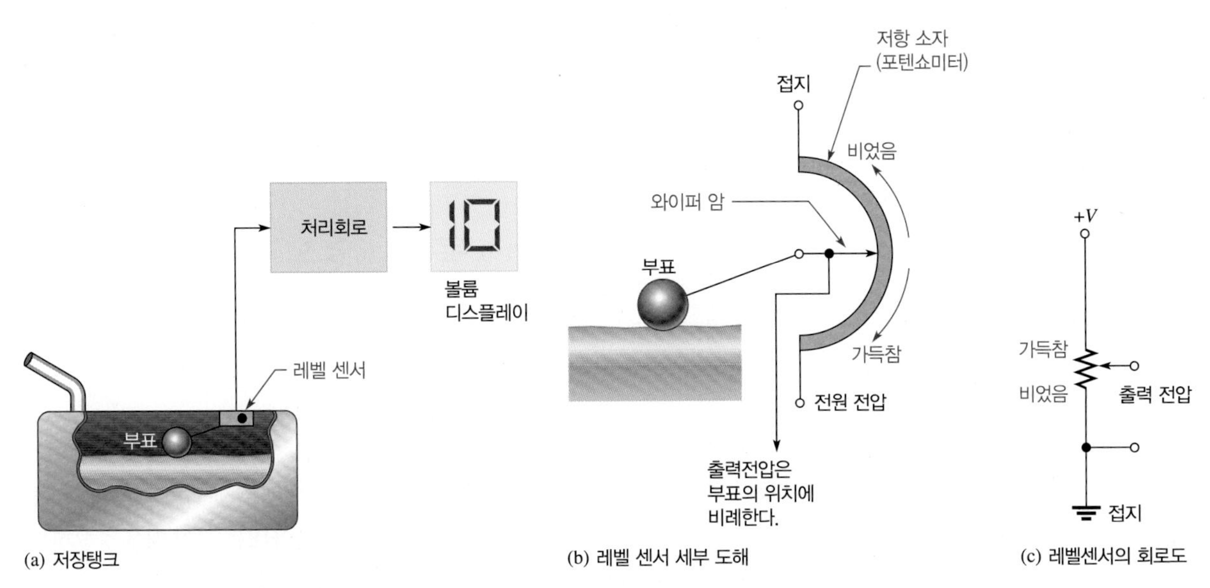

그림 4-28 포텐쇼미터 전압 분배기를 이용한 레벨 센서

4-6절 복습 문제

1. 전압 분배기란 무엇인가?
2. 일반적인 전압 분배기 공식을 쓰라.
3. 10 V 전압원에 56 kΩ과 82 kΩ의 저항기가 전압 분배기로 연결되어 있다. 회로를 그리고 각 저항기에 걸리는 전압을 구하라.
4. 그림 4-29의 회로는 가변 전압 분배기이다. 포텐쇼미터가 선형적이라면, B와 A 사이에서 5 V를 얻고 C와 B 사이에서 5 V를 얻기 위해 와이퍼를 어디에 설치해야 하나?

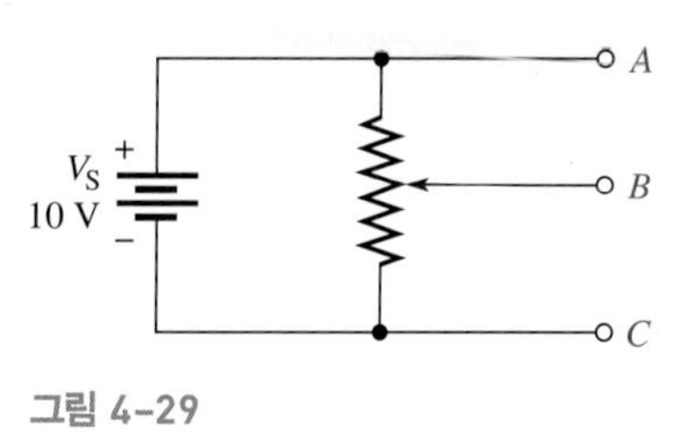

그림 4-29

4-7 저항의 병렬연결

두 개 이상의 저항들이 각각 같은 두 점 사이에 연결되어 있을 때, 이 저항들은 서로 **병렬(parallel)**이라 한다. 병렬회로는 두 개 이상의 전류 통로를 가지고 있다.

이 절을 마친 후 다음을 할 수 있어야 한다.

- 병렬회로의 식별
- 실제 배열된 병렬저항을 회로도로 그리기

회로 내의 각각의 병렬 통로를 **가지(branch)**라 한다. 그림 4-30(a)는 병렬로 연결된 두 개의 저항을 보여주고 있다. 그림 (b)에서 보인 것과 같이, 전원에서 나온 전류(I_T)는 점 B에서 갈라진다. I_1은 R_1을 통하여 흐르고, I_2는 R_2를 통하여 흐른다. 두 전류는 점 A에서 다시 합쳐져 되돌아간다. 만약 여기에 또 다른 저항들이 병렬로 추가된다면, 그림 4-30(c)와 같이 전류의 통로가 더 많이 생긴다. 위쪽의 파란색 점들은 전기적으로 점 A와 같고, 아래 쪽 초록색 점들은 전기적으로 점 B와 같다.

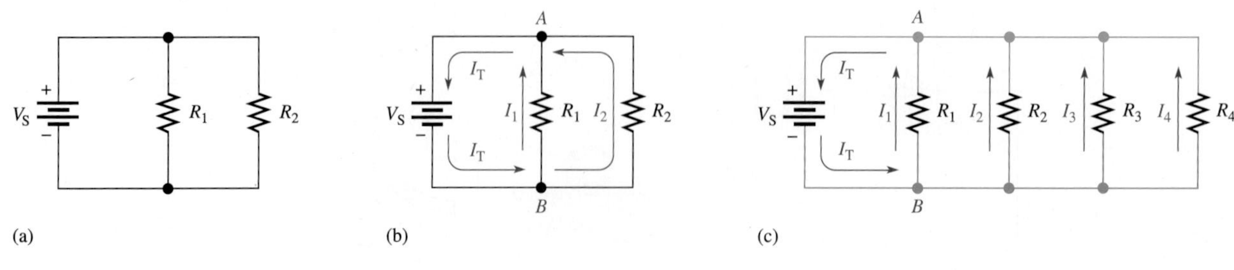

그림 4-30 병렬저항

그림 4-30에서는 저항들이 병렬로 연결되어 있다는 것을 쉽게 알 수 있으나 실제 회로도에서는 병렬 관계의 판별이 쉽지 않다. 회로도가 어떻게 그려져 있더라도 병렬 여부를 알아내는 것이 매우 중요하다.

병렬회로를 식별하는 원칙은 다음과 같다.

두 점 사이에 두 개 이상의 전류 통로(가지)가 있고, 각 가지에 걸리는 전압이 두 점 사이의 전압과 같으면 병렬회로라 한다.

그림 4-31은 같은 병렬저항을 여러 가지로 다르게 그려 보여주고 있다. 각각의 경우, 전류는 A에서 B까지 두 개의 통로로 흐르고, 각 가지에 걸리는 전압은 같다는 사실에 유의하라.

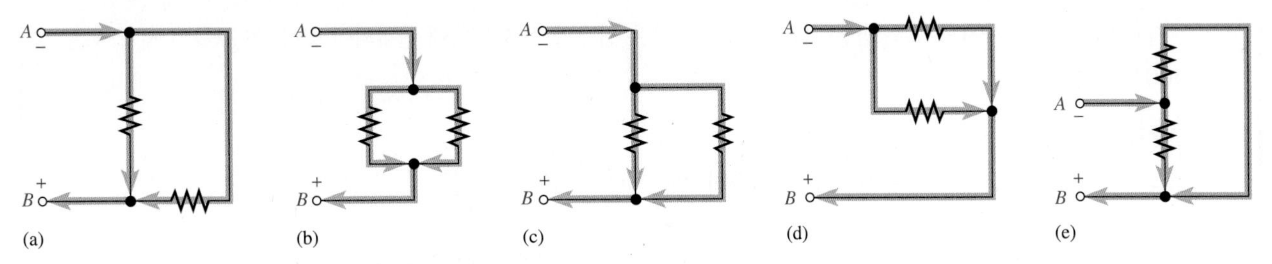

그림 4-31 두 개의 병렬 통로를 갖는 회로들

예제 4-5

5개의 저항이 그림 4-32와 같이 회로기판에 배열되어 있다. 이 저항들이 모두 병렬로 연결되도록 결선하라. 회로도를 그리고 저항의 기호와 값들을 표시하라.

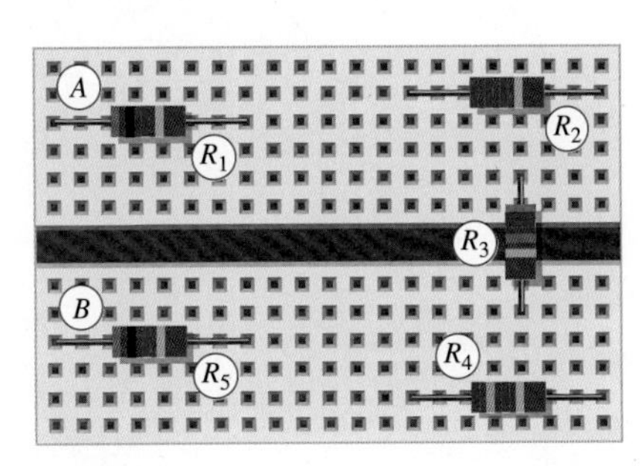

그림 4-32

풀이

그림 4-33(a)와 같이 결선한다. 색띠로 보인 저항의 값을 회로도에서는 그림 4-33(b)와 같이 나타낼 수 있다. 회로도에서는 저항들을 실제 위치와 같게 그릴 필요는 없다. 회로도는 소자들의 전기적 연결만을 보여주기만 하면 된다.

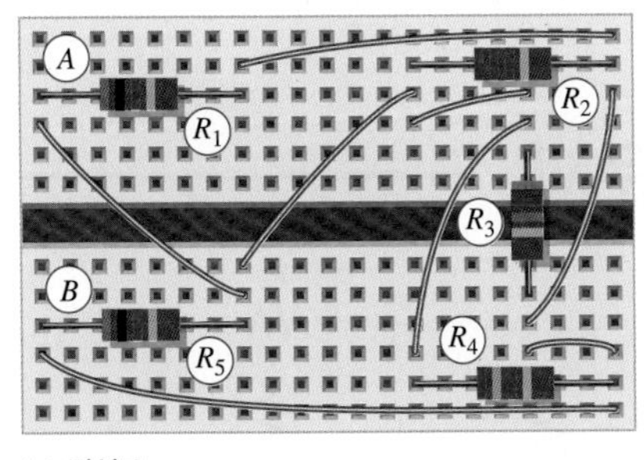

(a) 결선도

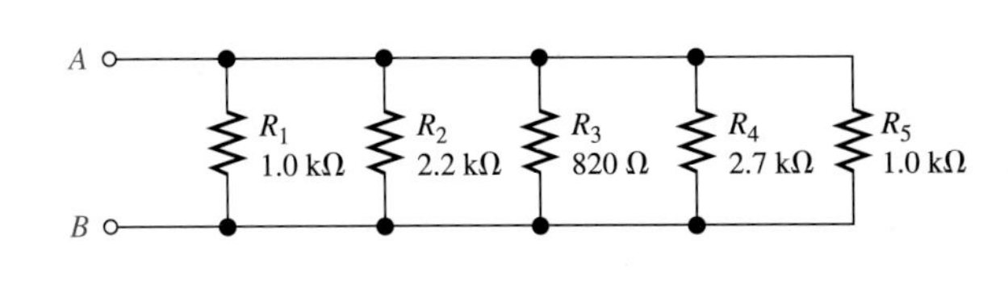

(b) 회로도

그림 4-33

관련문제

R_2를 제거한다면 회로는 다시 결선해야 하는가?

예제 4-6

그림 4–34에서 병렬의 그룹 상태를 확인하고, 각 저항의 값들을 구하라.

풀이

저항 R_1, R_2, R_3, R_4, R_{11}및 R_{12}는 서로 병렬이다. 이 병렬 조합은 핀 1과 핀 4 사이에 연결되어 있다. 이 그룹의 병렬 저항들의 값은 각 56 kΩ이다.

저항 R_5에서 R_{10}까지도 모두 병렬이다. 이 병렬 조합은 핀 2와 핀 3 사이에 연결되어 있다. 이 그룹의 저항들은 각 100 kΩ이다.

관련문제

인쇄 회로 기판 위의 모든 저항들을 병렬로 연결하려면 어떻게 해야 하는가?

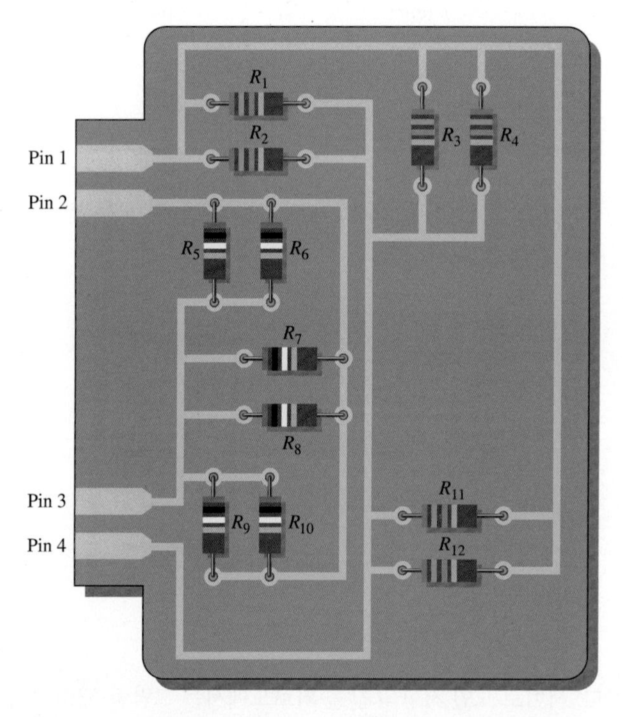

그림 4–34

4–7절 복습 문제

1. 병렬회로에서 저항들은 어떻게 연결되는가?
2. 병렬회로를 어떻게 식별할 수 있는가?
3. 그림 4–35에서 각 그룹의 점 A와 점 B 사이에 병렬로 저항을 연결하는 회로도를 완성하라.
4. 그림 4–35에서 각 그룹의 병렬저항들을 모두 병렬로 연결하라.

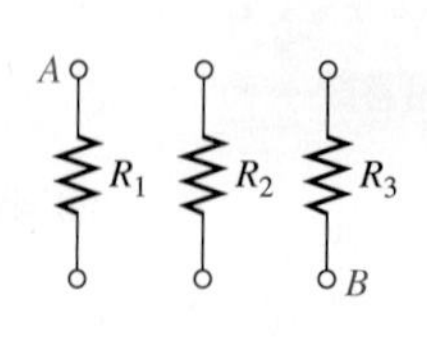

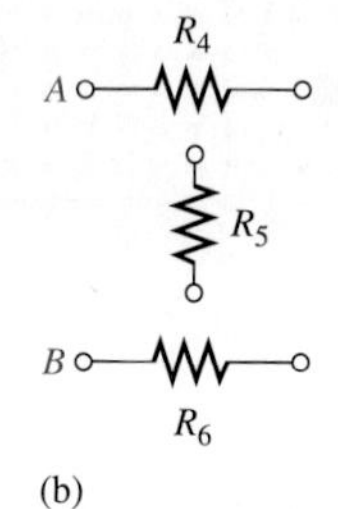

(b)

R_7 A, R_8, R_9 B

(c)

그림 4–35

4-8 전체 병렬저항의 합

저항들이 병렬로 연결되면 회로의 전체 저항 값은 감소한다. 병렬회로의 전체 저항 값은 그중 가장 작은 저항 값보다 도 작게 된다. 예를 들어 10 Ω의 저항과 100 Ω의 저항이 병렬로 연결되어 있다면 그 저항들의 합은 10 Ω보다 작다.

이 절을 마친 후 다음을 할 수 있어야 한다.

- 전체 병렬저항 값을 계산한다.
- 저항들을 병렬로 연결하면, 전체 저항의 합이 작아지는 이유를 설명한다.
- 병렬저항 계산 공식을 응용한다.
- 병렬회로의 응용 두 가지를 설명한다.

저항들이 병렬로 연결되어 있으면, 전류는 두 개 이상의 통로를 갖는다. 전류의 통로 수는 병렬 가지의 수와 같다.

그림 4–36(a)의 회로는 직렬회로이므로 전류 통로는 하나뿐이고 전류는 R_1을 통하는 I_1이다. 만일 그림 4–36(b)와 같이 저항 R_2가 R_1에 병렬로 접속된다면 R_2를 통하는 전류 I_2가 추가될 것이다. 병렬 가지가 추가됨에 따라 전원으로부터 오는 전체 전류는 증가하게 된다. 전원 전압이 일정할 때, 전원 전류가 증가한다는 것은 옴의 법칙에 따라 저항의 감소를 뜻한다. 저항이 병렬로 접속되면 저항 값이 감소하고 전체 전류의 값은 증가하게 되는 것이다.

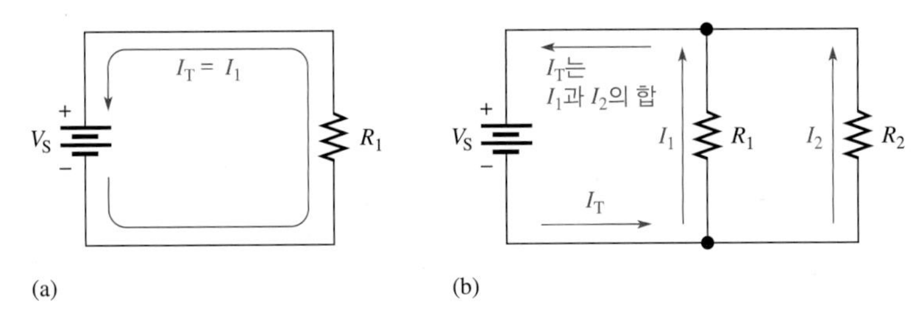

그림 4–36 저항을 병렬로 연결하면 전체 저항 값은 감소하고 전류는 증가한다.

전체 저항 값 R_T를 구하는 공식

그림 4–37은 n개의 저항이 병렬로 연결된 회로를 보여준다. 저항이 추가될수록 전류의 통로가 증가한다. 즉, 컨덕턴스가 증가한다. 컨덕턴스(G)는 저항의 역수($1/R$)이며 그 단위는 지멘스(S)이다.

병렬저항에 대해서는 도전 통로로 생각하는 것이 간단하다. 전체 컨덕턴스는 다음 식과 같이 각 저항들의 컨덕턴스를 더한 것이다.

$$G_T = G_1 + G_2 + G_3 + \cdots + G_n$$

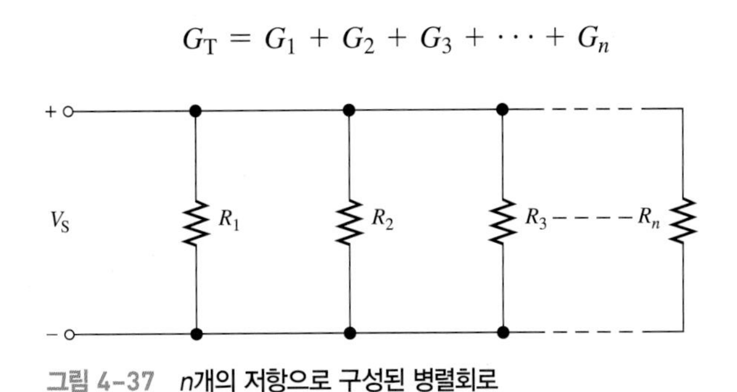

그림 4–37 n개의 저항으로 구성된 병렬회로

G를 $1/R$로 대치하면,

$$\frac{1}{R_T} = \frac{1}{R_1} + \frac{1}{R_2} + \frac{1}{R_3} + \cdots + \frac{1}{R_n}$$

양변의 역수를 취해 R_T를 구하면

$$\mathbf{R_T = \frac{1}{\frac{1}{R_1} + \frac{1}{R_2} + \frac{1}{R_3} + \cdots + \frac{1}{R_n}}} \quad (4\text{–}4)$$

식 4–4와 같이 전체 병렬저항 값은 모든 $1/R$ (즉 컨덕턴스 G)의 합의 역수가 된다.

$$R_T = \frac{1}{G_T}$$

예제 4–7

그림 4–38의 회로에서 점 A와 B 사이의 병렬저항들의 합을 계산하라.

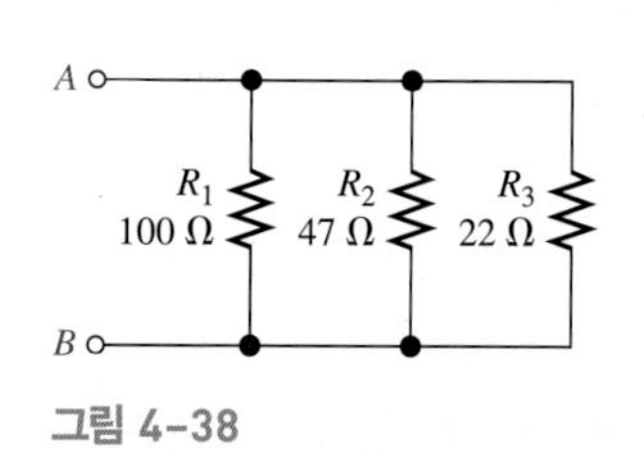

그림 4–38

풀이

각각의 저항을 알면 식 4–4를 이용하여 전체 저항을 구할 수 있다. 우선 세 개의 저항의 역수, 즉 컨덕턴스를 구한다.

$$G_1 = \frac{1}{R_1} = \frac{1}{100\ \Omega} = 10\ \text{mS}$$

$$G_2 = \frac{1}{R_2} = \frac{1}{47\ \Omega} = 21.3\ \text{mS}$$

$$G_3 = \frac{1}{R_3} = \frac{1}{22\ \Omega} = 45.5\ \text{mS}$$

다음으로, G_1, G_2, G_3의 합의 역수를 취해 R_T를 구한다.

$$R_T = \frac{1}{G_1 + G_2 + G_3} = \frac{1}{10\ \text{mS} + 21.3\ \text{mS} + 45.5\ \text{mS}} = \frac{1}{76.8\ \text{mS}} = \mathbf{13.0\ \Omega}$$

관련문제

33 Ω의 저항이 그림 4–38의 회로에 병렬로 연결된다면 R_T는 어떻게 되나?

병렬저항의 표기법 병렬저항은 흔히 두 개의 수직선으로 표기한다. R_1과 R_2가 병렬이면 $R_1 \| R_2$로 나타낼 수 있다. 여러 개의 저항이 서로 병렬일 때도 이 표기법을 이용할 수 있다.

병렬회로의 응용 예

자동차 병렬회로에서는 어떤 가지가 개방되어도 다른 가지들은 영향을 받지 않는다. 그림 4–39는 자동차 전등 시스템의 개략도이다. 자동차의 전조등은 모두 병렬로 연결되어 있기 때문에 하나가 고장나도 다른 등에는 영향을 주지 않는다.

브레이크등은 전조등이나 후미등과 독립적으로 연결되어 있다. 브레이크등은 운전자가 브레이크

페달을 밟아서 스위치가 연결되는 경우에만 켜진다. 전등 스위치를 연결하면 전조등과 두 개의 후미등이 켜진다. 스위치에 연결된 점선이 보여주는 것과 같이 전조등이 켜지면 주차등은 꺼지며 반대로 주차등이 켜지면 전조등이 꺼진다. 전등 중의 하나가 망가져서 개방되어도 다른 전등에는 전류가 계속 흐른다. 후진 기어를 넣으면 후진등이 켜진다.

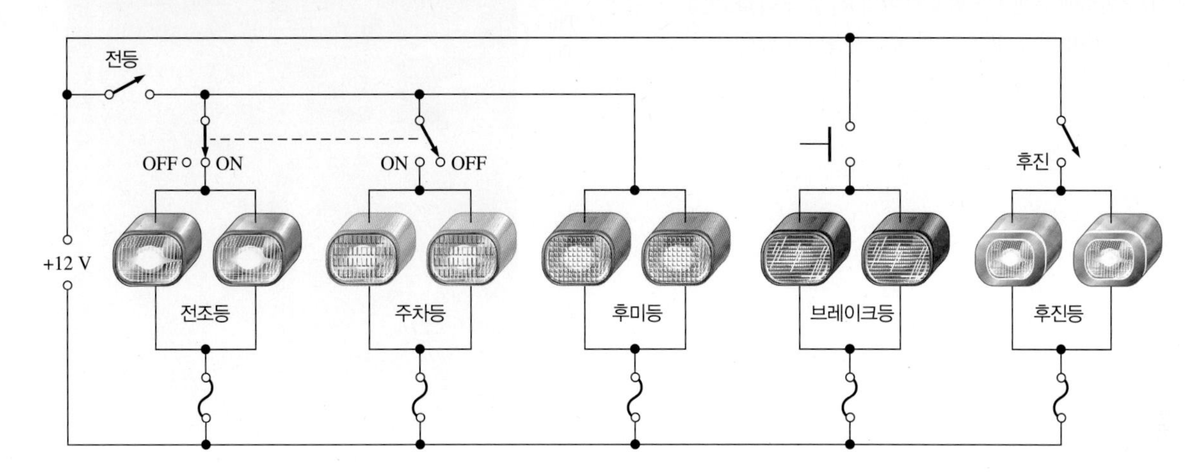

그림 4-39 자동차 외부 전등시스템의 개략도

옥내 배선 일반 가정의 전기시스템도 병렬회로로 배선되어 있다. 가정에서 사용하는 모든 전등과 전기 기구들은 병렬로 연결되어 있다. 그림 4-40은 두 개의 전등과 세 개의 벽 콘센트가 병렬로 연결되어 있는 것을 보여준다.

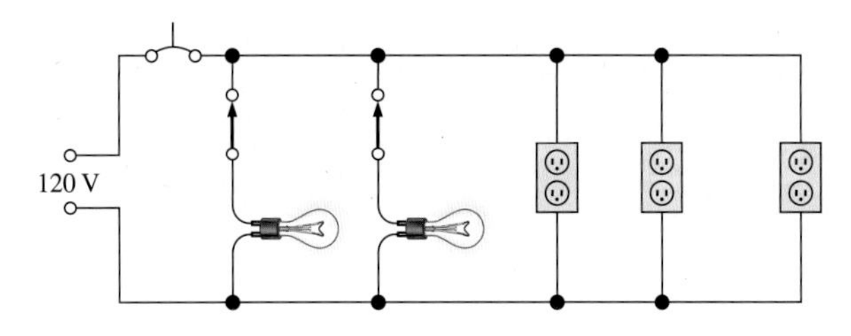

그림 4-40 주택용 배선의 병렬회로의 예

제어 회로 생산 라인과 같은 산업 공정을 감시하고 제어하기 위하여 많은 제어 시스템에서 병렬회로나 그 등가회로가 사용된다. 대부분의 복합 제어는 프로그래머블 로직 컨트롤러(PLC, Programmable logic controller)라고 하는 전용 컴퓨터에서 실행된다. PLC는 컴퓨터 스크린 상에 등가 병렬회로를 보여준다. 내부적으로 회로는 컴퓨터 프로그래밍 언어로 작성된 전산 코드로 존재한다. 그러나 화면에 보이는 회로는 실제 하드웨어적으로 구성할 수 있는 것이다. 이 회로는 사다리의 형태로 그려지며 각 단은 부하와 전원을 나타내고 사다리의 가로대는 전원에 연결된 두 개의 도체에 해당한다(예를 들어 그림 4-40은 전등과 벽 콘센트 같은 부하를 가진 사다리 형태이다). 병렬 제어 회로는 사다리 도형(래더 다이어그램, ladder diagram)을 사용하며 여기에 스위치, 계전기, 타이머 등의 제어 소자가 추가된다. 이같이 제어 소자가 추가되면 결과적으로 로직도가 되며 사다리 로직(래더 로직, ladder logic)이라 한다. 래더 로직은 이해하기 쉬워서 공장에서 제어 로직을 나타내는 데 많이 쓰인다.

산업 분야뿐만 아니라 자동차 수리 설명서 같은 것에서도 고장 진단을 위한 회로를 나타내는 데 이러한 도면이 많이 사용된다.

4-8절 복습 문제

1. 더 많은 저항이 병렬로 연결되면, 전체 저항은 증가하는가 감소하는가?
2. 총 병렬저항은 항상 무엇보다 작은가?
3. 그림 4-41의 회로에서 핀 1과 핀 4 사이의 R_T를 구하라. 핀 1과 핀 2가 연결되어 있고, 핀 3과 핀 4가 연결되어 있음을 유의하라.

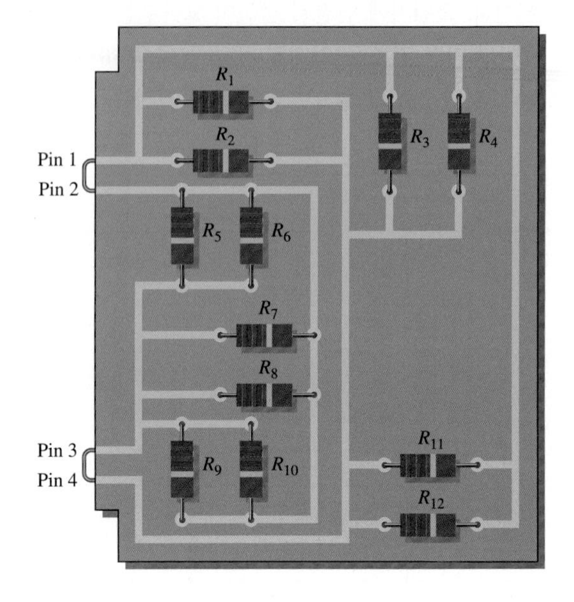

그림 4-41

4-9 병렬회로의 전압

병렬회로에서 각 가지에 걸리는 전압들은 서로 같다.

이 절을 마친 후 다음을 할 수 있어야 한다.

- 각 병렬 가지에 걸리는 전압을 구한다.
- 모든 병렬저항들에 걸리는 전압이 같은 이유를 설명한다.

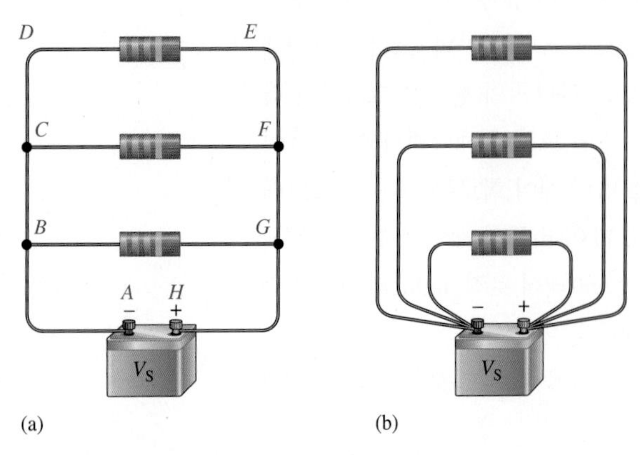

그림 4-42 병렬 가지에 걸리는 전압들은 같다.

병렬회로의 전압을 이해하기 위하여, 그림 4-42(a)의 회로를 검토해보자. 병렬회로의 왼쪽에 있는 점 *A*와 *B*, *C*, *D*는 전압이 같기 때문에 전기적으로는 같은 점들이다. 이 점들은 전지의 (−) 단자에 하나의 도선으로 연결되어 있다고 생각할 수 있다. 회로의 오른쪽에 있는 점 *E*, *F*, *G* 및 *H*는 전원의 (+) 단자와 전압이 모두 같다. 즉 각각의 병렬저항에 걸리는 전압들은 같으며, 전원과도 전압이 같다.

그림 4-42(b)는 그림 (a)와 동일한 회로이다. 여기서 각 저항의 왼쪽은 전지의 (−) 단자에 연결되어 있고, 각 저항의 오른쪽은 전지의 (+) 단자에 연결되어 있다. 모든 저항들은 전원과 병

렬로 연결되어 있다.

그림 4-43에서, 12 V 전지는 3개의 병렬저항에 연결되어 있다. 전지와 각 저항에 걸리는 전압을 측정하면 모두 같다. 병렬회로에서는 각 가지 사이에 같은 전압이 걸린다.

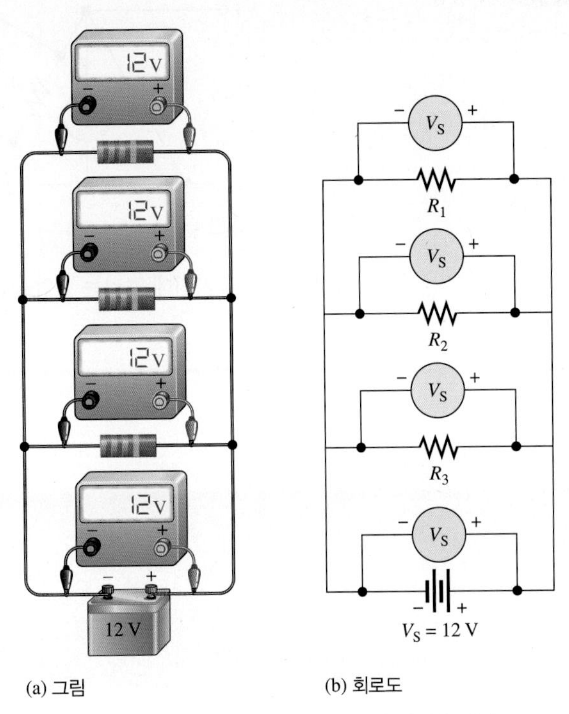

(a) 그림 (b) 회로도

그림 4-43 병렬로 연결된 각 저항 양단의 전압은 같다.

예제 4-8

그림 4-44의 각 저항에 걸리는 전압을 구하라.

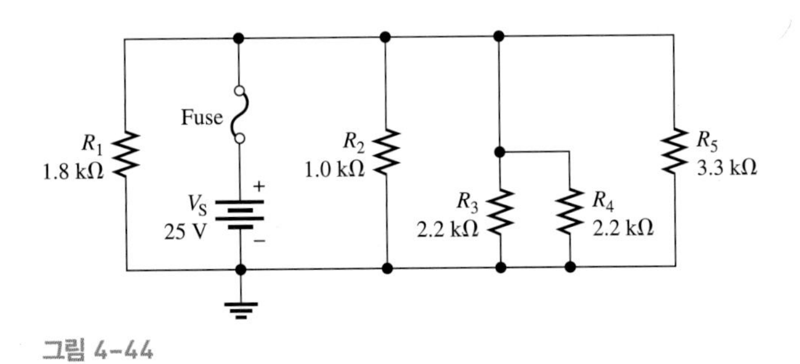

그림 4-44

풀이

5개의 저항이 병렬로 연결되어 있다. 각 저항에 걸리는 전압은 전원 전압 V_S와 같다.

$$V_1 = V_2 = V_3 = V_4 = V_5 = V_S = \mathbf{25\ V}$$

관련문제

회로에서 R_4를 제거하면, R_3에 걸리는 전압은 얼마인가?

4-9절 복습 문제

1. 100 Ω과 220 Ω의 저항이 5 V의 전원에 병렬로 연결되어 있다. 각 저항에 걸리는 전압을 구하라.
2. 그림 4-45에서 R_1의 전압을 측정하니 118 V였다. R_1의 전압은 얼마일까? 전원 전압은 얼마인가?

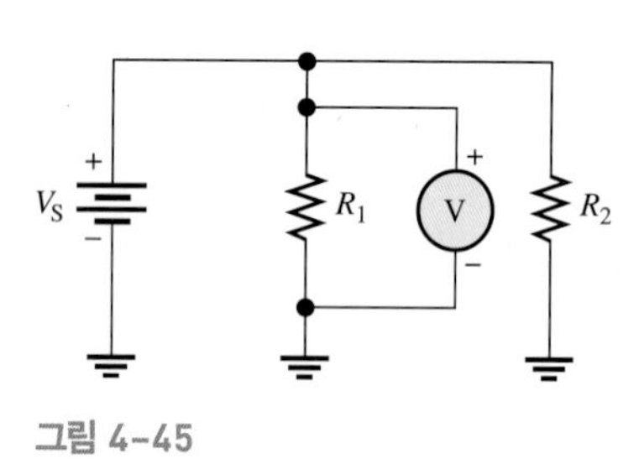

그림 4-45

3. 그림 4-46에서, 전압계 1이 지시하는 전압은 얼마인가? 전압계 2의 지시치는?

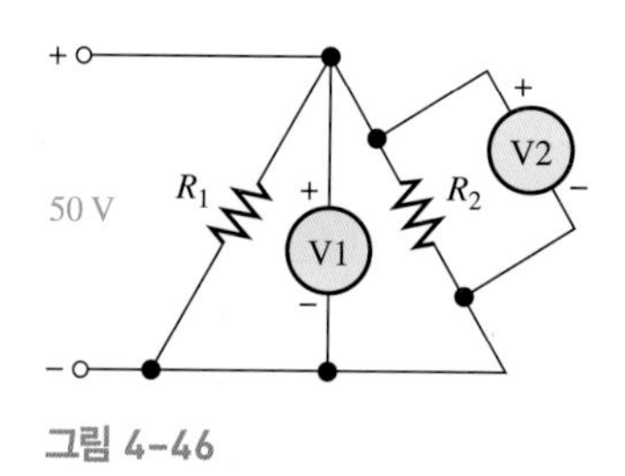

그림 4-46

4. 병렬회로의 각 가지에 걸리는 전압들은 어떤 관계인가?

4-10 옴의 법칙의 응용

옴의 법칙을 이용하여 병렬회로를 해석한다.

이 절을 마친 후 다음을 할 수 있어야 한다.

- 병렬회로에 옴의 법칙을 적용한다.
- 병렬회로의 전체 전류를 구한다.
- 병렬회로의 가지 전류, 전압 및 저항을 구한다.

다음 예제들은 병렬회로에 옴의 법칙을 응용하는 방법을 보여준다.

예제 4-9

그림 4-47에서 전지에서 흐르는 전체 전류를 구하라.

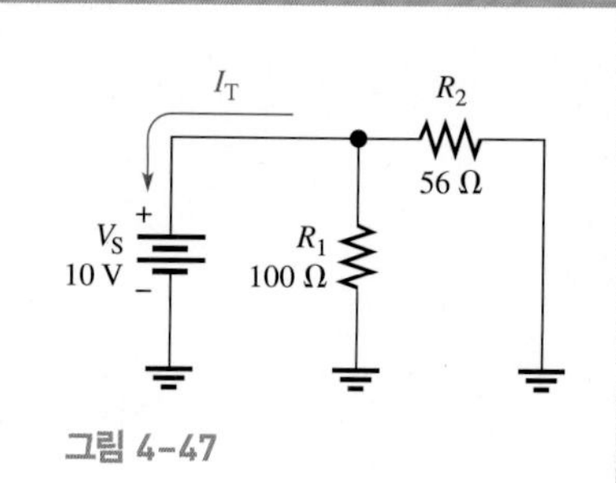

그림 4-47

풀이

먼저 전지에서 '바라본' 전체 병렬저항 R_T를 계산한다.

$$R_T = \frac{R_1 R_2}{R_1 + R_2} = \frac{(100\ \Omega)(56\ \Omega)}{100\ \Omega + 56\ \Omega} = \frac{5600\ \Omega^2}{156\ \Omega} = 35.9\ \Omega$$

전지 전압은 10 V이다. 옴의 법칙을 이용하여 I_T를 구한다.

$$I_T = \frac{V_S}{R_T} = \frac{10\ \text{V}}{35.9\ \Omega} = \mathbf{279\ mA}$$

관련문제

그림 4-47에서 R_1과 R_2에 흐르는 전류를 구하라. 그 두 전류의 합이 전체 전류와 같음을 보여라.

예제 4-10

그림 4-48의 병렬회로에서 각 저항에 흐르는 전류를 구하라.

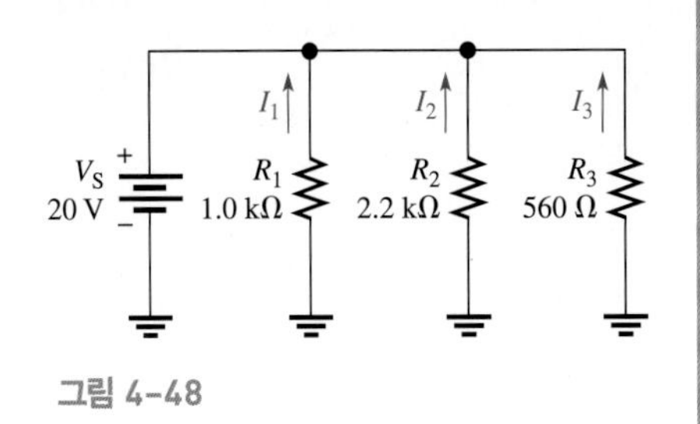

그림 4-48

풀이

각 저항에 걸리는 전압은 전원의 전압과 같다. R_1 양단 전압은 20 V이고 R_2 양단의 전압은 20 V이며 R_3 양단 전압은 20 V이다. 각 저항에 흐르는 전류는 다음과 같다.

$$I_1 = \frac{V_S}{R_1} = \frac{20\ \text{V}}{1.0\ \text{k}\Omega} = \mathbf{20.0\ mA}$$

$$I_2 = \frac{V_S}{R_2} = \frac{20\ \text{V}}{2.2\ \text{k}\Omega} = \mathbf{9.09\ mA}$$

$$I_3 = \frac{V_S}{R_3} = \frac{20\ \text{V}}{560\ \Omega} = \mathbf{35.7\ mA}$$

관련문제

그림 4-48의 회로에 910 Ω의 저항기가 병렬로 추가될 때 각 가지에 흐르는 전류를 구하라.

예제 4-11

저항을 직접 측정할 수 없는 경우도 있다. 예를 들어 텅스텐 필라멘트 전구는 전류가 흐를 땐 가열되어 저항이 증가하게 된다. 옴 미터로는 상온에서의 저항만 측정할 수 있다. 자동차의 두 개의 전조등과 두 개의 후미등의 고온 저항을 구하려고 한다. 두 전조등은 보통 12.6 V에서 작동하며 각 2.8 A의 전류가 흐른다.

(a) 두 전조등이 켜져 있을 때 등가 고온 저항은 얼마인가?

(b) 전조등과 후미등 네 개의 전구가 전부 켜 있을 때 전체 전류가 8.0 A라 하자. 각 후미등의 등가 저항은 얼마인가?

풀이

(a) 옴의 법칙을 이용하여 한쪽 전조등의 등가 저항을 계산한다.

$$R_{\text{HEAD}} = \frac{V}{I} = \frac{12.6\ \text{V}}{2.8\ \text{A}} = 4.5\ \Omega$$

두 전구는 병렬이고 저항이 같으므로

$$R_{\text{T(HEAD)}} = \frac{R_{\text{HEAD}}}{n} = \frac{4.5\ \Omega}{2} = \mathbf{2.25\ \Omega}$$

(b) 옴의 법칙을 이용하여 두 개의 후미등과 두 전조등이 모두 켜졌을 때의 전체 저항을 구한다.

$$R_{\text{T(HEAD+TAIL)}} = \frac{12.6\ \text{V}}{8.0\ \text{A}} = 1.58\ \Omega$$

병렬저항의 공식을 이용하여 두 후미등의 저항 값을 구한다.

$$\frac{1}{R_{T(HEAD+TAIL)}} = \frac{1}{R_{T(HEAD)}} + \frac{1}{R_{T(TAIL)}}$$

$$\frac{1}{R_{T(TAIL)}} = \frac{1}{R_{T(HEAD+TAIL)}} - \frac{1}{R_{T(HEAD)}} = \frac{1}{1.58\ \Omega} - \frac{1}{2.25\ \Omega}$$

$$R_{T(TAIL)} = 5.25\ \Omega$$

두 후미등은 병렬이므로, 각 등의 저항 값은 다음과 같다.

$$R_{TAIL} = nR_{T(TAIL)} = 2(5.25\ \Omega) = \mathbf{10.5\ \Omega}$$

관련문제

두 전조등에 3.15 A의 전류가 흐른다면, 전조등의 등가 저항은 얼마인가?

4-10절 복습 문제

1. 12 V 전지가 세 개의 680 Ω 병렬저항에 연결되어 있다. 전지에서 나가는 전체 전류는 얼마인가?
2. 그림 4-49의 회로에 20 mA의 전류가 흐르게 하려면 몇 V의 전압이 필요한가?

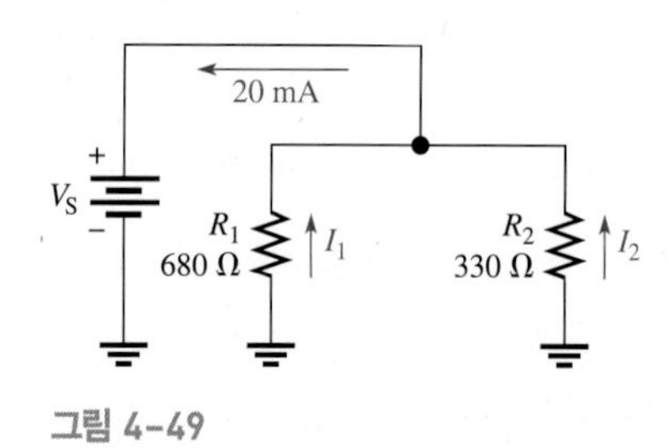

그림 4-49

3. 그림 4-49에서 각 저항에 흐르는 전류는 얼마인가?
4. 저항치가 같은 4개의 저항이 12 V 전원에 병렬로 연결되어 있고 전원으로부터 6 mA의 전류가 흐른다. 각 저항의 값은 얼마인가?
5. 1.0 kΩ과 2.2 kΩ의 저항이 병렬로 연결되어 있다. 병렬저항에 흐르는 전체 전류는 100 mA이다. 저항 양단에 걸리는 전압은 얼마인가?

4-11 키르히호프의 전류법칙

키르히호프의 전압법칙(Kirchhoff's voltage law)에서는 단일 폐회로에서의 전압들을 다뤘지만 키르히호프의 전류법칙은 여러 통로 내의 전류를 다룬다.

이 절을 마친 후 다음을 할 수 있어야 한다.

- 키르히호프의 전류 법칙을 응용한다.
- 키르히호프의 전류 법칙을 설명한다.
- *마디(node)*를 설명한다.

- 가지 전류들을 더하여 전체 전류를 구한다.
- 임의의 가지 전류를 구한다.

키르히호프의 전류법칙(Kirchhoff's current law)은 다음과 같이 설명할 수 있다.

어떤 마디로 들어오는 전류의 합은 그 마디에서 나가는 전류의 합과 같다.

마디(node)는 두 개 이상의 소자가 연결되어 있는 회로 내의 접합 또는 점이다. 병렬회로에서 마디는 병렬가지들이 연결되는 점이다.

그림 4-50의 회로에는 점 A와 점 B, 두 개의 마디가 있다. 전원의 (−) 단자에서 시작하여 전류를 따라가 보자. 전원에서 나온 전체 전류 I_T는 마디 A로 들어간다. 이 점에서 전류는 그림과 같이 세 개의 가지로 나뉘어 흐른다. 세 개의 각 가지 전류(I_1, I_2, I_3)는 마디에서 나간다. 키르히호프의 전류 법칙은 마디 A로 들어오는 전체 전류는 마디 A에서 나가는 전체 전류와 같다는 것이다. 즉,

$$I_T = I_1 + I_2 + I_3$$

세 개의 가지로 나뉘어 흐르는 전류들은 마디 B에서 다시 모인다. 마디 B에서의 키르히호프의 전류 법칙은 마디 A에서와 같다.

$$I_1 + I_2 + I_3 = I_T$$

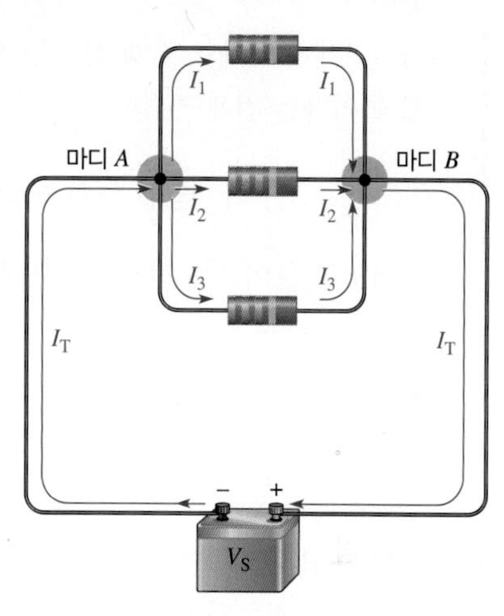

그림 4-50 키르히호프의 전류 법칙: 어떤 마디로 들어오는 전류는 그 마디에서 나가는 전류와 같다.

키르히호프의 전류 법칙은 다음과 같이 설명할 수도 있다

어떤 마디로 들어오고 나가는 모든 전류의 대수적인 합은 0이 된다.

예제 4-12

예제 4-11에서 자동차의 전조등과 후미등의 등가 저항을 구하였다. 전체 전류가 8.0 A이고 전조등에 흐르는 전류가 5.6 A라 할 때, 키르히호프의 전류법칙을 이용하여 두 개의 후미등에 흐르는 각각의 전류를 구하라. 전지의 부하는 이것들 이외에는 없다고 가정한다.

풀이

전지에서 나가는 전류는 등에 흐르는 전류와 같다.

$$I_{BAT} = I_{T(HEAD)} + I_{T(TAIL)}$$

$$I_{T(TAIL)} = I_{BAT} - I_{T(HEAD)} = 8.0\text{ A} - 5.6\text{ A} = 2.4\text{ A}$$

각각의 후미 등에 흐르는 전류는 2.4 A/2 = **1.2 A**

관련문제

예제 4-11의 후미등 저항을 사용하여 옴의 법칙을 적용하면 같은 결과가 구해짐을 보여라.

예제 4-13

그림 4-51의 회로에서 가지 전류의 크기를 알고 있을 때, 마디 A로 들어오는 전체 전류와 마디 B에서 나가는 전체 전류를 구하라.

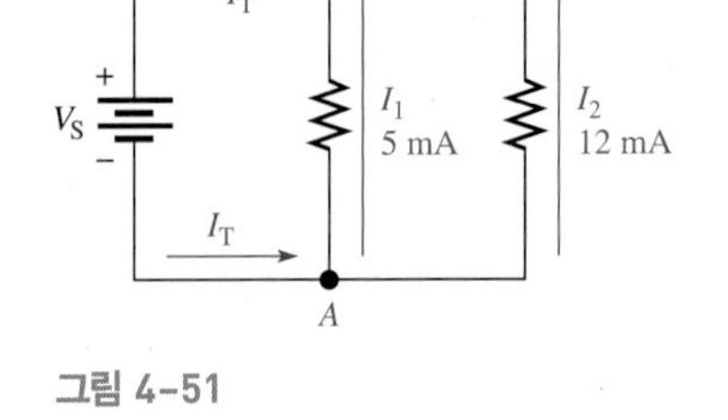

그림 4-51

풀이

마디 A에서 나가는 전체 전류는 두 가지 전류의 합과 같다. 따라서 마디 A로 들어가는 전체 전류는

$$I_T = I_1 + I_2 = 5\text{ mA} + 12\text{ mA} = \mathbf{17\text{ mA}}$$

마디 B로 들어오는 전체 전류는 두 가지의 전류의 합과 같다. 따라서 마디 B에서 나가는 전체 전류는

$$I_T = I_1 + I_2 = 5\text{ mA} + 12\text{ mA} = \mathbf{17\text{ mA}}$$

관련문제

그림 4-51의 회로에서 세 번째 저항을 병렬로 연결하였을 때 이 저항에 흐르는 전류가 3 mA라면, 마디 A로 들어오는 전체 전류와 마디 B에서 나가는 전체 전류는 얼마인가?

4-11절 복습 문제

1. 키르히호프의 전류법칙을 두 가지 방법으로 설명하여라.
2. 어떤 마디로 2.5 A의 전류가 들어와서 3개의 병렬 가지로 나뉘어 나간다. 세 가지 전류의 합은 얼마인가?
3. 그림 4-52에서 100 mA와 300 mA가 마디로 들어온다. 마디에서 나가는 전류는 얼마인가?
4. 어떤 트레일러의 후미등 두 개에 각각 1 A의 전류가 흐르고 두 브레이크등에 각각 1A의 전류가 흐른다면 그 등들이 모두 켜졌을 때 전류는?
5. 어떤 지하 펌프에 10 A의 전류가 활선(hot line)에 흐른다. 중성선(neutral line)에 흐르는 전류는 얼마일까?

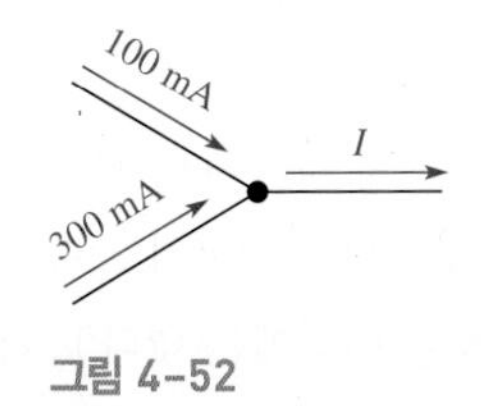

그림 4-52

4-12 전류 분배기

병렬회로는 병렬 가지의 접합부로 들어간 전류가 여러 개의 가지 전류로 '나뉘어지므로' **전류 분배기(current divider)** 역할을 한다.

이 절을 마친 후 다음을 할 수 있어야 한다.

- 병렬회로를 전류 분배기로 이용한다.

- 전류 분배기 공식을 응용한다.
- 모르는 가지 전류를 구한다.

병렬회로에서 병렬가지의 접합(마디)으로 들어간 전체 전류는 각 가지로 분배된다. 결과적으로 병렬회로는 전류 분배기로서의 역할을 한다. 그림 4–53은 전체 전류 I_2가 R_1과 R_2로 분배되는 두 가지 병렬회로에 대해 전류 분배기의 원리를 보여 주고 있다. 병렬로 연결된 각 저항 양단의 전압은 같으므로, 가지 전류는 각 저항 값에 반비례한다. 예를 들어 R_2의 값이 R_1의 2배일 때, I_2의 값은 I_1의 1/2이다. 다시 말하면,

전체 전류는 각 병렬저항 사이로 분배되며, 그 전류 값은 저항 값에 반비례한다.

옴의 법칙에 의하면 저항이 큰 가지일수록 적은 전류가 흐르고, 저항이 작은 가지일수록 큰 전류가 흐른다. 모든 가지의 저항이 같다면 가지 전류는 모두 같게 된다. 그림 4–54에 실제로 그 한 예를 보였다.

그림 4–54는 가지 저항에 따라 전류가 분배되는 모습을 보여준다. 위의 저항은 아래 저항의 1/10이며 전류는 10배이다.

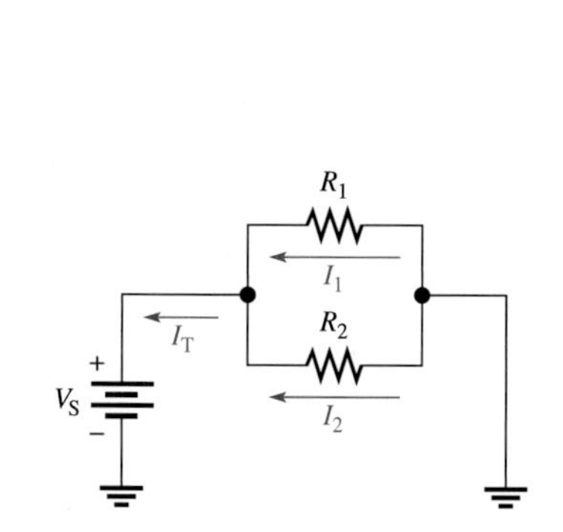

그림 4–53 전체 전류는 두 개의 가지로 분배된다.

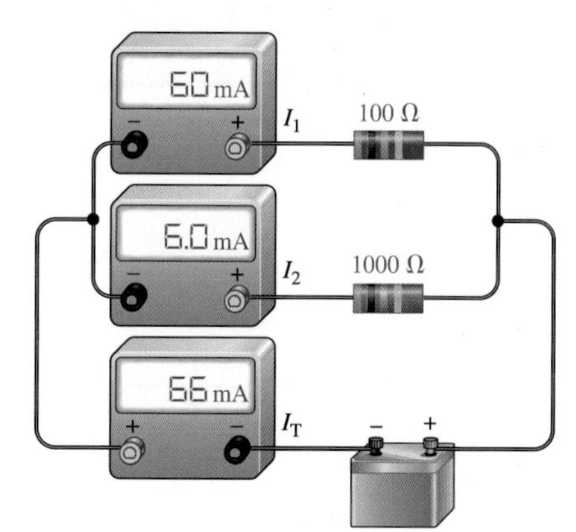

그림 4–54 가지에서 가장 작은 저항에 가장 큰 전류가 흐르며, 가장 큰 저항에 가장 작은 전류가 흐른다.

전류 분배기 공식

그림 4–55와 같이 n개의 저항이 병렬로 접속된 회로에서 전류가 분배되는 공식을 만들 수 있다. 여기서 n은 전체 저항의 수이다.

병렬저항들 중 한 저항을 흐르는 전류를 I_x라 한다. 여기서 x는 특정한 저항의 번호이다. 옴의 법칙에서 그림 4–55의 어떤 저항에 흐르는 전류를 다음과 같이 나타낼 수 있다.

$$I_x = \frac{V_S}{R_x}$$

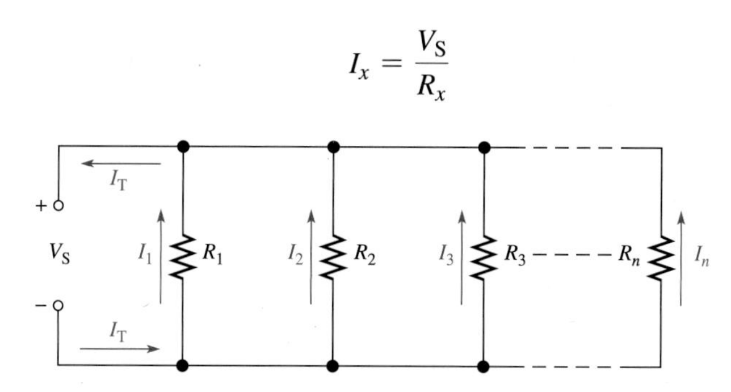

그림 4–55 n개의 가지를 갖는 병렬회로

전원 전압 V_S는 병렬저항들 양단에 걸리고 R_x는 병렬저항들 중 어느 하나를 나타낸다. 전원 전압 V_S는 전체 전류와 전체 병렬저항을 곱한 것과 같다.

$$V_S = I_T R_T$$

이것을 앞의 식에 대입하면

$$I_x = \frac{I_T R_T}{R_x}$$

정리하면

$$\boldsymbol{I_x = \left(\frac{R_T}{R_x}\right) I_T} \qquad (4-5)$$

여기서 $x = 1, 2, 3$ 등이다. 식 4–5는 일반적인 전류 분배 공식이며 어떤 병렬회로에나 적용될 수 있다.

어떤 가지를 흐르는 전류(I_x)는 전체 병렬저항(R_T)을 그 가지의 저항(R_x)으로 나누고 여기에 병렬 가지 접합에 들어오는 전체 전류(I_T)를 곱한 것과 같다.

예제 4–14

그림 4–56의 회로에서 각 저항에 흐르는 전류를 구하라.

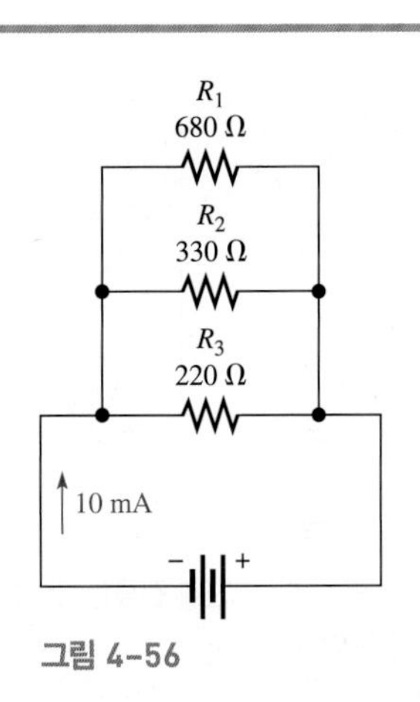

그림 4–56

풀이

우선, 전체 병렬저항을 구한다.

$$R_T = \frac{1}{\frac{1}{R_1} + \frac{1}{R_2} + \frac{1}{R_3}} = \frac{1}{\frac{1}{680\ \Omega} + \frac{1}{330\ \Omega} + \frac{1}{220\ \Omega}} = 111\ \Omega$$

전체 전류는 10 mA이다. 식 4–5를 이용하여 각 가지에 흐르는 전류를 구한다.

$$I_1 = \left(\frac{R_T}{R_1}\right) I_T = \left(\frac{111\ \Omega}{680\ \Omega}\right) 10\ \text{mA} = \mathbf{1.63\ mA}$$

$$I_2 = \left(\frac{R_T}{R_2}\right) I_T = \left(\frac{111\ \Omega}{330\ \Omega}\right) 10\ \text{mA} = \mathbf{3.36\ mA}$$

$$I_3 = \left(\frac{R_T}{R_3}\right) I_T = \left(\frac{111\ \Omega}{220\ \Omega}\right) 10\ \text{mA} = \mathbf{5.05\ mA}$$

관련문제

그림 4–56에서 R_3를 제거할 경우, R_1과 R_2에 흐르는 전류를 구하라.

4-12절 복습 문제

1. 다음 저항들이 전원과 병렬회로를 구성하고 있다. 220 Ω, 100 Ω, 68 Ω, 56 Ω, 22 Ω. 어느 저항에 가장 많은 전류가 흐르는가? 또 가장 적은 전류가 흐르는 저항은?
2. 그림 4-57에서 R_3에 흐르는 전류를 구하라.

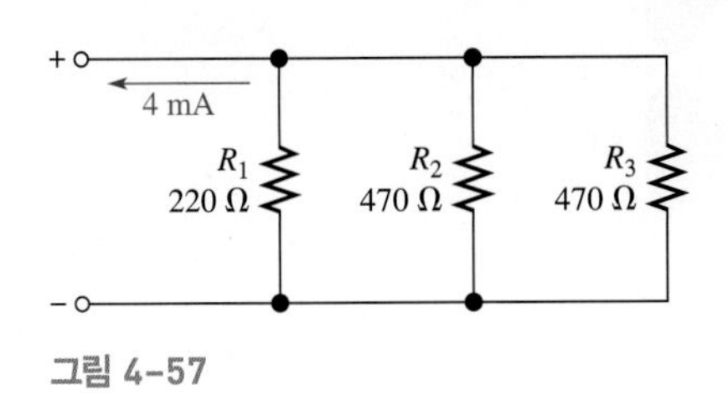

그림 4-57

3. 그림 4-58에서 각 저항에 흐르는 전류를 구하라.

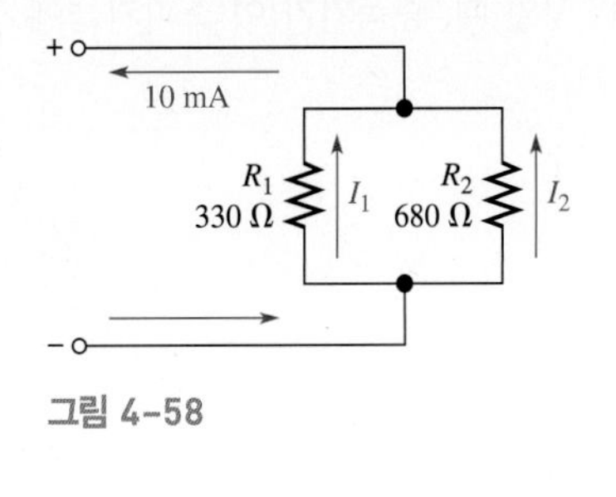

그림 4-58

4-13 병렬회로의 전력

직렬회로에서와 같이, 병렬회로에서 전체 전력은 각 저항의 전력의 합으로 구한다.

이 절을 마친 후 다음을 할 수 있어야 한다.

- 병렬회로의 전력을 계산한다.

식 4-6은 여러 병렬저항의 전체 전력을 구하는 공식을 나타내고 있다.

$$P_T = P_1 + P_2 + P_3 + \cdots + P_n \qquad (4-6)$$

여기서 P_T는 전체 전력이고, P_n은 병렬회로에서 마지막 저항의 전력이다. 직렬회로에서와 같이 전력은 덧셈으로 구할 수 있다.

3장의 전력 공식을 병렬회로에 직접 적용할 수 있다. 다음의 공식들을 이용하여 전체 전력 P_T를 구한다:

$$P_T = V_S I$$
$$P_T = I^2 R_T$$
$$P_T = \frac{V_S^2}{R_T}$$

여기서 V_S는 병렬회로 양단의 전압이고, I_T는 병렬회로의 전체 전류, R_T는 병렬회로의 전체 저항이다. 예제 4-15는 병렬회로의 전체 전력을 계산하는 방법을 보여준다.

예제 4-15

그림 4-59와 같이 한 채널의 스테레오 증폭기가 2개의 스피커에 병렬로 연결되어 있다. 스피커에 공급되는 최대전압*이 15 V일 때, 증폭기가 이 스피커들에 전달해야 하는 전력은 얼마인가?

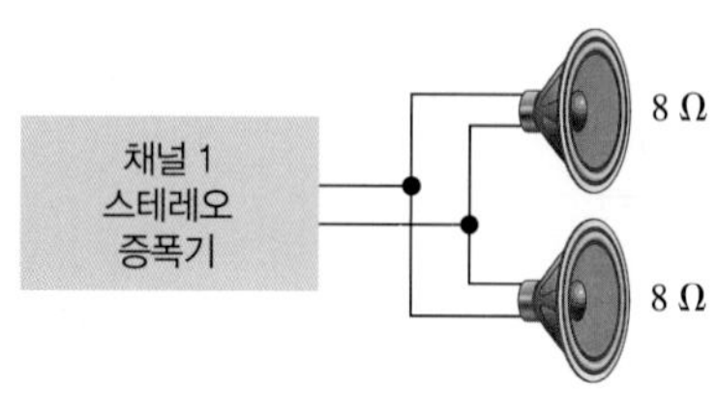

그림 4-59

풀이

스피커가 증폭기 출력에 병렬로 연결되어 있으므로 스피커 양단에 걸리는 전압은 같다. 각 스피커의 최대 전력은

$$P_{\text{max}} = \frac{V_{\text{max}}^2}{R} = \frac{(15\text{ V})^2}{8\ \Omega} = 28.1\text{ W}$$

전체 전력은 각 스피커에 대한 전력의 합이므로, 증폭기가 스피커 시스템에 전달해야 할 전체 전력은 각 전력의 2배이다.

$$P_{\text{T(max)}} = P_{\text{max}} + P_{\text{max}} = 2P_{\text{max}} = 2(28.1\text{ W}) = \mathbf{56.2\text{ W}}$$

관련문제

증폭기의 최대 출력 전압이 18 V라면, 스피커에 공급되는 최대 전체 전력은 얼마인가?

* 여기서 전압은 교류이다. 나중에 공부하겠지만 교류전압이나 직류전압의 전력은 같다.

4-13절 복습 문제

1. 병렬회로에서 각 저항의 전력을 알고 있다면, 전체 전력은 어떻게 구하는가?
2. 병렬회로에서 저항들의 소모 전력이 다음과 같다. 1 W, 2 W, 5 W, 8 W. 전체 전력을 구하라.
3. 1.0 kΩ, 2.7 kΩ, 3.9 kΩ의 저항들이 병렬로 연결되어 있다. 이 회로에 흐르는 전체 전류가 1 mA라면 전체 전력은 얼마인가?
4. 회로는 보통 최대 전류의 120% 이상을 대비하는 퓨즈로 보호한다. 자동차 뒷 유리의 서리 제거 장치가 100 W 정격이라면 어떤 용량의 퓨즈를 써야 할까? 배터리 전압은 12.6 V라 하자.

4-14 고장진단

개방된 회로는 전류의 통로가 차단되어 전류가 흐르지 않는다. 이 절에서는 병렬 가지가 개방되면 병렬회로에 어떤 영향을 미치는지 알아본다.

이 절을 마친 후 다음을 할 수 있어야 한다.

- 병렬회로의 고장 진단을 한다.
- 회로의 개방 상태를 점검한다.

개방된 가지

그림 4-60과 같이 병렬회로의 가지에 스위치가 연결되어 있으면, 이 스위치로 통로를 개방하거나 단락시킬 수 있다.

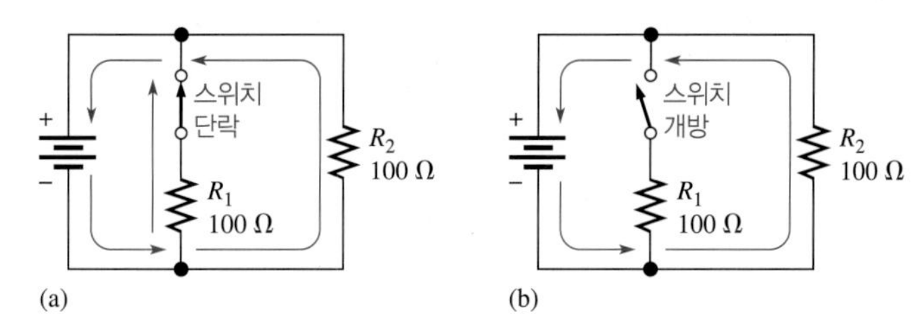

그림 4-60 스위치가 개방되면, 전체 전류는 감소하고 R_2에 흐르는 전류는 변함 없다.

그림 4-60(a)와 같이 스위치를 닫으면 R_1과 R_2는 병렬이 된다. 두 개의 100 Ω 저항이 병렬이므로 전체 저항은 50 Ω이다. 전류는 양쪽 저항을 통하여 흐른다. 그림 4-60(b)와 같이 스위치를 개방시키면, R_1은 회로로부터 제거된 것과 같다. 전체 저항은 100 Ω이다. 저항 R_2 양단의 전압은 스위치를 개방시키기 전과 같으며, 저항 R_2로 흐르는 전류 또한 같다. 그러나 전원의 전체 전류는 R_1의 전류만큼 감소한다.

일반적으로,

어느 병렬가지가 개방되면 전체 저항은 증가하고 전체 전류는 감소하며, 나머지 병렬 통로들에는 전류 변화가 없다.

그림 4-61의 조명 회로를 살펴보자. 12 V 전원에 4개의 전구가 병렬로 연결되어 있다. 그림 (a)에서는 각 전구를 통하여 고르게 전류가 흐른다. 이 중에서 하나의 전구가 고장이 나서 그림 4-61(b)와 같이 통로가 개방되었다고 가정하자. 개방된 통로로는 전류가 흐를 수 없으므로 전등은 꺼진다. 그러나 나머지 전구들에는 전류가 계속 흐른다. 개방 가지는 나머지 병렬 가지 양단 전압에 영향을 주지 않는다. 전압은 12 V를 유지하며, 각 가지에 흐르는 전류도 변함이 없다.

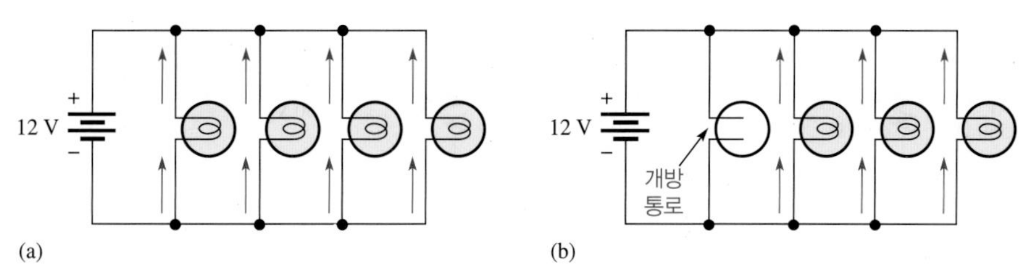

그림 4-61 전구의 필라멘트가 개방되었을 때, 전체 전류는 개방된 전구에 흐르던 전류만큼 감소한다. 다른 가지의 전류는 변함이 없다.

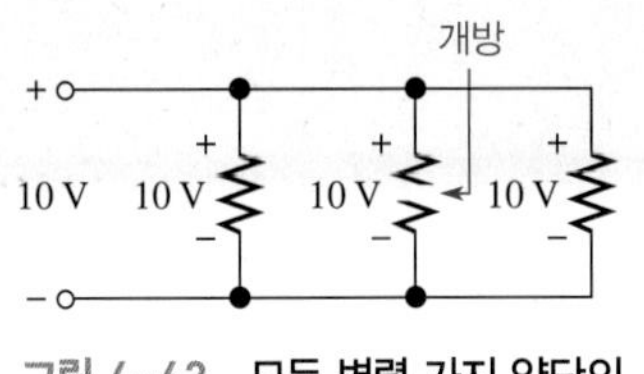

그림 4-62 모든 병렬 가지 양단의 전압은(개방되었거나 정상이거나) 같다.

병렬로 된 조명 시스템에서는 몇 개의 전구가 끊어져도 나머지 전구들은 여전히 동작하므로 직렬보다 유리하다. 직렬회로에서는 한 전구만 끊어져도 전류 통로가 완전히 차단되므로 나머지 전구들까지 모두 꺼지게 된다.

그러나 병렬회로에서는 모든 가지 양단에 동일한 전압이 인가되기 때문에 한 개의 저항이 개방되었을 때, 가지 양단의 전압을 측정하여 개방된 저항을 찾아낼 수 없다. 따라서 전압을 측정하여 어떤 저항이 개방되었는지를 알아낼 수 없다. 그림 4-62에서와 같이, 어느 저항이 개방되어도 전압은 변함이 없다(가운데 저항이 개방되었음을 유의하라). 그러나 열-영상 카메라를 이용하여 열을 측정하면 어느 저항에 전류가 흐르고(정상) 어느 저항에 안 흐르는지(고장) 알아낼 수 있다.

개방 저항을 눈으로 찾아낼 수 없으면, 전류나 저항을 측정하여 그 위치를 알아낼 수 있다. 실제로 저항을 측정하기 위해서는 측정하고자 하는 저항을 회로에서 분리해야 하고, 전류를 측정하기 위해서는 전류계를 직렬로 삽입해야 하므로, 전류나 저항의 측정은 전압 측정보다 훨씬 어렵다. DMM에 연결하여 전류와 저항을 측정하기 위해서는, 전선 또는 인쇄 회로의 일부분을 절단하거나 소자의 한쪽 끝을 회로기판으로부터 떼어내야 한다.

전류를 측정하여 개방 가지 찾기

어떤 가지가 개방된 것으로 의심되는 병렬회로를 확인하기 위해서는 전체 전류를 측정하여야 한다. **병렬 저항이 개방되었을 때, I_T는 정상적인 값보다 항상 작게 된다.** I_T와 가지 양단의 전압을 알면, 간단한 계산으로 개방된 저항을 찾을 수 있다.

그림 4-63(a)의 두 개의 가지를 갖는 회로를 보자. 저항 중 하나가 개방되었다면, 전체 전류는 정상적인 저항의 전류와 같을 것이다.

옴의 법칙을 이용하여 각 저항에 흐르는 전류를 계산하면 다음과 같다.

$$I_1 = \frac{50\ \text{V}}{560\ \Omega} = 89.3\ \text{mA}$$

$$I_2 = \frac{50\ \text{V}}{100\ \Omega} = 500\ \text{mA}$$

$$I_T = I_1 + I_2 = 589.3\ \text{mA}$$

그림 4-63(b)와 같이 R_2가 개방됐다면 전체 전류는 89.3 mA가 된다. R_1이 개방되었다면 그림 4-63(c)와 같이 전류는 500 mA가 된다. 만약 병렬저항들이 모두 같다면 전류가 흐르지 않는 가지를 찾을 때까지 각 가지들의 전류를 점검하여야 한다.

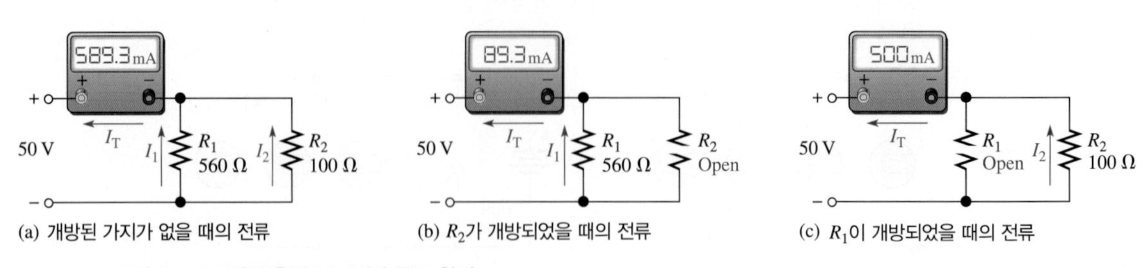

(a) 개방된 가지가 없을 때의 전류
(b) R_2가 개방되었을 때의 전류
(c) R_1이 개방되었을 때의 전류

그림 4-63 전류 측정으로 개방 통로 찾기

예제 4-16

그림 4-64에서 전체 전류는 31.09 mA이며, 병렬가지 양단의 전압은 20 V이다. 개방된 저항이 있는가? 있다면 찾아내라.

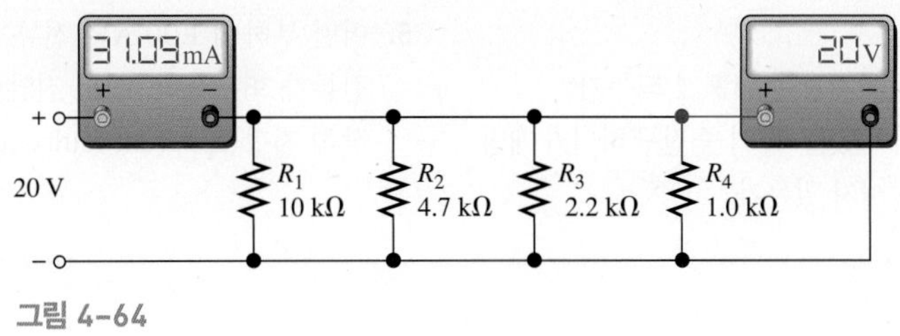

그림 4-64

풀이

각 가지의 전류를 계산하자.

$$I_1 = \frac{V}{R_1} = \frac{20\text{ V}}{10\text{ k}\Omega} = 2\text{ mA}$$

$$I_2 = \frac{V}{R_2} = \frac{20\text{ V}}{4.7\text{ k}\Omega} = 4.26\text{ mA}$$

$$I_3 = \frac{V}{R_3} = \frac{20\text{ V}}{2.2\text{ k}\Omega} = 9.09\text{ mA}$$

$$I_4 = \frac{V}{R_4} = \frac{20\text{ V}}{1.0\text{ k}\Omega} = 20\text{ mA}$$

전체 전류는 다음과 같다.

$$I_T = I_1 + I_2 + I_3 + I_4 = 2\text{ mA} + 4.26\text{ mA} + 9.09\text{ mA} + 20\text{ mA} = 35.35\text{ mA}$$

실제 측정한 전류는 31.09 mA이며, 이것은 정상 값보다 4.26 mA가 작다. 즉, 4.26 mA의 전류가 흐르던 가지가 개방된 것이다. 따라서 R_2가 개방된 것이 확실하다.

관련문제

그림 4-64에서 R_2가 개방되지 않고, R_4가 개방되었다면 전체 전류는 얼마인가?

단락 가지

병렬회로에서 어떤 가지가 단락되면 전류가 엄청나게 증가하고 대개 저항이 타버리며 퓨즈나 회로 차단기가 끊어지게 된다. 단락 가지를 분리시키기 어려우므로 이런 경우 수리하기가 어렵다. 회로의 단락부를 찾아내기 위해서는 펄서(pulser)나 전류 추적기(current tracer)를 사용한다. 펄서는 펜 같이 생긴 도구로 회로의 어떤 점에 펄스를 인가하여 단락 통로를 통해 펄스 전류를 흐르게 한다. 전류 추적기도 역시 펜 모양의 도구로 펄스 전류를 감지한다. 전류를 추적하여 전류 통로를 알아낼 수 있다.

4-14절 복습 문제

1. 병렬회로 양단에 일정한 전압이 인가되고 있을 때, 어떤 병렬 가지가 개방되었다면, 회로의 전압과 전류에 어떤 변화가 검출될 수 있는가?
2. 한 개의 가지가 개방되면 전체 저항은 어떻게 되는가?
3. 몇 개의 전구가 병렬로 연결되어 있을 때, 이 중 전구 하나가 개방되면 나머지 전구들은 계속 켜져 있는가?
4. 병렬회로의 각 가지에 1 A의 전류가 흐른다. 한 가지가 개방된다면 나머지 가지들의 전류는 어떻게 되는가?
5. 어떤 부하에 1.00 A의 전류가 흐르고 중성선으로 0.90 A의 전류가 회수된다. 전원 전압이 120 V라면 접지경로의 피상 장해 저항(apparent faulty resistance)은 얼마인가?

요약

- 직렬회로에서 전체 직렬저항 값은 모든 저항 값들의 합과 같다.
- 직렬회로의 모든 점에서 전류 값은 같다.
- 직렬로 연결된 전압원들은 대수적으로 더해진다.
- 키르히호프의 전압법칙: 직렬회로에서 전압강하의 총합은 전체 전원 전압과 같다.
- 키르히호프의 전압법칙: 단일 폐회로 내의 모든 전압의 대수적인 합은 0이다.
- 회로에서의 전압강하는 전체 전원 전압과 극성이 항상 반대이다.
- 전압 분배기는 전원에 직렬로 연결된 저항기들의 배열이다.
- 직렬회로에서 전체 전압 강하에 대한 어떤 저항기 양단의 전압강하의 비는 전체 저항에 대한 그 저항 값의 비와 같기 때문에 전압 분배기라고 불린다.
- 포텐쇼미터는 조정 가능한 전압 분배기로 사용될 수 있다.
- 병렬저항들은 회로의 두 마디 양단에 연결되어 있다.
- 병렬회로는 전류의 통로가 2개 이상이다.
- 병렬회로의 전체 저항은 그중 가장 작은 저항보다도 작다.
- 병렬회로의 모든 가지에 걸리는 전압은 같다.
- 키르히호프의 전류법칙: 마디로 들어오는 모든 전류의 합(전체 유입 전류)은 그 마디를 나가는 전류(전체 유출 전류)의 합과 같다. 유입, 유출되는 모든 전류의 대수합은 0이다.
- 병렬회로는 전류 분배기라 할 수 있다. 왜냐하면 가지로 들어가는 전체 전류는 마디에 연결된 각 가지들로 분배되기 때문이다.
- 병렬저항 회로의 전체 전력은 그 회로를 구성하는 각 저항들의 전력의 합과 같다.
- 병렬회로의 전체 전력은 전체 전류, 전체 저항, 전체 전압을 이용하여 전력 공식으로 구할 수 있다.
- 병렬회로의 가지 중 한 개가 개방되면 전체 저항은 증가하고, 그 결과 전체 전류는 감소한다.
- 병렬회로의 한 가지가 개방되어도 남은 가지의 전류는 변화가 없다.

핵심 용어

핵심용어 및 볼드체로 된 용어는 책 뒷부분의 용어사전에도 정의되어 있다.

가지 병렬회로에서 전류 통로

개방 전류 통로가 차단된 회로의 상태

기준접지 Reference ground 공통영역(common) 또는 기준점으로 사용되는 조립품을 싸고 있는 금속 섀시 혹은 PCB에 있는 넓은 전도성 영역(공통영역이라고도 함)

단락 두 점 사이의 저항이 0이거나 거의 0이 된 회로의 상태

마디 두 개 이상의 소자가 연결된 점 또는 접합

병렬 두 개 이상의 회로 소자가 똑같은 한 쌍의 점들에 연결된 관계

전류 분배기 분배기 전류가 병렬 가지 저항에 반비례하여 분배되는 병렬회로

전압 분배기 직렬저항기들로 구성되는 회로로, 이 저항기(들) 양단에 하나 또는 여러 개의 출력전압을 택한다.

직렬 전기회로에서 두 점 사이에 하나의 전류 통로로 연결된 소자들의 관계

키르히호프의 전류법칙 마디로 들어오는 전류의 합은 마디를 나가는 전류의 합과 같다. 즉, 어느 마디에 들어오고 나가는 전류의 합은 0이다.

키르히호프의 전압법칙 (1) 단일 폐경로 내의 전압강하의 합은 그 루프의 전원 전압과 같다. 혹은 (2) 단일 폐경로 내의 모든 전압의 대수적인 합은 0이다.

주요 공식

(4–1) $R_T = R_1 + R_2 + R_3 + \cdots + R_n$ 직렬 연결된 n개의 저항기의 전체 저항값

(4–2) $V_S = V_1 + V_2 + V_3 + \cdots + V_n$ 직렬회로에서 키르히호프의 전압법칙

(4–3) $V_x = \left(\frac{R_x}{R_T}\right)V_S$ 전압 분배기 공식

(4–4) $R_T = \frac{1}{\frac{1}{R_1} + \frac{1}{R_2} + \frac{1}{R_3} + \cdots + \frac{1}{R_n}}$ 병렬 연결된 n개의 저항기의 전체 저항값

(4–5) $I_x = \left(\frac{R_T}{R_x}\right)I_T$ 전류 분배기 공식

(4–6) $P_T = P_1 + P_2 + P_3 + \cdots + P_n$ 전체 전력

O/X 퀴즈 해답은 이 장의 끝에 있다.

1. 직렬회로는 전류가 흐르는 경로가 하나 이상이 있을 수 있다.
2. 직렬회로의 전체 저항은 그 회로의 가장 큰 저항값보다 작을 수 있다.
3. 만약 두 개의 직렬저항이 서로 다른 크기이면, 더 큰 저항에 더 큰 전류가 흐른다.
4. 만약 두 개의 직렬저항이 서로 다른 크기이면, 더 큰 저항에 더 높은 전압이 나타난다.
5. 전압 분배기에 세 개의 동일한 저항이 사용되었을 때, 각 저항에 나타나는 전압은 전원 전압의 3분의 1이 된다.
6. 손전등의 배터리를 전기적인 측면에서 반대극성으로 직렬 연결할 이유는 없다.
7. 키르히호프의 전압 법칙은 루프에 전압원을 포함한 경우에만 적용가능하다.
8. 전압 분배 공식은 $V_x = (R_x/R_T)V_S$이다.
9. 직렬로 연결된 저항들에서 소모되는 전력은 전원에서 공급되는 전력과 같다.
10. 어떤 회로의 A지점에서 전압이 +10 V이고, B지점에서 전압이 −10 V이면, V_{AB}는 +8 V이다.
11. 병렬저항의 전체 컨덕턴스를 구하기 위해서는 각 저항의 컨덕턴스를 더하면 된다.
12. 병렬저항의 전체 저항은 항상 가장 작은 저항보다 더 작다.
13. 각 저항의 곱을 각 저항의 합으로 나누는 것은 병렬저항의 수와 상관없이 병렬저항의 전체 저항을 구할 수 있다.
14. 병렬회로에서 큰 저항에는 높은 전압이 나타나고, 작은 저항에는 낮은 전압이 나타난다.
15. 병렬회로에 새로운 경로가 추가되면, 전체 저항은 증가하게 된다.
16. 병렬회로에 새로운 경로가 추가되면, 전체 전류는 증가하게 된다.
17. 마디에 들어가는 전체 전류는 마디에서 나오는 전체 전류와 항상 같다.

18. 전류 분배 공식, $I_x = (R_T/R_x)I_T$에서 괄호 안의 값은 항상 1보다 작다.

19. 두 개의 저항이 병렬로 연결되었을 때, 더 작은 저항에서 더 작은 전력소모가 발생한다.

20. 병렬로 연결된 저항들에서 소모되는 전체 전력은 전원에서 공급되는 전력보다 더 크다.

자습문제 해답은 이 장의 끝에 있다.

1. 동일한 저항 다섯 개가 직렬로 연결되어 있고, 첫 번째 저항에 2 mA의 전류가 흐른다. 두 번째 저항에 흐르는 전류는 얼마인가?

(a) 2 mA **(b)** 1 mA **(c)** 4 mA **(d)** 0.4 mA

2. 네 개의 직렬저항으로 구성된 회로에서 세 번째 저항에서 나오는 전류를 측정하려고 한다면, 전류계를 어디에 두어야 하는가?

(a) 세 번째와 네 번째 저항 사이 **(b)** 두 번째와 세 번째 저항 사이
(c) 전원의 양극 단자에 **(d)** 회로의 임의 지점에

3. 두 개의 직렬저항에 세 번째 저항을 직렬로 연결하였을 때 전체 저항은 어떻게 되는가?

(a) 변함없다. **(b)** 증가한다.
(c) 감소한다. **(d)** 3분의 1만큼 증가한다.

4. 네 개의 직렬저항 중 하나를 제거하고 회로를 다시 연결하면 전류는 어떻게 되는가?

(a) 제거된 저항을 통해 흐르는 전류만큼 감소한다
(b) 4분의 1만큼 감소한다. **(c)** 네 배가 된다. **(c)** 증가한다.

5. 직렬회로가 100 Ω, 220 Ω, 그리고 330 Ω의 세 저항으로 구성되어 있다. 전체 저항은 얼마인가?

(a) 100 Ω보다 작다. **(b)** 세 저항값의 평균이다. **(c)** 550 Ω **(d)** 650 Ω

6. 68 Ω, 33 Ω, 100 Ω, 그리고 47 Ω의 네 저항이 직렬 연결된 회로의 양단에 9 V 배터리를 연결하였다. 전류는 얼마인가?

(a) 36.3 mA **(b)** 27.6 A **(c)** 22.3 mA **(d)** 363 mA

7. 손전등에 네 개의 1.5 V 배터리를 장착할 때, 실수로 하나를 반대로 장착하였다. 손전등의 불빛은 어떻게 되는가?

(a) 정상보다 밝아진다. **(b)** 정상보다 밝기가 낮아진다.
(c) 켜지지 않는다. **(d)** 변함없다.

8. 직렬 연결 회로에서 전원 전압과 모든 전압강하를 측정하여, 극성을 고려하여 측정된 모든 값을 더하면 그 결과는 어떻게 되는가?

(a) 전원 전압 **(b)** 전압강하의 합 **(c)** 0 **(d)** 전원 전압과 전압강하의 합

9. 주어진 직렬회로에는 여섯 개의 저항이 있고, 각 저항은 5 V의 전압강하가 있다. 전원 전압은 얼마인가?

(a) 5 V **(b)** 30 V **(c)** 저항값에 따라 다르다. **(d)** 전류에 따라 다르다.

10. 직렬회로가 4.7 kΩ, 5.6 kΩ, 그리고 10 kΩ 저항으로 구성되어 있다. 가장 큰 전압을 나타내는 저항은 무엇인가?

(a) 4.7 kΩ **(b)** 5.6 kΩ **(c)** 10 kΩ **(d)** 주어진 정보로는 알 수 없다.

11. 100 V 전원을 연결할 때, 다음 중 가장 큰 전력을 소모하는 직렬 연결은 무엇인가?

(a) 100 Ω 저항 한 개 **(b)** 100 Ω 저항 두 개 **(c)** 100 Ω 저항 세 개 **(d)** 100 Ω 저항 네 개

12. 어떤 회로의 전체 전력이 1 W이다. 다섯 개의 동일한 저항이 직렬로 연결되어 있다면, 각 저항이 소모하는 전력은 얼마인가?

(a) 1 W **(b)** 5 W **(c)** 0.5 W **(d)** 0.2 W

13. 직렬저항 회로에 전류계를 연결하고 전원 전압을 켰을 때, 전류계 값이 0이었다. 무엇을 검토해 보아야 하는가?

(a) 끊어진 전선 **(b)** 단락된 저항 **(c)** 개방된 저항 **(d)** (a)와(c)

14. 어떤 직렬저항 회로를 검사하고 있을 때 전류가 생각보다 더 크다는 것을 발견하였다. 다음 중 무엇을 검토해 보아야 하는가?

(a) 회로의 개방 여부 **(b)** 단락 **(c)** 더 작은 저항의 사용 여부 **(d)** (b)와(c)

15. 병렬회로에서 각 저항에 대한 것 중 옳은 것은?

(a) 같은 전류 **(b)** 같은 전압 **(c)** 같은 전력 **(d)** 앞에 것 모두 맞음

16. 1.2 kΩ 저항과 100 Ω 저항이 병렬로 연결되었을 때, 전체 저항은 어떻게 되는가?

(a) 1.2 kΩ보다 크다. **(b)** 100 Ω보다 크고 1.2 kΩ보다 작다.
(c) 100 Ω보다 작고, 90 Ω보다 크다. **(d)** 90 Ω보다 작다.

17. 330 Ω, 270 Ω, 그리고 68 Ω 저항이 병렬로 연결되어 있다. 전체 저항은 대략 얼마인가?

(a) 668 Ω **(b)** 47 Ω **(c)** 68 Ω **(d)** 22 Ω

18. 여덟 개의 저항이 병렬로 연결되어 있다. 가장 작은 저항값을 가지는 두 개의 저항이 둘다 1.0 kΩ이라고 한다. 전체 저항에 대하여 가장 옳은 것은?

(a) 결정할 수 없다. **(b)** 1.0 kΩ보다 크다.
(c) 1.0 kΩ보다 작다. **(d)** 500 Ω보다 작다.

19. 새로운 추가 저항이 기존의 병렬회로에 대하여 병렬로 연결되었을 때, 전체 저항은 어떻게 되는가?

(a) 감소한다. **(b)** 증가한다. **(c)** 변함 없다. **(d)** 추가된 저항값만큼 증가한다.

20. 병렬회로에서 하나의 저항을 제거하면 전체 저항은 어떻게 되는가?

(a) 제거된 저항값만큼 감소한다. **(b)** 변함 없다.
(c) 증가한다. **(d)** 두 배가 된다.

21. 두 가지 경로를 따라 전류가 마디에 유입되고 있다. 하나는 5 A이고 다른 하나는 3 A이다. 마디에서 나오는 전체 전류는 얼마인가?

(a) 2 A **(b)** 알 수 없다. **(c)** 8 A **(d)** 두 개 중 큰 전류

22. 다음과 같은 390 Ω, 560 Ω, 그리고 820 Ω 저항이 전압원에 병렬로 연결되었다. 가장 작은 전류가 흐르는 저항은 무엇인가?

(a) 390 Ω **(b)** 560 Ω **(c)** 820 Ω **(d)** 전압을 모르므로 결정할 수 없다.

23. 병렬회로에 유입하는 전체 전류가 갑자기 감소하였다면 다음 중 어느 것에 해당하는가?

(a) 단락 **(b)** 저항의 개방 **(c)** 전원 전압의 감소 **(d)** (b) 또는 (c)

24. 네 개의 가지가 있는 병렬회로에서, 각 가지에 10 mA의 전류가 동일하게 흐르고 있다. 만약 하나의 가지가 개방되면, 나머지 세 개의 가지에서 각각 흐르는 전류는 얼마일까?

(a) 13.33 mA **(b)** 10 mA **(c)** 0 A **(d)** 30 mA

25. 세 개의 가지가 있는 병렬회로에서, R_1은 10 mA가 흐르고, R_2는 15 mA가 흐르며, R_3에는 20 mA가 흐른다고 한다. 그러나, 전체 전류를 측정하여 보니 35 mA이었다. 다음 중 어떤 일이 발생하였다고 할 수 있는가?

(a) R_1이 개방됨 **(b)** R_2가 개방됨 **(c)** R_3이 개방됨

(d) 정상적으로 동작하고 있음

26. 세 개의 가지가 있는 병렬회로에 100 mA의 전체 전류가 유입되고 있으며, 두 개의 가지 전류가 각각 40 mA와 20 mA이다. 나머지 하나의 가지 전류는 얼마인가?

(a) 60 mA **(b)** 20 mA **(c)** 160 mA **(d)** 40 mA

27. 기판에 있는 다섯 개의 병렬저항 중 하나가 완전히 단락되었다고 한다. 다음 현상 중 가장 가능성 있는 것은 무엇인가?

(a) 가장 작은 저항값을 가지는 저항이 타 버릴 것이다.

(b) 하나 이상의 다른 저항들이 타 버릴 것이다.

(c) 전원 장치의 퓨즈가 끊어지게 될 것이다.

(d) 각 저항의 저항값들이 바뀌게 될 것이다.

28. 네 개의 병렬 가지에서 각각의 전력 소모는 1 mW이다. 전체 전력 소모는 얼마인가?

(a) 1 mW **(b)** 4 mW **(c)** 0.25 mW **(d)** 16 mW

고장진단: 증상과 원인

이 연습의 목적은 고장진단에 중요한 사고력 개발을 돕기 위한 것이다. 해답은 이 장의 끝에 있다.

다음의 각 증상에 대한 원인을 결정하시오. 그림 4-65를 참고하시오.

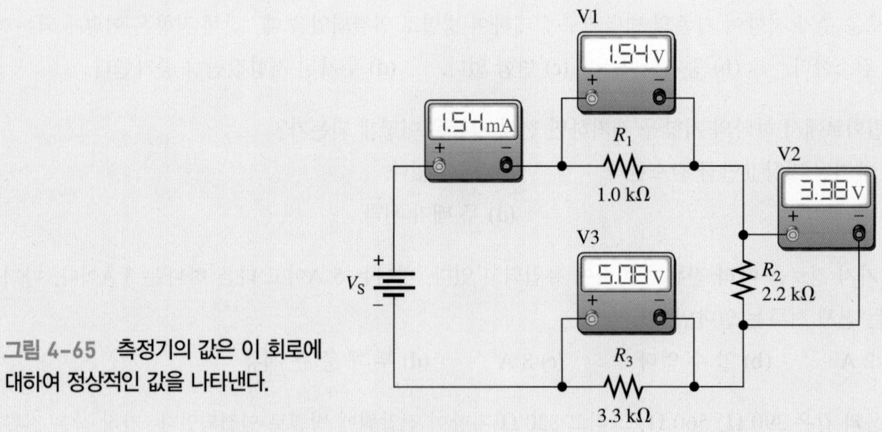

그림 4-65 측정기의 값은 이 회로에 대하여 정상적인 값을 나타낸다.

1. 증상: 전류계는 0 A, 전압계 1번과 전압계 3번은 0 V이며, 전압계 2번은 10 V이다.

원인:

(a) R_1이 개방됨

(b) R_2가 개방됨

(c) R_3이 개방됨

2. 증상: 전류계는 0 A, 모든 전압계는 0 V를 나타내었다.

원인:

(a) 하나의 저항이 개방됨

(b) 전압원이 꺼졌거나 고장남

(c) 저항 중 하나가 너무 큰 값을 가짐

3. 증상: 전류계는 2.33 mA, 전압계 2번은 0 V이다.

원인:

(a) R_1이 단락됨

(b) 전압원이 너무 높은 값으로 설정됨

(c) R_2가 단락됨

4. 증상: 전류계는 0 A, 전압계 1번은 0 A, 전압계 2번은 5 V, 전압계 3번은 5 V이다.

원인:

(a) R_1이 단락됨

(b) R_1과 R_2가 개방됨

(c) R_2와 R_3가 개방됨

5. 증상: 전류계는 0.645 mA, 전압계 1번은 너무 높은 값이 나타나고, 다른 두 전압계는 너무 낮은 값으로 읽혀진다.

원인:

(a) R_1이 10 kΩ으로 잘못된 값이 사용됨

(b) R_2가 10 kΩ으로 잘못된 값이 사용됨

(c) R_3이 10 kΩ으로 잘못된 값이 사용됨

다음의 각 증상에 대한 원인을 결정하시오. 그림 4-66을 참고하시오.

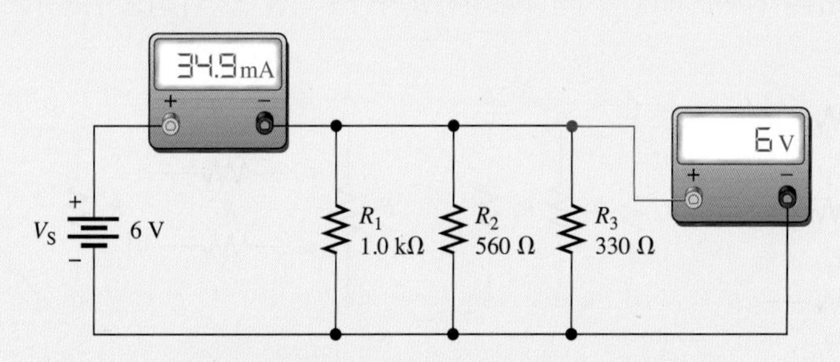

그림 4-66 측정기의 값은 이 회로에 대하여 정상적인 값을 나타낸다.

6. 증상: 전류계와 전압계가 모두 값이 0이다.

원인:

(a) R_1이 개방됨

(b) 전압원이 꺼졌거나 고장남

(c) R_3이 개방됨

7. 증상: 전류계는 16.7 mA, 전압계는 6 V로 읽혀진다.

원인:

(a) R_1이 개방됨

(b) R_2가 개방됨

(c) R_3이 개방됨

8. 증상: 전류계는 28.9 mA, 전압계는 6 V로 읽혀진다.

원인:

(a) R_1이 개방됨

(b) R_2가 개방됨

(c) R_3이 개방됨

9. 증상: 전류계는 24.2 mA, 전압계는 6 V로 읽혀진다.

원인:

(a) R_1이 개방됨

(b) R_2가 개방됨

(c) R_3이 개방됨

10. 증상: 전류계는 34.9 mA, 전압계는 0 V로 읽혀진다.

원인:

(a) 하나의 저항이 단락됨

(b) 전압계가 고장남

(c) 전압원이 꺼졌거나 고장남

연습문제 선별된 일부 문제의 해답은 이 책의 끝에 있다.

기초문제

4-1 저항의 직렬연결

1. 그림 4-67에 있는 각 저항 세트를 지점 A와 지점 B 사이에 직렬 연결이 되도록 결선하시오.

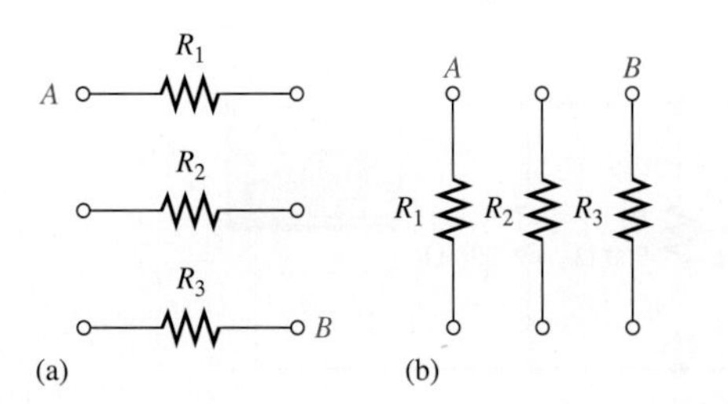

그림 4-67

2. 그림 4-68에서 어느 저항들이 직렬로 연결되어 있는지 찾아보시오. 모든 저항들이 직렬로 연결되기 위해서는 핀(pin)들을 어떻게 연결하면 되는가?

3. 그림 4-68의 회로 보드에서 1번 핀과 8번 핀 사이의 저항값은 얼마인가?

4. 그림 4-68의 회로 보드에서 2번 핀과 3번 핀 사이의 저항값은 얼마인가?

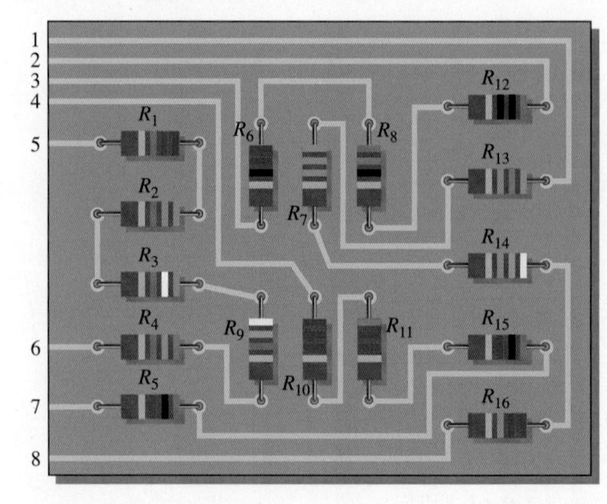

그림 4-68

4-2 전체 직렬저항의 합

5. 82 Ω 저항과 56 Ω 저항이 직렬로 연결되었다. 전체 저항은 얼마인가?

6. 그림 4-69에 있는 직렬저항의 전체 저항을 각 그룹별로 구하시오.

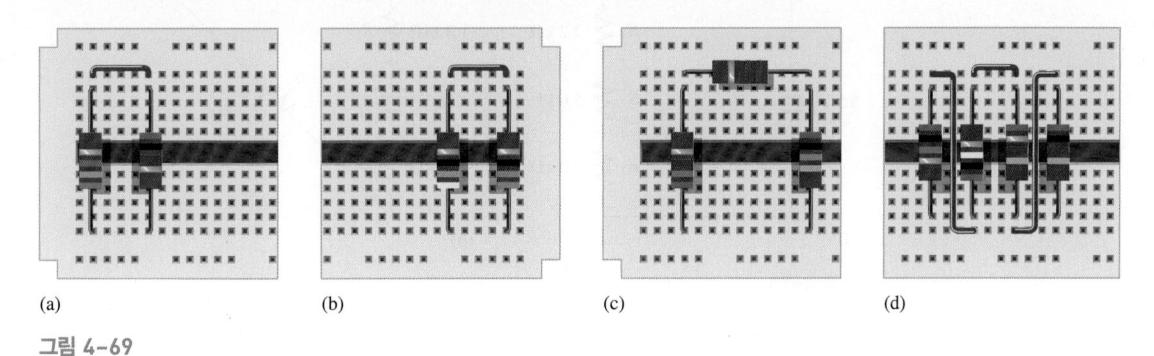

그림 4-69

7. 그림 4-70에 있는 각 회로에 대하여 전체 저항 R_T를 구하시오. 저항계(ohmmeter)를 이용하여 R_T를 어떻게 측정하는지 설명하시오.

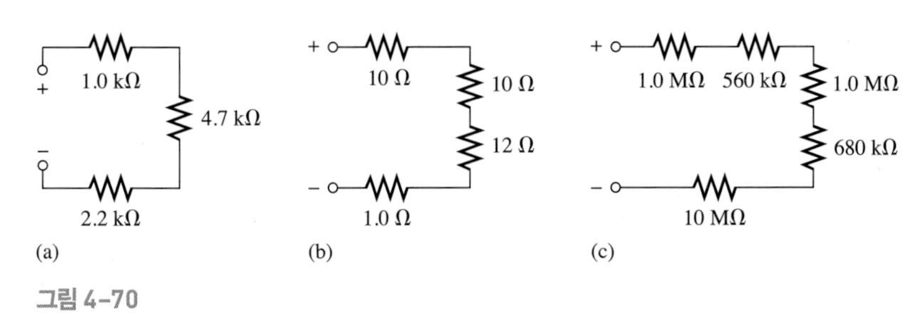

그림 4-70

8. 열두 개의 5.6 kΩ 저항이 직렬로 연결되었을 때, 전체 저항은 얼마인가?

9. 여섯 개의 47 Ω 저항, 여덟 개의 100 Ω 저항, 그리고 두 개의 22 Ω 저항이 모두 직렬로 연결되었다. 전체 저항은 얼마인가?

10. 그림 4-71에 있는 회로의 전체 저항이 20 kΩ이다. R_5는 얼마인가?

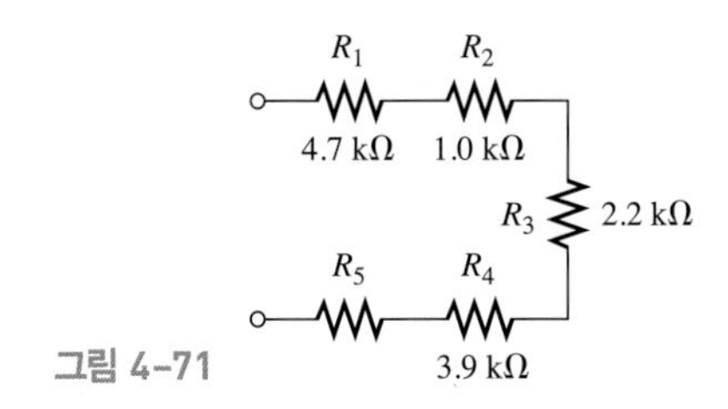

그림 4-71

4-3 직렬회로의 전류

11. 전압원이 12 V이고 전체 저항이 120 Ω인 직렬회로에서 네 개의 저항 각각에 흐르는 전류는 얼마인가?

12. 그림 4-72에 있는 전원에서 나오는 전류는 5 mA이다. 회로에서 각 전류계는 몇 mA를 나타내겠는가?

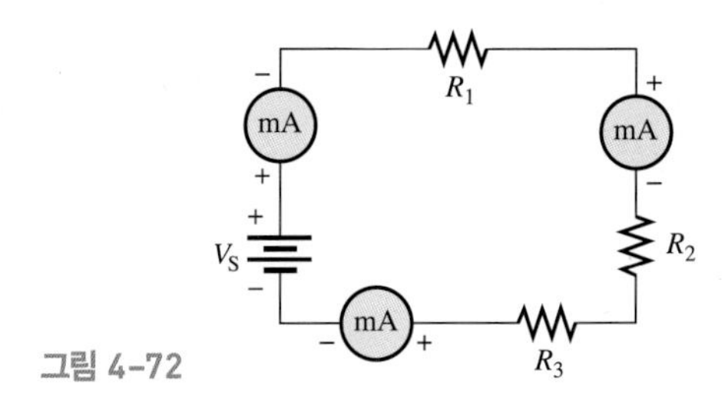

그림 4-72

13. 그림 4–73의 각 회로에서 전류는 얼마인가? 각 경우에 있어 전류계를 어떻게 연결하면 되는지 설명하시오.

14. 그림 4–73의 각 저항에 걸리는 전압을 구하시오.

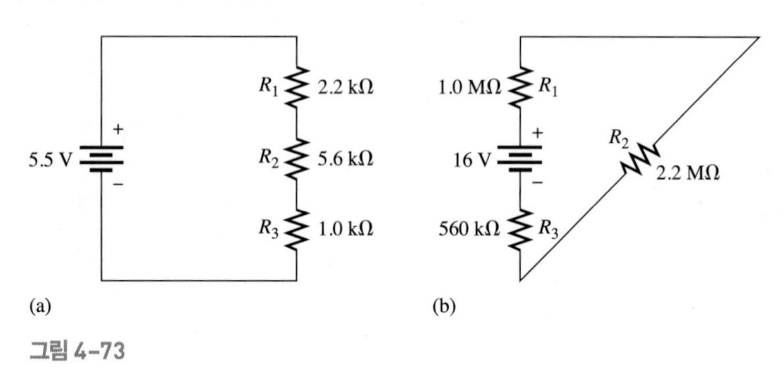

그림 4–73

15. 470 Ω의 저항 세 개가 직렬로 연결되어 있고, 전원은 48 V이다.

(a) 전류는 얼마인가?

(b) 각 저항에 걸리는 전압은 얼마인가?

(c) 각 저항의 최소 전력 정격은 얼마인가?

16. 네 개의 동일한 저항이 직렬로 연결되어 있고, 전원은 5 V이다. 전류가 1 mA로 측정되었다면, 각 저항의 값은 얼마인가?

4–4 직렬 전압원

17. 6 V 배터리를 사용하여 24 V 전압을 얻기 위해서는 어떻게 연결하여야 하는가?

18. 문제 17에서 하나의 배터리를 잘못하여 반대로 연결하였다면 어떤 일이 발생하는가?

4–5 키르히호프의 전압법칙

19. 세 개의 저항이 직렬로 연결되어 있을 때 각 저항의 전압 강하가 5.5 V, 8.2 V, 그리고 12.3 V로 측정되었다. 이 저항들에 연결된 전원 전압은 얼마인가?

20. 다섯 개의 직렬저항이 20 V 전원에 연결되었다. 네 개의 저항에서 발생한 전압 강하가 각각 1.5 V, 5.5 V, 3 V, 그리고 6 V라고 한다. 다섯 번째 저항에 걸리는 전압은 얼마인가?

21. 그림 4–74에 있는 각 회로에서 지정되지 않은 전압강하를 구하고, 미지의 전압강하를 측정하기 위해서 전압계를 어떻게 연결해야 하는지 설명하시오.

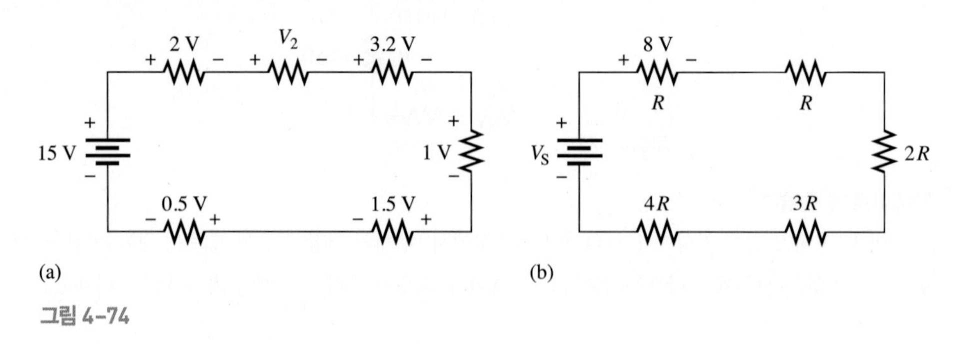

그림 4–74

4–6 전압 분배기

22. 직렬회로의 전체 저항이 500 Ω이다. 직렬회로에 있는 22 Ω 저항에 나타나는 전압은 전체 전압의 몇 퍼센트인가?

23. 그림 4–75에 있는 각 전압 분배기에서 지점 A와 지점 B 사이의 전압을 구하시오.

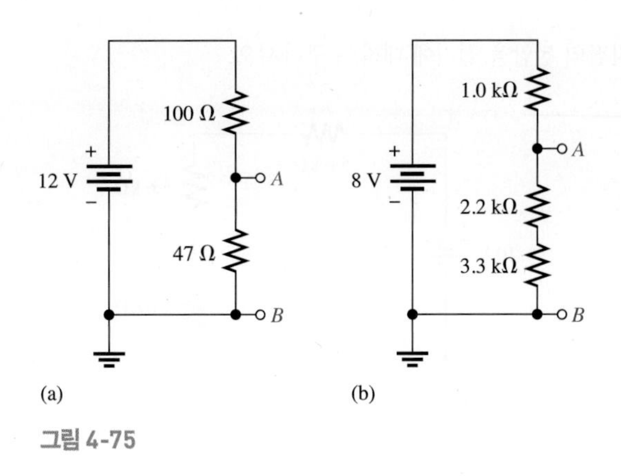

그림 4-75

24. 그림 4–76(a)에 있는 출력 A, B, C의 전압을 접지에 대하여 구하시오.

25. 그림 4–76(b)에 있는 전압 분배기로부터 얻을 수 있는 출력 전압의 최소값과 최대값을 구하시오.

26. 그림 4–77에 있는 각 저항에 걸리는 전압은 얼마인가? 저항값 R은 가장 작은 값을 나타내며, 다른 저항들은 R의 배수로 표시되어 있다.

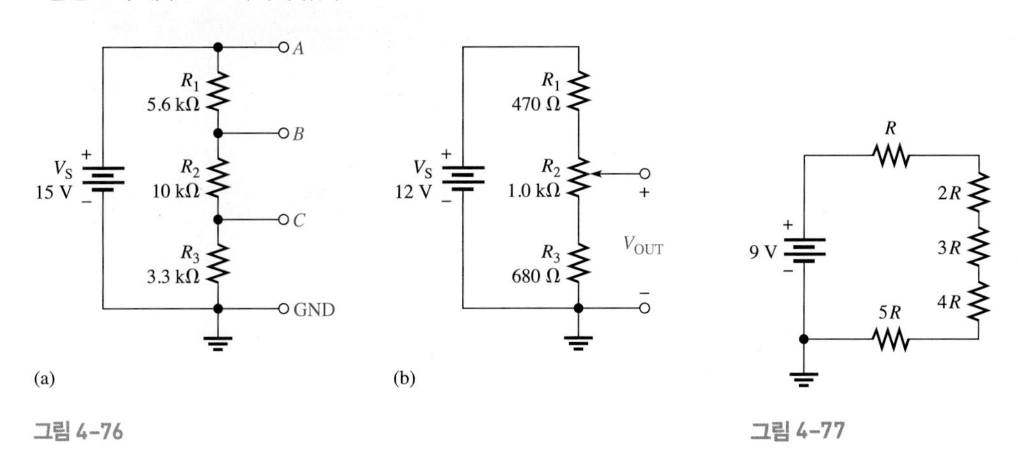

그림 4-76

그림 4-77

27. 그림 4–78(b)에 있는 프로토보드의 각 저항에 걸리는 전압은 얼마인가?

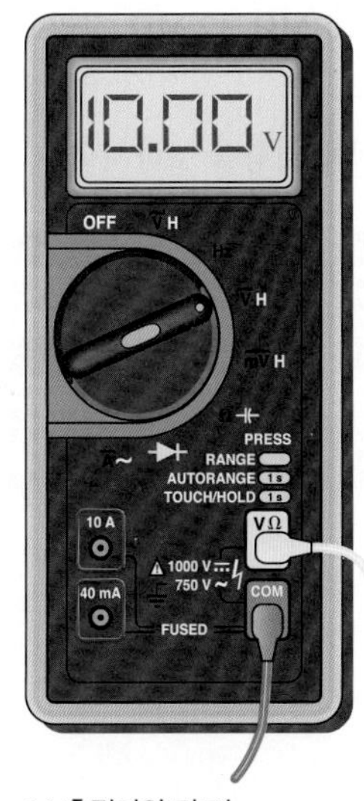

(a) 측정기의 리드는 프로토보드에 연결된다.

(b) 프로토보드는 측정기 리드 (노랑과 초록), 그리고 전원 리드 (빨강과 검정)에 연결되어 있다.

그림 4-78

28. 그림 4-79에서 각 지점의 전압을 접지에 대하여 구하시오.

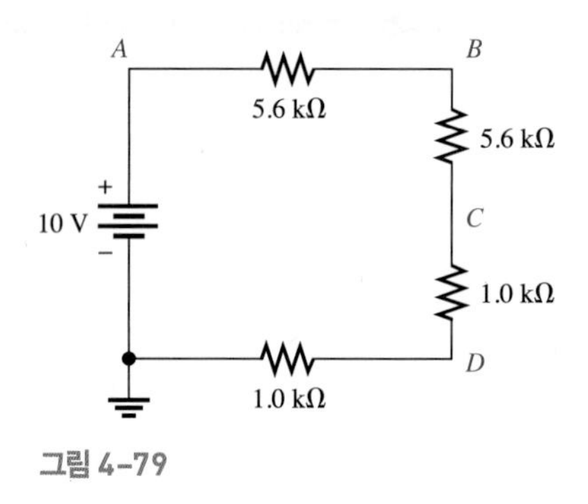

그림 4-79

4-7 저항의 병렬연결

29. 그림 4-80에 있는 저항들이 배터리 양단에 병렬로 연결되도록 결선하시오.

30. 그림 4-81에 있는 모든 저항들이 서로 병렬로 연결되었는지 판단하시오. 저항값을 표시한 회로도를 그리시오.

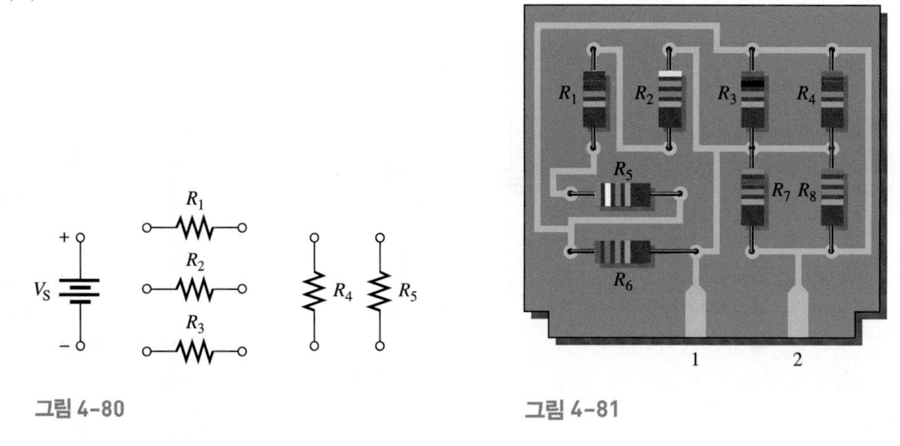

그림 4-80

그림 4-81

4-8 전체 병렬저항의 합

31. 그림 4-81에서 1번 핀과 2번 핀 사이의 전체 저항을 구하시오.

32. 다음과 같은 저항들이 병렬로 연결되었다. 1.0 MΩ, 2.2 MΩ, 4.7 MΩ, 12 MΩ, 그리고 22 MΩ. 전체 저항을 구하시오.

33. 그림 4-82에 있는 병렬저항들에 대하여 마디 A와 B 사이의 전체 저항을 구하시오.

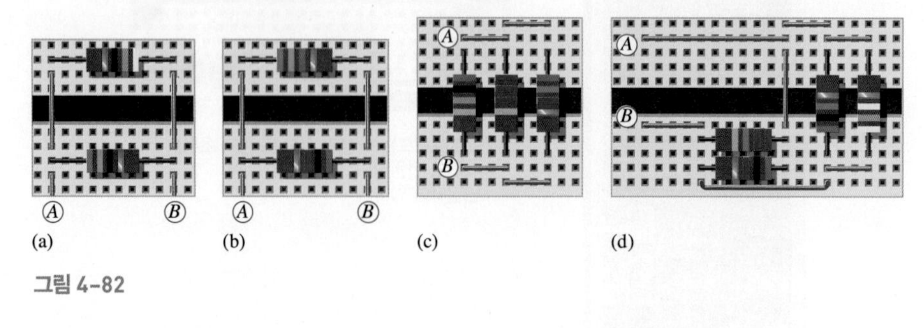

그림 4-82

34. 그림 4-83에 있는 각 회로의 전체 저항 R_T를 구하시오.

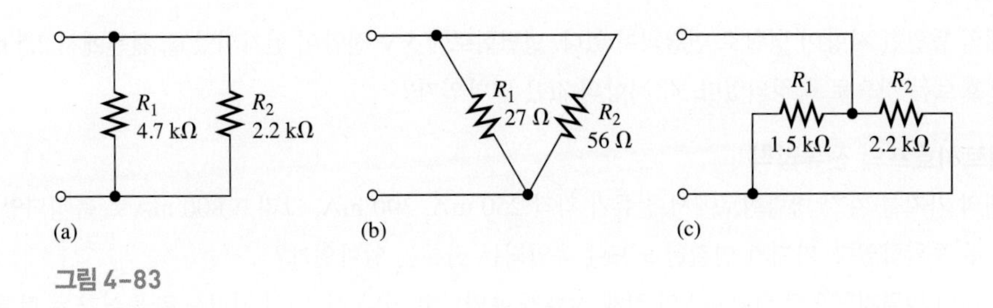

그림 4-83

35. 열한 개의 22 kΩ 저항이 병렬로 연결되면 전체 저항은 얼마인가?

36. 열다섯 개의 15 Ω 저항, 열 개의 100 Ω 저항, 그리고 두 개의 10 Ω 저항이 모두 병렬로 연결되었다면, 전체 저항은 얼마인가?

4-9 병렬회로의 전압

37. 전체 전압이 12 V이고 전체 저항이 600 Ω일 때 각 병렬저항에 걸리는 전압과 흐르는 전류를 구하시오. 네 개의 저항이 있으며, 모두 같은 값이다.

38. 그림 4-84에서 전원 전압은 100 V이다. 세 개의 전압계가 나타내는 값은 얼마인가?

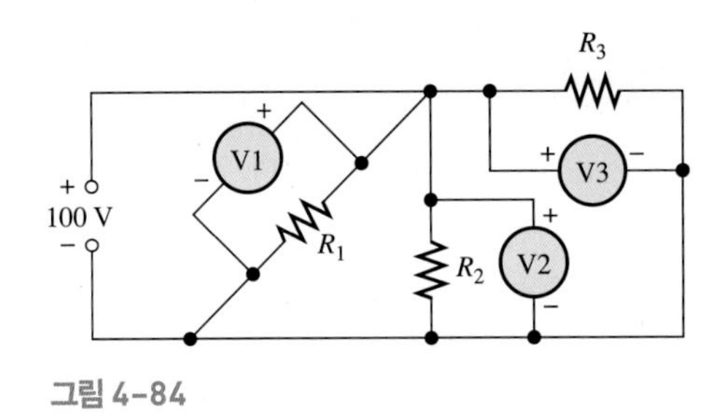

그림 4-84

4-10 옴의 법칙의 응용

39. 그림 4-85의 각 회로에서 전체 전류, I_T는 얼마인가?

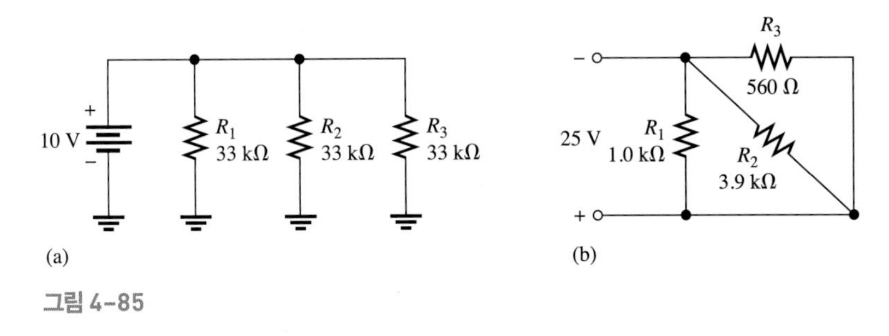

그림 4-85

40. 60 W 전구의 저항은 대략 240 Ω이다. 세 개의 전구가 120 V 전원에 병렬로 연결되었을 때, 전원에서 나오는 전류는 얼마인가?

41. 그림 4-86에서 보인 회로의 각 저항에 흐르는 전류를 구하시오.

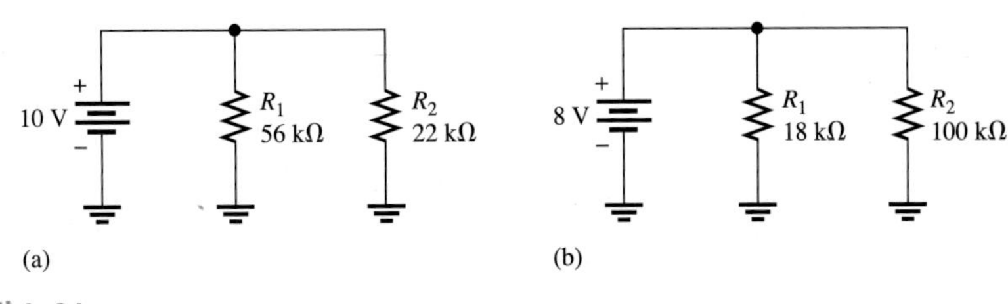

그림 4-86

42. 네 개의 동일한 저항이 병렬로 연결되어 있다. 병렬회로에 5 V 전압이 인가되었고, 전원에서 2.5 mA의 전류가 흐르는 것으로 측정되었다. 각 저항의 값은 얼마인가?

4-11 키르히호프의 전류법칙

43. 세 개의 가지를 가진 병렬회로에서 전류가 각각 250 mA, 300 mA, 그리고 800 mA로 측정되었고, 방향은 모두 동일하였다. 가지가 연결된 노드에 유입되는 전류는 얼마인가?

44. 다섯 개의 병렬저항으로 500 mA의 전체 전류가 유입되고 있다. 네 개의 저항으로 들어가는 전류는 각각 50 mA, 150 mA, 25 mA, 그리고 100 mA이다. 다섯 번째 저항으로 들어가는 전류는 얼마인가?

45. 만약 R_2와 R_3가 같은 저항값을 가진다면, 그림 4-87에서 R_2와 R_3에 흐르는 전류는 얼마인가? 이 전류를 측정하기 위해서는 전류계를 어떻게 연결하여야 하는가?

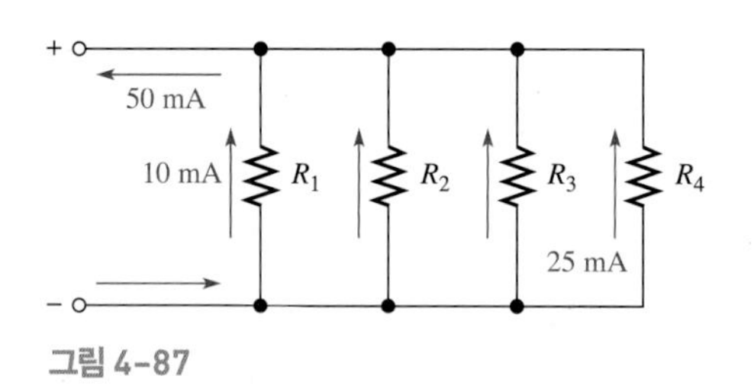

그림 4-87

46. 트레일러에 각각 0.5 A를 사용하는 주행등이 네 개 있으며, 각각 1.2 A를 사용하는 후미등이 두 개 있다. 주행등과 후미등이 모두 켜질 때 트레일러에 공급되는 전류는 얼마인가?

47. 문제 46의 트레일러에 각각 1 A를 사용하는 브레이크등이 두 개 있다고 가정하자.

(a) 모든 등이 켜져 있을 때, 트레일러에 공급되는 전류는 얼마인가?

(b) 이 경우에 트레일러로부터 접지로 되돌아가는 전류는 얼마인가?

4-12 전류 분배기

48. 20 kΩ 저항과 15 kΩ 저항이 전원과 함께 병렬로 연결되어 있다. 어느 저항에 가장 큰 전류가 흐르는가?

49. 그림 4-88에 있는 각 전류계의 값은 얼마인가?

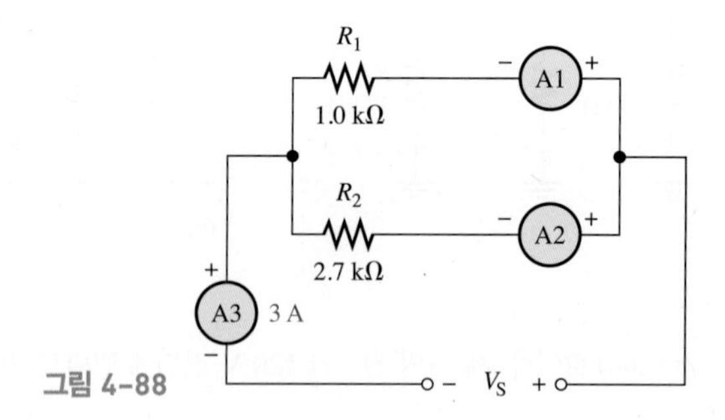

그림 4-88

50. 그림 4-89의 회로에서 전류 분배 공식을 적용하여 각 가지에 흐르는 전류를 구하시오.

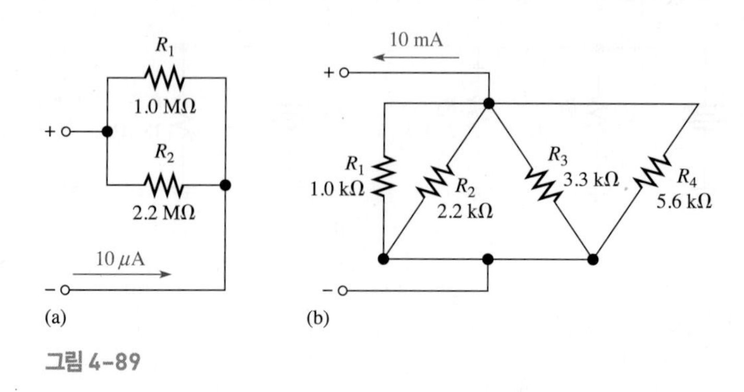

그림 4-89

4-13 병렬회로의 전력

51. 다섯 개의 병렬저항은 각각 40 mW를 소모한다. 전체 전력은 얼마인가?

52. 그림 4-89에 있는 각 회로의 전체 전력을 구하시오.

53. 여섯 개의 전구가 120 V 전압에 병렬로 연결되어 있다. 각 전구의 정격은 75 W이다. 각 전구에 흐르는 전류와 전체 전류를 구하시오.

4-14 고장진단

54. 문제 53에서 전구들 중 하나가 가열되어 고장이 났다. 남아 있는 전구 각각을 통해 흐르는 전류는 얼마인가? 전체 전류는 얼마인가?

55. 그림 4-90에서 전류 및 전압의 측정값을 나타내었다. 어떤 하나의 저항이 개방되었는가? 만약 그렇다면 어느 저항이 개방되었는가?

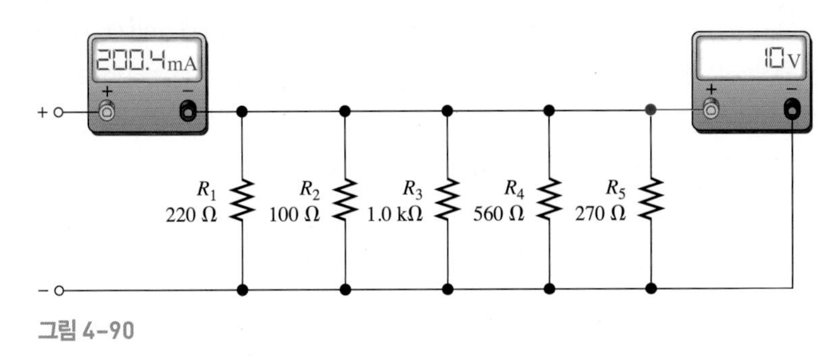

그림 4-90

56. 그림 4-91의 회로에서 잘못된 것은 무엇인가?

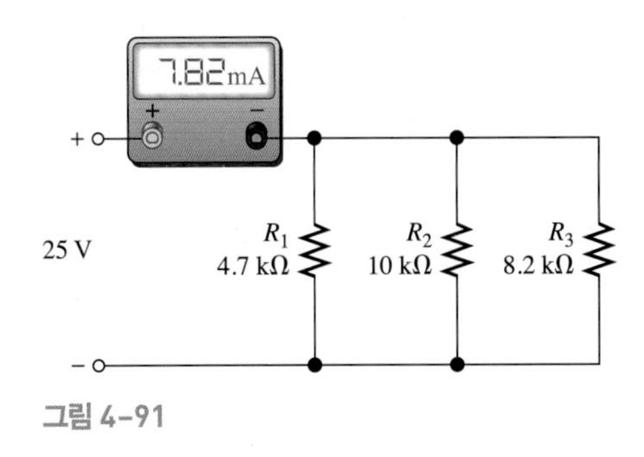

그림 4-91

57. 그림 4-92에서 개방된 저항을 찾아보시오.

58. 그림 4-93에서 측정한 저항계의 값으로부터 어떤 하나의 저항이 개방되었다고 유추할 수 있는가? 만약 그렇다면, 그 개방된 저항을 구별해 낼 수 있겠는가?

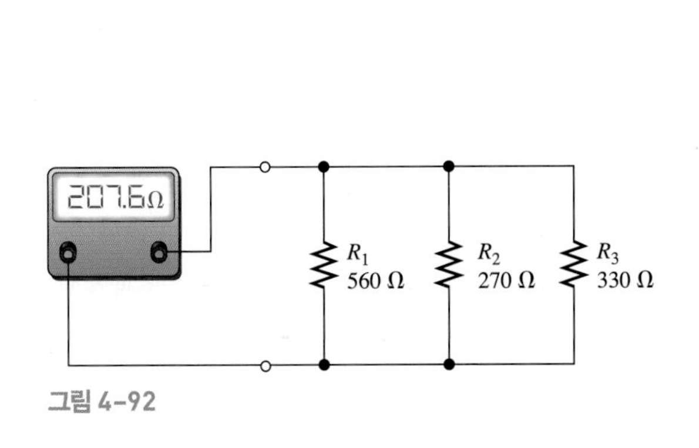

그림 4-92

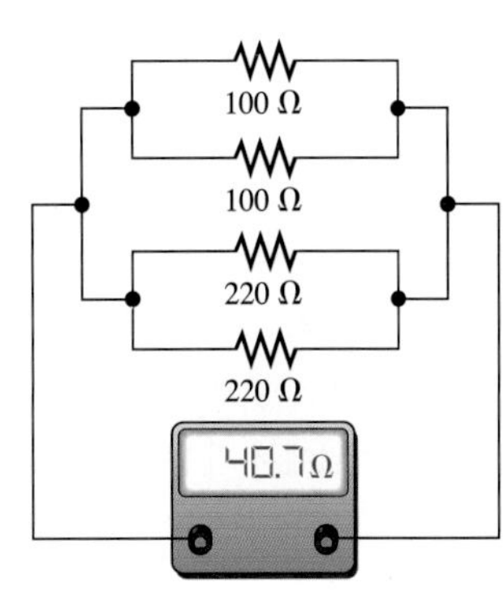

그림 4-93

고급 문제

59. 그림 4–94의 회로에서 미지의 저항 (R_3)를 구하시오.

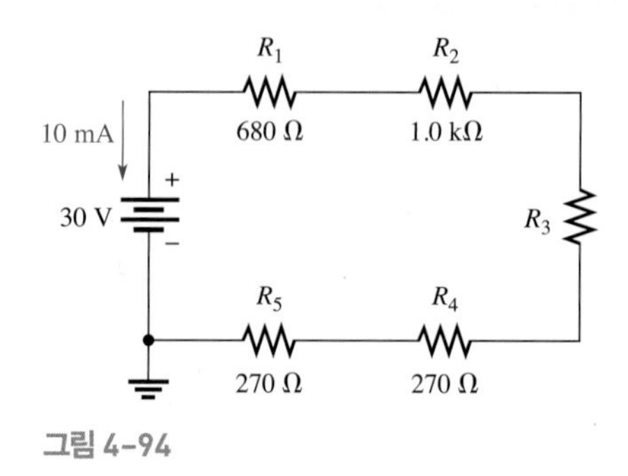

그림 4–94

60. 실험실에서 다음과 같은 저항들을 무제한으로 사용할 수 있다고 한다. 10 Ω, 100 Ω, 470 Ω, 560 Ω, 680 Ω, 1.0 kΩ, 2.2 kΩ, 그리고 5.6 kΩ. 모든 다른 표준 저항들은 재고가 없다고 한다. 당신이 작업하는 프로젝트에서 18 kΩ 저항이 필요한 상황이다. 이 값을 가지는 저항을 구성하기 위한 가능한 저항들의 조합을 구하시오.

61. 그림 4–95의 각 지점에서의 전압을 접지에 대하여 구하시오.

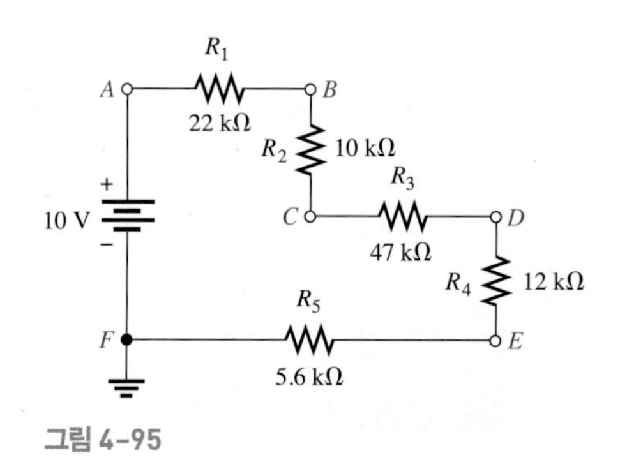

그림 4–95

62. 그림 4–96에서 모든 미지의 값(빨강으로 표시됨)을 구하시오.

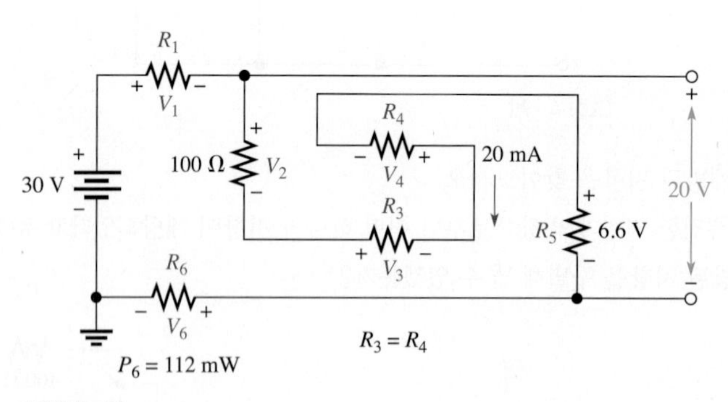

그림 4–96

63. 전체 저항이 1.5 kΩ인 직렬회로에 250 mA의 전류가 흐른다. 전류가 25% 감소되어야 한다면 추가되어야 하는 저항값은 얼마인가?

64. 1/2 W 정격의 저항 네 개가 직렬로 연결되었다. 47 Ω, 68 Ω, 100 Ω, 그리고 120 Ω. 저항의 정격을 초과하지 않는 범위에서 가능한 최대 허용 전류는 얼마인가? 만약 전류가 최대 허용값을 초과할 때 가장 먼저 타버릴 것 같은 저항은 어느 것인가?

65. 어떤 직렬회로는 1/8 W 저항, 1/4 W 저항, 그리고 1/2 W 저항으로 구성되어 있다. 전체 저항은 2400 Ω 이다. 만약 각 저항이 자신의 최대 전력 레벨로 동작하고 있다고 할 때 다음을 구하시오.

(a) I **(b)** V_S **(c)** 각 저항값

66. 1.5 V 배터리들, 스위치 한 개, 그리고 세 개의 전구를 사용하여 다음을 만족하는 회로를 고안하시오. 하나의 제어 스위치를 사용하여 하나의 전구, 직렬로 연결된 두 개의 전구, 또는 직렬로 연결된 세 개의 전구에 4.5 V 전압을 가할 수 있도록 선택할 수 있다. 회로도를 그리시오.

67. 120 V 전원을 사용하여 출력 전압이 최소 10 V에서 최대 100 V까지 범위를 가지는 가변 전압 분배기를 개발하시오. 최대 전압은 포텐쇼미터의 저항이 최대로 설정하였을 때이고, 최소 전압은 포텐쇼미터가 최소 저항 (0 Ω)일 때이다. 전류는 10 mA이다.

68. 부록 A에 있는 표준 저항값을 사용하여 30 V 전원의 음극 단자에 대하여 대략 8.18 V, 14.7 V, 그리고 24.6 V의 전압을 제공하는 전압 분배기를 설계하시오. 전원으로부터 나오는 전류는 최대 1 mA로 제한된다. 저항의 수, 저항값, 그리고 전력 정격이 명시되어야 한다. 모든 저항값을 표시한 회로도를 그리시오.

69. 그림 4-97의 양면 기판에서 직렬로 연결된 저항 그룹을 찾아내고 그것의 전체 저항을 구하시오. 기판의 윗면에서 아랫면으로 연결되는 피드스루(feedthrough)가 많음에 주의한다.

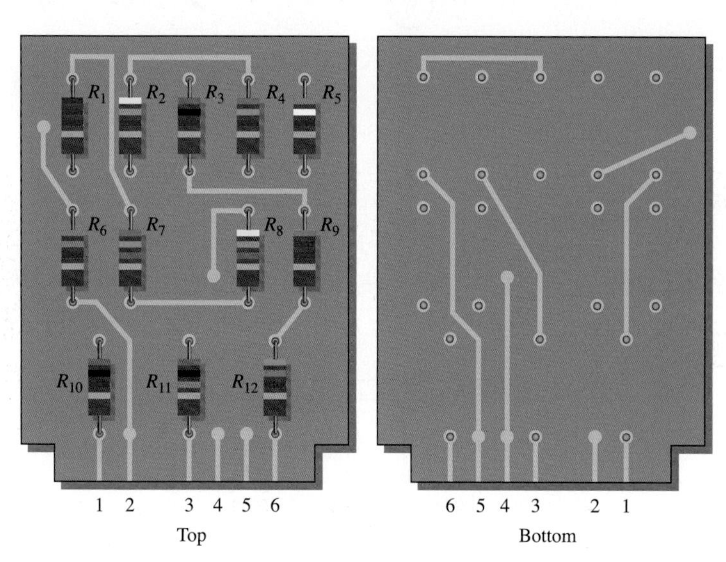

그림 4-97

70. 그림 4-98에서 스위치 위치별로 A와 B사이의 전체 저항을 구하시오.

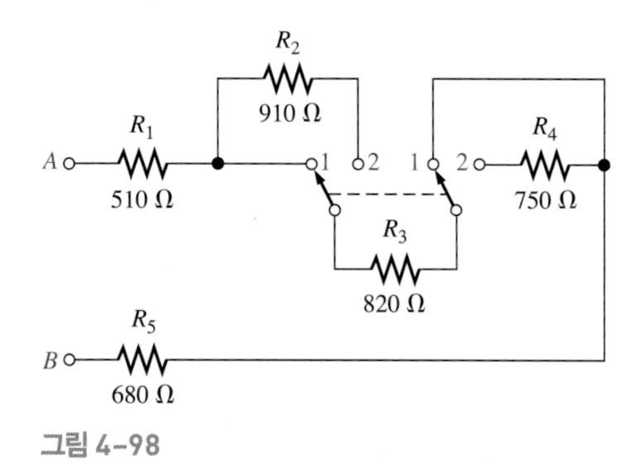

그림 4-98

71. 그림 4-99의 회로에 있는 스위치의 각 위치별로 전류계에 의해 측정되는 전류를 구하시오.

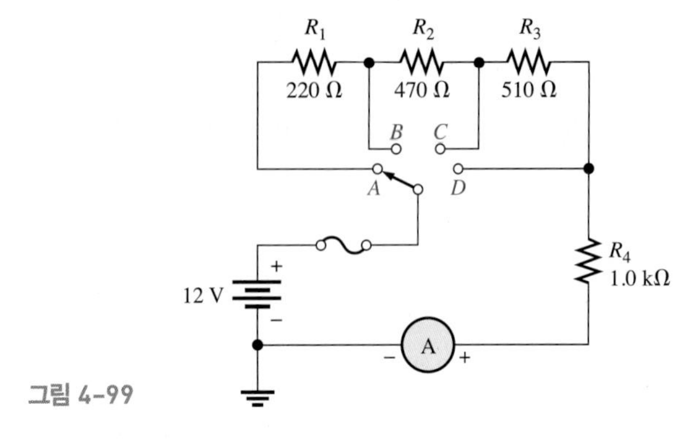

그림 4-99

72. 그림 4-100의 회로에 있는 다극 동시 스위치(gang switch)의 각 위치별로 전류계에 의해 측정되는 전류를 구하시오.

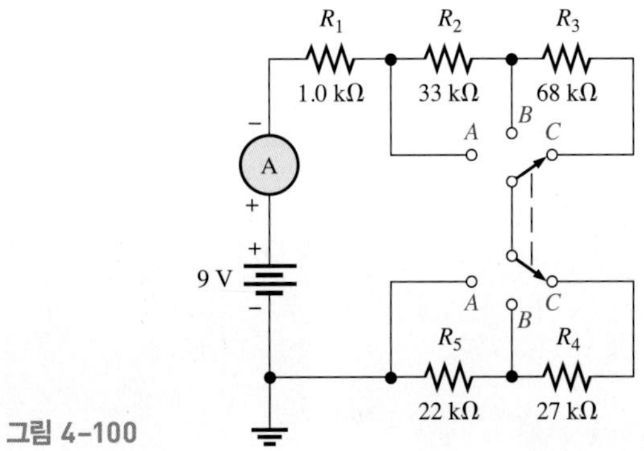

그림 4-100

73. 스위치가 D위치에 있을 때 R_5를 통해 흐르는 전류가 6 mA라면, 그림 4-101의 회로에서 스위치 각 위치별로 각각의 저항에 걸리는 전압을 구하시오.

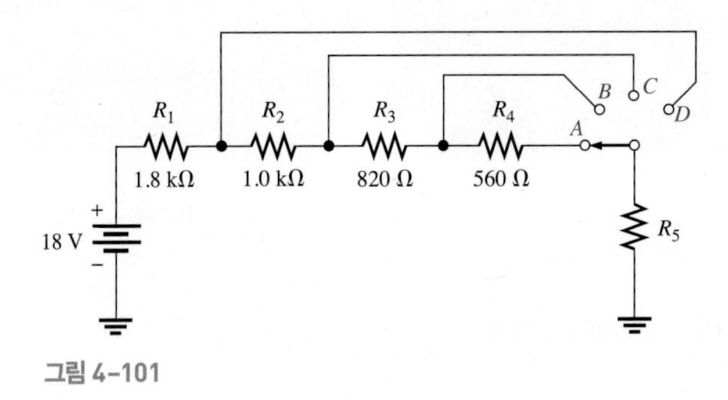

그림 4-101

74. 표 4-1은 그림 4-97의 회로 기판에서 측정된 저항값에 관한 결과이다. 이 결과는 옳은가? 만약 그렇지 않다면 가능한 문제점은 무엇이겠는가?

표 4-1

측정 핀	저항값	측정 핀	저항값	측정 핀	저항값
1, 2	∞	2, 3	23.6 kΩ	3, 5	∞
1, 3	∞	2, 4	∞	3, 6	∞
1, 4	4.23 kΩ	2, 5	∞	4, 5	∞
1, 5	∞	2, 6	∞	4, 6	∞
1, 6	∞	3, 4	∞	5, 6	19.9 kΩ

75. 그림 4-97의 회로 기판에서 5번 핀과 6번 핀 사이의 저항이 15 kΩ으로 측정되었다. 이것으로 기판에 어떤 문제가 있다고 할 수 있는가? 만약 그렇다면, 그 문제는 무엇이겠는가?

76. 그림 4-97의 회로 기판에서 1번 핀과 2번 핀 사이의 저항이 17.83 kΩ으로 측정되었다. 또한, 2번 핀과 4번 핀 사이는 13.6 kΩ이었다. 이것으로 기판에 어떤 문제가 있다고 할 수 있는가? 만약 그렇다면, 그 결함은 무엇이겠는가?

77. 그림 4-102의 회로에서 R_2, R_3 그리고 R_4의 저항값을 구하시오.

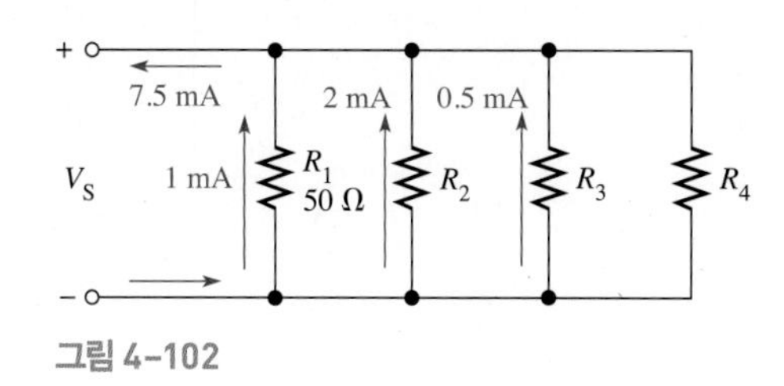

그림 4-102

78. 병렬회로의 전체 저항이 25 Ω이다. 전체 전류가 100 mA일 때, 병렬회로의 일부를 구성하는 220 Ω 저항을 통해 흐르는 전류는 얼마인가?

79. 그림 4-103에 있는 각 저항에 흐르는 전류는 얼마인가? 저항값 R은 가장 작은 값을 나타내며, 다른 저항들은 R의 배수로 표시되어 있다.

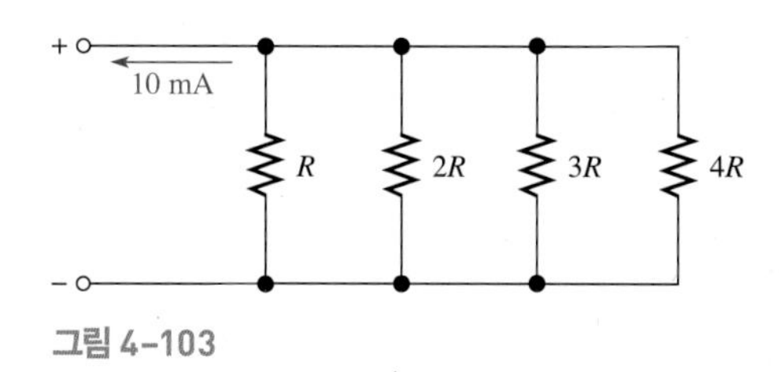

그림 4-103

80. 어떤 병렬회로는 같은 저항값을 가지는 1/2 W 저항만으로 구성되어 있다. 전체 저항이 1 kΩ이고 전체 전류는 50 mA이다. 각 저항이 최대 전력 레벨의 2분의 1로 동작하고 있을 때 다음을 구하시오.

(a) 저항의 개수 **(b)** 각 저항의 값 **(c)** 각 가지의 전류 **(d)** 인가된 전압

81. 그림 4-104에 있는 각 회로에서 지정되지 않은 값(빨강으로 나타냄)을 구하시오.

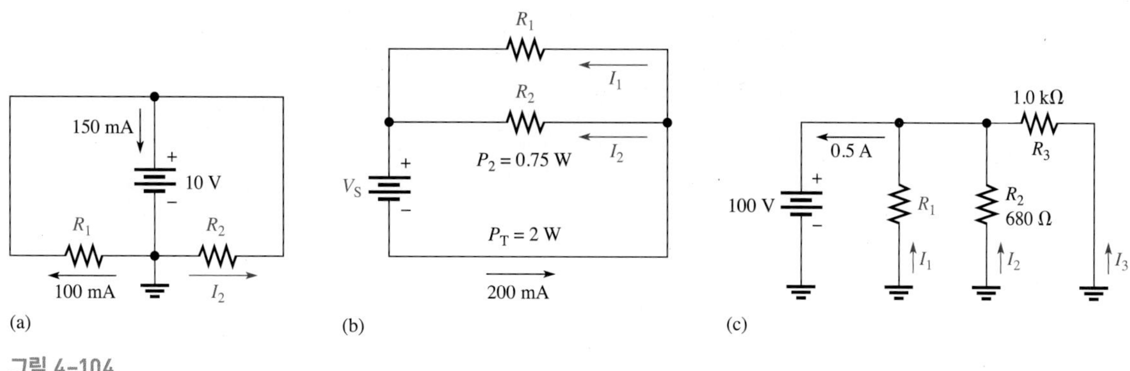

그림 4-104

82. 다음의 각 조건별로 그림 4-105에서 단자 A와 접지 사이의 전체 저항을 구하시오

(a) SW1 및 SW2 열림 **(b)** SW1 닫힘, SW2 열림

(c) SW1 열림, SW2 닫힘 **(d)** SW1 및 SW2 닫힘

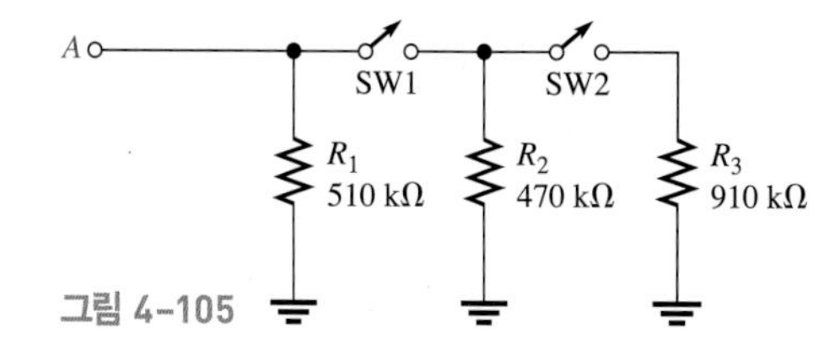

그림 4-105

83. 그림 4–106에서 과도한 전류를 흐르게 하는 저항값 R_2는 얼마인가?

84. 그림 4–107에서 각 스위치 위치별로 전원에서 나오는 전체 전류와 각 저항의 전류를 구하시오.

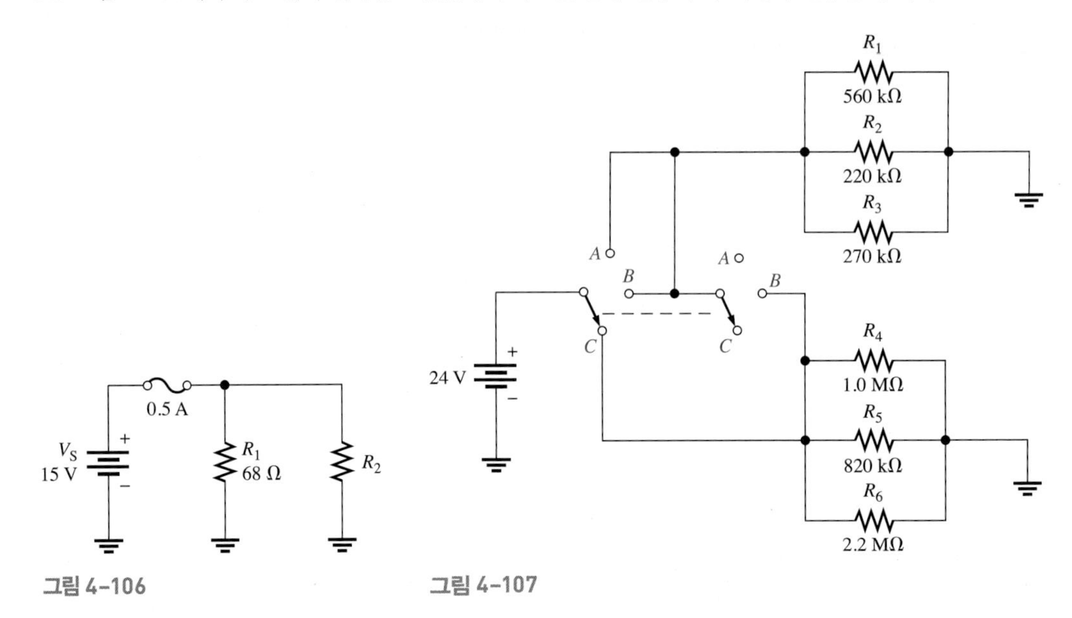

그림 4–106　　　　그림 4–107

85. 실내 전기 회로는 15 A 회로 차단기에 의해 보호되고 있다. 8.0 A를 사용하는 전열기가 벽 콘센트에 꽂혀있고, 0.833 A를 사용하는 두 개의 테이블 램프가 각각 다른 콘센트에 꽂혀있다. 5.0 A를 사용하는 진공 청소기가 회로 차단 전류를 초과하지 않고 동일한 실내 회로에 연결되어 사용할 수 있는가? 그 이유는 무엇인가?

86. 그림 4–108의 양면 기판에서 병렬로 연결된 저항 그룹을 찾아내고 그것의 전체 저항을 구하시오.

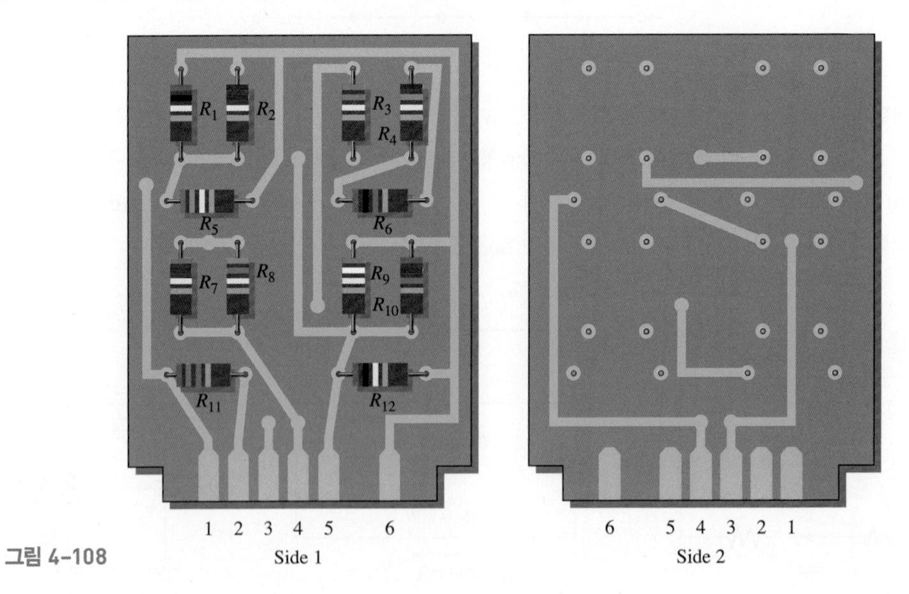

그림 4–108

87. 그림 4–109에서 전체 저항이 200 Ω이라면, R_2의 값은 얼마인가?

88. 그림 4–110에서 미지의 저항값을 구하시오.

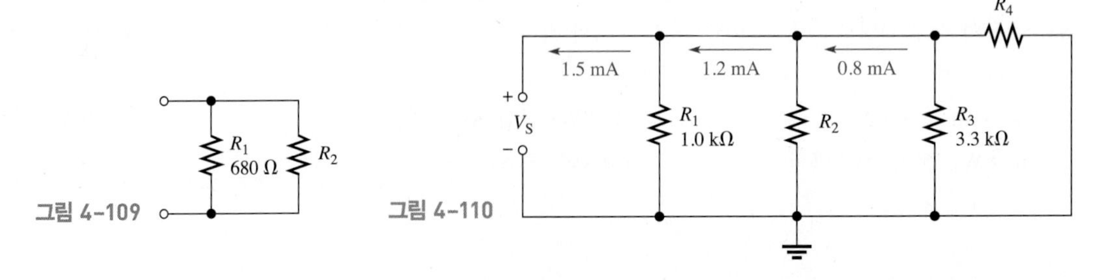

그림 4–109　　　　그림 4–110

89. 전체 저항이 1.5 kΩ인 병렬회로에 250 mA의 전류가 유입되고 있다. 전류를 25% 증가시켜야 한다면, 이 회로에 병렬로 추가해야 하는 저항은 얼마인가?

90. 그림 4-111에 있는 회로 구성에 대하여 회로도를 그리시오. 빨강과 검정 리드 사이에 25 V 전압이 인가된다면 회로에 어떤 문제가 발생하는가?

(a) 계측기의 노랑 리드는 프로토보드로 연결되고, 빨강 리드는 25 V 전원 공급장치의 양극 단자에 연결된다.

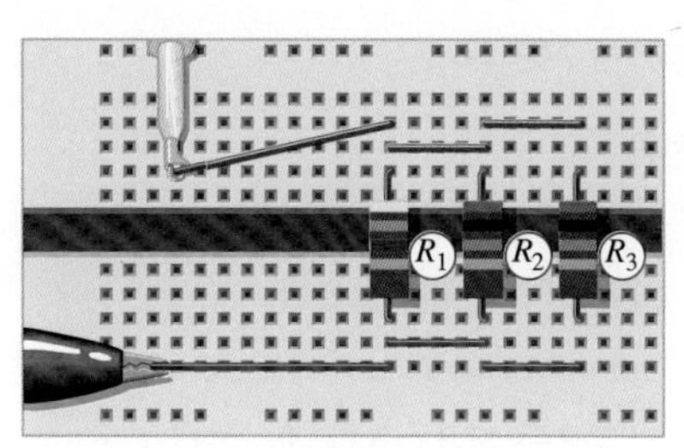

(b) 노랑 리드는 계측기에서부터 연결되고, 회색 리드는 25 V 전원 공급장치의 접지로부터 연결된다. 빨강 리드는 +25 V에 연결된다.

그림 4-111

복습문제 해답

4-1 저항의 직렬연결

1. 직렬저항기들은 끝과 끝이 한 줄로 연결되어 있다.

2. 직렬회로에는 전류 통로가 단 하나만 있다.

3. 그림 4-112를 보라.

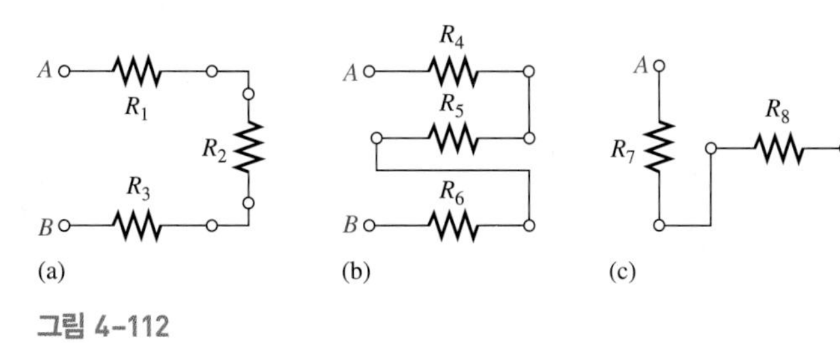

그림 4-112

4. 그림 4-113을 보라.

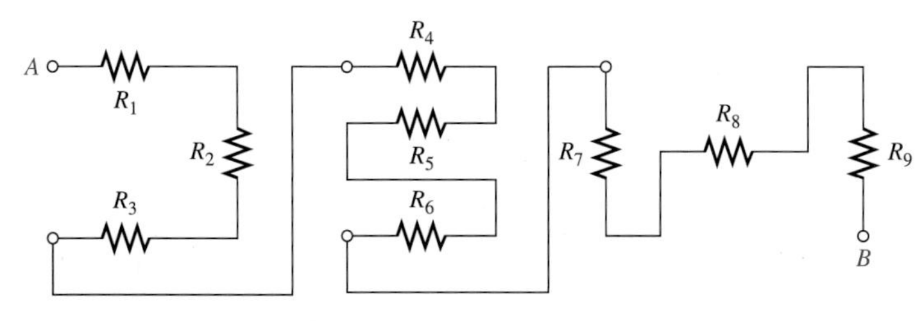

그림 4-113

4-2 전체 직렬저항의 합

1. (a) $R_T = 33\ \Omega + 100\ \Omega + 10\ \Omega = 143\ \Omega$

(b) $R_T = 39\ \Omega + 56\ \Omega + 10\ \Omega = 105\ \Omega$

(c) $R_T = 820\ \Omega + 2200\ \Omega + 1000\ \Omega = 4020\ \Omega$

2. $R_T = 100\ \Omega + 2(47\ \Omega) + 4(12\ \Omega) + 330\ \Omega = 572\ \Omega$

3. $10\ \text{k}\Omega - 8.8\ \text{k}\Omega = 1.2\ \text{k}\Omega$

4. $R_T = 12(47\ \Omega) = 564\ \Omega$

4-3 직렬회로의 전류

1. 직렬회로의 모든 점에서 전류의 크기는 같다.

2. 47 Ω 저항에도 20 mA의 전류가 흐른다.

3. C와 D 사이에도 50 mA, E와 F 사이에도 50 mA가 흐른다.

4. 전류계 1과 전류계 2 모두 17.9 mA를 지시한다.

4-4 직렬 전압원

1. 60 V/12 V = 5개; 그림 4–114 참고

2. $V_T = (4)(1.5\ \text{V}) = 6.0\ \text{V}$

3. 그림 4–115 참고

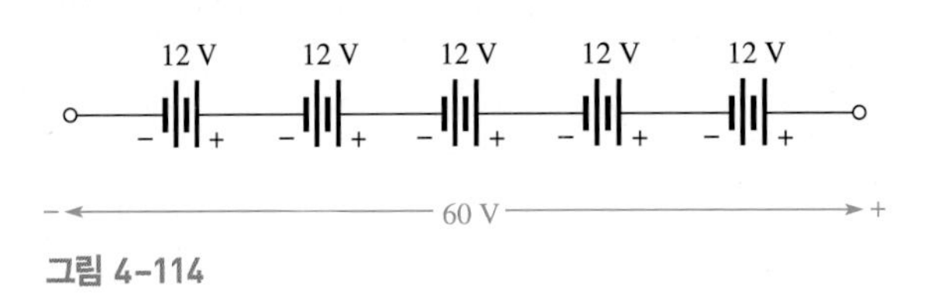

그림 4–114

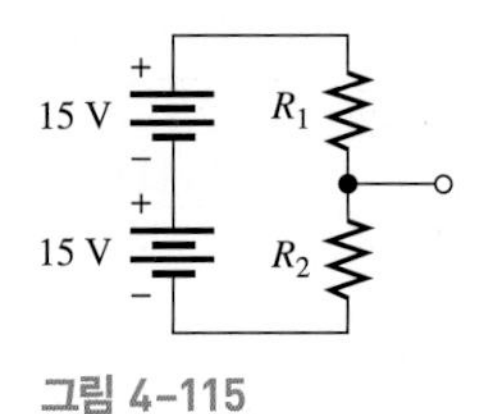

그림 4–115

4. $V_{S(tot)} = 6\ \text{V} + 15\ \text{V} = 21\ \text{V}$

5. 3.0 V

4-5 키르히호프의 전압법칙

1. 키르히호프의 전압법칙은 다음과 같다.

(a) 폐경로 내의 전압의 대수적인 합은 0이다.

(b) 전압강하의 합은 전체 전원 전압과 같다.

2. $V_{R(tot)} = V_S = 50\ \text{V}$

3. $V_{R1} = V_{R2} = 10\ \text{V}/2 = 5\ \text{V}$

4. $V_{R3} = 25\ \text{V} - 5\ \text{V} - 10\ \text{V} = 10\ \text{V}$

5. $V_S = 1\ \text{V} + 3\ \text{V} + 5\ \text{V} + 7\ \text{V} + 8\ \text{V} = 24\ \text{V}$

4-6 전압 분배기

1. 직렬로 연결된 2개 이상의 저항기들 중 어떤 저항기(또는 저항기들) 양단의 전압은 그 저항의 값에 비례한다. 이것이 전압 분배기이다.

2. $V_x = (R_x/R_T)V_S$

3. 그림 4–116과 같다. $V_{R1} = (56\ \text{k}\Omega/138\ \text{k}\Omega)10\ \text{V} = 4.06\ \text{V}$, $V_{R2} = (82\ \text{k}\Omega/138\ \text{k}\Omega)10\ \text{V} = 5.94\ \text{V}$

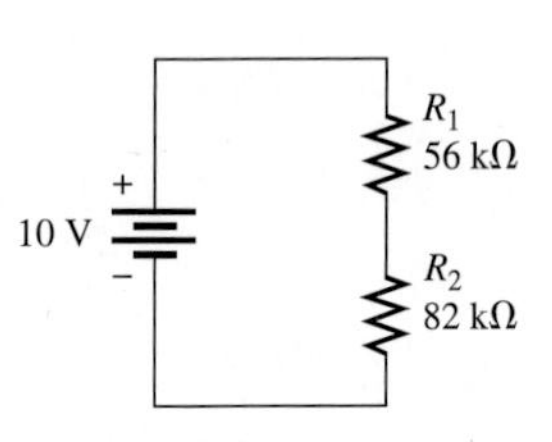

그림 4–116

4. 중간점에 포텐쇼미터를 설치한다.

4-7 저항의 병렬연결

1. 병렬저항이 똑같은 두 점 사이에 연결된다.

2. 병렬회로는 주어진 두 점 사이에 하나 이상의 전류 통로를 가진다.

3. 그림 4-117을 참고하라.

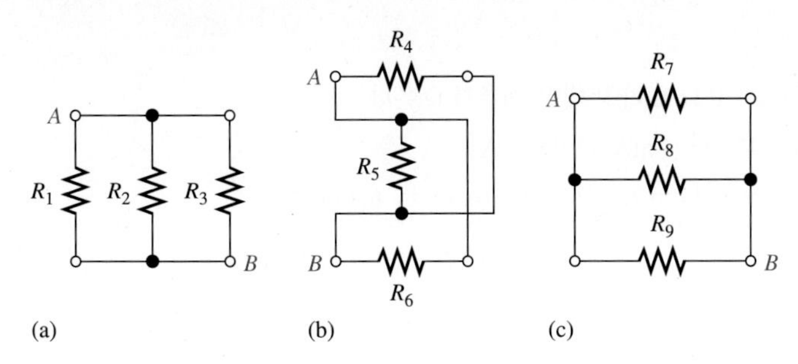

그림 4-117

4. 그림 4-118을 참고하라.

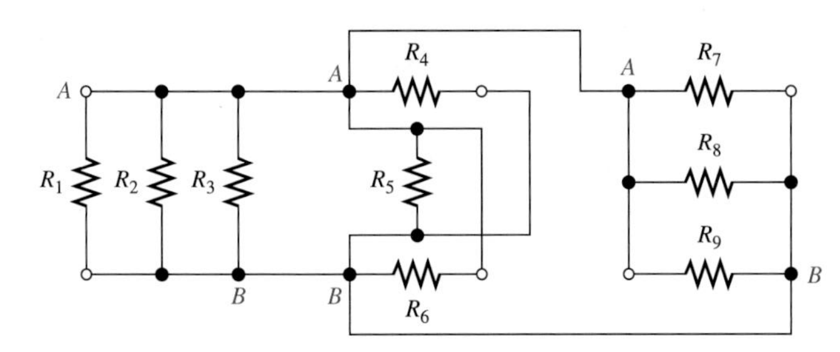

그림 4-118

4-8 전체 병렬저항의 합

1. 더 많은 저항이 병렬로 연결될수록, 전체 저항 값은 감소한다.

2. 전체 저항은 항상 그중 가장 작은 저항 값보다 적다.

3. $R_T = 2.2\ \text{k}\Omega/12 = 183\ \Omega$

4-9 병렬회로의 전압

1. 5 V

2. $V_{R2} = 118\ \text{V}$; $V_S = 118\ \text{V}$

3. $V_{R1} = 50\ \text{V}$; $V_{R2} = 50\ \text{V}$

4. 병렬 가지들 양단의 전압은 모두 같다.

4-10 옴의 법칙의 응용

1. $I_T = 12\ \text{V}/(680\ \Omega/3) = 53\ \text{mA}$

2. $V_S = 20\ \text{mA}(680\ \Omega \| 330\ \Omega) = 4.44\ \text{V}$

3. $I_1 = 4.44\ \text{V}/680\ \Omega = 6.53\ \text{mA}$; $I_2 = 4.44\ \text{V}/330\ \Omega = 13.5\ \text{mA}$

4. $R_T = 4(12\ \text{V}/6\ \text{mA}) = 8\ \text{k}\Omega$

5. $V = (1.0\ \text{k}\Omega \| 2.2\ \text{k}\Omega)100\ \text{mA} = 68.8\ \text{V}$

4-11 키르히호프의 전류법칙

1. 키르히호프의 전류법칙: 마디에 대한 모든 전류의 대수적인 합은 0이다. 마디로 들어오는 전류의 합과 마디에서 나가는 전류의 합은 같다.

2. $I_1 + I_2 + I_3 = 2.5$ A
3. 100 mA + 300 mA = 400 mA
4. 4 A
5. 10 A

4-12 전류 분배기

1. 1. 22 Ω에 가장 큰 전류가 흐른다. 220 Ω에 가장 작은 전류가 흐른다.
2. $I_3 = (R_T/R_3)4\text{ mA} = (113.6\ \Omega/470\ \Omega)4\text{ mA} = 967\ \mu\text{A}$
3. $I_2 = (R_T/680\ \Omega)10\text{ mA} = 3.27\text{ mA}$; $I_1 = (R_T/330\ \Omega)10\text{ mA} = 6.73\text{ mA}$

4-13 병렬회로의 전력

1. 각 저항의 전력을 전부 더한다.
2. $P_T = 1\text{ W} + 2\text{ W} + 5\text{ W} + 8\text{ W} = 16\text{ W}$
3. $P_T = (1\text{ mA})^2R_T = 615\ \mu\text{W}$
4. 정상전류는 $I = P/V = 100\text{ W}/12.6\text{ V} = 7.9$ A이다. 따라서 10 A 퓨즈를 선택한다.

4-14 고장진단

1. 병렬가지 하나가 개방되면, 전압의 변화는 없고 전체 전류는 감소한다.
2. 전체 저항이 정상치보다 크면 가지가 개방된 것이다.
3. 그렇다. 모든 전구는 계속 켜져 있다.
4. 개방되지 않은 가지들에는 계속 1 A의 전류가 흐른다.
5. 키르히호프의 전류법칙에 의해 접지전류는 0.10 A이며 병렬 통로를 형성한다. 옴의 법칙에 따라 $R = 120\text{ V}/0.1\text{ A} = 1200\ \Omega$

예제의 관련문제 해답

4-1 **(a)** R_1의 왼쪽 끝을 A 단자로, R_1의 오른쪽 끝을 R_3의 위쪽 끝으로, R_3의 아래쪽 끝을 R_5의 오른쪽 끝으로, R_5의 왼쪽 끝을 R_2의 왼쪽 끝으로, R_2의 오른쪽 끝을 R_4의 오른쪽 끝으로, R_4의 왼쪽 끝을 B단자로
(b) $R_1 = 1.0\text{ k}\Omega, R_2 = 33\text{ k}\Omega, R_3 = 39\text{ k}\Omega, R_4 = 470\ \Omega, R_5 = 22\text{ k}\Omega$

4-2 258 Ω (변화 없음)

4-3 10 V, 20 V

4-4 $V_{AB} = 4$ V; $V_{AC} = 36.8$ V; $V_{BC} = 32.8$ V; $V_{BD} = 46$ V; $V_{CD} = 13.2$ V

4-5 배선을 바꿀 필요 없다.

4-6 핀 1을 핀 2에, 핀 3을 핀 4에 연결하라.

4-7 9.34 Ω

4-8 25 V

4-9 $I_1 = 100$ mA; $I_2 = 179$ mA; 100 mA + 179 mA = 279 mA

4-10 $I_1 = 20.0$ mA; $I_2 = 9.09$ mA; $I_3 = 35.7$ mA; $I_4 = 22.0$ mA

4-11 2.0 Ω

4-12 $I = V/R_{TAIL} = 12.6\text{ V}/10.5\ \Omega = 1.2\text{ A}$

4-13 20 mA

4-14 $I_1 = 1.63$ mA; $I_2 = 3.35$ mA

4-15 162 W

4-16 15.4 mA

O/X 퀴즈 해답

1. X **2.** X **3.** X **4.** O **5.** O **6.** O **7.** X **8.** O **9.** O **10.** X
11. O **12.** O **13.** X **14.** X **15.** X **16.** O **17.** O **18.** O **19.** X **20.** X

자습문제 해답

1. (a) **2.** (d) **3.** (b) **4.** (d) **5.** (d) **6.** (a) **7.** (b) **8.** (c) **9.** (b) **10.** (c)
11. (a) **12.** (d) **13.** (d) **14.** (d) **15.** (b) **16.** (c) **17.** (b) **18.** (d) **19.** (a) **20.** (c)
21. (c) **22.** (c) **23.** (d) **24.** (b) **25.** (a) **26.** (d) **27.** (c) **28.** (b)

고장진단 해답

1. (b) **2.** (b) **3.** (c) **4.** (c) **5.** (a) **6.** (b) **7.** (c) **8.** (a) **9.** (b) **10.** (b)

직-병렬회로

차례

목적

- 직–병렬회로를 식별한다.
- 직–병렬회로를 해석한다.
- 부하 전압 분배기를 해석한다.
- 전압계의 부하효과를 계산한다.
- 휘트스톤 브리지를 해석하고 응용한다.
- 테브난의 정리를 적용하고 회로를 단순화시킨다.
- 최대전력 전달 정리를 응용시킨다.
- 중첩의 원리를 이용하여 회로를 해석한다.
- 직–병렬회로를 고장 진단한다.

핵심 용어

단자 등가	블리더 전류
부하	중첩의 원리
부하 전류	최대전력 전달
불평형 브리지	평형 브리지
테브난의 정리	휘트스톤 브리지

서론

전자회로에서는 여러 형태의 직렬과 병렬저항의 조합이 자주 사용된다. 이 장에서는, 직병렬회로의 예를 공부한다. 또한 **휘트스톤 브리지**라고 하는 중요한 회로를 소개하고 있다. 테브난의 이론을 이용하여 복잡한 회로를 단순화시키는 방법도 학습할 것이다. 어떤 회로에서 부하에 최대전력을 공급하기 위한 최대전력 전달 이론을 공부한다. 두 개 이상의 전원을 가진 회로를 중첩의 정리를 이용하여 간단한 방법으로 분석한다. 단락과 개방에 대한 직병렬회로 고장 진단법도 공부할 것이다.

5-1 직-병렬 관계의 식별

직-병렬회로는 직렬과 병렬의 전류 경로가 혼합되어 있다. 회로에서 소자들이 직병렬 형태로 배열이 되어 있는 구성을 식별하는 것은 대단히 중요하다.

이 절을 마친 후 다음을 할 수 있어야 한다.

- 직-병렬 관계의 식별을 설명한다.
- 회로에서 각 저항들 간의 연결 관계를 이해한다.
- PC 기판에서의 직-병렬 관계를 판별한다.

그림 5-1(a)는 저항의 간단한 직-병렬 결합의 예를 보여준다. 점 A와 점 B 사이의 저항은 R_1이다. 점 B와 점 C 사이에는 저항 R_2와 R_3가 병렬로 연결되어 있다($R_2 \| R_3$). 그림 5-1(b)는 점 A와 점 C 사이에 저항 $R_2 \| R_3$와 R_1이 직렬로 연결되어 있음을 보여준다.

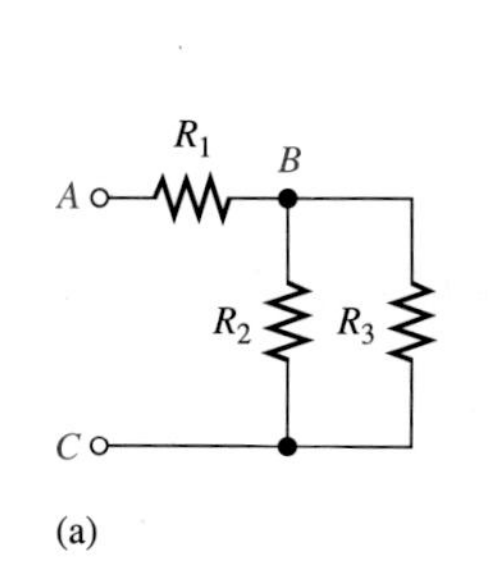

(a)

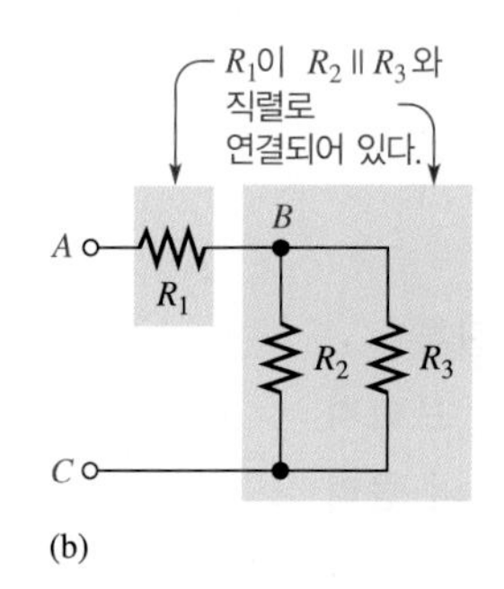

(b)

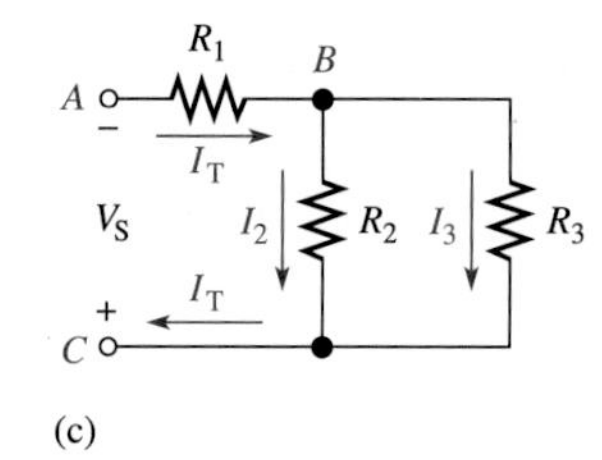

(c)

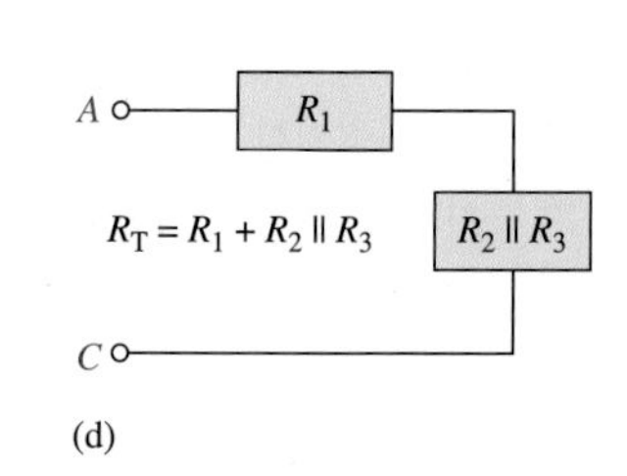

(d)

그림 5-1 간단한 직-병렬회로

그림 5-1의 회로가 (c)에서와 같이 전원에 연결될 때, R_1을 흐르는 전체 전류는 점 B에서 두 개의 병렬 경로로 나누어진다. 이들 두 가지 전류는 다시 합쳐져서, 전체 전류는 그림과 같이 전원의 (+) 단자로 흘러 들어간다. 이것을 (d)에 블록으로 보였다.

이제 직-병렬 관계를 설명하기 위해 그림 5-1(a)로부터 점차 복잡한 회로를 공부해 보자.

1. 그림 5-2(a)에서, 저항 R_4가 R_1에 직렬로 연결되어 있다. 점 A와 점 B 사이의 저항은 $R_1 + R_4$가 되고, 이것은 다시 그림 5-2(b)에서 보인 것과 같이 병렬로 연결된 R_2와 R_3에 직렬로 연결되어 있다. 이것을 그림 (c)에 블록도로 보였다.

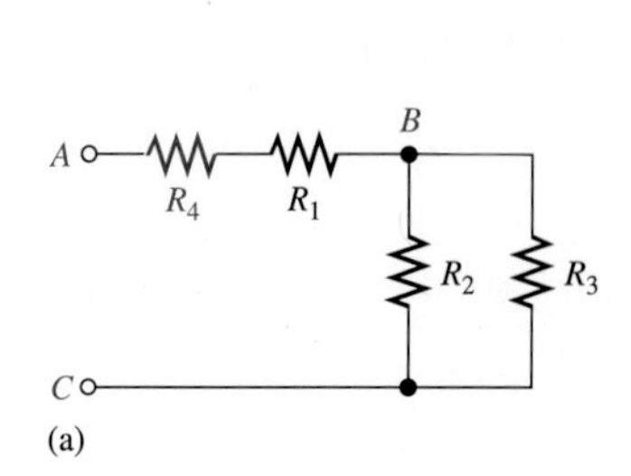

(a)

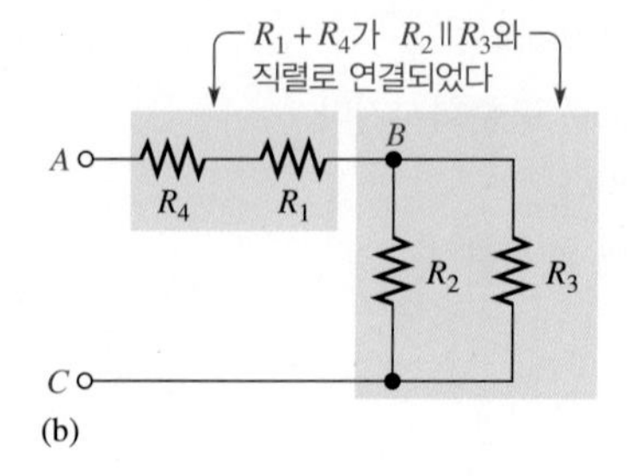

(b)

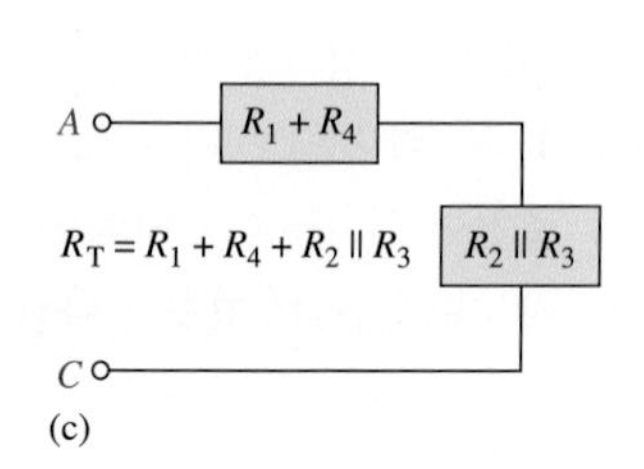

(c)

그림 5-2 R_4가 R_1에 직렬로 추가되어 있다.

2. 그림 5-3(a)에서, R_5는 R_2와 직렬로 연결되어 있다. 이 R_2와의 직렬 결합은 R_3과 병렬로 연결되어 있다. 이 전체 직-병렬 결합에 $R_1 + R_4$가 직렬로 연결된 것을 그림 5-3(b)에서 보였다. 그림 (c)는 이것을 블록도로 보여준다.

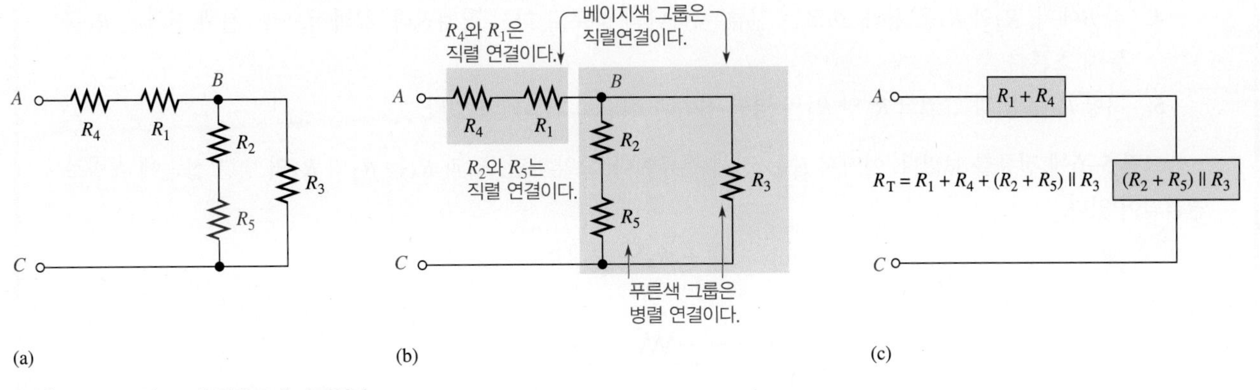

그림 5–3 R_5가 R_2에 직렬로 추가되었다.

3. 그림 5–4(a)에서, R_6는 R_1과 R_4의 직렬 결합과 병렬로 연결되어 있다. 그림 5–4(b)에서와 같이 R_1, R_4 및 R_6의 직–병렬 결합은 R_2, R_3 및 R_5의 직–병렬 결합과 직렬로 연결되어 있다. (c)에 블록도를 보였다.

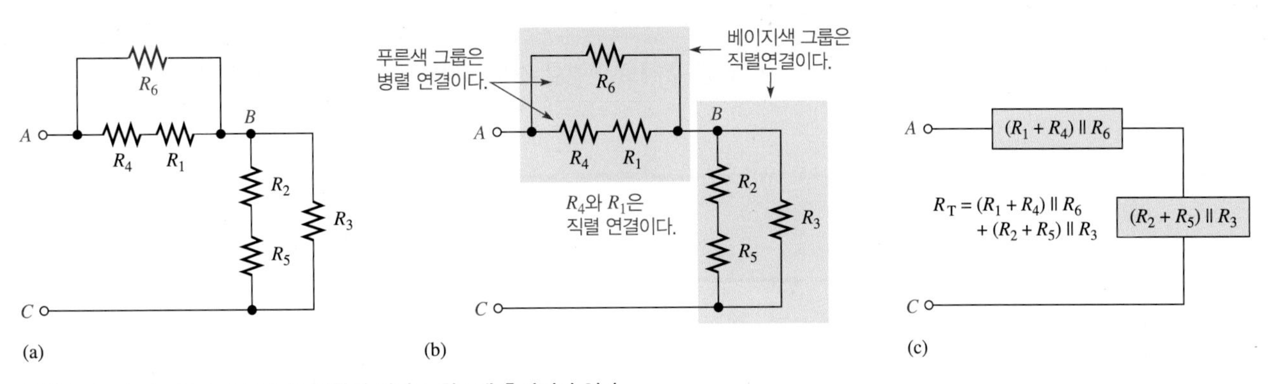

그림 5–4 R_6는 R_1과 R_4의 직렬 결합에 병렬로 회로에 추가되어 있다.

예제 5–1

그림 5–5에서 직–병렬 관계를 설명하라.

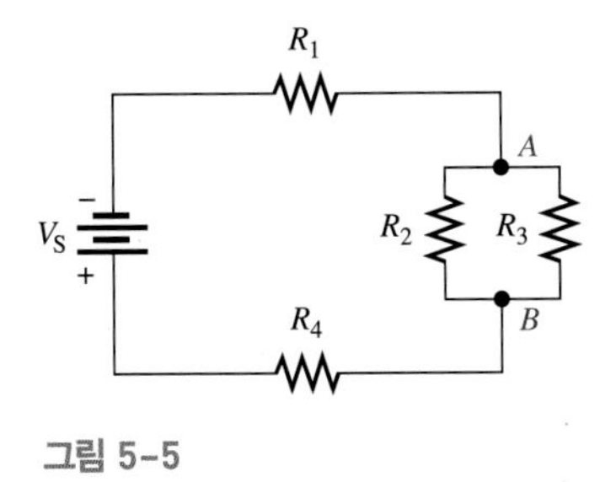

그림 5–5

풀이

전원의 단자로부터 시작해서 전류가 흐르는 경로를 따라가자.

1. 전원에서 나가는 모든 전류는 R_1을 통해 흐르며, R_1은 회로의 나머지 부분과 직렬로 연결되어 있다.
2. 전체 전류는 점 A에서 두 개의 통로로 나눠진다. 일부는 R_2를 통해 흐르고, 일부는 R_3을 통해 흐른다.
3. 저항 R_2와 R_3 서로 병렬이며, 이 병렬 결합은 R_1과 직렬이다.

4. 점 B에서, R_2와 R_3을 통해 흐르는 전류는 하나의 통로로 다시 합쳐진다. 결과적으로, 전체 전류는 R_4를 통해 흐른다.

5. 저항 R_4는 R_1과 그리고 R_2와 R_3의 병렬 접속과 직렬로 연결되어 있다.

그림 5-6에 전류를 보였다. 여기서 I_T는 전체 전류이다. 요약하면, R_1과 R_4는 R_2와 R_3의 병렬 접속에 직렬로 연결되어 있다.

$$R_1 + R_4 + R_2 \| R_3$$

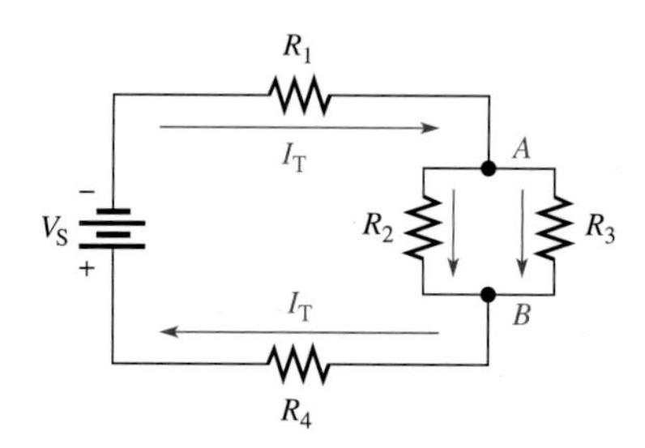

그림 5-6

관련 문제*

그림 5-6에서, 점 A와 전원의 (+) 단자 사이에 R_5를 추가로 연결할 경우, 다른 저항들과의 관계를 기술하라.

* 해답은 이 장의 끝에 있다.

예제 5-2

그림 5-7에서 A와 D 단자 사이의 직-병렬 결합을 설명하여라.

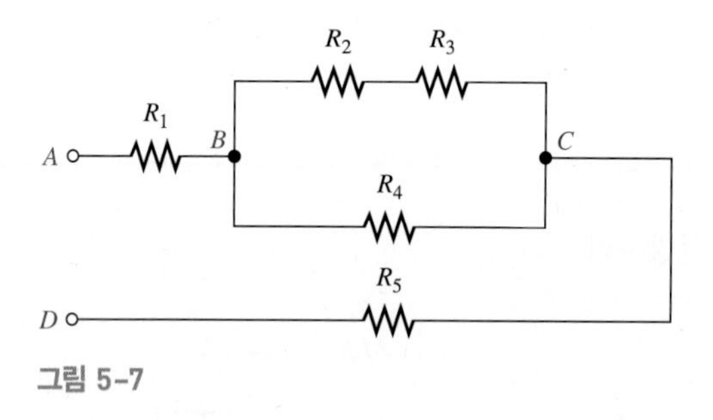

그림 5-7

풀이

점 B와 C 사이에 두 개의 병렬 통로가 있다.

1. 아래쪽 통로는 R_4로 구성되어 있다.

2. 위쪽 통로는 R_2와 R_3이 직렬로 접속되어 있다.

이 병렬 결합이 R_1과 R_5와 직렬로 연결되어 있다. 요약하면, R_1과 R_5는 R_4와 $(R_2 + R_3)$의 병렬 연결에 직렬로 연결되어 있다.

$$R_1 + R_5 + R_4 \| (R_2 + R_3)$$

관련 문제

그림 5-7의 점 C와 마디 D 사이에 저항을 연결할 경우, 그 저항들 간의 관계를 설명하라.

예제 5-3

그림 5-8에서 각 단자들 사이의 전체 저항을 구하라.

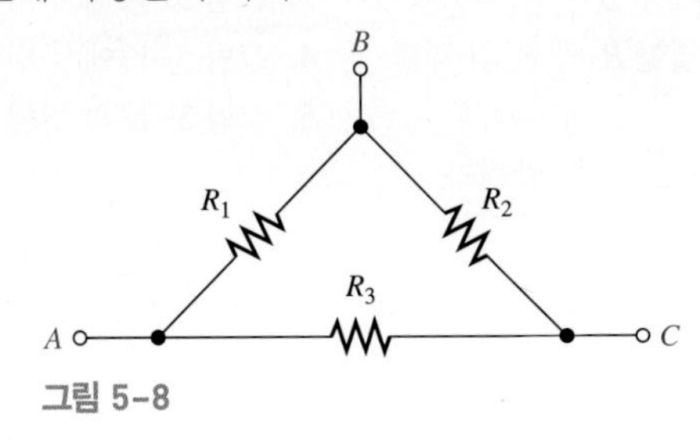

그림 5-8

풀이

1. A와 B 사이: R_1은 R_2와 R_3의 직렬 결합과 병렬이다.
2. A와 C 사이: R_3은 R_1와 R_2의 직렬 결합과 병렬이다.
3. B와 C 사이: R_2은 R_1와 R_3의 직렬 결합과 병렬이다.

관련 문제

그림 5-8에서 만약 새로운 저항 R_4가 단자 C와 접지 사이에 연결될 경우 각 점들과 접지점 사이의 전체 저항을 구하라. 기존의 저항들은 어느 것도 접지에 직접 연결되어 있지 않다.

회로도를 따라 기판 위에 실제 회로를 구성할 때, 저항과 결선이 회로도에 그려진 방향대로 배열되었다면 회로 검토하기가 보다 쉽다. 어떤 그림은 직병렬 관계를 알아보기 어려울 때도 있다. 그런 경우 회로도를 다시 그려보는 것도 도움이 될 것이다. 일반적으로, 인쇄회로기판에서 각 부품의 배열을 보고 실제의 전기적인 관련성을 알아내기는 쉽지 않다. 이런 경우 기판에서의 회로를 추적한 후 알아볼 수 있도록 종이 위에 각 부품들을 재배치하여, 직-병렬 관계를 확인할 수 있다.

예제 5-4

그림 5-9에서 직-병렬 관계를 판별하라.

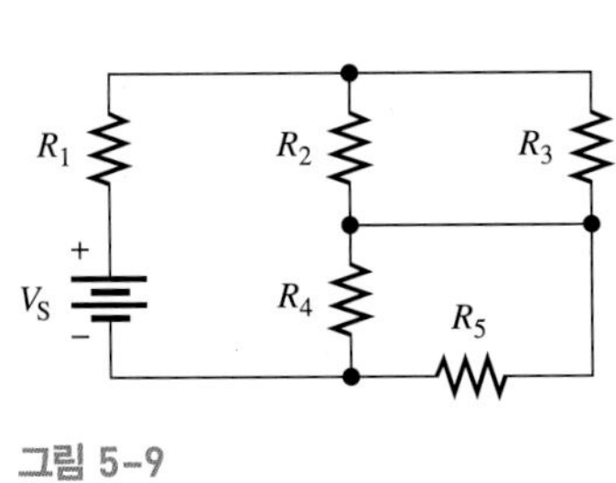

그림 5-9

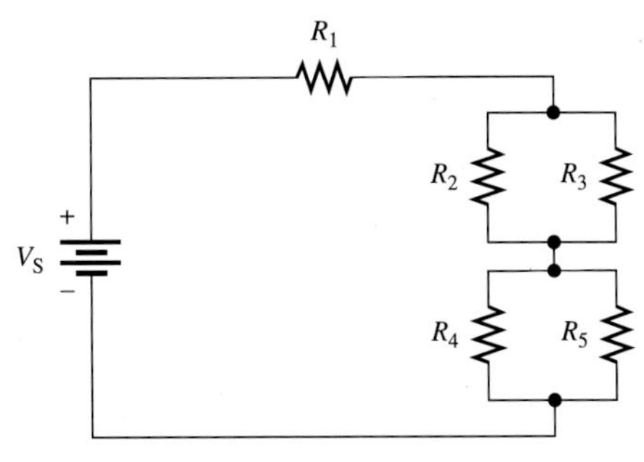

그림 5-10

풀이

직-병렬 관계를 더 쉽게 보이기 위해 원래의 회로도를 그림 5-10과 같이 다시 그렸다. R_2와 R_3은 서로 병렬이며, R_4와 R_5 역시 병렬 연결이다. 이 두 병렬 결합은 서로 직렬로 연결되고 R_1과도 직렬로 연결된다.

$$R_1 + R_2 \| R_3 + R_4 \| R_5$$

관련 문제

그림 5-10에서, 저항 R_3의 아래 끝부분과 R_5의 위 끝부분 사이에 새로운 저항을 연결시키면, 회로에 어떤 영향을 미치는지 설명하여라.

5-1절 복습 문제*

1. 어떤 직-병렬회로가 다음과 같이 설명되어 있다. R_1과 R_2는 병렬이다. 이 병렬 결합은 또 다른 병렬결합 R_3와 R_4와 직렬로 연결되어 있다. 이 회로도를 그려라.
2. 그림 5-11의 회로에서 저항들의 직-병렬 관계를 밝혀라.
3. 그림 5-12에서 어느 저항들이 병렬로 연결되어 있는가?
4. 그림 5-13에서 병렬저항들을 찾아라.
5. 그림 5-13의 병렬 결합들은 서로 직렬로 연결되어 있는가?

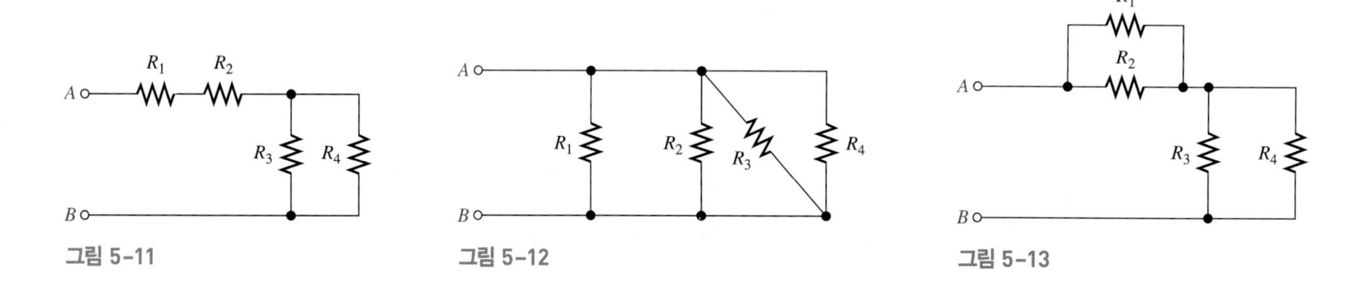

그림 5-11　　그림 5-12　　그림 5-13

*해답은 이 장의 끝에 있다.

5-2 직-병렬저항 회로의 해석

직-병렬회로는 여러 가지 방법으로 해석할 수 있다. 이 절의 예제들은 그것들을 전부 다룰 수는 없지만 직-병렬회로를 해석하는 데 큰 도움이 될 것이다.

이 절을 마친 후 다음을 할 수 있어야 한다.

- 직-병렬회로의 분석을 설명한다.
- 전체 저항을 계산한다.
- 전류 값을 계산한다.
- 전압강하를 계산한다.

옴의 법칙, 키르히호프의 법칙, 전압 분배 공식, 전류 분배 공식 등을 이해하고, 응용할 능력이 있으면 대부분의 저항 회로의 문제를 풀 수 있을 것이다. 이러한 문제들을 풀기 위해서는 직렬과 병렬의 결합을 이해하는 것이 가장 중요하다. 이 모든 것을 설명해주는 '상세한 지침서'란 없다. 논리적인 사고가 가장 중요하다.

전체 저항

4장에서 전체 직렬저항과 전체 병렬저항을 구하는 방법을 배웠다. 직-병렬회로에서 전체 저항 R_T를 구하기 위해서는, 먼저 직-병렬 관계를 판별하고, 앞서 학습한 것들을 응용하면 된다. 다음 두 예제는 일반적인 접근 방법을 보여 주고 있다.

예제 5-5

그림 5-14의 회로에서 점 A와 B 사이의 R_T를 구하라.

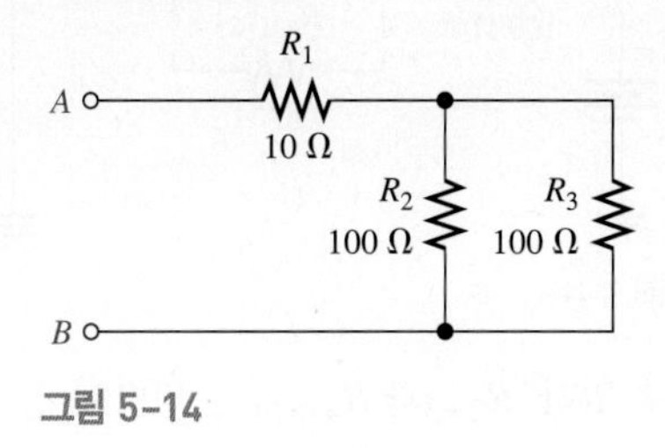

그림 5-14

풀이

저항 R_2와 R_3은 병렬이며, 그리고 이 병렬 결합은 R_1과 직렬로 연결되어 있다. 우선 R_2와 R_3의 병렬저항을 구한 다음, R_2와 R_3은 같으므로 그 값을 2로 나눈다.

$$R_{2\|3} = \frac{R}{n} = \frac{100\ \Omega}{2} = 50\ \Omega$$

R_1은 $R_{2\|3}$과 직렬이므로, 이들 값을 더한다.

$$R_T = R_1 + R_{2\|3} = 10\ \Omega + 50\ \Omega = \mathbf{60\ \Omega}$$

관련 문제

그림 5-14에서 R_3를 82 Ω으로 교체했을 때 R_T를 구하라.

예제 5-6

그림 5-15의 회로에서 R_T를 구하라.

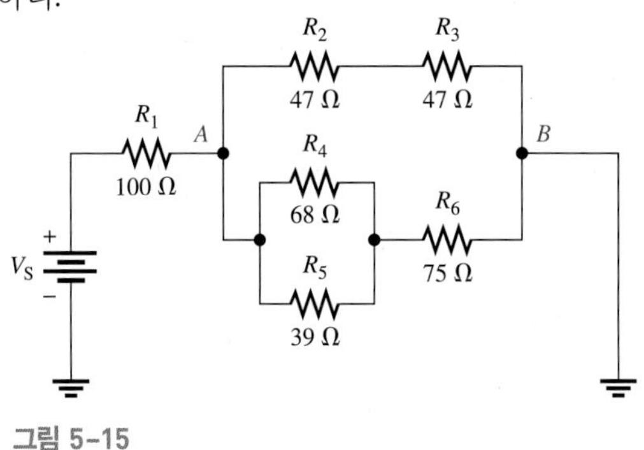

그림 5-15

풀이

1. 마디 A와 B 사이의 위쪽 가지에서, R_2는 R_3과 직렬이다. 직렬 결합은 R_{2+3}으로 표기하며, $R_2 + R_3$과 같다.

$$R_{2+3} = R_2 + R_3 = 47\ \Omega + 47\ \Omega = 94\ \Omega$$

2. 아래쪽 가지에서, R_4와 R_5는 서로 병렬이다. 이 병렬 결합은 $R_{4\|5}$로 나타낸다.
3. 아래쪽 가지에서, R_4와 R_5의 병렬 결합은 R_6과 직렬이다. 이 직-병렬 결합은 $R_{4\|5+6}$으로 표기한다.

$$R_{4\|5+6} = R_6 + R_{4\|5} = 75\ \Omega + 24.8\ \Omega = 99.8\ \Omega$$

그림 5-16은 원래의 회로를 단순화시킨 등가 회로이다.

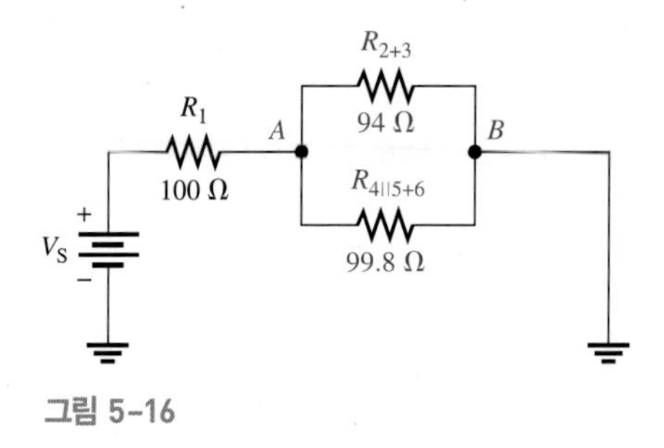

그림 5-16

4. 점 A와 B 사이의 저항을 구할 수 있다. R_{2+3}과 $R_{4\|5+6}$은 병렬이다. 등가 저항을 계산하면 다음과 같다.

$$R_{AB} = \frac{1}{\dfrac{1}{R_{2+3}} + \dfrac{1}{R_{4\|5+6}}} = \frac{1}{\dfrac{1}{94\ \Omega} + \dfrac{1}{99.8\ \Omega}} = 48.4\ \Omega$$

5. R_1과 R_{AB} 직렬저항을 합하여 전체 저항을 구한다.

$$R_T = R_1 + R_{AB} = 100\ \Omega + 48.4\ \Omega = \mathbf{148\ \Omega}$$

관련 문제

그림 5-16 회로에서 점 A와 B 사이에 68 Ω 저항이 연결된다면 R_T는 얼마가 될지 계산하라.

전체 전류

전체 저항과 전원 전압을 알면, 옴의 법칙에 의해 회로의 전체 전류를 구할 수 있다. 전체 전류는 전원 전압을 전체 저항으로 나눈 값이다.

$$I_T = \frac{V_S}{R_T}$$

예를 들어, 예제 5-6의 회로(그림 5-15)에서 전체 전류를 구해 보자. 전원 전압을 10 V라고 가정하면,

$$I_T = \frac{V_S}{R_T} = \frac{10\ \text{V}}{148\ \Omega} = 67.6\ \text{mA}$$

가지 전류

전류 분배 공식, 키르히호프의 전류법칙, 옴의 법칙을 이용하거나 이들을 결합하여, 직-병렬회로의 어떤 가지에 흐르는 전류를 구할 수 있다.

예제 5-7

그림 5-17에서 $V_S = 5.0$ V일 때, R_4에 흐르는 전류를 구하라.

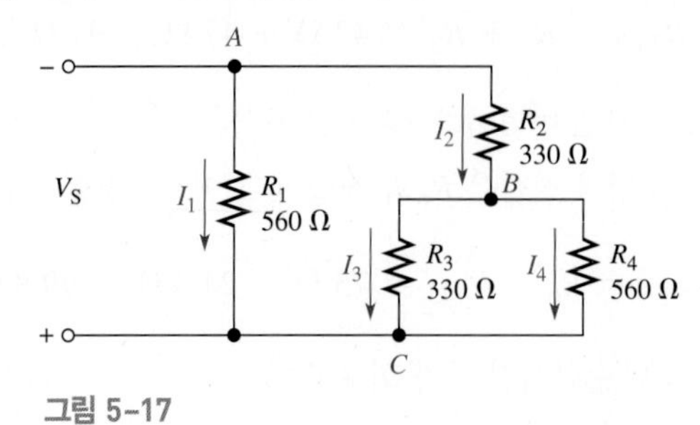

그림 5-17

풀이

먼저 점 B로 흐르는 전류(I_2)를 구한다. 이 전류를 알면, 전류분배 법칙을 사용해서 R_4에 흐르는 I_4를 구할 수 있다.

이 회로에는 두 개의 주 가지가 있다. 왼쪽 가지는 R_1로만 구성되어 있다. 오른쪽 가지에는 R_3과 R_4의 병렬 연결에 R_2가 직렬로 연결되어 있다. 이 두 가지에 걸리는 전압은 똑같이 50 V이다. 오른쪽 가지의 등가 저항 ($R_{2+3\|4}$)을 계산한 다음 옴의 법칙을 적용한다. I_2는 오른쪽 가지에 흐르는 전체 전류이다. 따라서,

$$R_{2+3\|4} = R_2 + \frac{R_3R_4}{R_3 + R_4} = 330\ \Omega + \frac{(330\ \Omega)(560\ \Omega)}{890\ \Omega} = 538\ \Omega$$

$$I_2 = \frac{V_S}{R_{2+3\|4}} = \frac{5.0\ \text{V}}{538\ \Omega} = 9.29\ \text{mA}$$

전류분배 공식을 이용하여 I_4를 구한다.

$$I_4 = \left(\frac{R_3}{R_3 + R_4}\right)I_2 = \left(\frac{330\ \Omega}{890\ \Omega}\right)9.29\ \text{mA} = \mathbf{3.45\ mA}$$

관련 문제

그림 5-17에서 I_1, I_3 및 I_T를 구하라.

전압 관계

그림 5-18은 직-병렬회로에서의 전압 관계를 보여주고 있다. 각 저항에 전압계가 연결되었고, 그 측정값이 표시되었다.

그림 5-18은 다음과 같이 요약할 수 있다.

1. R_1과 R_2가 병렬이므로 V_{R1}과 V_{R2}는 같다(병렬로 연결된 가지에 걸리는 전압은 같다). V_{R1}과 V_{R2}는 점 A와 B 사이에 걸리는 전압과 같다.

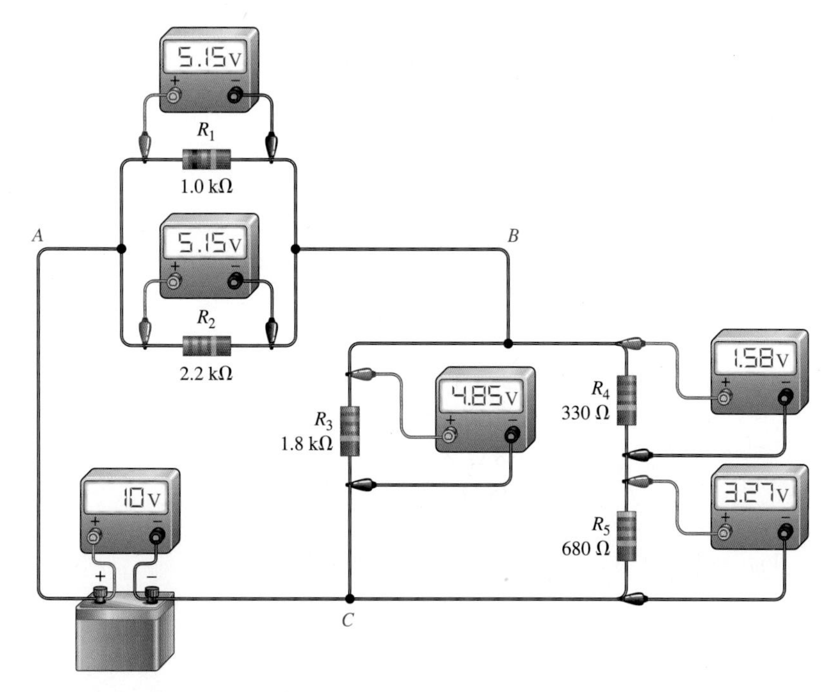

그림 5-18 회로 내의 전압 관계 설명

2. R_3이 R_4와 R_5의 직렬 결합과 병렬이므로 V_{R3}은 $V_{R4} + V_{R5}$와 같다(V_{R3}은 B와 C 사이에 걸리는 전압과 같다).
3. R_4가 $R_4 + R_5$의 1/3 정도이므로 V_{R4}는 B와 C 사이 전압의 1/3 정도이다(전압분배 법칙).
4. R_5는 $R_4 + R_5$의 2/3 정도이므로 V_{R5}는 B와 C 사이 전압의 2/3 정도이다.
5. 키르히호프의 전압 법칙에 의하면, 한 폐회로 내의 전압강하의 합은 0이므로, $V_{R1} + V_{R3} - V_S = 0$이다.

예제 5–8에서 그림 5–18의 전압 측정치를 확인할 수 있다.

예제 5-8

그림 5–18의 전압 측정값들이 맞는지 확인하여라. 그 회로도를 그림 5–19에 보였다.

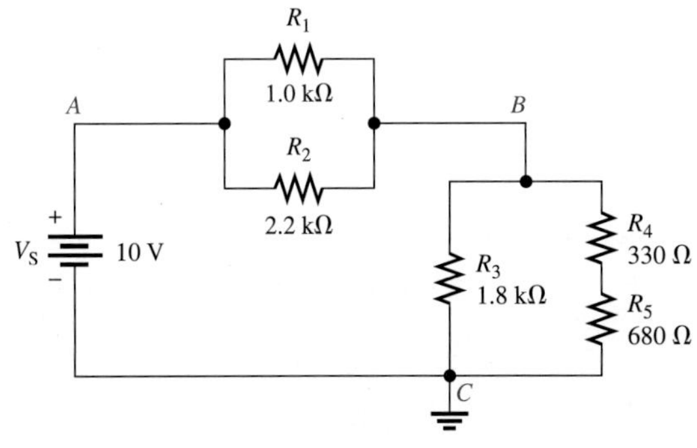

그림 5-19

풀이

A와 B 사이의 저항은 R_1과 R_2의 병렬 결합이다.

$$R_{AB} = \frac{R_1R_2}{R_1 + R_2} = \frac{(1.0\text{ k}\Omega)(2.2\text{ k}\Omega)}{3.2\text{ k}\Omega} = 688\ \Omega$$

B와 C 사이의 저항은 R_4와 R_5의 직렬 결합과 R_3이 병렬로 접속된 것이다.

$$R_4 + R_5 = 330\ \Omega + 680\ \Omega = 1010\ \Omega = 1.01\text{ k}\Omega$$

$$R_{BC} = \frac{R_3(R_4 + R_5)}{R_3 + R_4 + R_5} = \frac{(1.8\text{ k}\Omega)(1.01\text{ k}\Omega)}{2.81\text{ k}\Omega} = 647\ \Omega$$

A와 B 사이의 저항이 B와 C 사이의 저항과 직렬로 연결되어 있으므로 전체 회로 저항은

$$R_T = R_{AB} + R_{BC} = 688\ \Omega + 647\ \Omega = 1335\ \Omega$$

전압 분배 법칙을 이용하여, 다음과 같이 전압을 계산할 수 있다.

$$V_{AB} = \left(\frac{R_{AB}}{R_T}\right)V_S = \left(\frac{688\ \Omega}{1335\ \Omega}\right)10\text{ V} = 5.15\text{ V}$$

$$V_{BC} = \left(\frac{R_{BC}}{R_T}\right)V_S = \left(\frac{647\ \Omega}{1335\ \Omega}\right)10\text{ V} = 4.85\text{ V}$$

$$V_{R1} = V_{R2} = V_{AB} = \mathbf{5.15\text{ V}}$$

$$V_{R3} = V_{BC} = \mathbf{4.85\text{ V}}$$

$$V_{R4} = \left(\frac{R_4}{R_4 + R_5}\right)V_{BC} = \left(\frac{330\ \Omega}{1010\ \Omega}\right)4.85\ \text{V} = \mathbf{1.58\ V}$$

$$V_{R5} = \left(\frac{R_5}{R_4 + R_5}\right)V_{BC} = \left(\frac{680\ \Omega}{1010\ \Omega}\right)4.85\ \text{V} = \mathbf{3.27\ V}$$

관련 문제

그림 5-19에서, 전원 전압이 두 배로 증가했을 때 각각의 전압강하를 계산하라.

예제 5-9

그림 5-20에서 각 저항에서의 전압강하를 계산하라.

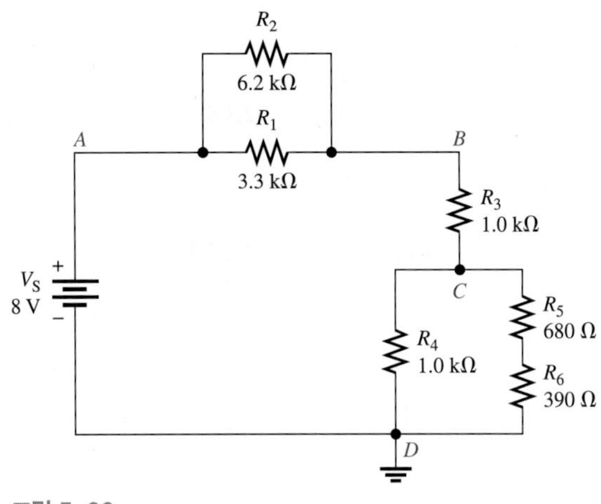

그림 5-20

풀이

전체 전압을 알고 있으므로, 원래의 회로를 등가 직렬회로로 바꾸고 여기에 전압 분배 공식을 이용하여 이 문제를 풀 수 있다.

1단계: 각각의 병렬 연결을 등가 저항으로 바꾼다. R_1과 R_2는 점 A와 B 사이에서 병렬로 연결되어 있으므로 그 값을 구하면

$$R_{AB} = \frac{R_1R_2}{R_1 + R_2} + \frac{(3.3\ \text{k}\Omega)(6.2\ \text{k}\Omega)}{9.5\ \text{k}\Omega} = 2.15\ \text{k}\Omega$$

R_4는 점 C와 D 사이에 있는 R_5와 R_6의 직렬 연결과 병렬로 연결되어 있으므로

$$R_{CD} = \frac{R_4(R_{5+6})}{R_4 + R_{5+6}} + \frac{(1.0\ \text{k}\Omega)(1.07\ \text{k}\Omega)}{2.07\ \text{k}\Omega} = 517\ \Omega$$

2단계: 그림 5-23과 같이 등가 회로를 그린다. 전체 회로 저항은

$$R_T = R_{AB} + R_3 + R_{CD} = 2.15\ \text{k}\Omega + 1.0\ \text{k}\Omega + 517\ \Omega = 3.67\ \text{k}\Omega$$

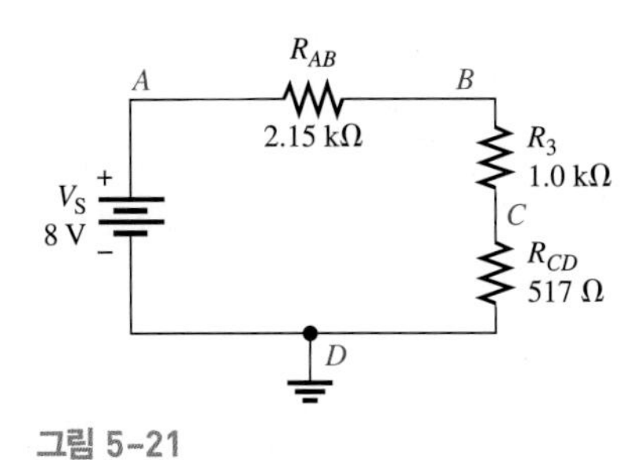

그림 5-21

3단계: 전압 분배 공식을 이용하여 등가 회로의 전압들을 구한다.

$$V_{AB} = \left(\frac{R_{AB}}{R_T}\right)V_S = \left(\frac{2.15\ \text{k}\Omega}{3.67\ \text{k}\Omega}\right)8\ \text{V} = 4.69\ \text{V}$$

$$V_{BC} = \left(\frac{R_3}{R_T}\right)V_S = \left(\frac{1.0\ \text{k}\Omega}{3.67\ \text{k}\Omega}\right)8\ \text{V} = 2.18\ \text{V}$$

$$V_{CD} = \left(\frac{R_{CD}}{R_T}\right)V_S = \left(\frac{517\ \Omega}{3.67\ \text{k}\Omega}\right)8\ \text{V} = 1.13\ \text{V}$$

그림 5-20에서 보면, R_1과 R_2에 걸리는 전압은 V_{AB}이다.

$$V_{R1} = V_{R2} = V_{AB} = \mathbf{4.69\ V}$$

V_{BC}는 R_3에 걸리는 전압이다.

$$V_{R3} = V_{BC} = \mathbf{2.18\ V}$$

V_{CD}는 R_4의 전압이며 또 R_5와 R_6의 직렬 결합에 걸리는 전압이다.

$$V_{R4} = V_{CD} = \mathbf{1.13\ V}$$

4단계: R_5와 R_6의 직렬 결합에 전압 분배 법칙을 적용하여 V_{R5}와 V_{R6}을 구한다.

$$V_{R5} = \left(\frac{R_5}{R_5 + R_6}\right)V_{CD} = \left(\frac{680\ \Omega}{1070\ \Omega}\right)1.13\ \text{V} = \mathbf{718\ mV}$$

$$V_{R6} = \left(\frac{R_6}{R_5 + R_6}\right)V_{CD} = \left(\frac{390\ \Omega}{1070\ \Omega}\right)1.13\ \text{V} = \mathbf{412\ mV}$$

관련 문제

그림 5-20의 각 저항을 통해 흐르는 전류와 전력을 계산하라.

5-2절 복습 문제

1. 그림 5-22의 회로에서 A와 B 사이의 전체 저항을 구하라.
2. 그림 5-22에서 R_3에 흐르는 전류를 구하라.
3. 그림 5-22에서 V_{R2}를 구하라.
4. 그림5-23에서 R_T와 I_T를 구하라.

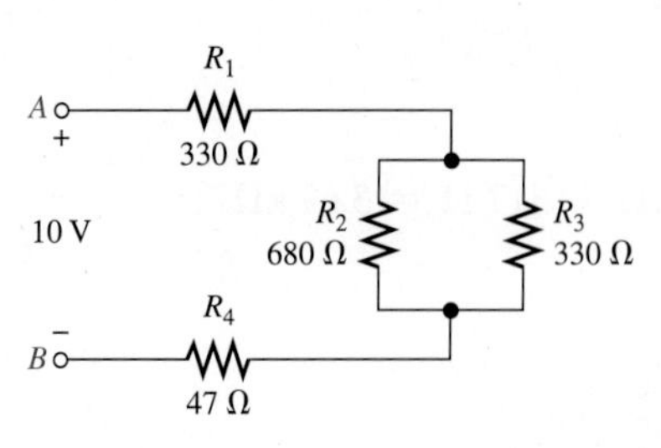

그림 5-22

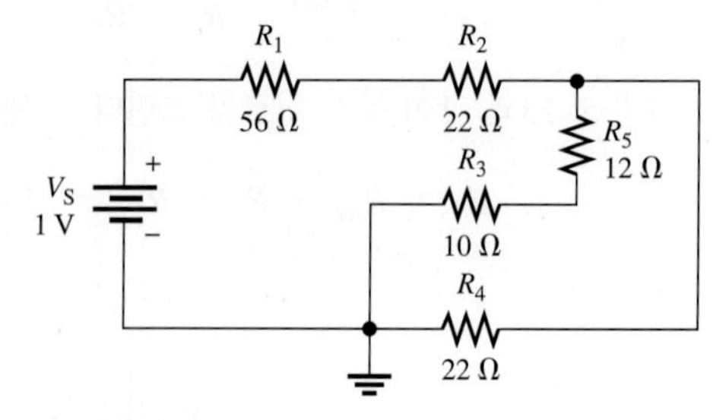

그림 5-23

5-3 저항성 부하와 전압 분배기

전압 분배기는 이미 4장에서 설명하였다. 이 절에서는 저항성 부하가 전압 분배기 회로의 동작에 어떤 영향을 미치는지 학습하게 될 것이다.

이 절을 마친 후 다음을 할 수 있어야 한다.

- 부하가 걸린 전압분배기를 분석한다.
- 전압분배회로에 저항성 부하의 효과를 분석한다.
- 블리더 전류(bleeder current)를 정의한다.

그림 5–24(a)에서 전압 분배기의 출력 전압(V_{out})은 5 V이다. 입력 전압이 10 V이고, 두 저항의 값이 똑같기 때문이다. 이것은 부하가 연결되지 않은 상태에서의 출력 전압이다. 그림 5–26(b)와 같이, 출력 점과 접지 사이에 부하 저항 R_L이 연결되면, 출력 전압은 R_L의 값에 따라 감소한다. 이것을 **부하 효과(loading)**라 한다. 부하 저항은 R_2와 병렬이므로, 점 A와 접지 사이의 저항을 감소시키고, 결과적으로 병렬 결합에 인가되는 전압은 감소하게 된다. 이것은 전압 분배기의 부하 영향 중의 하나이다. 부하의 또 다른 영향은 회로의 전체 저항이 감소하므로 인해 전원으로부터 더 많은 전류가 흐른다는 것이다.

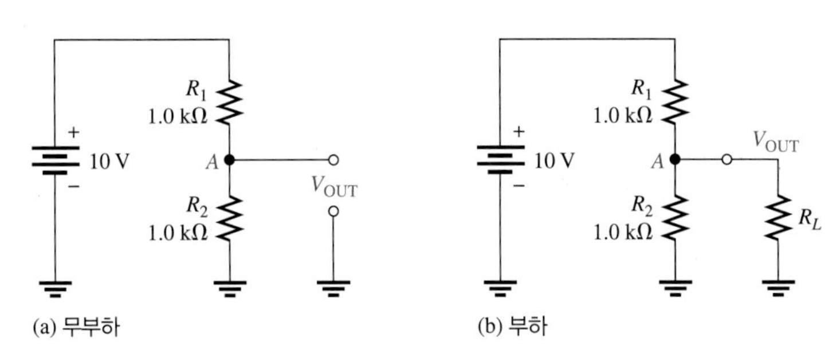

그림 5–24 무부하와 부하 상태의 전압 분배기

분배기 저항에 비해 R_L이 클수록 부하 효과가 적고 출력 전압의 변화도 작다. 두 개의 저항을 병렬로 연결했을 때, 저항 중 한 개가 다른 저항보다 훨씬 크면 전체 저항은 작은 저항값에 근접한다. 그림 5–25는 부하 저항이 출력 전압에 주는 효과를 보여준다.

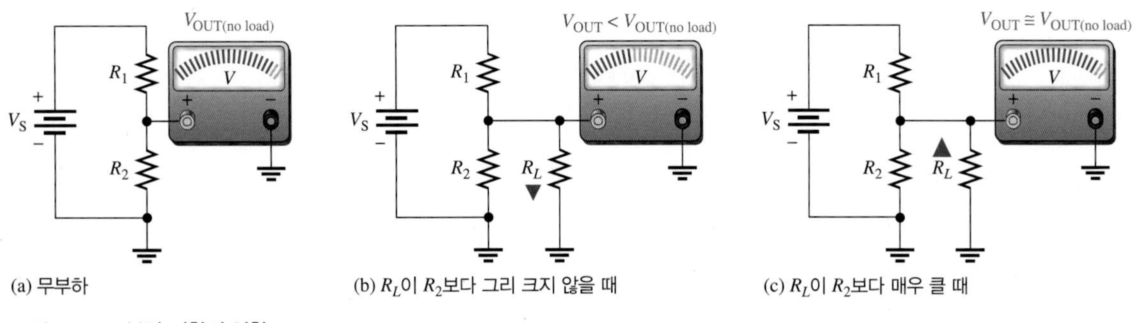

그림 5–25 부하 저항의 영향

예제 5-10

(a) 그림 5-26에서 부하가 없을 때의 전압 분배기의 출력 전압을 구하라.

(b) 그림 5-26의 부하 저항이 $R_L = 10\ \text{k}\Omega$ 및 $R_L = 100\ \text{k}\Omega$인 경우에 전압 분배기의 출력 전압을 구하라.

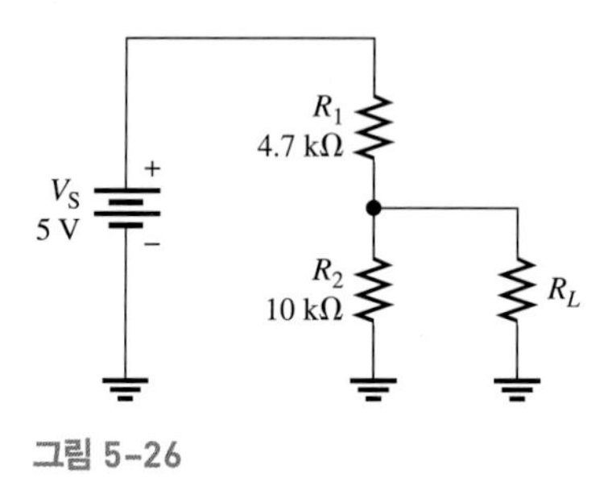

그림 5-26

풀이

(a) 무부하 시의 출력 전압은

$$V_{\text{OUT(unloaded)}} = \left(\frac{R_2}{R_1 + R_2}\right)V_S = \left(\frac{10\ \text{k}\Omega}{14.7\ \text{k}\Omega}\right)5\ \text{V} = \mathbf{3.40\ V}$$

(b) 부하 저항 R_L은 R_2와 병렬 연결이므로 10 kΩ의 부하 저항이 연결되면

$$R_2 \| R_L = \frac{R_2 R_L}{R_2 + R_L} = \frac{(10\ \text{k}\Omega)(10\ \text{k}\Omega)}{20\ \text{k}\Omega} = 5.0\ \text{k}\Omega$$

이 등가 회로를 그림 5-27(a)에 보였다. 부하가 연결된 출력 전압은

$$V_{\text{OUT(loaded)}} = \left(\frac{R_2 \| R_L}{R_1 + R_2 \| R_L}\right)V_S = \left(\frac{5.0\ \text{k}\Omega}{9.7\ \text{k}\Omega}\right)5\ \text{V} = \mathbf{2.58\ V}$$

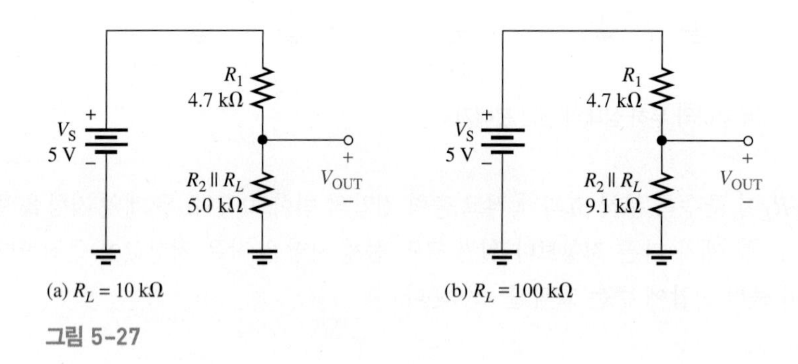

그림 5-27

100 kΩ의 부하 저항이 연결되면 출력 점과 접지 사이의 저항은

$$R_2 \| R_L = \frac{R_2 R_L}{R_2 + R_L} = \frac{(10\ \text{k}\Omega)(100\ \text{k}\Omega)}{110\ \text{k}\Omega} = 9.1\ \text{k}\Omega$$

그림 5-27(b)에 등가 회로를 보였다. 부하가 연결되었을 때 출력 전압은

$$V_{\text{OUT(loaded)}} = \left(\frac{R_2 \| R_L}{R_1 + R_2 \| R_L}\right)V_S = \left(\frac{9.1\ \text{k}\Omega}{13.8\ \text{k}\Omega}\right)5\ \text{V} = \mathbf{3.30\ V}$$

R_L이 작은 경우, V_{OUT}은 다음과 같이 감소한다.

$$3.40\text{ V} - 2.58\text{ V} = 0.82\text{ V} \qquad \text{(출력 전압의 24\% 강압)}$$

R_L이 큰 경우, V_{OUT}의 감소는

$$3.40\text{ V} - 3.30\text{ V} = 0.10\text{ V} \qquad \text{(출력 전압의 3\% 강압)}$$

이것은 전압 분배기에서 R_L의 부하 효과를 설명해 주고 있다.

관련 문제

그림 5-26에서 부하 저항이 1.0 MΩ일 때 V_{OUT}을 구하라.

부하 전류와 새는 전류

다중-탭의 전압 분배기 회로에서 전원으로부터 유입된 전체 전류는 분배기의 저항을 흐르는 전류와 부하 저항을 통해 흐르는 전류(**부하전류, load current**)로 구성된다. 그림 5-28은 두 개의 전압 출력 혹은 탭을 갖는 전압 분배기를 나타내고 있다. R_1을 통해 흐르는 전체전류 I_T는 R_{L1}을 통하는 I_{RL1}과 R_2를 통하는 I_2로 나누어진다. I_2는 I_{RL2}와 I_3으로 나누어진다. 전류 I_3은 **블리더 전류(bleeder current)**라고 한다. 이것은 회로에 흐르는 전체 전류에서 전체 부하 전류를 뺀, 부하에 기여하지 못하고 낭비되는 전류이다.

$$I_{BLEEDER} = I_T - I_{RL1} - I_{RL2} \tag{5-1}$$

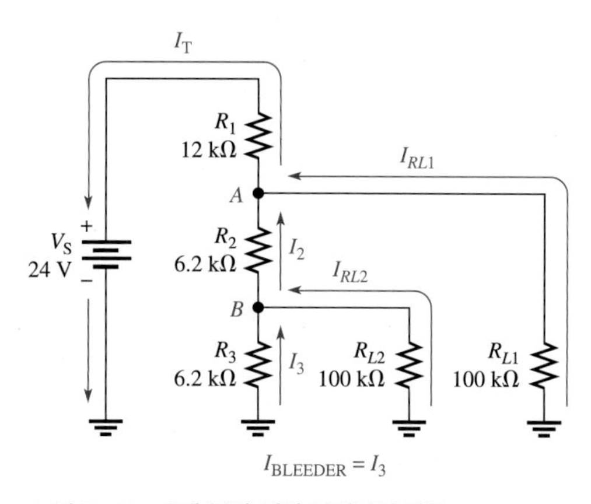

그림 5-28 2탭 부하 전압 분배기의 전류

예제 5-11

그림 5-28의 2탭 전압 분배기에서 부하 전류 I_{RL1}과 I_{RL2}, 블리더 전류 I_3를 구하라.

풀이

마디 A와 접지 사이의 등가 저항은 R_3과 R_{L2}의 병렬 결합과 R_2의 직렬 결합에 100 kΩ의 부가 저항 R_{L1}이 병렬로 연결된 것이다. 먼저 저항값을 구하라. R_3과 R_{L2}의 병렬저항을 R_B라 하자. 그 등가 회로를 그림 5-29(a)에 보였다.

$$R_B = \frac{R_3 R_{L2}}{R_3 + R_{L2}} = \frac{(6.2\text{ k}\Omega)(100\text{ k}\Omega)}{106.2\text{ k}\Omega} = 5.84\text{ k}\Omega$$

R_2와 R_B의 직렬 연결을 R_{2+B}라 하자. 이 등가 회로를 그림 5-29(b)에 보였다.

$$R_{2+B} = R_2 + R_B = 6.2\text{ k}\Omega + 5.84\text{ k}\Omega = 12.0\text{ k}\Omega$$

R_{L1}과 R_{2+B}의 병렬 연결을 R_A라 하자. 그 등가 회로를 그림 5–29(c)에 보였다.

$$R_A = \frac{R_{L1}R_{2+B}}{R_{L1} + R_{2+B}} = \frac{(100\ \text{k}\Omega)(12.0\ \text{k}\Omega)}{112\ \text{k}\Omega} = 10.7\ \text{k}\Omega$$

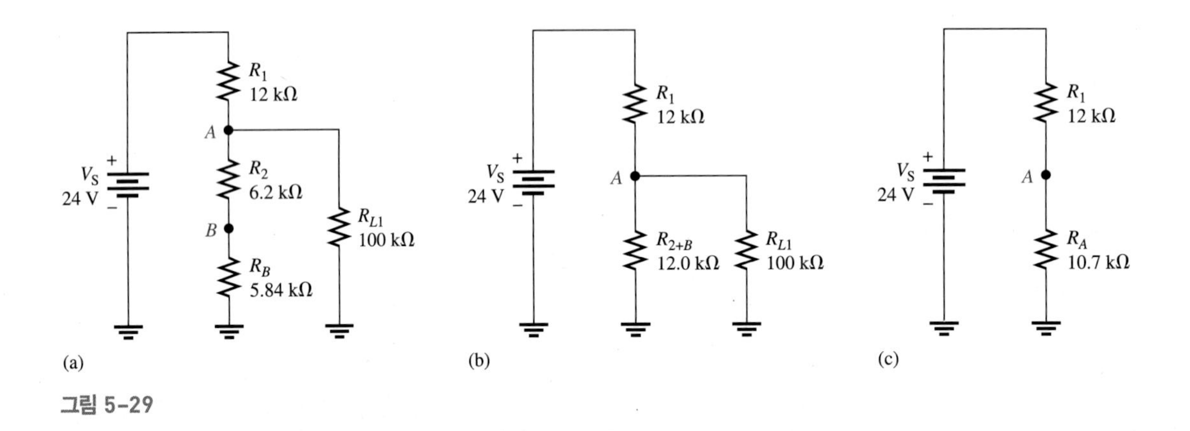

그림 5-29

R_A는 마디 A와 접지 사이의 전체 저항이다. 회로의 전체 저항은

$$R_T = R_A + R_1 = 10.7\ \text{k}\Omega + 12\ \text{k}\Omega = 22.7\ \text{k}\Omega$$

R_{L1}에 걸리는 전압은 그림 5–29(c)의 등가 회로로부터 다음과 같이 구한다.

$$V_{RL1} = V_A = \left(\frac{R_A}{R_T}\right)V_S = \left(\frac{10.7\ \text{k}\Omega}{22.7\ \text{k}\Omega}\right)24\ \text{V} = 11.3\ \text{V}$$

R_{L1}을 흐르는 부하 전류는

$$I_{RL1} = \frac{V_{RL1}}{R_{L1}} = \left(\frac{11.3\ \text{V}}{100\ \text{k}\Omega}\right) = \mathbf{113\ \mu A}$$

마디 B의 전압은 그림 5–29(a)의 등가 회로에서 점 A의 전압을 사용하여 구한다.

$$V_B = \left(\frac{R_B}{R_{2+B}}\right)V_A = \left(\frac{5.84\ \text{k}\Omega}{12.0\ \text{k}\Omega}\right)11.3\ \text{V} = 5.50\ \text{V}$$

R_{L2}를 흐르는 부하 전류는

$$I_{RL2} = \frac{V_{RL2}}{R_{L2}} = \frac{V_B}{R_{L2}} = \frac{5.50\ \text{V}}{100\ \text{k}\Omega} = \mathbf{55\ \mu A}$$

블리더 전류는

$$I_3 = \frac{V_B}{R_3} = \frac{5.50\ \text{V}}{6.2\ \text{k}\Omega} = \mathbf{887\ \mu A}$$

관련 문제

R_{L1}이 제거되면 R_{L2}의 부하전류는 어떻게 될까?

5-3절 복습 문제

1. 부하 저항이 전압 분배기의 출력에 연결되었다. 출력 전압에 어떤 영향을 미치는가?
2. 큰 값의 부하 저항은 작은 값의 부하 저항보다 전압 분배기의 출력 전압에 더 작은 영향을 미친다. (O, X)
3. 그림 5-30의 전압 분배기에서 무부하 출력 전압을 구하라. 또 10 MΩ의 부하 저항이 출력과 접지 사이에 연결되었을 때, 출력 전압을 구하라.

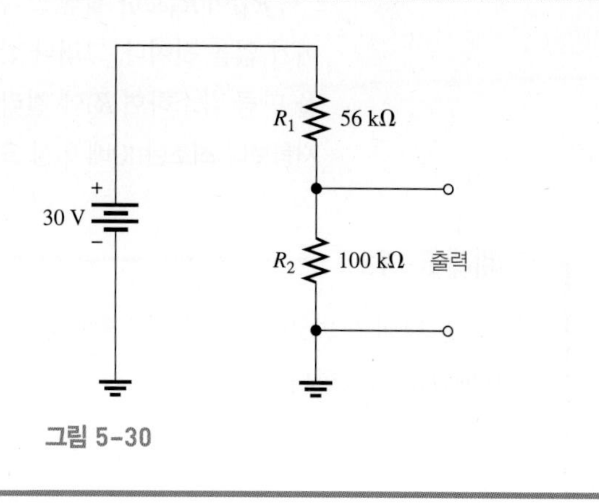

그림 5-30

5-4 전압계의 부하 효과

이미 공부한 바와 같이, 어떤 저항에 인가되는 전압을 측정하기 위해서는 전압계를 그 저항과 병렬로 연결하여야 한다. 모든 계측기들은 고유의 내부 저항이 존재하며 이것이 회로에 부하 역할을 하여, 측정하고 있는 전압에 다소 영향을 미치게 된다. 지금까지, 우리는 부하 효과를 무시하였다. 그 이유는 전압계의 내부 저항이 매우 크고, 일반적으로 측정하려고 하는 회로에 미치는 영향이 미미하기 때문이다. 그러나 만약 전압계 내부 저항이 측정하고자 하는 회로 저항보다 충분히 크지 않다면, 측정한 전압이 실제 값보다 작아지는 부하 효과가 발생하게 된다.

이 절을 마친 후 다음을 할 수 있어야 한다.

- 회로에 대한 전압계의 부하효과를 해석한다.
- 전압계가 회로에 부하로 작용하는 원인을 분석한다.
- 전압계의 내부저항을 논의한다.

그림 5-31(a)에서와 같이 전압계가 회로에 연결될 때 그 내부 저항은 그림 (b)와 같이 R_3와 병렬이 된다. 전압계 내부 저항 R_M의 부하 효과로 인해 A와 B 사이의 저항은 그림(c)와 같이 $R_3 \| R_M$이 된다.

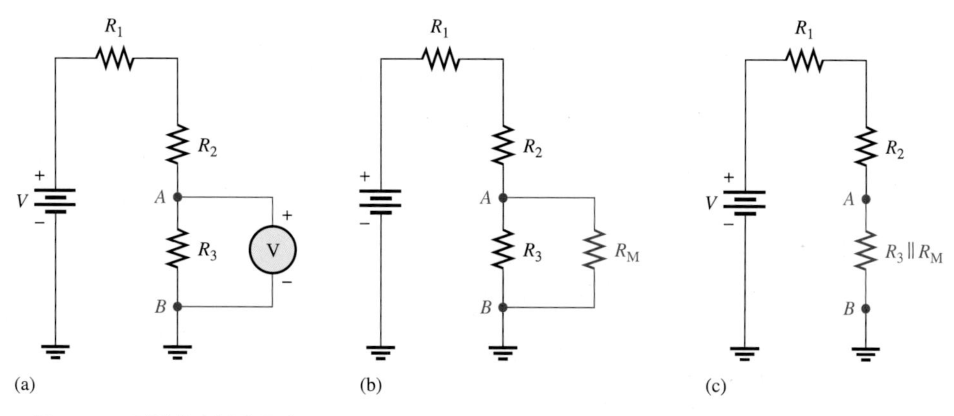

그림 5-31 전압계의 부하 효과

R_M이 R_3보다 훨씬 크다면, A와 B 사이의 저항은 거의 변하지 않고, 측정치는 실제의 전압과 큰 차이가 없을 것이다. 그러나 만약 R_M이 R_3보다 충분히 크지 않으면, A와 B 사이의 저항은 무시할 수 없을 만큼 감소하여 R_3에 걸리는 전압은 계기의 부하 효과에 의해 변하게 된다. 계기 저항이 연결되어 있는 저항보다 최소한 10배 이상 크면 부하 효과는 무시할 수 있다(측정 오차는 10% 이내이다).

예제 5-12

그림 5-32의 각 회로에서 디지털 전압계는 측정하려고 하는 전압에 얼마나 영향을 미치는가? 계기의 내부 저항(R_M)은 10 MΩ로 가정한다.

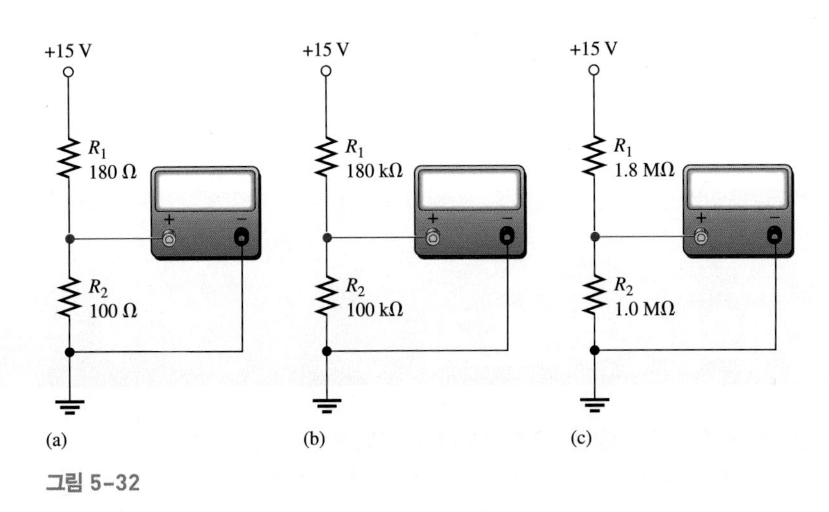

그림 5-32

풀이

이 예제에서는 작은 차이까지 나타내기 위해서 결과들을 세 자리 수 이상까지 보였다.

(a) 그림5-32(a)의 경우, 전압 분배기 회로에서 R_2에 걸리는 무부하 전압은

$$V_{R2} = \left(\frac{R_2}{R_1 + R_2}\right)V_S = \left(\frac{100\ \Omega}{280\ \Omega}\right)15\ \text{V} = 5.357\ \text{V}$$

계기의 저항은 R_2와 병렬이다.

$$R_2 \| R_M = \left(\frac{R_2 R_M}{R_2 + R_M}\right) = \frac{(100\ \Omega)(10\ \text{M}\Omega)}{10.0001\ \text{M}\Omega} = 99.999\ \Omega$$

계기로 실제 측정한 전압은

$$V_{R2} = \left(\frac{R_2 \| R_M}{R_1 + R_2 \| R_M}\right)V_S = \left(\frac{99.999\ \Omega}{279.999\ \Omega}\right)15\ \text{V} = 5.357\ \text{V}$$

전압계의 부하 효과는 거의 없다.

(b) 그림 5-32(b)의 경우,

$$V_{R2} = \left(\frac{R_2}{R_1 + R_2}\right)V_S = \left(\frac{100\ \text{k}\Omega}{280\ \text{k}\Omega}\right)15\ \text{V} = 5.357\ \text{V}$$

$$R_2 \| R_M = \frac{R_2 R_M}{R_2 + R_M} = \frac{(100\ \text{k}\Omega)(10\ \text{M}\Omega)}{10.1\ \text{M}\Omega} = 99.01\ \text{k}\Omega$$

실제 계기로 측정한 전압은

$$V_{R2} = \left(\frac{R_2 \| R_M}{R_1 + R_2 \| R_M}\right)V_S = \left(\frac{99.01\ \text{k}\Omega}{279.01\ \text{k}\Omega}\right)15\ \text{V} = 5.323\ \text{V}$$

전압계의 부하 효과로 전압이 매우 작은 양 감소했다.

(c) 그림 5-32(c)의 경우,

$$V_{R2} = \left(\frac{R_2}{R_1 + R_2}\right)V_S = \left(\frac{1.0\ \text{M}\Omega}{2.8\ \text{M}\Omega}\right)15\ \text{V} = 5.357\ \text{V}$$

$$R_2 \| R_M = \frac{R_2 R_M}{R_2 + R_M} = \frac{(1.0\ \text{M}\Omega)(10\ \text{M}\Omega)}{11\ \text{M}\Omega} = 909.09\ \text{k}\Omega$$

계기로 실제 측정한 전압은

$$V_{R2} = \left(\frac{R_2 \| R_M}{R_1 + R_2 \| R_M}\right)V_S = \left(\frac{909.09\ \text{k}\Omega}{2.709\ \text{M}\Omega}\right)15\ \text{V} = 5.034\ \text{V}$$

전압계의 부하 효과로 전압이 상당히 감소했다. 이상에서 본 것과 같이, 전압을 측정하고자 하는 저항값이 크면 클수록 부하 효과는 더욱 커진다.

관련 문제

그림 5-32(c)에서 계기의 저항이 20 MΩ인 경우 R_2에 걸리는 전압을 계산하라.

5-4절 복습 문제

1. 전압계가 회로에 부하로 작용할 수 있는 이유를 설명하라.
2. 내부 저항이 10 MΩ인 전압계로 1.0 kΩ의 저항에 걸린 전압을 측정한다면, 부하 효과를 고려해야 하는가?
3. 10 MΩ의 저항을 갖는 전압계로 3.3 MΩ의 저항에 걸린 전압을 측정한다면, 부하효과를 고려해야 하는가?
4. 20,000 Ω/V VOM(volt–ohm–miliammeter, 테스터)이 200 V 측정 범위에 있을 때 내부 직렬저항은 얼마인가?

5-5 휘트스톤 브리지

휘트스톤 브리지 회로는 저항을 정확히 측정하기 위하여 널리 쓰인다. 또한 이 브리지는 응력, 온도, 압력과 같은 물리적인 양을 측정하기 위해 트랜스듀서와 결합하여 이용된다. 트랜스듀서는 물리적인 파라미터의 변화를 감지하며, 그것을 저항과 같은 전기적인 양으로 변환시키는 소자이다. 예를 들면 응력 게이지는 힘, 압력, 변위와 같은 기계적인 요인을 받으면 저항이 변한다. 서미스터는 온도의 변화에 노출이 되면 자체 저항이 변한다. 휘트스톤 브리지는 평형 또는 불평형 상태에서 적용될 수 있다.

이 절을 마친 후 다음을 할 수 있어야 한다.

- 휘트스톤 브리지 회로를 분석한다.
- 브리지의 평형을 결정한다.
- 평형 브리지를 이용한 저항을 측정한다.
- 브리지의 불평형을 결정한다.
- 불평형 브리지를 이용한 측정을 설명한다.

휘트스톤 브리지(Wheatstone bridge) 회로는 대개 그림 5-33(a)와 같이 '다이아몬드' 형태로 나타낸다. 이것은 '다이아몬드'의 위쪽과 밑쪽 점에 연결된 직류 전원과 4개의 저항으로 구성된다. 출력 전압은 A와 B 사이 '다이아몬드'의 오른쪽과 왼쪽에 나타난다. 이 회로의 직-병렬 관계를 더 명확히 볼 수 있도록 그림 (b)에 약간 다른 방법으로 다시 그렸다.

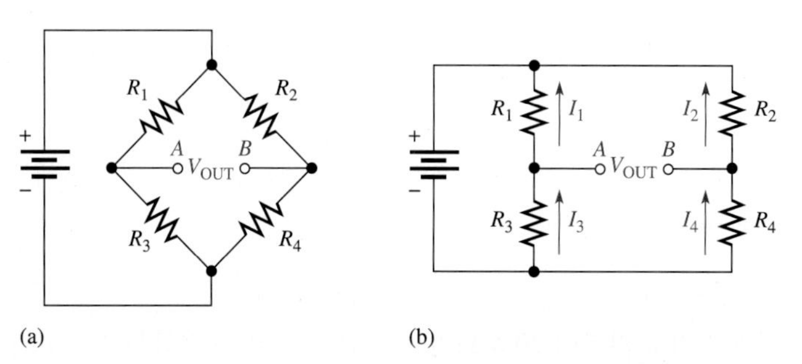

그림 5-33 휘트스톤 브리지. 브리지가 두 개의 역방향 전압 분배기 형태가 되는 것에 유의하라.

평형 휘트스톤 브리지

그림 5-33의 **휘트스톤 브리지**는 A와 B점 사이의 출력 전압(V_{OUT})이 0이 될 때 **평형 브리지(balanced bridge)**가 된다.

$$V_{OUT} = 0\text{ V}$$

브리지가 평형이 되었을 때 R_1과 R_2에 걸리는 전압이 같고($V_1 = V_2$), R_3과 R_4에 걸리는 전압이 같다($V_3 = V_4$). 따라서 전압 비는 다음과 같이 쓸 수 있다.

$$\frac{V_1}{V_3} = \frac{V_2}{V_4}$$

옴의 법칙에 의해 V 대신 I_R을 대입하면

$$\frac{I_1R_1}{I_3R_3} = \frac{I_2R_2}{I_4R_4}$$

$I_1 = I_3$이고 $I_2 = I_4$이므로, 모든 전류항은 삭제되고, 저항의 비만 남는다.

$$\frac{R_1}{R_3} = \frac{R_2}{R_4}$$

R_1으로 이 식을 정리하면

$$R_1 = R_3\left(\frac{R_2}{R_4}\right)$$

이 식은 브리지가 평형이 되었을 때 다른 저항값의 항으로 R_1 저항값을 구하는 데 이용된다. 유사한 방법으로 다른 저항값도 구할 수가 있다.

평형 휘트스톤 브리지를 이용하여 저항 측정하기 그림 5–33의 R_1을 미지의 저항이라고 가정하고, R_X라 하자. 저항 R_2와 R_4는 고정된 값을 가지므로, 그 비율 R_2/R_4 또한 고정된 값을 갖는다. R_X는 모르는 값이므로, 평형 조건을 만들기 위해서, R_3은 $R_1/R_3 = R_2/R_4$의 관계가 성립되도록 조정되어야 한다. 결과적으로 R_3는 가변저항으로, R_V라 하자. R_X를 브리지에 연결하고, R_V는 브리지가 평형 상태가 되어 출력 전압이 0이 될 때까지 조정을 한다. 그러면, 모르는 저항값은 다음과 같이 구할 수 있다.

$$R_X = R_V\left(\frac{R_2}{R_4}\right) \tag{5-2}$$

R_2/R_4의 비는 측정 범위를 결정하는 스케일 계수라고 한다.

구형 측정 계기인 **검류계**(*galvanometer*)로 평형 상태를 검출하기 위해서는 출력점 A와 B 사이에 연결한다. 검류계는 양방향의 전류를 감지하는 매우 민감한 전류계이다. 이것은 일반 전류계와는 달리 중점의 눈금이 영(0)이다. 신형 휘트스톤 브리지는 자동화되어 있어 브리지 출력에 연결된 증폭기가 그 출력이 0일 때 평형 상태를 지시한다. 필요에 따라서 정밀도가 높은 미세 조정 저항이 사용될 수도 있다. 의료용 센서나 천칭, 기타 정밀 측정을 할 때 미세 조정 저항기를 이용하여 섬세한 조정을 할 수 있다. 식 5–2에서, 평형상태의 R_V와 스케일 계수 R_2/R_4의 곱은 R_X의 실제 저항값이다. 만약 $R_2/R_4 = 1$이면, 그때 $R_X = R_V$이고, 만약 $R_2/R_4 = 0.5$이면 $R_X = 0.5R_V$이다.

예제 5 – 13

그림 5–34의 브리지가 평형일 때 R_X를 구하라. R_V가 1200 Ω에 맞춰졌을 때 브리지가 평형이다($V_{OUT} = 0$ V).

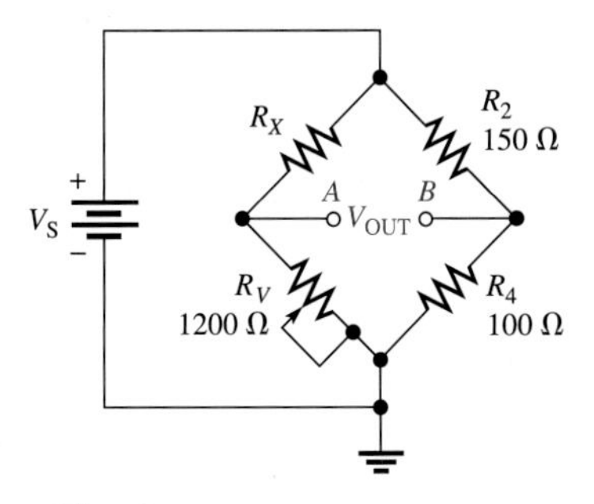

그림 5–34

풀이

스케일 계수는

$$\frac{R_2}{R_4} = \frac{150\ \Omega}{100\ \Omega} = 1.5$$

미지의 저항은

$$R_X = R_V\left(\frac{R_2}{R_4}\right) = (1200\ \Omega)(1.5) = \mathbf{1800\ \Omega}$$

관련문제

그림 5–34에서 R_V를 2.2 kΩ으로 조정하여 브리지가 평형이 되었다면, R_X는 얼마인가?

불평형 휘트스톤 브리지

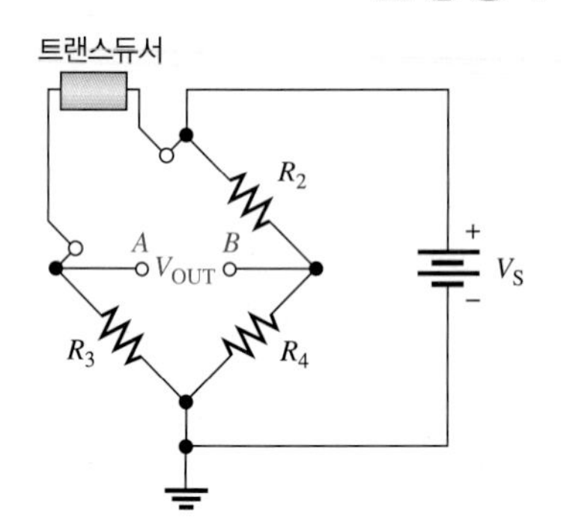

그림 5-35 트랜스듀서를 이용하여 물리적인 파라미터를 측정하는 브리지 회로

V_{OUT}이 0이 아닐 때는 **불평형 브리지(unbalanced bridge)**가 된다. 불평형 브리지는 기계적인 응력이나 온도 또는 압력 등 여러 가지 물리적인 양을 측정하는 데 이용된다. 그림 5–35에서와 같이, 브리지의 한쪽 다리 부분에 트랜스듀서를 연결한다. 트랜스듀서의 저항은 측정하려는 파라미터의 변화에 비례하여 변한다. 만약 브리지가 어떤 점에서 평형 상태에 있다면, 평형 상태와의 편차는 출력 전압으로 보이는 것과 같이 측정하는 파라미터의 변화량을 나타낸다. 결과적으로, 브리지가 불평형이 되는 양으로 측정되는 파라미터의 값을 구할 수 있다.

온도 측정용 브리지 회로 온도를 측정하기 위해서는 온도 감응 저항기인 서미스터를 트랜스듀서로 이용한다. 온도가 변함에 따라 서미스터의 저항이 변하며 그 결과 브리지가 불평형 상태가 되어 출력 전압이 변한다. 출력 전압은 온도에 비례한다. 따라서 출력 사이에 전압계를 연결하고 이를 보정하여 온도를 나타낼 수도 있고, 또는 출력 전압을 증폭한 다음 디지털 형태로 변환시켜 온도를 지시할 수도 있다. 온도 측정용 브리지 회로는 어떤 기준 온도에서 평형이 되도록 설계된다. 예를 들면 브리지가 25°C에서 평형이 되게 설계됐다면 그 온도에서 서미스터의 저항값을 알고 있는 것이다.

예제 5-14

그림 5–36의 온도 측정용 브리지 회로에서 25°C에서의 저항이 1.0 kΩ인 서미스터가 50°C에 노출되어 있을 때, 출력 전압을 구하라. 50°C에서 서미스터의 저항은 900 Ω으로 감소한다고 가정한다.

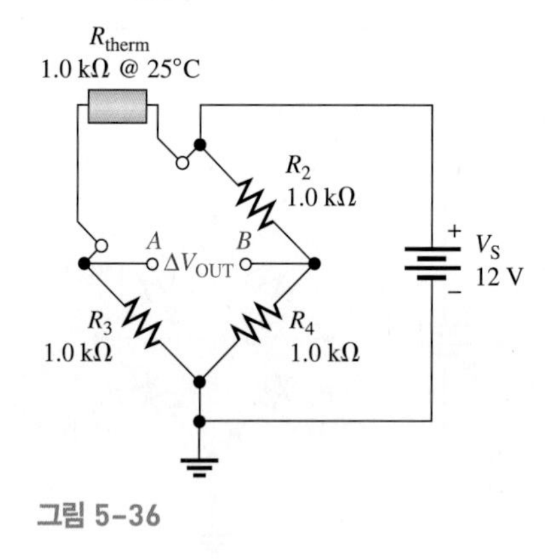

그림 5-36

풀이

50°C에서 브리지의 좌변에 전압 분배 공식을 적용한다.

$$V_A = \left(\frac{R_3}{R_3 + R_{therm}}\right)V_S = \left(\frac{1\text{ k}\Omega}{1\text{ k}\Omega + 900\ \Omega}\right)12\text{ V} = 6.32\text{ V}$$

브리지의 우변에 전압 분배 공식을 적용한다.

$$V_B = \left(\frac{R_4}{R_2 + R_4}\right)V_S = \left(\frac{1\text{ k}\Omega}{2\text{ k}\Omega}\right)12\text{ V} = 6.00\text{ V}$$

이 차이가 50°C에서의 출력 전압이므로

$$V_{OUT} = V_A - V_B = 6.32\text{ V} - 6.00\text{ V} = \mathbf{0.32\text{ V}}$$

마디 A는 마디 B에 대해 +이다.

관련문제

온도가 증가하여 그림 5-38의 서미스터 저항이 850 Ω으로 감소한다면, V_{OUT}은 어떻게 될까?

응력 게이지의 휘트스톤 브리지 응용 어떤 힘을 측정할 때 응력 게이지(strain gage)가 연결된 휘트스톤 브리지를 사용할 수 있다. 응력 게이지는 외부의 힘에 의해 압축되거나 늘여질 때 저항이 변하는 소자이다. 응력 게이지의 저항이 변하면 평형 상태에 있던 브리지가 불평형 상태로 된다. 불평형 상태가 되면 출력 전압이 0이 아닌 다른 값을 갖게 되고 이 변화량이 응력의 크기를 나타내게 된다. 응력 게이지에서 저항의 변화는 대단히 작지만 이 작은 변화가 고감도의 휘트스톤 브리지를 불평형 상태로 만든다. 예를 들면 응력 게이지가 연결된 휘트스톤 브리지는 정밀 저울에 많이 이용된다. 어떤 저항성 트랜스듀서는 극히 작은 저항 변화를 보이며 이것은 직접적으로는 정확히 측정하기 어렵다. 응력 게이지는 특히 가는 전선의 장력이나 압력을 저항의 변화로 변환시켜 주는 유용한 저항성 트랜스듀서이다. 응력으로 인해 계기의 전선에 장력이 가해지면 저항이 증가하고, 압력이 가해지면 전선의 저항이 감소한다.

응력 게이지는 아주 작은 무게에서부터 큰 트럭의 무게를 재는 데까지 다양한 종류의 저울에 이용되고 있다. 응력 게이지는 대개 무게를 받으면 변형되는 특수한 알미늄 블록 위에 설치된다. 응력 게이지는 극히 민감하므로 정확히 설치되어야 하기 때문에, 전체 조립은 대개 로드셀이라고 하는 단일 유니트로 구성된다. **로드셀(load cell)**은 응력 게이지를 이용해 기계적 힘을 전기 신호로 변환시켜 주는 트랜스듀서이며 사용 목적에 따라 형태와 크기가 다양하다. 그림 5-37(a)에 네 개의 응력 게이지를 가진 중량 측정용 S형 로드셀을 보였다. 저울에 하중이 가해지면 두 개의 게이지는 장력을 받고 두 개는 압력을 받도록 설치되어 있다.

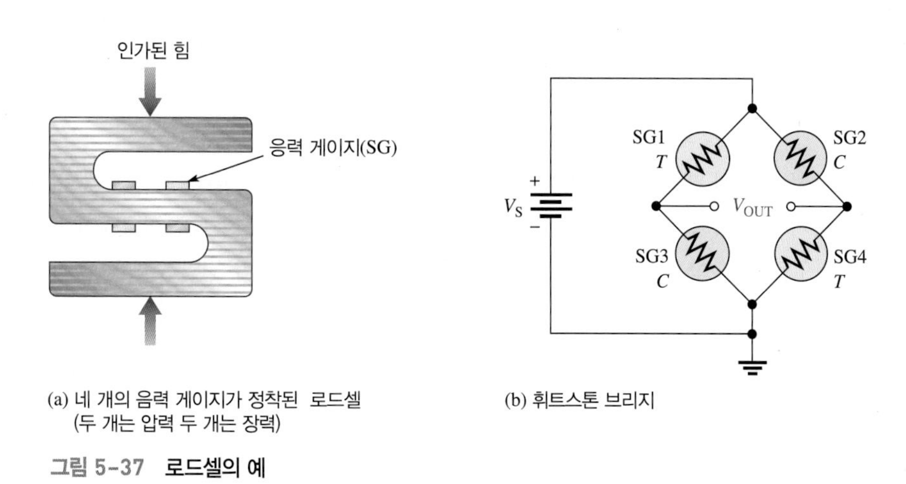

(a) 네 개의 음력 게이지가 정착된 로드셀 (두 개는 압력 두 개는 장력)

(b) 휘트스톤 브리지

그림 5-37 로드셀의 예

로드셀은 대개 그림 5-37(b)와 같이 휘트스톤 브리지에 연결되어 있는데, 장력(T)과 압력(C)의 응력 게이지(SG)가 서로 대각선 쪽에 위치하고 있는 형태이다. 브리지의 출력은 보통 디지털화하여 디스플레이되거나 컴퓨터로 전송된다. 휘트스톤 브리지의 가장 큰 장점은 저항의 작은 변화도 정확히 감지할 수 있다는 것이다. 온도 변화로 인한 전선 저항의 변화에 따른 오차를 보상해 준다는 이점도 있다.

5-5절 복습 문제

1. 기본적인 휘트스톤 브리지 회로를 그려라.
2. 어떤 조건에서 브리지가 평형이 되는가?
3. 그림 5-34에서 $R_V = 3.3\ \text{k}\Omega$, $R_2 = 10\ \text{k}\Omega$, $R_4 = 2.2\ \text{k}\Omega$ 일 때, R_x는 얼마인가?
4. 휘트스톤 브리지는 불평형 상태에서 어떻게 이용하는가?
5. 로드셀이란 무엇인가?

5-6 테브난의 정리

테브난의 정리(Thevenin's theorem)는 회로를 표준 등가 형태로 단순화시켜 주는 방법이며 이를 이용하여 직-병렬 회로를 쉽게 해석할 수 있다. 등가 형태로 회로를 단순화시키는 또 다른 방법으로는 노턴의 정리(Norton's theorem)가 있으며, 이 이론은 부록 C에 설명하였다.

이 절을 마친 후 다음을 할 수 있어야 한다.

- 테브난의 정리를 적용하여 회로 해석을 단순화시킨다.
- 테브난의 등가 회로를 설명한다.
- 테브난의 등가 전원을 계산한다.
- 테브난의 등가 저항을 계산한다.
- 테브난 정리의 관점에서 단자 등가를 설명한다.
- 회로의 일부를 테브난 등가 회로로 변환한다.
- 휘트스톤 브리지를 테브난 등가 회로로 변환한다.

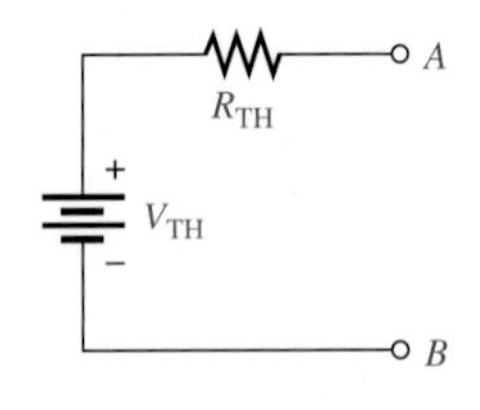

그림 5-38 일반적인 테브난 등가 회로는 전원과 저항의 직렬 연결이다.

2단자 저항성 회로의 테브난 등가 형태는 그림 5-38과 같이 등가 전원(V_{TH})과 등가 저항(R_{TH})으로 구성된다. 등가 저항과 전원의 값은 원래의 회로값에서 구한다. 아무리 복잡한 2단자 저항 회로도 테브난 등가 회로로 단순화시킬 수 있다. 전체 테브난 등가 회로는 등가 전압 V_{TH}와 등가 저항 R_{TH}로 구성된다.

테브난 등가 전압(V_{TH})은 회로 내의 두 특정 출력 단자 사이의 개방 회로(무부하) 전압이다.

이 두 단자 사이에 연결된 어떤 소자도 실질적으로는 R_{TH}와 직렬 연결된 V_{TH}를 들여다 보는 것이다. **테브난의 정리(Thevenin's theorem)**에 의하면,

테브난 등가 저항(R_{TH})은 모든 전원을 그들의 내부저항으로 바꾸었을 때(이상적인 전원의 내부 저항은 0이다) 회로 내의 두 특정한 출력 단자 사이에 나타나는 전체 저항이다.

테브난의 등가 회로는 원래의 회로와 다르지만 출력 전압과 전류의 관점에서는 똑같다. 그림 5-39의 예를 보며 다음 사항을 생각해보자.

복잡한 저항성 회로는 전부 상자 안에 있고 출력단자만 밖에 있다. 이 회로의 테브난 등가 회로도 출력 단자만이 밖에 있고 나머지는 똑같이 상자 안에 위치하고 있다. 두 상자의 부하 저항들은 각 상자

의 출력 단자 사이에 연결되어 있다. 양쪽 부하의 전압과 전류를 측정하기 위해 전압계와 전류계를 그림과 같이 연결하였다. 측정된 값은 양쪽이 동일할 것이며(무시할 수 있는 오차범위), 다시 말하면 전기적으로 측정한 결과로 볼 때 두 회로는 똑같은 것이다. 두 회로가 두 출력 단자의 "관찰하는 위치"에서 같은 것을 들여다 보기 때문에 이것을 **단자등가(terminal equivalency)**라고도 한다.

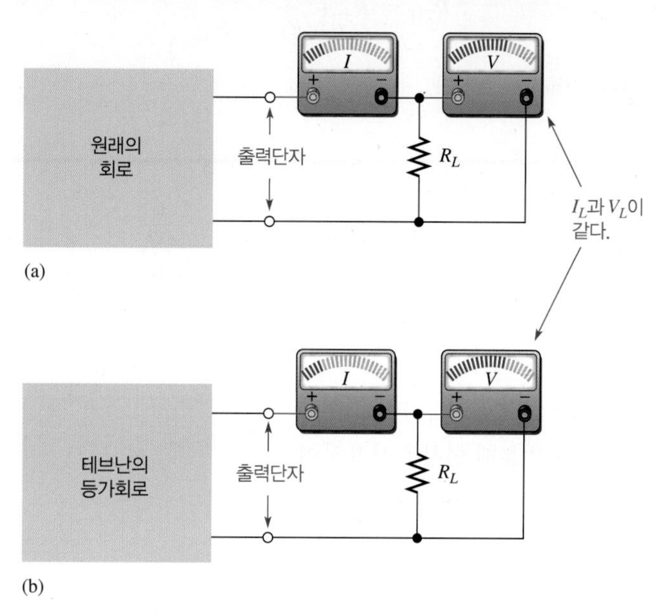

그림 5-39 두 회로는 단자등가이므로 계기 측정치로는 서로 구별할 수 없다.

회로의 테브난 등가를 구하기 위해서는 등가 전압 V_{TH}와 등가 저항 R_{TH}를 구해야 한다. 예를 들어 출력 단자 A와 B 사이 회로의 테브난 등가 회로는 그림 5-40처럼 구한다.

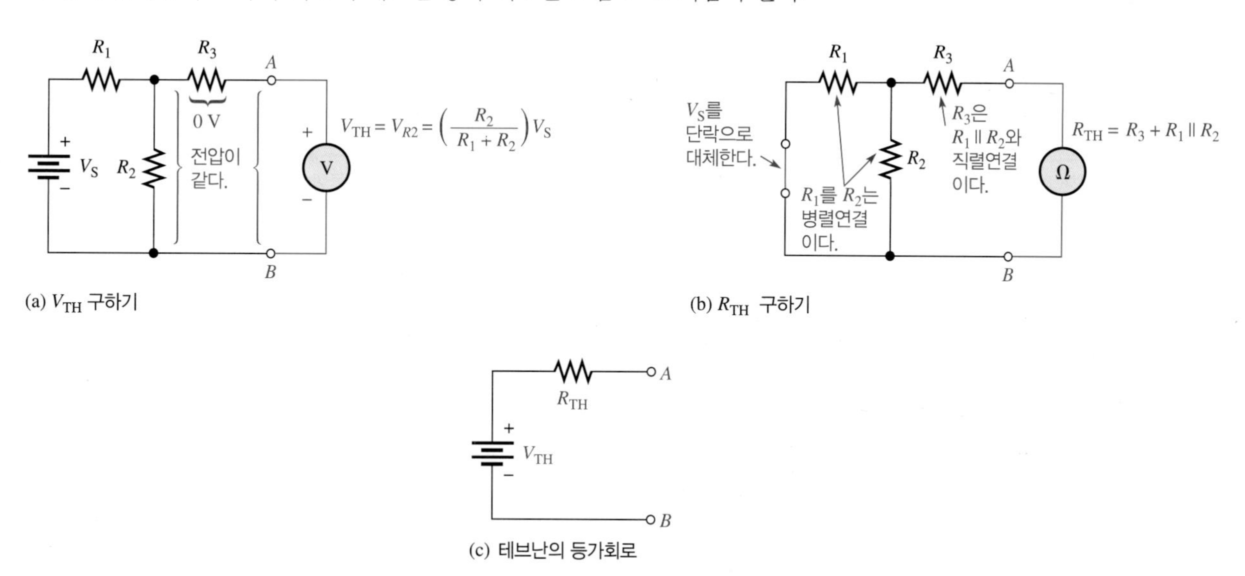

그림 5-40 테브난의 정리에 의해 회로를 단순화시킨 실예

그림 5-40(a)에서 단자 A와 단자 B 사이의 전압은 테브난 등가 전압이다. 이 회로에서 R_3에 흐르는 전류는 없고 전압강하도 없으므로 A와 B 사이의 전압은 R_2에 걸리는 전압과 같다, 여기서 V_{TH}는 다음과 같다.

$$V_{TH} = \left(\frac{R_2}{R_1 + R_2}\right)V_S$$

그림 5–40(b)에서 전원의 내부 저항이 0이란 것을 나타내기 위해 단락시킨 것으로 대치하였을 때, 단자 A와 B 사이의 저항이 테브난 등가 저항이다. 이 회로에서, A와 B 사이의 저항은 R_1과 R_2의 병렬 연결에 R_3이 직렬로 연결된 것이다. 결과적으로 R_{TH}는 다음과 같다.

$$R_{TH} = R_3 + \frac{R_1R_2}{R_1 + R_2}$$

테브난 등가 회로를 그림 5–40(c)에 보였다.

예제 5-15

그림 5–41에 보인 회로의 출력단자 A와 B 사이의 테브난 등가 회로를 구하라. 만약 점 A와 B 사이에 부하 저항이 연결되어 있다면, 먼저 그것을 제거하여야 한다.

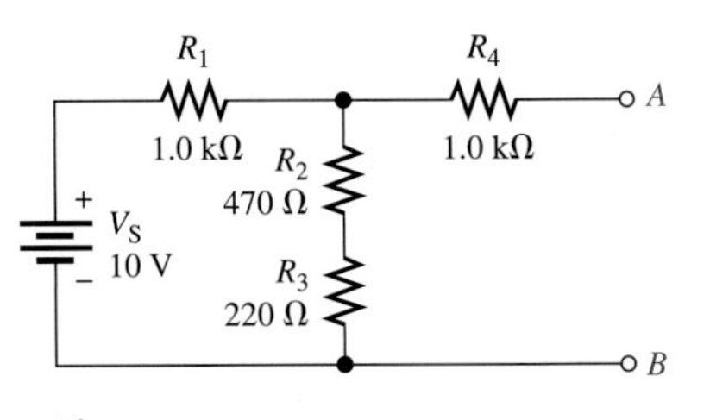

그림 5-41

풀이

그림 5–42(a)에서와 같이, R_4에서는 전압강하가 없으므로, V_{AB}는 $R_2 + R_3$ 양단에 걸리는 전압과 같고, $V_{TH} = V_{AB}$이다. 전압 분배 법칙을 사용하여 V_{TH}를 구한다.

$$V_{TH} = \left(\frac{R_2 + R_3}{R_1 + R_2 + R_3}\right)V_S = \left(\frac{690\ \Omega}{1.69\ k\Omega}\right)10\ V = \mathbf{4.08\ V}$$

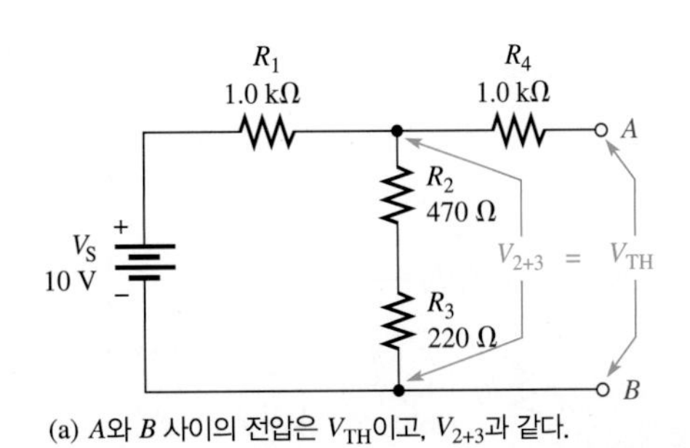

(a) A와 B 사이의 전압은 V_{TH}이고, V_{2+3}과 같다.

R_4는 $R_1 \parallel (R_2 + R_3)$와 직렬연결이다.

V_S를 단락으로 대체한다.

R_1는 $R_2 + R_3$ 병렬연결 이다.

(b) 단자 A와 B로부터 회로를 들여다 보면 R_1과 $(R_2 + R$ 병렬연결에 R_4가 직렬로 연결된 것이다.

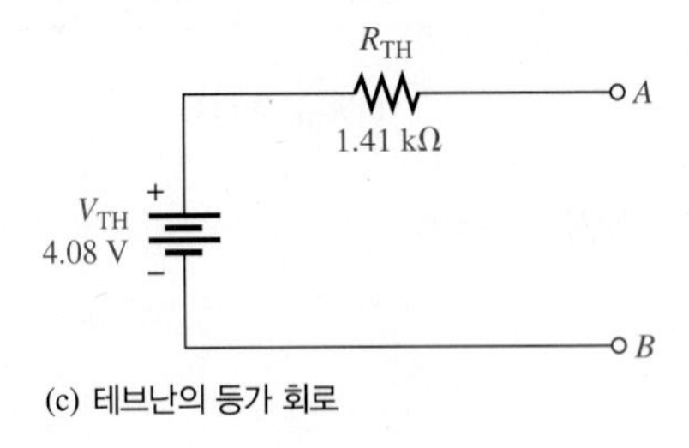

(c) 테브난의 등가 회로

그림 5-42

R_{TH}를 구하기 위해서, 먼저 전압원의 내부 저항을 0으로 가정하기 위해 전원을 단락시킨다. 그러면 그림 5–42(b)에서와 같이 R_1은 $R_2 + R_3$과 병렬 연결이고, 여기에 R_4가 직렬로 연결된 것이다. 이 테브난 등가 회로를 그림 5–42(c)에 보였다.

관련문제

그림 5–42에서 R_2와 R_3양단에 560 Ω의 저항이 병렬로 연결되었다고 할 때, V_{TH}와 R_{TH}를 구하라.

테브난 등가 회로는 들여다보는 위치에 따라 달라진다.

어떤 회로의 테브난 등가 회로는 그 회로를 '바라보는' 두 출력단자의 위치에 따라 달라진다. 그림 5-41에서는 A와 B의 두 점 사이에서 회로를 바라보았다. 어떤 회로도 출력단자를 어떻게 택하느냐에 따라 두 개 이상의 테브난 등가 회로를 가질 수 있다. 예를 들면 그림 5-43의 회로를 점 A와 C 사이로 바라본다면, 단자 A와 B 사이 혹은 단자 B와 C 사이로 회로를 바라보는 것과 전혀 다른 결과를 얻게 된다.

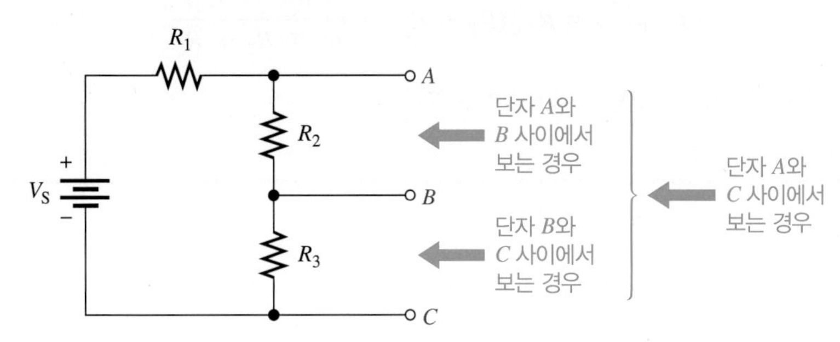

그림 5-43 테브난의 등가는 회로를 바라보는 출력단자의 위치에 따라 달라진다.

그림 5-44(a)에서, 단자 A와 C 사이에서 바라볼 때, V_{TH}는 $R_2 + R_3$에 걸리는 전압이고, 그리고 전압 분배 공식을 이용하여 다음과 같이 구한다.

$$V_{TH(AC)} = \left(\frac{R_2 + R_3}{R_1 + R_2 + R_3}\right)V_S$$

마찬가지로 그림 5-44(b)에서와 같이 단자 A와 C 사이의 저항은 $R_2 + R_3$이 R_1과 병렬이며(전압원은 단락), 다음과 같이 쓸 수 있다.

$$R_{TH(AC)} = R_1 \| (R_2 + R_3) = \frac{R_1(R_2 + R_3)}{R_1 + R_2 + R_3}$$

이 테브난 등가 회로를 5-44(c)에 보였다.

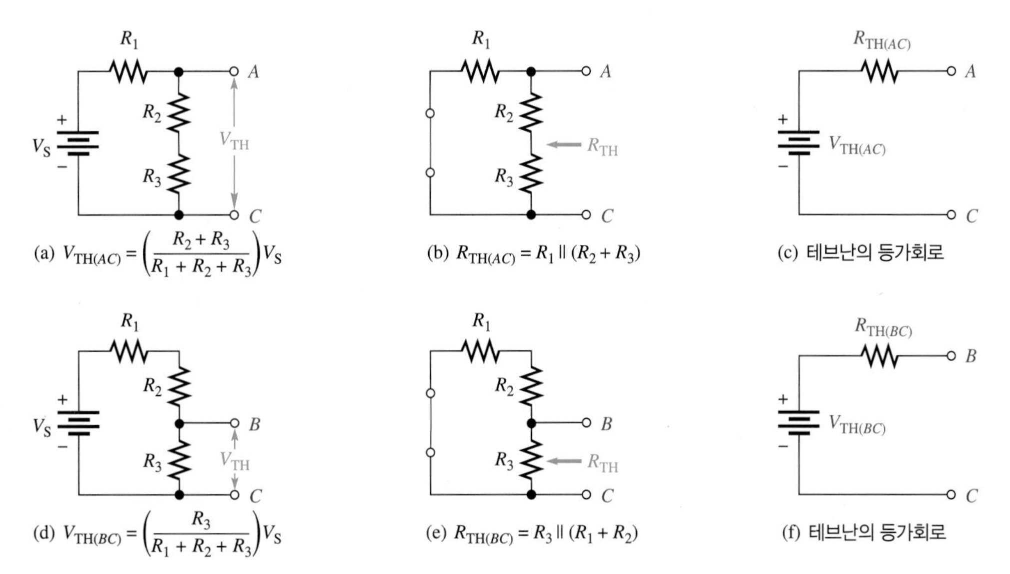

그림 5-44 다른 두 단자로부터 테브난화한 등가 회로의 예. (a), (b), (c)는 점 A와 C 사이에서 본 것이고, (d), (e), (f)는 점 B와 C 사이에서 본 것이다(두 경우의 V_{TH}와 R_{TH}의 값은 서로 다르다).

그림 5–44(d)에서와 같이 점 B와 C 사이에서 회로를 볼 때, $V_{TH(BC)}$는 R_3양단에 인가되는 전압이고 다음과 같다.

$$V_{TH(BC)} = \left(\frac{R_3}{R_1 + R_2 + R_3}\right)V_S$$

그림 5–44(e)에서, 점 B와 C 사이의 저항은 R_1과 R_2의 직렬 연결에 병렬로 연결된 R_3이다.

$$R_{TH(BC)} = R_3 \| (R_1 + R_2) = \frac{R_3(R_1 + R_2)}{R_1 + R_2 + R_3}$$

이에 대한 테브난 등가 회로는 그림 5–44(f)에 보였다.

예제 5–16

(a) 그림 5–45의 회로에서 A와 C 단자 사이에서 본 테브난의 등가 회로를 구하라.

(b) 그림 5–45의 회로에서 B와 C 단자 사이에서 본 테브난의 등가 회로를 구하라.

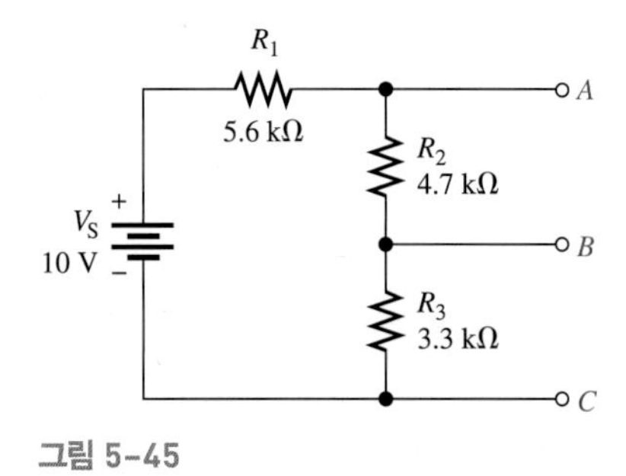

그림 5–45

풀이

(a) $V_{TH(AC)} = \left(\frac{R_2 + R_3}{R_1 + R_2 + R_3}\right)V_S = \left(\frac{4.7\text{ k}\Omega + 3.3\text{ k}\Omega}{5.6\text{ k}\Omega + 4.7\text{ k}\Omega + 3.3\text{ k}\Omega}\right)10\text{ V} = \mathbf{5.88\text{ V}}$

$R_{TH(AC)} = R_1 \| (R_2 + R_3) = 5.6\text{ k}\Omega \| (4.7\text{ k}\Omega + 3.3\text{ k}\Omega) = \mathbf{3.29\text{ k}\Omega}$

그림 5–46(a)에 테브난의 등가 회로를 보였다.

(b) $V_{TH(BC)} = \left(\frac{R_3}{R_1 + R_2 + R_3}\right)V_S = \left(\frac{3.3\text{ k}\Omega}{5.6\text{ k}\Omega + 4.7\text{ k}\Omega + 3.3\text{ k}\Omega}\right)10\text{ V} = \mathbf{2.43\text{ V}}$

$R_{TH(BC)} = R_3 \| (R_1 + R_2) = 3.3\text{ k}\Omega \| (5.6\text{ k}\Omega + 4.7\text{ k}\Omega) = \mathbf{2.5\text{ k}\Omega}$

그림 5–46(b)에 테브난의 등가 회로를 보였다.

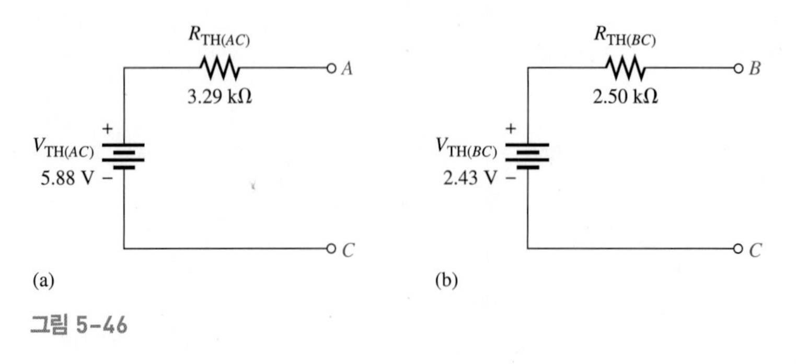

그림 5–46

관련문제

그림 5–45에서 단자 A와 B로부터 본 테브난의 등가 회로를 구하라.

브리지 회로의 테브난화

테브난 정리를 휘트스톤 브리지 회로에 적용시킬 때 그 유용성을 잘 알 수 있다. 예를 들어 그림 5-47에서와 같이 부하 저항이 휘트스톤 브리지의 출력점에 연결된 경우를 살펴보자. 출력 저항이 출력 단자 A와 B 사이에 연결되어 있는 경우 직-병렬 관계가 간단치 않아 브리지회로는 해석하기가 대단히 어렵다. 어느 저항도 다른 저항과 직렬도 아니고 병렬도 아니다.

그림 5-48에서 단계적으로 보인 것처럼 테브난의 정리를 이용하여 브리지 회로를 부하 저항에서 바라본 등가 회로로 간단하게 만들 수 있다. 그림에 보인 각 단계들을 주의 깊게 살펴보자. 브리지의 등가 회로만 만들면, 부하 저항들의 전압과 전류는 옴의 법칙을 이용하여 쉽게 구할 수 있다.

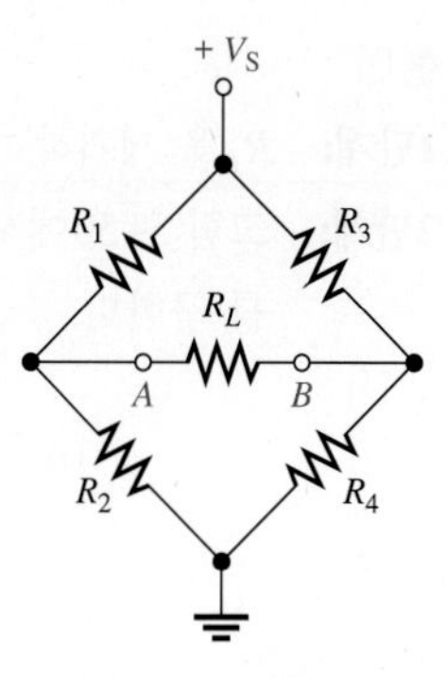

그림 5-47 출력단자에 부하 저항이 연결된 휘트스톤브리지는 단순한 직-병렬 회로가 아니다.

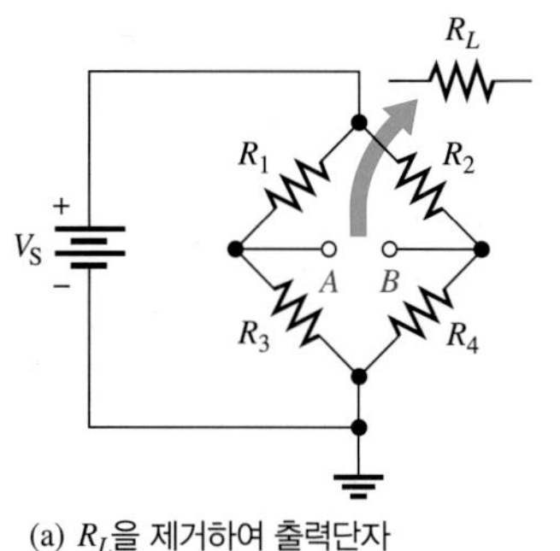

(a) R_L을 제거하여 출력단자 A와 B 사이를 개방한다.

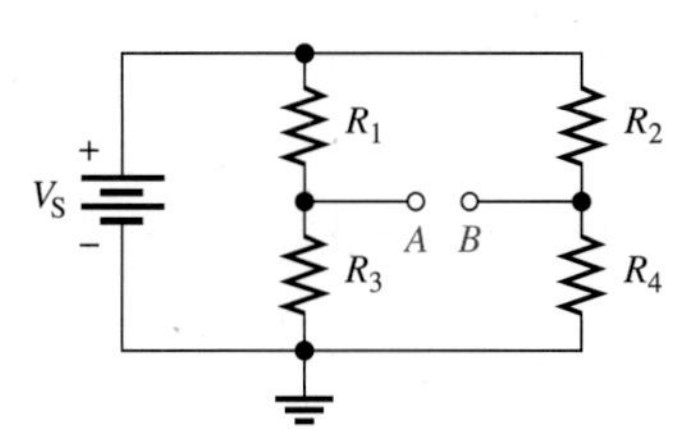

(b) 회로를 다시 그린다(필요할 경우).

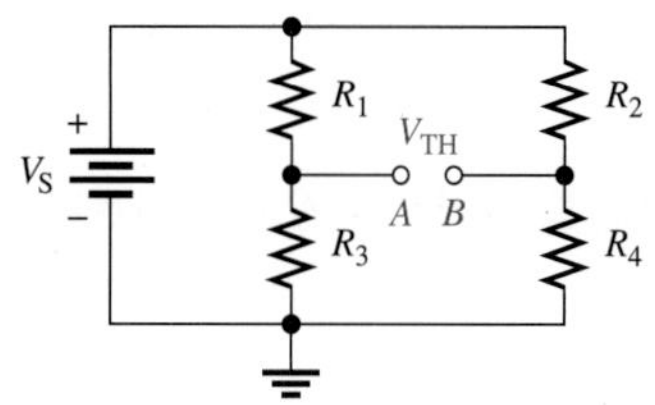

(c) V_{TH}를 찾는다.

$$V_{TH} = V_A - V_B = \left(\frac{R_3}{R_1 + R_3}\right)V_S - \left(\frac{R_4}{R_2 + R_4}\right)V_S$$

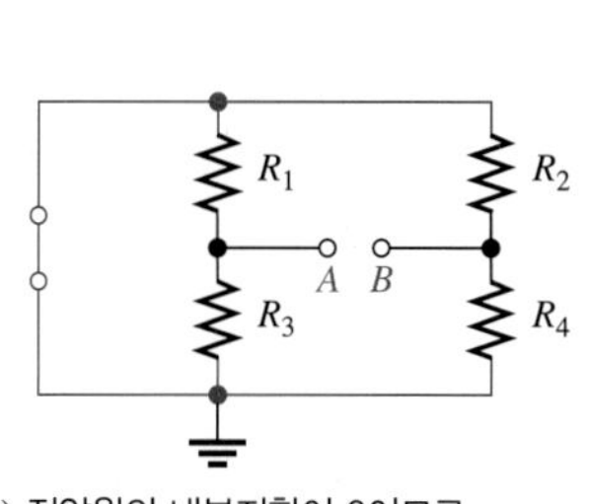

(d) 전압원의 내부저항이 0이므로 V_S는 제거하고 단락시킨다.
note : 적색선은 그림 (e)와 같이 전기적으로 같은 점을 나타낸다.

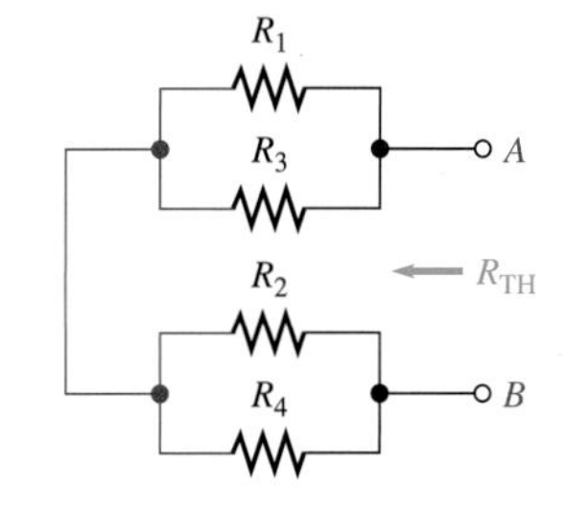

(e) 회로를 다시 그리고 R_{TH}를 구한다.

$$R_{TH} = R_1 \| R_3 + R_2 \| R_4$$

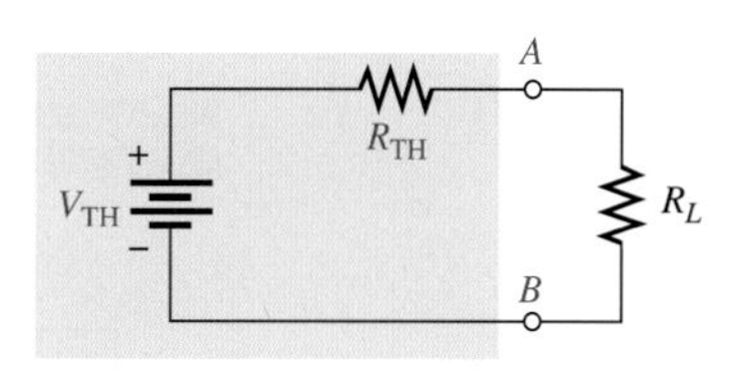

(f) R_L을 다시 연결한 테브난에 등가 회로 (베이지색 블록)

그림 5-48 테브난의 정리를 적용하여 휘트스톤 브리지를 단순하게 만들기

예제 5-17

그림 5-49의 브리지 회로에서 부하 저항 R_L에 대한 전압과 전류를 구하라.

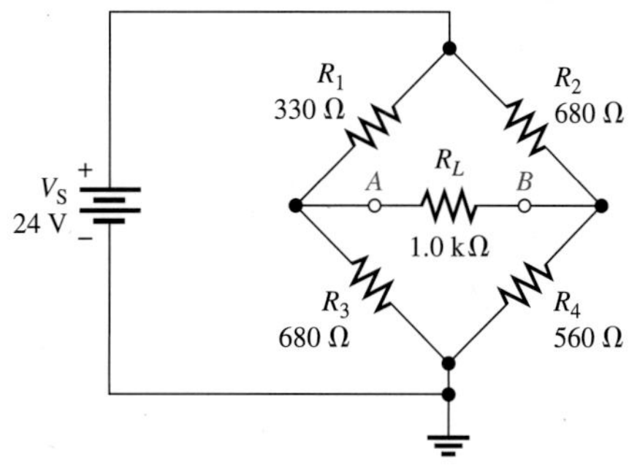

그림 5-49

풀이

1단계: R_L을 제거하여 A와 B 사이를 개방한다.

2단계: 그림 5–50에서와 같이, 브리지를 점 A와 B 사이에서 바라본 테브난 등가 회로로 만들기 위해 우선 V_{TH}를 구한다.

$$V_{TH} = V_A - V_B = \left(\frac{R_3}{R_1 + R_3}\right)V_S - \left(\frac{R_4}{R_2 + R_4}\right)V_S$$
$$= \left(\frac{680\ \Omega}{1010\ \Omega}\right)24\ \text{V} - \left(\frac{560\ \Omega}{1240\ \Omega}\right)24\ \text{V} = 16.16\ \text{V} - 10.84\ \text{V} = 5.32\ \text{V}$$

3단계: R_{TH}를 구한다.

$$R_{TH} = \frac{R_1R_3}{R_1 + R_3} + \frac{R_2R_4}{R_2 + R_4}$$
$$= \frac{(330\ \Omega)(680\ \Omega)}{1010\ \Omega} + \frac{(680\ \Omega)(560\ \Omega)}{1240\ \Omega} = 222\ \Omega + 307\ \Omega = 529\ \Omega$$

4단계: V_{TH}와 R_{TH}를 직렬로 연결하여 테브난의 등가 회로를 만든다.

5단계: 등가 회로의 단자 A와 B 사이에 부하 저항을 연결하고, 그림 5–50에서와 같이 부하 전압과 전류를 구한다.

$$V_L = \left(\frac{R_L}{R_L + R_{TH}}\right)V_{TH} = \left(\frac{1.0\ \text{k}\Omega}{1.529\ \text{k}\Omega}\right)5.32\ \text{V} = \mathbf{3.48\ V}$$
$$I_L = \frac{V_L}{R_L} = \frac{3.48\ \text{V}}{1.0\ \text{k}\Omega} = \mathbf{3.48\ mA}$$

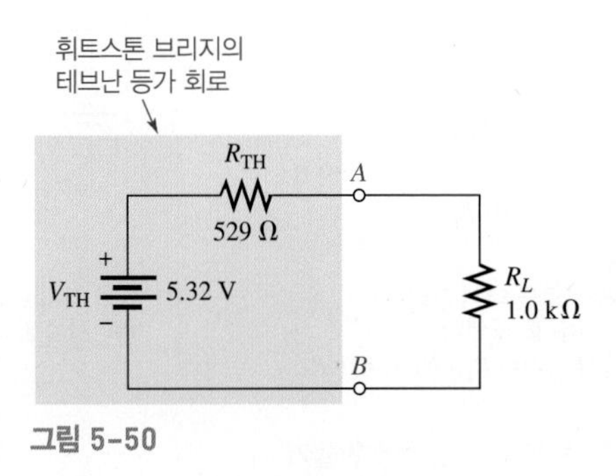

그림 5–50

관련문제

그림 5–49에서 $R_1 = 2.2\ \text{k}\Omega$, $R_2 = 3.9\ \text{k}\Omega$, $R_3 = 3.3\ \text{k}\Omega$, and $R_4 = 2.7\ \text{k}\Omega$일 때 I_L을 구하라.

테브난의 정리 요약

저항성 회로에 대한 테브난의 등가 회로는 등가 저항과 등가 전원의 직렬 연결 형태이다. 테브난 정리의 중요성은 어떤 외부 부하가 연결되어 있어도 그것을 간단한 등가 회로로 대치할 수 있다는 것이다. 테브난 등가 회로의 단자 사이에 연결된 부하 저항의 전압과 전류값은 원래의 회로에서와 똑같은 값을 갖는다.

테브난 정리의 적용을 단계별로 요약하면 다음과 같다.

1단계: 테브난 등가 회로를 구하려고 하는 두 단자 사이를 개방시킨다(그 사이의 부하를 제거한다).

2단계: 개방된 두 단자 사이의 전압 V_{TH}를 구한다.

3단계: 모든 전원을 내부 저항으로 대체하고, 두 단자 사이의 저항 R_{TH}를 구한다(이상적인 전압원은 단락으로 대치한다).

4단계: V_{TH}와 R_{TH}를 직렬로 연결하여 원래의 회로에 대한 테브난 등가를 완성시킨다.

5단계: 1단계에서 제거한 부하 저항을 테브난 등가 회로의 단자 사이에 연결한다. 옴의 법칙을 이용하여 부하전류와 부하 전압을 계산한다. 그 값들은 본래 회로의 부하전류 및 부하 전압과 같은 값을 갖는다.

이 외에도 회로해석에 이용되는 두 가지 정리가 있다. 하나는 노턴의 정리(Norton's theorem)이며, 이것은 전압원 대신 전류원을 다루는 것을 제외하고는 테브난의 정리와 유사하다. 다른 하나는 밀만의 정리(Millman's theorem)이며, 병렬 전압원을 다루고 있다. 부록 C를 참고하라.

5-6절 복습 문제

1. 테브난 등가 회로의 두 구성요소는 무엇인가?
2. 기본적인 테브난 등가 회로를 그려라.
3. V_{TH}는 무엇인가?
4. R_{TH}는 무엇인가?
5. 그림 5-51의 회로에 대한 단자 A와 B에서 바라본 테브난 등가 회로를 그려라.

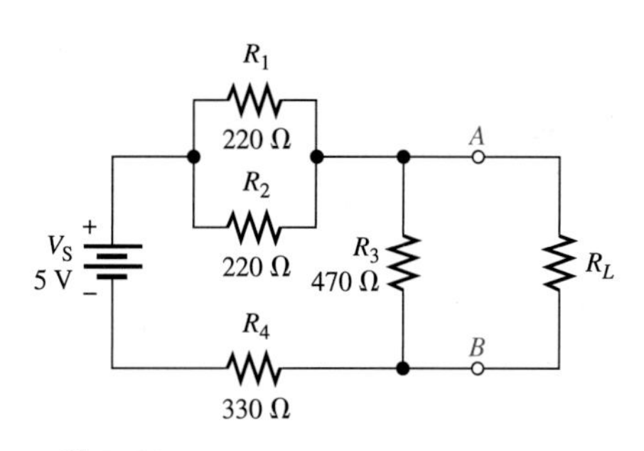

그림 5-51

5-7 최대 전력 전달의 정리

최대 전력 전달의 정리는 전원으로부터 최대 전력이 전달되는 부하값을 알기 위해 매우 중요한 식이다.

이 절을 마친 후 다음을 할 수 있어야 한다.

- 최대 전력 전달 정리의 응용
- 정리의 설명
- 회로에서 최대 전력이 전달되는 부하 저항치 계산

최대 전력 전달 정리(maximum power transfer)는 다음과 같이 설명할 수 있다.

부하 저항이 전원의 내부 저항과 같을 때 최대 전력이 전원으로부터 부하로 전달된다.

회로의 전원 저항 R_S는 출력 단자에서 바라본 테브난 등가 저항이다. 출력 저항과 부하를 갖는 테브난 등가 회로를 그림 5-52에 보였다. $R_L = R_S$일 때, 최대 전력이 전원으로부터 R_L로 전달된다.

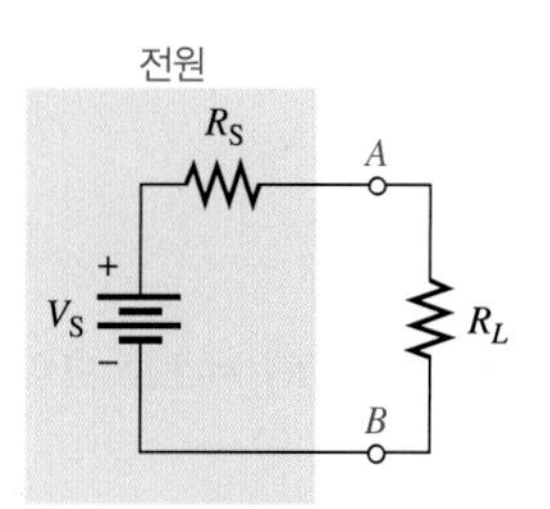

그림 5-52 $R_L = R_S$일 때 최대전력이 부하에 전달된다.

최대 전력 전달의 정리는 실제로 스테레오, 라디오, 대중 연설용 앰프 같은 오디오 시스템에 널리 응용된다. 이런 시스템에서 스피커의 저항이 부하이다. 스피커를 구동하는 회로는 전력 증폭기이다. 이런 시스템들은 일반적으로 스피커에 최대 전력을 전달하기 위해 최적화되어 있다. 즉, 스피커의 저항이 증폭기 전원의 내부 저항과 같아야 한다.

예제 5-18은 $R_L = R_S$일 때 최대 전력이 전달된다는 것을 보여준다.

예제 5-18

그림 5-53에서 전원의 내부 저항은 75 Ω이다. 가변 부하 저항값이 다음과 같을 때 부하 전력을 구하라.

(a) 0 Ω **(b)** 25 Ω **(c)** 50 Ω
(d) 75 Ω **(e)** 100 Ω **(f)** 125 Ω

부하 저항에 대한 부하 전력의 관계를 나타내는 그래프를 그려라.

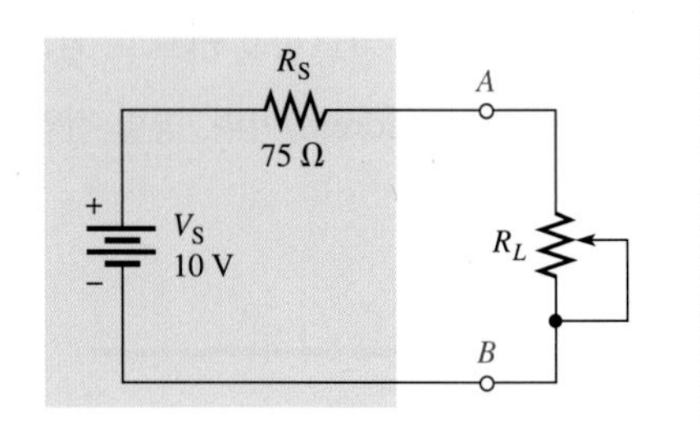

그림 5-53

풀이

옴의 법칙($I = V/R$)과 전력 공식($P = I^2R$)을 이용하여, 각 부하 저항에 대한 부하 전력 P_L을 구한다.

(a) $R_L = 0\ \Omega$일 때,

$$I = \frac{V_S}{R_S + R_L} = \frac{10\text{V}}{75\ \Omega + 0\ \Omega} = 133\text{ mA}$$
$$P_L = I^2R_L = (133\text{ mA})^2(0\ \Omega) = \mathbf{0\ mW}$$

(b) $R_L = 25\ \Omega$일 때,

$$I = \frac{V_S}{R_S + R_L} = \frac{10\text{ V}}{75\ \Omega + 25\ \Omega} = 100\text{ mA}$$
$$P_L = I^2R_L = (100\text{ mA})^2(25\ \Omega) = \mathbf{250\ mW}$$

(c) $R_L = 50\ \Omega$일 때,

$$I = \frac{V_S}{R_S + R_L} = \frac{10\text{ V}}{125\ \Omega} = 80\text{ mA}$$
$$P_L = I^2R_L = (80\text{ mA})^2(50\ \Omega) = \mathbf{320\ mW}$$

(d) $R_L = 75\ \Omega$일 때,

$$I = \frac{V_S}{R_S + R_L} = \frac{10\text{ V}}{150\ \Omega} = 66.7\text{ mA}$$
$$P_L = I^2R_L = (66.7\text{ mA})^2(75\ \Omega) = \mathbf{334\ mW}$$

(e) $R_L = 100\ \Omega$일 때,

$$I = \frac{V_S}{R_S + R_L} = \frac{10\text{ V}}{175\ \Omega} = 57.1\text{ mA}$$
$$P_L = I^2R_L = (57.1\text{ mA})^2(100\ \Omega) = \mathbf{326\ mW}$$

(f) $R_L = 125\ \Omega$일 때,

$$I = \frac{V_S}{R_S + R_L} = \frac{10\text{ V}}{200\ \Omega} = 50\text{ mA}$$
$$P_L = I^2R_L = (50\text{ mA})^2(125\ \Omega) = \mathbf{313\ mW}$$

$R_L = R_S = 75\ \Omega$일 때 부하 전력이 최대라는 점을 주목하라. 이것은 전원의 내부 저항과 같다. 부하 저항이 이 값보다 크거나 작으면, 그림 5–54의 그래프에서 보는 바와 같이 전력은 감소한다.

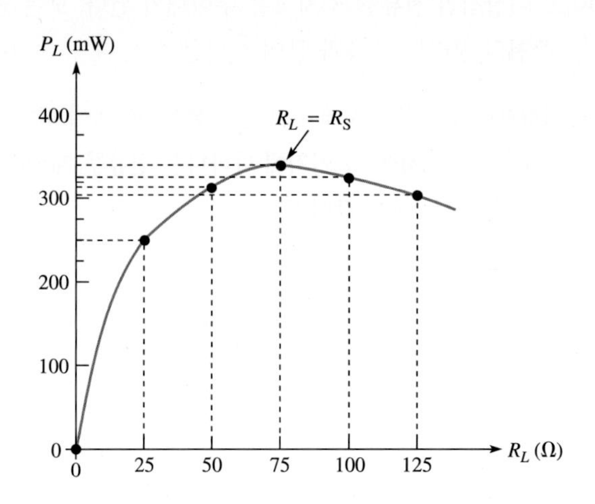

그림 5-54 이 그래프는 $R_L = R_S$일 때 부하전력이 최대가 되는 것을 보여주고 있다.

관련문제

그림 5–53에서 전원저항이 600 Ω이면, 부하에 전달되는 최대 전력은 얼마인가?

5-7절 복습 문제

1. 최대 전력 전달의 정리를 설명하라.
2. 전원으로부터 최대 전력이 부하에 전달되는 조건은 무엇인가?
3. 전원의 내부 저항이 50 Ω인 회로가 있다. 최대 전력이 전달되기 위한 부하의 값은 얼마인가?

5-8 중첩의 정리

전압원이나 전류원이 두 개 이상 필요한 회로도 있다. 예를 들면 대부분의 증폭기는 교류와 직류, 두 개의 전원으로 작동한다. 어떤 증폭기는 적절히 동작하기 위해 양(+)과 음(−)의 직류 전압원이 필요하다. 회로 내에 여러 개의 전원이 사용될 때 중첩의 정리를 이용하여 해석할 수 있다.

이 절을 마친 후 다음을 할 수 있어야 한다.

- 중첩의 정리를 이용한 회로를 해석한다.
- 중첩의 정리를 설명한다.
- 이 정리를 적용하는 단계를 요약한다.

중첩(superposition)의 정리는 전원이 여러 개인 선형회로에서 한 번에 한 개씩의 전원만을 남기고 나머지 전원은 내부 저항으로 대치해 가면서 그 회로 내의 전류를 구하는 방법이다. 이상적인 전압원의 내부저항은 0이고 이상적인 전류원의 저항은 무한대가 된다. 모든 전원은 이상적인 것으로 가정한다.

일반적으로 중첩의 정리는 다음과 같이 설명할 수 있다.

복수-전원 선형회로의 어떤 가지에 흐르는 전류는, 한 번에 하나의 전원만 택하고 다른 전원들을 모두 그 내부 저항으로 대치하여 그 가지에 나타나는 전류를 계산하고, 그와 같이 모든 전원에 대한 값을 구한 다음 이들을 모두 합한 값이 된다.

중첩의 원리를 적용하는 단계는 다음과 같다.

1단계: 한 번에 하나의 전압(또는 전류)원만을 남기고, 다른 전압(또는 전류)원들은 그 내부저항으로 대치한다. 이상적인 전원의 경우, 단락은 내부저항이 0, 개방은 내부저항이 무한대가 된다.

2단계: 회로 내에는 유일하게 하나의 전원만 있는 것으로 가정하여, 그것에 의한 전류(또는 전압)를 구한다. 이것은 구하려는 전체 전류 또는 전압의 일부이다.

3단계: 회로 내의 다음 전원을 취하고, 각각의 전원에 대해 1단계와 2단계를 반복한다.

4단계: 주어진 가지의 실제 전류를 구하기 위해서는(전체 전원에 대한) 이 모든 전원에 대한 값을 대수적으로 합한다. 전류를 구하면 옴의 법칙에 의해 전압도 구할 수 있다.

그림 5-55에서 두 개의 이상적인 전압원을 갖는 직-병렬회로에 대해 중첩의 정리를 적용하였다. 그림에서 각 단계들을 살펴보자.

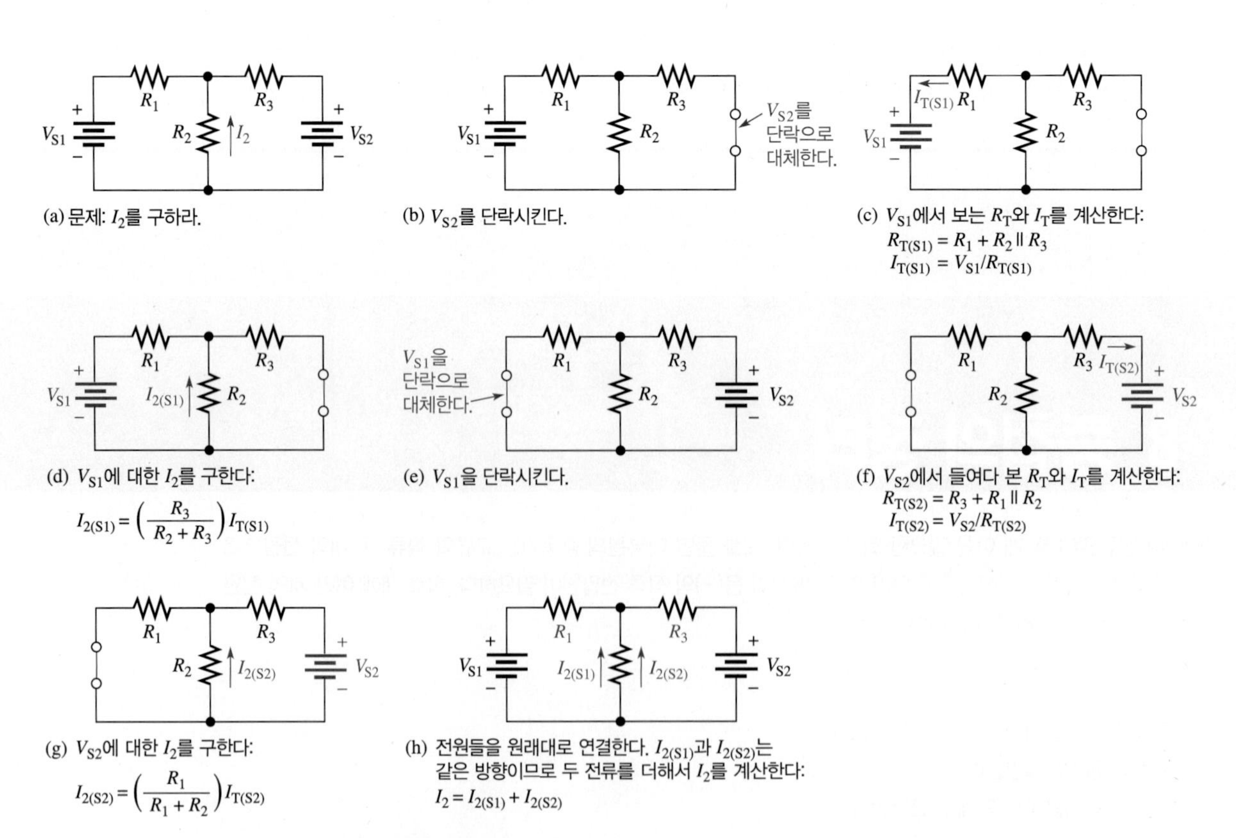

(a) 문제: I_2를 구하라.

(b) V_{S2}를 단락시킨다.

(c) V_{S1}에서 보는 R_T와 I_T를 계산한다:
$R_{T(S1)} = R_1 + R_2 \parallel R_3$
$I_{T(S1)} = V_{S1}/R_{T(S1)}$

(d) V_{S1}에 대한 I_2를 구한다:
$I_{2(S1)} = \left(\frac{R_3}{R_2 + R_3}\right) I_{T(S1)}$

(e) V_{S1}을 단락시킨다.

(f) V_{S2}에서 들여다 본 R_T와 I_T를 계산한다:
$R_{T(S2)} = R_3 + R_1 \parallel R_2$
$I_{T(S2)} = V_{S2}/R_{T(S2)}$

(g) V_{S2}에 대한 I_2를 구한다:
$I_{2(S2)} = \left(\frac{R_1}{R_1 + R_2}\right) I_{T(S2)}$

(h) 전원들을 원래대로 연결한다. $I_{2(S1)}$과 $I_{2(S2)}$는 같은 방향이므로 두 전류를 더해서 I_2를 계산한다:
$I_2 = I_{2(S1)} + I_{2(S2)}$

그림 5-55 중첩의 정리 설명

예제 5-19

중첩의 정리를 이용하여 그림 5-56에서 R_2에 흐르는 전류와 그 양단에 걸리는 전압을 구하라.

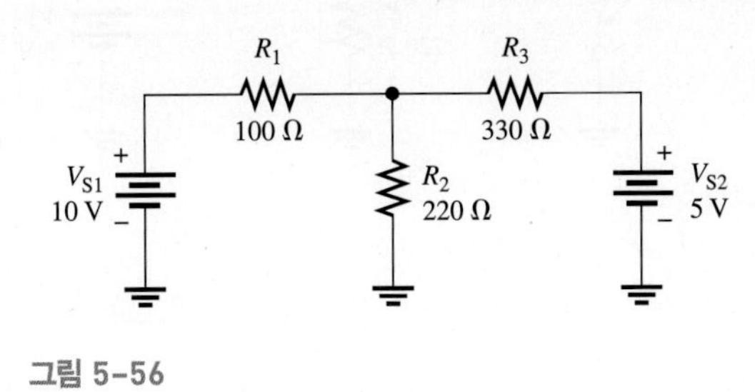

그림 5-56

풀이

1단계: 그림 5-57과 같이 전압원 V_{S2}는 0의 내부 저항을 갖는 단락회로로 바꾸고, 전압원 V_{S1}에 의해 R_2에 흐르는 전류를 구한다. 전류분배 공식을 이용하여 I_2를 구한다. V_{S1}에서 회로를 보면,

$$R_{T(S1)} = R_1 + R_2 \| R_3 = 100\ \Omega + 220\ \Omega \| 330\ \Omega = 232\ \Omega$$

$$I_{T(S1)} = \frac{V_{S1}}{R_{T(S1)}} = \frac{10\ \text{V}}{232\ \Omega} = 43.1\ \text{mA}$$

V_{S1}에 의해 R_2에 흐르는 전류는

$$I_{2(S1)} = \left(\frac{R_3}{R_2 + R_3}\right) I_{T(S1)} = \left(\frac{330\ \Omega}{220\ \Omega + 330\ \Omega}\right) 43.1\ \text{mA} = 25.9\ \text{mA}$$

이 전류는 R_2를 통해 위 방향으로 흐른다.

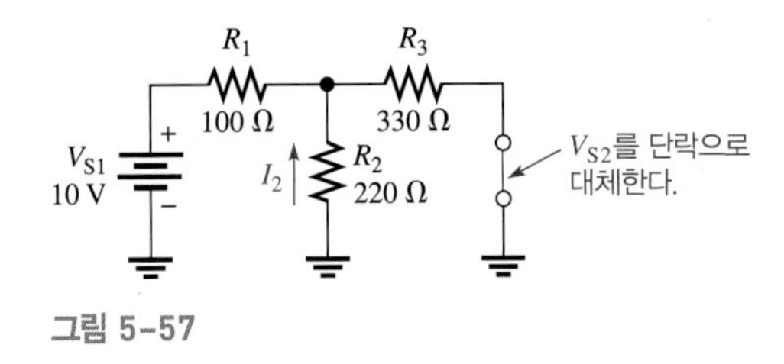

그림 5-57

2단계: 그림 5-58에서와 같이 V_{S1}을 단락회로로 대치하여, 전압원 V_{S2}에 의해 R_2를 통하는 전류를 구한다. V_{S2}에서 회로를 보면,

$$R_{T(S2)} = R_3 + R_1 \| R_2 = 330\ \Omega + 100\ \Omega \| 220\ \Omega = 399\ \Omega$$

$$I_{T(S2)} = \frac{V_{S2}}{R_{T(S2)}} = \frac{5\ \text{V}}{399\ \Omega} = 12.5\ \text{mA}$$

V_{S2}에 의해 R_2에 흐르는 전류는

$$I_{2(S2)} = \left(\frac{R_1}{R_1 + R_2}\right) I_{T(S2)} = \left(\frac{100\ \Omega}{100\ \Omega + 220\ \Omega}\right) 12.5\ \text{mA} = 3.90\ \text{mA}$$

이 전류는 R_2를 통해 위 방향으로 흐른다.

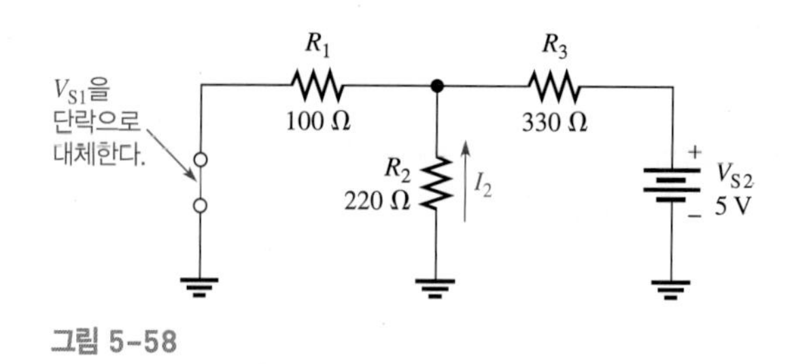

그림 5-58

3단계: R_2를 통하는 두 전류 성분은 둘 다 위쪽 방향이며, 따라서 R_2를 흐르는 전체 전류는 그 값을 합한 것이 된다.

$$I_{2(tot)} = I_{2(S1)} + I_{2(S2)} = 25.9\text{ mA} + 3.90\text{ mA} = \mathbf{29.8\text{ mA}}$$

R_2에 걸리는 전압은

$$V_{R2} = I_{2(tot)}R_2 = (29.8\text{ mA})(220\ \Omega) = \mathbf{6.56\text{ V}}$$

관련문제

그림 5-56에서 V_{S2}의 극성이 바뀌었을 때, R_2를 지나는 전체 전류를 구하라.

예제 5-20

그림 5-59에서 R_3에 걸리는 전압과 전류를 계산하라.

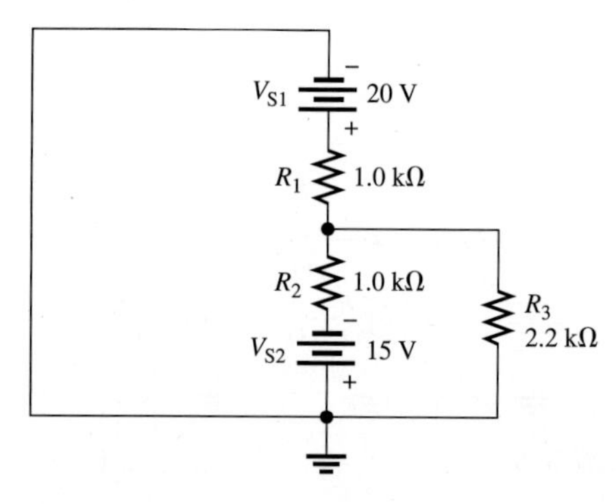

그림 5-59

풀이

1단계: 그림 5-60과 같이 V_{S2}를 단락시키고 V_{S1}에 의해 R_3에 흐르는 전류를 계산한다. V_{S1}에서 회로를 보면

$$R_{T(S1)} = R_1 + \frac{R_2R_3}{R_2 + R_3} = 1.0\text{ k}\Omega + \frac{(1.0\text{ k}\Omega)(2.2\text{ k}\Omega)}{3.2\text{ k}\Omega} = 1.69\text{ k}\Omega$$

$$I_{T(S1)} = \frac{V_{S1}}{R_{T(S1)}} = \frac{20\text{ V}}{1.69\text{ k}\Omega} = 11.8\text{ mA}$$

전류분배 법칙을 적용하여 V_{S1}에 의해 R_3를 지나는 전류를 구하면

$$I_{3(S1)} = \left(\frac{R_2}{R_2 + R_3}\right)I_{T(S1)} = \left(\frac{1.0\text{ k}\Omega}{3.2\text{ k}\Omega}\right)11.8\text{ mA} = 3.69\text{ mA}$$

이 전류는 R_3를 통해 위쪽으로 흐른다.

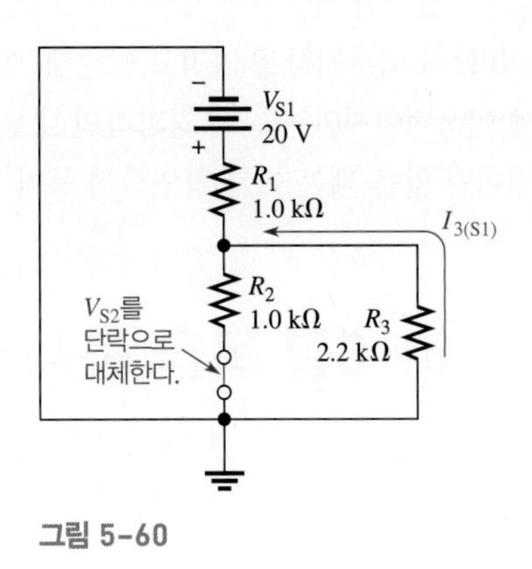

그림 5-60

2단계: 그림 5-61과 같이 V_{S1}은 단락시키고 V_{S2}에 의해 R_3에 흐르는 전류를 구한다. V_{S2}에서 회로를 보면

$$R_{T(S2)} = R_2 + \frac{R_1R_3}{R_1 + R_3} = 1.0\,k\Omega + \frac{(1.0\,k\Omega)(2.2\,k\Omega)}{3.2\,k\Omega} = 1.69\,k\Omega$$

$$I_{T(S2)} = \frac{V_{S2}}{R_{T(S2)}} = \frac{15\,V}{1.69\,k\Omega} = 8.88\,mA$$

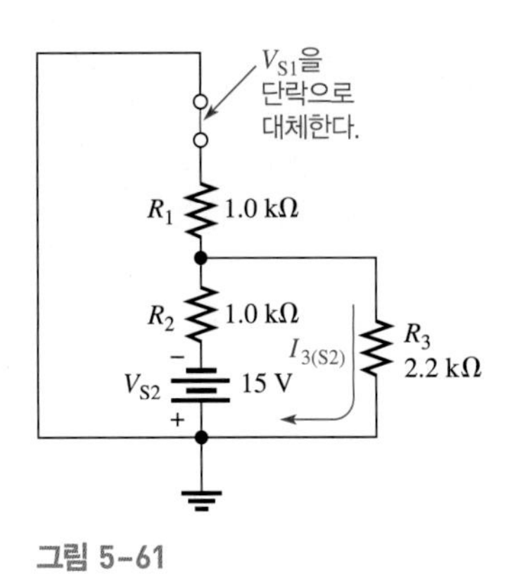

그림 5-61

전류분배 법칙을 이용하여 V_{S2}에 의해 R_3을 흐르는 전류를 구하면

$$I_{3(S2)} = \left(\frac{R_1}{R_1 + R_3}\right)I_{T(S2)} = \left(\frac{1.0\,k\Omega}{3.2\,k\Omega}\right)8.88\,mA = 2.78\,mA$$

이 전류는 R_3을 통해 아래쪽으로 흐른다.

3단계: R_3를 흐르는 전체전류와 그 양단의 전압을 구한다.

$$I_{3(tot)} = I_{3(S1)} - I_{3(S2)} = 3.69\,mA - 2.78\,mA = 0.91\,mA = \mathbf{910\,\mu A}$$
$$V_{R3} = I_{3(tot)}R_3 = (910\,\mu A)(2.2\,k\Omega) \cong \mathbf{2\,V}$$

전류는 R_3을 통하여 위 방향으로 흐른다.

관련문제

그림 5-59에서, V_{S1}을 12 V로 바꾸고 극성을 반대로 할 경우, R_3을 통하는 전체 전류를 구하라.

조정된 직류 전원은 이상적인 전압원에 가깝지만 교류 전원은 그렇지 않다. 예를 들어 함수발생기는 대개 50 Ω 혹은 600 Ω의 내부저항을 가지고 있는데, 이것은 이상적인 전원과 직렬저항으로 볼 수 있다. 전지들은 초기엔 이상적이지만 시간이 경과하면 내부저항이 증가하게 된다. 중첩의 정리를 적용할 경우 전원이 이상적이지 않을 때는 이를 확인하여 등가 내부저항으로 대체해야 한다.

5-8절 복습 문제

1. 중첩의 정리를 기술하라.
2. 전원이 여러 개인 선형회로를 분석할 때 중첩의 원리가 유용한 이유는 무엇인가?
3. 중첩의 정리를 적용할 때 전압원을 단락시키는 이유는 설명하라.
4. 중첩의 정리를 적용한 결과로 회로의 어떤 가지를 흐르는 두 개 성분의 전류방향이 서로 반대라면, 전체 전류의 방향은 어떻게 되는가?

5-9 고장진단

고장진단은 회로의 결함이나 고장의 원인과 위치를 밝혀내는 과정이다. 고장진단 기법 및 논리적인 사고의 응용은 직렬회로와 병렬회로를 공부할 때 이미 논의하였다. 고장진단을 완벽하게 하기 위해서는 우선 목적이 분명해야 한다.

이 절을 마친 후 다음을 할 수 있어야 한다.

- 직-병렬회로의 고장진단을 설명한다.
- 회로가 개방되었을 때의 현상을 설명한다.
- 회로가 단락되었을 때의 현상을 설명한다.
- 개방과 단락의 위치를 확인한다.

개방과 단락은 전기회로에서 흔히 발생하는 문제이다. 4장에서 언급한 바와 같이, 만약 저항이 타면 대개는 개방이 될 것이다. 납땜 오류, 단선, 접촉 불량 등은 통로 개방의 원인이 된다. 납땜 조각 같은 이물질 파편, 도선 간의 절연 불량 등은 회로 단락의 원인이 될 수 있다. 단락은 두 점 사이의 통로 저항이 0인 것을 의미한다.

완전한 개방이나 단락 외에도 회로에서 개방성 또는 단락성 결함이 발생할 수도 있다. 개방성 회로의 저항은 무한대는 아니지만 정상적인 때의 저항보다 매우 크다. 단락성 회로의 저항은 0은 아니지만 정상적인 때의 저항보다 훨씬 작다.

다음 세 가지 예제에서 직-병렬회로의 고장진단 예를 보였다.

예제 5-21

전압계 지시 값이 그림 5-62와 같을 때, APM(분석-계획-측정) 기법으로 이 회로의 고장 여부를 판단하라. 만약 고장이라면 단락으로 인한 것인지 개방으로 인한 것인지 확인하라.

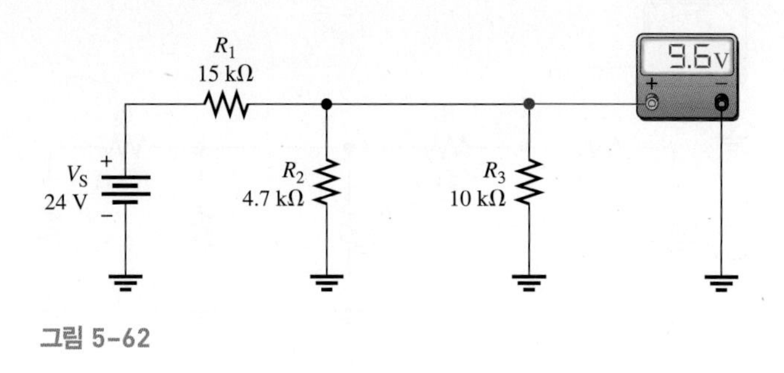

그림 5-62

풀이

1단계: 분석

전압계가 지시해야 할 예측치는 다음과 같다. R_2와 R_3은 병렬이므로, 이들의 합성저항은

$$R_{2\|3} = \frac{R_2 R_3}{R_2 + R_3} = \frac{(4.7\,\text{k}\Omega)(10\,\text{k}\Omega)}{14.7\,\text{k}\Omega} = 3.20\,\text{k}\Omega$$

전압분배 공식에 의해 병렬연결 양단의 전압을 구한다.

$$V_{2\|3} = \left(\frac{R_{2\|3}}{R_1 + R_{2\|3}}\right)V_S = \left(\frac{3.2\,\text{k}\Omega}{18.2\,\text{k}\Omega}\right)24\text{ V} = 4.22\text{ V}$$

계기는 이 계산값 4.22 V를 지시해야 한다. 그러나 계기는 $R_{2\|3}$ 양단의 전압을 9.6 V로 나타내고 있다. 이 값은 부정확하며 계산 값보다 높기 때문에, R_2나 R_3이 개방된 것으로 생각할 수 있다. 만약 두 저항 중 어느 하나가 개방되면 계기가 연결된 사이의 저항이 정상치보다 크게 되기 때문이다. 저항이 커지면 그 양단의 전압강하도 높아진다.

2단계: 계획

R_2부터 시작하여 개방저항을 찾아낸다. R_2가 개방되었다면, R_3에 걸리는 전압은

$$V_3 = \left(\frac{R_3}{R_1 + R_3}\right)V_S = \left(\frac{10\,\text{k}\Omega}{25\,\text{k}\Omega}\right)24\text{ V} = 9.6\text{ V}$$

측정전압도 9.6 V였으므로, 이 계산 결과로 R_2가 개방되었다는 것을 알 수 있다.

3단계: 측정

전원을 끊고 R_2를 제거한다. 저항을 측정하여 개방 여부를 확인한다. 만약 그것이 아니라면, R_2 주변의 결선, 납땜, 또는 연결 상태 등이 개방되었는지 조사한다.

관련문제

그림 5-62에서 만약 R_3이 개방되었다면 전압계가 지시하는 측정치는 얼마일까? 만약 R_1이 개방되었다면 어떻게 될까?

예제 5-22

그림 5-63에서 전압계로 측정한 값이 24 V였다면, 이 회로에 고장이 있는가? 있다면 그 위치를 찾으라.

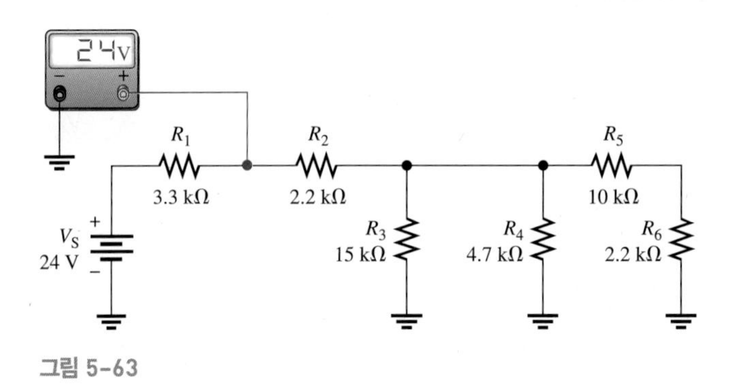

그림 5-63

풀이

1단계: 분석

저항의 양쪽이 +24 V이므로 R_1 양단의 전압강하는 없다. 전원으로부터 R_1을 통해 전류는 흐르지 않으므로, R_2가 개방되었거나 또는 R_1이 단락되었다.

2단계: 계획

고장 가능성이 가장 큰 것은 R_2의 개방이다. R_2가 개방되었다면 전원으로부터 전류가 흐를 수 없다. 이를 확인하기 위해 전압계로 R_2 양단의 전압을 측정한다. R_2가 개방이라면, 계기는 24 V를 지시할 것이다. R_2의 오른쪽 전압은 0이다. 그 이유는 전압강하의 원인이 되는 어느 저항에도 전류가 흐르지 않고 있기 때문이다.

3단계: 측정

R_2의 개방여부를 확인하기 위한 측정을 그림 5-64에 보였다.

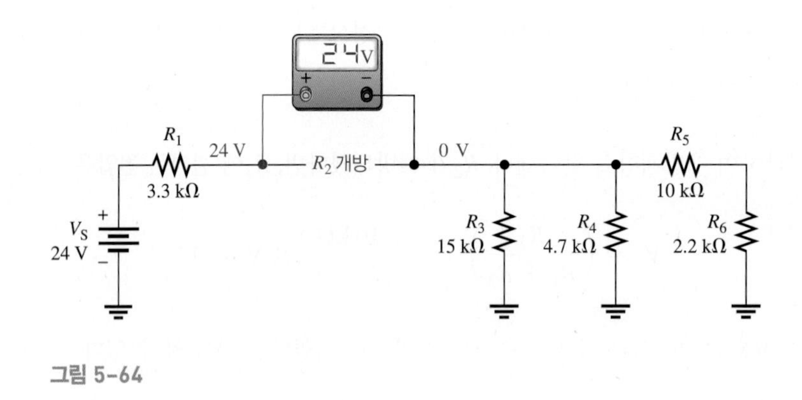

그림 5-64

관련문제

그림 5-63의 회로에서 다른 고장이 없다면 개방된 R_5에 걸리는 전압은 얼마인가?

예제 5-23

그림 5-65와 같이 두 개의 전압계로 회로 내의 전압을 측정하였다. 이 회로에 개방이나 단락이 있는지 확인하고, 만약 있다면 그 결함의 위치를 찾아내라.

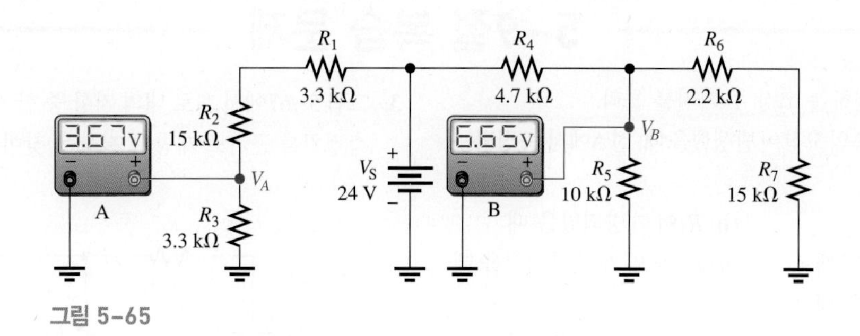

그림 5-65

풀이

1단계: 먼저 전압계의 측정치가 정확한지 확인한다. R_1, R_2 및 R_3은 전압분배기의 역할을 한다. 다음과 같이 R_3 양단의 전압(V_A)을 구한다.

$$V_A = \left(\frac{R_3}{R_1 + R_2 + R_3}\right)V_S = \left(\frac{3.3\ \text{k}\Omega}{21.6\ \text{k}\Omega}\right)24\ \text{V} = 3.67\ \text{V}$$

전압계 A의 측정치는 정확하다. 이것은 R_1, R_2 및 R_3은 잘 연결되어 있고, 결함이 없다는 것을 의미한다.

2단계: 전압계 B의 측정치가 정확한지 확인한다. $R_6 + R_7$은 R_5와 병렬로 연결되어 있다. R_5, R_6 및 R_7의 직-병렬 결합은 R_4와 직렬로 연결되어 있다. R_5, R_6 및 R_7 결합의 저항은 다음과 같다.

$$R_{5\|(6+7)} = \frac{R_5(R_6 + R_7)}{R_5 + R_6 + R_7} = \frac{(10\ \text{k}\Omega)(17.2\ \text{k}\Omega)}{27.2\ \text{k}\Omega} = 6.32\ \text{k}\Omega$$

$R_{5\|(6+7)}$과 R_4는 전압분배기 형태가 되며, $R_{5\|(6+7)}$ 양단의 전압을 전압계 B가 보이고 있다. 그것이 정확한지 다음과 같이 확인한다.

$$V_B = \left(\frac{R_{5\|(6+7)}}{R_4 + R_{5\|(6+7)}}\right)V_S = \left(\frac{6.32\ \text{k}\Omega}{11\ \text{k}\Omega}\right)24\ \text{V} = 13.8\ \text{V}$$

따라서 실제 측정치(6.65V)는 잘못된 것이다. 논리적으로 문제점들을 분리하여 해결해 본다.

3단계: R_4는 개방상태가 아니다. 만약 개방이라면 계기는 0 V를 나타낼 것이고 단락이라면 계기는 24 V를 보일 것이다. 실측 전압이 계산치보다 훨씬 적으므로 $R_{5\|(6+7)}$은 계산치 6.32 kΩ보다 작을 것이다. 가장 가능성이 큰 것은 R_7의 단락이다. 만약 R_7의 위쪽과 접지 사이가 단락되어 있다면, R_6은 R_5와 병렬 연결이 된다. 이 경우,

$$R_5 \| R_6 = \frac{R_5 R_6}{R_5 + R_6} = \frac{(10\ \text{k}\Omega)(2.2\ \text{k}\Omega)}{12.2\ \text{k}\Omega} = 1.80\ \text{k}\Omega$$

이때 V_B는

$$V_B = \left(\frac{1.80\ \text{k}\Omega}{6.5\ \text{k}\Omega}\right)24\ \text{V} = 6.65\ \text{V}$$

이 값은 전압계 B의 측정치와 일치한다. 따라서 R_7 사이는 단락이다. 실제 회로에서 이런 현상이 발생했다면, 단락의 물리적인 원인도 조사해야 할 것이다.

관련문제

그림 5-65에서 모든 것이 정상이고 R_2만 단락됐다면, 전압계 A의 측정치는 얼마이고 전압계 B의 측정치는 얼마인가?

5-9절 복습 문제

1. 회로에서 흔히 발생하는 고장 두 가지를 들라.
2. 그림 5-66에서 다음의 고장이 발생했을 때, 점 A에서 측정되는 전압은 얼마인가.
   (a) 고장이 없을 때 **(b)** R_1이 개방되었을 때
   (c) R_5가 단락되었을 때 **(d)** R_3와 R_5가 개방되었을 때
   (e) R_2가 개방되었을 때

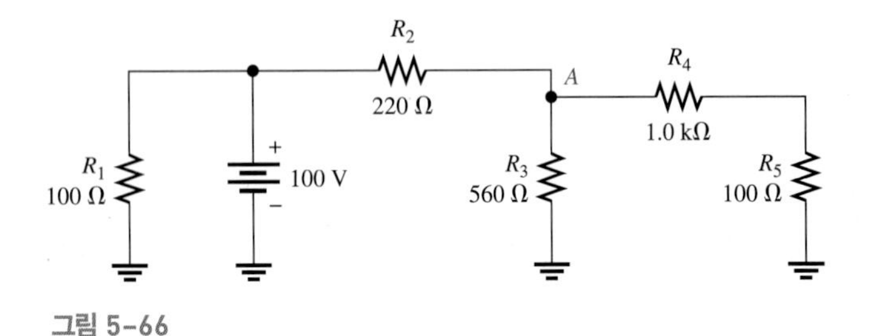

그림 5-66

3. 그림 5-67에서 회로 내의 저항 중 한 개가 개방되었다. 계기의 측정치를 근거로 개방된 저항을 찾아내라.

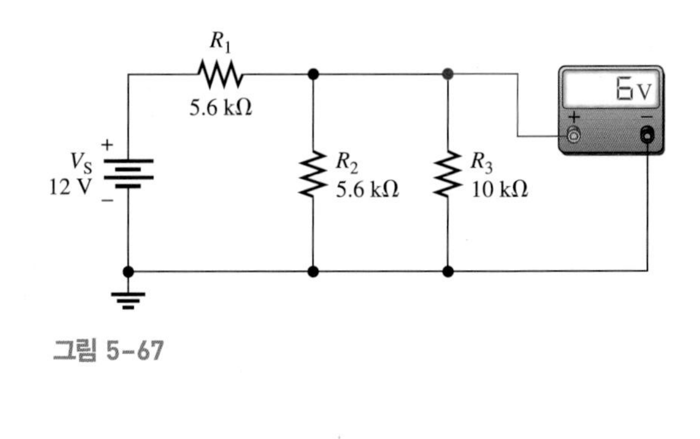

그림 5-67

요약

- 직-병렬회로는 직렬 전류통로와 병렬 전류통로가 결합된 회로이다.
- 직-병렬회로에서 전체 저항을 구하려면, 먼저 직렬과 병렬 관계를 확인한 다음 4장에서 공부한 직렬저항과 병렬저항에 대한 식을 적용한다.
- 전체 전류를 구하기 위해서는 전체 전압을 전체 저항으로 나눈다.
- 가지전류를 구하려면, 전류분배공식, 키르히호프의 전류법칙 및 옴의 법칙을 적용한다. 가장 적절한 방법을 결정하기 위해서는 각각의 회로의 문제를 개별적으로 고려해야 한다.
- 직-병렬회로의 어느 부분 사이의 전압강하를 구하려면 전압분배기 공식, 키르히호프의 전압법칙 및 옴의 법칙을 적용한다. 가장 적절한 방법을 결정하기 위해서는 각각의 회로의 문제를 개별적으로 고려해야 한다.
- 부하 저항을 전압 분배기 출력 사이에 연결하면 출력전압은 감소한다.
- 부하효과를 최소화하기 위해서는, 부하 저항은 그것이 연결되는 저항에 비해 상당히 커야 된다. 보통 10배의 값이면 되지만 그 값은 출력전압에 의해 요구되는 정확도에 따라 달라질 수 있다.
- 두 개 이상의 전압원이 연결된 회로에서 어느 전류와 전압을 찾기 위해서는 중첩의 원리를 이용하여 한 번에 한 개씩의 전원만 취한다.
- 평형 휘트스톤 브리지는 미지저항을 측정하기 위해 이용한다.
- 브리지는 출력전압이 0일 때 평형이 된다. 평형이 되면 브리지의 출력 단자에 연결된 부하에 전류가 흐르지 않는다.
- 불평형 휘트스톤 브리지는 트랜스듀서를 사용하여 물리적인 양을 측정하기 위하여 사용한다.
- 2단자 저항성 회로는 아무리 복잡해도 테브난의 등가 회로로 대치할 수 있다.
- 테브난의 등가 회로는 등가 저항(R_{TH})과 등가전압원(V_{TH})의 직렬연결로 구성된다.
- 최대 전력전달 정리는 $R_S = R_L$일 때 최대전력이 전원으로부터 부하로 전달된다는 것이다.
- 회로의 대표적인 고장은 개방과 단락이다.
- 저항이 타버리면 대개는 개방상태가 된다.

핵심 용어

핵심용어 및 볼드체로 된 용어는 책 뒷부분의 용어사전에도 정의되어 있다.

단자등가 두 개의 회로가 같은 부하 저항으로 회로에 연결되었을 때, 같은 부하전류와 전압이 발생하는 상태

부하전류 부하에 공급된 전체 출력전류

부하효과 회로로부터 전류를 공급받은 소자가 출력점 사이에 연결되어 있을 때 회로의 효과

불평형 브리지 브리지 사이의 전압이 평형 상태로부터 편차에 비례하는 양을 나타내는 불평형 상태의 브리지 회로

블리더 전류 회로 내에 공급된 전체 전류에서 전체 부하전류를 빼고 남은 전류

중첩의 원리 각 전원의 효과를 조사하고 그 효과를 결합하는 식으로 두 개 이상의 전원을 갖는 회로를 분석하는 방법

최대 전력 전달 부하 저항과 전원저항이 같을 때, 최대 전력이 전원에서 부하로 전달되는 조건

테브난의 정리 하나의 등가 저항과 등가 전압이 직렬로 하여, 2단자 저항성회로를 단순화시키는 회로 정리

평형 브리지 브리지 사이의 전압이 영이라는 사실이 보여주듯이 평형 상태에 있는 브리지회로

휘트스톤 브리지 미지의 저항을 브리지의 평형 상태를 이용하여 정확히 측정할 수 있는 브리지회로의 4-레그 형태(4-legged type). 저항의 편차는 불평형 상태를 이용하여 측정할 수 있다.

중요 공식

(5-1) $I_{\text{BLEEDER}} = I_T - I_{RL1} - I_{RL2}$ 블리더 전류

(5-2) $R_X = R_V\left(\frac{R_2}{R_4}\right)$ 휘트스톤브리지에서 미지저항

O/X 퀴즈

해답은 이 장의 끝에 있다.

1. 병렬저항들은 항상 같은 쌍의 마디에 연결되어 있다.

2. 어떤 저항이 다른 병렬저항들과 직렬로 연결되어 있을 때, 직렬저항은 항상 병렬전압강하보다 전압강하가 크다.

3. 직렬-병렬회로에서 병렬저항들에 흐르는 전류는 같다.

4. 큰 부하의 저항이 회로에 더 작은 부하효과를 보인다.

5. 직류 전압 측정 시, DMM은 회로에 더 작은 부하효과를 보인다.

6. 직류 전압 측정 시, DMM의 내부 저항은 어떤 스케일에서나 상관없이 똑같다.

7. 직류 전압 측정 시, 아날로그 멀티미터의 내부 저항은 어떤 스케일에서나 상관없이 똑같다.

8. 테브난 회로는 병렬저항을 가진 전압원으로 구성된다.

9. 이상적인 전압원의 내부 저항은 0이다.

10. 최대 전력을 전달하기 위해서는, 부하 저항은 전원의 테브난 저항의 두 배가 되어야 한다.

자습문제

해답은 이 장의 끝에 있다.

1. 다음 보기 중 그림 5-68에 대해 맞게 말한 것은?

(a) R_1과 R_2는 R_3, R_4 그리고 R_5에 직렬이다.

(b) R_1과 R_2는 직렬이다.

(c) R_3, R_4 및 R_5는 병렬이다.

(d) R_1과 R_2의 직렬 결합은 R_3, R_4 및 R_5의 직렬 결합과 병렬이다.

(e) (b)와 (d)

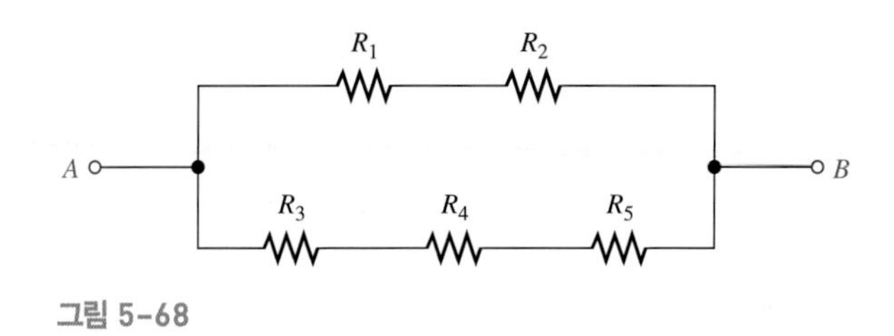

그림 5-68

2. 그림 5-68의 전체 저항은 다음 중 어느 식으로 구할 수 있는가?

(a) $R_1 + R_2 + R_3 \| R_4 \| R_5$ **(b)** $R_1 \| R_2 + R_3 \| R_4 \| R_5$

(c) $(R_1 + R_2) \| (R_3 + R_4 + R_5)$ **(d)** 어느 것도 아니다.

3. 그림 5-68에서 모든 저항값들이 같다면, 점 A와 B에 전압을 인가할 때의 전류는?

(a) R_5에서 가장 크다. **(b)** R_3, R_4 및 R_5에서 가장 크다.

(c) R_1, R_2에서 가장 크다. **(d)** 모든 저항에서 같다.

4. 1.0 kΩ 저항 두 개가 직렬로 연결되어 있고, 이 직렬 결합이 2.2 kΩ 저항에 병렬로 연결되었다. 1.0 kΩ 저항 중 하나에 걸리는 전압이 6 V이면, 2.2 kΩ 저항에 걸리는 전압은?

(a) 6 V **(b)** 3 V **(c)** 12 V **(d)** 13.2 V

5. 330 Ω 저항과 470 Ω 저항의 병렬조합이 4개의 1.0 kΩ 저항의 병렬 결합과 직렬로 연결되었다. 이 회로에 10 V의 전원이 인가되면 가장 큰 전류가 흐르는 저항은?

(a) 1.0 kΩ **(b)** 330 Ω **(c)** 470 Ω

6. 5번 문제의 회로에서 가장 큰 전압이 걸리는 저항은?

(a) 1.0 kΩ **(b)** 470 Ω **(c)** 330 Ω

7. 5번 문제에서 1.0 kΩ 저항 하나에 흐르는 전류의 전체 전류에 대한 백분율은?

(a) 100% **(b)** 25% **(c)** 50% **(d)** 31.25%

8. 부하가 연결되지 않은 어떤 전압 분배기의 출력이 9 V이다. 부하가 연결되면 출력전압은?

(a) 증가한다. **(b)** 감소한다. **(c)**변하지 않는다. **(d)** 0이 된다.

9. 어떤 전압 분배기가 10 kΩ 저항 두 개의 직렬로 구성되어 있다. 다음 부하 저항 중 출력전압에 가장 큰 영향을 미치는 것은?

(a) 1.0 MΩ **(b)** 20 kΩ **(c)** 100 kΩ **(d)** 10 kΩ

10. 부하 저항이 전압 분배기 회로의 출력에 연결되면 전원에서 나오는 전류는?

(a) 감소한다. **(b)** 증가한다. **(c)** 변하지 않는다. **(d)** 차단된다.

11. 평형 상태에 있는 휘트스톤 브리지의 출력전압은?

(a) 전압원과 같다. **(b)** 0

(c) 브리지의 모든 저항값에 따라 달라진다. **(d)** 측정하려는 저항의 값에 따라 달라진다.

12. 두 개 이상의 전압원을 갖는 회로를 분석할 때 사용하는 대표적 방법은?

(a) 테브난의 정리 **(b)** 옴의 법칙 **(c)** 중첩의 원리 **(d)** 키르히호프의 법칙

13. 두 개의 전원을 가진 회로에서, 한 전원만 연결되면 어떤 가지에 10 mA의 전류가 흐른다. 다른 전원만 연결되면 그 가지에 반대 방향으로 8 mA의 전류가 흐른다. 두 전원이 함께 연결된다면 이 가지에 흐르는 전체 전류는?

(a) 10 mA (b) 8 mA (c) 18 mA (d) 2 mA

14. 테브난의 등가 회로는 어떻게 구성되는가?

(a) 하나의 전압원과 하나의 저항이 직렬 연결 **(b)** 하나의 전압원과 하나의 저항이 병렬 연결

(c) 하나의 전류원과 하나의 저항이 병렬 연결 **(d)** 두 개의 전압원과 하나의 저항

15. 전원의 내부 저항이 300 Ω인 전원이 최대 전력을 전달하는 것은?

(a) 150 Ω 부하 **(b)** 50 Ω 부하 **(c)** 300 Ω 부하 **(d)** 600 Ω 부하

16. 저항이 매우 높은 회로의 한 점에서 전압을 측정한 결과 정상적인 값보다 약간 낮게 나왔다. 다음 중 가능한 고장 원인은?

(a) 하나 이상의 저항이 끊어졌다. **(b)** 전압계의 부하효과

(c) 전압원이 너무 낮다. **(d)** 위의 보기가 모두 맞다.

고장 진단: 증상과 원인

이 연습의 목적은 고장진단에 중요한 사고력 개발을 돕기 위한 것이다. 해답은 이 장의 끝에 있다.

다음 각 증상의 원인은 무엇인가. 그림 5-69를 참고하라.

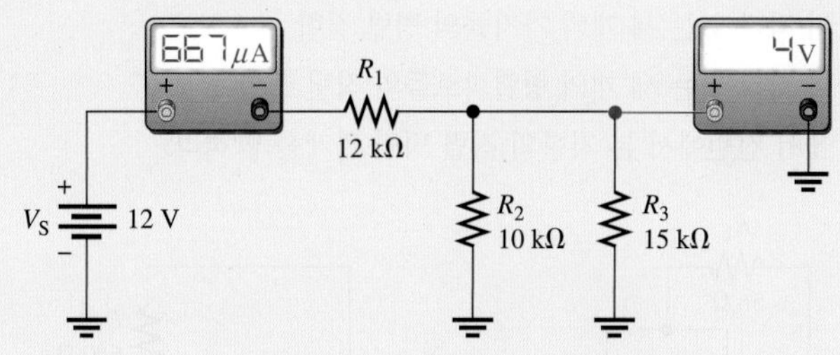

그림 5-69 이 계측기들은 이 회로에 대한 정확한 값을 지시하고 있다.

1. 증상: 전류계의 지시는 너무 낮고, 전압계는 5.45 V를 가리키고 있다.

원인:

(a) R_1이 개방 **(b)** R_2이 개방 **(c)** R_3이 개방

2. 증상: 전류계는 1 mA를 가리키고 있으며, 전압계는 0 V를 가리키고 있다.

원인:

(a) R_1 사이가 단락 **(b)** R_3 사이가 단락 **(c)** R_3이 개방

3. 증상: 전류계는 0에 가깝고, 전압계는 12 V를 가리키고 있다.

원인:

(a) R_1이 개방 **(b)** R_2가 개방 **(c)** R_2와 R_3이 개방

4. 증상: 전류계는 444 μA을 지시하고 있으며, 전압계는 6.67 V를 가리키고 있다.

원인:

(a) R_1이 단락 **(b)** R_2가 개방 **(c)** R_3이 개방

5. 증상: 전류계는 2 mA를 가리키고 있으며, 전압계는 12 V를 가리키고 있다.

원인:

(a) R_1이 단락 **(b)** R_2가 단락 **(c)** R_2와 R_3이 개방

연습문제 선별된 일부 문제의 해답은 이 책의 끝에 있다.

기초문제

5-1 직-병렬 관계의 식별

1. 그림 5-70에서 전원점에서 보는 직-병렬 관계는 어떻게 되는가?

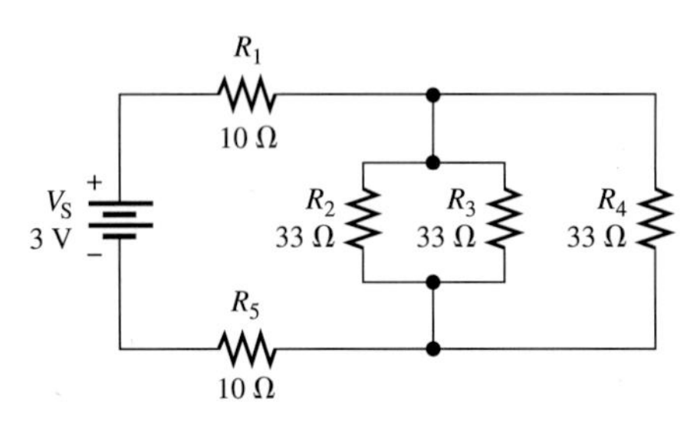

그림 5-70

2. 다음의 직-병렬 관계를 회로로 그려라.

(a) R_2와 R_3의 병렬 결합에 R_1이 직렬로 연결되었다.

(b) R_2와 R_3의 직렬 결합에 R_2가 병렬로 연결되었다.

(c) 4개의 서로 다른 저항들의 병렬 결합과 직렬로 R_2가 있고, 그 가지에 R_1이 다시 병렬로 연결되었다.

3. 다음의 직-병렬 관계를 회로로 그려라.

(a) 두 개의 직렬저항이 각각 있는 세 개의 가지들의 병렬 결합

(b) 두 개의 병렬저항이 각각 있는 세 개의 병렬회로들의 직렬 결합

4. 그림 5-71의 각 회로에서 전원에서 본 저항의 직렬 병렬 관계를 밝혀라.

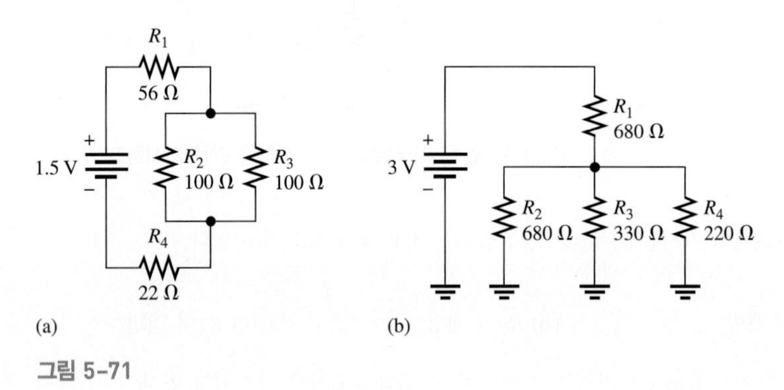

그림 5-71

5-2 직-병렬저항 회로의 해석

5. 어떤 회로가 두 개의 저항이 병렬로 구성되어 있고, 전체 저항값이 667 Ω이다. 그중 하나가 1.0 kΩ이면 다른 저항의 값은?

6. 그림 5-72의 회로에서 점 A와 점 B 사이의 전체 저항을 구하라.

7. 그림 5-71의 각 회로의 전체 저항을 구하라.

8. 그림 5-70에서 각 저항을 흐르는 전류를 구하고, 각 전압강하를 계산하여라.

9. 그림 5-71의 두 회로에 있는 각 저항을 흐르는 전류를 구하고, 각 전압강하를 계산하여라.

10. 그림 5-73에서 다음을 구하라.

(a) 점 A와 B 사이의 전체 저항

(b) 점 A와 B 사이에 연결된 6 V의 전원에서 나오는 전체 전류

(c) R_5에 흐르는 전류

(d) R_2의 양단에 걸리는 전압

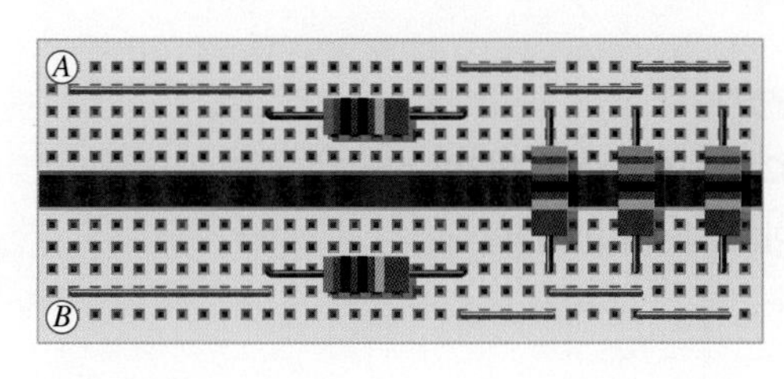

그림 5-72

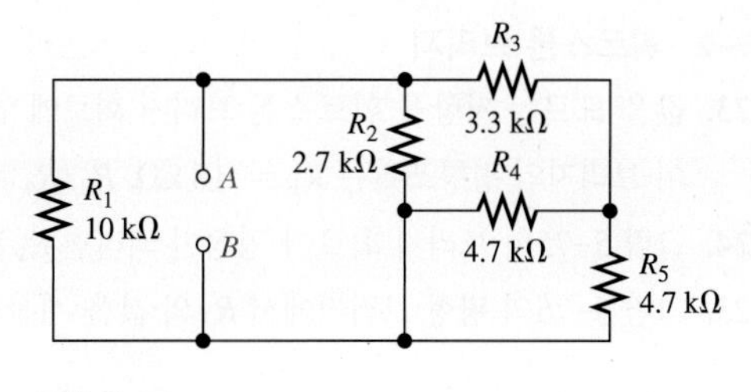

그림 5-73

11. 그림 5-73에서 $V_{AB} = 6$ V일 때 R_2에 흐르는 전류는 얼마인가?

12. 그림 5-73에서 $V_{AB} = 6$ V일 때 R_4에 흐르는 전류는 얼마인가?

5-3 저항성 부하와 전압 분배기

13. 어떤 전압 분배기가 두 개의 56 kΩ 저항과 15 V의 전원으로 구성되어 있다. 56 kΩ 저항 중 하나에 걸리는 무부하 출력전압을 계산하라. 출력점 사이에 1.0 MΩ의 부하 저항이 연결된다면, 출력전압은 얼마인가?

14. 12 V 전지 출력이 두 개의 출력전압으로 분배된다. 세 개의 3.3 kΩ 저항을 사용하여 두 출력을 얻고, 한쪽 출력에만 10 kΩ의 부하 저항을 연결한다. 이 두 가지 경우의 출력전압을 구하라.

15. 10 kΩ 부하 또는 56 kΩ 부하 중 어느 것이 전압 분배기의 출력전압을 더 적게 감소시키는가?

16. 그림 5-74에서 출력단자에 부하를 연결하지 않은 경우 전지에서 나오는 전류를 구하라. 10 kΩ의 부하가 연결되면 전지에서 나오는 전류는 얼마인가?

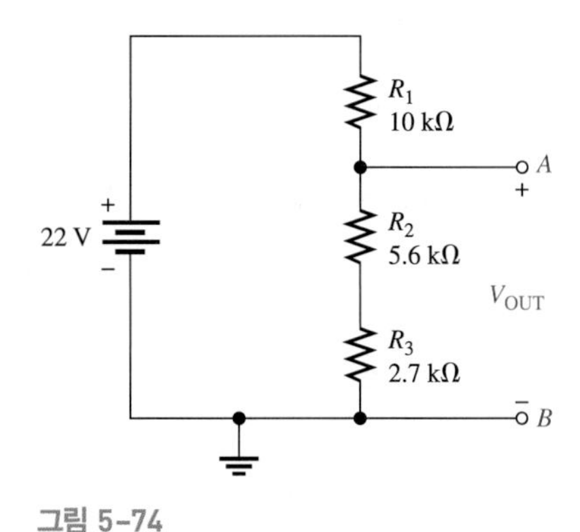

그림 5-74

5-4 전압계의 부하효과

17. 다음 중 어느 저항과 연결될 때 내부 저항이 10 MΩ인 전압계의 부하효과가 가장 작을까?

(a) 100 kΩ **(b)** 1.2 MΩ **(c)** 22 kΩ **(d)** 8.2 MΩ

18. 어떤 전압 분배기가 100 V의 전원에 직렬로 연결된 세 개의 1.0 MΩ 저항으로 구성되어 있다. 10 MΩ 전압계로 측정할 때 한 저항에 걸리는 전압은 얼마인가?

19. 18번 문제에서 측정전압과 부하를 연결하지 않은 실제전압과의 차이는 얼마인가?

20. 18번 문제에서 전압계는 측정 전압을 몇 %나 바꾸는가?

21. 전압 분배기의 출력을 측정하기 위해 10,000 Ω/V VOM을 10 V 스케일에서 사용하고 있다. 분배기가 두 개의 직렬 100 kΩ 저항기로 구성되어 있다면 한 저항기에 전원 전압의 몇 퍼센트가 측정될까?

22. 문제 21에서 VOM 대신 내부 저항이 10 MΩ인 DMM을 사용한다면 DMM에는 전원 전압의 몇 퍼센트가 측정될까?

5-5 휘트스톤 브리지

23. 값을 모르는 저항을 휘트스톤 브리지 회로에 연결하였다.
이 브리지의 평형조건은 $R_V = 18\ \text{k}\Omega$, $R_2/R_4 = 0.02$이다. R_X는 얼마인가?

24. 그림 5-75의 브리지 회로가 평형이 되려면 R_V는 얼마가 되어야 하는가?

25. 그림 5-76의 평형 브리지에서 R_X의 값을 계산하라.

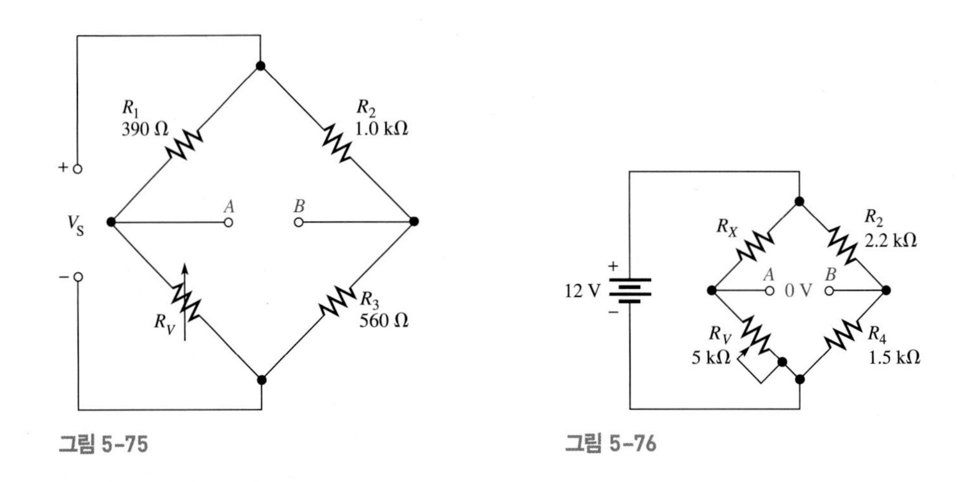

그림 5-75

그림 5-76

26. 65℃에서 그림 5-77의 불평형 브리지 출력전압을 구하라. 서미스터의 저항은 25℃에서 1 kΩ이고 양의 온도 계수를 갖는다. 저항은 1℃마다 5 Ω이 변한다고 가정한다.

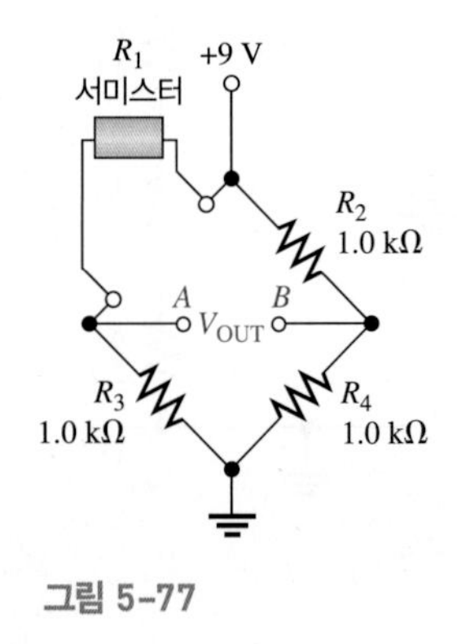

그림 5-77

5-6 테브난의 정리

27. 그림 5-78의 회로를 점 A와 B 사이에서 본 테브난의 등가 회로로 바꾸어라.

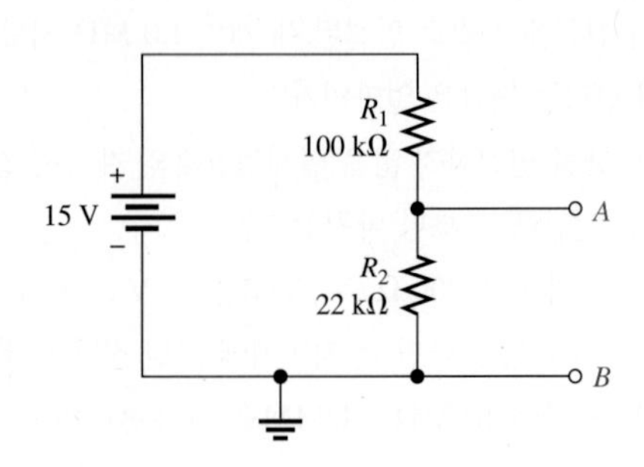

그림 5-78

28. 그림 5–79의 각 회로를 단자 A와 B에서 본 테브난의 등가 회로로 바꾸어라.

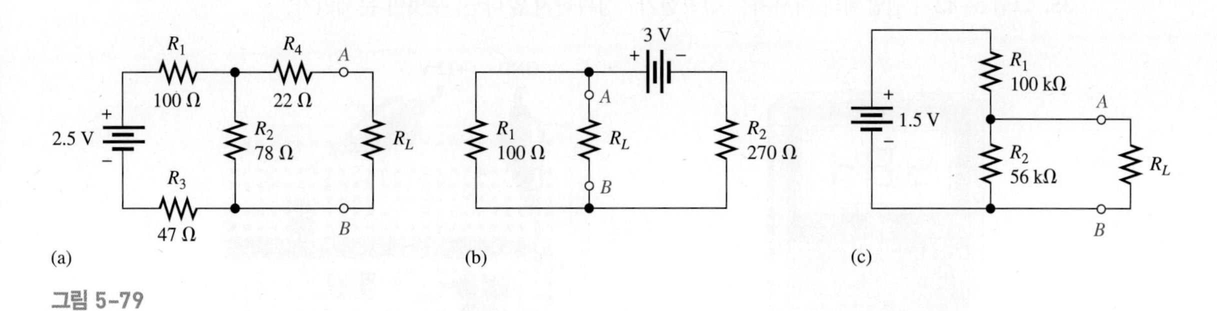

그림 5–79

29. 그림 5–80에서 R_L에 대한 전류와 전압을 구하라.

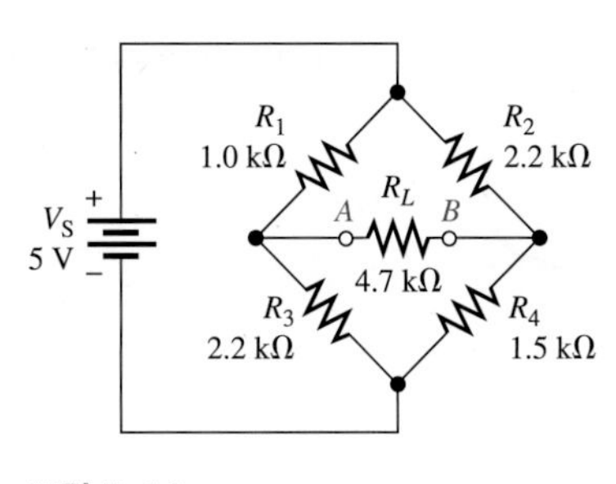

그림 5–80

5–7 최대 전력 전달의 정리

30. 그림 5–78의 회로에서, 부하 저항에 최대 전력을 전달하기 위해서는 점 A와 B 사이에 얼마의 부하 저항이 연결되어야 하는가?

31. 어떤 테브난 등가 회로에서 V_{TH} = 5.5 V, R_{TH} = 75 Ω이다. 최대 전력 전달을 위한 부하 저항의 값은?

32. 그림 5–79(a)에서 최대 전력을 소모하기 위한 R_L의 값을 구하라.

5–8 중첩의 정리

33. 그림 5–81에서 중첩의 원리를 이용하여 R_3에 흐르는 전류를 구하라.

34. 그림 5–81에서 R_2에 흐르는 전류는 얼마인가?

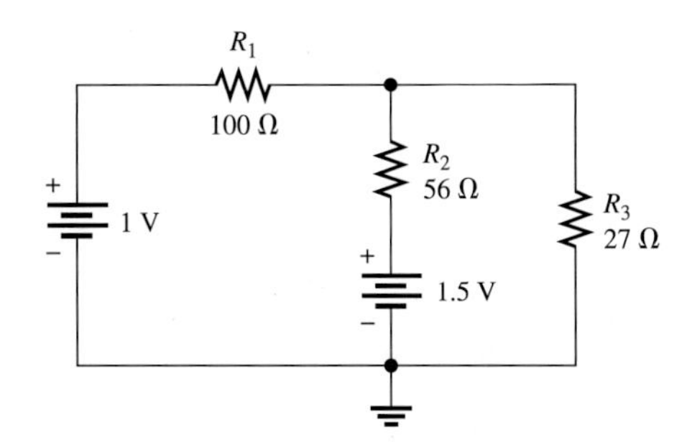

그림 5–81

5-9 고장진단

35. 그림 5-82의 전압계의 지시치는 정확한가? 정확하지 않다면, 무엇이 문제인가?

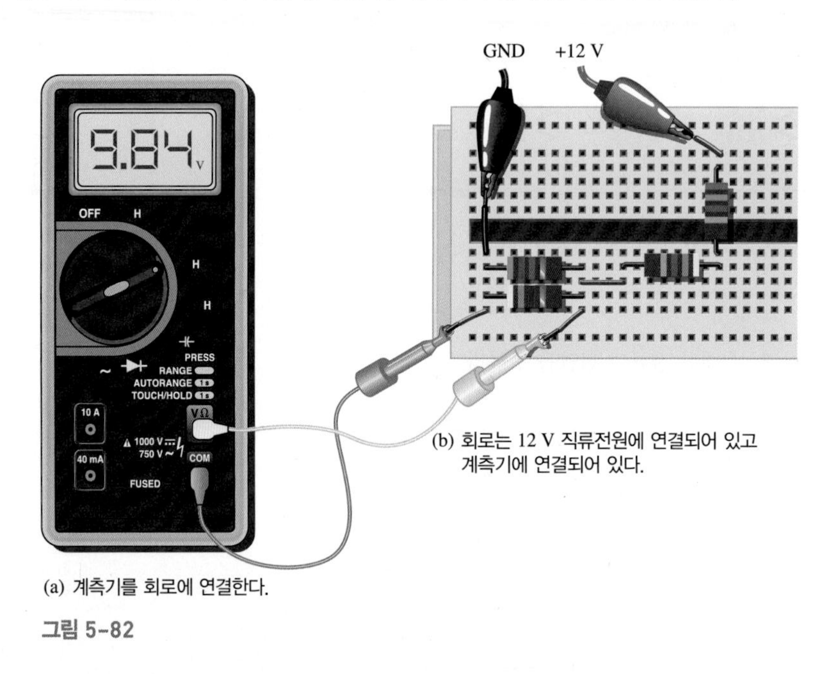

그림 5-82

36. 그림 5-83에서 R_2가 개방된다면, 점 A, B, C에서의 전압은 어떻게 될까?

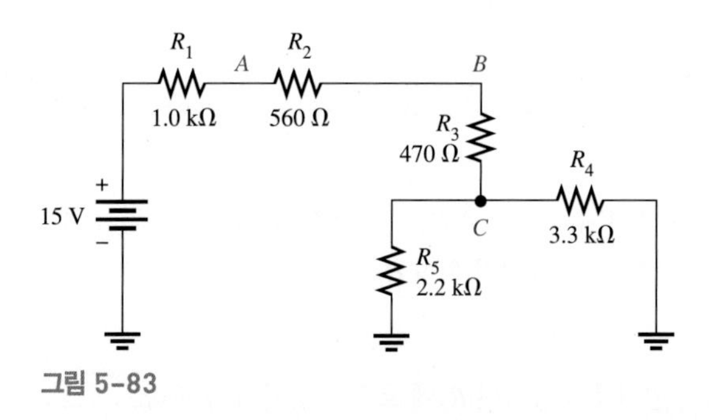

그림 5-83

37. 그림 5-84의 계측기의 지시치를 확인하고, 고장이 가능한 위치를 찾아라.

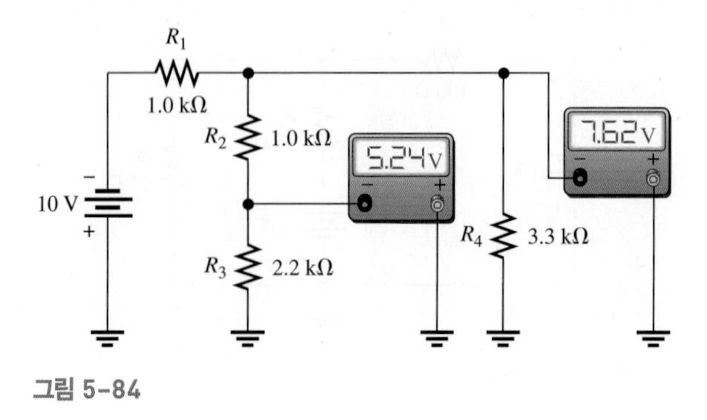

그림 5-84

38. 그림 5-83에서 다음과 같은 고장이 발생한 경우 각 저항에 걸리는 전압을 구하라. 고장들은 서로 별도로 발생한다고 가정하라.

(a) R_1이 개방　**(b)** R_3가 개방　**(c)** R_4가 개방

(d) R_5가 개방　**(e)** 점 C가 접지와 단락

39. 그림 5–84에서 다음과 같은 고장이 발생한 경우 각 저항에 걸리는 전압을 구하라.

(a) R_1이 개방 **(b)** R_2가 개방 **(c)** R_3이 개방 **(d)** R_4 사이가 단락

고급문제

40. 그림 5–85의 각 회로에서, 전원에서 본 저항들의 직–병렬 관계를 밝혀라.

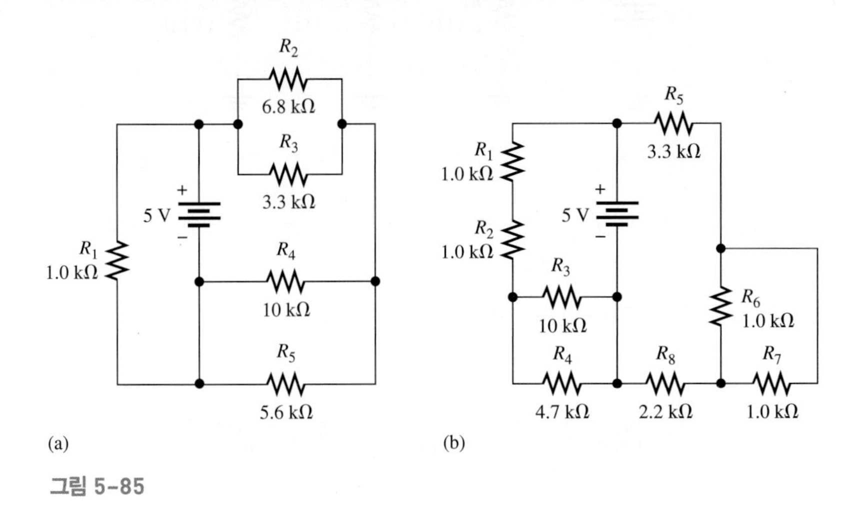

그림 5–85

41. 저항값을 보인 그림 5–86의 PC기판 배열의 회로도를 그리고 직–병렬 관계를 밝혀라. 제거해도 R_T에 영향을 주지 않는 저항은 어느 것인가?

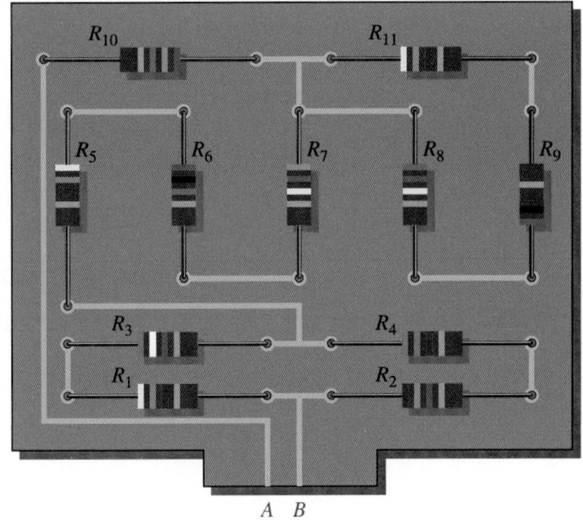

그림 5–86

42. 그림 5–87의 회로에서 다음을 계산하라.

(a) 전원 양단의 전체 저항

(b) 전원에서 나오는 전체 전류

(c) 910 Ω의 저항에 흐르는 전류

(d) 점 A와 B 사이의 전압

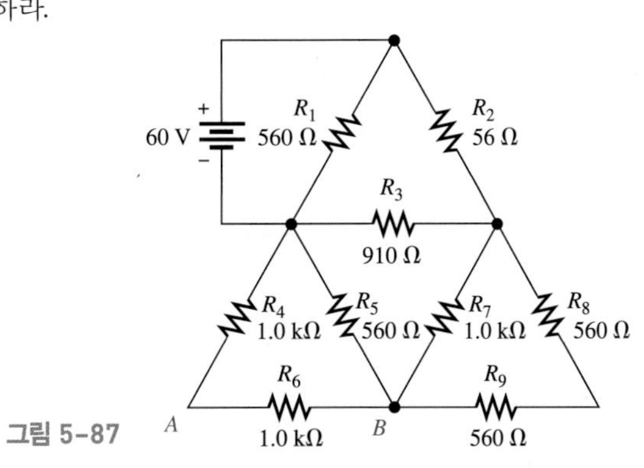

그림 5–87

43. 그림 5–88의 회로에서 전체 저항과 점 A, B, C에서의 전압을 구하라.

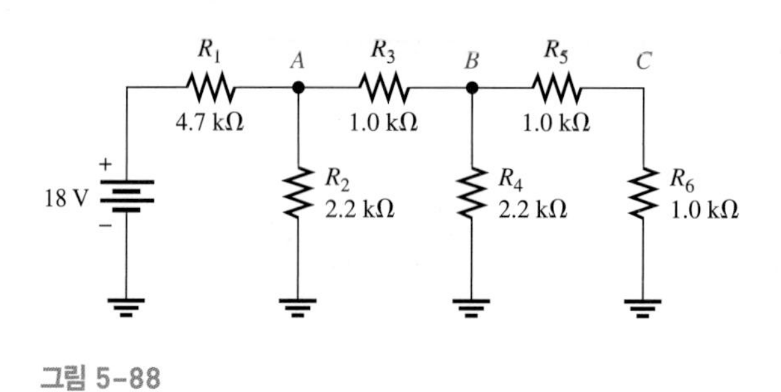

그림 5–88

44. 그림 5–89의 회로에서 점 A와 B 사이의 전체 저항을 구하라. 또한 점 A와 B 사이에 10 V의 전지가 연결되었을 때 각 가지에 흐르는 전류를 계산하라.

45. 그림 5–89에서 각 저항에 걸리는 전압은 얼마인가? 점 A와 B 사이는 10 V이다.

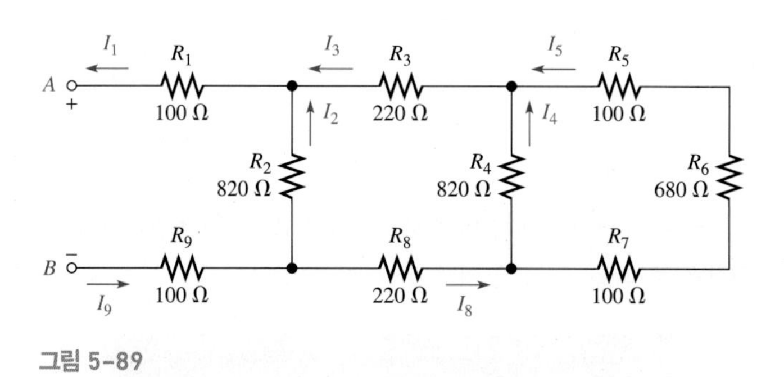

그림 5–89

46. 그림 5–90에서 전압 V_{AB}를 구하라.

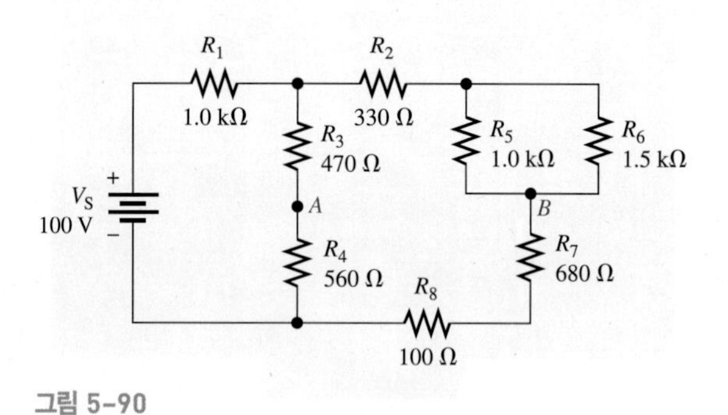

그림 5–90

47. 그림 5–91에서 R_2의 값을 구하라.

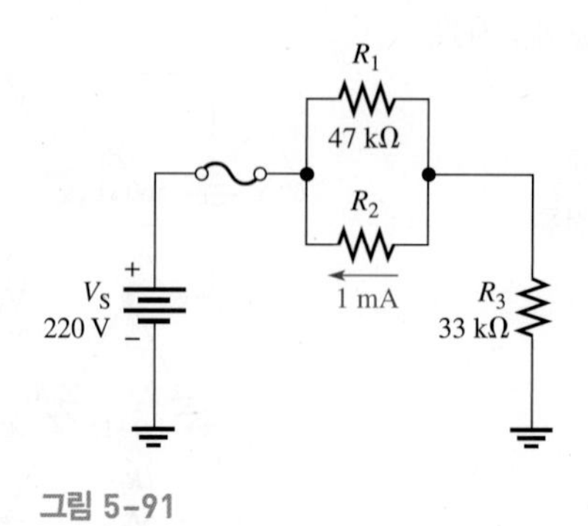

그림 5–91

48. 그림 5–92에서 전체 저항과 점 A, B, C에서의 전압을 구하라.

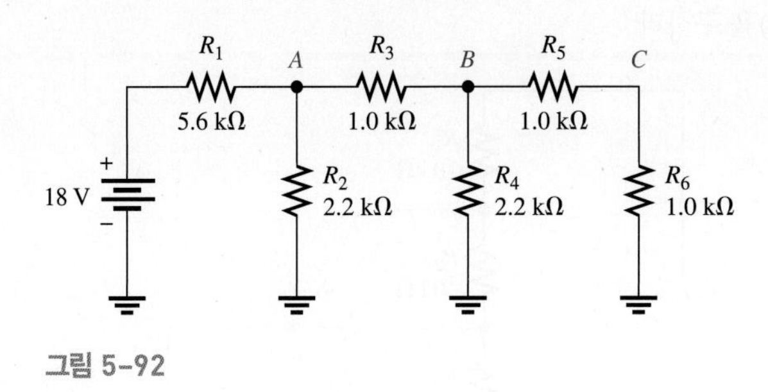

그림 5-92

49. 부하가 연결되지 않았을 때 출력이 6 V이고, 1.0 kΩ의 부하에 최소한 5.5 V의 전압이 걸리도록 전압 분배기를 설계하라. 전압원은 24 V이고, 무부하 전류는 100 mA를 초과하지 않는다.

50. 다음 사항들을 만족시키는 전압 분배기의 저항값들을 구하라. 무부하 상태에서 전류는 5 mA를 초과하지 않는다. 전압원은 10 V이다. 5 V와 2.5 V의 출력전압이 필요하다. 회로를 그려라. 각 출력에 1.0 kΩ 부하를 연결했을 때 출력전압은 어떤 영향을 받는가?

51. 중첩의 원리를 이용하여, 그림 5–93에서 가장 오른쪽 가지에 흐르는 전류를 계산하라.

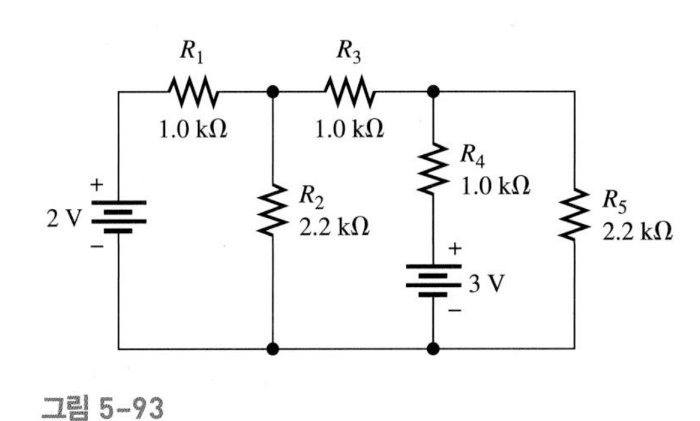

그림 5-93

52. 그림 5–94의 회로에서 다음 조건에서의 V_{OUT}을 구하라.

(a) 스위치 SW2가 +12 V에 연결되고 다른 스위치들은 접지에 연결된다.

(b) 스위치 SW1이 +12 V에 연결되고 다른 스위치들은 접지에 연결된다.

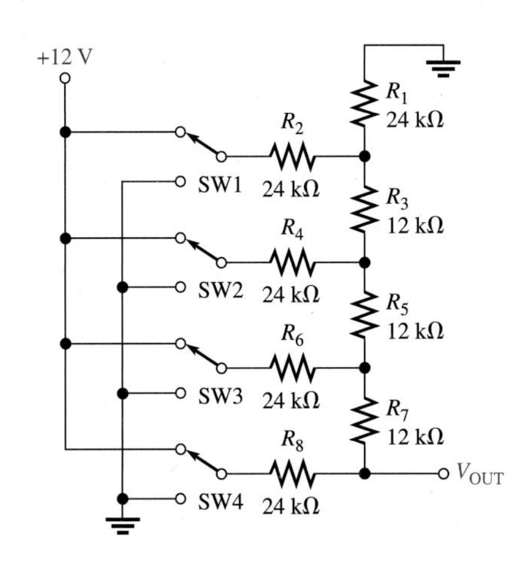

그림 5-94

53. 그림 5-95의 전압 분배기에 스위치가 달린 부하가 연결되었다. 스위치의 각 위치에 따른 각각의 탭에서의 전압(V_1, V_2, 및 V_3)을 구하라.

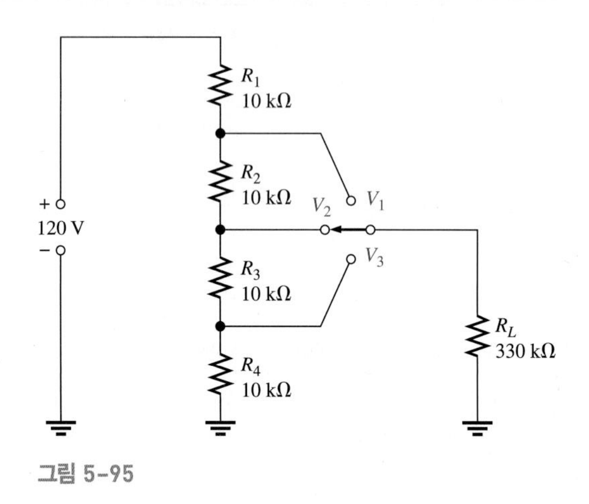

그림 5-95

54. 그림 5-96은 전계효과 트랜지스터 증폭기에 직류 바이어스를 제공하는 회로를 나타낸다. 바이어스를 거는 것은 증폭기가 제대로 작동할 수 있도록 하기 위해서 직류 전압을 제공하는 일반적인 방법이다. 지금 트랜지스터 증폭기의 원리를 잘 모르고 있다고 해도 이 회로의 전압과 전류는 이미 알고 있는 방법으로 구할 수 있다.

(a) 접지에 대한 V_G와 V_S를 구하라.

(b) I_1, I_2, I_D 및 I_S를 구하라.

(c) V_{DS}와 V_{DG}를 구하라.

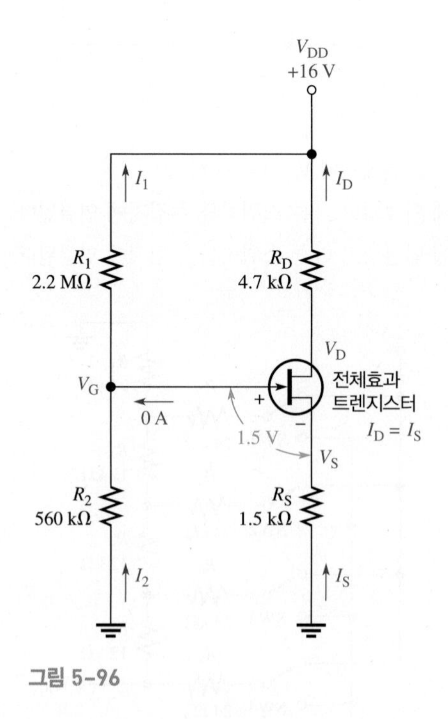

그림 5-96

55. 그림 5-96의 회로에서 R_1이 개방된다면 V_G는 얼마인가?

56. 그림 5-96의 회로에서 R_1과 R_2가 바뀐다면 V_G는 어떻게 되는가?

57. 그림 5-97의 회로에 한 군데 결함이 있다. 전압계를 이용하여 어디에 결함이 있는지 찾아라.

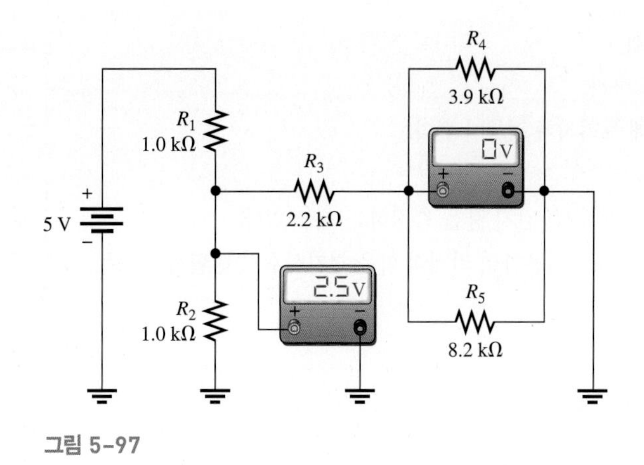

그림 5-97

복습문제 해답

5-1 직-병렬 관계의 식별

1. 그림 5-98을 참고하라.

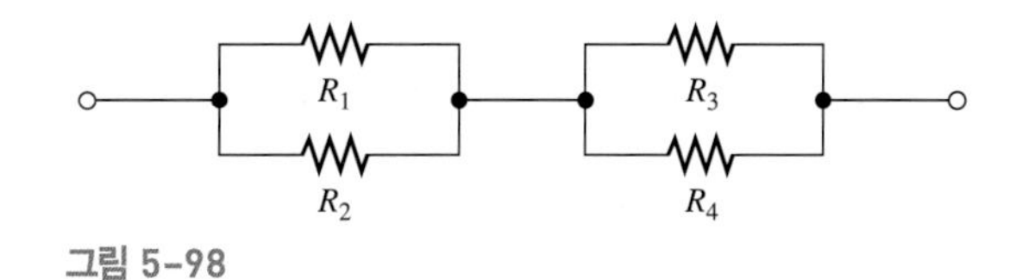

그림 5-98

2. R_1과 R_2는 R_3과 R_4의 병렬 결합에 직렬로 연결되어 있다.

3. 모든 저항들은 병렬이다.

4. R_1과 R_2는 병렬이다. R_3과 R_4는 병렬이다.

5. 그렇다. 두 개의 병렬결합은 서로 직렬이다.

5-2 직-병렬저항 회로의 해석

1. $R_T = R_1 + R_4 + R_2 \| R_3 = 599\ \Omega$

2. $I_3 = 11.2\ \text{mA}$

3. $V_{R2} = I_2 R_2 = 3.7\ \text{V}$

4. $R_T = 89\ \Omega; I_T = 11.2\ \text{mA}$

5-3 저항성 부하와 전압 분배기

1. 부하 저항은 출력전압을 감소시킨다.

2. O

3. $V_{OUT(unloaded)} = 19.23\ \text{V}, V_{OUT(loaded)} = 19.16\ \text{V}$

5-4 전압계의 부하효과

1. 전압계는 계기의 내부저항이 그것과 연결된 회로저항과 병렬이 되기 때문에 회로의 부하가 된다. 회로로부터 전류가 유입되고, 두 점 사이의 저항이 감소한다.

2. 아니다. 계기의 저항은 1.0 kΩ보다 훨씬 크다.

3. O

4. 4.0 MΩ

5-5 휘트스톤 브리지

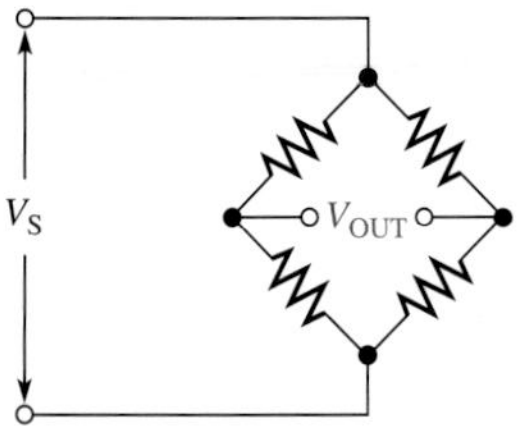

1. 그림 5-99를 참고하라.
2. 출력전압이 0일 때 브리지가 평형이 된다.
3. $R_X = 15\ \text{k}\Omega$
4. 불평형 브리지는 트랜듀서-감지 량을 측정하는 데 쓰인다.
5. 로드셀은 응력 게이지를 이용하여 기계적 힘을 전기신호로 변환시켜 주는 트랜스듀서이다.

그림 5-99

5-6 테브난의 정리

1. 테브난 등가 회로의 구성요소 두 가지는 V_{TH}와 R_{TH}이다.
2. 그림 5-100을 보라.
3. V_{TH}는 회로 내의 두 점 사이의 개방전압이다.
4. R_{TH}는 모든 전원을 내부저항으로 바꾸고, 두 점 사이에서 본 저항이다.
5. 그림 5-101을 보라.

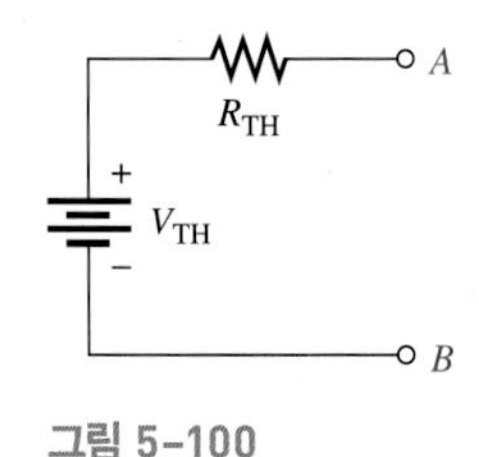

그림 5-100

5-7 최대 전력 전달의 정리

1. 최대 전력 전달의 정리는 부하 저항과 내부 전원저항이 같을 때 전원으로부터 최대전력이 부하에 전달된다는 정리이다.
2. $R_L = R_S$일 때 최대 전력이 부하에 전달된다.
3. $R_L = R_S = 50\ \Omega$

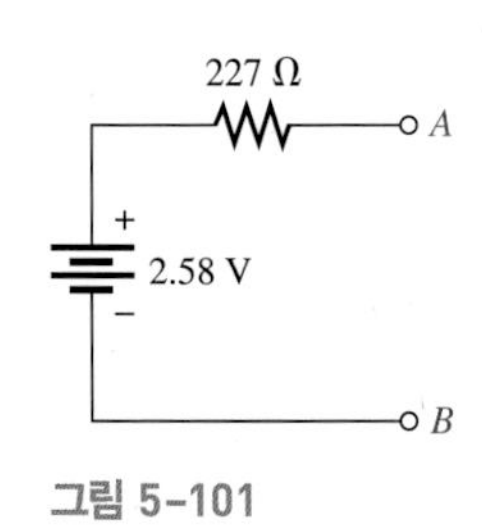

그림 5-101

5-8 중첩의 정리

1. 여러 개의 전원을 가진 선형회로의 가지에서 전체 전류는 하나의 전원만이 작동하고 다른 전원들은 그 내부저항으로 대치한 상태에서의 전류의 대수합이다.
2. 중첩의 원리에서는 각각의 전원을 독립적으로 다룬다.
3. 이상적인 전압원의 내부저항을 0으로 간주하기 때문이다.
4. 전체 전류는 큰 전류의 방향과 같다.

5-9 고장진단

1. 개방과 단락
2. **(a)** 62.8 V **(b)** 62.8 V **(c)** 62 V **(d)** 100 V **(e)** 0 V
3. 10 kΩ 저항이 개방

예제의 관련문제 해답

5-1 추가 저항은 병렬 연결된 R_2와 R_3에 직렬로 연결된 R_4와 병렬로 연결된다.

5-2 추가로 연결된 저항은 R_5와 병렬이다.

5-3 A와 접지 사이: $R_T = R_3 \| (R_1 + R_2) + R_4$
B와 접지 사이: $R_T = R_2 \| (R_1 + R_3) + R_4$
C와 접지 사이: $R_T = R_4$

5-4 아무 영향도 미치지 않는다. 새로 연결된 저항은 이 점들 사이의 기존연결로 인해 단락된다.

5-5 55.1 Ω

5-6 128.3 Ω

5-7 $I_1 = 8.93\ \text{mA}; I_3 = 5.85\ \text{mA}; I_T = 18.2\ \text{mA}$

5-8 $V_1 = V_2 = 10.3\ \text{V}; V_3 = 9.70\ \text{V}; V_4 = 3.16\ \text{V}; V_5 = 6.54\ \text{V}$

5–9 $I_1 = 1.42$ mA, $P_1 = 6.67$ mW; $I_2 = 756\ \mu A$, $P_2 = 3.55$ mW;
$I_3 = 2.18$ mA, $P_3 = 4.75$ mW; $I_4 = 1.13$ mA, $P_4 = 1.28$ mW;
$I_5 = 1.06$ mA, $P_5 = 758\ \mu$W; $I_6 = 1.06$ mA, $P_6 = 435\ \mu$W

5–10 3.39 V

5–11 회로에 부하효과가 적으므로 전류는 증가한다. R_{L2}에 흐르는 전류는 59 μA.

5–12 5.19 V

5–13 3.3 kΩ

5–14 0.49 V

5–15 2.36 V; 124 Ω

5–16 $V_{\text{TH}(AB)} = 3.46$ V; $R_{\text{TH}(AB)} = 3.08$ kΩ

5–17 1.17 mA

5–18 41.7 mW

5–19 22.0 mA

5–20 5 mA

5–21 5.73 V, 0 V

5–22 9.46 V

5–23 $V_A = 12$ V; $V_B = 13.8$ V

O/X 퀴즈 해답

1. O **2.** X **3.** X **4.** O **5.** O **6.** O **7.** X
8. X **9.** O **10.** X

자습문제 해답

1. (e) **2.** (c) **3.** (c) **4.** (c) **5.** (b) **6.** (a) **7.** (b) **8.** (b) **9.** (d) **10.** (b)
11. (b) **12.** (c) **13.** (d) **14.** (a) **15.** (c) **16.** (d)

고장진단 해답

1. (c) **2.** (b) **3.** (c) **4.** (b) **5.** (a)

CHAPTER 6

자기와 전자기

차례

목적

- 자계의 원리를 해석한다.
- 전자기의 원리를 해석한다.
- 전자기 소자들의 동작원리를 이해한다.
- 자기 히스테리시스를 이해한다.
- 전자기유도 원리를 이해한다.
- 직류발전기 동작원리를 이해한다.
- 직류전동기 동작원리를 이해한다.

핵심 용어

가우스
계전기
기자력(mmf)
렌츠의 법칙
보자성
솔레노이드
스피커
암페어-횟수(At)
역선
유도전류(i_{ind})
유도전압(v_{ind})
웨버(Wb)
자계
자계의 세기
자기저항($\mathcal{R}$)
자기이력
자속
전자기
전자기장
전자기유도
테슬라(T)
투자율
패러데이의 법칙
홀효과

서론

이 장에서는 이제까지 공부한 내용에서 다소 벗어나 두 가지 새로운 개념인 자기와 전자기가 소개된다. 많은 전기 소자들의 동작원리는 부분적으로 자기나 전자기 원리를 기반으로 한다. 9장에서 다룰 인덕터나 코일에서도 전자기유도가 중요하다. 자석에는 영구자석과 전자석이 있다. 영구자석은 외부 자기가 없어도 두 극 사이에 일정한 자기를 유지한다. 전자석은 전류가 흐를 때만 자계가 형성된다. 전자석은 기본적으로 자기 코어 재료를 전선으로 감은 것이다. 이 장에서는 직류발전기와 직류전동기를 설명한다. 전동기는 산업계에서 널리 이용되므로 이에 대한 기본적인 이해가 중요하다.

6-1 자계

영구자석의 주변에는 자계가 존재한다. **자계(magnetic field)**는 북극(N)에서 남극(S)으로 향하고 자성체 내에서는 북극으로 되돌아가는 **역선(line of force)**으로 나타낸다.

이 절을 마친 후 다음을 할 수 있어야 한다.

- 자계의 원리를 이해한다.
- *자속(magnetic flux)*을 정의한다.
- *자속밀도(magnetic flux density)*를 정의한다.
- 재료가 자화되는 원리를 이해한다.
- 자기 스위치가 작동되는 원리를 설명한다.

그림 6-1에서 보인 막대자석과 같이, 영구자석 주변에는 자계가 존재한다. 모든 자계의 근원은 운동하는 전하이며, 고체 내에서 운동하는 전자가 그 원천이다. 철 같은 재료에서는 전자의 움직임이 강화되도록 원자가 정렬하여 3차원으로 자장을 형성시킨다. 전기 절연체 중에서도 어떤 물질은 이러한 현상을 보인다. 절연체인 세라믹은 좋은 자석 재료이다.

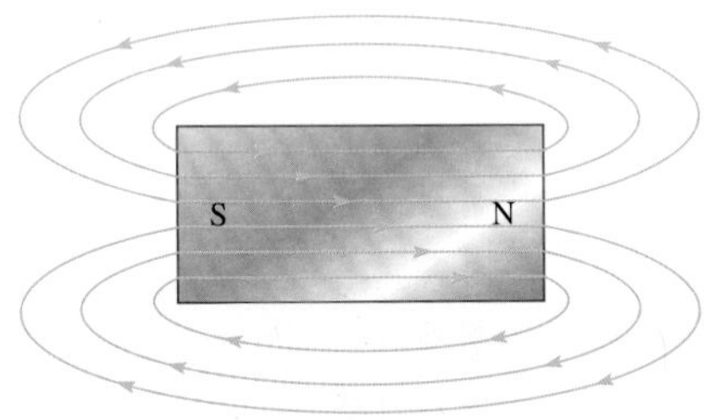

푸른색 선은 자계 내의 많은 자력선 중 일부만을 나타낸 것이다.

그림 6-1 막대자석 주위의 자력선

마이클 패러데이(Michael Faraday)는 눈에 보이지 않는 자계를 자력선을 이용하여 나타냈다. 자계를 나타내기 위해 자력선 또는 자속선이 널리 사용되며 자계의 크기와 방향을 보여준다. 자속선은 서로 교차하지 않는다. 자속선들이 서로 가까우면 자계가 세고, 간격이 멀면 자계가 약한 것이다. 자속선은 자석의 북극(N)에서 나와서 남극(S)으로 들어가는 것으로 그린다. 수학적인 정의에 의하면 자속선의 수는 자석에서도 대단히 많지만 보기 쉽도록 몇 개의 선만을 그려서 자계를 나타낸다.

그림 6-2(a)에서와 같이 두 개의 영구자석의 서로 다른 자극이 가까이 놓이면 인력이 작용한다. 같은 종류의 자극이 가까이 놓이면 그림 (b)에서와 같이 서로 반발하는 척력이 작용한다.

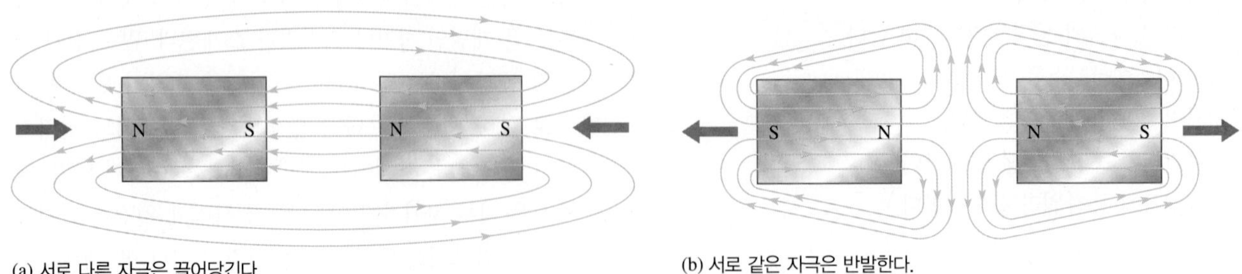

(a) 서로 다른 자극은 끌어당긴다.

(b) 서로 같은 자극은 반발한다.

그림 6-2 자석의 인력과 척력

종이나 유리, 나무, 플라스틱 등과 같은 비자성 물질은 자계 내에 놓여도 그림 6-3(a)와 같이 역선에 변화를 주지 않는다. 그러나 철과 같은 자성 물질이 자계 내에 놓이면, 역선이 경로를 바꾸는 경향이 생기며 주위의 공기보다는 철을 통과해서 지나간다. 이것은 철이 공기보다 더 쉬운 자기 경로를 제공하기 때문이다. 그림 6-3(b)에 이러한 현상을 보였다. 이런 성질을 이용하여 외부 자계로부터 자기 차폐를 하여 민감한 회로를 보호한다.

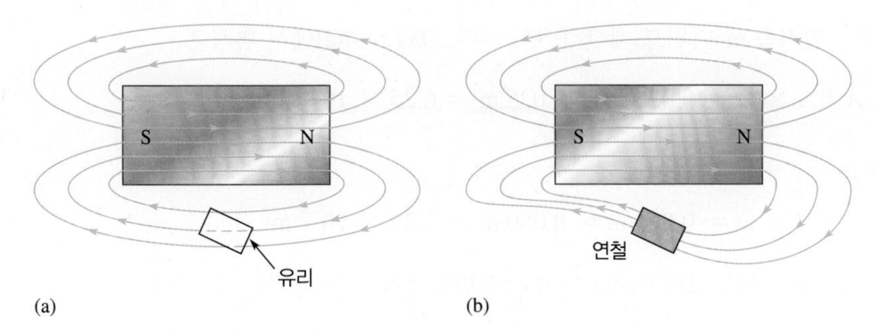

그림 6-3 (a) 비자성체와 (b) 자성체의 자계에 대한 영향

자속(ϕ)

자석의 북극에서 남극으로 향하는 역선의 무리를 **자속(magnetic flux)**이라고 하며, 그리스 소문자 ϕ(phi)로 나타낸다. 자계의 강도는 자력선의 수로 나타낸다. 자석의 재료, 자석의 형태 등에 따라 자석의 세기가 결정된다. 자력선은 자극 근처에서 더 밀집된다.

자속의 단위는 **웨버(weber, Wb)**이다. 1 Wb는 10^8개의 선을 나타낸다. 웨버는 매우 큰 단위이므로, 실제로는 마이크로 웨버(μWb)를 자주 사용한다. 1마이크로웨버는 100개의 자속선과 같다.

자속밀도(B)

자속밀도(magnetic flux density)는 자계의 수직방향의 단위 면적당 자속의 양이다. 자속밀도의 기호는 B이며, 단위는 **테슬라(tesla, T)**이다. 1테슬라는 1제곱미터당 1웨버(Wb/m^2)와 같다. 다음 식은 자속밀도를 나타낸다.

$$B = \frac{\phi}{A} \tag{6-1}$$

여기서 ϕ는 자속의 수(Wb)이고, A는 자계의 단면적(m^2)을 나타낸다.

예제 6-1

그림 6-4에 보인 두 개의 자심(magnetic core)의 자속과 자속밀도를 비교하라. 그림은 자성체의 단면을 보인 것이다. 한 개의 점은 100개의 속선, 즉 1 μWb를 나타낸다.

풀이

자속은 속선의 수이다. 그림 6-4(a)에는 49개의 점이 있고 각 점은 1 μWb이므로 자속은 49 μWb이다. 그림 6-4(b)에는 72개의 점이 있으므로 자속은 72 μWb이다.

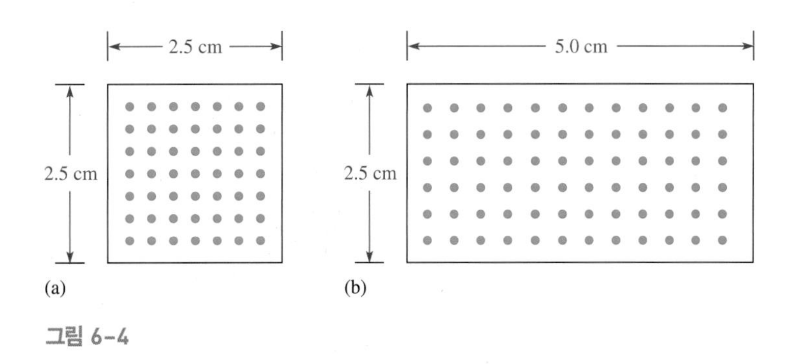

그림 6-4

자속밀도를 계산하기 위해서는 면적을 m^2단위로 계산하여야 한다. 그림 6–4(a)에서 면적은

$$A = l \times w = 0.025\ \text{m} \times 0.025\ \text{m} = 6.25 \times 10^{-4}\ \text{m}^2$$

그림 6–4(b)에서 면적은

$$A = l \times w = 0.025\ \text{m} \times 0.050\ \text{m} = 1.25 \times 10^{-3}\ \text{m}^2$$

식 6–1을 사용하여 자속밀도를 계산한다. 그림 6–4(a)에서 자속밀도는

$$B = \frac{\phi}{A} = \frac{49\ \mu\text{Wb}}{6.25 \times 10^{-4}\ \text{m}^2} = 78.4 \times 10^{-3}\ \text{Wb/m}^2 = 78.4 \times 10^{-3}\ \text{T}$$

그림 6–4(b)에서 자속밀도는

$$B = \frac{\phi}{A} = \frac{72\ \mu\text{Wb}}{1.25 \times 10^{-3}\ \text{m}^2} = 57.6 \times 10^{-3}\ \text{Wb/m}^2 = 57.6 \times 10^{-3}\ \text{T}$$

표 6–1에 두 자심을 비교하였다. 자속이 많다고 해서 자속밀도가 큰 것은 아니다.

표 6–1

	자속(Wb)	면적(m^2)	자속밀도(T)
그림 6-4(a):	49 μWb	6.25×10^{-4} m^2	78.4×10^{-3} T
그림 6-4(b):	72 μWb	1.25×10^{-3} m^2	57.6×10^{-3} T

관련문제*

그림 6–4(a)에서와 같은 자속이 5.0 cm × 5.0 cm의 자심 내에 있다면 자속밀도는 얼마인가?

*해답은 이 장의 끝에 있다.

예제 6–2

어떤 자성체 내의 자속밀도가 0.23 T이고 자성체의 면적이 0.38 in.^{2} 이라면 이 자성체를 통과하는 자속은 얼마인가?

풀이

우선 0.38 in.^{2}을 m^2으로 바꾼다. 1 m = 39.37 in.이므로

$$A = 0.38\ \text{in.}^2\,[1\ \text{m}^2/(39.37\ \text{in.})^2] = 245 \times 10^{-6}\ \text{m}^2$$

자성체를 통과하는 자속은

$$\phi = BA = (0.23\ \text{T})(245 \times 10^{-6}\ \text{m}^2) = \mathbf{56.4\ \mu Wb}$$

관련문제

A = 0.05 in.^{2}, ϕ = 1000 μWb라면 B는 얼마인가.

가우스 자속밀도의 SI 단위는 테슬라(T)지만, CGS(centimeter-Gram-Second) 단위체계인 **가우스(Guass)**도 자주 사용된다(10^4 가우스 = 1 T). 자속밀도는 가우스미터로 측정한다. 그림 6-5에 일반적인 가우스미터를 보였다. 이 가우스미터는 지구 자계(위치에 따라 다르지만 약 0.5 G) 정도의 약한 자계로부터 MRI 장치와 같은 강한 자계(약 10,000 G)까지 측정할 수 있는 휴대용 기구이다. 가우스 단위는 널리 사용되므로 **테슬라만큼** 익숙하게 사용할 수 있어야 한다.

물질의 자화

철, 니켈, 코발트와 같은 강자성체(ferromagnetic material)들은 자석의 자계 내에 놓이면 자화된다. 영구자석은 클립, 못, 쇳가루 등을 끌어올린다. 이때 물체는 영구자석의 자계의 영향으로 자화되어(즉 그 자신이 자석이 되어) 자석에 끌리는 것이다. 자계를 제거하면 그 물체들은 자성을 잃는다. 자성체는 자극에서의 자속밀도에 영향을 미칠 뿐만 아니라 자극으로부터 거리에 따른 자속밀도의 감소율에도 영향을 미친다. 자성체의 크기도 자속밀도에 영향을 미친다. 예를 들어 두 개의 원판형 자석(둘 다 소결 알니코강)의 자속밀도는 자극 근처에서는 비슷하지만, 그림 6-6과 같이 자극에서 멀어지면 더 큰 자석의 자속밀도가 훨씬 더 크다. 그림에서 보는 바와 같이 자극으로부터 멀어지면 자속밀도는 급격히 감소한다. 자석이 사용되는 특정한 거리에서도 그 자석이 적합한지 이 그래프로 알 수 있다.

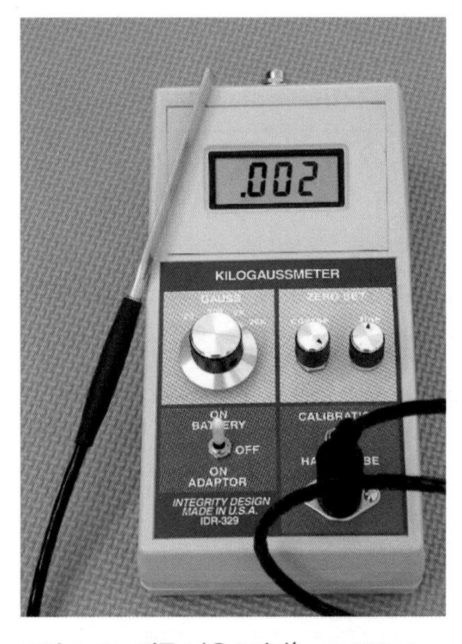

그림 6-5 직류 가우스미터(Less EMF Inc.의 IDR-329 제품)

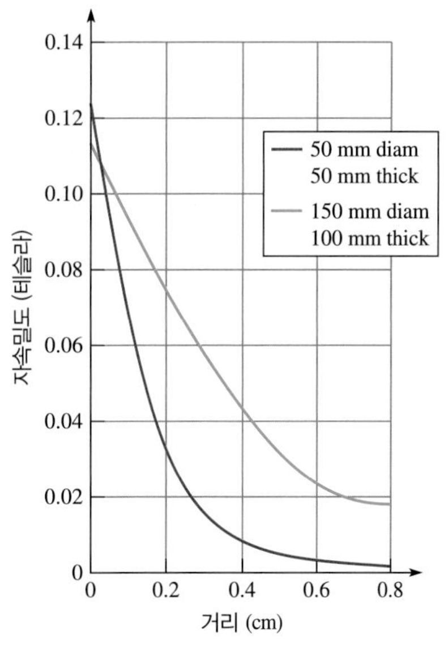

그림 6-6 두 개의 원판형 자석의 거리에 따른 자석밀도의 예. 푸른색 곡선이 더 큰 자석을 나타낸다.

강자성체는 원자구조 내의 전자의 궤도운동과 스핀에 의해 형성된 미세한 자구(magnetic domain)를 갖는다. 이 자구들은 북극과 남극을 갖는 극히 작은 막대자석으로 생각할 수 있다. 자성체가 외부 자계에 노출되지 않은 상태에서는 자구들은 그림 6-7(a)와 같이 무질서하게 배열되어 있다. 그러나 여기에 자계가 가해지면 그림 (b)와 같이, 자구들은 일정한 방향으로 정렬한다. 결과적으로, 그 물체는 자석이 된다.

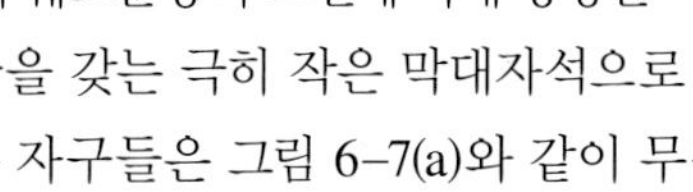

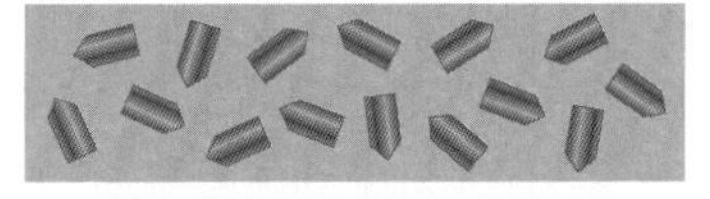

(a) 자화되지 않은 자구(N S)는 무질서하게 배열되어 있다.

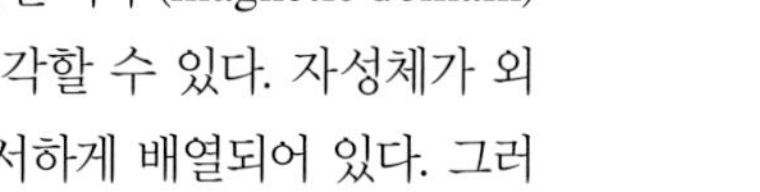

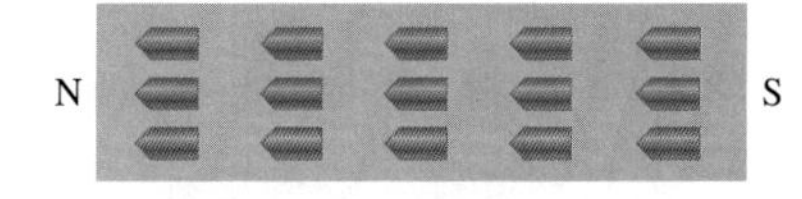

(b) 자화된 자구는 한 방향으로 정렬한다.

그림 6-7 강자성체의 자구. (a) 자화되지 않은 물질, (b) 자화된 물질

자석의 재료는 자속밀도를 결정하는 중요한 변수이다. 표 6–2는 대표적인 자계의 자속밀도를 테슬라로 나타낸 것이다. 영구자석의 경우 수치들은 자극 근처의 자속밀도이다. 자극으로부터의 거리가 멀어짐에 따라 이 값들은 상당히 감소한다. 대개 사람들이 경험할 수 있는 가장 강한 자계는 MRI 검사를 받을 때의 1 T(10,000 G)정도이다. 일반적으로 사용되는 가장 강한 영구자석은 네오디뮴 철 보론(NdFeB) 합금이다.

표 6–2 • 여러 자계의 자속밀도

자계의 원천	자속밀도 (T)
지구의 자계	4×10^{-5} (위치에 따라 차이가 있음)
작은 "냉장고" 자석	0.08에서 0.1
세라믹 자석	0.2에서 0.3
Alnico 5 리드스위치 자석	0.1에서 0.2
네오디뮴 자석	0.3에서 0.52
자기공명영상장치(MRI)	1
실험실에서 만들 수 있는 가장 강한 자계	45

SAFETY NOTE

강한 자석들은 대부분 깨지기 쉽고 충격을 받으면 조각이 난다. 강한 자석을 다룰 때에는 반드시 눈 보호 장비를 착용해야 한다. 강한 자석을 어린이들이 갖고 놀게 해서는 안 된다. 심박조절기를 착용한 사람들은 강한 자계 근처에 가면 안 된다.

응용 예

영구자석은 브러시리스 전동기(brushless motor), 자기분리기, 스피커, 마이크로폰, 자동차, 자기공명영상장치 등 그 응용 범위가 대단히 넓다. 그림 6–8과 같은 스위치에도 영구자석이 사용된다. 그림 6–8(a) 에서와 같이 자석이 스위치에 가깝게 있으면 스위치는 닫힌다. 그림 (b)에서와 같이 자석이 스위치에서 멀리 떨어지면, 스프링이 스위치 팔을 끌어당겨 접속이 끊어진다. 자기스위치는 보안 시스템에 널리 사용된다.

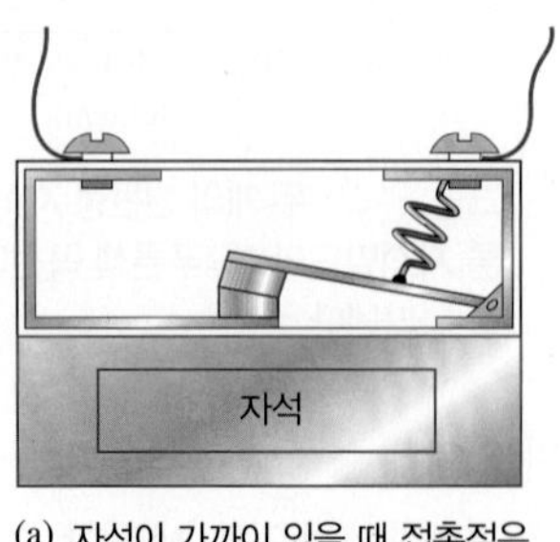

(a) 자석이 가까이 있을 때 접촉점은 닫혀 있다.

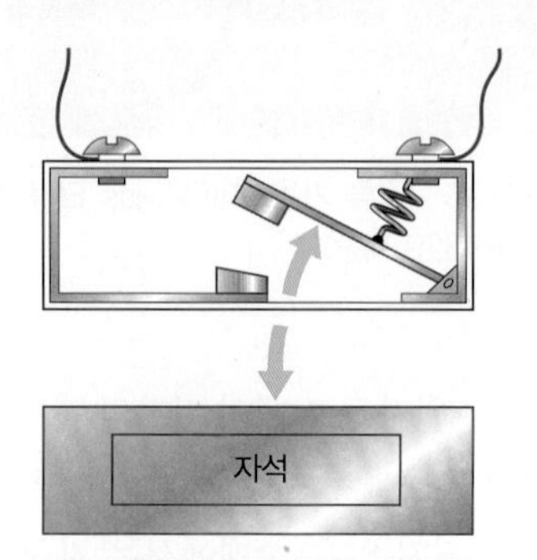

(b) 자석이 멀리 떨어지면 접촉점은 열린다.

그림 6–8 자기스위치의 작동

홀 효과(Hall effect)를 이용하는 센서 분야에도 영구자석이 중요하게 응용된다. 홀 효과는 전류가 흐르는 얇은 도체나 반도체(홀 소자)를 자계 내에 놓았을 때 그 소자 양단에 작은 전위차(수 μV)가 발생하는 현상이다. 그림 6–9는 홀 소자에 나타나는 홀 전압을 보여준다.

홀 전압은 자계와 수직으로 지나가는 전자가 자계로부터 힘을 받아서 홀 소자의 한편에 과잉전하가 몰리게 되어 발생한다. 이 현상은 처음에 도체에서 발견되었지만 반도체에서 더 현저히 나타나며, 홀효과 센서에 이용된다. 자계와 전류, 홀 전압은 서로 수직 방향을 이룬다. 이 전압은 증폭되어 자계를 탐지하는 데에 이용되기도 한다.

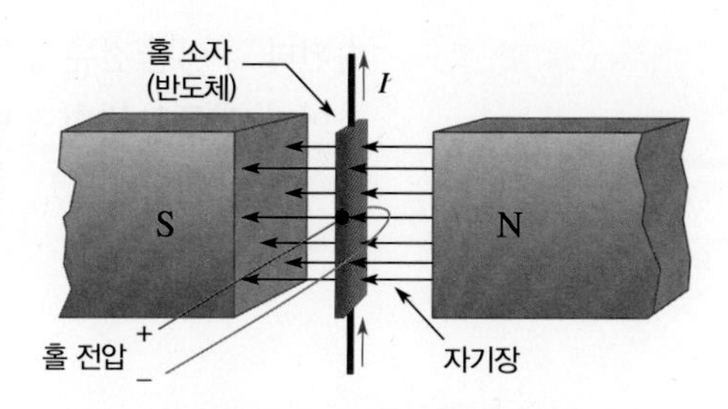

그림 6-9 **홀효과. 홀 소자 양단에 홀 전압이 유기된다. 붉은 쪽이 +, 푸른 쪽이 −**

홀 효과 센서들은 작고 값이 싸며 움직이는 부분이 없어서 널리 이용된다. 또 홀 효과 센서는 비접촉식 센서이기 때문에 수없이 많은 동작 후에도 전혀 손상이 없어 동작이 반복될수록 마모되는 접촉식 센서들에 비해 장점을 가지고 있다. 홀 효과 센서는 자계를 감지할 수 있어 자석의 존재를 탐지할 수 있으므로 위치 측정이나 동작 감지에도 사용될 수 있다. 다른 센서와 같이 사용하여 전류, 온도, 압력을 측정할 수도 있다.

홀 효과 센서는 많은 분야에서 사용된다. 자동차에서 홀 효과 센서들은 스로틀 각도, 크랭크 축과 캠 축 위치, 분배기 위치, 속도계, 전동시트와 후사경 위치 등의 다양한 변수를 측정하는 데 사용된다. 홀 효과 센서는 드릴이나 팬, 유량계, 디스크 회전속도 탐지와 같은 회전하는 장치의 변수들을 측정하는 데에도 사용된다. 6–7절에서 설명할 직류전동기에도 사용 된다.

6-1절 복습 문제*

1. 두 개의 자석을 N극끼리 서로 가까이 놓으면 반발하는가? 혹은 당기는가?
2. 자속과 자속밀도의 차이는 무엇인가?
3. 자속밀도의 단위 두 가지를 들라.
4. $\phi = 4.5\ \mu\text{Wb}$이고 $A = 5 \times 10^{-3}\ \text{m}^2$일 때, 자속밀도는 얼마인가?

*해답은 이 장의 끝에 있다.

6-2 전자기

전자기(electromagnetism)는 도체에 흐르는 전류에 의해 자계가 형성되는 것을 말한다.

이 절을 마친 후 다음을 할 수 있어야 한다.

- 전자기의 원리를 설명한다.
- 자력선의 방향을 확인한다.
- *투자율*을 정의한다.
- *자기저항*을 정의한다.
- *기자력*을 정의한다.
- 기본적인 전자석을 설명한다.

전류는 그림 6–10에서 보는 바와 같이, 도체 주변에 **전자장(electromagnetic field)**이라고 하는 자계를 만든다. 눈에 보이지는 않는 자계의 역선이 도체 주위에 동심원을 형성하며 길이를 따라 연속된다. 주어진 전류 방향에 대한 도체 주위의 자력선의 방향은 그림과 같다. 자력선의 방향은 시계 방향이며, 전류의 방향이 반대로 바뀌면 자력선의 방향은 반시계 방향이 된다.

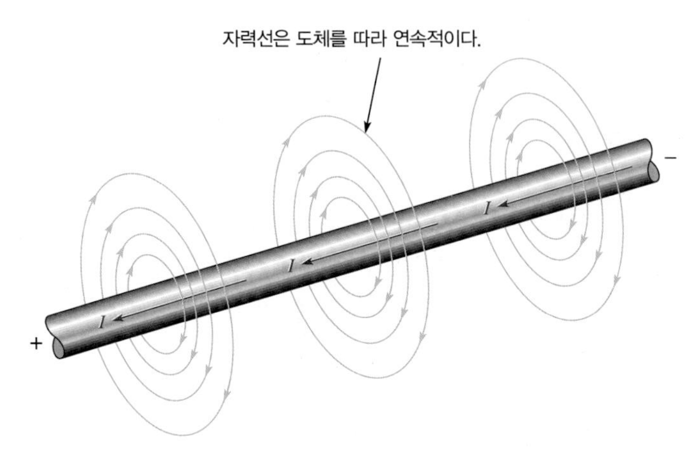

그림 6-10 전류가 흐르는 도체 주변의 자계. 붉은색 화살표는 전자의 흐름(−에서 +로)을 나타낸다.

자계를 볼 수는 없지만 가시적 효과를 만들 수는 있다. 예를 들면 전류가 흐르는 도선에 수직으로 종이를 끼워 넣으면 종이 위에 놓인 철가루들이 그림 6–11(a)와 같이 자력선을 따라 동심원 형태로 정렬된다. 그림 (b)는 전자계 내에 놓인 나침반의 북극이 역선의 방향으로 향하는 것을 나타내고 있다. 자계는 도체에 가까울수록 더 강해지고, 도체로부터 멀수록 약해진다.

왼손 법칙 자력선의 방향을 기억하는 데 도움이 될 방법을 그림 6–12에 보였다. 엄지손가락이 전류의 방향이 되도록 도체를 왼손으로 잡았다고 생각하면 나머지 손가락들은 자력선의 방향을 가리킨다.

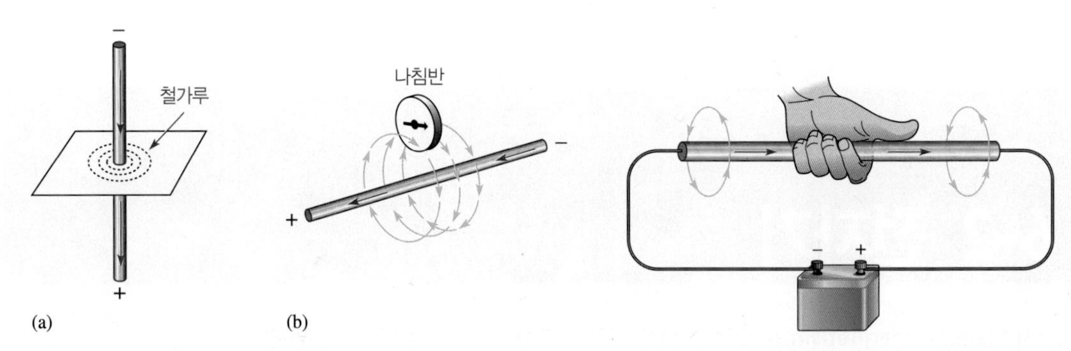

그림 6-11 전자장의 가시화

그림 6-12 왼손법칙의 설명. 왼손법칙은 전류의 흐름을 보여 준다.

전자기 특성

전자장에 관련된 몇 가지 중요한 성질을 설명한다.

투자율(μ) 물질 내에 생성되는 자계의 크기는 그 물질의 **투자율(permeability)**에 의해 결정된다. 투자율이 클수록 자계가 생성되기 쉽다. 투자율의 기호는 μ(그리스 문자, mu)이다.

물질의 투자율은 물질의 종류에 따라 다르다. 진공의 투자율(μ_0)은 $4\pi \times 10^{-7}$ Wb/At·m (weber/ampere turn·meter)이고, 투자율의 기준치로 사용된다. 강자성체는 투자율이 보통 진공보다 수 백 배 크며, 따라서 강자성체 내에서는 자계가 상대적으로 쉽게 형성된다. 강자성체의 재료로는 철, 강철,

니켈, 코발트 및 그들의 합금이 있다.

어떤 재료의 **비투자율**(μ_r)은 진공의 투자율(μ_0)에 대한 그 재료의 절대투자율(μ)의 비율이다.

$$\mu_r = \frac{\mu}{\mu_0} \tag{6-2}$$

μ_r은 비율이므로 단위가 없다. 철과 같은 자성체의 비투자율은 수백 정도가 된다. 비투자율이 100,000 정도인 고투자율 재료도 있다.

자기저항($\mathscr{R}$) 물질 내에서 자계의 형성을 방해하는 성질을 **자기저항($\mathscr{R}$, reluctance)**이라고 한다. 자기저항의 값은 자계 경로의 길이(l)에 비례하고 재료의 투자율(μ)과 물질의 단면적(A)에 반비례하며 다음 식으로 표시된다.

$$\mathscr{R} = \frac{l}{\mu A} \tag{6-3}$$

자기회로의 자기저항은 전기회로의 저항과 유사하다. 자기저항의 단위는 l에 미터를, A에는 제곱미터를, μ에는 Wb/At·m을 대입해서 다음과 같이 구할 수 있다.

$$\mathscr{R} = \frac{l}{\mu A} = \frac{\cancel{\text{m}}}{(\text{Wb/At}\cdot\cancel{\text{m}})(\cancel{\text{m}}^2)} = \frac{\text{At}}{\text{Wb}}$$

At/Wb는 암페어 횟수/웨버이다.

식 6–3은 전선의 저항에 대한 다음 식과 유사하다.

$$R = \frac{\rho l}{A}$$

비저항(ρ, resistivity)의 역수는 전기전도도(σ, conductivity)이다. ρ 대신 $1/\sigma$를 대입하면 위 식은 다음과 같이 된다.

$$R = \frac{l}{\sigma A}$$

전선의 저항을 나타내는 이 식과 식 6–3을 비교해 보자. 길이(l)와 면적(A)은 두 식에서 같다. 전기회로의 전기전도도(σ)는 자기회로의 투자율(μ)과 유사하다. 전기회로의 저항(R)은 자기회로의 자기저항($\mathscr{R}$)과 유사하다. 일반적으로 자기회로의 자기저항은 50,000 At/Wb 이상이고 재료의 크기와 종류에 따라 달라진다.

예제 6-3

저탄소강 재료의 토러스(torus, 도넛 형태의 철심)의 자기저항을 계산하라. 토러스의 내부 반지름은 1.75 cm이고 외부 반지름은 2.25 cm이다. 저탄소강의 투자율은 2×10^{-4} Wb/At·m이다.

풀이

먼저 길이와 면적의 단위를 cm에서 m로 바꾸어야 한다. 두께는 0.5 cm = 0.005 m이다. 단면적은

$$A = \pi r^2 = \pi(0.0025)^2 = 1.96 \times 10^{-5}\ \text{m}^2$$

길이는 평균 반지름 2.0 cm 또는 0.020 m로 계산한 토러스의 원둘레이다.

$$l = C = 2\pi r = 2\pi(0.020\ \text{m}) = 0.125\ \text{m}$$

식 6–3에 이 값들을 대입하면

$$\mathcal{R} = \frac{l}{\mu A} = \frac{0.125\ \text{m}}{(2 \times 10^{-4}\ \text{Wb/At}\cdot\text{m})(1.96 \times 10^{-5}\ \text{m}^2)} = \mathbf{31.9 \times 10^6\ At/Wb}$$

관련문제

자심이 비투자율 5×10^{-4} Wb/At·m인 주철강으로 바뀌면 자기저항은 어떻게 될까?

예제 6–4

연강(mild steel)의 비투자율은 800이다. 길이가 10 cm이고 단면적이 1.0 cm × 1.2 cm인 연강의 자기저항을 계산하라.

풀이

먼저 연강의 투자율을 계산한다.

$$\mu = \mu_0\mu_r = (4\pi \times 10^{-7}\ \text{Wb/At}\cdot\text{m})(800) = 1.00 \times 10^{-3}\ \text{Wb/At}\cdot\text{m}$$

길이를 미터로, 면적을 제곱미터로 바꾼다.

$$l = 10\ \text{cm} = 0.10\ \text{m}$$
$$A = 0.010\ \text{m} \times 0.012\ \text{m} = 1.2 \times 10^{-4}\ \text{m}^2$$

이 값들을 식 6–3에 대입하면

$$\mathcal{R} = \frac{l}{\mu A} = \frac{0.10\ \text{m}}{(1.00 \times 10^{-3}\ \text{Wb/At}\cdot\text{m})(1.2 \times 10^{-4}\ \text{m}^2)} = \mathbf{8.33 \times 10^5\ At/Wb}$$

관련문제

비투자율이 4000인 78퍼멀로이(Permalloy)로 철심을 만들면 자기저항은 얼마가 될까?

기자력(mmf) 앞에서 공부한 바와 같이, 도체에 흐르는 전류는 자계를 만든다. 자계를 만드는 원인을 **기자력(magnetomotive force)**이라 한다. 기자력은 물리적인 의미에서 실제의 힘이 아니라 전하의 운동(전류)의 직접적인 결과이므로 잘못된 명칭이라 할 수 있다. 기자력의 단위, **암페어–횟수(At, ampere–turn)**는 한 번 감긴 도선에 흐르는 전류에 근거한다. 기자력의 공식은 다음과 같다.

$$F_m = NI \tag{6–4}$$

여기서 F_m은 기자력을 나타내며 N은 권선 수, I는 전류이며 단위는 암페어이다.

그림 6–13은 자성재료 주위를 여러 번 감은 도선에 흐르는 전류가 자기경로를 따라 자속선을 형성하는 것을 보여준다. 자속의 세기는 기자력의 크기와 재료의 자기저항에 따라 달라지며, 다음 식으로 나타낸다.

$$\phi = \frac{F_m}{\mathcal{R}} \tag{6–5}$$

자속(ϕ)은 전류와, 기자력(F_m)은 전압과, 또한 자기저항($\mathcal{R}$)은 저항과 유사하므로 이 식은 자기회로의 옴의 법칙으로 알려져 있다.

전기회로와 자기회로의 중요한 차이점은 자기회로에서는 식 6-5가 자성체가 포화되기(자속이 최대가 되는) 전까지만 성립한다는 것이다. 6-4절에서 자화곡선을 공부한 후에는 이것을 알게 될 것이다. 또 다른 차이점은 영구자석에서는 기자력이 없어도 자속이 발생한다는 것이다. 영구자석에서 자속은 외부 전류에 의한 것이 아니라 내부의 전자의 운동으로 인해 발생한다. 전기회로에는 이와 같은 현상이 없다.

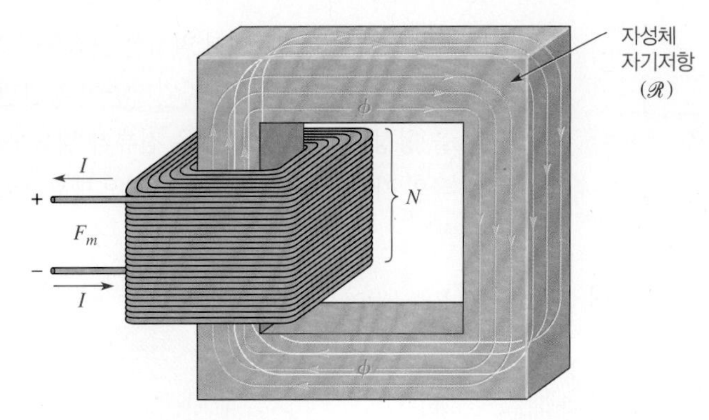

그림 6-13 기본적인 자기 회로

예제 6-5

그림 6-14에서 재료의 자기저항이 2.8×10^5 At/Wb일 때 자기경로에 형성되는 자속은 얼마인가 ?

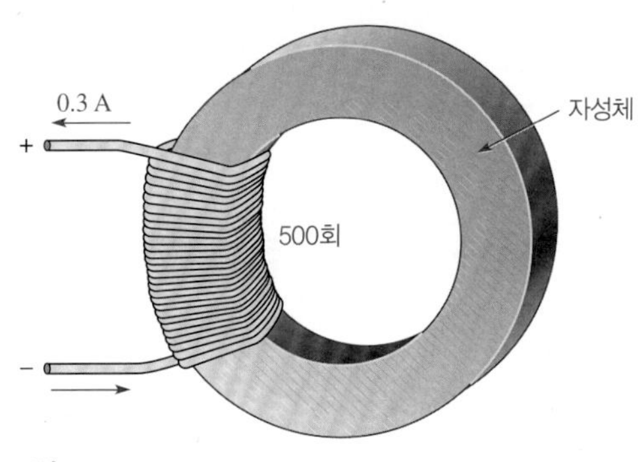

그림 6-14

풀이

$$\phi = \frac{F_m}{\mathcal{R}} = \frac{NI}{\mathcal{R}} = \frac{(500\text{ t})(0.3\text{ A})}{2.8 \times 10^5\text{ At/Wb}} = 5.36 \times 10^{-4}\text{ Wb} = \mathbf{536\ \mu Wb}$$

관련문제

그림 6-14에서 자기저항이 7.5×10^3 At/Wb이고 권선 수가 300, 전류가 0.18 A라면 자기경로에 형성되는 자속은 얼마인가?

예제 6-6

400번 감은 도선에 0.1 A의 전류가 흐른다.

(a) 기자력은 얼마인가?

(b) 자속이 250 μWb라면, 회로의 자기저항은 얼마인가?

풀이

(a) $N = 400$이고 $I = 0.1$ A

$$F_m = NI = (400\text{ t})(0.1\text{ A}) = \mathbf{40\ At}$$

(b) $$\mathcal{R} = \frac{F_m}{\phi} = \frac{40\text{ At}}{250\ \mu\text{Wb}} = \mathbf{1.60 \times 10^5\ At/Wb}$$

관련문제

위의 예제에서 $I = 85$ mA, $N = 500$, 그리고 $\phi = 500\ \mu$Wb이라면 기자력과 자기저항은 어떻게 되는가?

많은 자기회로에서 철심은 연결되어 있지 않고 끊어져 있다. 예를 들면 철심이 잘려져 공극(air gap)이 된다면 자기회로의 자기저항이 증가할 것이다. 공극이 자속의 형성을 억제하기 때문에 같은 자속을 형성하기 위해 더 많은 전류가 필요하다. 이 경우 자기회로의 총 자기저항은 철심의 자기저항과 공극의 자기저항을 합친 것과 같으므로 직렬 전기회로와 유사하다.

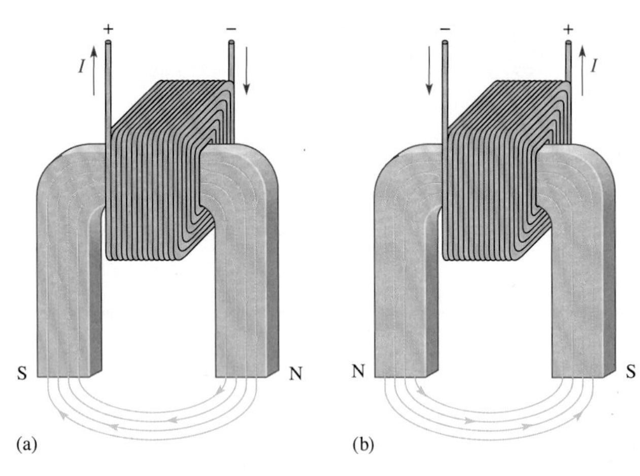

그림 6-15 코일의 전류방향이 반대로 바뀌면 전자기장도 반대로 된다.

전자석

전자석(electromagnet)의 기본이 될 특성들은 이미 앞에서 공부하였다. 기본적인 형태의 전자석은 자화가 용이한 철심 주위를 코일로 감은 것이다.

전자석의 형태는 목적에 따라 여러 가지로 설계될 수 있다. 예를 들면 그림 6–15는 U 모양의 자기코어를 보여주고 있다. 도선이 배터리에 연결되어 전류가 흐르면 그림 (a)에 표시된 것같이 자계가 형성된다. 그림 (b)와 같이, 전류의 방향이 바뀌면 자계의 방향도 바뀐다. N극과 S극이 가까워져서 그 극 사이의 공극이 작아질수록 자기저항이 줄어들어 자계가 형성되기가 쉬워진다.

6-2절 복습 문제

1. 자기와 전자기의 차이를 설명하라.
2. 코일에 흐르는 전류의 방향이 바뀌면 자계는 어떻게 되는가?
3. 자기회로에 대한 옴의 법칙을 설명하라.
4. 3번 문제의 자기회로의 물리량을 전기회로에서의 대응되는 양과 비교하라.

6-3 전자기 기기

테이프 녹음기, 전동기, 스피커, 솔레노이드, 계전기 등 많은 기기들은 전자기 현상을 이용한다. 11장에서 다룰 변압기도 전자기 현상을 이용한다.

이 절을 마친 후 다음을 할 수 있어야 한다.

- 여러 가지 전자기 기기의 작동원리를 설명한다.
- 솔레노이드와 솔레노이드 밸브의 작동원리를 설명한다.
- 계전기의 작동원리를 설명한다.
- 스피커의 작동원리를 설명한다.
- 기본적인 아날로그 미터기의 구동 원리를 설명한다.
- 자기 디스크와 테이프의 재생 기록 원리를 설명한다.
- 광자기 디스크의 개념을 설명한다.

솔레노이드

솔레노이드(solenoid)는 플런저(*plunger*)라고 하는 가동 철심을 가지고 있는 전자기 소자이다. 철심은 전자계와 스프링의 기계적인 힘에 의해 움직인다. 솔레노이드의 기본적인 구조를 그림 6–16에 보였다. 솔레노이드는 속이 비어 있는 비자성체 주변을 감은 원통형 코일로 구성된다. 고정 철심은 축의 한 끝에 고정되어 있고, 가동 철심은 스프링으로 고정 철심에 연결되어 있다.

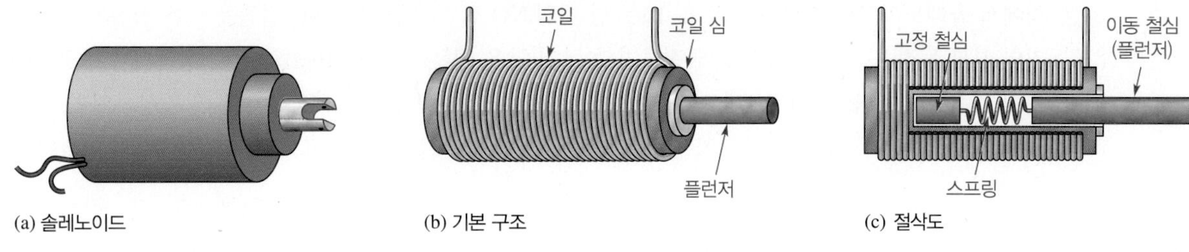

그림 6–16 솔레노이드의 기본 구조

정지상태(에너지가 없는 상태)에서 플런저는 그림 6–17(a)와 같이 외부로 나와 있다. 그림 (b)와 같이 솔레노이드는 코일에 흐르는 전류에 의해 활성화된다. 전류가 전자계를 만들어 두 개의 철심을 자화시킨다. 고정 철심의 S극은 가동 철심의 N극을 잡아당겨서 안쪽으로 들어가게 하고 스프링은 압축된다. 코일에 전류가 흐르는 동안은 자계의 인력에 의해 플런저는 들어가 있다. 전류가 끊겨 자계가 사라지면, 스프링에 의해 플런저는 바깥쪽으로 밀려난다. 솔레노이드는 밸브의 개폐나 자동차 문 잠금장치 등에 응용된다.

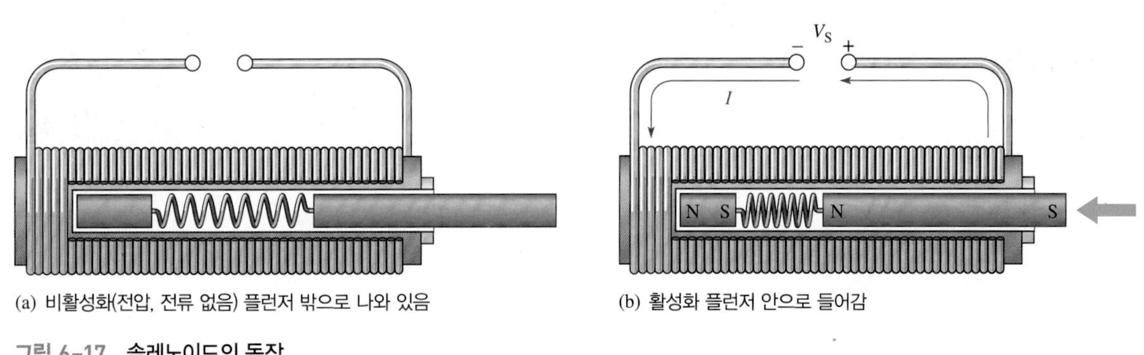

그림 6–17 솔레노이드의 동작

솔레노이드 밸브 **솔레노이드 밸브(solenoid valve)**는 공기나 물, 증기, 오일, 냉각제, 기타 유체들의 흐름을 조절하기 위하여 산업체에서 널리 사용된다. 솔레노이드 밸브는 기계제어에 흔한 공압식(pneumatic)과 유압식(hydraulic) 시스템에 사용된다. 항공우주 분야와 의학 분야에서도 솔레노이드 밸브가 널리 사용된다. 솔레노이드 밸브는 플런저를 움직여서 포트를 여닫을 수도 있고, 밸브의 플랩(flap)을 일정한 정도로 회전시킬 수도 있다.

솔레노이드 밸브는 두 개의 기능부로 구성된다. 하나는 밸브를 여닫는 동작에 필요한 자계를 만들어 주는 솔레노이드 코일이고, 다른 하나는 파이프와 버터플라이 밸브로 구성되며 누설방지 차단막으로 코일부와 격리되어 있는 밸브몸체이다. 그림 6–18은 솔레노이드 밸브의 절삭도이다. 솔레노이드가 활성화되면 버터플라이 밸브를 회전시켜서 정상 닫힌(Normally Closed, NC) 밸브를 열게 하거나 정상 열림(Normally Open, NO) 밸브를 닫게 한다.

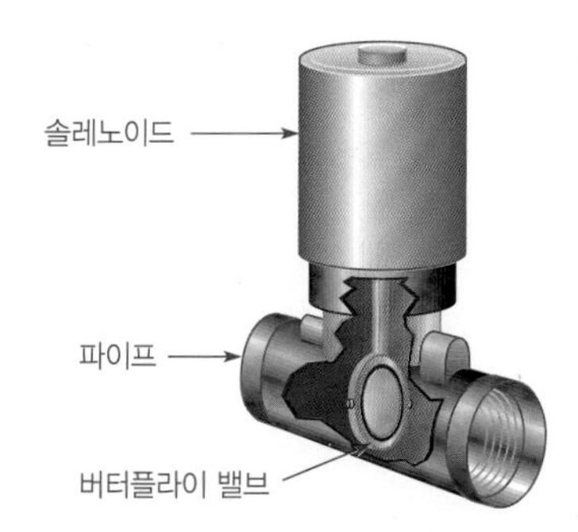

그림 6–18 기본적인 솔레노이드 밸브 구조

솔레노이드 밸브는 정상 열림 밸브나 정상 닫힘 밸브를 포함하여 다양한 형태로 만들어진다. 솔레노이드 밸브는 여러 종류의 유체(예를 들면 개스나 액체), 압력, 경로의 수, 크기 등에 따라 구분된다. 같은 밸브가 여러 라인을 제어할 수도 있고 여러 개의 솔레노이드를 가질 수도 있다.

계전기

계전기(relay)는 전자기 작용을 기계적인 작동이 아닌, 전기적인 접촉을 열거나 닫는 데에 응용한다는 점에서 솔레노이드와 다르다. 그림 6–19는 한 개의 NO 접점과 한 개의 NC 접점을 갖는 접촉자형 계전기의 기본 동작을 보여준다. 코일에 전류가 흐르지 않을 때는, 그림 6–19(a)와 같이 접촉자가 스프링에 의해 위쪽 단자에 붙어 단자 1과 단자 2가 전기적으로 연결된다. 코일에 전류가 흘러 활성화되면, 그림 6–19(b)와 같이 접촉자가 전자장의 인력에 의해 아래쪽으로 끌어당겨지고, 단자 1과 단자 3이 연결된다.

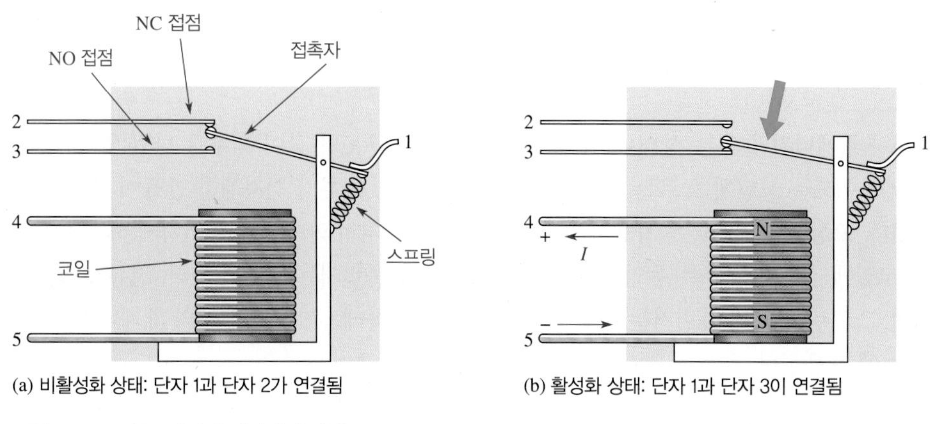

(a) 비활성화 상태: 단자 1과 단자 2가 연결됨
(b) 활성화 상태: 단자 1과 단자 3이 연결됨

그림 6–19 단극 이접점 계전기의 기본구조

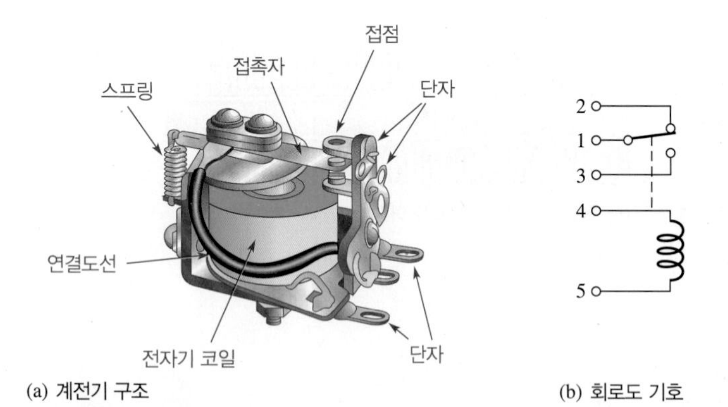

(a) 계전기 구조
(b) 회로도 기호

그림 6–20 접촉자 계전기

전형적인 접촉자 계전기(armature relay)와 회로도 기호를 그림 6–20에 보였다.

다른 형의 널리 쓰이는 계전기로 그림 6–21과 같은 **리드 계전기(*reed relay*)**가 있다. 접촉자 계전기와 마찬가지로 리드 계전기도 전자기 코일을 사용한다. 접점은 얇은 자성체 리드이고, 대개 코일 내에 설치된다. 코일에 전류가 흐르지 않을 때, 그림 6–21(b)와 같이 리드는 열려 있다. 코일에 전류가 흐르면 그림 (c)와 같이 리드가 자화되고, 서로 잡아당겨 접촉이 된다.

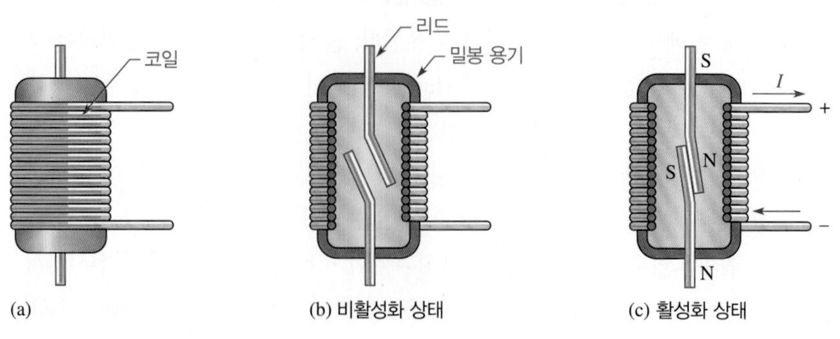

(a)
(b) 비활성화 상태
(c) 활성화 상태

그림 6–21 리드 계전기의 기본 구조

리드 계전기는 접촉자 계전기보다 속도가 빠르고, 신뢰성이 높으며, 접촉 아크 발생이 적다. 그러나 리드 계전기는 접촉자 계전기보다 전류 용량이 작고, 기계적인 충격에 약한 단점이 있다.

스피커

스피커(speaker)는 전기 신호를 음향으로 바꾸어 주는 전자기 기기다. 기본적으로 보면, 스피커는 전자석을 도넛 자석(donut magnet)이라 하는 영구자석 쪽으로 번갈아 끌어당기거나 밀어내는 선형 전동기라 할 수 있다. 그림 6-22는 스피커의 주요부를 보여준다. 음향신호는 전선을 통하여 보이스 코일(voice coil)이라고 하는 원통형 코일에 전달된다. 보이스 코일과 가동 철심은 전자석을 구성하며 스파이더(spider)라고 하는 아코디언 같이 생긴 구조물에 달려있다. 스파이더는 아코디언 스프링과 같은 역할을 하여 보이스 코일을 중앙에 지지시켜 주며 입력 신호가 없을 때는 보이스 코일을 중립위치에 복원시킨다.

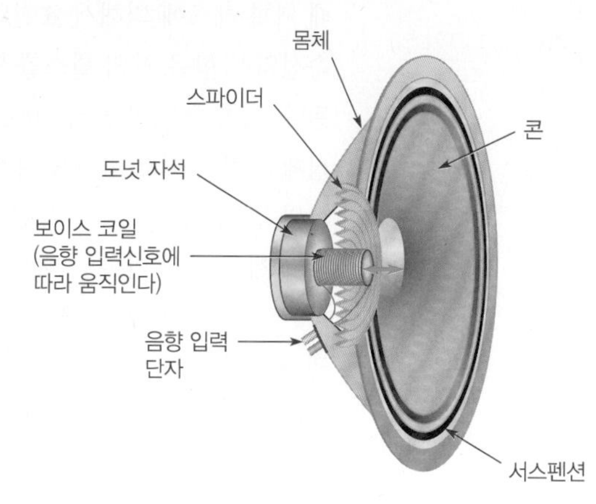

그림 6-22 스피커 주요부

음향 입력 단자로부터의 전류는 방향이 바뀌며 전자석에 전력을 공급한다. 더 많은 전류가 흐르면 인력이나 척력도 커진다. 입력 전류의 방향이 바뀌면 전자석의 극성 방향도 바뀌어 입력신호를 따르게 된다. 보이스 코일과 가동 자석은 스피커 콘에 단단히 부착되어 있다. 스피커 콘은 유연한 진동판이고 진동하며 소리를 만들어낸다.

계측기 구동장치

다르송발 계측기의 구동장치(The d'Arsonval meter movement)는 아날로그 멀티미터에서 가장 일반적으로 이용되는 방식이다. 이 방식의 계기 구동장치에서는 지침이 코일에 흐르는 전류의 양에 비례하여 편향한다. 그림 6-23은 기본적인 다르송발 계기 구동장치를 보인 것이다. 이것은 영구자석의 양극 사이에 위치하고 있는 베어링에 탑재된 동체에 감긴 코일로 구성된다. 바늘은 회전하는 동체에 부착되어 있다. 코일에 전류가 흐르지 않으면 바늘은 스프링에 의해 가장 왼쪽(영)에 위치한다. 코일에 전류가 흐르면 전자기력이 코일을 오른쪽으로 회전하게 한다. 이 전류의 양에 따라 회전 각도가 달라진다.

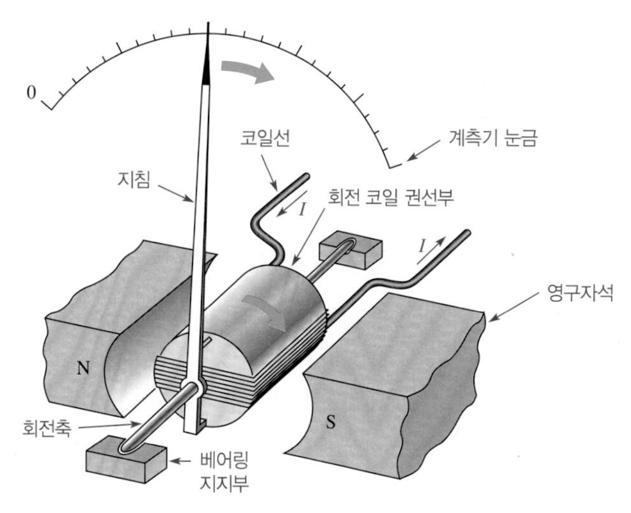

그림 6-23 다르송발 계측기의 구동부

그림 6-24는 자계의 상호작용이 코일 동체를 회전시키는 원리를 보여준다. 전류는 '십자'에서 지면에 수직으로 들어가고, '점'에서 수직으로 나온다. 지면에 수직으로 들어가는 전류는 반시계 방향의 전자계를 만들어 코일 아래쪽에서 영구자석의 자계를 증강시킨다. 결과적으로 코일의 왼쪽은 위쪽으로 향하는 힘을 받는다. 전류가 지면에서 수직으로 나오는 코일의 오른쪽에서는 아래쪽으로 향하는 힘이 형성된다. 이 힘은 코일 동체를 시계 방향으로 회전시키며, 스프링 장치의 힘과 양립한다. 이 힘과 스프링에 의한 힘은 코일에 흐르는 전류량에서 균형이 유지된다. 전류가 제거되면 바늘은 스프링 힘에 의해 영의 위치로 돌아간다.

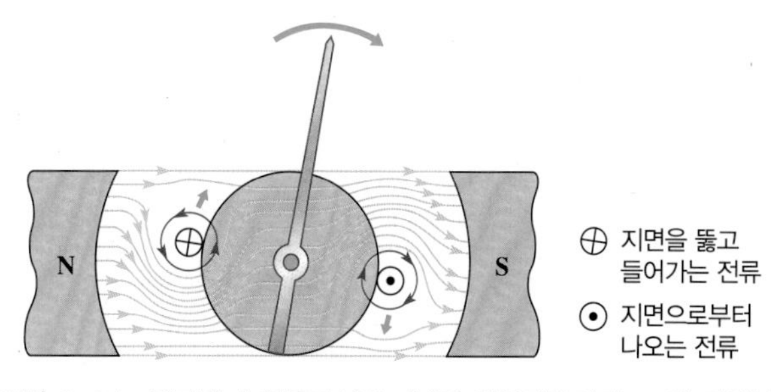

그림 6-24 전자계가 영구자석의 자계와 상호작용하면, 코일 권선부를 시계방향으로 회전시키는 힘이 작용, 지침이 편향된다.

자기 디스크와 자기 테이프 재생/기록 헤드

그림 6-25는 자기 디스크나 테이프 표면에서의 재생과 기록 과정을 보여준다. 자성체 표면이 움직일 때 기록 헤드에 의해서 표면의 아주 작은 부분이 자화됨으로써 데이터 비트(1 또는 0)가 기록된다. 자속선의 방향은 양의 펄스를 인가한 그림 6-25(a)와 같이 권선에 흐르는 전류펄스의 방향에 의해 제어된다. 기록 헤드의 공극(air gap)에서, 자속은 저장소자의 표면을 따라 경로를 형성한다. 이 자속은 자성체 표면의 미소 지점을 자계 방향으로 자화시킨다. 한 극성으로 자화된 지점은 2진수 1을 나타내고, 그와 반대 극성으로 자화된 지점은 2진수 0을 나타낸다. 일단 자화된 표면상의 한 지점은 반대 방향의 자계로 다시 기록될 때까지 자화 상태를 유지한다.

자성체 표면이 재생 헤드를 지날 때에, 자화된 지점들이 재생 헤드에 자계를 형성시키고 이로 인해 권선에 전압 펄스가 유도된다. 이 펄스의 극성은 자화 방향에 따라 결정되며, 저장된 비트가 1인지 0인지를 나타낸다. 그림 6-25(b)에 이 과정을 보였다. 재생과 기록 헤드는 보통 하나의 장치로 되어 있다.

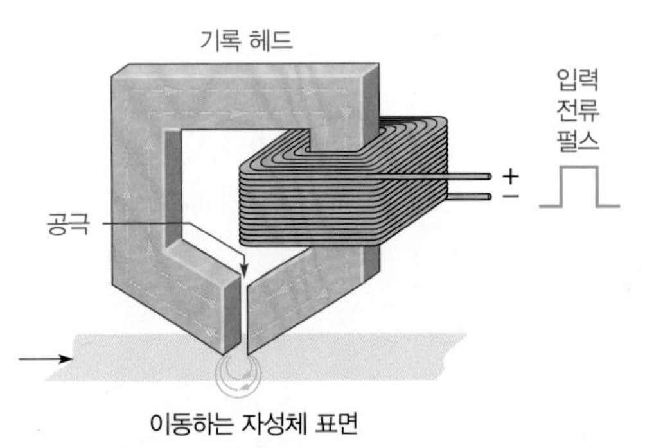

(a) 쓰기 헤드에서 나오는 자속은 움직이는 자성체 표면상의 낮은 자기저항 경로를 따른다.

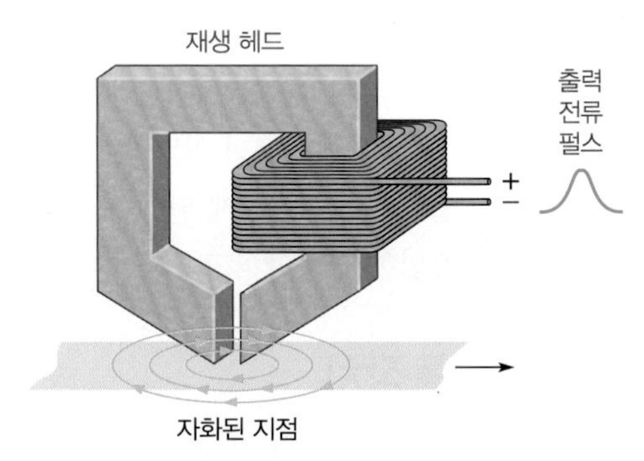

(b) 읽기 헤드가 자화된 지점 위를 지나면 출력 단자에 유도 전압이 발생한다.

그림 6-25 자성체 표면에 기록과 재생 과정

광자기 디스크

광자기 디스크는 전자석과 레이저 빔을 이용하여 자성체 표면의 데이터를 읽거나 쓴다. 광자기 디스크는 하드 디스크와 유사하게 트랙과 섹터별로 포맷이 된다. 그러나 극히 작은 지점을 정확하게 향하는 레이저 빔의 능력 때문에, 광자기 디스크는 표준 자기 하드디스크보다 훨씬 많은 데이터를 저장할 수 있다.

그림 6-26(a)는 기록하기 전의 디스크와 밑에 있는 전자석의 단면을 보여준다. 화살표로 나타낸 작은 자성 입자들은 모두 같은 방향으로 자화되어 있다.

디스크의 기록(저장하기) 과정은 그림 6-26(b)와 같이 자성 입자의 방향과 반대인 외부자계를 가하고, 2진수 1이 저장될 디스크상의 작은 점을 고출력 레이저 빔으로 정확히 가열함으로써 완결된다. 광자기 합금으로 된 디스크 재료는 상온에서는 거의 자화되지 않지만, 레이저 빔으로 가열된 지점은 전자석이 형성한 외부자계에 의해 원래의 자화 방향과는 반대로 자화된다. 자성입자의 고유 방향은 외부자계에 의해 역으로 바뀌게 된다. 2진수 0이 저장되는 지점에는 레이저 빔이 조사되지 않으며, 원래의 자성입자의 자화방향이 그대로 유지된다.

그림 6-26(c)에서와 같이, 디스크로부터 데이터 읽는 과정은 외부자계를 가하지 않은 상태에서 비트를 읽어야 할 지점을 저출력 레이저빔으로 조사함으로써 완료된다. 2진수 1이 저장된 지점에서는 (역방향의 자화) 저출력 레이저빔이 반사되고 편광이 바뀐다. 그러나 2진수 0이 저장된 곳에서는 반사된 레이저 빔의 편광이 바뀌지 않는다. 검출기는 반사된 레이저 빔의 편광 상태의 차이를 감지하여 읽

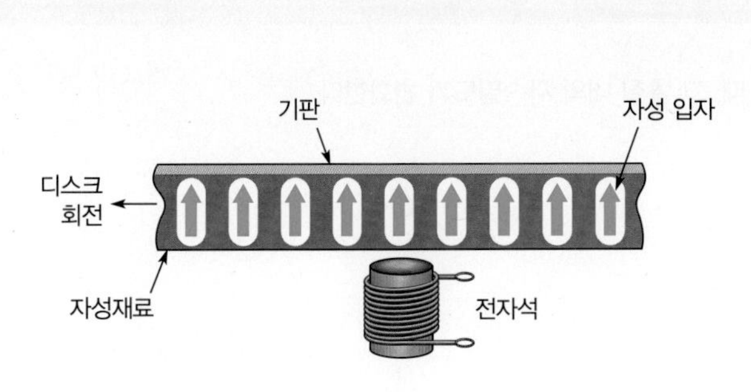

(a) 기록되기 전의 디스크

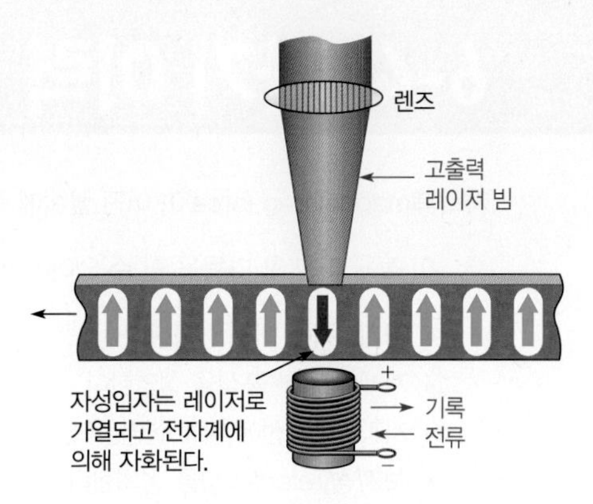

(b) 기록: 고출력 레이저 빔이 어떤 지점을 가열하면 자성 입자들은 자계에 따라 정렬한다.

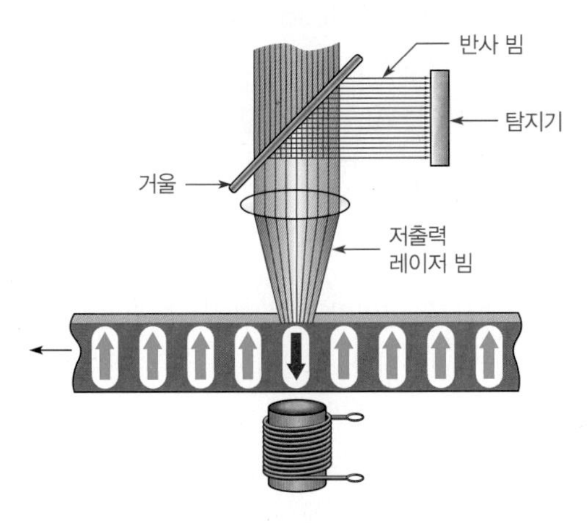

(c) 재생: 저전력 레이저빔이 반대 극성을 가진 자성입자에서 반사되고 극성이 바뀐다. 자성입자의 극성이 바뀌지 않으면 반사된 빔의 극성이 바뀌지 않는다.

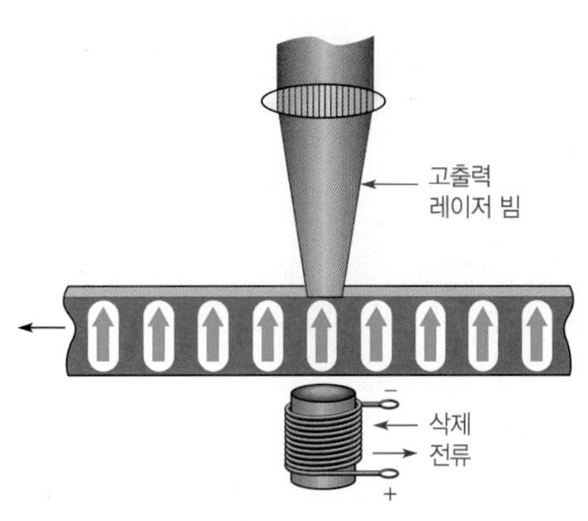

(d) 지우기: 고전력 레이저빔이 한 지점을 가열할 때 전자계의 극성이 바뀌고 자성입자의 극성이 원래의 상태로 돌아가게 한다.

그림 6-26 광자기 디스크의 기본 개념

은 비트가 0인지 1인지를 결정한다.

그림 6-26(d)는 고출력 레이저빔을 조사하고, 역방향의 외부자계를 가하여 각 자성입자를 원래의 방향으로 자화시켜 데이터를 지우는 과정을 보여준다.

6-3절 복습 문제

1. 솔레노이드와 계전기의 차이점을 설명하라.
2. 솔레노이드에서 가동부의 이름은 무엇인가?
3. 계전기에서 가동부의 이름은 무엇인가?
4. 다르송발 계기의 구동장치의 원리를 설명하라.

6-4 자기 이력

자화력(magnetizing force)이 어떤 물질에 적용될 때, 그 물질 내의 자속밀도가 변화한다.

이 절을 마친 후 다음을 할 수 있어야 한다.

- 자기이력에 대해 설명한다.
- 자계에 관한 공식을 설명한다.
- 자기이력곡선에 대해 설명한다.
- *보자성*(*retentivity*)을 정의한다.

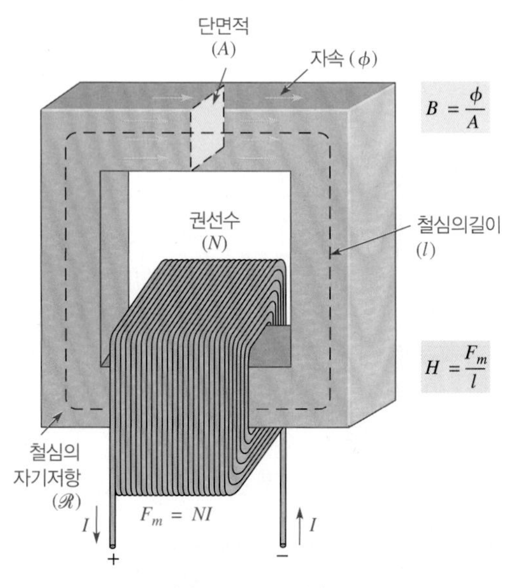

그림 6-27 자계(*H*)와 자속밀도(*B*)를 결정하는 파라미터들

자계의 세기

어떤 물질에서 **자계의 세기(magnetic field intensity)**(자화력이라고도 함)는 물질의 단위 길이(l)당 기자력(F_m)으로 정의되고, 다음 식으로 나타낸다. 자계의 세기(H)의 단위는 At/m이다.

$$H = \frac{F_m}{l} \tag{6-6}$$

여기서 $F_m = NI$이다. 자계(H)는 코일의 권선 수(N)와 코일에 흐르는 전류(I), 물질의 길이(l)에 따라 변하지만, 물질의 종류에는 관계가 없다.

$\phi = F_m/\mathcal{R}$이므로, F_m이 증가하면 자속도 증가하고 자계(H)도 증가한다. 자속밀도(B)는 단위 면적당 자속이므로($B = \phi/A$), B는 H에 비례한다. 이 두 가지 양(B와 H) 사이의 관계를 보여주는 곡선을 B-H 곡선 또는 자기이력곡선(hysteresis curve)이라고 부른다. 그림 6–27는 B와 H에 영향을 미치는 파라미터들을 보여준다.

자기이력곡선과 보자성

자기이력(hysteresis)은 외부에서 가해지는 자계보다 자화의 변화가 지연되는 자성재료의 특성을 말한다. 코일에 흐르는 전류를 변화시키면 자계(H)가 증가하거나 감소하며, 또한 코일에 걸리는 전압의 극성을 바꾸어 방향을 반대로 할 수도 있다.

그림 6–28은 자기이력곡선의 과정을 보여준다. 초기에는 코어가 자화되지 않았으므로 $B = 0$으로 가정하고 시작한다. 자계(H)가 0으로부터 점점 증가하면, 그림 6–28(a)의 곡선과 같이 자속밀도(B)는 비례하여 증가한다. H의 어떤 값에서부터 B의 곡선의 기울기가 감소하기 시작한다. 그림 6–28(b)와 같이 H가 계속 증가하여 어떤 값(H_{sat})이 되면 B는 포화값(B_{sat})에 도달한다. 일단 포화상태가 되면, H가 증가하더라도 B는 더 이상 증가하지 않는다.

만약 H가 0으로 감소하면, 그림 6–28(c)와 같이, B는 다른 경로를 거쳐 잔류값 B_R이 된다. 이것은 외부자계가 제거되어도(H = 0) 그 물질은 여전히 자화되어 있다는 것을 의미한다. 일단 자화된 물질이 외부자계 없이도 자화된 상태를 유지하는 능력을 **잔자성(retentivity)**이라고 한다. 물질의 잔자성은 B_{sat}에 대한 B_R의 비율로 나타낸다.

권선에 흐르는 전류가 반대 방향으로 흐르면 자계의 극성이 반대로 되며 이것은 곡선 상에서 H의 음의 값으로 나타난다. 음의 방향으로 H를 증가시키면 그림 6–28(d)와 같이 H는 다시 어떤 값($-H_{sat}$)에서 포화되며, 자속밀도는 음의 최대값이 된다.

자계를 제거하면($H = 0$) 그림 6–28(e)에서와 같이, 자속밀도는 음의 잔류값($-B_R$)이 된다. $-B_R$ 값에서부터 그림(f)와 같이, 자계가 양의 방향으로 증가하여 H_{sat}와 같을 때, 자속밀도는 양의 최대값에 도달한다.

전체 *B-H* 곡선은 그림 6–28(g)와 같으며, 이것을 자기이력곡선이라고 한다. 자속밀도가 영이 되는 자계를 **보자력**(*coercive force*), H_C라고 부른다.

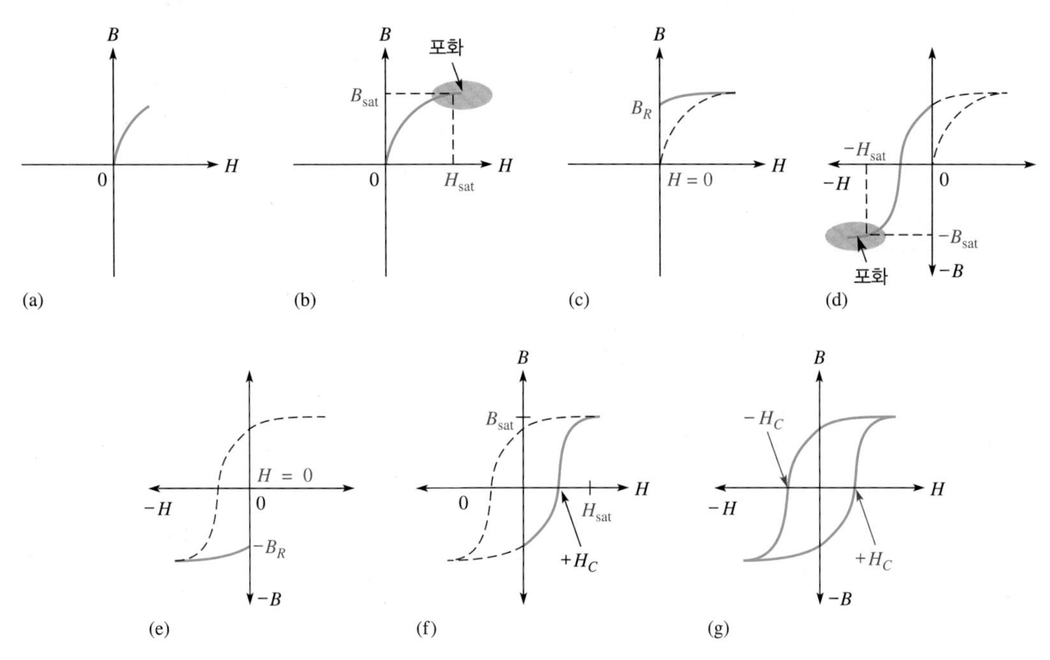

그림 6–28 자기이력곡선의 형성과정

잔자성이 낮은 재료는 자계가 잘 유지되지 않는 반면에 잔자성이 높은 재료는 포화값에 가까운 B_R 값을 갖는다. 응용에 따라서 자성체의 잔자성은 이로울 수도 있고, 불리할 수도 있다. 예를 들면 영구자석이나 기억장치는 잔자성이 높은 재료가 요구된다. 교류전동기에서는 전류의 방향이 바뀔 때마다 잔류자계를 제거하기 위해 추가적인 에너지가 필요하므로 바람직하지 않다.

6-4절 복습 문제

1. 권선 철심에서 코일의 전류가 증가하면 자속밀도는 어떻게 영향을 받는가?

2. 잔자성을 정의하라.

6-5 전자기유도

이 절에서는 전자기유도에 대해 설명한다. 전자기유도 현상은 변압기, 발전기, 전동기 및 그 밖의 다양한 전기 장비를 동작하게 한다.

이 절을 마친 후 다음을 할 수 있어야 한다.

- 전자기유도의 원리를 설명한다.
- 자계 내에 있는 도체에 전압이 유도되는 이유를 설명한다.
- 유도전압의 극성을 설명한다.
- 자계 내에서 도체가 받는 힘을 설명한다.
- 패러데이(Faraday)의 법칙을 설명한다.
- 렌츠(Lenz)의 법칙을 설명한다.
- 크랭크축 위치 센서 동작원리를 설명한다.

상대적 운동

직선 도체가 자계에 수직 방향으로 움직일 때 도체와 자계 사이에는 상대적인 운동이 있다. 정지해 있는 도선에 대해 자계가 움직일 때, 역시 상대적인 운동이 있게 된다. 양쪽 경우 모두 상대적 운동으로 인해 그림 6-29와 같이 도체 양단에 **유도전압(v_{ind}, induced voltage)**이 발생한다. 이 같은 현상을 **전자기유도(electromagnetic induction)**라고 한다. 소문자 v는 순시전압을 나타낸다. 유도전압의 크기는 도선과 자계가 서로 상대적으로 움직이는 비율에 비례한다. 상대적인 운동이 빠를수록 유도전압은 커진다.

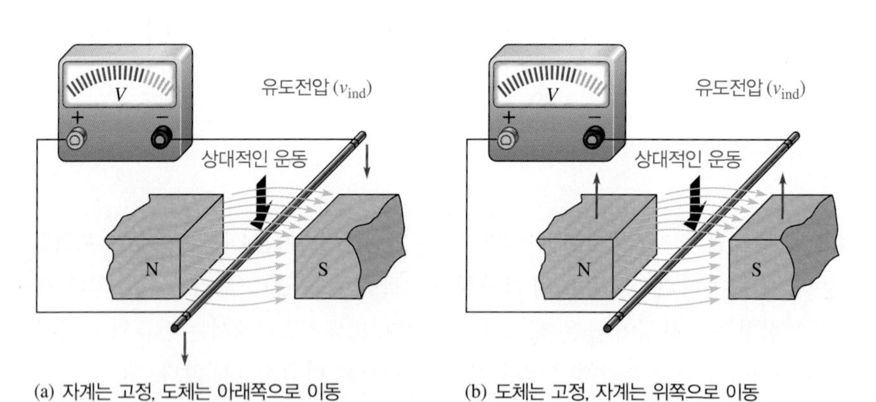

(a) 자계는 고정, 도체는 아래쪽으로 이동 (b) 도체는 고정, 자계는 위쪽으로 이동

그림 6-29 **직선 도체와 자계의 상대적 운동**

유도전압의 극성

그림 6-29에서 도체가 자계 내에서 한쪽 방향으로 움직이다가 반대 방향으로 움직이면 유도 전압의 극성이 바뀌는 것을 볼 수 있다. 도선이 아래쪽으로 움직이면, 도선에는 그림 6-30(a)에 표시된 극성의 전압이 유도된다. 도선이 위쪽으로 움직이면, 그림 (b)와 같은 극성이 나타난다.

직선 도체가 일정한 자계에 수직으로 움직일 때의 유도전압은 다음과 같다.

$$v_{ind} = B_{\perp} l v \quad (6-7)$$

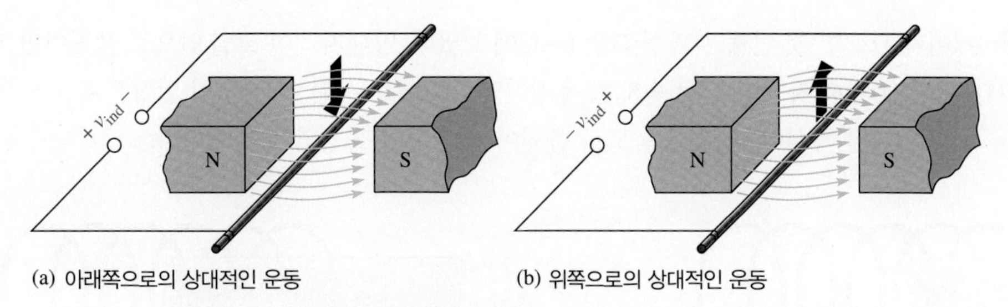

(a) 아래쪽으로의 상대적인 운동 (b) 위쪽으로의 상대적인 운동

그림 6-30 유도전압의 극성은 자계에 대한 도체의 상대적인 운동 방향에 의해 결정된다.

v_{ind}는 유도전압이고 $B_{\perp}$는 운동하는 도체에 수직 방향인 자속밀도이며 단위는 테슬라(T)이다. l은 자계에 노출된 도체의 길이, v는 도체의 속도이며 단위는 m/s이다.

예제 6-7

그림 6-30에서 도체의 길이는 10 cm이고 자극의 폭은 5.0 cm이다. 자속밀도는 0.5 T이고 도체는 0.8 m/s의 속도로 위로 움직인다. 도체에 유도되는 전압은 얼마인가?

풀이

도체의 길이가 10 cm이지만 5.0 cm(0.05 m)만이 자계에 노출되어 있다. 따라서

$$v_{ind} = B_{\perp}lv = (0.5\text{ T})(0.05\text{ m})(0.8\text{ m/s}) = \mathbf{20\text{ mV}}$$

관련문제

속도가 두 배가 되면 유도전압은 어떻게 되는가?

유도전류

그림 6-30의 도체에 부하저항을 연결하면, 도체와 자계의 상대 운동으로 유도된 전압에 의해 부하에 전류가 흐른다(그림 6-31). 이 전류를 **유도전류(i_{ind}, induced current)**라 한다. 소문자 i는 순시전류를 나타낸다.

자계와 수직으로 운동하는 도체에 의해 부하에 전압과 전류가 발생하는 현상은 발전기의 작동원리이다. 그림과 같이 도체가 하나만 있으면 유도전류가 작으므로 발전기에서는 코일의 권선 수를 많게 한다. 변화하는 자계 내에 있는 도체는 전기회로에서 인덕턴스의 기본 개념이 된다.

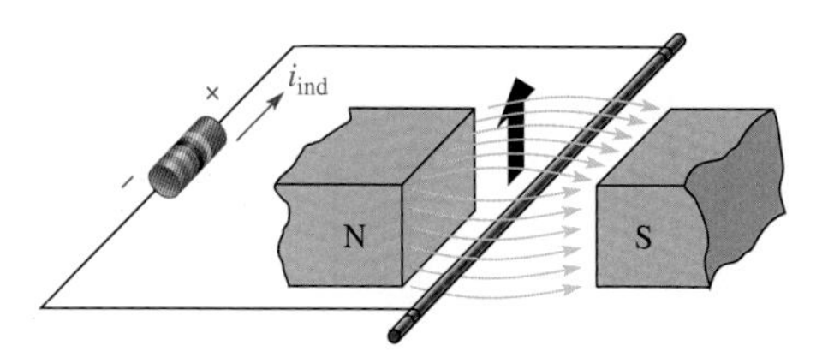

그림 6-31 도선이 자계를 관통하여 움직일 때 부하에 유도전류(i_{ind})가 흐른다.

패러데이의 법칙

1831년, 마이클 패러데이는 전자기유도 원리를 발견했다. 패러데이 법칙의 핵심은 자계가 변할 때 도체에 전압을 유도할 수 있다는 것이다. 이것은 패러데이의 유도법칙이라고도 한다. 패러데이는 코일로 실험을 하였으며 그의 법칙은 앞에서 설명한 직선 도선에 대한 전자기 유도 원리의 연장인 것이다.

도체가 여러 번 감기면 더 많은 도체가 자계에 노출되어 유도전압이 증가한다. 어떤 방법으로든 자속이 변하면 유도전압이 생긴다. 자계의 변화는 자계와 코일의 상대적인 운동에서 발생할 수 있다. 패러데이가 관측한 두 가지 사항은 다음과 같다.

1. 코일에 유도되는 전압의 크기는 코일과 쇄교하는 자계의 변화율에 직접적으로 비례한다.
2. 코일에 유도되는 전압의 크기는 코일의 권선 수에 직접적으로 비례한다.

패러데이가 관측한 첫 번째 결과를 그림 6–32에 보였다. 막대자석이 코일 안으로 움직이면 자계가 변화한다. 그림 (a)에서 자석이 일정 속도로 움직이면 그림에 표시된 것과 같이 일정한 유도전압이 발생한다. 그림 (b)에서 자석이 더 빠른 속도로 움직이면 더 큰 유도전압이 발생한다.

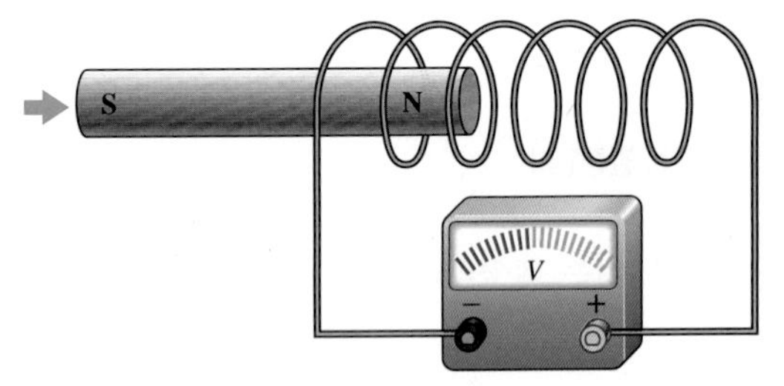

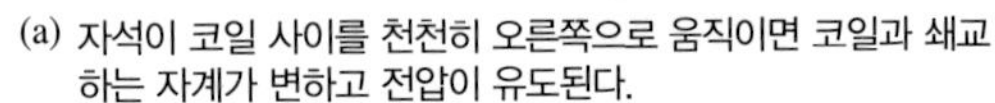

(a) 자석이 코일 사이를 천천히 오른쪽으로 움직이면 코일과 쇄교하는 자계가 변하고 전압이 유도된다.

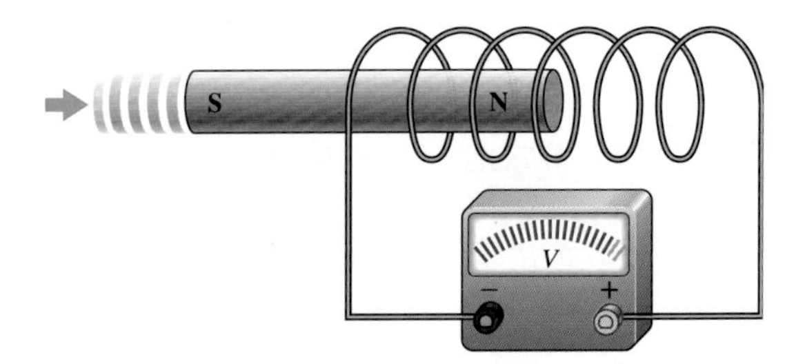

(b) 자석이 더 빠르게 오른쪽으로 움직이면 자계는 코일에 대해 더욱 빠르게 변하고, 따라서 더 큰 전압이 유도된다.

그림 6–32 패러데이의 첫 번째 관찰: 유도전압의 크기는 코일과 쇄교하는 자계의 변화율에 직접적으로 비례한다.

패러데이가 관측한 두 번째 결과를 그림 6–33에 보였다. 그림 (a)에서 자석이 코일 안을 움직이면 전압은 그림과 같이 유도된다. 그림 (b)에서 자석이 같은 속도로 권선 수가 더 많은 코일 안을 움직인다. 권선 수가 많을수록 유도전압이 더 커진다.

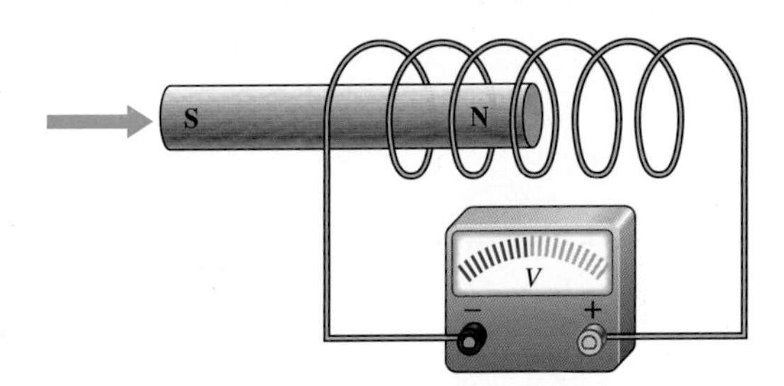

(a) 자석이 코일 안으로 움직이면 전압이 유도된다.

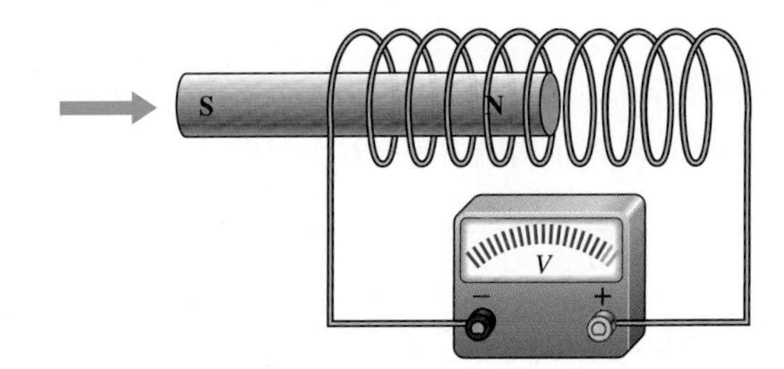

(b) 권선 수가 증가한 코일 사이를 자석이 같은 속도로 움직이면 더 큰 전압이 유도된다.

그림 6–33 패러데이의 두 번째 관찰: 유도전압의 크기는 코일의 권선 수에 직접적으로 비례한다.

패러데이의 법칙(Faraday's law)은 다음과 같이 쓸 수 있다.

코일에 유도되는 전압은 코일의 권선 수와 자속 변화율의 곱과 같다.

자계와 자석의 상대적인 운동으로 인해 자계의 변화가 발생하고 코일에 전압이 유도된다. 전자석에 교류를 인가하면 운동하는 경우와 마찬가지로 자계가 변화하는 효과를 볼 수 있다. 이 같은 자계의 변화는 후에 공부할 교류회로에서의 변압기의 기본이 될 것이다.

렌츠의 법칙

자계가 변할 경우, 코일에 전압이 유도되며 그 전압은 자계의 변화율과 코일의 권선 수에 직접적으로 비례한다는 것을 공부하였다. **렌츠의 법칙(Lenz's law)** 은 유도전압의 방향 또는 극성을 설명한다.

코일에 흐르는 전류가 변화할 때, 변화하는 자계에 의해 형성된 유도전압의 극성은 항상 전류의 변화를 방해하는 방향이다.

전자기유도의 응용 예

자동차의 제어 시스템은 많은 센서를 포함하고 있다. 최적의 엔진 성능을 위해서는 점화 시기와 연료 혼합, 타코미터, ABS 등을 조절하기 위해서 크랭크축의 위치와 속도를 알아야 한다. 앞에서 설명하였듯이 홀효과 센서를 사용하여 크랭크축(캠축)의 위치를 감지할 수 있다.

널리 쓰이는 또 다른 방법은 금속 탭이 자계 동체에 있는 공극을 지나갈 때 자계의 변화를 탐지하는 것이다. 그림 6-34에 기본 개념을 보였다. 튀어나온 탭이 있는 강철 디스크가 크랭크축의 끝에 연결되어 있다. 크랭크축이 회전하면 탭들이 자계 사이를 움직인다. 강철은 공기보다 자기저항이 훨씬 작기 때문에 탭이 공극에 있으면 자속이 증가한다. 이같은 자속의 변화는 코일에 유도전압을 발생시켜 크랭크축의 위치를 알려 준다.

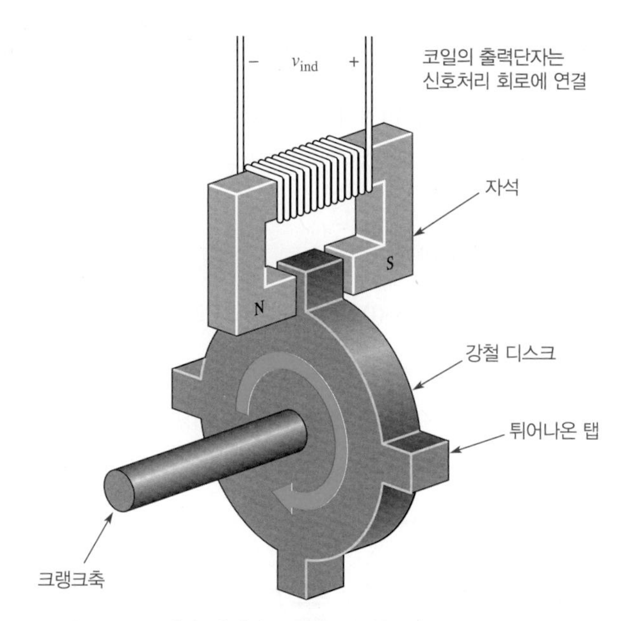

그림 6-34 탭이 자석의 공극을 통과할 때 전압을 발생시키는 크랭크축 위치 센서

자계 내에서 전류가 흐르는 도체가 받는 힘(전동기 동작)

그림 6-35(a)는 자계 내의 도선에 전류가 지면 안쪽으로 흐르는 것을 보여주고 있다. 전류에 의해 발생한 전자계는 영구자석의 자계와 상호작용하게 된다. 그 결과, 도선 위쪽의 영구자석의 자력선은 전자기 자력선의 방향과 반대이므로 도선 아래쪽으로 편향된다. 따라서 도선 위쪽에서는 자속밀도가 감소하고

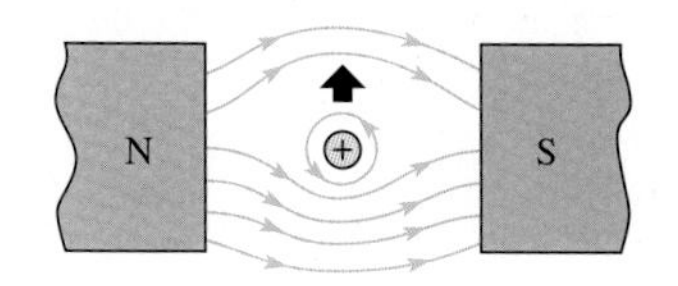

(a) 위로 향하는 힘: 위쪽은 약한 자계, 아래쪽은 강한 자계

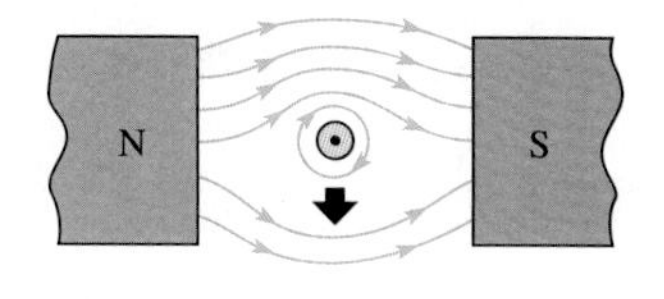

(b) 아래로 향하는 힘: 위쪽은 강한 자계, 아래쪽은 약한 자계

⊕ 지면을 뚫고 들어가는 전류
⊙ 지면으로부터 뚫고 나오는 전류

그림 6-35 자계 내에서 전류가 흐르는 도체가 받는 힘

자계는 약해진다. 도체 아래쪽에서는 자속밀도가 증가하고, 자계는 강해진다. 결과적으로 도체는 위로 향하는 힘을 받게 되고, 도체는 약한 자계 쪽으로 움직인다. 그림 6–35(b)는 지면 밖으로 나오는 전류를 보여주며 도체를 아래쪽으로 움직이게 한다. 이 같은 도체에 위나 아래 방향으로 작용하는 힘이 전동기의 기본 원리이다.

전류가 흐르는 도체에 작용하는 힘은 다음 식과 같다.

$$F = BIl \qquad (6-8)$$

여기서 F는 힘이고 단위는 뉴튼(N), B는 자속밀도이며 단위는 테슬라(T), I는 전류이며 단위는 암페어(A), l은 자계 내의 도체의 길이이며 단위는 미터(m)이다.

예제 6–8

정방형 자극면(magnetic pole face)의 한 변의 길이가 3.0 cm이다. 자속밀도는 0.35 T이고 도체가 자계에 수직이고 여기에 2 A의 전류가 흐른다면 도체에 작용하는 힘은 얼마인가?

풀이

자속에 노출된 도체의 길이는 3.0 cm(0.030 m)이다. 따라서

$$F = BIl = (0.35\ \text{T})(2.0\ \text{A})(0.03\ \text{m}) = \mathbf{0.21\ N}$$

관련문제

자계가 위쪽(y축 방향)으로 향하고 전류(전자의 흐름)가 지면 안쪽으로 향하면(z축 방향) 힘은 어느 방향으로 향하는가?

6–5절 복습 문제

1. 정자계 내에서 정지해 있는 도체에 유도되는 전압은 얼마인가?
2. 자계 내를 움직이는 도체의 속도가 증가할 때, 유도전압은 증가하는가, 감소하는가, 또는 변화가 없는가?
3. 자계 내의 도체에 전류가 흐르면 어떤 현상이 생기는가?
4. 크랭크축 위치 센서의 강철 디스크의 탭이 영구자석의 공극 사이에 정지하였다면, 유도전압은 어떻게 되는가?

6-6 직류발전기

직류발전기는 자속과 전기자의 회전 속도에 비례하는 전압을 발생시킨다.

이 절을 마친 후 다음을 할 수 있어야 한다.

- 직류발전기의 동작 원리를 설명한다.
- 자여자 분권직류발전기의 등가회로를 작성한다.
- 직류발전기의 부품을 설명한다.

그림 6-36은 자계 내에서 회전하는 단권 루프로 이루어진 간단한 직류발전기를 나타내고 있다. 루프의 양끝에 분리되어 있는 링 장치가 연결되어 있는 것에 주목하라. 이 전도성 금속 링은 **정류자**(*commutator*)라고 한다. 도선 루프가 자계 내에서 회전함에 따라, 이 정류자 금속 링 역시 회전을 한다. 분리되어 있는 링의 각 반쪽 금속은 **브러시**(*brush*) 라고 하는 고정 접점과 접촉을 한 상태에서 회전하며 외부회로에 도선을 연결한다.

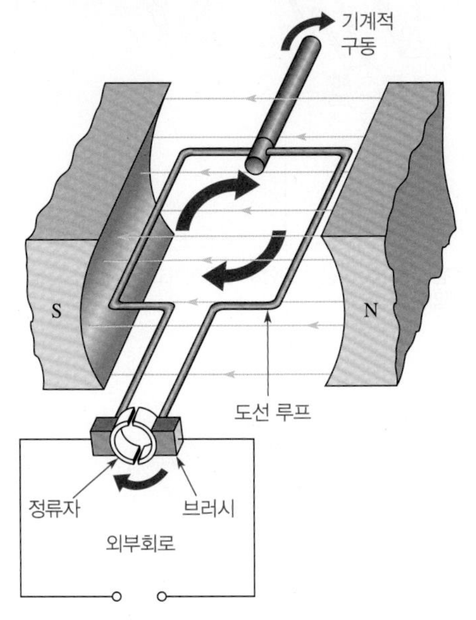

그림 6-36 기본적인 직류발전기

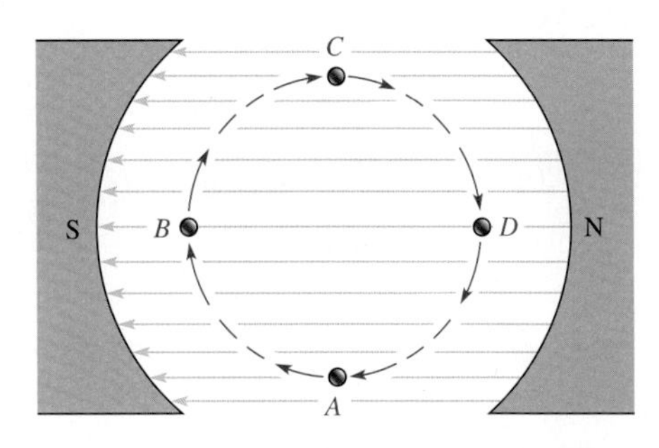

그림 6-37 자계와 쇄교하는 도선 루프의 단면도

외부의 기계적 힘에 의해 도선루프가 자계 내에서 회전을 하고, 그림 6-37과 같이 자속선과 각도가 변하면서 쇄교한다. 회전 시 A위치에서 루프는 자계와 평행하게 움직인다. 결과적으로 이 순간에 루프와 자속선이 쇄교하는 비율은 영이다. 루프가 A점에서 B점으로 움직임에 따라 자속선과 쇄교하며 지나가는 비율이 증가한다. B지점에서 루프는 자계와 수직으로 움직이고 가장 많은 속선과 쇄교한다. 루프가 B지점에서 C점으로 회전하면, 속선과 쇄교하는 비율이 감소하여 C점에서 최소값인 영이 된다. C지점에서 D점으로 움직임에 따라 루프가 속선과 쇄교하는 비율이 지속적으로 증가하여 D점에서 최대값이 되었다가 A점에서 다시 최소값으로 감소한다.

앞에서 공부한 바와 같이, 도선이 자계를 통과하며 움직일 때 전압이 유도되고, 패러데이의 법칙에 의해 유도전압의 크기는 권선 수와 도선이 자계에 대해 움직이는 속도에 비례한다. 도선이 속선과 쇄교하는 비율은 운동하는 각도에 따라 달라지므로, 도선이 자속선에 대해 운동하는 각도가 유도전압의 세기를 결정한다는 것을 알 수 있다.

그림 6-38은 단권 루프가 자계 내에서 회전할 때 외부회로에 유도되는 전압을 보여준다. 어느 순간에 루프가 수평위치에 있어서 유도전압이 영이라고 가정하자. 루프가 계속 회전함에 따라 그림 (a)에서와 같이 유도전압이 증가하여 B점에서 최대가 된다. 루프가 B에서 C로 회전하면 그림 (b)와 같이 전압이 C에서 영으로 감소한다.

그림 6-38(c)와 (d)에 보이는 것과 같이 회전의 반주기 동안 브러시는 다른 반쪽의 정류자 부분과 접촉하게 되고, 출력단자에서 전압의 극성은 똑같이 유지된다. 결과적으로 루프가 C위치에서부터 D를 거쳐 A로 복귀함에 따라 전압은 C위치에서 영이 되고 D에서 최대로 증가하였다가 다시 A에서 영으로 되돌아간다.

그림 6-39는 직류발전기의 루프가 여러 차례 회전(이 경우는 세 번)하는 동안 유도전압의 변화를 보

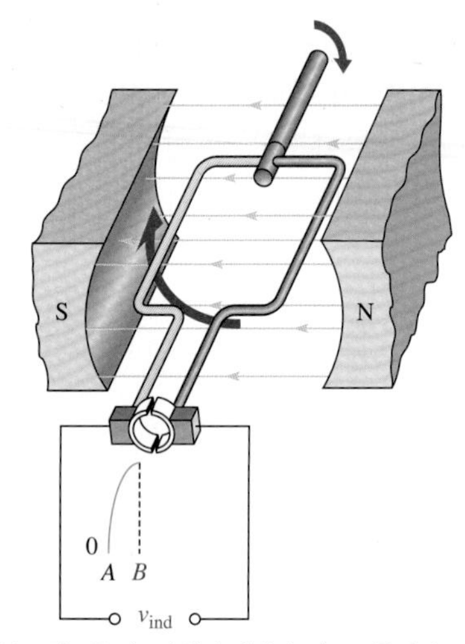

(a) B점 : 루프는 속선에 대해 수직으로 움직이고, 전압은 최대이다.

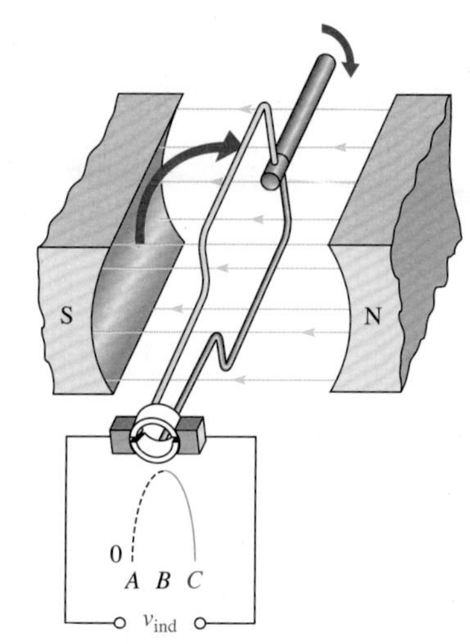

(b) C점 : 루프는 속선과 평행하게 움직이고, 전압은 영이다.

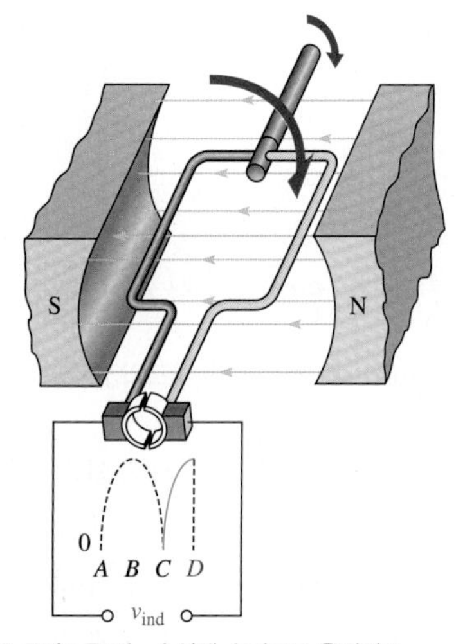

(c) D점 : 루프는 속선에 수직으로 움직이고, 전압은 최대이다.

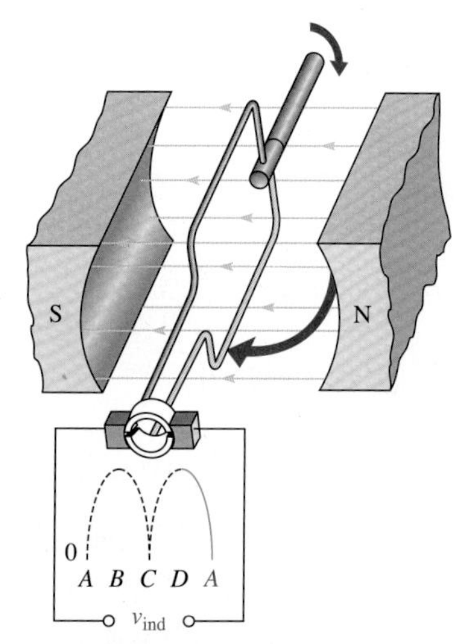

(d) A점 : 루프는 속선과 평행하게 움직이고, 전압은 영이다.

그림 6-38 직류발전기의 기본동작

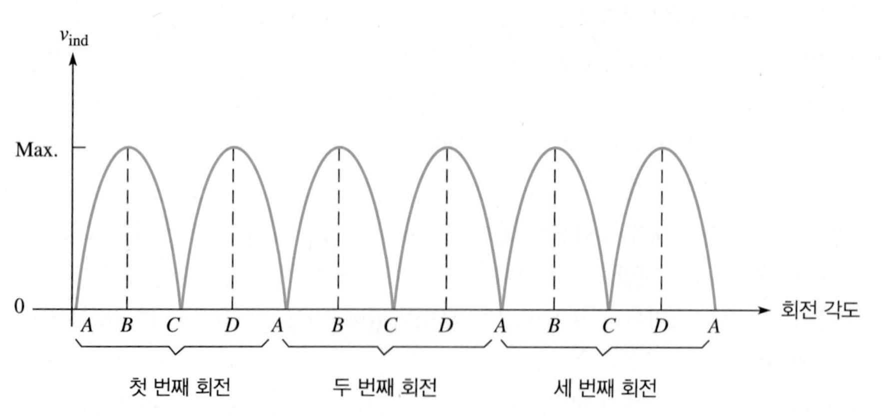

그림 6-39 직류발전기에서 한 루프가 세 번 회전하는 동안의 유도 전압

여준다. 이 전압은 극성이 바뀌지 않으므로 직류전압이다. 그러나 전압은 영과 최대치 사이를 맥동한다.

실제의 발전기에서는 강자성체로 된 코어 동체의 홈에 많은 코일들을 끼워 넣는다. **회전자(rotor)**

라고 부르는 동체는 베어링에 연결되어 자계 내에서 회전한다. 그림 6-40은 코일을 감지 않은 회전자 코어이다. 정류자는 여러 쪽으로 나뉘어져 있고 그 조각의 각 쌍들은 코일의 끝에 연결된다. 코일이 많을수록 브러시는 한 번에 더 많은 정류자 조각들과 접촉하게 되므로 여러 코일들에서 나오는 전압들이 합쳐진다. 루프들은 동시에 전압이 최대값이 되지는 않지만 맥동하는 출력전압은 앞에서 설명한 코일(또는 루프)이 하나인 경우보다 훨씬 평탄하게 된다. 맥동하는 전압은 필터를 사용하면 더 평탄해져서 거의 일정한 직류 출력을 얻을 수 있게 된다.

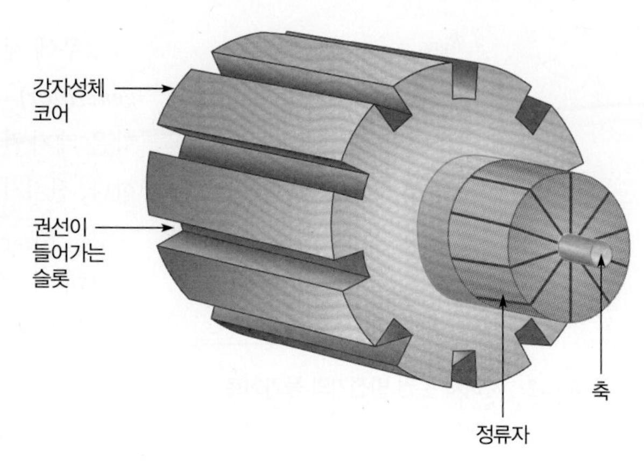

그림 6-40 회전자 코어 개략도. 코일은 슬롯에 끼워져서 정류자에 연결된다.

대부분의 발전기들은 자계를 발생시키기 위해서 영구자석 대신에 전자석을 사용한다. 그러면 자속밀도를 조절할 수 있어서 발전기의 출력전압의 조절이 가능하다. 전자석의 권선은 계자권선(field winding)이라고 한다. 계자권선에 전류를 흐르게 하여 자계를 만든다.

계자권선의 전류는 별개의 전압원에서 공급될 수도 있지만 이것은 불리한 방법이다. 더 좋은 방법은 발전기 자체에서 나오는 전류를 전자석에 공급하는 것이다. 이러한 발전기를 **자여자발전기(self-excited generator)**라고 한다. 계자자석(field magnet)에는 자기이력 현상 때문에 충분한 잔류자기가 남아있어 작은 초기 자계가 발전기를 시동시켜 전압이 발생하게 된다. 발전기를 오랫동안 사용하지 않은 경우에는 발전기를 시동시키기 위해 계좌권선에 외부 전압원을 연결해야 하는 경우도 있다.

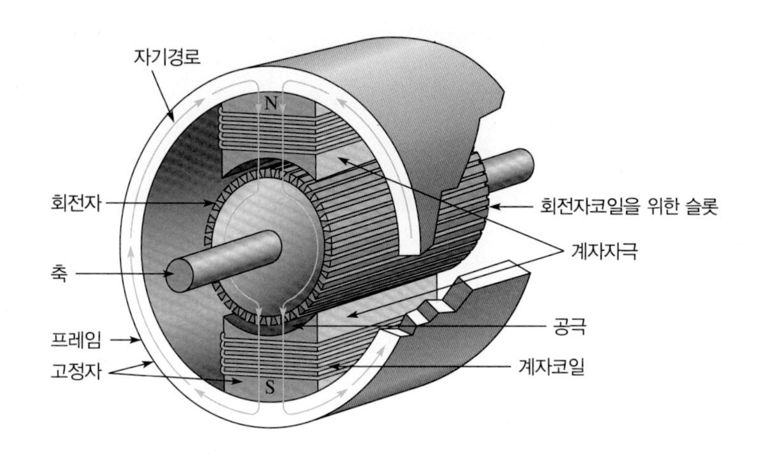

그림 6-41 발전기(또는 전동기)의 자기 구조. 이 경우 전력을 만드는 회전자가 전기자이다.

발전기(또는 전동기)의 고정된 부분을 **고정자(stator)**라고 한다. 그림 6-41은 단순화시킨 2극 직류발전기이고 그림에 자기경로를 표시하였다(덮개와 베어링, 정류자는 나타내지 않았음). 그림에서 보면 프레임도 계자자석의 자기경로의 일부이다. 발전기의 효율이 높기 위해서는 공극이 가능한 한 작아야 한다. **전기자(armature)**는 전력을 생산하는 부품이고 회전자일 수도 있고 고정자일 수도 있다. 앞에서 설명한 직류발전기에서는 전력이 움직이는 도체에서 만들어지고, 그 전력이 회전자로부터 정류자를 통하여 얻어지므로 전기자는 회전자이다.

직류발전기의 등가회로

자여자발전기는 그림 6-42와 같이 자계를 만들기 위한 코일과 기계적으로 구동되는 발전기로 구성되는 기본 직류회로로 나타낼 수 있다. 직류발전기를 다르게 나타낼 수도 있지만 이 방법이 일반적이다.

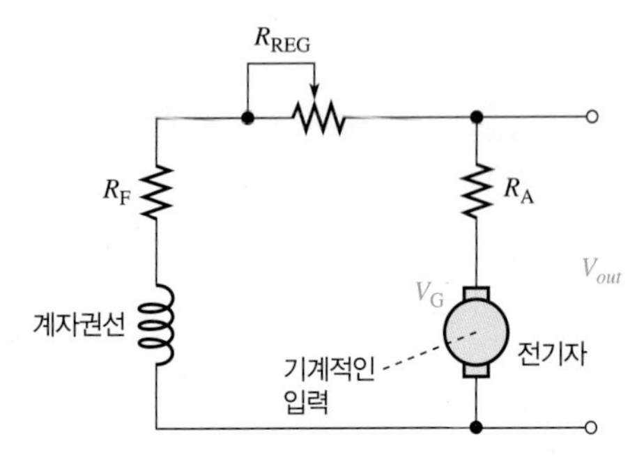

그림 6-42 자여자 분권 발전기의 등가회로

이 경우에 계자권선은 전원과 병렬이며 이러한 구성을 분권발전기(*shunt-wound generator*) 라고 한다. 계자권선의 저항은 R_F로 나타냈다. 등가회로에서 이 저항은 계자권선과 직렬로 연결되어 있다. 전기자는 기계적으로 구동되어 회전한다. 전기자는 발전기 전압원 V_G이다. 전기자 저항은 직렬저항 R_A이다. 가감저항기 R_{REG}는 계자권선 저항과 직렬로 연결되어 있고 계자권선의 전류를 제어하여 자속밀도를 조절한다.

출력단자에 부하가 연결되면 전기자에 흐르는 전류는 부하와 계자권선으로 나누어진다. 발전기의 효율은 총전력(P_T)에 대한 부하에 전달된 전력(P_L)으로 계산되며 총전력은 전기자와 계자회로의 저항 손실을 포함한다.

6-6절 복습 문제

1. 발전기의 움직이는 부분은 무엇이라고 하는가?
2. 정류자의 목적은 무엇인가?
3. 발전기의 계자권선의 저항이 더 크면 출력전압에 어떤 영향을 미치는가?
4. 자여자발전기는 무엇인가?

6-7 직류전동기

전동기는 전류가 흐르는 도체가 자계 내에서 받는 힘을 이용하여 전기에너지를 기계적인 운동으로 바꾼다. 직류전동기는 직류 전원으로 동작하며 자계를 만들기 위해서 전자석이나 영구자석을 사용한다.

이 절을 마친 후 다음을 할 수 있어야 한다.

- 직류전동기의 동작을 설명한다.
- 직권 및 분권 직류전동기의 등가회로를 작성한다.
- 역기전력에 대한 이해와 역기전력이 전기자 전류를 감소시키는 이유를 설명한다.
- 전동기의 전력 정격을 설명한다.

기본 작동

발전기에서와 마찬가지로 전동기 작동은 자계와 상호작용의 결과이다. 직류전동기에서 회전자 자계는 고정자 권선에 흐르는 전류에 의해 발생한 자계와 상호작용한다. 모든 직류전동기의 회전자는 자계를 형성하는 전기자 권선(armature winding)을 포함한다. 회전자는 그림 6-43과 같이 다른 극끼리는 끌어당기고 같은 극끼리는 반발하는 힘 때문에 운동한다. 회전자의 N극이 고정자의 S극에 당겨져서(반대의 경우도 마찬가지) 회전자가 움직인다. 두 개의 극이 가까워짐에 따라 정류자에 의해 회전자 전류의 극성이 갑자기 바뀌고 회전자의 자극이 바뀐다. 서로 다른 극이 가까워질 때 정류자는 전기자에 흐르는 전류의 방향을 바꾸는 기계적인 스위치 역할을 하여 회전자가 계속 돌 수 있게 한다.

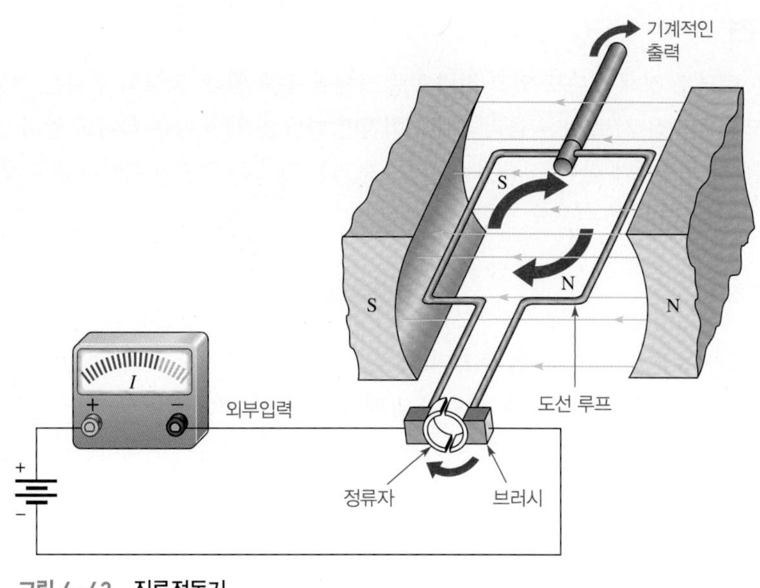

그림 6-43 직류전동기

브러시리스 직류전동기

많은 직류전동기에는 전류의 극성을 바꾸기 위한 정류자가 사용되지 않는다. 움직이는 전기자에 전류를 공급하는 대신에 전자제어기를 사용해서 자계가 고정자권선 내에서 회전하게 한다. 제어장치로 직류입력을 교류 파형(또는 변경된 교류파형)으로 만들어서 자계코일에 흐르는 전류의 방향을 주기적으로 바꾼다. 이렇게 고정자의 자계가 회전하게 하고 영구자석 회전자는 같은 방향으로 움직여서 회전하는 자계를 따라가게 한다. 회전하는 자석의 위치를 감지하는 일반적인 방법은 홀효과 센서를 사용하여 자석이 지나갈 때마다 펄스를 보내서 조절기가 위치정보를 알게 하는 것이다. 브러시리스 전동기는 브러시를 주기적으로 교체해야 하는 브러시가 있는 전동기보다 신뢰성이 높은 반면 전자조절기가 필요하므로 장비가 더 복잡해진다. 그림 6-44는 펄스폭 조절기와 축의 위치를 나타내는 광학식 인코더를 포함하는 브러시리스 직류전동기(brushless dc motor)를 보여준다.

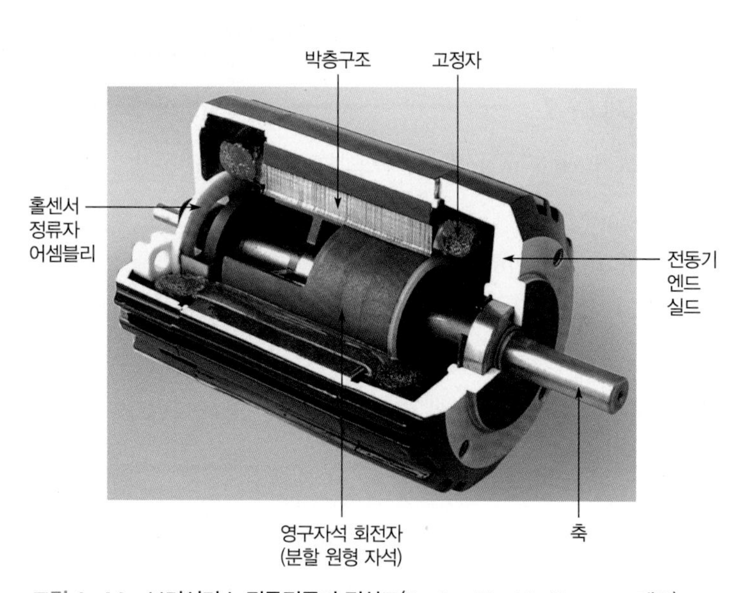

그림 6-44 브러시리스 직류전동기 절삭도(Bodine Electric Compan 제공)

역기전력

직류전동기가 처음 구동될 때 계자권선에 자계가 존재한다. 전기자 전류는 계자권선에 있는 자계와 상호작용하는 또 다른 자계를 발생시키고 전동기가 돌게 한다. 전기자 권선은 자계가 있는 상태에서 돌고 있으므로 발전기 작용이 발생한다. 회전하는 전기자에는 렌츠의 법칙에 따라 원래의 인가전압과는 반대의 전압이 발생한다. 이러한 자가 발생 전압을 **역기전력(back emf**(electrom force))이라고 한다. 기전력이라는 단어는 전압을 나타내기 위해 흔히 쓰였지만 물리적인 의미에서 전압은 힘이 아니므로 적절한 용어는 아니다. 그러나 전동기에서 자가 발생 전압을 나타내기 위해 역기전력이라는 단어가 사용된다. 역기전력은 전동기가 일정한 속도로 돌고 있을 때 전기자 전류를 상당히 감소시키는 역할을 한다.

HANDS ON TIP

직류전동기의 한 가지 특징은 무부하 상태에서 운전하면 제작자 정격을 초과하는 이탈 속도까지 이르게 된다는 것이다. 그러므로 자기파손을 방지하기 위해서는 항상 부하가 걸린 상태에서 운전해야 한다.

전동기 정격

전동기 정격은 토크로 정해질 수도 있고 전력으로 정해질 수도 있다. 토크와 전력은 전동기의 중요한 변수이다. 토크와 전력은 서로 다른 물리적 변수이지만 하나를 알면 다른 하나도 알 수 있다.

토크는 물체를 회전하게 한다. 직류전동기에서 토크는 자속의 크기와 전기자 전류에 비례한다. 직류전동기에서 토크 T는 다음 식으로 구할 수 있다.

$$\mathbf{T = k\phi I_A} \tag{6-9}$$

여기서 T는 단위가 뉴튼-미터(N-m)인 토크이고, k는 전동기의 물리적인 변수에 비례하는 상수이다. ϕ는 단위가 웨버(Wb)인 자속이고 I_A는 단위가 암페어(A)인 전기자전류이다.

전력은 시간당 일의 비율로 정의된다. 전력을 토크로부터 계산하기 위해서는 측정된 토크에 대한 전동기의 분당 회전수(rpm)를 알아야 한다. 특정속도에서 토크를 안다면 전력을 계산하기 위한 식은

$$\mathbf{P = 0.105Ts} \tag{6-10}$$

여기서 P는 단위가 와트(W)인 전력이고, T는 N-m 단위의 토크, s는 전동기의 rpm 속도이다.

예제 6-9

토크가 3.6 N-m일 때 회전속도가 350 rpm인 전동기의 전력은 얼마인가?

풀이

식 6-10에 대입하면

$$P = 0.105Ts = 0.105(3.6\text{ N-m})(350\text{ rpm}) = \mathbf{132\ W}$$

관련문제

1마력은 746 W이다. 위 조건의 전동기는 몇 마력인가?

직권 직류전동기

직권 직류전동기(series dc motor)에서 계자코일권선은 전기자코일권선과 직렬로 연결된다. 이 개략도를 그림 6-45(a)에 보였다. 대개 내부저항은 작으며, 계자코일 저항과 전기자권선 저항, 브러시 저항으로 구성된다. 발전기에서와 마찬가지로 직류전동기는 그림에서와 같이 보극권선(interpole winding)과 속도 제어용 전류조절부를 가질 수도 있다. 직권 직류전동기에서 전기자 전류와 계자전류, 선 전류(line current)는 모두 같다.

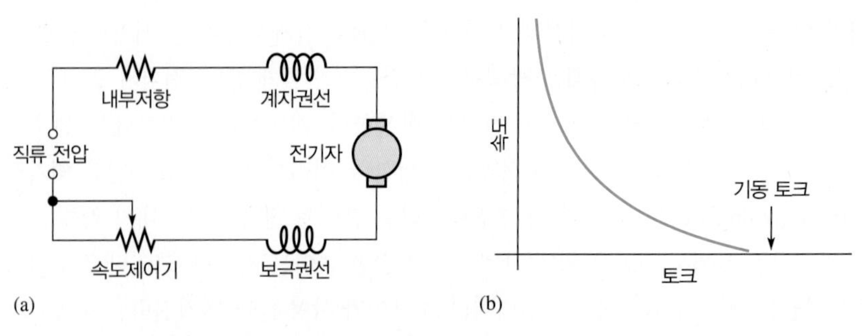

그림 6-45 직권 직류전동기 개략도와 토크-속도 특성

자속밀도는 코일에 흐르는 전류에 비례한다. 계자권선이 만든 자속밀도는 직렬로 연결된 전기자 전류에 비례한다. 그러므로 전동기에 부하가 연결되면 전기자 전류가 증가하고 자속밀도도 증가한다. 식 6-9를 보면 직류전동기에서의 토크는 전기자 전류와 자속밀도에 비례한다. 그러므로 직권 전동기는 자속과 전기자 전류가 높기 때문에 전류가 클 때 매우 큰 기동 토크를 갖는다. 이러한 이유 때문에 직권 직류전동기는 자동차의 시동전동기(starter motor)와 같이 높은 기동 토크가 필요할 때 사용된다.

직권 직류전동기의 토크와 전동기 속도에 대한 그래프는 그림 6-45(b)와 같다. 기동 토크는 최대값에 있다. 낮은 속도에서 토크는 대단히 높지만 속도가 증가함에 따라 급격히 떨어진다. 그래프에서 알 수 있듯이 토크가 낮으면 속도가 대단히 높기 때문에 직권 직류전동기는 항상 부하 상태에서 작동시켜야 한다.

분권 직류전동기

분권 직류전동기(shunt dc motor)는 그림 6-46(a)의 등가회로에서와 같이 계자코일이 전기자와 병렬로 연결된다. 분권 전동기에서 계자코일에는 일정한 전압이 공급되고 따라서 계자코일에 의해 형성되는 자계는 일정하다. 전기자에서의 발전기 작용에 의해 형성된 역기전력과 전기자 저항이 전기자 전류를 결정한다.

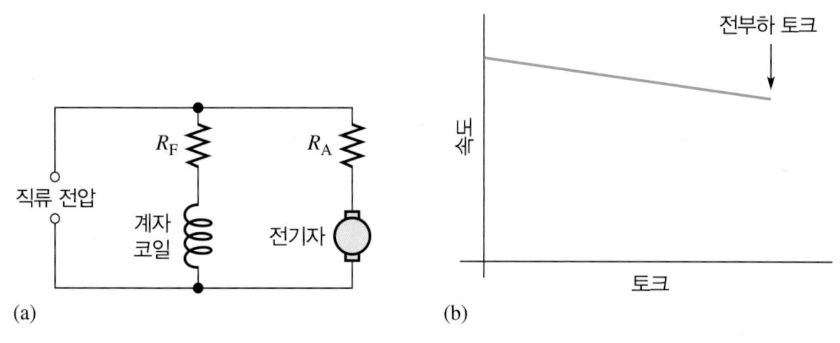

그림 6-46 분권 직류전동기의 개략도와 토크-속도 특성

분권형 직류전동기의 토크-속도 특성은 직권형 직류전동기의 특성과는 완전히 다르다. 부하가 걸리면 분권 전동기는 속도가 감소하고 따라서 역기전력이 감소하고 전기자 전류가 증가한다. 전기자 전류가 증가하면 전동기의 토크가 증가함으로써 추가된 부하를 보정한다. 전동기는 추가적인 부하 때문에 속도가 줄어들지만 분권 직류전동기의 토크-전압 특성은 그림 6-46(b)와 같이 거의 직선이다. 분권 직류전동기는 전부하(full load)에서도 토크가 여전히 높다.

6-7절 복습 문제

1. 역기전력의 원인은 무엇인가?
2. 일정 속도에 도달하면 역기전력은 회전하는 전기자의 전류에 어떤 영향을 미치는가?
3. 어떤 종류의 직류전동기의 기동 토크가 가장 높은가?
4. 브러시가 있는 전동기에 비해 브러시리스 전동기의 주된 장점은 무엇인가?

요약

- 자석의 극성이 다르면 서로 끌어당기고, 같으면 서로 반발한다.
- 자화될 수 있는 재료를 **강자성체**라고 한다.
- 전류가 도체를 통해 흐를 때, 도체 주위에 전자계가 형성된다.
- 왼손법칙을 이용해서 도체 주위에 형성된 전자력선의 방향을 알 수 있다.
- 전자석은 기본적으로 자기코어 주위에 도선을 감은 것이다.
- 도체가 자계 내에서 움직일 때 또는 자계가 도체에 대해 상대적으로 움직일 때, 도체에 전압이 유도된다.
- 도체와 자계 사이의 상대적인 운동이 빠르면 빠를수록 더 큰 전압이 유도된다.
- 표 6–3에 자계에 대한 양과 이 장에서 사용한 SI 단위들을 요약하였다.

표 6–3

기호	양	SI 단위
B	자속밀도	테슬라(T)
ϕ	자속	웨버(Wb)
μ	투자율	웨버/암페어 횟수 미터(Wb/At·m)
$\mathcal{R}$	자기저항	암페어 횟수/웨버(At/Wb)
F_m	기자력(mmf)	암페어 횟수(At)
H	자기의 세기	암페어 횟수/미터(At/m)
F	힘	뉴튼(N)
T	토크	뉴튼-미터(N-m)

- 홀효과 센서들은 자계의 유무를 탐지하기 위해 전류를 사용한다.
- 직류발전기는 기계적인 동력을 직류전력으로 변환한다.
- 발전기나 전동기의 움직이는 부분을 회전자라고 하고 고정되어 있는 부분을 고정자라고 한다.
- 직류전동기는 전력을 기계적인 동력으로 변환한다.
- 브러시리스 직류전동기의 회전자는 영구자석이고 고정자는 전기자다.

핵심 용어 핵심용어 및 볼드체로 된 용어는 책 뒷부분의 용어사전에도 정의되어 있다.

가우스 자속밀도의 CGS 단위

계전기 전기접점이 자화전류에 의해 열리거나 닫히는 전자기적으로 조절되는 기계적 소자

기자력 단위가 At인 자계의 원인

렌츠의 법칙 코일을 통하는 전류가 변화할 때 그로 인한 자계의 변화는 유도전압을 형성하는데, 그 유도전압의 극성은 전류의 변화를 방해하는 방향으로 발생한다. 전류는 순간적으로 변할 수 없다.

솔레노이드 축 또는 플런저를 자화전류에 의해 동작시키는 전자기적인 제어소자

스피커 전기신호를 음파로 변환하는 전자기소자

암페어 횟수 At 기자력(mmf)의 SI 단위

역선 북극에서 남극으로 발산되는 자계 내의 자속선

웨버 Weber; Wb 자속의 SI 단위이며 10^8개의 자속선을 나타낸다.

유도전류 i_{ind} 변하는 자계로 인해 도체에 유도된 전류

유도전압 v_{ind} 변하는 자계로 인해 도체에 유도된 전압

자계 자석의 북극에서 남극으로 발산되는 장 또는 계

자계의 세기 자기물질의 단위 길이당 기자력의 크기

자기이력 자화의 변화가 자계의 변화보다 지연되는 자성재료의 특성

자기저항 $\mathcal{R}$ 물질 내에서 자계가 형성되기 어려운 정도

자속 영구자석 또는 전자석의 북극과 남극 사이의 역선

잔자성 외부의 자계가 없어도 자화된 상태를 유지할 수 있는 능력

전자계 도체에 흐르는 전류에 의해 도체 둘레에 형성되는 자력선 집단

전자유도 도체와 자기 또는 전자계 간에 상대적 운동이 있을 때, 전압이 도체에 나타나는 현상 또는 작용

전자기 도체 내에 흐르는 전류에 의한 자계의 형성

테슬라 Tesla; T 자속밀도의 SI 단위

투자율 자계가 어떤 물질에서 형성되기 쉬운 정도

패러데이의 법칙 코일에 유도된 전압은 코일의 권선 수를 자속의 변화율과 곱한 것과 같다는 법칙

홀효과 도체나 반도체 내에서 전류가 자계와 수직방향으로 흐를 때 그 재료의 전류밀도에 변화가 발생하는 현상. 그 재료에서 전류밀도의 변화는 수직방향으로 홀전압이라고 부르는 작은 전위차를 발생시킨다.

주요 공식

(6–1)	$B = \dfrac{\phi}{A}$	자속밀도
(6–2)	$\mu_r = \dfrac{\mu}{\mu_0}$	비투자율
(6–3)	$\mathcal{R} = \dfrac{l}{\mu A}$	자기저항
(6–4)	$F_m = NI$	기자력
(6–5)	$\phi = \dfrac{F_m}{\mathcal{R}}$	자속
(6–6)	$H = \dfrac{F_m}{l}$	자계의 세기
(6–7)	$v_{ind} = B_{\perp}lv$	유도전압
(6–8)	$F = BIl$	전류가 흐르는 도선에 작용하는 힘
(6–9)	$T = k\phi I_A$	직류전동기의 토크
(6–10)	$P = 0.105Ts$	토크를 전력으로 변환하는 식

O/X 퀴즈 해답은 이 장의 끝에 있다.

1. 테슬라(T)와 가우스(G)는 모두 자속밀도의 단위이다.
2. 기자력(mmf)의 단위는 볼트이다.
3. 자기회로의 옴의 법칙은 자속밀도와 기자력, 자기저항의 관계식이다.
4. 솔레노이드는 기계적인 접점을 열고 닫는 전자기 스위치이다.

5. 자기이력곡선은 자기의 세기(H)에 대한 자속밀도(B)의 그래프다.
6. 코일에서 유도전압이 발생하기 위해서는 코일 주위의 자계가 바뀌어야 한다.
7. 발전기의 속도는 계자권선의 가감저항기로 조절될 수 있다.
8. 자여자 직류발전기는 발전기를 기동할 때 계자자석에 충분한 잔류자기가 있어 처음 기동될 때 전압을 출력한다.
9. 전동기 발생 전력은 토크에 비례한다.
10. 브러시리스 전동기에서 자계는 영구자석이 공급한다.

자습문제 해답은 이 장의 끝에 있다.

1. 두 막대자석의 남극을 서로 가까이 놓으면 어떻게 되는가?
(a) 끌어당긴다. **(b)** 반발한다.
(c) 힘이 위로 작용한다. **(d)** 아무 힘도 작용하지 않는다.

2. 자계는 다음 중 무엇으로 구성되는가?
(a) 양전하와 음전하 **(b)** 자구
(c) 자속선 **(d)** 자극

3. 다음 중 자계의 방향은?
(a) 북극에서 남극으로 향한다. **(b)** 남극에서 북극으로 향한다.
(c) 자석의 내부에서 외부로 향한다. **(d)** 앞에서 뒤로 향한다.

4. 자기회로의 자기저항은 다음 중 어느 것과 유사한가?
(a) 전기회로의 전압 **(b)** 전기회로의 전류
(c) 전기회로의 전력 **(d)** 전기회로의 저항

5. 자속의 단위는?
(a) 테슬라(tesla) **(b)** 웨버(weber)
(c) 가우스(gauss) **(d)** 암페어 횟수(ampere turn)

6. 기자력의 단위는?
(a) 테슬라(tesla) **(b)** 웨버(weber)
(c) 암페어 횟수(ampere turn) **(d)** 전자 볼트(electron volt)

7. 자속밀도의 단위는?
(a) 테슬라(tesla) **(b)** 웨버(weber)
(c) 암페어 횟수(ampere turn) **(d)** 암페어–횟수/미터(At/m)

8. 축을 전자기식으로 이동시키는 소자는?
(a) 계전기 **(b)** 회로차단기 **(c)** 자기 스위치 **(d)** 솔레노이드

9. 자계 내에 놓인 도선에 전류가 흐른다면 어떻게 되는가?
(a) 도선이 과열된다. **(b)** 도선이 자화된다.
(c) 힘이 도선에 작용한다. **(d)** 자계가 없어진다.

10. 변화하는 자계 내에 놓인 코일의 권선 수를 늘리면 코일에 유도되는 전압은 어떻게 되는가?
(a) 변하지 않는다. **(b)** 감소한다.
(c) 증가한다. **(d)** 과도한 전압이 유도된다.

11. 일정한 자계 내에서 도체가 일정한 비율로 앞뒤로 움직이면 도체 내에 유도된 전압은?
(a) 일정하다. **(b)** 극성이 바뀐다. **(c)** 감소한다. **(d)** 증가한다.

12. 그림 6–34의 크랭크축 위치센서에서 코일에 전압이 어떻게 유도되는가?
(a) 코일의 전류에 의해서 **(b)** 원판의 회전에 의해서
(c) 자계를 탭이 통과하며 **(d)** 원판의 회전속도의 가속으로 인해

13. 발전기나 전동기에서 정류자의 용도는 무엇인가?
(a) 회전자가 회전할 때 회전자에 가는 전류의 방향을 바꾼다.
(b) 고정자 권선에 가는 전류의 방향을 바꾼다.
(c) 전동기나 발전기의 축을 지지한다.
(d) 전동기나 발전기에 자계를 공급한다.

14. 전동기에서 역기전력은 어떤 역할을 하는가?
(a) 전동기에서 오는 전력을 증가시킨다.
(b) 자속을 감소시킨다.
(c) 계자권선의 전류를 증가시킨다.
(d) 전기자의 전류를 증가시킨다.

15. 전동기의 토크는 무엇에 비례하는가?
(a) 자속 **(b)** 전기자 전류 **(c)** (a)와 (b) 모두 **(d)**답이 없다.

연습문제 선별된 일부 문제의 해답은 이 책의 끝에 있다.

기초문제

6–1 자계

1. 자계의 단면적은 증가하고 자속은 변하지 않았다. 자속밀도는 증가하는가? 또는 감소하는가?
2. 어떤 자계의 단면적이 0.5 m^2이고, 자속은 1500 μWb이다. 자속밀도는 얼마인가?
3. 자속밀도가 2500×10^{-6} T이고, 단면적이 150 cm^2이면, 자기물질 내의 자속은 얼마인가?
4. 어떤 위치에서 지구의 자계가 0.6 G이라면 자속밀도를 테슬라 단위로 구하라.
5. 어떤 매우 강한 영구자석의 자계가 100,000 μT이다. 자속밀도를 가우스로 구하라.

6–2 전자기

6. 그림 6–11에서 도체에 흐르는 전류의 방향이 바뀌면 나침반의 바늘은 어떻게 되는가?
7. 절대 투자율이 750×10^{-6} Wb/At · m인 강자성체의 비투자율은 얼마인가?
8. 길이가 0.28 m이고, 단면적이 0.08 m^2인 재료의 절대투자율이 150×10^{-7} Wb/At · m이면 자기저항은?
9. 500권선 코일에 3 A의 전류가 흐르면 기자력은 얼마인가?

6–3 전자기 소자

10. 통상적으로 솔레노이드가 작동하면 플런저는 밖으로 나가는가? 안으로 들어가는가?
11. **(a)** 솔레노이드가 작동될 때 어떤 힘이 플런저를 움직이게 하는가?
(b) 어떤 힘이 플런저를 원래의 위치로 돌아오게 하는가?

12. 그림 6–47의 회로에서, 스위치1(SW1)이 닫히면 어떤 단계로 작동하는지 절차를 설명하라.

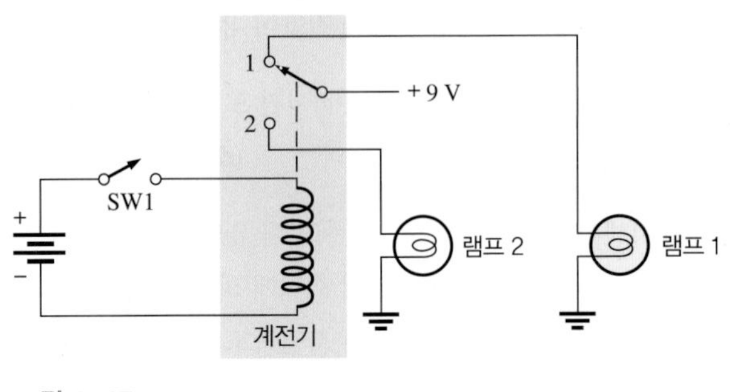

그림 6–47

13. 다르송발(d'Arsonval) 계기에서 코일에 전류가 흐를 때 바늘을 움직이게 하는 것은 무엇인가?

6–4 자기이력

14. 9번 문제에서, 만약 철심의 길이가 0.2 m라면 자화력은 얼마인가?

15. 그림 6–48에서 철심의 물리적인 특성을 바꾸지 않고 어떻게 자속밀도를 바꿀 수 있는가?

16. 그림 6–48에서 권선 수가 100일 때 다음을 구하라.

(a) H **(b)** ϕ **(c)** B

17. 그림 6–49의 자기이력 곡선에서 어느 재료의 보자력이 가장 높은가?

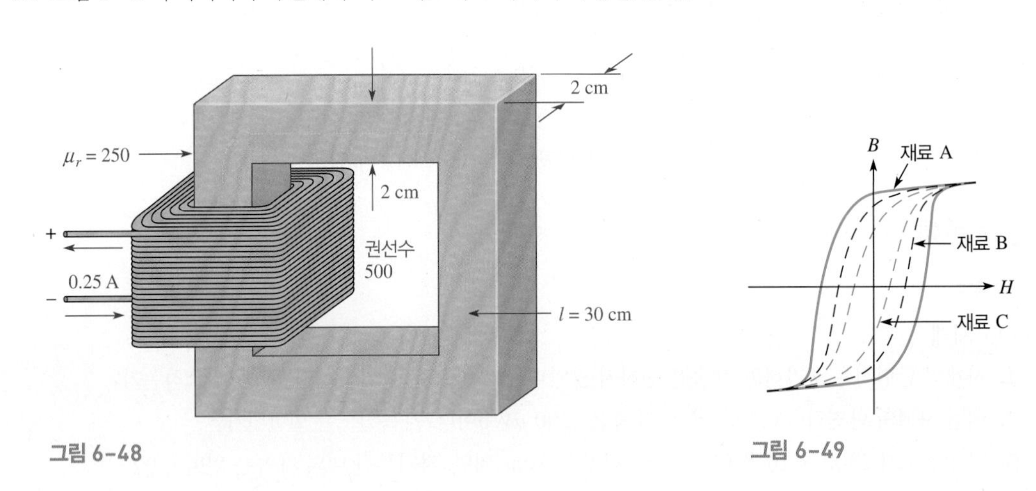

그림 6–48

그림 6–49

6–5 전자 유도

18. 패러데이의 법칙에 의하면, 자속의 변화율이 두 배가 되는 경우 코일에 유도되는 전압은 어떻게 되는가?

19. 코일에 유도된 전압이 100 mV이고, 이 코일에 100 Ω의 저항이 연결되었다면 유도전류는 얼마인가?

20. 그림 6–34에서 강철원판이 돌지 않을 때 전압이 유도되지 않는 이유는 무엇인가?

21. 그림 6–50에서 20 cm 길이의 도선이 자극 사이를 위로 움직인다. 자극은 각 변의 길이가 8.5 cm이고 자속은 1.24 mWb이다. 이때 도체에 유도된 전압이 44 mV라면 도체의 속도는 얼마인가?

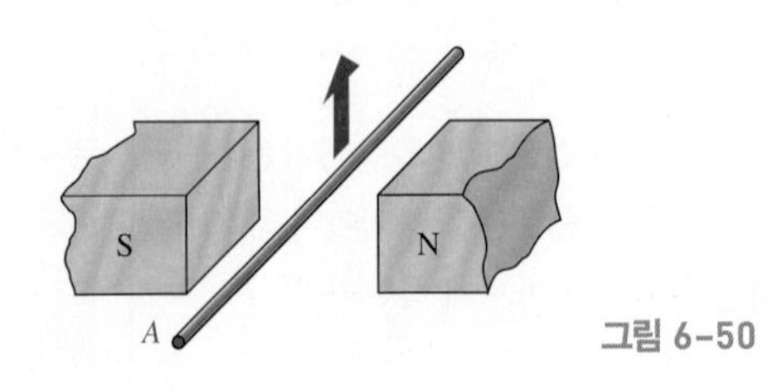

그림 6–50

22. **(a)** 그림 6–50에서 도체의 한쪽 끝 A의 전압의 극성은?

(b) 도선이 폐회로를 구성하고 (a)번에서의 전압극성대로 전류가 흐른다면 도선에 작용하는 힘은 어느 방향인가?

6–6 직류발전기

23. 발전기의 효율이 80%이고 45 W의 전력을 부하에 공급한다면 입력전력은 얼마인가?

24. 그림 6–42의 자여자 분권 직류발전기가 부하에 12 A의 전류를 공급한다. 계자권선에 흐르는 전류가 1.0 A 이면 전기자 전류는 얼마인가?

25. **(a)** 24번 문제에서 출력전압이 14 V라면 부하에 전달되는 전력은 얼마인가?

(b) 자계저항에서 소비되는 전력은 얼마인가?

6–7 직류전동기

26. **(a)** 회전수가 1200 rpm이고 토크가 3.0 N-m인 전동기의 전력은 얼마인가?

(b) 이 전동기의 정격은 몇 마력인가 (746 W = 1마력)

27. 전동기가 부하에 50 W를 전달할 때 내부에서 12 W를 소비한다면 효율은 얼마인가?

고급문제

28. 단권 직류발전기가 초당 60 회전한다. 직류 출력 전압은 초당 몇 번 최대값에 도달하는가?

29. 28번 문제의 직류발전기에 원래의 루프와 90° 각도로 또 하나의 루프를 추가하였다. 최대전압이 10 V라고 할 때, 시간에 따른 출력전압을 나타내라.

복습 문제 해답

6–1 자계

1. 서로 반발한다.

2. 자속은 자계를 형성하는 역선의 집합이고 자속밀도는 단위면적당 자속이다.

3. 가우스와 테슬라

4. $B = \phi/A = 900\ \mu\text{T}$

6–2 전자기

1. 전자기는 도체에 흐르는 전류에 의해 형성된다. 전자계는 전류가 흐를 때만 형성된다. 자계는 전류와 무관하게 존재한다.

2. 전류의 방향이 반대로 되면 자계의 방향도 역시 반대로 바뀐다.

3. 자속은 기자력을 자기저항으로 나눈 값이다.

4. 자속은 전류와, 기자력은 전압과, 자기저항은 저항과 유사하다.

6–3 전자기 소자

1. 솔레노이드는 축을 기계적으로 이동시킨다. 계전기는 전자기적 운동에 의해 전기 접점을 열고 닫는다.

2. 솔레노이드에서 가동부는 플런저이다.

3. 계전기에서 가동부는 전기자이다.

4. 다르송발(d'Arsonval) 계측기는 자계의 상호작용에 의해 동작한다.

6–4 자기이력

1. 자속밀도가 증가한다.

2. 잔자성은 자화력을 제거한 후에도 자화된 상태를 유지하는 재료의 능력이다.

6-5 전자유도

1. 영이다.
2. 증가한다.
3. 자계 내에서 전류가 흐르는 도선에 힘이 작용한다.
4. 유도전압은 영이다.

6-6 직류발전기

1. 회전자
2. 정류자는 목적은 회전하는 코일의 전류 방향을 바꾸는 것이다.
3. 저항이 크면 자속이 감소하고 따라서 출력전압은 감소한다.
4. 전기자의 기전력에 의한 전류를 계자 코일에 보내 계자 자속을 발생시키는 방식의 발전기

6-7 직류전동기

1. 역기전력은 회전자가 회전할 때 발전기작용에 의해 형성되는 전압이다. 원래 공급되는 전압과 극성이 반대이다.
2. 전기자전류를 감소시킨다.
3. 직권 직류전동기
4. 마모되는 브러시가 없으므로 브러시를 교체할 필요 없고 신뢰성이 더 높다.

예제의 관련문제 해답

6–1 19.6×10^{-3} T

6–2 31.0 T

6–3 자기저항이 12.8×10^{6} At/Wb로 감소한다.

6–4 자기저항은 165.7×10^{3} At/Wb

6–5 7.2 mWb

6–6 $F_m = 42.5$ At; $\mathcal{R} = 8.5 \times 10^{4}$ At/Wb

6–7 40 mV

6–8 음의 x축 방향이다.

6–9 0.18 hp

O/X 퀴즈 해답

1. O **2.** X **3.** X **4.** X **5.** O **6.** O **7.** X **8.** O
9. O **10.** X

자습문제 해답

1. (b) **2.** (c) **3.** (a) **4.** (d) **5.** (b) **6.** (c) **7.** (a) **8.** (d)
9. (c) **10.** (c) **11.** (b) **12.** (c) **13.** (a) **14.** (d) **15.** (c)

CHAPTER 7

교류전류와 전압의 기초

차례

목적

- 정현파를 식별하고 그 특성을 설명한다.
- 정현파 전압값과 전류값을 계산한다.
- 정현파의 각도 관계를 설명한다.
- 정현파를 수학적으로 분석한다.
- 기본적인 회로법칙을 저항성 교류회로에 적용한다.
- 교류발전기가 전기를 만들어내는 원리를 설명한다.
- 전기에너지를 회전운동으로 변환시키는 교류전동기에 대해 설명한다.
- 기본적인 비정현파의 특성을 규정한다.
- 오실로스코프를 이용하여 파형을 측정한다.
- 신호원의 종류와 전형적인 제어의 목적에 대해 설명한다.

핵심용어

각도
고조파
교류발전기
기본 진동수
농형
동기 전동기
라디안
램프
발진기
변조
사이클
상승시간(t_r)
순시값
슬립
실효값
파형
오실로스코프
유도 전동기
위상
정현파
주기(T)
주기적
주파수(f)
진폭
최대값
충격 계수
첨두 첨두값
펄스
펄스폭(t_W)
하강시간(t_f)
함수 발생기
헤르츠(Hz)

서론

이 장에서는 기초적인 교류회로에 대해서 설명한다. 교류전압과 교류전류는 시간에 따라 변동하고 파형이라고 하는 일정한 형태로 극성과 방향이 주기적으로 바뀐다. 특히 교류회로에서 기본적으로 중요한 정현파(사인파)에 대해서 자세히 설명할 것이다. 정현파를 발생시키는 교류발전기와 교류전동기가 설명되고, 펄스파, 삼각파, 톱니파 등의 다른 형태의 파형에 대해서도 설명된다. 파형을 나타내고 측정하는 오실로스코프의 사용법도 설명된다. 이 장의 끝에서 신호발생기에 대해서도 설명할 것이다.

7-1 정현파형

정현파(sinewave 혹은 sinusoidal waveform)는 교류전류(alternating current, ac)와 교류전압(alternating voltage)의 기본적인 형태이다. 정현파는 사인파(sinusoidal wave) 또는 사인곡선(sinusoid)이라고도 한다. 전력회사가 공급하는 전기는 정현파 전압과 전류이다. 다른 종류의 반복되는 파형들은 여러 개 정현파의 합성으로 만들 수 있으며 이렇게 여러 정현파의 합성으로 이루어진 파를 고조파(harmonic)라고 한다.

이 절을 마친 후 다음을 할 수 있어야 한다.

- 정현파를 규정하고 특성을 측정한다.
- 주기를 정의하고 계산한다.
- 주파수를 정의하고 계산한다.
- 주기와 주파수의 관계를 설명한다.
- 두 가지 형태의 전자신호 발생기를 설명한다.

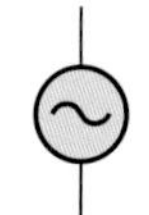

그림 7-1 정현파 전압원의 기호

정현파는 두 가지 방법으로 만들 수 있다. 첫째는 교류발전기를 이용하는 것이고, 둘째는 전자신호발생기에 있는 전자 발진기회로(oscillator circuit)를 이용하는 것이다. 전자신호발생기는 이 절에서는 간단히 다루고 자세한 것은 7–10절에서 설명될 것이다. 전기기계적인 방법에 의해 교류를 발생시키는 교류발전기는 7–6절에서 설명된다. 그림 7–1은 정현파 전압원의 기호를 나타낸다.

그림 7–2는 일반적인 형태의 정현파 교류전압이나 교류전류를 보여준다. 수직축은 전압 또는 전류를 나타내고 수평축은 시간을 나타낸다. 전압과 전류의 시간에 대한 변화에 주목하라. 전압 또는 전류가 0에서 시작하여 양의 최대값(첨두값)까지 증가했다가 0으로 돌아오고, 음의 최대값까지 증가했다가 0으로 다시 돌아와 하나의 완전한 사이클을 이룬다.

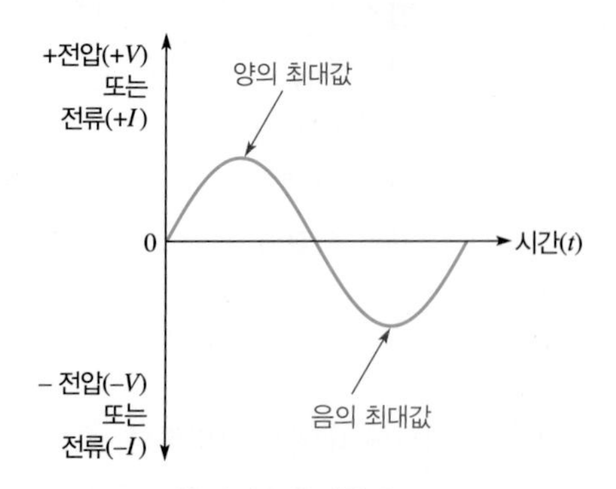

그림 7-2 한 사이클의 정현파

정현파의 극성

정현파는 0에서 극성이 바뀐다. 즉 양의 값과 음의 값 사이에서 변화한다. 그림 7–3과 같이 정현파 전압원(V_s)이 저항성 회로에 가해지면 정현파 전류가 흐른다. 전압의 극성이 바뀌면 이에 따라 전류의 방향도 바뀐다.

전원전압 V_s가 양의 값에서 변화하는 동안에는 전류는 그림 7–3(a)에 표시된 방향으로 흐른다. 전원전압이 음의 값에서 변화하는 동안에 전류는 그림 7-3(b)와 같이 반대 방향으로 흐른다. 양의 값과 음의 값에서의 변화가 한 **사이클(cycle)**을 이룬다.

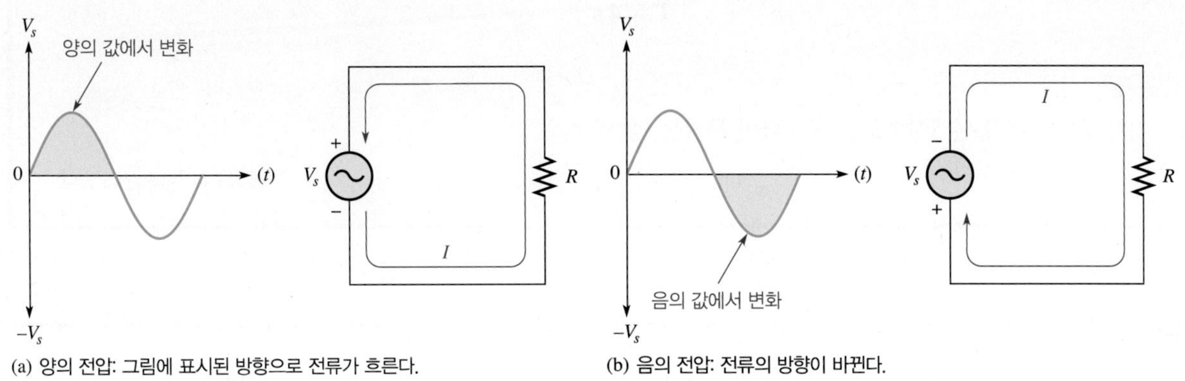

(a) 양의 전압: 그림에 표시된 방향으로 전류가 흐른다.

(b) 음의 전압: 전류의 방향이 바뀐다.

그림 7-3 교류전류와 전압

정현파의 주기

정현파는 정의된 형태로 시간에 따라 변한다.

정현파에서 하나의 완전한 사이클을 주파하는 데 필요한 시간을 주기(T)라고 한다.

그림 7-4(a)는 정현파의 주기를 나타낸다. 정현파는 그림 7-4(b)에서와 같이 똑같은 사이클을 계속 반복한다. 반복되는 모든 사이클의 정현파는 같으므로 정현파의 주기는 항상 하나의 고정된 값을 갖는다. 정현파의 주기는 그림 7-4(b)에서와 같이 0을 지나는 점부터 다음 사이클의 0을 지나는 점까지의 시간으로 구할 수 있다. 주기는 주어진 사이클의 한 최고점으로부터 다음 사이클의 최고점까지로도 구할 수 있다.

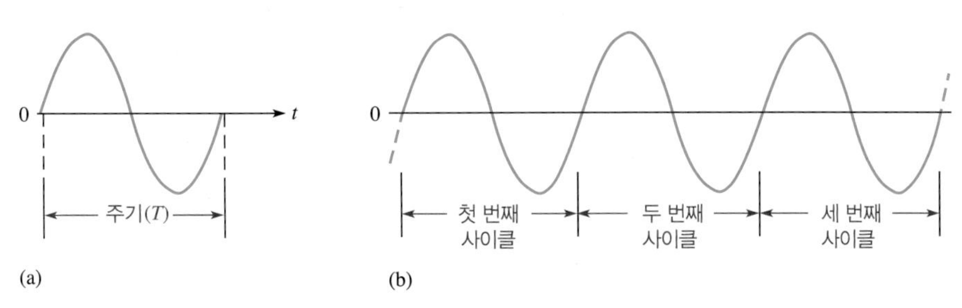

그림 7-4 정현파의 주기는 각 사이클마다 똑같다.

예제 7-1

그림 7-5의 정현파 주기는 얼마인가?

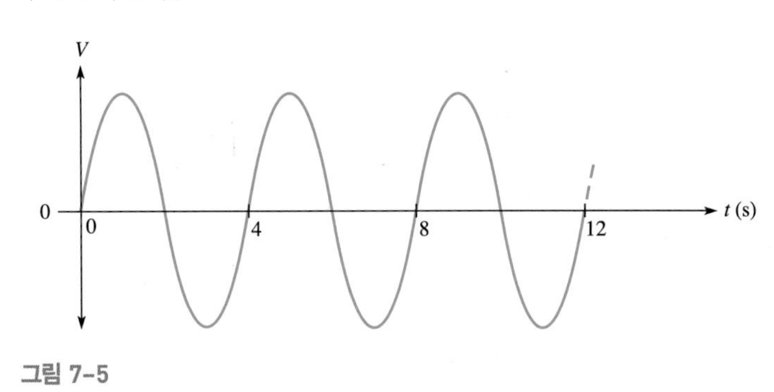

그림 7-5

풀이

그림 7–5에서 완전한 3사이클 동안 12초가 걸린다. 그러므로 한 사이클에 4초가 걸린다. 따라서 주기는

$$T = \mathbf{4\ s}$$

관련문제*

어느 정현파가 12초 동안 5사이클을 이룬다면 주기는 얼마인가?

* 해답은 이 장의 끝에 있다.

예제 7– 2

그림 7–6에서 정현파의 주기를 측정하는 세 가지 방법을 설명하라. 나타난 사이클 수는 얼마인가?

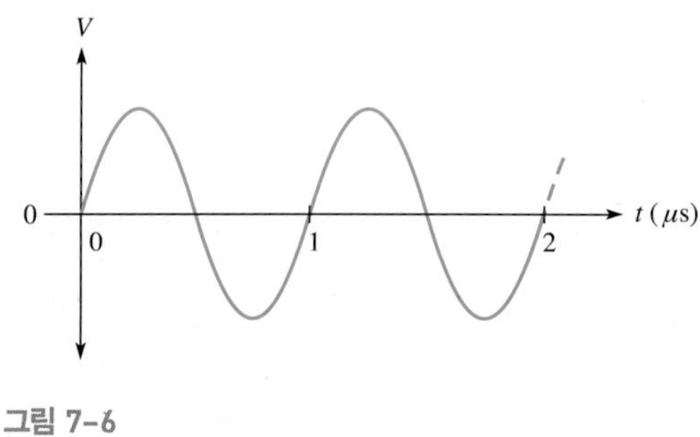

그림 7–6

풀이

방법 1: 주기는 0을 지나는 점부터 다음 사이클의 대응하는 0을 지나는 점까지로 구할 수 있다.

방법 2: 주기는 한 사이클의 양의 첨두값으로부터 다음 사이클의 양의 첨두값까지로 구할 수 있다.

방법 3: 주기는 한 사이클의 음의 첨두값으로부터 다음 사이클의 음의 첨두값까지로 구할 수 있다.

정현파의 **2사이클**을 표시한 그림 7–7에서 이 방법들을 표시하였다. 정현파의 최고점이나 0점의 어떤 점들을 사용하는지에 관계없이 똑같은 주기를 얻는다.

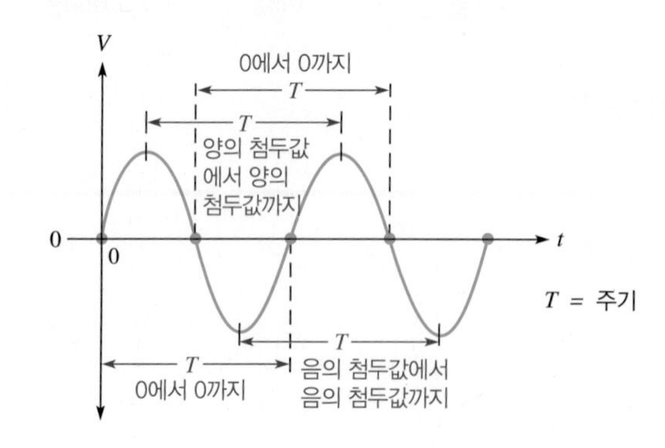

그림 7–7 정현파의 주기 측정

관련문제

양의 첨두값이 1 ms에서 발생하고 다음에 양의 첨두값이 2.5 ms에서 발생한다면 주기는 얼마인가?

정현파의 주파수

주파수는 정현파가 1초 동안에 주파하는 사이클의 수이다.

1초 동안 더 많은 사이클을 주파할수록 주파수(frequency)가 더 높아진다. 주파수(f)의 단위는 **헤르츠(hertz)**이다. 1헤르츠는 초당 1사이클과 같고 60헤르츠는 초당 60사이클과 같다. 그림 7-8은 2개의 정현파를 보여준다. 그림 7-8(a)의 정현파는 1초 동안 2개의 완전한 사이클을 이룬다. 그림 7-8(b)의 정현파는 1초 동안 4개의 완전한 사이클을 이룬다. 그러므로 그림 7-8(b)의 정현파 주파수는 그림 7-8(a)의 정현파 주파수의 두 배이다.

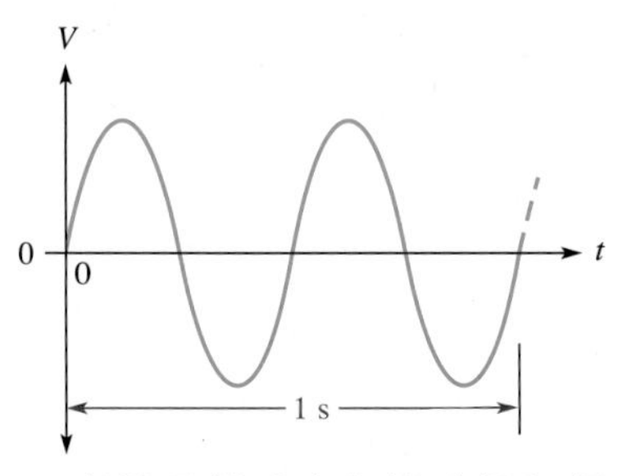

(a) 더 낮은 주파수: 초당 더 적은 사이클을 만든다.

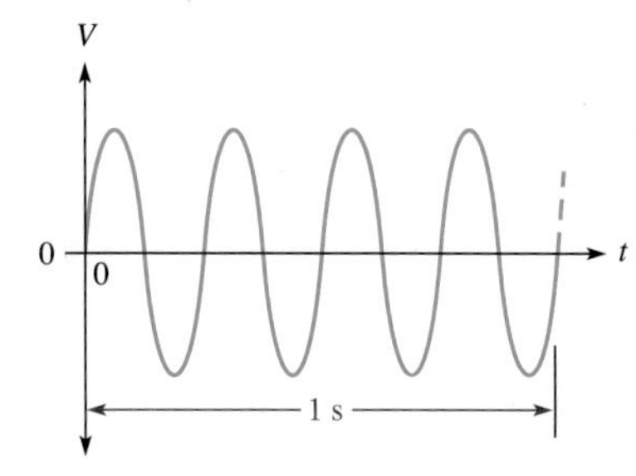

(b) 더 높은 주파수: 초당 더 많은 사이클을 만든다.

그림 7-8 주파수의 예시

주파수와 주기와의 관계

주파수와 주기 사이의 관계에 대한 공식은 다음과 같다.

$$f = \frac{1}{T} \tag{7-1}$$

$$T = \frac{1}{f} \tag{7-2}$$

f와 T는 역수의 관계에 있다. 주기가 더 긴 정현파는 주기가 짧은 정현파보다 단위시간당 이루는 사이클의 수가 적으므로 역수 관계를 나타낸다.

예제 7-3

그림 7-9에서 어느 정현파가 더 높은 주파수를 갖는가? 2개 파형의 주기와 주파수를 구하여라.

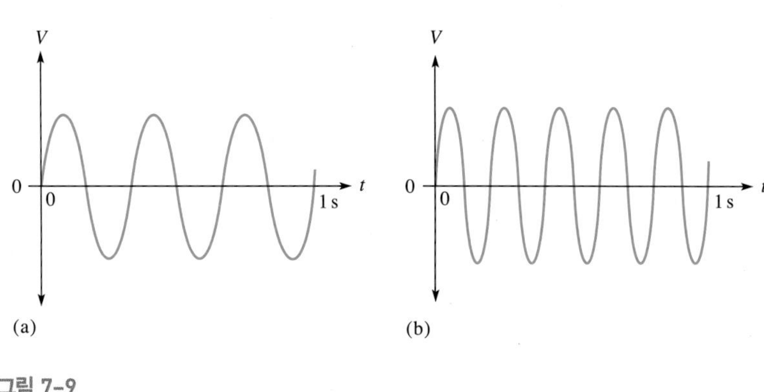

그림 7-9

풀이

그림 7–9(b)의 정현파는 (a)의 정현파보다 1초당 더 많은 사이클을 이루므로 더 높은 주파수를 갖는다. 그림 7–9(a)에서 3사이클을 주파하는 데 1초가 걸린다. 그러므로

$$f = \mathbf{3\ Hz}$$

1사이클 주파하는 데 0.333초가 걸리며, 이것이 주기이다.

$$T = 0.333\ \text{s} = \mathbf{333\ ms}$$

그림 7–9(b)에서 5사이클은 1초가 걸린다. 그러므로

$$f = \mathbf{5\ Hz}$$

한 사이클 주파하는 데 0.2초가 걸리며, 이것이 주기이다.

$$T = 0.2\ \text{s} = \mathbf{200\ ms}$$

관련문제

어떤 정현파에 연속해서 있는 음의 최고점 사이의 시간 간격이 50 μs라면 주파수는 얼마인가?

예제 7–4

어떤 정현파의 주기가 10 ms라면 주파수는 얼마인가?

풀이

식 7–1을 사용하라.

$$f = \frac{1}{T} = \frac{1}{10\ \text{ms}} = \frac{1}{10 \times 10^{-3}\ \text{s}} = \mathbf{100\ Hz}$$

관련문제

어느 정현파가 20 ms 동안 4개의 사이클을 이룬다. 이때 주파수는 얼마인가?

예제 7–5

어떤 정현파의 주파수가 60 Hz라면 주기는 얼마인가?

풀이

식 7–2를 사용하라.

$$T = \frac{1}{f} = \frac{1}{60\ \text{Hz}} = \mathbf{16.7\ ms}$$

관련문제

f = 1 Hz이면, T는 얼마인가?

전자 신호 발생기

전자신호발생기는 실험 혹은 제어하는 전기회로나 시스템에 사용하기 위한 정현파형을 전기적으로 만들어 내는 계측기이다. 신호발생기는 제한된 주파수 범위에 있는 한 가지 형태의 파형만을 만들어 내는

특수한 목적의 기구에서 폭 넓은 범위의 주파수와 다양한 파형을 만들어 내는 것이 가능한 범위까지 다양하다. 모든 신호 발생기는 기본적으로 진폭과 주파수를 조정할 수 있는 정현파 전압 혹은 다른 형태의 파형을 만들어 내는 전기적인 회로인 **발진기(oscillator)**로 구성되어 있다.

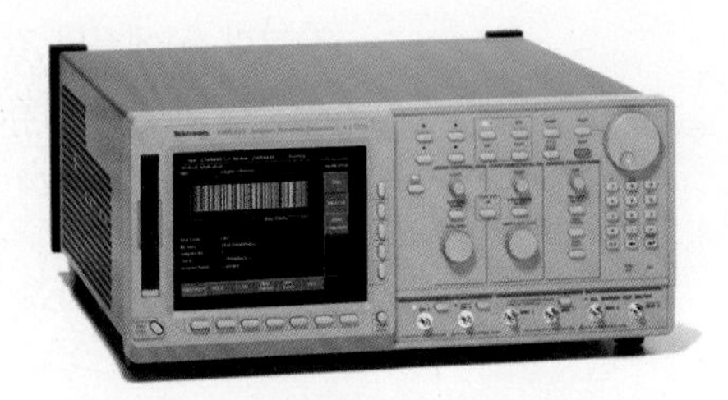

그림 7-10 전형적인 임의 파형발생기. Copyright © Tektronix, Inc. Reproduced by permission.

전자신호발생기는 여러 시스템을 시험하는 데 매우 중요하다. 신호발생기의 한 종류인 함수발생기는 그 명칭과 같이 정현파, 삼각파, 사각파와 같은 다양한 파형을 만들어 낸다. 또다른 종류인 임의파형발생기는 여러 형태의 입력을 시뮬레이션한 복합 신호를 만들어 낸다. 예를 들어 실험실에서 지진으로부터 구조물에 대한 안전시험을 하기 위해서는 지진으로부터 발생하는 복잡한 신호를 시뮬레이션 해야 한다. 그림 7–10에 보인 임의파형발생기는 이러한 것을 쉽게 시뮬레이션할 수 있다. 7–10절에서 이런 파형발생기 및 이와 다른 종류의 전자신호발생기에 대해 더 자세하게 설명하였다.

7–1절 복습 문제*

1. 정현파의 한 사이클을 설명하여라.
2. 정현파는 어느 점에서 극성을 바꾸는가?
3. 정현파는 한 사이클 동안 최대값을 몇 번 갖는가?
4. 정현파의 주기는 어떻게 측정되는가?
5. 주파수를 정의하고 그 단위를 써라.
6. $T = 5\ \mu s$일 때 f는 얼마인가?
7. $f = 120$ Hz일 때 T는 얼마인가?

*해답은 이 장의 끝에 있다.

7-2 정현파의 전압과 전류값

정현파의 값을 전압 혹은 전류의 크기로 나타내는 5가지 방법에는 순시값, 최대값, 첨두–첨두값, 실효값, 그리고 평균값이 있다.

이 절을 마친 후 다음을 할 수 있어야 한다.

- 정현파의 전압과 전류값을 구한다.
- 어느 점의 순시값을 구한다.
- 최대값을 계산한다.
- 첨두–첨두값을 계산한다.
- *rms*를 정의하고 실효값을 구한다.
- 교류 정현파의 한 주기 평균값이 항상 0이 되는 이유를 설명한다.
- 반 주기 동안의 평균값을 구한다.

순시값

그림 7–11은 어느 순간에 정현파의 전압 또는 전류가 어떤 **순시값(instantaneous value)**을 갖는다는 것을 보여준다. 순시값은 곡선을 따라 서로 다른 점에서 다른 값을 갖는다. 전압과 전류의 순시값

은 그림 (a)에서와 같이 각각 소문자 v와 i로 나타낸다. 그림 (a)의 곡선은 단지 전압만을 보여주지만, v를 i로 바꾸면 전류에 대해서도 똑같이 적용된다. 그림 (b)에서 순시값의 한 예를 보여준다. 순시값이 1 μs에서 3.1 V이고, 2.5 μs에서 7.07 V, 5 μs에서 10 V, 10 μs에서 0 V, 11 μs에서 −3.1 V이다.

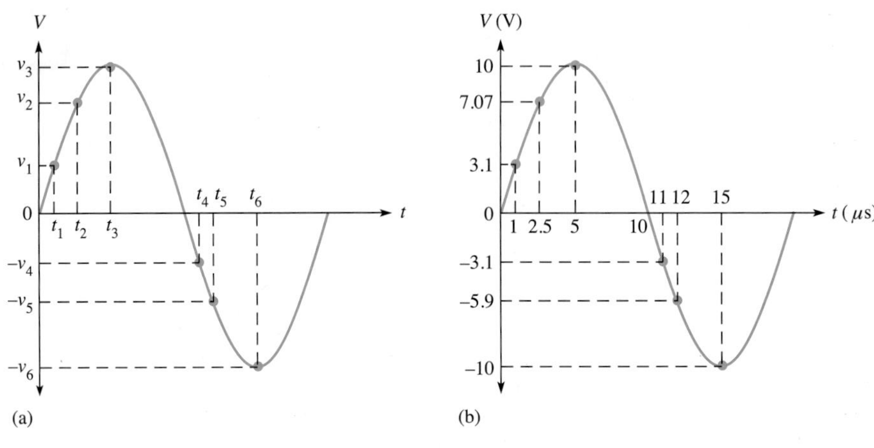

그림 7-11 정현파 전압의 순시값의 예시

최대값

정현파의 **최대값(peak value)**은 0에 대한 양이나 음의 최대 전압 또는 전류의 값을 나타낸다. 음과 양의 최대값들은 **크기(magnitude)**가 같으므로 정현파는 그림 7–12에서와 같이 하나의 최대값으로 나타낼 수 있다. 어떤 정현파에 대해서 최대값은 일정하며 V_p 또는 I_p로 나타낸다. 정현파의 최대 혹은 첨두값을 **진폭(amplitude)**이라 한다. 진폭은 0 V 선에서부터 최대치까지를 말한다. 그림에서 최대 전압은 8 V이며, 이것이 진폭이다.

첨두-첨두값

그림 7–13에서 나타낸 것처럼 정현파의 **첨두–첨두값(peak to peak value)**은 전압 또는 전류의 양의 최대값에서부터 음의 최대값까지이다. 첨두-첨두값은 항상 최대값의 두 배이고 다음과 같은 식으로 나타낼 수 있다. 첨두-첨두값의 기호는 V_{pp}나 I_{pp}로 나타낸다.

$$V_{pp} = 2V_p \tag{7-3}$$

$$I_{pp} = 2I_p \tag{7-4}$$

그림 7–13에서 첨두-첨두 전압값은 16 V이다.

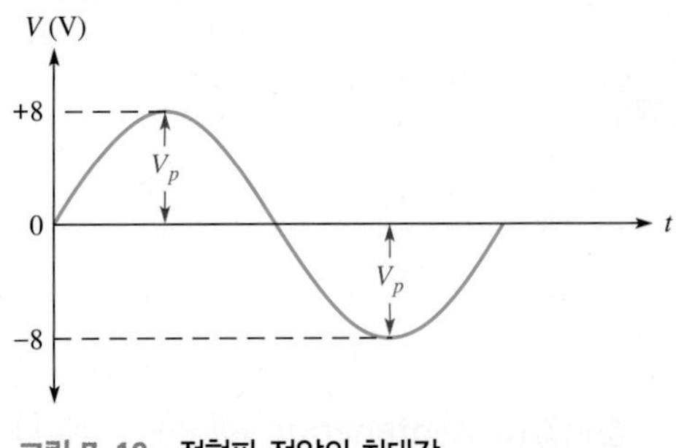

그림 7-12 정현파 전압의 최대값

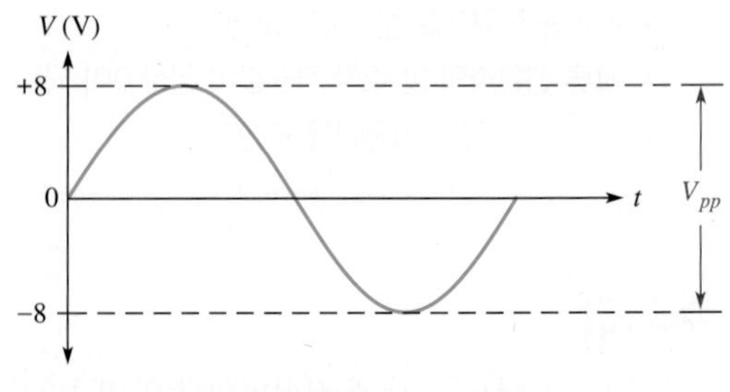

그림 7-13 정현파 전압의 첨두–첨두값

실효값

*rms*는 *root mean square*의 약자로 제곱평균 제곱근을 의미한다. 대부분의 교류전압계는 전압의 실효값을 나타낸다. 전기 콘센트의 120 V는 실효값이다. 정현파 전압의 **rms 값**은 **실효치**라고도 하며 그 정현파의 발열 효과와 관련되어 있는 실제 측정되는 값이다. 예를 들어 저항이 그림 7-14(a)에서와 같이 교류 정현파의 전압원에 연결되어 있으면 저항은 일정한 양의 열을 발생시킨다.

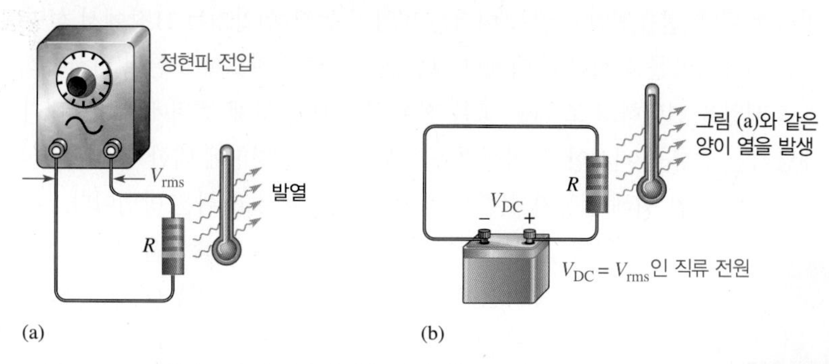

그림 7-14 직류와 교류의 경우에 같은 양의 열이 발생될 때 정현파 전압은 직류전압과 같은 실효값을 갖는다.

그림 7-14(b)는 직류전압원에 연결된 같은 저항을 보여준다. 교류전압의 값은 저항이 직류전압원에 연결되었을 때와 같은 양의 열이 발생하도록 조정될 수 있다.

정현파의 실효값은 저항이 정현파 전압에 연결된 경우와 똑같은 양의 열이 발생하는 직류전압과 같다.

전압이나 전류에 대한 다음의 관계식들을 사용하여 정현파의 최대값으로부터 그에 상응하는 실효값을 구할 수 있다.

$$\mathbf{V_{rms} = 0.707V_p} \qquad (7-5)$$

$$\mathbf{I_{rms} = 0.707I_p} \qquad (7-6)$$

이 식들을 사용하여 실효값으로부터 최대값을 다음과 같이 구할 수 있다.

$$V_p = \frac{V_{rms}}{0.707}$$

$$\mathbf{V_p = 1.414V_{rms}} \qquad (7-7)$$

마찬가지로,

$$\mathbf{I_p = 1.414I_{rms}} \qquad (7-8)$$

첨두-첨두값은 최대값을 두 배로 하면 구할 수 있다. 이것은 실효값을 2.828배로 하는 것과 같다.

$$\mathbf{V_{pp} = 2.828V_{rms}} \qquad (7-9)$$

$$\mathbf{I_{pp} = 2.828I_{rms}} \qquad (7-10)$$

시스템 예제 7-1

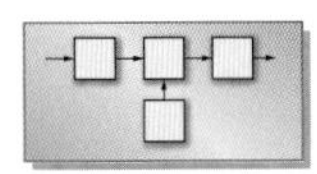

클램프 미터

대부분 산업용 전기 전자시스템은 교류전동기와 팬, 펌프, 컨베이어 등 대전류 부하를 갖는다. 작업이 진행 중일 때 전류를 체크하기 위해 이들 회로를 개방하여 정지시키는 것은 비현실적이고 시간 낭비이며 안전을 위협하게 된다. 전통적인 클램프 미터는 변압기 동작(변압기는 11장에서 설명됨)을 통해 도체를 감싸고 있는 자계변화를 센싱하여 대용량 교류전류를 측정하도록 고안된 비접촉식 계기이다. 사용자는 계기의 스케일을 선택하고 조(jaw) 또는 전류 프로브를 도체 주위에 고정시킨다. 계기는 선택한 스케일에 해당하는 전류를 지시한다. 삼상전동기에 있어 위상평형에 대한 검사 혹은 부하가 초과하지 않는다는 것을 검증하기 위해 전동기 전류를 검사하는 데 빠르고 쉬운 방법이다.

그림 7-15 분리형 조(jaw)를 갖는 멀티기능 클램프 미터. Fluke사 제공

원래 클램프 미터는 단지 교류전류의 측정을 위해 고안되었지만 이들은 또한 전통적인 디지털 멀티미터의 모든 기능(저항, 전압, 직류전류와 때때로 주파수 측정)을 가지고 있다. 이 계기는 또 홀효과 센서를 이용하여 직류(dc)를 측정할 수 있다. 그림 7-15에 보인 계기는 다목적 계기이고 자동차 배터리로부터 직류전류를 측정할 수도 있다.

어떤 클램프 미터는 최소/최대 용량을 가진다. 최소/최대 기능은 전류 범위를 나타낸다. 이것은 4-20 mA 전류루프의 전류를 읽는 데 유용하다. 최소/최대 용량은 예를 들어 종종 트립되는 회로차단기를 고장 진단할 때 최대 전류를 알아내는 데 매우 유용하다.

평균값

하나의 완전한 사이클을 고려했을 때 정현파의 평균값은 양의 값을 갖는 부분과 음의 값을 갖는 부분이 상쇄되므로 항상 0이다.

전원공급 장치에서와 같은 정류된 전압의 평균값을 구하거나 비교를 하기 위해 **정현파의 평균값 (average value)**은 하나의 완전한 사이클에 대해서가 아닌 반 사이클(half cycle)에서 구한다. 전압이나 전류 정현파의 평균값은 다음과 같이 최대값으로부터 구할 수 있다.

$$V_{avg} = 0.637V_p \quad (7\text{-}11)$$

$$I_{avg} = 0.637I_p \quad (7\text{-}12)$$

그림 7-16에 정현파의 반 주기 평균값을 나타내었다.

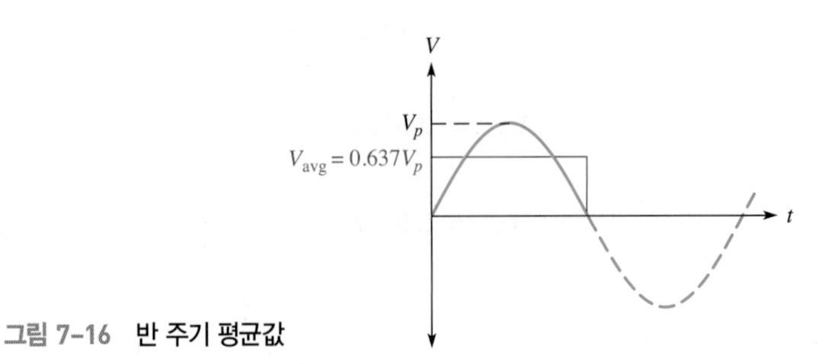

그림 7-16 반 주기 평균값

예제 7-6

그림 7–17에서 정현파의 V_p, V_{pp}, V_{rms} 및 반 주기 V_{avg}를 구하여라.

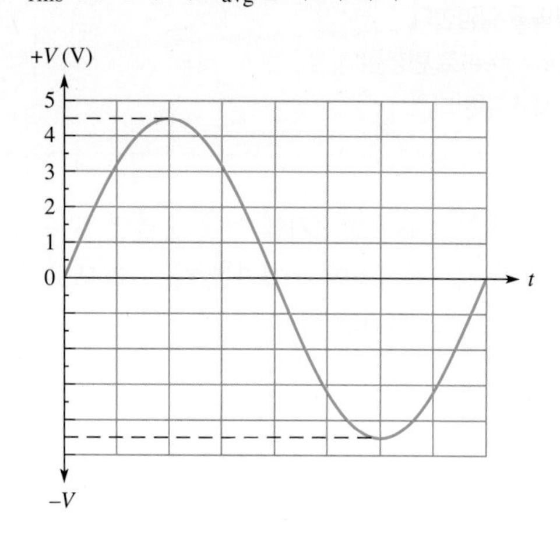

그림 7-17

풀이

그래프에서 V_p = **4.5 V**이다. 따라서

$$V_{pp} = 2V_p = 2(4.5\ \text{V}) = \mathbf{9\ V}$$
$$V_{rms} = 0.707V_p = 0.707(4.5\ \text{V}) = \mathbf{3.18\ V}$$
$$V_{avg} = 0.637V_p = 0.637(4.5\ \text{V}) = \mathbf{2.87\ V}$$

관련문제

정현파에서 $V_p = 25$ V일 때 V_{pp}, V_{rms} 및 V_{avg}를 구하여라.

7-2절 복습 문제

1. 다음의 각 경우에 V_{pp}를 구하여라.
   (a) $V_p = 1$ V (b) $V_{rms} = 1.414$ V (C) $V_{avg} = 3$ V
2. 다음의 각 경우에 V_{rms}를 구하여라.
   (a) $V_p = 2.5$ V (b) $V_{pp} = 10$ V (C) $V_{avg} = 1.5$ V
3. 다음의 각 경우에 V를 구하여라.
   (a) $V_p = 10$ V (b) $V_{rms} = 2.3$ V (C) $V_{pp} = 60$ V

7-3 정현파의 각도 표시

앞 절에서 보았듯이 정현파는 수평축을 따라 시간의 함수로 나타낼 수 있다. 그러나 한 주기나 한 주기의 일부분을 완성하는 데 필요한 시간은 주파수에 따라 달라지므로, 도(degree)나 라디안(radian)으로 나타내는 각도로 정현파의 특정한 지점을 표시하는 것이 유용한 경우도 있다. 각도는 주파수와 무관하다.

이 절을 마친 후 다음을 할 수 있어야 한다.

- 정현파의 각도 관계를 설명한다.
- 정현파를 각도로 나타내는 방법을 설명한다.
- 라디안의 정의를 설명한다.
- 라디안을 도(degree)로 변환한다.
- 정현파의 위상을 구한다.

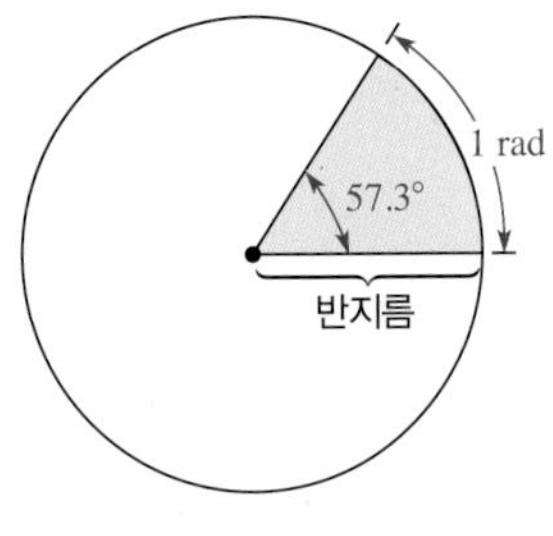

그림 7-18 라디안과 각도의 관계를 보여주는 각도측정

정현파 전압은 교류발전기에 의해 만들어 질 수 있다. 교류발전기 회전자의 회전과 정현파 출력 사이에는 직접적인 관계가 있다. 그러므로 회전자 위치의 각도는 정현파의 해당 각도와 직접적으로 관련되어 있다.

각도 표시

1도(degree)는 한 번의 완전한 회전, 즉 원의 1/360에 해당하는 각도이다. 1라디안(rad)은 원의 반지름과 같은 길이의 원주상의 곡선 거리이다. 1라디안은 그림 7-18에서 표시한 것처럼 57.3°와 같다. 1회전인 360°는 2 π라디안과 같다.

그리스 문자 π는 원의 지름에 대한 원 둘레의 비율을 나타내며 대략 3.1416의 값을 갖는다.

공학용 계산기에는 수치를 입력할 필요가 없도록 π키가 있다.

표 7-1에 각도와 그에 대응하는 라디안 값들을 적어 놓았다. 이 각도를 그림 7-19에 나타내었다.

표 7-1

각도(°)	라디안(RAD)
0	0
45	$\pi/4$
90	$\pi/2$
135	$3\pi/4$
180	π
225	$5\pi/4$
270	$3\pi/2$
315	$7\pi/4$
360	2π

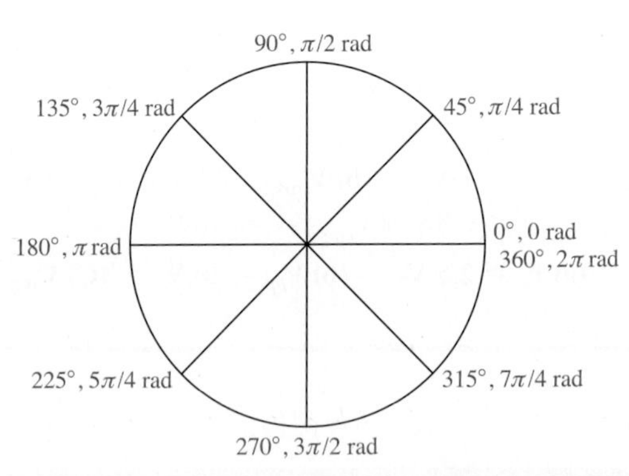

그림 7-19 0°에서 시작하여 반시계 방향으로 진행되는 각도 표시

라디안/각도 변환

각도는 식 7-13을 사용하여 라디안으로 변환된다.

$$\text{rad} = \left(\frac{\pi\ \text{rad}}{180°}\right) \times \text{degrees} \tag{7-13}$$

마찬가지로 라디안은 식 7-14를 사용하여 각도로 변환된다.

$$\text{degrees} = \left(\frac{180°}{\pi \text{ rad}}\right) \times \text{rad} \tag{7-14}$$

예제 7-7

(a) 60°를 라디안으로 변환하여라. **(b)** $\pi/6$ 라디안을 각도로 변환하여라.

풀이

(a) 라디안 $= \left(\frac{\pi \text{ rad}}{180°}\right)60° = \boldsymbol{\frac{\pi}{3}}$ **rad**

(b) 각도 $= \left(\frac{180°}{\pi \text{ rad}}\right)\left(\frac{\pi}{6} \text{ rad}\right) = \mathbf{30°}$

관련문제

(a) 15°를 라디안으로 변환하여라. **(b)** $5\pi/8$라디안을 각도로 변환하여라.

정현파 각도

정현파는 한 주기가 360° 또는 2π 라디안이다. 반 주기는 180° 또는 π 라디안이고, 1/4주기는 90° 또는 $\pi/2$ 라디안이다. 그림 7-20(a)에서는 한 주기의 정현파를 도(°)의 각도로 나타내었고, 그림 (b)에서는 동일한 위치들을 라디안으로 표시하였다.

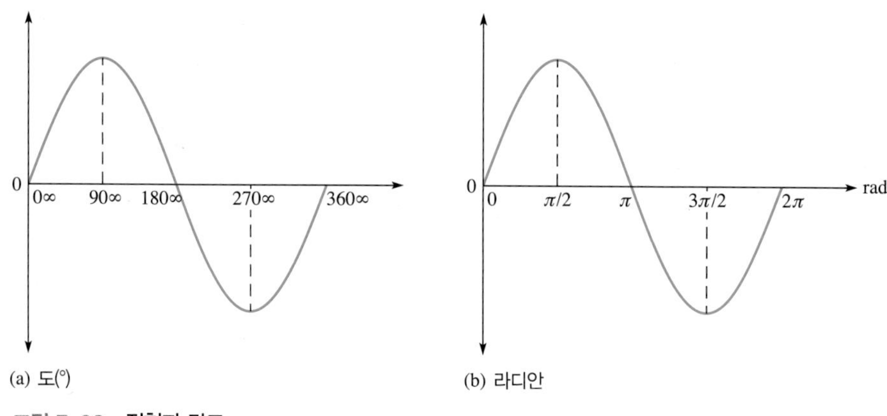

그림 7-20 정현파 각도

정현파의 위상

정현파의 **위상(phase)**은 어느 기준에 대한 정현파의 위치를 나타내는 측정 각도 표시이다. 그림 7-21은 기준으로 사용될 한 사이클의 정현파를 보여준다. 수평축의 첫 번째 양의 값에서 만나는(0에서 만나는) 곳은 0°(0 rad)이고, 양의 최대값은 90°($\pi/2$ rad)이다. 음의 값으로 진행되면서 0의 값과 만나는 곳이 180°(π rad)이고 음의 최대값이 발생하는 곳은 270°($3\pi/2$ rad)이다. 한 주기는 360°(2π rad)에서 끝난다. 정현파가 이 기준 정현파에 대해 왼쪽이나 오른쪽으로 이동한 경우, 위상천이(phase shift)가 되었다고 한다.

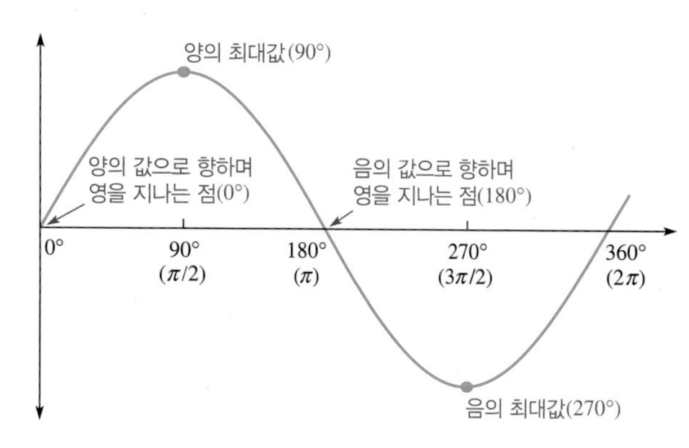

그림 7-21 기준 위상

그림 7-22는 정현파의 위상천이를 보여준다. 그림 (a)에서 정현파 B는 90°($\pi/2$ rad)만큼 오른쪽으로 이동하였다. 그러므

로 정현파 A와 B 사이에는 90°의 위상 차이가 존재한다. 시간으로 나타내면 그래프의 수평축 오른쪽으로 시간이 증가하므로 정현파 B의 양의 최대값은 정현파 A의 양의 최대값보다 나중에 발생한다. 이 경우에 정현파 B는 정현파 A보다 90° 또는 $\pi/2$만큼 위상이 **뒤진다**고 한다. 다르게 표현하면 정현파 A는 정현파 B보다 위상이 90° 앞선다.

그림 7–22(b)에서 정현파 B는 90° 만큼 왼쪽으로 이동하였다. 따라서 정현파 A와 B 사이에는 90°의 위상각이 존재한다. 이 경우에 정현파 B의 양의 최대값은 정현파 A보다 먼저 발생한다. 그러므로 정현파 B는 위상이 90° **앞선다**. 두 경우 모두 두 파형 사이에는 90° 위상각이 존재한다.

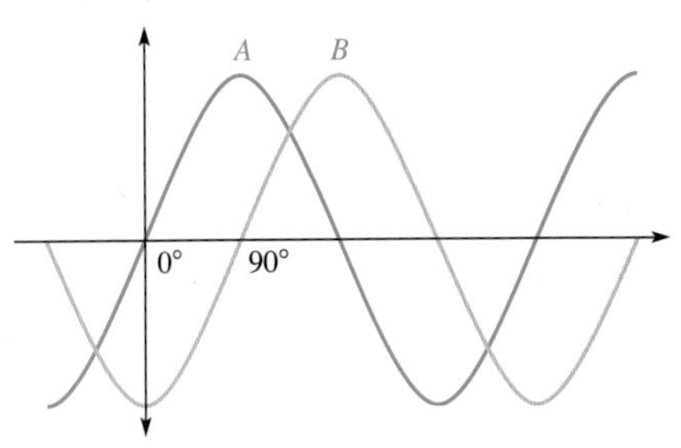

(a) A는 B보다 90° 앞서고 B는 A보다 90° 뒤진다.

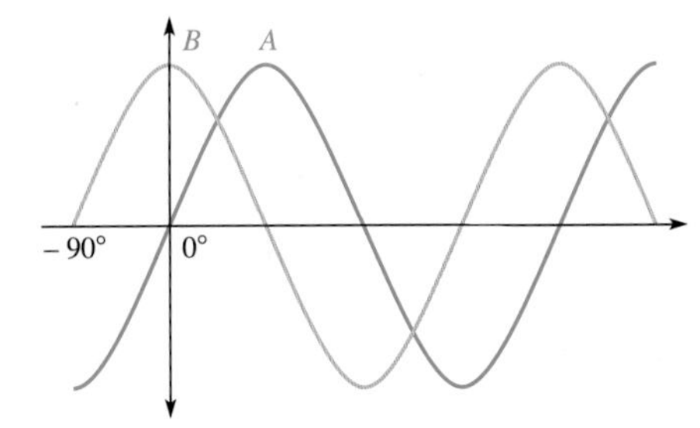

(b) B는 A보다 90° 앞서고 A는 B보다 90° 뒤진다.

그림 7–22 위상천이의 예시

예제 7–8

그림 7 –23(a)와 (b)에서 두 정현파 A와 B 사이의 위상각은 얼마인가?

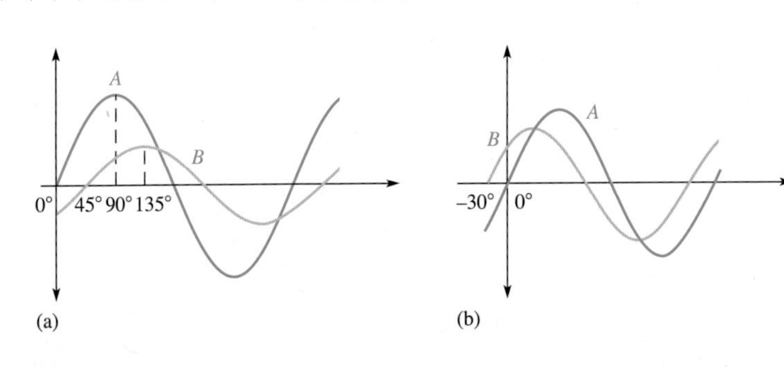

그림 7–23

풀이

그림 7–23(a)에서 정현파 A는 0°에서 0을 지나고, 정현파 B가 0을 지나는 곳은 45°이다.
두 파형 사이에는 **45°**의 위상각이 존재하고 정현파 A가 위상이 앞선다.

그림 7–23(b)에서 정현파 B는 −30°에서 0을 지나고, 정현파 A가 0을 지나는 곳은 0°이다. 두 파형 사이에는 **30°**의 위상각이 존재하고 정현파 B가 위상이 앞선다.

관련문제

어떤 정현파의 양의 값으로 진행하며 영을 지나는 곳이 0°기준점에 대해 15°에서 발생하고, 두 번째 정현파의 양의 값으로 진행하며 영을 지나는 곳이 0°기준점에 대해 23°에서 발생한다면 이 두 정현파 사이의 위상각은 얼마인가?

오실로스코프에서 두 파형 사이의 위상천이를 측정할 때는 수직파형을 정렬하여 진폭이 같게끔 만들어야 한다. 이것은 수직 보정기 중에서 하나의 채널을 선정하여 다른 파형의 진폭과 같아질 때까지 파형을 일치하도록 조정하면 된다. 이 과정은 두 개의 파형이 정확히 중심에서 측정되지 않아 발생되는 오차를 제거한다.

다상 전력

위상이 천이된 정현파의 중요한 응용은 전력 시스템이다. 전력회사들은 그림 7-24에 나타낸 것과 같이 120°로 분리된 3상 교류를 만든다. 기준은 중성점이라 한다. 일반적으로 3상 전력은 4개의 전선(3개의 활선과 1개의 중성선)으로 수용가에게 전달된다. 교류 전동기를 위한 3상 전력은 중요한 장점을 가지고 있다. 3상 전동기는 같은 단상 전동기보다도 간단하고 효율적이다. 전동기에 대해서는 7-7절에서 더 자세하게 논의된다.

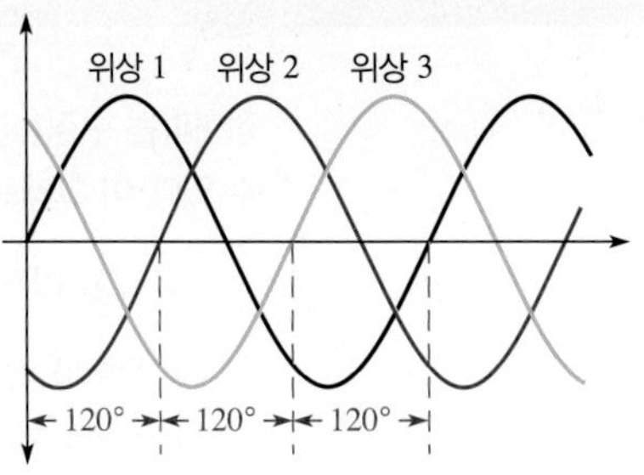

그림 7-24 3상 전력 파형

상수 변환기(Phase converters)

대부분의 산업용 전동기와 다른 장치들은 단상 전동기보다 더 효율적이고 신뢰성이 높고, 구조가 더 단순한 삼상 전동기를 사용한다. 삼상 전동기는 예를 들면 공작기계와 같이 빈번하게 기동과 정지 그리고 역회전이 필요한 곳에는 실제로 매우 유용하다.

대부분의 소규모 공장에서는 비용문제 때문에 삼상동력이 설치되어 있지 않다. 이러한 공장을 위해서 상수 변환기가 단상전원으로부터 삼상동력을 공급하게 한다. 여러 가지 다른 기술들이 단상에서 삼상동력으로 변환하기 위해 이용된다. 여기에 보인 상수 변환기는 부하를 표시하고, 필요한 삼상동력을 만들기 위해 디지털신호처리(DSP)를 사용한다. 부하가 변동하면 변환기는 모든 삼상에서 일정한 전압을 유지하도록 대응하게 된다.

LLC. 위상기술사 제공

시스템 노트

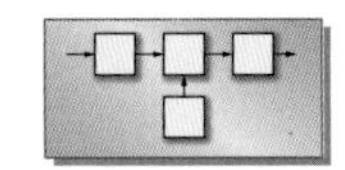

전력회사는 3상을 분리하여 세 개의 단상으로 공급할 수도 있다. 만일 3상 중의 하나와 중립이 합쳐져서 공급되면, 단상 전력인 표준 120 V가 된다. 단상 전력은 주거지와 작은 상가 건물에 배전되고, 인입구에 접지된 중성선과 각 위상이 180°로 천이된 2개의 120 V 활선으로 구성된다. 2개의 활선은 대전력 전기기구(드라이어, 에어컨) 등을 위해 240 V로 결선할 수도 있게 되어 있다.

7-3절 복습 문제

1. 어떤 정현파의 양의 값으로 진행하며 영을 지나는 점이 0 에서 발생할 때 다음의 각 점들은 어떤 각에서 발생하는가?
   (a) 양의 최대값
   (b) 음의 값으로 진행하며 영을 지나는 곳
   (c) 음의 최대값
   (d) 한 사이클이 끝나는 곳
2. 반 주기는 ________도, 또는 ________라디안에서 끝난다.
3. 한 주기는 ________도, 또는 ________라디안에서 끝난다.
4. 그림 7-25의 B와 C 두 정현파의 위상각을 구하여라.

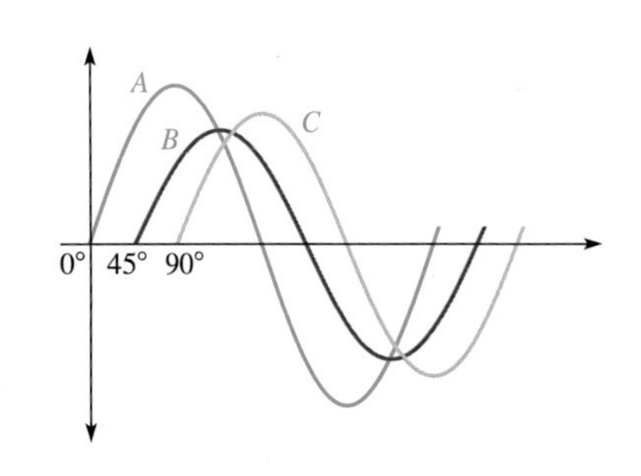

그림 7-25

7-4 정현파 공식

정현파는 수직축에 전압이나 전류의 값을 표시하고 수평축에 각도(각도 또는 라디안)을 표시하여 그래프로 나타낼 수 있다. 이 그래프는 수학적으로 나타낼 수 있다.

이 절을 마친 후 다음을 할 수 있어야 한다.

- 정현파형을 수학적으로 해석한다.
- 정현파형의 공식을 설명한다.
- 정현파 공식을 이용하여 순시값을 계산한다.

일반적인 한 사이클의 정현파 그래프를 그림 7–26에 나타내었다. 정현파 진폭(amplitude) A는 수직축의 전압이나 전류의 최대값이고 각도는 수평축에 표시된다. 변수 y는 주어진 각도 θ에서 전압이나 전류를 나타내는 순시값이다. 기호 θ는 그리스문자 세타(*theta*)이다.

전기에서 사용되는 모든 정현파는 특정 수학 공식에 따른다. 그림 7–26의 정현파에 대한 일반적인 수학 공식은 다음과 같다.

$$y = A \sin \theta \tag{7-15}$$

이 일반식으로부터 정현파의 어느 점에서의 순시값 y는 최대값 A에 그 점의 각도 θ에 sin을 취한 값을 곱한 값과 같다는 것을 알 수 있다. 예를 들어 어느 정현파 전압이 10 V의 최대값을 갖는다면 수평축 상의 60° 되는 점에서 순시값은 다음과 같이 계산할 수 있다. 여기서 $y = v$, $A = V_p$

$$v = V_p \sin \theta = (10\text{ V})\sin 60^\circ = (10\text{ V})0.866 = 8.66\text{ V}$$

그림 7–27은 곡선상의 순시값을 나타낸다.

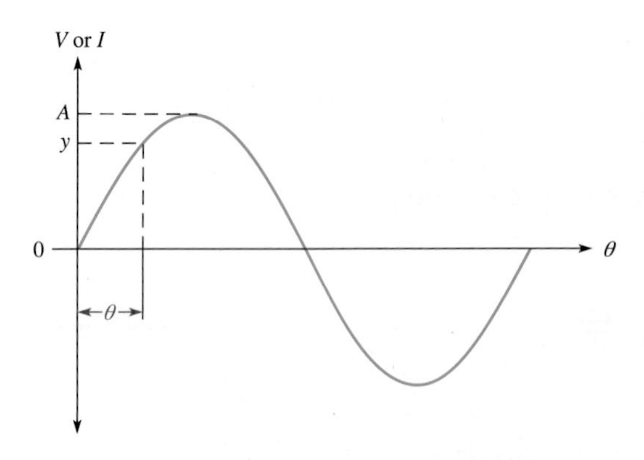

그림 7–26 진폭과 위상을 나타내는 일반적인 정현파의 한 사이클

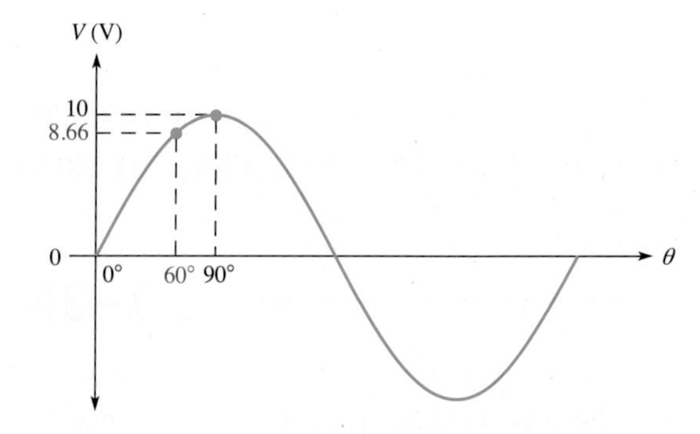

그림 7–27 $\theta = 60°$에서 정현파 전압의 순시값 예시

정현파 공식의 유도

정현파의 수평축을 따라 이동하면 각은 증가하고, 크기(y축에 따른 높이)는 변한다. 어떤 주어진 순간에 정현파의 크기는 위상각과 진폭(최대 높이)으로 나타낼 수 있고, 이를 **페이저(phasor)** 양으로 표현할 수 있다. 페이저는 크기와 방향(위상각)을 갖고 있다. 페이저는 고정점의 둘레를 회전하는 화살표로써 도식적으로 표현된다. 정현파 페이저의 길이는 최대값(진폭)이고, 회전에 따른 위치는 위상각이다. 정현파의 한 사이클은 페이저의 360° 회전으로 나타낼 수 있다.

그림 7–28은 페이저를 반시계 방향으로 360° 회전시킬 때 이에 대응하는 정현파를 보인 것이다. 수평축을 따라 위상각이 표시된 그래프 상에 페이저의 팁을 투사시키면 그림에서와 같이 정현파가 묘사된다. 각각의 페이저 각의 위치에 대응하는 크기(진폭)가 존재한다. 그림에서 보는 바와 같이 90°와 270°에서 정현파의 진폭은 최대가 되며, 페이저의 길이와 같다. 0°와 180°에서 페이저는 이들 점에서 수평으로 놓이게 되고, 정현파의 크기는 0이 된다.

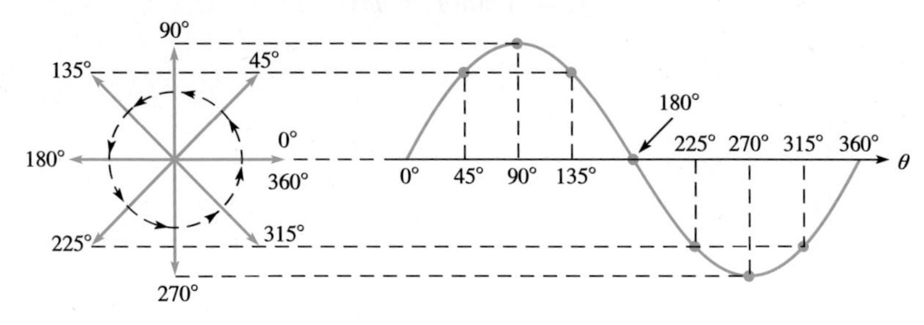

그림 7–28 회전하는 페이저로 표현된 정현파

특정한 각에서 페이저로 나타내는 방법을 살펴보자. 그림 7–29는 45°의 각도에서 전압 페이저와 그에 대응하는 정현파 위에 대응하는 점을 보여준다. 이 점에서 정현파의 순시값 v는 페이저의 위치(각도)와 길이(진폭)에 의해 결정된다. 페이저의 끝에서부터 수평축까지의 수직 거리는 그 점에서의 정현파의 순시값을 나타낸다.

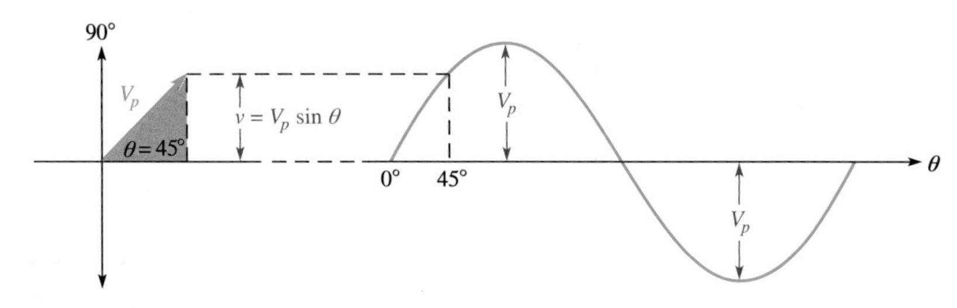

그림 7–29 직각삼각형으로 유도하는 정현파의 식, $v = V_p \sin\theta$

페이저의 끝에서부터 수평축까지 수직선을 그리면 그림 7–28에서와 같이 **직각삼각형**이 만들어진다. 페이저의 길이는 직각삼각형의 빗변이 되고 수직으로 투사된 반대편이 직각삼각형의 높이가 된다. 삼각형의 공식에서 직각삼각형의 높이는 빗변에 각도 θ에 사인을 취한 값을 곱한 것과 같다. 이 경우에 페이저의 길이는 정현파 전압의 최대값 V_p이다. 그러므로 순시값을 나타내는 삼각형의 높이는 다음과 같이 나타낼 수 있다.

$$v = V_p \sin \theta \qquad (7\text{–}16)$$

이 식은 전류 정현파에도 적용할 수 있다.

$$i = I_p \sin \theta \qquad (7\text{–}17)$$

위상천이된 정현파의 표현

정현파가 그림 7–30(a)에서와 같이 기준 정현파의 오른쪽으로 각도 ϕ만큼 이동하였을 때(뒤짐, lags), 일반식은 다음과 같이 표현된다.

$$y = A\sin(\theta - \phi) \tag{7-18}$$

여기서 y는 전류나 전압의 순시값을 나타내고 A는 최대값(진폭)을 나타낸다. 정현파가 그림 7–30(b)에서와 같이 기준 정현파의 왼쪽으로 각도 ϕ만큼 이동하였을 때(앞섬, leads), 일반식은 다음과 같이 표현된다.

$$y = A\sin(\theta + \phi) \tag{7-19}$$

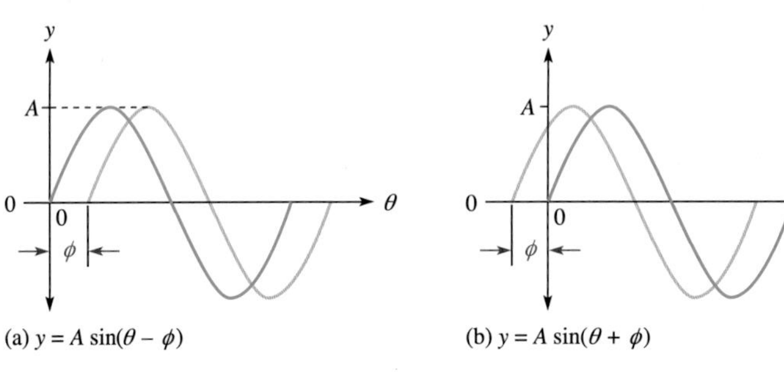

그림 7–30 위상이 천이된 정현파

예제 7–9

그림 7–31에서 각각의 정현파 전압에 대해서 수평축 상의 90°에서의 순시값을 구하여라.

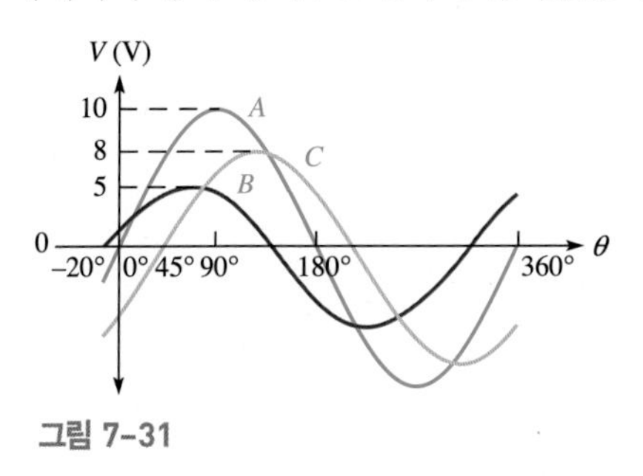

그림 7–31

풀이

정현파 A가 기준이다. 정현파 B가 A에 대해서 20° 왼쪽으로 천이되어 B의 위상이 앞선다. 정현파 C는 A에 대해서 45° 오른쪽으로 천이되어 C의 위상이 뒤진다.

$$v_A = V_p \sin\theta = (10\text{ V})\sin 90° = \mathbf{10\text{ V}}$$
$$v_B = V_p \sin(\theta + \phi_B) = (5\text{ V})\sin(90° + 20°) = (5\text{ V})\sin 110° = \mathbf{4.70\text{ V}}$$
$$v_C = V_p \sin(\theta - \phi_C) = (8\text{ V})\sin(90° - 45°) = (8\text{ V})\sin 45° = \mathbf{5.66\text{ V}}$$

관련문제

어떤 정현파의 최대값이 20 V이다. 0° 기준점에서 +65° 떨어진 곳에서의 순시값은 얼마인가?

7–4절 복습 문제

1. 1. 다음 각도의 사인값을 구하여라.
(a) 30°
(b) 60°
(c) 90°

2. 그림 7–27의 정현파에서 120°에서의 순시값을 계산하여라.

3. 영인 기준점에서 10° 앞선 전압 정현파의 45°에서의 순시값을 구하라(V_p = 10 V).

7-5 교류회로의 해석

정현파 전압, 즉 시간에 따라 변화하는 교류전압이 회로에 가해질 때에도 앞에서 배운 회로 법칙들이 적용된다. 옴(Ohm)의 법칙과 키르히호프(Kirchhoff)의 법칙은 직류회로에 적용될 때와 똑같이 교류회로에도 적용된다.

이 절을 마친 후 다음을 할 수 있어야 한다.

- 저항성 교류 회로에 대해 기본적인 회로법칙들을 적용한다.
- 교류 전원을 갖는 저항성 회로에 옴의 법칙을 적용한다.
- 교류 전원을 갖는 저항성 회로에 키르히호프의 전압과 전류법칙을 적용한다.
- 저항성 교류회로에서 전력을 구한다.
- 교류와 직류 성분을 갖는 전체 전압을 결정한다.

그림 7–32와 같이 정현파 전압이 저항에 인가되면 정현파 전류가 흐른다. 전압이 0일 때 전류가 0이고 전압이 최대일 때 전류도 최대가 된다. 전압의 극성이 바뀌면 전류의 방향이 반대로 된다. 결과적으로 전압과 전류는 서로 위상이 같다.

교류회로에서 옴의 법칙을 사용할 때 전압과 전류를 둘 다 최대값으로 나타내거나 또는 둘 다 실효값이나 평균값으로 일관되게 나타내어야 한다.

키르히호프의 전압법칙과 전류법칙은 직류회로에서와 같이 교류회로에도 적용된다. 그림 7–33은 정현파 전압원을 갖는 저항성 회로에서의 키르히호프의 전압법칙을 보여준다. 직류회로에서와 마찬가지로 전원의 전압은 각 저항에서의 전압강하의 총합이다.

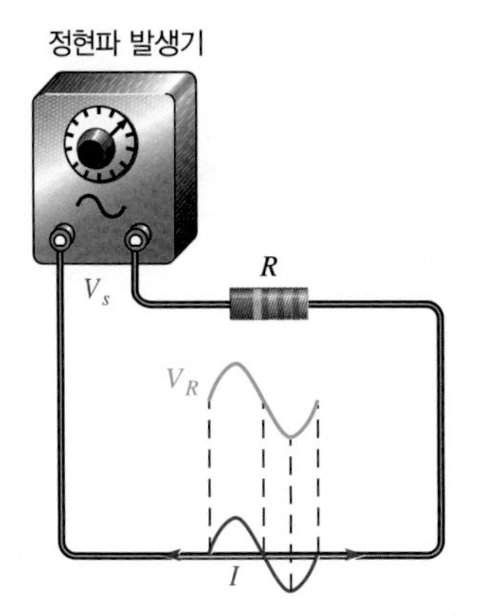

그림 7–32 정현파 전압은 정현파 전류를 만든다.

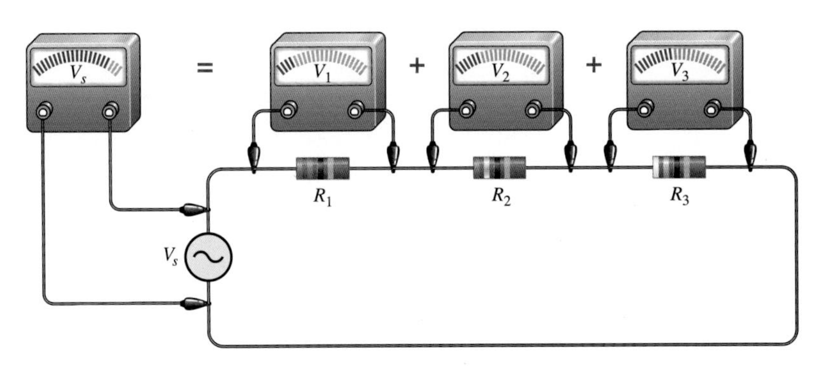

그림 7–33 교류회로에서 키르히호프의 전압법칙의 예시

저항성 교류회로에서 전력은 전류와 전압의 실효값을 사용한다는 것을 제외하고는 직류회로와 같은 방법으로 결정된다. 정현파 전압의 실효값은 발열량이 같은 직류전압과 등가라는 것을 기억하라. 일반적인 전력 공식은 다음과 같은 저항성 교류회로로 다시 나타냈다.

$$P = V_{\text{rms}} I_{\text{rms}}$$

$$P = \frac{V_{\text{rms}}^2}{R}$$

$$P = I_{\text{rms}}^2 R$$

예제 7–10

그림 7–34에서 각 저항 양단에 걸리는 실효전압과 실효전류를 구하여라. 전원전압은 실효값이다. 또한 총 전력을 구하여라.

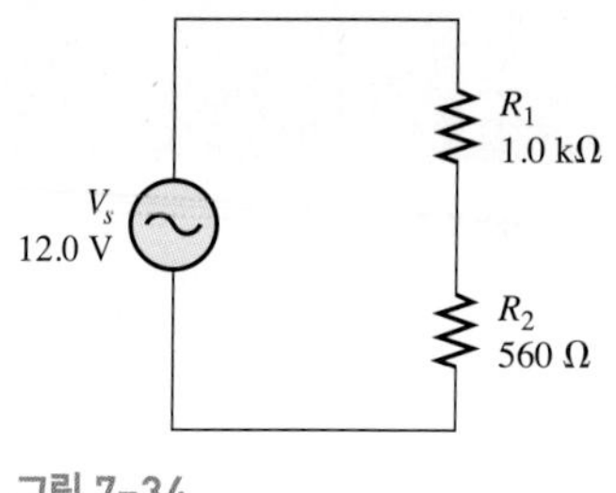

그림 7-34

풀이

이 회로의 총 저항은 다음과 같다.

$$R_{tot} = R_1 + R_2 = 1.0\,\text{k}\Omega + 560\,\Omega = 1.56\,\text{k}\Omega$$

옴의 법칙을 사용하여 전류의 실효값을 구한다.

$$I_{\text{rms}} = \frac{V_{s(\text{rms})}}{R_{tot}} = \frac{12.0\,\text{V}}{1.56\,\text{k}\Omega} = \mathbf{7.69\,mA}$$

각각의 저항에 걸리는 전압의 실효값은 다음과 같다.

$$V_{1(\text{rms})} = I_{\text{rms}}R_1 = (7.69\,\text{mA})(1.0\,\text{k}\Omega) = \mathbf{7.69\,V}$$
$$V_{2(\text{rms})} = I_{\text{rms}}R_2 = (7.69\,\text{mA})(560\,\Omega) = \mathbf{4.31\,V}$$

전체 전력은 다음과 같다.

$$P_{tot} = I_{\text{rms}}^2 R_{tot} = (7.69\,\text{mA})^2(1.56\,\text{k}\Omega) = \mathbf{92.3\,mW}$$

관련문제

10 V의 최대값을 갖는 전원 전압에 대해 이 예제를 반복해서 구하여라.

예제 7-11

그림 7-35에서의 모든 값들이 실효값으로 주어졌을 때

(a) 그림 7-35(a)의 미지의 R_3에서의 전압 최대값을 구하여라.

(b) 그림 7-35(b)에서 총 전류를 실효값으로 구하여라.

(c) 그림 7-35(b)에서 총 전력을 구하여라.

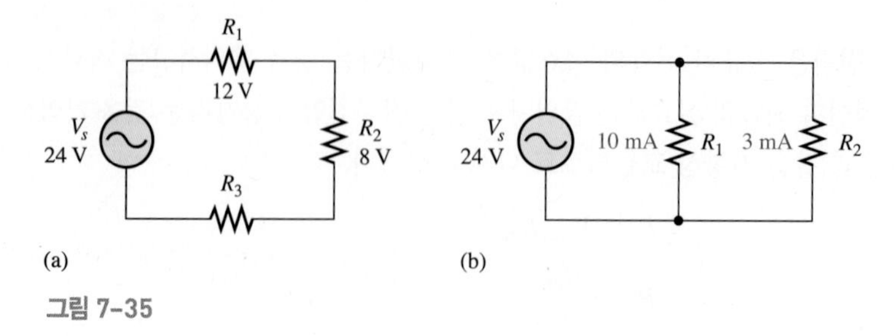

그림 7-35

풀이

(a) 키르히호프의 전압법칙을 사용하여 V_3을 구하여라.

$$V_s = V_1 + V_2 + V_3$$
$$V_{3(\text{rms})} = V_{s(\text{rms})} - V_{1(\text{rms})} - V_{2(\text{rms})} = 24\,\text{V} - 12\,\text{V} - 8\,\text{V} = 4\,\text{V}$$

실효값을 최대값으로 바꾼다.

$$V_{3(p)} = 1.414V_{3(\text{rms})} = 1.414(4\text{ V}) = \mathbf{5.66\text{ V}}$$

(b) 키르히호프의 전류법칙을 사용하여 I_{tot}를 구하여라.

$$I_{tot(\text{rms})} = I_{1(\text{rms})} + I_{2(\text{rms})} = 10\text{ mA} + 3\text{ mA} = \mathbf{13\text{ mA}}$$

(c) $P_{tot} = V_{\text{rms}}I_{\text{rms}} = (24\text{ V})(13\text{ mA}) = \mathbf{312\text{ mW}}$

관련문제

직렬회로에 다음과 같은 전압강하가 있다. $V_{1(\text{rms})} = 3.50\text{ V}$, $V_{2(p)} = 4.25\text{ V}$, $V_{3(\text{avg})} = 1.70\text{ V}$ 전원 전압의 첨두-첨두값을 구하여라.

직류와 교류전압의 중첩

실제로 사용되는 많은 회로에서는 직류와 교류전압이 결합되어 사용된다. 교류 신호전압이 직류 동작전압에 중첩되어 사용되는 증폭기 회로가 그 예다. 그림 7–36에서 직류전원과 교류전원이 직렬로 연결되어 있다. 저항 양단에서 측정되듯이, 이 두 전압은 대수적으로 합해져서 직류전압에 교류전압이 합해진 형태가 된다.

V_{DC}가 정현파의 최대값보다 크다면 합해진 전압은 극성이 바뀌지 않아 교류가 아닌 정현파가 된다. 그림 7–37(a)에서와 같이 그 결과는 직류전압에 포개어진 정현파다. 만약 V_{DC}가 정현파의 최대값보다 작다면 그림 7–37(b)에서와 같이 하단 반주기 동안에 정현파가 음의 값을 갖는 부분이 있게 되어 교류가 된다. 어느 경우든지 정현파의 최대 전압은 $V_{\text{DC}} + V_p$가 되고 최소 전압은 $V_{\text{DC}} - V_p$가 된다.

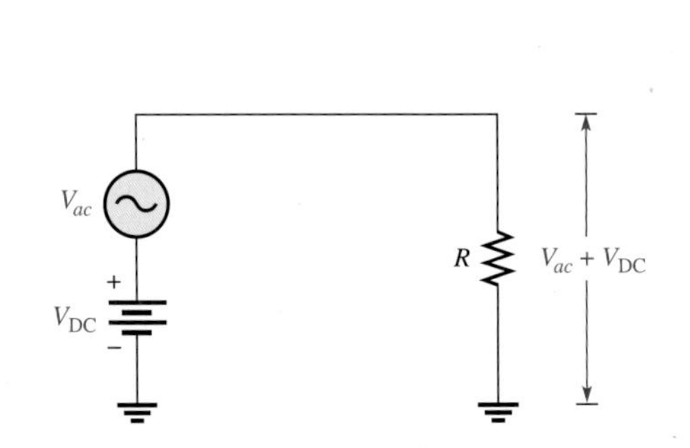

그림 7–36 중첩된 직류전압과 교류전압

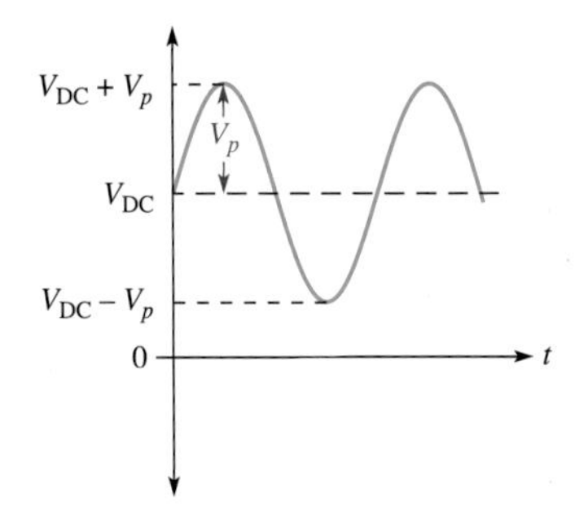

(a) $V_{\text{DC}} > V_p$. 정현파는 음의 값을 갖지 않는다.

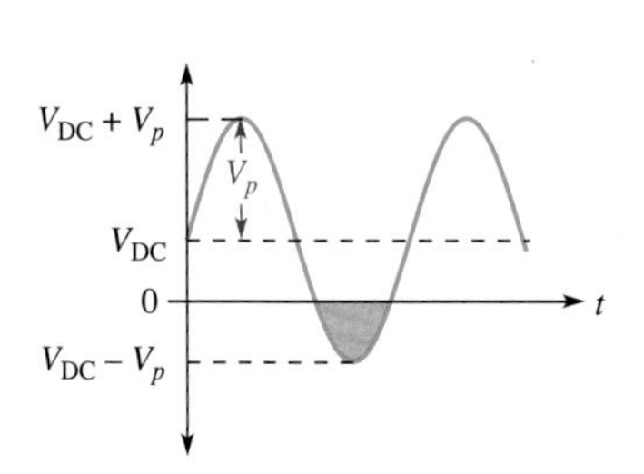

(b) $V_{\text{DC}} < V_p$. 정현파는 한 주기의 일부분에서 극성이 바뀐다.

그림 7–37 직류전압에 더해진 정현파

예제 7–12

그림 7–38의 각 회로에서 저항 양단에 걸리는 최대와 최소 전압을 구하고 합성파형을 그려라.

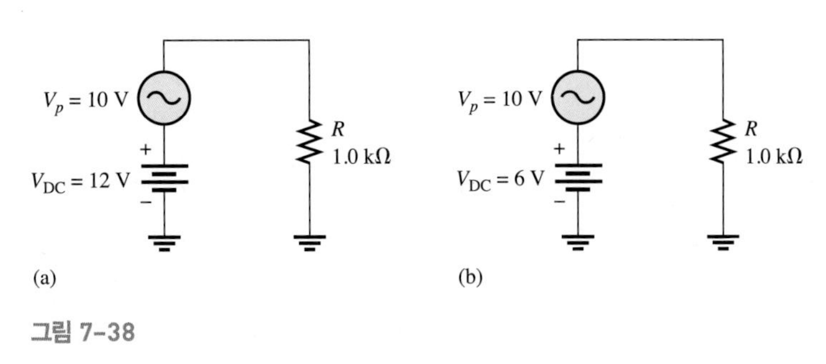

그림 7–38

풀이

그림 7–38(a)에서 R에 걸리는 최대 전압은

$$V_{max} = V_{DC} + V_p = 12\text{ V} + 10\text{ V} = \mathbf{22\text{ V}}$$

R에 걸리는 최소 전압은

$$V_{min} = V_{DC} - V_p = 12\text{ V} - 10\text{ V} = \mathbf{2\text{ V}}$$

그러므로 $V_{R(tot)}$는 그림 7–39(a)에서와 같이 +22 V에서 +2 V까지 변화하는 교류가 아닌 정현파다.

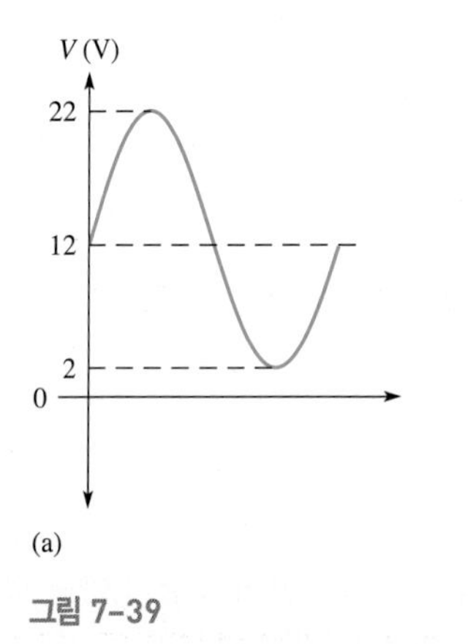

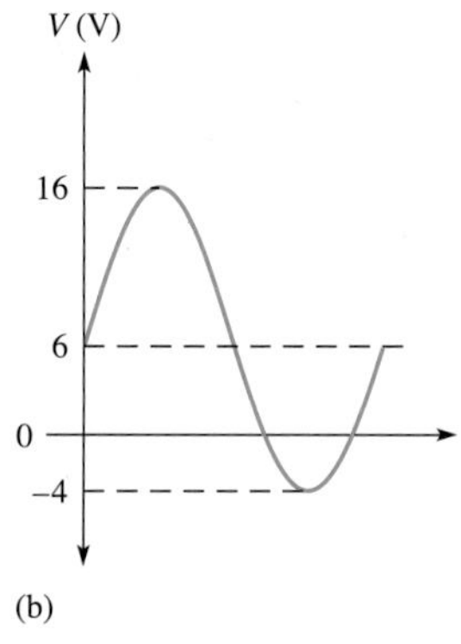

그림 7–39

그림 7–38(b)에서 R에 걸리는 최대 전압은

$$V_{max} = V_{DC} + V_p = 6\text{ V} + 10\text{ V} = \mathbf{16\text{ V}}$$

R에 걸리는 최소 전압은

$$V_{min} = V_{DC} - V_p = \mathbf{-4\text{ V}}$$

그러므로 $V_{R(tot)}$는 그림 7–39(b)에서와 같이 +16 V에서 −4 V까지 변화하는 교류 정현파다.

관련문제

그림 7–39(a)의 파형은 교류가 아니지만 그림 (b)의 파형은 교류인 것으로 간주할 수 있는 이유를 설명하여라.

7–5절 복습 문제

1. 반주기 평균값이 12.5 V인 정현파 전압이 330 Ω의 저항이 있는 회로에 가해졌다. 그 회로에서 전류의 최대값은 얼마인가?
2. 직렬저항성 회로에서 전압강하의 최대값은 6.2 V, 11.3 V, 7.8 V이다. 전원전압의 실효값은 얼마인가?
3. V_p = 5 V인 정현파가 +2.5 V의 직류전압에 더해졌을 때 총 전압에서 양의 최대값은 얼마인가?
4. 3번 문제에서 합성전압은 극성이 바뀌는가?
5. 3번 문제에서 직류전압이 −2.5 V라면 합해진 총 전압에서 양의 최대값은 얼마인가?

7-6 교류발전기(AC 발전기)

교류발전기(alternator)는 운동에너지를 전기적인 에너지로 변환시키는 것이다. 그것은 직류발전기와 유사하지만 교류발전기는 직류발전기보다 좀 더 효율적이다. 교류발전기는 자동차, 보트, 심지어 최종 출력이 직류인 응용에도 폭넓게 사용된다.

이 절을 마친 후 다음을 할 수 있어야 한다.

- 교류발전기가 전기를 만들어 내는 방법을 설명한다.
- 회전자, 고정자, 슬립링(slip ring)을 포함한 교류발전기의 주요부분을 구분한다.
- 회전자계 교류발전기의 출력이 고정자에서 얻어지는 이유를 설명한다.
- 슬립링의 목적을 설명한다.
- 교류발전기를 이용하여 직류를 만들어 내는 방법을 설명한다.

단순화한 교류발전기

직류발전기와 교류발전기는 모두 자계와 도체 사이에 상대 운동이 있을 때 전압이 발생되는 전자유도 원리에 기초를 두고 있다. 교류발전기를 단순화시켜 설명하기 위해 하나의 회전 루프가 영구자극을 통과하는 것을 보였다. 회전 루프에 의해 만들어진 원래의 전압은 교류이다. 교류발전기에서는 직류발전기에 사용되는 분리된 링(ring) 대신에 슬립링이라고 하는 일체형 링이 회전자와 연결하는 데 사용되고, 출력은 교류이다. 가장 간단한 형태의 교류발전기는 그림 7–40에 나타낸 것과 같이 슬립링을 제외하고는 직류발전기(그림 6–36 참조)와 형태가 같다.

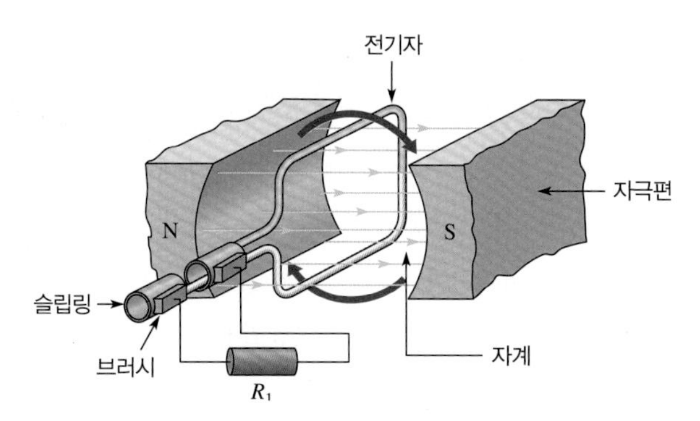

그림 7–40 단순화한 교류발전기

주파수

그림 7–40의 단순한 교류발전기에서, 루프가 회전할 때마다 정현파의 한 사이클이 발생한다. 양(+)과 음(−)의 최대값은 루프가 최대의 자속선(flux line)을 자를 때 발생한다. 루프 회전 속도는 한 사이클에 걸리는 시간과 주파수를 결정한다. 예를 들면 도체가 초당 60회전을 하면 정현파의 주기는 1/60초이며 주파수는 60 Hz가 된다. 그러므로 루프가 빨리 회전할수록 유도전압의 주파수가 높아진다.

높은 주파수를 얻기 위한 또 다른 방법은 자극의 수를 늘리는 것이다. 그림 7–41에서와 같이 4개의 자극이 사용되면 1/2회전하는 동안 한 사이클이 만들어져서 같은 회전속도에 대해 주파수가 두 배가 된다. 교류발전기는 필요에 따라 아주 많은 자극을 가질 수 있으며 어떤 것은 100개를 갖는 것도 있다. 자극의 수와 회전자의 속도는 다음 식에 따라 주파수를 결정한다.

$$f = \frac{Ns}{120} \tag{7-20}$$

여기서 f는 주파수이며 단위는 헤르츠, N은 자극의 수, 그리고 s는 분당 회전 수이다.

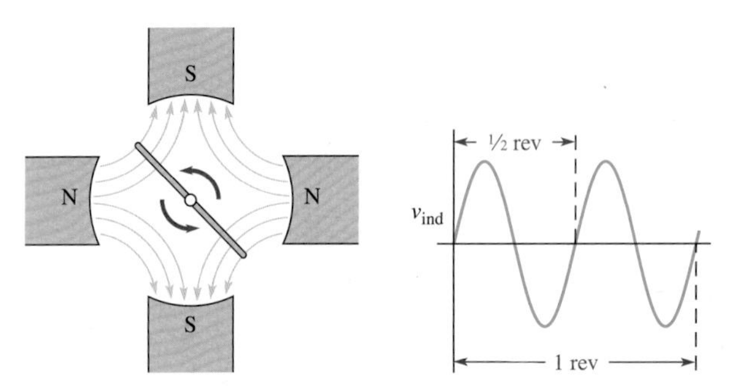

그림 7-41 4개의 자극은 똑같은 회전수에 대해 2개 자극보다 두 배의 주파수를 만든다.

예제 7-13

거대한 교류발전기가 24개의 자극을 가지고 있고, 300 rpm으로 터빈에 의해 회전하고 있다고 가정했을 때, 출력 주파수는 얼마인가?

풀이

$$f = \frac{Ns}{120} = \frac{(24)(300\ \text{rpm})}{120} = \mathbf{60\ Hz}$$

관련 문제

얼마의 속도로 회전자를 움직여야 50 Hz를 얻을 수 있겠는가?

실제 교류발전기

단순화한 교류발전기에 있는 하나의 루프에서 발생하는 전압은 아주 작다. 실제의 교류발전기에는 수백 개의 루프가 자심에 감겨 있으며 이것이 회전자가 된다. 실제의 교류발전기에는 일반적으로 영구자석 대신에 회전자 주위에 고정된 권선이 감겨져 있다. 교류발전기의 종류에 따라 이 고정 권선은 자계를 발생시키기도 하고(계자 권선) 또는 출력을 만들어 내는 고정 도체(전기자 권선)로 작용하기도 한다.

회전 전기자 교류발전기 회전 전기자 교류발전기에서는, 자계는 고정적이며 영구자석이나 또는 직류에 의한 전자석으로 만들어진다. 전자석의 경우, 영구자석 대신 계자 권선이 사용되어 고정 자계를 발생하여 회전자 권선과 상호작용을 한다. 전력은 회전부에서 발생하여 슬립링을 거쳐 부하에 공급된다.

회전 전기자 교류발전기에서는 회전자에서 전력이 발생한다. 실제의 회전 전기자 발전기에는 수백 회의 권선과 함께 고정자에는 많은 자극이 N극, S극에 번갈아 설치되어 있어서 출력 주파수를 높여 준다.

회전-자계(Rotating-Field) 교류발전기 회전 전기자 교류발전기 일반적으로 모든 출력전류가 슬립링과 브러시를 통하여 통과되기 때문에 저전력의 응용에 제한되어 있다. 이러한 문제를 피하기 위하여 회전-자계 교류발전기는 출력을 고정자 코일로부터 얻고 자석을 회전시킨다. 소형 교류발전기는 영구자석을 회전자로 사용하기도 하지만 대부분은 회전자 권선에 의한 전자석을 사용한다. 비교적 작은 직류가 슬립링을 통해 회전자에 공급되어 전자석의 동력이 된다. 회전 자계가 고정자 권선을 지나갈 때 고정자에서 전력이 발생한다. 따라서 이런 경우에는 고정자가 전기자가 된다.

그림 7-42는 회전-자계 교류발전기가 3상 정현파를 발생시키는 원리를 보여준다(단순하게 설명하기 위해 회전자는 영구자석으로 예를 들었다). 회전자의 N극과 S극이 번갈아 고정자 권선을 지나므로 각 권선에서 교류가 발생한다. 만일 N극이 정현파의 양(+) 부분을 만든다면 S극은 음 부분을 만들 것이다. 그리하여 일 회전은 완전한 정현파를 만든다. 각 권선은 정현파 출력을 낸다. 그러나 각 권선은 120°로 분리되어 있기 때문에 3개의 정현파 또한 120° 만큼 천이된다. 이것은 그림에 나타낸 것과 같이 3상 출력을 만든다. 대부분의 교류발전기는 3상 전압을 만드는데, 그 이유는 발전이 좀 더 효율적이고 산업에서 폭넓게 사용되기 때문이다. 만일 최종 출력이 직류라고 하면 3상이 직류로 변환하기 더 쉽다.

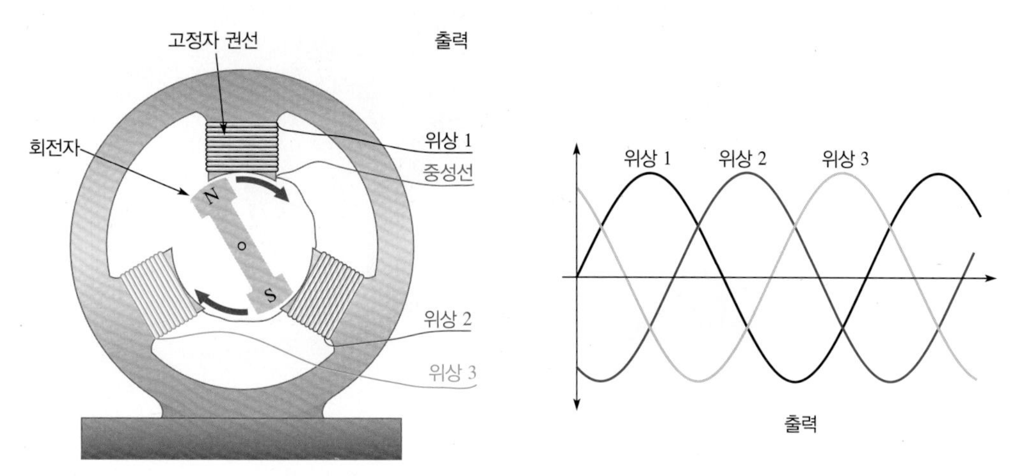

그림 7-42 그림의 회전자는 강한 자계를 만들어 내는 영구자석이다. 이것이 각 고정자 권선을 지날 때에 권선에 정현파가 발생한다. 중성선은 기준점이다.

회전자 전류

권선 회전자는 교류발전기를 제어하는 데 중요한 장점을 제공한다. 권선 회전자는 회전자 전류를 제어함으로써 자계의 세기를 제어하고 이에 따라 출력전압을 제어할 수 있다. 권선 회전자를 위하여 직류가 회전자에 공급되어야 한다. 이 전류는 일반적으로 브러시와 슬립링을 통해 공급되는데, 이것들은 분리되어 있는 정류자와 달리 연속적인 원형 재료로 만들어진다. 브러시는 자계화 회전자 전류만 통과시키는 것이 요구되기 때문에 보다 수명이 길고 출력전류 전부를 통과시키는 같은 직류발전기 브러시보다 작다.

권선 회전자 발전기에 있어서 브러시와 슬립링을 통과하는 전류는 직류이고, 이것은 자기장을 유지하기 위한 것이다. 직류는 일반적으로 출력의 일부에서 얻는데, 고정자에 취해 직류로 변환한다. 예를 들어 발전소에서와 같은 대형 교류발전기는 계자코일에 전류를 공급하는, **여자기(exciter)**라 하는 별도의 직류발전기를 가진다. 여자기는 고출력 교류발전기에서 가장 중요하게 고려되는 교류발전기의 출력상수를 유지하는 데 있어서 출력전압의 변화에 매우 빠르게 대응할 수 있다. 일부 여자기는 회전 주축의 전기자와 함께 고정 자계를 이용하여 구성되어 있다. 따라서 여자기 출력은 회전하는 축 상에 있기 때문에 브러시가 없는 시스템이다. 브러시가 없는 시스템은 청소, 수리, 브러시 교체에 있어서 큰 교류발전기가 가지고 있는 주요한 보수관리 문제가 해결된다.

응용

요즈음 자동차, 트럭, 트랙터 등 대부분의 차량에는 교류발전기가 사용된다. 차량용 발전기의 출력은 고정자 권선에서 발생하는 3상 교류이고 이것을 교류발전기 용기 내부공간에 장착된 다이오드로 직류로 변환한다(다이오드는 단지 한 방향으로만 전류를 흘러가도록 하는 반도체소자이다). 회전자의 전류는 교류발전기의 내부에 있는 전압 조정기에 의해 제어된다. 전압 조정기는 엔진속도 변화나 부하의 변화에 대하여 출력전압을 비교적 일정하게 유지한다. 교류발전기는 효율이 좋고 신뢰성이 높기 때문에 자동차와 다른 응용에서 직류발전기를 대체해 왔다.

자동차용 소형 교류발전기의 중요한 부분을 그림 7–43에 보였다. 6–6절에서 다루었던 자려 발전기와 마찬가지로 회전자는 처음부터 작은 잔류자기를 가지고 있고, 따라서 회전자가 회전을 시작하자마자 고정자에서 교류전압이 발생한다. 이 교류는 정류 다이오드들에 의하여 직류로 바뀌게 된다. 직류의 일부는 회전자에 전류를 공급하는 데 사용되고, 나머지는 부하로 이용할 수 있다.

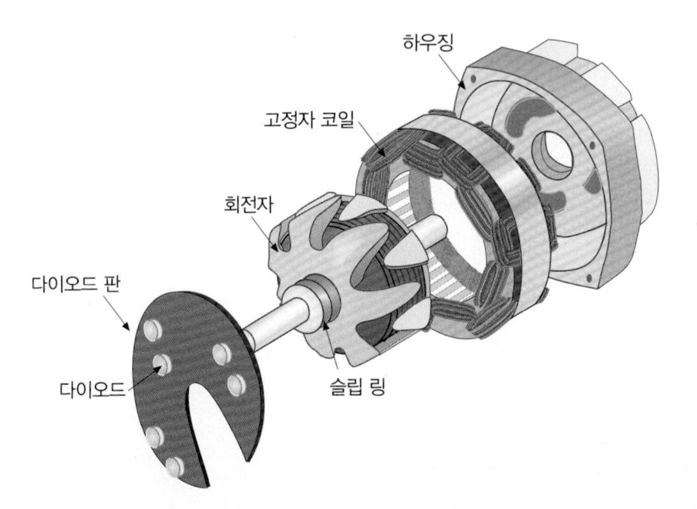

그림 7–43 직류를 발생시키는 소형 교류발전기에 대한 회전자, 고정자 그리고 다이오드 판의 간략화된 그림

삼상 전압은 발전이 효율적일 뿐 아니라 각 권선의 두 개의 다이오드를 이용하여 쉽게 안정된 직류로 바꿀 수 있다. 차량은 충전과 부하에 대하여 직류가 요구되기 때문에 교류발전기의 출력은 다이오드 판에 장착되어 있는 다이오드 배열을 사용하여 내부적으로 직류로 변환된다. 그리하여 표준 3상 자동차 교류발전기는 일반적으로 직류로 출력을 변환하기 위해 내부에 6개의 다이오드를 갖고 있을 것이다(일부 교류발전기는 6개의 독립 고정자 코일과 12개의 다이오드를 갖는다).

시스템 예제 7-2

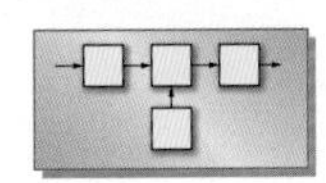

자동차용 충전 시스템

그림 7–44에 기본적인 자동차용 충전 시스템의 개략도를 보였다. 교류발전기가 이 시스템의 핵심이다. 교류발전기는 교류를 만들고 이것이 다이오드들에 의해 정류되어 직류로 변환된다. dc는 강력전선을 통해 배터리로 보내진다. 교류발전기에는 4개의 단자가 있고 이들은 나머지 충전시스템에 연결되어진다. 단자들은 B, L, IG,그리고 S로 표시된다. 단자B는 배터리에 연결되고 충전전류를 이송한다. 단자L은 충전경고램프에 연결된다. 충전램프는 대시팬널에 위치하고 전압의 차가 있으면 불이 들어온다. 만약 양쪽 사이드가 양의 전압이면 램프가 꺼진다. 단자IG는 레귤레이터를 작동시키는 점화스위치의 작동측에 연결된다. 만약 전압이 램프의 어느 측으로부터 제거되면 충전시스템으로부터 문제가 있는 것으로 보고 불이 들어온다. 단자S는 센서 연결이고, 전압레귤레이터에 대해 배터리 전압모니터를 제공하기 위해 배터리에 연결된다.

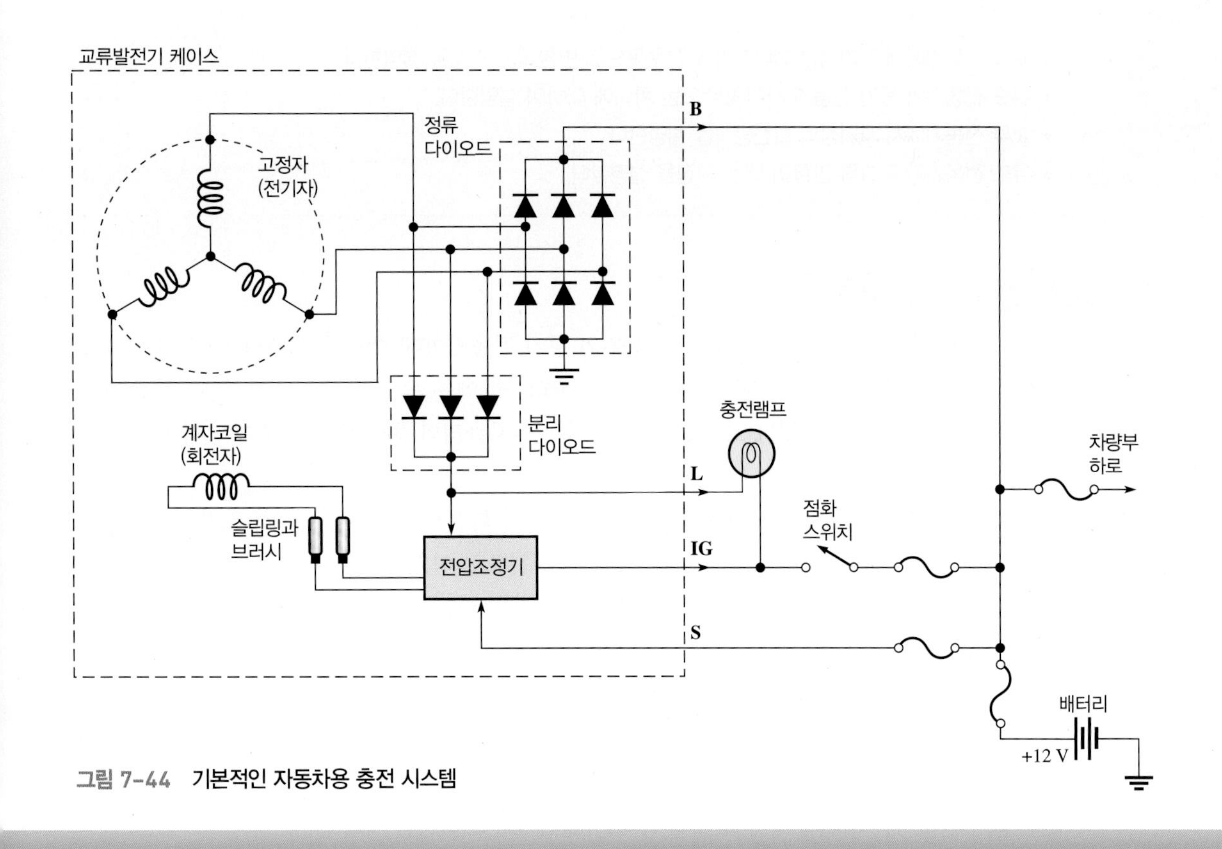

그림 7-44 기본적인 자동차용 충전 시스템

7-6절 복습 문제

1. 교류발전기에서 주파수에 영향을 미치는 2개의 인자는 무엇인가?
2. 회전계자 교류발전기에서 고정자로부터 출력을 얻는 장점은 무엇인가?
3. 여자기(exciter)는 무엇인가?
4. 자동차용 교류발전기에 있는 다이오드의 목적은 무엇인가?

7-7 교류 전동기

전동기는 교류전력 응용에서 가장 대표적인 부하라 할 수 있는 전자기 장치이다. 교류 전동기는 열펌프, 냉장고, 세탁기, 그리고 진공청소기와 같은 가정용 전기기구를 동작시키는 데 사용된다. 산업에 있어서 교류 전동기는 재료를 이동하거나 처리하는 것뿐만 아니라 냉동과 가열장치, 기계가공, 펌프 이외에도 많은 곳에 사용된다. 이 절에서는 2가지 종류의 교류 전동기인 유도 전동기와 동기 전동기를 소개한다.

이 절을 마친 후 다음을 할 수 있어야 한다.

- 교류 전동기에서 전기적인 에너지가 회전운동으로 변환되는 과정을 설명한다.
- 유도 전동기와 동기 전동기 사이의 주요한 차이에 대하여 설명한다.
- 교류 전동기에서 자기장의 회전방식을 설명한다.
- 유도 전동기가 토크를 만들어 내는 과정을 설명한다.

교류 전동기의 분류

교류 전동기의 2가지 주요한 분류는 유도 전동기와 동기 전동기이다. 어떤 곳에 응용하기 위해 그 종류를 결정하기 위해서는 몇 가지를 고려해야 한다. 고려사항에는 속도와 요구 전력, 전압 정격, 부하특성(요구되는 구동 토크와 같은), 요구 효율, 요구되는 유지관리와 운전 환경(수중에서 작동 혹은 온도와 같은) 등이 포함된다.

유도 전동기(induction motor)는 명칭과 같이 자계가 회전자에 전류를 유도하고, 발생한 자계가 고정자 자계와 상호작용한다. 일반적으로 회전자와 전기적으로 연결되지 않는다.[1] 따라서 마모되는 경향이 있는 슬립링과 브러시가 필요 없다. 회전자 전류는 변압기(11장 참조)에서와 같이 전자유도에 의해 발생된다. 따라서 유도 전동기는 변압기 작용에 의하여 동작한다고 말할 수 있다.

동기 전동기(synchronous motor)에 있어서 회전자는 고정자의 회전 자계와 동기(같은 비율로) 되어 움직인다. 동기 전동기는 일정한 속도를 유지하는 것이 중요한 곳에 적용되어 왔다. 동기 전동기는 자체 기동되지 않고 외부 동력 혹은 내장기동 권선으로부터 기동 토크를 받아야 한다. 교류발전기와 같이 동기 전동기는 회전자에 전류를 공급하는 슬립링과 브러시를 사용한다.

회전 고정자 자계

동기 전동기와 유도 교류 전동기는 모두 고정자 권선이 유사하게 배열되어 있는데, 이것이 고정자의 자계를 회전하게 한다. 고정자계가 회전을 하는 것은, 회전자계가 움직이는 부분 없이 전기적으로 발생한다는 점만 빼고는 자석을 원운동시키는 것과 같다.

HANDS ON TIP
고출력 전동기에 대한 새로운 전동기 기술은 고온 초전도체(HTS)를 사용하는 것이다. 특별한 새로운 기술은 급격하게 대형 전동기의 무게와 크기를 줄이게 될 것이다. 하나의 응용 예가 연료의 소모를 줄이고 갑판 위의 공간을 자유롭게 하는 배의 추진 전동기이다. 49,000 HP HTS 전동기는 해군에서 초기 실험에 통과되었고 가까운 미래에 해군 함정에 장착될 것이다.

고정자 자체가 움직이지 않는다면 고정자에 있는 자장이 어떻게 회전할까? 회전자계는 교류자체를 변화시킴으로 만들어진다. 그림 7–45에 나타낸 것과 같이 3상 고정자를 갖는 회전자계를 살펴보자. 각 순간마다 3개 위상 중 하나가 다른 것보다 "우세하다"는 점에 주목하자. 위상 1이 90°에 있을 때 위상 1 권선의 전류는 최대이고 다른 권선 전류는 이것보다 작다. 따라서 고정자 자계는 위상 1 권선을 향하여 회전하게 될 것이다. 위상 1 전류가 작아지게 되면 위상 2 전류는 증가하고 자계는 위상 2 권선을 향하여 회전하게 된다. 자계는 그 전류가 최대가 되었을 때 위상 2 권선을 향하여 회전하게 될 것이다.

위상 2 전류가 감소할 때는 위상 3 전류가 증가하고 자계는 위상 3 권선을 향하여 회전하게 된다. 이 과정은 반복되어 자계는 다시 위상 1 권선으로 되돌아간다. 이와 같이 자계는 인가전압 주파수에 따른 속도로 회전하게 된다. 좀 더 자세하게 분석해 보면 자계의 크기는 변화되지 않고 단지 방향만 변화된다는 것을 알 수 있다.

고정자 자계가 움직이기 때문에 동기 전동기에서는 회전자는 이와 동기되어 회전하지만 유도 전동기에서는 뒤쳐져 지연된다. 고정자 자계의 이동 비율을 전동기의 **동기 속도**라 한다.

1 권선형 전동기는 예외적이며 이것은 대개 응용이 제한적인 대형 유도 전동기이다.

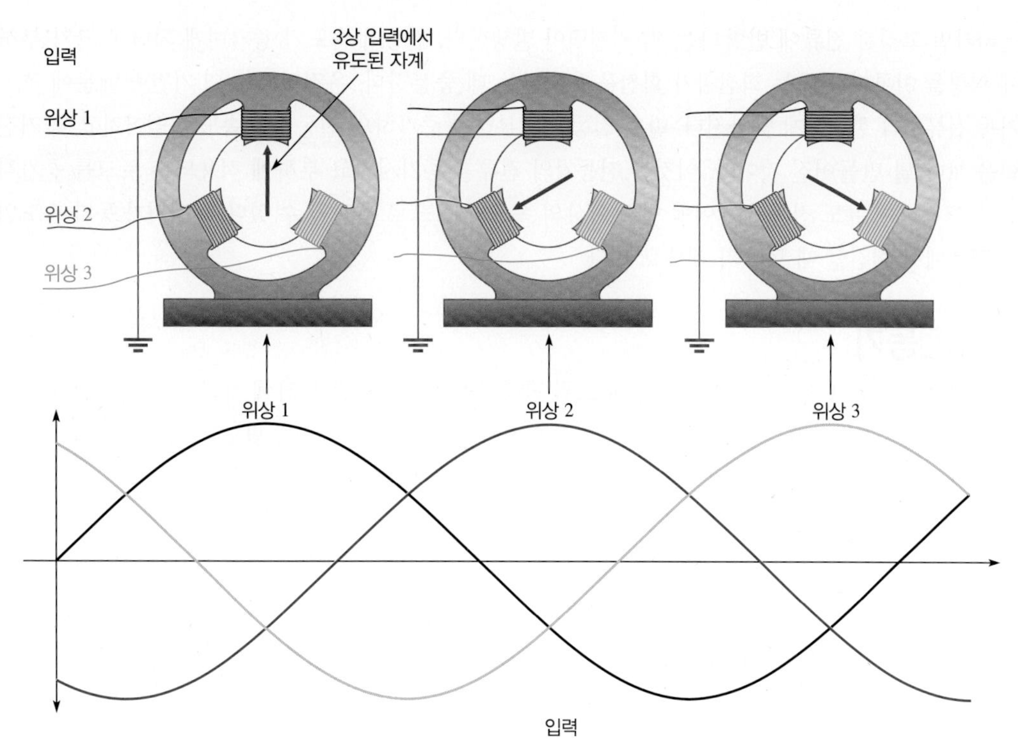

그림 7-45 고정자에 3상을 인가하면 붉은 화살로 나타낸 것 같은 순 자계가 발생한다. 회전자(보이지 않음)는 이 자계에 대응하여 움직인다.

유도 전동기

단상과 삼상 유도 전동기의 작동원리는 본질적으로 같다. 이 두 가지 전동기는 앞서 설명한 회전계자를 사용하지만 단상 전동기는 기동을 위한 토크를 위해 기동 권선이나 다른 방법이 필요한 반면에 3상 전동기는 자체 기동한다. 기동권선이 단상 전동기에 사용될 경우, 전동기 속도가 상승하면 기계적인 원심력 스위치에 의해 이것이 회로에서 제거된다.

유도 전동기 회전자 코어는 알루미늄 프레임으로 구성되어 있으며 이것이 회전자 내의 전류 순환을 위한 도체 역할을 한다(일부 대형 유도 전동기는 구리봉을 사용한다). 그 외관을 따서 **농형 회전자**라 하며 그림 7-46에 나타내었다. 알루미늄 프레임 자체는 전기적인 통로이고 회전자에 낮은 자기저항 통로를 제공하는 강자성 재료에 매설되어 있다. 여기에 회전자는 알루미늄 조각으로 만든 냉각팬을 가지고 있다. 완제품은 평형이 되어야 진동 없이 원활하게 회전할 수 있다.

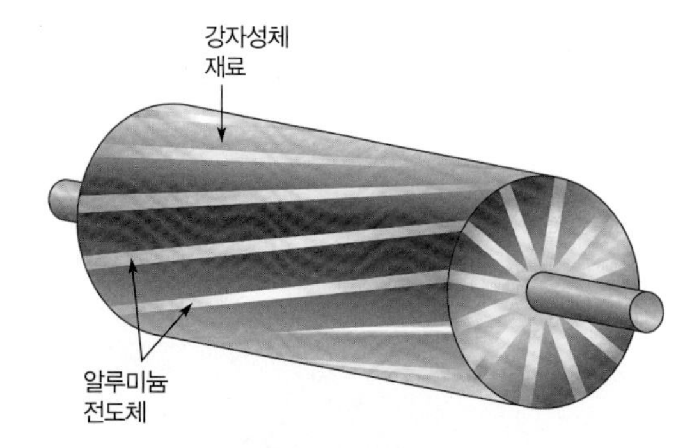

그림 7-46 농형 회전자의 형상

유도 전동기의 작동 자계가 고정자로부터 농형 회전자를 가로질러 이동하면 농형 회전자에서 전류가 발생한다. 이 전류는 고정자의 이동 자계에 반발하는 자계를 발생시켜 회전자가 회전하도록 한다. 회전자는 이동자계를 따라잡으려 하지만 슬립이라고 하는 조건 때문에 할 수 없다. **슬립(slip)**은 고정자의 동기 속도와 회전자 속도와의 차이로 정의된다. 회전자는 고정자 자계의 동기 속도에 결코 도달할 수 없다. 만일 그렇게 된다면 그것은 어떠한 자속선도 자를 수 없어서 토크는 영(0)으로 떨어질 것이다. 토크가 없다면 회전자는 자체적으로 회전할 수 없다.

초기에 회전자가 기동되기 전에는 역 기전력이 없고 따라서 고정자 전류는 높다. 회전자 속도가 올라가면 고정자 전류에 반발하는 역 기전력이 발생한다. 전동기 속도가 증가하게 되면 토크가 부하에 평형을 이루어 전류는 회전자가 회전을 유지하는 데 충분하다. 운전전류는 역 기전력 때문에 초기 기동 전류보다 현격하게 낮아진다. 만일 전동기에 부하가 증가하면 전동기의 속도는 떨어지고 역 기전력을 보다 덜 만들어질 것이다. 이것은 전동기의 전류를 증가시키고 부하에 적용되는 토크를 증가시킨다. 그리하여 유도 전동기는 어떤 범위 이상의 속도와 토크로 운전될 수 있다. 회전자가 동기 속도의 약 75%에서 회전할 때 토크가 최대로 된다.

동기 전동기

유도 전동기는 동기 속도로 작동된다면 토크를 발생시키지 않으므로 부하에 따라 동기 속도보다 천천히 회전해야 한다. 동기 전동기는 동기 속도로 회전하면서도 여러 부하에 필요한 토크를 발생시킨다. 동기 전동기의 속도를 변화시키는 유일한 방법은 주파수를 변화시키는 것이다.

동기 전동기가 모든 부하조건에 대하여 일정한 속도를 유지할 수 있다는 점은 (망원경 구동 전동기 혹은 도표 기록계와 같은) 어떤 현장의 작업이나 시계 혹은 타이밍이 필요한 경우에 주요한 장점이 되었다. 실제로 동기 전동기의 첫 번째 응용은 전기 시계(1917년)였다.

대형 동기 전동기의 다른 중요한 장점은 효율이 높다는 것이다. 비록 초기 설비비용은 유사한 유도 전동기보다 비싸지만 몇 년 안에 그 비용이 만회될 것이다.

동기 전동기의 작동 본질적으로 동기 전동기 고정자의 회전자계는 유도 전동기의 것과 동일하다. 두 전동기에 있는 주요한 차이는 회전자에 있다. 유도 전동기의 회전자는 공급전원과 분리되어 있고, 동기 전동기는 고정자 자계의 회전을 따르기 위해 자석을 사용한다. 소형 동기 전동기는 회전자로 영구자석을 사용하고 대형 전동기는 전자석을 사용한다. 전자석이 사용되었을 때 직류는 교류발전기의 경우와 같이 슬립링을 통하여 외부 전원으로부터 공급된다.

7-7절 복습 문제

1. 유도 전동기와 동기 전동기 사이의 주요한 차이는 무엇인가?
2. 고정자의 회전자계가 회전할 때 그 크기는 어떤 변화가 일어날까?
3. 농형 회전자의 목적은 무엇인가?
4. 슬립(slip)이란 용어는 전동기에서 어떤 의미를 갖는가?

7-8 비정현파형

정현파는 전자공학에서 중요하기는 하지만 교류 또는 시간에 따라 변하는 유일한 파형은 아니다. 그 밖의 중요한 파형인 펄스파형과 삼각파형에 대해 논의하자.

이 절을 마친 후 다음을 할 수 있어야 한다.

- 기본적인 비정현파형의 특성을 규명한다.
- 펄스파형의 성질을 논의한다.
- 충격계수를 정의한다.
- 삼각파형과 톱니파형의 성질을 논의한다.
- 파형의 고조파 성분을 논의한다.

펄스파형

기본적으로 **펄스(pulse)**는 어떤 전압이나 전류의 레벨(**기준선, baseline**)로부터 다른 레벨로 급속히 전이하고(**선단부, leading edge**), 잠시 뒤에 원래의 크기로 급속히 전이하는(**후단부, trailing edge**) 파형을 말한다. 이러한 레벨의 전이를 스텝(*step*)이라고 한다. 이상적인 펄스는 같은 크기를 갖고 반대 방향으로 크기가 변화하는 스텝들로 구성된다. 선단부나 후단부가 양의 방향으로 변화(positive going)하면 **상승구간(rising edge)**이라고 한다. 선단부나 후단부가 음의 방향으로 변화(negative going)하면 **하강구간(falling edge)**이라고 한다.

그림 7-47(a)는 **펄스폭(pulse width)**이라고 하는 시간 간격으로 나누어지며, 크기가 같고 반대 방향으로 순간적으로 변화하는 스텝들로 이루어지며 양의 값으로 변화하는 펄스를 보여준다. 그림 7-47(b)는 이상적인 음의 값으로 변화하는 펄스를 보여준다. 기준선으로부터 측정되는 펄스의 높이는 그 전압 또는 전류의 진폭(amplitude)이다. 펄스를 다룰 때는 흔히 즉시 그 값이 변화하는 스텝들로 이루어져 있고 직사각형 모양을 갖는 이상적인 펄스로 가정한다.

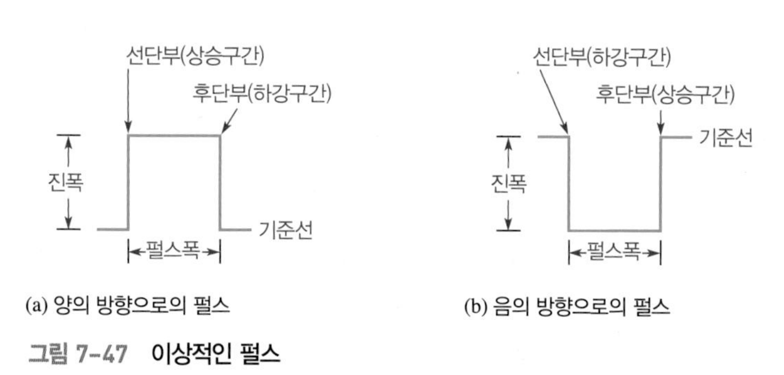

그림 7-47 이상적인 펄스

그러나 실제로 펄스는 이상적이지 않다. 실제로 펄스는 그림 7-48(a)에서와 같이 어떤 크기에서 다른 크기로 한순간에 전이될 수 없으므로 항상 시간이 필요하다. 펄스가 낮은 준위에서 높은 준위로 전이하는 데 필요한 시간을 상승시간(*rise time*, t_r)이라고 한다.

상승시간은 펄스가 최대 진폭의 10%에서 최대 진폭의 90%로 증가하는 동안의 시간이다.

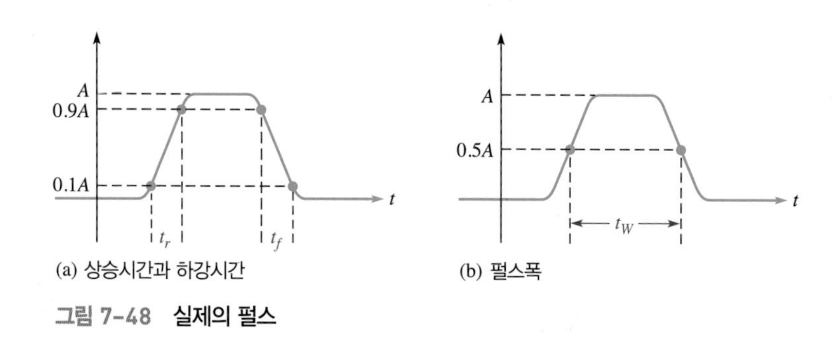

그림 7-48 실제의 펄스

펄스가 높은 준위에서 낮은 준위로 전이하는 데 걸리는 시간을 하강시간(*fall time*, t_f)이라고 한다.

하강시간은 펄스가 최대 진폭의 90%에서 최대 진폭의 10%로 감소하는 동안의 시간이다.

비이상적인 펄스의 상승구간과 하강구간은 수직이 아니므로, 펄스폭(*pulse width*, t_W)에 대한 정확한 정의가 필요하다.

펄스폭은 상승구간에서 최대 진폭의 50%인 점과 하강구간에서 최대 진폭의 50%인 점 사이의 시간이다.

펄스폭을 그림 7-48(b)에 나타내었다.

반복되는 펄스 일정한 시간을 두고 반복되는 파를 **주기적(periodic)**이라고 한다. 그림 7-49는 주기적인 파의 몇 가지 예를 보여준다. 각 경우에 펄스는 일정한 시간을 두고 반복된다. 펄스가 반복되는 비율을 **펄스 반복주파수(pulse repetition frequency)**라고 하며, 이것이 그 파형의 기본 주파수다. 주파수는 헤르츠(hertz)나 매 초당 펄스로 나타낸다. 한 펄스에서 다음 펄스의 대응하는 점까지 걸리는 시간을 주기(period, T)라고 한다. 주파수와 주기의 관계는 정현파와 마찬가지로 $f = 1/T$이다.

주기적인 펄스파형의 중요한 특성은 충격계수(duty cycle)이다.

충격계수는 주기(T)에 대한 펄스폭(t_W)의 비율이며 보통 백분율로 표시된다.

$$\textbf{Percent duty cycle} = \left(\frac{t_W}{T}\right)100\% \qquad (7\text{–}21)$$

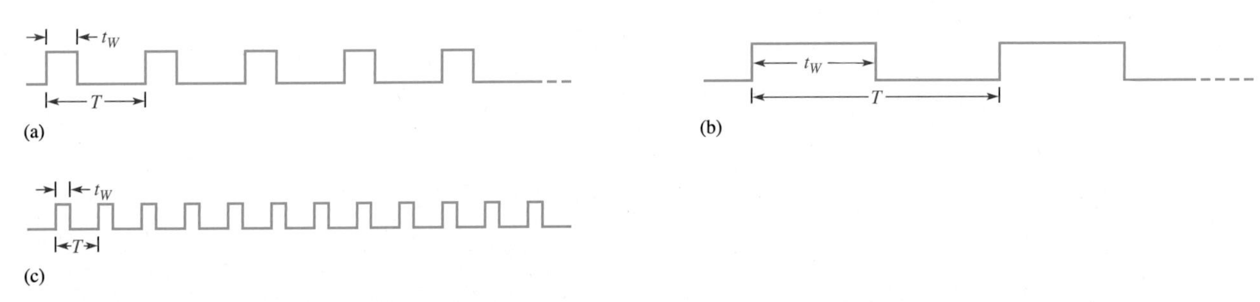

그림 7-49 반복되는 펄스파형

예제 7-14

그림 7-50에서 펄스파형의 주기, 주파수, 충격계수를 구하여라.

1 μs

10 μs

그림 7-50

풀이

그림 7-50에 나타내었듯이 주기는

$$T = 10\ \mu s$$

식 7-1과 7-21을 사용하여 주파수와 충격계수를 구한다.

$$f = \frac{1}{T} = \frac{1}{10\ \mu s} = 100\ \text{kHz}$$

$$\%\text{충격계수} = \left(\frac{t_W}{T}\right)100\% = \left(\frac{1\ \mu\text{s}}{10\ \mu\text{s}}\right)100\% = \mathbf{10\%}$$

관련문제

어떤 펄스가 주파수가 200 kHz이고 펄스폭이 0.25 μs인 경우, 충격계수를 백분율로 구하라.

구형파 구형파(square wave)는 충격계수가 50%인 펄스파형이다. 따라서 펄스폭이 주기의 1/2과 같다. 그림 7-51에 구형파를 나타내었다.

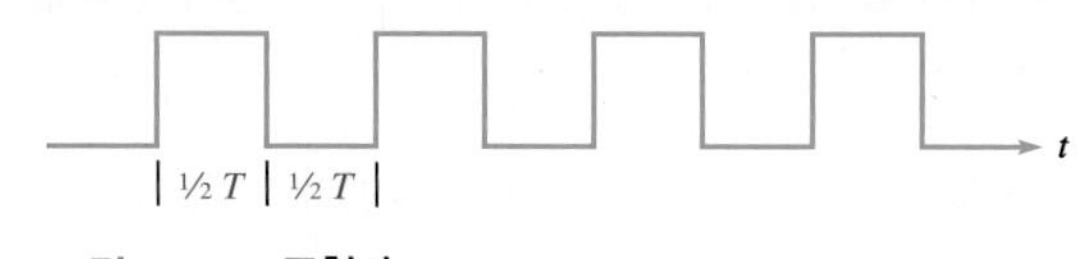

그림 7-51 구형파

펄스파형의 평균값 펄스파형의 **평균값**(V_{avg})은 충격계수와 진폭을 곱한 값에 기준선 값(baseline value)을 더한 것과 같다. 양의 방향으로 변화하는 파형은 낮은 준위의 값을 기준선 값으로 정하고, 음의 방향으로 변화하는 파형은 높은 준위의 값을 기준선 값으로 정한다. 식으로 나타내면 다음과 같다.

$$\mathbf{V_{avg} = baseline + (duty\ cycle)(amplitude)} \qquad (7\text{–}22)$$

다음 예제는 펄스파형의 평균값을 계산하는 과정을 보여준다.

예제 7-15

그림 7-52에서 각 파형의 평균값을 구하여라.

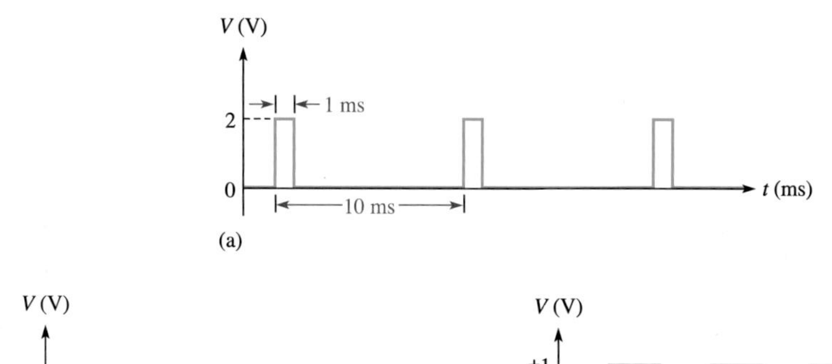

그림 7-52

풀이

그림 7-52(a)에서 기준선 값은 0 V이고, 진폭은 2 V, 충격계수는 10%이다. 평균 전압은

$$V_{avg} = \text{기준선값} + (\text{충격계수})(\text{진폭})$$
$$= 0\ \text{V} + (0.1)(2\ \text{V}) = \mathbf{0.2\ V}$$

그림 7-52(b)의 파형은 기준선 값이 +1 V이고, 진폭이 5 V, 충격계수가 50%이다.

평균 전압은

$$V_{avg} = \text{기준선 값} + (\text{충격계수})(\text{진폭})$$
$$= 1\text{ V} + (0.5)(5\text{ V}) = 1\text{ V} + 2.5\text{ V} = \mathbf{3.5\ V}$$

그림 7–52(c)의 파형은 구형파이며, 기준선 값이 −1 V이고, 진폭이 2 V, 충격계수는 50%이다. 평균 전압은 다음과 같다.

$$V_{avg} = \text{기준선 값} + (\text{충격계수})(\text{진폭})$$
$$= -1\text{ V} + (0.5)(2\text{ V}) = -1\text{ V} + 1\text{ V} = \mathbf{0\ V}$$

이 파형은 교대로 변화하는 구형파이며, 정현파와 같이 하나의 완전한 주기 동안 영의 평균값을 갖는다.

관련문제

그림 7–52(a)에 보이는 파형의 기준선 값이 +1V로 바뀐다면 평균값은 얼마인가?

삼각파형과 톱니파형

삼각파형과 톱니파형은 전압이나 전류 램프로 형성된다. **램프(ramp)**는 전압이나 전류의 선형적인 증가 또는 감소를 말한다. 그림 7–53은 증가하거나 감소하는 램프를 보여준다. 그림 (a)의 램프는 양의 기울기를 갖고, 그림 (b) 램프는 음의 기울기를 갖는다. 전압 램프의 기울기는 $\pm V/t$이고 전류 램프의 기울기는 $\pm I/t$이다.

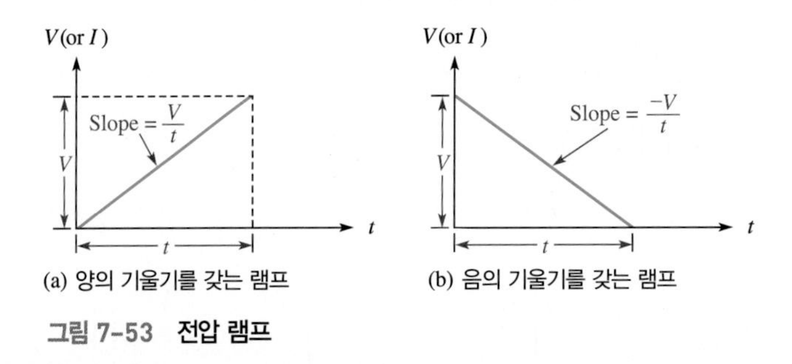

그림 7–53 전압 램프

예제 7–16

그림 7–54에서 전압램프의 기울기는 얼마인가?

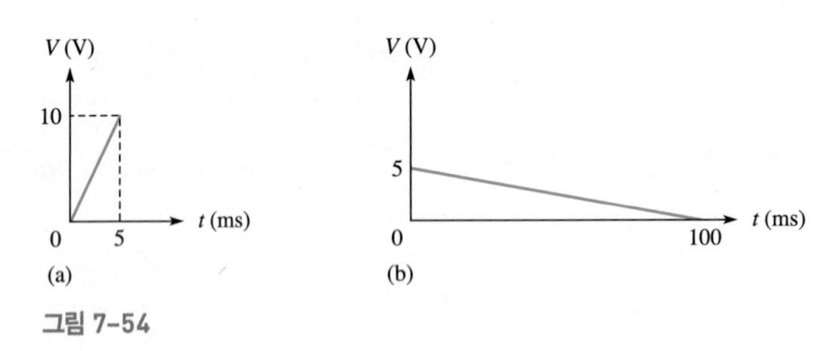

그림 7–54

풀이

그림 7–54(a)에서 전압은 5 ms 동안에 0 V에서 +10 V로 증가한다. 따라서 $V = 10$ V이고 $t = 5$ ms이다. 기울기를 구하면

$$\frac{V}{t} = \frac{10\text{ V}}{5\text{ ms}} = \mathbf{2\ V/ms}$$

그림 7-54(b)에서 전압은 100 ms 동안에 +5 V에서 0 V로 감소한다. 따라서 $V = -5$ V이고 $t = 100$ ms이다. 기울기는 다음과 같다.

$$\frac{V}{t} = \frac{-5\text{ V}}{100\text{ ms}} = \mathbf{-0.05\ V/ms}$$

관련문제

+12 V/μs의 기울기를 갖는 어떤 전압 램프가 0에서 시작한다면 0.01 ms 후에 전압은 얼마인가?

삼각파형 그림 7-55는 **삼각파형(triangular waveform)**을 나타낸 것이다. 삼각파형은 양의 기울기를 갖는 램프가 음의 기울기를 갖고 기울기가 같은 램프와 합해져서 만들어진다. 이 파형의 주기는 그림에서와 같이 한 점의 최대값에서 다음 최대값까지의 시간을 나타낸다. 그림에 나타낸 삼각파형은 양과 음의 값으로 교대로 변화하며 그 평균값은 0이다.

그림 7-56은 0이 아닌 평균값을 갖는 삼각파형을 나타낸 것이다. 삼각파의 주파수는 정현파와 똑같이 정의된다. 즉, $f = 1/T$이다.

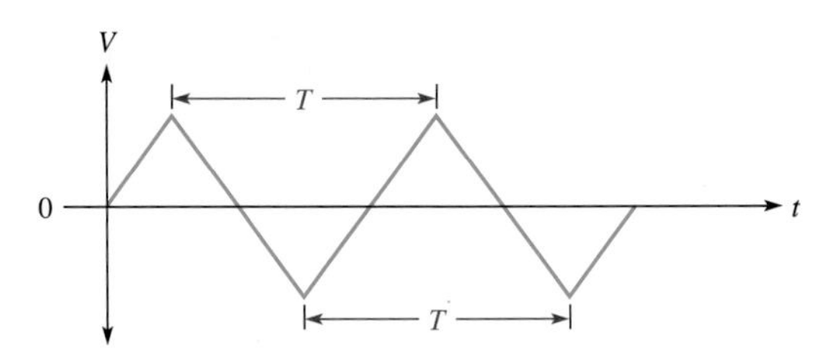

그림 7-55 교번하는 삼각파형

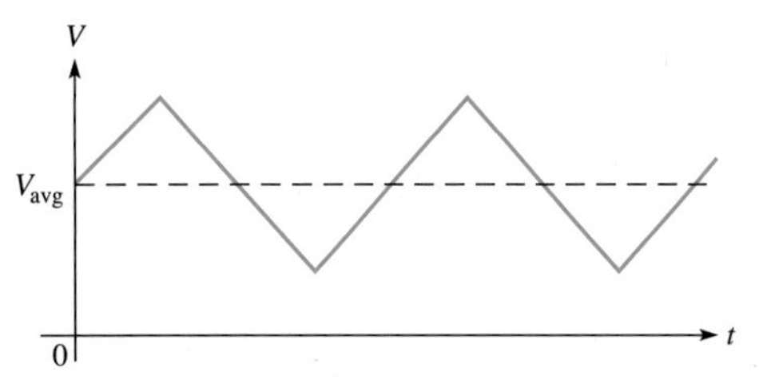

그림 7-56 교번하지 않는 삼각파형

톱니파형 톱니파형(sawtooth waveform)은 삼각파의 두 램프 중 하나가 다른 것보다 오래 지속되는 특수한 경우이다. 톱니파형은 전자 시스템에서 많이 사용된다. 예를 들면 톱니파형은 자동 시험 장치, 제어 시스템과 아날로그 오실로스코프 등의 디스플레이에 사용된다.

그림 7-57은 톱니파의 한 예이다. 이 파는 상대적으로 오래 지속되는 양의 기울기를 갖는 램프와 짧은 기간 동안 지속되는 음의 기울기를 갖는 램프가 반복된다.

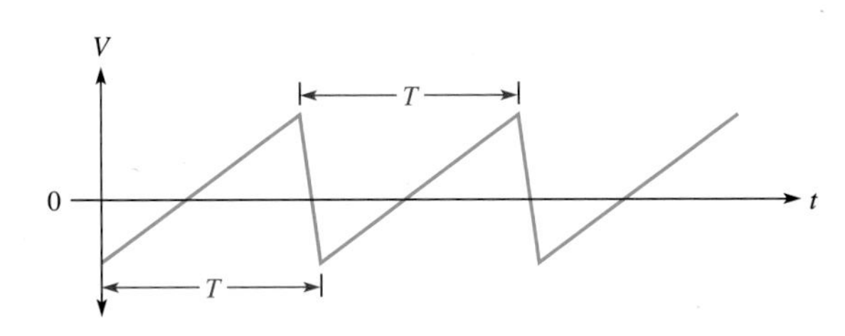

그림 7-57 양과 음의 값으로 교번하는 톱니파형

고조파

반복되는 비정현파형은 **기본 주파수(fundamental frequency)**와 **고조파의 주파수(harmonic frequency)**로 이루어진다. 기본 주파수는 파형의 반복률을 나타내며, 고조파는 기본 주파수의 배수인 높은 주파수를 갖는 정현파이다.

HANDS ON TIP
오실로스코프의 주파수 응답은 파형을 정확하게 나타낼 수 있는 정밀도를 제한한다. 펄스파형을 관찰하기 위하여 주파수 응답은 파형이 가지고 있는 모든 고조파 성분의 주파수보다 높아야 한다. 예를 들어 100 MHz 오실로스코프에서 100 MHz 펄스파형은 왜곡이 발생하며, 이는 세 번째, 다섯 번째 그리고 그 이상의 고조파 성분들이 매우 많이 감쇠되기 때문이다.

홀수 고조파 홀수 고조파(*odd harmonic*)는 파형의 기본 주파수의 홀수 배인 주파수를 갖는다. 예를 들면 1 kHz의 구형파는 1 kHz의 기본 주파수와 3 kHz, 5 kHz, 7 kHz 등의 홀수 고조파로 이루어진다. 이 경우에 3 kHz는 세 번째 고조파, 5 kHz는 다섯 번째 고조파 등이 된다.

짝수 고조파 짝수 고조파(*even harmonic*)는 파형의 기본 주파수의 짝수 배인 주파수를 갖는다. 예를 들면 어떤 파의 기본 주파수가 200 Hz라면, 두 번째 고조파는 400 Hz, 네 번째 고조파는 800 Hz, 여섯 번째 고조파는 1200 Hz등이 된다.

복합파형 순수한 정현파로부터 변형되면 고조파를 생성한다. 비정현파는 기본파와 고조파가 합쳐진 것이다. 어떤 형태의 파는 홀수 고조파만을 갖고 있고, 어떤 파는 짝수 고조파만을 가지며, 또한 어떤 파는 둘 다 갖고 있을 수도 있다. 파의 모양은 고조파가 어느 정도 포함되느냐에 따라 달라진다. 일반적으로 기본파와 처음 몇 개의 고조파만이 파형을 결정하는 데 중요한 역할을 한다.

구형파는 기본파와 홀수 고조파만으로 이루어진 파형의 한 예이다. 그림 7–58에서와 같이 기본파와 각 홀수 고조파의 순시값이 각 점에서 대수적으로 합해지면 구형파가 된다. 그림(a)에서 기본파와 세 번째 고조파를 합한 결과 구형파의 모양을 갖기 시작하는 파형이 된다. 그림 (b)에서 기본파와 세 번째, 다섯 번째 고조파는 구형파와 더 가까운 모양의 파를 만든다. 그림 (c)에서 일곱 번째 고조파가 더해지면 파형은 더욱더 구형파와 가까워진다. 더 많은 고조파가 더해질수록 구형파에 가까워진다.

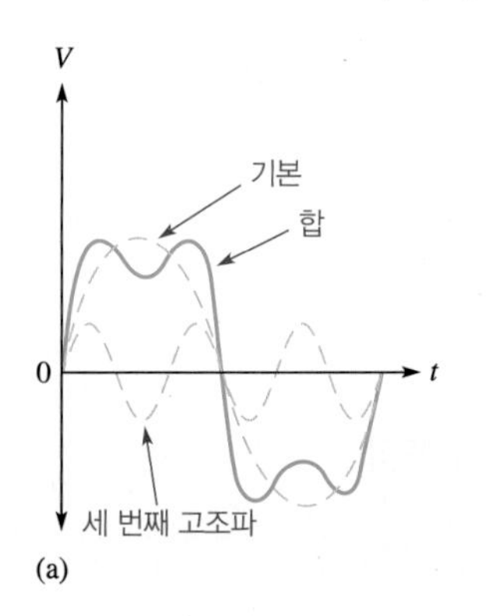

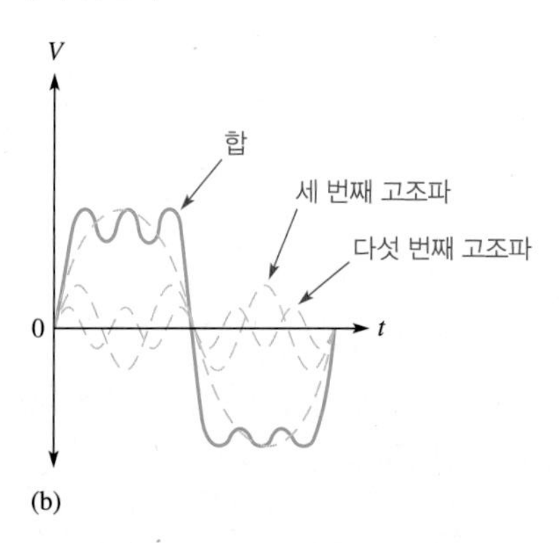

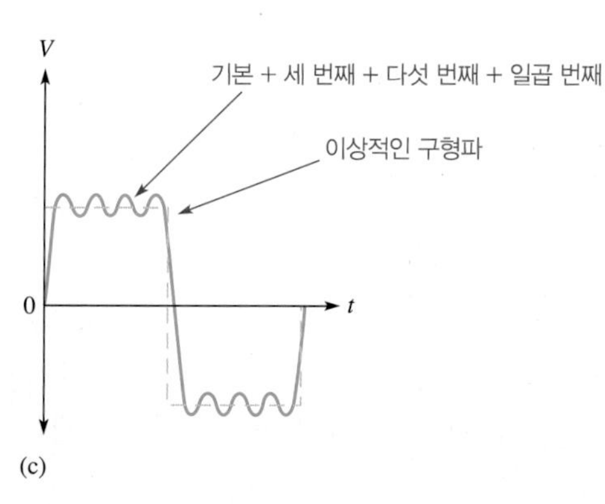

그림 7–58 홀수 고조파가 합해져서 구형파를 이룬다.

시스템 예제 7-3

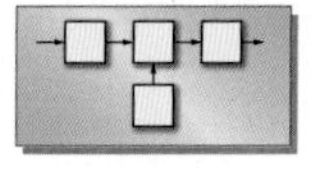

주파수영역에서 신호해석

이미 배운 것처럼, 신호는 다양한 정현파로 구성되어진다. 모든 파형은 서로 관련 있는 정현파로 나눌 수 있다.

주파수 함수로써 정현파의 플롯은 주파수영역 플롯이다(영역은 독립변수를 나타낸다). 같은 파형은 독립변수로 시간에 따라 플롯되어지고, 이것은 시간영역 플롯을 나타낸다. 그림 7–59는 주기적인 신호의 시간과 주파수영역의 관점을 보여준다. 시간영역 관점은 신호에 있어 주파수의 모든 합을 보여주고, 주파수영역 관점은 신호를 구성주파수로 분리한다는 것에 주목을 해야 한다.

시간과 주파수영역은 전기적 신호를 묘사하는 데 두 개의 중요한 영역이다. 시간과 주파수영역 사이의 관계는 열유동을 묘사하기 위해 1807년 조세프 푸리에(Joseph Fourier)에에 의해 처음으로 수학적으로 묘사되었는데, 그래서 영역 사이의 변환을 푸리에 해석이라 한다.

스펙트럼분석기는 계측기이고 무선주파수(rf)와 마이크로웨이브 시스템에 넓게 사용된다. 스펙트럼 분석기는 관심있는 신호를 연속 컴포넌트로 분리하고 사용자에게 이 컴포넌트를 보이게 해준다. 7–9절에서 소개할 오실로스코프는 시간영역의 계측기이다(그러나 특수한 오실로스코프는 주파수영역을 나타낼 수 있다).

많은 시스템은 휴대용전화기, 무선 LAN, 특정 무선제어기, 의료기기, 그리고 많은 트랙킹 장치(트랙킹 팩키지 혹은 심지어 가축)와 같은 무선주파수 장치를 사용한다. 이러한 응용의 결과로써, 대역폭에 대한 요구는 심각하게 증가되고 따라서 여러 시스템 간에 간섭문제가 발생하게 되었다.

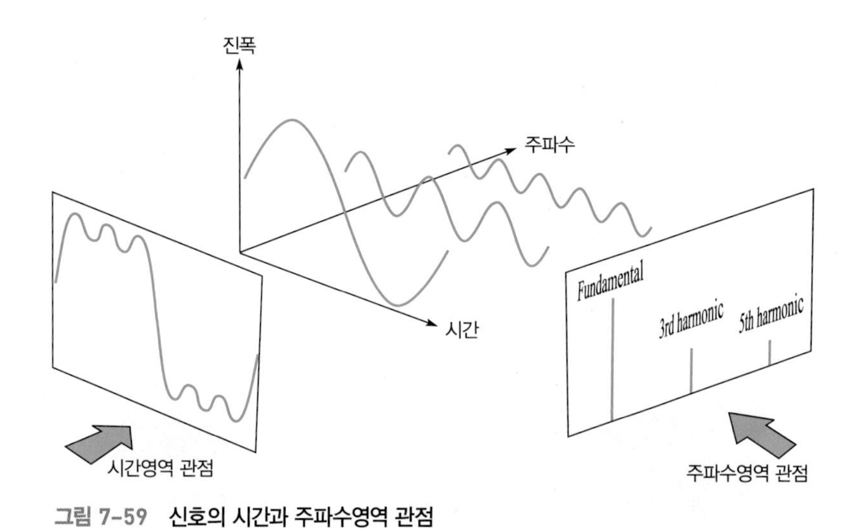

그림 7–59 신호의 시간과 주파수영역 관점

7–8절 복습 문제

1. 다음 변수들을 정의하여라.
   (a) 상승시간 (b) 하강시간 (c) 펄스폭
2. 양의 방향으로 반복되는 어떤 펄스에서, 1 ms마다 펄스파형의 폭이 200 μs이면, 이 파형의 주파수는 얼마인가?
3. 그림 7–60(a)의 삼각파의 주기는 얼마인가?
4. 그림 7–60(b)의 삼각파의 주기는 얼마인가?
5. 그림 7–60(c)의 톱니파의 주파수는 얼마인가?
6. 기본 주파수를 정의하여라.
7. 기본 주파수가 1 kHz일 때 두 번째 고조파는 얼마인가?
8. 주기가 10 μs인 구형파의 기본 주파수는 얼마인가?

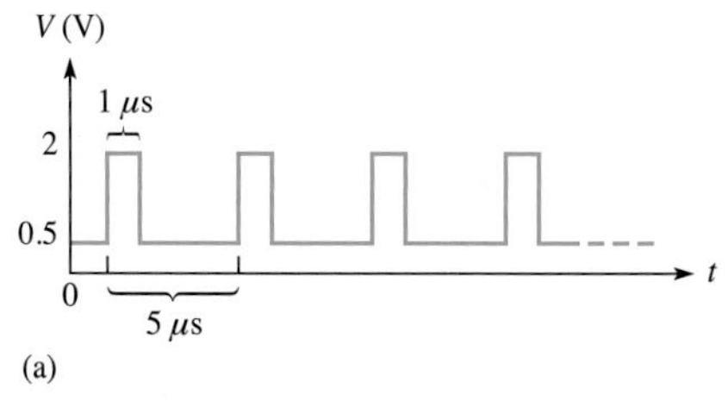

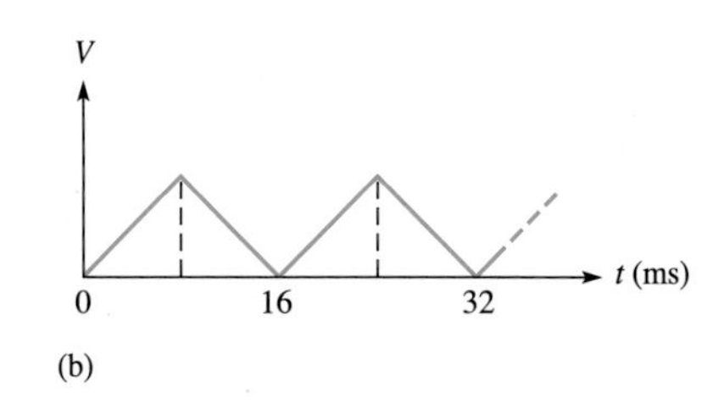

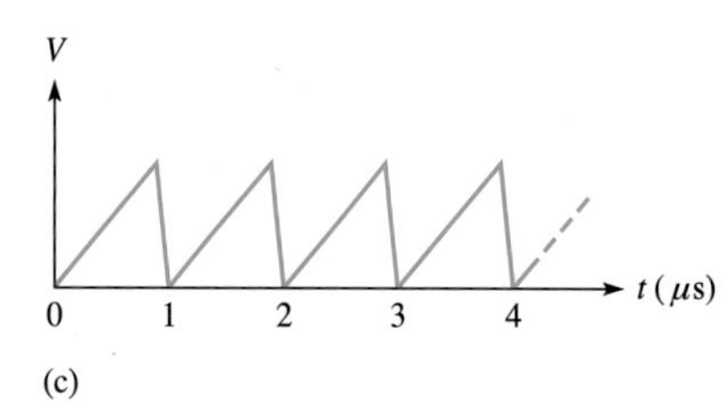

그림 7–60

7-9 오실로스코프

오실로스코프(간단히 스코프)는 파형을 관찰하고 측정하기 위한 다목적 측정기구이고 가장 널리 쓰이고 있다.

이 절을 마친 후 다음을 할 수 있어야 한다.

- 오실로스코프를 이용하여 파형을 측정한다.
- 기본적인 오실로스코프 조절장치를 확인한다.
- 파형의 진폭을 측정한다.
- 파형의 주기와 주파수를 측정한다.

오실로스코프(oscilloscope)는 기본적으로 화면 상에 측정된 전기적인 신호의 궤적 그래프를 나타내는 장치이다. 대부분의 응용에 있어서 그래프는 모든 시간에 대해 신호가 어떻게 변화하는가를 보여준다. 화면의 수직축은 전압을, 수평축은 시간을 나타낸다. 오실로스코프를 사용하여 신호의 진폭, 주기 그리고 주파수를 측정할 수 있다. 또한 진동파형의 진동 폭, 충격계수, 상승시간, 하강시간을 결정할 수 있다. 대부분의 스코프는 동시에 화면 상에 최소한 2개의 신호를 나타낼 수 있고, 그것들의 시간관계를 관찰할 수 있다. 두 개의 다른 디지털 오실로스코프를 그림 7–61에 보였다.

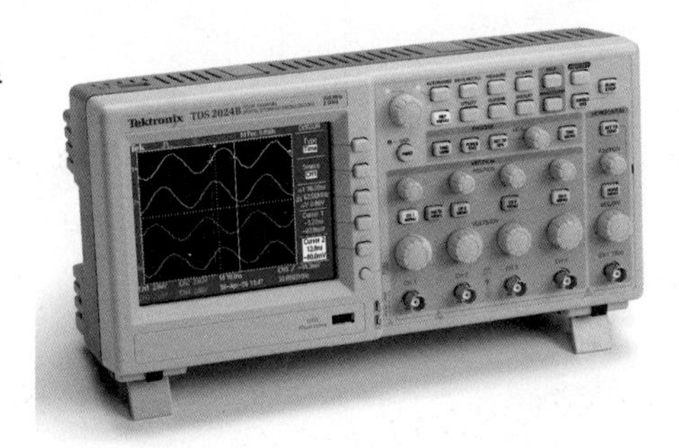

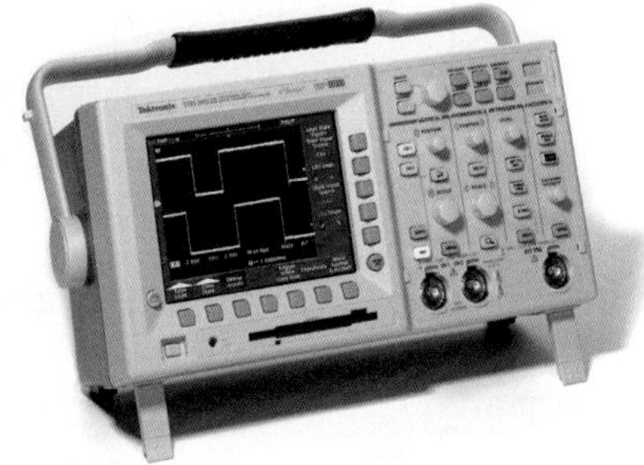

그림 7–61 전형적인 오실로스코프

아날로그와 디지털 두 가지 종류의 오실로스코프를 사용하여 디지털 파형을 볼 수 있다. 아날로그 스코프는 음극선관의 전자빔이 화면을 가로질러 지나갈 때 여기에 측정 파형을 인가하여 아래 위로 편위시키는 것이다. 결과적으로 빔의 흔적은 화면 상에 파형의 형태로 나타난다. 디지털 스코프는 측정된 파형을 A/D 변환기(ADC) 내에서 샘플링 과정을 거쳐 디지털 정보로 변환시킨다. 디지털 정보는 화면 상의 파형을 재구성하는 데 사용된다.

디지털 스코프는 아날로그 스코프보다 좀 더 폭넓게 사용되고 있다. 하지만 응용 특성에 따라 둘 중 어느 쪽이든 사용될 수 있다. 아날로그 스코프는 "실시간"에 발생하는 파형을 나타낸다. 디지털 스코프는 간헐적 혹은 한 번 발생할 수 있는 과도펄스를 측정하는 데 유용하다. 또한 측정된 파형에 관한 정보는 디지털 스코프에 저장할 수 있기 때문에 시간이 지나서 보거나 출력을 하거나 혹은 컴퓨터나 다른 장치에 의해 철저하게 해석될 수 있다.

아날로그 오실로스코프의 기본적인 작동

전압을 측정하기 위해 프로브는 스코프와 전압을 나타내는 회로 내의 점과 연결되어야만 한다. 일반적으로, ×10 프로브는 10배로 신호 진폭을 줄이는 데(감쇠시키는 데) 사용된다. 신호는 프로브를 거쳐 수직회로로 가며 실제 진폭과 스코프의 수직 제어 상태에 따라 더 감소하거나 증폭하게 된다. 수직회로는 CRT의 수직의 편향판을 구동한다. 또한 신호는 톱니 파형으로 화면을 가로지르는 전자 빔을 반복적으로 수평 스윕시키는 수평 회로를 트리거하는 트리거 회로를 지난다. 빔이 파형 형상으로 화면을 가로지는 실선을 형성하는 것이 표시되도록 초당 많은 스윕이 있다. 이런 기본적인 작동은 그림 7-62에 설명되었다.

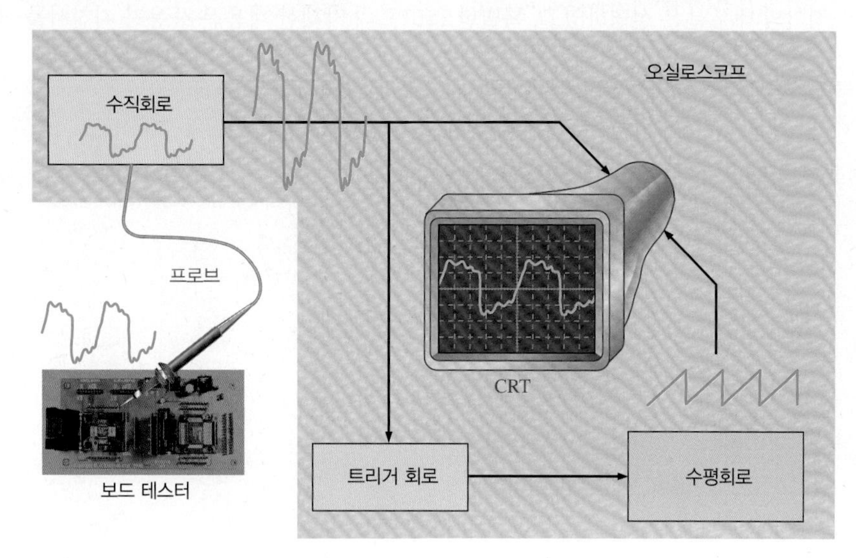

그림 7-62 아날로그 오실로스코프의 블록선도

디지털 오실로스코프의 기본적인 작동

디지털 스코프의 일부분은 아날로그 스코프와 유사하다. 그러나 디지털 스코프는 아날로그 스코프보다 좀 더 복잡하고 대개 CRT보다는 LCD 화면을 이용한다. 디지털 스코프는 파형 자체를 나타내기보다는 처음에 아날로그 파형으로 측정된 것을 아날로그 디지털 변환기(ADC)를 사용하여 디지털 형태로 변환한다. 디지털 데이터는 저장되고 처리된다. 데이터는 복원 및 디스플레이 회로를 거쳐 원래의 형태로 표시된다. 그림 7-63은 디지털 오실로스코프의 블록선도를 나타내었다.

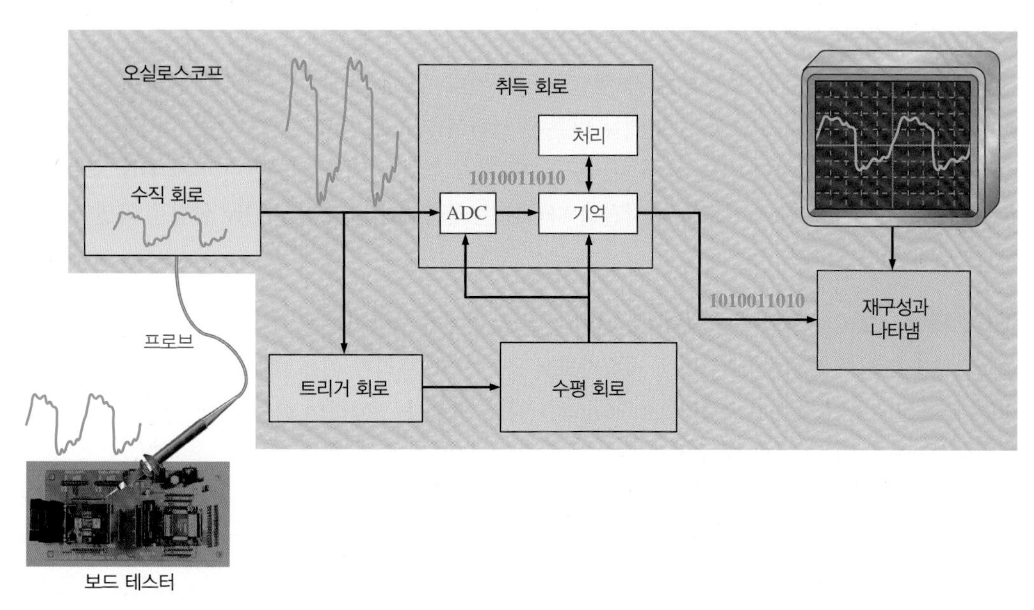

그림 7-63 디지털 오실로스코프의 블록선도

오실로스코프 조정

전형적인 2중 채널 오실로스코프의 앞면 패널을 그림 7–64에 보였다. 모델과 제작자에 따라 다양하지만 대부분은 공통적인 형태를 가지고 있다. 예를 들면 2개의 수직영역은 위치 조정 채널 메뉴 버튼, Volts/Div 조정을 가지고 있고 수평 영역은 Sec/Div 조정을 가지고 있다.

주요 조정기의 대부분은 설명하였고, 특별한 스코프의 자세한 내용은 사용자 지침서를 참조하라.

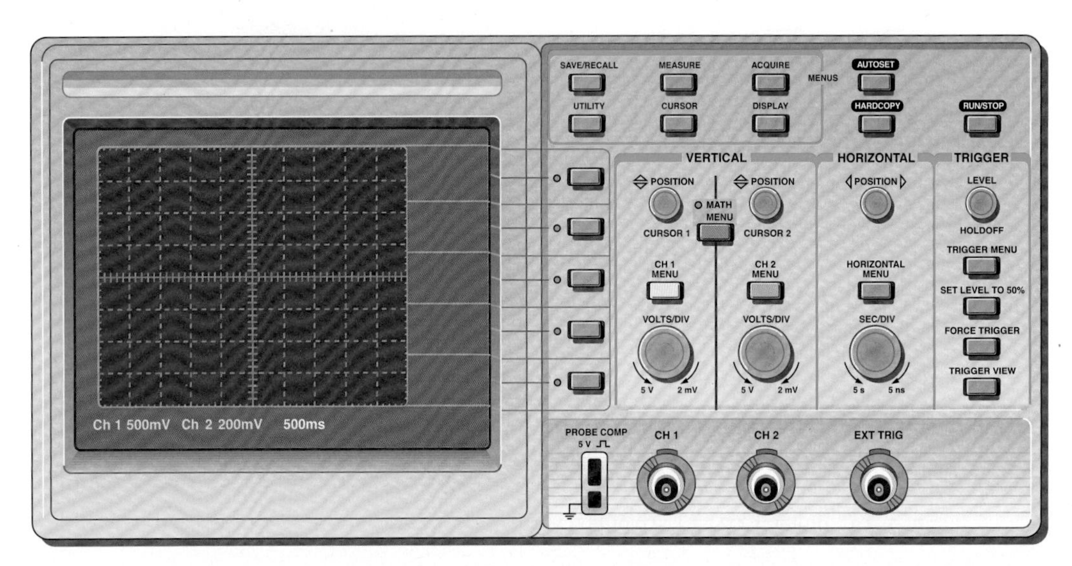

그림 7–64 전형적인 2중 채널 오실로스코프. 아래쪽의 숫자는 수직(전압)과 수평(시간)값에 대한 각각의 분할된 값을 나타내고 스코프에 수직과 수평 조정기를 사용함으로써 변화될 수 있다.

수직 제어 그림 7–64에 스코프의 수직 영역에 있어서 2개 채널(CH1과 CH2) 각각은 동일한 조정기이다. 위치 제어는 화면 상에 나타낸 파형을 위와 아래로 수직으로 이동하게 한다. 메뉴 버튼은 연결형태(교류, 직류, 접지)와 Volts/Div에 대한 조정과 같이 화면 상에 나타나는 몇 가지 항목의 선택을 제공한다. Volts/Div 조정은 화면 상에 각 수직 분할에 의해 전압으로 나타낸 숫자를 조정한다. 각 채널당 Volts/Div조정은 화면 상의 버튼에 나타내었다. 수학메뉴 버튼은 신호의 가감과 같이 입력파형으로 이루어질 수 있는 작동 영역을 제공한다.

수평 제어 수평 영역에서 조정기는 각 채널에 적용된다. 위치 제어는 화면 상에 나타낸 파형을 좌와 우로 수평으로 이동하게 한다. 수평메뉴 버튼은 시간을 기초로 파형의 일부분을 확대하여 나타내거나 다른 변수와 같은 것을 화면 상에 나타나는 몇 가지 항목 선택을 제공한다. Sec/Div 조정은 각 수평 영역 혹은 주요 시간에 기초하여 시간을 나타내는 것을 조정한다. Sec/Div 설정은 화면 상의 버튼으로 조정한다.

트리거 제어 트리거 영역에서 레벨(Level)버튼은 트리거가 입력파형을 나타내는 것이 초기에 휙 지나가는 곳에 트리거 파형이 있는 점을 결정하도록 조정한다. 트리거 메뉴 버튼은 가장자리 혹은 경사트리거, 트리거 소스(source), 트리거 모드(mode), 다른 변수를 포함하여 화면 상에 나타나는 몇 가지 항목을 제공한다. 또한 외부 트리거 신호를 위한 입력도 있다.

트리거는 화면 상의 파형과 단지 한 번, 혹은 간헐적으로 발생하는 것에 부가하여 적절히 트리거를 안정시킨다. 또한 2개 파형 사이에 시간지연을 관찰하게 한다. 그림 7–65는 트리거한 것과 트리거하지 않은 것을 비교하였다. 트리거되지 않은 신호는 많은 파형이 나타나게 만드는 화면을 가로질러 표류하는 경향이 있다.

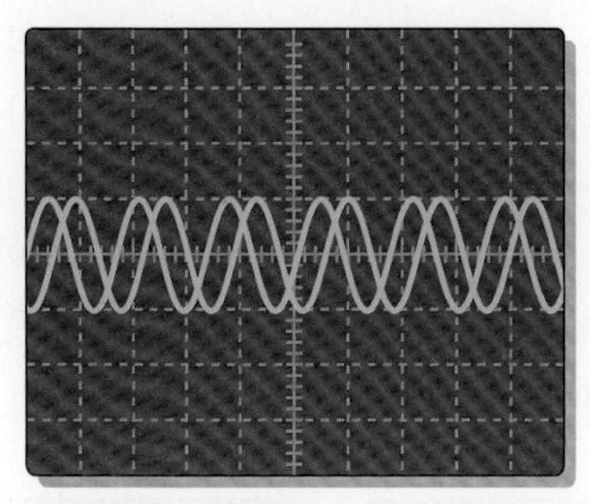

(a) 트리거되지 않은 파형

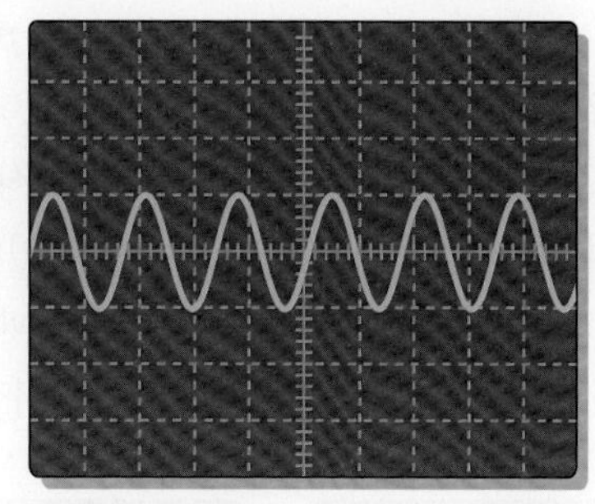

(b) 트리거된 파형

그림 7-65 오실로스코프 상에서 트리거 되지 않은 파형과 트리거 된 파형의 비교

스코프 내부로 신호 커플링 커플링은 신호전압이 오실로스코프 내에서 측정되도록 연결하는 데 사용되는 방법이다. DC와 AC 커플링 모드는 수직 메뉴에서 선택한다. DC 커플링은 DC 성분을 포함한 파형만 나타나게 한다. AC 커플링은 신호의 DC 성분을 방해하여 0V가 중심이 된 파형을 나타낸다. 접지 모드는 화면 상에 0V 기준인 곳에 입력채널을 접지로 연계시켜 준다. 그림 7-66은 직류 성분을 정현파형을 사용하여 DC와 AC 커플링한 결과를 나타내었다.

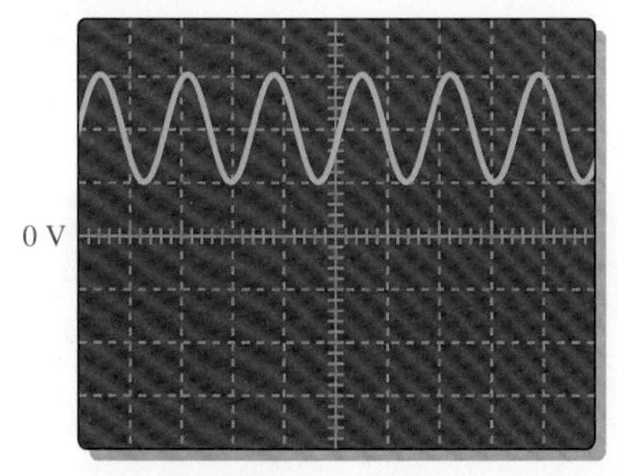

(a) DC로 커플된 파형

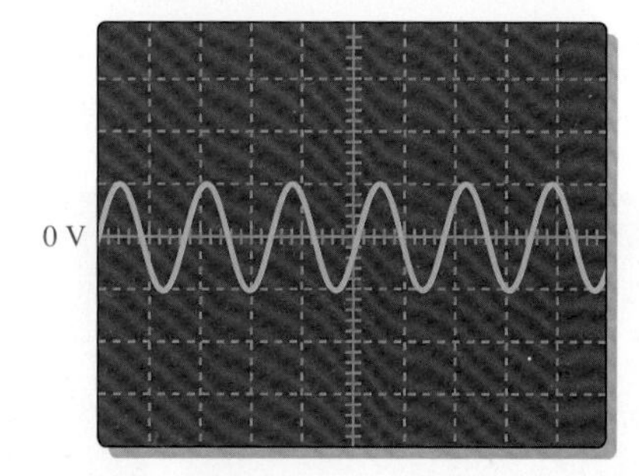

(b) AC로 커플된 파형

그림 7-66 교류 성분을 갖는 같은 파형의 표현

그림 7-67에 나타낸 전압 프로브는 스코프와 신호를 연결하는 데 사용된다. 모든 기기는 부하 때문에 측정된 회로에 영향을 미치는 경향이 있기 때문에 대부분의 스코프 프로브는 부하 효과를 최소화하는 감쇠회로망을 가진다. 프로브는 ×10(곱하기 10)이라고 하는 10의 변수에 의해 측정된 신호를 감쇠한다. 감쇠가 없는 프로브는 ×1(곱하기 1) 프로브라 한다. 대부분의 오실로스코프는 자동적으로 사용되는 프로브의 형상에 대한 감쇠를 위해 교정을 한다. 대부분의 측정을 위하여 ×10 프로브가 사용된다. 하지만 매우 작은 신호를 측정한다면 1이 최선의 선택일 것이다.

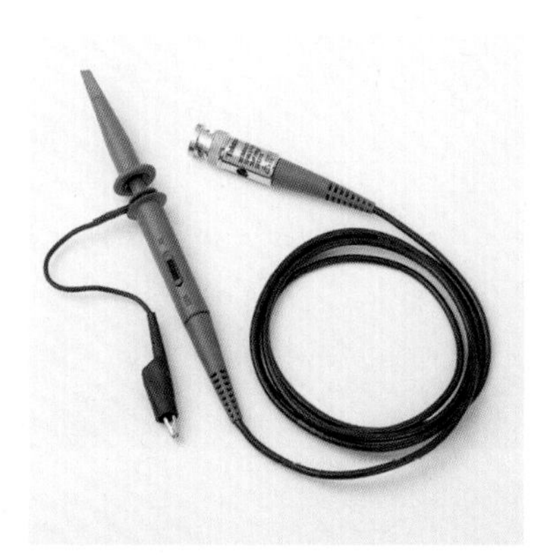

그림 7-67 오실로스코프 전압 프로브
Copyright © Tektronix, Inc.
Reprod-uced by permission

프로브는 프로브의 입력 커패시턴스를 보상하는 조정기능을 가지고 있다. 대부분의 프로브는 프로브 보상을 위한 교정된 사각파를 제공하는 출력 보상 프로브를 가지고 있다. 측정하기 전에 프로브는 적절히 알고 있는 어떤 왜곡을 제거하도록 보상을 확실하게 하여야 한다. 전형적으로, 프로브를 조정하는 보상의 수단은 나사 혹은 다른 수단이 있다. 그림 7-68은 적절히 보상된, 보상이 덜 된, 과다 보상된 것의 3가지 프로브 조건에 대한 스코프 파형을 나타냈다. 만일 파형이 과다 혹은 미흡하게 보상되어 나타난다면 적절히 보상된 사각파가 얻어질 때까지 프로브를 조정한다.

그림 7-68
프로브 보상 조건

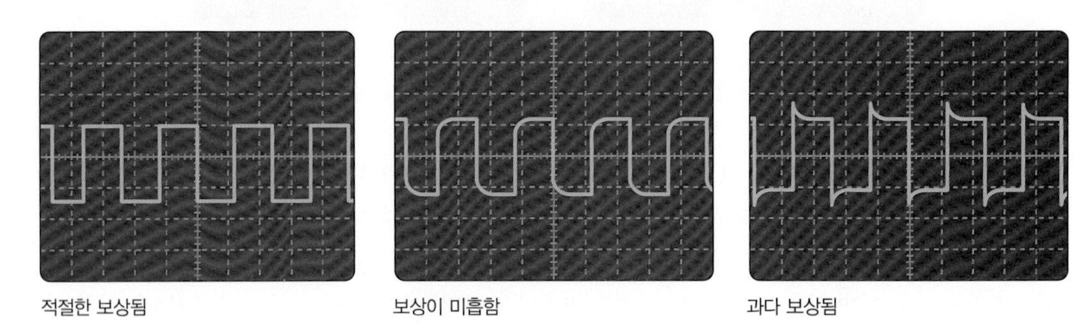

예제 7-17

화면에 나타낸 Volts/Div와 Sec/Div 설정과 화면에 나타낸 디지털 스코프에서 그림 7-69에 있는 각 정현파의 첨두-첨두값과 주기를 구하여라. 정현파는 화면에 수직으로 집중되어 있다.

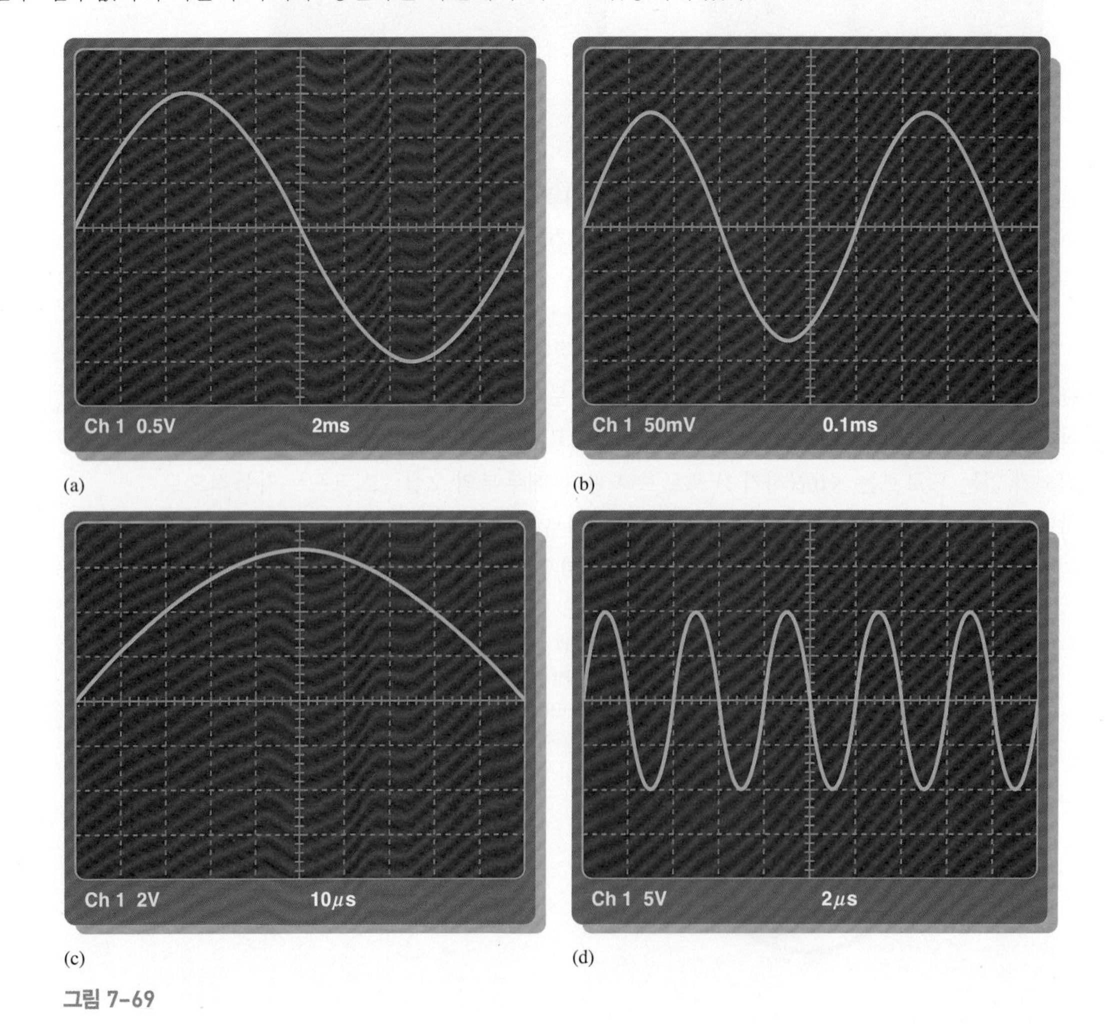

그림 7-69

풀이

그림 7–69(a)에서 수직 방향으로 눈금을 세면,

$$V_{pp} = 6\text{ 칸} \times 0.5\text{ V/칸} = \mathbf{3.0\ V}$$

수평 방향 눈금으로는(한 주기가 10 칸에 걸쳐 있다),

$$T = 10\text{ 칸} \times 2\text{ ms/칸} = \mathbf{20\ ms}$$

그림 7–69(b)에서 수직 방향으로 눈금을 세면,

$$V_{pp} = 5\text{ 칸} \times 50\text{ mV/칸} = \mathbf{250\ mV}$$

수평 방향 눈금으로는(한 주기가 6 칸에 걸쳐 있다),

$$T = 6\text{ 칸} \times 0.1\text{ ms/칸} = 0.6\text{ ms} = \mathbf{660\ \mu s}$$

그림 7–69(c)에서 수직 방향으로 눈금을 세면, 정현파는 중앙의 수직선에 맞춰져 있으므로,

$$V_{pp} = 6.8\text{ 칸} \times 2\text{ V/칸} = \mathbf{13.6\ V}$$

수평 방향 눈금으로는(한 주기가 10 칸 구역에 걸쳐 있다),

$$T = 20\text{ 칸} \times 10\ \mu\text{s/칸} = \mathbf{20\ \mu s}$$

그림 7–69(d)에서 수직 방향으로 눈금을 세면,

$$V_{pp} = 4\text{ 칸} \times 5\text{ V/칸} = \mathbf{20\ V}$$

수평 방향 눈금으로는(한 주기가 2 칸에 걸쳐 있다)

$$T = 2\text{ 칸} \times 2\ \mu\text{s/칸} = \mathbf{4\ \mu s}$$

관련 문제

그림 7–69에 보이는 각 파형들의 실효값과 주파수를 구하여라.

7–9절 복습 문제

1. 디지털 오실로스코프와 아날로그 오실로스코프의 주된 차이점은 무엇인가?
2. 전압은 스코프 화면에서 수평적으로 혹은 수직으로 읽는가?
3. 오실로스코프에서 작동하는 것으로 Volts/Div 조정은 무엇인가?
4. 오실로스코프에서 작동하는 것으로 Sec/Div 조정은 무엇인가?
5. 전압 측정을 위한 수단으로 ×10 프로브는 언제 사용해야 하는가?

7-10 신호원

함수 발생기는 7-1절에서 소개되었다. 이 절에서는 일반적으로 회로시험에 대해 사용하는 다른 신호원과 함수발생기에 대해 좀 더 깊게 살펴본다. 함수발생기는 모든 전기 작업장에서 쉽게 볼 수 있다. 다른 신호원은 특화된 발생기와 디지털 패턴 발생기를 포함한다.

이 절을 마친 후 다음을 할 수 있어야 한다.

- 신호원의 종류를 들고 전형적인 제어의 목적을 설명한다.
- 신호원의 종류와 응용을 검토한다.
- 신호원의 중요한 사양을 기술한다.
- 전형적인 함수발생기에 대해 기능선택, 주파수/진폭 조정 제어, 그리고 dc 옵셋/듀티사이클 제어를 기술한다.

신호원의 종류

신호는 기본 정현파 발진기로부터 정현파, 경사, 펄스, 그리고 특수발생기로부터 임의파형을 포함한 파형을 선택할 수 있는 발진기까지 다양한 저전력 전기계측기로부터 만들어진다. 저가 계측기를 제외하면, 출력 주파수와 진폭은 보정되어지고 특정영역에 걸쳐 변화된다. 시험을 위해 파형을 만드는 계측기는 저주파수, 무선주파수, 그리고 마이크로웨이브로 분류된다. 전통적으로 저주파수 발생기는 dc에서부터 약 1 MHz까지를 포함한다. 무선주파수 신호원은 일반적으로 100 KHz에서 1 GHz까지 영역이고 마이크로웨이브 신호원은 1 GHz 이상이다. 시장에 나와 있는 다양한 발진기는 이러한 전통적인 범위에서 명확하게 구분 지워지지 않는다. 이 범위는 파형 형태에 따라 바뀌기 때문이다.

신호원의 중요한 종류는 함수 발생기, 임의파형 발생기(AFGs), 신호 발생기(가끔 rf발생기로 취급), 스웹주파수 발생기(스웹퍼), 펄스 발생기, 그리고 디지털패턴 발생기(DPGs) 이다.

함수 발생기 단독 계측기로 정현파, 사각형파, 삼각파형을 선택하여 제공하는 함수를 만드는 발진기이다. 함수 발생기는 또한 펄스, 램프(경사), 그리고 다른 파형도 제공한다.

임의함수 발생기(*AFGs*) 임의함수 발생기는 가장 다양한 신호 발생기이다. 이것은 수학 공식, 캡쳐된 파형 혹은 시뮬레이션 소프웨어로부터 원하는 파형을 만들 수 있게 해주는 디지털 합성기이다. AFGs는 제어기와 디지털-아날로그 변화기(DAC)를 사용하여 아날로그 파형을 만들어낸다.

신호 발생기 신호 발생기는 고주파 정현파와 변조된 정현파를 제공한다. 크고 다양한 신호 발생기는 dc에서 마이크로웨이브까지의 주파수를 이용할 수 있고, 대부분 정밀한 파형을 만들기 위해 주파수 합성기를 사용한다. 주파수 합성기는 고정된 기준 발진기로부터 디지털적으로 파형을 만든다.

스웹주파수 발진기 스웹주파수 발진기는 두 개의 선택된 주파수 사이에서 사이클 비율에 따라 변하는 정현파 출력을 만든다. 이것은 주파수 영역에서 직접 신호를 볼수 있게 해준다. 몇몇 모델은 대수 혹은 다른 비선형 스웹 출력을 제공한다.

펄스 발생기 펄스 발생기는 넓은 주파수 범위에 걸쳐 빠른 상승시간과 변화하는 듀티사이클을 갖는 펄스를 제공하는 특화된 계측기이다. 이것은 자주 특화된 로직레벨에 대한 출력을 가진다. 대부분의 펄스 발생기는 예를 들면 진폭, 상승시간, 옵셋, 트리거 그리고 극성과 같은 다양한 펄스 파라미터를 제어하게 한다. 부가하여 몇몇 유니트는 펄스쌍과 열을 제공한다.

디지털 패턴 발생기(*DPFs*) 디지털 패턴 발생기는 디지털 장비를 시험하기 위해 디지털 시퀀스를 제공한다. 몇몇 DPGs는 성능체크를 위해 일련의 표준시험 패턴을 만들 수 있다.

스웹-주파수 측정

주파수 응답을 위해 시스템은 여러 번 테스트해야 한다. 스웹-주파수 발진기는 테스트하는 시스템에 따라 주어진 범위에 대해 설정될 수 있는 출력을 가지는 신호 발생기의 일종이다. 예를 들면 레이더 트랜스미터는 원하는 출력을 만들기 위해 함께 작업해야 하는 여러 단계가 있을 수 있다. 주파수가 마이크로웨이브 영역에 있으면 발생기는 특화된 마이크로웨이브 발진기이다.

스웹-주파수 발진기는 동조화용으로 작은 고주파 신호를 발생시킬 수 있다. 응답은 신호로 변환되어 시스템이 실시간으로 동조되는 동안 오실로스코프상에서 관찰할 수 있다.

시스템 노트

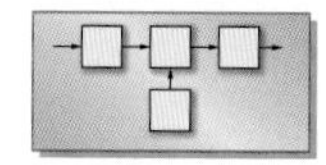

신호 발생기의 사양

신호 발생기에서 가장 중요한 사양은 모드, 주파수 범위, 스펙트럼 순도, 진폭 범위, 변조 그리고 출력 임피던스이다.

이들 사양은 아래와 같이 검토된다.

모드 모드는 특화된 신호의 형태이고 출력으로 될 수 있다. 특화된 발생기는, 예를 들면 정현파와 같은 단지 하나의 모드를 가진다. 함수 발생기는 여러 가지 모드(파형 형태)를 가진다. 대표적으로 이것들은 정현파, 사각형파, 삼각형파, 양과 음의 펄스 그리고 양과 음의 램프이다(충격계수는 펄스에 대한 on/off 시간으로 조정 가능하다).

주파수 범위 계측기 성능에 명기되어 있는 주파수 범위이다. 정밀도와 분해능의 한계는 일반적으로 명기된 주파수 범위로 주어진다. 정밀도 사양은 다이얼 제어기(기계적 혹은 디지털) 형태와 마찬가지로 내부 발진기의 정밀도에 달려 있다. 정밀한 디지털 제어는 만약 내부 발진기가 정밀하지 못하다면 가치가 없고, 더욱이 제어가 정밀하지 못한 기계식 다이얼이라면 정밀한 발진기를 가져도 의미가 없게 된다.

스펙트럼 순도 순수 정현파는 주파수 영역에서 단순 기본선으로 이루어진다는 것을 기억하라. 위상 노이즈로 불리는 왜곡의 한 형태로 기본선으로부터 확대되고, 의미 있는 신호는 순수한 정현파가 아니다. 고주파 왜곡으로 불리는 다른 왜곡은 출력에서 나타나는 기본 주파수의 다중을 의미한다. 이들과 다른 노이즈 소스는 어떤 시스템의 시험, 특히 통신장비를 확인하기 위한 문제를 만들 수 있다. 장비가 적절하게 작동하더라도, 왜곡을 갖는 신호 발생기는 시험에 의거하여 회로를 더 나쁘게 보일 수 있도록 만들 수 있다.

진폭 범위 이 사양은 출력전압 진폭 범위를 나타내거나 특화된 하중으로 제공되는 최대/최소 전력을 나타낸다. 부가하여 교류전압 진폭 범위, 출력사양은 주파수 범위에 걸쳐 출력의 정확도, 분해능 그리고 평평도와 같은 직류 옵셋 범위를 포함한다. 관련있는 조정은 지류 옵셋의 양이다. 직류 옵셋 범위는 출력에 부가될 수 있는 양 혹은 음의 직류전압이다. 이 값은 전형적으로 약 10 V까지 변할 수 있는 양이다.

변조 원신호에 포함된 정보가 다른 신호에 유지되도록 진폭, 주파수 또는 펄스폭 등 신호의 특성을 변경하는 과정을 **변조**라 한다. 변조를 갖는 신호 발생기는 변조 신호라 불리는 저주파수 파형에 의해 고주파수 파형(연속 시스템에서 **반송파**라 불림)으로 변화시킨다. 변조 신호는 외부 소스에 의해 제공될 수 있고, 혹은 자체로 만들어 진다. 전형적으로 정현파, 사각형파, 삼각파형, 혹은 램프파형은 변조 신호로 선택될 수 있다. 변조되는 파라미터는 고주파수 신호의 진폭, 주파수, 혹은 위상이다. 여러 가지 변조 방법은 다른 통신 시스템의 성능을 시험하는 데 유용하다.

출력 임피던스 내부 회로가 아무리 복잡해도, 신호 발생기는 저항을 갖는 직렬에서 전압전원으로 구성된 테브난 회로로 모델될 수 있다. 출력 임피던스는 이상적인 소스를 갖는 직렬에서 저항과 동등하다. 발생기는 보통 출력단자에 출력 임피던스로 표현된다. 전형적인 값은 50 Ω, 75 Ω, 혹은 600 Ω 이다. 부하를 소스에 연결하는 것은 한정된 출력 저항이 발생기의 출력 전압 진폭을 변화시킨다는 것을 유념해야 한다.

출력 전압 진폭에 있어 변화는 원하는 측정에 영향을 줄 수 있다. 예를 들면, 결과에 영향을 주는 발생기 없이 회로의 주파수 응답을 측정하기 위해, 진폭은 발생기로부터 일정한 값을 유지해야 한다. 시험하는 동안 회로의 출력은 주파수가 변화는 동안 모니터된다. 주파수에서 각 변화는 증폭기의 입력 임피던스를 변화시키고 다른 부하 영향을 야기시킨다. 입력 부하가 출력의 영향을 받지 않도록 하기 위해, 새 주파수가 시험될 때마다 발생기의 진폭은 같은 값으로 조정되어야 한다.

파형 모드

복잡도에 따라 파형 발생기는 선택할 수 있는 하나에서 여러 개까지 파형모드가 가지고 있다. 일반적인 파형 모드는 다음과 같다.

- **연속** 출력이 특정 주파수, 진폭 그리고 옵셋에서 안정적이다. 이것이 신호 발생기의 기본 출력이다.
- **트리거** 출력은 내부 혹은 외부(공급된) 트리거에 의해 시작된다. 트리거는 외부장비, 수동 푸시버튼에 의해 만들어지거나 제어버스를 통해 보내진다.
- **버스트** 출력이 분리된 발진기에 의해 반복하여 설정될 수 있고, 한 번에 특별한 사이클 수에 대해 프로그램될 수 있다는 것을 제외하면 트리거 모드와 같다. 버스트는 프로그램 가능한 계측기에서 수동 혹은 커멘드로 트리거될 수 있다.
- **게이트** 출력이 외부 게이트 신호의 지속시간 동안 활용된다.
- **변조** 출력이 내부 혹은 외부 파형에 의해 변조된다. 변조 출력은 통신 시스템의 시험에 매우 유용하다.

기본 함수 발생기

함수 발생기는 여러 가지 파형을 만들어 내는 것이 특징이다. 이것은 정현파, 사각파, 삼각파형과 또한 펄스와 램프(톱니)파형도 만든다. 정현파 그리고 사각형파는 예를 들면, 증폭기 같이 회로의 일반적인 목적으로 시험하는 데 유용하다. 충격계수가 거의 50%를 넘지 않는 펄스는 디지털 시험을 하는 데 유용하다. 그것들은 역전이 되든 아니든 같은 형상을 가지지 않기 때문이다(만약 사각형파가 역전이 되면 그것은 여전히 사각파형처럼 보일 것이다). 그림 7–70에 보인 것은 Agilent 3320A 다목적 함수발생기이다. 예를 들면 이 발생기는 기본 발생기보다 메모리에 파형을 저장하는 것 같은 많은 기능을 가진다. Agilent 3320A에 표준 파형을 설치하려면 이 그림에서 지시하는 대로 하면 된다.

함수 발생기를 위한 옵션이 디스플레이된다. 몇몇 모델은 디스플레이를 포함하지 않으므로 사용자는 오실로스코프를 사용하여 발생기 신호를 확인한다. Agilent 3320A와 같은 발생기는 정밀한 주파수(혹은 주기), 옵셋 등을 나타내는 디지털 정보 읽기 기능을 가지고 있어서 파형 모드의 시각적 표시를 보여준다. 또한 그래픽 모드를 가지고 디스플레이 가능한 파라미터(주파수, 주기, 상승시간, 등)의 소프트 키 매뉴를 이용하여 선택된 파형의 그래픽 비유를 보여준다.

종종 함수 발생기는 출력을 가지고 있는데 이것은 디지털 시스템의 실험을 위해 설계되었다. 디지털 시스템은 시험할 로직의 종류에 의해 결정되는 HIGH와 LOW로 불리는 두 개의 전압 레벨에 의해 특화되어 진다. 펄스 출력은 제조사에 의해 설정되거나, 발생기의 사용자에 의해 설정된다. 디지털 시스템은 빠른 신호에 사용므로 상승시간 사양이 매우 중요하다. 이 사양은 출력 레벨에서 10%에서 90%까지 변화되는 신호에 대해 요구되는 시간이다.

함수 발생기에 대해 이용되는 다른 옵션은 컴퓨터나 제어기에 연계되어 출력을 제어할 수 있는 것이다. 이것은 특히 자동제어 시스템에 매우 유용하다. 이 시스템은 시험에 대해 특별히 요구하는 출력을 변화시킬 수 있다.

1. 전원을 켜기 위해 전원 스위치를 누르시오.
2. 파형의 종류(연속, 펄스 등)를 선택하기 위해 함수 스위치를 선택하시오. 함수키는 밝게 된다.
3. 그래프 모드를 사용하면 한 번에 모든 셋업 파라미터를 볼 수 있다.
4. 함수(주파수, 진폭 등)를 조절하기 위해 푸시 보턴을 선택하시오.
5. 키패드 혹은 원형 노브를 가지고 선택된 함수를 조절하시오.

그림 7-70 Agilent 3320A 함수 발생기. © Agilent Technologies, Inc. 2012, Reproduced with Permission, courtesy of Agilent Technologies, Inc.

예제 7-18

함수 발생기가 그림 7-71처럼 오실로스코프 화면에 보여지는 신호를 나타낸다고 가정하자. 오실로스코프 제어는 그림과 같이 세팅되었다. 함수 발생기에 주파수 세팅, 첨단-첨단 진폭이 선택되어지는 파형의 종류를 결정하라. 첨두-첨두 값은 오실로스코프의 가장 단순한 측정이고, 말 그대로 파형의 최대치 사이의 값이다.

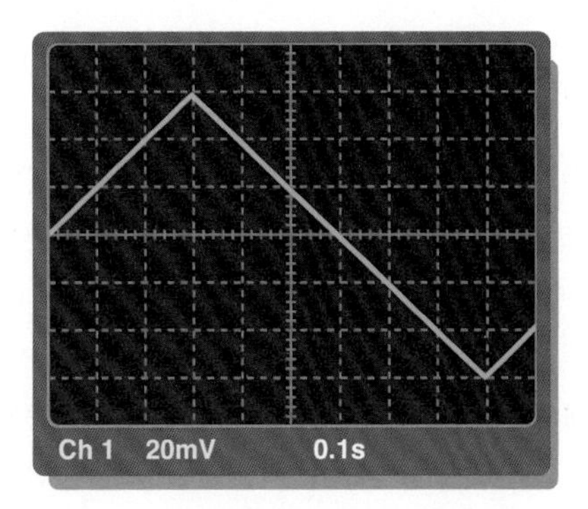

그림 7-71 수평축은 0V를 나타낸다.

풀이

선택된 파형은 삼각파형이다.

주기는

$$T = (10\ \text{div})(0.1\ \mu\text{s/div}) = 1.0\ \mu\text{s}$$

주파수 세팅은

$$f = \frac{1}{T} = \frac{1}{1.0\ \mu\text{s}} = \mathbf{1.0\ MHz}$$

첨두-첨두 진폭은

$$V_{pp} = (6.0\ \text{div})(20\ \text{mV/div}) = \mathbf{1.20\ V_{pp}}$$

관련문제

dc 옵셋을 얼마로 세팅하면 0 V에서 1.2 V까지의 삼각파형이 만들어지는가? (dc 옵셋이 없으면 파형은 0 V에 기준이 된다.)

7-10절 복습 문제

1. 어떤 종류의 신호가 임의 함수 발생기에서 만들어지는가?
2. 스웹 주파수 발진기는 무엇인가?
3. 함수 발생기에서 왜 스펙트럼 순도가 중요한가?
4. 변조란 무엇인가?
5. 함수 발생기에서 버스트 모드는 무엇인가?

요약

- 정현파는 시간에 따라 변화하는 주기적인 파형이다.
- 정현파는 교류전류(ac)와 교류전압의 기본적인 형태이다.
- 교류전류는 전원 전압의 극성이 변함에 따라 방향이 바뀐다.
- 교류 정현파의 한 사이클은 하나의 양의 교번과 부의 교번으로 이루어진다.
- 1/2사이클에서 결정된 정현파의 평균값은 최대값의 0.637배이다. 완전한 사이클에서 결정된 정현파의 평균값은 영(0)이다
- 정현파의 한 주기는 360° 또는 2π 라디안이다. 반 주기는 180° 또는 π라디안이다. 1/4주기는 90° 또는 $\pi/2$ 라디안이다.
- 위상각도는 두 정현파 사이의 차이 또는 정현파와 기준파형과의 차이를 각도(또는 라디안)로 나타낸 것이다.
- 페이저의 각도는 정현파의 각도를 나타내고 페이저의 길이는 진폭을 나타낸다.
- 옴의 법칙이나 키르히호프의 법칙을 교류회로에 적용할 때 같은 방식으로 나타낸 전압과 전류를 사용하여야 한다.
- 저항성 교류회로에서 전력은 실효값 전압과 전류 실효값을 사용하여 계산한다.
- 교류발전기는 자기장과 도체 사이에서 상대 운동을 할 때 전력을 생산한다.
- 대부분의 교류발전기는 고정자에서 출력을 얻는다. 회전자는 이동 자계성을 제공한다.
- 교류 전동기의 주요 유형은 유도 전동기와 동기 전동기이다.

- 유도 전동기는 고정자의 회전자계에 반응하여 회전하는 회전자를 가지고 있다.
- 동기 전동기는 고정자의 자계와 동기하여 일정한 속도로 움직인다.
- 펄스는 기준선 수준에서 진폭 수준까지의 변화로 구성되어 있고, 다시 기준선 수준으로 변화하는 파형이다.
- 삼각파와 톱니파는 양의 기울기를 갖는 램프와 음의 기울기를 갖는 램프로 이루어진다.
- 고조파 주파수는 비정현파형의 반복률(또는 기본 주파수)의 홀수 또는 짝수의 배수이다.
- 표 7–2에 정현파 값의 변환을 요약하였다.

표 7–2

수정할 값	수정된 값	곱하는 값
최대값	실효값	0.707
최대값	첨두-첨두값	2
최대값	평균값	0.637
실효값	최대값	1.414
첨두-첨두값	최대값	0.5
평균값	최대값	1.57

- 신호원은 함수발생기와 특별화된 계측기를 포함한다.
- 신호발생기의 주요사양은 모드, 주파수 범위, 스펙트럼 순도, 진폭 변위, 변조와 출력 임피던스를 포함한다.

핵심 용어

핵심용어 및 볼드체로 된 용어는 책 뒷부분의 용어사전에도 정의되어 있다.

각도 Degree 한 회전의 1/360에 해당되는 각을 측정하는 단위

고조파 Harmonic 기본 주파수의 정수 배인 주파수가 포함된 합성 파형에서의 주파수들

교류발전기 Alternator 기계적인 에너지를 전기적인 에너지로 변환한다.

기본 주파수 Fundamental frequency 파형의 반복 비율

농형 Squirrel cage 회전전류를 위한 전기적인 도체 형태인 유도 전동기의 회전자 내부의 알루미늄 구조

동기 전동기 Synchronous motor 고정자의 회전자장과 같은 비율로 회전자가 움직이는 교류 전동기

라디안 radian 각도 측정의 단위. 완전한 360° 회전에서 2π라디안을 가진다. 1라디안은 57.3°와 같다.

램프 Ramp 전압이나 전류의 선형적인 증가 또는 감소적인 특징을 가지는 파형

발진기 Oscillator 직류 입력 전압으로 반복적인 파형의 출력 전압을 만들어 내는 전자회로

변조 Modulation 원신호에 포함된 정보가 다른 신호에 유지되도록 진폭, 주파수 또는 펄스폭 등 신호의 특성을 변경하는 과정

사이클 Cycle 주기적인 파형의 한 반복

상승시간 Rise time, t_r 펄스가 낮은 준위에서 높은 준위로 전이하는 동안에 필요한 시간

순시값 Instantaneous value 주어진 순간에서 파형의 전압 또는 전류값

슬립 Slip 유도 전동기에서 고정자장과 회전자 속도 사이의 동기 속도 사이의 차이

실효값 rms value 제곱평균제곱근이며 최대값의 0.707배와 같다.

오실로스코프 Oscilloscope 신호 파형을 스크린에 나타내는 측정기기

위상 Phase 시간에 따라 변화하는 파형의 기준에서의 상대적인 측정 각도

유도 전동기 Induction motor 변압기 작용에 의해 회전자 자계를 여자시키는 교류 전동기

정현파 Sine wave 교류전류와 교류전압의 기본적인 형태로, 사인파 또는 사인곡선이라고도 한다.

주기 Period, T 주기적인 파형의 완전한 한 사이클의 시간 간격

주기적 Periodic 고정된 시간 간격에서 반복에 의한 특성

주파수 Frequency, f 정현파가 1초 동안에 이루는 사이클의 수. 단위는 헤르츠

진폭 Amplitude 전압 혹은 전류의 최대값

첨두값 Peak value 파형의 양(+)과 음(−)의 최고점에서의 전류 혹은 전압값

첨두-첨두값 Peak to peak value 파형의 최소값에서 최대값까지의 크기

충격계수 Duty cycle 한 사이클 동안 펄스가 존재하는 시간의 퍼센트 값을 나타내는 펄스파형의 특성. 분수 또는 퍼센트로 표시되는 펄스폭의 비율

파형 Waveform 전압이나 전류가 시간에 따라 어떻게 변하는지를 나타내는 변동의 패턴

펄스 Pulse 전압 또는 전류에서 시간 간격으로 분리되어 두 개의 서로 마주보고 있는 스텝으로 구성된 파형의 한 종류

펄스폭 Pulse width, t_w 시간 간격에 의하여 나누어지는 크기가 같고 반대 방향으로 순간적으로 변화하는 스텝 사이의 경과시간. 비이상적인 펄스의 경우 선단부와 후단부의 50% 되는 지점의 시간

하강시간 Fall time, t_f 펄스의 진폭 변화가 90%에서 10%로 이르기까지의 시간

함수 발생기 Function generator 1가지 이상의 파형을 만드는 기기

헤르츠 Hertz, Hz 주파수의 단위. 1헤르츠는 초당 한 주기와 같다.

주요공식

(7–1)	$f = \dfrac{1}{T}$	주파수
(7–2)	$T = \dfrac{1}{f}$	주기
(7–3)	$V_{pp} = 2V_p$	첨두–첨두값 전압(정현파)
(7–4)	$I_{pp} = 2I_p$	첨두–첨두값 전류(정현파)
(7–5)	$V_{rms} = 0.707V_p$	실효값 전압(정현파)
(7–6)	$I_{rms} = 0.707I_p$	실효값 전류(정현파)
(7–7)	$V_p = 1.414V_{rms}$	최대 전압(정현파)
(7–8)	$I_p = 1.414I_{rms}$	최대 전류(정현파)
(7–9)	$V_{pp} = 2.828V_{rms}$	첨두–첨두값 전압(정현파)
(7–10)	$I_{pp} = 2.828I_{rms}$	첨두–첨두값 전류(정현파)
(7–11)	$V_{avg} = 0.637V_p$	반 주기 평균 전압(정현파)
(7–12)	$I_{avg} = 0.637I_p$	반 주기 평균 전압(정현파)
(7–13)	$\text{rad} = \left(\dfrac{\pi\ \text{rad}}{180°}\right) \times \text{degrees}$	각도를 라디안으로 변환

(7–14)	$\text{degrees} = \left(\frac{180°}{\pi \text{ rad}}\right) \times \text{rad}$	라디안을 각도로 변환
(7–15)	$y = A \sin\theta$	정현파의 일반식
(7–16)	$v = V_p \sin\theta$	정현파 전압
(7–17)	$i = I_p \sin\theta$	정현파 전류
(7–18)	$y = A \sin(\theta - \phi)$	위상이 뒤지는 정현파
(7–19)	$y = A \sin(\theta + \phi)$	위상이 앞서는 정현파
(7–20)	$f = \frac{Ns}{120}$	교류발전기의 출력 주파수
(7–21)	$\text{Percent duty cycle} = \left(\frac{t_W}{T}\right)100\%$	충격계수
(7–22)	$V_{avg} = \text{baseline} + (\text{duty cycle})(\text{amplitude})$	펄스파형의 평균값

O/X 퀴즈 해답은 이 장의 끝에 있다.

1. 60 Hz 정현파의 주기는 16.7 ms이다.
2. 정현파의 실효값과 평균값은 같다.
3. 10 V의 최대값을 갖는 정현파는 10 V 직류전원과 같은 가열효과를 가지고 있다.
4. 정현파의 최대값은 그것의 진폭과 같다.
5. 360°의 라디안의 수는 2π이다.
6. 3상 전기 시스템에서 위상은 60°로 나누었다.
7. 여자기의 목적은 교류발전기에 대하여 직류 회전자 전류를 공급하는 것이다.
8. 자동차용 교류발전기에 있어서 출력전류는 슬립링을 통하여 회전자에서 얻는다.
9. 유도 전동기에서 유지관리 문제는 브러시를 교환하는 것이다.
10. 동기 전동기는 일정한 속도가 요구될 때 사용할 수 있다.
11. 클램프 미터는 dc를 측정할 수 있고 이용된다.
12. 자동차 교류 발전기에서 다이오드 배열의 목적은 dc를 ac로 변환하기 위한 것이다.

자습문제 해답은 이 장의 끝에 있다.

1. 다음 중 교류와 직류의 차이점은?
   (a) 교류는 값이 변하지만 직류는 변하지 않는다.
   (b) 교류는 방향이 바뀌지만 직류는 바뀌지 않는다.
   (c) (a)와 (b) 모두
   (d) (a)와 (b) 모두 아니다.

2. 각 주기 동안에 정현파는 몇 번 첨두값에 도달하는가?
   (a) 한 번 **(b)** 두 번
   (c) 네 번 **(d)** 주파수에 따라 달라진다.

3. 주파수가 12 kHz인 정현파는 다음 어느 주파수를 갖는 정현파보다 빨리 변화하는가?
   (a) 20 kHz **(b)** 15,000 Hz **(c)** 10,000 Hz **(d)** 1.25 MHz

4. 주기가 2 ms인 정현파는 다음 어느 주파수를 갖는 정현파보다 빨리 변화하는가?
(a) 1 ms **(b)** 0.0025 s **(c)** 1.5 ms **(d)** 1000 s

5. 60 Hz 주파수의 정현파는 10초 후에 몇 주기를 마치는가?
(a) 6주기 **(b)** 10주기 **(c)** 1/16주기 **(d)** 600주기

6. 정현파의 첨두값이 10 V라면 첨두–첨두값은 얼마인가?
(a) 20 V **(b)** 5 V **(c)** 100 V **(d)** 어느 것도 아니다.

7. 정현파의 첨두값이 20 V라면 실효값은 얼마인가?
(a) 14.14 V **(b)** 6.37 V **(c)** 7.07 V **(d)** 0.707 V

8. 첨두값이 10 V인 정현파의 한 주기에 대한 평균값은?
(a) 0 V **(b)** 6.37 V **(c)** 7.07 V **(d)** 5 V

9. 첨두값이 20 V인 정현파의 반 주기에 대한 평균값은?
(a) 0 V **(b)** 6.37 V **(c)** 12.74 V **(d)** 14.14 V

10. 어떤 정현파가 10°에서 기울기가 양의 값을 가지며 0을 지나고 다른 정현파는 45°에서 기울기가 양의 값을 가지며 0을 지난다. 두 파형의 위상각은?
(a) 55° **(b)** 35° **(c)** 0° **(d)** 어느 것도 아니다.

11. 첨두값 15 A의 정현파가 있다. 양의 값으로 향하며 0을 지나는 곳에서 32° 떨어진 점에서 순시값을 구하여라.
(a) 7.95 A **(b)** 7.5 A **(c)** 2.13 A **(d)** 7.95 V

12. 10 kΩ 저항을 5 mA의 실효전류가 흐르면 이 저항의 양단에 걸리는 실효전압은?
(a) 70.7 V **(b)** 7.07 V **(c)** 5 V **(d)** 50 V

13. 2개의 저항이 전원에 연결되어 있다. 한 저항에 실효전압 6.5 V, 다른 저항에 실효전압 3.2 V가 걸린다면 전원 전압의 첨두값은?
(a) 9.7 V **(b)** 9.19 V **(c)** 13.72 V **(d)** 4.53 V

14. 3상 유도 전동기의 장점은 무엇인가?
(a) 어떠한 하중에도 일정한 속도 유지 **(b)** 기동 권선이 필요 없다.
(c) 권선형 회전자를 가지고 있다. **(d)** 위의 내용 모두

15. 고정자장의 동기 속도와 전동기의 회전자 속도와의 차이를 무엇이라 부르는가?
(a) 차이 속도 **(b)** 하중 **(c)** 지상 **(d)** 미끄러짐

16. 펄스폭이 10 μs인 10 kHz 펄스의 충격계수는?
(a) 100% **(b)** 10% **(c)** 1% **(d)** 알 수 없다.

17. 구형파의 충격계수는?
(a) 주파수에 따라 달라진다. **(b)** 펄스폭에 따라 달라진다.
(c) (a)와 (b) **(d)** 50%

18. 파형 모드는 시작–멈춤 주파수 사이에서 출력을 변화시키는데 이것을 무엇이라 하는가
(a) 트리거 **(b)** 버스트 **(c)** 스웹 **(d)** 변조

고장진단: 증상과 원인

이 연습의 목적은 고장진단에 중요한 사고력 개발을 돕기 위한 것이다. 해답은 이 장의 끝에 있다.

그림 7–72를 참조하여 각각 여러 가지로 일어날 수 있는 경우를 예상한다.

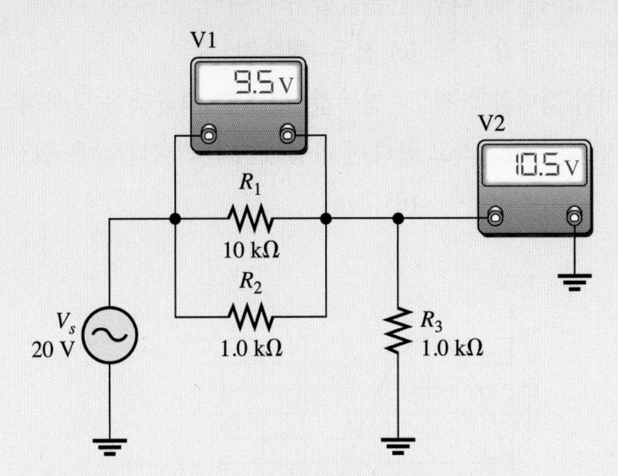

그림 7–72 회로에서 교류전압계들이 정확하게 지시된다.

1. 조건: 전압계 1의 눈금이 0 V이고 전압계 2의 눈금이 20 V인 경우
(a) R_1이 개방 **(b)** R_2가 개방 **(c)** R_3이 개방

2. 조건: 전압계 1의 눈금이 20 V이고 전압계 2의 눈금이 0 V인 경우
(a) R_1이 개방 **(b)** R_2가 단락 **(c)** R_3이 단락

3. 조건: 전압계 1의 눈금이 18.2 V이고 전압계 2의 눈금이 1.8 V인 경우
(a) R_1이 개방 **(b)** R_2가 개방 **(c)** R_1이 단락

4. 조건: 두 전압계 눈금 모두 10 V인 경우
(a) R_1이 개방 **(b)** R_1이 단락 **(c)** R_2가 개방

5. 조건: 전압계 1의 눈금이 16.7 V이고 전압계 2의 눈금이 3.3 V인 경우
(a) R_1이 단락
(b) R_2가 10 kΩ 대신 1 kΩ
(c) R_3이 10 kΩ 대신 1 kΩ

연습문제

선별된 일부 문제의 해답은 이 책의 끝에 있다.

기초문제

7–1 정현파형

1. 다음의 각 주기에 대한 주파수는 얼마인가?
(a) 1 s **(b)** 0.2 s **(c)** 50 ms **(d)** 1 ms **(e)** 500 μs **(f)** 10 μs

2. 2. 다음 주파수에 대한 주기를 각각 구하여라.
(a) 1 Hz **(b)** 60 Hz **(c)** 500 Hz **(d)** 1 kHz **(e)** 200 kHz **(f)** 5 MHz

3. 어떤 정현파가 10 μs 동안에 5사이클을 이룬다. 주기는 얼마인가?

4. 주파수가 50 kHz인 정현파는 10 ms 동안에 몇 사이클을 이루는가?

5. 완전한 100사이클에 대해 10 kHz 정현파를 얻는 데 걸리는 시간은?

7-2 정현파의 전압과 전류값

6. 어떤 정현파의 최대값이 12 V이다. 다음 전압값을 구하여라.

(a) 실효값 **(b)** 첨두–첨두값 **(c)** 반 주기 평균값

7. 정현파 전류의 실효값이 5 mA일 때 다음 전류값을 구하여라.

(a) 최대값 **(b)** 반 주기 평균값 **(c)** 첨두–첨두값

8. 그림 7–73의 정현파에 대한 최대값과 첨두–첨두값, 실효값, 평균값을 구하여라.

9. 그림 7–73에서 각 수평 영역이 1 ms라고 한다면 다음에서 순간 전압값을 결정하라.

(a) 1 ms **(b)** 2 ms **(c)** 4 ms **(d)** 7 ms

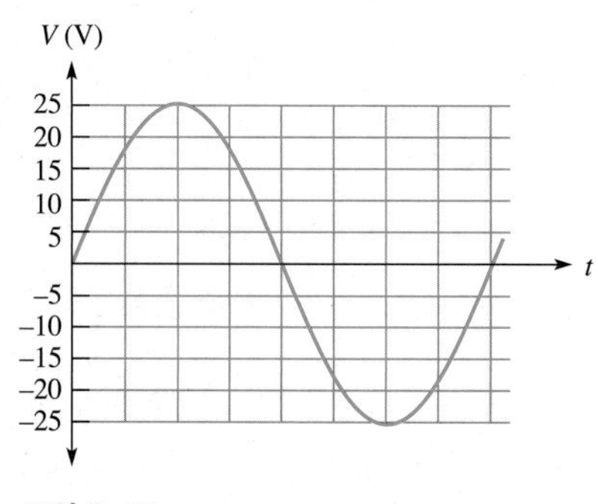

그림 7–73

7-3 정현파의 각도 측정

10. 그림 7–73에서 순간 전압은 어느 위치인가?

(a) 45° **(b)** 90° **(c)** 180°

11. 양의 기울기를 갖고 0을 지나는 점이 정현파 A는 30°, 정현파 B는 45°이다. 두 정현파 사이의 위상각을 구하라. 어느 정현파의 위상이 앞서는가?

12. 두 정현파가 각각 75°와 100°에서 최대값을 갖는다. 각 정현파는 0 기준점에 대해 위상이 얼마나 바뀌었나? 두 정현파 간의 위상각은 얼마인가?

13. 다음과 같은 두 정현파를 그려라. 정현파 A를 기준으로 정현파 B는 A보다 위상이 90° 늦다. 진폭은 서로 같다.

14. 다음 각도를 라디안으로 바꾸어라.

(a) 30° **(b)** 45° **(c)** 78° **(d)** 135° **(e)** 200° **(f)** 300°

15. 다음의 각도를 라디안에서 도로 바꾸어라.

(a) $\pi/8$ **(b)** $\pi/3$ **(c)** $\pi/2$ **(d)** $3\pi/5$ **(e)** $6\pi/5$ **(f)** 1.8π

7-4 정현파 공식

16. 어떤 정현파가 0에서 양의 기울기를 가지며 0을 지나고 실효값은 20 V이다. 다음 각도에서 순시값이 각각 얼마인가?

(a) 15° **(b)** 33° **(c)** 50° **(d)** 110°

(e) 70° **(f)** 145° **(g)** 250° **(h)** 325°

17. 0° 기준점에서 사인과 전류의 최대값이 100 mA이다. 다음 각 점에서 순시값을 구하여라.

(a) 35° **(b)** 95° **(c)** 190° **(d)** 215° **(e)** 275° **(f)** 360°

18. 0° 기준점에서 정현파의 실효값이 6.37 V이다. 다음 각 점에서 순시값을 구하여라.

(a) $\pi/8$ rad **(b)** $\pi/4$ rad **(c)** $\pi/2$ rad **(d)** $3\pi/4$ rad

(e) π rad **(f)** $3\pi/2$ rad **(g)** 2π rad

19. 정현파 A가 정현파 B보다 위상이 30° 뒤진다. 두 정현파의 최대값은 모두 15 V이다. 정현파 A가 0°에서 양의 기울기로 0을 지난다. 30°, 45°, 90°, 180°, 200°, 300°에서 정현파 B의 순시값을 구하여라.

20. 19번 문제에서 정현파 A가 B보다 위상이 30° 앞서는 경우에 정현파 B의 순시값을 구하라.

7-5 교류회로의 해석

21. 정현파 전압이 그림 7-74의 저항성 회로에 인가되었다. 다음을 구하여라.

(a) I_{rms} **(b)** I_{avg} **(c)** I_p **(d)** I_{pp} **(e)** 양의 최대값에서 i

22. 그림 7-75에서 R_1과 R_2에 걸리는 전압의 반주기 평균값을 구하라. 그림에서 주어진 값들은 실효값이다.

23. 그림 7-76에서 R_3에 걸리는 실효전압을 구하여라.

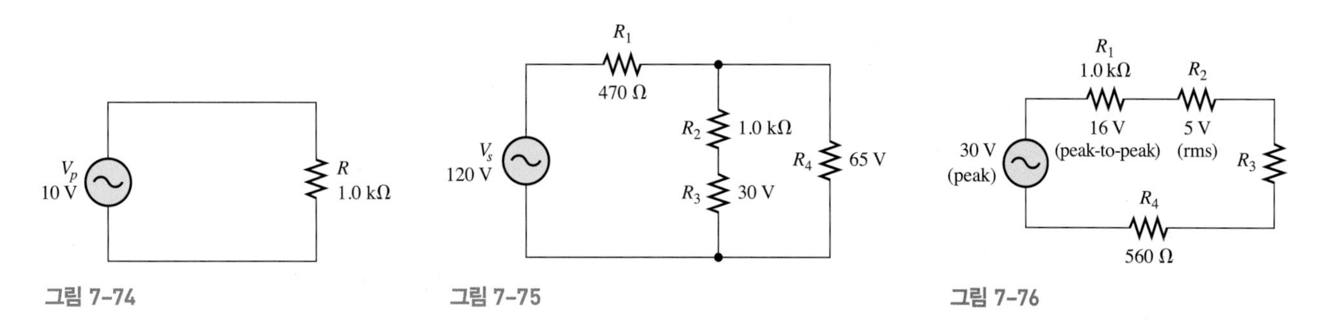

그림 7-74 그림 7-75 그림 7-76

24. 실효값이 10.6 V인 정현파가 24 V의 직류전압에 인가되었다. 이 중첩된 파형의 최대값과 최소값은 얼마인가?

25. 실효전압이 3 V인 정현파가 모든 점에서 0이 아닌 양의 값을 가지려면 몇 V의 직류전압을 더해야 하는가?

26. 최대값이 6 V인 정현파가 8 V의 직류전압에 인가되었다. 직류전압이 5 V로 낮추어진다면 정현파가 갖는 음의 최대값은?

7-6 교류발전기(AC 발전기)

27. 단순한 이극의 회전자 전도선회로이고, 단상 발전기가 250 rps로 회전한다. 유도된 출력전압의 주파수는 얼마인가?

28. 어떤 4극 발전기는 3600 rpm의 회전속도를 가지고 있다. 이 발전기에 의해 만들어진 전압의 주파수는 얼마인가?

29. 400 Hz 정현파 전압을 만들어 내도록 작동되는 4극 발전기의 회전속도는 얼마인가?

30. 항공기용 교류 발전기의 주파수는 대개 400 Hz이다. 회전속도가 3000 rpm인 400 Hz 교류발전기의 극수는 얼마인가?

7-7 교류 전동기

31. 단상 유도 전동기와 3상 유도 전동기 사이의 주요한 차이점은 무엇인가?

32. 이동하는 영역 부분에 코일이 없다면 유도 전동기에 있는 영역은 어떻게 회전하는지 설명하라.

7-8 비정현파형

33. 그림 7-77의 그래프에서 t_r, t_f, t_W 그리고 진폭을 구하여라.

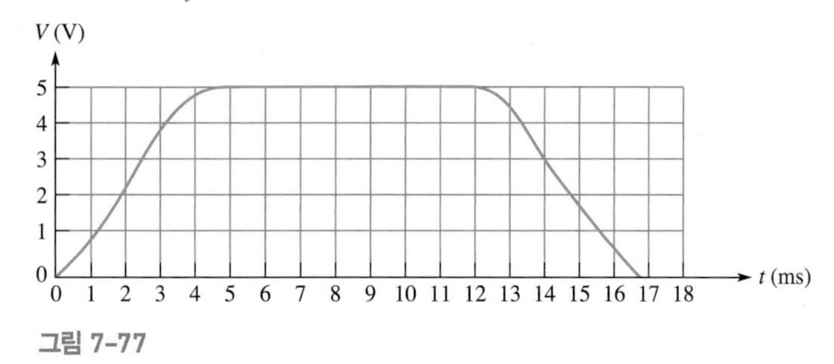

그림 7-77

34. 그림 7–78에서 각 펄스파형의 충격계수를 계산하여라.

35. 그림 7–78에서 각 펄스파형의 평균값을 구하여라.

36. 그림 7–78에서 각 파형의 주파수는 얼마인가?

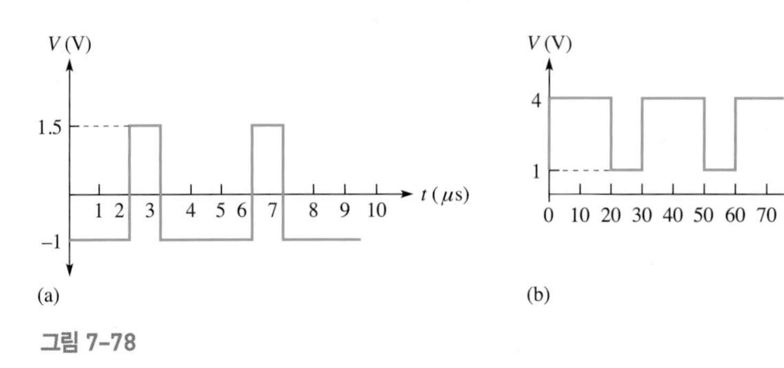

그림 7–78

37. 그림 7–79에서 각 톱니파형의 주파수는 얼마인가?

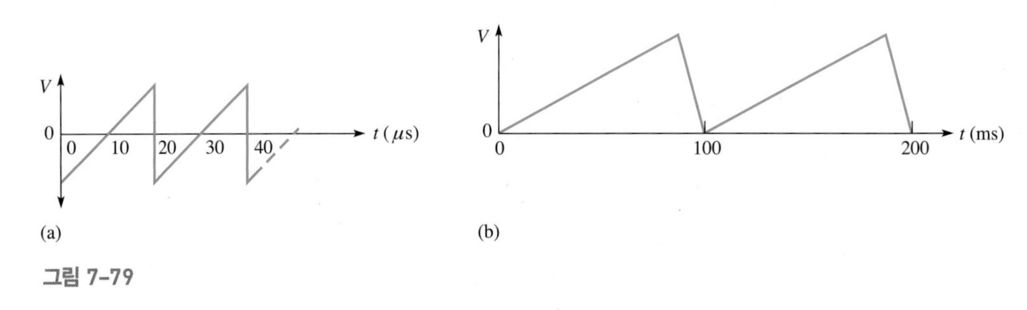

그림 7–79

38. 주기가 40 μs인 구형파의 여섯 번째까지의 홀수 고조파를 적어라.

39. 38번 문제에서 구형파의 기본 주파수는 얼마인가?

7–9 오실로스코프

40. 그림 7–80의 스코프 화면에 나타난 정현파의 최대값과 주기를 구하여라. 수평축은 0 V이다.

41. 그림 7–80의 스코프 화면에 나타난 정현파의 실효값과 주파수를 구하여라.

42. 그림 7–81의 아날로그 스코프 화면에 나타난 정현파의 실효값과 주파수를 구하라. 수평축은 0 V이다.

43. 그림 7–82의 스코프 화면에 나타난 펄스파형의 진폭과 펄스폭, 충격계수를 구하라. 수평축은 0 V이다.

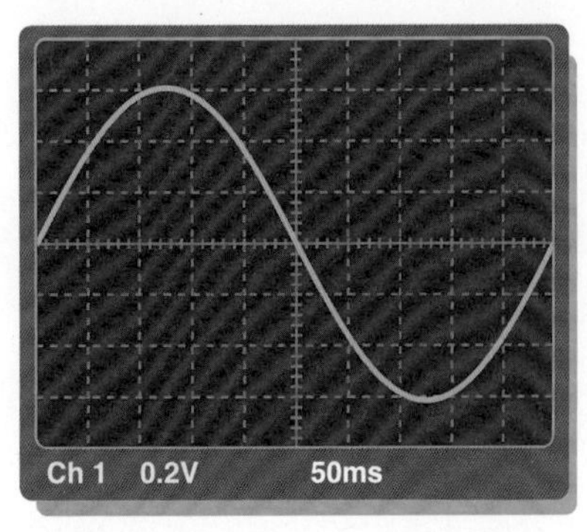

그림 7–80

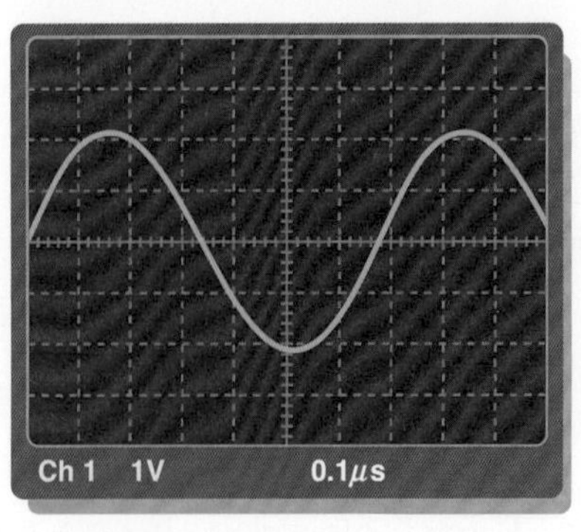

그림 7–81

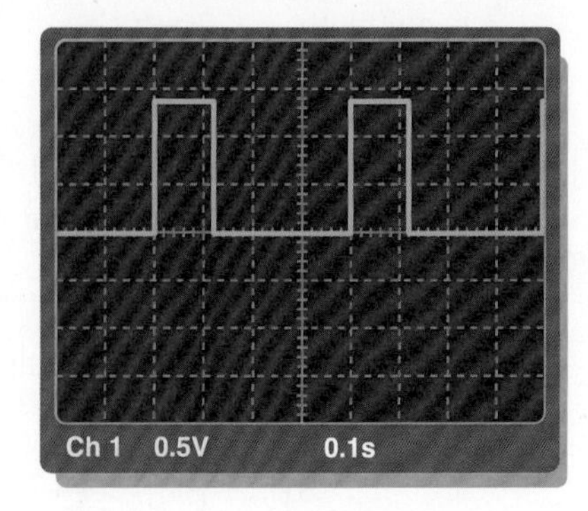

그림 7–82

7–10 신호원

44. 정현파 신호 발생기에 대해 왜 스펙트럼 순도가 중요한가?

45. 변조 신호는 무엇이고 아날로그 신호 발생기에 어떻게 적용되는가?

46. 응답을 측정하기 위해 다른 주파수를 가지고 회로를 시험한다고 하자. 주파수가 변화는 각 시간에서 발생기로부터 신호를 체크하는 것이 왜 중요한가?

47. 발생기에 대해 버스트 모드와 게이트 모드 사이의 차이는 무엇인가?

고급문제

48. 어떤 정현파의 주파수가 2.2 kHz이고 실효값이 25 V이다. $t = 0$ s일 때, 이 정현파가 0을 지나면 0.12 ms와 0.2 ms 사이에서 전압이 얼마가 변하는가?

49. 그림 7–83에서 직류전원에 정현파 전압원이 직렬로 연결되어 두 전압이 중첩된다. R_L에 인가되는 전압을 그려라. 그리고 R_L에 흐르는 최대 전류와 R_L에 걸리는 평균 전압을 구하여라.

50. 그림 7–84의 계단형 비정현파형의 평균값을 구하라.

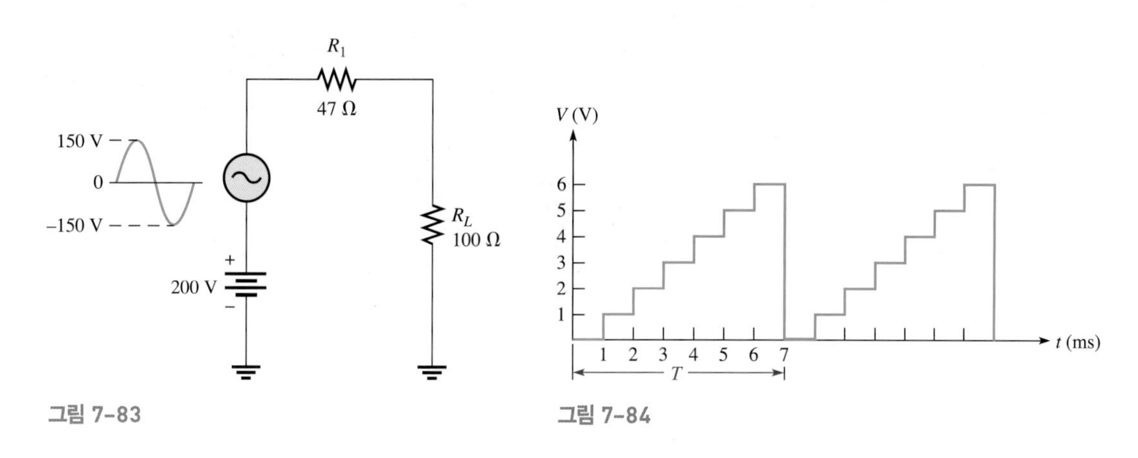

그림 7–83

그림 7–84

51. 그림 7–85의 오실로스코프를 참조하라.

(a) 몇 사이클이 화면에 보이는가?

(b) 정현파의 실효값은 얼마인가?

(c) 정현파의 주파수는 얼마인가?

52. Volts/Div 조정기를 5 V에 맞추면 정현파가 화면에 어떻게 나타나는지 눈금표시가 되어 있는 그림 7–85의 스코프 화면 상에 정확히 그려라.

53. Sec/Div 조정기를 10 μs에 맞추면 정현파가 화면에 어떻게 나타나는지 눈금표시가 되어 있는 그림 7–85의 스코프 화면 상에 정확히 그려라.

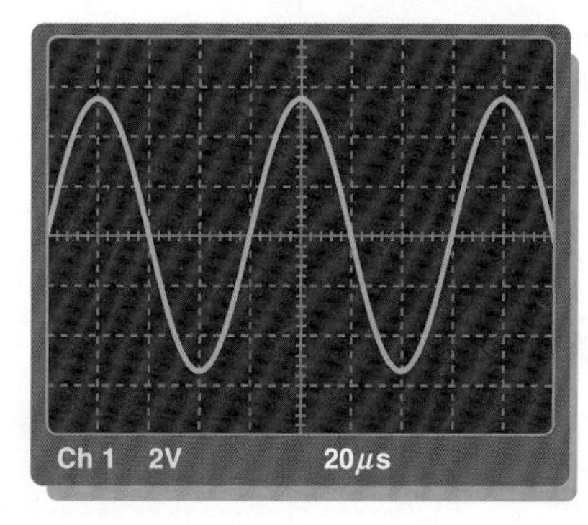

그림 7–85

54. 그림 7–86에 보인 계측기 설정과 스코프 화면의 검사, 그리고 회로판을 근거로 하여 입력신호와 출력신호의 주파수와 최대값을 구하여라. 파형은 채널 1에 보인다. 지시된 설정에 따라 스코프의 채널 2에 나타나게 될 파형을 그려라.

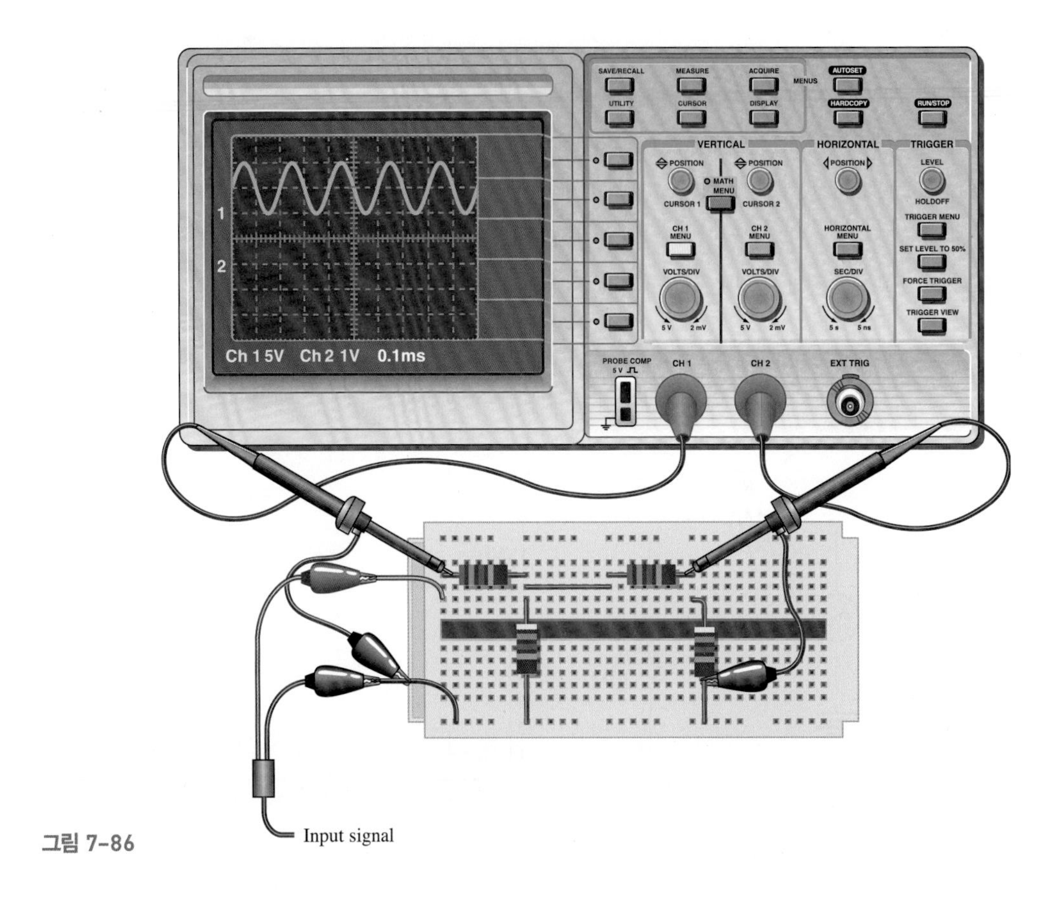

그림 7-86

55. 그림 7-87의 회로판과 오실로스코프 화면을 검사하여 미지의 입력신호의 주파수와 최대값을 구하여라.

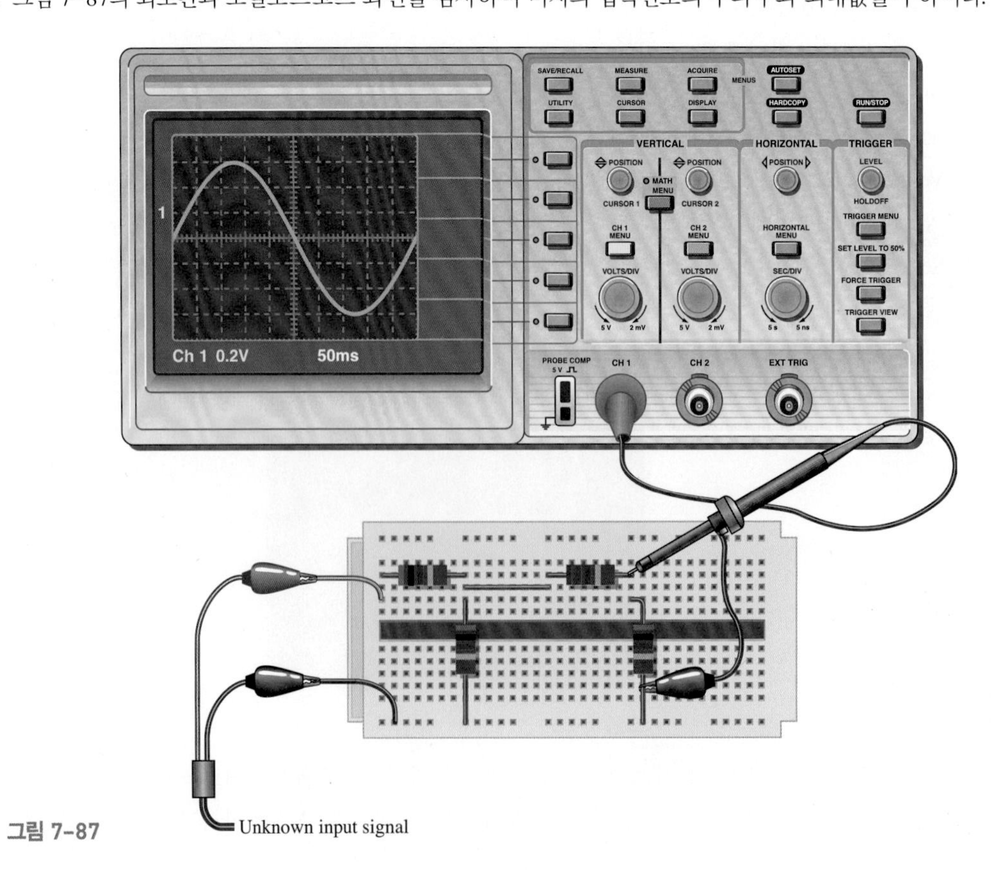

그림 7-87

복습문제 해답

7-1 정현파형

1. 한 사이클은 영을 지나 양의 최대값에 도달하고 다시 0을 지나 음의 최대값을 거쳐서 다시 0으로 온다.
2. 정현파는 0을 지나면 극성이 바뀐다.
3. 정현파에는 한 사이클에서 최대값이 두 번 있다.
4. 주기는 0을 지나는 점에서 그에 대응하는 0을 지나는 다음 점까지로 측정되거나, 최대점에서 그에 대응하는 다음 최대점까지로 측정된다.
5. 주파수는 1초 동안 이루는 사이클의 수이며 단위는 헤르츠이다.
6. $f = 1/5\ \mu s = 200\ kHz$
7. $T = 1/120\ Hz = 8.33\ ms$

7-2 정현파의 전압과 전류값

1. **(a)** $V_{pp} = 2(1\ V) = 2\ V$
   (b) $V_{pp} = 2(1.414)(1.414\ V) = 4\ V$
   (c) $V_{pp} = 2(1.57)(3\ V) = 9.42\ V$
2. **(a)** $V_{rms} = (0.707)(2.5\ V) = 1.77\ V$
   (b) $V_{rms} = (0.5)(0.707\ V)(10\ V) = 1.77\ V$
   (c) $V_{rms} = (0.707)(2.5\ V) = 1.77\ V$
3. **(a)** $V_{avg} = (0.637)(10\ V) = 6.37\ V$
   (b) $V_{avg} = (0.637)(1.414)(2.3\ V) = 2.07\ V$
   (c) $V_{avg} = (0.637)(0.5)(60\ V) = 19.1\ V$

7-3 정현파의 각도 측정

1. **(a)** 양의 최대값은 90°에서 발생한다.
   (b) 음의 기울기로 0을 지나는 곳은 180°이다.
   (c) 음의 최대값은 270°에서 발생한다.
   (d) 사이클은 360°에서 끝난다.
2. 반 주기는 180° 또는 π 라디안에서 끝난다.
3. 한 주기는 360° 또는 2π 라디안에서 끝난다.
4. $\theta = 90° - 45° = 45°$

7-4 정현파 공식

1. **(a)** $\sin 30° = 0.5$
   (b) $\sin 60° = 0.866$
   (c) $\sin 90° = 1$
2. $v = 10 \sin 120° = 8.66\ V$
3. $v = 10 \sin(45° + 10°) = 8.19\ V$

7-5 교류회로의 해석

1. $I_p = V_p/R = (1.57)(12.5\ V)/330\ \Omega = 59.5\ mA$
2. $V_{s(rms)} = (0.707)(25.3\ V) = 17.9\ V$
3. $+V_{max} = 5\ V + 2.5\ V = 7.5\ V$
4. 변동한다.
5. $+V_{max} = 5\ V - 2.5\ V = 2.5\ V$

7-6 교류발전기(AC 발전기)

1. 극의 수와 회전자의 속도
2. 브러시는 출력전류를 다루지 않는다.
3. 대형 교류발전기에 회전자 전류를 공급하는 직류발전기.
4. 다이오드는 최종 출력을 위하여 고정자로부터 직류로 변환한다.

7-7 교류 전동기

1. 유도 전동기에서 회전자는 변압기로 작용하여 전류를 얻고, 동기 전동기에 있어서 회전자는 영구자석 혹은 슬립 링이나 브러시를 통한 외부 전원으로 전류를 공급받는 전자석으로 차이는 회전자이다.
2. 크기는 일정하다.
3. 농형 회전자는 회전자에서 전류를 만들어 내는 전기적인 전도체로 구성되어 있다.
4. 슬립은 회전자 속도와 고정자 자계의 동기 속도 사이의 차이이다.

7-8 비정현파형

1. **(a)** 상승시간은 진폭의 10%에서부터 90%까지 도달하는 데 걸리는 시간이다.
   (b) 하강시간은 진폭의 90%에서부터 10%까지 도달하는 데 걸리는 시간이다.
   (c) 펄스폭은 선단부의 50%에서부터 후단부의 50%까지 도달하는 데 걸리는 시간이다.
2. $f = 1/1\text{ ms} = 1\text{ kHz}$
3. 충격계수 = (1/5)100% = 20%, 진폭 = 1.5 V, $V_{avg} = 0.5\text{ V} + 0.2(1.5\text{ V}) = 0.8\text{ V}$
4. $T = 16\text{ ms}$
5. $f = 1/T = 1/1\ \mu\text{s} = 1\text{ MHz}$
6. 기본 주파수는 파형의 반복률이다.
7. 제 2고조파: 2 kHz
8. $f = 1/10\ \mu\text{s} = 100\text{ kHz}$

7-9 오실로스코프

1. 디지털: 신호는 처리과정을 거쳐 디지털로 변환되며, 표시를 위하여 재구성된다.
   아날로그: 신호는 직접 보내져 표시된다.
2. 전압은 수직으로 측정한다.
3. Volt/Div 제어는 수직 크기로 각각 영역으로 표현된 전압의 양을 조정한다.
4. Sec/Div 제어는 수평 크기로 각각 영역으로 표현된 시간의 양을 조정한다.
5. 매우 작은 전압을 측정할 때를 제외하고 대부분의 경우는 ×10 프로브를 사용한다.

7-10 신호원

1. 함수 발생기의 한계(진폭과 주파수) 내의 어떤 파형. 파형은 여러 가지 방법에 의해 분류된다.
2. 발생기는 두 개의 선택된 주파수 사이에서 사이클 비율로 변화하는 정현파 출력을 가진다.
3. 발생기가 좋은 스펙트럼 순도를 가지지 않는다면 시험하에서 유니트의 어떤 측정이 왜곡될 수 있다.
4. 정보를 포함한 신호는 다른 신호의 특성을 변조하는 데 사용되는 절차이다.

출력은 한 번에 사이클의 특정수에 대한 모드는 트리거된다.

예제의 관련문제 해답

7–1 2.4 s

7–2 1.5 ms

7–3 20 kHz

7–4 200 Hz

7–5 1 ms

7–6 $V_{pp} = 50$ V; $V_{rms} = 17.7$ V; $V_{avg} = 15.9$ V

7–7 **(a)** $\pi/12$ rad, **(b)** 112.5

7–8 8

7–9 18.1 V

7–10 $I_{rms} = 4.53$ mA; $V_{1(rms)} = 4.53$ V; $V_{2(rms)} = 2.54$ V; $P_{tot} = 32$ mV

7–11 23.7 V

7–12 그림 (a)의 파형은 음의 값을 가지지 않는다.
그림 (b)의 파형은 음의 값을 갖는다.

7–13 250 rpm

7–14 5%

7–15 1.2 V

7–16 120 V

7–17 **(a)** $V_{rms} = 1.06$ V; $f = 50$ Hz
(b) $V_{rms} = 88.4$ mV; $f = 1.67$ kHz
(c) $V_{rms} = 4.81$ V; $f = 5$ kHz
(d) $V_{rms} = 7.07$ V; $f = 250$ kHz

7–18 0.6 V

O/X 퀴즈 해답

1. O **2.** X **3.** X **4.** O **5.** O **6.** X **7.** O **8.** X
9. X **10.** O **11.** O **12.** X

자습문제 해답

1. (b) **2.** (b) **3.** (c) **4.** (b) **5.** (d) **6.** (a) **7.** (a) **8.** (a) **9.** (c)
10. (b) **11.** (a) **12.** (d) **13.** (c) **14.** (b) **15.** (d) **16.** (b) **17.** (d) **18.** (c)

고장진단 해답

1. (c) **2.** (c) **3.** (b) **4.** (a) **5.** (b)

커패시터

차례

목적

- 커패시터의 기본 구조와 특성을 설명한다.
- 여러 종류의 커패시터에 대해 논의한다.
- 직렬 커패시터를 해석한다.
- 병렬 커패시터를 해석한다.
- 직류 스위칭회로에서 커패시터의 동작을 설명한다.
- 교류회로에서 커패시터의 동작을 설명한다.
- 커패시터의 응용 예를 설명한다.

핵심용어

과도시간
결합
맥동전압
무효전력
바이패스
분할
볼트–암페어 리액티브 (VAR)
순시전력
유전강도
유전체
온도계수
용량성 리액턴스
유전상수
유효전력
정전용량
지수(Exponential)
충전
커패시터
패럿(F)
필터
***RC* 시정수**

서론

커패시터(*capacitor*)는 전하를 저장할 수 있는 소자로 그것에 의하여 전계를 만들고 차례로 에너지를 저장한다. 커패시터의 전하저장 능력의 척도가 **정전용량**(커패시턴스, *capacitance*)이다.

이 장에서는 기본적인 커패시터를 소개하고 그 특성을 학습하고 여러 종류의 커패시터의 물리적인 구조와 전기적인 성질들에 대해 알아본다. 직-병렬 결합에 대하여 분석하고, 직류와 교류회로에서 사용되는 커패시터의 기본적인 동작을 학습하고, 여러 시스템 내에서 찾을 수 있는 대표적인 응용사례를 논의한다.

8-1 기본적인 커패시터

커패시터(capacitor)는 전하를 저장하는 수동소자이며, 정전용량으로 특성을 나타낸다.

이 절을 마친 후 다음을 할 수 있어야 한다.

- 커패시터의 기본 구조와 특성을 설명한다.
- 커패시터가 전하를 저장하는 원리를 설명한다.
- 정전용량의 정의와 단위를 설명한다.
- 커패시터가 에너지를 저장하는 원리를 설명한다.
- 전압 정격과 온도계수에 대해 논의한다.
- 커패시터의 누설전류를 설명한다.
- 커패시터의 정전용량에 영향을 미치는 물리적 특성을 설명한다.

기본 구조

가장 간단한 구조의 기본 커패시터(capacitor)는 **유전체(dielectric)**라는 절연 재료로 분리된 2개의 평행한 도체판으로 구성된 전기 소자다. 연결선들은 평행한 도체판에 부착되어 있다. 기본적인 커패시터는 그림 8–1(a)와 같고 그 기호는 그림 (b)에 표시하였다.

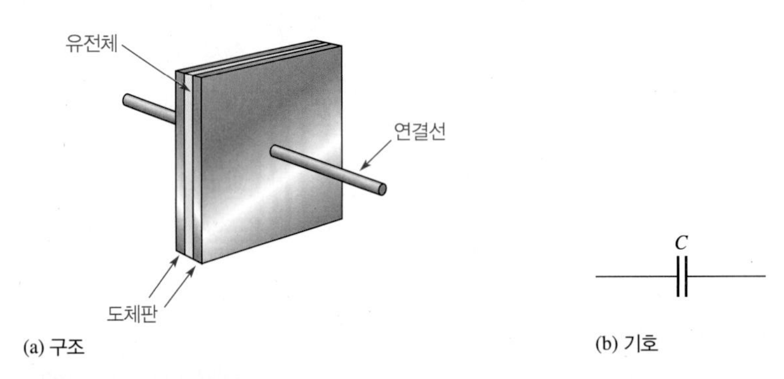

(a) 구조 (b) 기호

그림 8–1 기본 커패시터

커패시터가 전하를 저장하는 원리

중성 상태에서 커패시터의 두 도체판은 그림 8–2(a)에서와 같이 같은 수의 자유전자를 갖고 있다. 커패시터를 그림 8–2(b)와 같이 저항을 통해 직류 전압원에 연결하면 전자(음전하)들이 도체판 *A*에서 제거되고 같은 수의 전자들이 도체판 B에 모인다. 도체판 *A*가 전자를 잃고 도체판 *B*가 전자를 얻으면 도체판 *A*는 도체판 *B*에 대해 양전하를 띠게 된다. 이와 같이 충전되는 동안에 전자들은 연결된 전선과 전원을 통해서만 흐른다. 커패시터의 유전체는 절연체이므로 전자가 통과할 수 없다. 그림 8–2(c)와 같이 커패시터에 형성된 전압이 전원의 전압과 같아질 때 전자의 이동이 멈추게 된다. 커패시터가 전원과 분리되면 그림 8–2(d)와 같이 커패시터는 오랜 시간 동안(그 시간은 커패시터의 종류에 따라 다르다) 전하를 저장하고 양단에 전압이 유지된다. 대전(충전)된 커패시터는 일시적인 전지로 작용할 수 있다.

정전용량*

커패시터가 저장할 수 있는 단위 전압당 전하의 양을 **정전용량(capacitance)**이라 하고 *C*로 표시한

*역주 8장에서는 커패시턴스(capacitance)를 정전용량이라고 통일하여 표기함

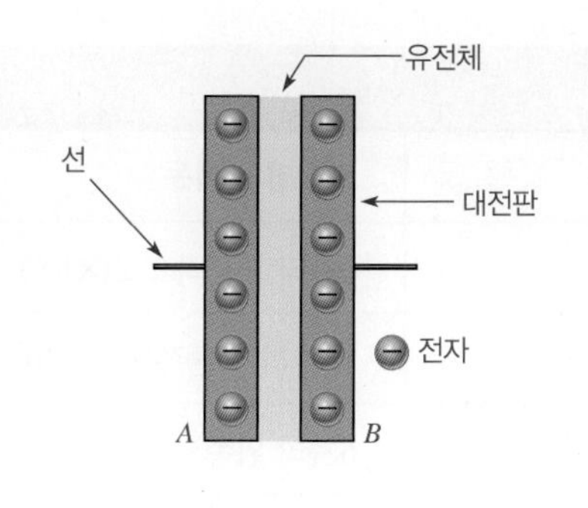

(a) 중성(대전되지 않은) 커패시터
(양쪽 대전판에 같은 전하가 있다)

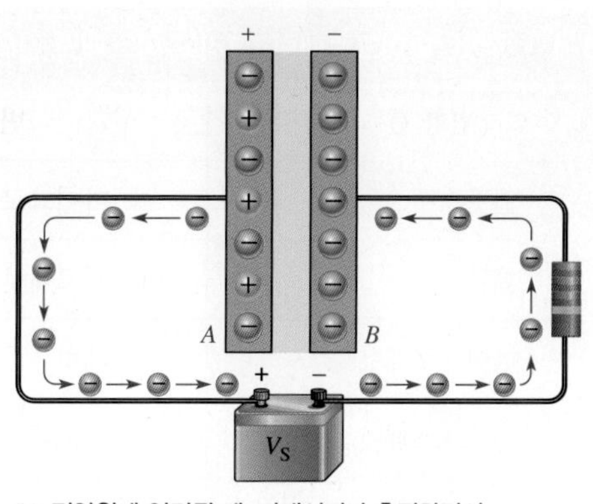

(b) 전압원에 연결될 때, 커패시터가 충전하면서 전자가 도체판 A에서 도체판 B로 이동한다.

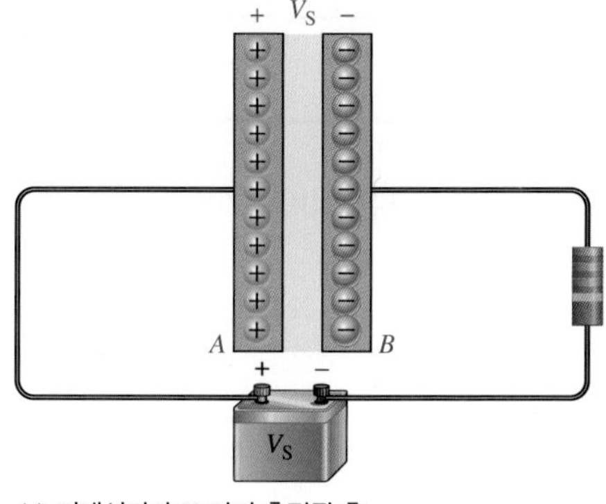

(c) 커패시터가 V_S까지 충전된 후 더 이상 전자는 이동하지 않는다.

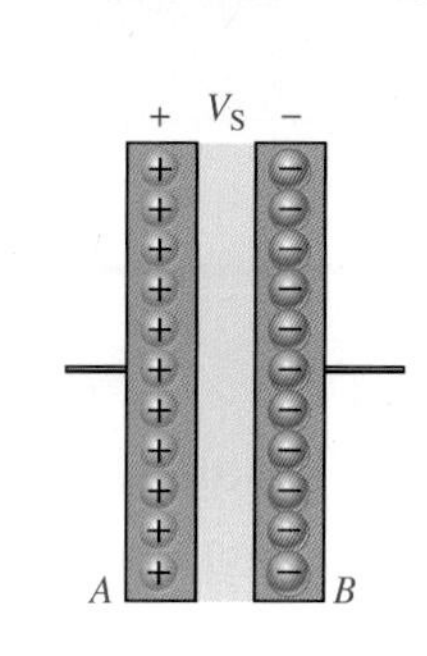

(d) 커패시터가 전압원에서 분리될 때 이상적으로 전하를 저장하고 있다.

그림 8–2 커패시터의 전하 저장 원리

다. 즉, 정전용량은 전하를 저장하는 커패시터의 능력을 나타내는 척도이다. 커패시터가 저장할 수 있는 단위 전압당 전하가 많으면 많을수록 정전용량이 커지며 다음 식으로 표현된다.

$$C = \frac{Q}{V} \tag{8-1}$$

여기서 C는 정전용량이고, Q는 전하량, V는 전압이다.

식 8–1로부터 Q와 V를 계산할 수 있는 다른 두 식을 얻을 수 있다.

$$Q = CV \tag{8-2}$$

$$V = \frac{Q}{C} \tag{8-3}$$

정전용량의 단위 **패럿(forad, F)**은 정전용량의 기본 단위이고 쿨롱(C)은 전하의 단위이다.

1패럿은 1볼트(V) 전압이 인가된 커패시터에 1쿨롱(C) 전하가 저장될 때의 정전용량이다.

전기전자공학 분야에서는 마이크로패럿(μF)과 피코패럿(pF) 크기의 커패시터가 많이 사용된다. 마이크로패럿은 패럿의 백만분의 일이다(1 μF = 1 × 10^{-6} F). 그리고 피코패럿은 패럿의 일조분의 일이다(1 pF = 1 × 10^{-12} F). 패럿과 마이크로패럿, 피코패럿 간의 변환을 표 8–1에 요약하였다.

표 8-1 • 패럿, 마이크로패럿, 그리고 피코패럿 간의 변환

변환 전	변환 후	소수점의 이동
패럿	마이크로패럿	6자리 오른쪽으로($\times 10^{6}$)
패럿	피코패럿	12자리 오른쪽으로($\times 10^{12}$)
마이크로패럿	패럿	6자리 왼쪽으로($\times 10^{-6}$)
마이크로패럿	피코패럿	6자리 오른쪽으로($\times 10^{6}$)
피코패럿	패럿	12자리 왼쪽으로($\times 10^{-12}$)
피코패럿	마이크로패럿	6자리 왼쪽으로($\times 10^{-6}$)

예제 8-1

(a) 어떤 커패시터에서 도체판 사이에 10 V가 가해질 때 50 μC이 저장된다. 정전용량은 얼마인가?

(b) 용량 2.2 μF의 커패시터에 100 V가 가해졌다. 커패시터가 저장하는 전하는 얼마인가?

(c) 2 μC의 전하를 저장하는 용량 100 pF의 커패시터에 걸리는 전압은 얼마인가?

풀이

(a) $C = \dfrac{Q}{V} = \dfrac{50\ \mu\text{C}}{10\ \text{V}} = \mathbf{5\ \mu F}$

(b) $Q = CV = (2.2\ \mu\text{F})(100\ \text{V}) = \mathbf{220\ \mu C}$

(c) $V = \dfrac{Q}{C} = \dfrac{2\ \mu\text{C}}{100\ \text{pF}} = \mathbf{20\ kV}$

관련문제*

$C = 1000\text{pF}$이고, $Q = 10\ \mu\text{C}$이면 V는 얼마인가?

*해답은 이 장의 끝에 있다.

예제 8-2

다음 값들을 마이크로패럿(μF)으로 변환하여라.

(a) 0.00001 F **(b)** 0.0047 F **(c)** 1000 pF **(d)** 220 pF

풀이

(a) $0.00001\ \text{F} \times 10^{6}\ \mu\text{F/F} = \mathbf{10\ \mu F}$

(b) $0.0047\ \text{F} \times 10^{6}\ \mu\text{F/F} = \mathbf{4700\ \mu F}$

(c) $1000\ \text{pF} \times 10\ ^{6}\ \mu\text{F/pF} = \mathbf{0.001\ \mu F}$

(d) $220\ \text{pF} \times 10^{-6}\ \mu\text{F/pF} = \mathbf{0.00022\ \mu F}$

관련문제

47,000 pF을 마이크로패럿(μF)으로 변환하라.

예제 8-3

다음 값들을 피코패럿(pF)으로 변환하라.

(a) 0.1×10^{-8} F **(b)** 0.000027 F **(c)** 0.01 μF **(d)** 0.0047 μF

풀이

(a) $0.1 \times 10^{-8}\text{ F} \times 10^{12}\text{ pF/F} = \mathbf{1000\ pF}$

(b) $0.000027\text{ F} \times 10^{12}\text{ pF/F} = \mathbf{27 \times 10^6\ pF}$

(c) $0.01\ \mu\text{F} \times 10^{6}\text{ pF/}\mu\text{F} = \mathbf{10{,}000\ pF}$

(d) $0.0047\ \mu\text{F} \times 10^{6}\text{ pF/}\mu\text{F} = \mathbf{4700\ pF}$

관련문제

100 μF을 피코패럿(pF)으로 변환하라.

커패시터가 에너지를 저장하는 원리

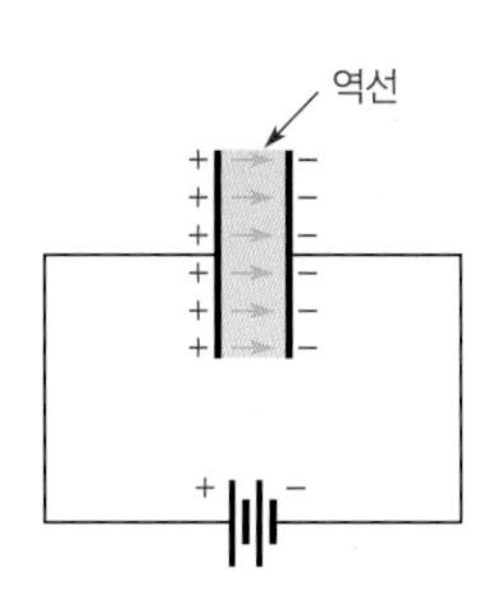

그림 8-3 전계는 커패시터에서 에너지를 저장한다. 베이지색 부분은 유전체를 표시한다.

커패시터는 두 도체판에 모인 반대 극성을 갖는 전하에 의해 형성되는 전계(Electric Field)에 에너지를 저장한다. 그림 8-3에서와 같이 전계는 양전하와 음전하 사이의 역선(line of force)으로 나타낼 수 있고 유전체 내에 집중되어 있다.

그림 8-3에 있는 판은 배터리와 연결되어 있기 때문에 전하를 얻는다. 이것은 판 사이에 에너지를 저장하는 전계를 만든다. 전계에 저장된 에너지는 커패시터의 크기와 전압의 제곱에 비례하며, 다음 식과 같다.

$$W = \frac{1}{2}CV^2 \qquad (8-4)$$

정전용량(C)의 단위가 패럿이고 전압(V)의 단위가 볼트일 때 에너지(W)의 단위는 줄(joule)이다.

전압정격

모든 커패시터는 도체판 사이에서 견딜 수 있는 전압의 크기에 제한이 있다. 전압정격은 소자에 손상을 주지 않고 가할 수 있는 최대 직류전압을 지칭한다. **파괴전압**(*breakdown voltage*) 또는 **동작전압**(*working voltage*)이라고 부르는 이 최대 전압을 초과하면 커패시터는 손상을 받아 못쓰게 된다.

커패시터를 회로에서 실제로 사용하기 전에 정전용량과 전압정격을 함께 고려해야 한다. 정전용량의 크기는 회로 요구조건에 따라 선택된다. 커패시터의 전압정격은 그 커패시터가 사용될 회로에서 예상되는 최대 전압보다 항상 커야 한다.

유전강도 커패시터의 파괴전압은 사용되는 유전체의 **유전강도(dielectric strength)**에 의해 결정된다. 유전강도의 단위는 V/mil이다(1 mil = 0.001 in. = 2.54×10^{-5} meter). 표 8-2는 몇 가지 재료의 대표적인 유전강도의 값이다. 정확한 값은 재료의 구성비에 따라 변한다. 유전강도는 예를 들어 설명하는 것이 보다 이해하기 쉽다. 어떤 커패시터의 판 간 거리가 1 mil이고 유전체로는 세라믹이 사용되었다. 세라믹의 유전강도가 1000 V/mil이므로 이 커패시터는 최대 전압 1000 V까지 견딜 수 있다. 만약, 최대 전압을 초과하면 유전체가 파괴되고 전류가 흘러 커패시터는 손상을 받아 다시는 사용할 수 없게 된다. 세라믹 커패시터의 판간 거리가 2 mil이라면 이 커패시터의 파괴전압은 2000 V이다.

표 8-2 • 일반적인 유전 재료와 유전강도의 값	
재료	유전강도(V/mil)
공기	80
오일	375
세라믹	1000
종이(파라핀을 입힌)	1200
테프론®	1500
운모	1500
유리	2000

온도계수

온도계수(temperature coefficient)는 온도에 따라 정전용량이 변화하는 크기와 방향을 나타낸다. 양의 온도계수는 온도가 증가하면 정전용량이 증가하고, 온도가 감소하면 정전용량이 감소하는 것을 뜻한다. 음의 온도계수는 온도의 변화와 반대로 정전용량이 변하는 것을 뜻한다.

온도계수는 통상 ppm/°C(parts per million per degree Celsius)로 나타낸다. 예를 들면 용량이 1 μF인 커패시터가 150 ppm/°C의 음의 온도계수를 가지고 있다면, 온도가 섭씨 1°C 오를 때마다 정전용량이 150 pF 만큼 감소하게 된다(1 마이크로패럿은 백만 피코패럿이다).

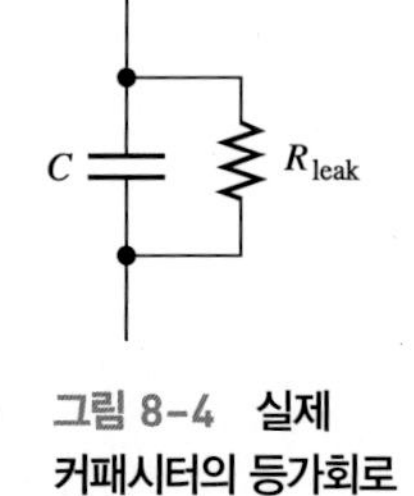

그림 8-4 실제 커패시터의 등가회로

누설

완전한 절연 재료란 있을 수 없다. 어떤 커패시터의 유전체라도 아주 적은 양의 전류는 흐를 수 있다. 따라서 커패시터에 축적된 전하는 결국 누설되어 없어진다. 커패시터의 유형에 따라 누설되는 크기는 다르다. 그림 8–4는 비이상적인 커패시터의 등가회로를 보여준다. 병렬로 연결된 저항 R_{leak}는 유전체의 매우 높은 저항(수백 kΩ 또는 그 이상)을 나타내며 이 절연체를 통해 누설전류가 흐른다.

정전용량형 센서(Capacitive Sensors)

정전용량형 센서는 압력, 근접, 습도, 액체레벨 등을 측정하는 시스템에서 일반적으로 사용된다. 정전용량형 센서는 물리적 자극에 반응하여 커패시터의 용량이 변하는 원리로 동작한다. 압력센서의 경우에는 유연한 다이어프램을 구성하는 전도판이 커패시터의 한쪽 판이 되며, 다른 판은 고정되어 있다. 압력이 가해지면 이 다이어프램이 움직여 정전용량이 변하게 된다. 외부회로를 사용하여 변경된 정전용량을 감지하면 물리량을 측정할 수 있게 된다. 근접센서의 경우에는 커패시터의 한쪽 판이 회전축의 캠(cam)과 같이 실제로 움직이도록 구성될 수 있다. 액체 레벨을 측정하는 센서의 경우와 같이 유전체 또는 유전율의 변화를 이용하여 센서를 구성할 수 있다.

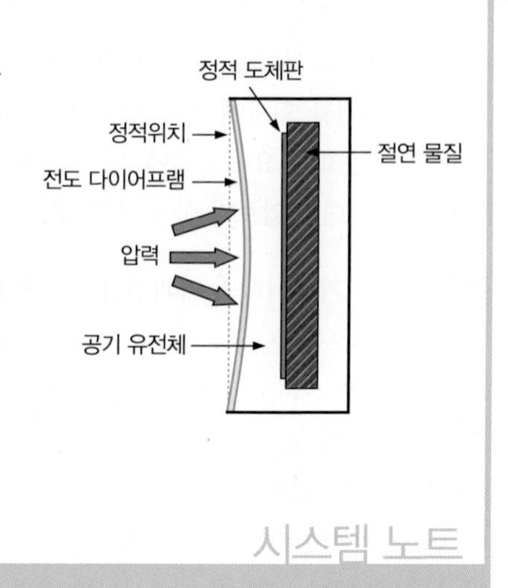

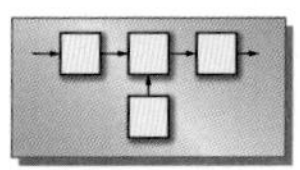

시스템 노트

커패시터의 물리적 특성

도체판의 면적, 도체판 사이의 거리 그리고 유전상수는 커패시터의 정전용량과 전압정격을 결정하는 중요한 변수들이다.

도체판의 면적 정전용량은 도체판의 면적과 같은 물리적 크기에 비례한다. 도체판이 크면 클수록 정전용량이 커지며, 도체판이 작아질수록 정전용량은 작아진다. 그림 8–5(a)는 평판 커패시터의 두 도체판의 크기가 같은 경우를 보여준다. 이 커패시터의 도체판 중의 하나가 그림 8–5(b)와 같이 이동하면 겹치는 부분의 면적이 유효 판 면적이 된다. 어떤 종류의 가변 커패시터는 이와 같이 유효 판 면적을 변화시켜 정전용량을 변화시킨다.

판 간 거리 정전용량은 판 간 거리에 반비례한다. 판 간 거리는 그림 8–6에서와 같이 d로 표시한다. 그림과 같이 판 간 거리가 클수록 정전용량이 작아진다. 파괴전압은 판 간 거리에 비례한다. 판 간 거리가 클수록 파괴전압이 커진다.

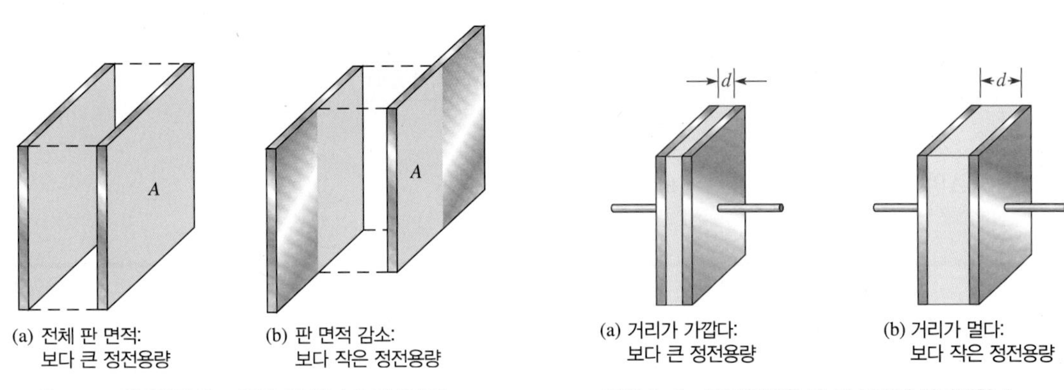

그림 8–5 정전용량은 도체판 면적(A)에 비례한다.

그림 8–6 정전용량은 판 간 거리에 반비례한다.

유전상수 커패시터의 판 사이에 있는 절연 재료를 유전체라고 한다. 모든 유전체는 커패시터의 서로 반대되는 극성의 전하로 대전된 판 사이에 전계의 역선을 집중시키는 역할을 하며 커패시터의 에너지 용량을 증가시킨다. 전계를 형성하는 정도를 나타내는 재료의 성질을 **유전상수(dielectric constant)** 또는 비유전율(*relative permittivity*)이라 하며, 기호로는 ε_r(그리스 문자 epsilon)을 사용한다.

정전용량은 유전상수에 비례한다. 진공의 유전상수는 1로 정의하고 공기의 유전상수는 1에 매우 가깝다. 이 값들을 기준으로 하여 다른 재료들은 진공이나 공기의 유전상수에 대해 정해지는 ε_r을 갖는다. 예를 들면 ε_r이 5인 재료는 다른 모든 조건들이 같다면 공기에 의한 정전용량보다 5배가 크다.

표 8–3은 몇 가지 일반적인 유전체와 유전상수를 보여준다. 그 값들은 재료의 구성비에 따라 다를 수 있다.

ε_r은 유전상수(또는 비유전율)로서 진공의 절대유전율(permittivity) ε_0에 대한 어떤 재료의 절대유전율 ε의 비율로 정의되는 상대적인 값이므로 단위가 없고 다음의 식으로 표현된다.

$$\varepsilon_r = \frac{\varepsilon}{\varepsilon_0} \qquad (8\text{–}5)$$

ε_0의 값은 8.85×10^{-12} F/m(farads per meter)이다.

정전용량의 공식 정전용량은 판 면적 A와 유전상수 ε_r에 비례하고 판 간 거리 d에 반비례한다. 이

표 8-3 • 일반적인 유전체와 전형적인 유전상수	
재료	**대표적인 ε_r의 값**
공기(진공)	1.0
테프론®	2.0
종이(파라핀을 입힌)	2.5
오일	4.0
운모	5.0
유리	7.5
세라믹	1200

세 변수로 표현하는 정전용량의 정확한 식은 다음과 같다.

$$C = \frac{A\varepsilon_r(8.85 \times 10^{-12}\ \text{F/m})}{d} \qquad (8-6)$$

여기서 A의 단위는 m^2, d의 단위는 m, C의 단위는 F이다.

예제 8-4

판 면적이 $0.01\ m^2$이고 판 간 거리가 0.5 mil(1.27×105 m)인 평판 커패시터의 정전용량을 μF로 나타내어라. 유전체는 유전상수가 5.0인 운모다.

풀이

식 8-6을 사용한다.

$$C = \frac{A\varepsilon_r(8.85 \times 10^{-12}\ \text{F/m})}{d} = \frac{(0.01\ \text{m}^2)(5.0)(8.85 \times 10^{-12}\ \text{F/m})}{1.27 \times 10^{-5}\ \text{m}} = \mathbf{0.035\ \mu F}$$

관련문제

$A = 3.6 \times 10^{-5}\ m^2$, $d = 1$ mil (2.54×10^{-5} m)인 세라믹 유전체에 대한 C를 μF으로 구하여라.

8-1절 복습 문제*

1. 정전용량을 정의하라.
2. (a) 1 F는 몇 μF인가?
   (b) 1 F는 몇 pF인가?
   (c) 1 μF는 몇 pF인가?
3. 0.0015 μF을 pF과 F로 바꾸어라.
4. 도체판 사이에 15 V가 인가된 0.01 μF 용량의 커패시터에 저장된 에너지는 얼마인가? 줄(joule)로 나타내어라.
5. (a) 커패시터의 도체판의 크기가 증가하면 정전용량은 증가하는가 또는 감소하는가?
   (b) 커패시터의 판 간 거리가 증가하면 정전용량은 증가하는가 또는 감소하는가?
6. 세라믹 커패시터의 판 간 거리가 2 mil이라면 전형적인 파괴 전압은 얼마인가?

*해답은 이 장의 끝에 있다.

8-2 커패시터의 종류

커패시터는 통상 유전체의 종류에 따라 분류된다. 가장 일반적인 유전체에는 운모, 세라믹, 플라스틱 필름, 전해질(알루미늄산화물, 탄탈산화물) 등이 있다.

이 절을 마친 후 다음을 할 수 있어야 한다.

- 여러 가지 종류의 커패시터를 논의한다.
- 운모, 세라믹, 플라스틱 필름, 전해 커패시터의 특성을 설명한다.
- 가변 커패시터의 종류를 설명한다.
- 커패시터 표시를 설명한다.
- 정전용량 측정을 논의한다.

고정 커패시터

운모 커패시터 운모(mica) 커패시터의 두 가지 종류에는 층층이 쌓인 막(stacked foil)과 은운모(silver mica)가 있다. 그림 8–7은 층층이 쌓인 막 종류의 기본적인 구조를 보여준다. 금속막과 운모의 얇은 층이 교대로 겹쳐진 형태이다. 금속막이 도체판을 형성하며 판 면적을 증가시키기 위해 한 층 건너 하나씩 서로 연결되어 있다. 더 많은 층이 연결되면 판 면적이 증가하여 정전용량이 커진다. 운모/금속막 층은 그림 8–7(b)에서와 같이 베이클라이트(Bakelite)® 등의 절연 재료로 둘러싸인다. 은운모 커패시터는 은으로 된 전극 사이를 운모 판으로 절연시켜 쌓는 것과 같은 방법으로 만들어진다.

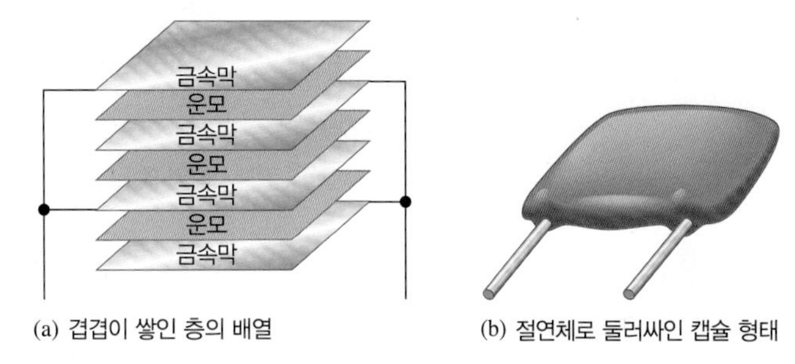

(a) 겹겹이 쌓인 층의 배열 (b) 절연체로 둘러싸인 캡슐 형태

그림 8–7 대표적인 방사형 리드(radial–lead) 운모 커패시터의 구조

운모 커패시터는 일반적으로 1 pF에서 0.1 μF까지의 정전용량을 가지며, 100 V에서 2500 V 직류 또는 그 이상의 전압정격을 갖는다. 운모의 대표적인 유전상수는 5이다.

세라믹 커패시터 세라믹(ceramic) 유전체의 유전상수는 매우 높다(보통 1200 정도). 따라서 세라믹 커패시터는 작은 크기라도 상당히 높은 정적용량을 구현할 수 있다. 세라믹 커패시터에는 일반적으로 그림 8–8에서와 같은 세라믹 원판의 모양 또는 그림 8–9와 같이 두 연결 도선이 측면으로 나온 방

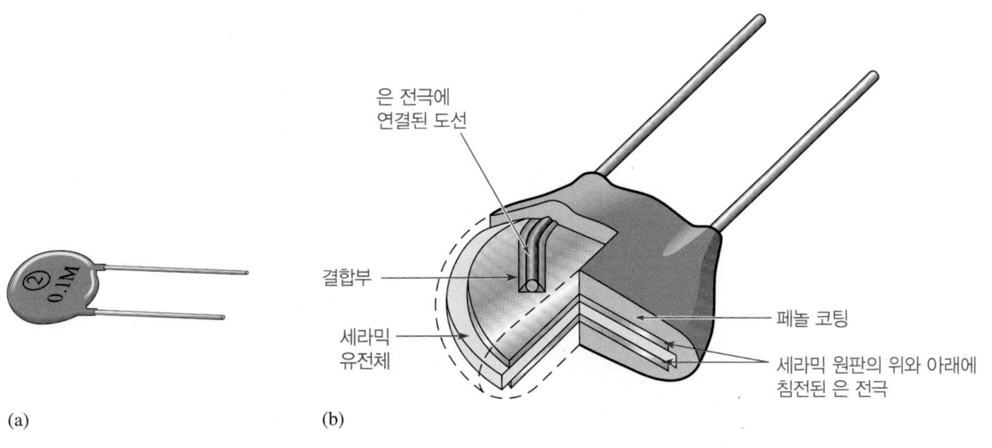

(a) (b)

그림 8–8 원판 모양의 세라믹 커패시터의 기본적인 구조

사형 리드(radial lead), 또는 그림 8–10과 같이 연결도선이 없는 세라믹 칩이 있다.

일반적인 세라믹 커패시터의 정전용량은 1 pF에서 100 μF 사이이고 전압정격은 6 kV까지의 값을 갖는다.

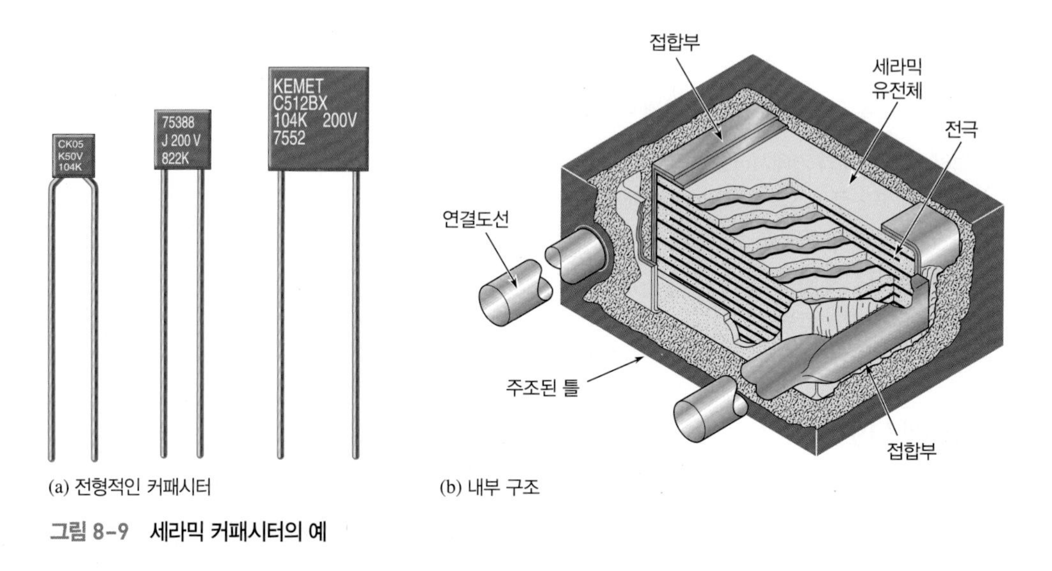

(a) 전형적인 커패시터 (b) 내부 구조

그림 8–9 세라믹 커패시터의 예

HANDS ON TIP

칩 커패시터는 PCB 표면실장용으로 사용되며, 양 끝에 전도성 단자를 갖고 있다. 이 커패시터는 회로보드 자동조립에서 사용되는 리플로(reflow) 납땜과 웨이브(wave) 납땜 과정의 용해된 땝납 온도를 견딜 수 있다. 칩 커패시터는 소형화 추세 때문에 수요가 많다.

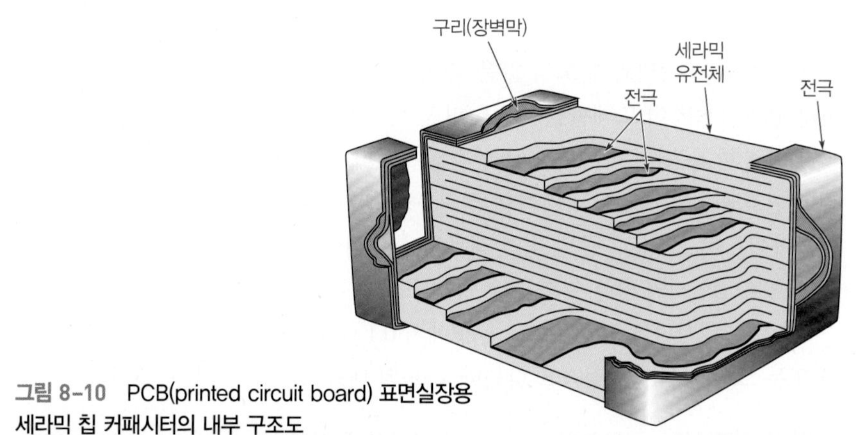

그림 8–10 PCB(printed circuit board) 표면실장용 세라믹 칩 커패시터의 내부 구조도

플라스틱 필름 커패시터 플라스틱 필름(plastic film) 커패시터에는 여러 종류가 있다. 일반적으로 쓰이는 유전물질로는 폴리카보네이트, 프로필렌, 폴리에스테르, 폴리스티렌, 폴리프로필렌, 마일러(mylar) 등이 있다. 이들 유형 중 일부는 100 μF까지의 정전용량 값을 갖지만, 대부분은 1 μF 미만이다.

그림 8–11은 대부분의 플라스틱 필름 커패시터의 구조를 나타낸다. 도체판으로 쓰이는 2개의 얇은

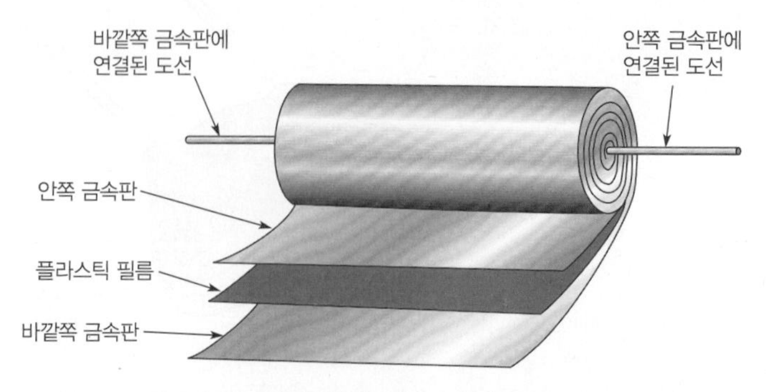

그림 8–11 원통 모양의 원정 리드(axial–lead) 플라스틱 필름 커패시터의 기본 구조

금속 사이에 얇은 플라스틱 유전체가 끼워져 있다. 연결도선 중 하나는 안쪽 금속판에 연결되어 있고 다른 하나는 바깥쪽 금속판에 연결되어 있다. 이것을 둥글게 말아서 원통 모양의 커패시터를 만든다. 이런 방법으로 면적이 넓으면서도 크기는 작고 정적용량 값이 큰 커패시터를 만들 수 있다. 필름 유전체에 직접 금속을 증착하는 방법도 있다.

그림 8–12(a)는 전형적인 플라스틱 필름 커패시터를 보인 것이다. 그림 8–12(b)는 원정 리드(axial-lead) 플라스틱 필름 커패시터 중 한 종류의 구조를 보인 것이다.

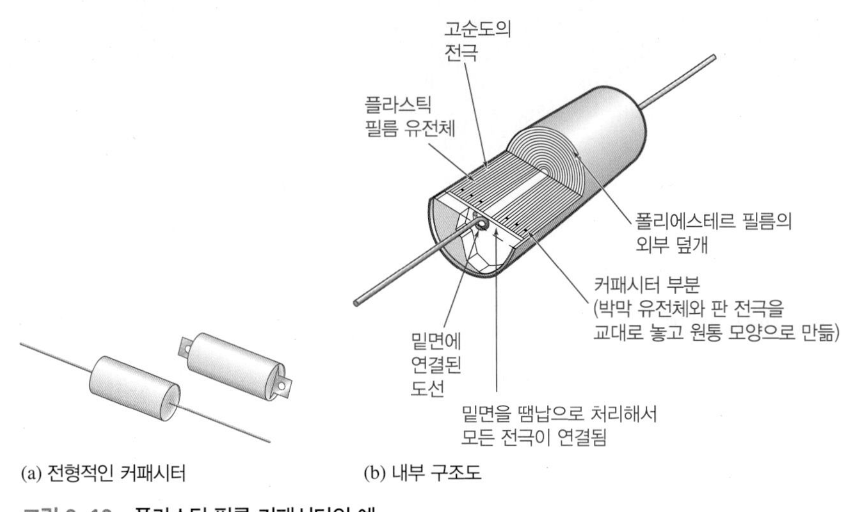

그림 8–12 플라스틱 필름 커패시터의 예

전해 커패시터 전해(electrolytic) 커패시터는 한쪽 도체판이 양으로, 다른 도체판이 음으로 대전되도록 분극이 발생한다. 이러한 커패시터는 1 μF부터 200,000 μF 이상의 높은 정전용량을 가질 수 있으나 비교적 낮은 절연 파괴전압(보통 최대치가 350 V 정도이나, 더 높은 파괴전압을 가지는 경우도 있음)과 높은 누설전류를 갖는 단점이 있다.

최근에, 생산자들은 아주 큰 정전용량을 가지는 새로운 전해 커패시터가 개발되었다. 하지만 이런 새로운 커패시터는 더 작은 용량의 커패시터보다도 더 낮은 전압정격을 가지며 가격은 비싸다. 수백 패럿의 정전용량을 갖는 슈퍼 커패시터(super capacitor)도 이용할 수 있다. 이런 커패시터는 매우 큰 정전용량을 요구하는 소형 모터 스타터(moter starter)와 전지 백업(battery backup) 등에 유용하다.

전해 커패시터는 운모 커패시터나 세라믹 커패시터보다 정전용량이 훨씬 높지만 전압정격은 더 낮다. 알루미늄 전해질이 일반적으로 가장 많이 쓰인다. 다른 종류의 커패시터들은 2개의 유사한 도체판을 사용하는 반면, 전해 커패시터의 도체판은 한쪽은 얇은 알루미늄 막이고 다른 한쪽은 플라스틱 필름과 같은 재료에 붙인 전도성 있는 전해질이다. 두 도체판은 알루미늄 도체판 표면에 형성된 알루미늄 산화막에 의해 분리된다. 그림 8–13(a)는 연결도선이 양쪽으로 나온 전형적인 알루미늄 전해 커패시터의 기본 구조를 보여준다. 그림 8–13(b)는 연결도선이 한쪽으로 나온 전해 커패시터를 보여주며, 전해 커패시터의 기호는 그림 8–13(c)에 나타내었다.

탄탈(tantalum) 전해 커패시터는 그림 8–13과 유사한 원통 모양이거나 그림 8–14에 보이는 물방울 모양이다. 물방울 모양의 구조에서 양극판은 얇은 막이 아닌 탄탈 가루로 만든 알갱이다. 탄탈산화물이 유전체로 쓰이고, 이산화망간이 음극판으로 쓰인다.

SAFETY NOTE

전해 커패시터를 사용할 때에는 극성이 바뀌지 않도록 매우 주의하라. 이는 전해 커패시터가 어떻게 연결되느냐에 따라 차이가 나기 때문이다. 항상 적절한 극성을 준수하라. 만약 전해 커패시터가 역방향으로 연결되면, 폭발하여 부상을 초래할 수 있다.

HANDS ON TIP

과학자들은 충전지와 울트라 커패시터(ultra capacitor)의 충전 용량을 개선하기 위해 탄소 기반 재료인 그래핀(graphene)을 연구하고 있다. 충전 용량을 키우는 것은 사무 복사기에서부터 전기 자동차 및 하이브리드 자동차의 효율을 개선하는 데까지 많은 응용에서 중요하다. 이러한 새로운 기술은 풍력 또는 태양열과 같은 큰 에너지의 저장이 요구되는 재생에너지 분야의 발전을 가속시킨다.

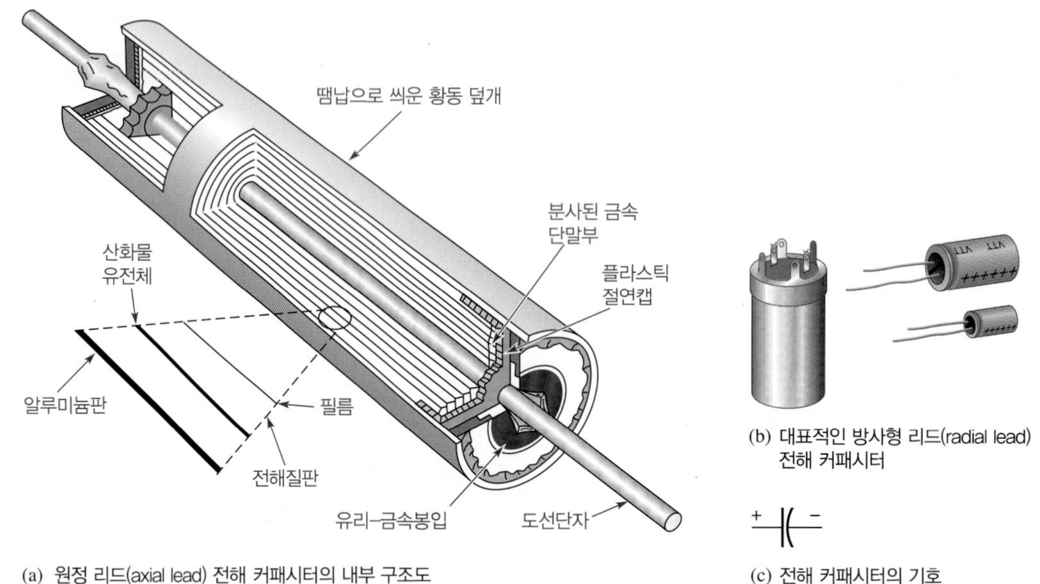

(a) 원정 리드(axial lead) 전해 커패시터의 내부 구조도

(b) 대표적인 방사형 리드(radial lead) 전해 커패시터

(c) 전해 커패시터의 기호

그림 8–13 전해 커패시터의 예

산화물 유전체를 만드는 공정으로 인해 알루미늄이나 탄탈로 된 금속판은 항상 전해질 판에 대해 양의 극성을 가지며 따라서 모든 전해 커패시터는 극성을 갖는다. 금속판(양극 연결단자)은 +기호나 다른 기호로 표시되어 있으며, 직류회로에서 극성이 바뀌지 않도록 연결되어야 한다. 전압극성이 바뀌어 연결되면 그 커패시터는 완전히 못쓰게 된다.

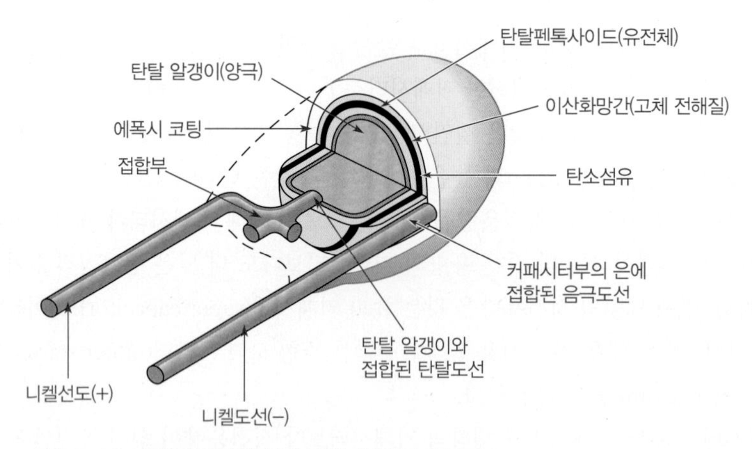

그림 8–14 물방울 모양의 탄탈 전해커패시터의 구조도

가변 커패시터

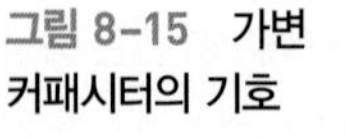

그림 8–15 가변 커패시터의 기호

가변 커패시터는 라디오나 TV 튜너에서와 같이 정전용량을 수동이나 자동으로 조정할 필요가 있는 회로에서 사용된다. 이런 커패시터는 일반적으로 300 pF보다 작다. 그러한 특별한 응용을 위하여 보다 큰 값을 이용할 수 있다. 가변 커패시터의 기호는 그림 8–15와 같이 표시하며, 많이 쓰이는 몇 가지 가변 커패시터들을 소개한다. 보통 나사형 조정 홈이 있고 회로에서 미세조정에 사용되는 조정 가능한 커패시터를 **트리머(trimmer)**라고 부른다. 세라믹이나 운모가 이러한 커패시터에 일반적으로 사용되고, 대개 판 간 거리를 조정함으로써 정전용량을 바꿀 수 있다. 일반적으로 트리머 커패시터는 100 pF보다도 작은 값을 갖는다. 그림 8–16은 트리머 커패시터의 몇 가지 예를 보인 것이다.

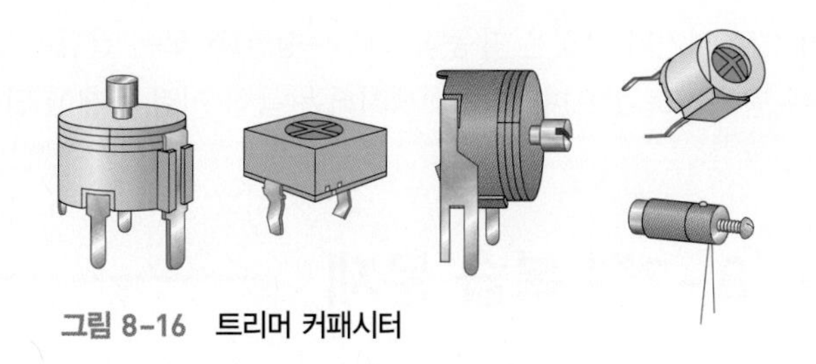

그림 8-16 트리머 커패시터

버랙터(varactor)는 단자에 걸리는 전압을 바꾸면 정전용량 특성이 변화하는 반도체 소자다.

커패시터 표시

커패시터의 정전용량은 몸체에 표시된 숫자 또는 영숫자 라벨, 그리고 어떤 경우는 컬러코드로 나타낸다. 정전용량, 전압정격 그리고 허용오차와 같은 변수를 나타낸다.

어떤 커패시터에는 단위가 표기되어 있지 않은데 이 경우의 단위는 표기된 값과 경험으로부터 알아내야 한다. 예를 들면 .001이나 .01로 표기된 세라믹 커패시터는 pF의 단위가 너무 작아 이 종류의 커패시터로 만들지 않으므로 μF의 단위를 갖는다. 다른 예로서 50이나 330으로 표기된 세라믹 커패시터는 μF의 단위는 정전용량이 너무 커서 이 종류의 커패시터로는 만들지 않으므로 pF의 단위를 갖는다. 어떤 경우에는 세 개의 숫자가 사용되기도 한다. 앞의 두 숫자는 정전용량의 처음 두 숫자를 나타내고 세 번째 숫자는 정전용량의 두 자릿수 다음에 오는 영의 개수를 나타낸다. 예를 들면 103은 10,000 pF을 나타낸다. 때로는 단위가 pF이나 μF으로 표기되기도 한다. 어떤 경우에는 μF이 MF 또는 MFD로 표기된다. 전압정격은 어떤 종류의 커패시터에서는 WV 또는 WVDC로 표기되고 때로는 생략되기도 한다. 생략된 경우에는 제조업체에서 제공하는 자료에서 정격 전압을 알 수 있다. 커패시터의 오차는 ±10%같이 백분율로 표기된다. 온도계수는 ppm(*parts per million*)으로 나타낸다. 이 경우에는 숫자 앞에 P나 N이 표기된다. 예를 들면, N750은 음의 온도계수 750ppm/°C를 나타내고 P30은 양의 온도계수 30 ppm/°C를 나타낸다. NP0으로 표기된 커패시터는 양과 음의 온도계수가 영이며, 정전용량이 온도에 따라 변하지 않음을 뜻한다. 어떤 종류의 커패시터는 컬러 코드로 표시되어 있다. 컬러 코드에 대한 것은 부록 B를 참조하라.

정전용량의 측정

그림 8-17에 나타낸 것은 커패시터의 용량을 점검할 수 있는 용량계(capacitance meter)의 한 종류이다. 또한 많은 DMM은 정전용량 측정이 가능하다. 모든 커패시터는 시간이 지남에 따라 변하며, 종류에 따라 변하는 정도는 차이가 난다. 예를 들면 세라믹 커패시터의 경우 처음 일 년 동안 용량이 10%에서 15%가 변한다. 특별히 전해질 커패시터는 전해액에 마르기 때문에 값이 변화되기 쉽다. 어떤 경우에는 틀린 용량의 커패시터가 회로에 장착되어 있을 수 있다. 커패시터 용량의 변화가 불량 커패시터 용량의 25% 미만이더라도, 회로 고장진단할 때에는 용량을 점검하여 불량원인에서 빨리 제거하는 것이 좋다. 200 pF에서 50,000 μF 범위의 용량을 가진 커패시터는 그냥 연결하고 스위치를 설정하여 화면의 값을 읽으면 된다.

또한 일부 용량계는 커패시터에 있는 누설전류를 점검하는 데 사용될 수 있다. 누설을 점검하기 위하여 충분한 전압이 커패시터 양단에 인가되어 동작조건

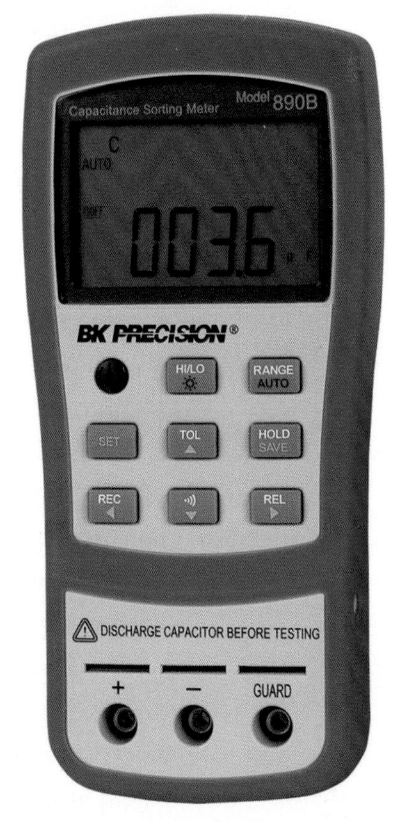

그림 8-17 전형적인 용량계(capacitance meter) (Photo Courtesy of B&K Precision Corp.)

이 만들어져야 한다. 테스트 기기가 이것은 자동적으로 수행한다. 모든 결점이 있는 커패시터의 40% 이상은 과도한 누설전류를 가지고 있으며, 전해 커패시터는 특히 이런 문제에 민감하다.

8-2절 복습 문제

1. 커패시터는 보통 어떻게 분류되는가?
2. 고정 커패시터와 가변 커패시터의 차이는 무엇인가?
3. 보통 어떤 종류의 커패시터에서 극성이 있는가?
4. 극성 커패시터를 회로에 설치할 때 주의해야 할 점은 무엇인가?
5. 전해 커패시터가 전원 전압의 음의 단자와 접지 사이에 연결되어 있다. 커패시터의 어떤 단자가 접지와 연결되어야 하는가?

8-3 직렬 커패시터

직렬 연결된 커패시터의 전체 정전용량은 어떤 커패시터의 개별 정전용량보다 작다. 직렬로 연결되어 있는 커패시터들은 전체 전압을 배분하여 양단 전압으로 가지는데, 그 값은 각각의 정전용량에 반비례한다. 따라서 큰 용량의 커패시터와 작은 용량의 커패시터가 직렬로 연결되어 있을 때, 큰 용량의 커패시터가 더 작은 전압을 가지게 된다.

이 절을 마친 후 다음을 할 수 있어야 한다.

- 직렬 커패시터를 해석한다.
- 전체 정전용량을 구한다.
- 커패시터 전압을 구한다.

커패시터가 직렬로 연결되면 전체 정전용량은 가장 작은 정전용량보다 더 작아지는데 그 이유는 판 사이 거리가 증가되는 효과가 있기 때문이다. 직렬로 연결된 전체 정전용량의 계산은 병렬로 연결된 저항의 전체 저항값 계산과 대응된다(4장 참조).

전체 정전용량을 어떻게 구하는지 보여주기 위해 직렬로 연결된 두 개의 커패시터를 살펴보자. 그림 8-18은 대전되지 않은 상태에서 직류전압원에 직렬로 연결되어 있는 두 개의 커패시터를 보여준다. 그림 (a)에서와 같이 스위치를 닫으면 전류가 흐르기 시작한다.

직렬회로의 모든 점에는 같은 양의 전류가 흐르고 전류는 전하의 흐름률($I = Q/t$)로 정의된다. 어느 정도의 시간 구간 동안에 회로에는 얼마만큼의 전하가 이동하게 된다. 그림 8-18(a)의 회로의 모든 곳에서 전류는 같으므로 전원의 (−)단자에서 C_1의 A까지, C_1의 B에서 C_2의 A까지, C_2의 B에서 (+)단자까지 같은 양의 전하가 흐른다. 결과적으로 주어진 시간 동안 두 커패시터의 전극판에 같은 양의 전하가 저장되며, 그 시간 동안 회로를 통해 이동한 총 전하량 Q_T는 C_1에 저장된 전하량과 같고, 또한 C_2에 저장된 전하량과 같다.

$$Q_T = Q_1 = Q_2$$

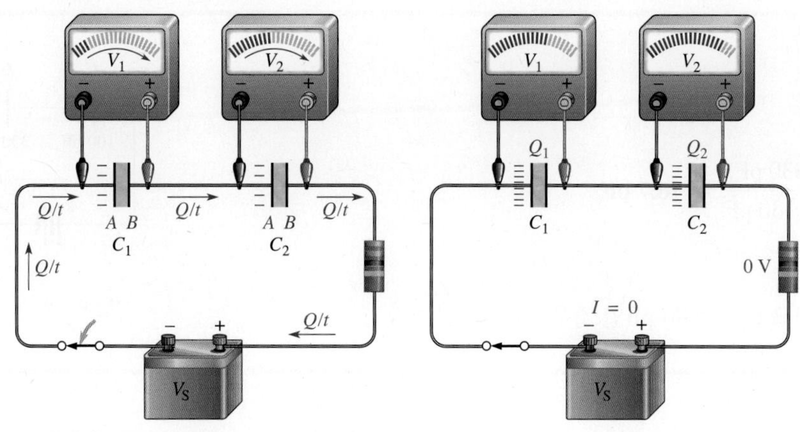

(a) 충전되는 동안 모든 점에는 $I = Q/t$의 같은 전류가 흐른다. 커패시터의 전압은 증가한다.

(b) 두 커패시터는 같은 양의 전하를 저장한다 ($Q_T = Q_1 = Q_2$).

그림 8-18 직렬로 연결된 커패시터의 전체 정전용량은 가장 작은 정전용량 값보다 작아진다.

커패시터가 충전됨에 따라 각각의 커패시터에 걸리는 전압은 표시된 것처럼 증가한다.

그림 8-18(b)는 커패시터들이 완전히 충전되어 전류가 더 이상 흐르지 않는 상태를 보여준다. 두 커패시터는 같은 양의 전하 Q를 저장하며 각 커패시터에 걸리는 전압은 정전용량 값에 따라 달라진다($V = Q/C$). 저항성 회로뿐만 아니라 용량성 회로에도 적용되는 키르히호프의 전압법칙에 따르면 커패시터에 걸리는 전압의 합은 전압원의 전압과 같다.

$$V_S = V_1 + V_2$$

$V = Q/C$를 키르히호프의 법칙에 대한 공식에 대입하면 다음 관계식을 얻을 수 있다($Q = Q_T = Q_1 = Q_2$).

$$\frac{Q}{C_T} = \frac{Q}{C_1} + \frac{Q}{C_2}$$

위 식의 우변에서 Q를 인수로 빼내고 양변에서 Q를 상쇄하면 다음과 같다.

$$\frac{\not{Q}}{C_T} = \not{Q}\left(\frac{1}{C_1} + \frac{1}{C_2}\right)$$

직렬로 연결된 두 개의 커패시터에 대하여 다음과 같은 관계를 얻을 수 있다.

$$\frac{1}{C_T} = \frac{1}{C_1} + \frac{1}{C_2}$$

위 식에서 양변의 역을 취하면 직렬로 연결된 두 개의 커패시터에 대한 정전 용량을 구할 수 있다.

$$C_T = \frac{1}{\dfrac{1}{C_1} + \dfrac{1}{C_2}}$$

이 식은 또한 등가적으로 다음과 같이 표현될 수 있다.

$$\mathbf{C_T = \frac{C_1C_2}{C_1 + C_2}} \qquad (8-7)$$

예제 8-5

그림 8-19에서 C_T를 구하여라.

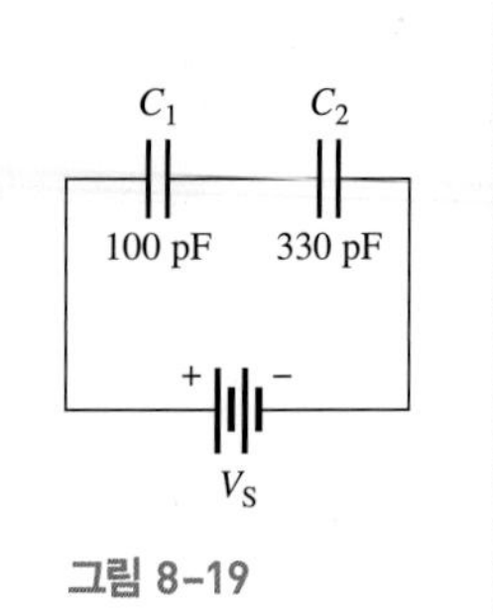

그림 8-19

풀이

$$C_T = \frac{C_1C_2}{C_1 + C_2} = \frac{(100\text{ pF})(330\text{ pF})}{100\text{ pF} + 330\text{ pF}} = \mathbf{76.7\ pF}$$

관련문제

그림 8-19에서 $C_1 = 470$ pF이고 $C_2 = 680$ pF인 경우 C_T를 구하여라.

일반적인 공식 그림 8-20에 나타낸 것과 같이 두 개의 직렬 커패시터를 위한 방정식은 임의의 수의 커패시터가 직렬로 연결된 경우로 확장될 수 있다.

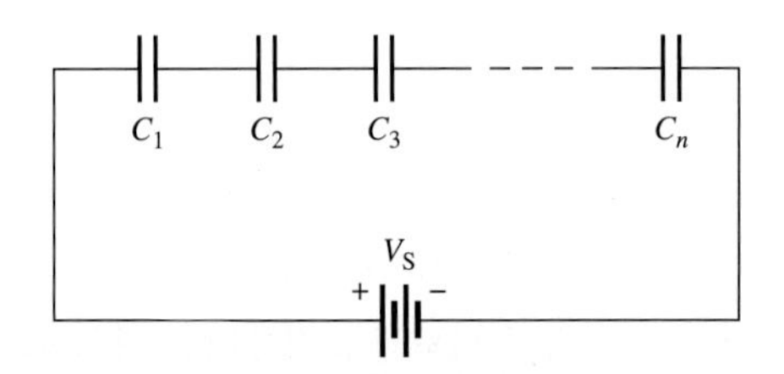

그림 8-20 n개의 커패시터가 직렬로 연결된 일반적인 회로

전체 직렬 연결 정전용량을 구하는 식은 다음과 같다. 아래첨자 n은 임의의 수를 나타낸다.

$$\frac{1}{C_T} = \frac{1}{C_1} + \frac{1}{C_2} + \frac{1}{C_3} + \cdots + \frac{1}{C_n}$$

$$\mathbf{C_T = \frac{1}{\frac{1}{C_1} + \frac{1}{C_2} + \frac{1}{C_3} + \cdots + \frac{1}{C_n}}} \tag{8-8}$$

기억하라,

전체 직렬 연결 정전용량은 항상 가장 작은 정전용량보다 작다.

예제 8-6

그림 8-21에서 전체 정전용량을 구하여라.

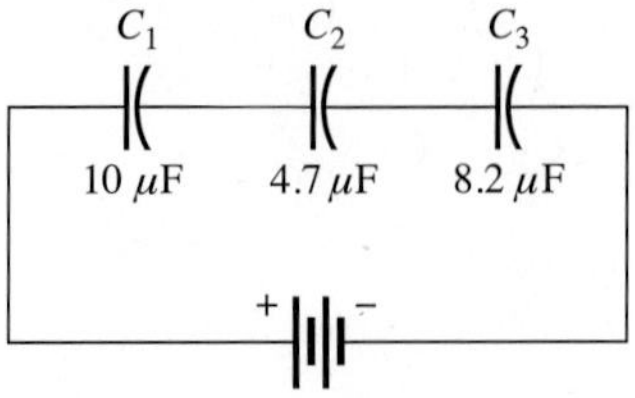

C_1 C_2 C_3

10 μF 4.7 μF 8.2 μF

그림 8-21

풀이

$$C_T = \frac{1}{\frac{1}{C_1} + \frac{1}{C_2} + \frac{1}{C_3}} = \frac{1}{\frac{1}{10\ \mu F} + \frac{1}{4.7\ \mu F} + \frac{1}{8.2\ \mu F}} = \mathbf{2.30\ \mu F}$$

관련문제

그림 8–21의 세 개의 기존 커패시터에 또 다른 4.7 μF 커패시터가 직렬로 연결된다면 C_T의 값은 얼마가 되는가?

커패시터 전압

직렬로 연결된 각각의 커패시터에 걸리는 전압은 식 $V = Q/C$에 의해 정전용량에 따라 달라진다. 직렬 연결된 각각의 커패시터에 걸리는 전압은 다음 식으로부터 구할 수 있다.

$$V_x = \left(\frac{C_T}{C_x}\right)V_S \tag{8-9}$$

여기서 C_x는 C_1, C_2, C_3 등과 같이 직렬 연결된 커패시터를 나타내고 V_x는 C_x에 걸리는 전압이다.

직렬 연결된 커패시터에서 정전용량이 가장 큰 커패시터에 걸리는 전압이 가장 작다. 가장 작은 정전용량을 갖는 커패시터에 가장 큰 전압이 걸린다.

예제 8-7

그림 8–22에서 각각의 커패시터에 걸리는 전압을 구하여라.

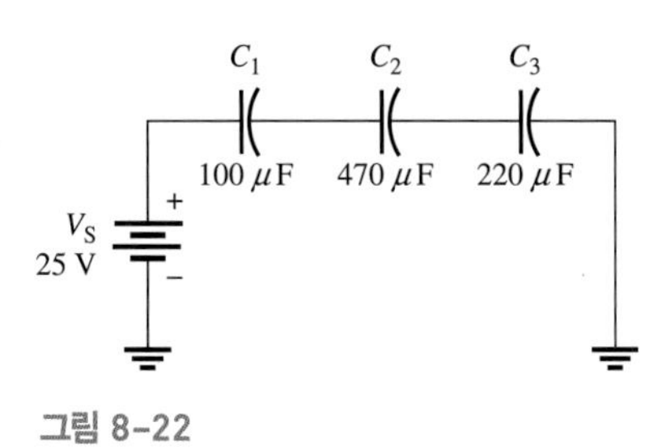

그림 8-22

풀이

전체 정전용량을 구한다.

$$C_T = \frac{1}{\frac{1}{C_1} + \frac{1}{C_2} + \frac{1}{C_3}} = \frac{1}{\frac{1}{100\ \mu F} + \frac{1}{470\ \mu F} + \frac{1}{220\ \mu F}} = 60\ \mu F$$

전압은 다음과 같다.

$$V_1 = \left(\frac{C_T}{C_1}\right)V_S = \left(\frac{60\ \mu F}{100\ \mu F}\right)25\ V = \mathbf{15.0\ V}$$

$$V_2 = \left(\frac{C_T}{C_2}\right)V_S = \left(\frac{60\ \mu F}{470\ \mu F}\right)25\ V = \mathbf{3.19\ V}$$

$$V_3 = \left(\frac{C_T}{C_3}\right)V_S = \left(\frac{60\ \mu F}{220\ \mu F}\right)25\ V = \mathbf{6.82\ V}$$

관련문제

또 다른 470 μF의 커패시터가 그림 8–22에 있는 기존의 커패시터들에 직렬로 연결된다. 모든 커패시터가 초기에 충전되어 있지 않다고 가정할 때 새로운 커패시터에 걸리는 전압을 구하여라.

시스템 예제 8-1

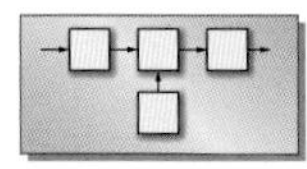

콜피츠 발진기에서 피드백

발진기는 반복 파형을 생성하는 회로이다. 정현파 발진기는 많은 시스템에 사용되고 또한 시험신호에 많이 사용된다. 그림 8–23의 회로는 550 kHz 정현파를 만들도록 설계된 정현파 발진기이고, 안테나로부터 새로운 주파수를 혼합하기 위해 AM라디오 리시버에 사용된다. 이 회로는 궤환 회로를 사용한 하나의 예이다. 출력의 일부가 궤환 회로를 통해 입력으로 되돌아가고 이는 다시 증폭되어 출력을 강화시킨다. 궤환 회로는 음영 처리된 박스로 나타내었다. 여기서 궤환 회로에 있는 커패시터가 관심사항이다. 이 회로는 교류회로이지만 직류전원에 대한 정전용량과 커패시터 전압에 관한 공식이 적용될 수 있다.

커패시터 C_1, C_2는 직렬이고, L을 갖는 공진회로 종류이다. C_1, C_2의 전체 정전용량은 식 8–7로부터 구할 수 있다.

$$C_T = \frac{C_1C_2}{C_1 + C_2} = \frac{(2.2\text{ nF})(220\text{ pF})}{2.2\text{ nF} + 220\text{ pF}} = 200\text{ pF}$$

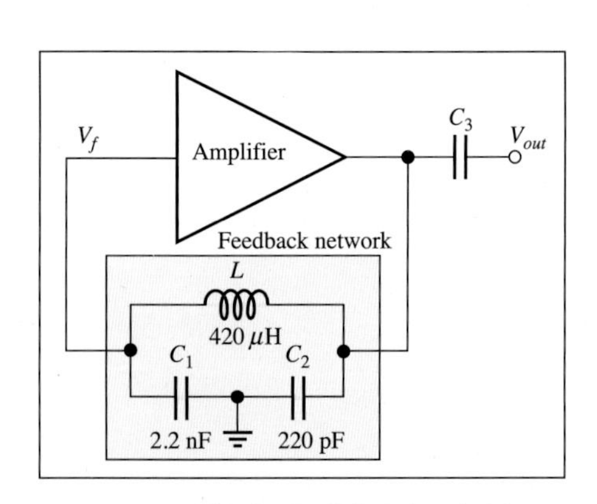

그림 8–23 궤환 회로를 가진 콜피츠 발진기

증폭된 신호는 접지를 기준으로 하고 있으며, V_f는 C_1에 발생하는 출력의 일부이다. V_f는 증폭기의 입력으로 되돌아옴을 주목하라. 궤환되는 출력 전압의 비율 (V_f/V_{out})을 구하기 위해, 식 8–9를 이용하고, V_S 대신에 V_{out}을, V_x 대신에 V_f를 대입한다.

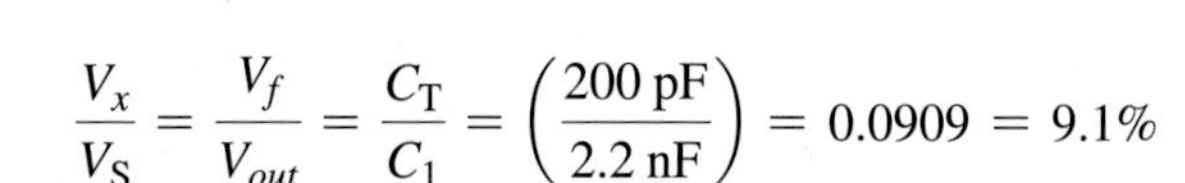

$$\frac{V_x}{V_S} = \frac{V_f}{V_{out}} = \frac{C_T}{C_1} = \left(\frac{200\text{ pF}}{2.2\text{ nF}}\right) = 0.0909 = 9.1\%$$

이 결과로부터 알 수 있는 것처럼 큰 용량의 커패시터는 출력전압의 더 작은 부분을 가진다. 증폭기의 이득은 출력을 100%로 회복하도록 발진을 유지하기 위해 충분히 커야 한다. 궤환 회로에 따라 콜피츠 발진기의 증폭기 이득이 결정된다. 출력의 9.1%가 궤환되므로 증폭기 이득은 11이 되어야 한다(9.1% × 11 = 100%).

8–3절 복습 문제

1. 직렬 연결된 커패시터의 전체 정전용량은 가장 작은 커패시터의 값보다 큰가 혹은 작은가?
2. 100 pF, 220 pF, 560 pF의 커패시터들이 직렬로 연결되어 있다. 전체 정전용량은 얼마인가?
3. 0.01 μF과 0.015 μF의 커패시터가 직렬로 연결되어 있다. 전체 정전용량을 구하여라.
4. 3번 문제에서 직렬로 연결된 두 개의 커패시터 양단에 10 V의 전원이 연결된 경우 0.01 μF의 커패시터 양단에 걸리는 전압을 구하여라.

8-4 병렬 커패시터

커패시터가 병렬로 연결되어 있을 때 정전용량은 더해준다. 병렬로 연결된 회로에서 각 커패시터에 걸리는 전압은 전압원과 같다.

이 절을 마친 후 다음을 할 수 있어야 한다.

- 병렬 커패시터를 해석한다.
- 전체 정전용량을 구한다.

커패시터가 병렬로 연결되어 있을 때에는 유효 판 면적이 증가하므로 전체 정전용량은 각 정전용량의 합이 된다. 전체 병렬 정전용량의 계산은 총 직렬저항 계산과 대응된다(4장).

그림 8-24는 직류전압원에 연결된 2개의 병렬 커패시터를 보여준다. 그림 (a)에서와 같이 스위치가 닫혀 있을 때 전류가 흐르기 시작한다. 총 전하량(Q_T)은 주어진 시간 동안 회로를 통해 이동한다. 총 전하 중 일부분은 C_1에, 나머지는 C_2에 저장된다. 각 커패시터에 저장되는 전하의 비율은 $Q = CV$라는 관계식에 의해 정전용량의 크기로 결정된다.

그림 8-24(b)는 커패시터가 완전히 충전되어 전류의 흐름이 멈춘 상태를 보여준다. 두 커패시터에 걸리는 전압은 같으므로 용량이 큰 커패시터에 더 많은 전하가 저장된다. 만약 커패시터의 용량이 같다면 같은 양의 전하가 저장된다. 두 커패시터에 저장된 전하는 전원에서 공급된 총 전하와 같아야 한다.

$$Q_T = Q_1 + Q_2$$

$Q = CV$ (식 8-2)이기 때문에 위 식에 대입하면 다음과 같은 식을 얻을 수 있다.

$$C_T V_S = C_1 V_S + C_2 V_S$$

V_S로 양변을 나누면 2개의 병렬 커패시터에 대한 전체 정전용량은 다음과 같다.

$$\mathbf{C_T = C_1 + C_2} \qquad (8-10)$$

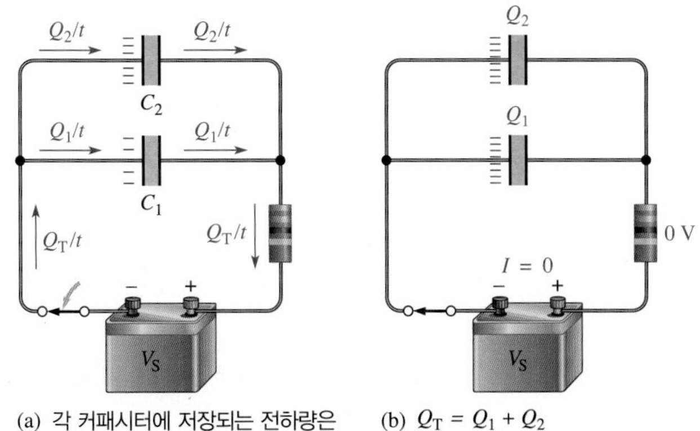

(a) 각 커패시터에 저장되는 전하량은 정전용량에 비례한다.

(b) $Q_T = Q_1 + Q_2$

그림 8-24 병렬 커패시터는 각 정전용량을 더하여 전체 정전용량을 구한다.

예제 8–8

그림 8–25에서 전체 정전용량은 얼마인가? 또한 각각의 커패시터에 걸리는 전압은 얼마인가?

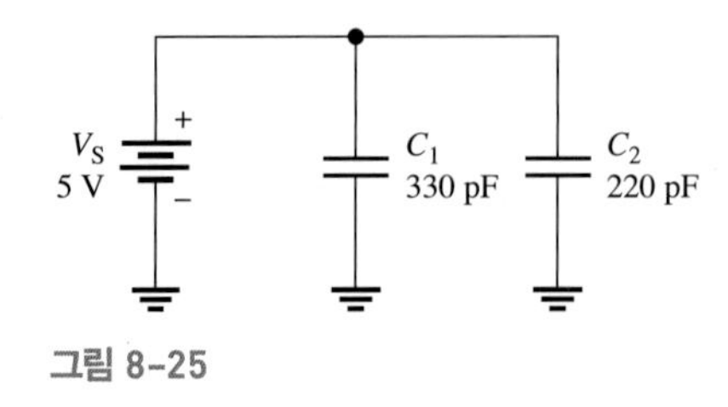

그림 8–25

풀이

전체 정전용량은

$$C_T = C_1 + C_2 = 330\text{ pF} + 220\text{ pF} = \mathbf{550\text{ pF}}$$

병렬로 연결된 각각의 커패시터에 걸리는 전압은 전원 전압과 같다.

$$V_S = V_1 = V_2 = \mathbf{5\text{ V}}$$

관련문제

그림 8–25의 C_1과 C_2에 100 pF의 커패시터가 병렬로 연결되면 전체 정전용량은 얼마인가?

일반적인 공식 식 8–10은 그림 8–26과 같이 임의의 수의 커패시터가 병렬로 연결된 경우로 확장될 수 있다. 확장된 공식은 다음과 같다. 아래첨자 n은 임의의 수가 될 수 있다.

$$\boldsymbol{C_T = C_1 + C_2 + C_3 + \cdots + C_n} \tag{8–11}$$

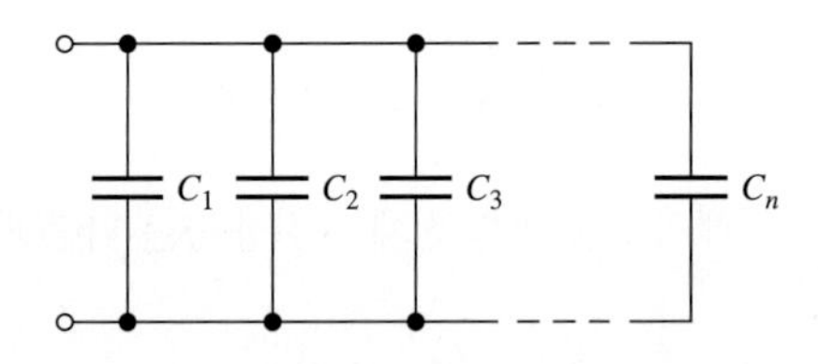

그림 8–26 n개의 커패시터가 병렬 연결된 일반적인 회로

예제 8–9

그림 8–27에서 C_T를 구하여라.

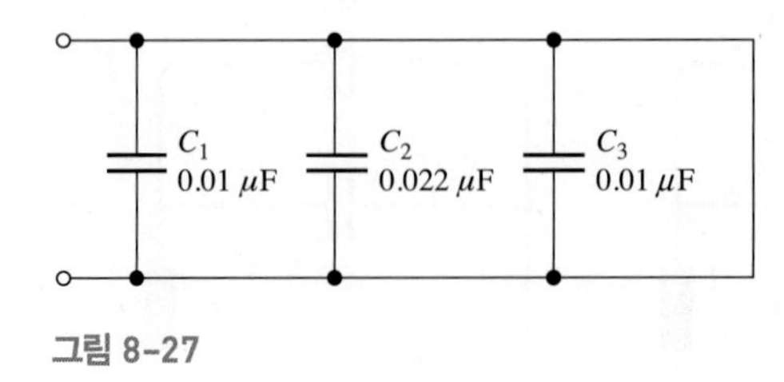

그림 8–27

풀이

$$C_T = C_1 + C_2 + C_3 = 0.01\ \mu\text{F} + 0.022\ \mu\text{F} + 0.01\ \mu\text{F} = \mathbf{0.042\ \mu F}$$

관련문제

그림 8–27에서 0.01 μF 커패시터 1개가 추가로 병렬 연결된다면 C_T는 얼마인가?

8-4절 복습 문제

1. 전체 병렬 정전용량은 어떻게 구하는가?
2. 어떤 응용에서 0.05 μF이 필요하다. 사용 가능한 유일한 커패시터 값은 0.01 μF이고 많은 양이 있다. 필요한 총 정전용량을 어떻게 구현할 수 있는가?
3. 10 pF, 56 pF, 33 pF, 68 pF의 커패시터가 병렬로 연결되어 있을 때 C_T는 얼마인가?

8-5 직류회로에서의 커패시터

커패시터는 직류전압원에 연결되면 충전된다. 도체판에 전하가 누적되는 현상은 정전용량과 회로의 저항값에 따라 결정되며 예측가능한 경향으로 나타난다.

이 절을 마친 후 다음을 할 수 있어야 한다.

- 직류 스위칭회로에서 커패시터의 동작을 설명한다.
- 커패시터의 충전과 방전을 설명한다.
- *RC 시정수(time constant)*를 정의한다.
- 시정수와 충전 또는 방전의 관계를 설명한다.
- 충전 또는 방전곡선의 식을 기술한다.
- 일정한 직류가 커패시터를 통해 흐르지 못하는 이유를 설명한다.

커패시터의 충전

그림 8-28과 같이 직류전압원에 연결된 커패시터는 충전된다. 그림 (a)의 커패시터는 충전이 되지 않은 상태로, 도체판 A와 B에는 같은 수의 자유전자가 있다. 그림 (b)에서와 같이 스위치가 닫혀지면 화살표 방향으로 전자가 도체판 A에서 B로 이동한다. 도체판 A는 전자를 잃고 도체판 B는 전자를 얻게 되어 도체판 A는 B에 대해 (+)극을 띠게 된다. 그림 (c)와 같이 **충전**이 계속되는 동안 도체판 사이의 전압이 급격히 증가하여, 전원 전압 V_S와 크기는 같고 극성은 반대인 전압이 커패시터에 형성된다. 커패시터가 완전히 충전되면 전류는 더 이상 흐르지 않는다.

일정한 직류는 커패시터를 통하여 흐르지 못한다.

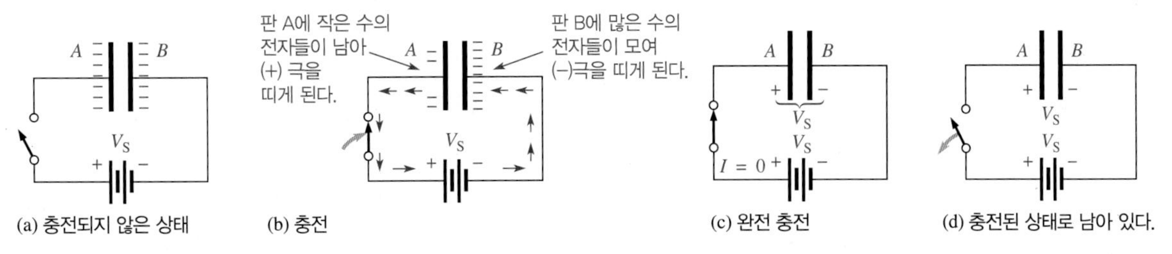

그림 8-28 커패시터의 충전

그림 8–28(d)에서와 같이 충전된 커패시터를 전원에서 분리하면, 커패시터는 오랜 시간 동안 충전된 상태를 유지하며, 커패시터가 충전을 유지하는 동안은 누설저항에 따라 달라진다. 일반적으로 전해 커패시터가 다른 종류의 커패시터보다 빨리 방전된다.

커패시터의 방전

그림 8–29에서와 같이 충전된 커패시터의 도체판을 전선으로 연결하면 커패시터는 방전된다. 그림에서 저항이 매우 낮은 전선이 스위치를 거쳐서 커패시터의 두 도체판에 연결되어 있다. 그림 (a)에서와 같이 스위치를 닫기 전에는 커패시터가 50 V로 충전되었다. 그림 (b)에서 스위치가 닫히자 도체판 B에 있던 과잉전자들이 화살표 방향으로 이동하여 도체판 A에 도달한다. 낮은 저항값을 갖는 도선을 따라 전류가 흐르게 되어 커패시터에 저장되어 있던 에너지는 도선에서 소비된다. 두 도체판의 자유전자의 수가 같아지면 도체판은 전기적으로 중성이 되고 커패시터의 전압은 영이 되어 그림 (c)같이 완전히 방전된 상태가 된다.

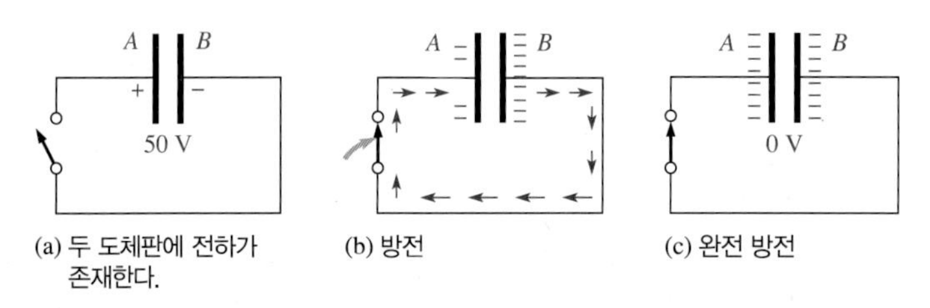

(a) 두 도체판에 전하가 존재한다. (b) 방전 (c) 완전 방전

그림 8–29 커패시터의 방전

충전 및 방전 기간 동안의 전류와 전압

그림 8–28과 8–29를 비교해 보면 방전전류와 충전전류는 서로 반대 방향으로 흐른다. 유전체는 절연물질이므로 **충전 혹은 방전 기간 동안 전류는 커패시터의 유전체를 통해서 흐를 수 없다.** 한 도체판에서 다른 도체판으로 흐르는 전류는 외부회로를 통해서만 흐를 수 있다.

그림 8–30(a)는 커패시터와 스위치를 통해서 직류전압원에 직렬로 연결되어 있는 회로를 보여준다. 처음에 스위치는 열려 있으며 커패시터에는 전하가 없고 전압이 영이다. 어느 순간에 스위치가 닫히면 최대값의 전류가 흐르고 커패시터는 충전되기 시작한다. 스위치가 닫히는 순간에는 커패시터의 전압이 영이므로 최대 전류가 흐른다. 이때의 커패시터는 마치 단락회로인 것처럼 작동되며, 전류는 저항에 의해서만 제한을 받는다. 시간이 경과하여 커패시터가 충전됨에 따라, 전류는 감소하고 커패시터 전압(V_C)은 증가한다. 충전되는 동안 전압은 전류에 비례한다.

그림 8–30(b)에서와 같이 시간이 어느 정도 흐른 후에 커패시터가 완전히 충전되면, 전류는 더 이상 흐르지 않고 커패시터의 전압은 직류전원전압과 같아진다. 누설전류를 무시할 수 있다면 스위치를 열어 놓아도 커패시터는 완전 충전 상태를 유지한다.

그림 8–30(c)에서 전압원을 제거하였다. 스위치를 닫으면 커패시터는 방전되기 시작한다. 처음에는 최대 전류가 흐르며, 전류의 방향은 충전될 때와 반대 방향이다. 시간이 경과함에 따라 전류와 커패시터 전압은 감소한다. 저항에 걸리는 전압은 항상 전류에 비례한다. 커패시터가 완전히 방전되면 전류와 커패시터 전압은 영이 된다. 직류회로에서 커패시터에 관한 다음 두 개의 법칙을 기억하라.

SAFETY NOTE

커패시터는 전원을 끈 후에 오랫동안 전하를 저장할 수 있다. 커패시터(회로에 있던 혹은 없던)를 접촉하거나 혹은 다룰 때 주의하라. 만일 커패시터 리드에 접촉하면, 커패시터가 인체를 통해 방전하면서 전기적 충격(쇼크)이 있을 수 있다. 커패시터를 다루기 전에 절연된 손잡이가 있는 단락 도구를 사용하여 커패시터를 방전시키는 것이 좋다.

1. 완전 충전된 커패시터는 시간에 따라 변화하지 않는 전류에 대해 개회로의 역할을 한다.
2. 충전되지 않은 커패시터는 순간적으로 변화하는 전류에 단락회로의 역할을 한다.

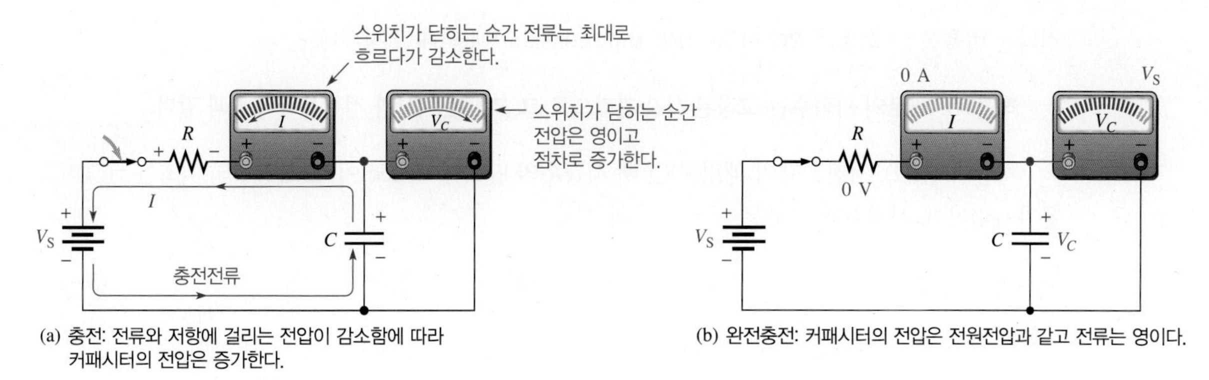

그림 8-30 커패시터가 충전되거나 방전될 때의 전류와 전압

이제 용량성 회로에서 전압과 전류가 시간에 따라 어떻게 변화하는지 좀 더 자세히 살펴보자.

서지저항(Surge Resistor)

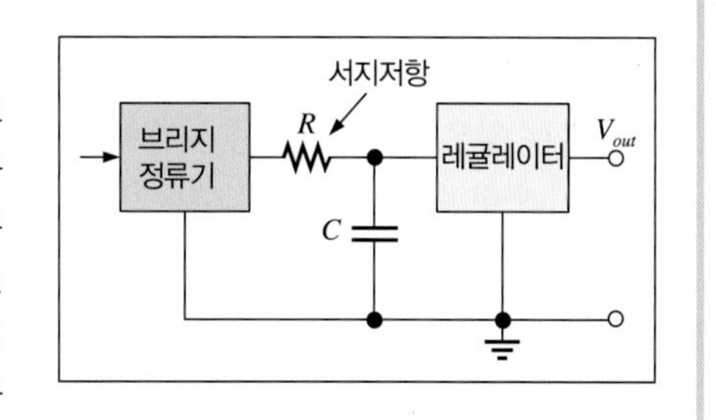

전자시스템에 사용되는 전형적인 소형 전원 공급 장치는 교류를 맥동 직류 전압으로 바꾸기 위한 브리지 정류기, 맥동 전압을 반듯하게 하는 필터 커패시터, 그리고 일정한 직류 출력을 생성하기 위한 레귤레이터(regulator)로 구성된다. 정류기와 레귤레이터 사이에 작은 저항이 전원 공급 장치에 있는 것을 많이 볼 수 있다. 이 저항은 전원 공급 장치가 처음 켜질 때 발생할 수 있는 돌입 전류 (inrush current)가 커패시터에 흐르는 것을 제한한다. 커패시터는 일반적으로 큰 용량을 가지고 있어서 초기에 충전되지 않았을 때 큰 전류가 흐를 수 있다. 서지저항은 충전 전류를 제한하여 퓨즈가 끊어지거나 회로 차단기가 동작되는 상황을 방지한다.

시스템 노트

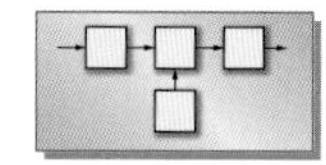

RC 시정수

실제의 경우, 커패시터에는 정전용량과 함께 어느 정도의 저항성분이 존재한다. 이 저항성분은 전선의 저항일 수도 있고, 원래 의도적으로 회로에 넣은 저항일 수도 있다. 따라서 커패시터의 충전과 방전 특성은 이러한 직렬저항과 함께 고려되어야 한다. 저항으로 인해 커패시터의 충전과 방전에서 시간(time)의 개념이 도입된다.

커패시터가 저항을 통해서 충전되거나 방전될 때 커패시터가 완전히 충전되거나 방전되기 위해서는 어느 정도의 시간이 필요하다. 전하가 어느 점에서 다른 점으로 이동하기 위해서는 얼마만큼의 시간이 필요하므로 커패시터에 걸리는 전압은 순간적으로 변화할 수가 없다. 커패시터가 충전되거나 방전되는 비율은 그 회로의 *RC* 시정수(RC time constant)에 의해 결정된다.

직렬 *RC* 회로의 시정수는 고정된 시간 간격으로 그 크기는 저항과 정전용량의 곱과 같다.

저항이 옴(Ω), 정전용량이 패럿(F)일 때 시정수의 단위는 초(sec)이다. 시정수의 기호는 τ(그리스 문자 tau)이며, 시정수를 구하는 식은 다음과 같다.

$$\tau = RC \tag{8-12}$$

$I = Q/t$를 기억하라. 전류는 주어진 시간 동안 이동된 전하량에 달려 있다. 저항이 증가하면 충전 전류는 감소하고, 따라서 커패시터의 충전시간이 증가한다. 정전용량이 증가하면 전하량이 증가하여, 같은 전류가 흐른다면 커패시터를 충전하기 위해서 더 많은 시간이 필요하다.

예제 8-10

1 MΩ의 저항과 4.7 μF의 정전용량을 갖는 회로가 있다. 시정수는 얼마인가?

풀이

$$\tau = RC = (1.0 \times 10^6\ \Omega)(4.7 \times 10^{-6}\ \text{F}) = \mathbf{4.7\ s}$$

관련문제

270 kΩ의 저항과 3300 pF의 커패시터로 구성된 직렬 *RC* 회로가 있다. 시정수는 얼마인가?

커패시터가 두 전압 레벨 사이에서 충전 또는 방전이 일어날 때 1시정수만큼 시간이 경과하면 커패시터에서 전하량은 대략 두 전압 차이의 63% 정도 변화한다. 충전되지 않은 커패시터는 1시정수만큼 시간이 경과한 후에 완전 충전 시 전압의 약 63% 정도까지 충전된다. 또한 완전히 충전된 커패시터가 방전하는 경우, 1시정수만큼 시간이 경과한 후에 대략 초기 전압의 37%(100% − 63%) 정도로 감소한다. 이때 변화한 양은 역시 63%가 된다.

충전과 방전곡선

커패시터는 그림 8–31 같이 비선형 곡선을 따라 충전되거나 방전된다. 이 그래프에 완전 충전 시의 전압에 대한 백분율을 각 시정수 구간마다 표시하였다. 이 곡선을 지수함수곡선이라고 한다. 충전곡선은 증가하는 **지수함수(exponential)**이고, 방전곡선은 감소하는 지수함수이다. 시정수의 5배가 되는 시간이 경과하면 최종전압의 99%(100%로 간주)에 도달한다. 시정수의 5배가 되는 시간이 경과하면 커패시터가 완전히 충전되었거나 방전되었다고 간주하며, 이때까지를 **과도시간(transient time)**이라 부른다.

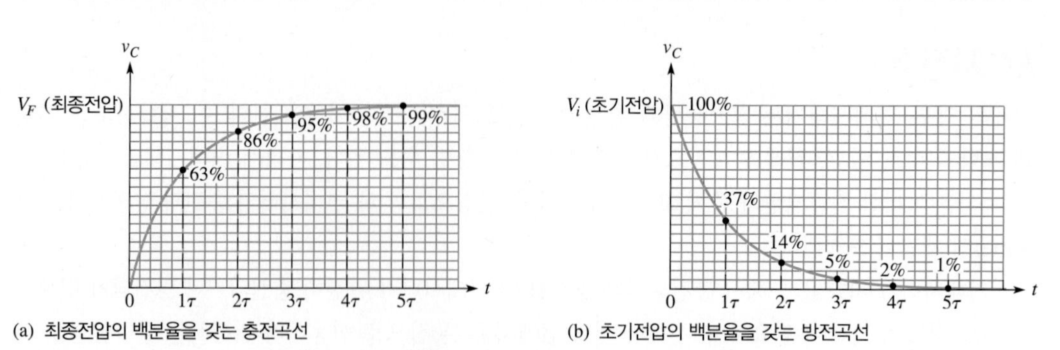

그림 8–31 RC 회로에서 커패시터의 충전과 방전에 대한 지수전압곡선

일반적인 공식 증가하거나 감소하는 지수함수곡선의 형태로 표현되는 순시전압과 순시전류에 대한 일반식은 다음과 같다.

$$v = V_F + (V_i - V_F)e^{-t/\tau} \quad (8\text{–}13)$$

$$i = I_F + (I_i - I_F)e^{-t/\tau} \quad (8\text{–}14)$$

여기서 V_F와 I_F는 최종값을 나타내고 V_i와 I_i는 초기값을 나타낸다. 소문자 v와 i는 시간 t에서의 커패시터 전압과 전류의 순시값을 나타내고, e는 자연대수의 밑수이다. 계산기에 있는 e^x키는 지수함수 형태의 계산을 쉽게 한다.

완전하게 방전된 상태에서의 충전 그림 8–31(a)에서와 같이, 전압이 영($V_i = 0$)인 상태에서부터 증가하는 지수전압곡선은 식 8–15로 나타낼 수 있다. 이 식은 식 8–13으로부터 다음과 같이 유도한다.

$$v = V_F + (V_i - V_F)e^{-t/\tau} = V_F + (0 - V_F)e^{-t/RC} = V_F - V_F e^{-t/RC}$$

V_F를 인수로 뽑아내면, 다음과 같다.

$$v = V_F(1 - e^{-t/RC}) \quad (8\text{–}15)$$

초기에 충전이 되어 있지 않으면 식 8–15를 사용하여, 어느 순간의 커패시터의 충전전압을 계산할 수 있다. 식 8–15에서 v 대신 i를 대입하고 V_F 대신 I_F를 대입하여 전류를 계산할 수 있다.

예제 8–11

그림 8–32에서 커패시터가 초기에 방전된 상태라면 스위치가 닫히고 50 μs 후의 커패시터 전압을 구하여라. 그리고 충전곡선을 그려라.

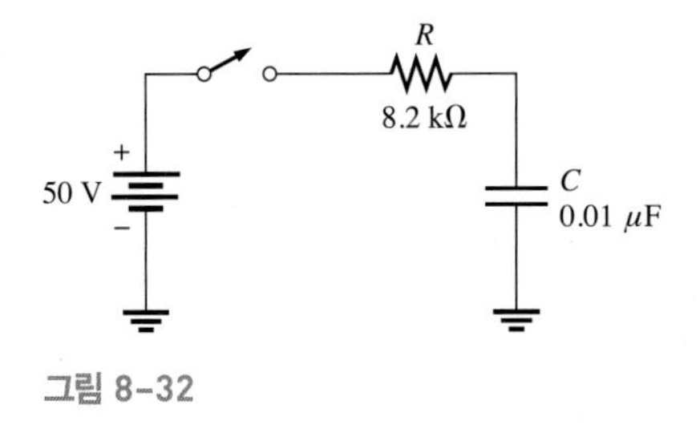

그림 8–32

풀이

시정수는

$$\tau = RC = (8.2\ \text{k}\Omega)(0.01\ \mu\text{F}) = 82\ \mu\text{s}$$

이다. 커패시터가 완전히 충전되었을 때의 전압은 50 V(V_f)이다. 초기전압은 영이다. 50 μs는 시정수보다 작으므로, 50 μs가 지난 후의 커패시터 전압은 완전 충전 시 전압의 63%보다 작을 것이다.

$$v_C = V_F(1 - e^{-t/RC}) = (50\ \text{V})(1 - e^{-50\mu\text{s}/82\mu\text{s}}) = \mathbf{22.8\ V}$$

커패시터의 충전곡선을 그림 8–33에 나타내었다.

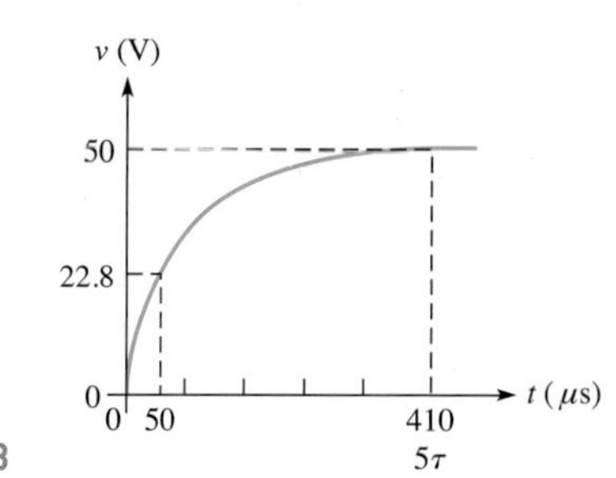

그림 8-33

관련문제

그림 8-32에서 스위치가 닫히고 15 μs 후의 커패시터 전압을 구하여라.

완전 방전 그림 8-31(b)에서와 같이 감소하는 지수전압곡선이 영에서 끝나는 경우($V_F = 0$)의 식은 일반적인 공식으로부터 다음과 같이 구할 수 있다.

$$v = V_F + (V_i - V_F)e^{-t/\tau} = 0 + (V_i - 0)e^{-t/RC}$$

이 식은 다음과 같이 된다.

$$\mathbf{v = V_i e^{-t/RC}} \quad (8\text{-}16)$$

여기에서 V_i는 방전이 시작되는 순간의 전압이다. 어느 순간에서의 방전전압을 계산하기 위해 이 공식을 사용할 수 있다. 지수 $-t/RC$는 $-t/\tau$로 쓰여질 수 있다.

예제 8-12

그림 8-34에서 스위치를 닫고 6 ms 후의 커패시터 전압을 구하여라. 방전곡선을 그려라.

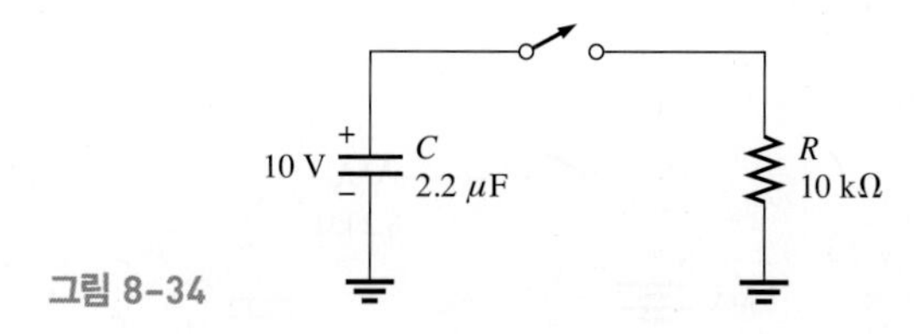

그림 8-34

풀이

방전 시정수는 다음과 같다.

$$\tau = RC = (10\ \text{k}\Omega)(2.2\ \mu\text{F}) = 22\ \text{ms}$$

초기 커패시터 전압은 10 V이다. 6 ms는 시정수보다 작으므로 커패시터는 63%보다 적게 방전된다. 그러므로, 6 ms 후에 커패시터 전압은 초기전압의 37% 이상이 된다.

$$v_C = V_i e^{-t/RC} = (10\ \text{V})e^{-6\text{ms}/22\text{ms}} = \mathbf{7.61\ V}$$

이 커패시터의 방전곡선은 그림 8-35와 같다.

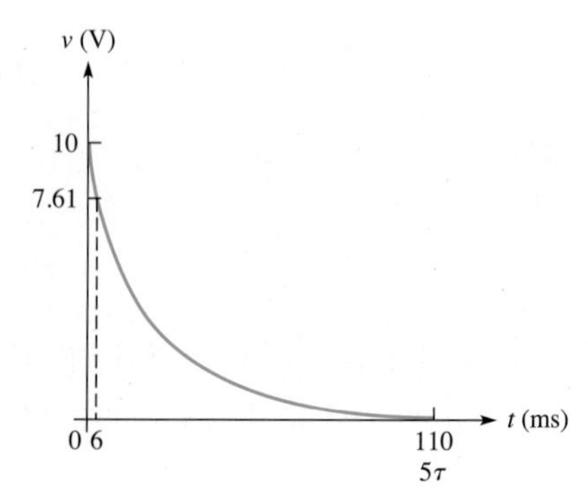

그림 8-35

관련문제

그림 8-34에서 R을 2.2 kΩ으로 변경하고 스위치가 닫힌 다음 1 ms 후의 커패시터 전압을 구하여라.

일반 지수곡선을 이용하는 그래픽 방법 그림 8–36의 일반적인 곡선을 이용하여 충전이나 방전 시의 커패시터에 대한 그래픽 해를 구할 수 있다. 예제 8–13은 이 그래픽 방법을 나타낸다.

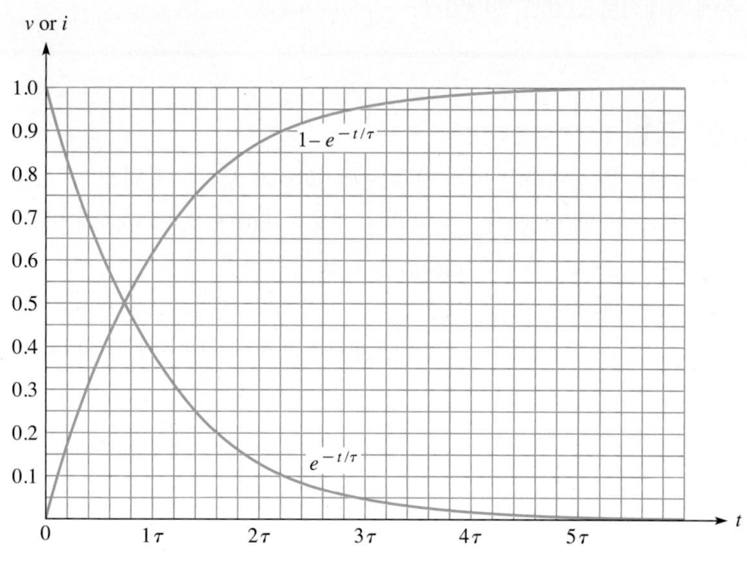

그림 8–36 정규화된 일반 지수곡선

예제 8–13

그림 8–37의 커패시터가 75 V까지 충전되려면 얼마나 걸리는가? 스위치를 닫은 지 2 ms 후의 커패시터 전압은 얼마인가? 그림 8–36의 정규화된 일반곡선을 이용하라.

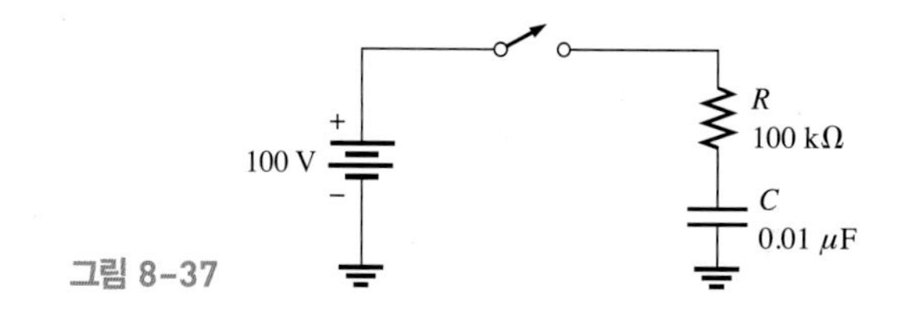

그림 8–37

풀이

그래프의 세로축에서 100%(1.0)는 완전 충전 시의 전압인 100 V를 나타낸다. 75 V는 75%인 그래프의 0.75가 된다. 이 값은 가로축에서 시정수의 1.4배인 곳과 만난다. 시정수는 RC = (100 kΩ)(0.01 μF) = 1 ms이다. 따라서 커패시터 전압은 스위치를 닫은지 1.4 ms 후에 75 V가 된다.

2 ms 후에 커패시터 전압은 약 86 V이다. 해를 구하는 법을 그림 8–38에 표시하였다.

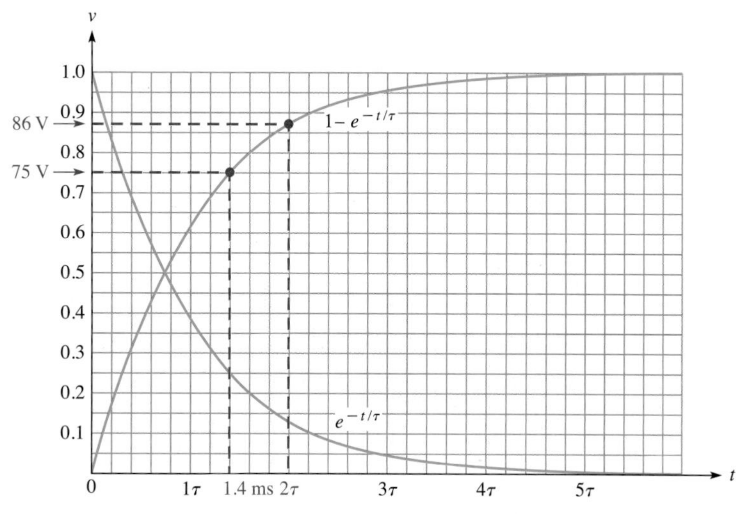

그림 8–38

관련문제

정규화된 일반 지수곡선을 이용하여 그림 8–37의 커패시터가 0 V에서 50 V까지 충전하는 데 걸리는 시간을 구하여라. 스위치를 닫은 지 3 ms 후에 커패시터 전압은 얼마인가?

구형파에 대한 응답

상승과 하강하는 지수함수를 설명하는 많은 경우는 *RC* 회로가 시정수에 비해 긴 주기를 갖는 구형파(square wave)로 구동되었을 때 발생한다. 구형파는 파형이 영(0)으로 떨어질 때 발전기를 통하여 방전하는 통로를 제공하므로 스위치와 다른 on-off 동작을 제공한다.

구형파가 상승하였을 때 커패시터를 가로지르는 전압은 시정수에 의존하는 시간으로 구형파의 최대값을 향하며 지수적으로 상승한다. 구형파가 영(0) 수준으로 되돌아왔을 때 커패시터 전압은 지수적으로 감소하고, 다시 시정수에 의존한다. 구형파 생성기의 내부 저항은 *RC* 시정수의 일부분이다. 하지만 그것이 *R*에 비해 작다면 무시될 수 있다. 다음의 예는 주기가 시정수와 비교해서 긴 경우에 대한 파형을 나타내었다.

예제 8–14

그림 8–39(a)의 회로에서 그림 8–39(b)에 나타낸 입력파형의 완전한 1주기 동안 각각 0.1 ms로 커패시터를 가로지르는 전압을 계산하라. 다음에 커패시터 파형을 그려라. 발전기의 내부 저항은 무시하는 것으로 가정한다.

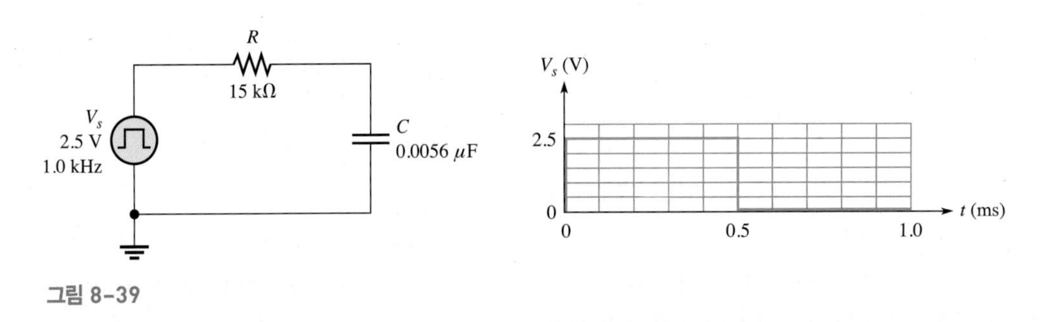

그림 8–39

풀이

$$\tau = RC = (15\ \text{k}\Omega)(0.0056\ \mu\text{F}) = 0.084\ \text{ms}$$

구형파의 주기는 1 ms이고, 거의 12 τ이다. 6 τ는 양(+)으로 각각 변화한 후에, 충분히 충전과 방전에 대해 커패시터가 가능하도록 시간이 경과할 것이다.

상승하는 지수함수에 대해

$$v = V_F(1 - e^{-t/RC}) = V_F(1 - e^{-t/\tau})$$

0.1 ms에서 $v = 2.5\ \text{V}(1 - e^{-0.1\text{ms}/0.084\text{ms}}) = 1.74\ \text{V}$

0.2 ms에서 $v = 2.5\ \text{V}(1 - e^{-0.2\text{ms}/0.084\text{ms}}) = 2.27\ \text{V}$

0.3 ms에서 $v = 2.5\ \text{V}(1 - e^{-0.3\text{ms}/0.084\text{ms}}) = 2.43\ \text{V}$

0.4 ms에서 $v = 2.5\ \text{V}(1 - e^{-0.4\text{ms}/0.084\text{ms}}) = 2.48\ \text{V}$

0.5 ms에서 $v = 2.5\ \text{V}(1 - e^{-0.5\text{ms}/0.084\text{ms}}) = 2.49\ \text{V}$

감소하는 지수함수에 대해

$$v = V_i(e^{-t/RC}) = V_i(e^{-t/\tau})$$

공식에서 시간은 충전이 발생했을 때의 지점부터 나타내었다(실제 시간에서 0.5 ms 뺌). 예를 들면 0.6 ms에서 $t = 0.6\text{ ms} - 0.5\text{ ms} = 0.1\text{ ms}$.

0.6 ms에서 $v = 2.5\text{ V}(e^{-0.1\text{ms}/0.084\text{ms}}) = 0.76\text{ V}$

0.7 ms에서 $v = 2.5\text{ V}(e^{-0.2\text{ms}/0.084\text{ms}}) = 0.23\text{ V}$

0.8 ms에서 $v = 2.5\text{ V}(e^{-0.3\text{ms}/0.084\text{ms}}) = 0.07\text{ V}$

0.9 ms에서 $v = 2.5\text{ V}(e^{-0.4\text{ms}/0.084\text{ms}}) = 0.02\text{ V}$

1.0 ms에서 $v = 2.5\text{ V}(e^{-0.5\text{ms}/0.084\text{ms}}) = 0.01\text{ V}$

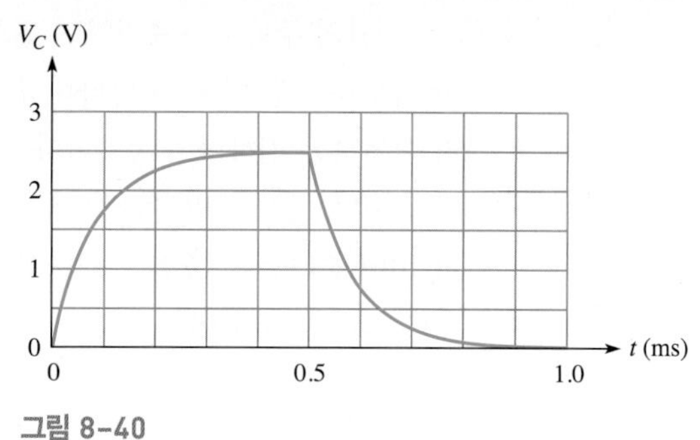

그림 8-40

그림 8-40은 이런 결과의 그래프이다.

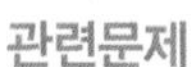

관련문제

0.65 ms에서 커패시터 전압은 얼마인가?

8-5절 복습 문제

1. $R = 1.2\text{ k}\Omega$이고 $C = 1000\text{ pF}$일 때 시정수를 구하여라.
2. 1번 문제의 회로가 5 V의 전압원으로 충전된다면, 완전 방전 상태에 있는 커패시터가 완전히 충전되는 데 걸리는 시간은 얼마인가? 완전 충전 상태에서 커패시터 전압은 얼마인가?
3. 어떤 회로의 시정수가 1 ms이다. 이 회로가 10 V의 전지로 충전된다면 2 ms, 3 ms, 4 ms, 5 ms 후의 커패시터 전압은 각각 얼마가 되는가? 커패시터는 처음에 충전되지 않았다.
4. 어떤 커패시터가 100 V까지 충전되었다. 이 커패시터가 저항을 통해 방전된다면 시정수만큼의 시간 후에 커패시터 전압은 얼마인가?

8-6 교류회로에서의 커패시터

일정한 직류는 커패시터를 통해 흐를 수 없다. 커패시터는 교류의 주파수에 따라 달라지는 용량성 리액턴스(capacitive reactance, 전류의 흐름을 방해하는 양)로 교류를 통과시킨다.

이 절을 마친 후 다음을 할 수 있어야 한다.

- 교류회로에서 커패시터의 동작에 대해 설명한다.
- 용량성 리액턴스의 정의를 설명한다.
- 회로의 용량성 리액턴스를 계산한다.
- 직렬과 병렬 커패시터에 대한 정전용량을 계산한다.
- 커패시터가 전류와 전압의 위상 차이를 어떻게 만드는지 설명한다.
- 커패시터의 순시전력, 유효전력, 무효전력을 설명한다.

용량성 리액턴스, X_C

그림 8–41에서 커패시터가 정현과 전압원에 연결되어 있다. 진원전압이 일정한 진폭값을 가지고 주파수가 증가한다면 전류의 진폭이 증가한다. 또한 전원의 주파수가 감소하면 전류의 진폭도 감소한다.

전압의 주파수가 증가하면 변화율이 증가한다. 교류회로에서의 커패시터 주파수가 두 배로 증가한 경우를 그림 8–42에 나타내었다. 전압이 변화하는 비율이 증가하면, 주어진 시간 내에 회로를 따라 이동하는 전하량이 증가한다. 일정한 시간 동안 더 많은 전하의 이동이 있으면 더 많은 전류가 흐르게 된다. 예를 들면 주파수가 10배로 증가하면 주어진 시간 동안 커패시터의 충전과 방전되는 횟수가 10배 증가한다. 충전 이동률은 10배 증가되었다. 이것은 $I = Q/t$이기 때문에 전류가 10배 증가되었다는 것을 의미한다.

크기가 일정한
교류전압원
f
I
C

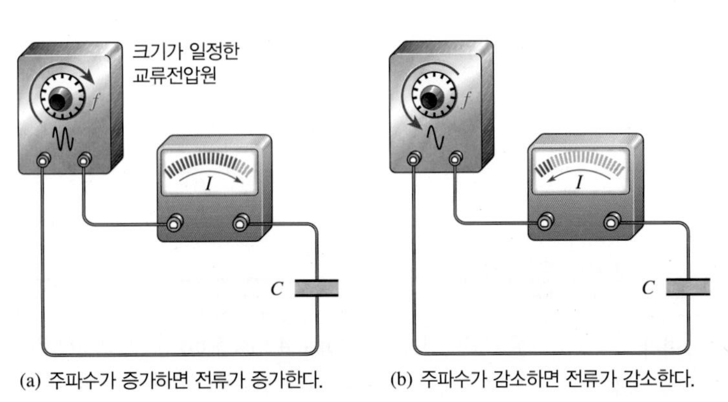

(a) 주파수가 증가하면 전류가 증가한다. (b) 주파수가 감소하면 전류가 감소한다.

그림 8–41 용량성 회로의 전류는 전원전압의 주파수에 따라 직접적으로 변한다.

B가 더 큰 변화율을
가진다(기울기가
더 크고 더 많은
사이클을 형성).
B A

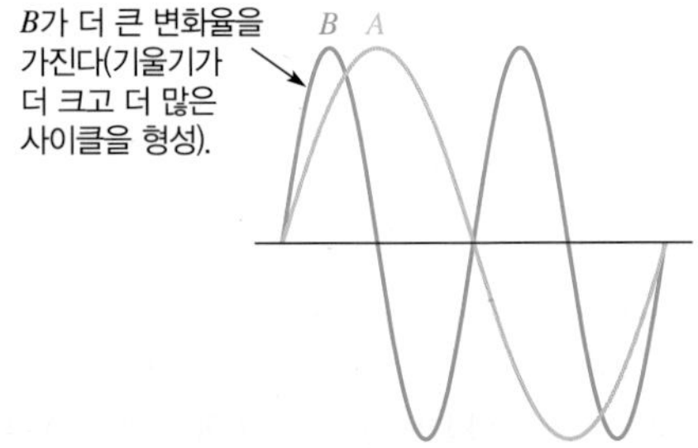

그림 8–42 주파수가 증가하면 정현파의 변화율이 증가한다.

일정한 전압에서 전류가 증가한다는 것은 전류의 흐름을 방해하는 정도가 감소하였다는 것을 의미한다. 따라서 커패시터는 전류의 흐름을 방해하며 그 방해하는 정도는 주파수에 반비례한다.

커패시터에서 정현파 전류를 방해하는 성질을 용량성 리액턴스라고 한다.

용량성 리액턴스(capacitive reactance)의 기호는 X_C이고 단위는 옴(Ω)이다.

커패시터에서 주파수가 전류의 흐름을 방해하는 성질(용량성 리액턴스)에 어떻게 영향을 미치는지 살펴보았다. 이제 정전용량(C)의 리액턴스에 대한 영향을 살펴보자. 그림 8–43(a)에서 크기와 주파수가 고정된 정현파 전압을 1 μF의 커패시터에 가하면 교류전류가 흐른다. 그림 8–43(b)에서와 같이 정전용량이 2 μF으로 증가하면 전류가 증가한다. 정전용량이 증가하면 전류를 방해하는 성질(용량성 리액턴스)이 감소한다. 따라서 용량성 리액턴스는 주파수뿐만 아니라 정전용량에도 반비례한다.

I
1 μF
2 μF

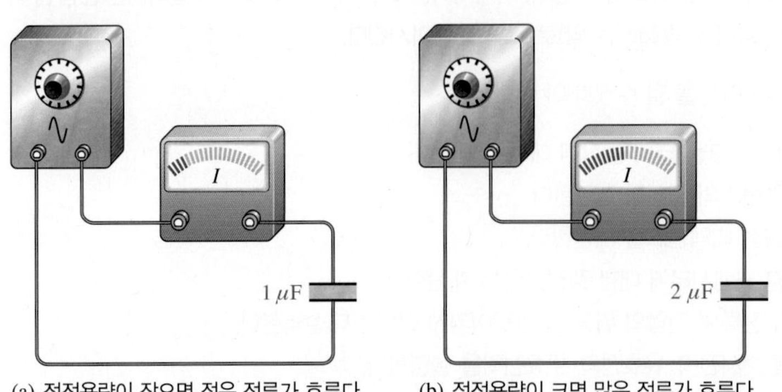

(a) 정전용량이 작으면 적은 전류가 흐른다. (b) 정전용량이 크면 많은 전류가 흐른다.

그림 8–43 전압과 주파수가 고정되어 있을 때 전류는 정전용량 값에 따라 직접적으로 변한다.

이 관계를 다음과 같이 표현할 수 있다.

X_C는 $\frac{1}{fC}$에 비례한다.

X_C와 $1/fC$ 사이의 비례상수는 $1/2\pi$이다. 그러므로 용량성 리액턴스(X_C)를 구하는 공식은

$$X_C = \frac{1}{2\pi fC} \tag{8-17}$$

이다. f가 Hz, C가 패럿(F)일 때 X_C는 옴(Ω)이다. 7장에서 다루었듯이 정현파는 회전운동으로 나타낼 수 있으며, 1회전은 2π 라디안이므로 비례상수의 값이 $1/2\pi$이 된다.

예제 8-15

그림 8-44에서와 같이 주파수 10 kHz의 정현파가 커패시터에 가해졌다. 용량성 리액턴스를 구하여라.

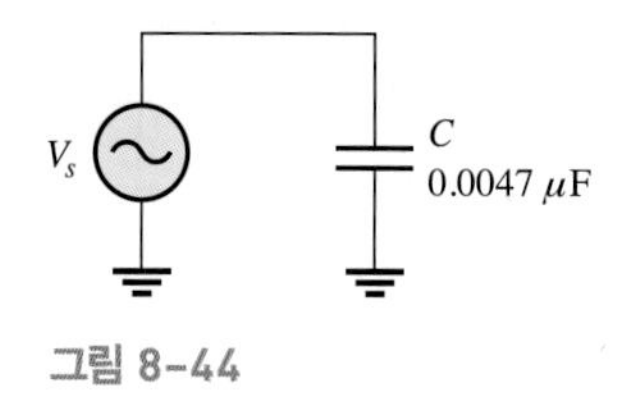

그림 8-44

풀이

$$X_C = \frac{1}{2\pi fC} = \frac{1}{2\pi(1.0 \times 10^3 \text{ Hz})(0.0047 \times 10^{-6}\text{ F})} = \mathbf{33.9\ k\Omega}$$

관련문제

그림 8-44에서 X_C가 10 kΩ이 되려면 주파수가 얼마나 되어야 하는가?

직렬 커패시터에 대한 리액턴스

커패시터가 교류회로에서 직렬로 연결되었을 때 전체 정전용량은 가장 작은 각각의 정전용량보다 작다. 전체 정전용량은 더 작으므로, 전체 용량성 리액턴스(전류에 대해 저항)는 어떠한 개별 용량성 리액턴스보다 커야만 한다. 직렬 연결 커패시터와 함께 전체 용량성 리액턴스($X_{C(tot)}$)는 각 리액턴스 합이다.

$$X_{C(tot)} = X_{C1} + X_{C2} + X_{C3} + \cdots + X_{Cn} \tag{8-18}$$

직렬저항의 전체 저항을 구하기 위해 식 4-1의 공식과 비교하라. 두 경우 모두 단순히 각각의 저항을 더하면 된다.

병렬 커패시터에 대한 리액턴스

병렬 커패시터로 된 교류회로에서 전체 정전용량은 각각의 정전용량을 더한 것이다. 용량성 리액턴스가 정전용량에 반비례한다는 것을 상기하라. 전체 병렬 정전용량은 어떠한 각각의 정전용량보다 크기 때문에 전체 용량성 리액턴스는 어떤 각각의 커패시터 리액턴스보다 작아야만 한다. 병렬 커패시터로 되어 있는 전체 리액턴스는 다음으로 구한다.

$$X_{C(tot)} = \frac{1}{\frac{1}{X_{C1}} + \frac{1}{X_{C2}} + \frac{1}{X_{C3}} + \cdots + \frac{1}{X_{Cn}}} \quad (8\text{–}19)$$

병렬저항을 위해 식 4–4와 이 공식을 비교하라. 병렬저항의 경우와 같이, 전체 저항(혹은 리액턴스)은 각 저항 역수 합의 역수이다.

병렬로 되어 있는 2개의 커패시터에 대해 식 8–19는 곱/합(product-over-sum)으로 줄여 쓸 수 있다. 대부분의 실제회로에서 2개 이상의 커패시터가 병렬로 연결된 경우는 흔하지 않으므로, 이 공식은 유용하다.

$$X_{C(tot)} = \frac{X_{C1}X_{C2}}{X_{C1} + X_{C2}}$$

예제 8–16

그림 8–45에 각 회로에 있는 전체 용량성 리액턴스는 얼마인가?

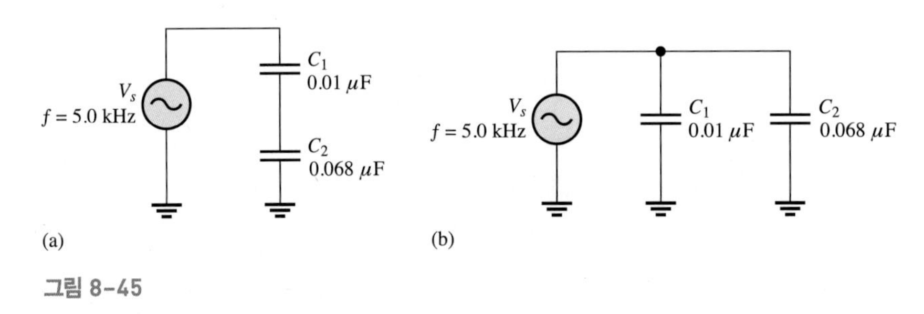

그림 8–45

풀이

각 커패시터의 리액턴스는 양 회로에서 같다.

$$X_{C1} = \frac{1}{2\pi fC_1} = \frac{1}{2\pi(5.0\text{ kHz})(0.01\ \mu\text{F})} = 3.18\text{ k}\Omega$$

$$X_{C2} = \frac{1}{2\pi fC_2} = \frac{1}{2\pi(5.0\text{ kHz})(0.068\ \mu\text{F})} = 468\ \Omega$$

직렬회로: 그림 8–45(a)에 있는 직렬에서 커패시터에 대해 전체 리액턴스는 식 8–18에 나타낸 것과 같은 X_{C1}과 X_{C2}의 합이다.

$$X_{C(tot)} = X_{C1} + X_{C2} = 3.18\text{ k}\Omega + 468\ \Omega = \mathbf{3.65\text{ k}\Omega}$$

대안으로 식 8–7을 사용하여 전체 정전용량을 먼저 구하고 전체 직렬 리액턴스를 얻을 수 있다. 다음에 전체 리액턴스를 계산하고자 식 8–17에 값을 대체시킨다.

$$C_{tot} = \frac{C_1C_2}{C_1 + C_2} = \frac{(0.01\ \mu\text{F})(0.068\ \mu\text{F})}{0.01\ \mu\text{F} + 0.068\ \mu\text{F}} = 0.0087\ \mu\text{F}$$

$$X_{C(tot)} = \frac{1}{2\pi fC_{tot}} = \frac{1}{2\pi(5.0\text{ kHz})(0.0087\ \mu\text{F})} = \mathbf{3.65\text{ k}\Omega}$$

병렬회로: 그림 8–45(b)에 있는 병렬에서 커패시터에 대해 전체 리액턴스는 X_{C1}과 X_{C2}를 사용하여 곱/합의 법칙으로부터 결정한다.

$$X_{C(tot)} = \frac{X_{C1}X_{C2}}{X_{C1} + X_{C2}} = \frac{(3.18\text{ k}\Omega)(468\ \Omega)}{3.18\text{ k}\Omega + 468\ \Omega} = 408\ \Omega$$

관련문제

전체 정전용량을 먼저 구하여 전체 병렬 용량성 리액턴스를 결정하라.

옴의 법칙 정전용량의 리액턴스는 저항기의 저항값과 유사하다. 두 가지 모두 단위가 옴(Ohm)이다. R과 X_C는 모두 전류의 흐름을 방해하므로, 옴의 법칙은 저항성 회로뿐만 아니라 용량성 회로에도 적용되며 다음의 식으로 나타낼 수 있다.

$$I = \frac{V}{X_C} \tag{8-20}$$

교류회로에 옴의 법칙을 적용할 때 전류와 전압은 둘 다 실효값을 사용하거나 최대값을 사용하는 등 같은 방식으로 나타내어야 한다.

예제 8-17

그림 8-46의 실효값 전류를 구하여라.

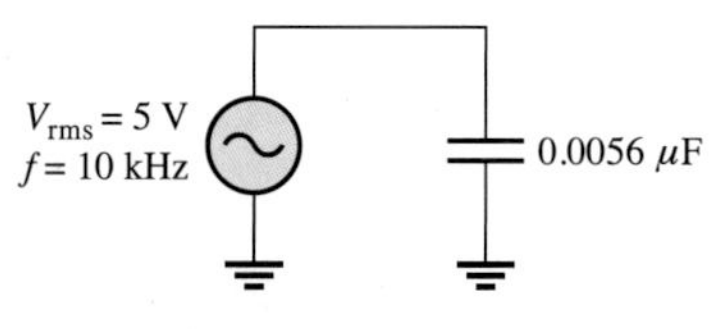

그림 8-46

풀이

먼저 X_C를 구한다.

$$X_C = \frac{1}{2\pi fC} = \frac{1}{2\pi(10 \times 10^3\ \text{Hz})(0.0056 \times 10^{-6}\ \text{F})} = 2.84\ \text{k}\Omega$$

옴의 법칙을 적용하면,

$$I_{rms} = \frac{V_{rms}}{X_C} = \frac{5\ \text{V}}{2.84\ \text{k}\Omega} = \mathbf{1.76\ mA}$$

관련문제

그림 8-46에서 주파수를 25 kHz로 바꾸고 전류의 실효값을 구하여라.

용량성 전압 분배기

교류회로에 있어서 커패시터는 전압 분배기가 필요한 곳에 응용하여 사용될 수 있다. 직렬 커패시터에 걸리는 전압은 식 8-9에 나타냈는데 여기에 다시 나타낸다.

$$V_x = \left(\frac{C_{tot}}{C_x}\right)V_s$$

저항성 전압 분배기는 저항의 비율로 표현되며, 이것은 전류의 흐름을 방해하는 비율이다. 저항 대신에 리액턴스를 사용하여 용량성 전압 분배기를 생각할 수 있다. 용량성 전압 분배기에 있는 커패시터에 걸리는 전압에 대한 식은 다음과 같이 쓸 수 있다.

$$V_x = \left(\frac{X_{Cx}}{X_{C(tot)}}\right)V_s \qquad (8\text{–}21)$$

여기서 V_{Cx}는 커패시터 C_x의 리액턴스이고, $X_{C(tot)}$는 전체 용량성 리액턴스이고, V_x는 커패시터 C_x에 걸리는 전압이다. 식 4–3과 이 식을 비교하라. 식 8–9나 식 8–21은 다음 예에서 설명된 것과 같이 분배기로 전압을 구하는데 사용될 수 있다.

예제 8 – 18

그림 8–47의 회로에서 C_2에 걸리는 전압을 구하여라.

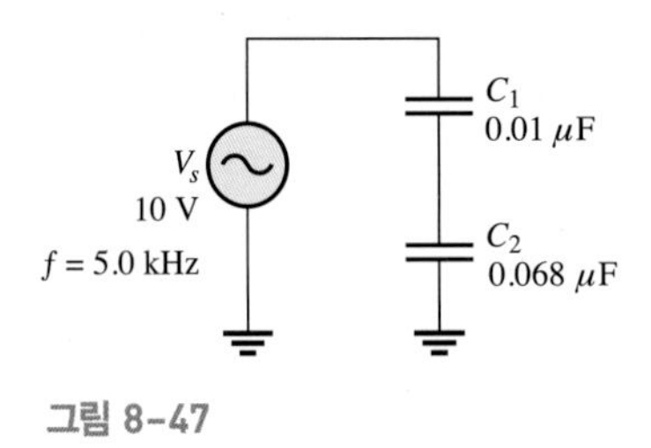

그림 8–47

풀이

각 커패시터의 리액턴스와 전체 리액턴스는 예제 8–16으로 결정된다. 식 8–21에 대입하면

$$V_2 = \left(\frac{X_{C2}}{X_{C(tot)}}\right)V_s = \left(\frac{468\ \Omega}{3.65\ \text{k}\Omega}\right)10\ \text{V} = \mathbf{1.28\ V}$$

보다 큰 커패시터에 걸리는 전압은 전체의 한 부분보다 작은 것이다. 식 8–9에서 같은 결과를 얻는다.

$$V_2 = \left(\frac{C_{tot}}{C_2}\right)V_s = \left(\frac{0.0087\ \mu\text{F}}{0.068\ \mu\text{F}}\right)10\ \text{V} = \mathbf{1.28\ V}$$

관련문제

식 8–21을 사용하여 C_1에 걸리는 전압을 구하여라.

전류는 커패시터 전압보다 위상이 90° 앞선다

그림 8–48의 정현파 전압은 정현파 곡선을 따라 그 값이 변화한다. 정현파 곡선은 영을 지나는 점에서 곡선의 다른 점에서보다 빠른 비율로 변화한다. 정점부에서는 전압이 최대값에 도달하여 변화하는 방향이 바뀌므로 변화율이 0이 된다.

커패시터에 저장되는 전하량에 따라 커패시터에 걸리는 전압이 결정된다. 따라서 전하가 한 도체판에서 다른 도체판으로 이동하는 비율($Q/t = I$)이 커패시터 전압이 변하는 비율을 결정한다. 전류가 최대 비율로 변할 때(0을 지날 때) 전압은 최대값이며, 전류가 최소 비율로 변할 때(정점일 때) 전압은 최소값(0)이다. 위상(phase) 관계를 그림 8–49에 나타내었다. 그림에서 알 수 있듯이 최대 전류값은 최대 전압값보다 1/4주기 앞에서 발생한다. 그러므로 전류는 위상이 90° 앞선다.

커패시터의 전력

이 장의 앞부분에서 다루었듯이, 충전된 커패시터는 유전체내에 존재하는 전계에 에너지를 저장한다. 이상적인 커패시터에서는 에너지가 소비되지 않는다. 단지 일시적으로 에너지를 저장할 뿐이다. 교류전압이

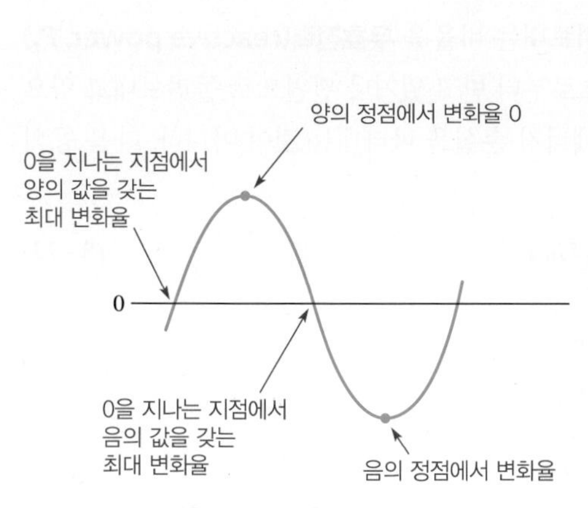

그림 8-48 정현파의 변화율

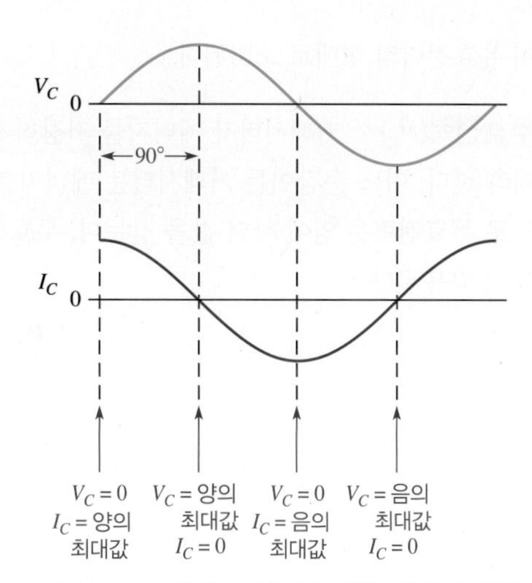

그림 8-49 전류는 커패시터 전압보다 항상 위상이 90° 앞선다.

커패시터에 인가되면 전압주기의 1/4 동안 에너지가 커패시터에 저장된다. 이어서 다음 1/4주기 동안 저장된 에너지가 전원으로 되돌아간다. 그러므로 에너지 손실은 없다. 그림 8-50은 커패시터 전압과 전류의 한 주기에 대한 전력곡선을 보여준다.

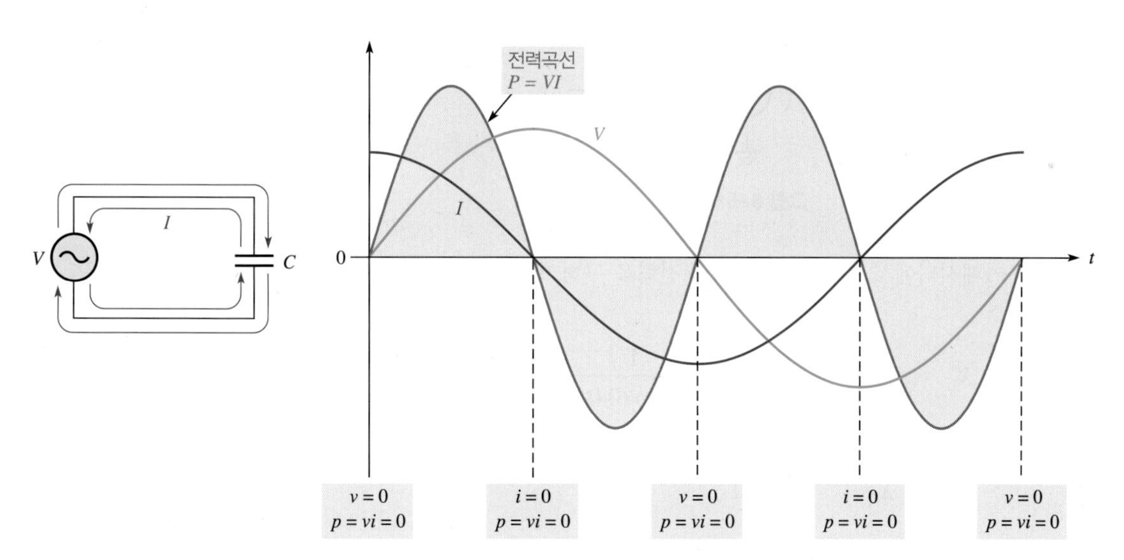

그림 8-50 커패시터의 전력곡선

순시전력(p) 순시전압 v와 순시전류 i를 곱한 값이 **순시전력(instantaneous power, p)**이다. v와 i가 영인 곳에서 p는 항상 영이다. v와 i가 모두 (+)의 값을 가지면 p는 (+)이다. v와 i가 하나는 (+)이고 다른 하나는 (−)이면 p는 (−)이다. v와 i가 둘 다 (−)이면 p는 (+)가 된다. 전력은 정현파형의 곡선을 따라 변화한다. 전력의 (+)부호는 에너지가 커패시터에 저장됨을 뜻한다. 전력의 (−)부호는 에너지가 커패시터에서 전원으로 되돌아감을 뜻한다. 전력은 전압이나 전류보다 두 배의 주파수를 가지며, 이 주파수에 따라 에너지가 저장되거나 전원으로 돌아간다.

유효전력(p_{true}) 이상적인 커패시터에서는 전력주기의 (+)부분 동안에 저장된 에너지가 (−)부분 동안에 모두 되돌아간다. 커패시터에서는 에너지가 소비되지 않으며 유효전력(true power, P_{true})은 영이다. 그러나 실제의 커패시터에서는 누설전류와 도체판의 저항으로 인하여 총 전력 중 소량의 전력이 유효전력의 형태로 소비된다.

무효전력(P_r) 커패시터가 에너지를 저장하거나 돌려보내는 비율을 **무효전력(reactive power, P_r)**이라 한다. 어느 순간이든 커패시터는 에너지를 전원으로부터 받고 있거나 전원으로 돌려보내고 있으므로 무효전력은 영이 아닌 값을 갖는다. 무효전력은 에너지 손실을 나타내는 것이 아니다. 다음 공식들이 적용된다.

$$P_r = V_{rms} I_{rms} \tag{8-22}$$

$$P_r = \frac{V_{rms}^2}{X_C} \tag{8-23}$$

$$P_r = I_{rms}^2 X_C \tag{8-24}$$

이 식들은 3장에서 다루었던 저항의 유효전력의 식과 같은 형태로 되어 있다. 전압과 전류는 실효값으로 나타내어야 한다. 무효전력의 단위는 **VAR(볼트-암페어 리액티브, volt-ampere reactive)**이다.

예제 8-19

그림 8-51에서 유효전력과 무효전력을 구하여라.

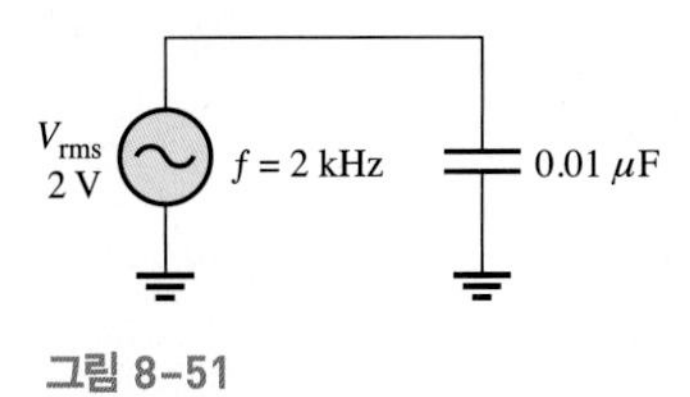

그림 8-51

풀이

유효전력은 이상적인 커패시터에서 항상 **영**이다. 무효전력을 구하기 전에 용량성 리액턴스를 구하고, 식 8-23을 사용하면

$$X_C = \frac{1}{2\pi fC} = \frac{1}{2\pi(2 \times 10^3\ \text{Hz})(0.01 \times 10^{-6}\ \text{F})} = 7.96\ \text{k}\Omega$$

$$P_r = \frac{V_{rms}^2}{X_C} = \frac{(2\ \text{V})^2}{7.96\ \text{k}\Omega} = 503 \times 10^{-6}\ \text{VAR} = \mathbf{503\ \mu VAR}$$

관련문제

그림 8-51에서 주파수가 두 배로 된다면 유효전력과 무효전력은 얼마인가?

8-6절 복습 문제

1. $f = 5$ kHz이고 $C = 47$ pF일 때 X_C를 계산하라.
2. 0.1 μF 커패시터의 리액터의 리액턴스가 2 kΩ이 되려면 주파수는 얼마가 되어야 하는가?
3. 그림 8-52에서 실효전류를 구하여라.
4. 커패시터에서 전류와 전압의 위상 관계를 기술하라.
5. 1 μF의 커패시터가 실효전압 12 V의 교류전압원에 연결된다면 유효전력은 얼마인가?
6. 5번 문제에서 주파수가 500 Hz일 때 무효전력을 구하여라.

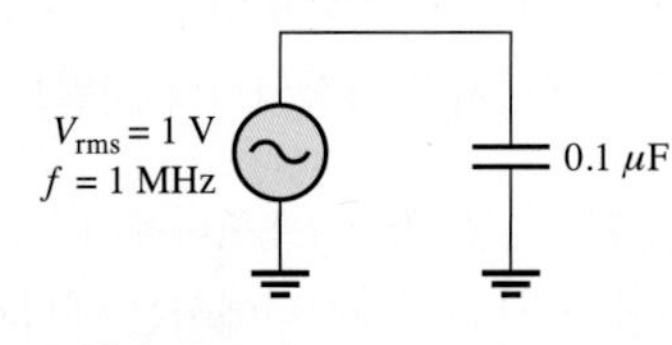

그림 8-52

8-7 커패시터의 응용

커패시터는 전기 및 전자 응용에서 널리 사용된다.

이 절을 마친 후 다음을 할 수 있어야 한다.

- 커패시터의 응용 예를 설명한다.
- 전력공급 장치 필터에 대해 설명한다.
- 결합 커패시터와 바이패스 커패시터의 사용 목적을 설명한다.
- 동조 회로와 타이밍회로, 컴퓨터 메모리에 사용되는 커패시터의 기본적인 사항을 논의한다.

회로기판이나 전력공급 장치, 전자장비 등에는 한 가지 종류 이상의 커패시터가 사용된 것을 볼 수 있을 것이다. 커패시터는 직류나 교류 시스템에서 여러 목적으로 사용된다.

축전

커패시터가 사용되는 가장 기본적인 응용의 하나는 컴퓨터 반도체 메모리와 같이 적은 전력을 소모하는 회로의 보조 전압원으로 쓰이는 것이다. 이 목적으로 사용되는 커패시터는 정전용량이 매우 커야 하고 누설전류가 무시할 수 있을 정도로 작아야 한다.

축전 커패시터(storage capacitor)는 회로의 직류 전원공급 장치 입력단자와 접지 사이에 연결된다. 회로가 정상적인 전원 장치에 의해 동작될 때, 커패시터는 직류 공급 전압까지 완전히 충전된다. 전원에 문제가 발생하여 회로에서 제거된 것과 같은 상태가 되면, 축전 커패시터가 회로의 임시 전원이 된다.

전하가 충분히 있는 동안은 커패시터가 회로에 전압과 전류를 공급한다. 커패시터에서 회로로 전류가 흐르면 커패시터의 전하가 감소하고 전압 또한 감소한다. 따라서 축전 커패시터는 임시 전력원으로 쓰일 수 있을 뿐이다. 커패시터가 충분한 전력을 공급할 수 있는 시간은 회로에 흐르는 전류량과 정전용량에 의해 결정된다. 전류가 적고 정전용량이 클수록 전력공급 시간은 길어진다.

전원 공급장치 필터

기본적인 직류 전원공급 장치는 **정류기(rectifier)**와 그 뒤에 연결된 필터(filter)로 알려진 회로로 구성된다. 정류기는 120 V, 60 Hz의 정현파 전압을 반파 정류된 전압이나 전파 정류된 전압인 맥동 직류전압으로 바꾼다. 그림 8–53(a)에서와 같이 반파 정류기는 정현파 전압의 (−)쪽 반 주기를 제거한다. 그

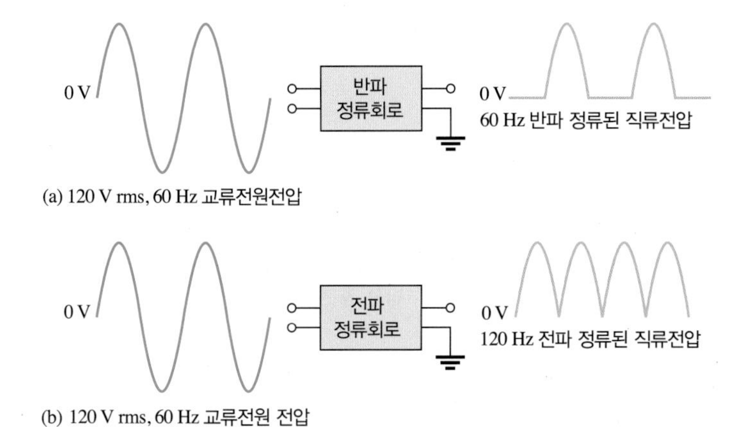

그림 8–53 반파 정류기와 전파 정류기의 동작

림 8–53(b)에서와 같이 전파 정류기는 각 주기에서 음(−)의 극성을 가지는 부분을 (+)의 극성으로 바꾼다. 반파 또는 전파 정류전압은 그 크기가 변하지만 극성이 바뀌지 않으므로 직류이다.

전자회로에 전력을 공급하기 위해서는 모든 회로에 일정한 전력이 필요하므로 정류된 전압을 일정한 직류전압으로 바꾸어야 한다. 그림 8–54에서와 같이 필터는 크기가 변화하는 정류된 전압을 일정한 크기의 직류전압으로 바꾸어 전자회로에 공급한다.

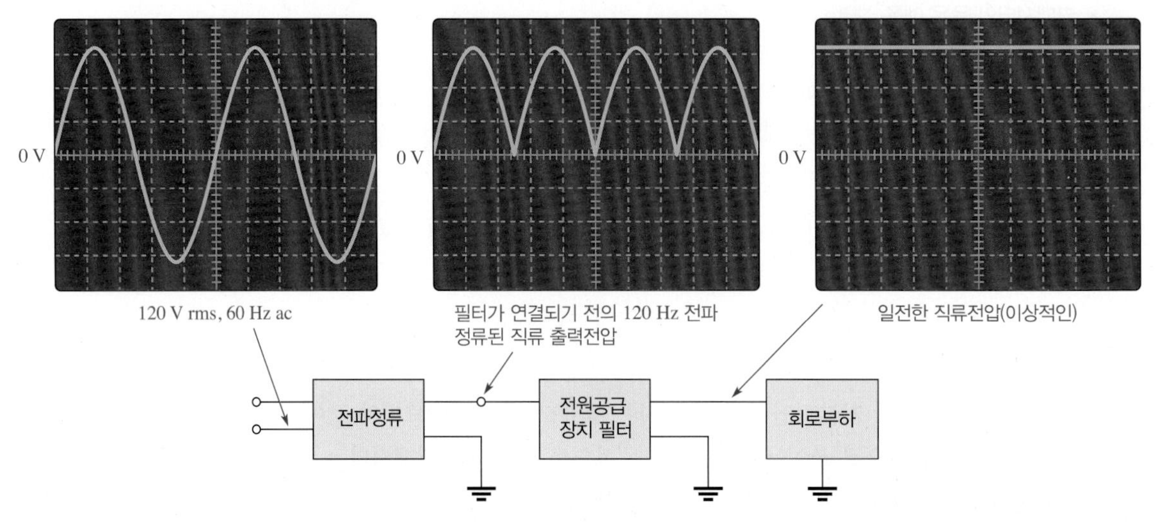

그림 8–54 직류 전원공급 장치의 기본적인 개념도와 동작

전력공급 장치 필터로 쓰이는 커패시터 커패시터는 전하를 저장할 수 있어 직류 전원공급 장치에서 필터로 사용된다. 그림 8–55(a)는 전파 정류기와 커패시터 필터를 갖는 직류 전원공급 장치를 보여준다. 충전과 방전의 관점으로 그 동작 원리를 설명할 수 있다. 커패시터가 초기에는 충전되지 않았다고 가정하자. 전원공급 장치를 켠 후 정류된 전압의 첫 번째 주기 동안 커패시터는 정류기를 통해 충전된다. 커패시터 전압은 정류전압곡선을 따라 정류전압의 최대값까지 증가한다. 정류전압이 최대값을 지나 감소하면 커패시터는 그림 8–55(b)에서와 같이 높은 저항을 갖는 부하회로를 통해서 천천히 방전된다. 방전되는 양은 아주 적다. 정류전압의 다음 주기에서 방전된 적은 양의 전하가 커패시터에 다시 채워진다. 아주 적은 양의 전하가 충전되고 방전되는 과정이 전원이 켜져 있는 동안 계속된다.

정류기는 전류가 커패시터를 충전하는 방향으로만 흐르도록 한다. 커패시터는 정류기 쪽으로 방전하지 않고 큰 저항을 갖는 부하로 적은 양의 전하만을 방전한다. 충전과 방전으로 인한 전압의 작은 변동을 **맥동전압(ripple voltage)**이라고 한다. 좋은 직류 전원공급 장치는 아주 작은 맥동을 갖는 전압을 공급한다. 전원 공급장치 필터 커패시터의 방전 시정수는 정전용량과 부하의 저항에 따라 달라지므로 정전용량이 클수록 방전시간이 길고 맥동전압이 작다.

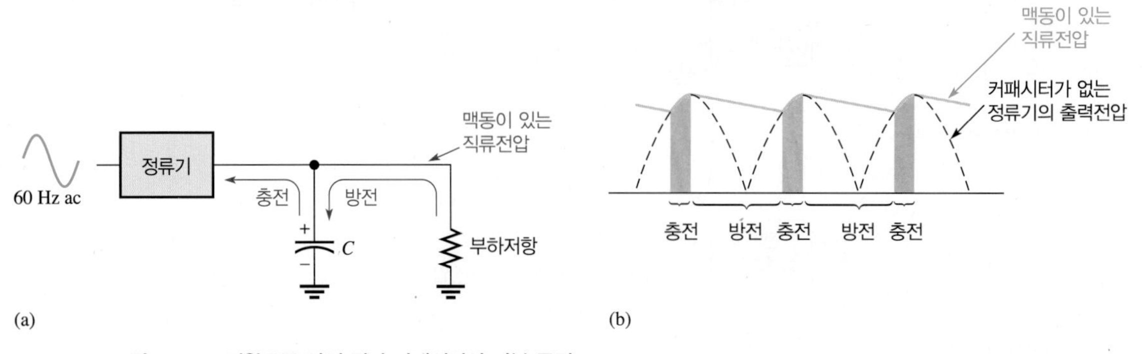

그림 8–55 전원공급 장치 필터 커패시터의 기본 동작

직류차단과 교류결합

커패시터는 회로의 일부분에 인가되는 일정한 직류전압이 다른 부분에 가해지는 것을 차단하기 위해서도 사용된다. 그 예로는 그림 8-56에서와 같이 커패시터가 두 증폭단 사이에 연결되어, 첫 번째 증폭단 출력의 직류전압이 두 번째 증폭단 입력의 직류전압에 영향을 미치지 못하도록 하는 역할을 한다. 이 회로가 정상적으로 작동하기 위해서는 첫 번째 증폭단의 출력에서 직류전압이 영이 되어야 하고 두 번째 증폭단의 입력에는 3 V의 직류전압이 가해져야 한다고 가정하자. 커패시터는 두 번째 증폭단의 3 V와 첫 번째 증폭단의 영 전위가 서로 영향을 미치는 것을 막아준다.

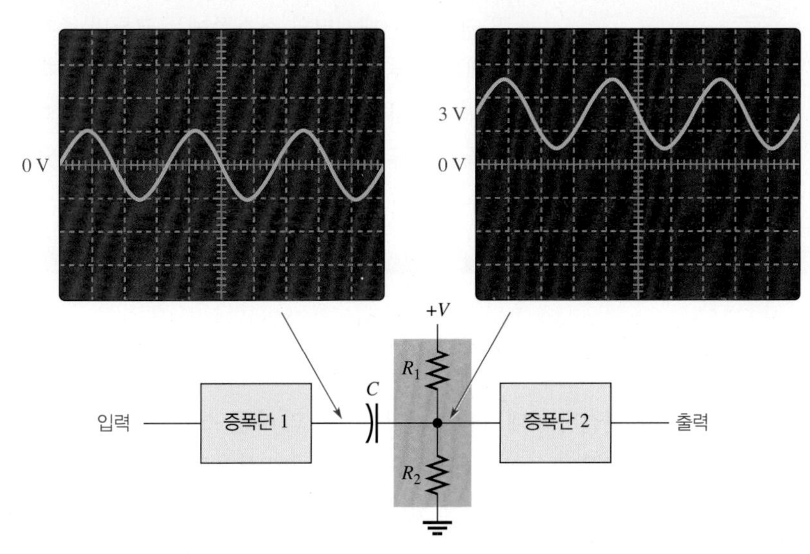

그림 8-56 증폭기에서 직류를 차단하고 교류를 결합시키기 위해 사용되는 커패시터

정현파 신호전압이 첫 번째 증폭단에 가해지면 그림 8-56에서와 같이 그 신호전압은 증폭되어 첫 번째 증폭단의 출력으로 나타난다. 증폭된 신호전압은 커패시터를 통해서 3 V의 직류전압이 중첩되고 두 번째 증폭단에 입력되어 증폭된다. 신호전압이 커패시터를 통과한 후에 감소하지 않기 위해서는 신호전압의 주파수에서 리액턴스가 무시할 수 있을 정도로 작도록 커패시터의 용량이 충분히 커야 한다. 이러한 목적으로 사용되는 커패시터를 **결합(coupling)** 커패시터라고 하며, 이상적으로는 직류에는 개회로로 작용하고 교류에는 단락회로로 작용한다. 신호의 주파수가 감소함에 따라 용량성 리액턴스가 증가하여 어느 점 이상에서는 용량성 리액턴스가 너무 커져서 첫 번째와 두 번째 증폭단 사이에서 교류전압이 상당히 감소한다.

시스템 예제 8-2

트랜지스터 증폭기

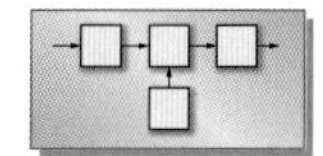

증폭기는 많은 전자시스템의 근간을 이룬다. 모든 트랜지스터 증폭기는 교류 신호를 증폭하고 적절한 동작 조건을 만족하기 위해 직류전압이 필요하다. 이 직류전압은 바이어스 전압으로 기본이 되고 교류신호위에 중첩된다. 그림 8-57은 바이어스 전압의 영향 없이 증폭기로부터 교류신호에 연결하기 위해 두 개의 커플된 커패시터를 갖는 이산 트랜지스터 증폭기를 보여준다. 이 입력 바이어스 전압은 24 V 직류 공급 전압을 R_1, R_2로 전압분배기로 설정된다.

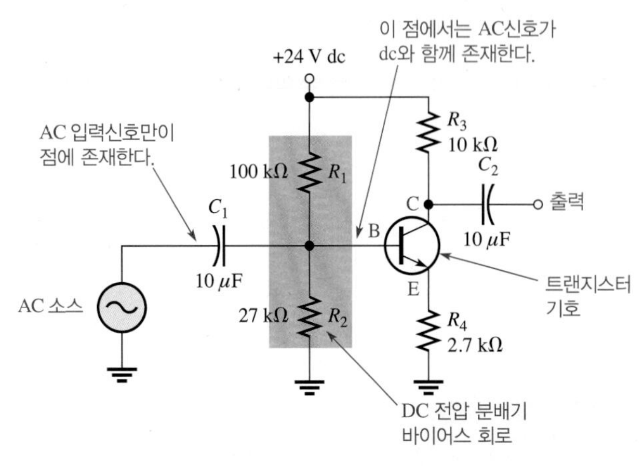

그림 8-57 이산 트랜지스터 증폭기

교류 신호전압이 증폭기에 적용될 때 입력 커플링 커패시터, C_1은 교류소스가 직류 바이어스 전압에 영향을 끼치지 않도록 하여준다. 커패시터가 없다면, 교류소스의 내부저항이 R_2와 병렬로 나타나게 되어 직류전압의 값을 급격하게 변화시킨다. 커플링 커패시터의 용량은 교류 신호의 주파수에서 바이어스 저항값과 비교하여 리액턴스 X_C가 매우 작아지도록 정해진다. 그러므로 커플링 커패시터는 소스의 교류신호를 증폭기의 입력으로 효율적 결합이 되도록 만든다. 입력 커플링 커패시터의 소스쪽에는 교류만 존재하며, 증폭기 쪽에는 직류 바이어스 전압과 교류가 함께 존재한다. 출력 커플링 커패시터 C_2는 출력에 연결될 수 있는 다른 증폭단과 증폭된 교류신호를 결합한다. 이것은 트랜지스터의 출력에서 직류 전압을 교류신호로부터 분리한다.

전력선의 디커플링

직류 전원 전압선에서 접지로 연결된 커패시터는 디지털 회로의 빠른 스위칭으로 인해 직류 공급전압에 발생하는 원하지 않는 과도전압과 스파이크를 흡수하기 위해 사용된다. 과도전압은 높은 주파수를 가져서 회로의 정상 작동에 영향을 미칠 수도 있다. 이 과도전압은 리액턴스가 매우 낮은 디커플링 커패시터를 통해 접지와 단락된다. 흔히 회로에서는 몇 개의 **디커플링(decoupling)** 커패시터가 전원 전압선의 몇 군데에서 사용된다.

바이패스

바이패스(bypass) 커패시터는 저항에 걸리는 직류전압의 영향 없이 회로에서 저항 주위의 교류전압을 바이패스하기 위해 사용된다. 예를 들면 증폭기회로에서 바이어스(*bias*)전압이라고 하는 직류전압은 여러 점에서 필요하다. 증폭기가 정상적으로 작동하려면 바이어스전압은 일정하게 유지되어야 하고 교류전압은 제거되어야 한다. 바이어스 점에서 접지로 연결된 용량이 충분히 큰 커패시터는 교류전압에 리액턴스가 매우 낮은 경로를 제공하고 일정한 직류 바이어스전압을 그 자리에 남게 한다. 그림 8-58에서 바이패스 응용의 예를 나타낸다. 낮은 주파수에서는 바이패스 커패시터의 리액턴스가 증가하여 그 효과가 감소한다.

신호필터

커패시터는 필터에 필수적으로 쓰인다. 필터는 여러 주파수의 신호들로부터 특정 주파수를 갖는 하나의 교류신호를 고르거나, 특정 주파수대만을 통과시키고 다른 주파수는 모두 제거하기 위해 사용된다. 필터는 라디오나 TV수신기에서 한 방송국에서 보내는 신호만을 선택하고 다른 방송국에서 보내는 신호를 제거하기 위해서 사용되기도 한다.

라디오나 TV의 방송국을 선택하기 위해 다이얼을 돌리면, 필터의 일종인 동조회로의 정전용량이 변화하여 원하는 방송국의 신호만이 수신기 회로를 통과하게 된다. 이런 종류의 필터에서 커패시터는 저항, 인덕터(9장 참조) 및 그 밖의 다른 소자들과 함께 사용된다.

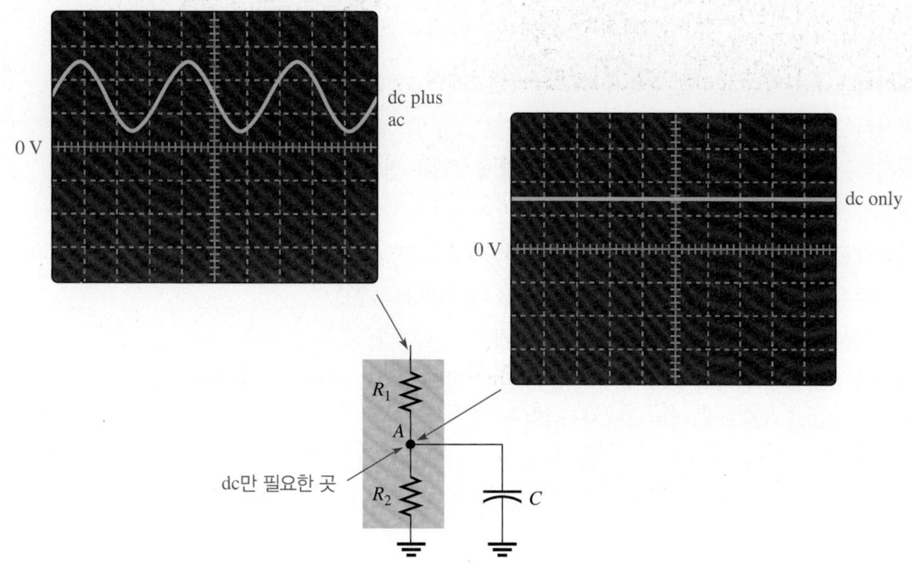

그림 8-58 바이패스 커패시터의 동작 예

필터의 주된 특징은 주파수를 선택할 수 있다는 데에 있으며, 커패시터의 리액턴스가 주파수에 따라 달라지는($X_C = 1/2\pi fC$) 성질을 이용한다.

타이밍회로

시간을 지연시키거나 특정한 성질을 갖는 파형을 발생시키는 타이밍회로에서도 커패시터가 사용된다. 저항과 정전용량이 있는 회로의 시정수는 R과 C의 값을 변화시킴으로써 조절할 수 있다. 여러 종류의 회로에서 커패시터의 충전 시간은 시간을 지연시키는 데에 사용될 수 있다. 그 예로는 규칙적으로 깜박이는 자동차의 방향 지시등을 조절하는 회로가 있다.

컴퓨터 메모리

컴퓨터 D램에는 1과 0으로 구성된 2진법 정보를 저장하는 기본소자로서 커패시터가 사용된다. 충전된 커패시터는 1을 나타내고 방전된 커패시터는 0을 나타낸다. 2진법 데이터를 구성하는 1과 0의 집합이 일련의 커패시터로 이루어진 메모리에 저장된다.

8-7절 복습 문제

1. 전파 또는 반파 정류된 직류전압이 필터 커패시터에 의해 어떻게 일정하게 되는지 설명하라.
2. 커플링 커패시터가 쓰이는 목적을 설명하라.
3. 커플링 커패시터의 용량은 얼마나 커야 하는가?
4. 디커플링 커패시터가 쓰이는 목적을 설명하라.
5. 신호필터와 같이 특정 주파수를 선택하는 회로에서 주파수와 용량성 리액턴스가 왜 중요한지 기술하라.

요약

- 커패시터는 유전체라 불리는 절연물질로 분리된 2개의 도체판으로 구성된다.
- 커패시터는 도체판에 전하를 저장한다.
- 커패시터는 대전된 도체판 사이의 유전체 내에 형성되는 전계에 에너지를 저장한다.
- 정전용량은 패럿(F)의 단위를 사용한다.
- 정전용량은 도체판의 면적과 유전상수에 비례하고 도체판 사이의 거리(유전체의 두께)에 반비례한다.
- 유전상수는 그 재료의 전계를 형성하는 능력을 나타낸다.
- 유전강도는 커패시터의 절연 파괴전압을 결정하는 요소이다.
- 커패시터는 보통 유전체의 종류에 따라 분류된다. 일반적으로 사용되는 재료에는 운모, 세라믹, 플라스틱, 전해질(알루미늄산화물과 탄탈산화물) 등이 있다.
- 직렬 커패시터의 전체 정전용량은 가장 작은 정전용량보다 작다.
- 병렬 커패시터의 전체 정전용량은 각각의 정전용량을 모두 합하면 된다.
- 커패시터는 일정한 직류를 차단한다.
- 시정수는 저항과 직렬로 연결된 커패시터의 충전시간과 방전시간을 결정한다.
- *RC* 회로에서 대전 또는 방전 시에 전압과 전류는 한 시정수만큼의 시간 동안 63%가 변화한다.
- 커패시터가 완전히 충전되거나 방전되기 위해서는 시정수의 5배만큼의 시간이 필요하며 이를 과도시간이라 부른다.
- 표 8–4에 충전 시 각 시정수 시간 후에 커패시터에 저장되는 전하량을 완전 충전 시의 전하량에 대한 백분율로 나타내었다.
- 표 8–5에 방전 시 각 시정수 시간 후에 커패시터에 저장되는 전하량을 최초 충전 시의 전하량에 대한 백분율로 나타내었다.

표 8–4

시정수의 값	최종 전하량의 백분율
1	63
2	86
3	95
4	98
5	99(100%로 간주)

표 8–5

시정수의 값	최초 전하량의 백분율
1	37
2	14
3	5
4	2
5	1(0%로 간주)

- 커패시터에서 교류전류는 전압보다 위상이 90° 앞선다.
- 교류가 커패시터를 통하는 정도는 리액턴스와 회로에 있는 나머지 저항에 따라 달라진다.
- 용량성 리액턴스는 교류의 흐름을 방해하며, Ω(ohms)으로 나타낸다.
- 용량성 리액턴스(X_C)는 주파수와 정전용량 값에 반비례한다.
- 직렬 커패시터의 전체 용량성 리액턴스는 각 리액턴스의 합이다.
- 병렬 커패시터의 전체 용량성 리액턴스는 각 리액턴스의 역수 합의 역수이다.
- 이상적으로는 커패시터에서 에너지 손실이 없고 따라서 유효전력(W)은 영이다. 그러나 대부분의 커패시터는 누설저항으로 인한 약간의 에너지 손실이 있다.

핵심 용어 핵심용어 및 볼드체로 된 용어는 책 뒷부분의 용어사전에도 정의되어 있다.

결합 Coupling 한 지점에서 다른 지점으로 dc 성분을 막으면서 ac 성분을 통과시키기 위하여 회로상에서 두 지점 사이에 커패시터로 연결하는 방법

과도시간 Transient time 시상수의 약 다섯 배에 동등한 시간 간격

맥동전압 Ripple voltage 커패시터의 충전, 방전에 기인한 전압에서의 약간의 변동

무효전력 Reactive power, P_r 커패시터에 의해 에너지가 교대적으로 충전과 방전을 반복하는 비율. 단위는 VAR

바이패스 By pass dc 전압에 영향을 주지 않고 ac 신호만 제거하기 위해 한 지점과 접지에 연결된 커패시터. 디커플링의 특수한 경우

볼트-암페어 리액티브 VAR 무효전력의 단위 분할(Decoupling). 일반적으로 dc 전원선인 한 지점으로부터 접지까지 dc 전압에 영향을 주지 않고 ac 성분을 단락시키기 위해 커패시터로 연결하는 방법

순시전력 Instantaneous power, P 어떠한 주어진 순간에서의 전력값

온도계수 Temperature coefficient 온도의 주어진 변화에 따른 변화량을 정의하기 위한 상수

용량성 리액턴스 Capacitive reactance 정현파 전류의 커패시터 성분. 단위는 ohm

유전강도 Dielectric strength 절연이 파괴되지 않고 전압을 유지할 수 있는 유전체의 한계값

유전상수 Dielectric constant 전기장을 형성시키기 위한 유전체의 유전용량의 값

유전체 Dielectric 커패시터의 극판 사이에 있는 절연체

유효전력 True power, P_{true} 일반적으로 회로상에서 열의 형태로 소비되는 전력

정전용량 Capacitance 커패시터가 전하를 축적할 수 있는 정도를 나타내는 양

지수 Exponential 자연 로그 밑의 거듭제곱으로 정의되는 수학적 함수

충전 Charging 전류가 커패시터의 한 극판으로부터 전하를 제거하여 다른 극판에 침전시켜 한 극판이 다른 극판보다 양극이 되도록 하는 과정

커패시터 Capacitor 절연체와 이것에 의해 분리된 두 개의 금속판으로 구성되어 있으며 정전용량의 성분을 가지는 전기 소자

패럿 Farad, F 전기용량 단위

필터 Filter 특정 주파수만 통과시키고 다른 성분은 제거하는 회로의 일종

***RC* 시정수 RC time constant** R_C 직렬회로의 시간적인 응답을 결정하는 R과 C 값에 의해 정해진 고정 시간

주요 공식

(8–1)	$C = \dfrac{Q}{V}$	전하량과 전압으로 나타낸 정전용량
(8–2)	$Q = CV$	정전용량과 전압으로 나타낸 전하량
(8–3)	$V = \dfrac{Q}{C}$	전하량과 정전용량으로 나타낸 전압
(8–4)	$W = \dfrac{1}{2}CV^2$	커패시터가 저장하는 에너지
(8–5)	$\varepsilon_r = \dfrac{\varepsilon}{\varepsilon_0}$	유전상수(비유전율)
(8–6)	$C = \dfrac{A\varepsilon_r(8.85 \times 10^{-12}\ \text{F/m})}{d}$	물리적인 변수로 나타낸 정전용량
(8–7)	$C_T = \dfrac{C_1C_2}{C_1 + C_2}$	전체 직렬 정전용량의 역수(커패시터가 2개)

(8–8)	$C_T = \dfrac{1}{\dfrac{1}{C_1} + \dfrac{1}{C_2} + \dfrac{1}{C_3} + \cdots + \dfrac{1}{C_n}}$	전체 직렬 정전용량(일반식)
(8–9)	$V_x = \left(\dfrac{C_T}{C_x}\right)V_S$	직렬 커패시터에 걸리는 전압
(8–10)	$C_T = C_1 + C_2$	2개의 병렬 커패시터
(8–11)	$C_T = C_1 + C_2 + C_3 + \cdots + C_n$	n개의 병렬 커패시터
(8–12)	$\tau = RC$	RC 시정수
(8–13)	$v = V_F + (V_i - V_F)e^{-t/\tau}$	지수함수로 변화하는 전압(일반적인 경우)
(8–14)	$i = I_F + (I_i - I_F)e^{-t/\tau}$	지수함수로 변화하는 전류(일반적인 경우)
(8–15)	$v = V_F(1 - e^{-t/RC})$	0 V에서 시작하여 지수함수로 증가하는 전압
(8–16)	$v = V_i e^{-t/RC}$	지수함수로 0 V까지 감소하는 전압
(8–17)	$X_C = \dfrac{1}{2\pi fC}$	용량성 리액턴스
(8–18)	$X_{C(tot)} = X_{C1} + X_{C2} + X_{C3} + \cdots + X_{Cn}$	직렬 커패시터에 대한 용량성 리액턴스
(8–19)	$X_{C(tot)} = \dfrac{1}{\dfrac{1}{X_{C1}} + \dfrac{1}{X_{C2}} + \dfrac{1}{X_{C3}} + \cdots + \dfrac{1}{X_{Cn}}}$	병렬 커패시터에 대한 용량성 리액턴스
(8–20)	$I = \dfrac{V}{X_C}$	커패시터에 대한 옴의 법칙
(8–21)	$V_x = \left(\dfrac{X_{Cx}}{X_{C(tot)}}\right)V_s$	용량성 전압 분배기
(8–22)	$P_r = V_{rms}I_{rms}$	커패시터에서 리액턴스를 갖는 전력
(8–23)	$P_r = \dfrac{V_{rms}^2}{X_C}$	커패시터에서 리액턴스를 갖는 전력
(8–24)	$P_r = I_{rms}^2 X_C$	커패시터에서 리액턴스를 갖는 전력

O/X 퀴즈 해답은 이 장의 끝에 있다.

1. 커패시터 판의 면적은 정전용량에 비례한다.
2. 1200 pF의 정전용량은 1.2 μF과 같다.
3. 2개의 커패시터가 전압 전원으로 직렬로 있을 때, 보다 작은 커패시터는 보다 큰 전압을 가지고 있을 것이다.
4. 2개의 커패시터가 전압 전원으로 병렬로 있을 때, 보다 작은 커패시터는 보다 큰 전압을 가지고 있을 것이다.
5. 커패시터는 일정한 직류로 개방함으로써 나타난다.
6. 커패시터가 2수준 사이에서 충전 혹은 방전할 때 커패시터에 대한 변화는 1시정수에서 차이의 63%가 변한다.
7. 용량성 리액턴스는 적용된 주파수에 비례한다.
8. 직렬 커패시터의 전체 리액턴스는 각 리액턴스의 곱/합이다.
9. 전압은 커패시터에 있는 전류를 앞선다.
10. 리액턴스를 갖는 전력은 VAR이다.

자습문제 해답은 이 장의 끝에 있다.

1. 다음 보기 중 커패시터를 올바르게 기술하는 것(들)은?

(a) 커패시터의 판은 도체이다.

(b) 유전체는 판 사이의 절연체이다.

(c) 일정한 dc는 완전히 대전된 커패시터를 통해 흐른다.

(d) 실제의 커패시터는 전원으로부터 분리하면 무한히 대전된다.

(e) 위의 보기 중 어느 것도 아니다.

(f) 위의 보기 모두 맞다.

(g) (a)와 (b)만 맞다.

2. 다음 보기 중 어느 것이 맞는가?

(a) 대전되는 커패시터의 유전체를 통해 흐르는 전류가 있다.

(b) 커패시터가 dc 전압원에 연결되면 전원 전압까지 대전된다.

(c) 이상적인 커패시터는 전압원과 분리하면 방전된다.

3. 0.01 μF의 정전용량은 다음의 어느 것보다 큰가?

(a) 0.00001 F **(b)** 100,000 pF **(c)** 1000 pF **(d)** 앞의 답 모두

4. 1000 pF의 정전용량은 다음의 어느 것보다 작은가?

(a) 0.01 μF **(b)** 0.001 μF **(c)** 0.00000001 F **(d)** (a)와 (c)

5. 커패시터에 걸리는 전압이 증가하면 저장되는 전하는?

(a) 증가한다. **(b)** 감소한다. **(c)** 일정하다. **(d)** 계속 변화한다.

6. 커패시터에 걸리는 전압이 두 배로 되면 저장되는 전하는?

(a) 변화가 없다. **(b)** 반으로 준다. **(c)** 네 배로 증가한다. **(d)** 두 배가 된다.

7. 다음 보기 중 어느 경우에 커패시터의 정격 전압이 증가하는가?

(a) 판 간 거리를 늘릴 때 **(b)** 판 간 거리를 줄일 때

(c) 판 면적을 늘릴 때 **(d)** (b)와 (c)

8. 다음 보기 중 어느 경우에 정전용량의 값이 증가하는가?

(a) 판 면적을 줄일 때 **(b)** 판 간 거리를 늘릴 때

(c) 판 간 거리를 줄일 때 **(d)** 판 면적을 늘릴 때

(e) (a)와 (b) **(f)** (c)와 (d)

9. 1 μF, 2.2 μF, 0.047 μF의 커패시터들이 직렬로 연결되면 전체 정전용량은 다음의 어느 것보다 작은가?

(a) 1 μF **(b)** 2.2 μF **(c)** 0.047 μF **(d)** 0.001 μF

10. 0.022 μF의 커패시터 4개가 병렬로 연결되면 전체 정전용량은?

(a) 0.022 μF **(b)** 0.088 μF **(c)** 0.011 μF **(d)** 0.044 μF

11. 대전되지 않는 커패시터와 저항이 12 V 전지에 스위치를 통하여 직렬로 연결되어 있다. 스위치를 닫는 순간에 커패시터에 걸리는 전압은?

(a) 12 V **(b)** 6 V **(c)** 24 V **(d)** 0 V

12. 11번 문제에서 커패시터가 완전히 대전될 때 걸리는 전압은?

(a) 12 V **(b)** 6 V **(c)** 24 V **(d)** −6 V

13. 11번 문제에서 커패시터가 대략 완전히 충전되는 시간은?

(a) RC (b) 5 RC **(c)** 12 RC **(d)** 예상할 수 없다.

14. 정현파 전압이 커패시터 양단에 인가된다. 전압의 주파수가 증가하면 전류는 어떻게 되는가?

(a) 증가한다. **(b)** 감소한다. **(c)** 일정하다. **(d)** 더 이상 흐르지 않는다.

15. 커패시터와 저항이 정현파 발생기에 직렬로 연결되어 있다. 용량성 리액턴스가 저항과 같아서, 같은 크기의 전압이 각 소자에 걸리도록 주파수가 맞추어져 있다. 주파수가 감소하면 어떻게 되는가?

(a) $V_R > V_C$ **(b)** $V_C > V_R$ **(c)** $V_R = V_C$ **(d)** $V_C < V_R$

고장 진단:증상과 원인

그림 8-59을 참조하여 각각 여러 가지 일어날 수 있는 경우를 예정한다.

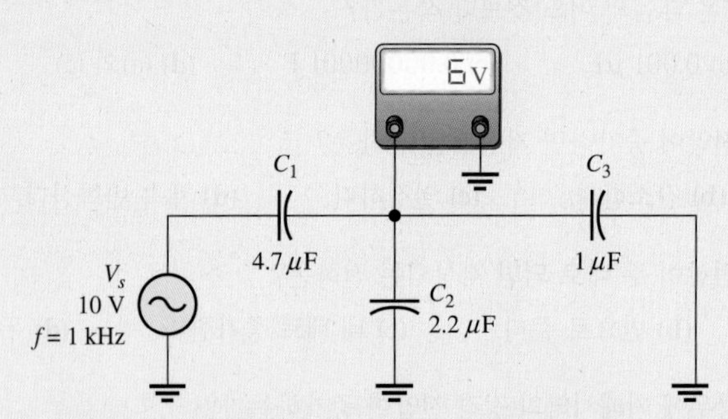

그림 8-59 교류전압계는 이 회로에 대해 정확한 측정 결과를 나타낸다.

1. 조건: 전압계의 눈금이 0 V를 가리킨다.

(a) C_1이 단락 **(b)** C_2가 단락 **(c)** C_3이 개방

2. 조건: 전압계의 눈금이 10 V를 가리킨다.

(a) C_1이 단락 **(b)** C_2가 개방 **(c)** C_3이 개방

3. 조건: 전압계의 눈금이 6.86 V를 가리킨다.

(a) C_1이 개방 **(b)** C_2가 개방 **(c)** C_3이 개방

4. 조건: 전압계의 눈금이 0 V를 가리킨다.

(a) C_1이 개방 **(b)** C_2가 개방 **(c)** C_3이 개방

5. 조건: 전압계의 눈금이 8.28 V를 가리킨다.

(a) C_1이 단락 **(b)** C_2가 개방 **(c)** C_3이 개방

연습문제 선별된 일부 문제의 해답은 이 책의 끝에 있다.

기초문제

8-1 기본적인 커패시터

1. **(a)** $Q = 50\ \mu C$이고 $V = 10$ V일 때, 정전용량을 구하여라.
   (b) $C = 0.001\ \mu F$이고 V = 1 kV일 때, 전하량을 구하여라.
   (c) $Q = 2$ mC이고 $C = 200\ \mu F$일 때, 전압을 구하여라.
2. 다음 값들을 μF에서 pF으로 변환하라.
   (a) 0.1 μF **(b)** 0.0025 μF **(c)** 5 μF
3. 다음 값들을 pF에서 μF로 변환하라.
   (a) 1000 pF **(b)** 3500 pF **(c)** 250 pF
4. 다음 값들을 F에서 μF으로 변환하라.
   (a) 0.0000001 F **(b)** 0.0022 F **(c)** 0.0000000015 F
5. 100 V의 전압이 걸릴 때 10 mJ의 에너지를 저장할 수 있는 커패시터의 용량은?
6. 운모 커패시터의 판 면적이 20 cm^2이고 유전체의 두께가 2.5 mil이라면 정전용량은 얼마인가?
7. 공기 커패시터의 판 면적이 0.1 m^2이고 판 간 거리가 0.01 m라면 정전용량은 얼마인가?
8. 학생이 과학박람회 프로젝트를 위하여 2개의 사각판 범위에서 1 F 커패시터를 구성하기를 원한다. 8×10^{-5} m 두께인 종이 유전체($\varepsilon_r = 2.5$)를 사용할 계획이다. 이 과학박람회는 아스트로돔(天測窓)에서 열린다. 커패시터를 아스트로돔에 맞출 수 있을까? 만약 커패시터가 만들어진다면 판의 크기는 얼마인가?
9. 학생은 한쪽 면이 30 cm인 2개로 구성된 판을 사용하기로 결정하였다. 8×10^{-5} m 두께인 종이 유전체($\varepsilon_r = 2.5$)인 판으로 분리하였다. 커패시터의 정전용량은 얼마인가?
10. 대기온도(25°C)에서 어떤 커패시터의 용량이 1000 pF이다. 이 커패시터가 200 ppm/°C의 음의 온도계수를 갖는다면 75°C에서 정전용량은?
11. 0.001 μF의 커패시터가 500 ppm/°C의 양의 온도계수를 갖는다. 온도가 25°C 증가하면 정전용량은 얼마나 증가하는가?

8-2 커패시터의 종류

12. 겹겹이 쌓은 운모 커패시터에서 판 면적은 어떻게 증가하는가?
13. 운모 커패시터와 세라믹 커패시터 중 유전상수가 더 높은 것은?
14. 그림 8-60에서 점 A와 B 사이에 전해 커패시터를 연결하는 법을 보여라.
15. 그림 8-61의 숫자로 용량이 적힌 세라믹 디스크 커패시터의 값을 구하여라.
16. 전해 커패시터의 두 가지를 적어라. 전해 커패시터는 다른 커패시터와 무엇이 다른가?
17. 그림 8-8(b)와 비교하여 그림 8-62의 단면도에 보이는 세라믹 디스크 커패시터 부분의 명칭을 적어라.

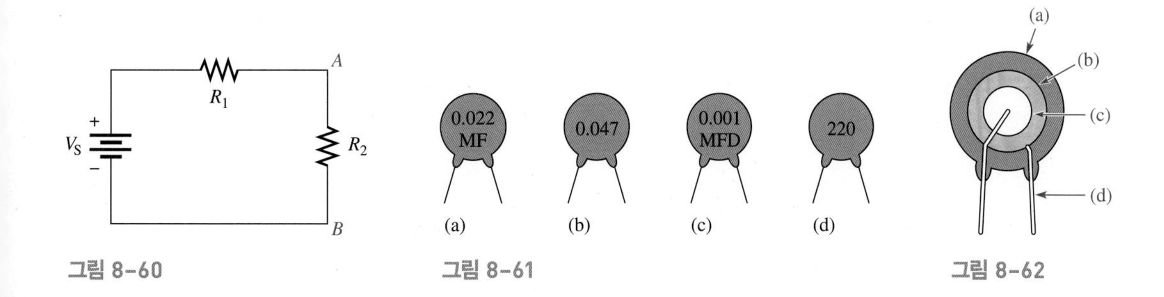

그림 8-60 그림 8-61 그림 8-62

8-3 직렬 커패시터

18. 1000 pF의 커패시터 5개가 직렬로 연결되면 전체 전하량은 얼마인가?

19. 그림 8-63에서 각 회로의 전체 정전용량을 구하여라.

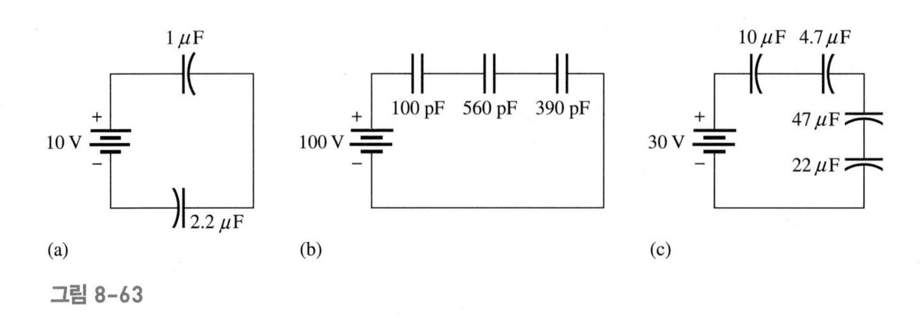

그림 8-63

20. 그림 8-63의 각 회로에서 각 커패시터에 걸리는 전압을 구하여라.

21. 그림 8-64의 직렬 커패시터에 저장된 총 전하량이 10 μC이다. 각 커패시터 양단에 걸리는 전압을 구하여라.

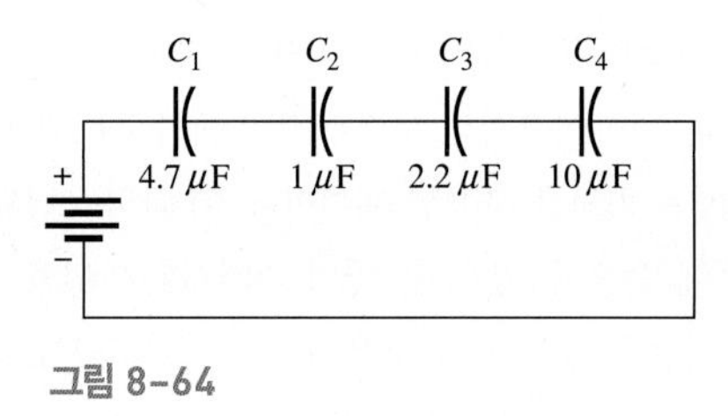

그림 8-64

8-4 병렬 커패시터

22. 그림 8-65의 각 회로에서 C_T를 구하여라.

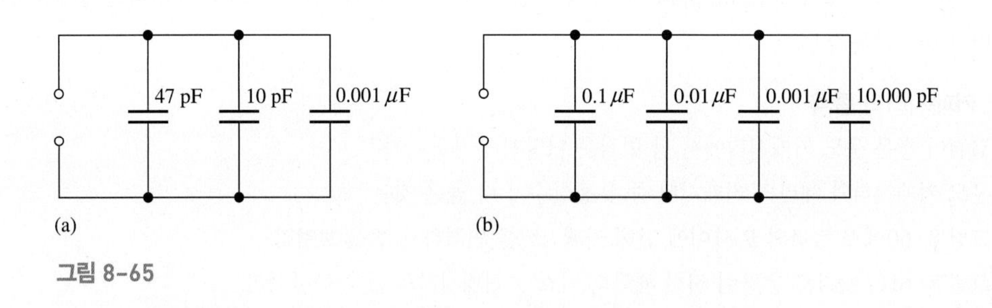

그림 8-65

23. 그림 8-66에 있는 커패시터 상에서 전체 전하량과 전체 충전량을 결정하여라.

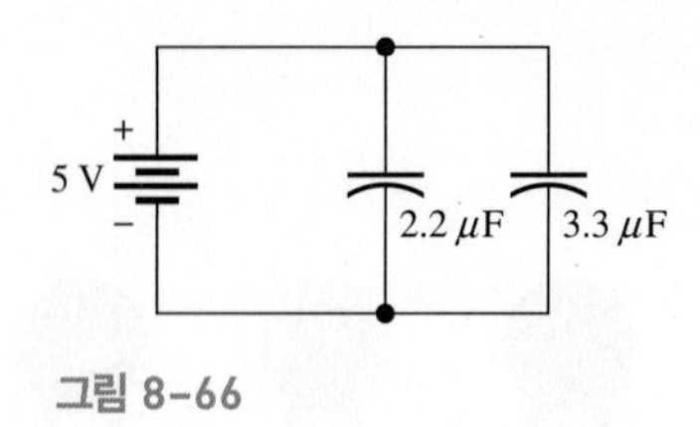

그림 8-66

24. 어떤 시간에 응용하는 데 있어 2.1 μF의 전체 전하량이 요구된다고 가정한다. 그러나 0.22 μF과 0.47 μF 커패시터(큰 용량)를 이용할 수 있다. 필요로 하는 전체 전하량을 어떻게 얻을 수 있을까?

8-5 직류회로에서의 커패시터

25. 다음 각각의 직렬 RC 결합에 대해 시정수를 구하여라.

(a) $R = 100\ \Omega, C = 1\ \mu F$ **(b)** $R = 10\ M\Omega, C = 56\ pF$

(c) $R = 4.7\ k\Omega, C = 0.0047\ \mu F$ **(d)** $R = 1.5\ M\Omega, C = 0.01\ \mu F$

26. 다음 각각의 RC 결합에서 커패시터가 완전히 충전되는 데에 걸리는 시간은?

(a) $R = 47\ \Omega, C = 47\ \mu F$ **(b)** $R = 3300\ \Omega, C = 0.015\ \mu F$

(c) $R = 22\ k\Omega, C = 100\ pF$ **(d)** $R = 4.7\ M\Omega, C = 10\ pF$

27. 그림 8–67의 회로에서 커패시터는 처음에 충전되지 않았다. 스위치를 닫고 다음의 시간이 경과한 후의 커패시터 전압을 구하여라.

(a) 10 μs **(b)** 20 μs **(c)** 30 μs **(d)** 40 μs **(e)** 50 μs

28. 그림 8–68에서 커패시터가 25 V로 충전되었다. 스위치를 닫고 다음 시간이 경과한 후의 커패시터 전압을 구하여라.

(a) 1.5 ms **(b)** 4.5 ms **(c)** 6 ms **(d)** 7.5 ms

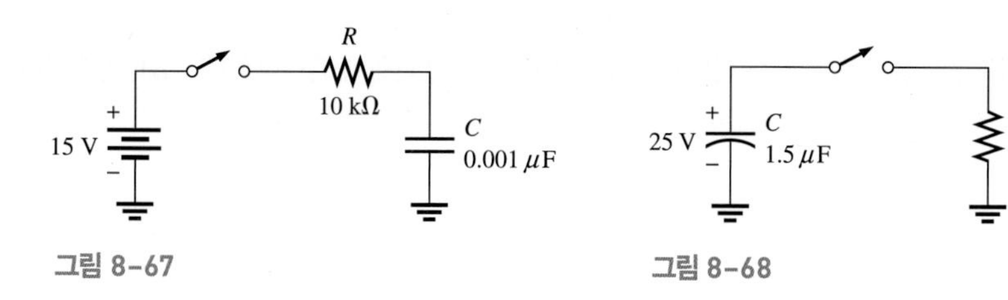

그림 8–67 그림 8–68

29. 27번 문제에서 다음 시간이 경과한 후의 커패시터 전압을 구하여라.

(a) 2 μs **(b)** 5 μs **(c)** 15 μs

30. 28번 문제에서 다음 시간이 경과한 후의 커패시터 전압을 구하여라.

(a) 0.5 ms **(b)** 1 ms **(c)** 2 ms

8-6 교류회로에서의 커패시터

31. 다음 각각의 주파수에서 0.047 μF 커패시터의 X_C를 구하여라.

(a) 10 Hz **(b)** 250 Hz **(c)** 5 kHz **(d)** 100 kHz

32. 그림 8–69의 각 회로에서 총 용량성 리액턴스는 얼마인가?

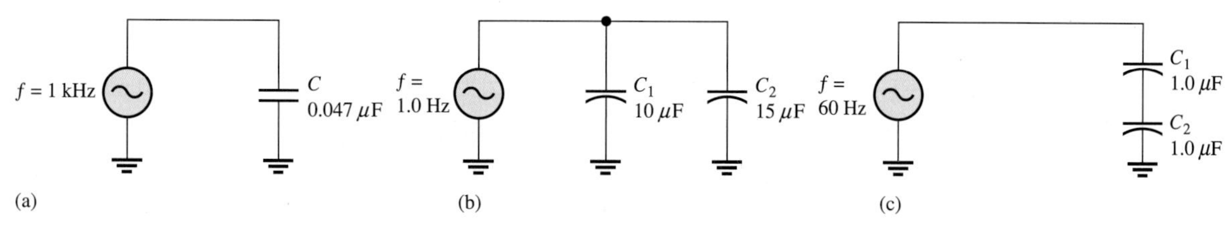

그림 8–69

33. 그림 8–70에 있는 회로에서 각 커패시터의 리액턴스, 전체 리액턴스, 각 커패시터에 걸리는 전압을 구하여라.

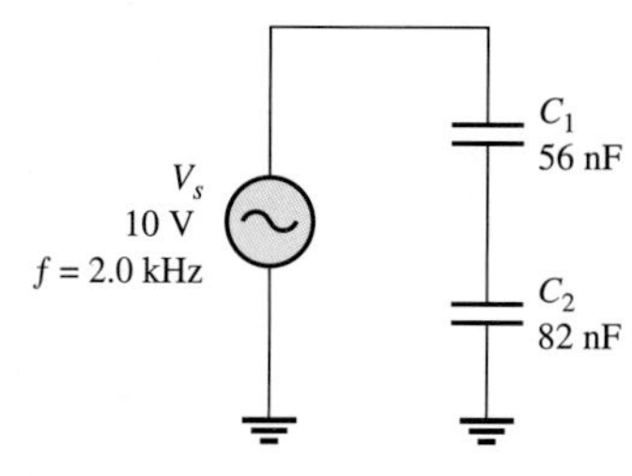

그림 8–70

34. 그림 8–71의 각 회로에서 $X_{C(tot)}$가 100 Ω이 되려면 주파수가 얼마여야 하는가? 또한 $X_{C(tot)}$가 1 kΩ이 되려면 주파수가 얼마여야 하는가?

35. 어떤 커패시터가 연결될 때 실효값 20 V의 정현파 전압에서 100 mA의 실효값 전류가 흐른다. 리액턴스는 얼마인가?

36. 10 kHz의 전압이 0.0047 μF의 커패시터에 인가될 때 1 mA의 실효값 전류가 흐른다. 실효값 전압은 얼마인가?

37. 36번 문제에서 유효전력과 무효전력을 구하여라.

8–7 커패시터의 응용

38. 그림 8–54에서 전원공급 장치 필터의 커패시터에 다른 커패시터가 병렬로 연결된다면 맥동전류는 어떻게 되는가?

39. 증폭기회로의 어떤 점에서 10 kHz 교류전압을 제거하려면 이상적으로 바이패스 커패시터의 리액턴스는 얼마가 되어야 하는가?

고급문제

40. 1 μF 커패시터 1개와 용량을 모르는 커패시터를 직렬로 12 V의 전원에 연결하였다. 1 μF 커패시터는 8 V로 대전되었고 다른 하나는 4 V로 충전되었다. 이 커패시터의 용량은 얼마인가?

41. 그림 8–68에서 C가 3 V까지 방전되는 데 걸리는 시간은 얼마인가?

42. 그림 8–67에서 C가 8 V까지 충전되는 데 걸리는 시간은 얼마인가?

43. 그림 8–71에서 회로의 시정수를 구하여라.

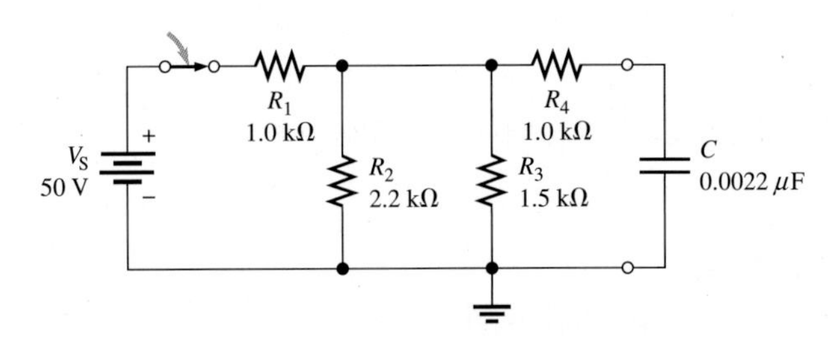

그림 8–71

44. 그림 8–72에서 커패시터는 처음에 충전되지 않았다. 스위치를 닫고 10 μs가 지난 후 커패시터 전압의 순시값은 7.2 V이다. R의 값을 구하여라.

45. **(a)** 그림 8–73에서 스위치가 1의 위치로 올 때 커패시터가 방전된다. 스위치가 1의 위치에 10 ms 동안 머무른 뒤 위치 2로 옮겨졌다. 커패시터 전압의 완전한 파형을 그려라.

(b) 스위치가 위치 2에서 5 ms 후에 위치 1로 변경되었다. 다음에 위치 1로 되었다. 파형은 어떻게 나타날까?

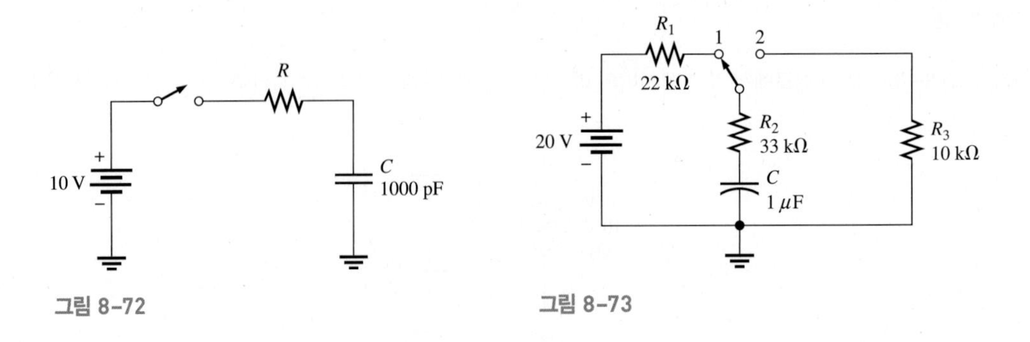

그림 8–72

그림 8–73

46. 그림 8–23에서 쿨피츠 발진기에 대해 C_1을 3.3 nF로 변화시키면

(a) 새로운 전체 정전용량은 얼마인가?

(b) 새로운 궤환 부분은 얼마인가?

47. 그림 8–23에서 콜피츠 발진기에 대해 궤환 부분이 15%가 되도록하려면 C_1 값을 얼마로 하면 되는가?

48. 그림 8–57에서 이산증폭기가 5 kHz, 1 V rms입력을 가진다고 가정하자. 회로에서 표시된 B(트랜지스터의 기본)의 점에서 나타나는 완전한 신호를 그려라. 입력 전압분배기에서 트랜지스터의 부하 영향은 없다고 가정하시오.

49. 그림 8–57에서 이산 증폭기에 대해 $C_1 = 1.0\ \text{k}\Omega$의 리액턴스는 얼마의 주파수를 갖는가?

복습문제 해답

8–1 기본적인 커패시터

1. 정전용량은 전하를 저장하는 능력(용량)이다.

2. **(a)** 1 F은 1,000,000 μF이다.

(b) 1 F은 1×10^{12} pF이다.

(c) 1 μF은 1,000,000 pF이다.

3. $0.0015\ \mu\text{F} \times 10^6\ \text{pF}/\mu\text{F} = 1500\ \text{pF}$; $0.0015\ \mu\text{F} \times 10^{-6}\ \text{F}/\mu\text{F} = 0.0000000015\ \text{F}$

4. $W = \frac{1}{2}CV^2 = \frac{1}{2}(0.01\ \mu\text{F})(15\ \text{V})^2 = 1.125\ \mu\text{J}$

5. **(a)** 판 면적이 증가하면 정전용량이 증가한다.

(b) 판 간 거리가 증가하면 정전용량이 감소한다.

6. (1000 V/mil)(2 mils) = 2 kV

8–2 커패시터의 종류

1. 커패시터는 일반적으로 유전체의 종류에 의하여 분류된다.

2. 고정 정전용량이 가변 커패시터는 가능하다.

3. 전해질 커패시터는 분극현상이 일어난다.

4. 정격 전압이 충분한지 확인하고 분극 커패시터를 연결할 때 회로의 (+)측을 커패시터의 (+)극에 연결한다.

5. (+)선을 접지에 연결한다.

8–3 직렬 커패시터

1. 직렬 커패시터의 C_T는 가장 작은 값보다 작다.

2. $C_T = 61.2\ \text{pF}$

3. $C_T = 0.006\ \mu\text{F}$

4. $V = (0.006\ \mu\text{F}/0.01\ \mu\text{F})10\ \text{V} = 6\ \text{V}$

8–4 병렬 커패시터

1. 각 병렬 커패시터의 정전용량을 더하면 C_T가 된다.

2. 5개의 0.01 μF 커패시터를 병렬로 연결하면 0.05 μF이 된다.

3. $C_T = 167\ \text{pF}$

8–5 직류회로에서의 커패시터

1. $\tau = RC = 1.2\ \mu\text{s}$

2. $5\tau = 6\ \text{ms}$, V_C는 5 V에 가깝다.

3. $v_{2ms} = (0.86)10\ \text{V} = 8.6\ \text{V}$; $v_{3ms} = (0.95)10\ \text{V} = 9.5\ \text{V}$;
$v_{4ms} = (0.98)10\ \text{V} = 9.8\ \text{V}$; $v_{5ms} = (0.99)10\ \text{V} = 9.9\ \text{V}$

4. $v_C = (0.37)(100\text{ V}) = 37\text{ V}$

8-6 교류회로에서의 커패시터

1. $X_C = 1/2\pi fC = 677\text{ k}\Omega$

2. $f = 1/2\pi CX_C = 796\text{ Hz}$

3. $I_{rms} = 1\text{ V}/1.59\ \Omega = 629\text{ mA}$

4. 전류가 전압보다 90° 앞선다.

5. $P_{true} = 0\text{ W}$

6. $P_r = (12\text{ V})^2/318\ \Omega = 0.453\text{ VAR}$

8-7 커패시터의 응용

1. 커패시터에 최대 전압으로 충전하고, 다음 최대점이 되기 전까지는 서서히 방전하므로 정류된 전압의 파형이 평활하게 된다.

2. 결합 커패시터는 직류성분은 차단하고 교류성분만 통과시킨다.

3. 결합 커패시터는 방해하는 성분 없이 통과할 수 있는 주파수에서 리액턴스를 무시할 정도로 충분히 커야 한다.

4. 분할 커패시터는 전력선의 과도 교류전압을 접지시킨다.

5. 리액턴스 X_C는 주파수에 반비례하므로 필터의 작용은 교류신호를 통과시킨다.

예제의 관련문제 해답

8–1 10 kV

8–2 0.047 μF

8–3 100,000,000 pF

8–4 62.7 pF

8–5 278 pF

8–6 1.54 μF

8–7 2.83 V

8–8 650 pF

8–9 0.163 μF

8–10 891 μs

8–11 8.36 V

8–12 8.13 V

8–13 0.7 ms, 95 V

8–14 0.42 V

8–15 3.39 kHz

8–16 **(a)** 1.83 kΩ
(b) 408 Ω

8–17 4.40 mA

8–18 8.72 V

8–19 0 W, 1.01 mVAR

O/X 퀴즈 해답

1. O **2.** X **3.** O **4.** X **5.** O **6.** O **7.** X **8.** X **9.** X **10.** O

자습문제 해답

1. (g) **2.** (b) **3.** (c) **4.** (d) **5.** (a) **6.** (d) **7.** (a) **8.** (f)
9. (c) **10.** (b) **11.** (d) **12.** (a) **13.** (b) **14.** (a) **15.** (b)

고장진단 해답

1. (b) **2.** (a) **3.** (c) **4.** (a) **5.** (b)

CHAPTER 9

인덕터

차례

목적

- 인덕터의 기본 구조와 특성 기술 여러 종류의 인덕터에 대해 논의한다.
- 직렬 및 병렬 인덕터의 해석 유도성 직류 스위칭 회로를 해석한다.
- 유도성 교류회로의 해석 인덕터 응용 예에 대해 논의한다.

핵심 용어

권선	**인덕터**
권선저항	**인덕턴스(L)**
양호도	**코일**
유도성 리액턴스	**헨리(H)**
유도전압	***RL* 시정수**

서론

인덕턴스(유도용량)는 전류의 변화를 방해하는 전선 코일의 특성이다. 인덕턴스는 도체에 전류가 흐를 때, 도체 주변에 발생하는 전자계에 기초한다. 인덕턴스를 가지도록 설계된 소자를 인덕터(inductor), 코일(coil), 또는 초크(choke)라고 한다. 이 장에서는 기본적인 인덕터와 그 특징을 소개한다. 물리적 구조와 전기적 특성에 따른 여러 종류의 인덕터를 소개한다. 직류 및 교류 회로에서의 기본적인 동작과 인덕터의 직렬 및 병렬 조합을 논의한다.

9-1 기본적인 인덕터

인덕터는 전선 코일의 형태로 된 수동 소자이며, 인덕턴스(유도용량)로 특성을 나타낸다.

이 절을 마친 후 다음을 할 수 있어야 한다.

- 인덕터의 기본 구조와 특성을 기술한다.
- 인덕턴스의 정의와 단위를 설명한다.
- 유도전압에 대해 논의한다.
- 인덕터가 어떻게 에너지를 저장하는지 설명한다.
- 물리적인 특성이 어떻게 인덕턴스에 영향을 미치는지 논의한다.
- 권선저항과 커패시턴스에 대해 논의한다.
- 인덕터에 유도되는 전압에 대한 패러데이법칙과 렌츠의 법칙을 설명한다.

그림 9–1과 같이 도선을 감아서 코일로 만들면 기본적인 인덕터(inductor)가 된다. 코일에 흐르는 전류는 전자계를 형성한다. 코일의 각 **권선(winding)** 주위의 자력선이 더해져서 코일 내부와 주위에 강한 자계를 형성한다. 총 자계의 방향이 북극과 남극을 만든다. 그림 9–2는 인덕터를 나타내는 기호도이다.

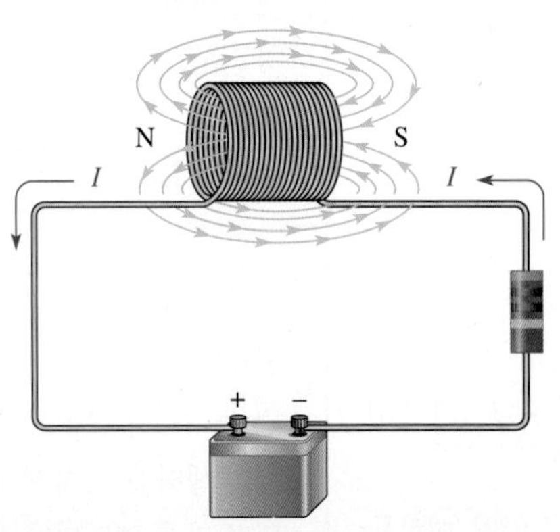

그림 9–1 도선을 감은 코일이 인덕터가 된다. 여기에 전류가 흐를 때 코일 주위에 3차원의 자계가 형성된다.

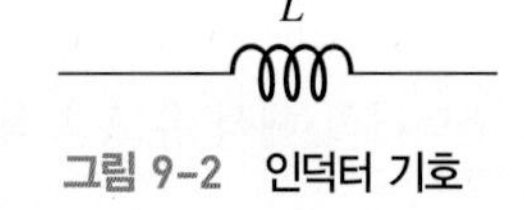

그림 9–2 인덕터 기호

인덕턴스

인덕터에 전류가 흐를 때 전자계가 형성된다. 전류가 변하면 전자계도 변화한다. 전류가 증가하면 전자계가 확장되고, 전류가 감소하면 전자계는 축소된다. 그러므로 변화하는 전류는 **인덕터(coil 또는 choke)** 주위의 전자계를 변화시킨다. 또한 전자계가 변화하면 전류의 변화를 방해하는 방향으로 코일에 **유도전압(induced voltage)**이 발생한다. 이러한 성질을 자기 인덕턴스(*self-inductance*)라 하고 간단히 인덕턴스(*inductance*)라고도 하며, L로 나타낸다.

인덕턴스는 코일에 흐르는 전류의 변화에 따라 어느 정도의 유도전압이 발생하는가를 나타내는 척도이며, 전류의 변화를 억제하는 방향으로 유도전압이 발생한다.

인덕턴스의 단위 **헨리(Henry, H)**는 인덕턴스의 기본 단위이다. 코일에 흐르는 전류가 1초당 1암페어의 비율로 변화하면 1볼트의 전압이 유도되는 인덕턴스가 1헨리이다. 실제로는 밀리헨리(millihenry, mH)나 마이크로헨리(microhenry, μH)가 더 많이 사용된다.

에너지 저장 인덕터는 전류에 의해 형성된 자계 내에 에너지를 저장한다. 저장되는 에너지는 다음 식과 같다.

$$W = \frac{1}{2}LI^2 \tag{9-1}$$

저장되는 에너지는 인덕턴스와 전류의 제곱에 비례한다. 전류(I)가 암페어이고 인덕턴스(L)가 헨리일 때, 에너지(W)는 줄(joule)의 단위를 갖는다.

인덕터의 물리적인 특징

코일에서 코어 재료의 투자율, 권선 수, 코어의 길이, 코어의 단면적 등과 같은 특징들은 인덕턴스 값에 영향을 미치는 중요한 요소들이다.

코어재료 인덕터는 기본적으로 도선을 감아서 코일로 만든 것이다. 코일로 둘러싸인 재료를 **코어(core)**라고 한다. 코일은 비자성 재료나 자성 재료에 감을 수 있다. 비자성 재료의 예로는 공기, 나무, 구리, 플라스틱, 유리 등이 있다. 이 재료들의 투자율은 진공의 투자율과 같다. 자성 재료의 예로는 철, 니켈, 강철, 코발트 또는 합금 등이 있다. 이 재료들은 투자율이 진공보다 수백에서 수천 배 더 크며 강자성체로 분류된다. 강자성 코어는 자력선에 대해서 더 낮은 자기저항값을 나타내며, 따라서 더 강한 자계가 형성된다.

6장에서 공부하였듯이, 코어 재료의 투자율(μ)은 자계가 형성되기 쉬운 정도를 나타낸다. 인덕턴스는 코어 재료의 투자율에 비례한다.

물리적인 변수들 그림 9-3에서와 같이 권선 수, 코어의 길이, 단면적이 인덕턴스 값을 결정하는 요소들이다. 인덕턴스는 코어의 길이에 반비례하고 단면적에 비례한다. 또한 인덕턴스는 권선 수의 제곱에 비례한다. 이를 식으로 나타내면

$$L = \frac{N^2\mu A}{l} \tag{9-2}$$

여기서 L은 단위가 헨리(H)인 인덕턴스이고, N은 권선 수, μ는 투자율(H/m), A는 단위가 m^2인 단면적, l은 단위가 m인 길이이다.

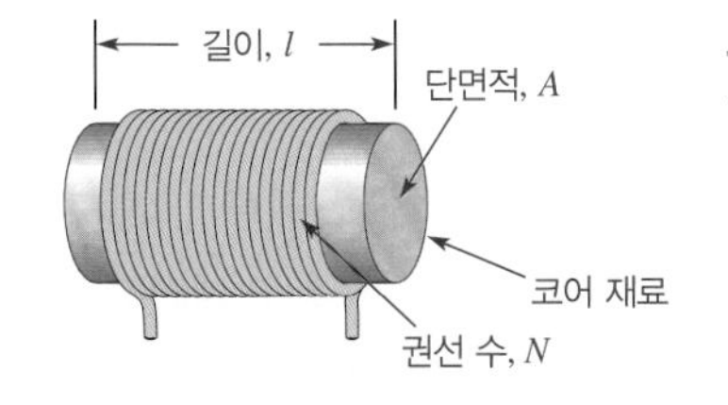

그림 9-3 코일의 인덕턴스를 결정하는 요소들

예제 9-1

그림 9-4에서 코일의 인덕턴스를 구하라. 코어의 투자율은 0.25×10^{-3}H/m이다.

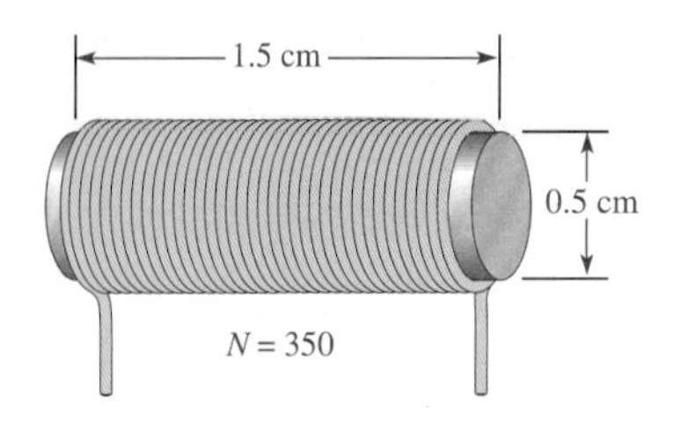

그림 9-4

풀이

1.5 cm = 0.015 m, 0.5 cm = 0.005 m

$$A = \pi r^2 = \pi(0.25 \times 10^{-2}\ \text{m})^2 = 1.96 \times 10^{-5}\ \text{m}^2$$

$$L = \frac{N^2 \mu A}{l} = \frac{(350)^2(0.25 \times 10^{-3}\ \text{H/m})(1.96 \times 10^{-5}\ \text{m}^2)}{0.015\ \text{m}} = \mathbf{40\ mH}$$

관련문제*

길이가 2 cm, 직경이 1cm인 코어에 400회의 권선 수를 갖는 코일의 인덕턴스를 구하라. 코어의 투자율은 0.25×10^{-3} H/m이다.

*해답은 이 장의 끝에 있다.

권선저항

코일이 어떤 재료(예컨대, 절연된 구리선)로 만들면 그 도선은 단위길이당 어떤 저항을 갖는다. 도선을 여러 번 감아서 코일을 만들면 전체 저항이 클 수도 있다. 이 저항을 **직류저항**(*dc resistance*) 또는 **권선저항(winding resistance, R_W)**이라고 한다.

이 저항은 그림 9–5(a)에서와 같이 도선의 전 길이에 걸쳐 분포되어 있지만 회로도에서는 그림 9–5(b)에서와 같이 코일의 인덕턴스와 직렬로 연결된 저항으로 나타내기도 한다. 일반적으로 권선저항은 무시되어 코일은 이상적인 인덕터로 간주한다. 하지만 저항이 고려되어야 할 때도 있다.

(a) 도선은 전 길이에 걸쳐 분포된 저항을 갖는다.

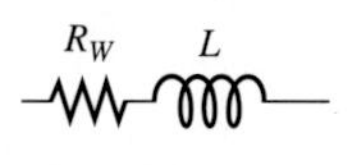

(b) 등가회로

그림 9-5 코일의 권선저항

권선 커패시턴스

2개의 도체가 나란히 놓이면 그 사이에는 커패시턴스의 성분이 존재한다. 많은 권선이 가까이 모여 코일을 이루면 **권선 커패시턴스**(*winding cacitance*, C_W)라고 하는 부유 커패시턴스(Stray Capacitance)가 어느 정도 있게 된다. 대부분 이 권선 커패시턴스는 매우 작아서 영향을 별로 미치지 않는다. 그러나 높은 주파수의 경우에는 그 크기가 대단히 커질 수도 있다.

그림 9–6은 권선 저항(R_W)과 권선 커패시턴스(C_W)를 함께 나타낸 등가회로이다. 커패시턴스는 실질적으로 병렬로 작용한다. 권선의 각 루프 사이의 부유 커패시턴스는 그림 9–6(b)에서와 같이 코일의 인덕턴스 및 권선 저항에 대하여 병렬로 연결된 것으로 본다.

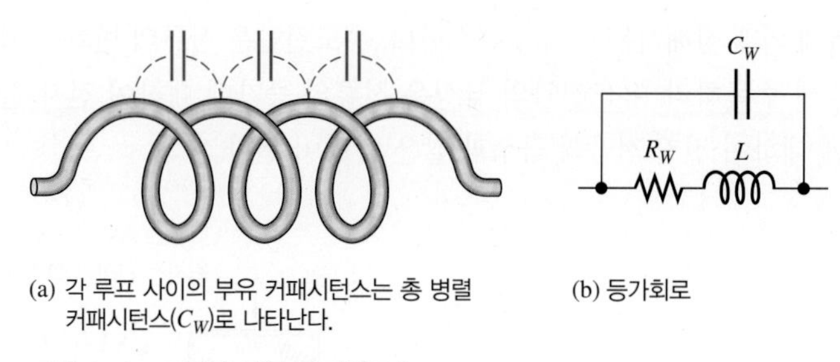

(a) 각 루프 사이의 부유 커패시턴스는 총 병렬 커패시턴스(C_W)로 나타난다. (b) 등가회로

그림 9-6 코일의 권선 커패시턴스

패러데이의 법칙 복습

패러데이의 법칙은 6장에서 다루었지만 인덕터를 공부하는 데에 매우 중요하므로 여기서 다시 다룬다. 패러데이는 코일 내에서 자석을 움직이면 전압이 유도되고 폐회로에서는 이 유도전압이 전류의 흐름을 유도한다는 것을 발견해 냈다.

유도전압의 전체 크기는 코일에 대한 자계의 변화율에 비례한다.

이 원리를 그림 9-7에 나타내었다. 막대자석이 코일을 통과하며 움직이면 유도전압은 코일에 연결된 전압계에 표시된다. 자석이 빨리 움직일수록 유도전압은 더 커진다.

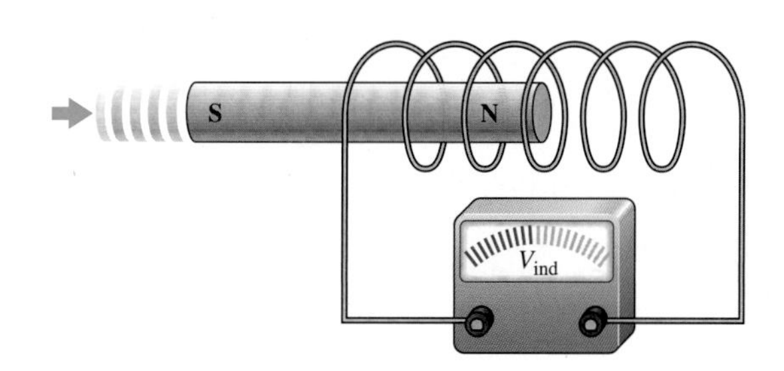

그림 9-7 유도전압은 변화하는 자계에 의해 만들어진다.

도선을 다수의 루프나 권선으로 만들어 변화하는 자계 내에 놓으면 코일에 전압이 유도된다. 유도전압은 코일 권선 수 N과 자계의 변화율에 비례한다.

렌츠의 법칙

렌츠의 법칙 역시 6장에서 다루었으며, 패러데이의 법칙에서 언급된 유도전압의 방향을 정의한다.

코일에 흐르는 전류가 변화하고, 변화하는 자계로 인해 전압이 유도될 때 유도전압은 항상 전류의 변화를 방해하는 방향으로 발생한다.

그림 9-8은 렌츠의 법칙을 보여준다. 그림 (a)에서 전류는 R_1을 통해 일정하게 흐른다. 자계가 변하지 않으므로 전압은 유도되지 않는다. 그림 (b)에서 스위치를 갑자기 닫으면 R_2가 R_1에 병렬로 연결되어 저항이 감소한다. 따라서 전류는 증가하고 자계가 확장되려고 하지만, 이 순간에 유도되는 전압은 전류가 증가하는 것을 방해한다.

그림 9-8(c)에서 유도전압은 점차적으로 감소하고 따라서 전류는 증가한다. 그림 (d)에서 전류는 병렬저항에 의해 정해지는 일정한 값에 도달하고, 유도전압은 영이 된다. 그림 (e)에서 스위치를 갑자기 열면 그 순간에 유도전압은 전류가 감소하는 것을 방해한다. 그림 (f)에서 유도전압은 점차적으로

감소하고 전류는 R_1에 의해 정해지는 값까지 감소한다. 유도전압은 전류의 변화를 방해하는 방향으로 극성을 갖는다는 점에 주목하라. 유도전압의 극성은 전류의 증가에 대하여 전지 전압의 극성에 반대이며, 전류의 감소에 대하여 전지 전압의 극성과 같은 방향이 된다.

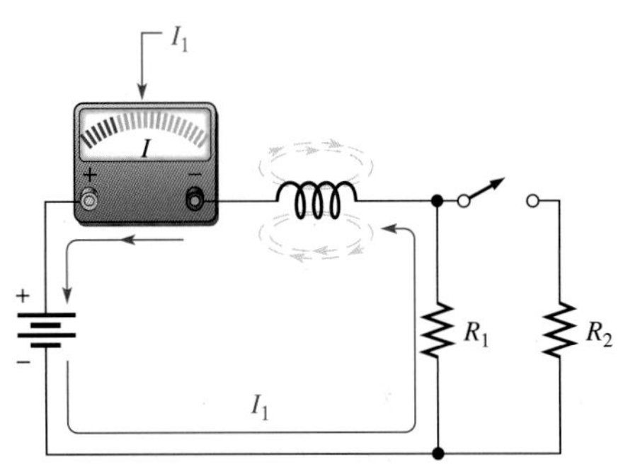

(a) 스위치를 계속 개방한 상태, 일정한 전류와 일정한 자계가 유지되며, 유도전압은 없다.

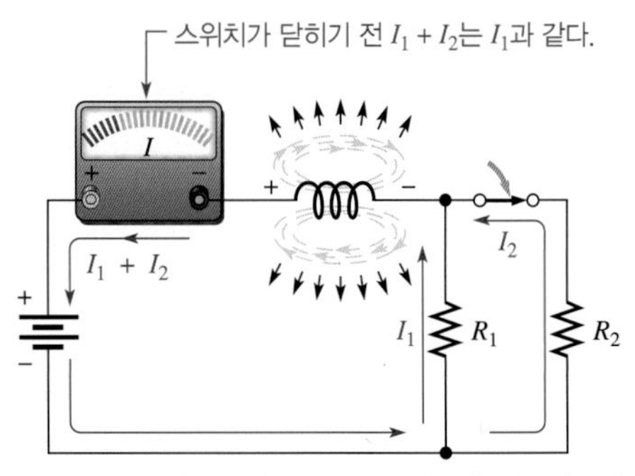

(b) 스위치를 닫는 순간, 확장하는 자계는 총 전류의 증가를 방해하는 방향으로 전압을 유도한다. 총 전류는 이 순간 같은 값으로 남아 있다.

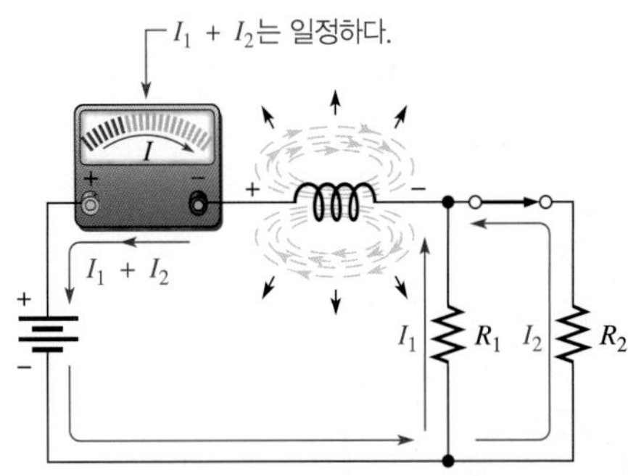

(c) 스위치를 닫은 직후, 자계가 확장되는 비율이 감소하고 유도전압이 감소함에 따라 전류가 지수함수적으로 증가한다.

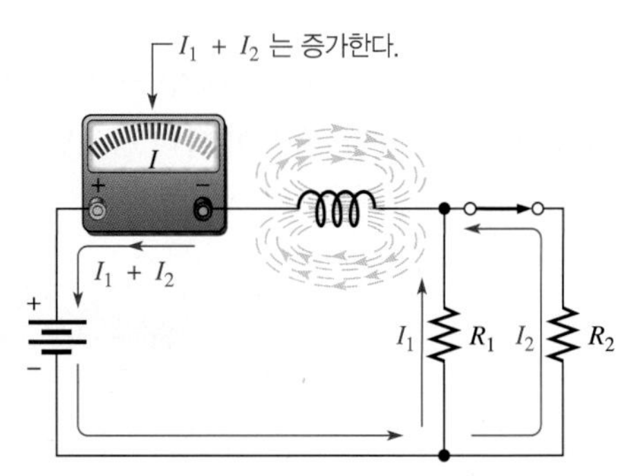

(d) 스위치가 계속 닫힌 상태, 전류와 자계가 일정한 값을 유지한다.

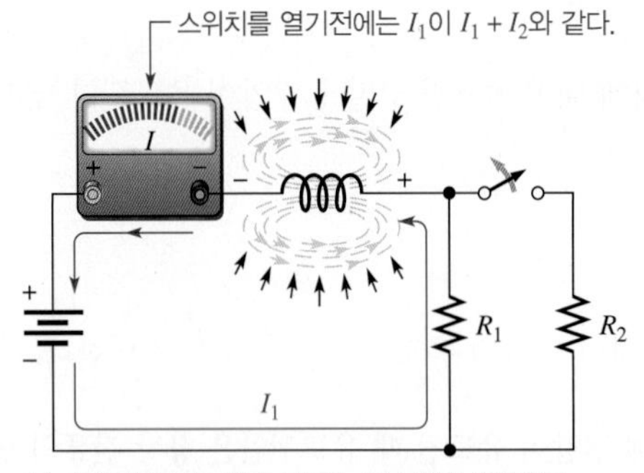

(e) 스위치를 여는 순간, 자계는 감소하기 시작하고 전류의 감소를 방해하는 방향으로 전압이 유도된다.

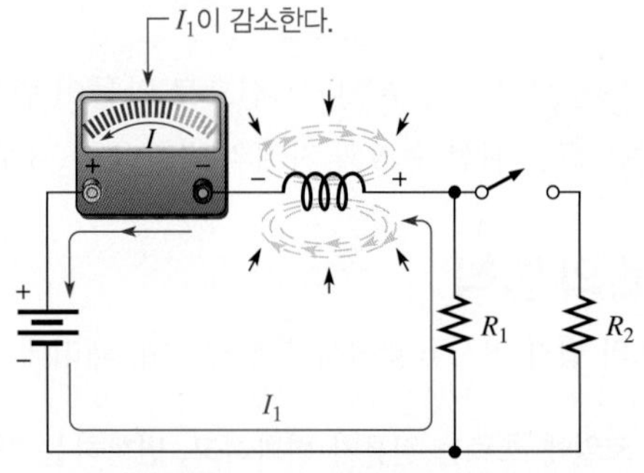

(f) 스위치가 열린 후, 자계의 감소하는 비율이 적어지고, 전류가 지수함수적으로 감소하여 원래의 값이 된다.

그림 9-8 렌츠의 법칙의 예: 전류가 갑자기 변화하려고 하면 전자계가 변화하고 전류의 변화를 방해하는 방향으로 전압이 유도된다.

시스템 예제 9-1

스위치모드 전원공급장치(Switch-Mode Power Supply)

전원공급장치는 일반적으로 교류를 직류로 바꾸어 준다. 거의 모든 전자장비에서 찾아 볼 수 있다. 스위치모드 전원공급장치(SMPS)는 매우 빠른 스위칭 트래지스터와 IC펄스변조기(PWM)의 개발 후 1970년대에 일반적으로 되었다. 1997년에 발매된 애플 II 컴퓨터는 스위치모드 전원공급장치를 사용한 최초의 컴퓨터 시스템이었는데, 결과적으로 보다 더 효율적이고 보다 좋은 쿨링시스템을 갖게 되었다. 오늘날 거의 모든 컴퓨터는 스위치모드 전원공급장치를 사용하고 있다.

SMPS의 간단한 개략도는 그림 9–9와 같다. 스위치 SW는 스위칭 MOSFET 트랜지스터를 나타내고 열고 닫는 위치 사이를 급하게 변화시켜 준다(초당 약 20,000번). V는 정제되지 않은 dc 입력전압을 나타낸다. 펄스폭 변조기는 제어기이다. 이것은 출력을 기준전압과 비교하고 출력을 일정하게 유지하도록 펄스폭을 설정한다.

물론 L은 인덕터이고 SMPS에 있어 중요 컴포넌트이다. 렌츠의 법칙을 기억하면 인덕터는 전류의 변화를 방해한다. (a)에서 스위치가 닫히면 트랜지스터는 온이 되고 부하를 통과하는 전류는 붉은 화살표로 나타낸다. 인덕터를 통해 유도전압은 자계에 의해 생성된 것으로 dc 입력에 반대되고 부하에 있어 전류를 일정하게 유지하는 경향이 있다. (b)에서 스위치 개방(트랜지스터 오프)이 되면 전류는 다이오드를 통해 공급되고 커패시터로 흐른다. 인덕터는 자계가 무너지면 전원과 같이 같은 극성을 가진다는 것을 주목해야 한다. 유도전압은 그것과 반대이다. 그 결과는 부하에 있어 거의 일정한 전류이다.

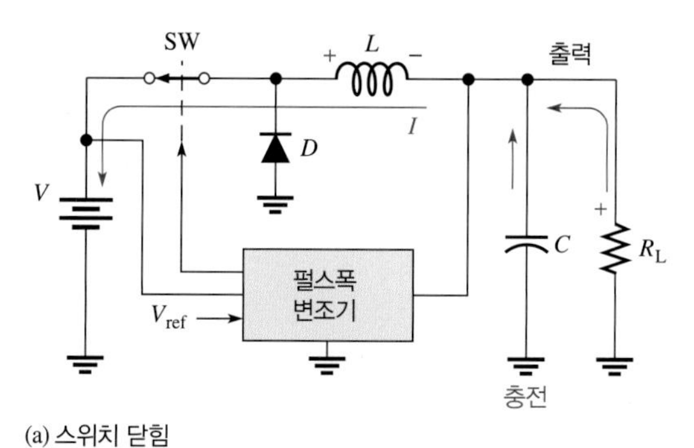

(a) 스위치 닫힘

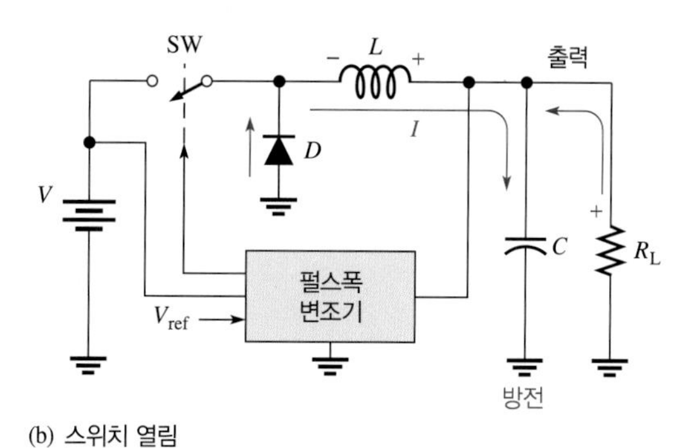

(b) 스위치 열림

그림 9–9 스위치모드 전원장치의 개략도

9–1절 복습 문제*

1. 코일의 인덕턴스 값에 영향을 미치는 변수를 적어라.
2. 다음 경우에 L이 어떻게 되는가?
   (a) N이 증가한다.
   (b) 코어의 길이가 증가한다.
   (c) 코어의 단면적이 감소한다.
   (d) 코어를 공기에서 강자성체로 바꾼다.
3. 인덕터가 권선저항을 갖는 이유를 설명하라.
4. 인덕터가 권선 커패시턴스를 갖는 이유를 설명하라.

*해답은 이 장의 끝에 있다.

9-2 인덕터의 종류

인덕터는 보통 코어 재료의 종류에 따라 분류한다.

이 절을 마친 후 다음을 할 수 있어야 한다.

- 여러 종류의 인덕터에 대한 논의한다.
- 고정 인덕터의 기본 종류에 대해 논의한다.
- 고정 인덕터와 가변 인덕터의 차이를 기술한다.

인덕터는 여러 가지 모양과 크기로 만들어진다. 기본적으로 두 가지의 일반적인 부류에 속한다. 고정형과 가변형으로 기호를 그림 9–10에 나타내었다.

고정 인덕터와 가변 인덕터 모두 코어 재료의 종류에 따라 분류될 수 있다. 일반적으로 쓰이는 세 가지는 공기, 철, 페라이트이다. 각각의 기호를 그림 9–11에 보였다.

(a) 고정형 (b) 가변형

그림 9–10 고정형과 가변형 인덕터의 기호

(a) 공기 코어 (b) 철 코어 (c) 페라이트 코어

그림 9–11 인덕터의 기호들

가변 인덕터는 보통 슬라이딩 코어를 내외로 움직여서 인덕턴스를 변화시킬 수 있는 나사형 조정 부분을 가지고 있다. 다양한 종류의 인덕터가 있으며, 그중 일부를 그림 9–12에 나타내었다. 소형의 고정 인덕터들은 코일의 가는 도선들을 보호하기 위하여 보통 절연재료와 함께 작은 용기 내에 삽입되어 있다. 작은 용기로 만들어진 인덕터는 소형 저항기와 비슷하게 보인다.

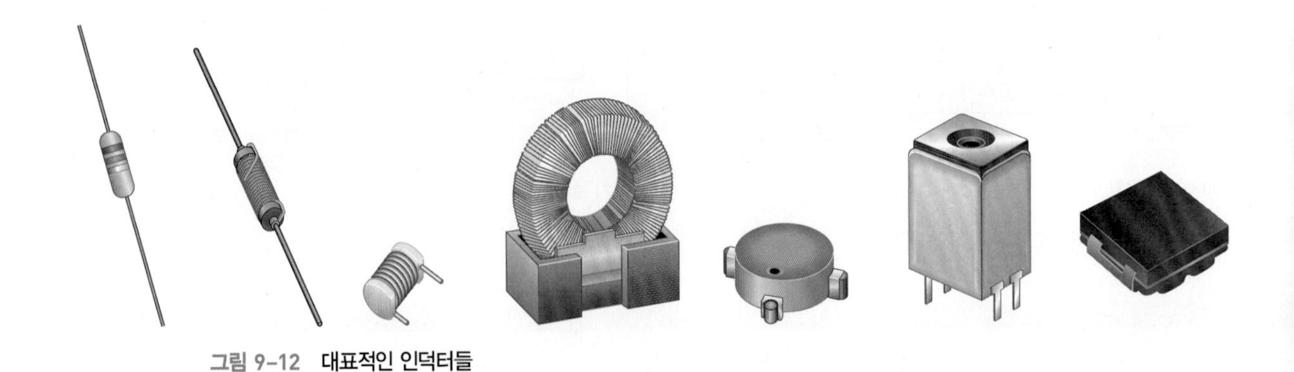

그림 9–12 대표적인 인덕터들

실드 인덕터(Shielded Inductors)

인덕터는 어떤 경우에 전자기 에너지를 방출시켜 주변 회로에 간섭을 일으킬 수 있다. 이것을 피하기 위해 엔지니어는 때때로 실드 인덕터를 지정한다. 실드 인덕터는 작은 표면 실장 패키지로 1 μH에서 1 mH까지 가능하다.

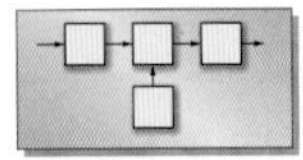

시스템 노트

9-2절 복습 문제

1. 두 가지의 일반적인 인덕터의 종류를 써라.
2. 그림 9-13의 인덕터 기호들은 무엇을 나타내는가?

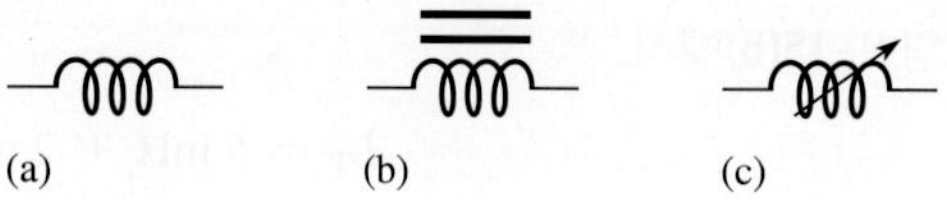

(a) (b) (c)

그림 9-13

9-3 직렬 및 병렬 인덕터

인덕터를 직렬로 연결하면 전체 인덕턴스가 증가한다. 그리고 인덕터를 병렬로 연결하면 총 인덕턴스가 감소한다.

이 절을 마친 후 다음을 할 수 있어야 한다.

- 직렬 인덕터와 병렬 인덕터를 해석한다.
- 직렬 인덕턴스의 전체 합을 구한다.
- 병렬 인덕턴스의 전체 합을 구한다.

직렬 인덕턴스의 합

그림 9-14에서와 같이 인덕터를 직렬로 연결하면 전체 인덕턴스 L_T는 각각의 인덕턴스의 합이 된다. n개의 인덕터가 직렬로 연결되면 총 인덕턴스는 식 9-3과 같다.

$$L_T = L_1 + L_2 + L_3 + \cdots + L_n \tag{9-3}$$

직렬 인덕터의 전체 인덕턴스를 구하는 식은 직렬저항의 전체 저항을 구하는 식(4장) 및 병렬 커패시터의 전체 정전용량을 구하는 식(8장)과 유사함에 주목하라.

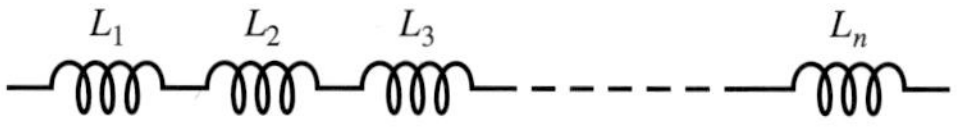

L_1 L_2 L_3 L_n

그림 9-14 직렬 인덕터

예제 9-2

그림 9-15에서 직렬 연결된 인덕터의 총 인덕턴스를 구하라.

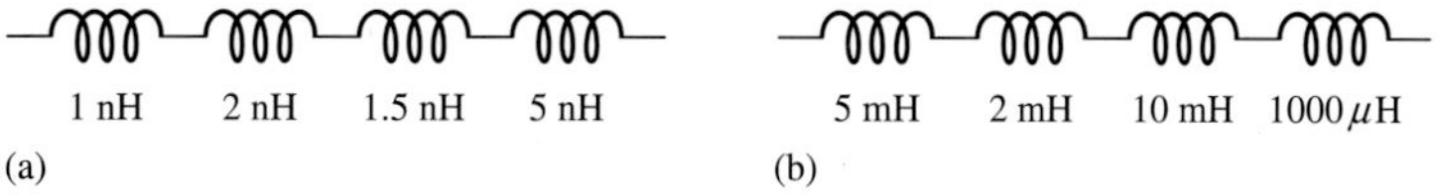

(a) 1 nH 2 nH 1.5 nH 5 nH

(b) 5 mH 2 mH 10 mH 1000 μH

그림 9-15

풀이

그림 9-15(a)에서

$$L_T = 1\text{ nH} + 2\text{ nH} + 1.5\text{ nH} + 5\text{ nH} = 9.5\text{ nH}$$

그림 9–15(b)에서

$$L_T = 5\text{ mH} + 2\text{ mH} + 10\text{ mH} + 1\text{ mH} = \mathbf{18\text{ mH}}$$

주: $1000\ \mu\text{H} = 1\text{ mH}$

관련문제

3개의 50 μH 인덕터가 직렬로 연결되면 총 인덕턴스는 얼마인가?

시스템 예제 9-2

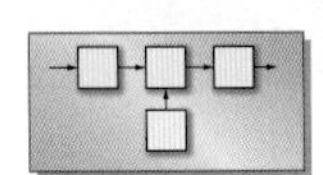

하틀리발진기

시스템 예제 7–1을 상기하면 발진기는 반복파형을 발생시키는 회로이다. 그림 9–16에 보여진 회로는 하틀리발진기이고 인덕터를 직렬로 사용한다. 콜피츠발진기의 경우처럼 이 회로는 양의 궤환을 사용한다. 출력의 일부분은 궤환 회로에 의해 증폭되어야 할 입력으로 되돌아가고 출력을 증가시킨다. 궤환 전압은 접지를 기준으로 L_1 양단에 걸린다. 이 회로는 교류회로임에도 불구하고 직류전원에 대하여 만들어진 인덕터와 유도전압에 대한 방정식이 적용된다.

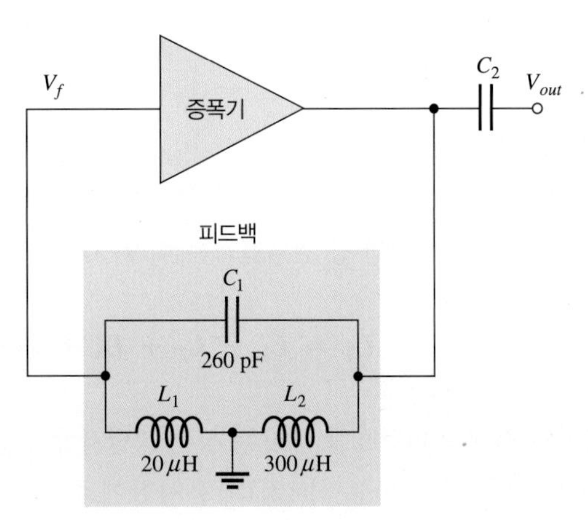

그림 9–16 하틀리발전기

인덕터 L_1, L_2은 직렬이고 공진 회로의 형태이다.
인덕턴스를 더하여 전체 인덕턴스를 구한다.

$$L_T = L_1 + L_2 = 20\ \mu\text{H} + 300\ \mu\text{H} = 320\ \mu\text{H}$$

증폭신호는 접지를 기준으로 하며, 궤환 신호 V_f는 L_1 양단에 인가된 출력의 일부분이다. V_f는 증폭기의 입력으로 되돌아 들어감을 명심해야 한다. 전압분배기를 직렬 인덕터에 적용함으로써 궤환되는 출력전압의 비율(V_f/V_{out})을 구할 수 있다.

$$\frac{V_f}{V_{out}} = \frac{L_1}{L_T} = \left(\frac{20\ \mu\text{H}}{320\ \mu\text{H}}\right) = 0.0625 = 6.2\%$$

커패시터와 달리 인덕터 용량이 작으면 작을수록 출력전압의 더 작은 부분을 가진다.

병렬 인덕턴스의 합

그림 9-17에서와 같이 인덕터를 병렬 연결하면 전체 인덕턴스는 가장 작은 인덕턴스보다 작게 된다. 총 인덕턴스의 역수는 각 인덕턴스의 역수의 합과 같다.

$$\frac{1}{L_T} = \frac{1}{L_1} + \frac{1}{L_2} + \frac{1}{L_3} + \cdots + \frac{1}{L_n}$$

총 인덕턴스 L_T는 양변의 역수를 취해 식 9–4와 같다.

$$\mathbf{L_T = \frac{1}{\frac{1}{L_1} + \frac{1}{L_2} + \frac{1}{L_3} + \cdots + \frac{1}{L_n}}} \qquad (9-4)$$

병렬 인덕터의 전체 인덕턴스를 구하는 식은 병렬저항의 총 저항을 구하는 식(4장) 및 직렬 커패시터의 전체 정전용량을 구하는 식(8장)과 유사함에 주목하라.

그리고 인덕턴스 직렬-병렬 조합 회로의 총 인덕턴스를 구하는 식은 직렬-병렬저항 회로의 총 저항을 구하는 식(5장)과 유사하다.

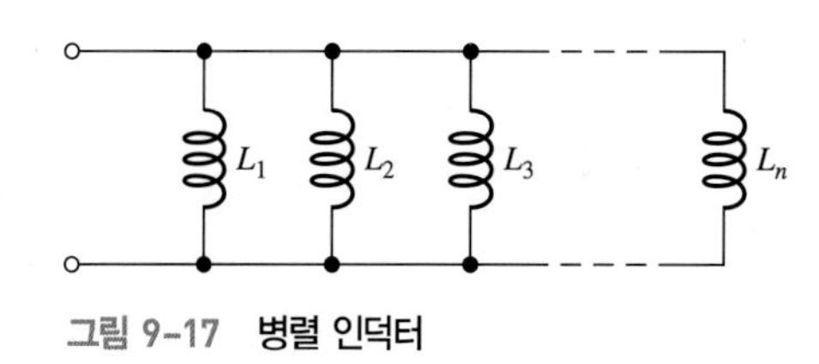

그림 9–17 병렬 인덕터

예제 9–3

그림 9–18에서 L_T를 구하라.

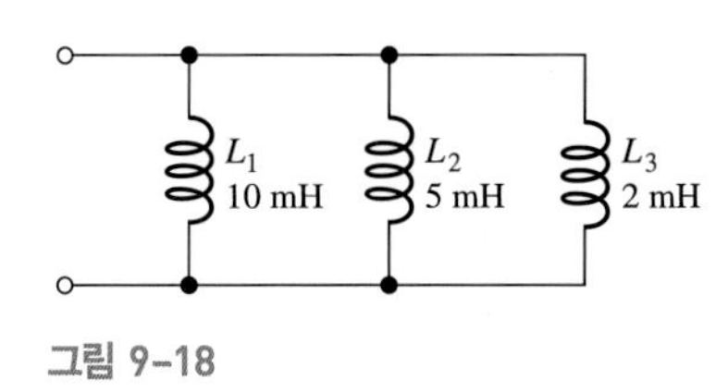

그림 9–18

풀이

$$L_T = \frac{1}{\frac{1}{L_1} + \frac{1}{L_2} + \frac{1}{L_3}} = \frac{1}{\frac{1}{10\text{ mH}} + \frac{1}{5\text{ mH}} + \frac{1}{2\text{ mH}}} = \frac{1}{0.8\text{ mH}} = \mathbf{1.25\text{ mH}}$$

관련문제

50 μH와 80 μH, 100 μH, 150 μH의 인덕터가 병렬로 연결되면 L_T는?

9–3절 복습 문제

1. 인덕터를 직렬로 연결하면 인덕턴스는 어떻게 되는가?
2. 100 μH와 500 μH, 2 mH를 직렬 연결하면 L_T는 얼마인가?
3. 5개의 100 mH 코일이 직렬로 연결되면 L_T는?
4. 병렬 연결된 인덕터의 총 인덕턴스와 개별 인덕터 중 가장 작은 값을 비교하라.
5. 총 병렬 인덕턴스와 총 병렬저항의 계산은 유사한가? (O, X)
6. 다음 각 병렬 연결의 L_T를 구하라.
   (a) 100 mH, 50 mH, 10 mH
   (b) 40 μH와 60 μH

9-4 직류회로에서의 인덕터

인덕터가 직류 전압에 연결되었을 때, 인덕터의 전자기장에 에너지를 저장한다. 인덕터를 통해 발생하는 전류는 회로의 시정수에 영향을 받으며 예측 가능한 경향을 보인다. 시정수는 인덕턴스와 저항에 의해 결정된다.

이 절을 마친 후 다음을 할 수 있어야 한다.

- 유도성 직류 스위칭 회로를 해석한다.
- *RL 시정수*를 정의한다.
- 인덕터에서 전류가 증가하고 감소하는 현상을 설명한다.
- 시정수와 인덕터의 활성화와 비활성화의 관계를 설명한다.
- 인덕터에서 시정수와 전류의 관계를 설명한다.
- 유도전압에 대해 설명한다.
- 인덕터에서의 전류에 대한 지수 방정식을 설명한다.

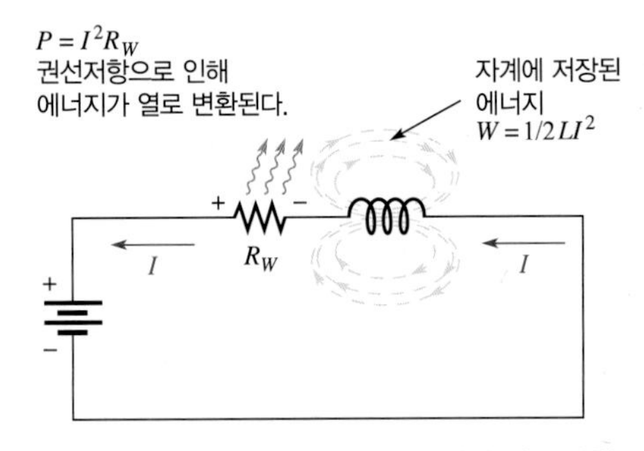

그림 9–19 인덕터에서 에너지 저장과 열로 변환

인덕터에 일정한 직류전류가 흐를 때는 전압이 유도되지 않는다. 그러나 코일의 권선저항으로 인한 전압강하는 발생한다. 인덕턴스는 직류에 대해서는 단락회로로 작용한다. 인덕터에서 에너지는 식 $W = 1/2\ LI^2$에 따라 자계 내에 저장된다. 유일한 에너지 손실은 권선저항에서 발생한다($P = I^2R_W$). 이 조건을 그림 9–19에 보였다.

RL 시정수

인덕터의 기본 동작은 전류의 변화를 방해하는 전압이 유도되는 것이므로, 인덕터에서 전류는 순간적으로 변할 수 없다. 전류가 다른 값으로 바뀌려면 시간이 필요하다. 전류가 변화하는 비율은 *RL* 시정수(*RL* time constant)에 의해 결정된다.

***RL* 시정수는 고정된 시간 간격으로 인덕턴스를 저항으로 나눈 값과 같다.**

공식은

$$\tau = \frac{L}{R} \tag{9-5}$$

여기서 L의 단위가 헨리이고, R이 옴일 때, τ는 초의 단위를 갖는다.

예제 9–4

*RL*회로에서 1.0 kΩ의 저항과 1.0 mH의 인덕터가 직렬로 연결되었다. 시정수는 얼마인가?

풀이

$$\tau = \frac{L}{R} = \frac{1.0\text{ mH}}{1.0\text{ k}\Omega} = \frac{1.0 \times 10^{-3}\text{ H}}{1.0 \times 10^{3}\ \Omega} = 1.0 \times 10^{-6}\text{ s} = \mathbf{1.0\ \mu s}$$

관련문제

$R = 2.2\text{ k}\Omega$이고 $L = 500\ \mu\text{H}$일 때 시정수를 구하라.

인덕터에서의 전류

인덕터에서 전류 증가 직렬 *RL*회로에서 스위치를 닫은 후 한 시정수의 시간이 흐르면 전류는 최대값의 63%까지 증가한다. 전류의 증가는(*RC* 회로에서 전하가 축적되는 동안 커패시터 전압이 증가하는 것과 유사하다) 지수곡선(exponential curve)을 따르며, 표 9-1과 그림 9-20에서 보이는 바와 같이 최종값에 대한 백분율로 표시된다.

표 9-1 • 전류가 증가하는 동안 각 시정수 후의 최종 전류에 대한 백분율

시정수에 대한 배수	최종 전류에 대한 근사 백분율
1	63
2	86
3	95
4	98
5	99(100%로 간주함)

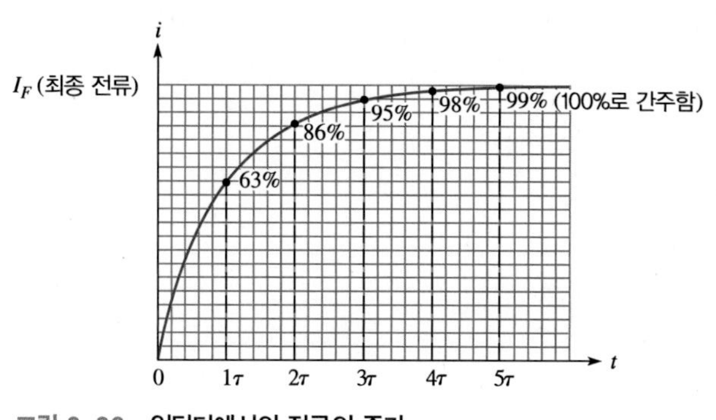

그림 9-20 인덕터에서의 전류의 증가

시정수의 5배 되는 시간 동안의 전류의 변화를 그림 9-21에 보였다. 전류는 대략 5 τ 후에 최종값에 도달하여 더 이상 변화하지 않는다. 이때 인덕터는 일정한 전류에 대해 단락회로(권선저항 제외)로 작용한다. 전류의 최종값은 다음과 같다.

$$I_F = \frac{V_S}{R} = \frac{10\text{ V}}{1.0\text{ k}\Omega} = 10\text{ mA}$$

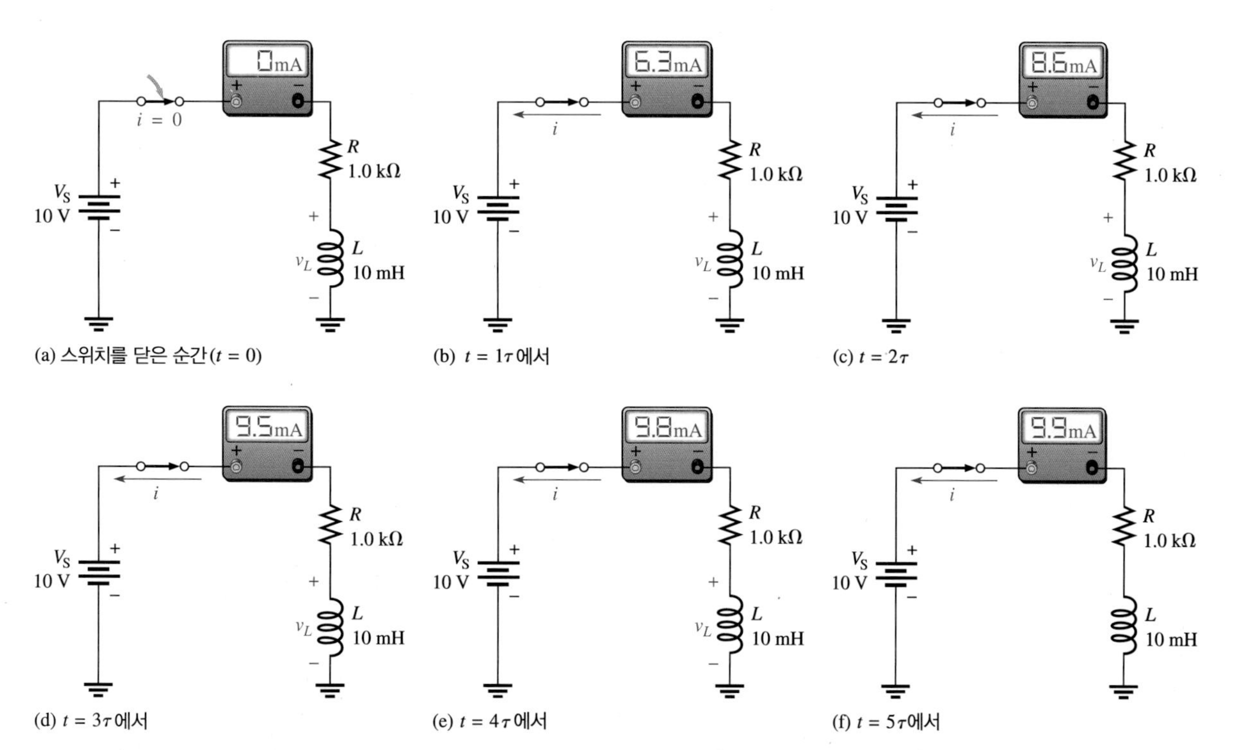

그림 9-21 인덕터에서 전류의 지수적인 증가의 예. 전류는 각 시정수 후에 대략 63%씩 증가한다. 코일에서 전압(V_L)은 전류의 증가를 방해하는 방향으로 유도된다.

예제 9–5

그림 9–22의 *RL* 시정수를 구하라. 또한 스위치를 닫은 순간부터 각 시정수 후의 시간과 전류를 구하라.

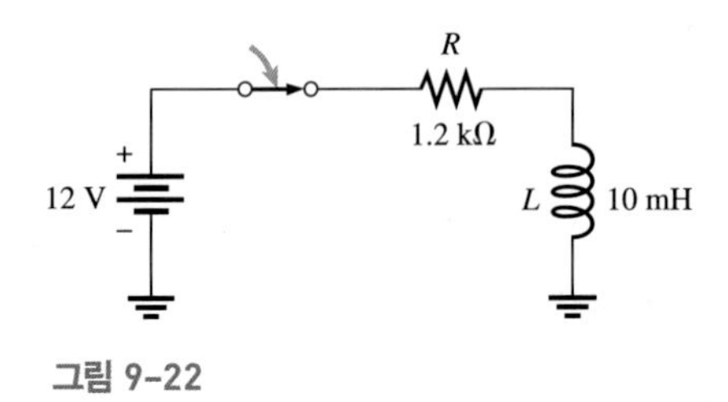

그림 9–22

풀이

RL 시정수는

$$\tau = \frac{L}{R} = \frac{10\ \text{mH}}{1.2\ \text{k}\Omega} = \mathbf{8.33\ \mu s}$$

최종 전류는

$$I_F = \frac{V_S}{R} = \frac{12\ \text{V}}{1.2\ \text{k}\Omega} = 10\ \text{mA}$$

표 9–1에 주어진 각 시정수의 백분율 값을 사용하면

$1\ \tau$에서 $i = 0.63(10\ \text{mA}) = \mathbf{6.3\ mA}; t = \mathbf{8.33\ \mu s}$
$2\ \tau$에서 $i = 0.86(10\ \text{mA}) = \mathbf{8.6\ mA}; t = \mathbf{16.7\ \mu s}$
$3\ \tau$에서 $i = 0.95(10\ \text{mA}) = \mathbf{9.5\ mA}; t = \mathbf{25.0\ \mu s}$
$4\ \tau$에서 $i = 0.98(10\ \text{mA}) = \mathbf{9.8\ mA}; t = \mathbf{33.3\ \mu s}$
$5\ \tau$에서 $i = 0.99(10\ \text{mA}) = 9.9\ \text{mA} \cong \mathbf{10\ mA}; t = \mathbf{41.7\ \mu s}$

관련문제

$R = 680\ \Omega$이고 $L = \mu$H인 경우 위의 문제를 풀어라.

인덕터에서의 전류의 감소 인덕터에서 전류는 표 9–2와 그림 9–23에 주어진 백분율 값까지 지수적으로 감소한다.

표 9–2 • 전류가 감소하는 동안 각 시정수 후의 초기 전류에 대한 백분율

시정수에 대한 배수	초기 전류에 대한 근사 백분율
1	37
2	14
3	5
4	2
5	1(0으로 간주함)

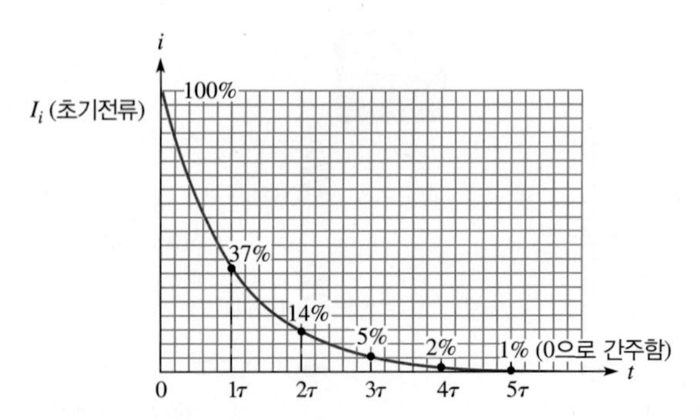

그림 9–23 인덕터에서 전류의 감소

그림 9-24에는 시정수의 5배에 해당하는 시간 구간 동안 전류의 변화를 나타내었다. 전류가 거의 0 A의 최종값에 가까워지면 전류의 변화가 거의 없다. 스위치 열기 전 10 mA의 일정한 전류가 인덕터를 통해 흐르며, 이때의 인덕터 전류는 L값이 쇼트 상태이므로 R_1에 의해 전류가 결정된다. 이때 스위치를 열면, 유도된 인덕터의 전압에 의해 초기(10 mA)의 전류가 R_2로 흐른다. 전류는 각 시정수에서 63%씩 감소한다.

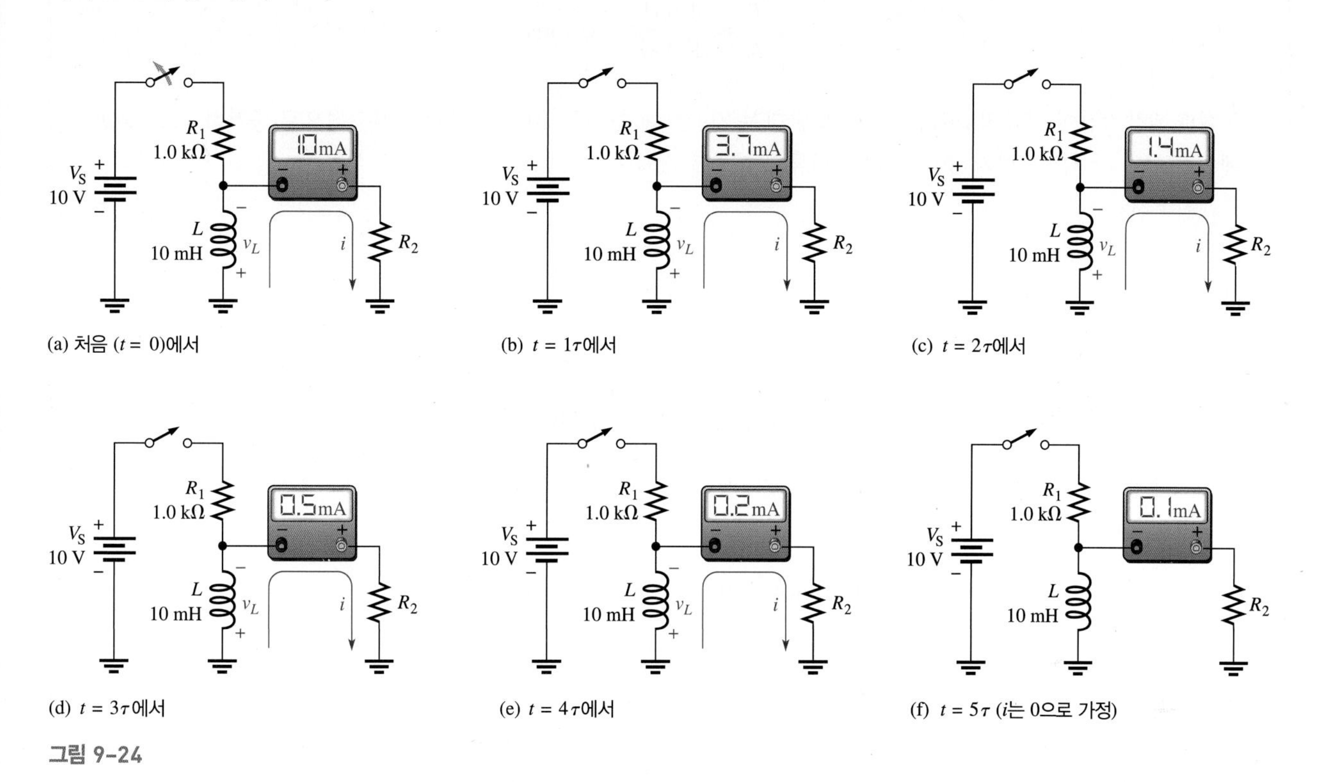

(a) 처음 (t = 0)에서
(b) $t = 1\tau$에서
(c) $t = 2\tau$에서
(d) $t = 3\tau$에서
(e) $t = 4\tau$에서
(f) $t = 5\tau$ (i는 0으로 가정)

그림 9-24

구형파의 응답

RL 회로에서 입력으로 구형파 전압을 사용하는 것은 증가되거나 감소되는 전류를 설명하는 좋은 방법이다. 구형파는 스위치의 on/off 동작과 유사하므로 회로의 직류 응답에서 일반적으로 사용되는 신호이다. 구형파에서 낮은 레벨에서 높은 레벨로 갈 때, 그 회로에서 전류는 최종값까지 지수적으로 증가한다. 구형파가 0레벨이 될 때, 회로의 전류는 0의 값까지 지수적으로 감소한다. 그림 9-25는 입력 전압과 전류의 파형을 보여준다.

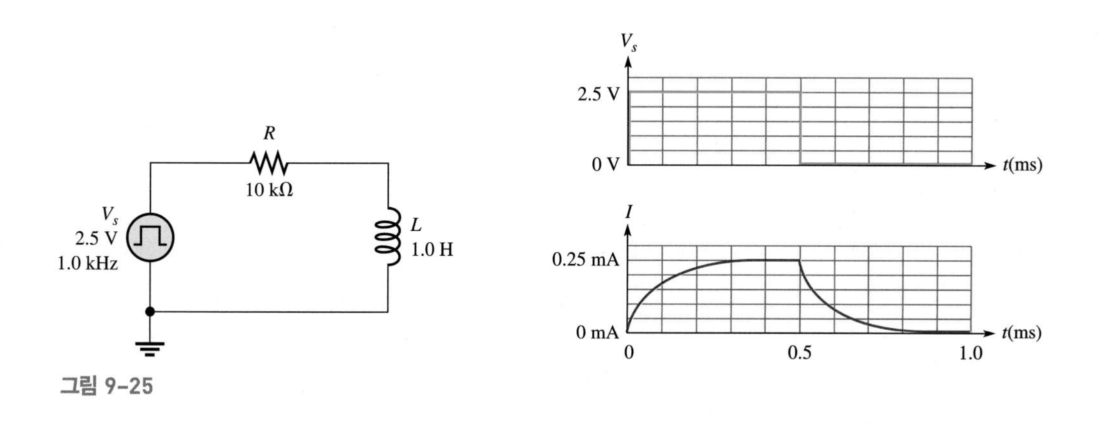

그림 9-25

예제 9-6

그림 9–25에서 0.1 ms와 0.6 ms에서 전류를 구하라.

풀이

회로의 RL 시정수는

$$\tau = \frac{L}{R} = \frac{1.0\ \text{H}}{10\ \text{k}\Omega} = 0.1\ \text{ms}$$

구형파 발생기간이 전류의 최대값 5 τ에 도달하는 기간보다 충분히 길다면, 전류는 지수적으로 증가하고, 표 9–1에서 주어진 각 시정수에서 주어진 최종 전류의 퍼센트 값과 같다.

최종전류는

$$I_F = \frac{V_s}{R} = \frac{2.5\ \text{V}}{10\ \text{k}\Omega} = 0.25\ \text{mA}$$

0.1 ms에서 전류는

$$i = 0.63(0.25\ \text{mA}) = \mathbf{0.158\ mA}$$

0.6 ms에서 구형파 입력은 0.1 ms(1 τ)동안 0 V레벨이다. 그리고 전류는 최대값으로부터 감소하며, 0 mA의 최종값쪽으로 63%감소한다.

$$i = 0.25\ \text{mA} - 0.63(0.25\ \text{mA}) = \mathbf{0.092\ mA}$$

관련문제

0.2 ms와 0.8 ms에서 전류는 얼마인가?

직렬 *RL*회로에서의 전압

인덕터에서 전류가 변할 때 전압이 유도된다. 그림 9–26의 직렬회로에서 구형파 입력의 한 사이클 동안 인덕터 양단의 유도전압은 어떻게 되는지 살펴보자. 구형파 발생기는 직류 전원이 켜지도록 스위치가 동작한 것과 같은 신호 레벨을 만들고, 그 이후 구형파가 0 레벨로 되었을 때는 전원 양단에 "자동으로" 낮은 저항 (이상적으로 0)을 갖는 경로를 만든다.

회로에 놓여진 전류계는 어떤 순간에서의 전류를 보여준다. 인덕터 양단의 전압은 V_L이다. 그림 9–26(a)에서, 구형파가 0 V에서 2.5 V로 공급되면, 렌츠의 법칙에 따라 임의의 전압은 인덕터 주위에 형성된 자기장 변화에 반대 방향으로 유도된다.

이때 반대 방향의 전압이 공급전압과 같게 되면 전류는 나타나지 않고, 자기장의 형성이 인덕터 양단 전압은 감소시키고 전류는 증가하여 흐르게 된다. 1 τ(0.1 ms)에서 인덕터의 유도전압은 지수함수적으로 감소하여 0이 되며, 이때 흐르는 전류는 저항에 의해 제한된다. 그림 9–26(b)는 첫 번째 시정수에서 t = 0.1 ms일 때를 나타낸다.

그림 9–26(c)에서 구형파가 t = 0.5 ms일 때 0이 되면, 입력전압의 변화로 인덕터의 전압은 반대로 유도되고, 이때의 인덕터 전압의 극성은 자기장 형성이 붕괴되면서 반대가 된다. 비록 전원 전압이 0 V가 되더라도, 붕괴된 자기장의 주 전류는 그림 9–26(d)에서 보여진 것과 같이 전류는 같은 방향으로 0 A가 될 때까지 감소한다.

그림 9–26(d)에서 저항 양단의 전압(V_R)은 키르히호프의 전압법칙에 따라 전원전압 V_s로부터 V_L 전압을 감산한 값으로 나타나게 되고, V_R의 모양은 그림 9–25의 전류파형과 같다.

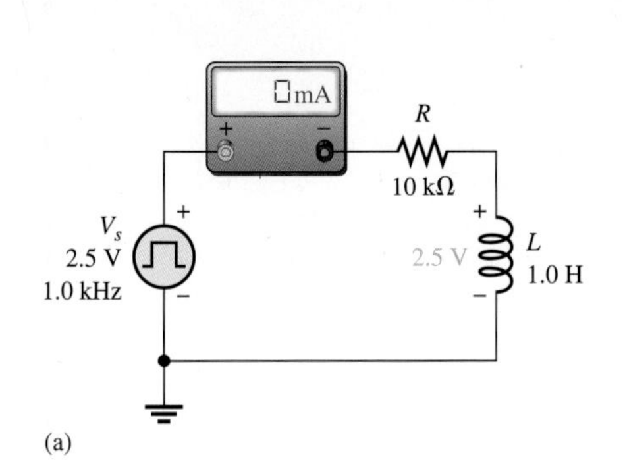

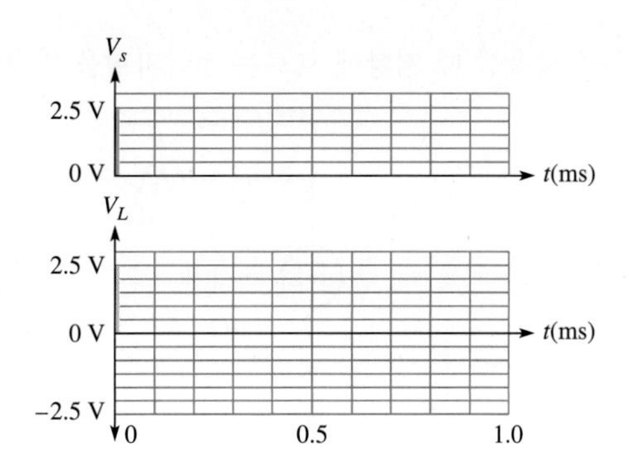

(a)

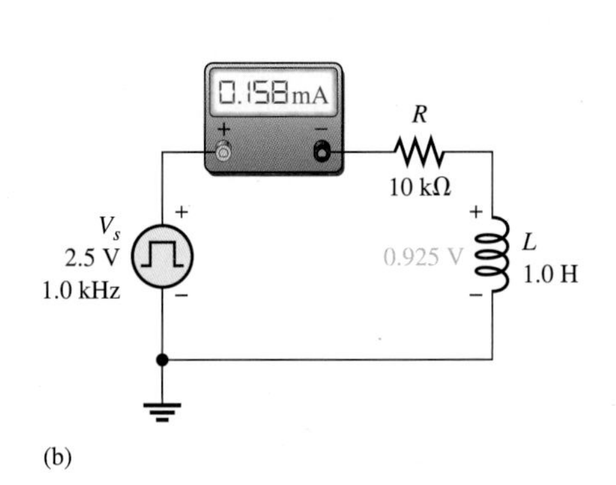

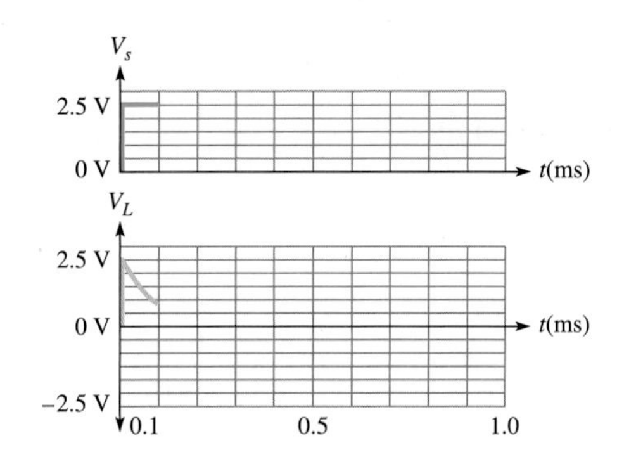

(b)

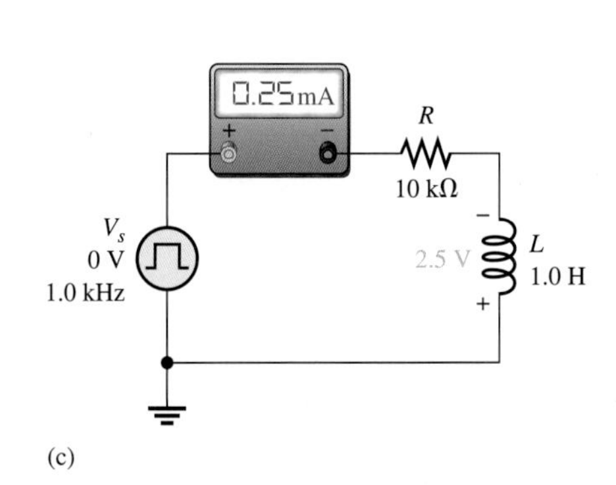

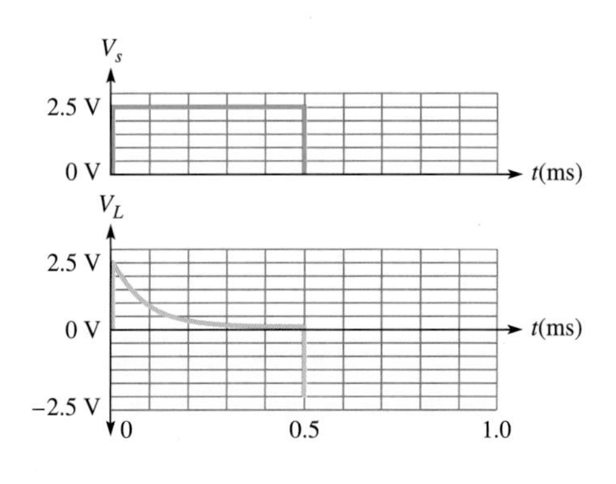

(c)

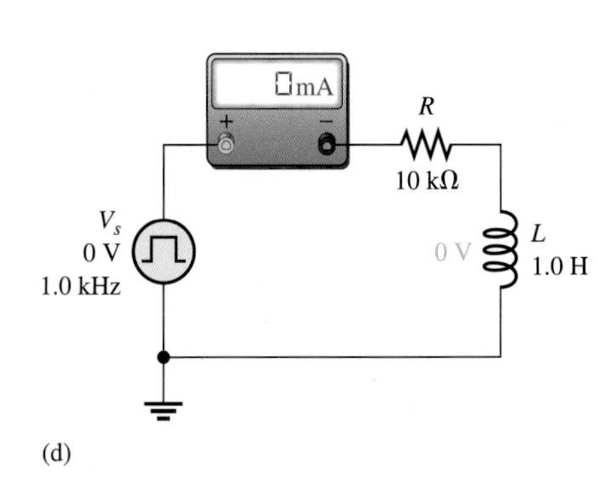

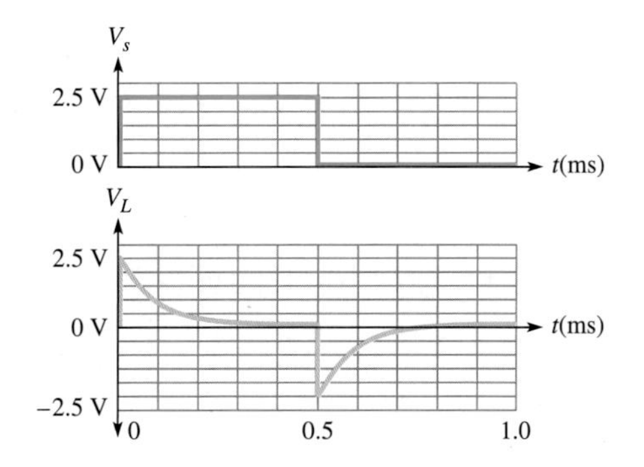

(d)

그림 9–26

예제 9-7

(a) 그림 9-27의 회로는 구형파 입력이다. 인덕터에 흐르는 파형이 구형파로 사용할 수 있는 최대 주파수는 얼마인가?

(b) (a)의 최대 주파수를 사용할 때 저항에 흐르는 전압파형을 기술하라.

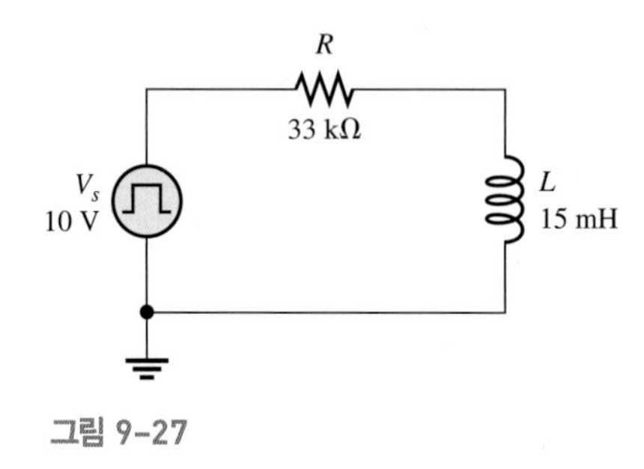

그림 9-27

풀이

(a) $\tau = \dfrac{L}{R} = \dfrac{15\ \text{mH}}{33\ \text{k}\Omega} = 0.454\ \mu\text{s}$

완벽한 파형을 관찰하는 것은 시정수(τ)보다 10배 긴 시간이 필요하다.

$$T = 10\tau = 4.54\ \mu\text{s}$$

$$f = \frac{1}{T} = \frac{1}{4.54\ \mu\text{s}} = \mathbf{220\ kHz}$$

(b) 저항 양단의 전압은 전류와 같은 형상의 파형이다. 그림 9-26에서 일반적인 파형을 나타내며, 10 V의 최대값을 가진다(권선저항을 연결하지 않은 V_s와 같다).

관련문제

f = 220 kHz에서, 저항 양단의 최대 전압은 얼마인가?

지수 공식

RL 회로에서 지수함수적으로 변하는 전압과 전류는 8장에서 다룬 RC 회로와 유사하다. 그림 8-36의 일반 지수곡선은 커패시터뿐만 아니라 인덕터에도 적용된다. *RL*회로의 일반식은 다음과 같다.

$$v = V_F + (V_i - V_F)e^{-Rt/L} \qquad (9-6)$$

$$i = I_F + (I_i - I_F)e^{-Rt/L} \qquad (9-7)$$

여기서 V_F와 I_F는 최종값이고, V_i과 I_i는 초기값, v와 i는 시간 t에서 인덕터 전압이나 전류의 순시값이다.

증가하는 전류 영($I_i = 0$)에서부터 전류가 지수적으로 증가하는 경우의 식은

$$i = I_F(1 - e^{-Rt/L}) \qquad (9-8)$$

식 9-8을 사용하여 증가하는 인덕터 전류의 어느 순간의 값을 계산할 수 있다. 전압에 대해서도 전류 대신 전압을 대입하여 똑같은 방법으로 구할 수 있다.

예제 9-8

그림 9-28에서 스위치를 닫고 30 μs 후의 인덕터 전류를 구하라.

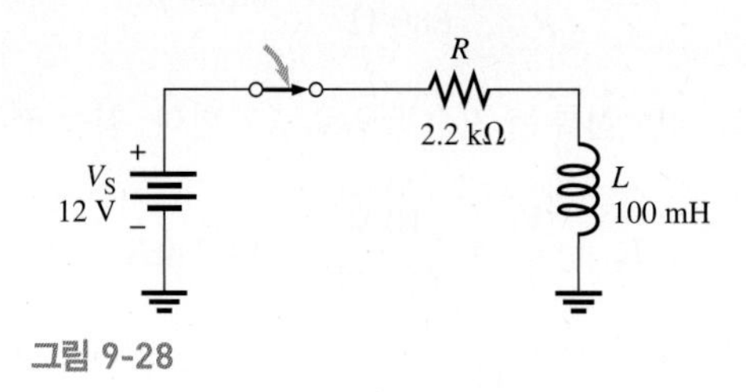

그림 9-28

풀이

시정수는

$$\tau = \frac{L}{R} = \frac{100\ \text{mH}}{2.2\ \text{k}\Omega} = 45.5\ \mu\text{s}$$

RL 최종 전류는

$$I_F = \frac{V_S}{R} = \frac{12\ \text{V}}{2.2\ \text{k}\Omega} = 5.45\ \text{mA}$$

초기 전류는 영이다. 30 μs는 1시정수보다 짧으므로 이때의 전류는 최종값의 63%보다 작다.

$$i_L = I_F(1 - e^{-Rt/L}) = 5.45\ \text{mA}(1 - e^{-0.66}) = \mathbf{2.63\ mA}$$

관련문제

그림 9-28에서 스위치를 닫고 55 μs 후의 인덕터 전류를 구하라.

감소하는 전류 지수적으로 감소하여 최종값이 영이 되는 전류에 대한 식은 다음과 같다.

$$i = I_i e^{-Rt/L} \tag{9-9}$$

이 식은 다음 예에서 보는 바와 같이 감소하는 전류의 어느 순간의 값을 계산하는 데에 사용된다.

예제 9-9

그림 9-29에서, 입력 구형파 사이클에 대하여 각 μs시간 간격에서 전류를 구하라. 그리고 계산된 전류값으로 전류파형을 그려라.

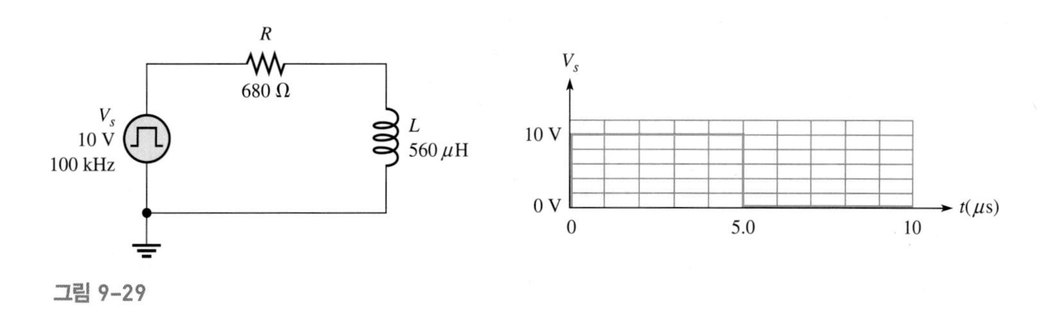

그림 9-29

풀이

RL 시정수는

$$\tau = \frac{L}{R} = \frac{560\ \mu\text{H}}{680\ \Omega} = 0.824\ \mu\text{s}$$

$t = 0$일 때, 펄스가 0 V에서 10 V가 되면 전류는 지수적으로 증가한다. 최종 전류는

$$I_F = \frac{V_s}{R} = \frac{10\ \text{V}}{680\ \Omega} = 14.7\ \text{mA}$$

전류가 증가하는 동안, $i = I_F(1 - e^{-Rt/L}) = I_F(1 - e^{-t/\tau})$

1 μs에서 $i = 14.7\ \text{mA}(1 - e^{-1\mu\text{s}/0.824\mu\text{s}}) = \mathbf{10.3\ mA}$
2 μs에서 $i = 14.7\ \text{mA}(1 - e^{-2\mu\text{s}/0.824\mu\text{s}}) = \mathbf{13.4\ mA}$
3 μs에서 $i = 14.7\ \text{mA}(1 - e^{-3\mu\text{s}/0.824\mu\text{s}}) = \mathbf{14.3\ mA}$
4 μs에서 $i = 14.7\ \text{mA}(1 - e^{-4\mu\text{s}/0.824\mu\text{s}}) = \mathbf{14.6\ mA}$
5 μs에서 $i = 14.7\ \text{mA}(1 - e^{-5\mu\text{s}/0.824\mu\text{s}}) = \mathbf{14.7\ mA}$

$t = 5\ \mu$s일 때, 펄스가 10 V에서 0 V가 되면 전류는 지수적으로 감소한다.
 전류가 감소하는 동안,

$$i = I_i(e^{-Rt/L}) = I_i(e^{-t/\tau})$$

5 μs에서, 초기 전류는 14.7 mA이다.

6 μs에서 $i = 14.7\ \text{mA}(e^{-1\mu\text{s}/0.824\mu\text{s}}) = \mathbf{4.37\ mA}$
7 μs에서 $i = 14.7\ \text{mA}(e^{-2\mu\text{s}/0.824\mu\text{s}}) = \mathbf{1.30\ mA}$
8 μs에서 $i = 14.7\ \text{mA}(e^{-3\mu\text{s}/0.824\mu\text{s}}) = \mathbf{0.38\ mA}$
9 μs에서 $i = 14.7\ \text{mA}(e^{-4\mu\text{s}/0.824\mu\text{s}}) = \mathbf{0.11\ mA}$
10 μs에서 $i = 14.7\ \text{mA}(e^{-5\mu\text{s}/0.824\mu\text{s}}) = \mathbf{0.03\ mA}$

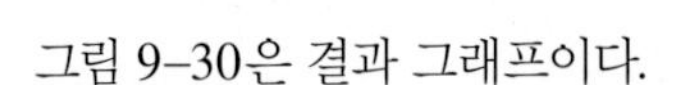

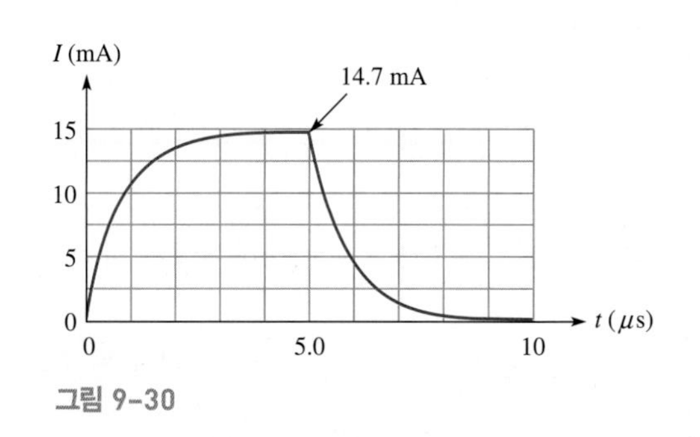

그림 9-30

그림 9-30은 결과 그래프이다.

관련문제

0.5 μs일 때, 전류는 어떻게 되는가?

9-4절 복습 문제

1. 권선저항이 10 Ω인 15 mH의 인덕터에 일정한 직류전류 10 mA가 흐른다. 인덕터 양단의 전압은 얼마인가?
2. 20 V의 직류전원이 직렬 RL회로에 스위치와 함께 연결되었다. 스위치를 닫는 순간 i와 V_L은 얼마가 되는가?
3. 문제 2의 회로에서 스위치를 닫은 5 τ 후에 V_L은 얼마가 되는가?
4. $R = 1\ \text{k}\Omega$이고 $L = 500\ \mu\text{H}$인 직렬 RL회로에서 시정수는 얼마인가? 스위치를 닫아 10 V의 전원이 연결되었다면 0.25 μs 후의 전류를 구하라.

9-5 교류회로에서의 인덕터

교류가 인덕터를 통과할 때 전류의 흐름을 방해하는 정도가 교류 주파수에 따라 달라진다.

이 절을 마친 후 다음을 할 수 있어야 한다.

- 유도성 교류회로를 해석한다.
- 유도성 리액턴스를 정의한다.
- 주어진 회로에서 유도성 리액턴스를 계산한다.
- 인덕터에서의 순시전력, 유효전력, 무효전력을 논의한다.

유도성 리액턴스, X_L

그림 9–31에서 인덕터가 정현파 전압원에 연결되었다. 전원전압의 진폭이 일정하게 유지되면서 주파수가 증가하면 전류의 크기가 감소한다. 또한 전원의 주파수가 감소하면 전류의 크기는 증가한다.

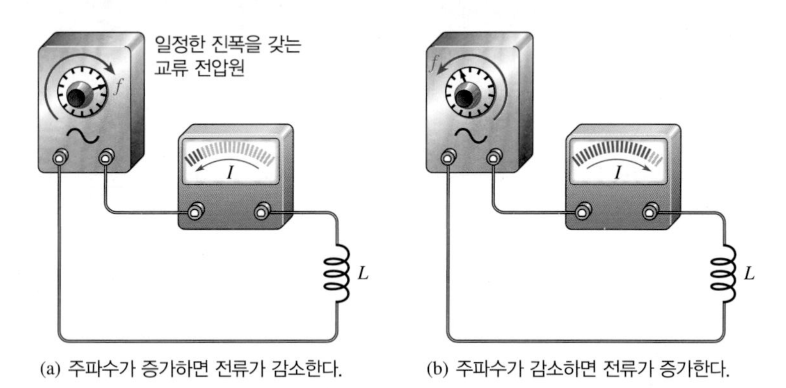

(a) 주파수가 증가하면 전류가 감소한다. (b) 주파수가 감소하면 전류가 증가한다.

그림 9–31 유도성 회로에서 전류는 전원 전압의 주파수에 반비례한다.

전원전압의 주파수가 증가하면 변화율 역시 증가한다. 전원전압의 주파수가 증가하면 전류의 주파수 역시 증가한다. 패러데이의 법칙과 렌츠의 법칙에 따르면 주파수가 증가함에 따라 전류를 방해하는 방향으로 인덕터에 더 큰 전압을 유도하여 전류의 크기를 감소시킨다. 마찬가지로 주파수가 감소하면 전류가 증가한다.

일정한 전압에서 주파수가 증가하면 전류가 감소하는 것은 전류의 증가를 방해하는 정도가 커졌다는 것을 의미한다. 따라서 인덕터가 전류의 흐름을 발생하는 정도는 주파수에 따라 변화한다.

인덕터에서 정현파 전류의 흐름에 대한 저항을 유도성 리액턴스(inductive reactance)라고 한다.

유도성 리액턴스의 기호는 X_L이고 단위는 옴(Ω)이다.

주파수가 어떻게 유도성 리액턴스에 영향을 미치는지 살펴보았다. 이번에는 인덕턴스 L이 어떻게 리액턴스에 영향을 미치는지 살펴보자. 그림 9–32(a)는 진폭과 주파수가 일정한 정현파 전압이 1 mH의 인덕터에 인가될 때, 어느 정도의 교류전류가 흐르는지를 보여준다. 인덕턴스 값이 2 mH로 증가하면 그림 (b)에서와 같이 전류가 감소한다. 그러므로 인덕턴스가 증가하면 전류를 방해하는 유도성 리액턴스가 증가한다. 유도성 리액턴스는 주파수뿐만 아니라 인덕턴스에도 비례한다. 이 관계는 다음과 같이 나타낼 수 있다.

X_L은 fL에 비례한다.

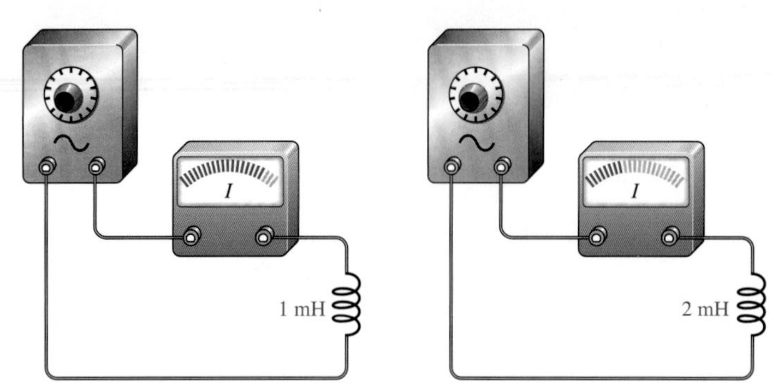

(a) 인덕턴스가 작으면 더 많은 전류가 흐른다. (b) 인덕턴스가 크면 적은 전류가 흐른다.

그림 9–32 전압과 주파수가 일정하면 전류는 인덕턴스 값에 반비례한다.

자이레이터(Gyrators)

인인덕터는 비이상적인 실제의 소자이며, 대용량의 인덕터는 물리적인 크기 때문에 집적회로화 하기는 어렵다. 능동 필터와 회로망 합성 등에 유용한 인덕터를 모방한 회로이다. 저항, 커패시터, 그리고 연산증폭기를 사용하여 인덕터와 회로적으로 등가이다. 자이레이터는 IC 내에 포함될 수도 있다.

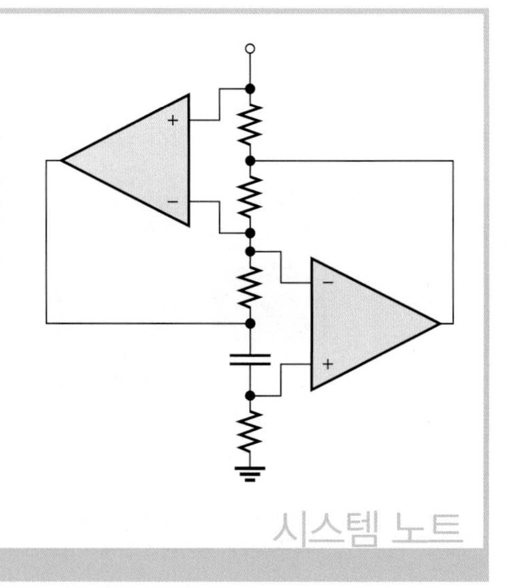

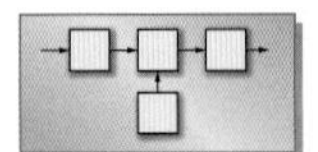

시스템 노트

비례상수는 2π가 되어 유도성 리액턴스(X_L)의 식은

$$X_L = 2\pi f L \tag{9–10}$$

여기서 f가 헤르츠(Hz), L이 헨리(H)일 때 X_L의 단위는 옴(Ω)이다. 용량성 리액턴스에서와 같이 2π는 회전운동에 대한 정현파의 관계에서부터 유도될 수 있다.

예제 9–10

10 kHz의 정현파 전압이 그림 9–33의 회로에 인가되었다. 유도성 리액턴스를 구하라.

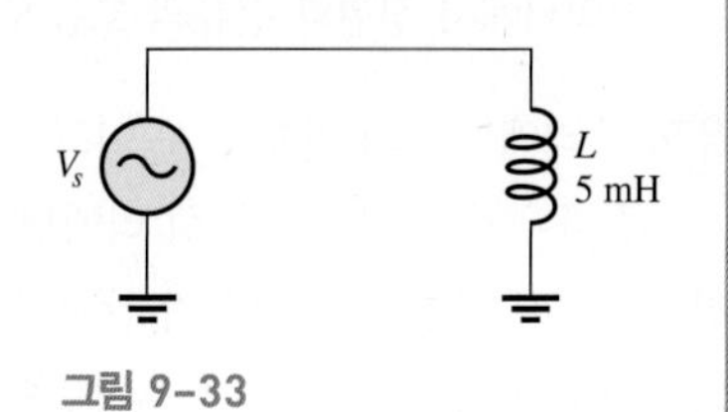

그림 9–33

풀이

10 kHz를 10×10^3 Hz로, 5 mH을 5×10^{-3}H로 변환하면, 유도성 리액턴스는

$$X_L = 2\pi f L = 2\pi(10 \times 10^3 \text{ Hz})(5 \times 10^{-3} \text{ H}) = \mathbf{314\ \Omega}$$

관련문제

그림 9–33에서 주파수가 35 kHz로 증가하였다면 X_L은 얼마인가?

직렬 인덕터의 리액턴스

직렬 인덕터의 전체 인덕턴스는 각 인덕턴스의 합으로 식 9-3과 같고, 리액턴스는 인덕턴스에 비례하므로 직렬 인덕터의 총 리액턴스는 각 리액턴스의 합과 같다.

$$\boldsymbol{X_{L(tot)} = X_{L1} + X_{L2} + X_{L3} + \cdots + X_{Ln}} \qquad (9\text{-}11)$$

앞의 식 9-3으로부터 식 9-11이 표현된다. 뿐만 아니라, 전체 직렬저항 또는 전체 직렬 커패시터의 리액턴스로 흐르는 전류에 대입하는 형식으로 표현된다. 저항 또는 리액턴스의 결합에서 동일한 종류의 직렬(저항, 인덕터, 또는 커패시터)구성은 개별값의 합으로 전체값을 구할 수 있다.

병렬 인덕터의 리액턴스

병렬 인덕터의 회로에서 총 인덕턴스는 식 9-4와 같다. 인덕터의 역수의 합을 역수로 취한 것이 총 인덕턴스와 같다. 마찬가지로 전체 용량성 리액턴스는 개별 리액턴스 역수의 합의 역수와 같다.

$$\boldsymbol{X_{L(tot)} = \frac{1}{\frac{1}{X_{L1}} + \frac{1}{X_{L2}} + \frac{1}{X_{L3}} + \cdots + \frac{1}{X_{Ln}}}} \qquad (9\text{-}12)$$

앞의 식 9-4로부터 식 9-12는 표현된다. 뿐만 아니라, 병렬저항의 전체 저항 또는 병렬 커패시터의 전체 리액턴스를 구하는 공식으로 표현된다. 동일한 종류의 병렬(저항, 인덕터, 또는 커패시터) 구성에서 저항 및 리액턴스 결합일 때, 역수의 합의 역수로 전체값을 얻을 수 있다.

두 개의 인덕터의 병렬회로에서, 식 9-12는 리액턴스의 합을 리액턴스 곱으로 나누어 표현할 수 있다.

$$X_{L(tot)} = \frac{X_{L1}X_{L2}}{X_{L1} + X_{L2}}$$

예제 9-11

그림 9-34의 각 회로의 총 용량성 리액턴스를 구하라.

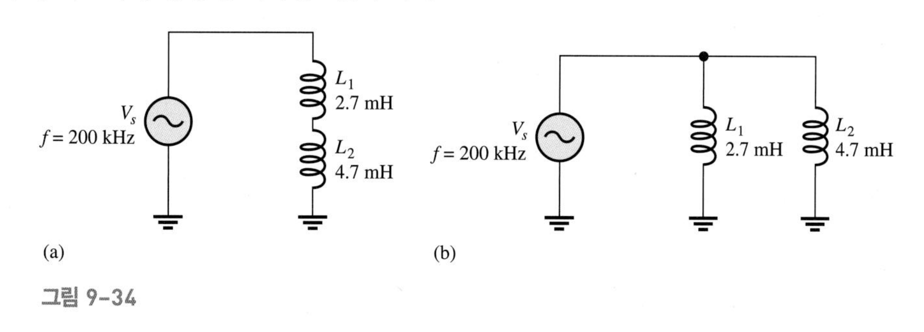

그림 9-34

풀이

각 회로의 개별 인덕터의 리액턴스 값은 같다.

$$X_{L1} = 2\pi f L_1 = 2\pi(200\text{ kHz})(2.7\text{ mH}) = 3.39\text{ k}\Omega$$

$$X_{L2} = 2\pi f L_2 = 2\pi(200\text{ kHz})(4.7\text{ mH}) = 5.91\text{ k}\Omega$$

그림 9-34(a)의 직렬 인덕터에서, 총 리액턴스는 X_{L1}과 X_{L2}의 합과 같다. 식 9-11에서 다음과 같다.

$$X_{L(tot)} = X_{L1} + X_{L2} = 3.39\text{ k}\Omega + 5.91\text{ k}\Omega = \mathbf{9.30\text{ k}\Omega}$$

그림 9–34(b)의 병렬 인덕터에서, 총 리액턴스는 X_{L1}과 X_{L2}을 사용하여 곱/합으로 결정된다.

$$X_{L(tot)} = \frac{X_{L1}X_{L2}}{X_{L1} + X_{L2}} = \frac{(3.39\ \text{k}\Omega)(5.91\ \text{k}\Omega)}{3.39\ \text{k}\Omega + 5.91\ \text{k}\Omega} = \mathbf{2.15\ k\Omega}$$

각각의 직렬 및 병렬 인덕터는 총 인덕턴스로 나타나고 총 리액턴스로 구할 수 있다. 총 인덕턴스를 식 9–10에 대입하여 총 리액턴스를 구한다.

직렬 인덕터는

$$L_T = L_1 + L_2 = 2.7\ \text{mH} + 4.7\ \text{mH} = 7.4\ \text{mH}$$

$$X_{L(tot)} = 2\pi f L_T = 2\pi(200\ \text{kHz})(7.4\ \text{mH}) = \mathbf{9.30\ k\Omega}$$

병렬 인덕터는

$$L_T = \frac{L_1L_2}{L_1 + L_2} = \frac{(2.7\ \text{mH})(4.7\ \text{mH})}{2.7\ \text{mH} + 4.7\ \text{mH}} = 1.71\ \text{mH}$$

$$X_{L(tot)} = 2\pi f L_T = 2\pi(200\ \text{kHz})(1.71\ \text{mH}) = \mathbf{2.15\ k\Omega}$$

관련문제

그림 9–34 회로에서, $L_1 = 1$ mH이고 L_2는 값을 바꾸지 않았을 때, 총 용량성 리액턴스를 구하라.

옴의 법칙 인덕터의 리액턴스는 아날로그에서 저항기의 저항과 유사하다. X_C나 R과 마찬가지로 X_L의 단위는 옴(Ω)이다. 유도성 리액턴스는 전류를 방해하는 성질을 가지므로, 옴의 법칙은 저항성 회로나 용량성 회로뿐만 아니라 유도성 회로에도 적용되며, 다음 식으로 표시된다.

$$I = \frac{V}{X_L} \tag{9–13}$$

교류회로에 옴의 법칙을 이용하면 전류와 전압은 둘 모두 실효값, 또는 첨두값 등의 같은 방식으로 나타내어야 한다.

예제 9–12

그림 9–35에서 실효전류를 구하라.

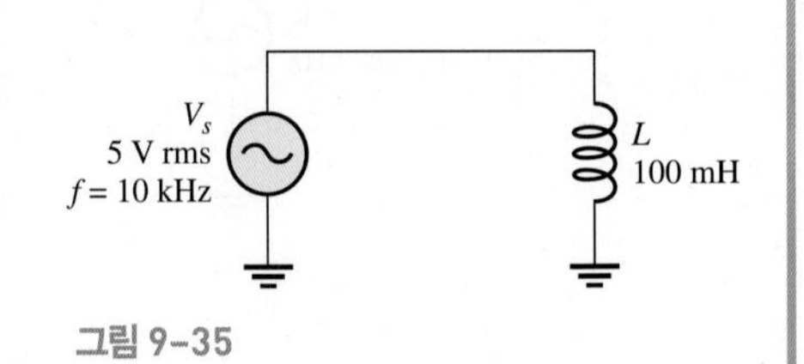

그림 9–35

풀이

10 kHz를 10×10^3 Hz로, 100 mH을 100×10^{-3} H로 바꾸어 X_L을 계산하면

$$X_L = 2\pi f L = 2\pi(10 \times 10^3\ \text{Hz})(100 \times 10^{-3}\ \text{H}) = 6283\ \Omega$$

옴의 법칙을 적용하면

$$I_{rms} = \frac{V_{rms}}{X_L} = \frac{5\ \text{V}}{6283\ \Omega} = \mathbf{796\ \mu A}$$

관련문제

그림 9–35에서 다음 값들에 대한 전류의 실효값을 구하라. $V_{rms} = 12$ V, $f = 4.9$ kHz, $L = 680\ \mu$H

인덕터에서 전류는 전압보다 위상이 90° 뒤진다

정현파 전압은 영을 지날 때 최대 변화율을 가지며, 정점부에서 영의 변화율을 갖는다. 7장에서 설명한 페러데이의 법칙으로부터 코일에 유도되는 전압의 크기는 전류가 변화하는 비율에 비례한다. 그러므로 전류가 영을 지나는 점에서 전류의 변화율이 최대가 되며 코일전압이 최대가 된다. 또한 전류가 첨두값에 도달한 점에서 전류의 변화율이 영이 되고 전압의 크기도 영이 된다. 이 위상관계를 그림 9-36에 나타내었다. 전류의 최대값은 전압의 최대값보다 1/4사이클 늦게 발생한다. 그러므로 전류는 전압보다 위상이 90° 뒤진다. 커패시터에서는 전류가 전압보다 위상이 90° 앞섬을 상기하여라.

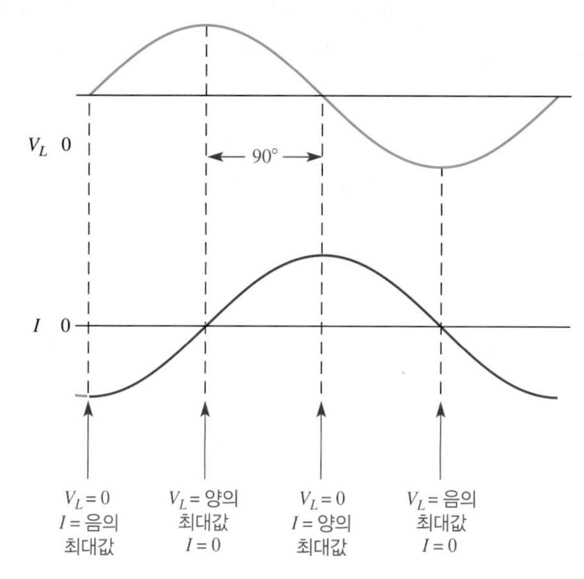

그림 9-36 전류는 항상 인덕터 전압보다 위상이 90° 늦다.

인덕터에서의 전력

인덕터에 전류가 흐르면 자계 내에 에너지가 저장된다. 권선저항이 없는 이상적인 인덕터는 에너지를 소비하지 않고 저장한다. 교류전압이 인덕터에 가해지면 에너지가 사이클의 일부분 동안 인덕터에 저장된다. 저장된 에너지는 사이클의 다른 부분 동안에 전원으로 돌아간다. 따라서 이상적인 인덕터에서는 열의 형태로 변환에 따른 에너지의 손실이 없다. 그림 9-37은 한 주기의 전압과 전류에 의한 전력곡선을 보여준다. 그림 8-50의 커패시터를 인덕터에 대한 것으로 전력곡선을 비교한다. 주된 차이점으로 전압과 전류가 번갈아 나타남을 알 수 있다.

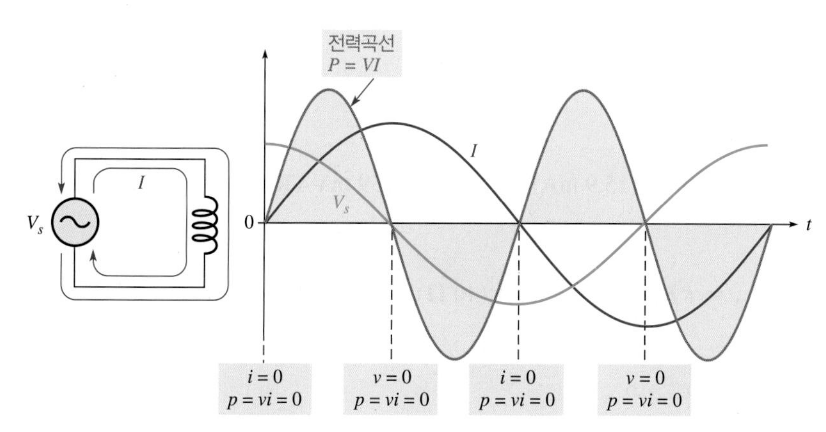

그림 9-37 인덕터의 전력곡선

순시전력(p) 순간전압 v와 순간전류 i를 곱하면 순시전력 p가 된다. v나 i가 영인 곳에서 p는 영이다. v와 i가 모두 양의 값을 가지면 p도 양의 값을 가진다. v와 i가 하나는 양이고 다른 하나는 음이라면 p는 음이 된다. v와 i가 모두 음이면 p는 양이 된다. 그림 9–37에서 알 수 있듯이 전력은 정현파형의 곡선을 따라서 변화한다. 양의 전력은 에너지가 인덕터에 저장되는 것을 나타낸다. 음의 전력은 에너지가 인덕터에서 전원으로 돌아가는 것을 나타낸다. 전력은 전압이나 전류의 주파수의 두 배로 변동한다. 에너지는 이 주파수로 인덕터에 저장되거나 전원으로 돌아간다.

유효전력(P_{true}) 이상적으로 전력 사이클이 양의 값을 갖는 동안은 인덕터에 에너지를 저장한다. 모든 에너지는 음의 값을 갖는 동안 전원으로 되돌려 진다. 에너지는 인덕턴스에서 소모되지 않으며 전력은 영이다. 실제 인덕터에서는 권선저항(R_W) 때문에 약간의 전력이 항상 소비되며 아주 적은 양의 유효전력(P_{true})이 존재한다. 그러나 이 유효전력은 대부분의 경우 무시된다.

$$P_{true} = I_{rms}^2 R_W \tag{9–14}$$

무효전력(P_r) 인덕터가 에너지를 저장하거나 돌려보내는 정도를 **무효전력** P_r이라고 하며, 단위는 VAR(volt-ampere reactive)이다. 인덕터는 항상 에너지를 전원으로부터 가져오거나 전원으로 돌려보내므로 무효전력은 영이 아니다. 무효전력은 에너지 손실을 의미하지 않는다. 무효전력을 구하는 식은

$$P_r = V_{rms} I_{rms} \tag{9–15}$$

$$P_r = \frac{V_{rms}^2}{X_L} \tag{9–16}$$

$$P_r = I_{rms}^2 X_L \tag{9–17}$$

예제 9 – 13

주파수가 10 kHz이고 실효값이 10 V인 신호가 권선저항이 40 Ω인 10 mH 코일에 인가되었다. 무효전력(P_r)과 유효전력(P_{true}) 값을 구하라.

풀이

먼저 유도성 리액턴스와 전류를 구한다.

$$X_L = 2\pi fL = 2\pi(10\text{ kHz})(10\text{ mH}) = 628\ \Omega$$

$$I = \frac{V_s}{X_L} = \frac{10\text{ V}}{628\ \Omega} = 15.9\text{ mA}$$

식 9–17을 사용하면

$$P_r = I^2 X_L = (15.9\text{ mA})^2(628\ \Omega) = \mathbf{159\ mVAR}$$

유효전력은

$$P_{true} = I^2 R_W = (15.9\text{ mA})^2(40\ \Omega) = \mathbf{10.1\ mW}$$

관련문제

주파수가 증가하면 무효전력은 어떻게 되는가?

코일의 양호도(Q)

양호도(quality factor, Q)는 인덕터의 무효전력과 코일 자체의 권선저항이나 코일과 직렬 연결된 저항에서 발생되는 유효전력의 비이다. 즉, L에서의 전력과 R_W에서의 전력의 비이다. 양호도는 공진회로에서 매우 중요하며, Q에 대한 식은 다음과 같다.

$$Q = \frac{\text{무효전력}}{\text{유효전력}} = \frac{P_r}{P_{\text{true}}} = \frac{I^2X_L}{I^2R_W}$$

I^2으로 약분하면

$$Q = \frac{X_L}{R_W} \tag{9-18}$$

Q는 단위와 같은 비를 나타내고, 그러므로 그것에 대한 단위는 없다. 코일 양단의 무부하로 규정되므로, 양호도는 무부하일 때의 Q로 알 수 있다. X_L이 주파수에 의존하므로 Q는 주파수에 의존한다.

9-5절 복습 문제

1. 인덕터에서 전류와 전압 사이의 위상관계를 밝혀라.
2. f = 500 kHz이고 L = 1.0 mH일 때 X_L을 계산하라.
3. 50 μH 인덕터의 리액턴스가 800 Ω이 되는 주파수는?
4. 그림 9-38에서 실효전류값을 계산하라.
5. 50 mH의 이상적인 인덕터가 실효전압값이 12 V인 전원에 연결되었다. 유효전력은 얼마인가? 1 kHz의 주파수에서 무효전력은 얼마인가?

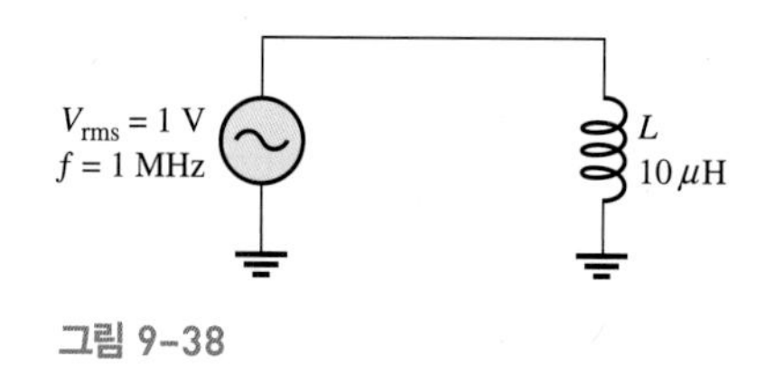

그림 9-38

9-6 인덕터의 응용

인덕터는 커패시터와 같이 다용도가 아니고, 인덕터의 응용 사례가 크기, 가격, 비선형 특성(내부 저항) 등의 일부분으로 제한되는 경향이 있다.

이 절을 마친 후 다음을 할 수 있어야 한다.

- 인덕터를 사용하는 몇가지 예에 대한 논의한다.
- 두 가지 회로 노이즈에 대해 논의한다.
- 전자파 차폐 기술(EMI)을 설명한다.
- 페라이트 비드 사용에 대해 설명한다.
- 동조회로의 기본적인 사항들에 대해 논의한다.

노이즈 억제

인덕터의 가장 중요한 응용의 하나는 원하지 않는 전기적 노이즈를 제거하는 것이다. 인덕터의 이러한 응용에 일반적으로 사용되는 것은 닫힌 코어를 사용한다. 이러한 응용에 사용되는 인덕터는 인덕터가 복사되는 노이즈원이 되는 것을 피하도록 한다. 노이즈는 전도성과 복사성 두 가지 종류가 있다.

전도성 노이즈 많은 시스템의 접속에 의한 공통적인 전도성 경로를 가진다. 이때 한쪽에서 다른 쪽의 시스템으로 높은 주파수가 전도될 수 있다. 그림 9–39(a)에서는 두 회로에 공통으로 접지한 것을 보여준다. 이 경로는 높은 주파수 노이즈가 공통접지를 통해 존재하는 경우이고, 새로운 조건의 접지루프로 잘 알려져 있다. 접지루프는 장치의 시스템에 문제를 발생시킨다. 기록시스템의 변환기가 먼 곳에 위치할 때 접지의 전류 노이즈는 신호에 악영향을 준다.

중요한 신호가 늦게 변할 때, 특별한 인덕터 및 경도 초크를 그림 9–39(b)에 보여진 것처럼 신호선에 설치할 수 있다. 세로형 초크(경도초크, longtitudinal choke)는 변압기(11장)의 형태로 각 신호선에서의 인덕터로 동작하고, 낮은 주파수 동안 낮은 임피던스로 매칭되어 신호를 전달하며, 접지루프는 높은 임피던스의 경로를 가져 노이즈를 줄여준다.

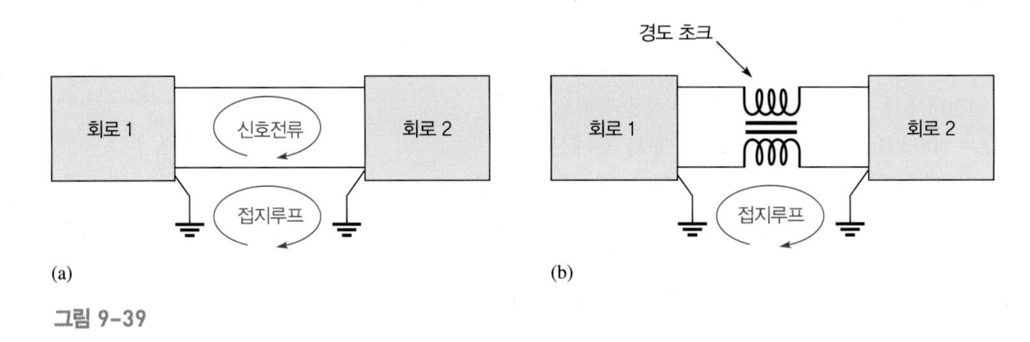

그림 9–39

현대의 높은 주파수 구성품들의 발달로 인해 스위칭 회로는 높은 주파수 노이즈(10 MHz 이상)를 발생하는 경향이 있다(6–5절 참조. 빠른 주파수는 많은 높은 주파수의 고조파를 발생함을 상기하자). 전원공급의 중요한 장치는 높은 속도의 스위칭 회로에 사용되며, 이것은 직류를 전송할 때 주파수에 대한 인덕터의 임피던스 증가, 인덕터의 전기적 노이즈 차단에 성능 등의 이유로, 전원에 전도성과 방사성 노이즈가 포함된다.

전원공급선의 전동 노이즈를 제거하고, 임의의 회로에서 다른 쪽 회로의 역방향으로 영향을 주지 않기 위해 인덕터는 빈번하게 설치되며, 하나 이상의 커패시터를 인덕터와 접속하여 필터역할을 향상시킨다.

복사성 노이즈 노이즈는 자기장을 타고 회로에 들어갈 수 있으며, 인접한 회로나 근처의 전원이 노이즈 원이 될 수 있다. 몇몇 복사성 노이즈를 줄여주는 방법은, 일반적으로 첫 번째로 노이즈의 원인을 결정하고 실드 또는 필터를 통해 절연시키는 것이다. 인덕터는 *RF*노이즈를 제거하기 위해 사용하는 필터에 폭 넓게 사용되고, 복사성 주파스 노이즈가 되지 않도록 주의하여 선택해야 한다. 높은 주파수(> 20 MHz)에 대해, 인덕터는 트로이덜 코어가 폭넓게 사용되며, 코어는 자속을 코어 내부로만 형성하도록 자기장의 흐름을 제한한다.

RF 초크

고주파 차단의 목적으로 사용되는 인덕터는 **무선주파수(*RF*) 초크**라 부른다. RF 초크는 용량성 및 방사된 노이즈에 대해 사용된다. 고주파수에 대한 고임피던스의 통로를 제공하는 시스템의 고주파수 블록으로 설계된다. 일반적으로 초크는 무선주파수(RF)억제에 대해 요구되는 선로에 직렬로 설치된다. 간섭주파수에 의존되는 다른 종류의 초크가 요구된다. 전자기 간섭(EMI) 필터의 공통 형태는 트로이덜 코어로 신호선을 감싼다. 트로이덜 코어의 구성은 자기장이 포함되기 때문에 자체 노이즈원이 되지 않게 하여야 한다.

RF 초크의 또 다른 공통형태는 페라이트 비드이다. 모든 전선은 인덕턴스를 가지고 있고 페라이트 비드는 조그만 강자성체 성질이며, 인덕턴스를 증가하기 위해 선으로 감는다. 비드에 의해 나타난 임피던스는 비드의 크기와 마찬가지로 주파수나 물질의 함수로 표현되고, 고주파에 대해서 효과적이고 값싼 "초크"이다. 페라이트 비드는 고주파 통신시스템에서 공통적이다. 인덕턴스 효과를 증가시키기 위해 몇 개를 직렬로 함께 감는다.

동조회로

인덕터는 커패시터와 함께 통신시스템에서 주파수를 선택하는 데에 사용된다. 동조회로는 좁은 주파수 대역만을 선택하고 그 밖의 모든 주파수를 차단하기 위하여 사용된다. TV나 라디오 수신기 튜너는 이러한 원리를 기초로 하고 있으며, 많은 채널이나 방송국 중에서 원하는 채널이나 방송국만을 선택할 수 있게 한다.

주파수 선택도는 커패시터와 인덕터 모두 주파수에 의존하며, 두 소자가 직렬 또는 병렬로 연결되었을 때, 이들 두 소자의 상호작용에 기초를 두고 있다. 커패시터와 인덕터는 정반대의 위상천이를 만들므로 선택된 주파수에서 원하는 응답을 얻도록 할 수 있다.

9-6절 복습 문제

1. 원하지 않는 노이즈 두 종류를 말하라.
2. EMI는 무엇을 의미하는가?
3. 페라이트 비드는 어떻게 사용되는가?

요약

- 자기 인덕턴스는 전류의 변화에 따른 코일의 유도전압 형성 능력을 나타낸다.
- 인덕터는 자체에 흐르는 전류의 변화를 방해한다.
- 패러데이의 법칙에 따르면 자계와 코일의 상대적인 움직임이 코일에 전압을 유도한다.
- 렌츠의 법칙에 따르면 자계의 변화를 방해하는 방향으로 유도전류가 흐르도록 유도전압의 극성이 결정된다.
- 인덕터의 자계 내에 에너지가 저장된다.
- 1헨리는 1초당 1암페어의 비율로 변화하는 전류가 인덕터에 1볼트의 전압을 유도할 때의 인덕턴스 값이다.
- 인덕턴스는 권선 수의 제곱과 투자율, 코어의 단면적에 비례한다. 코어의 길이에는 반비례한다.
- 코어 재료의 투자율은 재료 내의 자계의 형성능력을 나타낸다.
- 직렬로 연결된 인덕터는 그 값을 더한다.
- 총 병렬 인덕턴스는 병렬로 연결된 인덕터 중에서 가장 작은 인덕턴스보다 작다.
- 직렬 *RL*회로의 시정수는 인덕턴스를 저항으로 나눈 값이다.
- *RL* 회로의 인덕터에서 증가하거나 감소하는 전류와 전압은 각 시정수 동안 63%만큼씩 변화한다.
- 증가하거나 감소하는 전류와 전압은 지수곡선을 따라 변화한다.
- 인덕터에서 전압은 전류보다 위상이 90° 앞선다.

- 유도성 리액턴스(X_L)는 주파수와 인덕턴스에 비례한다.
- 인덕터에서 유효전력은 영이다. 즉, 이상적인 인덕터에서는 에너지 손실이 없으며, 실제의 인덕터에서는 다만 권선저항에 의한 손실이 있다.

핵심 용어

핵심용어 및 볼드체로 된 용어는 책 뒷부분의 용어사전에도 정의되어 있다.

권선 인덕터에서 도선의 권선 수

권선저항 코일을 이루는 도선의 저항

양호도 Quality Factor, *Q* 유효전력에 대한 무효전력의 비

유도성 리액턴스 정현파 전류에서 인덕터 항목, 단위는 옴

유도전압 자기장의 변화에 의해 생성된 정압

인덕터 유도 성분을 가지며 도선으로 감겨진 코어로 구성된 전기소자 코일로 알려져 있음

인덕턴스 전류의 변화에 저항하는 기전력을 발생시키는 인덕터의 속성

코일 유도소자(인덕터)에서 전기 도선을 원봉 모양으로 감은 것

헨리 Henry, H 인덕턴스의 단위

***RL* 시정수** 회로의 시간적인 응답을 결정하는 L과 R에 의해 정해지는 고정된 시간 간격

주요 공식

(9–1) $$W = \frac{1}{2}LI^2$$ 인덕터에 저장되는 에너지

(9–2) $$L = \frac{N^2\mu A}{l}$$ 물리적인 변수로 나타낸 인덕턴스

(9–3) $$L_T = L_1 + L_2 + L_3 + \cdots + L_n$$ 직렬 인덕턴스

(9–4) $$L_T = \frac{1}{\frac{1}{L_1} + \frac{1}{L_2} + \frac{1}{L_3} + \cdots + \frac{1}{L_n}}$$ 총 병렬 인덕턴스

(9–5) $$\tau = \frac{L}{R}$$ *RL* 시정수

(9–6) $$v = V_F + (V_i - V_F)e^{-Rt/L}$$ 지수적으로 감소하는 전압(일반식)

(9–7) $$i = I_F + (I_i - I_F)e^{-Rt/L}$$ 지수적으로 감소하는 전류(일반식)

(9–8) $$i = I_F(1 - e^{-Rt/L})$$ 영에서부터 지수적으로 증가하는 전류

(9–9) $$i = I_i e^{-Rt/L}$$ 지수적으로 영까지 감소하는 전류

(9–10) $$X_L = 2\pi fL$$ 유도성 리액턴스

(9–11) $$X_{L(tot)} = X_{L1} + X_{L2} + X_{L3} + \cdots + X_{Ln}$$ 직렬 인덕터의 리액턴스

(9–12) $$X_{L(tot)} = \frac{1}{\frac{1}{X_{L1}} + \frac{1}{X_{L2}} + \frac{1}{X_{L3}} + \cdots + \frac{1}{X_{Ln}}}$$ 병렬 인덕턴스의 리액턴스

(9–13) $$I = \frac{V}{X_L}$$ 옴의 법칙

(9–14) $$P_{true} = I_{rms}^2 R_W$$ 유효전력

(9–15) $$P_r = V_{rms} I_{rms}$$ 무효전력

(9–16) $P_r = \dfrac{V_{rms}^2}{X_L}$ 무효전력

(9–17) $P_r = I_{rms}^2 X_L$ 무효전력

(9–18) $Q = \dfrac{X_L}{R_W}$ 양호도

O/X 퀴즈 해답은 이 장의 끝에 있다.

1. 렌츠의 법칙 상태에서, 코일에 대해 전압에 양이 유도되는 것은 자기장의 변화에 비례적이다.
2. 이상적인 인덕터는 권선 저항이 없다.
3. 두 개 인덕터의 병렬 인덕터의 총 인덕턴스는 개별 인덕터의 곱/합과 같다.
4. 총 병렬 인덕턴스는 가장 작은 인덕터의 값보다 작다.
5. *RL*회로의 시정수는 $\tau = R/L$ 공식으로 주어진다.
6. 직류 전원의 접속된 *RL* 직렬회로에서, 최대 전류는 총 인덕턴스에 의해 제한된다.
7. 키르히호프의 전압법칙은 유도성 회로에 적용되지 않는다.
8. 유도성 리액턴스는 주파수에 직접적으로 비례적이다.
9. 유도성 회로의 인덕터에서 전류는 전압보다 지상이다.
10. 유도성 회로에 대한 전원 주파수는 적용되어진 전압의 주파수와 같다.

자습문제 해답은 이 장의 끝에 있다.

1. 0.05 μH의 인덕턴스는 다음 어느 것보다 큰가?
   (a) 0.0000005 H **(b)** 0.000005 H **(c)** 0.000000008 H **(d)** 0.00005 mH

2. 0.33 mH의 인덕턴는 다음 어느 것보다 작은가?
   (a) 33 μH **(b)** 330 μH **(c)** 0.05 mH **(d)** 0.0005 H

3. 인덕터에 흐르는 전류가 증가하면 전자계 내에 저장된 에너지는 어떻게 되는가?
   (a) 감소한다. **(b)** 일정하게 유지된다. **(c)** 증가한다. **(d)** 두 배로 된다.

4. 인덕터에 흐르는 전류가 두 배가 되면 저장된 에너지는 어떻게 되는가?
   (a) 두 배가 된다. **(b)** 네 배가 된다. **(c)** 반으로 된다. **(d)** 변화하지 않는다.

5. 다음 중 어떻게 하면 권선저항을 줄일 수 있는가?
   (a) 권선 수를 줄인다. **(b)** 더 굵은 도선을 사용한다. **(c)** 코어 재료를 바꾼다. **(d)** (a)나 (b)

6. 철심 코일의 인덕턴스를 어떻게 증가시킬 수 있는가?
   (a) 권선수를 늘린다. **(b)** 철심을 제거한다.
   (c) 코어의 길이를 늘린다. **(d)** 더 굵은 도선을 사용한다.

7. 10 mH 인덕터 4개를 직렬로 연결하면 총 인덕턴스는?
   (a) 40 mH **(b)** 2.5 mH **(c)** 40,000 μH **(d)** (a)와 (c)

8. 1 mH, 3.3 mH, 0.1 mH의 인덕터를 병렬로 연결하면 총 인덕턴스는?
   (a) 4.4 mH **(b)** 3.3 mH보다 크다. **(c)** 0.1 mH보다 작다. **(d)** (a)와 (b)

9. 인덕터와 저항, 스위치를 12 V의 전지에 직렬로 연결하였다. 스위치를 닫는 순간 인덕터 전압은?
   (a) 0 V **(b)** 12 V **(c)** 6 V **(d)** 4 V

10. 정현파 전압이 인덕터에 인가되었다. 전압의 주파수가 증가하면 전류는?

(a) 감소한다. **(b)** 증가한다. **(c)** 변하지 않는다. **(d)**일시적으로 영이 된다.

11. 인덕터와 저항이 정현파 전압원에 직렬로 연결되었다. 유도성 리액턴스가 저항과 같도록 주파수가 맞추어졌다. 주파수가 증가하면 어떻게 되는가?

(a) $V_R > V_L$ **(b)** $V_L < V_R$ **(c)** $V_L = V_R$ **(d)** $V_L > V_R$

고장진단: 증상과 원인

이 연습의 목적은 고장진단에 중요한 사고력 개발을 돕기 위한 것이다. 해답은 이 장의 끝에 있다.

그림 9–40을 참조하여 각각 여러 가지 일어날 수 있는 경우를 예상한다.

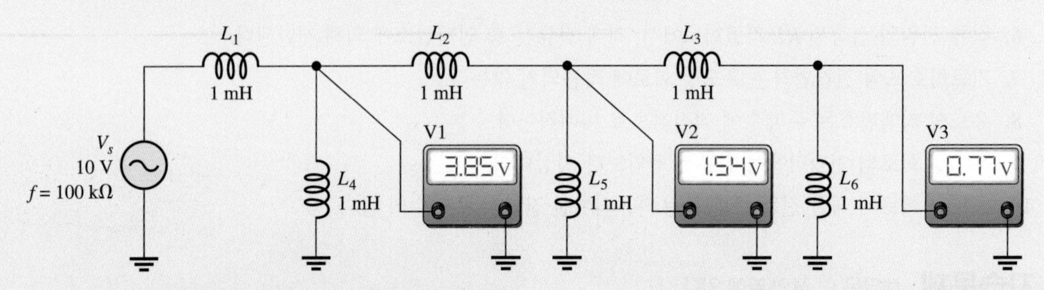

그림 9–40 회로에서 교류전압계들이 정확하게 지시된다.

1. 조건: 모든 전압계의 눈금이 0 V이다.

(a) 전원은 없거나 불안정하다.

(b) L_1이 개방

(c) (a) 또는 (b)

2. 조건: 모든 전압계의 눈금이 0 V이다.

(a) L_4가 완전하게 단락되어 있다.

(b) L_5가 완전하게 단락되어 있다.

(c) L_6이 완전하게 단락되어 있다.

3. 조건: 전압계 1의 눈금이 5 V이고, 전압계 2와 3은 0 V이다.

(a) L_4는 개방

(b) L_5는 개방

(c) L_6은 단락

4. 조건: 전압계 1의 눈금이 4 V이고, 전압계 2는 2 V, 전압계 3은 0 V를 가리킨다.

(a) L_3은 개방

(b) L_6은 단락

(c) (a) 또는 (b)

5. 조건: 전압계 1의 눈금이 4 V이고, 전압계 2는 2 V, 전압계 3은 2 V를 가리킨다.

(a) L_3은 단락

(b) L_6은 개방

(c) (a) 또는 (b)

연습문제 선별된 일부 문제의 해답은 이 책의 끝에 있다.

기초문제

9-1 기본적인 인덕터

1. 다음을 밀리헨리(mH)로 바꾸어라.

(a) 1 H **(b)** 250 μH **(c)** 10 μH **(d)** 0.0005 H

2. 다음을 마이크로헨리(μH)로 바꾸어라.

(a) 300 mH **(b)** 0.08 H **(c)** 5 mH **(d)** 0.00045 mH

3. 단면적이 10×10^{-5} m^2이고 길이가 0.05m인 원통형 코어에 도선을 몇 번 감아야 30 mH가 되는가? 코어 재료의 투자율은 1.26×10^{-6}이다.

4. 12 V의 전지를 권선저항이 120 Ω인 코일에 연결하였다. 코일에 얼마의 전류가 흐르는가?

5. 100 mH의 인덕터에 1 A의 전류가 흐르면 얼마의 에너지가 저장되는가?

6. 100 mH의 코일에 흐르는 전류가 200 mA/s의 비율로 변화하면 코일에 유도되는 전압은 얼마인가?

9-3 직렬 및 병렬 인덕터

7. 5개의 인덕터가 직렬로 연결되었다. 가장 작은 인덕턴스 값이 5 μH이다. 각 인덕터의 값이 바로 앞의 값의 두 배이고, 값이 증가하는 순서로 연결되었다면 총 인덕턴스는 얼마인가?

8. 50 mH의 총 인덕턴스가 필요하다. 10 mH 코일 1개와 22 mH 코일 1개가 있다면 얼마의 인덕턴스가 더 필요한가?

9. 75 μH와 50 μH, 25 μH, 15 μH인 인덕터들이 병렬로 연결되었다면 총 인덕턴스는?

10. 12 mH 인덕터 1개와 그보다 더 큰 값의 인덕터들이 있다고 하자. 8 mH로 만들려면 어떤 값의 인덕터를 12 mH 인덕터와 병렬로 연결하여야 하는가?

11. 그림 9–41에 보이는 각 회로의 총 인덕턴스를 구하라.

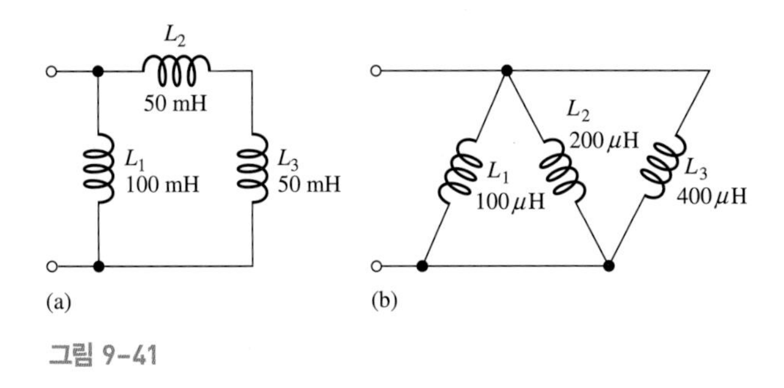

그림 9–41

12. 그림 9–42에 보이는 각 회로의 총 인덕턴스를 구하라.

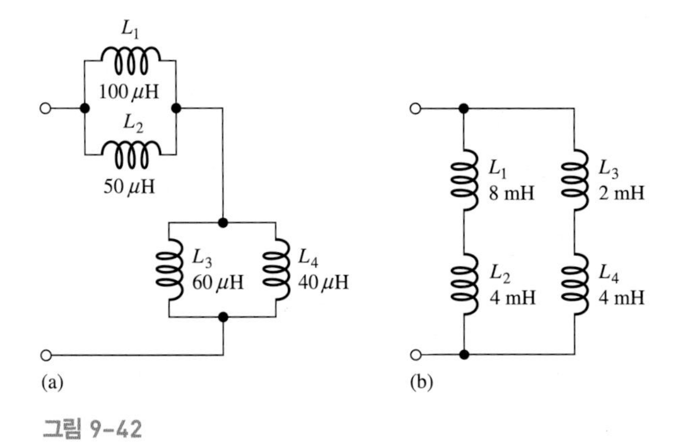

그림 9–42

9-4 직류회로에서의 인덕터

13. 다음 각 직렬 RL회로의 시정수를 구하라.

(a) $R = 100\ \Omega, L, = 100\ \mu H$ **(b)** $R = 4.7\ k\Omega, L = 10\ mH$

(c) $R = 1.5\ k\Omega, L = 3\ mH$

14. 다음 직렬 R_L회로에서 전류가 최종값까지 도달하는 데에 걸리는 시간을 각각 구하라.

(a) $R = 56\ \Omega, L = 50\ \mu H$ **(b)** $R = 3300\ \Omega, L = 15\ mH$

(c) $R = 22\ k\Omega, L = 100\ mH$

15. 처음에 그림 9-43의 회로에 전류가 흐르지 않았다. 스위치를 닫은 다음 아래와 같은 각각의 시간에서 인덕터 전압을 계산하라.

(a) 10 μs **(b)** 20 μs **(c)** 30 μs **(d)** 40 μs **(e)** 50 μs

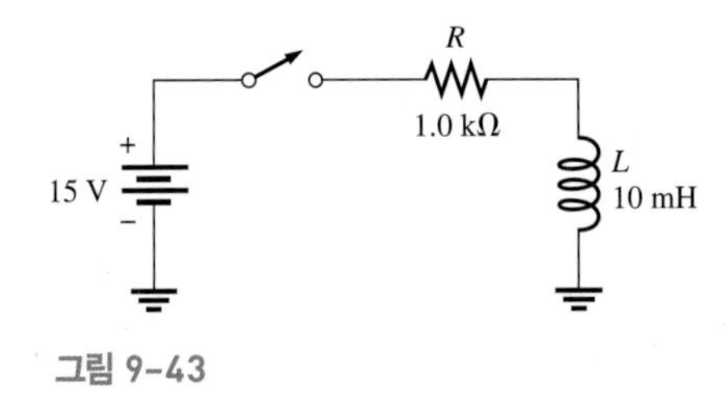

그림 9-43

16. 그림 9-44의 이상적인 인덕터에서 다음 시간이 경과한 후의 전류를 계산하라.

(a) 10 μs **(b)** 20 μs **(c)** 30 μs

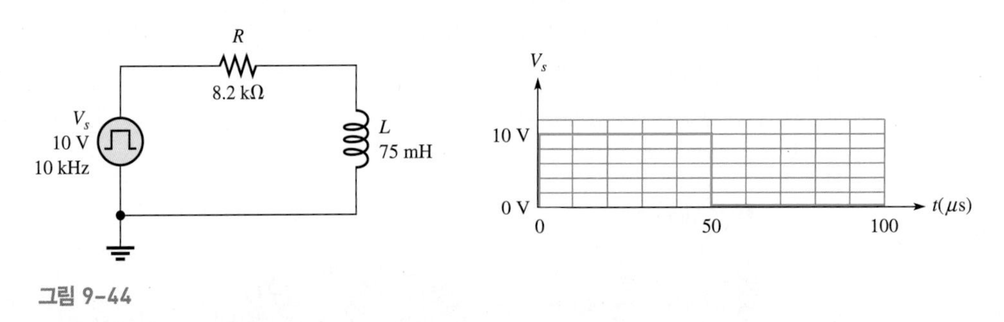

그림 9-44

9-6 교류회로에서의 인덕터

17. 주파수가 500 kHz인 전압을 그림 9-41의 회로에 인가할 때 총 리액턴스는?

18. 400 Hz의 전압을 그림 9-42의 각 회로에 인가할 때 총 리액턴스는?

19. 그림 9-45에서 총 전류를 실효값으로 구하라. L_2와 L_3에 흐르는 전류는 얼마인가?

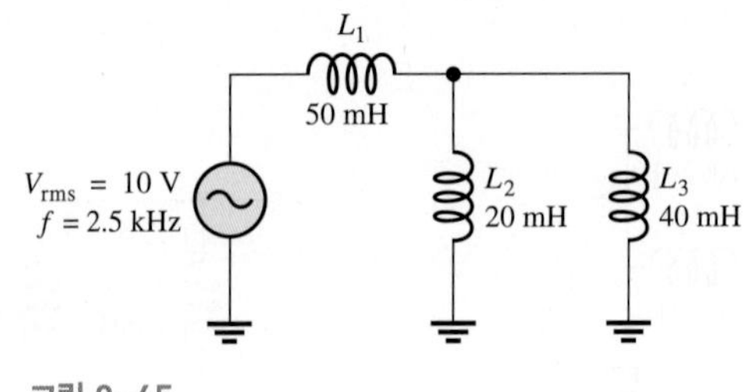

그림 9-45

20. 그림 9-42의 각 회로에 10 V의 실효전압을 인가할 때 500 mA의 총 실효전류가 흐를 수 있기 위해서는 주파수가 얼마여야 하는가?

21. 그림 9-45에서 권선저항을 무시하고 무효전력을 구하라.

고급문제

22. 그림 9–46에 보이는 회로의 시정수를 구하라.

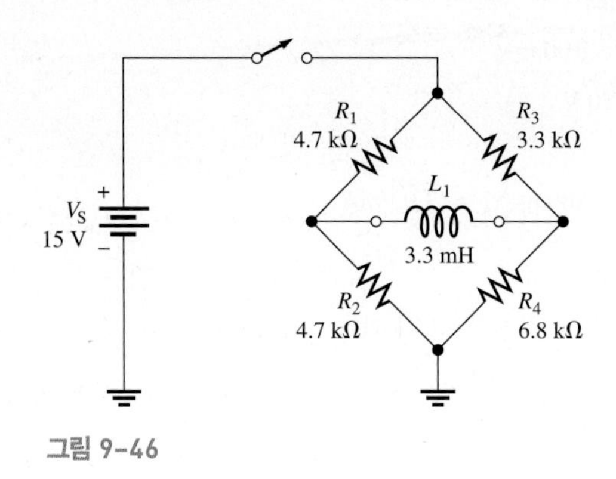

그림 9–46

23. 그림 9–44에서, 다음 시간이 경과한 후의 인덕터 양단의 전압은 얼마인가?

(a) 60 μs **(b)** 70 μs **(c)** 80 μs

24. 그림 9–44의 60 μs에서 저항 양단의 전압은 얼마인가?

25. **(a)** 그림 9–46에서 스위치가 닫히고 1.0 μs 후에 인덕터에 흐르는 전류는 얼마인가?

(b) 5 τ가 지난 후의 전류는 얼마인가?

26. 그림 9–46에서 스위치가 5 τ 동안 닫혀 있고 다시 열린다고 가정하면, 스위치가 열리고 1.0 μs 후에 인덕터에 흐르는 전류는 얼마인가?

27. 시스템 예제 9–2에서 f = 550 kHz가정하면, 각 인덕터의 리액턴스는 얼마인가? 두 개의 직렬 인덕터의 총 리액턴스는 얼마인가?

28. 시스템 예제 9–2에서 L_1을 피드백 8%로 변화한다면, 새 값은 얼마인가?

복습문제 해답

9–1 기본적인 인덕터

1. 인덕턴스를 결정하는 변수들은 권선수, 투자율, 단면적, 코어의 길이이다.

2. **(a)** N이 증가하면 L이 증가한다.

(b) 코어의 길이가 증가하면 L이 감소한다.

(c) 단면적이 감소하면 L이 감소한다.

(d) 공기 코어인 경우 L이 감소한다.

3. 모든 도선은 약간의 저항성분을 갖고, 인덕터는 도선을 감은 것이므로 항상 권선에는 저항성분이 있다.

4. 코일에서 인접한 권선들이 커패시터의 극판과 같은 역할을 하여 작은 크기의 커패시턴스 성분이 존재한다.

9–2 인덕터의 종류

1. 인덕터의 두 종류는 고정형과 가변형이다.

2. **(a)** 공기코어 **(b)** 철 코어 **(c)** 가변형

9–3 직렬 및 병렬 인덕터

1. 직렬 연결된 인덕턴스는 그 값을 합한다.

2. L_T = 2600 μH

3. L_T = 5 × 100 mH = 500rmmH

4. 총 병렬 인덕턴스는 병렬 연결된 개별 인덕터 중 가장 작은 인덕턴스보다 작다.

5. O

6. **(a)** $L_T = 7.69$ mH **(b)** $L_T = 24\ \mu$H

9-4 직류회로에서의 인덕터

1. $V_L = (10\text{ mA})(10\ \Omega) = 100$ mV
2. 초기에 $i = 0$ V, $v_L = 20$ V
3. 5 τ 후, $v_L = 0$ V
4. $\tau = 500\ \mu\text{H}/1.0\ \text{k}\Omega = 500$ ns, $i_L = 3.93$ mA

9-5 교류회로에서의 인덕터

1. 인덕터에서 전압은 전류보다 위상이 90° 앞선다.
2. $X_L = 2\pi fL = 3.14\ \text{k}\Omega$
3. $f = X_L/2\pi L = 2.55$ MHz
4. $I_{rms} = 15.9$ mA
5. $P_{true} = 0$ W, $P_r = 458$ mVAR

9-6 인덕터의 응용

1. 전도성과 복사성
2. 전자파 방해
3. 인덕턴스를 증가시키기 위해 강자성 구슬을 도선에 설치하여 RF초크를 만든다.

예제의 관련문제 해답

9-1 157 mH

9-2 150 {μH

9-3 20.3 μH

9-4 227 ns

9-5 $I_F = 17.6$ mA, $\tau = 147$ ns
1 τ에서 $i = 11.1$ mA; $t = 147$ ns
2 τ에서 i$i = 15.1$ mA; $t = 294$ ns
3 τ에서 $i = 16.7$ mA; $t = 441$ ns
4 τ에서 $i = 17.2$ mA; $t = 588$ ns
5 τ에서 $i = 17.4$ mA; $t = 735$ ns

9-6 0.2 ms에서 $i = 0.215$ mA
0.8 ms에서 $i = 0.0215$ mA

9-7 R_W를 무시하면 10 V이다.

9-8 3.38 mA

9-9 6.7 mA

9-10 1100 Ω

9-11 **(a)** 7.17 kΩ
(b) 1.04 kΩ

9-12 573 mA

9-13 P_r 감소

O/X 퀴즈 해답

1. X **2.** O **3.** O **4.** O **5.** X **6.** X **7.** X **8.** X **9.** O **10.** X

자습문제 해답

1. (c) **2.** (d) **3.** (c) **4.** (b) **5.** (d) **6.** (a) **7.** (d) **8.** (c) **9.** (b) **10.** (a)
11. (d)

고장진단 해답

1. (c) **2.** (a) **3.** (b) **4.** (a) **5.** (b)

RC/RL 회로 및 리액티브 회로의 시간 응답

목차

목적

- 직렬 RC 회로에서 전류와 전압의 관계를 설명한다.
- 직렬 RC 회로에서 임피던스와 위상각을 결정한다.
- 직렬–병렬 RC 회로를 해석한다.
- RC 회로의 전력을 결정한다.
- 몇 가지 기본 RC 응용을 논의한다.
- RL 회로에서 전류와 전압의 관계를 설명한다.
- 직렬 RL 회로에서 임피던스와 위상각을 구한다.
- 직렬–병렬 RL 회로를 해석한다.
- RL 회로의 전력을 구한다.
- 기본 RL 회로 응용에 관해서 논의한다.
- RC 적분기의 동작을 설명한다.
- 단일 입력펄스에 대한 RC 적분기를 해석한다.
- 반복 입력펄스에 대한 RC 적분기를 해석한다.
- 단일 입력펄스에 대한 RC 미분기를 해석한다.
- 반복 입력펄스에 대한 RC 미분기를 해석한다.
- RL 적분기의 동작을 해석한다.
- RL 미분기의 동작을 해석한다.

핵심 용어

과도시간
대역폭
무효전력(P_a)
미분기
역률
위상각
임피던스(Z)
적분기
정상상태
주파수응답
차단 주파수
RC 지상회로
RC 진상회로
RL 지상회로
RL 진상회로

서론

이 장 1~5절까지 다루게 될 *RC* 회로는 저항과 커패시터가 연결된 회로로서 기본적인 리액티브 회로 중 하나이다. 여기에서는 저항과 커패시터의 직렬과 병렬회로에 대해 정현파 전압을 입력으로 주었을 때 나타나는 출력 특성을 다룬다. *RC* 회로의 전력 계산과 정격 전력에 대하여 다루고, 3가지 형태의 *RC* 회로를 통해서 저항과 커패시터의 단순한 조합들이 회로에 어떻게 응용될 수 있는지를 설명한다. *RC* 회로에 있어서 흔히 볼 수 있는 문제점에 대한 해결방법을 설명한다.

리액티브 회로를 해석하는 방법은 일단 직류 회로에서 공부했던 방법과 거의 유사하다. 단, 리액티브 회로 문제들은 해를 구하기 위해 각 풀이마다 하나의 주파수 입력만을 고려해야 하는데, 문제를 간단히 해결하기 위해서는 페이저라는 해석 방법을 사용해야 한다.

이어 6절에서 10절까지 다룰 *RL* 회로는 저항과 인덕터로 구성된 회로이다. 여기에서는 직렬과 병렬 연결된 *RL* 회로에 정현파를 입력하였을 때 나타나는 출력을 다루게 된다. 또한 직, 병렬이 조합된 회로에 대해서도 다루게 된다. *RL* 회로에 있어서 전력 계산에 관한 내용도 소개하는데, 실효전력에 관한 실제 적용 분야에 대해서도 논의한다. 실효전력의 개선을 위한 방안도 다룬다. 흔히 발생하는 *RL* 회로의 문제점에 대한 해결방법을 설명한다.

대부분 시스템에서 관심있는 주파수는 일반 교류 전원의 주파수(50 Hz 또는 60 Hz)이다. 인덕턴스는 일반적으로 흔한 회로성분은 아니지만, 모터나 전자석 또는 변압기 등의 코일 권선에 의해 만들어진다. 이 장에서 공부하는 기본적인 *RL* 이론들은 이런 장치들에 대해 충분히 적용할 수 있다. *RC* 회로와의 비교를 통해 *RL* 회로의 유사성과 차이점을 모두 다루고 있다.

RC, *RL* 회로의 주파수 응답을 다룬 후, 11절에서 16절에서는, 펄스 입력에 대한 *RC*, *RL* 회로의 시간 응답을 알아본다.

이 장을 시작하기 전에 8–5절과 9–4절 부분을 복습하기 바란다. 리액티브 회로의 시간 응답을 이해하기 위해서는 커패시터와 인덕터에서 전압과 전류의 지수함수적인 변화를 공부하는 것이 필수적이다. 8장과 9장에서 사용된 지수함수 공식들이 이 장 전체에 걸쳐서 사용된다.

입력이 펄스인 경우, 회로의 시간 응답은 특히 중요하다. 펄스 회로나 디지털 회로 분야에서, 주기적인 전압 혹은 전류의 빠른 변화에 대하여 회로의 시간 응답은 기술자들에게 중요한 관심거리이다. 펄스폭 또는 주기와 같은 입력펄스의 특성과 회로의 시정수와 같은 특성들 사이의 관계는 회로 전압 파형의 형태를 결정한다.

적분기와 미분기라는 용어는, 어떤 조건 하에서는 회로들에 의하여 수학적 미분과 적분을 근사적으로 수행할 수 있는 회로를 의미한다. 수학적으로 적분은 합의 과정이다. 그러나 이 장의 어떤 경우에 있어서, 적분기는 파형의 평균을 구할 수도 있음을 알게 될 것이다. 수학적 미분은 어떤 양의 순간적인 변화율을 구하는 과정이다. 이 장에서 미분 회로는 입력의 변동률을 나타내게 된다. 미분회로는 타이밍 트리거, 레이더와 같은 시스템에서 흔히 볼 수 있는 회로이다.

10-1 직렬 *RC* 회로의 정현파 응답 특성

직렬 *RC* 회로에 정현파 전압을 인가하면, 각 회로 부품들도 전압과 전류들은 정현파이고, 전압원과 동일한 주파수를 갖는다. 커패시턴스는 전압과 전류 사이에 위상천이(phase shift)를 일으키며, 이 위상차는 저항값과 용량성 리액턴스값의 상대적 비율에 따라 달라진다.

이 절을 마친 후 다음을 할 수 있어야 한다.

- *RC* 회로에서 전류와 전압 사이의 관계를 설명한다.
- 전압과 전류 파형을 설명한다.
- *RC* 회로의 위상천이에 대하여 설명한다.

그림 10-1에서 보는 바와 같이 저항과 커패시터가 직렬로 연결된 회로에서 저항 전압(V_R), 커패시터 전압(V_C), 그리고 전류(I) 등은 모두 전원과 동일한 주파수를 가지는 정현파 형태를 나타낸다. 단, 여기에 위상천이(phase shift)라는 현상이 발생하는데, 이것은 커패시터에 의해 만들어지는 것이다. 앞으로 배우겠지만, 저항의 전압과 전류는 서로 같은 위상이 되는 한편, 저항 전압은 전원 전압보다 위상이 앞서게 된다(lead). 반면, 커패시터 전압은 전원 전압보다 위상이 뒤진다(lag). 커패시터의 전류 파형과 전압 파형 사이는 항상 90° 위상차를 보인다. 이러한 각 소자의 전압, 전류의 일반적인 위상 관계를 그림 10-1에 나타내었다.

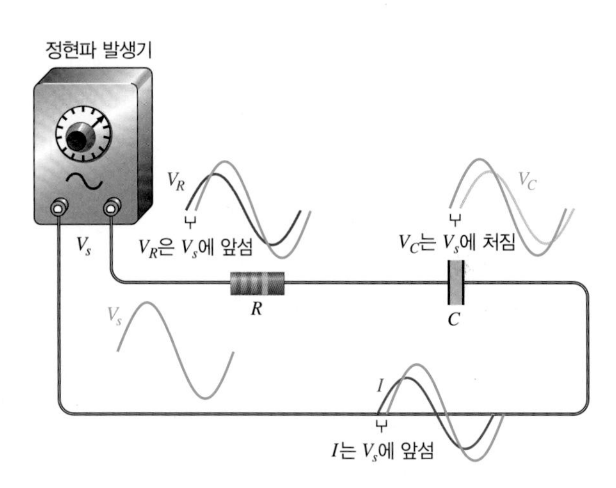

그림 10-1 전원 V_S에 대해 V_R, V_C와 I 등 출력들의 일반적인 관계를 설명하는 정현자 응답의 예. V_R과 I는 위상 동일, V_R은 V_S에 앞서고, V_C는 V_S보다 처진다. V_R과 V_C는 90° 위상차.

각 소자들의 전압과 전류의 진폭과 위상 관계는 저항과 용량성 리액턴스(capacitive reactance)의 값에 의해 결정된다. 회로에 커패시티가 없이 그냥 저항일 때에는 전원 전압과 전체 전류 사이의 위상 차이는 0°가 된다. 그렇지만 반대로 저항이 없이 완전히 커패시터일 때에는 전원 전압과 전체 전류 사이의 위상차는 완전히 90°가 되고, 전류가 전압에 앞선다. 회로에 저항과 용량성 리액턴스가 함께 존재하는 경우에는 전원 전압과 전체 전류 사이의 위상차는 0°와 90° 사이가 되며, 그 정확한 값은 저항과 용량성 리액턴스의 상대적인 값에 의해 결정이 된다.

10-1절 복습 문제*

1. *RC* 회로에 60 Hz의 정현파 전압이 입력된다. 커패시터 전압의 주파수는 얼마인가? 또한 전류의 주파수는 얼마인가?
2. 직렬 *RC* 회로에서 V_s와 I 사이의 위상차는 무엇이 결정하는가?
3. *RC* 회로에서 저항값이 용량성 리액턴스 값보다 클 때, 전원 전압과 전체 전류 사이의 위상차는 0°와 90° 중에서 어디에 더 가까운가?

*해답은 이 장의 끝에 있다.

10-2 직렬 *RC* 회로의 임피던스와 위상각

리액턴스가 없는 회로에서 전류를 방해하는 요소는 분명 저항뿐이다. 만일 저항만이 아니라 리액턴스가 포함되는 회로라면 전류를 방해하는 요소는 리액턴스와 그로 인한 위상차로 인해 좀 더 복잡해진다. 임피던스는 교류회로에서 전류를 방해하고 위상천이를 발생시키는 요소를 일컫는데, 이 절에서는 이러한 임피던스를 소개한다.

이 절을 마친 후 다음을 할 수 있어야 한다.

- 직렬 *RC* 회로에서 임피던스와 위상각을 구한다.
- 임피던스를 정의한다.
- 위상각을 정의한다.
- 임피던스 삼각도를 그린다.
- 전체 임피던스 크기를 계산한다.
- 위상각을 계산한다.

저항과 용량성 리액턴스로 만들어지는 직렬 *RC* 회로의 **임피던스(impedance)**는 정현파 전류의 흐름을 방해하는데, 그 단위는 옴(Ω)이다. **위상각(phase angle)**은 전체 전류와 전원 전압 사이의 위상차이다. 순수 저항 회로에서 임피던스는 단순히 전체 저항과 같은 값이다. 한편, 순수 용량성 회로에서 임피던스는 용량성 리액턴스를 합한 값이다. 직렬 *RC* 회로의 임피던스는 저항(R)과 용량성 리액턴스(X_C)이 두 값의 조합에 의하여 결정된다. 그림 10–2에 이를 나타내었다. 임피던스의 크기는 기호로서 Z로 나타낸다.

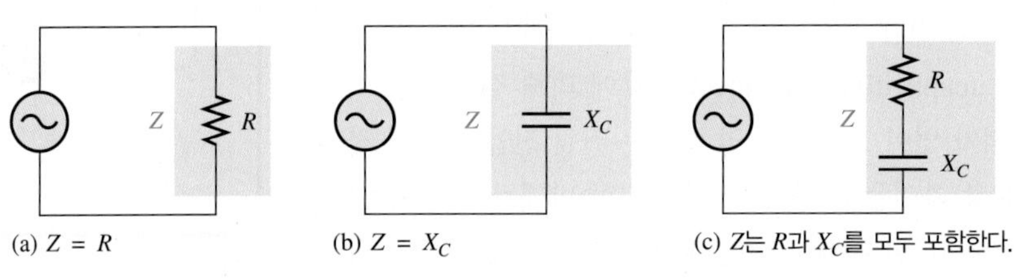

그림 10–2　임피던스의 3가지 경우

교류 회로의 해석에서 R과 C는 그림 10–3(a)의 페이저도(phasor diagram)에서 보는 바와 같이 각각의 페이저 값으로 나타내어야 하는데, C는 R에 대하여 90° 뒤처지는 것으로 그려진다. 이 관계는 직렬 *RC* 회로에서 커패시터 전압이 전체 전류와 저항 전압에 대하여 90° 뒤처진다는 사실에서 온 것이다. Z는 R과 C의 페이저 (벡터)합이므로, 이의 페이저 값의 표현은 그림 10–3(b)에서 보는 바와 같다. 페이저를 벡터로 다시 정리하면, 그림 10–3(c)에서와 같이 **임피던스 삼각도**(*impedance triangle*)라고 부르는 직각 삼각형을 구성할 수 있다. 각 페이저의 길이는 값의 크기를 표현하는데, 단위는 옴의 단위이다. 각도 θ(그리스문자 theta)는 *RC* 회로의 위상각으로서, 이 값은 전원의 입력 전압파형과 회로의 전류파형 사이의 위상차를 나타내는 것이다.

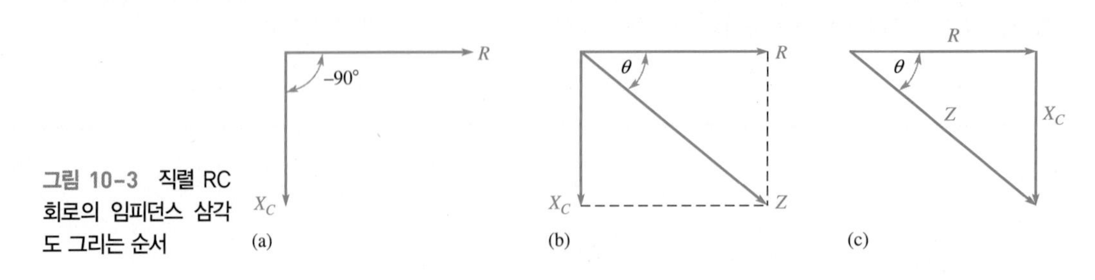

그림 10–3　직렬 RC 회로의 임피던스 삼각도 그리는 순서

직각삼각형(피타고라스의 정리)으로부터 임피던스의 크기(길이)는 저항과 용량성 리액턴스의 값으로 나타낼 수 있다.

$$Z = \sqrt{R^2 + X_C^2} \qquad (10\text{-}1)$$

그림 10-4에서 나타낸 바와 같이, 임피던스(Z)의 크기는 옴의 단위로 나타낸다.

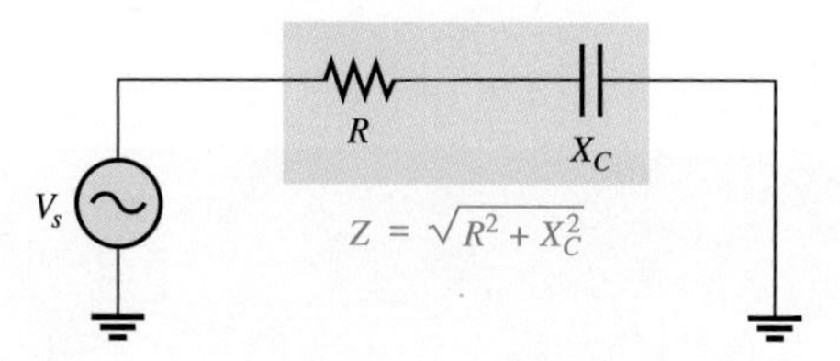

그림 10-4 직렬 *RC* 회로의 임피던스

위상각 θ는 다음 식으로 표현된다.

$$\theta = \tan^{-1}\left(\frac{X_C}{R}\right) \qquad (10\text{-}2)$$

$\tan^{-1}$ 기호는 **역탄젠트**(*inverse tangent*)를 나타내는데, 일반적인 공학 계산기에서는 2nd키와 TAN^{-1} 키로 표현될 수 있다. 역탄젠트의 다른 용어는 **아크탄젠트**(arctan)이다.

예제 10-1

그림 10-5의 *RC* 회로에서 임피던스와 위상각을 구하라. 임피던스 삼각형를 그려라.

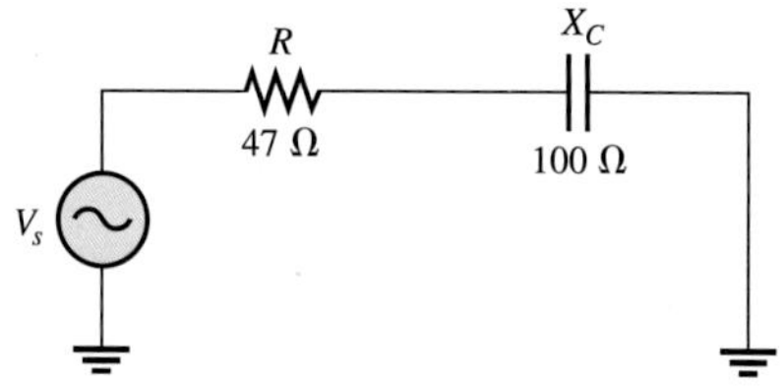

그림 10-5

풀이

임피던스는

$$Z = \sqrt{R^2 + X_C^2} = \sqrt{(47\ \Omega)^2 + (100\ \Omega)^2} = \mathbf{110\ \Omega}$$

위상각은

$$\theta = \tan^{-1}\left(\frac{X_C}{R}\right) = \tan^{-1}\left(\frac{100\ \Omega}{47\ \Omega}\right) = \tan^{-1}(2.13) = \mathbf{64.8^\circ}$$

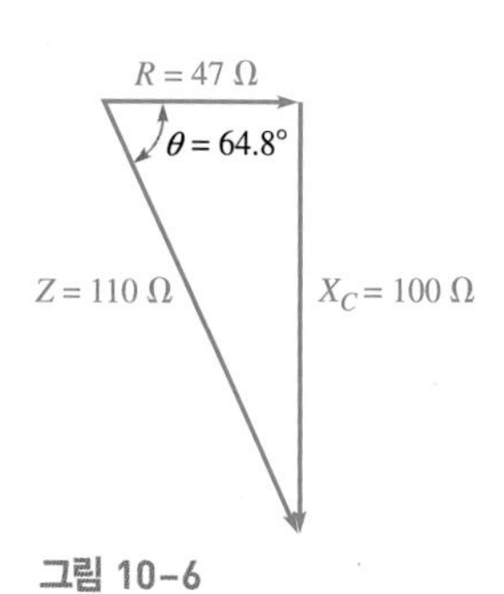

그림 10-6

전원 전압은 전류에 비하여 64.8° 늦다.

임피던스 삼각형은 그림 10-6과 같다.

관련문제*

그림 10-5에서 $R = 1.0\ \text{k}\Omega$이고, $X_C = 2.2\ \text{k}\Omega$일 때 임피던스 Z와 위상각 θ를 구하라.

*해답은 이 장의 끝에 있다.

10-2절 복습 문제

1. 임피던스를 정의하라.
2. 직렬 *RC* 회로에서 전원 전압은 전류에 대해 위상이 앞서는가 아니면 뒤처지는가?
3. *RC* 회로에서 위상각이 발생하는 이유는 무엇인가?
4. 어떤 직렬 *RC* 회로에서 순수 저항은 33 kΩ, 용량성 리액턴스는 50 kΩ이다. 이 경우에 임피던스 값은 얼마인가? 위상각은 얼마인가?

10-3 직-병렬 *RC* 회로 해석

앞 절에서 학습한 개념은 *RC* 소자들의 직렬과 병렬연결이 조합된 회로 해석에 이용될 수 있다.

이 절을 마친 후 다음을 할 수 있어야 한다.

- 직-병렬 *RC* 회로를 해석한다.
- 전체 임피던스를 구한다.
- 전류와 전압을 계산한다.
- 임피던스와 위상각을 측정한다.

직류 회로와 마찬가지로 직-병렬이 조합된 교류 회로는 등가 회로에 직렬 또는 병렬 요소로 연결하여 풀 수 있다. 다음 예제는 직-병렬 연결의 리액티브 회로 해석에 적용하는 예를 보여준다.

예제 10-2

그림 10-7의 회로에서 다음을 구하라.

(a) 전체 임피던스 **(b)** 전체 전류 **(c)** I_{tot}의 V_s에 대한 위상각

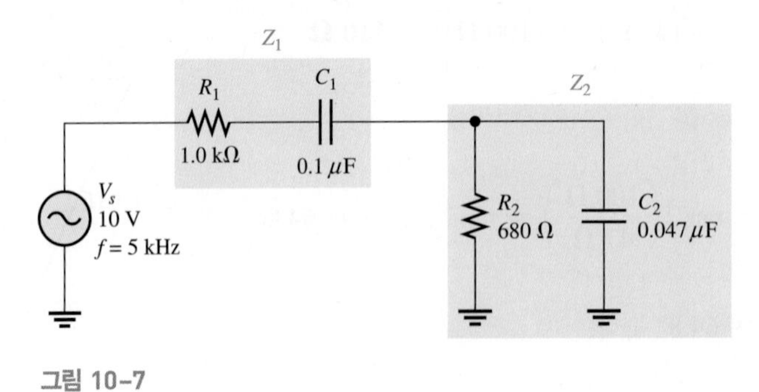

그림 10-7

풀이

(a) 먼저, 용량성 리액턴스의 크기를 계산한다.

$$X_{C1} = \frac{1}{2\pi(5\text{ kHz})(0.1\ \mu\text{F})} = 318\ \Omega$$

$$X_{C2} = \frac{1}{2\pi(5\text{ kHz})(0.047\ \mu\text{F})} = 677\ \Omega$$

문제 풀이를 위해 일단은 회로의 병렬부분에 대해 직렬 등가 저항과 용량성 리액턴스를 구한다. 그 다음, 전체 저항을 구하기 위하여 각 저항들을 더하고($R_1 + R_{eq}$), 전체 리액턴스를 구하기 위해 각 리액턴스들을 더한다($X_{C1} + X_{C(eq)}$). 이렇게 하여 전체 임피던스를 구할 수 있다.

먼저, 병렬회로에서 저항과 커패시터의 어드미턴스를 구하여 병렬 부분(Z_2)의 임피던스를 구한다.

$$G_2 = \frac{1}{R_2} = \frac{1}{680\ \Omega} = 1.47\text{ mS}$$

$$B_{C2} = \frac{1}{X_{C2}} = \frac{1}{677\ \Omega} = 1.48\text{ mS}$$

$$Y_2 = \sqrt{G_2^2 + B_{C2}^2} = \sqrt{(1.47\text{ mS})^2 + (1.48\text{ mS})^2} = 2.09\text{ mS}$$

$$Z_2 = \frac{1}{Y_2} = \frac{1}{2.09\text{ mS}} = 478\ \Omega$$

병렬회로의 위상각은

$$\theta_p = \tan^{-1}\left(\frac{R_2}{X_{C2}}\right) = \tan^{-1}\left(\frac{680\ \Omega}{677\ \Omega}\right) = 45.1°$$

이다. 병렬회로의 직렬 등가값들은

$$R_{eq} = Z_2 \cos\theta_p = (478\ \Omega)\cos(45.1°) = 337\ \Omega$$

$$X_{C(eq)} = Z_2 \sin\theta_p = (478\ \Omega)\sin(45.1°) = 339\ \Omega$$

이다. 따라서 회로 전체 저항값은

$$R_{tot} = R_1 + R_{eq} = 1000\ \Omega + 337\ \Omega = 1.34\text{ k}\Omega$$

이다. 그리고 회로 전체 리액턴스는

$$X_{C(tot)} = X_{C1} + X_{C(eq)} = 318\ \Omega + 339\ \Omega = 657\ \Omega$$

이다. 그리고 전체 임피던스는

$$Z_{tot} = \sqrt{R_{tot}^2 + X_{C(tot)}^2} = \sqrt{(1.34\text{ k}\Omega)^2 + (657\ \Omega)^2} = \mathbf{1.49\ k\Omega}$$

(b) 전체 전류를 계산하기 위해 옴의 법칙을 사용한다.

$$I_{tot} = \frac{V_s}{Z_{tot}} = \frac{10\text{ V}}{1.49\text{ k}\Omega} = \mathbf{6.71\ mA}$$

(c) 위상각을 계산하기 위해서는 R_{tot}와 $X_{C(tot)}$를 직렬회로로 본다. I_{tot}가 V_s에 앞서는 위상각은

$$\theta = \tan^{-1}\left(\frac{X_{C(tot)}}{R_{tot}}\right) = \tan^{-1}\left(\frac{657\ \Omega}{1.34\text{ k}\Omega}\right) = \mathbf{26.1°}$$

이 된다.

관련문제

그림 10-7에서 Z_1과 Z_2에 걸리는 전압을 계산하라.

시스템 예제 10-1

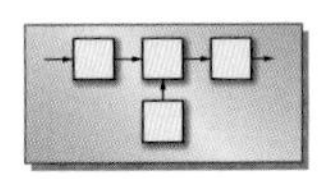

오실로스코프 수동식 프로브의 구조와 역할

오실로스코프의 프로브(oscilloscope probe)에는 여러 가지 종류가 있지만, 가장 흔히 사용되는 것은 10대 1(×10) 프로브이다. 10:1의 의미는 신호의 크기를 1/10로 줄인다는 것이다. 프로브의 목적은 잡음이 없고 측정 회로에 영향을 주지 않으면서도 가능한 정확한 신호를 전달하는 것이다.

일반적으로 오실로스코프의 입력 커패시터 용량은 20 pF 정도인데, 이것은 내부 증폭기와 배선, 부유 용량(stray capacitance) 성분들이 모두 합해진 값이다. 이 값은 그림 10–8에서 C_{in}으로 표현하였다. 점선으로 표시된 부분은 실제 커패시터가 연결된 것이 아니라 그러한 커패시터의 특성을 가진 것임을 의미한다. 또한 오실로스코프 내부 증폭기의 입력 저항에 해당하는 R_{in}이 1.0 MΩ 정도 있음을 볼 수 있다. 프로브 회로 완성을 하기 위해 프로브에 직렬로 내장된 R_{probe}과 프로브의 응답을 최적화시키기 위해 커패시터 C_{probe}을 연결한다.

저주파 영역에서 작은 용량의 커패시터는 저항에 비해 높은 리액턴스를 가진다. 저항이 높은 커패시터를 무시하면, 직렬저항들은 단순히 10:1 저항 분배기의 역할을 한다. 고주파영역에서 모든 커패시터 용량 C_{probe}, C_{in}은 저항에 비해 매우 작은 값이다. 이번에는 저항을 무시할 수 있는데, 이때 C_{probe}, C_{in} 커패시터들은 10:1 분배기의 역할을 하는데, 이로 인해 고주파 영역에서 주파수 응답을 평탄하게 만든다. 프로브 회로의 전체 효과는 1/10 비율로 캐패시턴스를 감소시키고, 입력 임피던스를 그만큼 증가시키므로 프로브가 측정 회로에 작용하는 부하 역할을 해당하는 만큼 줄여 줄 수 있는 것이다.

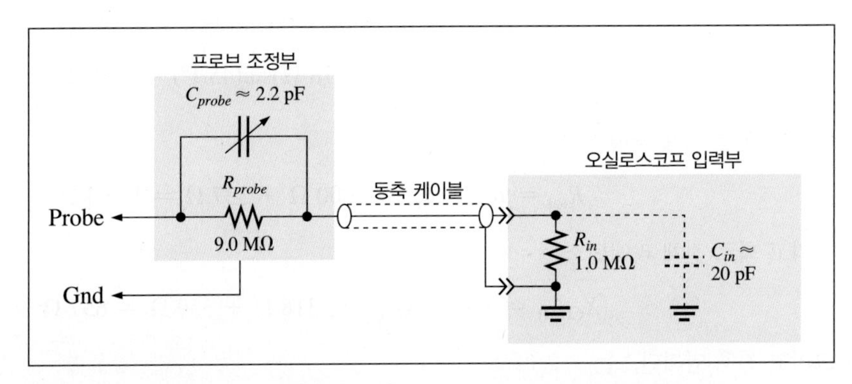

그림 10–8 오실로스코프 수동식 프로브

회로 측정

전체 임피던스(Z_{tot})의 결정 이제 예제 10–2의 회로에서 Z_{tot} 값을 측정에 의하여 구하는 방법을 살펴보자. 먼저 그림 10–9에 보인 바와 같이 다음과 같은 단계를 거쳐 전체 임피던스(Z_{tot})를 측정한다(물론, 다른 방법도 가능하다).

1단계: 함수발생기로 정현파를 이용하는데, 전압은 10 V, 주파수는 5 kHz로 고정한다. 함수 발생기에 표시되어 있는 값을 그대로 받아들이기보다는 교류전압계를 사용하여 전압을 직접 측정하고, 또한 주파수계 또는 오실로스코프로 주파수를 직접 측정하기를 권한다.

2단계: 그림 10–9와 같이 교류 전류계를 연결하여 전체 전류를 측정한다. 다른 방법으로 R_1의 전압을 측정하여 전류를 계산할 수도 있다.

3단계: 옴의 법칙을 이용하여 전체 임피던스를 계산한다.

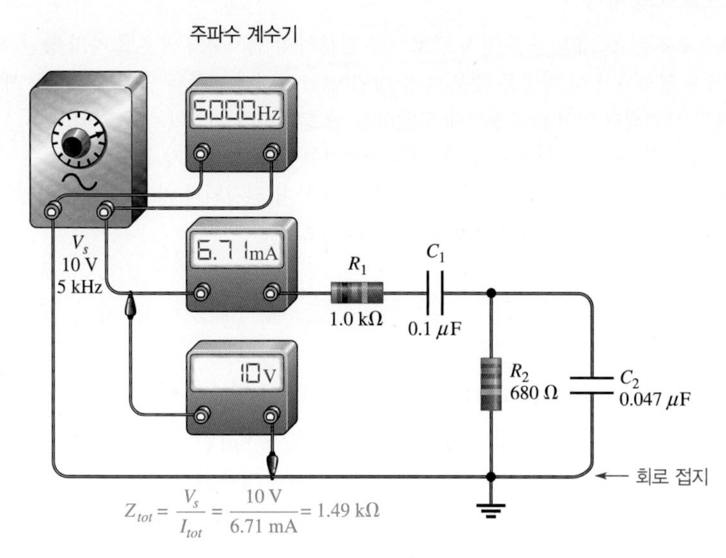

그림 10-9 V_s와 I_{tot} 측정을 통한 전체 임피던스(Z_{tot}) 측정

위상각의 결정 위상각(θ)을 측정하기 위해서는 적절한 시간 축 상에서 전원 전압과 전체 전류를 오실로스코프 화면에 표시해야 한다. 이를 위해 전압과 전류를 별도로 측정하는 데 이용할 수 있는 두 가지의 기본적인 스코프의 프로브, 즉 전압 프로브와 전류 프로브가 있다. 전류 프로브도 편리하게 사용이 가능하지만, 전압 프로브만큼 편리하게 사용되지 않는다. 이런 이유로 위상 측정에 전압 프로브를 오실로스코프와 연결하여 사용할 것이다.

오실로스코프에는 특별한 절연 측정 방법이 있으나, 전형적인 오실로스코프의 전압 프로브는 회로와 연결되는 두 지점 즉, 프로브 팁과 접지선이 있다. 그러므로 모든 전압 측정은 접지를 기준으로 해야 한다.

전압 프로브만 사용하므로 전체 전류는 직접 측정할 수 없다. 그러나 위상 측정에서 R_1 양단의 전압은 전체 전류와 같은 위상이므로 전류의 위상각을 측정하는 데 사용될 수 있다.

위상 측정을 하기 위해 직접적으로 V_{R1} 측정을 하면 문제가 된다. 그림 10-10(a)에 보인 것처럼 스코프의 프로브를 저항 양단에 연결하면, 스코프의 접지선은 B를 접지로 연결시키고, 이로 인해 그림 10-10(b)와 같이 나머지 소자들은 접지선 사이에 들어가게 되어 실질적으로 이 부분의 회로들은 전기적으로 의미가 없는 것처럼 된다(스코프는 전력선 접지로부터 분리되어 있지 않다고 가정).

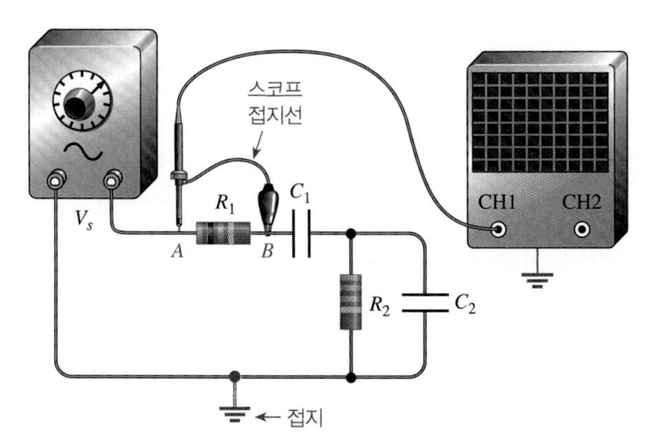

(a) 스코프 프로브의 접지선은 B지점을 접지시킨다.

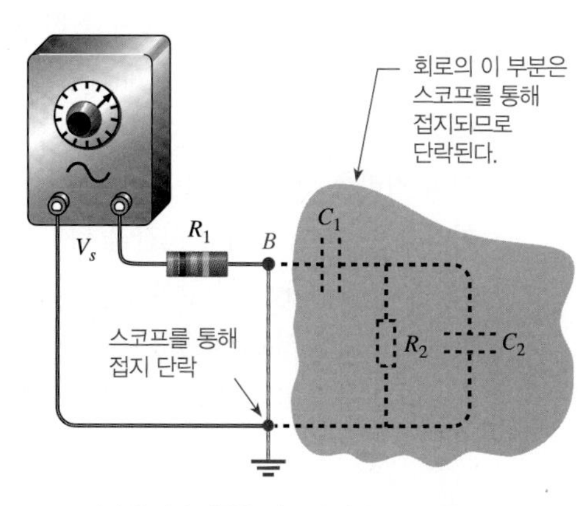

(b) B지점의 접지 영향은 회로의 나머지 부분을 단락시킨다.

그림 10-10 측정기와 회로가 공통 접지되어 있을 때 소자 양단의 직접적인 측정에 의한 접지 연결효과

고주파 차동 프로브의 사용

대부분 오실로스코프는 두 개의 공통 접지 프로브를 결합하여 접지되지 않은 소자의 양단 전압을 측정할 수 있다. 저주파수 영역에서 이 방법은 매우 좋은 방법이다. 그러나 고주파 영역에서는 두 개의 측정 신호가 흐르는 통로가 분리되어 있어서 측정부에 도달하는 신호의 시간 지연이 다르게 되고, 이것은 신호의 진폭과 측정 시점에 오차를 만들어 낼 수 있다. 차동프로브는 차동증폭기가 프로브의 끝단에 위치하여 신호 차이를 측정하므로 오실로스코프의 단일 채널을 사용하여 접지되지 않은 소자의 양단전압을 측정할 수 있게 한다. 그 결과 더욱 정확하게 측정을 할 수 있다.

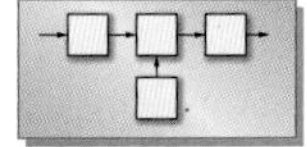

시스템 노트

이러한 문제를 피하기 위하여 그림 10–11(a)에서와 같이 함수발생기의 출력단자를 바꾸어 R_1의 한쪽 끝을 접지단자에 연결한다. 이제 그림 10–11(b)와 같이 V_{R1}을 측정하기 위해 스코프를 저항 양단에 연결할 수 있다. 다른 프로브는 V_s를 나타내기 위하여 전압원 양단에 연결한다. 이제 스코프의 채널 1에는 V_{R1}이, 채널 2에는 V_s가 입력된다. 스코프는 전원 입력 전압(함수발생기 출력)을 이용하여 트리거링모드로 측정되어야 한다(이 경우 채널 2가 트리거링 채널).

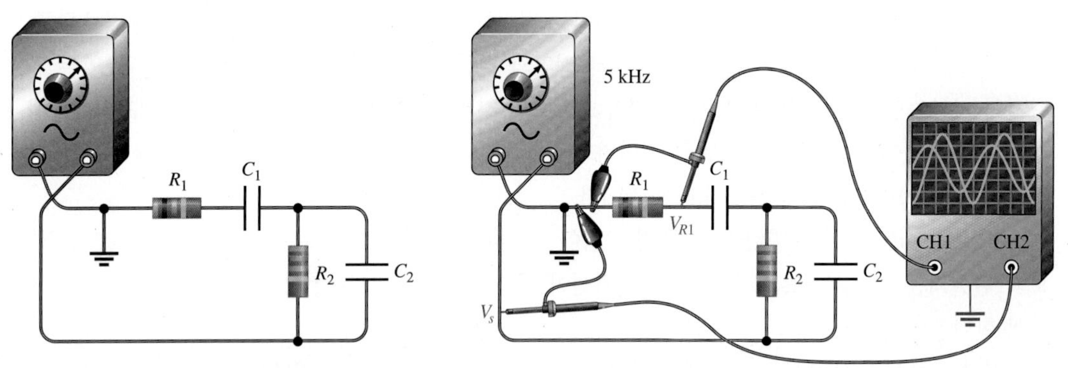

(a) 접지 위치를 교체하여 R_1의 한쪽 끝이 접지되도록 한다. (b) 스코프는 V_{R1}과 V_s를 표시한다. V_{R1}은 전체 전류의 위상을 표시한다.

그림 10-11 접지 변경을 통해 접지와 단락을 만들지 않고 소자의 전압을 직접 측정할 수 있도록 한 회로

프로브를 회로에 연결하기 전에 화면의 중심에 측정하는 신호 채널 2개의 수평선을 겹치도록 정렬시켜 하나의 수평선만이 보이도록 한다. 이를 위해서는 프로브 팁을 접지시키고, 서로 중첩될 때까지 화면의 중심선을 향하여 이 선들을 이동시킬 수 있는 수직 위치 조정단자를 조정한다. 이러한 과정으로 두 파형이 모두 0점 교차를 하게 되면 정확한 위상 측정이 이루어진다.

일단 스코프 화면 상에서 파형을 안정시키면 전원 전압의 주기를 측정할 수 있다. 그 다음에 Volts/Div 조절단자를 사용하여 두 파형이 같은 진폭이 될 때까지 파형의 진폭을 맞춘다. 그리고 이들 사이의 거리를 확장시키기 위하여 Sec/Div 조절단자를 사용하여 수평 방향으로 넓힌다. 이 수평 방향 거리가 두 파형 사이의 시간을 나타낸다. 수평축을 따라 나타나는 파형사이의 그리드(화면 점선) 간격 수에 Sec/Div 설정값을 곱한 것이 두 파형 사이의 시간차와 같다. 또한 사용하는 오실로스코프가 자체적으로 커서(cursor)로 시간차를 구하는 기능을 가지고 있다면 커서를 사용하여 구할 수도 있다.

일단 주기 T와 파형 사이의 시간차 Δt 가 결정되면 다음 식을 사용하여 위상각을 계산할 수 있다.

$$\theta = \left(\frac{\Delta t}{T}\right)360° \qquad (10\text{–}1)$$

이러한 결과로 화면에 나타나는 예를 그림 10-12에 나타내었다. 그림 10-12(a)에서 파형은 Volts/Div 제어를 잘 조정함으로써 동일한 진폭으로 정렬되고 조정되었다. 이런 파형의 주기는 200 μs이다. (b)에서 Sec/Div 제어는 좀 더 정확하게 시간차를 읽도록 파형을 넓게 조정하였다. (b)부분에 나타낸 것과 같이 중심선을 가로지르는 두 신호선의 시간 차이는 그리드 3개 간격이다. Sec/Div는 5.0 μs로 설정되어 있으므로, 시간차 계산은 다음과 같다.

$$\Delta t = 3.0 \text{ divisions} \times 5.0\ \mu\text{s/division} = 15\ \mu\text{s}$$

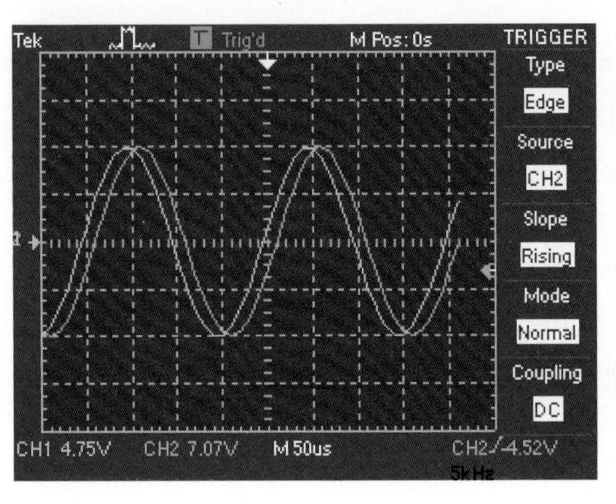

(a)

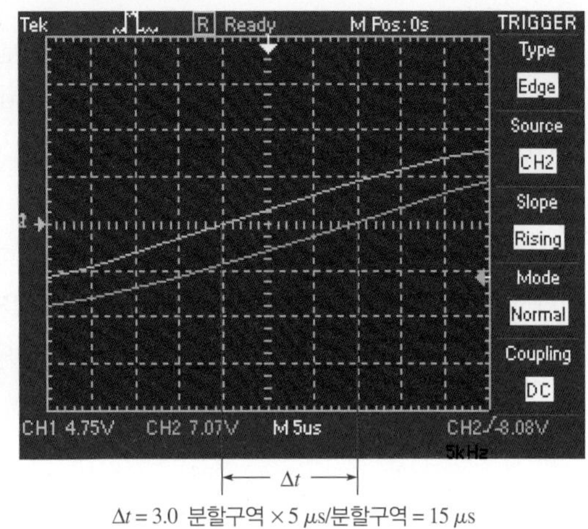

(b)

그림 10-12 오실로스코프 상에서 위상각 결정

10-3절 복습 문제

1. 왜 스코프의 접지는 회로의 접지에 연결되어야 하는지를 설명해 보시오.
2. 그림 10-7에서 R_1 양단의 전압은 얼마인가?
3. 만일 그림 10-8에서 $C_{in} = 15$ pF 라면, C_{probe}의 값은 얼마가 되어야 하는가?

10-4 *RC* 회로의 전력

교류회로에서 저항으로만 회로가 구성된다면 전원에 의한 모든 전기 에너지는 저항에서 열의 형태로 소모된다. 그러나 커패시터 같은 용량성으로만 구성된다면 완전히 달라진다. 즉, 전원에 의해 흐르는 전기 에너지는 교류 파형의 반주기 동안 커패시터에 저장되고, 그 다음 반주기 동안 전원으로 다시 회생(되돌림)되므로 열의 형태로 에너지변환이 전혀 없다. 그런데 만일 저항과 커패시터가 함께 구성된다면, 전기 에너지의 일부는 저항에 의해 소비되지만 나머지 전기 에너지는 전원으로 회생되는 복합 현상이 일어난다. 이때 열로 변환되는 전기 에너지의 양은 저항과 용량성 리액턴스의 상대적인 비율에 의하여 정해진다.

이 절을 마친 후 다음을 할 수 있어야 한다.

- *RC* 회로에서의 전력을 계산한다.
- 유효전력과 무효전력을 설명한다.
- 전력 삼각도를 설명한다.
- 역률을 정의한다.
- 피상전력을 설명한다.
- *RC* 회로에서의 전력을 계산한다.

직렬 *RC* 회로에서 저항이 용량성 리액턴스보다 클 때, 전원에 의해 흐르는 전체 에너지 중에서 커패시터에 저장되는 에너지보다 저항에 의해 소비되는 에너지가 더 크다. 마찬가지로 리액턴스가 저항보다 클 때, 전원에 의해 흐르는 에너지 중에서 열로 변환되는 에너지보다 커패시터에 저장되어 회생되는 에너지가 더 크다.

유효전력(P_{true}, true power)이라고 부르기도 하는 저항에서의 전력, **무효전력**(P_r, reactive power)이라고 부르는 커패시터에서의 전력에 관한 내용을 식 10–2와 10–3에 나타내었다. 유효전력의 단위는 와트(W)이고, 무효전력의 단위는 볼트-암페어 리액티브(VAR, vol-ampere reactive)이다.

$$P_{\text{true}} = I_{tot}^2 R \tag{10–2}$$

$$P_r = I_{tot}^2 X_C \tag{10–3}$$

RC 회로의 전력삼각도

일반화된 임피던스 페이저도를 그림 10–13(a)에 보였다. 그림 10–13(b)에서와 같이 전력의 페이저 관계도 유사한 그림으로 나타낼 수 있다. 각각의 전력 P_{true}와 P_r의 크기는 R과 X_C에 각각 I_{tot}^2을 곱한 것으로 나타낼 수 있다.

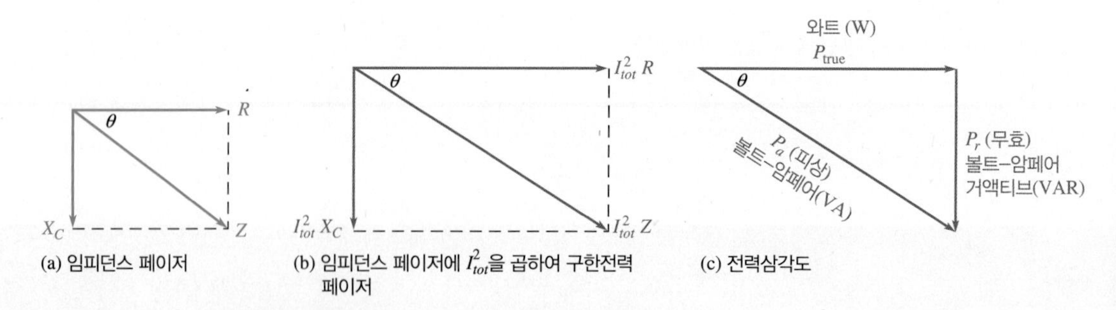

(a) 임피던스 페이저 (b) 임피던스 페이저에 I_{tot}^2을 곱하여 구한전력 페이저 (c) 전력삼각도

그림 10–13 *RC* **회로의 전력삼각도**

삼각도의 벡터합계 최종 전력 $I_{tot}^2 Z$는 **피상전력(apparent power, P_a)**을 나타낸다. P_a는 어떤 순간에 전원과 *RC* 회로 사이에서 전달되는 전체전력이다. 피상전력의 일부는 유효전력이고, 나머지는 무효전력이다. 피상전력의 단위는 볼트-암페어(VA, Volt-Ampere)이다. 피상전력의 표현식은

$$P_a = I_{tot}^2 Z \tag{10–4}$$

그림 10–13(b)의 전력 페이저도는 그림 10–13(c)처럼 직각삼각형으로 바꿀 수 있으며, 이를 **전력 삼각도**(*power triangle*)라고 한다. 삼각 공식을 이용하면 P_{true}는 다음과 같다.

$$P_{\text{true}} = P_a \cos\theta$$

P_a는 $I_{tot}^2 Z$ 또는 $V_s I_{tot}$와 같으므로 유효전력 관계식은 다음과 같이 쓸 수 있다.

$$\boldsymbol{P_{\text{true}} = V_s I_{tot} \cos\theta} \qquad (10-5)$$

여기서 V_s는 전원전압이고, I_{tot}는 전체전류이다.

순수 저항회로의 경우 $\theta = 0°$이고, $\cos 0° = 1$이므로 P_{true}는 $V_s I_{tot}$와 같다. 순수 용량성 회로에서 $\theta = 90°$이고, $\cos 90° = 0$이므로 P_{true}는 0이다. 앞에서 언급한 바와 같이 이상적인 커패시터에서는 전력손실이 없다.

역률

$\cos\theta$항을 **역률(power factor)**이라고 부르며, 다음과 같이 나타낸다.

$$\boldsymbol{PF = \cos\theta} \qquad (10-6)$$

전원 전압과 전체 전류 사이의 위상각이 커질수록 역률은 감소하는데, 이는 좀 더 리액티브 회로임을 나타내는 것이다. 역률이 작을수록 전력 소모는 작아진다.

역률은 순수 리액티브 회로에서 0이며, 순수 저항성 회로에서 1이므로 *RC* 회로에서는 0~1 사이까지의 값이 된다. *RC* 회로에서 전류가 전압에 앞서므로 역률을 **진상 역률(leading power factor)**이라고도 한다.

예제 10-3

그림 10-14의 회로에서 역률과 유효전력을 구하라.

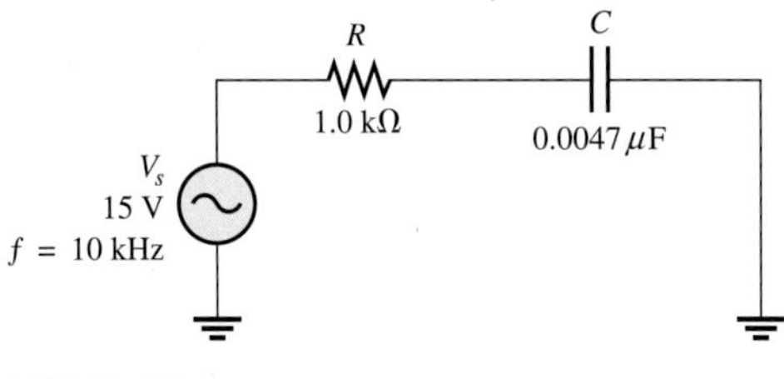

그림 10-14

풀이

다음과 같이 용량성 리액턴스와 위상각을 계산한다.

$$X_C = \frac{1}{2\pi fC} = \frac{1}{2\pi(10\text{ kHz})(0.0047\ \mu\text{F})} = 3.39\text{ k}\Omega$$

$$\theta = \tan^{-1}\left(\frac{X_C}{R}\right) = \tan^{-1}\left(\frac{3.39\text{ k}\Omega}{1.0\text{ k}\Omega}\right) = 73.6°$$

역률은

$$PF = \cos\theta = \cos(73.6°) = \mathbf{0.282}$$

임피던스는

$$Z = \sqrt{R^2 + X_C^2} = \sqrt{(1.0\text{ k}\Omega)^2 + (3.39\text{ k}\Omega)^2} = 3.53\text{ k}\Omega$$

따라서, 전류는

$$I = \frac{V_s}{Z} = \frac{15\ \text{V}}{3.53\ \text{k}\Omega} = 4.25\ \text{mA}$$

유효전력은

$$P_{\text{true}} = V_s I \cos\theta = (15\ \text{V})(4.25\ \text{mA})(0.282) = \mathbf{18.0\ mW}$$

관련문제
그림 10–14에서 주파수가 반으로 줄어들면 역률은 얼마가 되는가?

피상전력의 중요성

피상전력(apparent power)은 전원에서 부하 사이로 전달되는 것처럼 보이는 전력인데, 유효전력(true power)과 무효전력(reactive power)이라는 두 요소로 구성된다. 모든 전기 전자 시스템에서 일을 하는 것은 유효전력이다. 무효전력은 전원과 부하 사이를 단순히 왕복하는 에너지이다. 유용한 일을 수행하는 이상적인 회로는 부하로 전달되는 모든 전력이 유효전력이어야 하며, 무효전력은 전혀 없어야 한다. 그러나 대부분 실제 상황에서는 부하에 약간의 리액턴스 성분이 존재하므로 두 전력 성분 모두를 이해하고 있어야 한다. 모든 리액티브 부하에 흐르는 전류에는 두 가지 성분이 있는데, 하나는 저항 성분과 다른 하나는 리액티브 성분이다. 만약, 단지 부하에 전달되는 유효전력만 고려하고 싶다면, 전원에서 가져오는 전체 전류 중에 일부분만 생각하면 된다. 그러나 부하에 흐르는 실제 전류를 정확하게 이해하려면 피상전력(VA)을 생각할 수 있어야 한다.

교류발전기와 같은 전원은 정해진 최대 전류의 한계 내에서만 부하에 전류를 공급할 수 있다. 만약 용량이 큰 부하가 최대 전류를 초과하여 전류를 이끌어 내려한다면 발전기 전원 회로는 손상을 입을 수 있다. 그림 10–15(a)는 부하에 최대 전류 5 A를 공급할 수 있는 120 V 발전기가 있다고 가정해 보자. 즉, 이 발전기의 최대 정격은 600 W이다. 이 발전기에 24 Ω의 순 저항성 부하(역률 1)를 연결하고 난 후에 전류계와 전력계를 사용하여 측정하면 각각은 5 A, 600 W를 나타낼 것이다. 이 상태는 비록 최대 상태의 전류와 전력에서 동작하지만, 이러한 조건에서 발전기는 일단 문제가 없다.

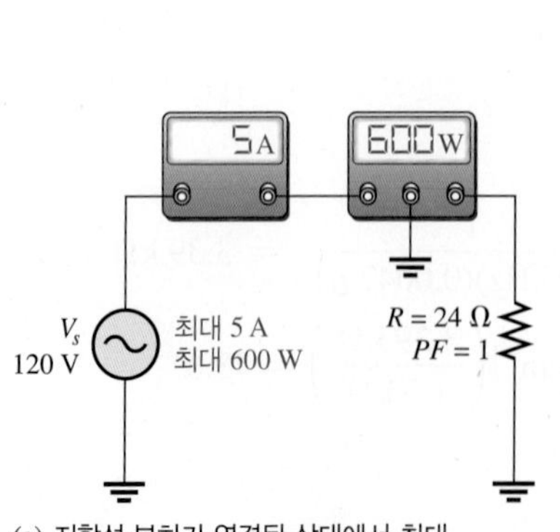

(a) 저항성 부하가 연결된 상태에서 최대 정격으로 발전기가 동작한다.

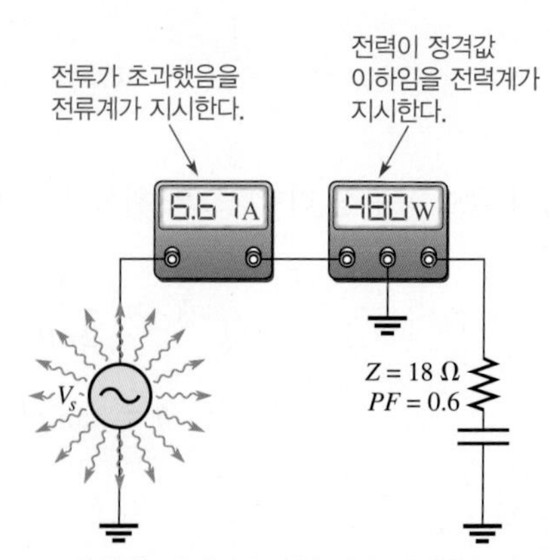

(b) 전력계는 최대 유효 전력 정격이하임을 표시하지만, 과잉 전류에 의하여 발전기 내부에서는 손상이 발생할 수 있다.

그림 10–15 부하가 용량성일 때는 전원의 유효 전력 정격은 부적절하다. 정격 표시는 W보다는 VA가 되어야 한다.

이제 그림 10–15(b)에서와 같이 임피던스 18 Ω, 역률 0.6인 리액티브 부하로 바뀌었을 때 어떤 일이 발생하는지 한번 고려해 보자. 전력 측면에서 본다면 전력계는 480 W를 표시하여 발전기의 전력 정격보다 작다고 볼 수 있다. 그러나 정격보다 작은 전력이라도 전류는 120 V/18 Ω = 6.67 A로 최대값을 초과한다. 이러한 과잉 전류는 발전기에 손상을 일으킬 수 있을 것이다. 이 예는 유효 정격 전력이 교류 전원에서는 부적절함을 보여주는 것이다. 따라서 이러한 교류발전기는 600 W보다는 600 VA로 규격을 나타내는 것이 더욱 바람직하다. 이러한 원인으로 인해 교류 장비에서는 실제 유효 정격 전력(단위 W)보다 피상 정격 전력(단위 VA)으로 표시된 것을 많이 볼 수 있다.

예제 10-4

그림 10–16의 회로에 대해 유효전력, 무효전력 및 피상전력을 구하라. X_C는 2.0 kΩ으로 주어졌다.

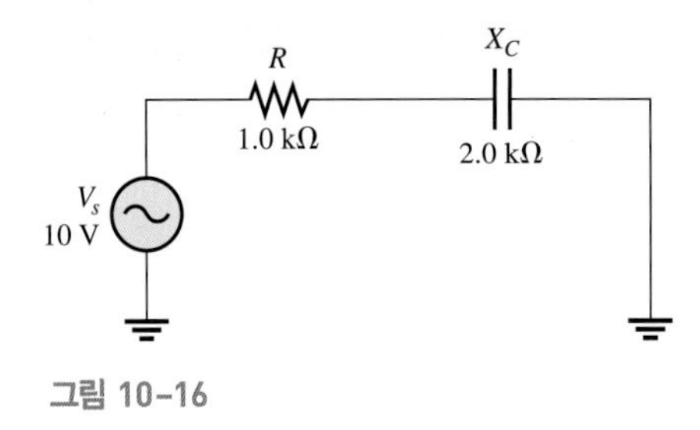

그림 10–16

풀이

먼저 전체 임피던스를 구하여 전류를 계산한다.

$$Z_{tot} = \sqrt{R^2 + X_C^2} = \sqrt{(1.0\,\text{k}\Omega)^2 + (2.0\,\text{k}\Omega)^2} = 2.24\,\text{k}\Omega$$

$$I = \frac{V_s}{Z} = \frac{10\,\text{V}}{2.24\,\text{k}\Omega} = 4.46\,\text{mA}$$

위상각 θ는

$$\theta = \tan^{-1}\left(\frac{X_C}{R}\right) = \tan^{-1}\left(\frac{2.0\,\text{k}\Omega}{1.0\,\text{k}\Omega}\right) = 63.4^\circ$$

유효전력은

$$P_{\text{true}} = V_s I \cos\theta = (10\,\text{V})(4.46\,\text{mA})\cos(63.4^\circ) = \mathbf{20\,mW}$$

공식 $P_{\text{true}} = I^2R$을 사용하여 같은 결과를 얻을 수 있음을 유의하라.

무효전력은

$$P_r = I^2X_C = (4.46\,\text{mA})^2(2.0\,\text{k}\Omega) = \mathbf{39.8\,mVAR}$$

피상전력은

$$P_a = I^2Z = (4.46\,\text{mA})^2(2.24\,\text{k}\Omega) = \mathbf{44.6\,mVA}$$

피상전력은 P_{true}와 P_r의 페이저의 합으로도 구할 수 있다.

$$P_a = \sqrt{P_{\text{true}}^2 + P_r^2} = 44.6\,\text{mVA}$$

관련문제

그림 10–16에서 X_C = 10 kΩ이면 유효전력은 얼마인가?

10-4절 복습 문제

1. *RC* 회로에서 전력소비는 어느 성분에서 일어나는가?
2. 위상각이 45°이면 역률은 얼마인가?
3. 어떤 직렬 *RC* 회로가 다음과 같은 값을 갖는다. $R = 330\ \Omega$, $X_C = 460\ \Omega$, $I = 2\ A$. 이 경우에 있어서 유효전력, 무효전력, 피상전력을 구하라.

10-5 *RC* 회로의 기본 응용

RC 회로는 많은 응용분야에 적용되고 있다. 세 가지 주요 분야는 오실레이터의 위상천이 회로, 주파수-선택(필터) 회로, 교류 커플링 등이다.

이 절을 마친 후 다음을 할 수 있어야 한다.

- 기본이 되는 *RC* 응용분야를 설명한다.
- 필터로 동작하는 *RC* 회로를 설명한다.
- 교류 커플링을 설명한다.

RC 필터 회로

필터 회로는 입력 신호 중에서 어느 일정 주파수에 해당하는 신호를 선택하여 출력할 수 있는 회로를 뜻하는데, 이는 입력 신호 중에서 어떤 특정 주파수의 신호를 제외한 다른 모든 신호를 차단하는 회로를 의미한다. 즉, 선택된 주파수를 제외한 다른 모든 주파수의 신호들은 필터링되어 출력에서 나타나지 않게 된다. 주파수 선택 회로는 실제로 여러 회로 시스템에서 매우 중요한데, 특히 통신 분야에서는 더욱 그러하다.

RC 직렬회로에는 주파수 선택 특성이 있다. 여기에는 두 가지 종류의 필터 회로가 있는데, 첫 번째는 **저역통과필터(low-pass filter)**라고 부르는 회로로서 커패시터 양단의 전압을 출력으로 취함으로써 구현할 수 있는데, 이것은 신호의 시간 지상(뒤처짐)회로와 동일하다. 두 번째는 **고역통과필터(high-pass filter)**라고 부르는 회로로서 저항 양단의 전압을 출력으로 취함으로써 얻을 수 있으며, 신호의 시간 진상(앞당김)회로와 같다. 실제 적용 단계에서 *RC* 회로는 연산증폭기(operational amplifiers)를 이용하여 능동필터로 사용되는데, 이렇게 구성한 능동필터는 수동 *RC* 필터보다 더 효과적이다.

저역통과 필터 앞 절의 직렬 *RC* 지연회로에서 위상각과 출력전압에 어떤 관련이 있는지를 알아본 바가 있다. 직렬 *RC* 회로를 필터로 볼 때, 입력되는 전압에 대해 출력 전압의 크기가 어떻게 변하는가를 주파수의 변동에 따라서 살펴보는 것이 대단히 중요하다.

직렬 *RC* 회로의 필터로서의 동작을 설명하기 위하여 그림 10-17에서 주파수를 100 Hz에서 20 kHz까지 증가시키면서 측정하는 실험을 보이고 있다. 일정 단위로 주파수를 증가시키면서 출력전압을 측정해 보면, 그림에서 보이는 것처럼 주파수가 증가함에 따라 용량성 리액턴스 값이 감소한다. 각 단계마다 입력전압을 10 V로 일정하게 유지해도 커패시터 양단의 출력 전압은 감소한다. 표 10-1은 회로의 각 부분에서 계산과 측정한 임피던스, 전압 및 전류 등의 파라미터들을 주파수에 따라서 요약한 것이다.

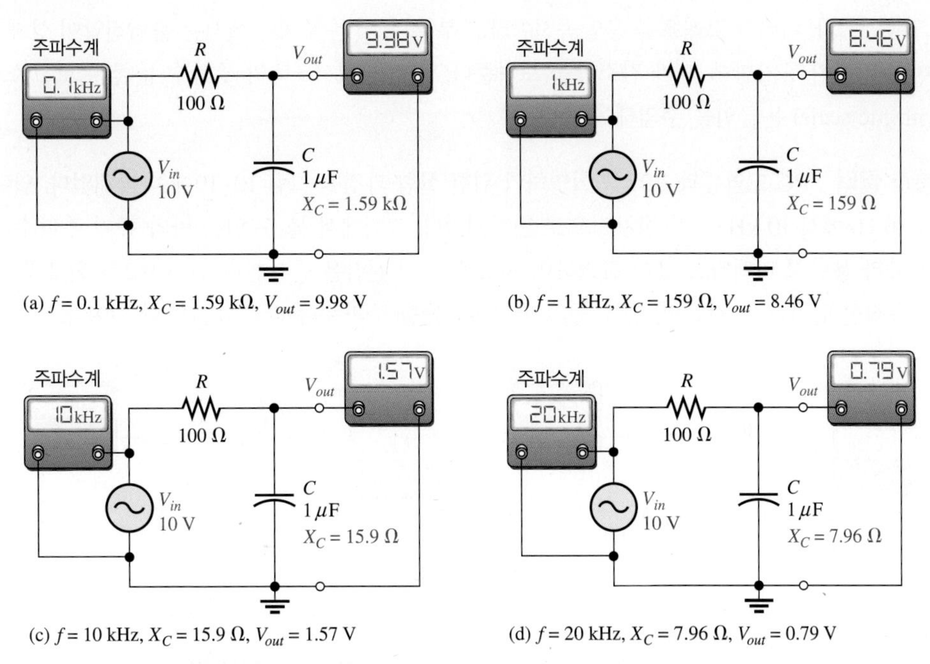

(a) $f = 0.1$ kHz, $X_C = 1.59$ kΩ, $V_{out} = 9.98$ V

(b) $f = 1$ kHz, $X_C = 159$ Ω, $V_{out} = 8.46$ V

(c) $f = 10$ kHz, $X_C = 15.9$ Ω, $V_{out} = 1.57$ V

(d) $f = 20$ kHz, $X_C = 7.96$ Ω, $V_{out} = 0.79$ V

그림 10-17 저역통과필터의 동작 예. 입력 주파수가 증가하면 V_{out}은 감소한다.

표 10-1

f(kHz)	X_C(Ω)	Z_{tot}(Ω)	I (mA)	V_{out} (V)
0.1	1,590	1,590	6.29	9.98
1	159	188	53.2	8.46
10	5.9	101	99.0	1.57
20	7.96	100	100	0.79

그림 10-17의 저역 통과 RC 회로에 대한 **주파수 응답(frequency response)**을 그림 10-18에 나타내었다. 그림을 보면, 측정값 V_{out}을 주파수(f)에 대해 표시하였는데, 곡선은 이 측정점들을 연결

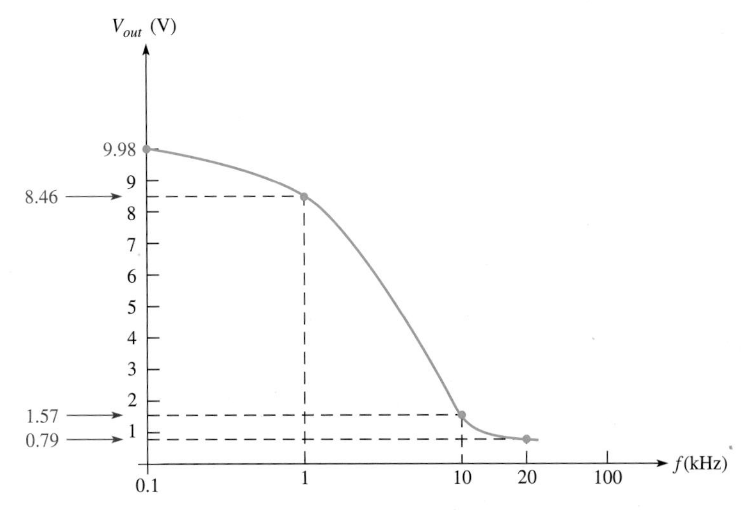

그림 10-18 그림 10-17의 저역통과 RC 회로에 대한 주파수응답곡선

하여 그린 것이다. 이러한 그래프를 응답곡선이라고 부른다. 낮은 주파수에서는 출력전압이 상대적으로 크며 주파수가 증가함에 따라 감소함을 보여준다. 이 그림에서 x축의 주파수 눈금은 로그스케일(logarithmic scale) 눈금임을 주의해야 한다.

고역통과 필터 *RC* 고역통과 필터를 설명하기 위한 실험 과정을 그림 10–19에 나타내었다. 입력 주파수를 10 Hz에서 10 kHz까지 점차적으로 변화시켰다. 그림에서 볼 수 있는 바와 같이 주파수가 증가함에 따라 용량성 리액턴스 값이 감소하여 저항 양단의 전압은 증가한다. 표 10–2는 회로의 각 부분에서 측정한 임피던스, 전압 및 전류 등의 파라미터들을 주파수에 따라서 요약한 것이다.

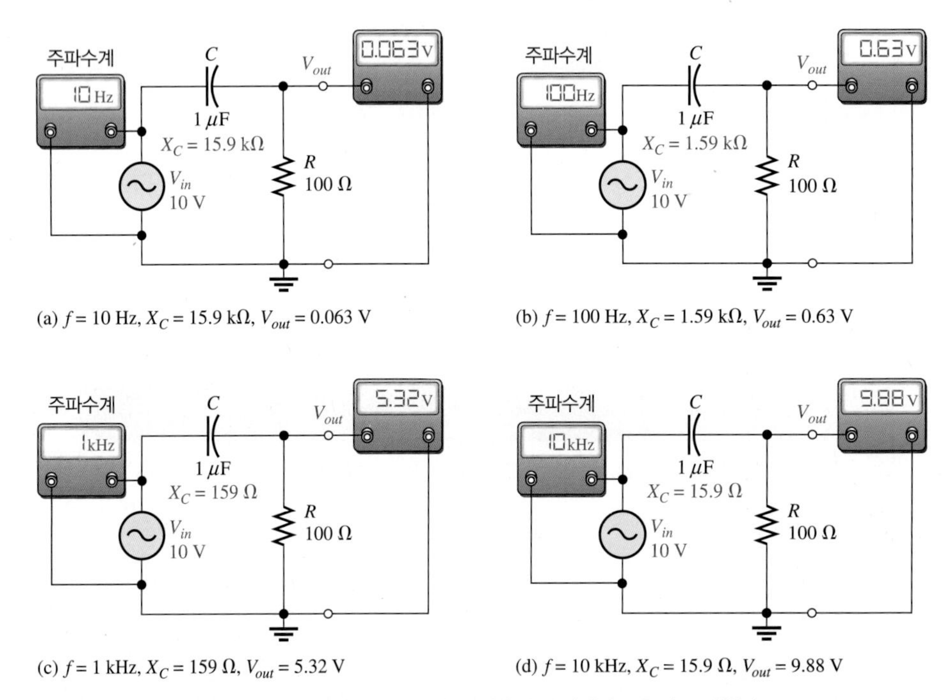

(a) f = 10 Hz, X_C = 15.9 kΩ, V_{out} = 0.063 V (b) f = 100 Hz, X_C = 1.59 kΩ, V_{out} = 0.63 V

(c) f = 1 kHz, X_C = 159 Ω, V_{out} = 5.32 V (d) f = 10 kHz, X_C = 15.9 Ω, V_{out} = 9.88 V

그림 10-19 *RC* 고역통과 필터의 동작 예. 입력 주파수가 증가하면 V_{out}이 증가한다.

표 10-2

f (kHz)	X_C(Ω)	Z_{tot}(Ω)	I (mA)	V_{out} (V)
.01	15,900	≈ 15,900	0.629	0.063
.1	1590	1593	6.28	0.63
1	159	188	53.2	5.32
10	15.9	101	98.8	9.88

그림 10–19의 고역통과 필터에서 측정한 값들을 표시하여 응답곡선을 그림 10–20에 나타내었다. 그림에서 보면 주파수가 높아짐에 따라 출력전압은 증가하며, 주파수가 낮아짐에 따라 출력전압이 감소한다. x축의 주파수 눈금은 로그스케일 눈금임을 주의하여야 한다.

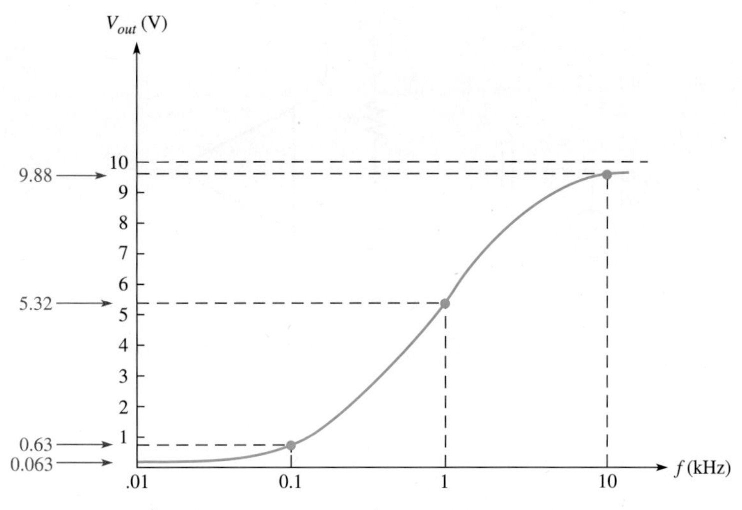

그림 10–20 그림 10–19의 고역통과 *RC* 회로에 대한 주파수응답곡선

RC 회로의 차단주파수와 대역폭 저역통과 또는 고역통과 *RC* 필터 회로에서 용량성 리액턴스와 저항이 같을 때의 주파수를 **차단 주파수(cutoff frequency)**라고 부르며, f_c로 나타낸다. 이 조건은 $1/(2\pi f_c C) = R$로 나타낼 수 있다. f_c를 구하면 다음 식으로 표현된다.

$$f_c = \frac{1}{2\pi RC} \tag{10-7}$$

입력 주파수가 f_c일 때, *RC* 필터 회로의 출력전압은 최대값의 70.7%이다. 이 차단주파수를 통과(passing frequency) 또는 저지 주파수(rejecting frequency)라는 용어로 표현하기도 하는데, 이것은 *RC* 필터 회로의 특성을 나타내 주는 척도로 사용될 수 있다. 예를 들면 고역통과 필터에서는 f_c 이상의 모든 입력 주파수는 필터를 거치더라도 통과되지만, f_c 이하의 입력주파수 영역은 필터에 의해 출력이 차단되는 것으로 간주한다. 저역통과필터에 대해서는 통과와 차단 주파수 영역이 고역 통과필터와 반대가 된다. *RC* 필터를 통과하여 출력할 수 있는 입력 주파수의 범위를 **대역폭(bandwidth)**이라고 부른다. 그림 10–21은 저역통과 필터의 대역폭과 차단 주파수를 나타낸 것이다.

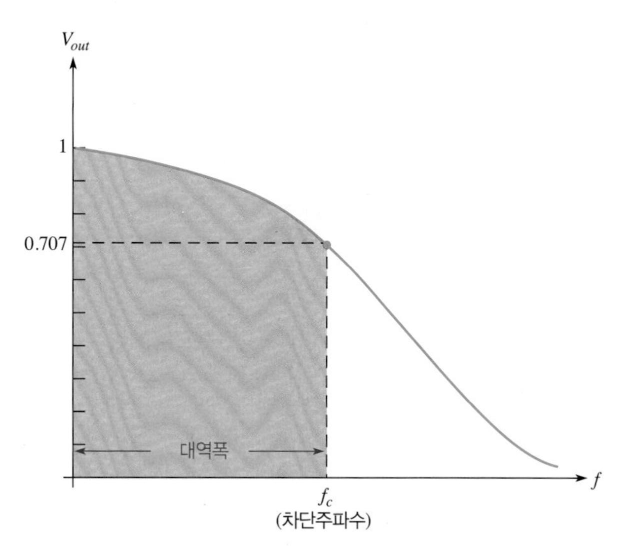

그림 10–21 차단주파수와 대역폭을 설명하기 위해 정규화시킨 저역통과 필터의 응답곡선

교류신호에 직류 바이어스 전압을 부가하는 회로

그림 10–22는 교류신호에 직류 **바이어스(bias)** 전압을 더해 주기 위해 사용하는 *RC* 필터회로를 보인 것이다. 이런 종류의 회로는 증폭기회로에서 흔히 사용되고 있는데, 교류 신호의 증폭 기준 레벨이 적절히 유지되도록 직류 바이어스 전압을 걸기 위해 사용된다. 증폭시킬 교류 신호는 커패시터를 통하여 직류 바이어스 전압과 결합되는데, 사용된 커패시터는 신호원의 내부 저항과 직류 바이어스 회로의 저항들이 직접적으로 직렬 또는 병렬회로로 합성되는 것을 막아서 바이어스 전압이 변하지 않도록

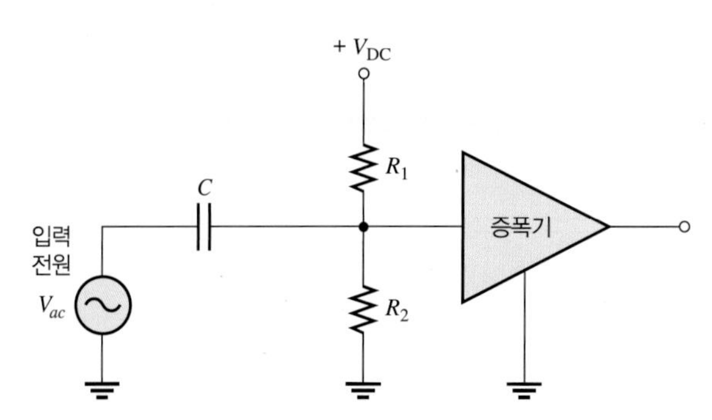

그림 10–22 증폭기를 이용한 바이어스 및 신호 커플링 회로

해 주는 역할을 한다. 이런 종류의 회로에서는 상대적으로 큰 값의 커패시터 용량을 선택하여 리액턴스가 바이어스 회로의 저항에 비해 매우 작게 한다. 리액턴스가 매우 작으면(이상적으로는 0), 신호의 위상차와 커패시터 양단의 전압강하가 발생하지 않는다. 따라서 신호원에서 나오는 교류 전압의 변동 크기가 그대로 증폭기의 입력으로 전달된다.

그림 10–23은 그림 10–22의 회로에 중첩의 원리를 적용한 것을 보여주는 그림이다. 그림 (a)에서는 교류전원을 연결하지 않았을 때, 직류 바이어스 회로에 의해 전압이 일정하게 유지되는 것을 보여준다. C는 직류에 대해 개방된 상태로 보이므로, 점 A에서의 전압은 직류 전원의 전압과 R_1과 R_2의 전압 분배에 의해 결정된다. 그림 (b)는 직류 전원을 이상 저항(저항 값 0)으로 대치하였을 때를 보여준다. 교류에 대해 C는 단락된 상태로 보이므로 신호전압은 점 A에 직접 결합되며, 저항 R_1과 R_2는 병렬연결로 나타난다. 이때 신호원 내부 저항은 병렬저항값에 비해 상대적으로 매우 작아서 교류전압의 크기는 달라지지 않는다. 그림 (c)는 교류전압과 직류전압의 중첩 결과로서 교류전압이 직류 레벨 위에 얹혀 있는(riding) 모양을 보인 것이다.

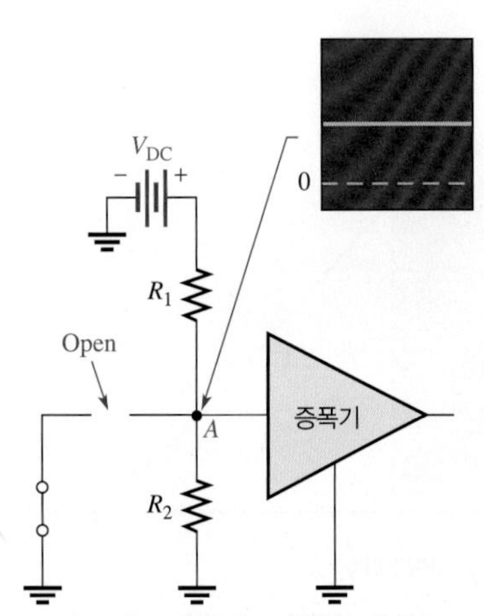

(a) 직류 등가회로: 교류 전원은 단락회로로 교체, C는 직류에 대해 개방, R_1과 R_2는 직류전압 분배기로 동작

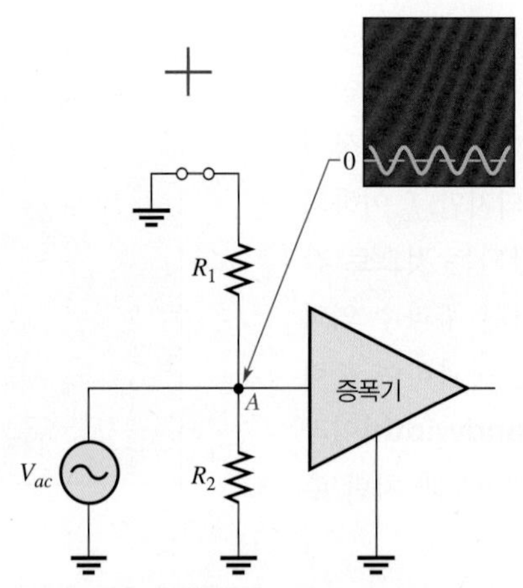

(b) 교류 등가: 직류 전원은 단락회로로 교체, C는 교류에 대해 단락, V_{ac}는 A지점에 그대로 전달됨.

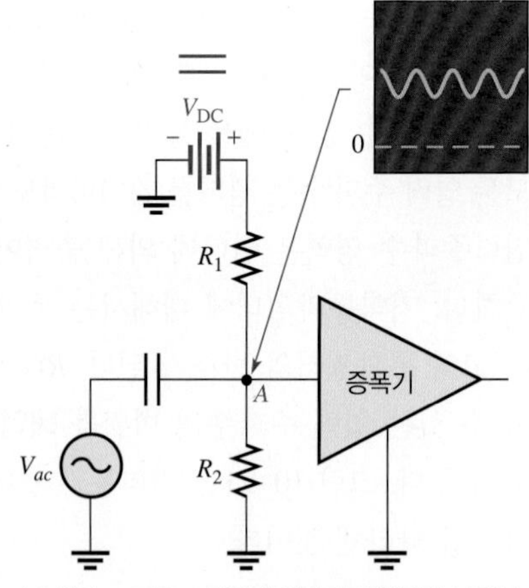

(c) 직류 + 교류: A지점에 전압이 중첩되어 나타남.

그림 10–23 *RC* 바이어스와 결합회로에서 직류와 교류전압의 중첩

10–5절 복습 문제

1. 직렬 *RC* 회로가 저역통과필터로 사용될 경우, 출력으로 다루어지는 소자는 무엇인가?

10-6 *RL* 회로의 정현파 응답

입력 전압이 정현파 형태이면, *RC* 회로와 유사하게, 모든 *RL* 회로의 출력 전류와 전압도 정현파 형태이다. 코일의 인덕턴스는 전압과 전류 사이에 위상천이를 발생시키는데, 이 위상차는 저항과 유도성 리액턴스의 상대적인 크기에 의해 달라진다. 코일의 권선에는 저항값이 있기 때문에 저항, 콘덴서 등과 같이 이상적인 회로소자가 절대 될 수 없다. 그러나 대부분의 경우, 설명을 쉽게 하기 위해 이상적이라고 가정한다.

이 절을 마친 후 다음을 할 수 있어야 한다.

- *RL* 회로에서 전류와 전압 사이의 관계를 설명한다.
- 전압과 전류 파형을 설명한다.
- *RL* 회로의 위상천이에 대하여 설명한다.

RL 회로에서 저항의 전압과 전류는 전원의 전압 위상에 뒤지는 현상을 보인다. 반면, 인덕터의 전압은 전원 전압에 앞선다. 이상적인 경우, 인덕터의 전압과 전류 사이의 위상각은 항상 90°이다. 이러한 일반적인 위상 관계를 그림 10–24에 나타내었다. 앞에서 *RC* 회로에서 알아 본 현상과 반대로 나타나는데, 이를 비교하여 어떻게 다른지 파악해 보자.

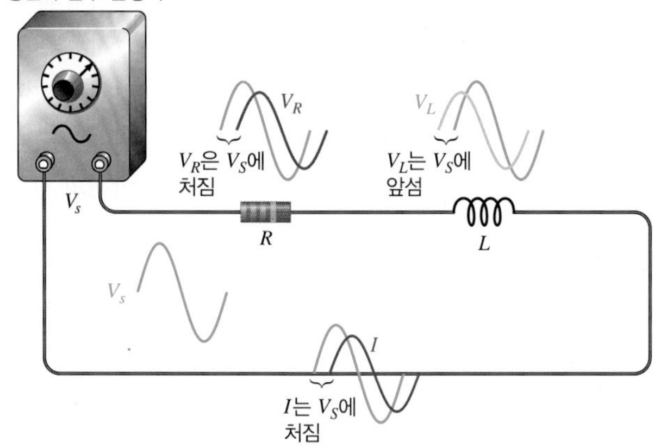

그림 10–24 전원 전압 V_S에 대해 V_R, V_L 및 I 등 출력들이 일반적인 위상 관계를 설명하는 정현파 응답의 예. V_R과 I의 위상 관계 : V_R과 V_L은 서로 90°의 위상차를 갖는다.

전압과 전류 사이의 위상차와 진폭 관계들은 저항값과 유도성 리액턴스의 값에 의해 달라진다. 만약 어떤 회로가 순수하게 코일 성분만을 가진다면 입력 전원의 전압과 전체 전류 사이에는 90°의 위상차를 가지게 되는데, 전류가 전압에 뒤처지는 관계이다. 만약 회로가 저항과 유도성 리액턴스 성분을 모두 지니고 있다면, 위상각은 저항값과 유도성 리액턴스의 비율에 의해 0°와 90° 사이로 결정된다. 실제의 모든 인덕터들은 권선 자체에 저항값을 가지고 있기 때문에 이상적인 조건에 가깝게 할 수는 있지만, 절대로 이상적으로 만들 수는 없다.

10–6절 복습 문제

1. 1 kHz의 정현파 전압을 *RL* 회로에 가해 주었을 때, 회로에 흐르는 전류의 주파수는 얼마가 되는가?

2. *RL* 회로에서 저항값이 유도성 리액턴스의 값보다 크다면, 입력 전압과 전체 전류 사이의 위상차는 0°에 가까운가? 아니면 90°에 더 가까운가?

10-7 직렬 *RL* 회로의 임피던스와 위상각

임피던스는 10−2절의 *RC* 회로에서 설명한 바가 있는데, 교류에서 전류를 방해하는 저항을 의미한다. *RC* 회로에서와 같이, 임피던스는 순수 저항성분과 리액턴스의 조합으로 이루어져 있으며 크기를 페이저로 나타낼 수 있었다. 위상차 때문에 임피던스는 페이저의 크기로 나타내는 것이 바람직하다.

이 절을 마친 후 다음을 할 수 있어야 한다.

- *RL* 회로에 있어서 임피던스와 위상차를 설명한다.
- 임피던스 삼각도를 그린다.
- 임피던스의 크기를 계산한다.
- 위상각을 계산한다.

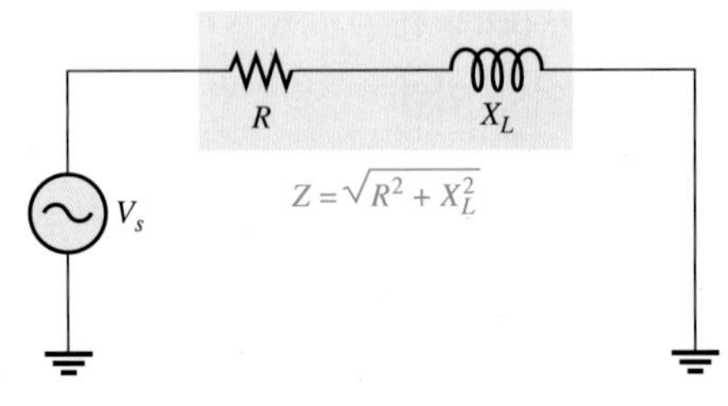

그림 10-25 직렬 *RL* 회로의 임피던스

직렬 *RL* 회로의 임피던스는 교류 전류를 방해하는 저항을 의미하는데, 단위는 옴(Ω)이다. 위상각은 회로의 전체 전류와 전원 전압 사이의 위상차이이다. 임피던스(Z)는 그림 10−25에서 나타낸 바와 같이 순수저항(R)과 유도성 리액턴스(X_L)에 의해 결정된다.

교류 회로 해석에 있어서 R과 X_L은 그림 10−26(a)에서와 같이 모두 페이저로 다루게 되는데, 저항 R에 대해 X_L은 +90°를 가지는 것으로 나타낸다. 이 관계는 인덕터의 전압은 전류에 앞선다는 사실에서 출발하는데, 저항의 전류와 전압은 같은 위상이므로, 결국 인덕터 전압은 저항의 전압에 대해서도 똑같이 앞서게 되는 것이다. Z는 R과 X_L의 페이저 합성이므로 그림 10-26(b)와 같이 나타낸다. 페이저를 다시 정리하면, 그림 10−26(c)에서 직각삼각형을 만드는데, 이것은 앞서 배운 바 있는 임피던스 삼각도이다. 페이저의 길이는 각 성분의 크기를 나타내고, θ는 전원 전압과 회로 전류 사이의 위상각이다.

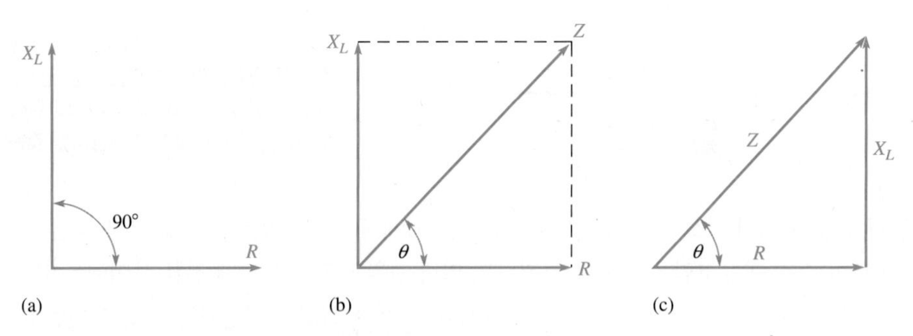

그림 10-26 직렬 *RL* 회로의 임피던스 삼각도 그리는 순서

직렬 *RL* 회로에서 임피던스의 크기는 저항과 리액턴스를 써서 다음 식과 같이 나타낸다.

$$Z = \sqrt{R^2 + X_L^2} \tag{10-8}$$

여기서 Z는 옴의 단위이다.

위상각은 다음 식과 같이 나타낼 수 있다.

$$\theta = \tan^{-1}\left(\frac{X_L}{R}\right) \tag{10-9}$$

예제 10-5

그림 10–27의 회로에서 임피던스와 위상각을 결정하라. 그리고 임피던스 삼각도를 그려라.

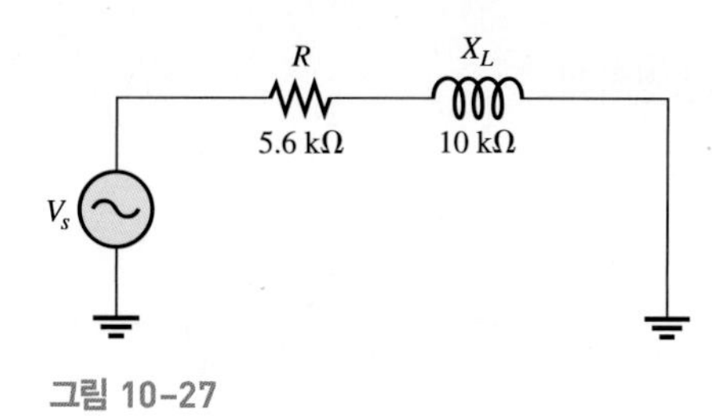

그림 10–27

풀이

임피던스는

$$Z = \sqrt{R^2 + X_L^2} = \sqrt{(5.6\,\text{k}\Omega)^2 + (10\,\text{k}\Omega)^2} = \mathbf{11.5\,k\Omega}$$

위상각 θ는

$$\theta = \tan^{-1}\left(\frac{X_L}{R}\right) = \tan^{-1}\left(\frac{10\,\text{k}\Omega}{5.6\,\text{k}\Omega}\right) = \mathbf{60.8°}$$

전원 전압은 전류에 대해 60.8° 앞선다. 임피던스 삼각형은 그림 10–28에 나타내었다.

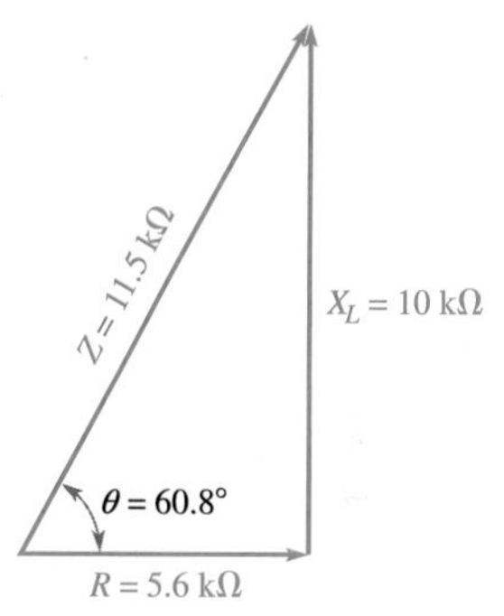

그림 10–28

관련문제

직렬 *RL* 회로에서 $R = 1.8\,\text{k}\Omega$, $X_L = 950\,\Omega$이다. 임피던스와 위상각을 결정하라.

10–7절 복습 문제

1. 전원 전압은 *RL* 직렬회로의 전류보다 위상이 앞서는가 아니면 뒤지는가?
2. 위상각이 45°인 경우에 X_L과 R은 어떤 관계인가?
3. *RL* 회로의 위상각은 *RC* 회로의 위상각과 어떤 차이가 있는가?
4. 어떤 직렬 *RL* 회로가 33 kΩ 순수저항과 유도성 리액턴스가 50 kΩ일 때, Z와 θ를 계산하라.

10-8 직-병렬 *RL* 회로 해석

앞의 절에서 공부한 개념들은 *RL* 직렬과 병렬의 조합회로에 대해서도 적용하여 해석할 수 있다.

이 절을 마친 후 다음을 할 수 있어야 한다.

- 직–병렬 *RL* 회로를 해석한다.
- 전체 임피던스와 위상차를 계산한다.
- 전류와 전압을 계산한다.

다음의 두 예제를 통해 직-병렬회로의 해석 과정에 대해서 알아본다.

예제 10-6

그림 10-29의 회로에서 다음 값을 결정하라.

(a) Z_{tot} **(b)** I_{tot} **(c)** θ

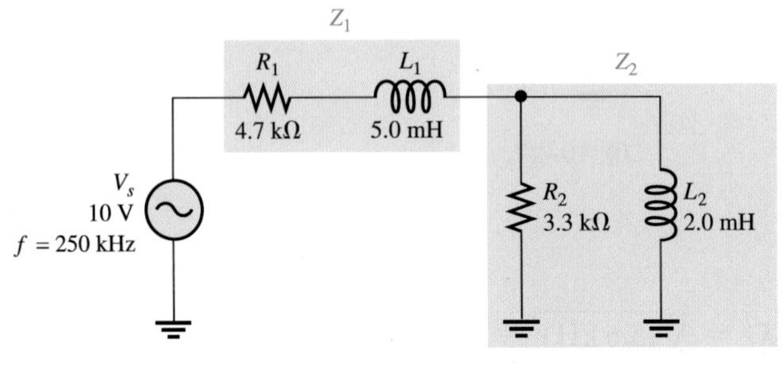

그림 10-29

풀이

(a) 먼저, 유도성 리액턴스를 계산한다.

$$X_{L1} = 2\pi fL_1 = 2\pi(250\text{ kHz})(5.0\text{ mH}) = 7.85\text{ k}\Omega$$
$$X_{L2} = 2\pi fL_2 = 2\pi(250\text{ kHz})(2.0\text{ mH}) = 3.14\text{ k}\Omega$$

다음으로 회로의 병렬부분에 대해 직렬 등가저항과 유도성 리액턴스를 구한다. 그 다음, 총 저항을 구하기 위하여 저항을 더할 수 있고($R_1 + R_{eq}$), 전체 리액턴스를 구하기 위하여 리액턴스들($X_{L1} + X_{L(eq)}$)을 더할 수 있다. 이렇게 모두를 합해서 전체 임피던스를 구할 수 있다.

일단 다음과 같이 병렬부분(Z_2)의 임피던스를 계산한다.

$$G_2 = \frac{1}{R_2} = \frac{1}{3.3\text{ k}\Omega} = 303\ \mu\text{S}$$

$$B_{L2} = \frac{1}{X_{L2}} = \frac{1}{3.14\text{ k}\Omega} = 318\ \mu\text{S}$$

$$Y_2 = \sqrt{G_2^2 + B_L^2} = \sqrt{(303\ \mu\text{S})^2 + (318\ \mu\text{S})^2} = 439\ \mu\text{S}$$

그 다음,

$$Z_2 = \frac{1}{Y_2} = \frac{1}{439\ \mu\text{S}} = 2.28\text{ k}\Omega$$

병렬회로의 위상각은

$$\theta_p = \tan^{-1}\left(\frac{R_2}{X_{L2}}\right) = \tan^{-1}\left(\frac{3.3\text{ k}\Omega}{3.14\text{ k}\Omega}\right) = 46.4°$$

병렬부분에 대한 직렬 등가는 다음과 같다.

$$R_{eq} = Z_2\cos\theta_p = (2.28\text{ k}\Omega)\cos(46.4°) = 1.57\text{ k}\Omega$$
$$X_{L(eq)} = Z_2\sin\theta_p = (2.28\text{ k}\Omega)\sin(46.4°) = 1.65\text{ k}\Omega$$

전체 회로 저항은

$$R_{tot} = R_1 + R_{eq} = 4.7\text{ k}\Omega + 1.57\text{ k}\Omega = 6.27\text{ k}\Omega$$

전체 회로 리액턴스는

$$X_{L(tot)} = X_{L1} + X_{L(\text{eq})} = 7.85\text{ k}\Omega + 1.65\text{ k}\Omega = 9.50\text{ k}\Omega$$

전체 임피던스는

$$Z_{tot} = \sqrt{R_{tot}^2 + X_{L(tot)}^2} = \sqrt{(6.27\text{ k}\Omega)^2 + (9.50\text{ k}\Omega)^2} = \mathbf{11.4\text{ k}\Omega}$$

(b) 전체 전류를 계산하기 위해 옴의 법칙을 적용한다.

$$I_{tot} = \frac{V_s}{Z_{tot}} = \frac{10\text{ V}}{11.4\text{ k}\Omega} = \mathbf{877\ \mu A}$$

(c) 위상각을 구하기 위하여 회로를 R_{tot}와 $X_{L(tot)}$의 직렬조합으로 본다. I_{tot}가 V_s에 뒤지므로 위상각은

$$\theta = \tan^{-1}\left(\frac{X_{L(tot)}}{R_{tot}}\right) = \tan^{-1}\left(\frac{9.50\text{ k}\Omega}{6.27\text{ k}\Omega}\right) = \mathbf{56.6°}$$

관련문제

(a) 그림 10-29에서 회로의 직렬 부분 양단 전압을 계산하라.

(b) 회로의 병렬 부분 양단 전압을 계산하라.

예제 10-7

그림 10-30의 각 소자 양단 전압을 계산하라. 전압 페이저 삼각도를 그려라.

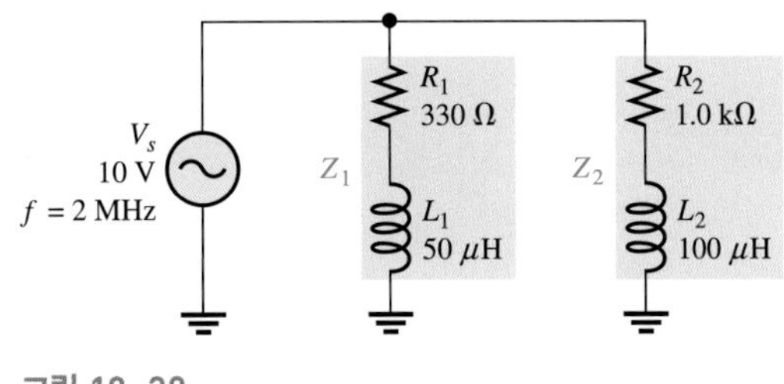

그림 10-30

풀이

먼저, X_{L1}과 X_{L2}를 계산한다.

$$X_{L1} = 2\pi fL_1 = 2\pi(2\text{ MHz})(50\ \mu\text{H}) = 628\ \Omega$$
$$X_{L2} = 2\pi fL_2 = 2\pi(2\text{ MHz})(100\ \mu\text{H}) = 1.26\text{ k}\Omega$$

이제, 각 가지의 임피던스를 계산한다.

$$Z_1 = \sqrt{R_1^2 + X_{L1}^2} = \sqrt{(330\ \Omega)^2 + (628\ \Omega)^2} = 709\ \Omega$$
$$Z_2 = \sqrt{R_2^2 + X_{L2}^2} = \sqrt{(1.0\text{ k}\Omega)^2 + (1.26\text{ k}\Omega)^2} = 1.61\text{ k}\Omega$$

각 가지 전류를 계산한다.

$$I_1 = \frac{V_s}{Z_1} = \frac{10\text{ V}}{709\ \Omega} = 14.1\text{ mA}$$

$$I_2 = \frac{V_s}{Z_2} = \frac{10\text{ V}}{1.61\text{ k}\Omega} = 6.21\text{ mA}$$

이제, 각 소자 양단의 전압을 구하기 위하여 옴의 법칙을 사용한다.

$$V_{R1} = I_1R_1 = (14.1\text{ mA})(330\ \Omega) = \mathbf{4.65\ V}$$
$$V_{L1} = I_1X_{L1} = (14.1\text{ mA})(628\ \Omega) = \mathbf{8.85\ V}$$
$$V_{R2} = I_2R_2 = (6.21\text{ mA})(1.0\text{ k}\Omega) = \mathbf{6.21\ V}$$
$$V_{L2} = I_2X_{L2} = (6.21\text{ mA})(1.26\text{ k}\Omega) = \mathbf{7.82\ V}$$

이제, 각 가지 전류에 관련된 각도를 계산한다.

$$\theta_1 = \tan^{-1}\left(\frac{X_{L1}}{R_1}\right) = \tan^{-1}\left(\frac{628\ \Omega}{330\ \Omega}\right) = 62.3°$$
$$\theta_2 = \tan^{-1}\left(\frac{X_{L2}}{R_2}\right) = \tan^{-1}\left(\frac{1.26\text{ k}\Omega}{1.0\text{ k}\Omega}\right) = 51.6°$$

따라서 그림 10–31(a)에서 나타낸 것처럼 I_1은 V_s보다 62.3° 뒤처지며, I_2는 V_s보다 51.6° 뒤처진다. 여기서, 음(−)의 부호는 각이 뒤처지는 것을 의미한다.

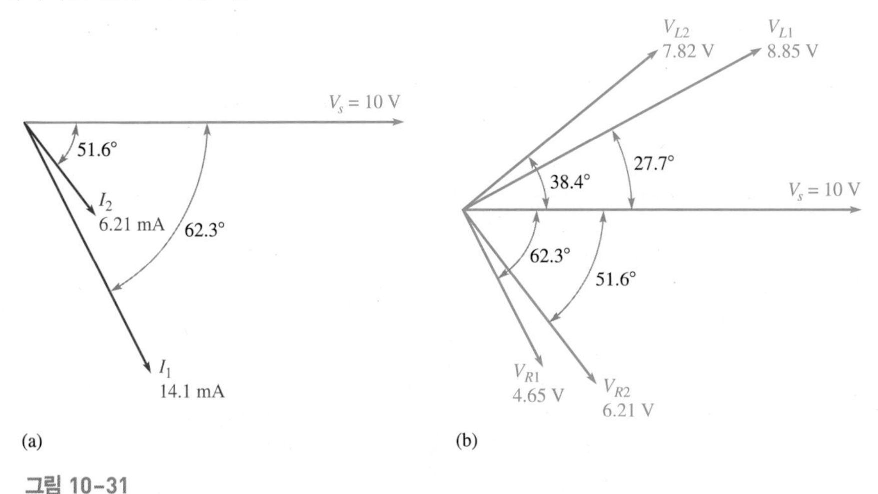

그림 10–31

전압들의 위상관계는 다음과 같다.

- V_{R1}은 I_1과 같은 위상이므로, V_s보다 62.3° 뒤처진다.
- V_{L1}은 I_1보다 90° 앞서므로, 위상각은 90° − 62.3° = 27.7°
- V_{R2}는 I_2와 같은 위상이므로, V_s에 51.6° 뒤처진다.
- V_{L2}는 I_2보다 90° 앞서므로, 위상각은 90° − 51.6° = 38.4°

그림 10–31(b)에 이 위상 관계들을 나타내었다.

관련문제

그림 10–31에서 주파수가 증가하면 회로의 전체 전류에 어떤 영향을 미치는가?

10–8절 복습 문제

1. 그림 10–30 회로의 전체 전류를 계산하시오. (힌트: I_1과 I_2의 수평성분과 수직 성분 각각의 합을 계산하라. 그 다음, 피타고라스 정리를 적용하여 전체 전류를 구한다.)
2. 그림 12–30 회로의 전체 임피던스를 계산하시오.

10-9 RL 회로의 전력

순수 저항으로 이루어진 교류회로에서는 전원에서 전달되는 에너지는 저항에 의해 열방출 형태로 모두 소모된다. 그러나 순수 인덕터 교류회로에서는 전원에서 전달된 모든 에너지는 전원의 사이클 주기 중 일부 동안에는 인덕터에 자기장의 형태로 저장되고, 사이클 주기의 나머지 부분에서 다시 전원으로 돌아간다. 따라서 열에너지로의 변환은 전혀 없다. 그러나 회로에 저항과 인덕터 두 가지가 모두 존재한다면 에너지의 일부는 인덕터에 의해 저장과 반환이 되지만, 일부는 저항에 의해 소멸된다. 따라서 열의 형태로 변환되는 에너지의 양은 저항과 유도성 리액턴스의 상대적인 값으로 계산할 수 있다.

이 절을 마친 후 다음을 할 수 있어야 한다.

- *RL* 회로의 전력을 계산한다.
- 유효 전력와 무효 전력을 설명한다.
- 전력 삼각도를 그린다.
- 역률을 정의한다.
- 역률 보정에 관해 설명한다.

RL 회로에서 저항성분이 유도성 리액턴스보다 크게 되면 전원의 전력 중에 저항에 의해 열로 소모되는 양이 인덕터에 저장되었다가 반환되는 양보다 많아진다. 만일 리액턴스의 값이 저항보다 크게 되면 열에 의해 소모되는 에너지보다 저장되었다가 반환되는 에너지의 양이 더 많다. 알다시피, 저항에 의해 열로 소모되는 전력을 **유효 전력(true power)**이라고 한다. 인덕터의 전력을 **무효 전력(reactive power)**이라고 하고 다음의 식과 같이 나타낸다.

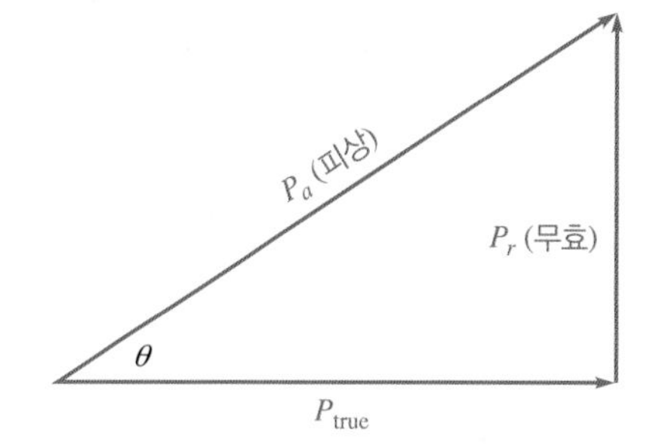

그림 10-32 *RL* 회로의 전력 삼각도

$$P_r = I^2X_L \qquad (10-10)$$

RL 회로의 일반적인 전력삼각도를 그림 10-32에 나타내었다. **피상전력(apparent power), P_a**는 유효 전력과 무효 전력의 합성 전력이다.

예제 10-8

그림 10-33에서 역률, 유효전력, 무효전력 그리고 피상전력을 구하라.

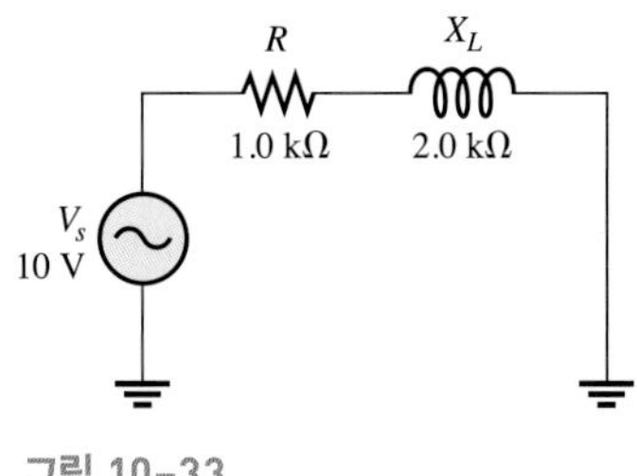

그림 10-33

풀이

회로의 임피던스는 다음과 같다.

$$Z = \sqrt{R^2 + X_L^2} = \sqrt{(1.0\,\text{k}\Omega)^2 + (2.0\,\text{k}\Omega)^2} = 2.24\,\text{k}\Omega$$

전류는 다음과 같다.

$$I = \frac{V_s}{Z} = \frac{10\ \text{V}}{2.24\ \text{k}\Omega} = 4.46\ \text{mA}$$

위상각은 다음과 같다.

$$\theta = \tan^{-1}\left(\frac{X_L}{R}\right) = \tan^{-1}\left(\frac{2.0\ \text{k}\Omega}{1.0\ \text{k}\Omega}\right) = 63.4°$$

역률은 식 10–6에서 정의되었다. 그러므로 역률은 다음과 같다.

$$PF = \cos\theta = \cos(63.4°) = \mathbf{0.448}$$

유효전력은 다음과 같다.

$$P_{true} = V_s I\cos\theta = (10\ \text{V})(4.46\ \text{mA})(0.448) = \mathbf{20\ mW}$$

무효전력은 다음과 같다.

$$P_r = I^2 X_L = (4.46\ \text{mA})^2(2.0\ \text{k}\Omega) = \mathbf{39.8\ mVAR}$$

피상전력은 다음과 같다.

$$P_a = I^2 Z = (4.46\ \text{mA})^2(2.24\ \text{k}\Omega) = \mathbf{44.6\ mVA}$$

관련문제

그림 10–33에서 주파수가 증가하면, P_{true}, P_r 그리고 P_a는 어떻게 달라지는가?

역률의 중요성

역률(PF)은 위상각 θ의 코사인값($PF = \cos\theta$)과 같다. 전원 전압과 인덕터에 흐르는 총전류 사이에 위상각이 커지게 되면 역률은 작아지게 되는데, 이것은 유도성 전력의 증가를 의미한다. 작은 역률은 유효 전력이 작고, 무효 전력이 크다는 것을 의미한다. 유도성 부하의 역률은 **지상역률**(*lagging power factor*)이라고 불리기도 하는데, 그 이유는 전원 전압에 비해 전류가 뒤처지기 때문이다.

앞에서 배운 것처럼 역률은 얼마나 많이 부하에 실제 전력이 전달되었는가를 나타내는 중요한 지

모터 위상차

산업체에서 사용되는 큰 교류 유도 모터는 짧은 시간 동안 사용 정격 전류보다 5~6배의 큰 전류가 순간적으로 흐를 수 있다. 모터가 회전하기 시작할 때 기동 임피던스(starting impedance)는 순수 유도성이다. 이 의미는 회전 시작 시의 전류는 전원 공급 단자에 걸리는 전압에 대해 90° 위상이 뒤처져서 공급전력이 높다는 것이다. 그러나 잠시 후 모터가 속도를 내기 시작하면 전류는 정격 전류근처로 떨어지면서 모터 부하는 저항성이 주가 된다. 따라서 전압과 전류의 위상차는 작아지면서 공급전력은 낮아진다. 대부분 대형 유도모터들은 별도의 기동장치를 사용하는데, 이것은 기동 시에 전류를 제한하는 저항을 모터 권선과 직렬로 만들어 큰 전류를 방지하도록 되어 있다.

출처: yukosourov/Fotolia.com

시스템 노트

표이다. 역률 최대치는 1인데, 이 경우는 부하에 걸리는 전압과 흐르는 총 전류가 같은 위상임을 의미한다. 역률이 0이라면, 부하에 걸리는 전압과 흐르는 전류 사이에 90° 위상차가 있다는 의미이다.

일반적으로 역률이 1에 가까울수록 바람직한데, 그 이유는 전원에서 부하로 전달되는 대부분의 전력이 실제로 유효한 전력이 되기 때문이다. 유효 전력은 전원에서 부하로만 향하는 전력인데, 부하에서 일로 소모되어 결국 열로 소멸되는 에너지이다. 무효 전력은 부하에 실제 일로 사용되지 않고 전원과 부하 사이를 단순히 왕복한다. 에너지는 일로 사용되는 것이 바람직할 것이다.

실제로 많은 부하들은 특별한 기능으로 인해 대부분 인덕턴스를 가지고 있는데, 이는 적절한 동작(또는 용량성)을 위해 필수적인 것이다. 예로서 변압기, 전기 모터, 스피커 등을 들 수 있는데, 이런 장치들의 유도성 회로 성분은 중요한 관심 대상이다. 시스템 요구 조건에서 역률의 효과를 알아보기 위해 그림 10-34를 살펴보자. 이 그림은 전형적인 유도성 부하에서 저항과 인덕턴스가 병렬로 구성되어 있는 회로이다. 그림 10-34(a)는 상대적으로 낮은 역률(0.75)인 경우이고, 그림 10-34(b)는 상대적으로 큰 역률(0.95)인 경우를 보여준다. 전력계에 나타난 바와 같이 두 경우 모두 부하는 동일한 전력을 열로 소모한다. 그러나 전류계 비교를 해 보면, 그림 10-34(a)의 낮은 역률은 그림 10-34(b)의 높은 역률보다 전원에서 더 많은 전류를 흘리고 있다. 따라서 그림(a)의 전원은 그림(b)의 전원보다 더 높은 VA 용량을 가져야 한다. 한편 장거리 전력 송신인 경우에는 더욱 심각해지는데, 그 이유는 그림(a)의 배선은 그림(b)의 배선보다 더 굵은 배선을 사용해야 하기 때문이다.

그림 10-34는 부하로 전력을 전달하는 측면에서 보면, 높은 역률이 훨씬 더 큰 이득이 있음을 보여주는데 이는 곧 저비용을 의미하는 것이다.

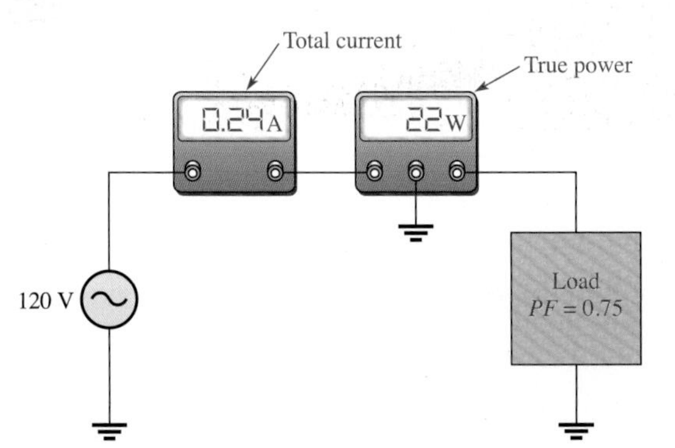

(a) 낮은 역률은 주어진 전력소비(W)를 위하여 더 많은 전류가 필요함을 의미한다. 따라서 유효전력(W)을 전달하기 위해서 더 큰 용량의 전원이 요구된다.

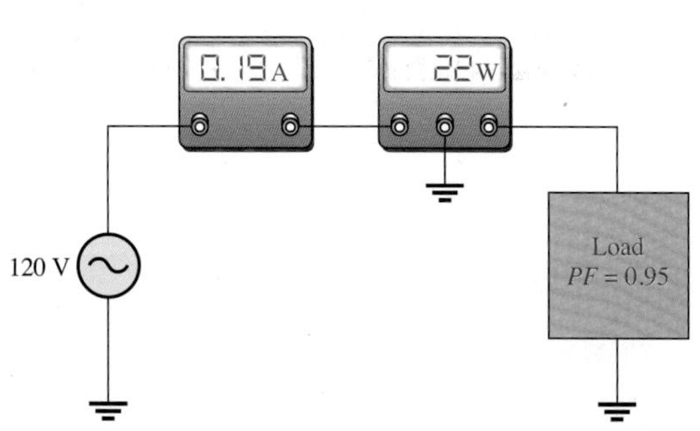

(b) 높은 역률은 주어진 전력소비를 위하여 보다 적은 전류가 필요함을 의미한다. 따라서 보다 작은 전원으로 같은 유효전력(W)을 전달할 수 있다.

그림 10-34 전원정격(VA)과 도체의 크기 등과 같은 시스템의 요구사항에 역률이 미치는 영향에 대한 설명

역률 개선 유도성 부하의 역률은 그림 10-35에서 나타낸 바와 같이 병렬로 콘덴서를 연결하여 향상시킬 수 있다. 콘덴서는 총전류의 지연을 보상해 주는데, 이유는 용량성이 유도성 성분보다 180° 위상이 앞서기 때문이다. 이것은 그림에서 설명되는 바와 같이 인덕터에 의한 위상차를 줄여서 전체 전류를 상쇄하거나 줄여주는데, 이것은 결국 역률을 증가시키는 역할을 한다.

주위에서 흔히 볼 수 있는 산업용 3상 모터, 용접기 등과 같은 부하들은 유도성으로 작동하는데, 각 상의 전압에 대해 전류들은 뒤처짐을 보인다. 그림 10-32에 보이는 바 같이 3상에 대해서도 전력 삼각형들이 각 상들마다 피상 전력에 대해 유효 전력을 가진다는 것을 고려한다면 일반화시켜 적용을 할 수 있다. 이상적인 경우($PF = 1$), 각 상마다 전류들은 전압 파형을 그대로 따라간다. 또한 각 상마다 계산되는 전력은 같아야 한다(이것을 부하 평형(load balancing)이라고 한다). 평형 부하인 경우, 각 상 라인에 콘덴서를 연결한다면, 앞의 단상의 경우와 같이 콘덴서 보정 방법을 사용할 수 있다.

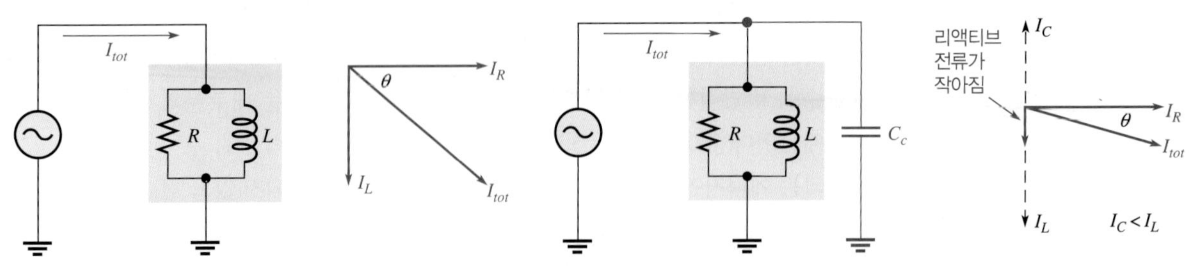

(a) I_R과 I_L을 합성하면 전체 전류가 됨

(b) I_C가 I_L에서 전류를 감소시킴. 작은 무효 전류를 남기므로 I_{tot}과 θ을 감소시킴

그림 10-35 보상 커패시터(C_C)를 삽입하여 어떻게 역률을 개선할 수 있는지를 보여주는 예. θ가 감소함에 따라 역률은 증가한다.

간혹 상 사이에 부하가 동일하지 않을 경우(불균등)에는 전류 왜곡이 발생할 수 있다. 이런 왜곡 현상은 스위칭 타입의 전원 장치와 같은 비선형적인 부하에 의해 발생된다. 간헐적으로 켜지는(ON이 되는) 용접기와 같은 부하들도 요구하는 역률 보정값을 다르게 만든다. 이런 경우들은 콘덴서를 사용한 보정보다도 더 복잡한 방법을 사용해야 한다. 위상각을 변화시킬 수 있는 능동회로들이 이 경우에 사용될 수 있다.

10-9절 복습 문제

1. *RL* 회로에서 전력 소모는 어느 소자에서 일어나는가?
2. $\theta = 50°$일 때 역률을 계산하라.
3. 어떤 특정 주파수에서 동작하는 *RL* 직렬회로의 저항이 470 Ω이고, 유도성 리액턴스가 620 Ω이라고 할 때, $I = 100$ mA에서 P_{true}, P_r, P_a 등을 계산하시오.

10-10 *RL* 필터

RC 회로와 마찬가지로 *RL* 회로들은 주파수 선택 특성을 가지고 있다. *RL* 응용 회로 중에서 기본적인 주파수 선택(필터) 회로를 살펴본다.

이 절을 마친 후 다음을 할 수 있어야 한다.

- *RL* 회로가 어떻게 필터로서 동작하는지를 설명한다.

저역통과 특성

직렬 *RL* 지연회로에서 출력전압과 위상각에 대해 알아보았는데, 필터 동작의 측면에서 볼 때, 출력 전압의 크기가 주파수의 함수가 된다는 것은 매우 중요하다.

그림 10-36은 주파수를 100 Hz에서 20 kHz까지 단계적으로 증가시켰을 때, 직렬 *RL* 회로의 필터링 동작을 설명한다. 각 주파수마다 출력 전압을 측정하였다. 보는 바와 같이, 주파수가 증가함에 따라 유도성 리액턴스가 증가하는데 이로 인해 입력 전원 전압은 10 V로 일정하게 유지하고 있지만

저항에 걸리는 전압은 낮아지고 있다. 이 **주파수 응답** 곡선은 그림 10-18의 저역통과 *RC* 회로의 경우와 유사한 곡선을 보여준다.

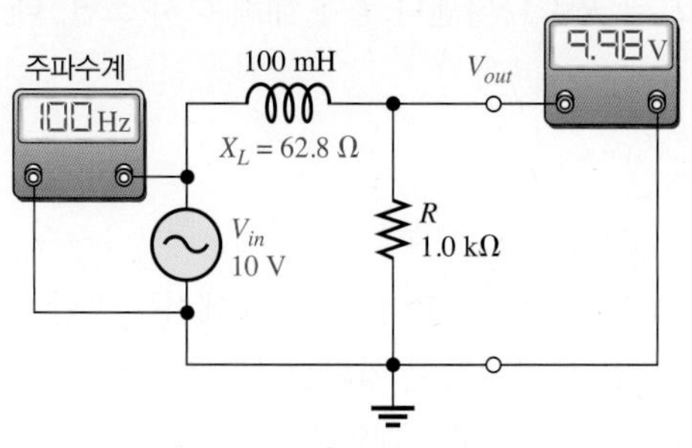

(a) $f = 100$ Hz, $X_L = 62.8\ \Omega$, $V_{out} = 9.98$ V

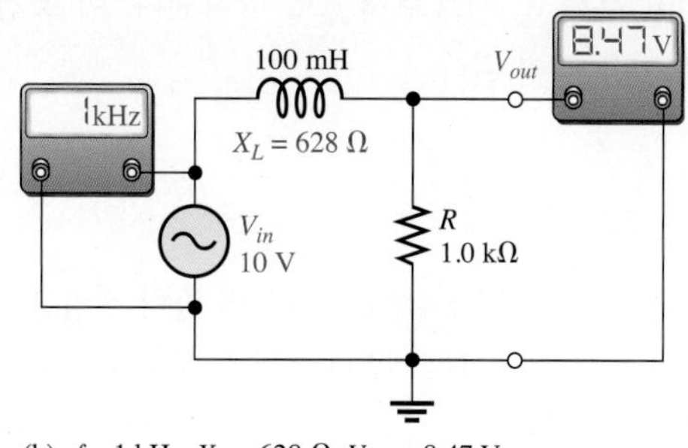

(b) $f = 1$ kHz, $X_L = 628\ \Omega$, $V_{out} = 8.47$ V

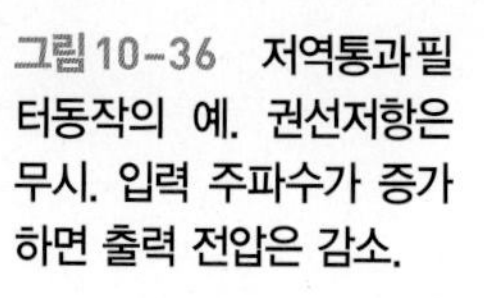

그림 10-36 저역통과 필터동작의 예. 권선저항은 무시. 입력 주파수가 증가하면 출력 전압은 감소.

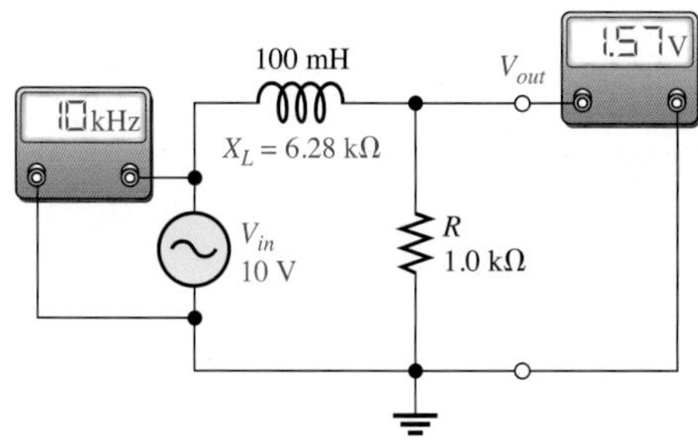

(c) $f = 10$ kHz, $X_L = 6.28$ kΩ, $V_{out} = 1.57$ V

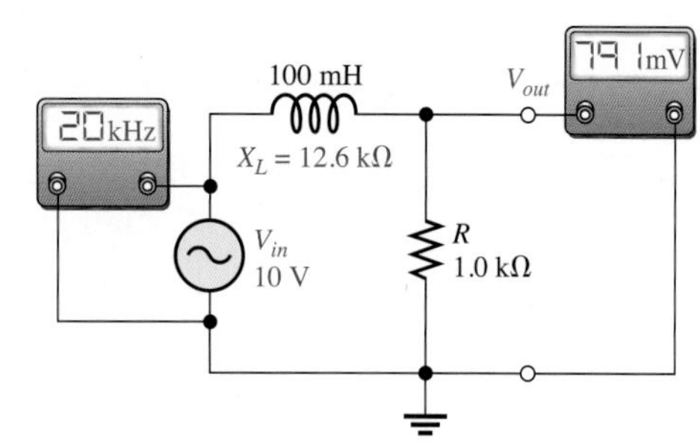

(d) $f = 20$ kHz, $X_L = 12.6$ kΩ, $V_{out} = 791$ mV

고역통과 특성

직렬 *RL* 회로의 고역통과 특성을 그림 10-37에 설명하고 있다. 주파수는 10 Hz에서 시작하여 10 kHz까지 증가시켰다. 보는 바와 같이, 주파수가 증가함에 따라 유도성 리액턴스가 증가하는데, 이로 인해 인덕터의 양단에 걸리는 전압은 증가한다. 이러한 관계를 그래프로 그려보면, 그림 10-20의 고역통과 *RC* 회로와 유사하게 됨을 알 수 있다.

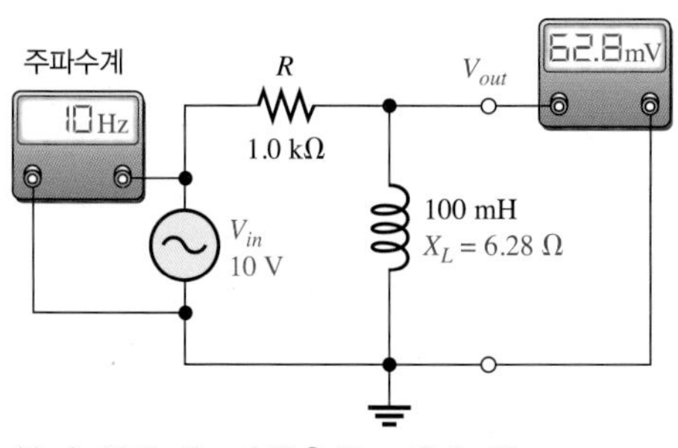

(a) $f = 10$ Hz, $X_L = 6.28\ \Omega$, $V_{out} = 62.8$ mV

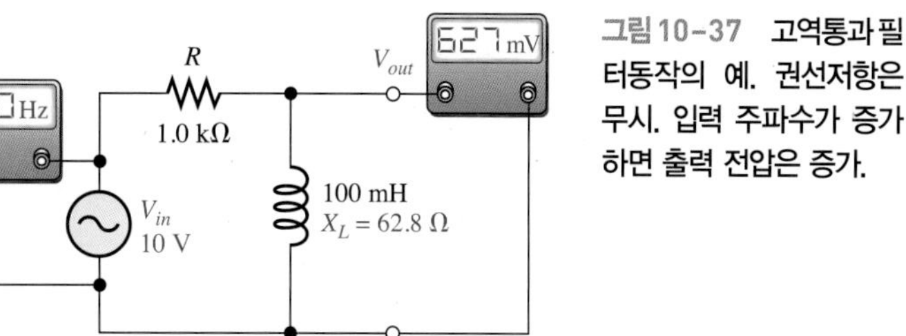
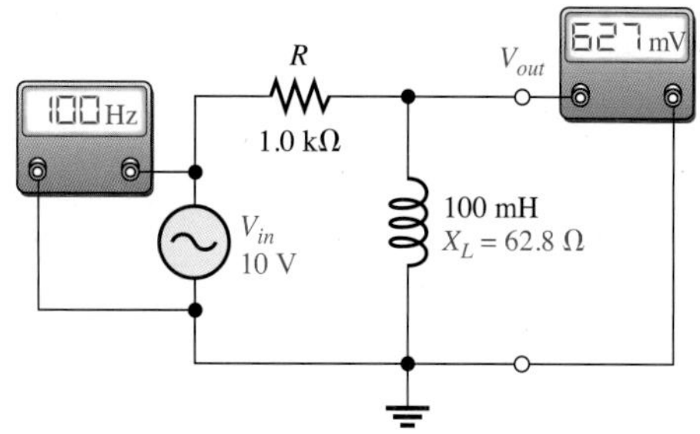

(b) $f = 100$ Hz, $X_L = 62.8\ \Omega$, $V_{out} = 627$ mV

그림 10-37 고역통과 필터동작의 예. 권선저항은 무시. 입력 주파수가 증가하면 출력 전압은 증가.

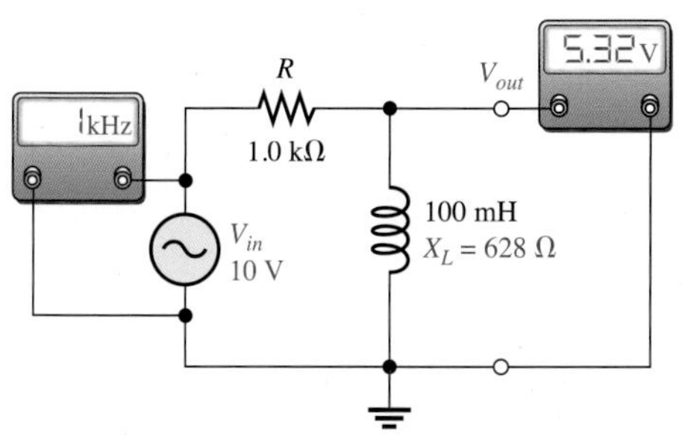

(c) $f = 1$ kHz, $X_L = 628\ \Omega$, $V_{out} = 5.32$ V

(d) $f = 10$ kHz, $X_L = 6.28$ kΩ, $V_{out} = 9.88$ V

RL 필터의 차단주파수

저역통과 또는 고역통과 회로에서 유도성 리액턴스가 저항과 같아지는 주파수를 *RL* 필터의 **차단주파수**라고 부르고, 기호로서 f_c로 나타낸다. 이 조건은 $2\pi f_c L = R$로 나타낸다. f_c에 대해 다시 쓰면, 다음과 같은 식이 된다.

$$f_c = \frac{R}{2\pi L} \quad (10-11)$$

RC 필터에서와 같이, f_c에서의 출력 전압은 최대값의 70.7%가 된다. 고역통과 회로에서는 차단주파수 f_c보다 높은 모든 주파수들은 통과된다고 간주하고, 낮은 주파수들은 차단된다고 간주된다. 물론 저역통과 필터에 대해서는 반대의 경우가 성립한다. 10–5절에서 정의된 대역폭은 *RC*, *RL* 두 종류의 회로 모두에게 적용될 수 있다.

예제 10–9

그림 10–38에 나타낸 필터의 차단주파수를 계산하라. 어느 쪽이 고역통과 필터이고, 어느 쪽이 저역통과 필터인가?

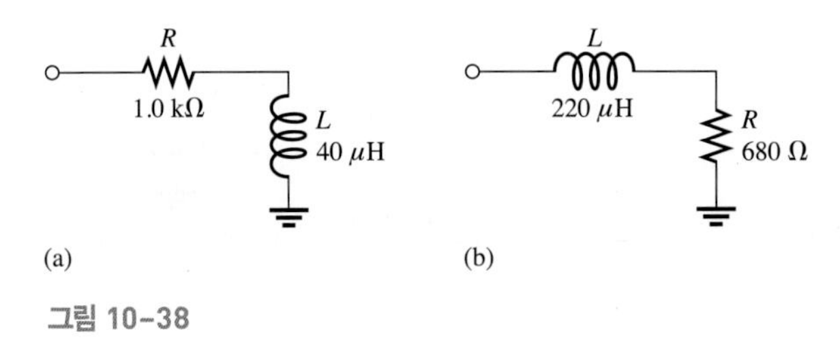

그림 10–38

풀이

그림 10–38(a)에 대해 차단주파수는 다음과 같다.

$$f_c = \frac{R}{2\pi L} = \frac{1.0\text{ k}\Omega}{2\pi(40\ \mu\text{H})} = \mathbf{3.98\ MHz}$$

이것은 **고역통과 필터**이다.

그림 10–38(b)에 대해 차단주파수는 다음과 같다.

$$f_c = \frac{R}{2\pi L} = \frac{680\ \Omega}{2\pi(220\ \mu\text{H})} = \mathbf{492\ kHz}$$

이것은 **저역통과 필터**이다.

관련 문제

저항을 바꾸어 고역통과 필터의 차단주파수를 10 MHz로 바꾸려고 한다. 저항값을 얼마로 해야 하는가?

시스템 예제 10-2

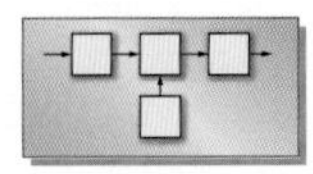

EMI 필터들

인덕터 응용 회로 중 중요한 하나는 선정된 주파수 하나만 통과시키고 나머지는 차단하는 회로에 사용되는 경우이다. 전자 엔지니어들이 현장에서 부딪히는 주요한 문제 중에서 하나는 전자기파(EMI)

가 전송 또는 방사되는 간섭 현상인데, 이 현상은 다른 회로에 문제를 일으킬 수 있다. 많은 시스템에서 전원 입력회로에 전자기 차단 필터회로를 포함하고 있는데, 이것은 전원 공급라인을 통해 전달되는 잠재적인 간섭을 억제하는 역할을 한다.

EMI 필터의 설계는 일단 문제를 확실히 알아야 하는데, 이는 간섭 하모닉 부분이 포함된 노이즈의 종류와 경로 등의 파악에서 출발한다. 전자기파 간섭은 어느 주파수에서도 일어날 수 있는데, 전형적인 예는 라디오 주파수 대역이다. EMI 필터의 설계가 매우 복잡할 수도 있는데, 이것은 보호하려는 회로의 민감도와 간섭의 특성에 달려있다. 때때로 컴퓨터에서 전용 소프트웨어를 사용하여 설계할 수도 있다.

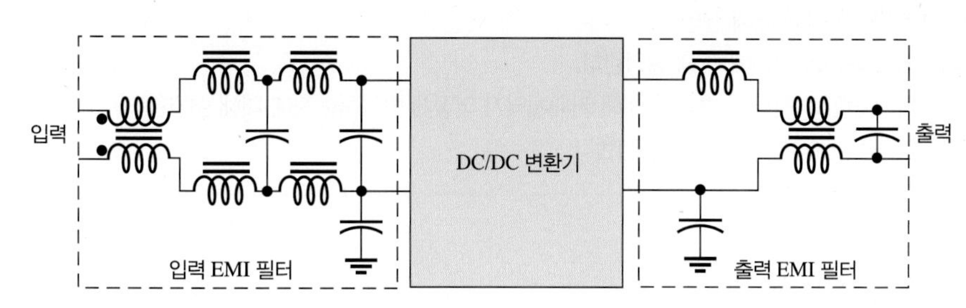

그림 10-39 EMI 필터 예

그림 10-39는 DC-DC 변환기에 사용되는 실제 EMI 회로를 보여준다. 다른 EMI 회로들의 경우에는 이것과 매우 다르게 보일 수도 있으나 간섭을 줄이려는 목적은 동일하다.

EMI 설계는 본 책의 범위를 벗어날 수도 있지만, 복잡한 필터에 사용되는 인덕터의 응용 예를 잘 보여준다. 이 예에서 보여준 복잡한 회로와 비교하면, 본 책에서 사용한 필터는 기본적인 RL 필터 수준으로서 주파수 선택 회로로 단순화시킬 수 있다.

기본적인 필터 응용 회로의 예를 그림 10-40에 보여주는데, 이것은 고주파를 하나의 스피커로 보내고, 저주파를 다른 스피커로 보내는 크로스오버 네트워크(cross-over network) 회로이다. 스피커는 그 자체로서 복잡한 임피던스를 가지고 있으나, 일단 인덕터는 저주파를 우퍼(woofer)로 보내는 역할을 하면서 고주파를 억제하는 반면, 콘덴서는 고주파를 트위터(tweeter)로 보내면서 저주파를 억제한다.

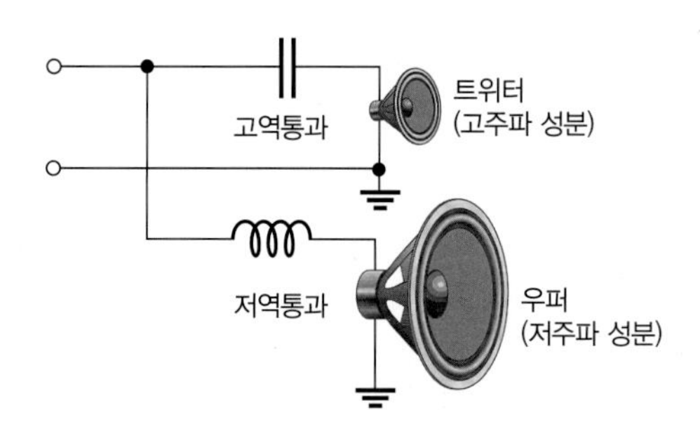

그림 12-40 스피커 결선 예제(크로스오버 네트워크)

10-10절 복습 문제

1. *RL* 회로에서 저주파 통과 특성을 가지려면 어느 소자를 출력으로 사용해야 하는가?
2. EMI는 무엇인가?
3. EMI 필터의 목적은 무엇인가?

10-11 *RC* 적분기

시간 응답의 관점에서 볼 때, 직렬 *RC* 회로에서 커패시터의 양단 전압을 출력으로 하게 되면 적분기라고 알려진 회로가 된다. 한편, 주파수 응답의 관점에서 볼 때, 이 *RC* 회로는 저역통과 필터이다. 적분이라는 용어는 원래 수학에서 파생된 것인데, 특정한 조건 하에서 이런 *RC* 회로가 적분 역할을 수행한다.

이 절을 마친 후 다음을 할 수 있어야 한다.

- *RC* 적분기의 동작에 대해 설명한다.
- 커패시터의 충전과 방전에 관해 설명한다.
- 커패시터의 전압과 전류의 변동에 대해 커패시터가 어떻게 반응하는지에 대해 설명한다.
- 기본적인 출력 전압 파형 형태를 설명한다.

커패시터의 충전과 방전

그림 10-41과 같이 *RC* 회로의 입력에 함수발생기가 연결되었을 때 커패시터는 함수발생기의 펄스 전압에 대한 반응으로서 충전과 방전 현상을 보인다. 전압이 낮은 전압에서 높은 전압으로 상승하게 되면 저항을 통해 전류가 커패시터 쪽으로 흘러 들어오면서 펄스의 높은 전압과 같아질 때까지 충전하게 된다. 이 충전 현상은 그림 10-42(a)와 같이 전원을 *RC* 회로에 스위치를 통해 연결했을 때와 똑같이 생각할 수 있다.

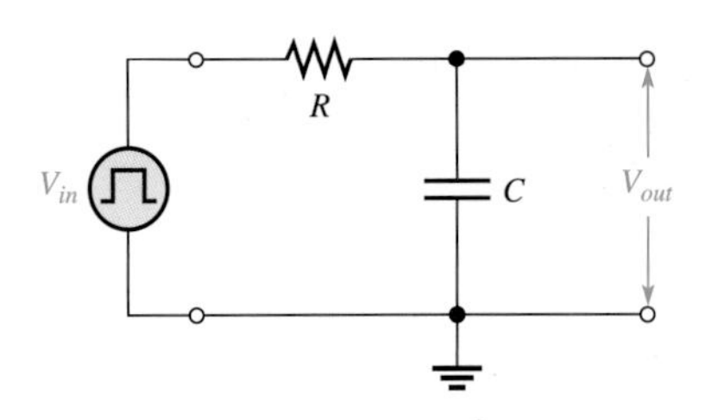

그림 10-41 펄스발생기가 입력으로 연결된 RC 적분기

반대로 입력펄스의 전압이 높은 전압에서 낮은 전압으로 떨어지는 경우에는 그림 10-42(b)와 같이 전원 대신 스위치가 온(ON)된 상태에 비유할 수 있다. 커패시터의 전압이 높기 때문에 입력 쪽으로 저항을 통해 전류를 흘리면서 방전을 한다. 이때 전원의 내부 저항은 무시할 만하다고 가정한다.

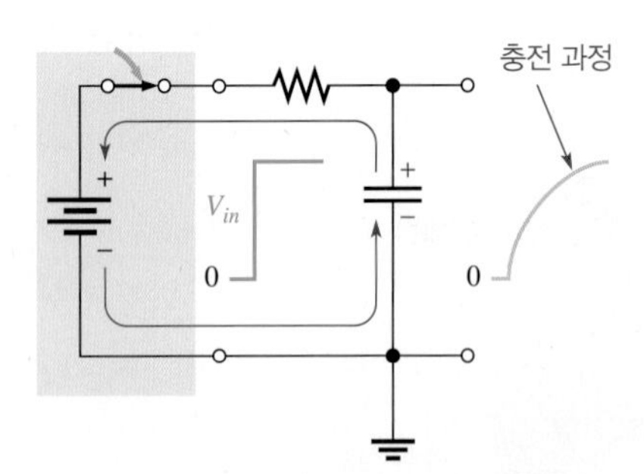

(a) 입력 펄스가 높은 전압으로 올라가면 입력은 닫힌 스위치와 직렬로 연결된 전원처럼 동작하며 캐패시터가 충전된다.

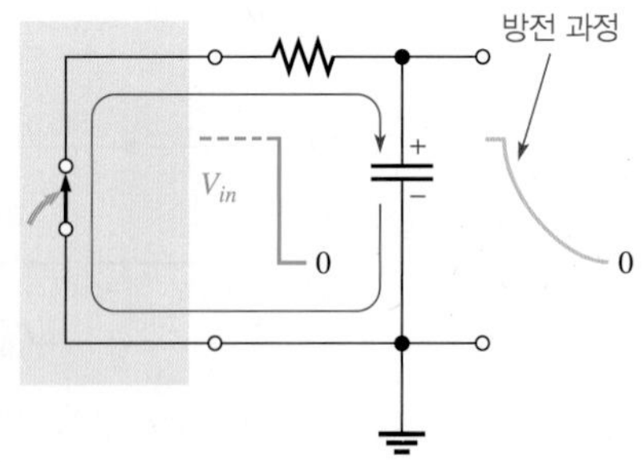

(b) 입력 펄스가 낮은 전압으로 되돌아가면 전원은 닫힌 스위치로 작용하며, 캐패시터에 방전통로를 제공한다.

그림 10-42 펄스 입력에 의해 커패시터를 충, 방전시킬 때의 등가작용

커패시터는 지수함수 곡선 형태로 충전과 방전을 하게 되는데, 이때 충전 기울기와 방전 기울기는 *R*과 *C*값에 의해 정해지는 시간, 즉 *RC* **시정수(time constant, $\tau = RC$)**에 의해 영향을 받게 된다.

이상적인 입력 펄스의 경우, 상승 시와 하강 시 전압 변동은 순간적이다. 다음과 같이 커패시터 동작의 기본적인 두 가지 규칙을 알게 되면, 펄스 입력에 대한 *RC* 회로의 응답을 이해하는 데 도움이 될 것이다.

1. 커패시터는 순간적인 전류 변동에 대해서는 단락 회로처럼 보이나, 변동이 없는 직류에 대해서는 끊어진 회로처럼 보인다.
2. 커패시터의 양단 전압은 순간적으로 점프하면서 변할 수 없다. 커패시터의 전압변동은 항상 지수함수 곡선 형태로 나타난다.

커패시터 전압

RC 적분회로에서 출력이란 커패시터의 전압을 의미한다. 커패시터는 입력 펄스의 전압이 높아지면 충전을 시작한다. 만일 펄스의 전압이 높은 상태로 계속 지속된다면, 그림 10–43에서처럼 커패시터 전압은 펄스의 높은 전압과 같아질 때까지 계속 충전된다. 반면, 펄스의 전압이 커패시터의 전압보다 낮아지면 커패시터는 반대 방향으로 방전을 한다. 만일 시간이 충분히 주어진다면, 커패시터의 전압은 펄스의 전압과 같아질 때까지 완전히 방전을 한다. 그 다음 펄스 시에 전압이 다시 상승과 하강하면 앞의 충전과 방전과정을 반복한다.

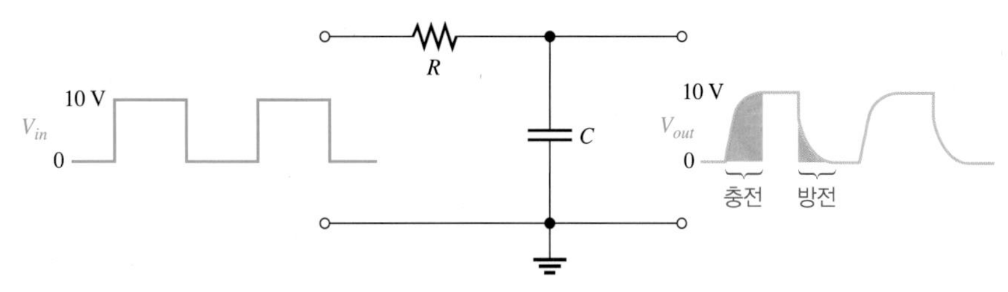

그림 10–43 펄스입력에 응답하여 커패시터가 완전히 충전 및 방전하는 것을 보인 예. 펄스발생기는 입력에 연결되지만 기호로 나타내지 않았고, 대신에 전압 파형만 나타내었다.

10–11절 복습 문제

1. *RC* 회로와 관련되어 적분기를 정의하라.
2. *RC* 회로에서 커패시터의 충전과 방전은 무엇에 의해 발생되는가?

10-12 단일펄스에 의한 *RC* 적분기 응답

앞 절에서 펄스 입력에 대해 *RC* 적분기의 시간 응답에 대해 일반적인 현상을 배웠다. 이 절에서는 단일펄스에 대한 시간응답을 자세히 살펴본다.

이 절을 마친 후 다음을 할 수 있어야 한다.

- 단일 펄스에 대한 *RC* 적분회로를 분석한다.
- 회로 *시정수*의 중요성에 대해 논의한다.
- 과도시간에 대한 정의한다.
- 펄스 폭이 시정수보다 5배 이상일 때 출력 응답을 설명한다.
- 펄스 폭이 시정수보다 5배 미만일 때 출력 응답을 설명한다.

단일펄스 입력에 대한 출력을 알아보기 위해서는 다음의 두 가지 조건으로 나누어 고려해 보아야 한다.

1. 입력 펄스폭(t_W)의 시간이 시정수(τ)의 5배 이상일 때($t_W \geq 5\tau$)
2. 입력 펄스폭의 시간이 시정수의 5배보다 작을 때($t_W < 5\tau$)

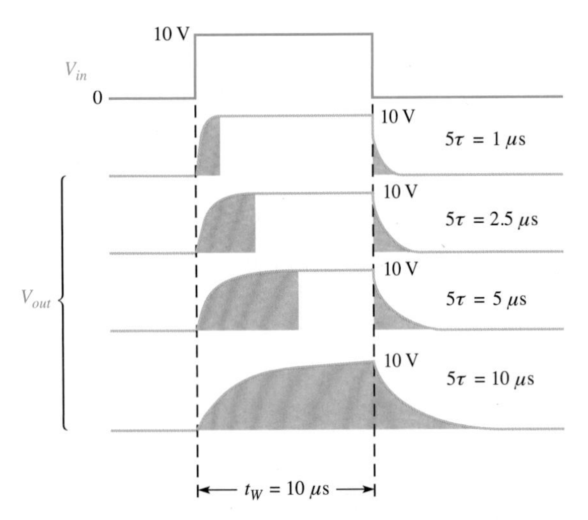

그림 10–44 여러 과도시간에 대한 적분기 출력전압 파형의 변동. 어두운 영역은 커패시터가 충전 및 방전하는 시기를 나타낸다.

시정수의 5배라는 시간은 커패시터가 충분히 충전되거나 방전에 필요한 시간이라는 것을 기억해야 한다. 이 시간을 일반적으로 **과도시간(transient time)**이라고 한다. 입력 펄스폭의 지속시간이 시정수보다 5배 이상일 경우, 커패시터는 완전히 충전된다. 이런 조건을 $t_W \geq 5\tau$로 표현한다. 단일 펄스가 종료된 시점에서 커패시터는 입력 소스 방향으로 전류를 역으로 흘리면서 완전히 방전한다.

그림 10–44는 입력 펄스폭이 일정한 경우, 과도응답시간이 각기 다른 여러 가지 경우들에 대해 출력이 어떻게 달라지는 지를 전압파형으로 보여준다. 펄스 폭에 비하여 과도 시간이 짧을수록 출력 전압의 파형은 입력 전압에 더욱 유사해진다. 각 경우에 있어서 결국 최종 출력 전압은 입력 전압의 크기와 거의 동일하게 접근한다.

그림 10–45는 어느 한 시정수에 대해 입력펄스의 폭을 변화시켰을 경우, 적분기의 출력전압이 어떻게 달라지는가를 보여준다. 펄스의 폭을 점차로 증가시킬 경우에 출력 전압 파형은 입력 전압 파형의 모양에 근접한다. 이것은 과도시간이 펄스폭에 비해 점차로 짧아진다는 것을 의미한다. 출력 전압이 상승 또는 하강 시간은 어느 경우나 일정하다.

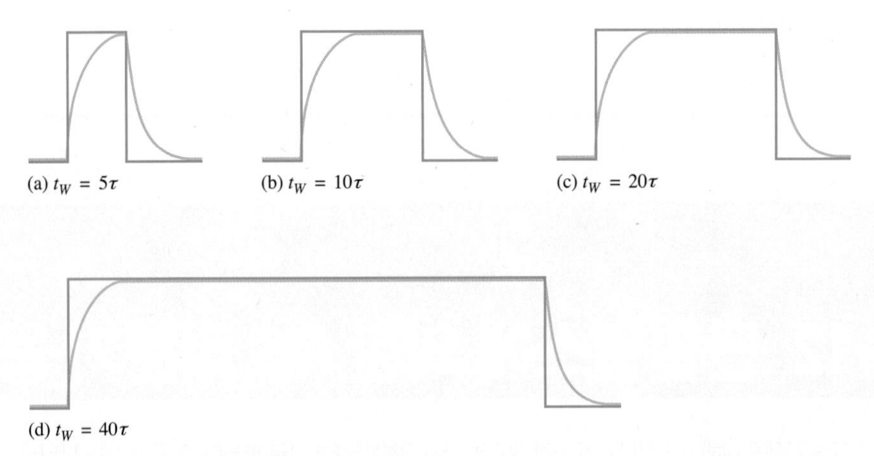

그림 10–45 입력펄스의 폭을 변화시켰을 경우, 적분기의 출력전압이 변화(시정수 일정 상태). 짙은 청색선이 입력이고, 옅은 청색선이 출력.

입력 펄스의 폭이 *RC* 적분기의 시정수의 5배보다 작은 경우를 알아보자. 이 조건을 식으로 표현하면 $t_W < 5\tau$으로 나타낼 수 있다. 커패시터는 높은 전압이 유지되는 펄스폭 시간 동안 충전을 하므로 펄스폭은 충전을 위한 시간이다. 그런데 이 펄스폭이 커패시터의 완전 충전에 필요한 시간(5τ)보다 짧다면, 커패시터 전압은 충전 부족으로 입력 펄스폭의 높은 전압과 같아질 수 없다. 그림 10–46에서 볼 수 있는 바와 같이 몇 가지 시정수 경우에 대해서 커패시터 전압은 부분적으로 충전될 뿐이다. 시

정수가 커질수록 커패시터의 전압은 더 낮아지는데, 이는 주어진 입력 펄스폭 동안으로는 충분히 충전을 할 수가 없기 때문이다. 물론, 이 예는 단일 펄스의 경우인데, 펄스 입력이 0으로 되면, 그 이후에 커패시터는 완전 방전을 한다.

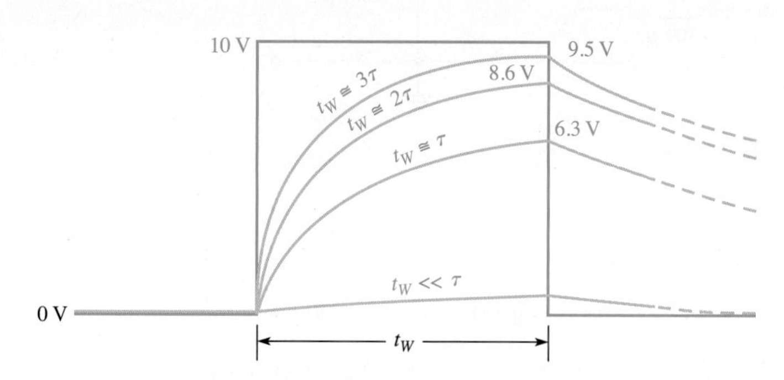

그림 10-46 입력 펄스폭보다 큰 값을 갖는 여러 시정수에 대한 커패시터 전압. 짙은 청색선이 입력이고, 옅은 청색선이 출력

만일 시정수가 입력 펄스폭보다 매우 크다면, 그림 10-46에서 나타낸 것과 같이 커패시터 전압은 아주 조금만 충전될 뿐인데, 그 결과로 출력 전압은 매우 낮아 거의 일정한 전압처럼 나타난다.

그림 10-47은 어느 한 시정수에 대해 입력 펄스폭을 줄인 여러 경우에 대해 설명해 주고 있다. 펄스폭이 짧아짐에 따라 출력 전압은 더욱 낮아지는데, 그 이유는 충전시간이 점차 짧아지기 때문이다. 한편, 펄스가 끝난 후에 전압이 0으로 떨어지는 데 걸리는 시간(5τ)은 같아진다.

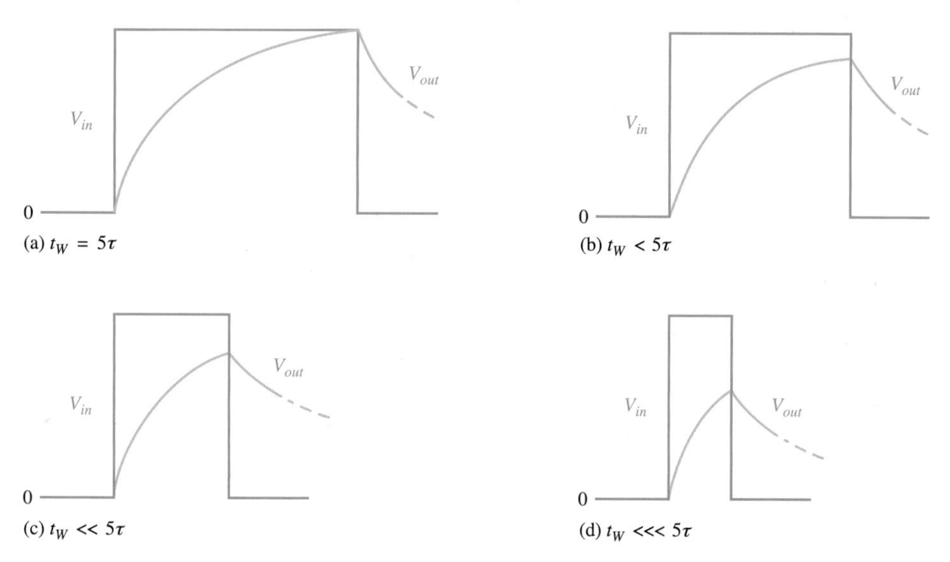

그림 10-47 입력 펄스폭이 작아짐에 따라 커패시터 충전 전압은 더욱 더 낮아진다. 시정수는 같은 경우이다.

예제 10-10

100 μs 펄스폭의 10 V 단일펄스가 그림 10-48의 적분기에 인가되었다. 전원 저항은 거의 0 Ω이라고 가정한다.

(a) 커패시터에 충전되는 전압은 몇 V인가?

(b) 커패시터가 방전하는 데 걸리는 시간은 얼마인가?

(c) 출력전압 파형을 그려라.

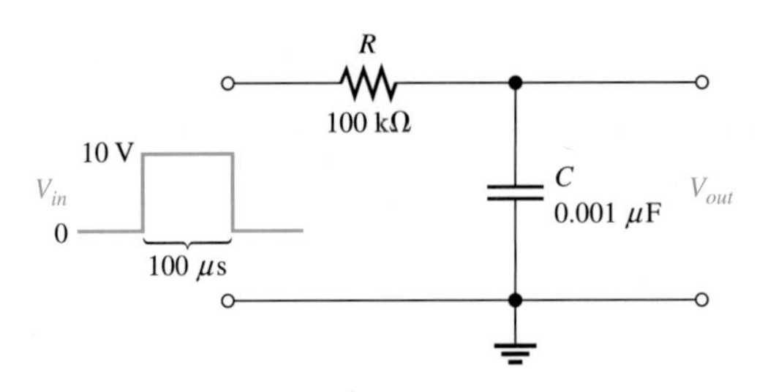

그림 10-48

풀이

(a) 회로의 시정수는 다음과 같다.

$$\tau = RC = (100\text{ k}\Omega)(0.001\ \mu\text{F}) = 100\ \mu\text{s}$$

단일 펄스폭이 시정수와 정확하게 같다. 따라서 커패시터는 단일펄스 동안에 최대 입력진폭의 63%까지 충전될 것이다. 따라서 최종 출력전압은 다음과 같이 될 것이다.

$$V_{out} = (0.63)10\text{ V} = \mathbf{6.3\text{ V}}$$

(b) 펄스 종료 후, 커패시터는 입력을 향하여 방전을 시작한다. 총 방전시간은 다음과 같다.

$$5\tau = 5(100\ \mu\text{s}) = \mathbf{500\ \mu s}$$

(c) 충전 및 방전 출력곡선은 그림 15-9와 같다.

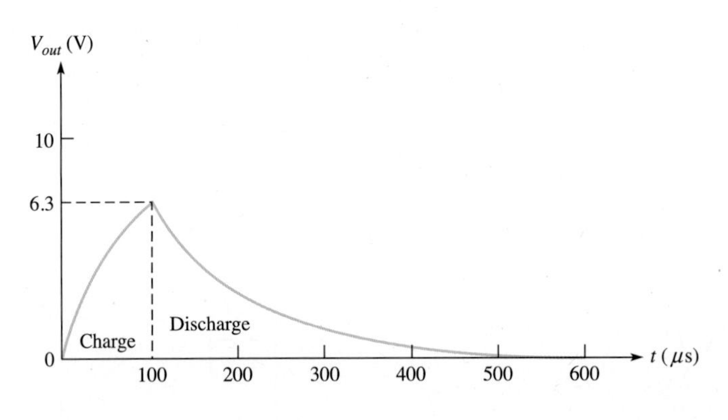

그림 10-49

관련 문제

그림 10–48에서 입력펄스의 폭이 200 μs까지 증가된다면 커패시터에 충전되는 전압은 얼마가 되는가?

예제 10-11

그림 10-50과 같은 단일 입력펄스가 가해졌을 때 커패시터에 충전되는 전압은 얼마인가? 커패시터는 초기에 충전이 되어 있지 않았으며, 입력 쪽 내부저항은 0 Ω이라고 가정한다.

풀이

시정수를 계산하면 다음과 같다.

$$\tau = RC = (2.2\text{ k}\Omega)(1\ \mu\text{F}) = 2.2\text{ ms}$$

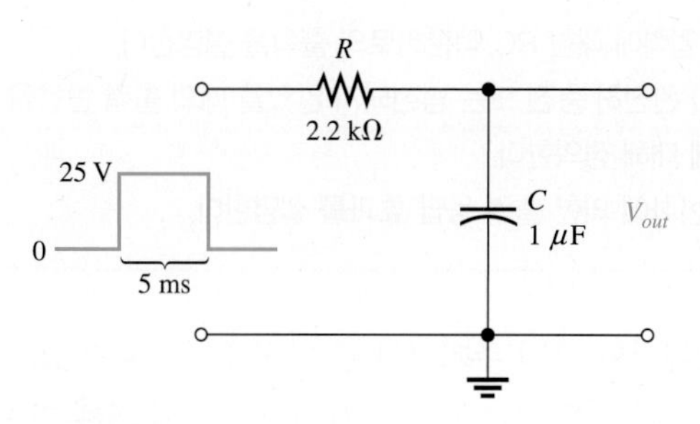

그림 10-50

펄스폭이 5 ms이므로, 근사적으로 시정수의 2.27배(5 ms/2.2 ms = 2.27) 동안 충전시간이 주어진다. 식 8-15의 지수함수 공식을 이용하면 커패시터에 충전되는 전압을 알 수 있다. $V_F = 25$ V, $t = 5$ ms일 때, 다음과 같이 계산된다.

$$v = V_F(1 - e^{-t/RC}) = (25\text{ V})(1 - e^{-5\text{ms}/2.2\text{ms}}) = \mathbf{22.4\text{ V}}$$

이 계산에서 커패시터는 입력펄스의 5 ms 동안 22.4 V로 충전됨을 보여준다. 펄스 전압이 0 V로 떨어지면 커패시터는 방전하여 0 V로 되돌아갈 것이다.

관련문제

펄스의 폭이 10 ms로 증가할 때 커패시터는 얼마나 충전되는지 계산하라.

10-12절 복습 문제

1. 펄스입력을 *RC* 적분회로에 가해주었을 때, 출력 전압이 입력펄스의 전압에 도달하기 위한 조건은 무엇인가?
2. 그림 10-51의 회로에 그림과 같이 펄스 입력을 주었을 때, 최대 출력 전압을 계산하고 커패시터가 얼마 동안 방전을 할 것인지 계산하시오.
3. 그림 10-51에서 펄스 입력에 대해 출력 전압 형태를 대략적으로 그려 보시오.
4. 만일 적분시정수가 입력펄스폭과 동일하다면, 커패시터는 완전히 충전될 수 있는가?
5. 출력 전압이 사각 입력펄스와 거의 같게 되려면 적분회로는 어떤 조건이어야 하는가를 설명하시오.

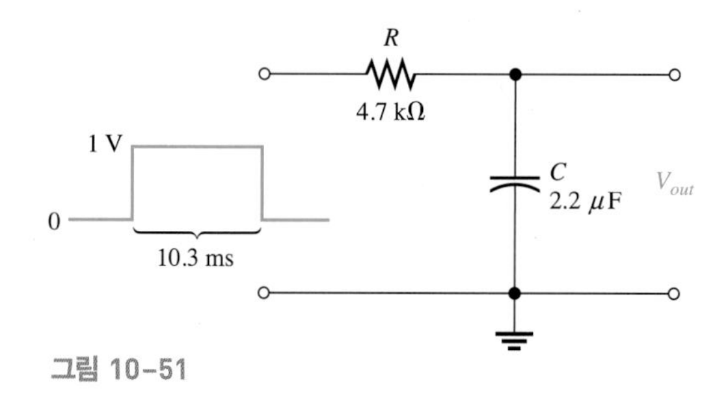

그림 10-51

10-13 반복 펄스에 의한 *RC* 적분기 응답

전자 시스템에서는 단일 펄스 입력보다는 반복 펄스 입력을 경험할 기회가 훨씬 많이 있다. 그런데 반복 펄스 입력에 대한 적분회로의 출력을 이해하기 위해서는 먼저 단일 펄스 입력에 대해 충분히 이해하고 있어야 한다.

이 절을 마친 후 다음을 할 수 있어야 한다.

- 반복 펄스 입력에 대한 RC 적분회로의 출력을 설명한다.
- 커패시터가 완전히 충전 또는 방전되지 않았을 때의 출력 반응을 설명한다.
- 정상상태에 대해 정의한다.
- 시정수의 변화에 의한 출력 응답 효과를 설명한다.

그림 10–52에서와 같이 주기적인 펄스 형태의 파형을 *RC* 적분회로에 입력해 준다면, 출력 파형은 입력 펄스의 주파수와 회로 시정수 사이의 관계에 의해 결정된다. 물론 커패시터는 입력펄스에 대해 충전과 방전을 반복한다. 커패시터의 충전과 방전양은 앞에서 언급한 바와 같이 입력 펄스의 주파수와 회로의 시정수에 의해 좌우된다.

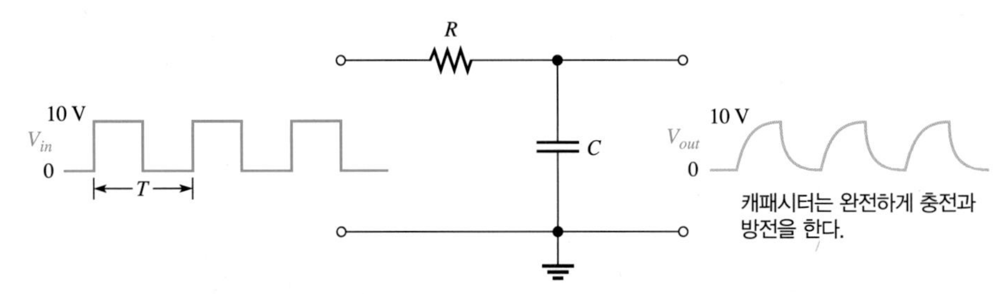

그림 10–52 반복 입력펄스와 *RC* 적분기 출력 파형

만일 펄스폭과 펄스들 사이의 시간 간격이 모두 시정수의 5배 또는 그 이상이면 커패시터는 펄스 매 하나마다 완전히 충전과 방전을 되풀이 한다. 그림 10–52가 이 경우이다.

만일 펄스폭과 펄스들 사이의 시간 간격이 모두 시정수의 5배보다 작다면 커패시터는 완전 충전과 방전을 할 수가 없다. 그림 10–53이 바로 그러한 경우이다. 이제 *RC* 적분회로의 출력 전압에 대해 이러한 효과를 살펴볼 것이다.

예를 들면 그림 10–54와 같이 *RC* 적분회로의 시정수가 입력 펄스폭과 같고 전압의 크기가 10 V라고 가정한다. 이렇게 가정하면 회로 해석이 간단해지고 적분기의 기본적인 동작을 잘 설명할 수가 있다. 여기서 정확한 시정수는 의미가 없는데, 그 이유는 바로 *RC* 회로는 시정수 시간 동안에 입력 전압의 63.2%가 충전된다고 이미 알고 있기 때문이다.

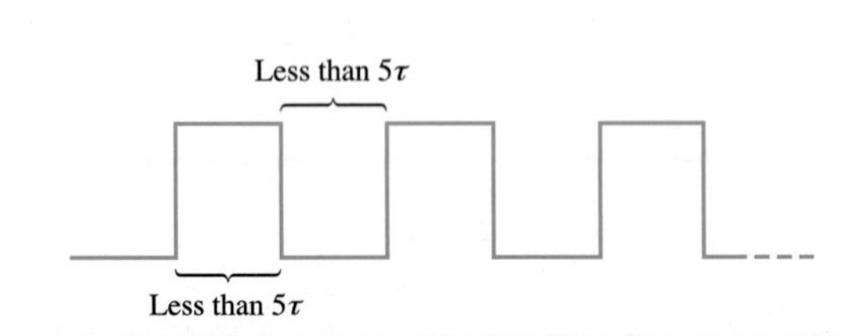

그림 10–53 적분기 커패시터의 충, 방전이완전히 이루어지지 않는 입력

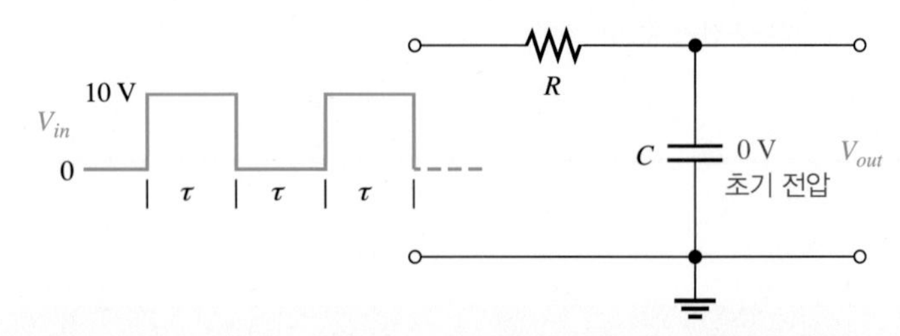

그림 10–54 주기가 시정수의 2배인 구형파 입력을 갖는 적분기($T = 2\tau$)

그림 10–54에서 커패시터는 초기에 충전이 되지 않았다고 가정하고, 펄스 단위로 출력 전압을 조사해 보도록 해보자. 이 결과를 그림 10–55에 나타내었다.

첫 번째 펄스 그림 10–55에서 첫 번째 펄스 동안 커패시터는 충전을 한다. 최종 출력 전압은 6.32 V에 도달하는데, 이 전압은 10 V의 63.2%이다.

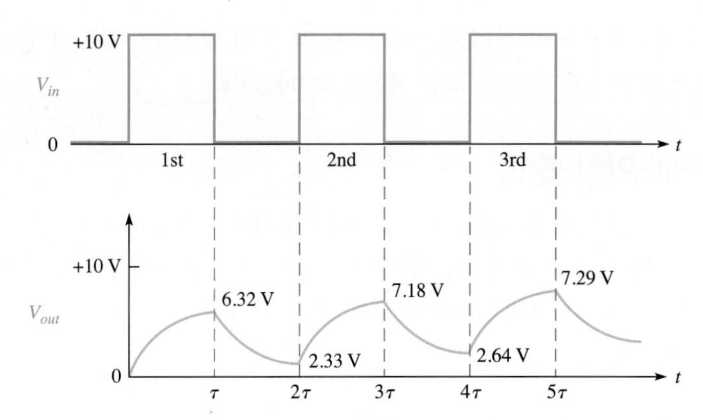

그림 10-55 그림 10-54에서 초기에 충전되지 않은 적분기의 입력과 출력

첫 번째와 두 번째 펄스 사이 커패시터는 방전을 하는데, 방전 시작 초기 전압의 36.8%까지 감소한다. 0.368(6.32 V) = 2.33 V.

두 번째 펄스 커패시터 전압은 2.33 V에서 시작하여 10 V를 향해서 다시 전압 차의 63.2%만큼 증가한다. 즉, 충전을 위한 전압 크기는 10 V − 2.33 V = 7.67 V가 되고, 커패시터는 7.67 V의 63.2%인 4.85 V만큼을 더해서 증가하게 된다. 결국 두 번째 펄스 마지막 근처에서 출력 전압은 2.33 V + 4.85 V = 7.18 V가 된다. 그림 10-55에 나타내었는데, 자세히 보면 평균 전압이 상승되어 있다.

두 번째 펄스와 세 번째 펄스 사이 커패시터는 이 기간 동안에 다시 방전을 하는데, 전압은 초기 전압에 대해 36.8%가 감소하게 되므로 계산을 해 보면, 0.368(7.18 V) = 2.64 V가 된다.

세 번째 펄스 세 번째 펄스의 커패시터의 시작 전압은 2.64 V이다. 커패시터는 10 V를 향해 다시 2.64 V와 10 V 차이의 63.2%를 충전하게 된다: 0.632(10 V − 2.64 V) = 4.65 V. 따라서 세 번째 펄스의 마지막에서 전압은 2.64 V + 4.65 V = 7.29 V이다.

정상상태 시간 응답

앞 절의 내용에서 일정하게 반복되는 출력 전압은 서서히 만들어지고 결국은 일정한 전압이 반복되는 형태로 형성되는 것을 알았다. 최종 전압의 99%가 되기까지 약 5τ 정도의 시간이 걸리는데, 이 시간 동안 입력 펄스의 개수는 상관이 없다. 이렇게 최종 전압이 되기까지 필요한 시간이 바로 과도시간이다. 일단 출력 전압이 입력 전압의 평균 전압에 도달하면 정상상태(steady-state) 조건이 된 것인데, 주기적인 입력이 지속되는 동안 이 상태는 계속 유지된다. 이 조건은 그림 10-56에 설명이 되어 있는 바와 같이, 초기 3개의 펄스 후에 거의 이 값에 도달한다.

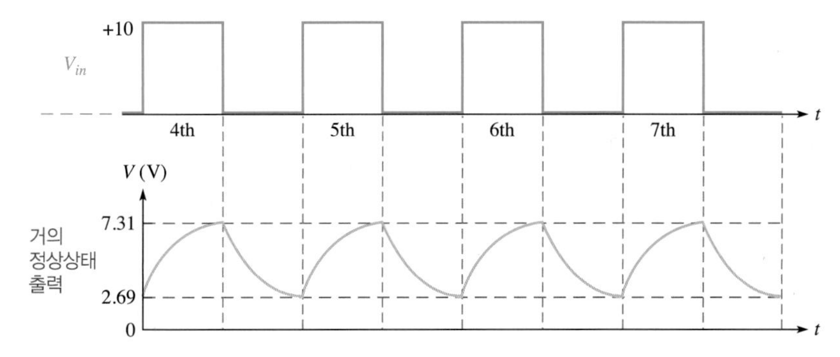

그림 10-56 출력은 5τ 후에 정상상태에 도달하고 표시된 수치에서 안정화된다.

이 예에서 보인 과도시간은 첫 번째 펄스에서부터 세 번째 펄스까지이다. 세 번째 펄스의 마지막 커패시터의 전압은 7.29 V인데, 이 값은 최종 전압의 약 99%이다.

시정수의 증가에 의한 효과

만약 그림 10–57에 나타낸 바와 같이 *RC* 적분기에서 가변저항을 이용하여 시정수 값을 커지게 만든다면, 출력 전압에는 어떤 영향을 주게 되는가? 시정수 값이 커짐에 따라 펄스 입력 동안의 충전은 점점 감소하고 펄스 사이의 방전도 천천히 이루어진다. 그림 10–58과 같이 시정수 값을 크게 할수록 전압의 변동성은 작아지게 된다.

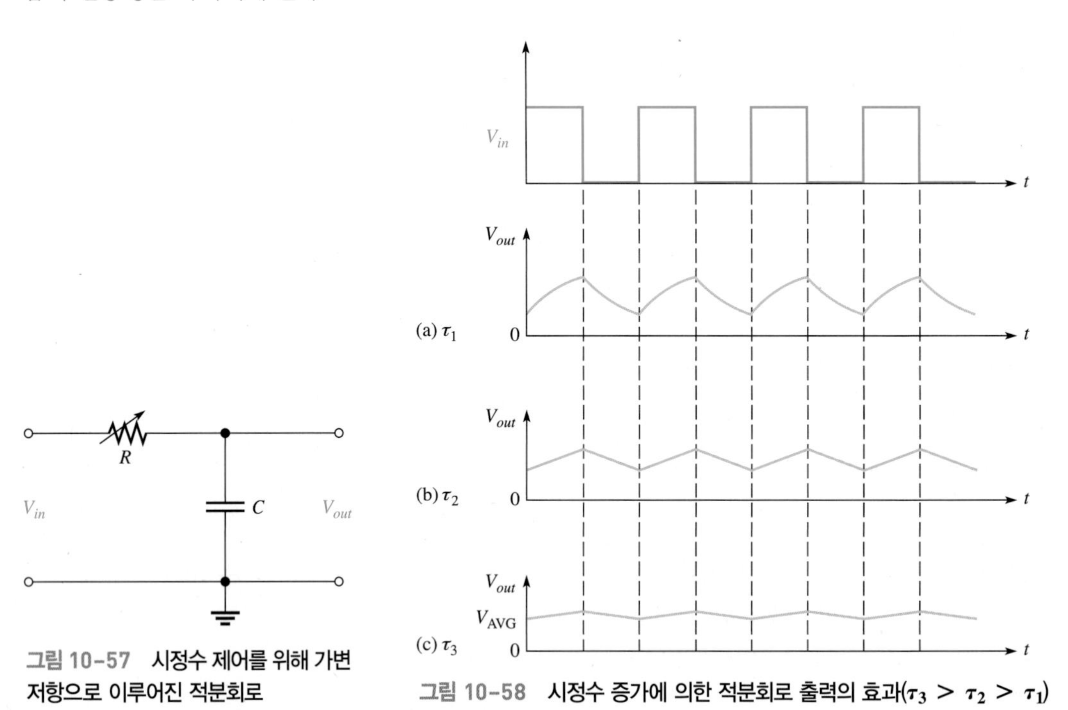

그림 10–57 시정수 제어를 위해 가변 저항으로 이루어진 적분회로

그림 10–58 시정수 증가에 의한 적분회로 출력의 효과($\tau_3 > \tau_2 > \tau_1$)

그림 10–58(c)와 같이 시정수 값이 펄스의 폭에 비해서 극단적으로 크게 되면, 출력 전압은 거의 일정한 직류 전압에 근접하게 된다. 이 전압은 입력 펄스 전압의 평균값이다. 사각펄스인 경우라면, 진폭의 1/2이 된다.

예제 10–12

그림 10–59의 적분회로에 인가된 처음 두 펄스에 대한 출력전압 파형을 구하여라. 커패시터는 초기에 충전되지 않았다고 가정한다.

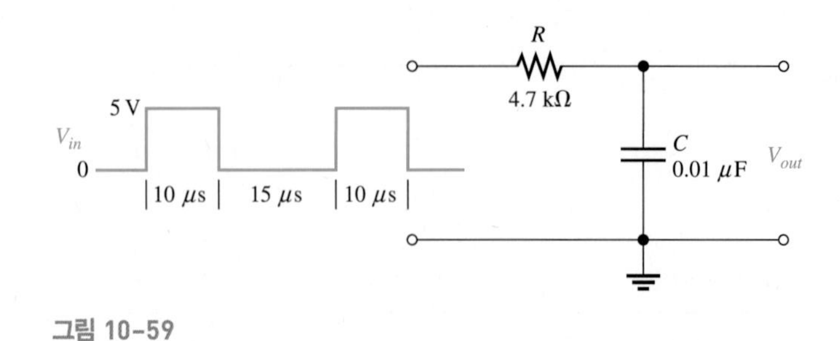

그림 10–59

풀이

먼저, 회로의 시정수를 계산한다.

$$\tau = RC = (4.7\ \text{k}\Omega)(0.01\ \mu\text{F}) = 47\ \mu\text{s}$$

분명, 이 시정수는 입력 펄스폭이나 펄스들 사이의 간격보다 더 길다(입력은 정사각파가 아니다). 따라서 이 경우, 지수함수 공식들이 반드시 적용되어야 하고, 또한 분석은 비교적 까다로울 수 있다. 다음의 과정을 주의하여 보아야 한다.

1. **첫 번째 펄스에 대한 계산:** C가 충전되므로 식 8-15를 이용한다. V_F가 5 V이고, t는 펄스폭 10 μs과 같다. 그러므로 전압은 다음과 같다.

$$v_C = V_F(1 - e^{-t/RC}) = (5\ \text{V})(1 - e^{-10\mu\text{s}/47\mu\text{s}}) = 958\ \text{mV}$$

이 결과를 그림 10-60(a)에 나타내었다.

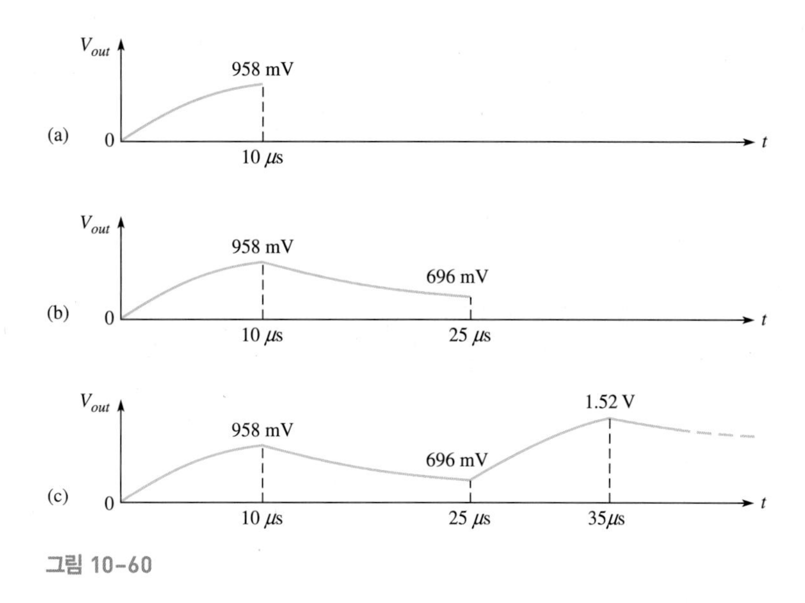

그림 10-60

2. **첫 번째와 두 번째 펄스 사이의 구간에 대한 계산:** C가 방전되므로 식 8-16을 이용한다. C는 첫 번째 펄스가 끝날 때, 이 값으로부터 방전을 시작하므로 V_i는 958 mV이다. 방전시간은 15 μs이다. 그러므로 전압은 다음과 같다.

$$v_C = V_i e^{-t/RC} = (958\ \text{mV})e^{-15\mu\text{s}/47\mu\text{s}} = 696\ \text{mV}$$

이 결과를 그림 15-60(b)에 나타내었다.

3. **두 번째 펄스에 대한 계산:** 두 번째 펄스의 시작에서 출력전압은 696 mV이다. 두 번째 펄스 동안 커패시터는 다시 충전을 한다. 이번 경우에는 0 V에서 시작하지 않는다. 이유는 이전의 충전과 방전에서 출력전압은 이미 696 mV가 되어 있기 때문이다. 이러한 상황을 다루기 위해서는 식 8-13을 이용해야만 한다.

$$v = V_F + (V_i - V_F)e^{-t/\tau}$$

이 식을 이용해서 두 번째 펄스가 끝나는 순간에 커패시터의 양단 전압을 다음과 같이 계산할 수 있다.

$$v_C = V_F + (V_i - V_F)e^{-t/RC} = 5\ \text{V} + (696\ \text{mV} - 5\ \text{V})e^{-10\mu\text{s}/47\mu\text{s}} = 1.52\ \text{V}$$

이 결과를 그림 10-60(c)에 나타내었다.

연속적인 입력펄스에 의하여 출력파형이 점차로 성장하는 것을 알 수 있다. 대략 5τ 후에 정상상태에 도달하게 되며, 입력펄스의 평균값과 동일한 평균값을 가지면서 동시에 일정한 규칙적인 최대값과 최소값 사이를 반복적으로 움직이게 된다. 이 예제를 더 깊이 분석하면 그런 형태를 잘 설명할 수 있다.

관련문제

세 번째 펄스가 시작되는 위치에서 V_{out}을 구하라.

10-13절 복습 문제

1. 주기적 펄스파형이 입력될 때 *RC* 적분기의 커패시터가 완전히 충·방전되기 위해서는 어떤 조건이 필요한가?
2. 회로의 시정수가 구형파 입력 펄스폭과 비교하여 매우 작다면, 출력 파형은 어떻게 보이는가?
3. 5τ 시간이 구형파 입력의 펄스폭보다 큰 경우, 출력전압이 일정한 평균값으로 만들어지기 위해 요구되는 시간을 무엇이라 하는가?
4. 정상상태 응답을 정의하여라.
5. 입력되는 구형 펄스파의 주기가 1τ보다 훨씬 작은 경우, *RC* 적분회로의 출력을 설명하라.

10-14 단일 펄스에 의한 *RC* 미분기 응답

응답 관점에서 볼 때, *RC* 직렬회로에서 앞 절과 달리 커패시터가 아닌 저항 양단 전압을 출력으로 선정한다면, 이 RC 회로는 적분의 반대인 미분회로가 된다. 주파수 응답에 대한 설명에서 이러한 *RC* 회로를 고역통과필터(high-pass filter)라고 하였다. 미분기라는 용어도 역시 수학에서 온 용어인데, 이런 종류의 회로는 특정조건에서 미분과 거의 유사한 동작을 한다.

이 절을 마친 후 다음을 할 수 있어야 한다.

- 단일 펄스 입력에 대한 *RC* 미분회로를 분석한다.
- 입력펄스의 상승에지에서 반응을 설명한다.
- 펄스가 입력되는 동안과 펄스의 끝부분에서의 반응을 펄스의 폭과 시정수의 여러 관계 속에서 설명한다.

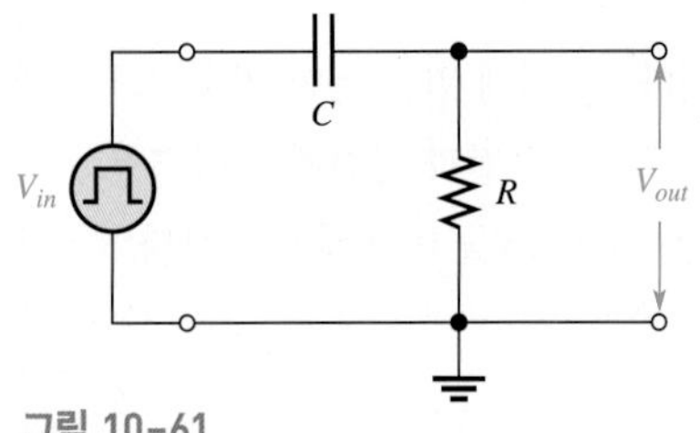

그림 10-61
펄스 발생기가 연결된 *RC* 미분회로

그림 10-61은 펄스 입력에 대한 *RC* 미분회로를 보여준다. 적분회로에서와 마찬가지로 미분회로에서도 동일한 동작이 일어나는데, 차이점은 출력 전압을 커패시터의 양단이 아니라 저항의 양단에서 택한다는 점이다. 커패시터는 *RC* 시정수에 따라 달라지지만, 지수함수 형태로 충전을 한다. 미분회로의 출력전압은 커패시터의 충전과 방전 동작에 의해 결정된다.

펄스 응답

미분기의 출력 전압이 어떻게 만들어지는지 이해하려면 다음과 같은 사항을 고려해야 한다.

1. 펄스 상승에지에 의한 응답
2. 펄스의 상승에지와 하강에지 사이의 응답

3. 펄스 하강에지에 의한 응답

펄스 상승에지가 입력되기 전의 커패시터 초기 상태는 일단 충전이 안 된 상태라고 가정하자. 펄스 입력 전의 초기 입력전압은 0 V이다. 따라서 그림 10-62(a)에서와 같이 커패시터 양단전압은 0 V이고, 저항 양단 전압 역시 0 V이다.

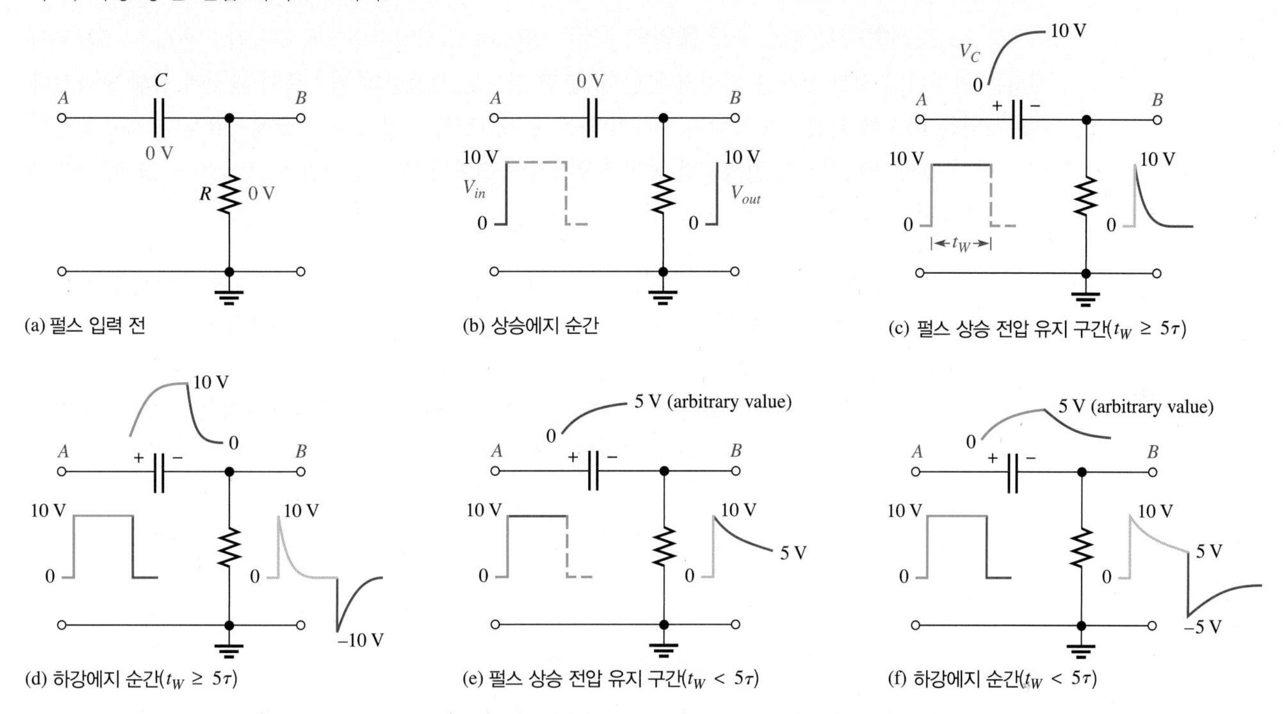

그림 10-62 두 가지 조건($t_W \geq 5\tau$와 $t_W < 5\tau$)하에서 단일 입력펄스에 대한 미분기의 응답 예. 펄스발생기가 실제로는 입력에 연결되어 있지만, 기호로 나타내지 않고 펄스만 나타내었다.

입력 펄스의 상승에지에 의한 응답 전압 10 V 크기의 펄스가 입력된다고 가정하자. 상승에지가 입력될 때, A점에서 전압은 10 V로 상승한다. 커패시터의 전압은 순간적으로 점프할 수 없음을 기억하자. 그러므로 커패시터는 상승에지에서 순간적으로 합선된 것처럼 보인다. 그래서 만일 A점의 전압이 순간적으로 +10 V로 변하게 되면, B점의 전압도 또한 +10 V로 순간적으로 변한다. 펄스가 상승되는 그 순간에 커패시터의 전압은 0 V이다. 여기서 커패시터의 전압은 A점에서부터 B점 사이의 전압을 의미한다.

접지에 대해 B점의 전압은 저항 양단의 전압이다. 따라서 출력 전압은 그림 10-62(b)에서와 같이 상승에지에 대해 갑자기 +10 V로 상승한다.

$t_W \geq 5\tau$인 조건하에서 펄스구간 동안의 응답 펄스가 상승에지와 하강에지 사이의 높은 레벨인 동안 커패시터는 충전된다. 펄스폭이 시정수의 5배 이상일 때($t_W \geq 5\tau$), 커패시터는 완전히 충전된다. 커패시터 양단의 전압이 지수적으로 증가하므로 커패시터가 완전한 충전에 도달하는 시간(이 경우 10 V)에 저항 양단의 전압은 0 V가 될 때까지 지수적으로 감소한다. 키르히호프의 전압법칙에 따라 커패시터 전압과 저항전압의 합은 항상 인가전압과 반드시 같아야 하므로($v_C + v_R = v_{in}$), 저항전압은 감소하게 된다. 이 응답을 그림 10-62(c)에 나타내었다.

$t_W \geq 5\tau$인 조건하에서 입력 펄스 하강에지 응답 그림 10-62(d)에 커패시터가 완전히 충전된 경우에 대하여 먼저 살펴보자. 하강에지 상에서 입력펄스는 갑자기 10 V에서 0 V로 떨어진다. 하강에지 직전의 커패시터는 10 V로 충전되어 있었으므로 A점은 10 V, B점은 0 V이다. 이 상태에서 커패시터 전압은 순간적으로 바뀌지 못하기 때문에 A점이 펄스 하강에지에서 10 V에서 0 V로 변동할 때,

B점 또한 0 V에서 −10 V로 변하게 된다. 이렇게 되어 커패시터 양단 전압은 하강에지인 순간에도 10 V 전압차를 그대로 유지한다. 그 다음, 커패시터는 전압차를 해소하기 위해 충전과 반대로 지수적으로 방전하기 시작한다. 그 결과, 저항 전압은 그림 10–62(d)에 보인 것처럼 지수적으로 −10 V에서 0 V로 변하게 된다.

$t_W < 5\tau$ 조건하에서 펄스구간 동안의 응답 펄스폭이 시정수의 5배보다 작으면($t_W < 5\tau$) 커패시터는 완전히 충전할 시간을 가지지 못한다. 충전 정도는 시정수와 펄스폭의 관계에 의해 달라진다. 커패시터는 10 V에 완전히 도달하지 못하기 때문에 저항전압도 펄스 구간 끝에서 0 V가 되지 못한다. 예를 들어 만약 커패시터가 펄스구간 동안 5 V까지 충전한다면, 저항전압은 그림 10–62(e)에 나타낸 것처럼 5 V까지 감소한다.

$t_W < 5\tau$ 조건하에서 입력 펄스 하강에지 응답 다음으로, 커패시터가 펄스의 끝에서 단지 부분적으로만 충전되는 경우($t_W < 5\tau$)에 대하여 알아보자. 예를 들어 커패시터가 5 V까지 충전된다면 하강에지 직전의 순간에 저항전압 역시 5 V이다. 왜냐하면 커패시터 전압에 저항전압을 더한 값은 그림 10–62(e)에 나타냈듯이 10 V가 되어야 하기 때문이다. 하강에지가 나타날 때 A점은 10 V에서 0 V가 된다. 그 결과로 그림 10–62(f)에서와 같이 B점은 5 V에서 −5 V가 된다. 이러한 점프 현상은 앞서 설명한 바 있듯이 하강에지 순간에 커패시터 전압이 점프하지 못하기 때문에 발생한다. 하강에지 후에 커패시터는 전압차를 해소하기 위해 0 V까지 방전하기 시작한다. 그 결과로 그림과 같이 저항전압은 −5 V에서 0 V로 지수적으로 변하게 된다.

단일펄스에 대한 미분기 응답의 요약

이 절의 내용을 잘 파악하기 위해서는 두 극단적인 경우를 포함한 몇가지 상황을 비교해 보는 것이좋다. 즉, RC 회로 시정수의 5배인 5τ가 입력펄스폭보다 훨씬 작을 때부터 5τ가 입력펄스폭보다 훨씬 큰 경우까지 중간 몇 가지 경우에 대해 출력파형을 비교해서 파악하는 것이다. 이러한 내용을 그림 10–63

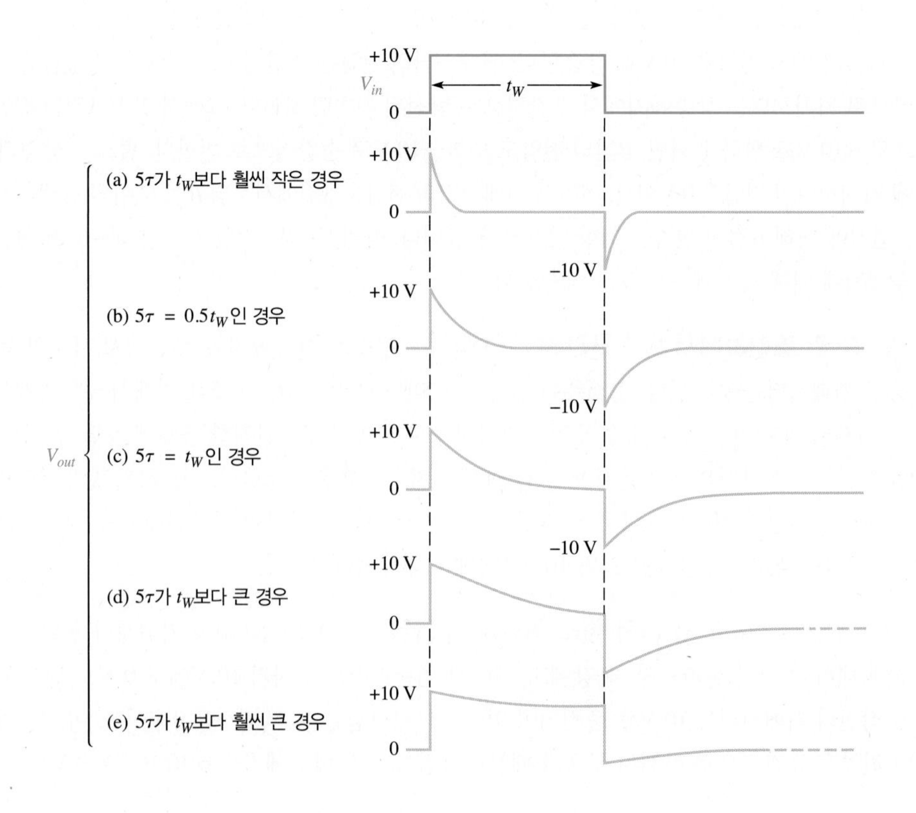

그림 10–63 시정수 차이에 의한 미분기의 출력전압 파형 변화

에 나타내었다. (a)에서 출력파형은 매우 좁은 양과 음의 '날카로운 펄스(spikes)'만 남는다. (e)에서 출력은 입력펄스 모양과 거의 비슷하다. 그리고 이 두 조건 사이의 몇 가지 경우에 대한 응답이 (b), (c), 그리고 (d)와 같이 나타난다.

예제 10-13

그림 10-64의 회로에 대한 출력전압을 그려라.

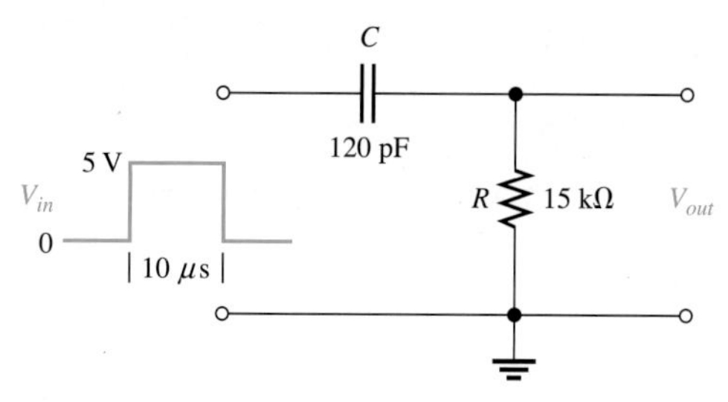

그림 10-64

풀이

먼저, 회로의 시정수를 계산한다.

$$\tau = RC = (15\text{ k}\Omega)(120\text{ pF}) = 1.8\ \mu\text{s}$$

이 경우, $t_W > 5\tau$이므로 커패시터는 9 μs 동안에 완전히 충전된다(펄스폭이 끝나기 전에). 상승에지에서 저항전압은 5 V까지 상승하고, 펄스가 끝나기 바로 전에 0 V까지 지수적으로 감소한다. 하강에지 상에서 저항전압은 −5 V로 떨어지고, 지수적으로 다시 0 V로 돌아간다. 저항전압이 바로 출력 전압인데, 그 형태를 그림 10-65에 나타내었다.

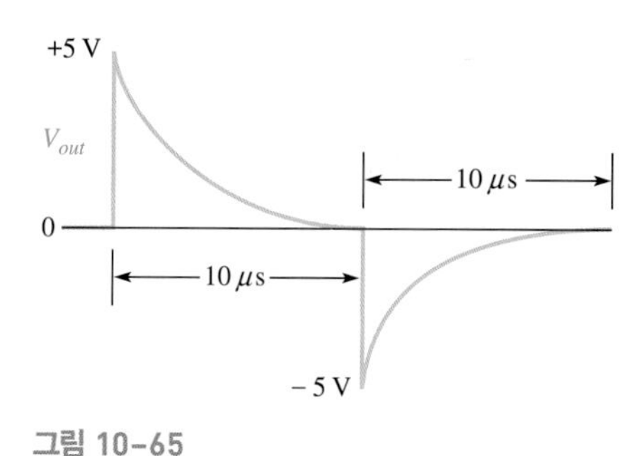

그림 10-65

관련문제

만일 그림 10-64에서 $R = 18\text{ k}\Omega$, $C = 47\text{ pF}$이라면, 출력 전압은 어떻게 되는가?

예제 10-14

그림 10-66에서 미분회로의 출력전압 파형을 구하시오.

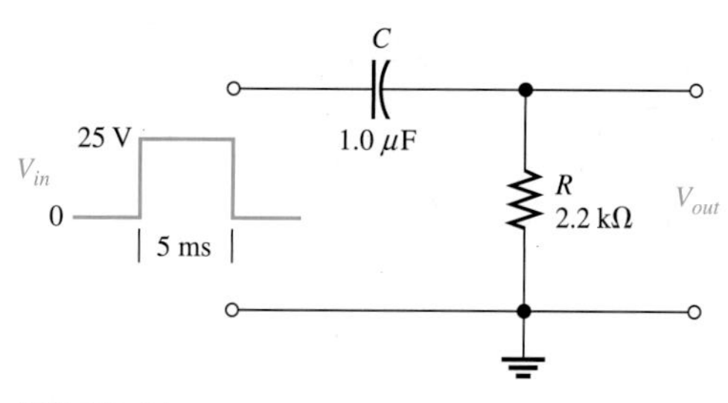

그림 10-66

풀이

먼저 시정수를 계산한다.

$$\tau = (2.2\ \text{k}\Omega)(1.0\ \mu\text{F}) = 2.2\ \text{ms}$$

입력 상승에지에서 저항전압은 바로 25 V로 상승한다. 펄스폭이 5 ms로서 대략 시정수의 2.27배 시간이므로, 커패시터는 이 시간 동안 완전히 충전되지 못한다. 펄스가 끝나는 무렵의 출력전압을 계산하기 위해서는 지수적인 감소에 관한 식 8–16을 이용한다.

$$v_{out} = V_i e^{-t/RC} = (25\ \text{V})e^{-5\text{ms}/2.2\text{ms}} = 2.58\ \text{V}$$

여기서 $V_i = 25$ V, $t = 5$ ms이다. 이 계산은 5 ms의 펄스폭 간격 끝에서의 저항전압이다. 하강에지 시에 저항전압은 바로 2.58 V에서 −22.4 V로 떨어진다(−25 V 변화). 출력전압의 파형을 그림 10–67에 나타내었다.

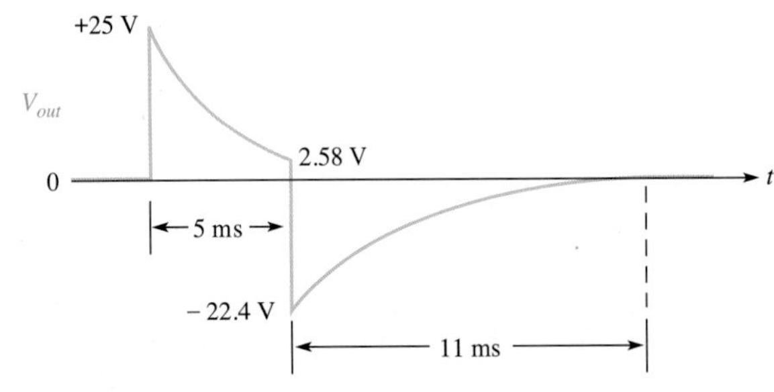

그림 10–67

관련 문제

그림 10–66에서 $R = 1.5\ \text{k}\Omega$이라면, 출력 전압은 어떻게 되는가?

10–14절 복습 문제

1. $5\tau = 0.5\ t_W$일 때, 10 V의 입력펄스에 대한 미분기의 출력을 그려라.
2. 어떤 조건에서 미분기의 입력펄스와 출력펄스의 모양이 가장 비슷한가?
3. 5τ가 입력펄스폭보다 훨씬 작을 때 미분기의 출력은 어떻게 나타나는가?
4. 만일 15 V 입력펄스의 하강에지 직전에 어떤 미분회로의 저항전압이 5 V까지 떨어졌다면, 입력펄스의 하강에지 직후에 저항전압의 마이너스 전압은 얼마가 되는가?

10-15 반복펄스에 의한 *RC* 미분기 응답

앞 절에서 다룬 단일펄스에 대한 *RC* 미분기의 응답이 이번 절에서는 반복펄스에 의한 응답으로 확장해 본다.

이 절을 마친 후 다음을 할 수 있어야 한다.

- 반복 입력펄스에 대한 *RC* 미분기의 해석을 설명한다.
- 펄스폭이 시정수의 5배(5τ)보다 작을 때의 응답을 결정한다.

만약 주기적인 펄스파형이 RC 미분기에 인가되면, 다시 $t_W \geq 5\tau$ 또는 $t_W < 5\tau$인 두 가지 경우가 가능하다. 그림 10-68은 $t_W = 5\tau$일 때의 출력을 보인 것이다. 시정수가 감소하면 출력의 양과 음의 부분 모두 좁아진다. 또한 출력의 평균값은 0이 됨을 알 수 있다. 파형의 (+)전압부분과 (−)전압부분은 모두 동일한 형태이다. 한편, 파형의 평균값이 바로 파형의 직류성분이 되는데, 입력에 0이 아닌 직류성분이 있으면 커패시터는 직류를 차단하기 때문에 출력을 통해서 직류 성분이 나타나는 것을 막는다.

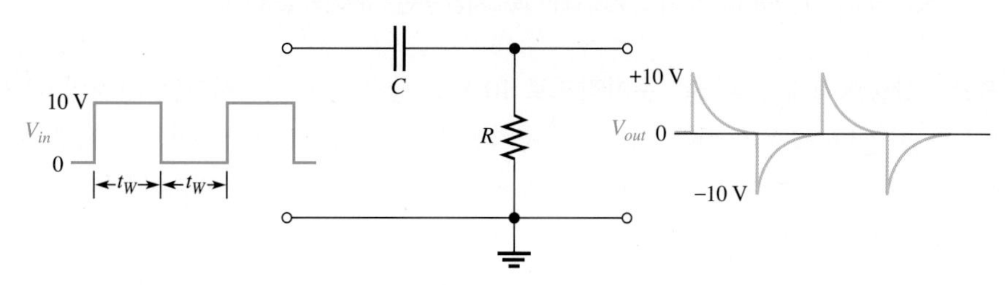

그림 10-68 $t_W = 5\tau$일 때 미분기 응답의 예

그림 10-69는 $t_W < 5\tau$일 때 정상상태의 출력을 나타낸 것이다. 시정수가 증가하면 (+)와 (−)영역에서 각각 기울어진 부분은 더욱 평탄해진다. 시정수가 매우 커지면 출력은 입력과 형태가 근사적으로 닮아가면서, 전체 평균값은 0으로 유지된다.

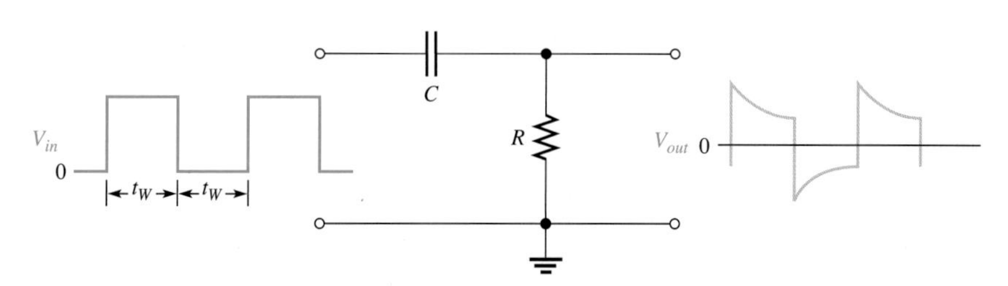

그림 10-69 $t_W < 5\tau$일 때 미분기 응답의 예

반복 파형의 분석

적분기와 같이 미분기의 출력이 정상상태에 도달하기 위해서는 일정 시간(5τ)이 걸린다. 반복펄스 입력의 응답을 설명하기 위해 시정수가 입력펄스폭과 같은 미분기를 예로 들어보자. 여기서 한 펄스(1τ) 동안 저항전압이 최대값의 36.8%로 감소함을 알고 있으므로 회로의 시정수 값이 실제 얼마인지는 중요하지 않다. 그림 10-70에서 커패시터는 초기에 충전되어 있지 않다고 가정하고, 펄스마다 출력전압을 조사하여 그 결과를 그림 10-71에 나타내었다.

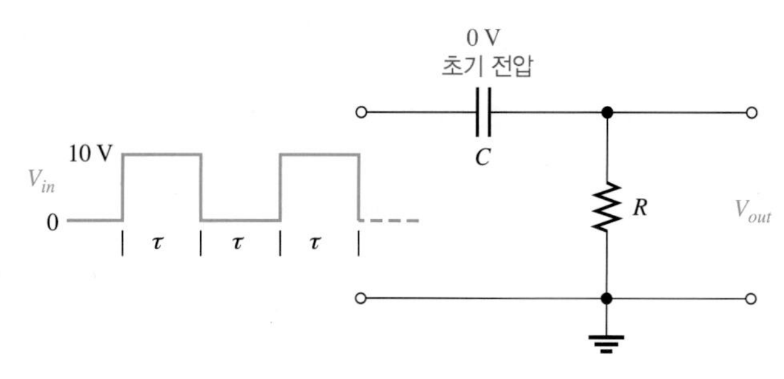

그림 10-70 $T = 2\tau$인 RC 미분기

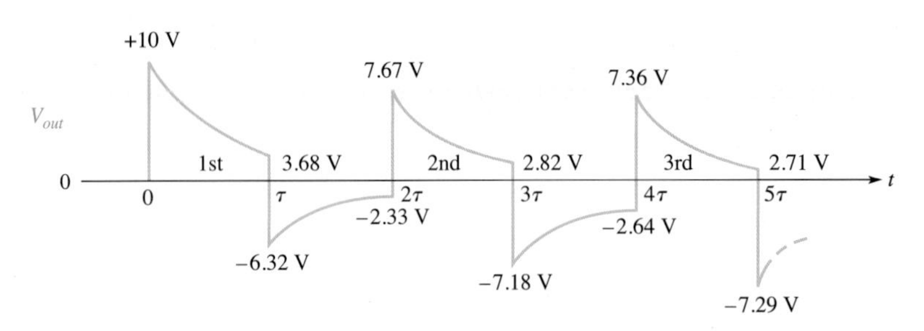

그림 10-71 그림 10-70의 회로에 대한 과도시간 동안 미분기의 출력파형

첫 번째 펄스 상승에지에서 출력은 순간적으로 10 V로 상승한다. 커패시터는 10 V의 63.2%까지 부분적으로 충전되어 6.32 V가 된다. 그러므로 출력전압은 그림 10-71에서 보인 것처럼 3.68 V로 감소된다. 하강 에지에서 출력은 순간적으로 −10 V만큼 떨어져 −6.32 V로 점프하는데, 이는 3.68 V − 10 V = −6.32 V가 되기 때문이다.

첫 번째 펄스와 두 번째 펄스 사이 커패시터가 −6.32 V의 36.8%를 방전하므로 −2.33 V가 된다. 그러므로 −6.32 V에서 시작한 저항전압은 −2.33 V까지 증가한다. 그 이유는 바로 다음 펄스 직전까지 입력전압이 0이기 때문이다. 따라서 v_C와 v_R의 합은 0이 된다(+2.33 V − 2.33 V = 0). 키르히호프의 전압법칙에 따라 $v_C + v_R = v_{in}$임을 항상 알고 있어야 한다.

두 번째 펄스 상승에지에서 출력은 순간적으로 정으로 10 V 증가하여 2.33V에서 7.67 V로 된다. 그러면 그 다음 펄스의 끝에서 커패시터는 0.632(10 V − 2.33 V) = 4.85 V로 충전된다. 따라서 커패시터전압은 2.33 V에서 2.33V + 4.85 V = 7.18 V로 증가하며, 출력전압은 0.368(7.67 V) = 2.82 V로 떨어진다. 하강에지에서 출력은 그림 10-71과 같이 순간적으로 2.82 V에서 −7.18 V로 떨어진다.

두 번째와 세 번째 펄스 사이 커패시터가 7.18 V의 36.8%를 방전하는데, 이는 2.64 V이다. 커패시터전압과 저항전압은 셋째 펄스 직전에서 합해서 0이 되어야 하기 때문에(입력은 0 V) 출력전압은 −7.18 V에서 −2.64 V로 증가한다.

세 번째 펄스 상승에지에서 출력은 순간적으로 −2.64 V에서 7.36 V로 10 V만큼 점프한다. 그러면 커패시터는 0.632(10 V − 2.64 V) = 4.65 V 충전되어 2.64 V + 4.65 V = 7.29 V가 된다. 결과적으로 출력전압은 0.368(7.36 V) = 2.71 V로 떨어지고, 하강에지에서 출력은 바로 2.71 V에서 −7.29 V로 떨어진다.

세 번째 펄스 후에 5τ가 경과하면 출력전압은 정상상태에 접근한다. 따라서 그림 10-71의 파형은 대략 양의 최대값 +7.3 V와 음의 최대값 −7.3 V 사이에서의 변화를 지속하게 되는데, 평균값은 0 V을 유지한다.

10-15절 복습 문제

1. 주기적인 펄스파형이 입력에 인가될 때 어떤 조건에서 *RC* 미분기가 완전히 충전되거나 방전되는가?
2. 구형파 입력의 폭에 비하여 회로의 시정수가 매우 작을 때 출력파형은 어떻게 나타나는가?
3. 정상상태 동안 미분기 출력전압의 평균값은 얼마가 되는가?

10-16 *RL* 적분기의 펄스 응답

직렬 *RL* 회로에서 저항 양단에서 나타나는 전압을 출력으로 정하면, 시간 응답 관점에서 적분회로가 된다. *RC* 적분기에서 수행한 것처럼 단일펄스에 대한 응답을 먼저 알아보고, 후에 반복되는 펄스에 대해서도 확장하여 논의한다. *RL* 적분기가 *RC* 적분기와 유사한 파형을 나타내지만, 인덕터가 커패시터보다 더 고가이고 회로에 불리한 영향을 끼치는 권선저항을 가지고 있어서 *RL* 적분기는 잘 사용되지 않는다.

이 절을 마친 후 다음을 할 수 있어야 한다.

- *RL* 적분기의 동작을 해석한다.
- 단일펄스에 대한 응답을 결정한다.

그림 10–72는 *RL* 적분기를 나타낸 것이다. 출력은 저항 양단으로 설정하였으며, 같은 조건하에서 *RC* 적분기와 같은 출력 파형이 나타난다. *RC* 적분기의 경우에는 출력을 커패시터 양단으로 정하였음을 기억해야 한다.

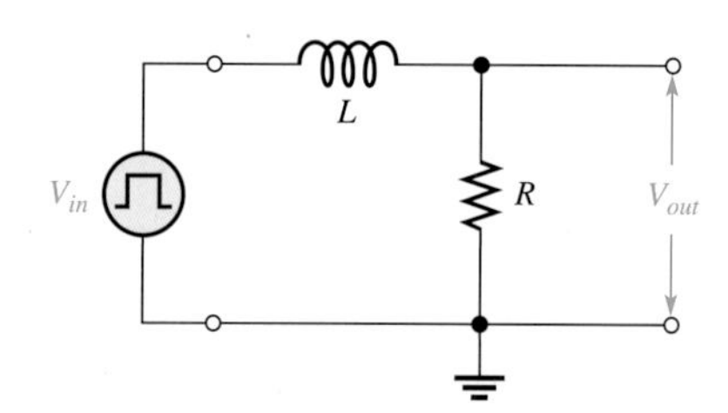

그림 10–72　펄스발생기가 입력된 *RL* 적분기

앞서 알고 있는 바와 같이, 이상적인 펄스는 상승과 하강 에지가 순간적으로 이루어진다고 가정한다. 인덕터의 특성에 관한 다음의 두 가지 기본적인 사항을 이해하는 것은 입력펄스에 대한 *RL* 회로의 응답 해석에 도움이 된다.

1. 인덕터는 외부 전류의 순간적인 변화에 대해서는 차단역할(스위치 OFF)을 하지만, 전류의 변동이 없는 직류에 대해서는 단락상태(스위치 ON)로 보인다.
2. 인덕터에서 전류는 순간적으로 변할 수 없고, 다만 지수함수 형태로 변한다.

단일펄스에 대한 *RL* 적분기 응답

펄스발생기가 *RL* 적분기의 입력에 연결되어 있고, 입력 펄스가 낮은(low) 전압에서 높은(high) 전압으로 변할 때, 인덕터는 전류의 갑작스러운 변화를 차단한다. 결과적으로 인덕터는 개방(스위치 OFF) 상태로 작동하고, 입력 전압은 상승에지인 순간에 인덕터 양단에 모두 걸리게 된다. 이러한 상태를 그림 10–73(a)에 나타내었다.

상승에지 이후에 그림 10–73(b)과 같이 전류가 점차 지수함수적으로 증가함에 따라 출력전압도 증가한다. 만약 과도시간이 펄스폭(이 예에서 V_p = 10 V이며, 여기서 V_p는 펄스의 진폭)보다 짧으면 전류는 최대값인 V_p/R에 도달할 수 있다.

이후에, 펄스가 높은 전압에서 낮은 전압으로 변할 때, 전류는 V_p/R를 계속 유지하도록 반대 극성의 유도전압이 코일에 나타난다. 출력전압은 그림 10–73(c)에서 보인 것처럼 지수함수적으로 감소하게 된다.

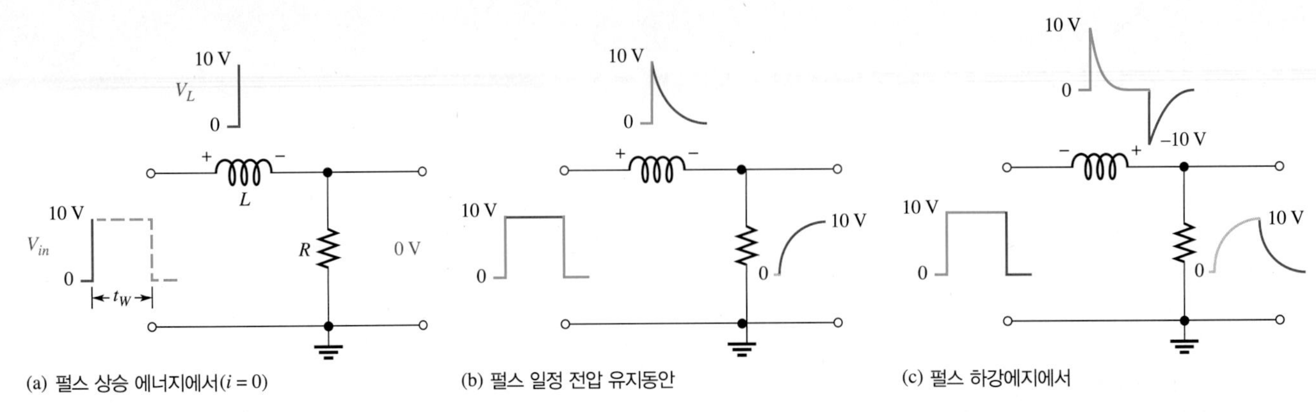

그림 10-73 *RL*적분기의 펄스 응답 예($t_W > 5\tau$). 펄스발생기가 입력에 연결되어 있지만, 기호로 나타내지 않고, 입력 펄스만 나타내었다.

정확한 출력의 모양은 L/R 시정수에 의하여 결정되며, 시정수와 펄스폭 사이의 다양한 관계를 그림 10–74에 요약하였다. 출력의 형태로 본 *RL* 회로의 응답은 *RC* 적분기와 비슷하다는 것을 알아야 한다. L/R 시정수와 입력펄스폭과의 관계는 앞 절에서 다룬 *RC* 시정수의 경우일 때와 같다. 예를 들어 $t_W < 5\tau$인 경우, 출력전압은 시간이 모자라서 도달 가능한 최대값에 도달하지 못한다.

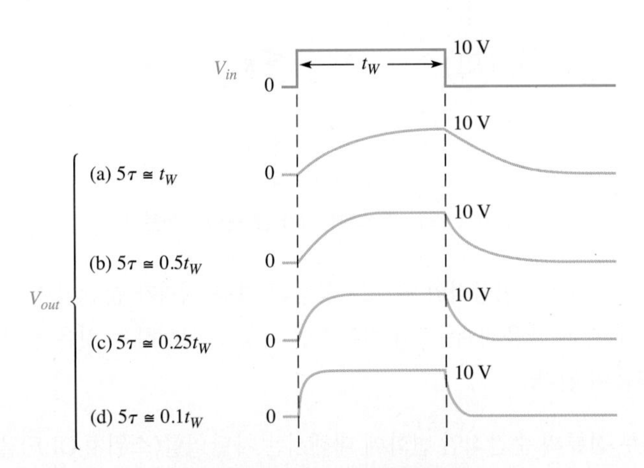

그림 10-74 시정수에 따른 적분기 출력형태의 변화

예제 10-15

그림 10–75에서와 같이 단일펄스가 인가될 때 적분기의 최대 출력전압을 구하여라.

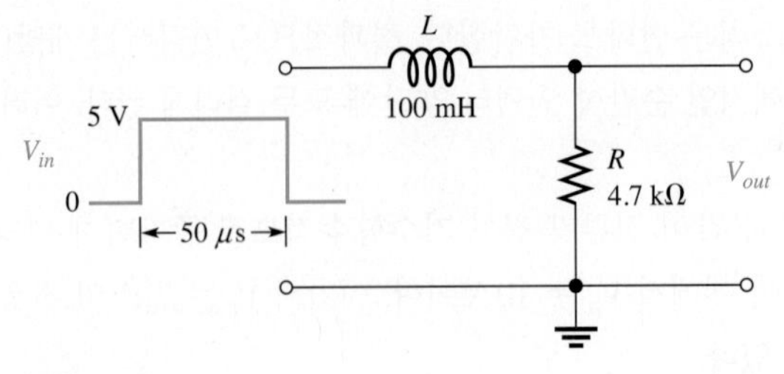

그림 10-75

풀이

시정수를 계산하면,

$$\tau = \frac{L}{R} = \frac{100\text{ mH}}{4.7\text{ k}\Omega} = 21.3\ \mu\text{s}$$

펄스폭이 50 μs이기 때문에, 인덕터의 자기장은 대략 2.35τ 동안 증가한다(50 μs/21.3 μs = 2.35). 식 9–6을 이용해서 전압을 계산하면 다음과 같다.

$$v = V_F + (V_i - V_F)e^{-Rt/L}$$

V_i는 0이라면, 최대 출력전압은 입력 펄스의 하강에지 직전에서 나타난다. 그러므로 전압은 다음과 같다.

$$v_L = V_F(1 - e^{-t/\tau}) = 5\text{ V}(1 - e^{-50\ \mu\text{s}/21.3\ \mu\text{s}}) = \mathbf{4.52\ V}$$

관련문제

그림 10–75의 입력펄스 끝에서 출력전압이 5 V가 되기 위한 R의 값은?

예제 10 – 16

그림 10–76의 RL 적분기 회로에 펄스가 인가되었다. 파형과 i, v_R, v_L의 값을 구하라.

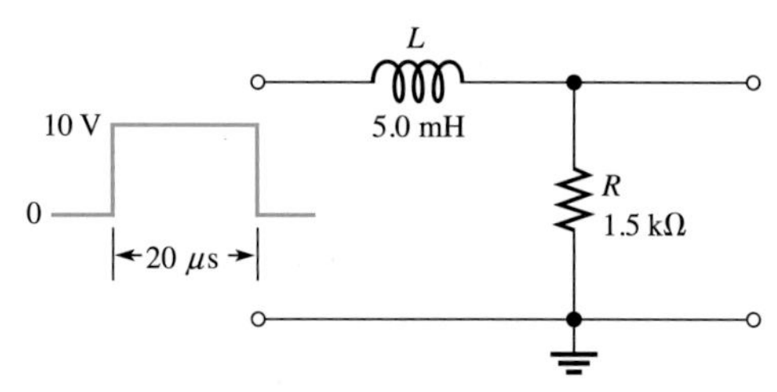

그림 10–76

풀이

회로 시정수는 다음과 같다.

$$\tau = \frac{L}{R} = \frac{5.0\text{ mH}}{1.5\text{ k}\Omega} = 3.33\ \mu\text{s}$$

5τ = 16.7 μs가 t_W보다 작으므로, 전류는 최대값에 도달하며, 펄스의 끝 부분까지 유지된다. 펄스의 상승에지에서 값들은 다음과 같다.

$$i = 0\text{ A}$$
$$v_R = 0\text{ V}$$
$$v_L = 10\text{ V}$$

인덕터는 스위치가 OFF 된 상태로 보이므로, 입력 전압은 모두 인덕터 양단에 나타난다.

펄스가 유지되는 기간,

16.7 μs 동안 i는 지수함수적으로 $\dfrac{V_p}{R} = \dfrac{10\text{ V}}{1.5\text{ k}\Omega}$ = 6.67 mA로 증가한다.

16.7 μs 동안 v_R은 지수함수적으로 10 V로 증가한다.

16.7 μs 동안 v_L은 지수함수적으로 0 V로 감소한다.

펄스의 하강에지에서,

$$i = 6.67 \text{ mA}$$
$$v_R = 10 \text{ V}$$
$$v_L = -10 \text{ V}$$

펄스 이후,

16.7 μs 동안 i는 지수함수적으로 0으로 감소한다.
16.7 μs 동안 v_R은 지수함수적으로 0으로 감소한다.
16.7 μs 동안 v_L은 지수함수적으로 0으로 감소한다.

그림 10–77에 파형을 나타내었다.

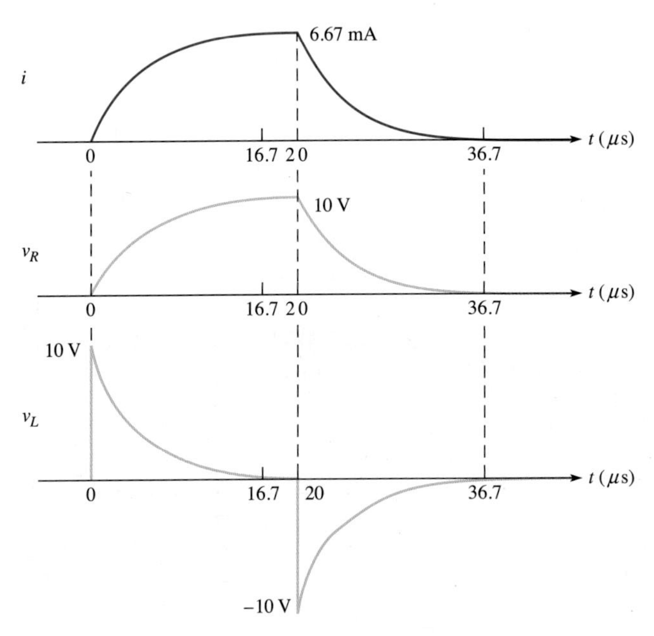

그림 10–77

관련 문제
그림 10–77에서 입력파형의 진폭이 20 V까지 증가하면 최대 출력전압은 얼마가 되는가?

예제 10 – 17

그림 10–78에서 10 μs의 폭을 가진 10 V의 펄스가 적분기에 인가되었다. 펄스 입력 동안 도달하게 되는 출력전압을 구하여라. 만약 전원의 내부저항이 300 Ω이면, 출력이 0으로 떨어지는 데 얼마의 시간이 걸리겠는가? 출력 전압 파형을 그려라.

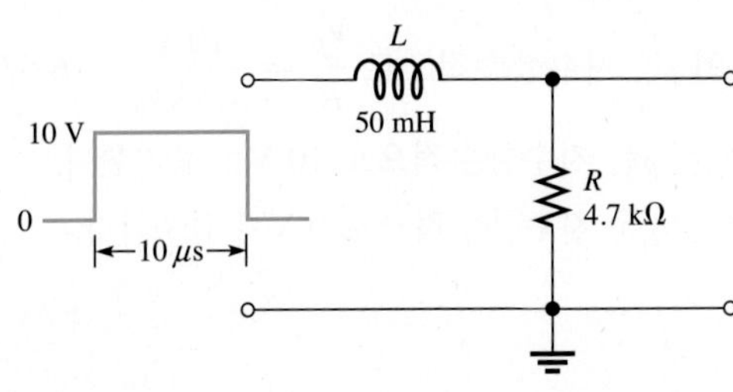

그림 10–78

풀이

코일은 300 Ω 전원저항과 4.7 kΩ 외부저항을 거쳐서 충전된다. 시정수는

$$\tau = \frac{L}{R_{tot}} = \frac{50\text{ mH}}{4700\ \Omega + 300\ \Omega} = \frac{50\text{ mH}}{5.0\text{ k}\Omega} = 10\ \mu\text{s}$$

이 경우, 펄스폭은 정확히 시정수와 같다. 그러므로 출력 V_R은 1τ 동안에 최대 입력진폭의 63%에 도달한다. 따라서 출력전압은 펄스의 끝에서 **6.3 V**가 된다.

펄스가 지나간 후, 인덕터는 300 Ω 전원저항과 4.7 kΩ 저항을 통하여 방전을 한다. 완전히 방전하는 데 5τ가 걸린다.

$$5\tau = 5(10\ \mu\text{s}) = \mathbf{50\ \mu s}$$

그림 10-79에 출력전압의 파형을 나타내었다.

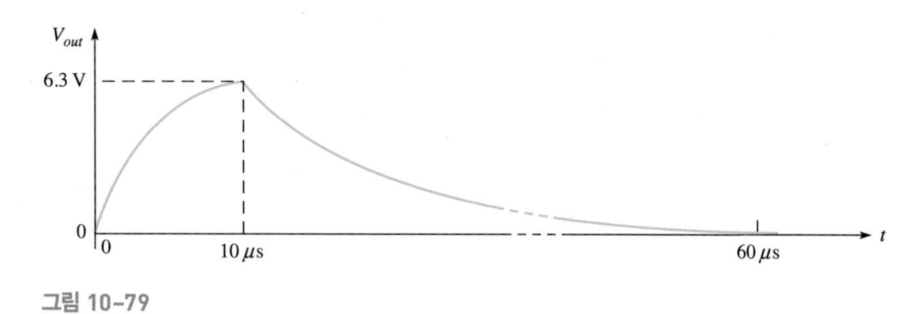

그림 10-79

관련 문제

그림 10-78에서 펄스입력 동안 출력전압이 입력전압에 도달하도록 하려면 R값을 얼마로 바꿔야 하는가?

10-16절 복습 문제

1. RL 적분기에서 출력전압은 어떤 소자 양단에서 나타나는가?
2. 펄스가 RL적분기에 인가될 때, 출력전압이 입력의 진폭에 도달하려면 어떤 조건이 필요한가?
3. 어떤 조건에서 출력전압이 입력펄스와 비슷한 형태가 되는가?

10-17 *RL* 미분기의 펄스 응답

시간응답의 측면에서 출력전압으로서 저항 대신에 인덕터 양단을 선택하면, 직렬 RL 회로는 미분회로가 된다. RC 미분기의 경우처럼, 단일펄스에 대한 응답을 설명한다. 반복되는 펄스에 대해서는 쉽게 확장할 수 있을 것이다.

이 절을 마친 후 다음을 할 수 있어야 한다.

- RL 미분기의 동작을 해석한다.
- 단일 입력펄스에 대한 응답을 설명한다.

단일펄스에 대한 *RL* 미분기의 응답

그림 10–80은 펄스발생기가 입력에 연결된 *RL* 미분기를 나타낸 것이다.

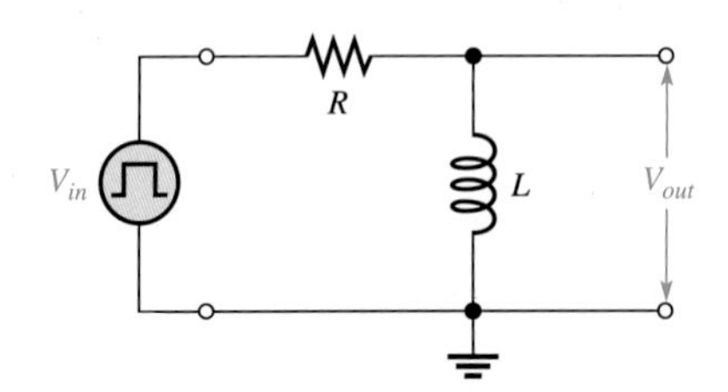

그림 10–80 펄스발생기가 연결된 *RL*미분기

펄스가 인가되기 전에는 회로에 전류가 흐르지 않는다. 입력펄스가 낮은 전압에서 높은 전압으로 상승할 때 인덕터는 전류의 갑작스런 변화를 막는다. 이미 알고 있듯이 유도 전압은 입력 전압과 크기는 같고 극성은 반대이다. 이 결과 인덕터는 연결이 끊어진 상태로 보이고, 그림 10–81(a)와 같이 10 V 펄스의 상승에지 순간에 모든 입력 전압은 인덕터 양단에 나타난다.

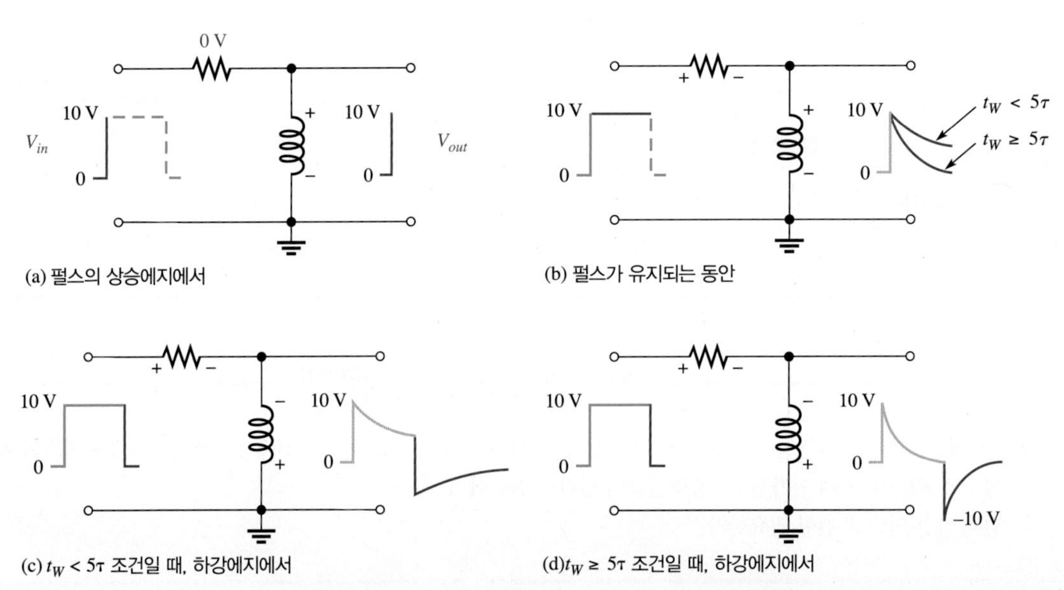

그림 10–81 두 가지 시정수 조건에 대한 *RL*미분기의 응답. 펄스발생기가 입력에 연결되어 있지만, 표시하지 않고 펄스 모습만 나타내었다.

펄스 입력 동안에 전류는 지수함수 형태로 증가한다. 그 결과, 그림 10–81(b)와 같이 인덕터의 전압은 감소한다. 이러한 감소율은 L/R 시정수에 의존한다. 입력의 하강에지일 때, 그림 10–81(c)에서 보는 바와 같이 펄스 하강과 같은 방향으로 유도전압이 발생하여 전류를 유지시키도록 인덕터가 작용한다. 이러한 반응은 그림 (c)와 (d)에서와 같이 인덕터 전압이 갑작스럽게 음(−)으로 점프하는 것으로 나타난다.

그림 10–81(c)와 (d)에서 나타낸 것처럼 두 가지 경우가 가능하다. (c)에서 5τ는 입력펄스폭보다 크고, 출력전압이 0 V로 감소하는 데 시간이 충분치 않다. (d)에서 5τ는 입력펄스폭보다 작거나 같고, 따라서 출력전압은 펄스의 끝 이전에 0 V로 감소한다. 이 경우에 −10 V의 변화가 에지에서 나타난다.

입력과 출력파형이 관련되는 *RL* 적분기와 미분기는 *RC* 적분기 및 미분기와 동일한 동작을 하게 된다는 것을 알고 있어야 한다. 다양한 시정수와 펄스폭과의 관계에 대한 *RL* 미분기의 응답을

그림 10-82에 나타내었다. 이 그림을 *RC* 미분기에 관한 그림과 비교하면 동일하다는 것을 알 수 있을 것이다.

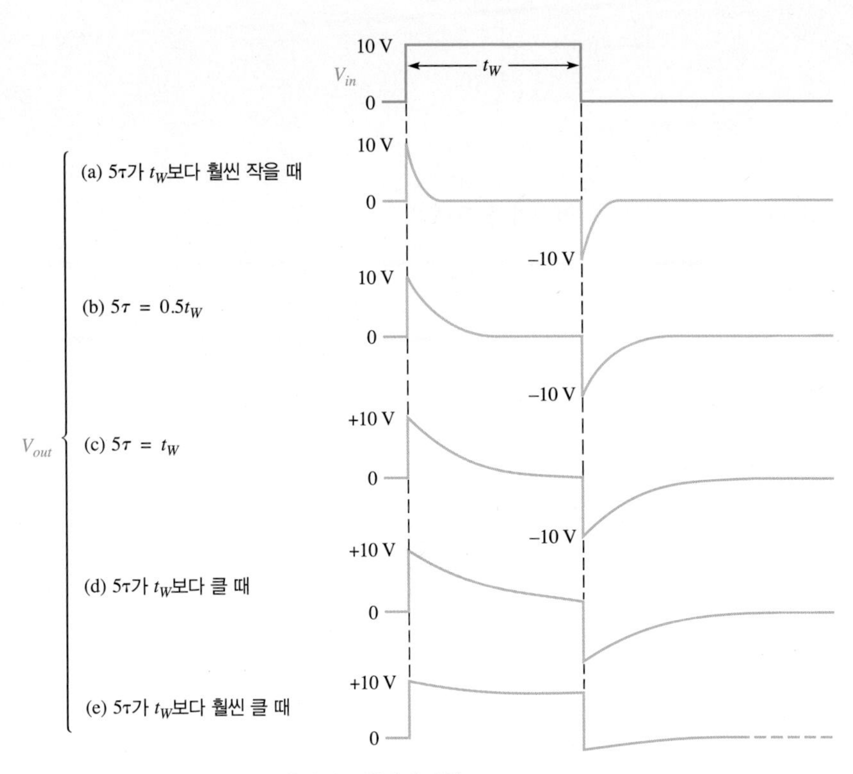

그림 10-82 시정수에 따른 출력펄스 형태의 변화

예제 10-18

그림 10-83의 *RL* 미분회로에 대한 출력전압의 파형을 그려라.

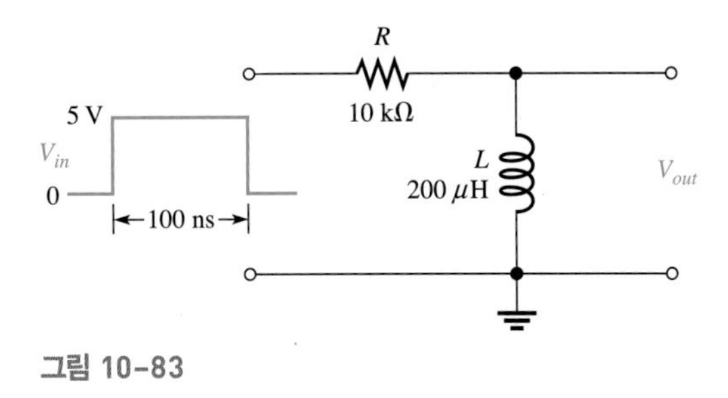

그림 10-83

풀이

먼저 시정수를 계산한다.

$$\tau = \frac{L}{R} = \frac{200\,\mu\text{H}}{10\,\text{k}\Omega} = 20\,\text{ns}$$

여기서 $t_W = 5\tau$이고, 따라서 출력전압은 펄스입력 하강에지 근처에서 0 V까지 감소한다. 상승에지에서 인덕터 전압은 5 V로 점프 상승하고, 뒤이어 지수함수 형태로 0 V까지 감소한다. 결국 입력 펄스의 하강에지에 가까운 시점에는 대략 0 V까지 떨어지게 된다. 입력의 하강에지에서 인덕터 전압은 −5 V까지 점프 하강하고, 다시 0 V로 돌아간다. 출력파형을 그림 10-84에 나타내었다.

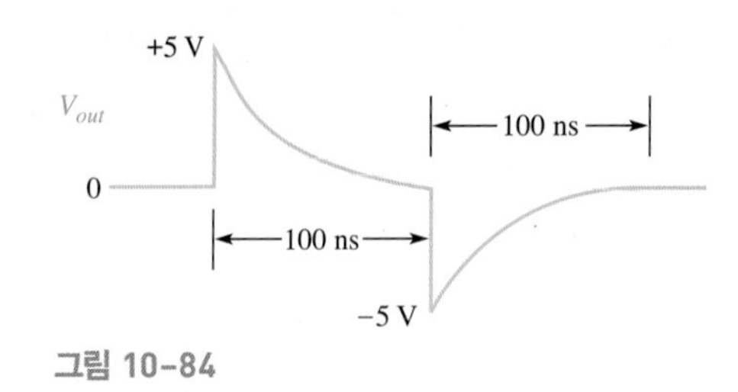

그림 10-84

관련문제

그림 10-83에서 입력펄스폭이 50 ns로 감소될 때 출력전압을 그려라.

예제 10-19

그림 10-85의 *RL* 미분기에 대한 출력전압의 파형을 구하여라.

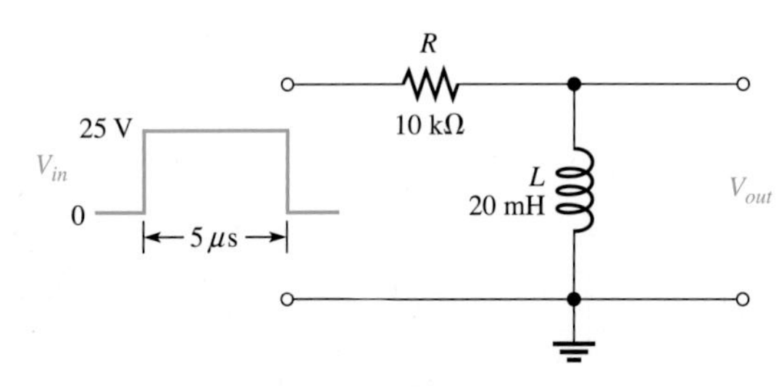

그림 10-85

풀이

먼저, 시정수를 계산한다.

$$\tau = \frac{L}{R} = \frac{20\ \text{mH}}{10\ \text{k}\Omega} = 2\ \mu\text{s}$$

입력펄스의 상승에지에서 인덕터 전압은 바로 +25 V로 상승한다. 이 값은 지수함수 형태로 감소하는 식의 초기값이 되는데, 인덕터의 어느 순간 전압 관계식은 다음과 같이 식 9-6을 사용할 수 있다.

$$v = V_F + (V_i - V_F)e^{-Rt/L}$$

마지막 값으로 0을 대입하면 지수감소함수는 다음과 같다.

$$v_L = V_i e^{-t/\tau} = (25\ \text{V})e^{-5\mu\text{s}/2/\mu\text{s}} = (25\ \text{V})e^{-2.5} = 2.05\ \text{V}$$

이 결과는 5 μs 입력 펄스의 하강에지에서의 인덕터 전압이다. 이어서 하강에지에서 출력은 바로 2.05 V에서 −22.95 V(−25 V 점프)로 떨어진다. 완성된 출력파형을 그림 10-86에 나타내었다.

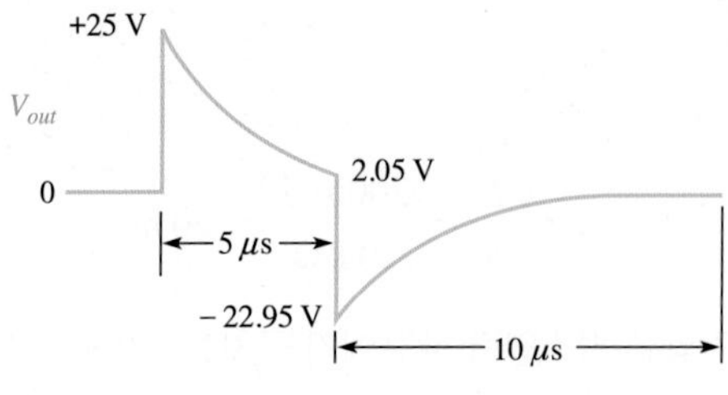

그림 10-86

관련문제

그림 10-85의 입력펄스의 끝에서 V_{out}이 0 V가 되기 위한 *R*의 값은 얼마이어야 하는가?

10-17절 복습 문제

1. *RL* 미분기에서는 어떤 소자의 양단을 출력으로 선택하는가?
2. 어떤 조건하에서 출력 펄스 형태가 입력 펄스와 거의 유사하게 되는가?
3. 어떤 *RL* 미분기에서 +10 V 입력 펄스의 하강에지 직전에서 인덕터 전압이 +2 V까지 떨어졌다면, 입력 펄스의 하강에지 직후에서 출력전압은 몇 V가 되겠는가?

요약

- 정현파 전압이 *RC* 회로에 입력될 때 각 전류와 모든 전압 역시 정현파이다.
- 직렬 또는 병렬 *RC* 회로에서 전체 전류 파형은 항상 전원 전압 파형에 앞선다.
- 저항 전압은 항상 전류와 같은 위상이다.
- 커패시터 전압은 커패시터 전류에 대해 항상 90° 뒤처진다.
- *RC* 회로에서 임피던스는 저항과 용량성 리액턴스가 함께 결합되어 정해진다.
- 임피던스는 옴의 단위로 표현된다.
- 회로의 위상각은 입력 전압 파형과 전체 전류 파형 사이의 각도이다.
- 직렬 *RC* 회로의 임피던스는 주파수에 반비례하여 변한다.
- 직렬 *RC* 회로의 위상각(θ)은 주파수에 반비례하여 변한다.
- *RC* 지상회로에서 출력전압은 입력전압보다 위상이 뒤처진다.
- *RC* 진상회로에서 출력전압은 입력전압보다 위상이 앞선다.
- 각각의 병렬 *RC* 회로에 대하여 임의의 주어진 주파수에 대한 등가 직렬회로가 존재한다.
- 회로의 임피던스는 입력 전압과 전체 전류를 측정하고 옴의 법칙을 적용하여 구할 수 있다.
- *RC* 회로에서 전력은 저항성 부분과 리액티브 부분으로 되어 있다.
- 저항성 전력(유효전력)과 무효전력의 페이저 결합을 피상전력이라고 부른다.
- 피상전력은 볼트-암페어(VA)의 단위로 표현된다.
- 역률(*PF*)은 피상전력에서 유효전력이 어느 정도인지를 나타낸다.
- 역률 1은 순수한 저항성 회로를 나타내며, 역률이 0은 순수한 유도/용량성 회로를 나타내는 것이다.
- 주파수 선택 기능이 있는 회로에서는 정해진 주파수는 통과시키고, 그 밖의 주파수는 차단시킨다.
- *RL* 회로에 정현파 교류전압이 입력될 때, 전류와 모든 전압강하 역시 정현파이다.
- *RL* 회로에서 총 전류는 전원 전압에 항상 뒤처진다.
- 이상적인 인덕터에서 전압은 항상 전류에 90° 앞선다.
- *RL* 지상회로에서 출력전압은 입력전압보다 위상이 뒤진다.
- *RL* 진상회로에서 출력전압은 입력전압보다 위상이 앞선다.
- *RL* 회로에서 임피던스는 저항과 유도성 리액턴스의 결합으로 결정된다.
- *RL* 회로의 임피던스는 주파수에 따라 직접 변한다.
- 직렬 *RL* 회로의 위상각(θ)은 주파수에 따라 직접 변한다.
- *RL* 회로에서 전력은 저항성분과 리액티브 성분으로 이루어져 있다.
- *RC* 적분기에서는 커패시터 양단이 출력 전압이다.
- *RC* 미분기에서는 저항 양단이 출력 전압이다.
- *RL* 적분기에서는 저항 양단이 출력 전압이다.
- *RL* 미분기에서는 인덕터 양단이 출력 전압이다.

- 적분기에서 입력의 펄스폭(t_W)이 과도시간보다 매우 작을 때, 출력전압은 입력의 평균값과 같은 일정한 값에 접근한다.
- 적분기에서 입력펄스의 폭이 과도시간보다 매우 클 때, 출력전압은 입력파형에 가까워진다.
- 미분기에서 입력펄스의 폭이 과도시간보다 매우 작을 때, 출력전압은 입력파형과 비슷하지만 평균값은 0이다.
- 미분기에서 입력펄스의 폭이 과도시간보다 매우 클 때, 출력전압은 입력펄스의 앞과 뒤에서 폭이 좁은, 상승 스파이크 신호와 하강 스파이크 신호로 이루어진다.
- *RC* 적분기는 특정의 시간 지연을 설정하기 위해 사용될 수 있다.

핵심 용어

핵심용어 및 볼드체로 된 용어는 책 뒷부분의 용어사전에도 정의되어 있다.

과도시간 대략 시정수의 5배에 해당하는 값

대역폭 Bandwidth 회로의 입력으로부터 출력으로 통과되는 주파수 범위

미분기 출력이 입력의 미분 형태로 나오는 회로

어드미턴스 Admittance, *Y* 유도성 회로에서 전류를 수용할 수 있는 정도를 나타내는 양. 임피던스의 역수. 단위는 지멘스(S)

역률 Power factor 볼트-암페어(VA)와 유효전력, 즉 와트와의 관계. 볼트-암페어와 역률의 곱은 유효전력과 동등하다.

용량성 서셉턴스 Capacitive susceptance, B_C 커패시터의 전류를 수용할 수 있는 정도를 나타내는 양. 용량성 리액턴스의 역수. 단위는 지멘스(S)

위상각 Phase angle 유도성 회로에서 입력전압과 전류 사이의 각

임피던스 Impedance, Z 정현파 전류에서 옴으로 표시되는 전체 항

적분기 출력이 입력의 적분 형태로 나오는 회로

정상상태 초기의 과도 상태가 지난 후 회로가 평형이 되는 상태

주파수 응답 Frequency response 전기회로에서 특정 주파수 영역에 대한 출력전압(또는 전류)의 변동

차단 주파수 Cutoff frequency 필터의 출력전압이 최대 출력전압의 70.7%가 되는 주파수

피상전력 Apparent power, P_a 유효전력(소비전력)과 무효전력의 복소 조합

***RC* 지상회로 RC lag circuit** 커패시터 전체를 고려한 출력전압에 있어서 위상천이 회로는 규정된 각도만큼 입력전압에 뒤진다.

***RC* 진상회로 RC lead circuit** 커패시터 전체를 고려한 출력전압에 있어서 위상천이 회로는 규정된 각도만큼 입력전압을 앞선다.

***RL* 지상회로** 출력전압이 입력전압보다 어떤 정해진 각도만큼 뒤처지는 위상차를 가진 회로

***RL* 진상회로** 출력전압이 입력전압보다 어떤 정해진 각도만큼 앞서는 위상차를 가진 회로

주요 공식

(10–1)	$Z = \sqrt{R^2 + X_C^2}$	직렬 *RC* 임피던스
(10–2)	$\theta = \tan^{-1}\left(\frac{X_C}{R}\right)$	직렬 *RC* 위상각
(10–3)	$\theta = \left(\frac{\Delta t}{T}\right)360°$	시간측정을 사용한 위상각
(10–4)	$P_{true} = I_{tot}^2 R$	유효전력(W)
(10–5)	$P_r = I_{tot}^2 X_C$	무효전력(VAR)

(10–6)	$P_a = I_{tot}^2 Z$	피상전력(VA)
(10–7)	$P_{true} = V_s I_{tot} \cos\theta$	유효전력
(10–8)	$PF = \cos\theta$	역률
(10–9)	$f_c = \dfrac{1}{2\pi RC}$	*RC* 회로의 차단 주파수
(10–10)	$Z = \sqrt{R^2 + X_L^2}$	직렬 *RL* 임피던스
(10–11)	$\theta = \tan^{-1}\left(\dfrac{X_L}{R}\right)$	직렬 *RL* 위상각
(10–12)	$P_r = I^2 X_L$	무효전력
(10–13)	$f_c = \dfrac{R}{2\pi L}$	*RL* 회로의 차단 주파수

O/X 퀴즈 해답은 이 장의 끝에 있다.

1. 직렬 *RC* 회로에 있어서 임피던스는 주파수가 증가할 때 증가한다.
2. 직렬 *RC* 지상회로에서 출력전압은 저항 양단의 전압이다.
3. *RC* 회로의 위상각은 전원의 전압 파형과 전체 전류 파형 사이에서 측정한다.
4. 만일 $X_C = R$이면, 직렬 *RC* 회로에서 위상차는 45° 정도 전류가 전압을 앞선다.
5. 역률은 위상각의 탄젠트 값과 같다.
6. 순수 저항성 회로는 0의 역률을 갖는다.
7. 피상전력은 와트(W)로 측정한다.
8. 교류에서, $R = X_L$이면 위상각은 45°이다.
9. 교류 *RL* 직렬회로에서 저항의 양단 전압은 3.0 V이고, 인덕터 양단의 전압은 4.0 V일 때, 전원 전압은 5.0 V이다.
10. 교류 *RL* 직렬회로에서, 인덕터의 전류와 전압은 같은 위상이다.
11. 회로의 역률이 0.5일 때, 무효전력과 유효전력은 동일하다.
12. 순수한 유도성 회로는 역률이 0이다.
13. 직렬 *RL* 고역통과필터는 저항 양단을 출력으로 할 때이다.
14. *RC* 회로의 과도시간은 시정수와 같다.
15. 펄스 입력 *RC* 회로에서 커패시터는 펄스폭이 5τ와 같거나 크면 완전히 충전된다.
16. 펄스 입력 *RC* 회로에서 전원 전압이 증가하면 시정수도 증가한다.
17. 어떤 조건하에서 *RC* 적분기의 출력은 입력과 동일한 최대, 최소 전압을 가질 수 있다.
18. 어떤 조건하에서 *RC* 적분기의 출력은 입력의 평균 전압과 같을 수 있다.
19. 펄스가 *RC* 미분기 회로에 펄스가 인가된 직후, 출력은 펄스의 피크치와 근사적으로 같다.
20. *RL* 적분기에서 출력은 인덕터 양단을 사용한다.
21. *RL* 미분기에서 인덕터가 개방되면 출력은 0이다.
22. *RL* 미분기의 시정수는 저항에 반비례한다.
23. 구형파로부터 양과 음의 트리거를 만들어내는 회로는 미분기이다.

자습문제 해답은 이 장의 끝에 있다.

1. 직렬 RC 회로에서 저항 양단의 전압은?

(a) 전원 전압과 같은 위상 **(b)** 전원 전압에 90° 뒤처진다.

(c) 전류와 같은 위상 **(d)** 전류에 90° 뒤처진다.

2. 직렬 RC 회로에서, 커패시터 양단의 전압은?

(a) 전원 전압과 같은 위상 **(b)** 저항 전압에 90° 뒤처진다.

(c) 전류와 같은 위상 **(d)** 전원 전압에 90° 뒤처진다.

3. 직렬 RC 회로에 인가된 전압의 주파수가 증가하면 임피던스는?

(a) 증가 **(b)** 감소 **(c)** 변화 없음 **(d)** 두 배

4. 직렬 RC 회로에 인가된 전압의 주파수가 감소하면 위상각은 ?

(a) 증가 **(b)** 감소 **(c)** 변화 없음 **(d)** 일정치 않다.

5. 직렬 RC 회로에서 주파수와 저항이 두 배가 되면 임피던스는?

(a) 두 배 **(b)** 1/2 **(c)** 1/4 **(d)** 알 수 없다.

6. 직렬 RC 회로에서 저항과 커패시터 양단의 전압 모두가 10 V rms이다. 전원 전압의 rms 값은?

(a) 20 V **(b)** 14.14 V **(c)** 28.28 V **(d)** 10 V

7. 어떤 주파수에서 문제 6의 전압이 측정되었다. 저항 양단의 전압을 커패시터 양단의 전압보다 크게 하려면 주파수는?

(a) 증가하여야 한다. **(b)** 감소하여야 한다.

(c) 일정하게 유지 **(d)** 아무 영향이 없다.

8. $R = X_C$일 때 위상각은?

(a) 0° **(b)** +90° **(c)** −90° **(d)** 45°

9. 위상각이 45° 이하가 되기 위한 조건은?

(a) $R = X_C$ **(b)** $R < X_C$ **(c)** $R > X_C$ **(d)** $R = 10X_C$

10. 역률이 1이면 위상각은?

(a) 90° **(b)** 45° **(c)** 180° **(d)** 0°

11. 어떤 부하에서 유효전력이 100 W, 무효전력이 100 VAR이다. 피상전력은?

(a) 200 VA **(b)** 100 VA **(c)** 141.4 VA **(d)** 141.4 W

12. 에너지원의 정격은 보통 어떻게 표현하는가?

(a) W **(b)** VA **(c)** VAR **(d)** 이 중에 없음

13. 저역통과필터의 대역폭이 1 kHz이면 차단 주파수는?

(a) 0 Hz **(b)** 500 Hz **(c)** 2 kHz **(d)** 1000 Hz

14. 직렬 RL 회로에서 저항 전압은?

(a) 전원 전압보다 앞선다. **(b)** 전원 전압보다 뒤처진다.

(c) 전원 전압과 같은 위상이다. **(d)** 전류와 같은 위상이다.

(e) (a), (d) 두 개가 맞다. **(f)** (b), (d) 두 개가 맞다.

15. 직렬 *RL* 회로에 인가되는 전압의 주파수가 증가하면 임피던스는?
(a) 감소한다. **(b)** 증가한다. **(c)** 변함없다.

16. 직렬 *RL* 회로에 인가되는 전압의 주파수가 감소하면 위상각은?
(a) 감소한다. **(b)** 증가한다. **(c)** 변함없다.

17. 주파수가 두 배가 되고, 저항이 1/2이 되면, 직렬 *RL* 회로의 임피던스는?
(a) 2배 **(b)** 1/2배 **(c)** 변함 없다. **(d)** 모른다.

18. 직렬 *RL* 회로의 전류를 줄이기 위해서 주파수는 어떻게 해야 하는가?
(a) 증가시킨다. **(b)** 감소시킨다. **(c)** 일정하게 한다.

19. 직렬 *RL* 회로에서 저항과 인덕터 양단에서 각각 10 Vrms가 측정되었다. 전원 전압의 피크값은?
(a) 14.14 V **(b)** 28.28 V **(c)** 10 V **(d)** 20 V

20. 문제 19의 전압이 어떤 주파수에서 측정되었다. 인덕터 전압보다 저항 전압을 더 크게 하기 위해서 주파수는 어떻게 해야 하나?
(a) 증가시킨다. **(b)** 감소시킨다. **(c)** 2배로 한다. **(d)** 필요 없다.

21. 직렬 *RL* 회로에서 인덕터 전압보다 저항 전압이 더 크게 되었을 때 위상각은?
(a) 증가한다. **(b)** 감소한다. **(c)** 영향 받지 않는다.

22. 다음 역률 중 *RL* 회로에서 가장 적게 열에너지로 변환이 이루어지는 값은?
(a) 1 **(b)** 0.9 **(c)** 0.5 **(d)** 0.1

23. 순수한 유도성 부하이며, 무효전력은 10 VAR이다. 피상전력은?
(a) 0 VA **(b)** 10 VA **(c)** 14.14 VA **(d)** 3.16 VA

24. 어떤 부하의 무효전력은 10 W, 무효전력은 10 VAR이다. 피상전력은?
(a) 5 VA **(b)** 20 VA **(c)** 14.14 VA **(d)** 100 VA

25. 어떤 저역통과 *RL* 회로의 차단 주파수가 20 kHz이다. 회로의 대역폭은?
(a) 20 kHz **(b)** 40 kHz **(c)** 0 kHz **(d)** 모른다

26. *RC* 적분기의 출력은 어느 부품의 양단을 사용하는가?
(a) 저항 **(b)** 커패시터 **(c)** 전원 **(d)** 코일

27. *RC* 적분기에 시정수와 같은 폭의 10 V 펄스가 공급될 때 커패시터는 얼마나 충전되는가?
(a) 10 V **(b)** 5 V **(c)** 6.3 V **(d)** 3.7 V

28. *RC* 미분기에 시정수와 같은 폭의 10 V 펄스가 공급될 때 커패시터는 얼마나 충전되는가?
(a) 6.3 V **(b)** 10 V **(c)** 5 V **(d)** 3.7 V

29. *RC* 적분기에서 출력펄스가 언제 입력펄스와 가장 비슷해지는가?
(a) τ가 펄스폭보다 매우 클 때
(b) τ가 펄스폭과 같을 때
(c) τ가 펄스폭보다 작을 때
(d) τ가 펄스폭보다 매우 작을 때

30. *RC* 미분기에서 출력펄스가 어떤 경우에 입력펄스와 가장 비슷해지는가?

(a) τ가 펄스폭보다 매우 클 때

(b) τ가 펄스폭과 같을 때

(c) τ가 펄스폭보다 작을 때

(d) τ가 펄스폭보다 매우 작을 때

31. 미분기의 출력전압의 양과 음의 크기는 언제 같아지는가?

(a) $5\tau < t_W$ **(b)** $5\tau > t_W$ **(c)** $5\tau = t_W$ **(d)** $5\tau > 0$

32. *RL* 적분기의 출력은 어디에 나타나는가?

(a) 저항 **(b)** 코일 **(c)** 전원 **(d)** 커패시터

33. *RL* 미분기에서 최대 전류는 얼마인가?

(a) $I = \dfrac{V_p}{X_L}$ **(b)** $I = \dfrac{V_p}{Z}$ **(c)** $I = \dfrac{V_p}{R}$

34. *RL* 미분기에서 전류는 언제 최대값에 도달하는가?

(a) $5\tau = t_W$ **(b)** $5\tau < t_W$ **(b)** $5\tau > t_W$ **(d)** $\tau = 0.5t_W$

35. 만약 동일한 시정수를 갖는 *RC*, *RL* 미분기를 나란히 두고 두 미분기에 동일한 입력펄스를 가했을 때

(a) *RC*는 넓은 출력펄스를 갖는다.

(b) *RL*은 출력에 아주 좁은 스파이크를 갖는다.

(c) 하나의 출력은 지수 형태로 증가하고, 다른 하나의 출력은 지수 형태로 감소한다.

(d) 출력파형 관찰을 통해 차이점을 알 수 없다.

연습문제 선별된 일부 문제의 해답은 이 책의 끝에 있다.

기초문제

10-1 직렬 *RC* 회로의 정현파 응답 특성

1. 직렬 *RC* 회로에 8 kHz 정현파가 인가되었다. 저항과 커패시터 양단 전압의 주파수는?

2. 문제 1의 회로에서 전류 파형의 모양은?

10-2 직렬 *RC* 회로의 임피던스와 위상각

3. 그림 10-87의 각각의 회로에서 임피던스를 구하라.

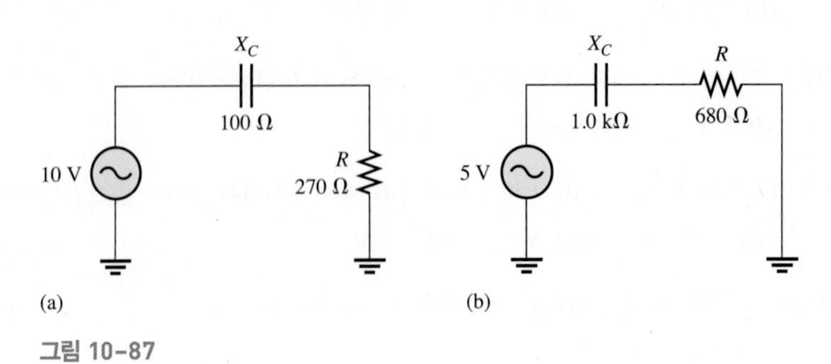

그림 10-87

4. 그림 10-88의 각각의 회로에서 임피던스와 위상각을 구하라.

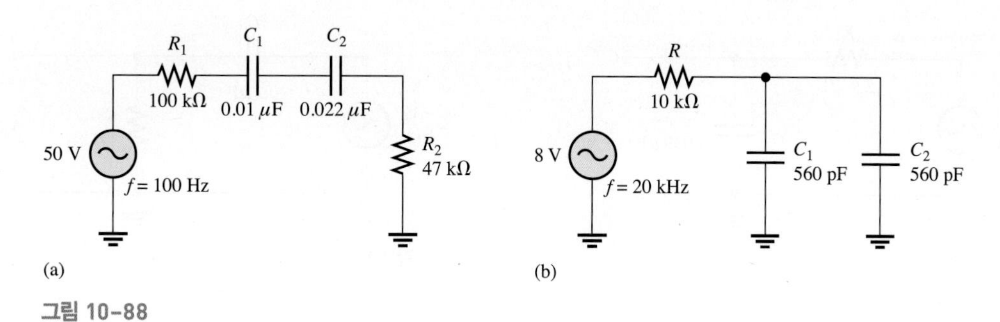

그림 10-88

5. 그림 10-89에서 다음 주파수들에 대해 임피던스를 구하라.

(a) 100 Hz **(b)** 500 Hz **(c)** 1.0 kHz **(d)** 2.5 kHz

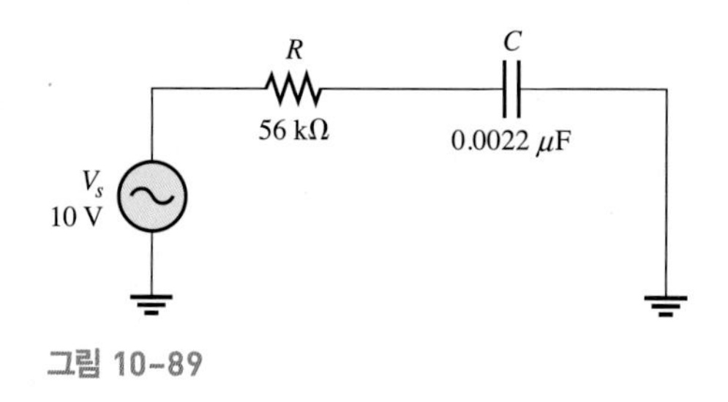

그림 10-89

6. $C = 0.0047\ \mu F$에 대해 문제 3을 반복하라.

10-3 직-병렬 *RC* 회로 해석

7. 그림 10-87의 회로에 대하여 전체 전류를 구하라.

10-4 *RC* 회로의 전력

8. *RC* 직렬회로에서 유효전력이 2 W, 무효전력이 3.5 VAR이다. 피상전력을 구하라.

9. 그림 10-90의 회로에서 유효전력, 무효전력, 피상전력, 역률은 얼마인가? 그리고 전력 삼각도를 그려라.

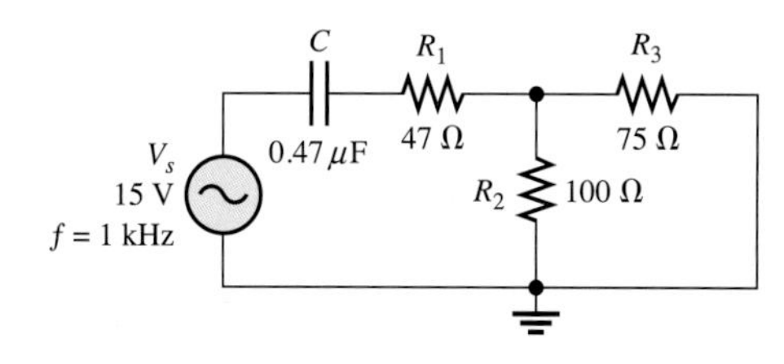

그림 10-90

10-5 *RC* 회로의 기본 응용

10. 그림 10-91의 증폭기 *A*의 신호전압출력의 실효값은 50 mV이다. 증폭기 *B*의 입력저항이 10 kΩ이면, 주파수가 3 kHz일 때 결합 커패시터(C_c)에 의해 손실되는 신호의 크기는 얼마인가?

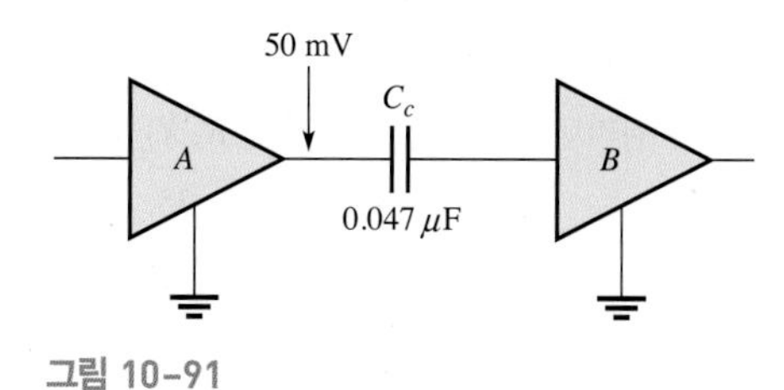

그림 10-91

11. 그림 10–92와 10–93에서 차단 주파수는?

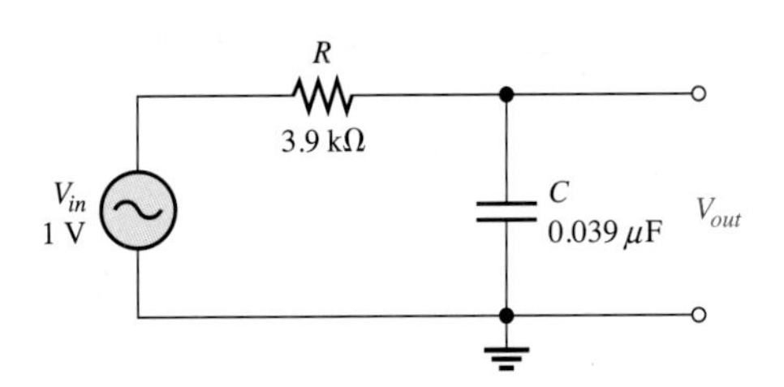

그림 10–92

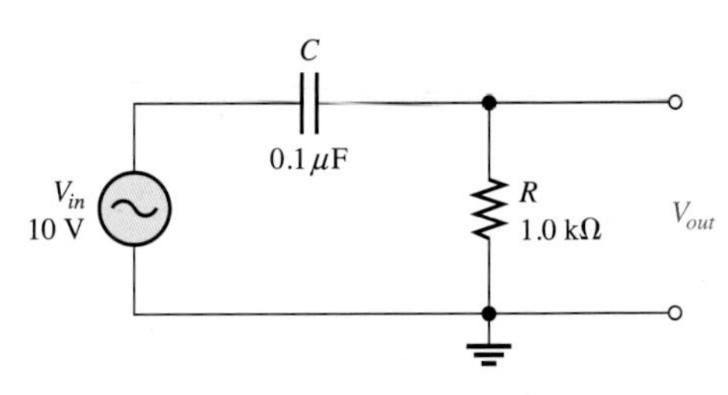

그림 10–93

12. 그림 10–93의 회로에서 대역폭은?

10–6 *RL* 회로의 정현파 응답

13. 직렬 *RL* 회로에 15 kHz의 정현파 전압이 인가되었다. I, V_R, V_L의 주파수를 구하라.

14. 문제 13에서 I, V_R, V_L의 파형은 어떤 모양인가?

10–7 직렬 *RL* 회로의 임피던스와 위상각

15. 그림 10–94의 각 회로에서 임피던스를 구하라.

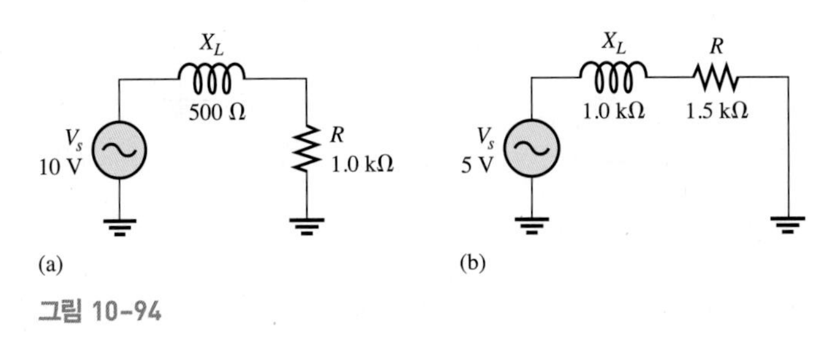

그림 10–94

16. 그림 10–95의 각 회로에서 임피던스와 위상각을 구하라.

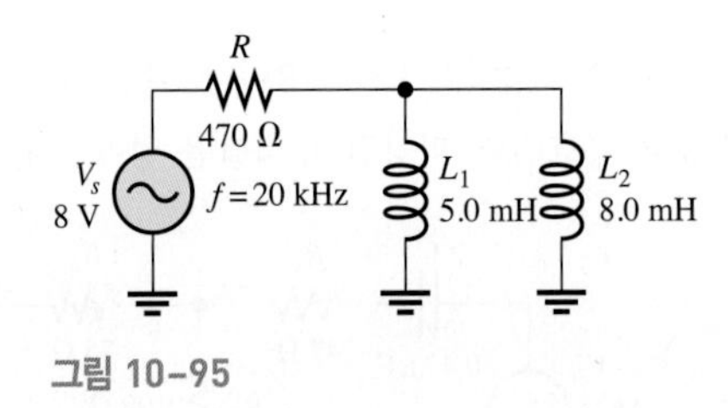

그림 10–95

17. 그림 10–96에 대하여 다음에 주어진 각각의 주파수에서의 임피던스를 구하라.

(a) 100 Hz **(b)** 500 Hz **(c)** 1 kHz **(d)** 2 kHz

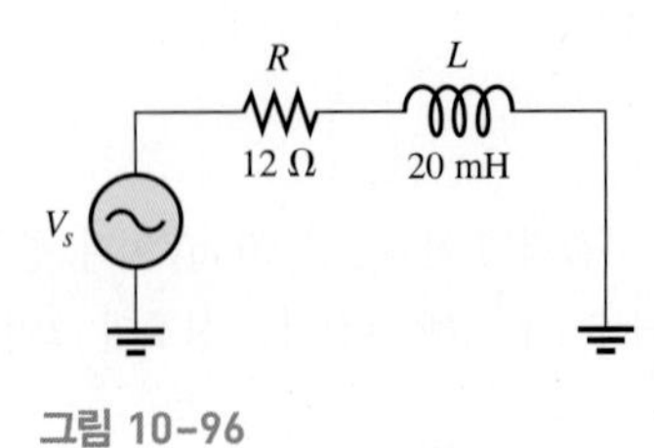

그림 10–96

18. 직렬 *RL* 회로에서 다음에 주어진 임피던스와 위상각에 대한 R, X_L 값을 결정하라.

(a) $Z = 20\ \Omega, \theta = 45°$ **(b)** $Z = 500\ \Omega, \theta = 35°$

(c) $Z = 2.5\ \text{k}\Omega, \theta = 72.5°$ **(d)** $Z = 998\ \Omega, \theta = 45°$

10-8 직–병렬 *RL* 회로 해석

19. 그림 10–97에서 각 소자 양단의 전압을 구하라.

20. 그림 10–97의 회로는 저항성이 우세한지 유도성이 우세한지 파악하라.

21. 그림 10–97에서 각 가지에 흐르는 전류와 총 전류를 계산하라.

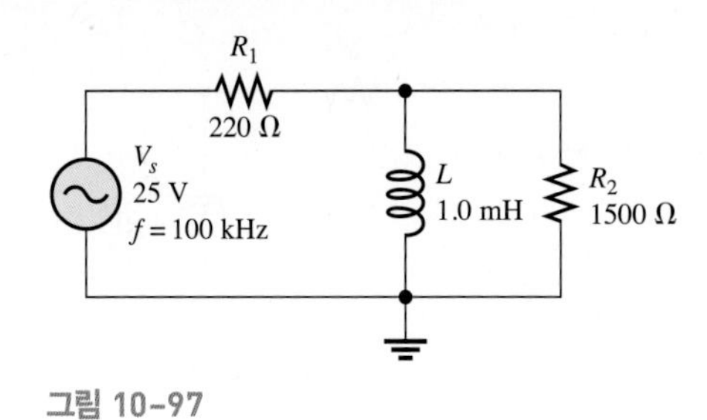

그림 10–97

10-9 *RL* 회로의 전력

22. 어떤 *RL* 회로에서 유효전력이 100 mW, 무효전력은 340 mVAR이다. 피상전력은 얼마인가?

23. 그림 10–97의 회로에서 P_{true}, P_r, P_a 및 *PF*를 구하라. 그리고 전력 삼각도를 그려라.

10-10 *RL* 필터

24. 그림 10–98(a)에 대한 응답곡선을 그려라. 주파수는 0 Hz에서 1200 Hz까지 200 Hz씩 증가시키며 출력 전압을 나타내라.

25. 그림 10–98(b)의 회로에서 주파수 500 Hz에 대한 전압 페이저도를 그려라.

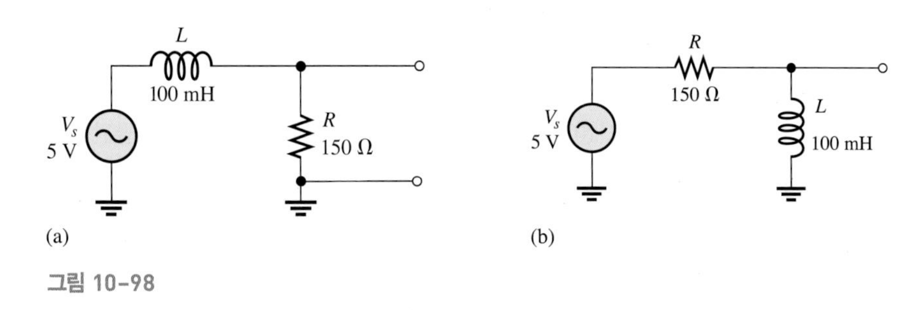

그림 10–98

10-11 *RC* 적분기

26. R = 2.2 kΩ, C = 0.047 μF이 직렬 연결된 적분기에서 시정수는 얼마인가?

27. 아래와 같은 각각의 직렬 *RC* 조합에 대하여 적분기의 커패시터가 완전히 충전하는 데 걸리는 시간을 결정하라.

(a) R = 47 Ω , C = 47 μF **(b)** R = 3300 Ω, C = 0.015 μF

(c) R = 22 kΩ, C = 100 pF **(d)** R = 4.7 MΩ, C = 10 pF

28. 한 적분기가 약 6 ms의 시정수가 요구된다. 만약 C = 0.22 μF이면 얼마의 *R*값이 사용되어야 하는가?

29. 문제 28의 적분기에 시용되는 커패시터가 한 펄스 동안에 완전히 충전되려면 펄스의 최소폭은 얼마나 되는가?

10-12 단일펄스에 의한 *RC* 적분기 응답

30. *RC* 적분기에 20 V 펄스가 공급된다. 펄스폭은 시정수와 같다. 펄스가 인가되는 동안 커패시터는 몇 V까지 충전되는가? 초기에는 충전되지 않았다고 가정하라.

31. t_W의 값이 다음과 같을 때 문제 30을 반복하여라.

(a) 2τ **(b)** 3τ **(c)** 4τ **(d)** 5τ

32. 5τ가 10 V의 구형파 입력펄스폭보다 훨씬 작은 경우에 적분기 출력전압의 근사적 파형을 그려라. 5τ가 펄스폭보다 훨씬 큰 경우에 대해서 반복하여라.

33. 그림 10–99에 보인 단일 입력펄스의 적분기에 대한 출력전압을 구하여라. 반복펄스의 경우, 이 회로는 정상상태에 도달하는 데 어느 정도의 시간이 걸리는가?

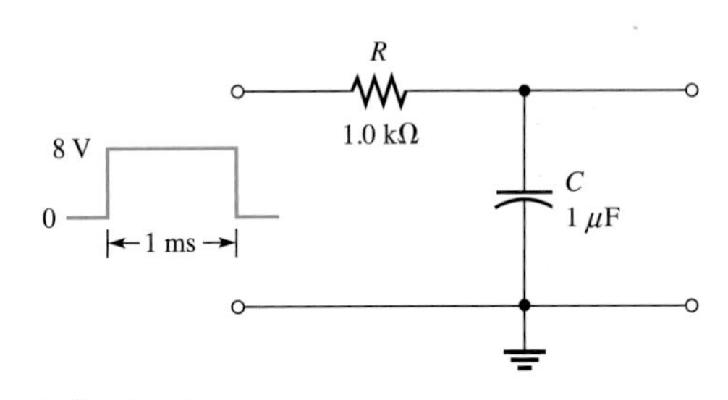

그림 10–99

10–13 반복펄스에 의한 *RC* 적분기 응답

34. 그림 10–100에서 최대 전압을 보이도록 적분기의 출력전압을 그려라.

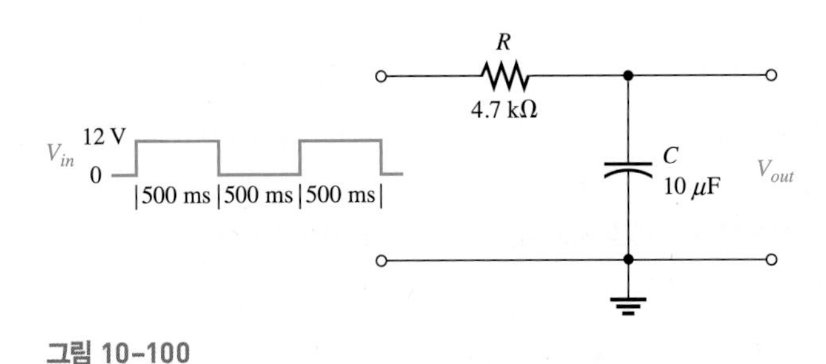

그림 10–100

35. 25 %의 듀티 사이클을 갖는 1 V, 10 kHz의 펄스파형이 $\tau = 25\ \mu s$인 적분기에 공급된다. 3개의 초기 펄스에 대한 출력전압을 그려라. *C*는 초기에 충전되어 있지 않다.

36. 그림 10–101에 보인 구형파 입력을 갖는 *RC* 적분기의 정상상태 출력전압은 얼마인가?

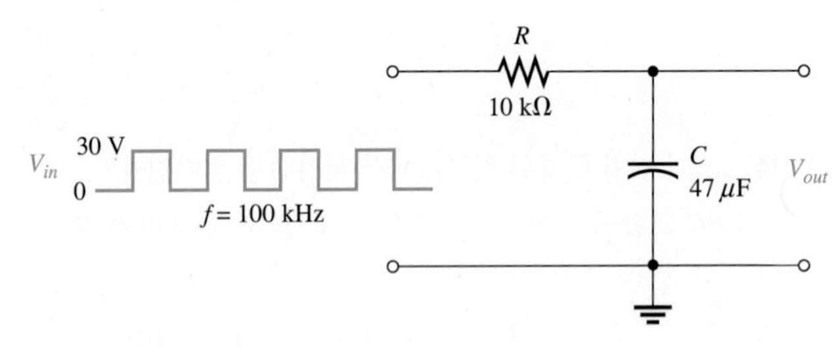

그림 10–101

10–14 단일펄스에 의한 *RC* 미분기 응답

37. *RC* 미분기에 대하여 문제 32를 반복하여라.

38. 미분기로 만들기 위하여 그림 10–99의 회로를 다시 그리고, 문제 33을 반복하여라.

10–15 반복펄스에 의한 *RC* 미분기 응답

39. 그림 10–102에서 최대 전압을 보이는 미분기의 출력을 그려라.

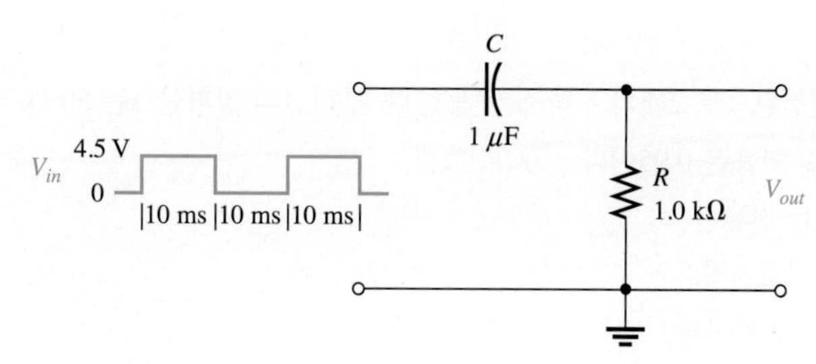

그림 10-102

40. 그림 10-103에 나타낸 구형파 입력을 갖는 미분기의 정상상태의 출력전압은 얼마인가?

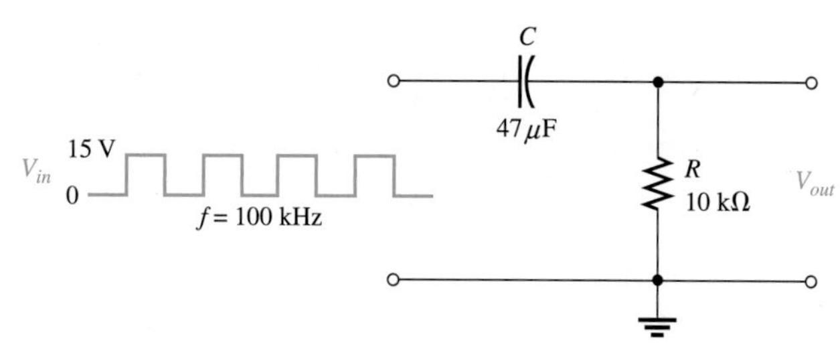

그림 10-103

10-16 *RL* 적분기의 펄스 응답

41. 그림 10-104의 회로에 대한 출력 전압을 구하여라. 그림과 같이 단일 입력펄스가 인가된다.

42. 최대 전압을 보이는 그림 10-105의 적분기 출력을 그려라.

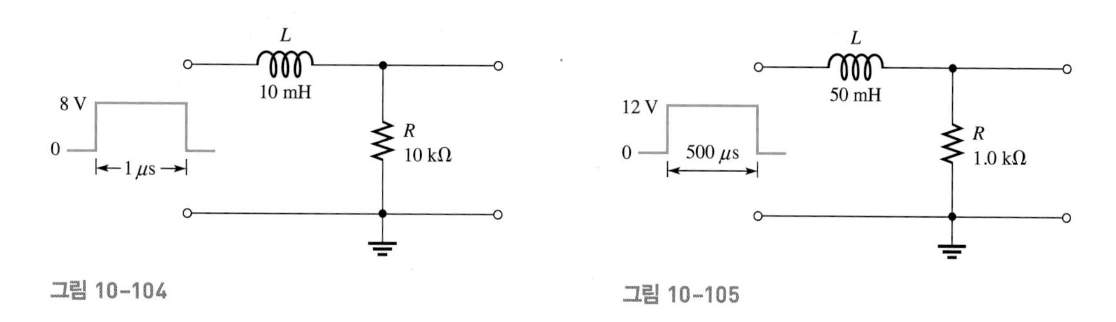

그림 10-104

그림 10-105

10-17 *RL* 미분기의 펄스 응답

43. **(a)** 그림 10-106에서 τ는 얼마인가?

(b) 출력전압을 그려라.

44. t_W = 250 ns이고, T = 600 ns인 주기적인 펄스파형이 그림 10-106의 회로에 인가되었다고 할 때, 출력 파형을 그려라.

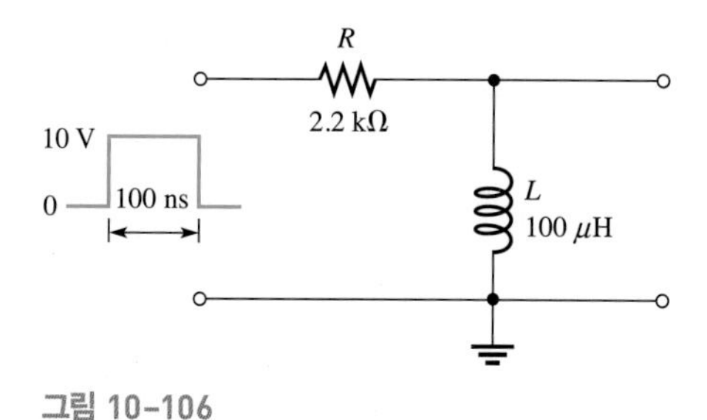

그림 10-106

고급문제

45. 240 V, 60 Hz 단일전원으로 2개의 부하를 구동한다. 부하 A의 임피던스는 50 Ω, 역률은 0.85이다. 부하 B는 임피던스 72 Ω, 역률은 0.95이다.

(a) 각 부하로 흐르는 전류는?

(b) 각 부하에서의 무효전력은?

(c) 각 부하에서의 유효전력은?

(d) 각 부하에서의 피상전력은?

46. 그림 10–107에서, 주파수가 20 Hz일 때 증폭기 2의 입력전압이 증폭기 1의 출력의 최소 70.7%가 되려면 결합 커패시터의 값은 얼마여야 하는가? 증폭기의 입력저항은 무시한다.

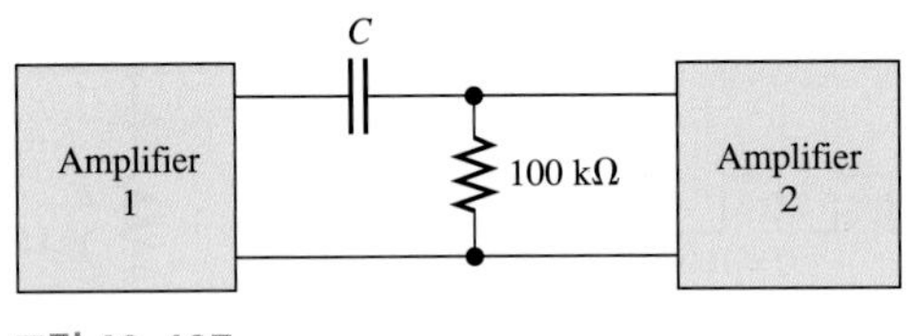

그림 10–107

47. 임피던스 12 Ω, 역률 0.75인 어떤 부하가 1.5 kW의 전력을 소비한다. 무효전력과 피상전력은 얼마인가?

48. 아래와 같은 회로의 요구조건을 충족할 수 있도록 그림 10–108의 블록 안에 들어갈 직렬 소자들을 결정하라.

(a) $P_{\text{true}} = 400$ W　　**(b)** 진상역률 (전류 I_{tot}는 전압 V_s보다 앞선다)

49. 그림 10–109에서 $V_A = V_B$일 때 C_2를 구하라.

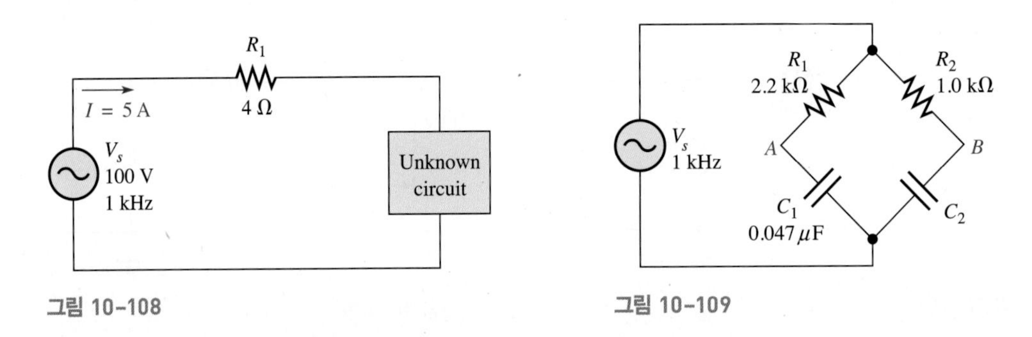

그림 10–108　　그림 10–109

50. 그림 10–110에서 다음을 구하라.

(a) Z_{tot}　**(b)** I_{tot}　**(c)** θ　**(d)** V_L　**(e)** V_{R3}

51. 그림 10–111의 회로에서 다음을 구하라.

(a) I_{R1}　**(b)** I_{L1}　**(c)** I_{L2}　**(d)** I_{R2}

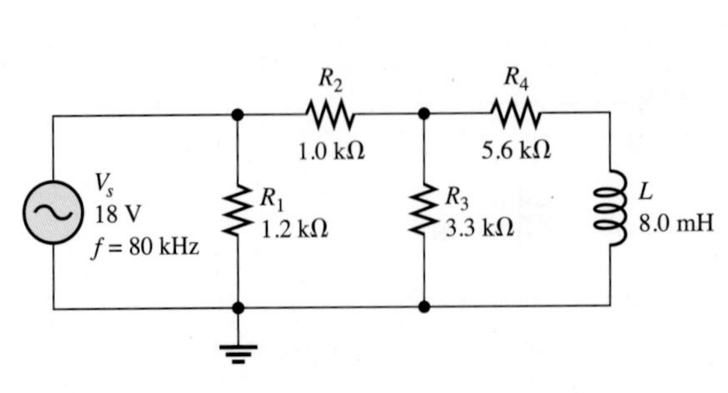

그림 10–110

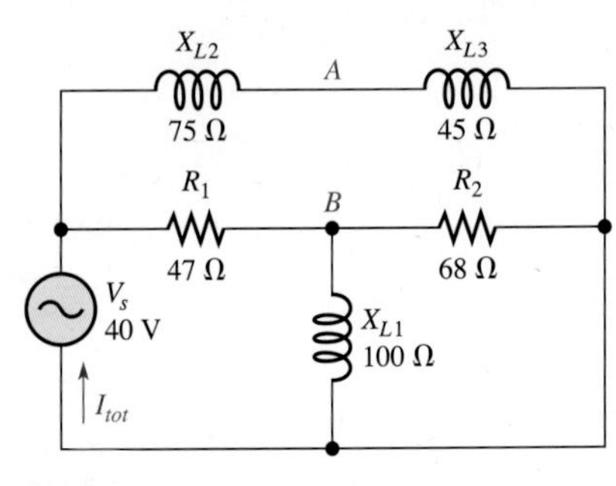

그림 10–111

52. **(a)** 그림 10-112에서 τ는 얼마인가?

(b) 출력전압을 그려라.

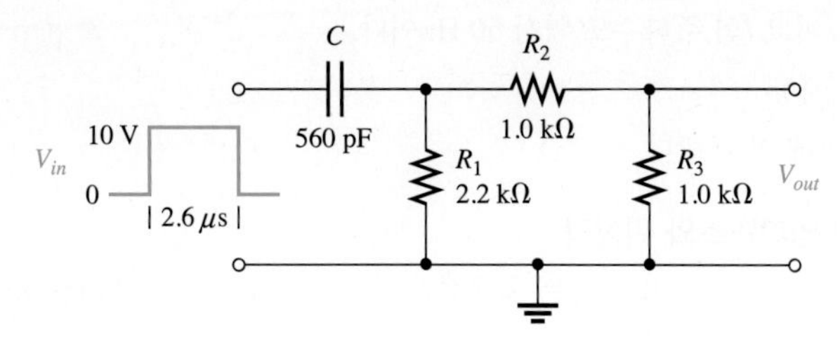

그림 10-112

53. **(a)** 그림 10-113에서 τ는 얼마인가?

(b) 출력전압을 그려라.

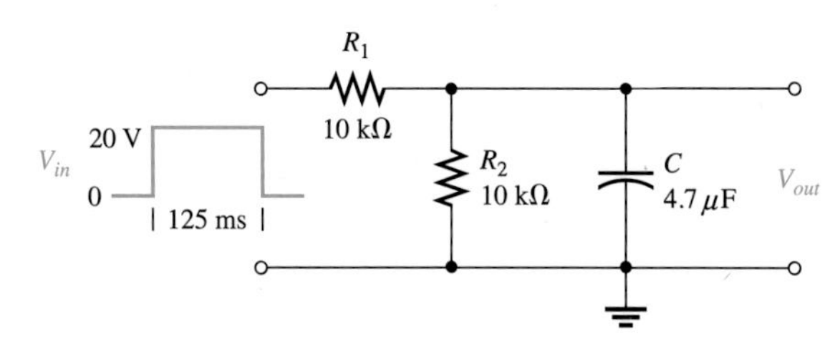

그림 10-113

54. 그림 10-114에서 시정수를 구하여라. 이 회로는 적분기인가, 미분기인가?

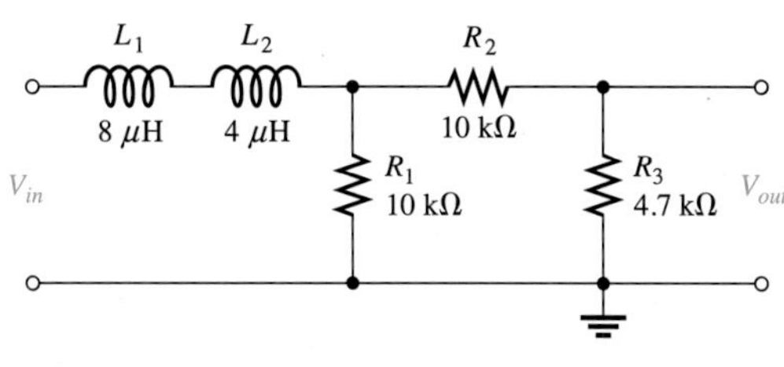

그림 10-114

55. 그림 10-115과 같은 시간 지연회로에서 문턱 전압이 2.5 V이고, 입력의 진폭이 5 V라면, 시정수가 얼마일 때 1초의 지연을 일으키는가?

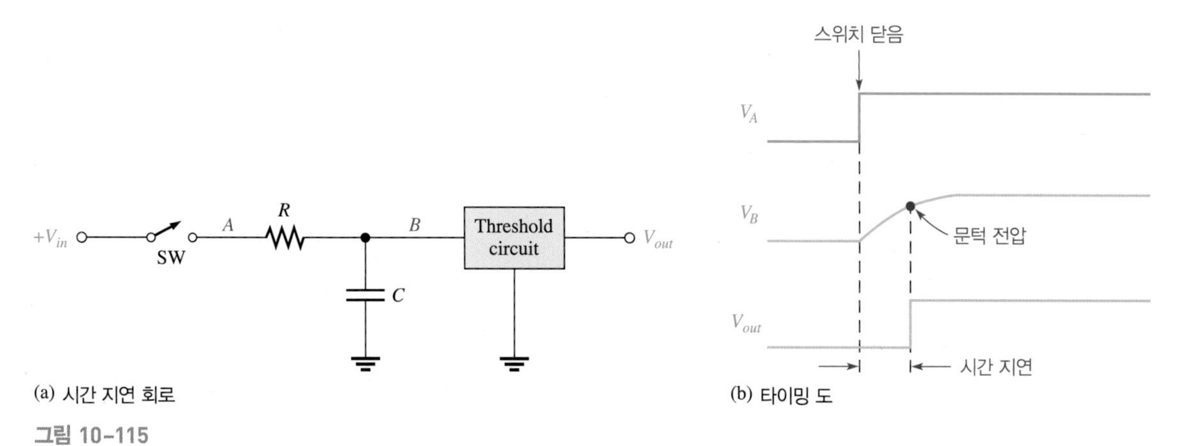

(a) 시간 지연 회로

(b) 타이밍 도

그림 10-115

복습문제 해답

10.1 직렬 *RC* 회로의 정현파 응답 특성

1. V_C 주파수는 60 Hz이고 I의 주파수도 역시 60 Hz이다.

2. 용량성 리액턴스와 저항

3. $R > X_C$일 때 θ는 0°에 더 가깝다.

10-2 직렬 *RC* 회로의 임피던스와 위상각

1. 임피던스는 교류에 대해 전류를 방해하는 총체적인 저항으로서 옴으로 표시된다.

2. V_s가 I 보다 뒤처진다.

3. 용량성 리액턴스는 위상차를 만든다.

4. $Z = \sqrt{R^2 + X_C^2} = 59.9\ \text{k}\Omega$; $\theta = \tan^{-1}(X_C/R) = 56.6°$

10-3 직-병렬 *RC* 회로 해석

1. 모든 접지는 부품들의 단락을 피하기 위해 전기적으로 한 점에 연결되어야 한다.

2. $V_1 = I_{tot}R_1 = 6.71\ \text{V}$

3. 1.67 pF

10-4 *RC* 회로의 전력

1. 전력 소비는 저항 때문이다.

2. $PF = \cos 45° = 0.707$

3. $P_{\text{true}} = I_{tot}^2 R = 1.32\ \text{kW}$; $P_r = I_{tot}^2 X_C = 1.84\ \text{kVAR}$; $P_a = I_{tot}^2 Z = 2.26\ \text{kVA}$

10-5 *RC* 회로의 기본 응용

1. 180°

2. 출력은 커패시터 양단이다.

10-6 *RL* 회로의 정현파 응답

1. 전류의 주파수는 1 kHz이다.

2. $R > X_L$일 때 θ는 0°에 더 가깝다.

10-7 직렬 *RL* 회로의 임피던스와 위상각

1. V_s가 I에 앞선다.

2. $X_L = R$

3. *RL* 회로에서 전류는 전압보다 지연된다. *RC* 회로에서 전류는 전압보다 앞선다.

4. $Z = \sqrt{R^2 + X_L^2} = 59.9\ \text{k}\Omega$; $\theta = \tan^{-1}(X_L/R) = 56.6°$

10-8 직-병렬 *RL* 회로 해석

1. $I_{tot} = \sqrt{(I_1\cos\theta_1 + I_2\cos\theta_2)^2 + (I_1\sin\theta_1 + I_2\sin\theta_2)^2} = 20.2\ \text{mA}$

2. $Z = V_s/I_{tot} = 494\ \Omega$

10-9 *RL* 회로의 전력

1. 전력은 저항에서 소비

2. $PF = \cos 50° = 0.643$

3. $P_{\text{true}} = I^2R = 4.7\ \text{W}$; $P_r = I^2X_L = 6.2\ \text{VAR}$; $P_a = \sqrt{P_{\text{true}}^2 + P_r^2} = 7.78\ \text{VA}$

10-10 *RL* 필터

1. 출력은 저항 양단에서 얻는다.

2. 전자기 간섭은 회로의 전기적 잡음이 다른 회로로 침투할 때 일어난다.

3. 간섭을 줄이기 위해

10-11 *RC* 적분기

1. 적분기는 출력이 커패시터 양단에 나타나는 펄스 입력을 갖는 직렬 RC 회로이다.

2. 전압을 입력에 인가시킴에 따라 커패시터가 충전된다. 입력 양단이 0 V가 됨에 따라 커패시터는 방전한다.

10-12 단일펄스에 의한 *RC* 적분기 응답

1. $5\tau \leq t_W$일 때 적분기의 출력은 최대진폭에 도달한다.

2. $V_{out} = (0.632)1\text{ V} = 0.632\text{ V}$; $t_{\text{disch}} = 5\tau = 51.7\text{ ms}$

3. 그림 10–116 참조

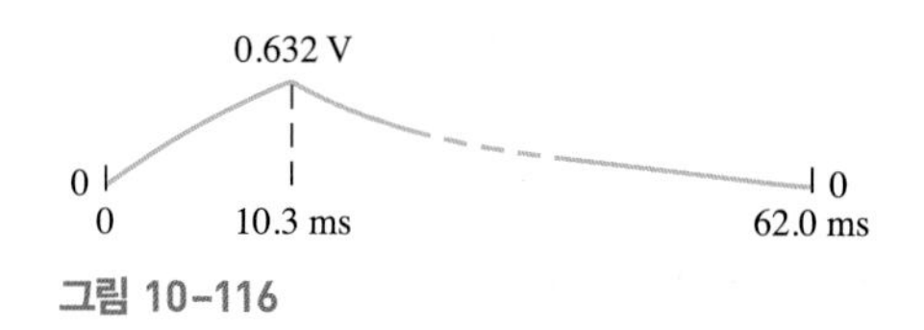

그림 10–116

4. *C*는 완전히 충전되지 않는다.

5. 출력은 $5\tau \ll t_W$(5τ는 t_W보다 매우 작다)일 때 입력의 모양과 근사적으로 같다.

10-13 반복펄스에 의한 *RC* 적분기 응답

1. 적분기 커패시터는 펄스폭(t_W)과 펄스와 펄스 사이의 시간이 5τ보다 클때 완전히 충·방전된다.

2. 출력은 입력과 비슷하다.

3. 과도시간

4. 정상상태는 과도시간이 지난 후의 응답이다.

5. 출력전압의 평균값은 입력 전압의 평균값과 같다.

10-14 단일펄스에 의한 *RC* 미분기 응답

1. 그림 10–117 참조

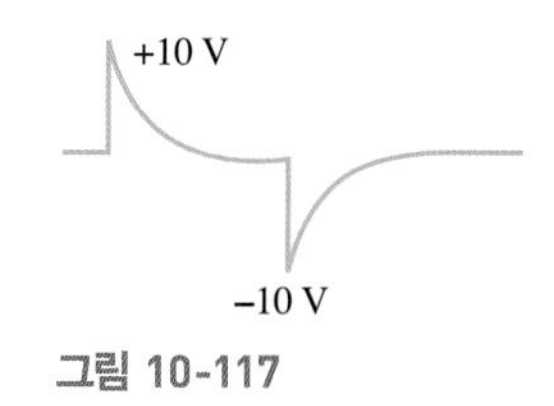

그림 10-117

2. $5\tau \gg t_W$일 때 출력은 입력과 거의 같다.

3. 출력은 양의 스파이크 신호와 음의 스파이크 신호로 구성된다.

4. $V_R = +5\text{ V} - 15\text{ V} = -10\text{ V}$

10-15 반복펄스에 의한 *RC* 미분기 응답

1. 펄스폭(t_W)과 펄스와 펄스 사이의 시간이 5τ보다 클 때 *C*는 완전히 충·방전된다.

2. 출력은 양의 스파이크 신호와 음의 스파이크 신호로 구성된다.

3. $V_{out} = 0\text{ V}$

10-16 *RL* 적분기의 펄스 응답

1. 출력은 저항 양단에서 나타난다.

2. $5\tau \leq t_W$일 때 출력은 입력의 진폭에 도달한다.

3. $5\tau \ll t_W$일때 출력은 입력과 거의 같다.

10–17 *RL* 미분기의 펄스 응답

1. 출력은 인덕터 양단에서 나타난다.

2. $5\tau \gg t_W$일 때 출력은 입력과 거의 같다.

3. $V_{out} = 2\text{ V} - 10\text{ V} = -8\text{ V}$

예제의 관련문제 해답

10–1 2.42 kΩ, 65.6°

10–3 0.146

10–4 990 μW

10–5 2.04 kΩ, 27.8°

10–6 **(a)** 8.04 V **(b)** 2.00 V

10–7 전류 감소

10–8 P_{true}, P_r, P_a 감소

10–9 2.5 kΩ

10–10 8.65 V

10–11 24.7 V

10–12 1.10 V

10–13 그림 10–118 참조

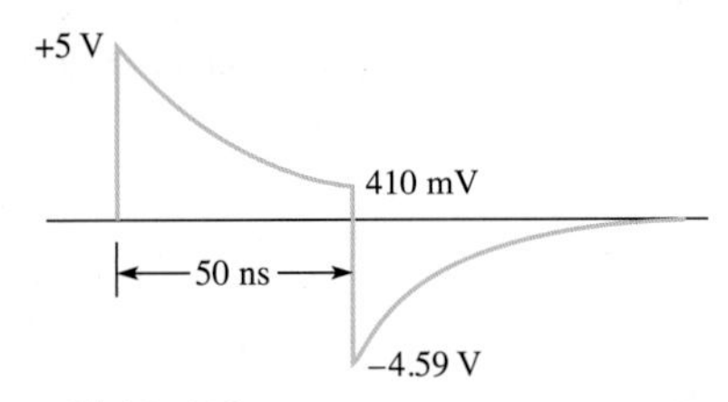

그림 10–118

10–14 892 mV

10–15 10 kΩ

10–16 20 V

10–17 24.7 kΩ (R_s = 300 Ω 이라고 가정)

10–18 그림 10–73 참조

10–29 20 kΩ

O/X 퀴즈 해답

1. X **2.** X **3.** O **4.** O **5.** X **6.** X **7.** X **8.** O **9.** O **10.** X
11. O **12.** X **13.** X **14.** X **15.** O **16.** X **17.** O **18.** O **19.** O **20.** X
21. X **22.** O **23.** O

자습문제 해답

1. (c) **2.** (b) **3.** (b) **4.** (a) **5.** (d) **6.** (b) **7.** (a) **8.** (d) **9.** (c)
10. (d) **11.** (c) **12.** (b) **13.** (d) **14.** (f) **15.** (b) **16.** (a) **17.** (d) **18.** (a)
19. (d) **20.** (b) **21.** (b) **22.** (d) **23.** (b) **24.** (c) **25.** (a) **26.** (b) **27.** (c)
28. (a) **29.** (d) **30.** (a) **31.** (a) **32.** (a) **33.** (c) **34.** (b) **35.** (d)

변압기

차례

목적

- 상호 인덕턴스를 설명한다.
- 변압기의 구조와 그 동작에 대해 설명한다.
- 변압기의 승압과 강압 방법에 대해 설명한다.
- 2차 권선에 연결된 저항성 부하의 영향에 대한 설명한다.
- 변압기에서 반사된 부하의 개념에 대해 설명한다.
- 변압기를 사용한 임피던스 정합에 대해 설명한다.
- 실제 변압기 정격에 대해 설명한다.
- 몇가지 종류의 변압기를 설명한다.
- 변압기의 고장진단에 대해 논의한다.

핵심 용어

권선비(n)
반사된 저항
변압기
상호 인덕턴스(L_M)
자기결합
전기적 절연
중간 탭
임피던스 정합
피상전력 정격
1차 권선
2차 권선

서론

9장에서 자기 인덕턴스에 대하여 공부하였는데, 이 장에서는 변압기 동작의 기초가 되는 상호 인덕턴스에 대하여 공부할 것이다. 변압기는 전원공급 장치, 전력 분배기 그리고 통신 시스템에서의 신호결합 등과 같이 모든 종류의 응용에 사용된다.

변압기의 동작은 2개 또는 그 이상의 코일이 매우 근접해 있을 때 발생하는 상호 인덕턴스의 원리에 기초를 두고 있다. 간단한 변압기는 실제로 상호 인덕턴스에 의하여 전자기적으로 결합된 2개의 코일로 되어 있다. 자기적으로 결합된 2개의 코일 사이는 전기적인 접촉이 이루어져 있지 않으므로 한 코일에서 다른 코일로의 에너지 전달은 완전히 전기적으로 분리된 상황에서 이루어진다. 이는 이 장에서 배우게 되겠지만 많은 장점을 가지고 있다.

11-1 상호 인덕턴스

두 코일이 가까이 있을 때, 한쪽 코일에 흐르는 전류에 의하여 발생된 전자계의 변화는 상호 인덕턴스로 인해 2차측 코일에 유도전압을 발생시킨다.

이 절을 마친 후 다음을 할 수 있어야 한다.

- 상호 인덕턴스에 대해 설명한다.
- 자기결합에 대해 논의한다.
- 전기적인 절연에 대해 논의한다.
- 결합계수에 대해 정의한다.
- 상호 인덕턴스의 영향에 미치는 요인을 확인하고 관련 공식에 대해 설명한다.

코일에 흐르는 전류가 증가, 감소 또는 방향이 바뀌면 코일 주변의 전자계는 확장 또는 축소되거나 반대로 됨을 상기하자. 2차 코일이 1차 코일에 매우 가까이 위치하면 변화하는 자속선들은 2차 코일과 쇄교하게 된다. 따라서 그림 11–1에 보인 것처럼 자기적으로 결합되어 전압이 유도된다.

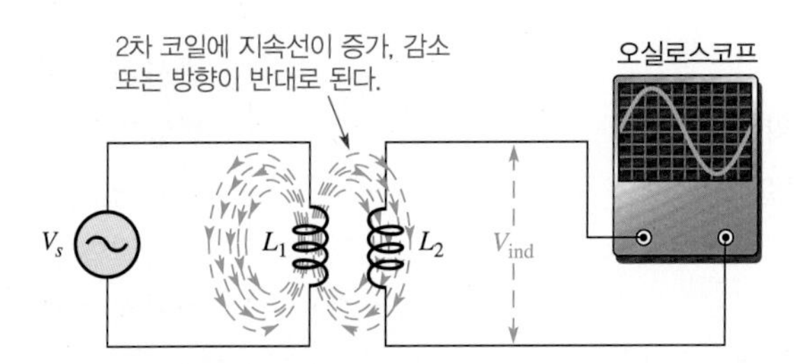

그림 11–1 2차 코일에 유도되는 전압은 1차 코일에 흐르는 전류의 변화에 따라 2차 코일과 쇄교된 자속의 변화에 의하여 발생한다.

두 코일이 자기적 결합을 이룰 때, 두 코일 사이에는 자기적 결합 이외에 어떠한 전기적 연결도 없기 때문에 전기적으로 **절연(electrical isolation)**된 상태이다. 만약, 1차 코일의 전류가 정현파이면 2차 코일에 유도된 전압 역시 정현파이다. 1차 코일의 전류에 의하여 2차 코일에 유도된 전압의 크기는 두 코일 사이의 **상호 인덕턴스(mutual inductance, L_M)**에 의존한다.

상호 인덕턴스는 두 코일의 인덕턴스(L_1과 L_2)와 두 코일 결합계수(k)에 의하여 결정된다. 결합을 최대로 하기 위하여 공통의 코어에 감는다. 상호 인덕턴스에 미치는 세 가지 요소(k, L_1, L_2)를 그림 11–2에 나타내었다. 상호 인덕턴스는

$$L_M = k\sqrt{L_1 L_2} \qquad (11\text{–}1)$$

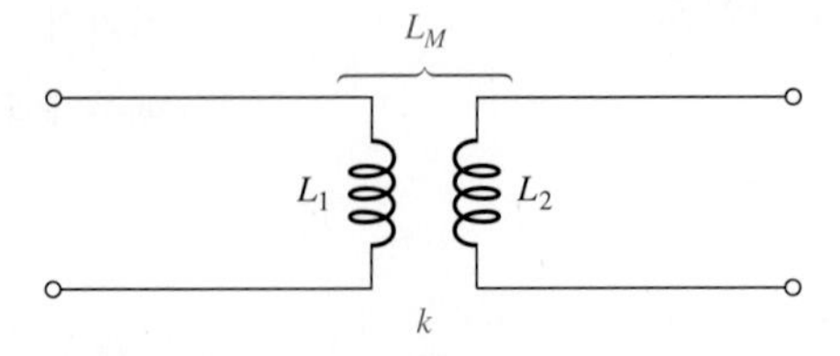

그림 11–2 두 코일의 상호 인덕턴스

결합계수

두 코일 사이의 **결합계수(coefficient of coupling, k)**는 1차 코일에 의해 2차 코일에 쇄교된 자속($\phi_{1\text{-}2}$)과 1차 코일에서 발생된 총 자속(ϕ_1)의 비로 표현된다.

$$k = \frac{\phi_{1\text{-}2}}{\phi_1} \tag{11-2}$$

예를 들어, 1차 코일에 발생된 총 자속의 반이 2차 코일과 쇄교되었다면 결합계수 $k = 0.5$가 된다. k가 보다 큰 값을 갖는다는 것은 1차 코일의 전류 변화에 대해 2차 코일에 유도된 전압이 더 커짐을 의미한다. k는 단위가 없다. 자력선(자속)의 단위는 weber 또는 간단히 Wb로 나타냄을 기억하라.

결합계수 k는 코일들이 물리적으로 얼마나 가까이 있는지와 도선이 감긴 코어 재료의 종류에 따라 달라진다. 또한 코어의 구조와 형태 역시 요인이다.

예제 11-1

2개의 코일이 같은 코어에 감겨 있다. 결합계수는 0.3이고, 1차 코일의 인덕턴스는 10 μH, 2차 코일의 인덕턴스는 15 μH 이다. L_M은 얼마인가?

풀이

$$L_M = k\sqrt{L_1L_2} = 0.3\sqrt{(10\ \mu\text{H})(15\ \mu\text{H})} = \mathbf{3.67\ \mu H}$$

관련문제*

$k = 0.5$, $L_1 = 1$ mH, $L_2 = 600$ μH일 때 상호 인덕턴스를 구하라.

*해답은 이 장의 끝에 있다.

예제 11-2

어떤 코일의 총 자속이 50 μWb이고, 2차 코일과 쇄교된 자속이 20 μWb일 때 결합계수 k는 얼마인가?

풀이

$$k = \frac{\phi_{1\text{-}2}}{\phi_1} = \frac{20\ \mu\text{Wb}}{50\ \mu\text{Wb}} = \mathbf{0.4}$$

관련문제

$\phi_1 = 500$ μWb, $\phi_{1\text{-}2} = 375$ μWb일 때 결합계수 k를 구하라.

11-1절 복습 문제*

1. 상호 인덕턴스를 정의하라.
2. 50 mH인 두 코일의 결합계수 $k = 0.9$이다. L_M은 얼마인가?
3. k가 증가한다면 다른 코일의 전류 변화에 따라 한 코일에 유도되는 전압에 어떤 현상이 발생하는가?

*해답은 이 장의 끝에 있다.

11-2 기본적인 변압기

변압기는 전기적인 장치로 서로 다른 두 개 또는 더 많은 코일을 전자기학적으로 결합한다. 다르게 감겨진 코일의 한쪽에서 다른 쪽으로 전력이 전달되게 하는 상호 인덕턴스가 존재한다. 많은 변압기가 두 개 이상의 결선이 있을지라도, 이 장에서는 기본적인 두 개의 코일로 결선된 변압기를 다룰 것이다. 뒤에 더 복잡한 변압기에 대해 소개한다.

이 절을 마친 후 다음을 할 수 있어야 한다.

- 변압기의 구성과 동작에 대해 설명한다.
- 기본적인 변압기의 구성요소를 확인한다.
- 코어 재료의 중요성에 대해 논의한다.
- 1차 권선과 2차 권선에 대해 정의한다.
- 권선비를 정의한다.
- 권선의 감는 방향이 전압의 극성에 미치는 영향에 대해 논의한다.

그림 11–3(a)는 변압기(transformer)의 기호이다. 그림에 나타낸 바와 같이 한쪽 코일은 **1차 권선(primary winding)**, 다른 코일은 **2차 권선(secondary winding)**이라고 부른다. 기본적으로 그림 11–3(b)와 같이 1차 권선에 전압원이 인가되고, 2차 권선에 부하가 연결된다. 1차 권선은 입력권선, 2차 권선은 출력권선이다. 전압원이 있는 회로 쪽을 1차, 유도전압이 발생하는 쪽을 2차로 규정하는 것이 보통이다.

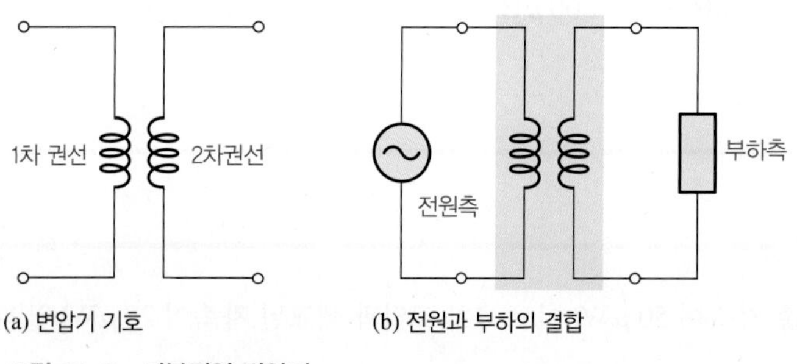

(a) 변압기 기호 (b) 전원과 부하의 결합

그림 11-3 기본적인 변압기

변압기의 권선은 코어(core)의 둘레에 감는다. 코어는 권선의 배치를 위한 물리적 구조와 자속선이 코일 가까이에 집중될 수 있도록 자기통로를 만든다. 코어의 재료는 공기, 페라이트, 철의 세 가지 종류로 나눌 수 있다. 각 종류의 기호를 그림 11–4에 나타내었다.

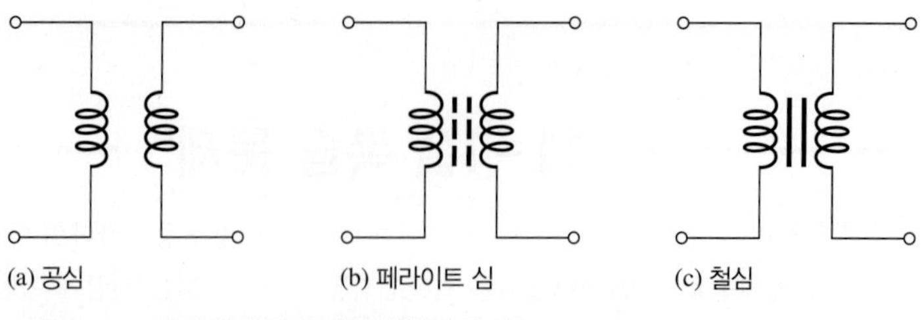
(a) 공심 (b) 페라이트 심 (c) 철심

그림 11-4 코어의 종류에 따른 변압기의 기호

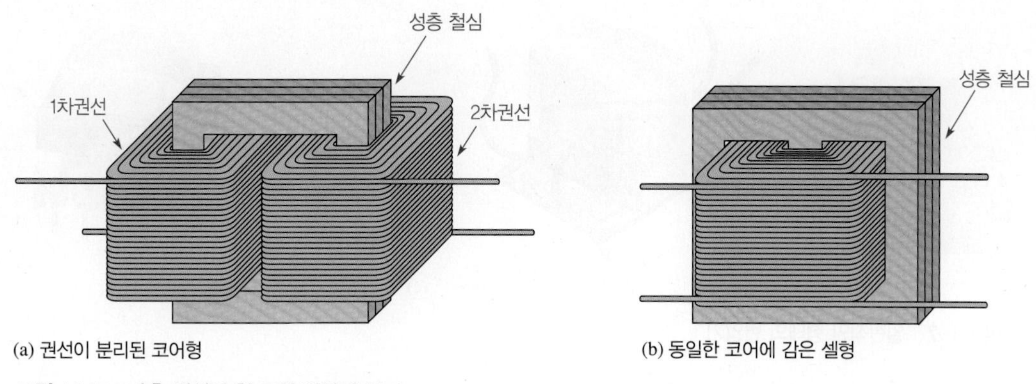

(a) 권선이 분리된 코어형 (b) 동일한 코어에 감은 셸형

그림 11-5 다층 권선의 철 코어 변압기 구조

철심 변압기는 보통 오디어 주파수와 전력응용에 사용된다. 이들 변압기는 그림 11-5에 보인 바와 같이 서로 절연된 강자성체의 얇은 판으로 성층시킨 철심 위에 권선을 한 형태로 이루어져 있다. 이러한 구조는 자속선의 통로(자로)를 쉽게 만들고, 권선 사이의 결합 정도를 증가시킨다. 또한 그림에서는 철심 변압기의 두 가지의 주요 형태에 관한 기본 구조를 보여주고 있다. 그림 11-5(a)의 코어형(core-type) 구조에서는 성층 철심에 감긴 권선이 서로 분리되어 있다. (b)의 셸형(shell-type) 구조에서는 한 철심에 두 권선이 감겨진다. 각각의 종류들은 확실한 장점들을 가지고 있다. 일반적으로 코어형은 절연을 위한 공간을 더 확보하고 있으며, 보다 높은 전압에서 사용할 수 있다. 셸형은 보다 더 큰 코어 자속을 만들 수 있으므로 보다 적은 권선 수를 필요로 한다.

공심과 페라이트심 변압기는 일반적으로 고주파 응용에 사용되며, 그림 11-6에 보인 바와 같이 속이 비어 있거나(공기), 페라이트로 채워져 절연된 외피 위에 권선이 위치하는 구조로 되어 있다. 도선은 보통 권선들 사이에 서로 단락되는 것을 방지하기 위하여 니스 종류의 피막을 씌운다. 1차와 2차 권선 사이의 **자기결합(magnetic coupling)**의 크기는 코어 재료의 종류와 권선의 상대적인 위치로 결정된다. 그림 11-6(a)에서는 두 코일이 떨어져 있기 때문에 느슨하게 결합되어 있으며, 그림 11-6(b)에서는 겹쳐 있기 때문에 아주 강하게 결합되어 있다. 강하게 결합될수록 주어진 1차측 전류에 대해서 2차 코일에 유도되는 전압은 커진다. 다른 고주파 주파수 변압기는 그림 11-6(c)에 보여지는 중간주파수(IF) 변압기이다.

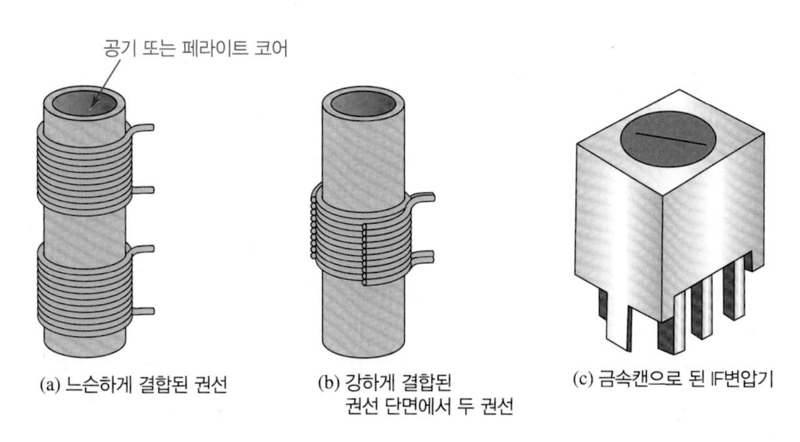

(a) 느슨하게 결합된 권선 (b) 강하게 결합된 권선 단면에서 두 권선 (c) 금속캔으로 된 IF변압기

그림 11-6 원통형 코어 변압기

고주파 변압기는 전력용 변압기보다 적은 권선과 작은 인덕턴스를 가진다. 최근 각광받는 종류의 고주파 변압기로 플래너 트랜스포머가 있다. 그림 11-7(a)에 나타낸 플래너 변압기는 권선이 아니라

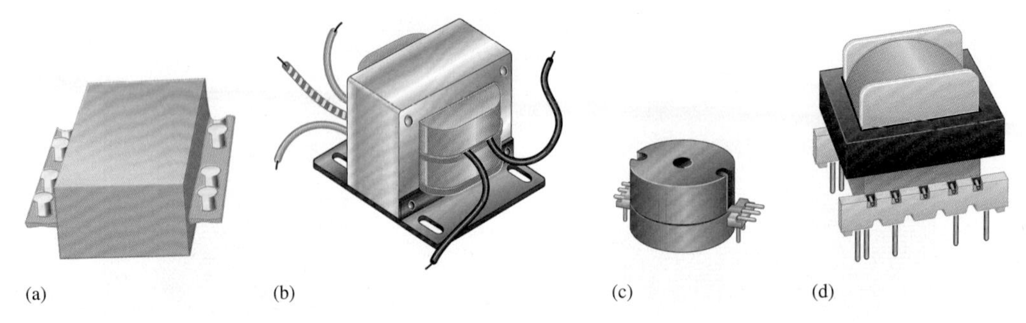

그림 11-7 일반적인 형태의 변압기

회로(PC)기판 조립 방법으로 구성되기 때문에 정밀성이 높으면서도 제조가가 낮다. 권선은 여러 층의 PC 기판에 감겨 있다. 플래너 변압기는 다양한 사이즈와 전력 정격에 이용된다. 낮은 프로파일의 플래너 변압기는 0.5인치보다 작은 것이 일반적으로, 사용 공간이 정밀한 곳에 설치된다.

그림 11–7은 여러 종류의 소형 변압기를 보여준다. 낮은 전압의 전력공급기에 그림 11–7(b)의 변압기가 사용되며, (c)와 (d)는 같은 종류의 작은 변압기를 나타낸다.

중간 주파수 변압기(Intermediate Frequency Transformers)

통신시스템과 계측시스템은 고주파 신호를 단과 단 사이에 결합하기 위해 공진 변압기를 사용한다. 그 신호는 중간 주파수(IF)라 불리는 일반적으로 미리 정해진 신호이고, 시스템에서 사용되는 고정된 주파수이다. 여기에 나타낸 트랜지스터 회로는 입력(C_1과 T_1의 2차)과 출력(C_2와 T_2의 1차)에 노란색 박스로 나타낸 병렬 공진 회로를 갖는 중간 주파수 증폭기이다. 이것은 중간 주파수를 선택적으로 증폭할 수 있게 한다.

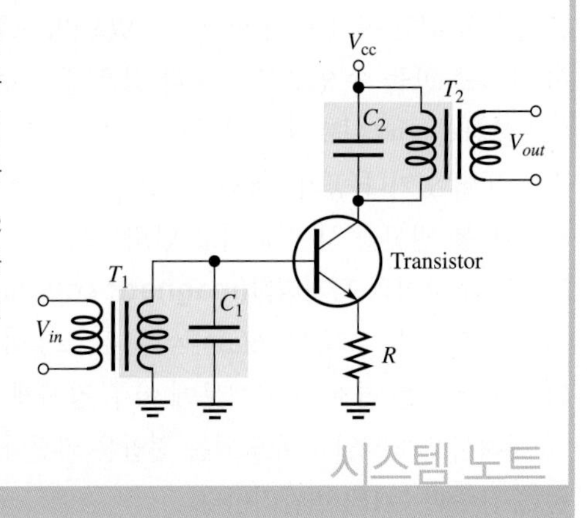

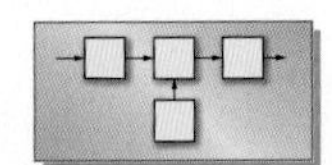

시스템 노트

권선비

변압기의 동작을 이해하는 데 매우 유용한 파라미터는 **권선비(turn ratio, *n*)**이다. 이 책에서 권선비는 1차 권선의 권선 수(N_{pri})에 대한 2차 권선 수(N_{sec})의 비율로 정의된다.

$$n = \frac{N_{sec}}{N_{pri}} \tag{11-3}$$

권선비의 정의는 전자공학의 전력 변압기에 대한 IEEE 표준에 근거를 두고 있다. 각각의 변압기는 각각 다른 정의를 가지는데, 어떤 전원에 대한 N_{pri}/N_{sec}의 권선비로 정의된다. 각각의 정의는 명확하게 규정되고 일관되게 적용되는 한 정확하다. 변압기의 권선비는 변압기 사양과 같이 주어지지는 않는다. 일반적으로 주어지는 변압기의 핵심 사양은 입력과 출력전압 그리고 정격전력이다. 그럼에도 불구하고 변압기의 동작원리를 공부하는 데는 권선비가 유용하다.

예제 11-3

어떤 레이더 시스템에 사용된 변압기의 1차 권선이 100회, 2차 권선이 400회이다. 권선비는 얼마인가?

풀이

$N_{sec} = 400$, $N_{pri} = 100$ 이므로 권선비는

$$n = \frac{N_{sec}}{N_{pri}} = \frac{400}{100} = \mathbf{4}$$

권선비 4는 도식적으로 1:4로 표현할 수 있다.

관련문제

어떤 변압기의 권선비가 10이다. $N_{pri} = 500$이면, N_{sec}는 얼마인가?

권선의 방향

변압기에서 또 하나의 중요한 파라미터는 코어 주위의 권선 방향이다. 그림 11–8에서 설명한 것과 같이 권선의 방향은 1차측 전압에 대한 2차측 전압의 극성을 결정한다. 그림 11–9에 보인 것과 같이 극성을 표시하기 위하여 극성점을 사용한다.

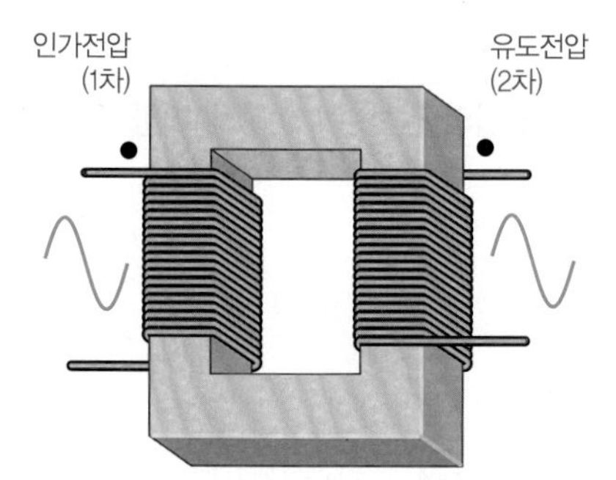

(a) 1, 2차측 전압은 권선의 방향이 자기통로 주위에서 같으면 동위상이다.

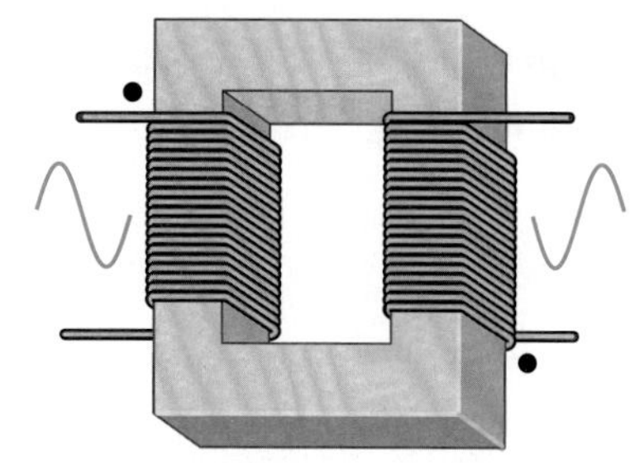

(b) 1, 2차측 전압은 권선의 방향이 반대이면 180°의 위상차를 나타낸다.

그림 11–8 전압의 상대적인 극성은 권선의 방향을 결정된다.

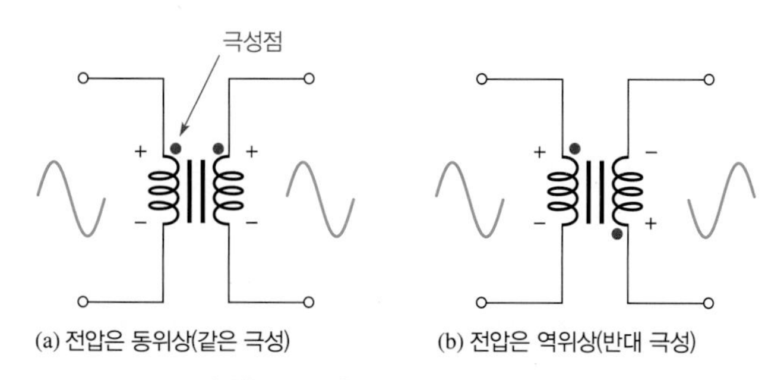

(a) 전압은 동위상(같은 극성)

(b) 전압은 역위상(반대 극성)

그림 11–9 극성점은 1, 2차측 전압과 일치하는 극성을 나타낸다.

11-2절 복습 문제

1. 변압기의 동작은 기본적으로 무슨 원리인가?
2. 권선비를 정의하라.
3. 변압기의 권선 방향이 중요한 이유는 무엇인가?
4. 어떤 변압기의 1차 권선이 500회, 2차 권선이 250회이다. 권선비는 얼마인가?
5. 다른 변압기와 다른 평면 변압기의 결선은 어떻게 하는가?

11-3 승압 및 강압 변압기

승압 변압기는 1차 권선보다 2차 권선이 더 많으며, 교류전압을 높이는 데 사용한다. 강압 변압기는 2차 권선보다 1차 권선이 더 많으며, 교류전압을 낮추는 데 사용된다.

이 절을 마친 후 다음을 할 수 있어야 한다.

- 변압기의 승압 및 강압 방법에 대해 설명한다.
- 승압 변압기의 동작에 대해 설명한다.
- 권선비로 승압 변압기를 확인한다.
- 1, 2차 전압과 권선비 사이의 관계에 대해 설명한다.
- 강압 변압기의 동작에 대해 설명한다.
- 권선비로 강압 변압기를 확인한다.
- 교류회선 조정(ac line conditioning)의 목적을 설명한다.

승압 변압기

2차측 전압이 1차측 전압보다 높은 변압기를 **승압 변압기(step up transformer)**라고 한다. 전압의 증가 정도는 권선비에 의존한다. 모든 변압기에서는

1차측 전압(V_{pri})에 대한 2차측 전압(V_{sec})의 비는 1차 권선의 권선 수(N_{pri})에 대한 2차 권선의 권선 수(N_{sec})의 비와 같다.

$$\frac{V_{sec}}{V_{pri}} = \frac{N_{sec}}{N_{pri}} \qquad (11-4)$$

권선비 n은 N_{sec}/N_{pri}로 정의됨을 상기하라. 그러므로 식 11–4의 관계로부터 V_{sec}은 다음과 같이 쓸 수 있다.

$$V_{sec} = nV_{pri} \qquad (11-5)$$

식 11–5는 2차측 전압이 1차측 전압에 권선비를 곱한 것과 같음을 보여준다. 이 조건은 결합계수가 1이라고 가정한 것이고, 양질의 철 코어 변압기가 이 값에 근접한다.

승압 변압기의 권선비는 2차 권선의 권선 수(N_{sec})가 1차 권선의 권선 수(N_{pri})보다 크기 때문에 항상 1보다 크다.

예제 11–4

그림 11-10에서 권선비가 3이다. 2차측 양단의 전압은 얼마인가? 전압은 다른 상태를 제외한 실효값이다.

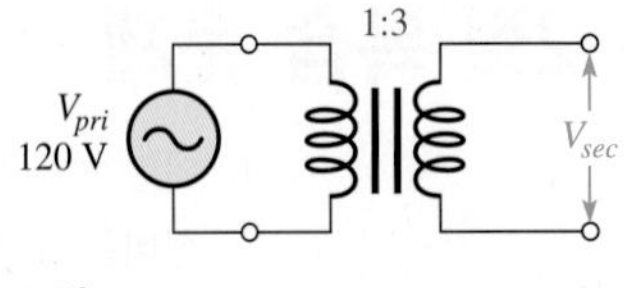

그림 11–10

풀이

2차측 전압은

$$V_{sec} = nV_{pri} = 3(120\text{ V}) = \mathbf{360\text{ V}}$$

권선비 3은 그림에서 1:3으로 표시되었으며, 2차 권선의 3배임을 의미한다.

관련문제

그림 11–10의 변압기에서 권선비가 4로 바뀌었다. V_{sec}를 구하라.

강압 변압기

2차측 전압이 1차측 전압보다 낮은 변압기를 강압 변압기(step down transformer)라고 부른다. 2차측 전압이 낮아지는 정도는 권선비에 따른다. 식 11–5는 강압 변압기에도 적용된다.

강압 변압기에서는 2차 권선의 권선 수(N_{sec})가 1차 권선의 권선 수(V_{pri})보다 작기 때문에 권선비는 항상 1보다 작다.

예제 11–5

그림 11–11의 변압기는 실험실 전원장치의 일부이며, 권선비는 0.2이다. 2차측 전압은 얼마인가?

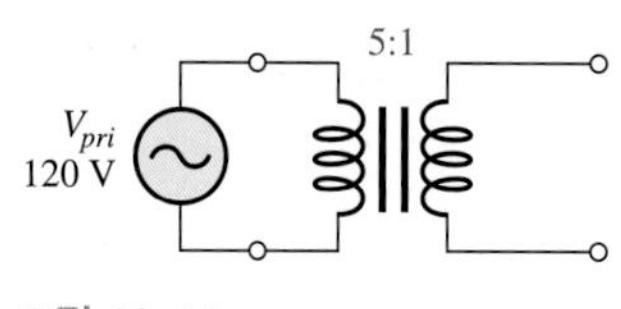

그림 11–11

풀이

2차측 전압은

$$V_{sec} = nV_{pri} = 0.2(120\text{ V}) = \mathbf{24\text{ V}}$$

관련문제

그림 11–11의 변압기에서 권선비가 0.48로 바뀌었다. 2차측 전압을 구하라.

시스템 예제 11-1

기본 전원 공급장치

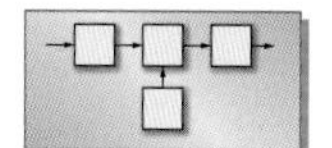

변압기에 대한 가장 중요한 응용의 하나가 전원 공급장치이다. 전원 공급장치는 교류를 거의 모든 전자시스템에 필요한 직류로 변환시켜 준다. 변압기는 교류를 맥동하는 직류로 변환시키는 다음 단계 전에 높은 혹은 낮은 값으로 변환시키고, 그리고 최종단계에서 평평하게 정제된다. 대부분의 시스템은 제어 회로를 위해 저전압 직류를 사용한다.

기본 전원 공급장치는 그림 11–12에 나타내고 5 V 직류 출력을 제공한다. 이것은 7805 전압 레귤레이터에 의해 수행된 것으로, 직접회로 레귤레이터는 출력을 감지하고 기준값과 비교하여 일정하게 유지하도록 조정한다. 7805전압 레귤레이터는 양의 5.0 V직류 출력을 갖도록 설계되어 있다.

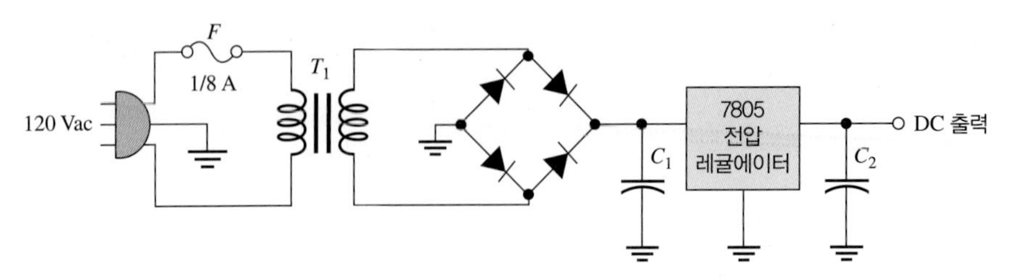

그림 11-12 기본 5.0 V 직류 전원 공급장치

전원 공급장치의 운전은 다음과 같다. 플러그를 벽 소켓에 연결하면 120 V 교류가 휴즈를 통해 변압기의 입력으로 연결된다. 휴즈를 변압기가 전압은 낮추지만 전류는 증가시키므로 최대 출력 전류보다 훨씬 더 작은 전류의 정격에 맞춰야 한다. 여기에서 기본 전원 공급장치에서의 변압기의 출력은 약 6V rms(8.5 V 최대치)이다. 브리지 형상으로 배열이 된 4개의 다이오드는 전압을 맥동하는 직류로 바꾸고, 이것은 C_1에 의해 평평하게 된다. 7805 레귤레이터는 부가적으로 더 평평하게 그리고 출력을 거의 일정하게 유지시킨다. 최종적인 평평함과 필터링은 C_2에 의해 이루어진다.

전원 장치를 사용할 때는 회로가 교류에 연결될 때 위험 전압을 조심해야 한다. 저전압 전원 장치라도 ac에 연결되면 치명적일 수 있다. 회로를 끈 후에도 커패시터에 상당한 전하가 남아 있어서 위험할 수 있다. 고전압 전원의 경우는 특히 주의해야 한다. 전압전원과 고에너지 전원(배터리 같은)에 대한 안전작업에 대한 예방조치는 1장, 1–5절에서 논의되었는데 항상 명심해야 한다.

직류 절연

변압기의 1차측 회로에 직류가 흐르고 있다면, 그림 11–13(a)에 나타낸 바와 같이 2차측 회로에는 아무 일도 일어나지 않는다. 그 이유는 자계의 변화를 일으키기 위해서는 1차측 회로의 전류가 반드시 변해야 하기 때문이다. 이 경우 그림 11–13(b)에 보인 것처럼 2차측 회로에 전압이 유도된다. 따라서 변압기는 1차측 회로의 모든 직류전압에 대해서 2차측 회로를 분리시킨다. 변압기는 권선비가 1일 때, 절연에 대해 엄격하게 적용된다.

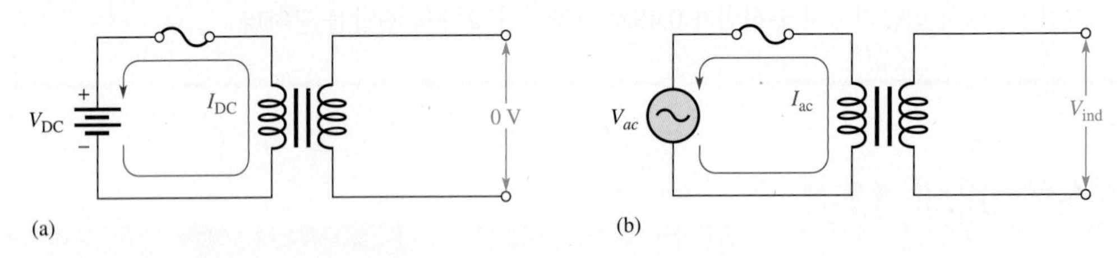

그림 11–13 직류의 절연과 교류의 결합

절연 변압기는 전체 교류 회선 조절(AC line conditioning)장치의 일부로 패키지된다. 회선 조절장치는 절연변압기와 서지 보호 장치, 간섭 제거 필터 및 자동 전압조절장치를 포함한다.

회선조절장치는 마이크로프로세서를 사용한 제어기와 같은 민감한 장비를 절연시키는 데 유용하다. 병원에서 환자모니터링 장비용으로 특화된 회선조절장치는 충격방지와 전기적 절연의 높은 정도를 가지고 있다.

작은 변압기는 증폭기의 1단으로부터 교류는 통과시키고 직류는 차단시키기 때문에 결합 변압기라 불리는 다음 단으로 직류 바이어스를 절연시키는 데 사용된다.

결합 변압기는 일차 및 이차코일을 병렬 공진회로의 일부분으로 하여 선택된 주파수의 밴드만을 통과시키도록 설계되어진 고주파용으로 널리 사용된다. 전형적인 결합변압기 배열은 그림 11-14에서 보여준다. 여기에서 변압기는 최대출력을 제공하도록 그리고 증폭기로부터 스피커에 신호를 결합하는 데 주로 사용된다. 변압기의 이런 형태를 변압기의 임피던스정합(impedance matching)이라 하는데, 11-6절에서 논의될 것이다.

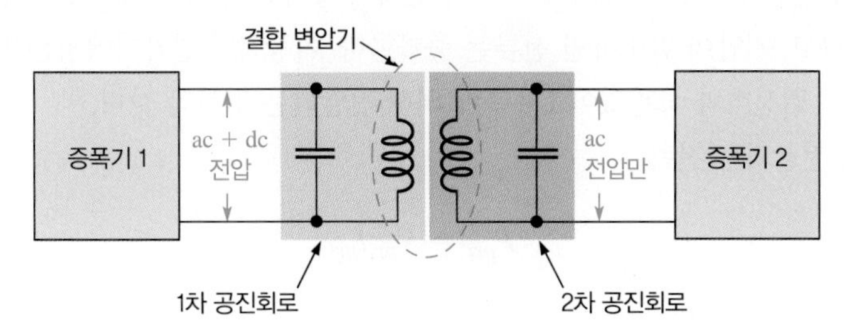

그림 11-14 결합 변압기는 공진회로에 의해 결정된 밴드에서 높은 주파수를 통과시키는 데 사용된다. 직류는 2차에서 통과되지 못한다.

11-3절 복습 문제

1. 승압 변압기는 어떤 역할을 하는가?
2. 권선비가 5일 때, 2차측 전압은 1차측 전압보다 얼마나 높은가?
3. 240 V 교류전압이 권선비 10인 변압기에 인가되었을 때, 2차측 전압은 얼마인가?
4. 강압 변압기는 어떤 역할을 하는가?
5. 120 V의 교류전압이 권선비 0.5인 변압기의 1차 권선에 인가되었다. 2차측 전압은 얼마인가?
6. 1차측 전압 120 V가 12 V로 줄었다. 권선비는?
7. 교류 회선 조절기에서 변압기의 전형적인 특징은 무엇인가?

11-4 2차에 부하의 연결

변압기의 2차 권선에 저항성 부하가 연결될 때, 부하(2차측)전류와 1차측 전류의 관계는 권선비에 의해 결정된다.

이 절을 마친 후 다음을 할 수 있어야 한다.

- 2차 권선에 연결된 저항성 부하의 영향에 대해 논의한다.
- 변압기 전력에 대해 논의한다.
- 승압 변압기에 부하가 결합될 때 2차 권선의 전류를 구한다.
- 강압 변압기에 부하가 결합될 때 2차 권선의 전류를 구한다.

변압기가 무부하에서 운전될 때, 1차는 인덕터처럼 동작한다. 이상적인 인덕터는 전압에 90° 뒤진 전류와 역률 0을 가진다. 저항부하일 때 변압기의 2차에 접속하고, 전력은 1차에서 공급하여 2차

로 전달된다. 부하로 인해 1차 전류와 1차 전압의 위상각차는 작아지게 된다. 이상적인 것은 위상각이 0°이고, 역률이 1인 상태이다. 이 경우, 전류와 전압이 같은 위상이기 때문에 1차 권선은 저항과 같게 된다. 변압기에 부하가 접속되었을 때 이상적인 조건을 가정하여 논의한다.

부하로 전달되는 전력은 절대로 1차 권선의 전력보다 클 수 없다. 이상적인 변압기에서는 2차 권선의 전력(P_{sec})은 1차 권선에 의해 전달된 전력(P_{pri})과 같다. 손실을 고려할 때 2차측 전력은 항상 작다.

전력은 전압과 전류에 의존하며, 변압기에서 전력의 증가는 생길 수 없다. 그러므로 전압이 증가하면 전류는 감소하고, 전압이 감소하면 전류는 증가한다. 이상적인 변압기에서는 2차측에 의해 부하에 전달되는 전력은 권선비와 상관없이 1차측에 의해 전달되는 전력과 같다.

1차측에 의해 전달되는 전력은

$$P_{pri} = V_{pri}I_{pri}$$

2차측에 의해 전달되는 전력은

$$P_{sec} = V_{sec}I_{sec}$$

이상적으로는 $P_{pri} = P_{sec}$이므로

$$V_{pri}I_{pri} = V_{sec}I_{sec}$$

정리하면

$$\frac{I_{pri}}{I_{sec}} = \frac{V_{sec}}{V_{pri}}$$

식 11–4로부터

$$\frac{V_{sec}}{V_{pri}} = \frac{N_{sec}}{N_{pri}}$$

N_{sec}/N_{pri}는 권선비 n과 같으므로 변압기에서 1차측 전류와 2차측 전류의 관계는 다음과 같다.

$$\frac{I_{pri}}{I_{sec}} = n \tag{11-6}$$

식 11–6의 양변에 역수를 취하고 I_{sec}에 대하여 풀면

$$I_{sec} = \left(\frac{1}{n}\right)I_{pri} \tag{11-7}$$

그림 11–15는 변압기에서 전압과 전류의 영향을 보인 것이다. (a)에서와 같이 승압 변압기의 경우 n이 1보다 크고, 따라서 $1/n$은 1보다 작으므로 2차측 전류는 1차측 전류보다 작다. 그림 11–15(b) 강압 변압기의 경우 n이 1보다 작고, 따라서 $1/n$은 1보다 크므로 I_{sec}은 I_{pri}보다 크다.

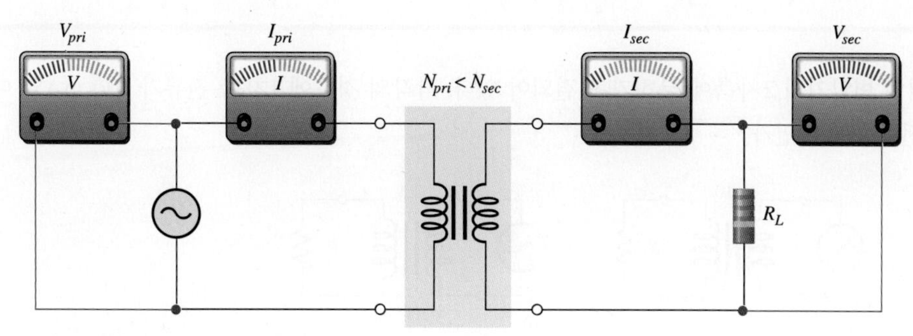

(a) 승압 변압기: $V_{sec} > V_{pri}$ and $I_{sec} < I_{pri}$

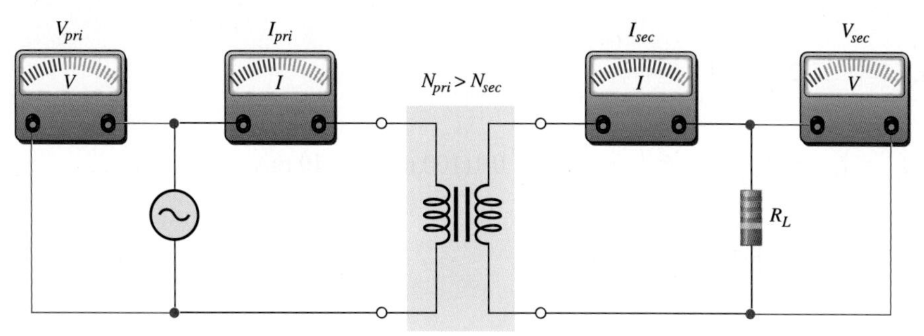

(b) 강압 변압기: $V_{sec} < V_{pri}$ and $I_{sec} > I_{pri}$

그림 11-15 2차 권선에 부하가 연결된 변압기에서의 전압과 전류

전류 변압기(Current Transformers)

전류변압기는 에너지가 유도를 통해 1차에서 2차로 전달되는 점에서 전압변압기와 유사하게 동작한다. 전류변압기는 큰 교류 전류를 측정하기 위해서 전선을 개방하여 연결하는 과정 없이 사용된다. 하나의 일반적인 응용은 전류 모니터링이고 삼상 또는 단상을 사용하는 고객에게 모니터링 결과를 와트-시간 미터로 나타내는 것이다.

한 가지 중요한 것은 1차측에 전류가 흐를 때 부하가 단선되면 안 된다는 것이다. 만약 단선되면, 갑작스러운 개방으로 2차측에 매우 큰 전압을 발생시켜, 방전을 일으키거나 변압기와 변압기에 연결된 기기에 치명적인 손상을 주게 된다. 그뿐만 아니라 작업자에게도 위험을 줄 수 있다.

Thomass Kissell의 사진 제공

시스템 노트

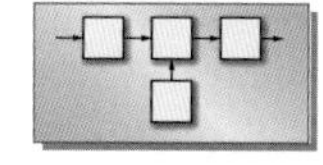

예제 11-6

그림 11-16에 보인 두 개의 변압기의 2차측에 부하가 연결되어 있다. 각각의 경우에 1차측 전류가 100 mA일 때 부하를 통하여 흐르는 전류는 얼마인가?

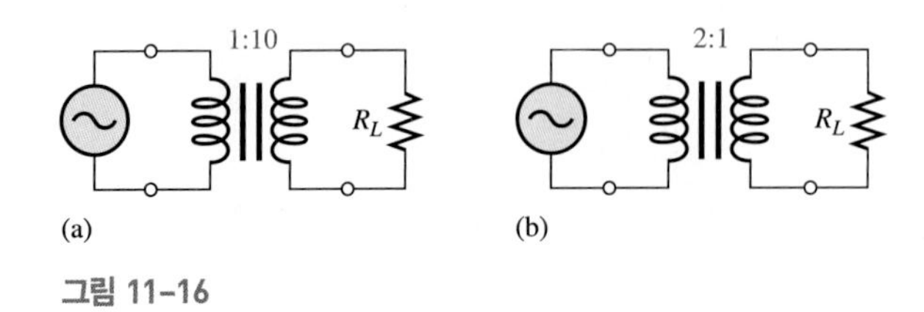

그림 11-16

풀이

(a)에서 권선비는 10이다. 그러므로 2차측 부하전류는

$$I_L = I_{sec} = \left(\frac{1}{n}\right)I_{pri} = \left(\frac{1}{10}\right)I_{pri} = 0.1(100\text{ mA}) = \mathbf{10\text{ mA}}$$

(b)에서 권선비는 0.5이다. 그러므로 2차측 부하전류는

$$I_L = I_{sec} = \left(\frac{1}{n}\right)I_{pri} = \left(\frac{1}{0.5}\right)I_{pri} = 2(100\text{ mA}) = \mathbf{200\text{ mA}}$$

관련문제

그림 11-16(a)에서 권선비가 2배가 되면 2차측 전류는 얼마가 되는가? 그림 11-16(b)에서 권선비가 1/2배가 되면 2차측 전류는 얼마가 되는가? 두 경우 모두 I_{pri} = 100 mA라고 가정한다.

11-4절 복습 문제

1. 변압기의 권선비가 2라고 할 때 2차측 전류가 1차측 전류보다 큰지 또는 작은지 밝혀라. 어느 정도 되는가?
2. 변압기의 1차 권선이 1000회, 2차 권선이 250회이며, I_{pri} = 0.5 A이다. 권선비는 얼마인가? I_{sec}는 얼마인가?
3. 2번 문제에서 2차측의 부하에 10 A의 전류가 흐르게 하려면 1차측에 얼마의 전류가 필요한가?
4. 1차측에 전류가 흐를 때 전류변압기에 부하를 연결하지 않으면 왜 유용한가?

11-5 부하의 반사

1차측 회로에서 보면 변압기의 2차 권선에 연결된 부하는 저항을 갖고 있는 것처럼 보이는데, 이 저항이 부하의 실제 저항과 같을 필요는 없다. 실제의 부하는 권선비에 의하여 결정되므로, 바뀌어 본질적으로 1차측 회로로 반사된다. 이 반사부하는 1차 전원에서 실질적으로 보이는 것이며, 1차측 전류의 크기를 결정한다.

이 절을 마친 후 다음을 할 수 있어야 한다.

- 변압기에서 반사된 부하의 개념에 대해 논의한다.
- 반사된 저항을 정의한다.
- 권선비가 반사저항에 미치는 영향에 대해 설명한다.
- 반사저항을 계산한다.

반사부하의 개념을 그림 11–17에 나타내었다. 변압기의 2차측 회로에 있는 부하(R_L)는 변압기 동작에 의하여 1차측 회로로 반사된다. 1차측 전원에서 부하는 권선비와 실제값으로 결정되는 값을 갖는 저항(R_{pri})으로 보여진다. 저항 R_{pri}를 **반사저항(reflected resistance)**이라고 부른다.

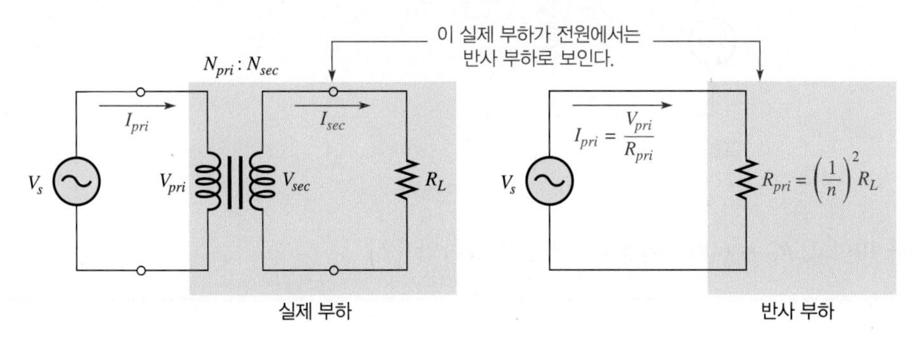

그림 11–17 변압기 회로의 반사부하

그림 11–17의 1차측에서 저항은 $R_{pri} = V_{pri}/I_{pr}$이다. 2차측에서 저항은 $R_L = V_{sec}/I_{sec}$이다. 식 11–4와 11–6으로부터 $V_{sec}/V_{pri} = n$이고, $I_{pri}/I_{sec} = n$임을 알 수 있다. 이들 관계를 이용하여 R_L의 항으로 표시되는 R_{pri}를 다음과 같이 결정할 수 있다.

$$\frac{R_{pri}}{R_L} = \frac{V_{pri}/I_{pri}}{V_{sec}/I_{sec}} = \left(\frac{V_{pri}}{V_{sec}}\right)\left(\frac{I_{sec}}{I_{pri}}\right) = \left(\frac{1}{n}\right)\left(\frac{1}{n}\right) = \left(\frac{1}{n}\right)^2$$

R_{pri}에 대하여 풀면

$$\boldsymbol{R_{pri} = \left(\frac{1}{n}\right)^2 R_L} \qquad (11\text{–}8)$$

식 11–8에 보인 바와 같이 1차측 회로로 반사된 저항은 부하저항에 권선비 역수의 제곱을 곱한 값이 된다.

예제 11–7은 승압 변압기($n > 1$)에서 반사저항이 실제의 부하저항보다 작은 것을 보여준다. 예제 11–8은 강압 변압기($n < 1$)에서 반사저항이 부하저항보다 큰 값임을 보여준다.

예제 11–7

그림 11–18은 100 Ω의 부하가 결합된 변압기 전원을 보인 것이다. 변압기의 권선비는 4이다. 전원에서 본 반사저항은 얼마인가?

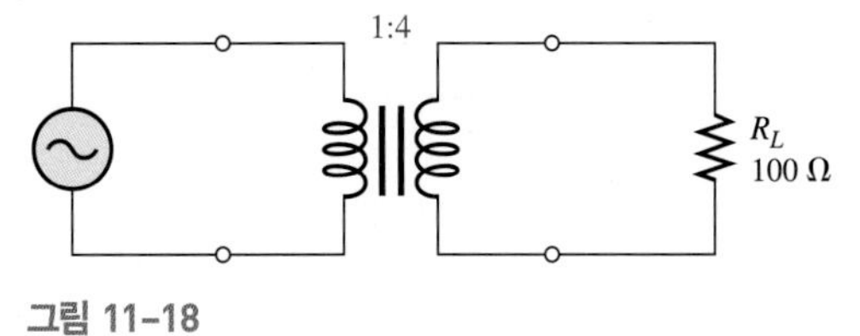

그림 11–18

풀이

반사저항은 다음과 같이 구해진다.

$$R_{pri} = \left(\frac{1}{n}\right)^2 R_L = \left(\frac{1}{4}\right)^2 100\ \Omega = \left(\frac{1}{16}\right) 100\ \Omega = \mathbf{6.25\ \Omega}$$

그림 11–19의 등가회로에 보인 바와 같이 전원에 6.25 Ω의 저항이 직접 연결된 것처럼 볼 수 있다.

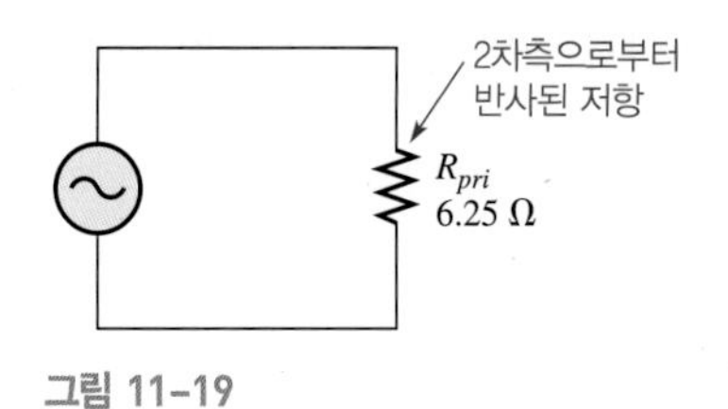

그림 11–19

관련문제

그림 11–18에서 권선비가 10이고, $R_L = 600\ \Omega$이면 반사저항은 얼마인가?

예제 11–8

그림 11–18에서 권선비가 0.25인 변압기가 사용된다면 반사저항은 얼마인가?

풀이

반사저항은

$$R_{pri} = \left(\frac{1}{n}\right)^2 R_L = \left(\frac{1}{0.25}\right)^2 100\ \Omega = (4)^2 100\ \Omega = \mathbf{1600\ \Omega}$$

관련문제

800 Ω의 반사저항을 얻기 위해서는 그림 11–18의 회로에서 권선비가 얼마이어야 하는가?

11–5절 복습 문제

1. 반사저항을 정의하라.
2. 반사저항을 결정하는 변압기의 특성은 무엇인가?
3. 변압기의 권선비가 10, 부하는 50 Ω이다. 1차측으로 반사되는 저항은 얼마인가?
4. 4 Ω의 부하저항을 1차측 회로에 400 Ω처럼 반사시키기 위하여 필요한 권선비는 얼마인가?

11-6 임피던스 정합

변압기의 한 응용으로, 최대 전력전달을 이루기 위해 부하 임피던스와 전원 임피던스를 정합시킨다. 이 기술을 *임피던스 정합*(*impedance matching*)이라고 부른다. 음향기기에서 증폭기로부터 스피커로 최대의 전력을 전달하기 위하여 권선비를 적절히 선택한 특수한 광대역 변압기가 사용된다. 변압기는 보통 입력과 출력 임피던스가 정합되도록 설계된 것처럼 보이도록 임피던스 정합을 위하여 특별하게 설계한다.

이 절을 마친 후 다음을 할 수 있어야 한다.

- 변압기에서 임피던스 정합에 대해 논의한다.
- 최대 전력전달 이론에 대해 논의한다.
- *임피던스 정합*에 대해 정의한다.
- *임피던스 정합*의 목적에 대해 설명한다.
- 밸런(Balun) 변압기를 기술한다.

부하저항이 전원저항과 같을 때 저항성 전원으로부터 저항성 부하로 최대 전력이 전달되는 것을 최대 전력전달의 정리(5–7절 참조)라고 한다. 교류회로에서 전체 역전류는 **임피던스**이고 전원과 부하 사이에 최대 전력이 전달되도록 만드는 과정을 **임피던스 정합**이라고 한다. 임피던스 정합의 가장 간단하고 흔한 경우는 전원과 부하가 모두 저항성일 때이며, 여기서도 그같은 경우만 다룬다.

그림 11–20(a)는 교류 전원의 내부저항을 보여준다. 내부저항은 모든 전원 안에 본래 고정된 것이며, 내부적인 회로이다. (b)는 부하가 전원에 접속된 것을 보여주며 그 목적은 전원의 전력을 가능한 한 최대로 부하에 전달하는 것이다.

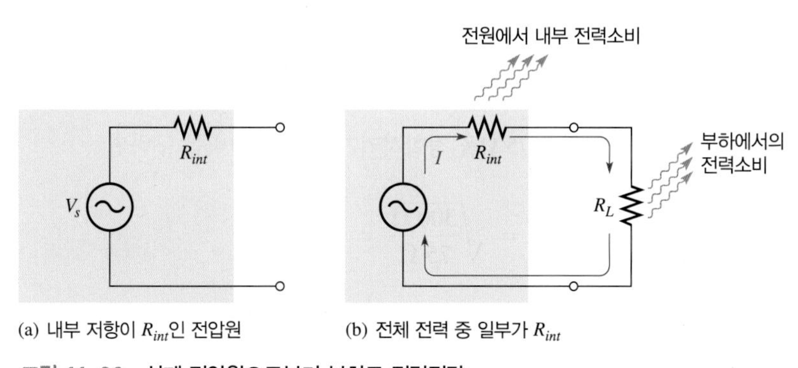

(a) 내부 저항이 R_{int}인 전압원　(b) 전체 전력 중 일부가 R_{int}

그림 11-20　실제 전압원으로부터 부하로 전력전달

실제로 대부분의 경우, 다양한 형태의 전원에서 내부저항은 고정되어 있다. 또한 대부분의 경우 부하로서 동작하는 장치의 저항은 고정되어 있고, 바뀔 수도 없다. 주어진 전원과 부하를 연결할 필요가 있다면 이들 저항들은 정합되어야 함을 상기하라. 이러한 상황에는 특별한 형식의 광대역 변압기가 적합하다. 부하저항이 전원저항과 같은 값으로 보이게 만들기 위해서 변압기의 반사저항 특성을 이용할 수 있으며, 이에 따라 정합을 이룰 수 있다. 이러한 기술을 **임피던스 정합**(*impedance matching*)이라고 부르며, 이런 변압기를 임피던스 정합 변압기라고 한다.

그림 11–21은 임피던스 정합 변압기의 예를 나타내었는데, 이 예에서 전원저항은 300 Ω부하로 운전된다. 이 임피던스 정합 변압기는 전원의 75 Ω과 같이 부하저항도 같게 할 필요가 있고, 따라서 부하에 최대 전력으로 전달된다. 우측 변압기의 선택에서, 임피던스에 권선비의 영향이 얼마나 주는지

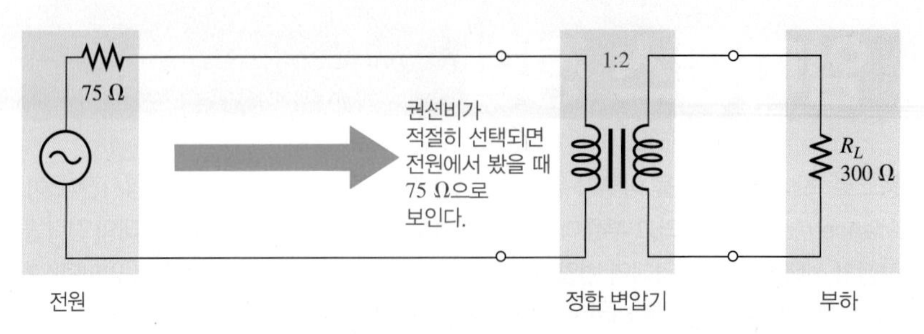

그림 11-21 최대 전력전달을 위하여 변압기를 결합하여 사용한 부하와 전원을 정합시키는 예

알 필요성이 있다. R_L과 R_{pri}를 알 때 권선비, n은 식 11-8을 사용하여 구할 수 있다.

$$R_{pri} = \left(\frac{1}{n}\right)^2 R_L$$

양변을 바꾸고 R_L로 양변을 나누면

$$\left(\frac{1}{n}\right)^2 = \frac{R_{pri}}{R_L}$$

그리고 양변에 제곱근을 취하면

$$\frac{1}{n} = \sqrt{\frac{R_{pri}}{R_L}}$$

양변에 역을 취하면 다음 공식에 의해 권선비를 구할 수 있다.

$$\boldsymbol{n = \sqrt{\frac{R_L}{R_{pri}}}} \qquad (11-9)$$

마지막으로, 부하측 300 Ω과 전원측 75 Ω을 정합시키기 위한 권선비를 구하면

$$n = \sqrt{\frac{300\ \Omega}{75\ \Omega}} = \sqrt{4} = 2$$

그러므로 이 응용에서는 권선비가 2인 정합 변압기가 사용되어야 한다.

예제 11-9

내부 저항이 800 Ω인 증폭기가 있다. 8 Ω의 스피커에 최대 전력을 공급하기 위해서 결합 변압기의 권선비는 얼마가 되어야 하는가?

풀이

반사저항이 800 Ω이어야 한다. 따라서, 식 11-9로부터 권선비가 결정될 수 있다.

$$n = \sqrt{\frac{R_L}{R_{pri}}} = \sqrt{\frac{8\ \Omega}{800\ \Omega}} = \sqrt{0.01} = \mathbf{0.1}$$

다이어그램과 등가반사회로를 그림 11-22에 나타내었다.

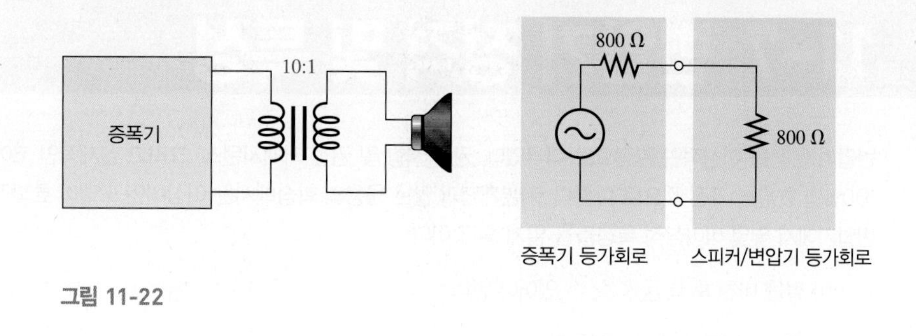

그림 11-22

관련문제
병렬로 된 8 Ω스피커 2개에 최대 전력을 공급하기 위해서는 그림 11–22의 권선비는 얼마가 되어야 하는가?

밸런(Balun) 변압기 임피던스 정합은 고주파 안테나에서도 응용된다. 송신 안테나는 임피던스 정합뿐만 아니라 언밸런스 신호(*unbalanced signal*)를 밸런스 신호(*balanced signal*)로 변환하는 것을 요구한다. 여기서 밸런스 신호는 두 개의 동일한 진폭을 가지며 서로 위상이 180°차이를 보인다. 언밸런스 신호는 접지를 기준으로 하는 신호이다. **밸런(balun)**은 "balanced-unbalanced"에서 유래한 용어로, 그림 11–23에서 보인 것과 같이 송신기의 언밸런스 신호를 안테나에서 밸런스 신호로 변환하는 변압기이다.

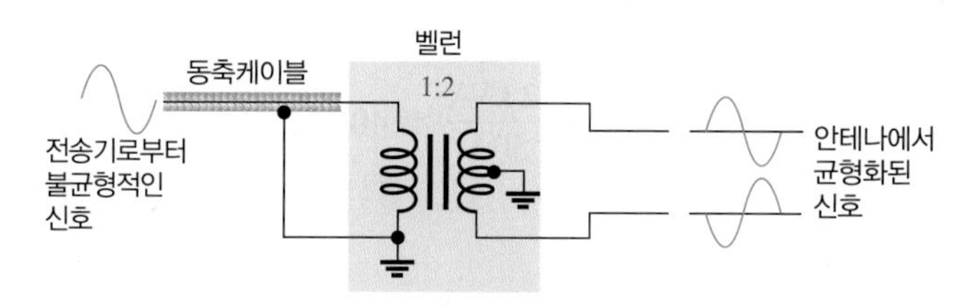

그림 11–23 불균형적인 신호를 균형적인 신호로 변환하는 밸런 변압기의 설명

송신기는 일반적으로 동축케이블로 밸런에 접속한다. 동축케이블은 기본적으로 실드와 절연된 구간의 도선으로 구성되며, 그림 11–23에서 동축케이블의 실드는 접지로 접속하고 전도성 노이즈를 걸러서 최소로 한다.

동축케이블의 중요한 특성 임피던스는 밸런 변압기에 결합되고, 밸런의 권선비는 동축케이블의 임피던스와 안테나의 임피던스를 정합시킨다. 예를 들면 송신 안테나 임피던스를 300°로 하고 동축케이블의 임피던스를 75°로 하면, 밸런은 임피던스를 2의 권선비에 대하여 정합할 수 있다. 또한 밸런은 균형적인 신호를 불균형적인 신호로 변환하여 사용할 수 있다.

11-6절 복습 문제

1. 임피던스 정합은 무엇을 의미하는가?
2. 부하저항을 전원의 내부 저항에 정합시키는 것의 장점은 무엇인가?
3. 권선비가 0.5인 변압기가 있다. 2차측의 100 Ω저항에 대한 반사저항은 얼마인가?
4. 밸런 변압기의 목적은 무엇인가?

11-7 변압기 정격 및 특성

변압기 운전을 이상적인 관점으로 다루었다. 권선 저항 및 권선 커패시턴스, 그리고 실제적인 코어을 모두 무시하고, 100%의 효율을 가진 것으로 다룬다. 기본개념과 많은 응용의 학습에서는 이상적인 모델이 효과적이다. 그러나 실제 변압기에서 몇몇 비이상적 특성들을 알게 될 것이다.

이 절을 마친 후 다음을 할 수 있어야 한다.

- 변압기 정격에 대해 설명한다.
- 비이상적인 변압기를 설명한다.
- 변압기의 전력 정격에 대해 설명한다.
- 변압기 효율를 정의한다.

변압기 전력 정격

전력 정격 전력변압기는 볼트-암페어(Volt Amperes, VA), 1차/2차측 전압 및 동작 주파수로 정격된다. 예를 들어 주어진 변압기의 정격이 2 kVA, 500/50, 60 Hz로 주어졌다고 하면, 2 kVA 값은 **피상전력 정격(apparent power rating)**, 500과 50은 1차 또는 2차측 전압, 60 Hz는 동작 주파수이다.

변압기의 정격은 주어진 응용에 적합한 변압기를 선택하는 데 도움이 될 수 있다. 예를 들어 50 V가 2차측 전압이라고 가정하자. 이 경우 부하전류는

$$I_L = \frac{P_{sec}}{V_{sec}} = \frac{2\text{ kVA}}{50\text{ V}} = 40\text{ A}$$

반면에, 500 V가 2차측 전압이라면

$$I_L = \frac{P_{sec}}{V_{sec}} = \frac{2\text{ kVA}}{500\text{ V}} = 4\text{ A}$$

이는 각 경우에 2차측에서 운용될 수 있는 최대 전류이다.

피상전력 정격을 유효전력(watt)보다는 볼트-암페어(VA)로 나타내는 이유는 다음과 같다. 만약에 변압기의 부하가 순 용량성 또는 순 유도성이라면 부하에 전달되는 유효전력(watt)은 이상적으로 0이다. 그러나 예를 들어 60 Hz에서 $V_{sec} = 500$ V이고, $X_C = 100\ \Omega$일 때 전류는 5 A이다. 이는 2 kVA의 2차측에서 운용될 수 있는 4 A의 최대값을 초과하는 것이며, 비록 유효전력은 0이지만 변압기가 파손될 수 있다. 그러므로 변압기에서 전력을 watt로 규정하는 것은 의미가 없다.

공진충전(Resonant Charging)

변압기 동작에 의해서 공진회로는 충전에도 사용될 수 있다. 연구자들은 두 개의 공진 코일 사이에 높은 주파수의 자기 결합에 의한 무선 전력전달에 많은 관심을 가지고 있다. 그 아이디어는 니콜러스 테슬러 시대까지 거슬러 올라간다. 코일을 장착한 전기 자동차가 차고에 주차되어 있을 때 바닥의 코일로부터 자동적으로 충전될 수도 있다. 이것이 전기 자동차에 성공적으로 활용되기 위해서는 변압기 손실과 같은 효율의 문제를 극복하여야 한다.

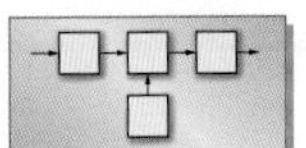

시스템 노트

전압과 주파수 정격 피상전력의 전압과 주파수 정격은 대부분 전력 변압기에서 전압과 주파수 정격이 변압기에 정해진다. 전압 정격은 일차 전압이 설계된 것에 포함되고 이차전압은 이차에 접속된 부하 정격과 일차에 접속된 정격 입력전압에 의해 설계된다. 이것은 주로 회로를 그려서 각 권선에 대한 전압 정격으로 나타낸다. 변압기에서 주파수 정격은 설계되고 사용 조건이 지정된다. 변압기가 틀린 주파수에서 운전된다면 고장이 발생할 수 있으므로 사용 주파수를 아는 것은 중요하다. 회로 응용에 대한 전력용 변압기의 설정은 변압기에 대한 최소한의 사양을 알 필요가 있다.

특징

권선저항 실제의 변압기는 1차 및 2차 권선 모두 권선저항을 가지고 있다(인덕터의 권선저항은 9장 참조). 실제의 변압기는 그림 11-24와 같이 권선저항이 권선과 직렬로 되어 있다.

실제의 변압기에서 권선저항은 2차측 부하 양단의 전압감소를 초래한다. 권선저항에 기인한 전압강하는 실질적으로 1차측과 2차측 전압을 감소시키고, 결국 $V_{sec} = nV_{pri}$에 의하여 예상되는 전압보다 낮은 부하전압이 발생한다. 대부분의 경우 그 영향은 비교적 작아서 무시할 수 있다.

코어에서의 손실 실제의 변압기에서는 항상 코어 재료에서의 에너지 손실이 약간 있다. 이러한 손실은 페라이트 코어와 철 코어에서 열로 나타나며, 공기 코어에서는 발생하지 않는다. 이 에너지의 일부는 1차측 전류의 방향 변화에 기인하는 자계의 지속적인 반전현상이 일어나는 중에 소모된다. 이를 **히스테리시스 손실**(*hysteresis loss*)이라고 한다. 나머지 손실은 자속의 변화에 의하여 패러데이의 법칙에 따라 코어 재료에 유도되는 와전류(eddy current)에 의하여 생긴다. 와전류는 코어 저항에 원의 형태로 발생하며, 따라서 에너지 손실을 유발한다. 이는 철 코어의 적층구조를 사용하여 상당히 줄일 수 있다. 얇은 강자성체 층을 서로 절연시켜 좁은 영역으로 제한시킴으로써 와전류의 형성을 최소화하고, 코어에서의 손상을 최소로 유지시킨다.

누설자속 이상적인 변압기에서, 1차측 전류에 의하여 발생되는 모든 자속은 코어를 통해 2차 권선으로 가고, 그 반대로도 마찬가지이다. 실제의 변압기에서는, 그림 11-25와 같이 1차측 전류에 의하여 발생된 자속의 일부가 코어에서 빠져나와 주변의 공기를 통하여 권선의 다른 쪽 끝으로 되돌아간다. 누설자속은 결과적으로 2차측 전압을 감소시킨다.

2차 권선에 실제로 도달하는 자속의 비율이 변압기의 결합계수를 결정한다. 예를 들어 10개의 자속선 중 9개가 코어에 남아 있으면 결합계수는 0.90 또는 90%이다. 대부분의 철 코어 변압기는 매우 높은 결합계수(0.99 이상)를 가지며, 반면에 페라이트 코어나 공심 변압기는 낮은 값을 갖는다.

HANDS ON TIP

표시가 안 된 미지의 소형 변압기가 있다면 비교적 낮은 전압을 갖는 신호발생기를 사용하여 전압비와 함께 입력(1차)과 출력(2차) 사이의 권선비를 확인할 수 있다. 이 방법은 교류 120 V를 사용하는 것보다 더 안전하다. 전형적으로 1차 권선은 흑색, 2차측의 낮은 전압은 녹색, 그리고 2차측의 높은 전압은 붉은색으로 되어있다. 줄무늬가 있는 도선은 보통 중간 탭을 가리킨다. 그러나 모든 변압기가 색깔이 있는 도선으로 되어 있지 않으며, 도선이 항상 표준 색깔로 되어 있지도 않다.

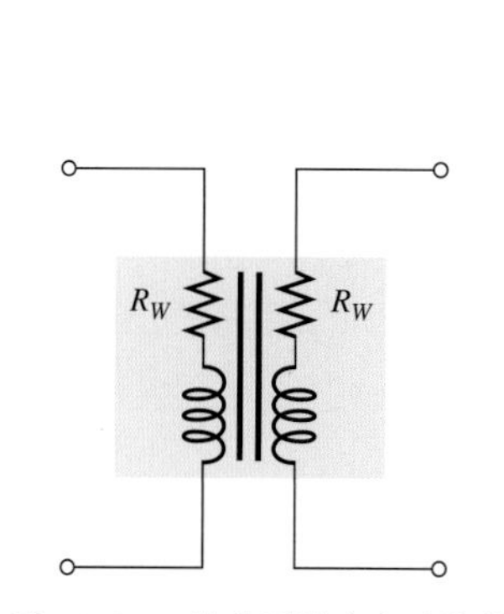

그림 11-24 실제 변압기의 권선저항

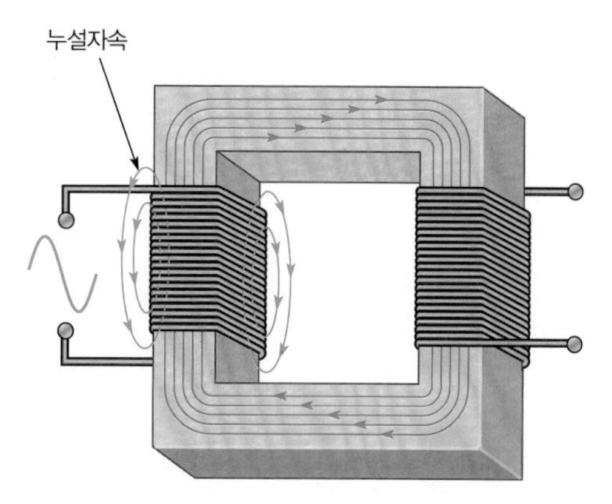

그림 11-25 실제의 변압기에서 자속의 누설

권선용량 9장에서 배운 바와 같이 인접한 권선들 사이에는 부유 커패시턴스(stray capacity)가 존재한다. 그림 11–26에서 보인 바와 같이 부유 커패시턴스는 변압기의 권선에 병렬로 연결된 커패시터가 있는 효과로 작용한다.

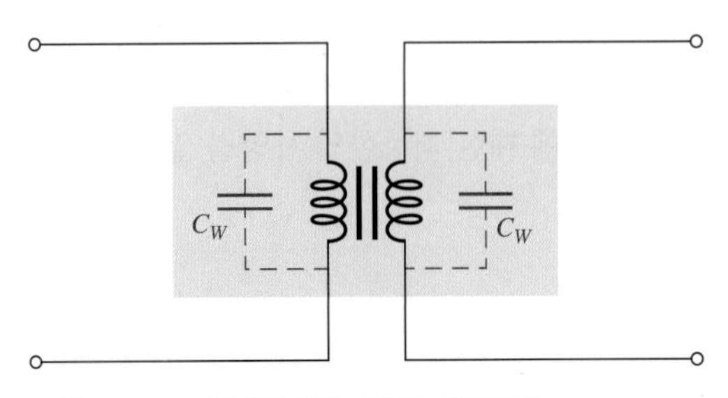

그림 11–26 실제의 변압기에서 권선용량

부유 커패시턴스는 낮은 주파수에서 리액턴스(X_C)가 매우 크기 때문에 변압기의 동작에 미치는 영향은 매우 작다. 그러나 높은 주파수에서는 리액턴스가 감소하고, 1차 권선과 2차측 부하를 가로지르는 바이패스 효과를 만든다. 그 결과 매우 적은 양의 1차측 전류가 1차 권선을 통하여 흐르며, 매우 적은 양의 2차측 전류가 부하를 통하여 흐른다. 이러한 효과는 주파수가 증가함에 따라 부하전압을 감소시키게 된다.

변압기 효율 이상적인 변압기에서 2차측 전력은 1차측 전력과 같음을 상기하라. 그러나 변압기에서는 앞에서 설명한 비이상적 특성들이 전력손실을 유발하기 때문에, 2차측(출력) 전력은 항상 1차측(입력) 전력보다 작다. **변압기**의 효율(η)은 출력에 전달되는 입력의 비율이다.

$$\eta = \left(\frac{P_{out}}{P_{in}}\right)100\% \qquad (11\text{–}10)$$

대부분의 전력 변압기의 효율은 95%를 초과한다.

예제 11–10

어떤 변압기의 1차측 전류가 5 A, 1차측 전압이 4800 V이며, 2차측 전류는 95 A, 2차측 전압은 240 V이다. 변압기의 효율을 구하라.

풀이

입력전력은

$$P_{in} = V_{pri}I_{pri} = (4800\text{ V})(5\text{ A}) = 24\text{ kVA}$$

출력전력은

$$P_{out} = V_{sec}I_{sec} = (240\text{ V})(95\text{ A}) = 22.8\text{ kVA}$$

효율은

$$\eta = \left(\frac{P_{out}}{P_{in}}\right)100\% = \left(\frac{22.8\text{ kVA}}{24\text{ kVA}}\right)100\% = \mathbf{95\%}$$

관련문제

변압기의 1차측 전압과 전류가 각각 440 V, 9 A이다. 2차측 전류가 30 A, 2차측 전압이 120 V라면 효율은 얼마인가?

시스템 예제 11-1

유도가열 시스템

전기 도체를 가열시키기 위해 널리 사용되는 방법은 가열되어야 할 도체 재료를 둘러싸고 있는 코일을 이용하는 것이다. 경납땜, 납땜, 열처리, 풀림, 접착과 코팅의 건조, 고무몰딩전 금속예열 등 많은 작업에 가열이 중요하다. 핫코일은 변압기의 1차와 같고, 가열되어야 할 전도 재료는 2차처럼 동작한다. 60 Hz에서 1 MHz에 걸친 주파수에서 교류 전류는 변압기 작동에 의해 가열되어야 할 재료에 전류를 유도하는 데 사용된다. 발열체는 단절된 2차처럼 보이고, 큰 와류전류를 유도하여 열을 발생시킨다.

그림 11-27은 기본 유도 발열체를 나타낸다. 발열체는 그 목적에 따라 크기와 가열 특성이 상당히 다양하다. 유도 가열의 중요한 장점은 재료가 거의 순간적으로 가열될 수 있다는 것이다(1초 이내에 2000 °F). 가열패턴은 응용분야에 따라 특화된 온도 프로파일이 가능하며 반복적으로 재현될 수 있다. 예를 들면 캔을 납땜하는 작업을 연속적으로 재빠르게 할 수 있으며 이것은 생산라인에서 큰 이점이 된다.

그림 11-28은 큰 공정에서 한 부분이지만(보이진 않음), 기본 가열시스템의 블록선도를 보여준다. 교류 입력은 전원 공급 장치에 의해 직류로 변환되고, 높은 주파수 교류로 변환 된다(재료와 요구되는 가열의 깊이에 의존되는 선택된 주파수). 제어기는 가열을 위해 감지하고, 스위치를 닫고 임피던스 정합 변압기를 통해 코일에 전력을 제공한다.

그림 11-27 납땜 응용에 사용되는 기본 유도가열 유니트 (MagneForce(주)사진 제공)

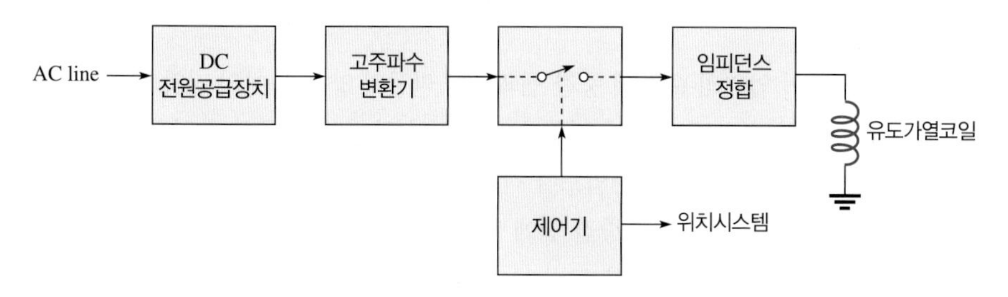

그림 11-28 가열 유닛의 기본 블록선도

11-7절 복습 문제

1. 실제의 변압기가 이상적인 모델과 다른 점을 설명하라.
2. 어떤 변압기의 결합계수가 0.85이다. 이것의 의미는?
3. 어떤 변압기의 정격이 10 kVA이다. 만일 2차측 전압이 250 V라면 변압기에서 운용될 수 있는 부하전류는 얼마인가?

11-8 탭 및 다중권선 변압기

기본 변압기에서 몇 가지의 중요한 형태의 변화가 있을 수 있다. 탭 변압기, 다중권선 변압기, 단권 변압기 등이 이에 포함된다. 삼상 변압기와 다중권선 변압기는 이 절에서 다루어진다.

이 절을 마친 후 다음을 할 수 있어야 한다.

- 몇 가지 종류의 변압기에 대해 설명한다.
- 중간 탭 변압기를 설명한다.
- 다중권선 변압기를 설명한다.
- 단권 변압기를 설명한다.
- 3상 변압기의 결선방법에 대해 설명한다.

탭 변압기

2차측에 중간 탭이 있는 변압기를 그림 11–29(a)에 나타내었다. **중간 탭(Center Tap, CT)**을 중심으로 2개의 2차 권선 양단의 전압은 총 전압의 1/2로서 같다.

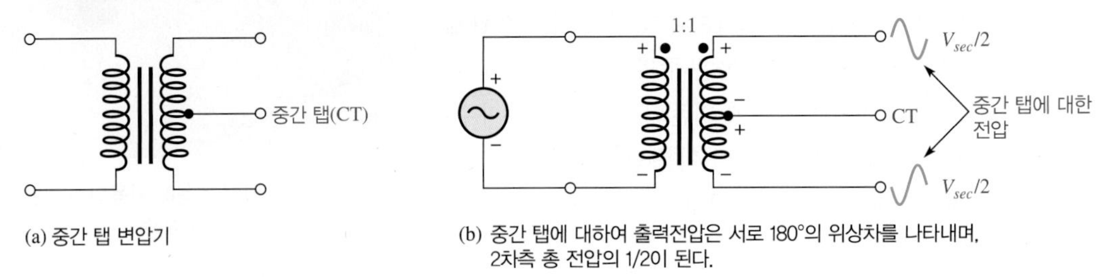

(a) 중간 탭 변압기

(b) 중간 탭에 대하여 출력전압은 서로 180°의 위상차를 나타내며, 2차측 총 전압의 1/2이 된다.

그림 11–29 중간 탭 변압기의 동작

그림 11–29(b)와 같이 임의의 순간에 중간 탭과 2차 권선의 양쪽 사이의 전압 크기는 같고 극성은 반대이다. 예를 들어, 어떤 순간에 정현파 전압은 2차 권선 양단에서 극성이 위쪽은 +, 아래쪽은 − 이다. 중간 탭에서 전압은 위쪽 끝단의 전압보다 작은 양의 값을 나타내지만, 아래쪽 끝단의 전압보다는 더 큰 양의 값을 나타낸다. 그러므로 중간 탭에 대한 전압을 측정하면, 2차측의 위쪽 끝단은 +, 아래쪽 끝단은 −가 된다. 이 중간 탭 특성은 그림 11–30과 같이, 교류전압을 직류로 변환시키는 전원정류회로에, 그리고 임피던스 정합 변압기에 사용된다.

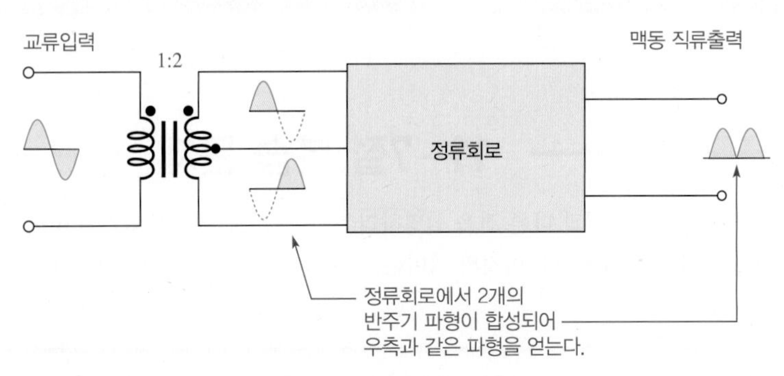

그림 11–30 교류–직류 변환에 중간 탭 변압기의 응용

어떤 탭 변압기는 2차 권선의 전기적 중심에서 벗어난 곳에 탭이 설치되어 있다. 또한 1차 혹은 2차측에 다중 탭이 있는 변압기가 사용되기도 한다. 이런 종류의 변압기에 대한 예를 그림 11–31에 나타내었다.

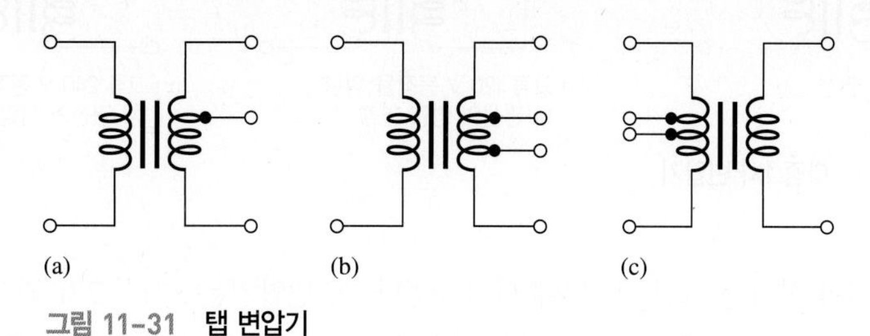

그림 11-31 탭 변압기

전력회사들은 많은 탭 변압기를 배전시스템에서 사용한다. 일반적으로 전력은 3상 전력으로 만들어져 전송된다. 어떤 경우에 3상 전력은 주거용으로 단상 전력으로 변환된다. 예로 그림 11–32에 보인 실용적인 주상 변압기(Pole Transformer)는 높은 전압과 3상 위상전력을 단상 전력(삼상의 탭조정에 의함)으로 변환하는 것을 보여준다. 여전히 주거용 고객에 대하여 120 V/240 V로 변환이 필요하게 되어, 단상 탭 변압기가 사용된다. 1차에서 적절한 탭을 선택하므로서, 전력회사는 고객에게 전송되는 전압에 대해 소규모로 조정할 수 있다. 2차의 중간탭은 중성선(일반적으로 비절연 됨)이다.

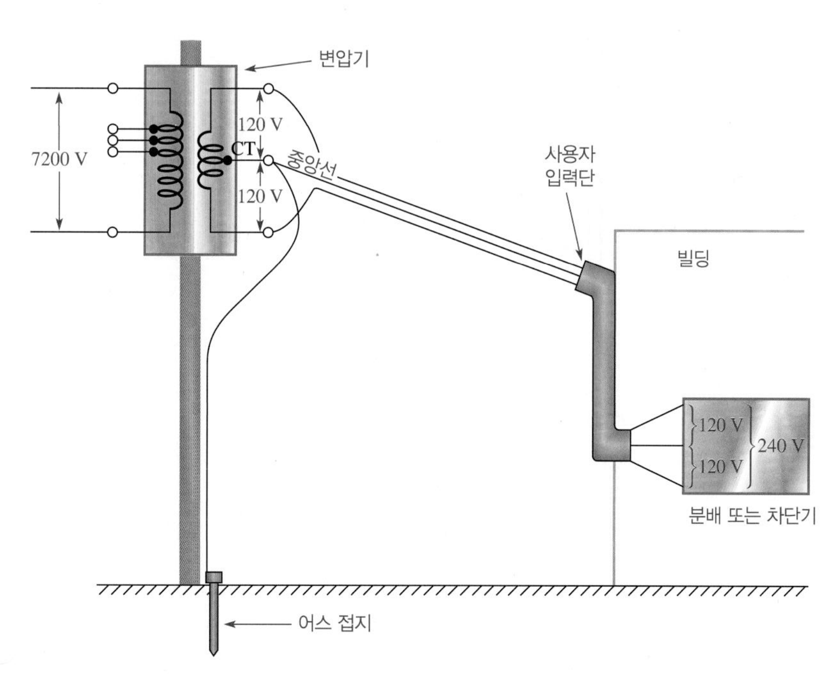

그림 11-32 전형적인 배전 시스템에서 주상 변압기

다중권선 변압기

어떤 변압기는 교류 120 V 또는 240 V에서 동작하도록 설계되어 있다. 이들 변압기는 보통 교류 120 V용으로 설계된 2개의 1차 권선을 가지고 있다. 그림 11–33과 같이 2개의 권선이 직렬로 연결되면 교류 240 V에서 동작하는 변압기로 사용될 수 있다.

1개 이상의 2차 권선이 공통 코어에 감길 수 있다. 1차측 전압을 각각 승압 또는 강압시켜 여러 가지 값의 전압을 얻기 위하여 몇 개의 2차 권선을 갖는 변압기가 자주 사용된다. 이들 종류는 전자장치의 동작에 필요한 여러 값의 전압을 제공하는 전원장치 응용에 보통 사용된다. 다중 2차 권선을 가진

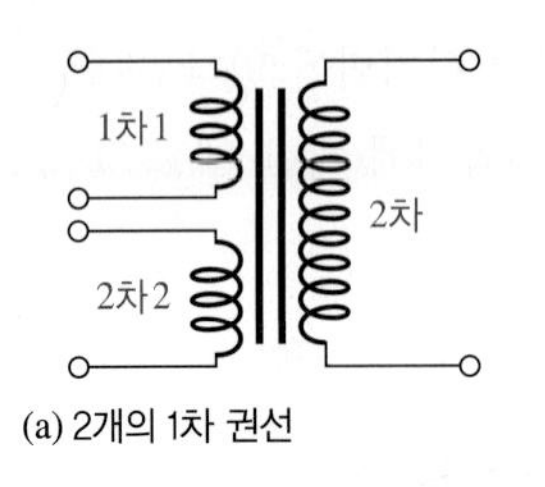

(a) 2개의 1차 권선

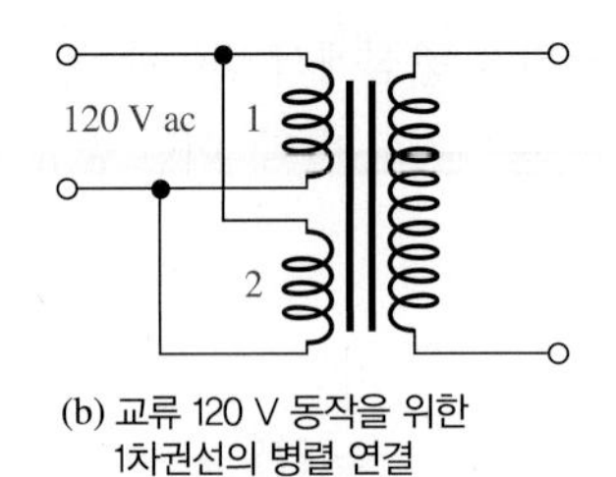

(b) 교류 120 V 동작을 위한 1차권선의 병렬 연결

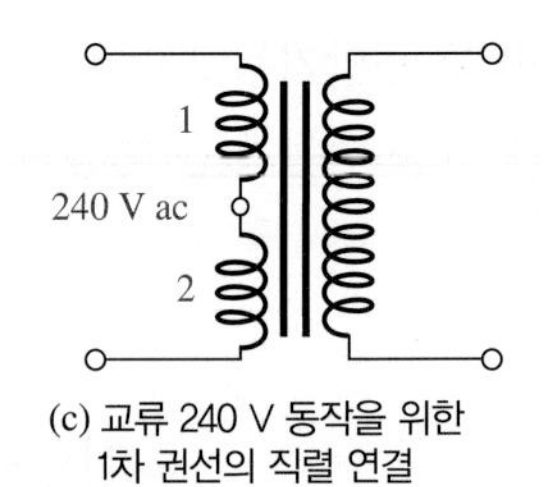

(c) 교류 240 V 동작을 위한 1차 권선의 직렬 연결

그림 11-33 다중 1차 변압기

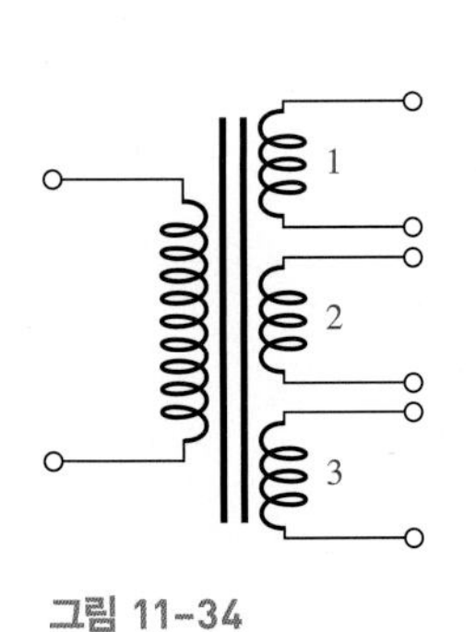

그림 11-34
다중 2차 변압기

변압기의 대표적인 형태를 그림 11–34에 나타내었다. 이 변압기는 3개의 2차 권선을 가지고 있다. 때때로 다중 1차 권선, 다중 2차 권선, 그리고 탭 변압기가 하나의 장치에 모두 결합된 변압기를 볼 수 있을 것이다.

예제 11-11

그림 11–35의 변압기는 그림과 같이 1차측에 대한 2차측의 권선비를 가진다. 2차 권선 중 하나는 중간 탭을 가지고 있다. 1차 권선에 교류 120 V가 연결되었다고 할 때, 각각의 2차측 전압과 가운데 있는 2차 권선의 중간 탭에 대한 전압을 구하라.

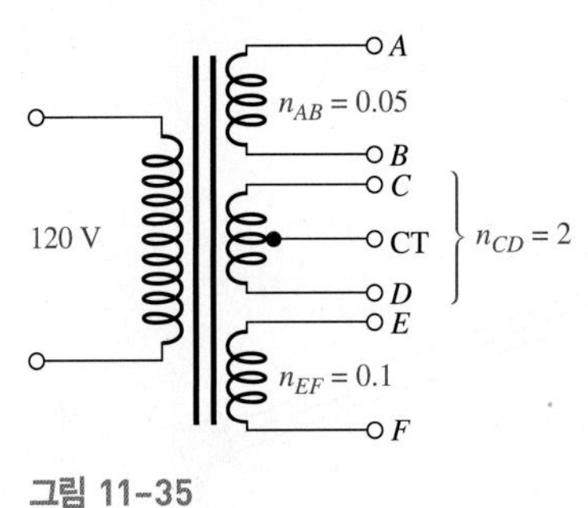

그림 11-35

풀이

$$V_{AB} = n_{AB}V_{pri} = (0.05)120\text{ V} = \mathbf{6.0\text{ V}}$$

$$V_{CD} = n_{CD}V_{pri} = (2)120\text{ V} = \mathbf{240\text{ V}}$$

$$V_{(\mathrm{CT})C} = V_{(\mathrm{CT})D} = \frac{240\text{ V}}{2} = \mathbf{120\text{ V}}$$

$$V_{EF} = n_{EF}V_{pri} = (0.1)120\text{ V} = \mathbf{12\text{ V}}$$

관련문제

1차 권선이 1/2로 되었다고 할 때 위의 계산을 반복하라.

단권 변압기

단권 변압기는 산업용의 인덕션 모터와 송전선 전압을 조정하는 데 응용된다. **단권 변압기(autotransformer)**에서는 1개의 권선이 1차측과 2차측 권선 모두에 제공된다. 전압을 승압 또는 강압시키기 위하여 권선의 적당한 지점에 탭이 설치되어 있다.

단권 변압기는 1차측과 2차측 모두 하나의 권선 상에 있는 다른 형태의 변압기이므로, 1차측과

2차측 회로 사이에 전기적인 분리가 되어 있지 않다는 것이 일반 변압기와 다른 점이다. 일반적으로 단권 변압기는 주어진 부하에 대하여 훨씬 낮은 kVA 정격을 가지기 때문에 동급의 통상적인 변압기에 비하여 더 작고 가볍다. 많은 단권 변압기가 가동접점 구조를 사용하여 조정이 가능한 탭을 가지고 있어서 출력전압을 변화시킬 수 있다(이를 흔히 바리액(*variac*)이라고 부른다). 그림 11–36은 여러 형태의 단권 변압기에 대한 도식적 기호를 나타낸 것이다.

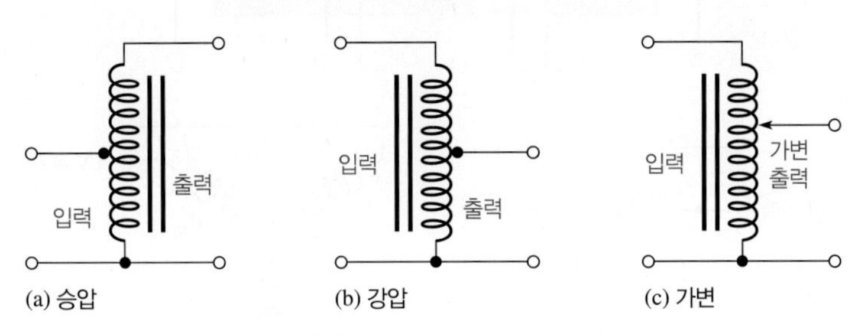

그림 11–36 가변 단권 변압기

3상 변압기

3상 전력은 발전기와 전동기와 관련해서 7장에서 다루었다. 3상 변압기는 전력 분배시스템에 폭넓게 사용된다. 3상은 전력발생, 송전, 그리고 사용에 있어서 가장 일반적인 방식이며 가정용에는 사용되지 않는다.

3상 변압기는 1차와 2차 결선의 3개의 배치로 이루어진다. 각 배치에서 철 코어 어셈블리의 한 개의 자로(통로)에 각각 한 개씩 감긴다. 즉 그림 11–37에서처럼, 기본적으로 3개의 단상 변압기들로 나누어지며 공통된 코어를 사용한다. 이것은 3개의 단상 변압기를 접속하면 같은 결과로 사용된다. 3상 변압기에서 1차와 2차를 결선하는 데 각각 두가지 방법이 있는데, 그림 11–38에서와 같이 델타(Δ)와 와이(Y) 결선방법이다.

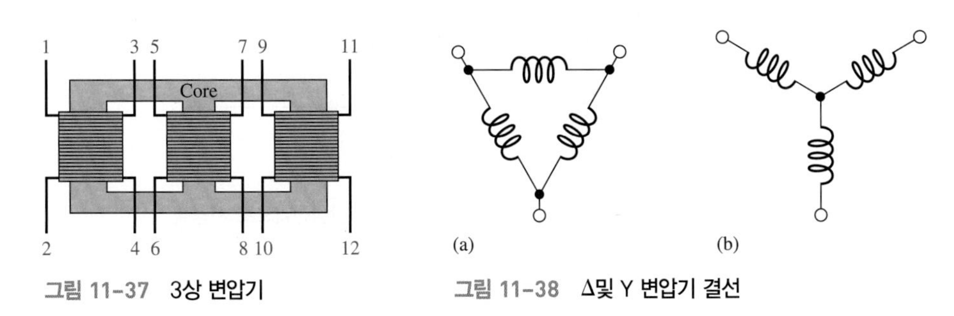

그림 11–37 3상 변압기

그림 11–38 Δ및 Y 변압기 결선

3상 변압기에서, Δ(델타)와 Y(와이) 배치의 가능한 조합은 다음과 같다.

1. **Δ와 Y:** 1차 결선은 Δ이고 2차 결선은 Y이다. 가장 일반화된 방식으로 공업용과 산업용으로 사용한다.
2. **Δ와 Δ:** 1차와 2차 결선은 Δ방식이다. 산업 응용에 사용된다.
3. **Y와 Δ:** 1차는 Y 결선이고 2차는 Δ 결선으로 한다. 높은 전압 전송에 사용된다.
4. **Y와 Y:** 1차와 2차 결선 Y 방식이다. 높은 전압과 낮은 피상전력의 이용에 사용된다.

그림 11–39는 DELTA와 Y 접속을 나타내는데, 변압기를 접속할 때는 결선 위상을 지켜야 한다. Δ 결선에서는 (+)와 (−)를 결선해야 한다. Y 결선에서는 중심점에 같은 (−)로 결선해야 한다.

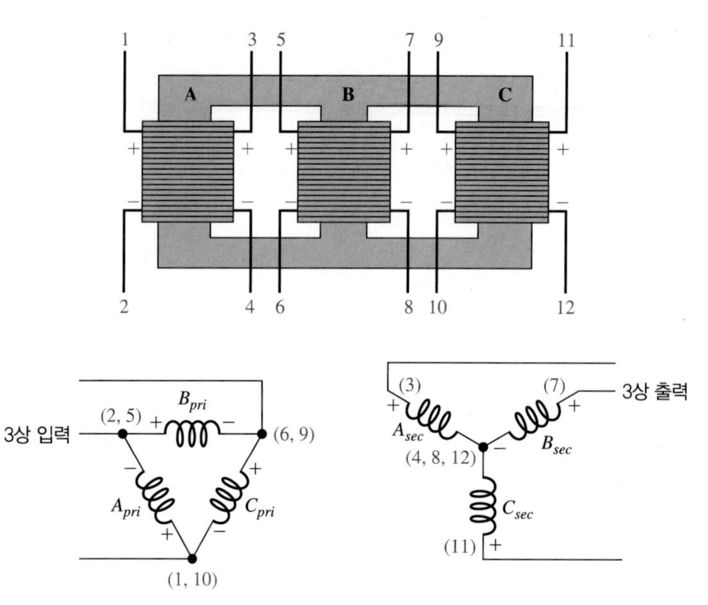

그림 11-39 Δ-Y 변압기에 대한 접속. 1차 결선은 A_{pri}, B_{pri}, C_{pri}에 설계된다. 2차 결선은 A_{sec}, B_{sec}, C_{sec}로 설계된다. 괄호 안의 수는 변압기 선의 번호이다.

Y의 배치는 가운데 합류점에 만들어진 중립선으로 인해 이점을 갖는다. Δ배치에서는 중립선을 갖지 않는다. 3상 전송선 전압이 단상 주택용 전력으로 바뀌는 특수한 경우는 한 가지의 예외이다. 이 경우는 중간탭 Δ 배치를 갖는 Y-Δ 변압기가 사용되는데, 그림 11-40에 나타내 보였다. 이 배치는 4선 Δ 방식으로 이용되며, 단상을 이용할 수 없는 경우에 사용한다.

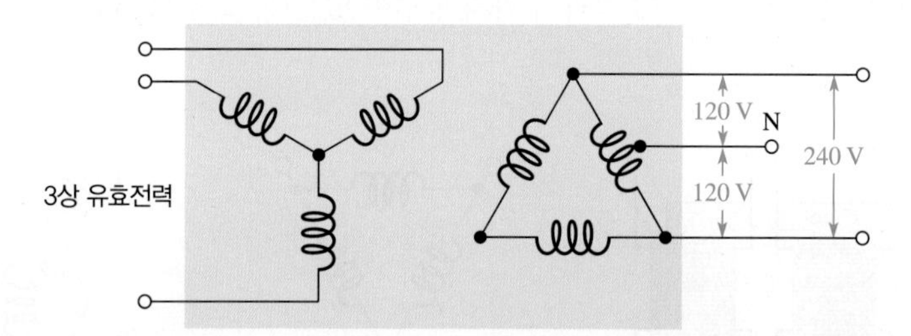

그림 11-40 Y-Δ 탭 변압기는 3상 전압을 가정용 단상전압으로 사용할 수 있다.

11-8절 복습 문제

1. 어떤 변압기가 2개의 권선을 갖고 있다. 1차 권선에 대한 첫 번째 2차 권선의 권선비는 10 V이다. 1차 권선에 대한 다른 하나의 2차 권선의 권선비는 0.2이다. 만일 교류 240 V가 1차 권선에 공급된다면 2차측 전압은 얼마인가?
2. 통상적인 변압기에 대한 단권 변압기의 장점 한 가지와 단점 한 가지를 들어라.
3. 3상 변압기에 대해 가장 일반적인 배치방법은?

11-9 고장진단

변압기는 규정된 범위 내에서 동작할 때에는 매우 간단하고 신뢰성 있는 장치이다. 변압기에서 일반적인 고장은 1차 권선이나 2차 권선의 개방이다. 개방의 한 원인은 이들의 정격을 초과하는 조건하에서 장치를 동작시키기 때문이다. 권선의 단락 또는 부분적인 단락도 가능하지만 이런 경우는 매우 드물다. 이 절에서는 변압기의 고장과 이와 관련된 형태를 다룬다.

이 절을 마친 후 다음을 할 수 있어야 한다.

- 변압기의 고장진단을 한다.
- 1차 또는 2차 권선의 개방 여부를 찾는다.

1차 권선이 개방되어 있으면 1차측에 전류가 흐르지 않으므로, 2차측에 유도되는 전압이나 전류는 없다. 이러한 상태를 그림 11-41(a)에 나타내었고, 저항계를 사용하여 이를 검사하는 방법을 (b)에 나타내었다.

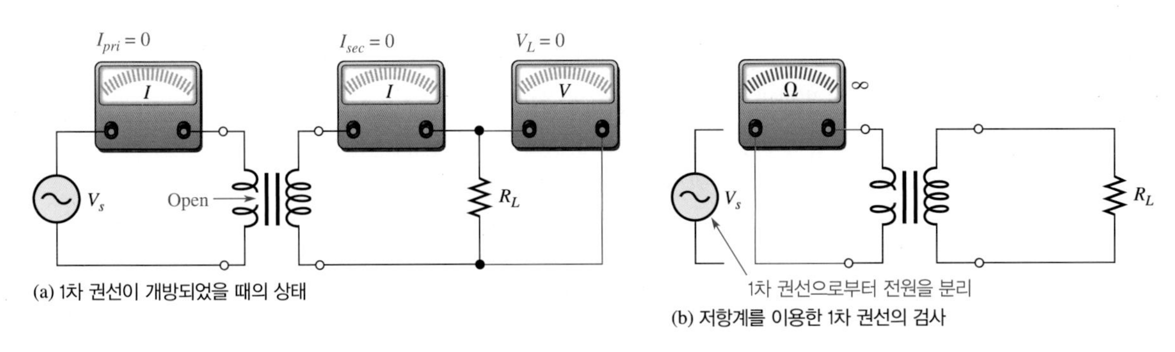

(a) 1차 권선이 개방되었을 때의 상태

(b) 저항계를 이용한 1차 권선의 검사

그림 11-41 개방된 1차 권선

2차 권선이 개방되어 있으면 2차측 회로에 전류가 흐르지 않으며, 그 결과 부하 양단의 전압이 나타나지 않는다. 또한 개방된 2차 권선은 1차측 전류를 매우 작게 만든다(단지 작은 자화전류만 흐른다). 1차측 전류는 실제로 0이 될 수 있다. 이러한 상태를 그림 11-42(a)에 나타내었고, 저항계에 의한 검사를 (b)에 보였다.

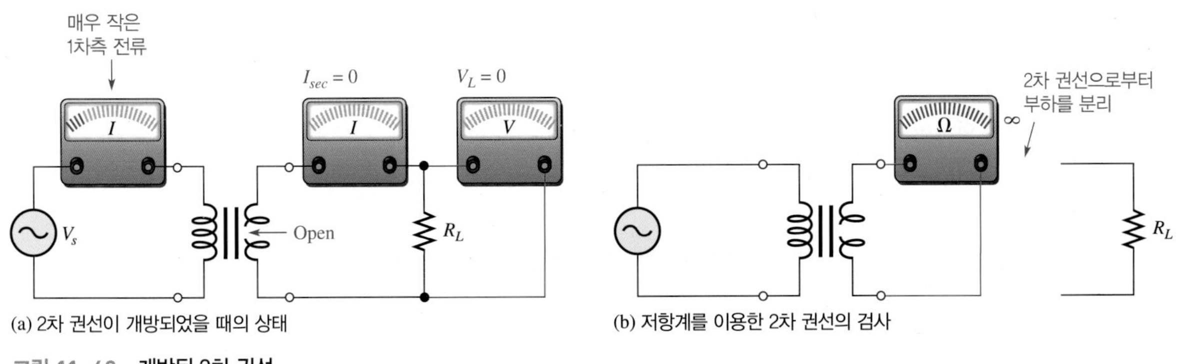

(a) 2차 권선이 개방되었을 때의 상태

(b) 저항계를 이용한 2차 권선의 검사

그림 11-42 개방된 2차 권선

단락 권선은 매우 드물게 일어나는데, 가시적인 조짐이 보이지 않거나 또는 다수의 권선이 단락되지 않는한 발견이 어렵다. 전원으로부터 완벽히 단락된 1차 권선은 과도전류가 흐르고, 회로에서 차단기나 퓨즈가 없다면 전원이나 변압기 또는 양쪽 모두 소손될 것이다. 1차 권선에서 부분적인 단락은 과도 1차 전류 또는 정상일 때의 전류보다 높게 나타날 수 있다. 2차 권선의 부분적인 단락이 원인인 경우, 단락에 의해 나타나는 낮은 저항의 원인으로 과도 1차 전류가 발생한다. 종종 과도전류는 1차 권선을 소손시키고 결과적으로 개방시키게 된다.

11-9절 복습 문제

1. 변압기에서 발생 가능한 두 가지 고장을 들어라.
2. 변압기 고장의 주요원인은 무엇인가?

요약

- 변압기는 일반적으로 공통 코어에 자기적으로 결합된 2개 이상의 코일로 구성된다.
- 자기적으로 결합된 2개의 코일 사이에는 상호 인덕턴스가 존재한다.
- 전류가 한쪽 코일에서 변하면 다른 코일에 전압이 유도된다.
- 1차측은 전원과 연결된 권선이고, 2차측은 부하와 연결된 권선이다.
- 1차 권선의 권선 수와 2차 권선의 권선 수로 권선비를 결정한다.
- 1차측과 2차측 전압의 상대적인 극성은 코어 둘레에 감긴 권선의 방향에 의해 결정된다.
- 승압 변압기의 권선비는 1보다 크다.
- 강압 변압기의 권선비는 1보다 작다.
- 변압기는 전력을 증가시킬 수 없다.
- 이상적인 변압기에서 전원으로부터의 전력(입력)은 부하에 전달되는 전력(출력)과 같다.
- 전압이 증가하면 전류는 감소하고, 그 반대의 경우도 성립한다.
- 변압기의 2차 권선 양단에 연결된 부하는 권선 수의 제곱에 반비례하는 값을 갖는 반사된 부하처럼 전원에서 보인다.
- 임피던스 정합 변압기는 적당한 권선비를 선택하여 부하에 최대 전력을 전달할 수 있도록 부하저항을 내부 전원저항에 정합할 수 있다.
- 밸런은 불균형적인 신호를 균형적인 신호로 변화하여 사용하는 변압기이고, 그 반대의 경우도 성립한다.
- 변압기는 직류에는 응답하지 않는다.
- 실제의 변압기에서 에너지 손실을 권선저항, 코어에서의 히스테리시스 손실, 코어에서의 와전류, 누설자속에 의하여 발생한다.
- 3상 변압기는 전력 분배 응용에 사용된다.

핵심 용어

핵심용어 및 볼드체로 된 용어는 책 뒷부분의 용어사전에도 정의되어 있다.

1차 권선 변압기의 입력 권선. 1차측이라고도 함

2차 권선 변압기의 출력 권선. 2차측이라고도 함

권선비 n 1차 권선 수에 대한 2차 권선 수의 비반사된 부하: 1차 회로로 반사되는 2차 회로의 저항

반사저항 2차회로에서의 저항이 1차회로에 반사되는 것

변압기 두 개 이상의 권선으로 자기적으로 서로 연결되어 구성되었으며 하나의 권선으로부터 다른 권선으로 전자기적으로 전력 전송을 제공하는 장치

상호 인덕턴스 L_M 변압기와 같은 두 개의 분리된 코일 사이의 인덕턴스

임피던스 정합 최대 전력을 전송하기 위해 전원 임피던스에 부하 임피던스를 정합시키기 위한 기술

자기결합 1차 코일의 자속선이 2차 코일과 분리되도록 하는 두 코일 사이의 자기적인 연결

전기적 절연 두 회로 사이에 공통의 도전 통로가 없을 때의 조건

중간 탭 변압기에서 권선의 중앙 지점을 연결

피상전력 정격 변압기의 전력 전송 능력의 정도를 나타내는 양으로 볼트-암페어(VA)로 표시됨

중요 공식

(11–1)	$L_M = k\sqrt{L_1L_2}$	상호 인덕턴스
(11–2)	$k = \dfrac{\phi_{1\text{-}2}}{\phi_1}$	결합계수
(11–3)	$n = \dfrac{N_{sec}}{N_{pri}}$	권선비
(11–4)	$\dfrac{V_{sec}}{V_{pri}} = \dfrac{N_{sec}}{N_{pri}}$	전압비
(11–5)	$V_{sec} = nV_{pri}$	2차측 전압
(11–6)	$\dfrac{I_{pri}}{I_{sec}} = n$	전류비
(11–7)	$I_{sec} = \left(\dfrac{1}{n}\right)I_{pri}$	2차측 전류
(11–8)	$R_{pri} = \left(\dfrac{1}{n}\right)^2 R_L$	반사저항
(11–9)	$n = \sqrt{\dfrac{R_L}{R_{pri}}}$	임피던스 정합에 대한 권선비
(11–10)	$\eta = \left(\dfrac{P_{out}}{P_{in}}\right)100\%$	변압기 효율

O/X 퀴즈 해답은 이 장의 끝에 있다.

1. 이상적인 변압기는 1차 권선에 전달된 전력과 같은 전력을 부하에 공급한다.
2. 변압기의 회로 기호에서 점은 입력과 출력의 위상관계를 나타낸다.
3. 강압 변압기는 권선 수가 1차 권선이 2차 권선보다 많다.
4. 변압기의 1차 전류는 항상 2차 전류보다 크다.
5. 변압기가 무부하일 때 역률은 1이다.
6. 임피던스 정합 변압기는 전원에서 부하로 흐르는 전압이 큰 것을 허용한다.
7. 반사된 저항은 권선저항과 같다.
8. 밸런은 임피던스 정합 변압기 형식이다.

9. 전력 변압기는 전형적으로 W보다 VA로 평가한다.

10. 변압기 효율은 입력전압을 출력전압으로 나누는 비율이다.

자습문제 해답은 이 장의 끝에 있다.

1. 변압기는 다음에 사용된다.

(a) 직류전압 **(b)** 교류전압 **(c)** 직류와 교류전압

2. 다음 중 변압기의 권선비에 의하여 영향을 받는 것은?

(a) 1차측 전압 **(b)** 직류전압 **(c)** 2차측 전압 **(d)** 이중 답 없음

3. 만일 권선비가 1인 변압기의 권선이 코어 주위에 반대 방향으로 감겨 있다면 2차측 전압은?

(a) 1차측 전압과 동위상 **(b)** 1차측 전압보다 작다.
(c) 1차측 전압보다 크다. **(d)** 1차측 전압과 역위상

4. 변압기의 권선비가 10이고, 1차측 교류전압이 6 V일 때 2차측 전압은?

(a) 60 V **(b)** 0.6 V **(c)** 6 V **(d)** 36 V

5. 변압기의 권선비가 10이고, 1차측 교류전압이 100 V일 때 2차측 전압은?

(a) 200 V **(b)** 50 V **(c)** 10 V **(d)** 100 V

6. 어떤 변압기의 1차측 권선 수가 500회이고, 2차측이 2500회이다. 권선비는?

(a) 0.2 **(b)** 2.5 **(c)** 5 **(d)** 0.5

7. 권선비가 5인 이상적인 변압기의 1차 권선에 10 W의 전력이 공급된다면, 2차측 부하에 전달되는 전력은?

(a) 50 W **(b)** 0.5 W **(c)** 0 W **(d)** 10 W

8. 부하가 연결되어 어떤 변압기에서 2차측 전압이 1차측의 1/3이다. 2차측 전류는?

(a) 1차측 전류의 1/3 **(b)** 1차측 전류의 3배
(c) 1차측 전류와 같다. **(d)** 1차측 전류보다 작다.

9. 권선비가 2인 변압기의 2차 권선에 1 kΩ의 부하저항이 연결되어 있을 때 전원에서 바라본 반사저항은?

(a) 250 Ω **(b)** 2 kΩ **(c)** 4 kΩ **(d)** 1 kΩ

10. 문제 9에서 권선 수가 0.5이면, 전원에서 바라본 반사저항은?

(a) 1 kΩ **(b)** 2 kΩ **(c)** 4 kΩ **(d)** 500 Ω

11. 50 Ω 전원을 200 Ω 부하에 정합하는 데 필요한 권선비는?

(a) 0.25 **(b)** 0.5 **(c)** 4 **(d)** 2

12. 전원으로부터 부하에 최대 전력이 전달되는 것은?

(a) $R_L > R_{int}$ **(b)** $R_L < R_{int}$ **(c)** $R_L = R_{int}$ **(d)** $R_L = nR_{int}$

13. 12 V 전지가 권선비 4인 변압기의 1차 권선 양단에 연결되어 있을 때, 2차측 전압은?

(a) 0 V **(b)** 12 V **(c)** 48 V **(d)** 3 V

14. 어떤 변압기의 권선비가 1이고, 결합계수는 0.95이다. 1차측에 교류 1 V가 공급될 때, 2차측 전압은?

(a) 1 V **(b)** 1.95 V **(c)** 0.95 V

연습문제 선별된 일부 문제의 해답은 이 책의 끝에 있다.

기초문제

11-1 상호 인덕턴스

1. $k = 0.75$, $L_1 = 1\ \mu H$, $L_2 = 4\ \mu H$일 때 상호 인덕턴스는?
2. $L_M = 1\ \mu H$, $L_1 = 8\ \mu H$, $L_2 = 2\ \mu H$일 때 결합계수를 구하라.

11-2 기본적인 변압기

3. 1차 권선이 120회, 2차 권선이 360회인 변압기의 권선비는?
4. **(a)** 1차 권선이 250회, 2차 권선이 1000회인 변압기의 권선비는?
   (b) 1차 권선이 400회, 2차 권선이 100회인 변압기의 권선비는?
5. 그림 11–43의 각 변압기에서 1차측 전압에 대한 2차측 전압의 위상을 구하라.

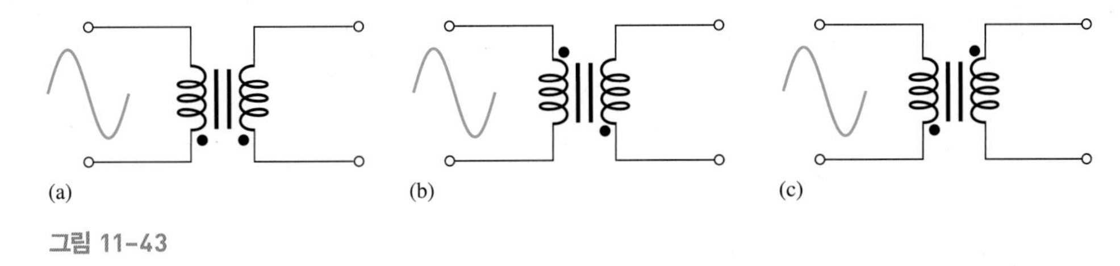

그림 11–43

11-3 승압 및 강압 변압기

6. 권선비가 1.5인 변압기의 1차측에 교류 120 V가 연결되어 있을 때 2차측 전압은?
7. 어떤 변압기의 1차 권선의 권선 수가 250회이다. 2배의 전압을 얻으려면 2차 권선의 권선 수는 얼마여야 하는가?
8. 권선비가 10인 변압기에서 교류 60 V의 2차측 전압을 얻기 위하여 1차측에 공급되어야 하는 전압은?
9. 그림 11–44의 각 변압기에 대하여 1차측 전압에 대한 2차측 전압을 그려라. 또한 진폭을 나타내어라.

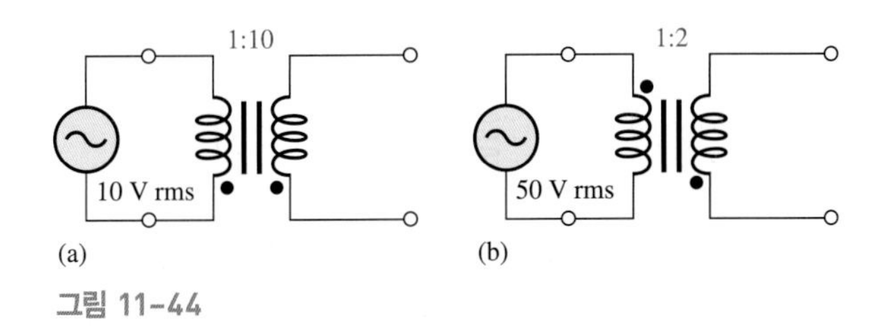

그림 11–44

10. 120 V를 30 V로 낮추기 위하여 필요한 권선비는?
11. 변압기의 1차 권선 양단의 전압이 1200 V이다. 권선비가 0.2일 때 2차측 전압은?
12. 권선비가 0.1인 변압기에서 교류 6 V의 2차측 전압을 얻기 위하여 1차측에 공급되어야 하는 전압은?
13. 그림 11–45의 각 회로의 부하 양단의 전압은?
14. 그림 11–45에서 각 2차 권선의 아래쪽이 접지되어 있다면 부하전압의 값은 변하는가?

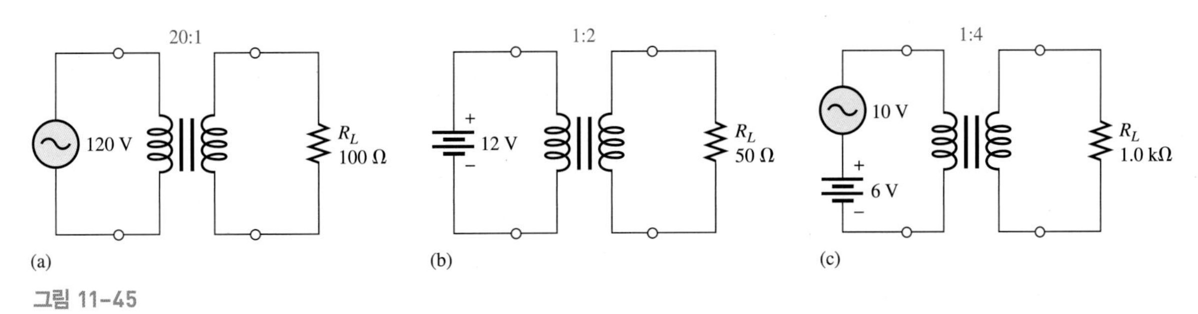

그림 11–45

15. 그림 11–46에서 규정되지 않은 계기값을 구하라.

16. 그림 11–46(a)에서 R_L이 두 배로 되었다면, 2차 계측기 측정값은?

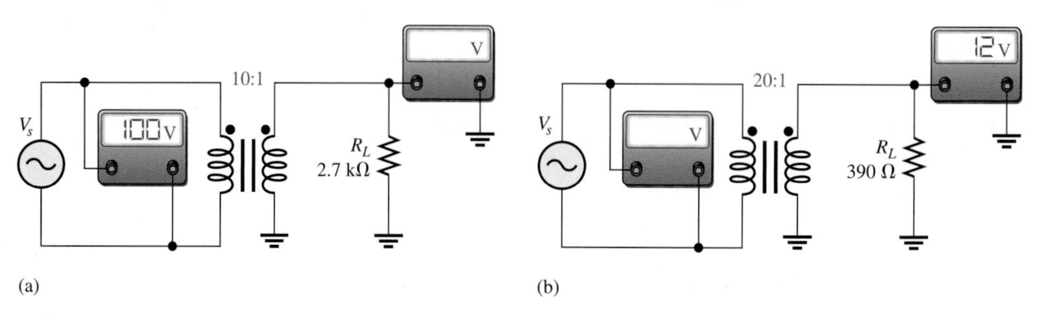

그림 11–46

11–4 2차에 부하의 연결

17. 그림 11–47에서 I_{sec}를 구하라.

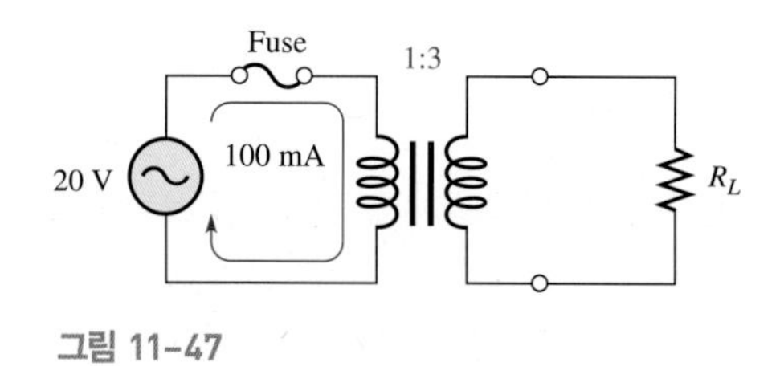

그림 11–47

18. 그림 11–48에서 다음을 구하라.

(a) 2차측 전압 **(b)** 2차측 전류

(c) 1차측 전류 **(d)** 부하에서의 전력

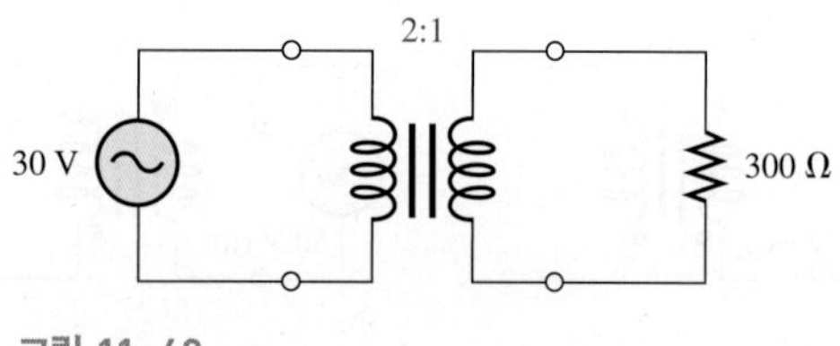

그림 11–48

11–5 부하의 반사

19. 그림 11–49에서 전원에서 보이는 부하저항은?

20. 그림 11–50에서 1차측 회로로 반사되는 저항은?

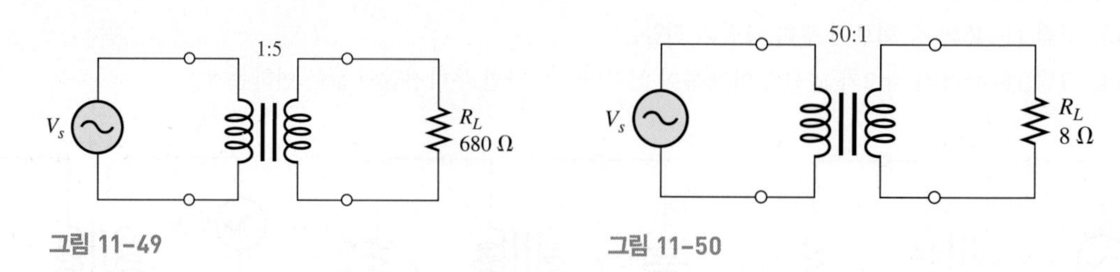

그림 11–49 그림 11–50

21. 그림 11–50에서 전원 전압의 실효값이 120 V일 때 1차측 전류(실효값)는?

22. 그림 11–51에서 1차측 회로로 300 Ω을 반사하기 위한 권선비는?

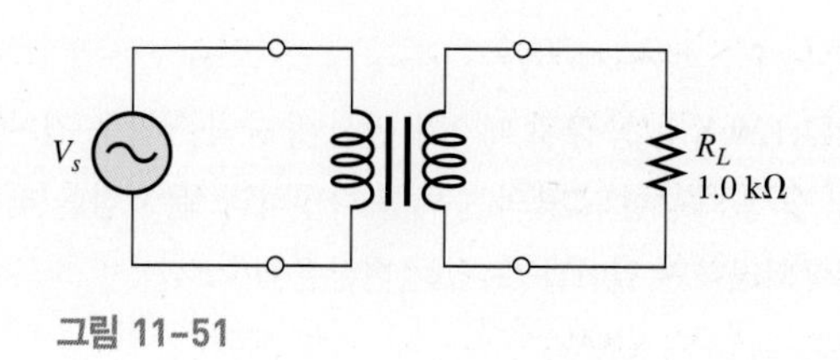

그림 11-51

11-6 임피던스 정합

23. 그림 11-52에서 4 Ω스피커에 최대 전력을 전달하기 위한 권선비는?

24. 그림 11-52에서 스피커에 전달되는 최대 전력은 몇 W인가?

25. 그림 11-53에서 최대 전력전달을 위한 R_L의 값을 구하라. 전원의 내부 저항은 50 Ω이다.

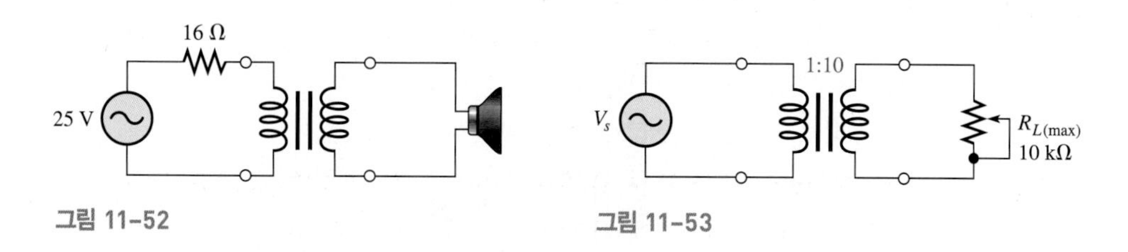

그림 11-52　　그림 11-53

26. 그림 11-53에서 RL은 1 kΩ에서 10 kΩ의 범위에서 1 kΩ이 증가할 때에 대한 전력곡선을 그려라(V_s = 10 V이고 R_L = 50 Ω이다).

11-7 변압기 정격 및 특징

27. 어떤 변압기에서 1차측의 입력이 100 W이다. 권선저항에서 5.5 W의 손실이 발생하였다면, 다른 손실은 무시할 때 부하에서의 출력은?

28. 문제 27에서 변압기의 효율은?

29. 1차측에서 발생된 총 자속의 2%가 2차측을 통과하지 않는 변압기에서 결합계수는 얼마인가?

30. 어떤 변압기의 정격이 1 kVA이며, 60 Hz, 교류 120 V에서 동작한다. 2차측 전압은 600 V이다.

(a) 최대 부하전류는?

(b) 동작 가능한 최소 R_L은?

(c) 부하로서 연결될 수 있는 최대 커패시터는?

31. 2.5 kV의 2차측 전압과 10 A의 최대 부하전류를 다루어야 하는 변압기에 필요한 kVA 정격은?

11-8 탭 및 다중권선 변압기

32. 그림 11-54에서 각각의 미지 전압들을 구하라.

33. 그림 11-55에 표시된 2차측 전압을 사용하여 탭이 설치된 각 구간과 1차 권선 사이의 권선비를 구하라.

34. 그림 11-56에서 1차측의 각 권선은 교류 120 V로 동작한다. 교류 240 V 동작을 위하여 1차측을 어떻게 연결해야 하는지 보여라. 2차측의 각 전압을 구하라.

35. 그림 11-56에서 1차측에 대한 2차측의 권선비를 구하라.

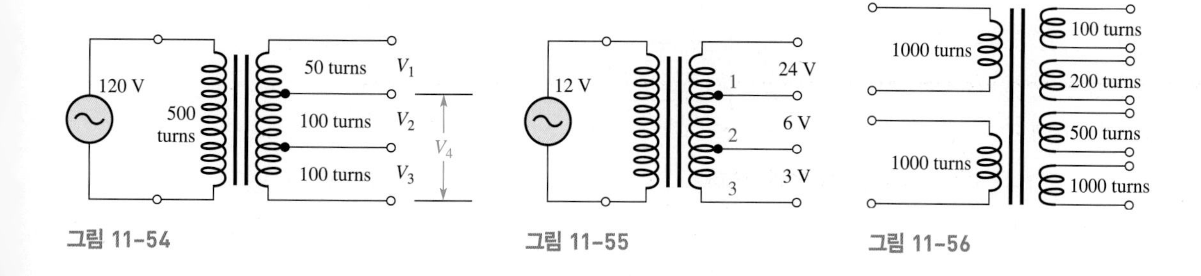

그림 11-54　　그림 11-55　　그림 11-56

11-9 고장진단

36. 변압기의 1차 권선에 교류 120 V가 공급될 때 2차 권선 양단의 전압을 검사하니 0 V였다. 또한 1차측이나 2차측 전류도 없었다. 발생 가능한 고장의 종류를 나열하라. 문제점을 찾는 과정에서 다음 단계는?

37. 변압기의 1차 권선이 단락되었다면 일어날 수 있는 현상은?

고급문제

38. 그림 11–12에서 전원 공급 장치는 1 A, +5.0 V로 설계되었다. 그러나 퓨즈는 1/8A이다. 왜 퓨즈는 정격 출력에서 타격을 받지 않는지를 설명하라.

39. 그림 11–57와 같이 부하가 연결되어 있고, 2차측에 탭이 설치된 변압기에서 다음을 구하라.

(a) 모든 부하전압과 전류

(b) 1차측에서 보이는 저항

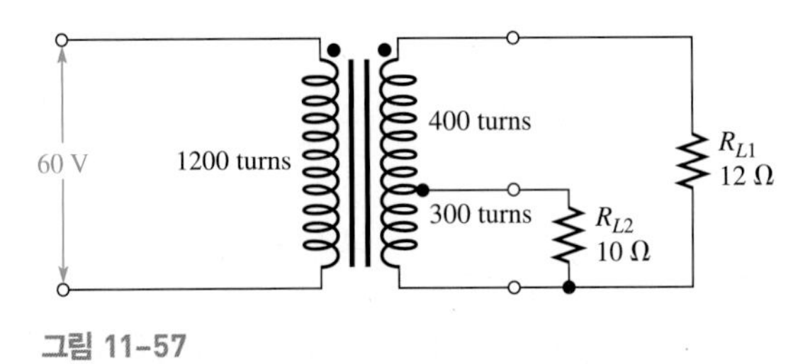

그림 11–57

40. 어떤 변압기의 정격이 5 kVA, 60 Hz에서 2400/120 V이다.

(a) 2차측 전압이 120 V일 때 권선비는?

(b) 1차측 전압이 2400 V일 때 2차측의 전류 정격은?

(c) 1차측 전압이 2400 V일 때 1차측의 전류 정격은?

41. 그림 11–58에서 각 전압계에서 측정되는 전압을 구하라. 벤치형 계기는 그림과 같이 한쪽 단자는 접지되어 있다.

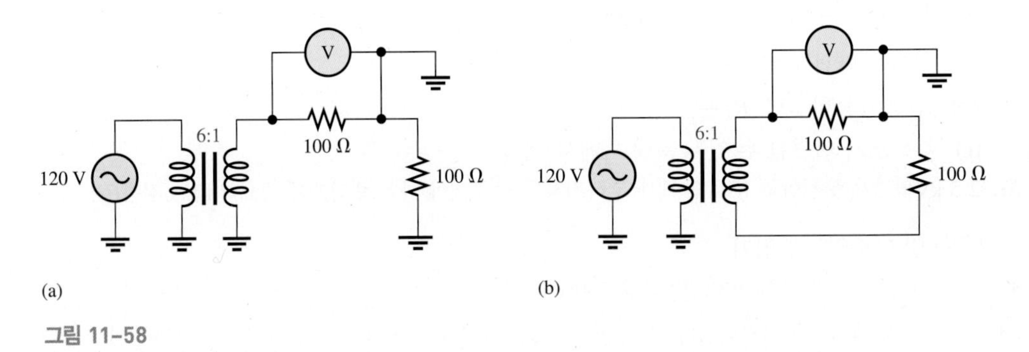

그림 11–58

42. 전원의 내부 저항이 10 Ω일 때, 각각의 부하에 최대 전력을 전달하기 위하여 그림 11–59의 각 스위치의 위치에 대한 적당한 권선비를 구하라. 1차 권선이 100회일 때 2차 권선의 권선 수를 정하라.

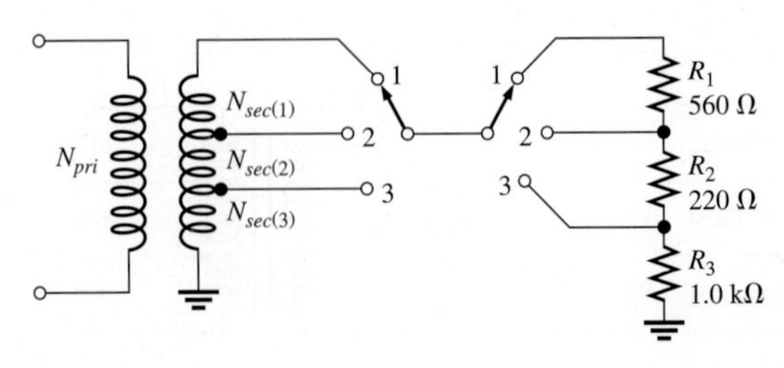

그림 11–59

43. 그림 11–52에서 120 V의 전원 전압과 함께 1차측 전류를 3 mA로 제한하기 위해서는 권선비가 얼마여야 하는가? 변압기와 전원은 이상적이라고 가정한다.

44. 10 VA의 VA정격을 갖는 변압기의 1차측에 120 V가 공급되었다고 가정한다. 출력전압은 12.6 V이다. 2차측 양단에 연결할 수 있는 최소 저항은 얼마인가?

45. 강압 변압기를 1차측 120 V, 2차측 10 V에 사용한다. 2차측의 최대 1 A의 정격이라면 1차측에 어떤 정격의 퓨즈를 선택해야 하는가?

복습문제 해답

11–1 상호 인덕턴스

1. 상호 인덕턴스는 두 코일 간의 인덕턴스이고, 코일 사이의 결합 정도에 의하여 정해진다.

2. $L_M = k\sqrt{L_1L_2} = 45\text{ mH}$

3. k가 증가할 때 유도전압은 증가한다.

11–2 기본적인 변압기

1. 변압기의 동작은 상호 인덕턴스의 원리를 기초로 한다.

2. 권선비는 1차측의 권선 수에 대한 2차측의 권선 수의 비이다.

3. 권선의 방향은 전압의 상대적인 극성을 결정한다.

4. $n = N_{sec}/N_{pri} = 0.5$

5. 프린트 회로 기판 위에 권선은 형성된다.

11–3 승압 및 강압 변압기

1. 승압 변압기는 전압을 증가시킨다.

2. 2차측 전압은 5배 증가한다.

3. $V_{sec} = nV_{pri} = 2400\text{ V}$

4. 강압 변압기는 전압을 감소시킨다.

5. $V_{sec} = nV_{pri} = 60\text{ V}$

6. $n = 12\text{ V}/120\text{ V} = 0.1$

7. 전기절연, 서지보호, 그리고 감쇠필터

11–4 2차에 부하의 연결

1. 2차측 전류는 1차측 전류의 반이다.

2. $n = 0.25$; $I_{sec} = (1/n)I_{pri} = 2\text{ A}$

3. $I_{pri} = nI_{sec} = 2.5\text{ A}$

11–5 부하의 반사

1. 반사저항은 1차측 회로에서 본 2차측 회로의 저항이며, 권선비의 함수이다.

2. 권선비의 역수는 반사저항을 결정한다.

3. $R_{pri} = (1/n)^2 R_L = 0.5\ \Omega$

4. $n = \sqrt{R_L/R_{pri}} = 0.1$

11–6 임피던스 정합

1. 임피던스 정합은 부하저항을 전원저항과 같게 만드는 것이다.

2. $R_L = R_{int}$일 때 부하에 최대 전력이 전달된다.

3. $R_{pri} = (1/n)^2R_L = 400\ \Omega$

4. 불균형적인 신호를 균형적인 신호로 임피던스 정합을 제공하며, 그 반대의 경우도 성립한다.

11-7 변압기 정격 및 특성

1. 실제의 변압기에서 에너지 손실은 효율을 감소시킨다. 이상적인 변압기는 효율이 100%이다.

2. 결합계수가 0.85이면 1차 권선에서 발생된 자속의 85%가 2차 권선을 통과한다.

3. $I_L = 10\text{ kVA}/250\text{ V} = 40\text{ A}$

11-8 탭 및 다중권선 변압기

1. $V_{sec} = 10(240\text{ V}) = 2400\text{ V}$; $V_{sec} = 0.2(240\text{ V}) = 48\text{ V}$

2. 단권 변압기는 같은 정격의 다른 변압기에 비하여 소형이고 경량이다. 단권 변압기에서는 전기적인 분리가 이루어져 있지 않다.

3. DELTA–Y 배치

11-9 고장진단

1. 대부분의 가능한 고장은 권선의 개방이다.

2. 정격 이상에서 동작하면 변압기 고장의 원인이 된다.

예제의 관련문제 해답

11–1 387 μH

11–2 0.75

11–3 5000회

11–4 480 V

11–5 57.6 V

11–6 5 mA, 400 mA

11–7 6 Ω

11–8 0.354

11–9 0.0707 또는 14.14:1

11–10 91%

11–11 $V_{AB} = 12\text{ V}$; $V_{CD} = 480\text{ V}$; $V_{(CT)C} = V_{(CT)D} = 240\text{ V}$; $V_{EF} = 24\text{ V}$

O/X 퀴즈 해답

1. O **2.** O **3.** O **4.** X **5.** X **6.** X **7.** X **8.** O
9. O **10.** X

자습문제 해답

1. (b) **2.** (c) **3.** (d) **4.** (a) **5.** (b) **6.** (c) 7. (d) 8. (b) 9. (a)
10. (c) **11.** (d) **12.** (c) **13.** (a) **14.** (c)

CHAPTER 12

다이오드와 응용

차례

목적

- 반도체의 기본 원자 구조를 설명한다.
- *pn* 접합 다이오드의 특성을 설명한다.
- 반도체 다이오드의 기본적인 바이어스를 설명한다.
- 다이오드 기본 특성을 설명한다.
- 세 가지 방식의 정류기에 대한 동작을 분석한다.
- 다이오드 리미트회로와 클램핑 회로의 동작을 분석한다.
- 네 가지 특수 목적 다이오드의 기본동작을 이해하고 응용한다.

핵심 용어

다이오드
리미터
바이어스
반도체
순방향 바이어스
에너지
역방향 바이어스
전자
정류기
집적 회로
클램퍼
필터
***PN* 접합**

서론

이 장에서는 다이오드, 트랜지스터, 집적 회로 제조 등에 이용되는 반도체 재료에 대하여 설명한다. 이 장에서는 다이오드나 트랜지스터와 같은 부품을 이해하는 데 필수적인 *pn* 접합이라는 중요한 개념이 소개된다. 다이오드의 동작특성과 다이오드의 여러 가지 응용을 배우게 된다.

교류를 직류로 변환시키는 정류(rectification) 작용과 집적회로(IC)를 이용한 전압조정에 대해 공부한다. 또한, 다이오드를 이용한 리미트 동작과 직류 클램핑(clamping) 동작을 공부한다.

정류 다이오드 외에 제너 다이오드, 버랙터 다이오드, LED, 포토다이오드 등에 대해 공부하고, 이러한 다이오드를 사용하는 응용회로에 대해서도 알아본다.

12-1 원자 구조와 반도체

다이오드와 트랜지스터와 같은 부품들은 반도체라는 특별한 물질로 만들어진다. 이 절에서는 반도체가 어떻게 동작하는지에 대한 기초를 설명한다.

이 절을 마친 후 다음을 할 수 있어야 한다.

- 반도체의 기본적인 원자 구조에 대해 논의한다.
- 원자의 행성 모델을 설명한다.
- 실리콘, 게르마늄 원자의 결정 결합 구조를 설명한다.
- 도체, 반도체, 부도체에서 전자 에너지 준위를 비교한다.

전자 각과 궤도

물질의 전기적 특성은 원자 구조에 의해 설명될 수 있다. 보어의 고전 원자 모델에서 전자들은 원자핵 주위를 주어진 궤도에 따라서 회전하고 있는데, 그 궤도는 어떤 이산적인 거리를 가지며, 분리되어 있다. 원자핵은 양(+)극성인 양성자와 대전되지 않은 중성자로 이루어져 있다. 궤도를 도는 전자들은 전기적으로 음(−)극성을 가진다. 현대 양자 물리학 모델에서는 이러한 고전 보어 모델의 몇 가지 개념을 그대로 포함하고 있으나 전자에 대해서는 "입자(particles)"라는 개념보다는 수학적으로 "물질파(matter waves)"라는 것으로 대체하였다. 그러나 실질적으로는 보어의 모델이 원자의 구조에 대해 더 유용한 설명이라고 할 수 있다.

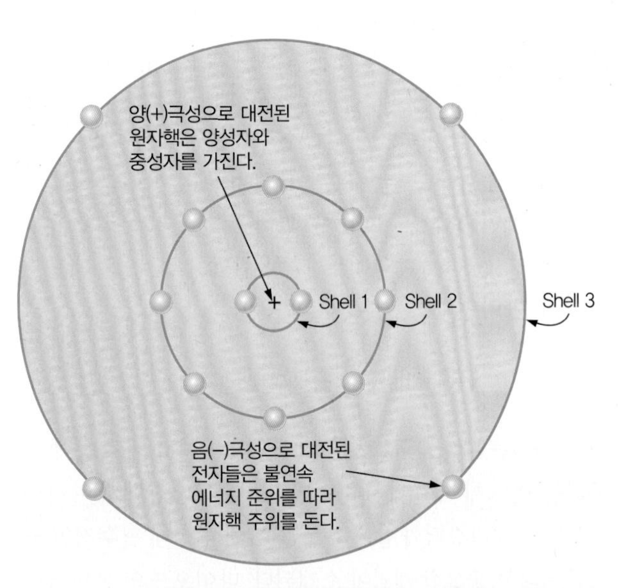

그림 12-1 에너지 준위는 원자핵으로부터 멀어질수록 증가한다. 전자 궤도들의 반경비는 전자각 숫자의 제곱에 비례한다. 위 그림은 중성 실리콘 원자(14개의 전자와 양성자)의 모델을 나타낸 것이다.

전자가 원자핵과 떨어진 거리는 전자의 **에너지(energy)** 준위를 결정한다. 원자핵과 가까운 전자는 멀리 떨어진 전자보다 상대적으로 에너지가 낮다. 불연속 궤도는 단지 몇 개의 에너지 준위만을 허용한다는 의미이다. 이러한 에너지 준위를 **전자각(shell)**이라고 부른다. 각 에너지 준위는 수용 가능한 최대 전자의 수가 제한되어 있다. 하나의 전자각 내에서 전자들이 갖는 에너지 차이는 전자각 간의 에너지 차이에 비하면 매우 작다. 전자각은 1, 2 ,3, 4 등으로 지정되어 있는데, 1은 원자핵에 가장 가까운 전자각이다. 이러한 개념을 그림 12–1에 나타내었다.

가전자, 전도전자, 이온

원자핵으로부터 멀리 떨어져 도는 **전자(electron)**는 원자와 약하게 결합되어 있다. 그 이유는 양(+)극으로 대전된 원자핵과 음(−)극으로 대전된 전자 사이의 인력은 쿨롱의 법칙에 의해 둘 사이의 거리가 멀수록 작아지기 때문이다. 또한 외곽 전자각의 전자들은 내부 전자각의 전자들에 의해 원자핵의 전하로부터 차단이 되기도 한다.

최외곽에 있는 전자들은 **가전자(valence electron)**라고 불리는데, 가장 높은 에너지를 가지면서 또한 원자핵과 가장 느슨하게 결합되어 있다. 그림 12–1의 실리콘 원자에서 세 번째 전자각의 전자들이 바로 가전자이다. 때때로, 가전자는 원자로부터 떨어져 나갈 수 있는 충분한 에너지를 얻을 수도 있다. 이렇게 된 자유전자들을 **전도전자(conduction electron)**라고 부르는데, 그 이유는 어떤 원자와도 결합되지 않기 때문이다. 음(−)극인 전자가 원자로부터 떨어져 나가면, 나머지 원자는 전기적으로 양(+)극을 띠게 되는데, 이것을 양(+) **이온(ion)**이라고 부른다. 어떤 화학 반응에서는 자유 전자들이 중성 원자와 결합하기도 하는데, 이 경우는 음이온이 된다.

금속 결합

상온에서 금속은 고체 상태이다. 금속의 원자핵과 내부 전자각의 전자들은 고정 격자 위치에 자리하고 있다. 외곽의 가전자들은 모든 금속 결정 내의 모든 원자들과 느슨하게 결합되어 있어 자유롭게 움직일 수 있다. 음극으로 대전된 **"대규모(sea)"** 전자들은 금속의 양이온들을 상호 붙들고 있는데, 이것이 금속결합이다.

금속 결정 내의 많은 수의 원자들에 있어서 가전자들의 에너지 준위들은 가전자대(*valence band*)라는 영역에 속해 있다. 이 영역의 가전자들은 움직일 수가 있는데, 이것이 금속의 열전도와 전기전도도 현상이 일어날 수 있는 이유이다. 가전자대 외에 원자핵으로부터 더욱 멀어진 외각에 전자들이 모여 있는 다른 에너지 준위가 있는데, 이것이 바로 전도대(*conduction band*)라고 부르는 영역이다.

그림 12-2는 고체의 세 종류에 대해 이런 에너지 대역을 비교해 본 것이다. 그림 12-2(c)의 도체의 경우, 두 에너지 준위가 겹쳐져 있음을 알 수 있다. 전자들은 빛을 흡수하여 가전자대와 전도대를 아주 쉽게 이동할 수 있다. 가전자대와 전도대를 왕복하는 전자들의 움직임은 금속의 광택 현상과 연관이 있다.

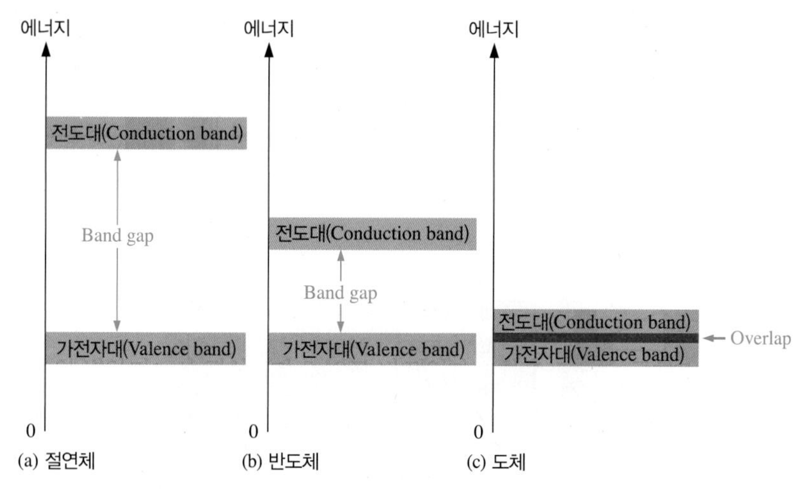

그림 12-2 물질의 세 가지 분류에 따른 에너지 대역 비교 다이아그램. 상위 대역은 전도대. 하위 대역은 가전자대.

공유 결합

일부 고체의 경우 원자들은 결정을 형성하는데, 이 결정들은 원자들이 3차원적으로 강하게 결합된 구조를 가진다. 예를 들어 다이아몬드와 같은 경우, 탄소원자들은 인접한 탄소원자들과 4개의 전자를 공유하면서 4개의 결합 구조를 이루고 있다. 이것은 하나의 원자에 8개의 공유전자를 발생시키고 화학적으로 안정된 상태를 만들어 낸다. 이렇게 공유되는 전자들은 원자들을 묶는 강력한 공유결합을 이룬다.

공유된 전자들은 움직일 수 없는데, 각 전자들은 결정 내의 원자들의 공유결합에 이용되고 있기 때문이다. 그래서 공유결합 전자들과 가전자대 전자들 사이에는 매우 큰 에너지 차이가 존재한다. 이 결과로 인해 다이아몬드와 같이 결정 구조로 된 물질들은 절연체 또는 부도체가 된다. 그림 12-2(a)

는 고체 절연체의 에너지 대역이다.

일부 전자 부품들은 **반도체(seimiconductor)**라는 물질로 만들어진다. 가장 흔한 반도체 재료는 **실리콘(silicon)**이다. 때때로 **게르마늄(germanium)**이 사용되기도 한다. 상온에서 실리콘 결정들은 공유결합을 이루고 있다. 실리콘의 실제 원자 구조는 다이아몬드와 흡사하지만, 공유 결합의 강도는 다이아몬드만큼 강하지 않다. 실리콘 원자는 주위의 4개의 원자와 하나의 공유전자를 가지고 있다. 다른 결정체 물질들의 경우와 같이 계층적인 에너지 준위는 그림 12-2(b)와 같이 가전자대와 전도대로 나누어진다.

도체와 반도체 사이의 중요한 차이점은 에너지 대역의 차이이다. 반도체의 경우, 차이가 매우 좁은데, 열에너지를 받은 전자들은 쉽게 가전자대에서 자유전자대로 이동할 수 있다. 절대온도 0도의 경우, 실리콘 결정들의 모든 전자들은 가전자대에 자리하고 있으나, 상온의 경우에는 많은 전자들이 전도대로 넘어갈 수 있는 충분한 에너지를 가지고 있다. 전도대의 전자들은 결정 내에서 원자들에게 더 이상 구속되지 않는다.

전자와 정공 전류

전자 1개가 전도대로 이동하게 되면, 가전자대에는 전자의 빈자리가 하나 생기게 된다. 이러한 공백을 **정공(hole)**이라 부른다. 외부 에너지를 얻어 전도대로 자리 변환을 한 모든 가전자대 전자의 자리에는 빈자리가 생기게 되므로 전자 정공쌍을 만든다. 이와 반대로 전도대에 있는 전자가 에너지를 잃어 가전자대의 빈자리로 다시 오게 되는 현상을 **재결합(recombination)**이라 부른다.

상온에서 다른 물질이 없는 **순수한(intrinsic, 진성)** 실리콘 원자들에서는 구속받지 않은 많은 자유전자들이 근본적으로 물질 내를 불규칙하게 떠돌아다니게 된다. 또한 전도대로 이동한 전자와 동일한 수만큼의 정공이 가전자대에 발생한다.

그림 12-3과 같이 진성 반도체에 전압을 가해보면, 열에 의해 생성된 자유전자들은 쉽게 (+) 쪽으로 움직인다. 이러한 자유전자의 이동은 반도체 전류의 한 가지 종류이며 **전자전류**(*electron current*)라 부른다.

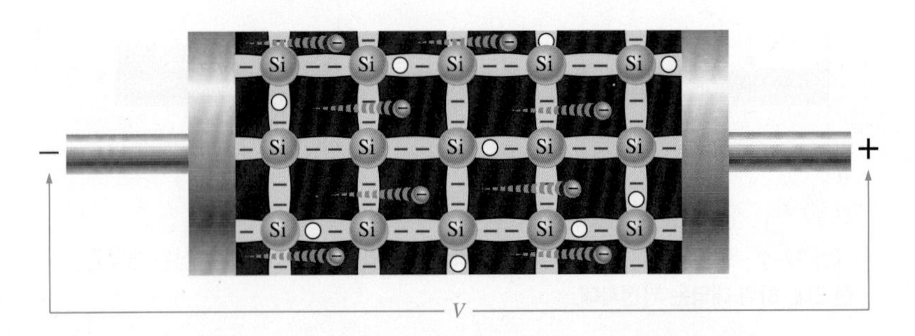

그림 12-3 진성 반도체의 전자전류는 열에 의해 발생된 전자들로 이루어진다.

다른 한 종류의 전류가 가전자대에서 발생하는데, 그것은 자유전자의 이동으로 생성된 정공이 있는 지역이다. 가전자대에 남아있는 전자들은 아직 원자에 구속되어 있기 때문에 결정구조 속에서 아무렇게나 움직일 정도로 자유롭지 못하다. 그러나 가전자들은 조금의 에너지를 주면, 옆에 존재하는 빈자리로 쉽게 이동하게 되어 자기가 원래 있었던 자리가 또 다른 빈자리(정공)로 바뀌게 된다. 그림 12-4과 같이 정공은 결정구조 내에서 한 곳에서 다른 곳으로 이동하는 효과를 보인다. 이러한 전류를 **정공전류**(*hole current*)라 부른다.

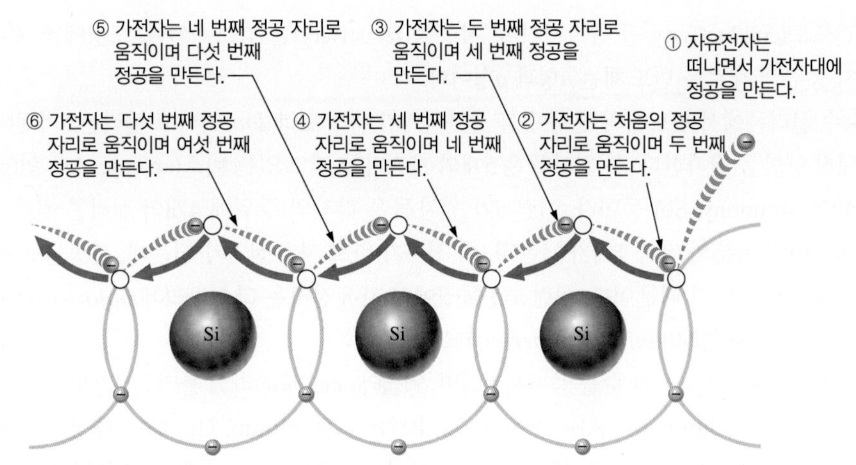

가전자가 옆 자리를 채우기 위해 왼쪽에서 오른쪽으로 움직여 가는데, 이 때 자기 자리에 정공을 남긴다.
이렇게 되면, 정공은 실질적으로 오른쪽에서 왼쪽으로 움직이는 것과 같다. 회색 화살표는 정공의 움직임을 나타낸다.

그림 12-4 진성 반도체 내의 정공전류

12-1절 복습 문제*

1. 진성 반도체에서 자유전자가 존재하는 에너지 대역의 이름은 무엇인가? 정공은 어느 대역에 존재하는가?
2. 진성 반도체에서 정공은 어떻게 만들어지는가?
3. 절연체보다 반도체에서 전류가 잘 흐르는 이유는 무엇인가?

*해답은 이 장의 끝에 있다.

12-2 *PN* 접합

순수한 실리콘이나 게르마늄은 양도체가 아니다. 따라서 이들의 전도성을 향상시키기 위해서는 자유전자나 정공의 수를 증가시키도록 수정해야 한다. 만일 5가의 불순물이 진성 반도체에 첨가되면, *n*형 물질이 만들어지고 3가 불순물이 첨가되면, *p*형 물질이 만들어진다. 제조공정에서 이 두 물질을 결합시켜 *pn* 접합이라는 경계면을 형성할 수 있다. 놀랍게도 이 *pn* 접합의 특성은 다이오드와 트랜지스터 동작을 만들어 낸다.

이 절을 마친 후 다음을 할 수 있어야 한다.

- *pn* 접합의 특성을 설명한다.
- *p*형 반도체와 *n*형 반도체를 비교한다.
- 도너와 억셉터 물질의 예를 든다.
- *pn* 접합의 형성을 설명한다.

도핑

실리콘 또는 게르마늄의 전도도는 이 진성반도체 물질에 정해진 양의 불순물을 첨가하여 극적으로 증가시킬 수 있다. 이 과정을 **도핑(doping)**이라고 부르는데, 전류 캐리어(전자 또는 정공)들의 수를 증가시켜 전도도(conductivity)를 증가시키며, 저항률(resistivity)을 감소시킨다. 도핑에 의해 만들어지는 두 가지 종류의 새로운 반도체는 *n*형과 *p*형이다.

순수 실리콘에서 전도대의 전자 수를 증가시키기 위해 **도너**(*donor*)라고 불리는 5가 원자인 불순물을 정해진 양만큼 첨가한다. 이 원자들은 5개의 가전자를 갖고 있는 비소(arsenic, As), 인(phosphorus, P), 안티몬(antimony, Sb) 등이다. 이런 5가 원자들은 각각의 주위에 4개의 실리콘 원자들과 공유결합을 이루면서 여분의 전자 1개가 남는다. 이 전자가 바로 자유전자가 되는데, 결정 구조에서 어느 원소에도 구속되지 않기 때문이다. 이런 *n*형 물질에서 자유전자는 **다수 캐리어**(*majority carrier*)라고 하며, 정공들은 **소수 캐리어**(*minority carrier*)라고 한다.

진성반도체에서 정공의 수를 증가시키려면, **억셉터**(*acceptor*)라고 불리는 3가의 불순물 원자를 첨가한다. 알루미늄(aluminum, Al), 붕소(boron, B)와 갈륨(gallium, Ga) 등이 해당되는데, 이러한 원소들의 원자들은 주위에 오직 3개의 가전자를 가지는데, 모두 공유결합에 사용된다. 그런데 결정 구조를 이루기 위해서는 4개의 가전자가 필요하기 때문에 첨가된 3가 원소들의 주위에는 항상 하나의 정공이 발생된다. *p* 물질들은 공유결합에서 정공을 만드는데, *p* 물질에서 다수 캐리어는 정공이 되고 소수 캐리어는 전자가 된다.

한 가지 짚고 가야 할 주의사항은 *n*형 반도체와 *p*형 반도체 각각의 전체적인 극성은 중성이라는 것이다. 즉, *n*형 반도체 결정 내에서 여분의 전자 수는 도너의 원자핵의 양(+)전하와 균형을 이루고 있는 것이다.

PN 접합

실리콘이 도핑되어 일부분이 *p*형이 되고, 나머지 부분이 *n*형이 되었다면, 그 두 경계 사이에는 ***pn* 접합(*pn* junction)**이 형성된다. *n*형 부분에는 전자들이 다수가 형성되어 있고, 열에너지에 의해 만들어진 소수의 정공들이 있다. *p*형 부분에는 정공들이 다수 존재하고, 열에너지에 의해 생성된 전자들이 일부 있다. *pn* 접합은 다이오드를 형성하고, 또한 모든 반도체 장치들의 동작에 있어서 기본을 이룬다. **다이오드(diode)**는 한쪽 방향으로만 전류를 흐르게 하는 부품이다.

공핍층 *pn*접합이 형성되었을 때, 접합면 근처의 일부 전도전자들은 *p* 영역으로 표류하다가 정공과 재결합하는 경우가 있는데, 그림 12-5(a)에 그 상황을 나타내었다. 접합면을 통과한 각 전자들은 하나

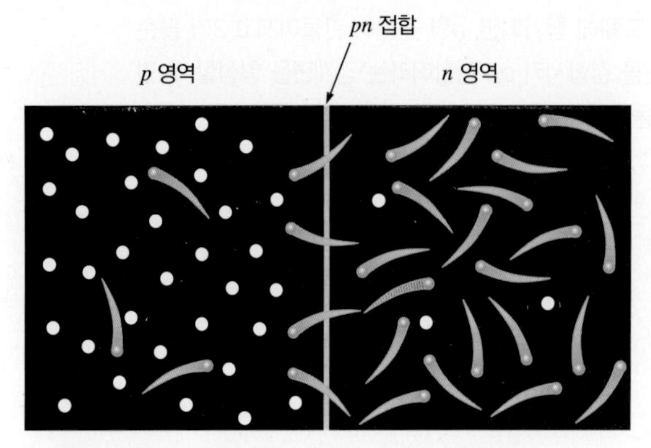

(a) 접합이 형성되는 순간, 접합 근처의 *n* 영역의 자유전자는 확산에 의하여 접합을 건너 *p* 영역의 정공에 들어가게 된다.

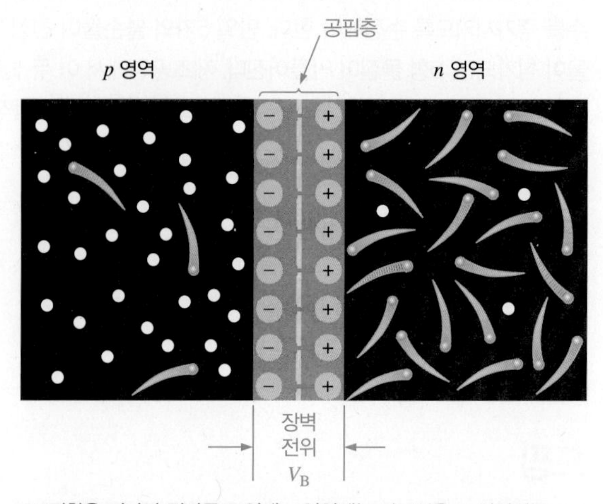

(b) 접합을 지나간 전자들로 인해 *n* 영역에는 양극성을, *p* 영역에는 흘러온 전자로 음(−)극성을 만들어 접합을 경계로 장벽전위 V_B가 형성된다. 이러한 동작은 전위장벽이 높아 전자가 더 이상 확산될 수 없을 때까지 계속된다.

그림 12-5 *pn* 접합 형성

의 정공들과 결합하는데, 전자가 이동된 후에 *n* 영역에 남은 5가 원소들의 극성은 전체로 양(+)극을 띠게 된다. 또한 *p* 영역의 정공들은 흘러온 전자와 결합하여 3가 원소들은 전체로 음(−)극성을 띠게 된다. 이러한 결과로 *n* 영역에는 양이온들이 만들어지고, *n* 영역에서는 음이온들이 만들어진다. 접합면에서는 상호 반대쪽에 양, 음 이온들이 만들어짐으로 인해 접합면의 공핍층을 가로지르는 **장벽 전위(barrier potential, V_B)**가 발생하게 된다. 장벽 전위는 온도에 따라 달라지는데, 보통 상온에서 실리콘의 경우 0.7 V, 게르마늄의 경우 0.3 V 정도가 된다. 게르마늄 다이오드는 실제로는 거의 사용되지 않으므로, 이 책에서는 0.7 V를 일반적으로 사용한다.

n 영역에 있는 전도전자들이 *p* 영역으로 이동하기 위해서는 양이온들의 인력과 음이온들의 척력을 이겨낼 수 있어야 한다. 이온층이 형성되면, 접합면의 양쪽에 모두 전도전자나 정공이 없는 영역이 필수적으로 나타나게 된다. 이 조건을 그림 12-5(b)에 나타내었다. 경계면을 가로지르는 전하의 움직임이 있으려면 장벽 전위를 극복할 수 있어야 한다.

12-2절 복습 문제

1. *n*형 반도체는 어떻게 만들어지는가?
2. *p*형 반도체는 어떻게 만들어지는가?
3. *pn* 접합이란 무엇인가?
4. 실리콘의 장벽 전위는 얼마인가?

12-3 반도체 다이오드의 바이어스

하나의 *pn* 접합은 반도체 다이오드를 형성한다. 평형상태에서 *pn* 접합을 가로지르는 전류 흐름은 전혀 없다. 다이오드의 기본적인 유용성은 바이어스에 의해 한쪽 방향으로만 전류를 흘릴 수 있는 능력을 가진다는 것이다. *pn* 접합에 대해 두 가지 바이어스 조건(순방향, 역방향)이 있다. 이러한 조건은 외부의 직류 전압을 *pn* 접합에 적절한 방향으로 연결하여 만들 수 있다.

이 절을 마친 후 다음을 할 수 있어야 한다.

- 다이오드의 바이어스를 어떻게 만드는지 설명한다.
- 다이오드 순방향, 역방향 바이어스를 설명한다.
- 아발란체 항복이란 무엇인지 설명한다.

순방향 바이어스

전자회로에서 **바이어스(bias)**라는 용어는 반도체 부품의 동작 조건을 만들어 주는 일정한 직류 전압을 의미한다. **순방향 바이어스(forward bias)**란 *pn* 접합을 통과하여 전류를 흐르게 하는 조건이다.

그림 12-6은 순방향 바이어스를 위한 직류전압의 극성을 나타내는 그림이다. 전원의 (−)단자는 *n* 영역(cathode)에 연결되어 있고, (+)단자는 p 영역(anode)에 연결되어 있다. 다이오드가 순방향 바이어스가 되었을 때, **애노드(anode)** 단자는 상대적으로 (+)전압이고, **캐소드(cathode)** 단자는 상대

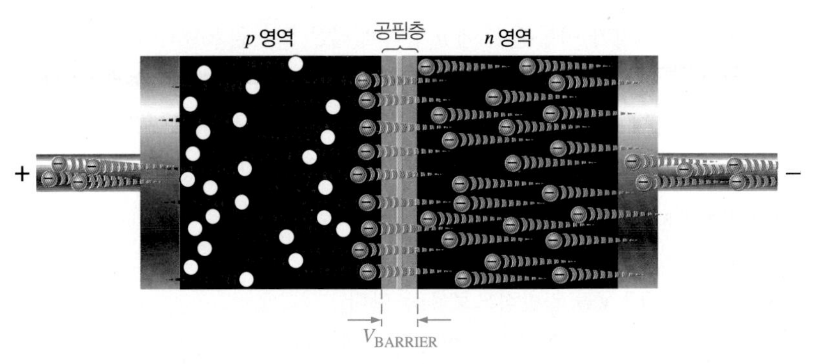

그림 12-6 순방향 바이어스일 때 다이오드 내의 전자의 흐름

적으로 (−)전압인 경우이다.[1]

순방향 바이어스가 어떻게 동작하는지를 설명하면 다음과 같다. 직류전원이 순방향 바이어스되었을 때, *n* 영역 내의 전도전자는 전원의 음극과 척력이 일어나므로 *pn* 접합면으로 이동하게 된다. *p* 영역 내의 정공들은 전원 (+)극에 의해 역시 *pn* 접합면으로 이동된다. 외부 바이어스 전압이 장벽 전위보다 커지게 되면, 전자들은 공핍층을 투과할 수 있는 충분한 에너지를 가지게 되어 접합면을 가로지르게 되고, *p* 영역에서 정공과 결합한다. *n* 영역 내의 전자들이 이동함에 따라 전원의 음극에서 더욱 많은 전자들이 흘러 들어가게 된다. 따라서 접합면을 향해 전도 전자들의 움직임으로 인해 *n* 영역 내의 전류 흐름이 형성된다. 전도전자들이 *p* 영역으로 들어가게 되면, 정공들과 결합하여 이 전자들은 가전자들이 된다. 그 다음 이 가전자들은 양(+)극 단자를 향해 정공과 정공 사이를 이동한다. 이러한 가전자들의 움직임은 결국 정공들이 반대 방향으로 움직이도록 만든다. 따라서 *p* 영역에서 정공들이 접합면으로 이렇게 이동함으로써 전류의 흐름이 만들어진다.

역방향 바이어스

역방향 바이어스(reverse bias)는 *pn* 접합에 전류가 흐르지 못하도록 하는 바이어스 조건이다. 그림 12-7(a)는 역방향 바이어스일 때 직류전원과 연결된 극성 상태를 보여준다. 전원의 (−)단자가 *p* 영역에, (+)단자가 *n* 영역에 연결되어 있는 점에 유의하라. 다이오드가 역방향으로 연결되어 있을 때, 애노드는 상대적으로 (−)전압 단자이고, 캐소드는 상대적으로 (+)전압 단자가 된다.

역방향 바이어스가 어떻게 동작하는지를 설명하면 다음과 같다. 반대 극성 사이의 인력으로 인해 전원의 (−)단자는 *p* 영역에 있는 정공을 끌어들이는 한편, (+)단자는 *n* 영역의 전자들을 끌어들여 *pn* 접합으로부터 전자와 정공들이 상호 더 멀어지게 만든다. 이렇게 전자와 정공들이 접합면으로부터 멀어짐에 따라 공핍층의 폭은 더욱 넓어진다. 더 많은 양이온과 음이온들이 각각 *n*과 *p* 영역에 발생하게 된다. 공핍층의 폭은 그림 12-7(b)에서와 같이 공핍층의 전위차가 외부 전압 크기와 같을 때까지 증가한다. 역방향 바이어스가 되었을 때, 공핍층은 반대 극성으로 대전된 이온층 사이에서 절연체로서의 역할을 수행한다.

피크 역전압 다이오드가 역방향으로 바이어스 될 때, 다이오드는 역방향 바이어스된 전압을 견뎌야 한다. 그렇지 못하면 파손이 일어난다. 다이오드가 최대로 견딜 수 있는 전압을 **피크 역전압**(*Peak Inverse Voltage*, PIV)이라고 한다. 필요로 하는 피크 역전압은 적용 대상에 따라 달라지는데, 일반적

1 화학자들은 애노드와 캐소드라는 용어를 전기화학 셀에서 일어나는 화학 반응의 종류로 정의한다. 전기화학에서 애노드는 전자를 공급하는 역할의 단자이고, 캐소드는 전자를 수용하는 역할을 하는 단자이다.

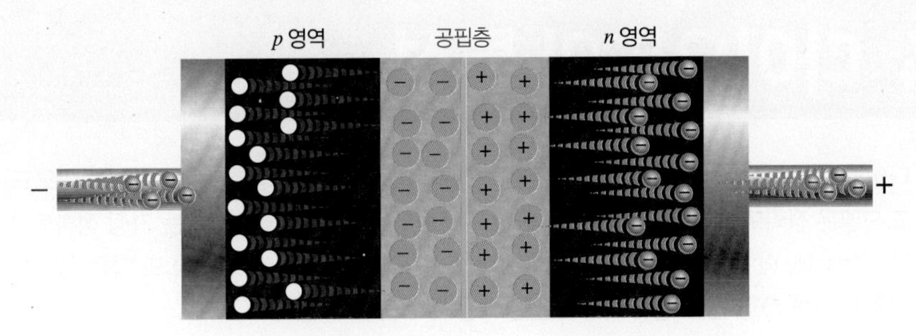

(a) 역방향 바이어스 초기 과도 상태 시의 전류 흐름

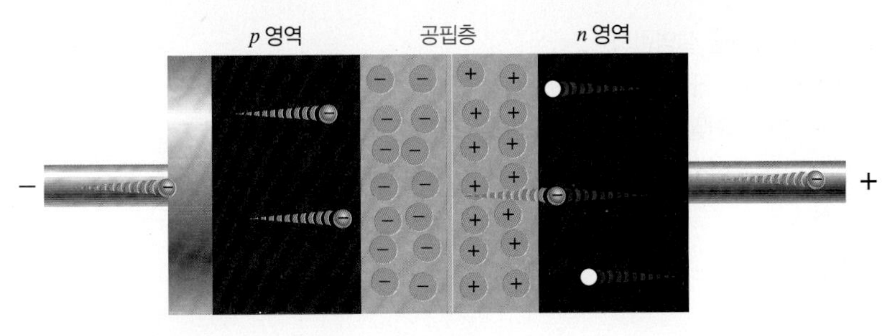

(b) 장벽 전위가 바이어스 전압과 같을 때 전류가 멈춘다.

그림 12-7 역방향 바이어스

인 다이오드에서 대부분의 경우, PIV는 예상되는 역방향 전압보다 높아야 한다.

역방향 항복 외부에서 가해지는 역방향 전압이 매우 커지면, **애벌란시 항복**(*avalanche Breakdown*) 현상이 발생한다. 이와 같은 현상은 다음과 같이 설명된다. 전도대에 있는 소수 캐리어인 전자가 외부 전원에 의해 충분한 에너지를 얻어 다이오드의 p 영역 끝 쪽으로 가속 운동을 한다고 가정하자. 이 전자는 이동 중에 원자와 충돌하며, 가전자를 전도대로 끌어올릴 정도의 충분한 에너지를 갖게 된다. 이렇게 되면 전도대에 2개의 전자들이 존재하게 되고, 각각의 전자들이 또한 원자와 충돌하여 2개의 가전자를 전도대로 움직이게 하여 총 4개가 된다. 이렇게 전도대 전자의 급속한 기하급수적 증식 과정을 **애벌란시 효과**(*avalanche effect*)라 하는데, 이 결과로 급격한 역전류를 만들게 된다.

대부분의 다이오드들은 역방향 항복전압이상에서 사용가능하도록 설계되어 있지 않다. 만약 이러한 영역조건에서 사용할 경우 다이오드는 파괴된다. 역방향 항복 그 자체로는 다이오드에 손상을 주지는 않는다. 그러나 항복상태에서 과열을 방지하기 위해 전류를 제한하는 요소는 반드시 있어야 한다. 제너 다이오드(zener diode)와 같은 유형은 전류 제한을 확실히 하는 경우, 역방향 항복전압에서도 동작하도록 특별히 설계되었다(제너 다이오드는 12-8절에서 다룬다).

12-3절 복습 문제

1. 두 가지 바이어스 조건이란 무엇인가?
2. 어떤 바이어스 조건이 다수캐리어에 의한 전류를 만들어 내는가?
3. 어떤 바이어스 조건이 공핍층의 확대를 만들어 내는가?
4. 애벌란시 항복이란 무엇인가?

12-4 다이오드의 특성

이 절에서는 다이오드의 전류–전압 관계를 보여주는 특성 곡선 그래프를 학습한다. 세 가지 다이오드 모델을 논의한다. 다이오드 모델은 정확도에 따라 적절히 선택하여 사용한다. 어떤 경우에 있어서는 가장 정확도가 낮은 모델만이 필요한 경우가 있는데, 더 정확한 모델은 오히려 복잡성만 증가시킬 수 있다. 그러나 또 다른 경우에는 모든 요소를 정확히 고려하기 위해 가장 높은 정확도의 모델을 사용해야 할 수도 있다.

이 절을 마친 후 다음을 할 수 있어야 한다.

- 다이오드의 기본 특성을 설명한다.
- 다이오드의 전류–전압 곡선을 설명한다.
- 오실로스코프 상에서 어떻게 전류–전압 곡선을 그릴 수 있는지 설명한다.
- 다이오드 회로를 단순화하기 위해 사용되는 세 가지 모델을 설명한다.

다이오드 기호

그림 12–8(a)는 일반적으로 사용되는 다이오드의 표준 회로 기호이다. 다이오드의 두 단자는 각각 양극(anode)과 음극(cathode)이라 부르며, 각각 A 및 K로 표시한다. 화살표 방향은 음(–)극을 향한다.

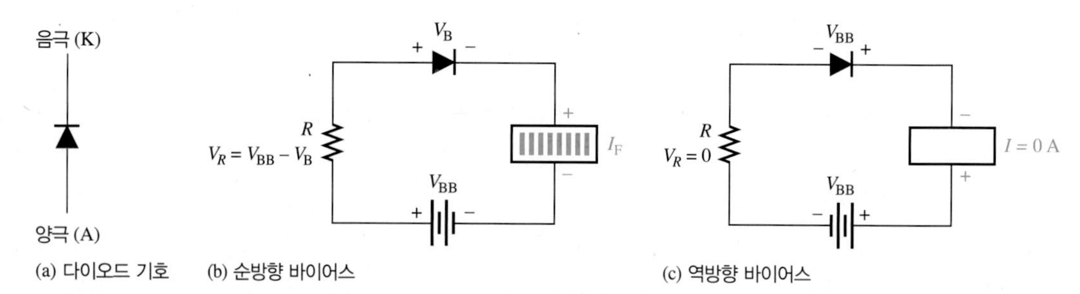

그림 12–8 다이오드의 회로 기호와 바이어스 회로. V_{BB}는 바이어스 전압이며, V_B는 장벽 전위이다. 저항은 순방향 전류를 안전한 값으로 제한하는 역할을 한다.

그림 12–8(b)는 전류 제한용 저항을 통해 순방향 바이어스로 연결된 것을 보여준다. 애노드는 캐소드에 대해 양(+)의 극성인데, 다이오드의 전도 상태는 전류계로 표시되어 있다. 다이오드가 순방향 바이어스가 될 때, 그림에서 보인 바와 같이 애노드와 캐소드 사이에는 장벽 전위 V_B가 발생한다는 점을 명심해야 한다. 저항에 나타나는 전압 V_R은 전원의 전압 V_{BB}에서 장벽 전위 V_B만큼 뺀 나머지가 나타난다.

그림 12–8(c)는 역방향 바이어스의 경우를 나타낸 것이다. 애노드는 캐소드에 대해 음(–)극성을 가지는데, 전류계에 표시된 바와 같이 다이오드에는 전류가 흐르지 않는다. 전원의 전체 전압이 다이오드에 모두 나타난다. 저항의 양단에는 전압이 발생하지 않는데, 그 이유는 회로에 전류가 흐르지 않기 때문이다. 그림에서 바이어스 전압 V_{BB}와 장벽 전압 V_B를 절대 혼동해서는 안 된다.

양극이 음극에 비해 전위가 낮으면 역방향 바이어스라 하며, 그림 16–17(c)와 같이 전류의 흐름이 없다.

그림 12–9에 흔히 사용되고 있는 대표적인 다이오드의 외형을 나타내었다. 문자기호 A는 애노드를 표시하고, K는 캐소드를 표시한다.

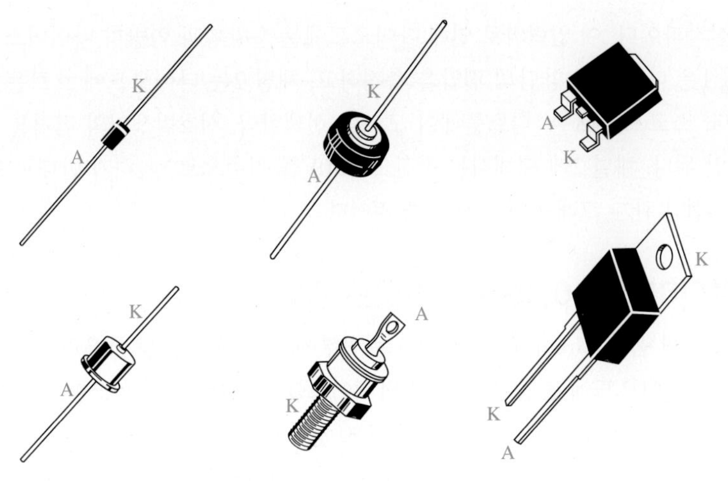

그림 12-9 대표적인 다이오드의 외형과 단자 표시

다이오드의 특성곡선

그림 12-10은 다이오드의 전압-전류 특성을 나타내는 곡선이다. 사분면에서 오른편 위쪽 곡선은 순방향 바이어스의 경우이다. 이 그림에서 보듯이 순방향 바이어스 전압(V_F)이 장벽전위보다 작은 영역에서는 매우 적은 양의 순방향 전류(I_F)만 흐른다. 이 순방향 바이어스 전압이 장벽전위 값과 거의 같을 경우(실리콘 0.7 V, 게르마늄 0.3 V), 전류는 증가하기 시작한다. 일단 장벽전위와 같아지면 전류는 급격히 증가하므로, 직렬로 연결된 외부 저항에 의해 제한하여야 한다. 이때 다이오드 양단에 나타나는 전압강하는 장벽전위와 거의 일치한다. 다만 전류 증가에 따라 약간의 전압만 상승할 뿐이다. 순방향 바이어스의 경우, 이 장벽 전압을 다이오드의 전압강하(*diode drop*)라고도 부른다.

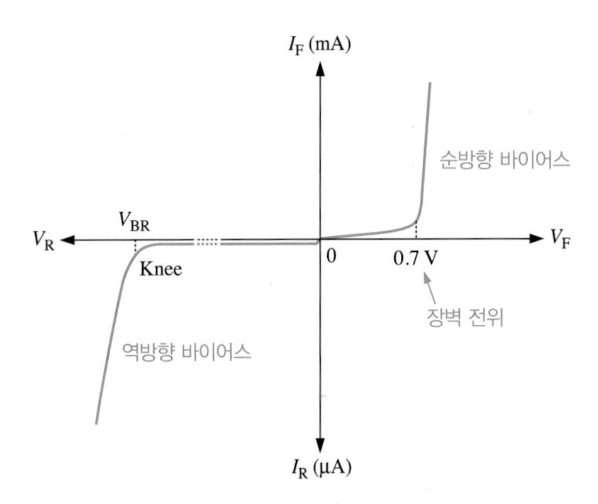

그림 12-10 다이오드 특성 곡선

역방향 바이어스의 경우는 왼편 아래 부분의 곡선에 해당된다. 역전압(V_R)이 왼편으로 증가하더라도 항복전압(V_{BR})에 이를 때까지 전류는 거의 0에 머문다. 항복이 일어나면 큰 역방향 전류가 흐르게 되는데, 이때 외부에서 제한하지 않으면 다이오드는 파괴된다. 이 항복전압은 정류 다이오드의 경우, 일반적으로 50 V보다 큰 것이 보통이다. 일반적으로 정상적인 경우라면, 다이오드는 이와 같은 항복영역에서는 사용되지 않는다.

오실로스코프 상에서 특성 곡선을 그리기 그림 12-11과 같이 오실로스코프를 사용하면, 순방향 특성 그래프를 그릴 수가 있다. 사용된 입력 신호는 중심 전압이 0 V이고, 최대 진폭(Peak to Peak,

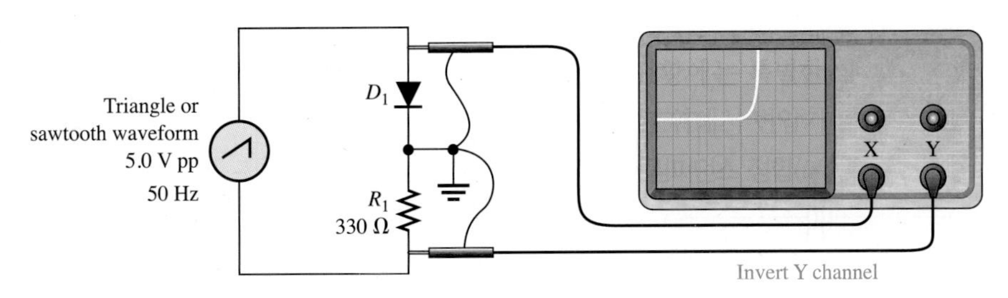

그림 12-11 오실로스코프를 이용하여 다이오드의 전류-전압 특성곡선 그리기. 오실로스코프는 X-Y 표시 모드에 놓여 있고, Y 채널은 반전 모드이다.

Vpp)이 5 V인 삼각파이다. 이 입력파로 인해 다이오드에는 순방향과 역방향 바이어스가 교대로 주어지게 된다. 채널 1은 다이오드 양단의 전압을 측정하고, 채널 2는 다이오드에 흐르는 전류에 비례한 신호를 측정한다. 스코프는 X–Y 디스플레이 모드를 선택한다. 신호발생기의 접지를 스코프의 접지와 연결해서는 안 된다. 채널 2에 대해서는 반전 모드(0V를 기준으로 상/하가 반대로 표시)를 선택해야 올바른 전류–전압 관계 그래프를 표시해 줄 것이다.

옴미터와 멀티미터를 이용한 다이오드 검사

대부분의 아날로그형 옴미터(ohmmeter, 옴계)는 내부에 배터리 전원을 사용하여 저항을 측정하는데, 이를 이용하여 다이오드에 순방향, 역방향 바이어스를 만들어 줄 수 있으며, 간단한 검사가 가능하다. 먼저 아날로그 옴미터의 측정 레인지를 $R \times 100$ 영역에 맞춘다(과전류 방지). 그 다음, 장치의 측정용 리드선을 다이오드에 임의로 접촉시켜 본 다음, 리드선의 극성을 반대로 하여 접촉시켜 본다. 정상적이라면, 둘 중에서 한 번은 낮은 저항값을 보일 것이다. 두 번 측정 사이의 저항비를 한 번 계산해 보기 바란다(일반적으로 1000 이상). 실제 저항값은 내부의 배터리 전압, 저항 측정 레인지, 다이오드의 종류 등에 따라 달라지므로 정확하지가 않다. 즉, 이러한 측정은 상대적인 비율 측정만을 위함이다.

대다수 디지털 멀티미터는 다이오드 검사를 위한 레버 선택 위치를 가지고 있다. 이 기능은 정상적인 다이오드의 경우, 순방향 연결이 되면 적절한 순방향 전압강하를 표시해 준다. 극성을 반대로 하여 역방향이 되면 과부하 상태를 표시한다.

다이오드 모델

이상적인 모델 다이오드의 동작을 나타내는 가장 간단한 방법은 다이오드를 하나의 스위치로 생각하는 것이다. 이상적인 다이오드는 순방향일 때 스위치가 닫힌 상태로, 역방향일 때는 열린 상태로 그림 12–12와 같이 나타낸다. 전류–전압 특성곡선도 함께 표시하였다. 이상적인 모델의 경우, 순방향 전압과 역방향 전류는 항상 0이다. 물론, 장벽전위와 내부저항 및 다른 요인들을 무시한 것이다. 하지만 대부분의 경우에, 이와 같은 단순화한 모델로 다이오드의 동작을 잘 설명할 수 있는데, 특히 순방향 바이어스 전압이 장벽 전압보다 10배 이상 정도로 큰 경우는 더욱 그렇다.

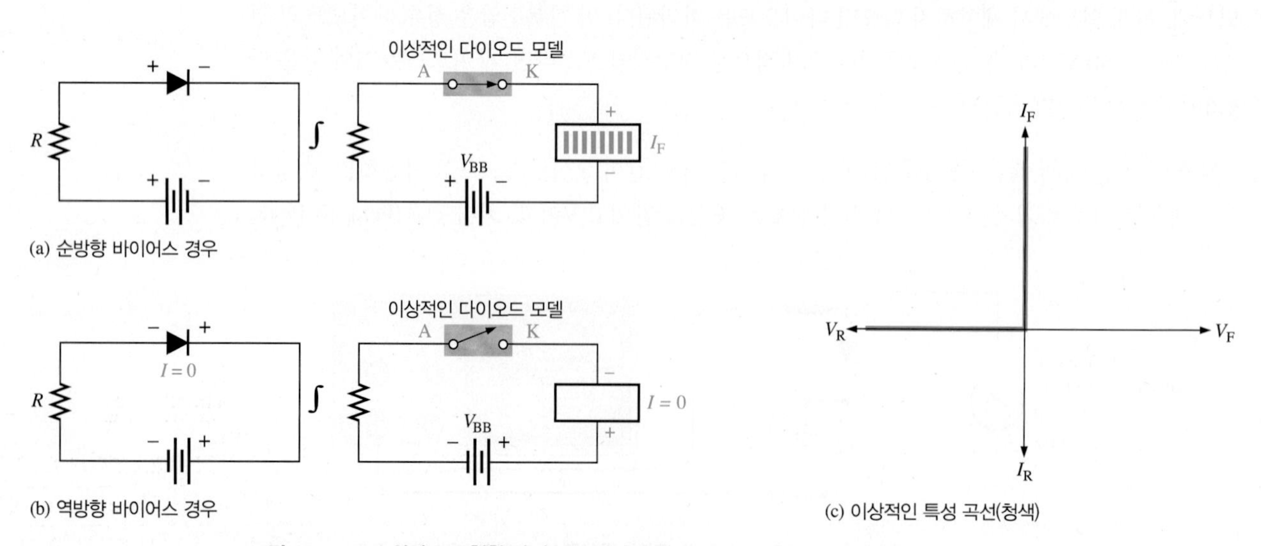

그림 12–12 스위치로 표현한 다이오드 이상 모델

오프셋 모델 다음 단계로 조금 더 정확한 모델은 장벽전위를 고려한 것이다. 이 모델은 그림 12-13(a)와 같이 순방향 바이어스된 경우, 다이오드를 스위치와 함께 장벽전위 V_B와 같은 전압(실리콘 0.7 V)을 가지는 전원을 직렬로 연결된 모델로 나타낸 것이다. 모델로 사용된 전원의 양(+)극은 다이오드의 애노드 쪽에 배치한다. 여기서 주의하여야 할 점은 장벽전압은 전원이 아니므로 전압계로 측정할 수 없다는 것이다. 즉, 앞에서 설명한 것과 같이 순방향 바이어스의 경우 다이오드가 동작하기 위해서는 장벽전위보다 높아야 하므로, 순방향으로 스위치 ON이 되기 위해서는 장벽전위 이상의 전압이 요구된다는 점을 설명하기 위해 모델에 전원을 사용한 것이다. 역방향 바이어스의 경우, 장벽전위는 아무런 역할을 하지 못하기 때문에 이상적인 다이오드 모델과 같이 그림 12-13(b)의 개회로로 표시한다. 이와 같은 모델의 그림이 전류-전압 특성 곡선으로 그림 12-13(c)에 표시되어 있다.

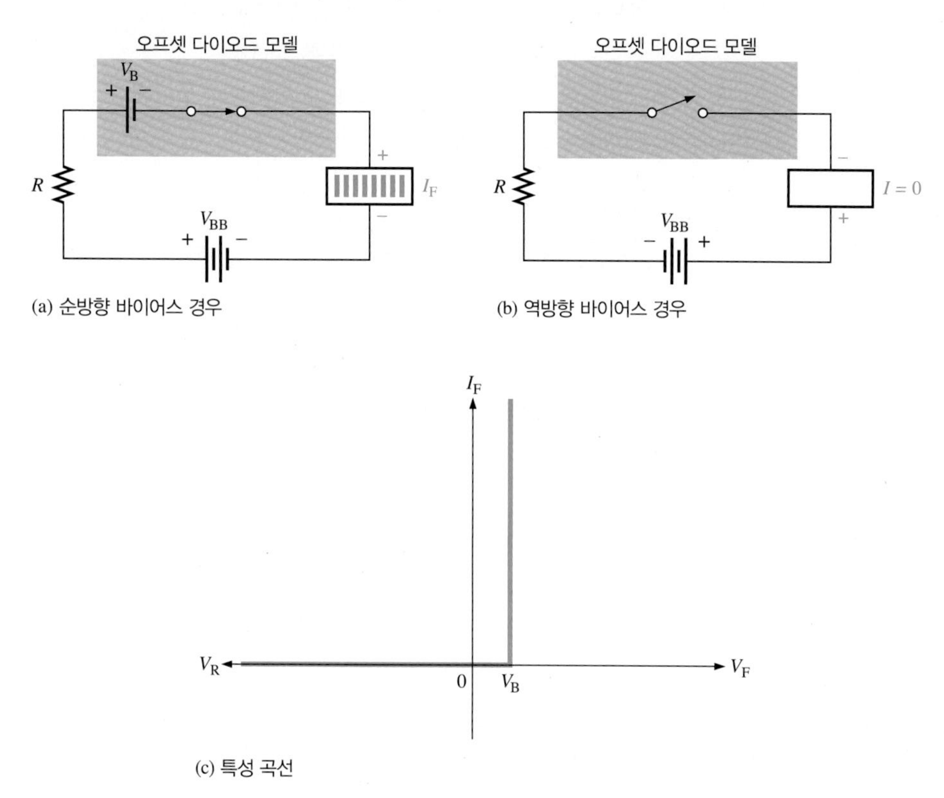

그림 12-13 다이오드의 오프셋 모델. 이 모델에는 장벽 전위가 포함되어 있다.

오프셋-저항 모델 그림 12-14(a)는 장벽 전위와 내부에 존재하는 작은 값의 순방향(bulk) 저항을 고려한 순방향 바이어스 모델이다. 순방향 저항은 실제로는 교류 저항이다. 순방향 저항은 어떤 조건에서 측정하느냐에 따라 변동이 있지만, 여기서는 직선으로 근사하여 나타내었다.

역방향 바이어스 모델은 매우 큰 저항을 스위치에 병렬로 연결하는 것이다. 이렇게 하면 역방향 전류는 매우 작은 값이 된다. 그림 12-14(b)는 내부 역방향 저항이 역방향 바이어스에 어떻게 영향을 주는지 나타낸 것이고, 그림 12-14(c)는 특성곡선을 나타낸 것이다.

접합 커패시턴스과 같은 미세한 효과는 모델에 포함하지 않고 있는데, 필요한 경우에는 컴퓨터 모델링 방법이 사용된다.

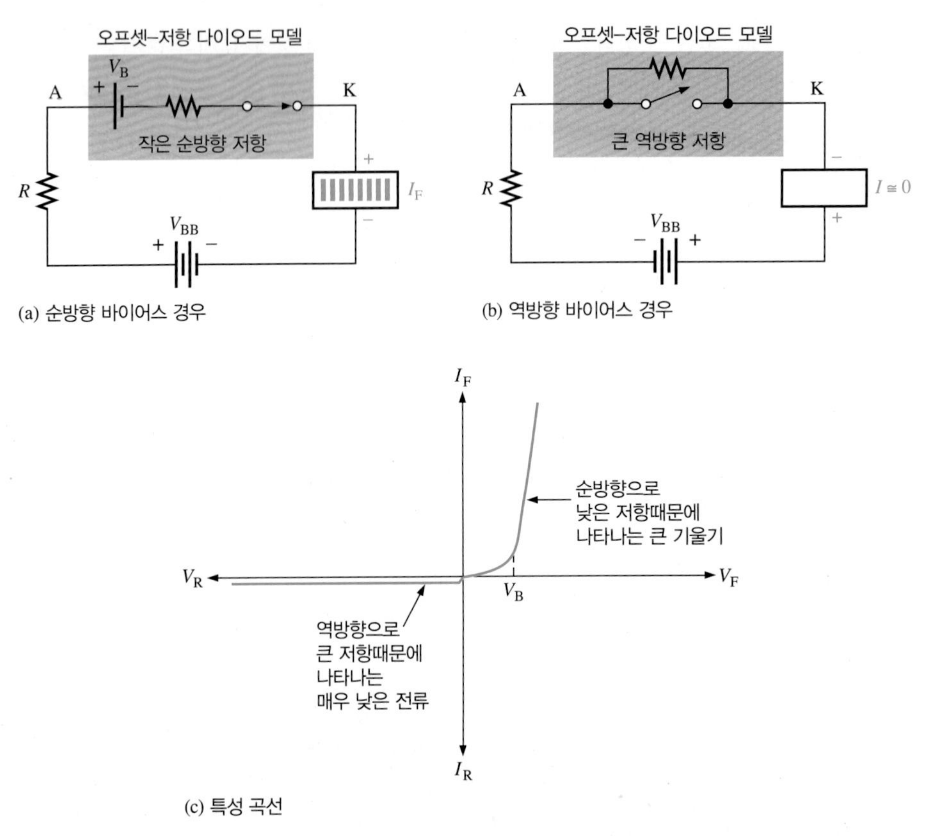

그림 12-14 다이오드의 오프셋–저항 모델. 장벽 전위와 순방향 교류 저항이 포함되어 있다.

12-4절 복습 문제

1. 다이오드가 동작하기 위한 두 가지 조건은 무엇인가?
2. 다이오드의 특성곡선에서 정상적인 동작 범위가 아닌 영역은 어디인가?
3. 다이오드를 가장 쉽게 설명하는 방법은 무엇인가?
4. 다이오드의 오프셋–저항 모델에서 사용된 두 가지 근사 조건은 무엇인가?

12-5 정류기

다이오드는 한쪽으로 전류를 흘릴 수 있지만, 반대쪽 전류흐름을 막는 기능 때문에 교류를 직류로 바꾸는 정류기(rectifier)에 사용된다. 정류기는 교류를 직류로 변환하는 모든 전원공급 장치에 사용되고 있다. 전원공급기는 간단한 전기 회로에서부터 복잡한 전기회로까지 모든 전자회로에 필수적이다. 이 절에서는 정류기의 3가지 기본 종류, 즉 반파 정류, 중간탭 전파 정류, 전파 브리지 정류기 등을 학습하게 된다.

이 절을 마친 후 다음을 할 수 있어야 한다.

- 정류기의 세 가지 기본 동작을 설명한다.

- 반파 정류기를 파악하고 동작 원리를 설명한다.
- 중간 탭 전파 정류기를 파악하고 동작 원리를 설명한다.
- 전파 브리지 정류기를 파악하고 동작 원리를 설명한다.

반파 정류기

정류기(rectifier)는 교류를 직류로 바꾸어 주는 전기회로이다. 그림 12–15에 반파(*half–wave*) 정류 동작을 설명해 놓았다. 그림 (a)의 반파 정류 회로에서는 교류 전원이 다이오드 및 부하 저항과 직렬로 연결되어 있다. 그림 (b)에서 보면, 정현파에서 (+)전압이 입력될 때, 다이오드는 순방향 바이어스가 되어 부하 저항에 전류가 흐른다. 출력 전압은 최대 전압에서 다이오드 전압 강하를 뺀 값이 된다.

$$V_{p(out)} = V_{p(in)} - 0.7\ \text{V} \tag{12-1}$$

전류는 부하 저항의 양단에 전압을 발생시키는데, 이 전압의 형상은 입력 전압의 반 주기에 해당하는 양(+)전압의 입력 모양과 동일하다. 두 번째 반 주기 동안 음(–)의 입력 전압은 역방향으로 바이어스가 된다. 이 경우는 그림 (c)에서와 같이 전류가 흐르지 않아 부하 저항의 전압은 0이 된다. 전체

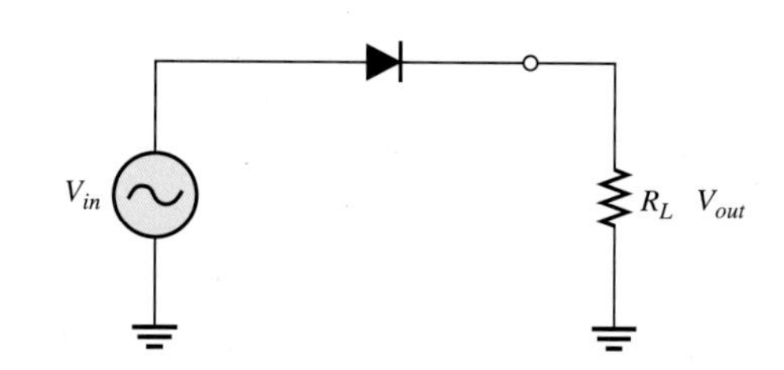

(a) 반파정류 회로

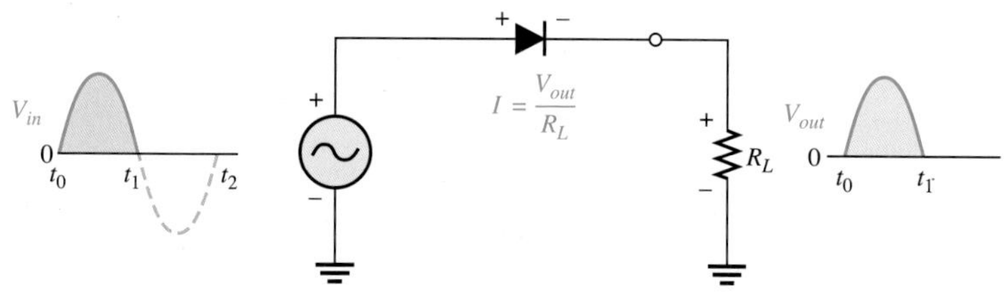

(b) 입력전압의 양의 반 주기 동안의 동작

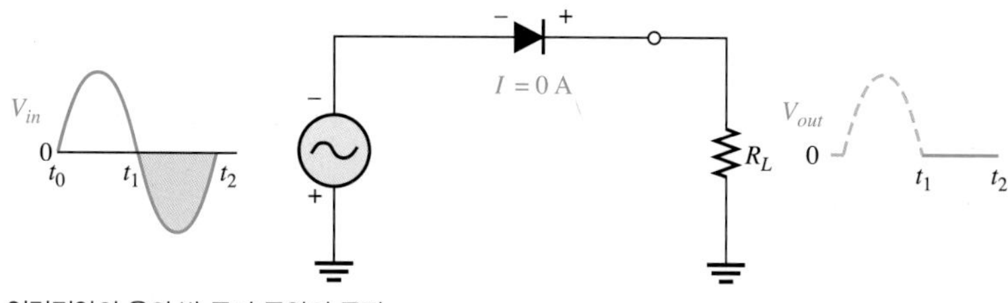

(c) 입력전압의 음의 반 주기 동안의 동작

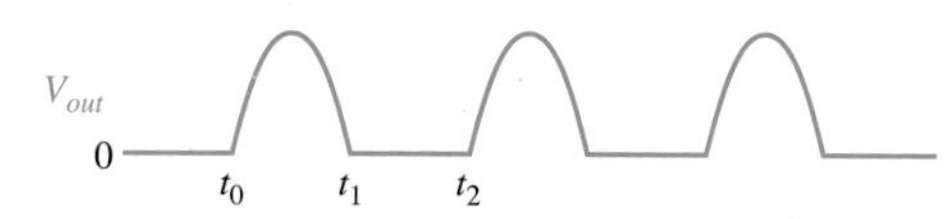

(d) 3주기에 대한 반파 출력전압

그림 12–15 반파 정류기의 동작. 다이오드는 이상적이라고 가정한다.

적으로 보면, 결국 교류 전압 중에서 양(+)의 반 주기 동안만 저항에 전압이 그림 (d)처럼 반파 형태의 직류 전압으로 나타난다. 음(−)전압 주기 동안 다이오드는 역방향 전압에 대해 항복을 일으키지 않아야 하는 조건이어야 한다.

다이오드 회로를 다루는 실무적인 상황에서, 주어진 입력 전압이 다이오드의 장벽 전위보다 훨씬 크다면, 순방향 전압 강하는 거의 무시할 수 있다. 이러한 경우, 다이오드의 이상모델을 사용하는 것과 같은 결과를 보인다.

예제 12-1

그림 12-16의 입력전압 회로에 대해 피크 출력 전압과 피크 역전압(PIV)을 계산하시오. 다이오드 양단 전압과 부하전압을 스케치해 보시오.

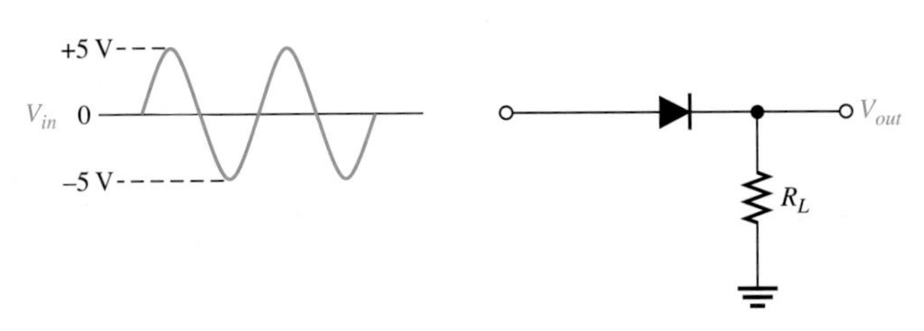

그림 12-16

풀이

반파 최대 출력 전압은

$$V_P = 5\text{ V} - 0.7\text{ V} = \mathbf{4.3\text{ V}}$$

피크 역전압은 다이오드에 역방향으로 최대 전압이 걸리는 경우이다. 따라서 최대 역전압은 음(−)전압 반 주기 동안의 최대 전압이 된다.

$$\text{PIV} = V_P = \mathbf{5\text{ V}}$$

그림 12-17에 파형을 그려 놓았다. 다이오드 전압과 부하 저항의 전압을 더하면, 입력 전압과 같아야 한다.

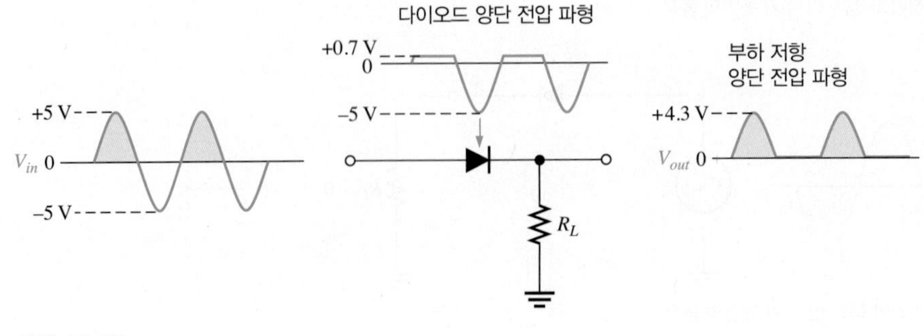

그림 12-17

관련문제

그림 12-16에서 피크 입력 전압이 3 V일 경우, 피크 출력전압과 PIV를 구하시오.

전파 정류

전파 정류기와 반파 정류기의 차이를 설명하면, **전파(full-wave) 정류기**에서는 입력전압의 주기 전체 동안 부하에 전류가 한쪽 방향으로 항상 흐르게 되고, 반파정류기에서는 입력전압의 1/2주기 동안에만 부하에 전류가 흐르게 된다는 점이다. 결과적으로 전파정류기는 그림 12-18과 같이 매 1/2주기마다 반파형태의 직류전압이 항상 출력된다.

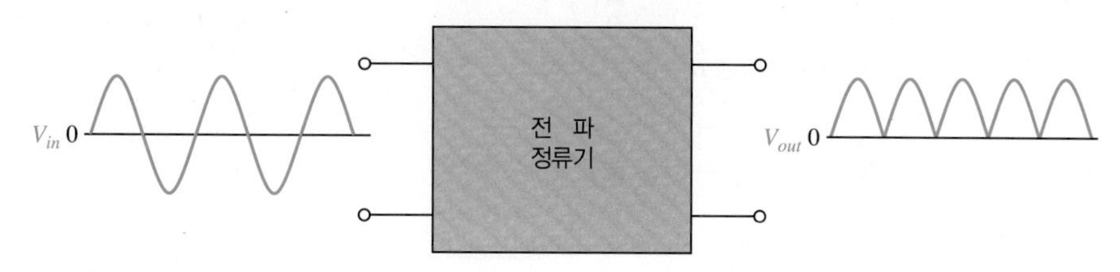

그림 12-18 전파 정류

중간 탭 전파정류기 **중간 탭(center tapped, CT)** 전파정류기는 그림 12-19와 같이 2개의 다이오드를 이용하여 구성한다. 입력신호는 변압기를 통하여 2차 권선으로 출력된다. 2차 권선의 중간 탭과 양쪽 단자들 사이의 전압은 그림과 같이 전체 전압의 1/2이 되어 나타난다.

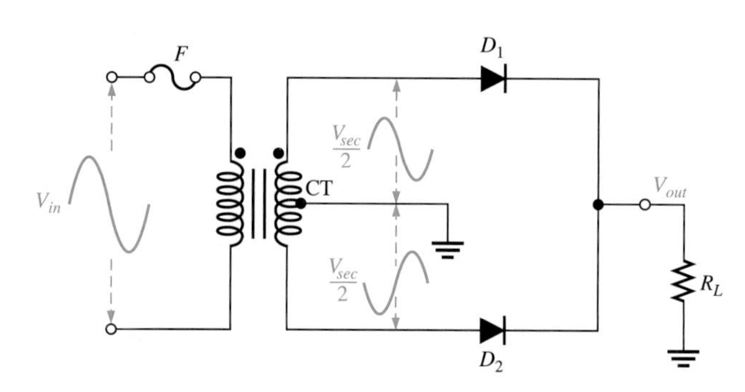

그림 12-19 중간 탭 전파정류기

입력전압의 양(+)의 주기 동안 2차 전압의 극성은 그림 12-20(a)와 같다. 이 1/2주기 동안에 위쪽의 다이오드 D_1은 순방향 바이어스가 되고, 아래의 다이오드 D_2는 역방향 바이어스가 된다. 부하저항과 D_1을 통해 흐르는 전류의 경로는 그림과 같이 컬러로 표시하였다.

입력전압의 음(−)의 1/2주기 동안 2차 전압의 극성은 그림 12-20(b)와 같다. 이 1/2주기 동안에 위쪽의 다이오드 D_1은 역방향 바이어스가 되고, 아래의 다이오드 D_2는 순방향 바이어스가 된다. 부하저항과 D_2을 통해 흐르는 전류의 경로는 그림과 같이 컬러로 표시하였다.

이와 같이 입력의 (+)전압, (−)전압 각 주기 동안에 부하로 흐르는 전류의 방향이 모두 같기 때문에 부하에 나타나는 출력전압은 전파 정류된 직류전압이 된다.

전파 출력전압에 대한 권선비의 영향 변압기의 권선비가 1이라면, 정류된 출력전압은 1차측 입력 피크 전압의 1/2에 다이오드의 전압을 뺀 값이 된다. 그 이유는 1차측 입력 전압의 1/2이 2차측 권선의 각 1/2 부분양단에 각각 나타나기 때문이다.

출력 피크 전압을 입력 피크 전압과 같도록 만들려면 권선비가 1:2인 승압 변압기를 사용해야 한다. 이럴 경우, 2차측 전체 전압은 1차측 전압의 2배가 되고, 따라서 2차측의 1/2 부분의 출력 전압은 각각 입력 전압과 같게 된다.

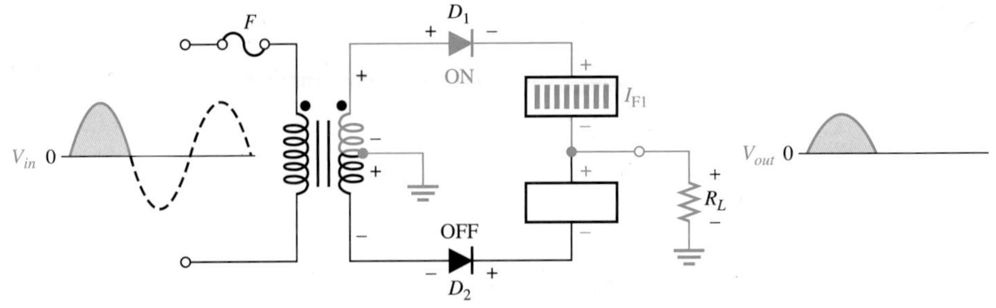

(a) 양(+)전압의 반 주기 동안에 D_1은 순방향, D_2는 역방향 바이어스가 된다.

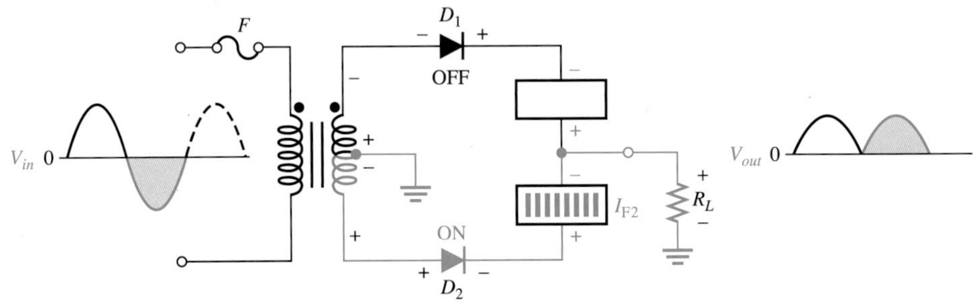

(b) 음(−)전압의 반 주기 동안에 D_2는 순방향, D_1은 역방향 바이어스가 된다.

그림 12-20 2차 측 전류의 통로가 컬러로 표시되어 있음.

피크 역전압 전파정류기에서 각 다이오드들은 교대로 순방향과 역방향 바이어스가 바뀐다. 이때 각 다이오드들은 2차 전압(V_{sec})의 최대 역전압에도 동작할 수 있어야 한다. 중간 탭 전파 정류용 다이오드에 걸리는 피크 역전압(PIV)은 다음과 같다.

$$\text{PIV} = V_{P(out)}$$

예제 12-2

(a) 그림 12-21에 있는 2차 권선의 양단에 나타나는 전압 파형과 R_L 양단의 전압 파형을 그려보시오.
(b) 다이오드가 견뎌야 하는 최소한의 PIV는 얼마인가?

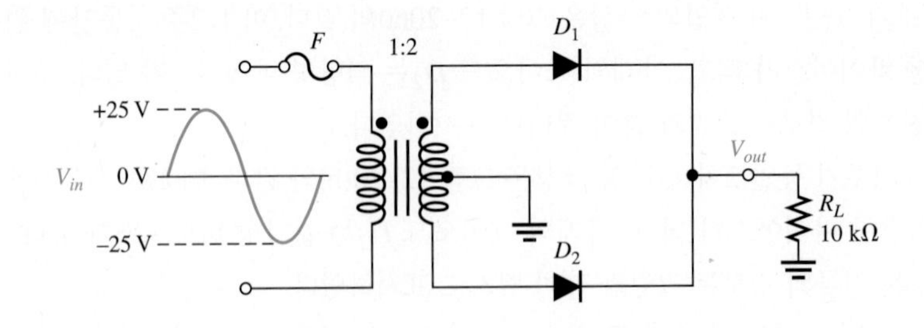

그림 12-21

풀이

(a) 전압 파형은 그림 12-22에 나타내었다.
(b) 2차 측 피크 전압은 다음과 같다.

$$V_{p(sec)} = \left(\frac{N_{sec}}{N_{pri}}\right)V_{p(in)} = 2(25)\text{ V} = 50\text{ V}$$

2차측 권선의 각 1/2 부분에는 25 V의 피크 전압이 발생한다. 이상적인 모델을 사용하면, 다이오드 하나가 단락이 된 경우, 다른 하나는 2차 전압 전체가 양단에 걸리게 된다. 각 다이오드는 최소 **50 V**의 PIV를 가져야 한다.

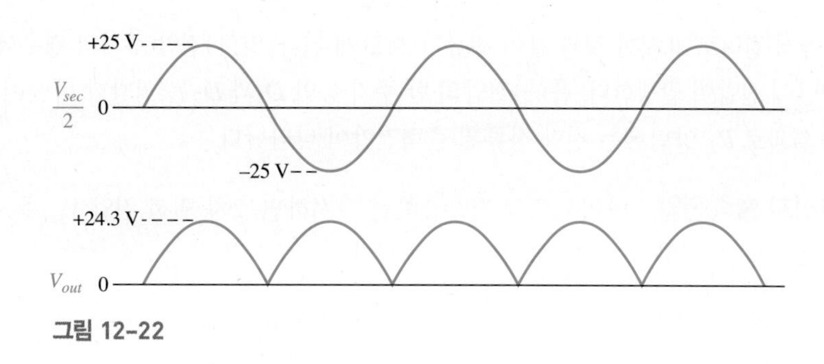

그림 12-22

관련문제

그림 12-21에서 입력 전압이 160 V라면, 다이오드에 요구되는 PIV는 얼마인가?

브리지 정류기

그림 12-23은 4개의 다이오드를 이용한 전파 브리지 정류기로서 전원장치에 가장 일반적으로 많이 사용되는 다이오드 배치방법이다. 이 경우에는 앞에서 설명한 바 있는 변압기의 중간 탭을 필요로 하지 않는다. 4개의 다이오드는 이미 하나의 패키지로 만들어 판매되고 있는데, 브리지 정류기 내부에 미리 결선이 되어 있다. 브리지 정류기는 전파 정류기의 일종인데, 이유는 정현파의 모든 반파가 출력으로 나오기 때문이다.

다음은 브리지 정류기가 어떻게 작동하는 지를 설명한다. 그림 12-23(a)와 같이 입력전압 주기가 (+)전압일 때, 다이오드 D_1과 D_2는 순방향 바이어스가 되므로 회로의 전류가 그림에서 컬러로 표시한 것과 같이 흐르게 된다. 부하저항 R_L에 전압이 걸리게 되는데, 그 형태는 입력 반 주기의 파형과 동일하게 보인다. 이 기간 동안 다이오드 D_3과 D_4는 역방향 바이어스가 된다.

그림 16-35(b)에서 입력 주기가 (−)전압일 때, 다이오드 D_3와 D_4는 순방향 바이어스가 되고, 그

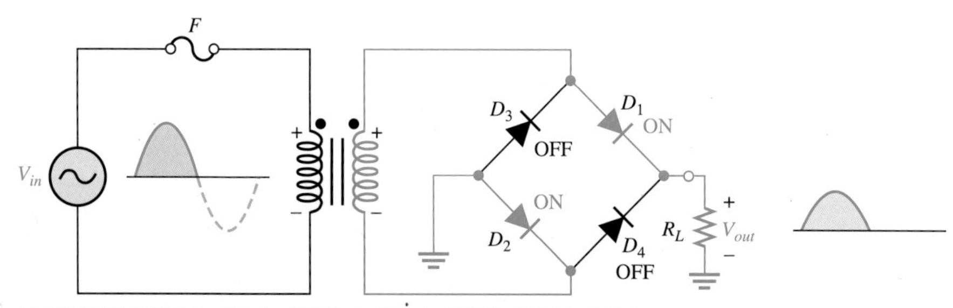

(a) 양(+)전압 동안에 D_1과 D_2는 순방향, D_3와 D_4는 역방향 바이어스가 된다.

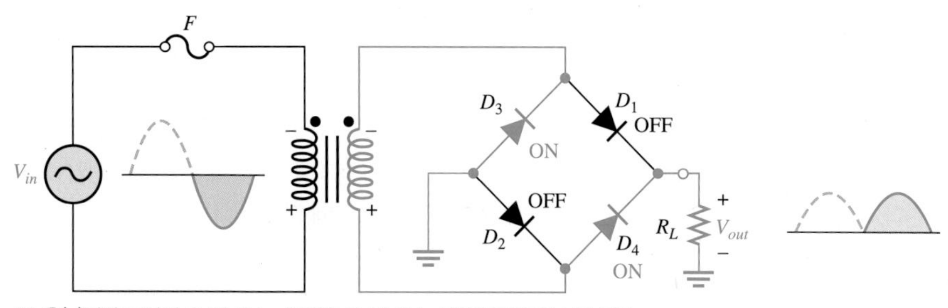

(b) 음(−)전압 동안에 D_3와 D_4는 순방향, D_1과 D_2는 역방향 바이어스가 된다.

그림 12-23 전파 정류기의 동작. 2차 측 권선에 전류 흐름을 컬러로 표시하였다.

림에서 컬러로 표시한 것과 같이 전류가 흐르게 된다. 양(+)전압 주기의 경우에서와 마찬가지로 R_L의 양단에 전압이 발생한다. 음(−)전압의 반 주기 동안 D_1과 D_2는 역방향 바이어스가 된다. 이러한 동작의 결과로 R_L 양단에는 전파 정류된 출력전압이 나타난다.

브리지 출력전압 다이오드의 전압강하를 무시하면, 2차 권선 전압 V_{sec}는 부하 저항의 양단에 그대로 나타난다. 따라서 다음과 같은 식이 된다.

$$V_{out} = V_{sec}$$

그림 12–23에서 볼 수 있는 것처럼, 양(+)전압과 음(−)전압 주기 모든 경우에 있어서 두 개의 다이오드는 항상 부하저항과 직렬로 연결된다. 만일 다이오드의 전압 강하를 고려한다면, 출력 전압은 다음과 같다.

$$V_{out} = V_{sec} - 1.4\text{ V} \qquad (12-2)$$

피크 역전압 입력이 (+)전압 동안, 즉 D_1과 D_2가 순방향 바이어스일 때, D_3와 D_4에 걸리는 역전압을 생각해 보자. D_1, D_2는 단락으으로 보고, 피크 역전압 2차 권선의 피크전압과 같다.

$$\text{PIV} = V_{p(out)}$$

12–5절 복습 문제

1. 입력 전압과 변압기의 권선비 조건이 같다고 할 때, 어떤 종류의 정류기(반파, 전파, 브리지)가 가장 큰 출력 전압을 나타내는가?
2. 주어진 출력 전압이 같은 경우, 브리지 정류 다이오드의 PIV는 중간 탭 정류 다이오드의 PIV보다 작은 값인가 아니면 큰 값인가?
3. 반파 정류기가 (+)전압을 출력할 때, 입력 주기의 어느 시점에서 PIV가 나타나는가?
4. 반파 정류기의 경우, 입력 주기의 대략 몇 퍼센트가 부하를 통해 흐르는가?

12-6 정류 필터와 IC 전압 조정기

전원장치의 필터는 정류기 출력 전압의 변동을 크게 줄여주는 역할을 하여 거의 일정한 직류 전압이 출력이 되도록 해준다. 전기회로에서 필터가 필요한 이유는 전압과 전류를 일정하게 유지하여 전력과 바이어스를 적절히 유지시켜 주어야 하기 때문이다. 필터로는 큰 용량의 커패시터가 사용된다. 필터 동작을 더 좋게 만들려면 전압 조정기를 연결해 주어야 한다. 최근 저렴하면서도 효과적인 전압 조정기가 IC형태로 판매되고 있다. 이런 IC 전압 조정기를 이 절에서 간단히 소개한다.

이 절을 마친 후 다음을 할 수 있어야 한다.

- 정류 필터와 IC 전압 조정기의 동작을 설명한다.

- IC 전압 조정기의 예와 정류기 출력에 어떻게 연결되어야 하는지 설명한다.
- 입력 맥동과 맥동 제거비가 주어질 때 IC 전압 조정기의 출력에 남아 있는 맥동의 크기를 계산한다.
- 부하 상태와 무부하 상태의 출력 전압에 대해 부하 레귤레이션을 계산한다.
- 입력 전압의 변동에 대한 출력 전압의 변동이 주어질 때 라인 레귤레이션을 계산한다.

대부분의 전원장치에서는 60 Hz의 교류 전압을 직류로 변환한다. 반파 정류기의 60 Hz로 진동하는 직류 출력 또는 전파 정류기나 브리지 정류기의 120 Hz로 진동하는 직류 출력들은 큰 전압 변동을 줄이기 위해 필터가 사용되어야 한다. 필터는 커패시터, 인덕터, 또는 이들의 조합을 이용할 수 있다. 일반적으로 커패시터–입력 **필터(filter)**가 저렴하고 가장 많이 사용되는 방법이다.

커패시터 – 입력 필터

그림 12–24는 커패시터–입력 필터를 갖는 반파 정류기이다. 먼저 반파정류기에 대하여 필터 동작을 설명하고 다음에 전파 정류기에 대하여 확장한다.

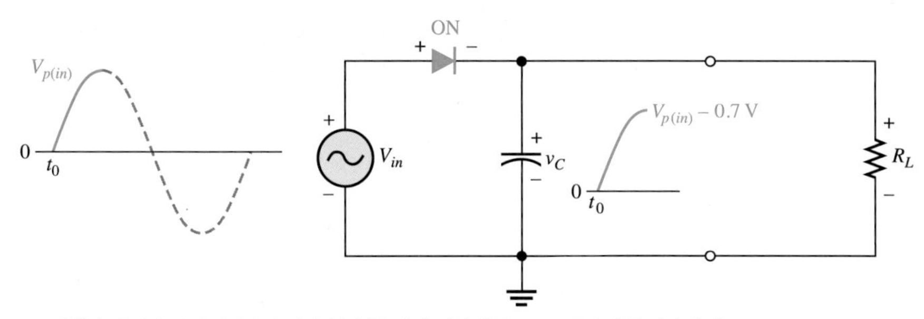

(a) 전원이 켜지면, 커패시터가 초기에 일단 한 번 충전된다(다이오드가 순방향 바이어스).

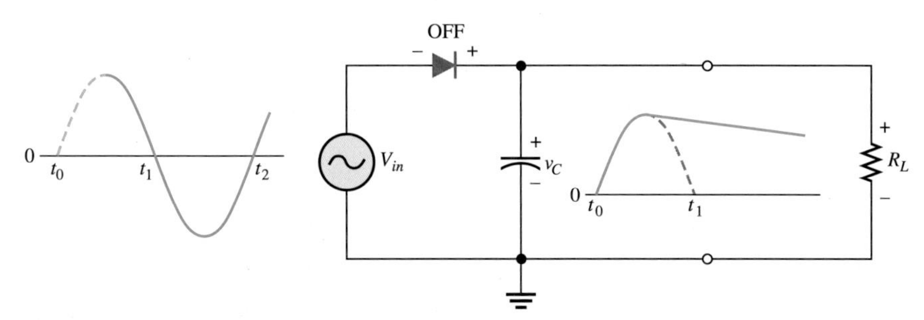

(b) 입력이 (+)피크값을 지나면 커패시터는 R_L을 통해 방전한다. 이때 다이오드는 역방향 바이어스가 된다. 입력 파형에서 파란색 실선으로 표시된 부분 동안이다.

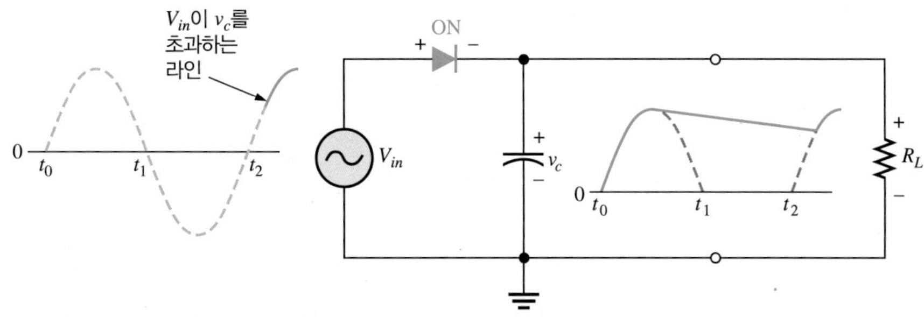

(c) 다이오드는 순방향 바이어스이고 피크 입력값으로 재충전한다. 입력 파형에서 파란 실선으로 표시된 부분 동안만 다시 충전된다.

그림 12-24 커패시터–입력 필터형 반파정류기

처음 양(+)전압인 입력의 1/4주기 동안 다이오드는 순방향 바이어스가 되어, 커패시터는 그림 12-24(a)와 같이 다이오드 전압강하를 뺀 전압만큼 충전한다. 입력전압이 피크 이하로 그림 12-24(b)와 같이 감소하기 시작하면, 커패시터는 충전값을 유지한 상태에서 다이오드는 역방향 바이어스가 된다. 따라서 나머지 주기 동안에 다이오드는 계속 역 바이어스 상태를 유지하므로 커패시터는 부하저항을 통해서만 시정수 RC에 의하여 정해지는 비율로 방전하게 된다. 이 시정수가 클수록 커패시터는 천천히 방전할 것이다.

그림 12-24(c)와 같이 다음 주기의 첫 1/4주기 동안, 입력전압이 커패시터 전압과 다이오드 전압의 합보다 크면 다이오드는 다시 순방향 바이어스가 된다.

맥동전압 앞에서 본 커패시터는 입력전압 주기에 곧바로 충전하고 양(+)의 피크전압 이후에는(즉, 다이오드가 역방향 바이어스일 때) 부하 저항을 통해 천천히 방전을 하게 된다. 이와 같은 충전과 방전에 따른 커패시터의 전압 변동을 **맥동전압(ripple voltage)**이라 부른다. 맥동이 적을수록 필터 동작은 더 우수하다고 할 수 있다.

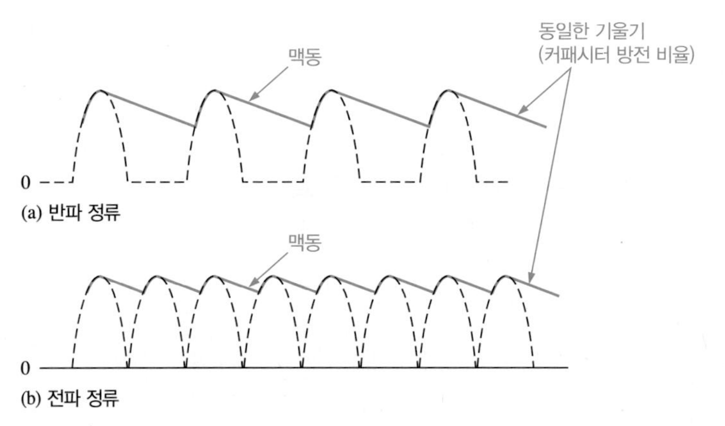

그림 12-25 동일한 입력 전압과 필터를 갖는 반파 및 전파신호에 대한 맥동전압의 비교

어떤 입력주파수에 대해서 전파 정류기의 출력 주파수는 반파 정류기 주파수 값의 2배가 된다. 그 결과 전파 정류기의 경우 피크 전압 사이의 시간간격이 반파 정류기보다 짧기 때문에 필터가 더 쉽다. 그래서 필터링을 한 후, 같은 부하 저항값과 커패시터의 용량에 대해 전파 정류기의 맥동은 반파 정류기의 맥동보다 더 작아진다. 이렇게 맥동이 작아지는 이유는 그림 12-25에서 보듯이 전파 정류의 경우, 커패시터가 방전하는 시간 간격이 짧아서 방전하는 양이 적아지기 때문이다.

커패시터-입력 필터에서 서지(surge) 전류 전원장치에 전원이 처음 공급될 때, 커패시터는 충전이 되어 있지 않은 상태이다. 스위치를 닫을 때, 전압이 정류기에 공급되면서 충전되지 않은 커패시터는 단락된 것처럼 보인다. 이 상황을 그림 12-26(a)에 설명하였다. 이러한 초기 큰 서지 전류(돌입전류(inrush current)라고도 함)가 순방향 정류기를 통해 일어나다. 가장 나쁜 경우는 2차 전압의 피크에서 스위치가 닫히는 경우인데, 이때 가장 큰 전류가 발생하게 된다.

이런 서지 전류는 다이오드를 파괴할 수도 있다. 이 때문에 때로는 그림 12-26(b)에서와 같이 서지 전류 방지용 저항 R_{surge}를 사용한다. 이 저항값은 심한 전압 강하를 일으키지 않도록 최소가 되어야 하며, 또한 다이오드는 순간적인 서지 전류를 견딜 수 있는 순방향 전류 용량을 가지고 있어야 한다.

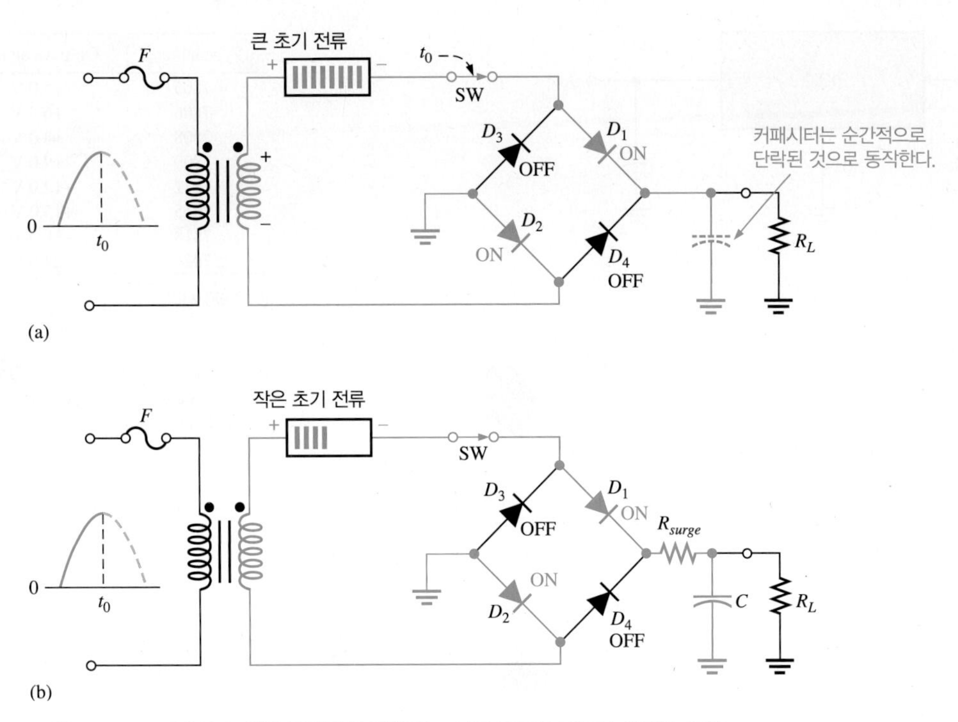

그림 12-26 커패시터-입력 필터에서 발생하는 서지 전류의 경로를 컬러로 표시

IC 전압 조정기

필터가 비록 맥동전압을 줄일 수 있지만 가장 효율적인 필터는 **집적 회로(Integrated Circuit, IC)**로 구성된 전압조정기와 커패시터-입력 필터를 함께 사용하는 것이다. IC는 여러 기능을 하는 회로들을 하나의 작은 실리콘 조각에 합쳐 만들어 놓은 회로이다. **IC 전압 조정기(IC regulator)**는 정류된 출력단에 연결되어 온도, 부하전류 또는 입력이 변화하더라도 일정한 출력전압을 유지시키는 역할을 한다. 커패시터 입력필터는 전압조정기가 처리할 수 있을 정도의 크기로 맥동전압을 줄이는 역할만을 한다. 따라서 큰 용량의 커패시터와 IC 전압조정기로 조합한 회로를 이용하여 저렴한 비용으로 특성이 매우 좋으면서도, 작은 전원장치를 만들 수 있다.

보통 흔히 이용하는 IC 전압조정기는 3개의 단자로 구성되어 있다. 각각은 입력, 출력 및 기준(또는 조정) 단자라고 부른다. 먼저 커패시터를 이용하여 맥동이 10% 이내로 되도록 필터링한 후, 그 출력을 전압조정기의 입력단자에 연결한다. 전압조정기는 이러한 맥동을 무시할 수 있을 정도로 감소시켜 출력전압을 내보낸다. 이 외에 대부분의 전압조정기는 내부적으로 기준 전압, 단락 보호, 열 파괴 보호회로 등과 같은 기능을 포함하고 있다. 전압에 따라 다양한 종류가 있는데, 양(+)전압 출력용 또는 음(−)전압 출력용이 있으며, 동시에 외부에 소수의 부품을 추가하여 가변 전압을 출력하는 종류도 있다. 일반적으로 IC 전압조정기는 맥동전압을 크게 줄이면서도 1 A 혹은 수 A의 일정한 전류를 공급할 수 있으며, 5 A가 초과되는 전류를 공급할 수 있는 종류도 있다.

고정된 전압을 제공하는 3단자 전압조정기는 그림 12-27(a)와 같이 외부에 커패시터를 이용하여 동작시키는데, 이 필터 커패시터는 입력단자와 접지 사이에 큰 용량의 커패시터를 연결하는 것이다. 때로는 추가로 작은 용량의 커패시터를 병렬로 사용하기도 하는데, 이것은 필터 커패시터가 전압 조정기 IC와 가까이 있지 않을 경우에 발진이 발생할 수 있기 때문에 이를 방지하기 위해 필요로 한다. 따라서 이러한 작은 용량의 커패시터는 IC에 가깝게 위치해야 한다. 마지막으로 출력단의 커패시터는 보통 0.1~1.0 μF이며 과도응답을 개선하기 위하여 출력단자에 병렬로 연결한다.

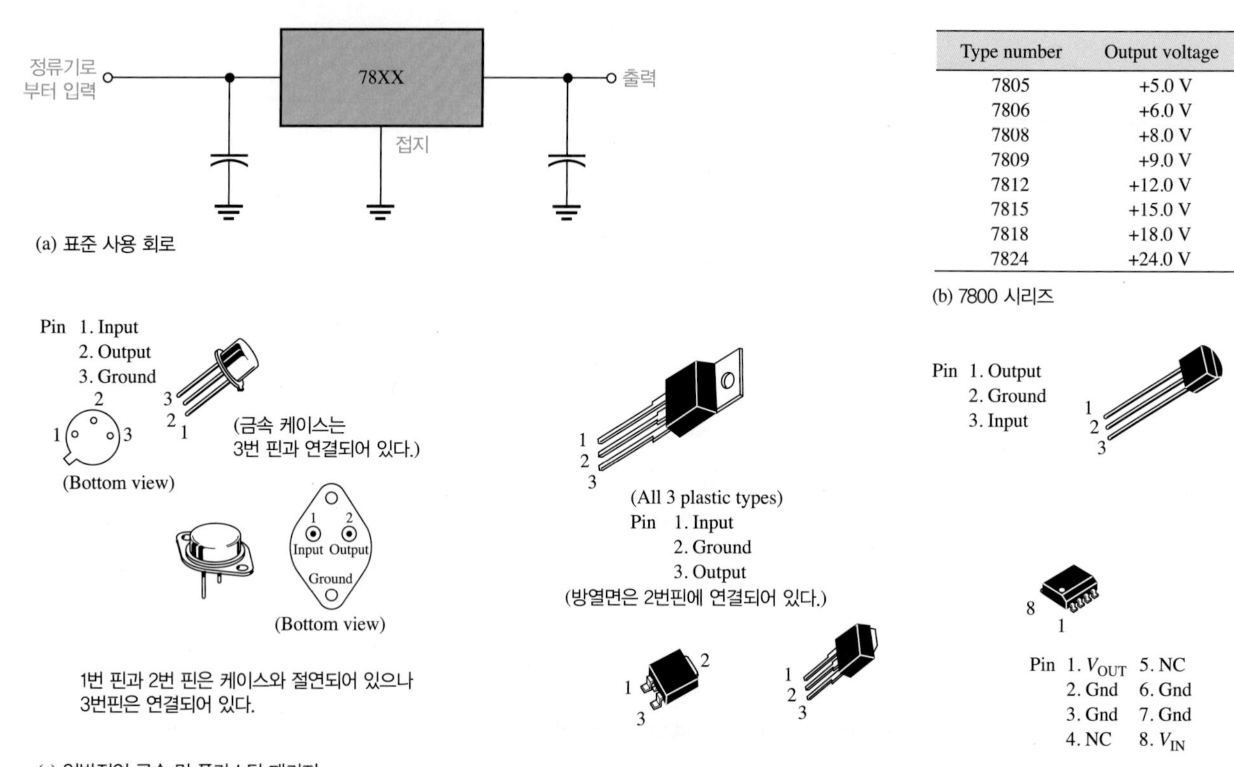

Type number	Output voltage
7805	+5.0 V
7806	+6.0 V
7808	+8.0 V
7809	+9.0 V
7812	+12.0 V
7815	+15.0 V
7818	+18.0 V
7824	+24.0 V

그림 12-27 7800 시리즈의 고정 양(+)전압 출력용 3단자 전압조정기

3단자 전압조정기의 대표적인 예는 78XX 계열이 있는데, 출력은 다양한 종류의 전압이 가능하며, 방열판을 이용할 경우에 전류는 1 A까지 출력이 가능하다. 78XX의 마지막 두 숫자는 출력 전압의 크기를 표시한다. 즉 7812는 +12 V 출력의 전압조정기이다. (−)전압을 제공하는 경우는 79XX 계열의 제품을 사용하면 되는데, 예를 들어 7912를 이용하면 −12 V의 출력전압을 얻을 수 있다. 출력전압은 보통 정격 전압의 1.5%에서 4%사이에 있는데, 입력 전압과 부하가 변동하더라도 거의 일정한 출력 전압을 유지시켜 준다. 7805를 이용한 기본적인 +5 V 고정 전압 전원장치를 그림 12–28에 나타내었다. 78XX와 79XX 시리즈의 데이터시트는 www.onsemi.com에서 찾아볼 수 있다.

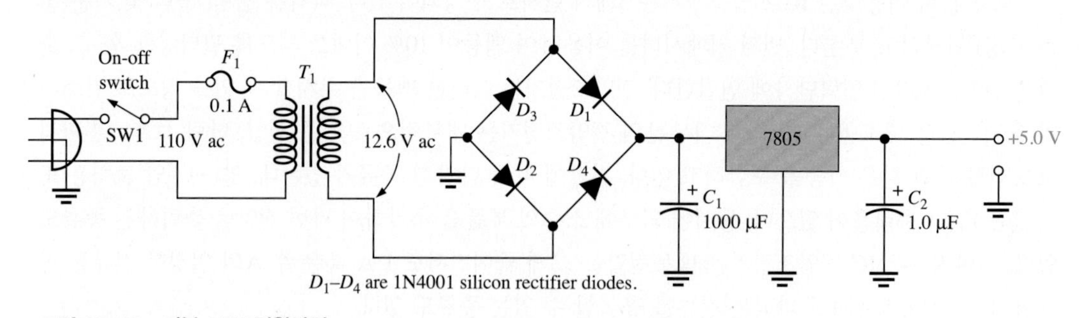

그림 12-28 기본 +5V 전원장치.

7812 전압 조정기 데이터시트로부터 얻을 수 있는 맥동 제거비에 관한 데이터는 맥동 제거 사양, 즉 *RR*(ripple rejection)이라고 표시되어 있다. 7812의 경우, 맥동 제거비는 60 dB이다. 이것은 입력 맥동에 대해 출력 맥동이 60 dB이하로 작아진다는 것인데, 다음 예제에서 볼 수 있는 바와 같이 극히 작은 값이다.

여기서 다루는 전원 장치는 모두 선형 전원 장치이다. 요즘 많은 전원 장치들이 스위치 모드 전원장치(SMPS, Swtch-Mode Power Supply)를 사용하는데, 이러한 종류는 CD에 수록된 15장을 참고하기 바란다.

예제 12-3

MC7812B 전압 조정기의 입력 맥동이 100 mV라고 가정한다. 일반적인 출력 맥동은 얼마인가? 데이터시트 상의 일반적인 맥동 제거비는 60 dB이다.

풀이

데시벨 전압비는 다음과 같다.

$$\text{dB} = 20\log\left(\frac{V_{out}}{V_{in}}\right)$$

60 dB만큼 감소하므로, 다음과 같이 마이너스(−) 기호를 사용한다.

$$-60\text{ dB} = 20\log\left(\frac{V_{out}}{V_{in}}\right)$$

이것을 20으로 나누어 주면, 다음과 같다.

$$-3.0 = \log\left(\frac{V_{out}}{100\text{ mV}}\right)$$

로그(log)를 제거하면,

$$10^{-3.0} = \frac{V_{out}}{100\text{ mV}}$$

$$V_{out} = (100\text{ mV})1.0 \times 10^{-3} = \mathbf{100\ \mu V}$$

이 된다.

관련문제

MC7805B 전압 조정기의 출력 맥동을 www.onsemi.com의 데이터시트에 나와 있는 사양을 이용하여 계산하라.

다른 종류의 전압 조정기의 종류로서는 가변 출력 전압 조정기가 있는데, 그림 12-29에 나타낸 것과 같이 가변 저항 R_2를 이용하여 전압을 조정한다. R_2는 0에서 1.0 kΩ 사이의 값이다. LM317은 조절 단자와 출력 단자 사이에 항상 1.25 V의 전위차를 유지하도록 되어 있다. 따라서 저항 R_1에 흐르는 전류는 일정하게 유지되며 1.25 V/ 240 Ω = 52 mA가 된다. 중간의 조절단자로 흐르는 매우 적은 양의 전류를 무시하면 R_2에 흐르는 전류는 R_1에 흐르는 전류와 같다. 결국 R_1과 R_2 양단의 출력은 다음과 같다.

$$V_{out} = 1.25\text{ V}\left(\frac{R_1 + R_2}{R_1}\right)$$

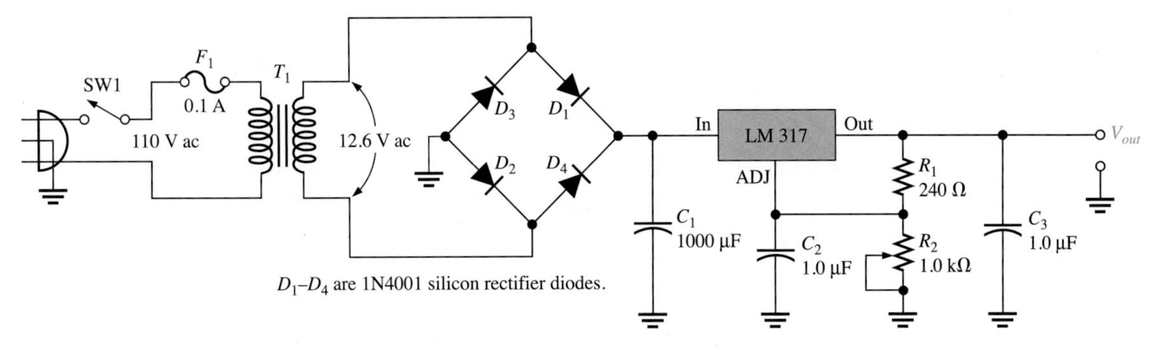

그림 12-29 가변 출력 전압(1.25V에서 6.5V) 전원 장치

전원 장치의 출력 전압은 조정기 1.25 V에 저항의 비를 곱한 값이다. 그림 12-29에서 R_2가 0이면 출력은 1.25 V가 되고, R_2가 최대가 되면 출력은 6.5 V가 된다.

전압 조정률

백분율로 표시되는 전압 조정률(Percent Regulation)을 이용하여 전압조정기의 성능을 나타낼 수 있는데, 입력 조정률과 부하 조정률로 구분한다. **입력 레귤레이션(input regulation)** 또는 **라인 레귤레이션(line regulation)**이란 입력전압이 변화할 때에 출력에 어느 정도의 영향을 미치는지를 표시하는 것으로 다음과 같은 백분율로 정의한다.

$$\text{Line regulation} = \left(\frac{\Delta V_{\text{OUT}}}{\Delta V_{\text{IN}}}\right)100\% \tag{12-3}$$

부하 레귤레이션(load regulation)은 부하 전류의 범위에 따른 출력 전압의 변동을 나타내는 것으로서, 일반적으로 최소 전류(무부하, NL)와 최대 전류(최대 부하, FL)일 때의 출력 전압을 이용하여 다음과 같이 계산한다.

$$\text{Load regulation} = \left(\frac{V_{\text{NL}} - V_{\text{FL}}}{V_{\text{FL}}}\right)100\% \tag{12-4}$$

여기서 V_{NL}은 부하가 없을 때의 출력전압이고, V_{FL}은 최대 부하일 때의 출력전압이다.

예제 12-4

어떤 MC7805B 조정기에서 출력전압이 부하가 없을 경우에 5.185 V, 최대 부하일 경우에 5.152 V로 측정되었다. 이 회로의 부하 레귤레이션은 얼마인가? 이 값은 제조사의 사양 범위 내에 있는가?

풀이

$$\text{Load regulation} = \left(\frac{V_{\text{NL}} - V_{\text{FL}}}{V_{\text{FL}}}\right) = \left(\frac{5.185\text{ V} - 5.152\text{ V}}{5.152\text{ V}}\right)100\% = \mathbf{0.64\%}$$

MC7805B의 데이터시트 상에는 출력 전압의 최대 변동이 100 mV이다(출력 전류가 5 mA에서 1.0 A). 이것은 최대 2%(보통 0.4%)의 선 조정률을 뜻하므로, 측정된 값은 주어진 사양 범위 내에 있다.

관련문제

만약 무부하 출력 전압이 24.8 V이고, 최대 부하 시 출력 전압이 23.9 V이라면, 부하 레귤레이션은 얼마인가?

12-6절 복습 문제

1. 커패시터-입력 필터의 출력에 포함된 맥동 전압의 원인은 무엇인가?
2. 커패시터-입력 필터가 달린 전파 정류기의 부하 저항이 감소하였다. 이것은 맥동 전압에 어떤 효과를 주는가?
3. 3-단자 전압조정기가 주는 장점은 무엇인가?
4. 입력 레귤레이션과 부하 레귤레이션의 차이점은 무엇인가?

12-7 다이오드 리미팅과 클램핑 회로

리미터(limiter) 또는 클리퍼(Clipper)라고 불리는 다이오드 회로는 때때로 신호 전압에서 어느 일정 이상 또는 이하의 전압 부분을 없애는 데 이용된다. 또 다른 다이오드 응용 회로로서 클램퍼(Clamper)라는 회로가 있는데, 이것은 전기 신호의 직류 전압 레벨을 보상하는 데 사용된다.

이 절을 마친 후 다음을 할 수 있어야 한다.

- 다이오드 리미터와 클램퍼 회로의 동작을 분석한다.
- 다이오드 리미터의 동작 원리를 설명하고 주어진 회로에서 클리핑 레벨을 구한다.
- 다이오드 클램핑의 동작 원리를 설명한다.
- 다이오드 리미팅과 클램핑 회로의 적용 예를 설명한다.

다이오드 리미터 회로

그림 12–30(a)는 **리미터**(**limiter** 또는 클리퍼(clipper))라고 불리는 다이오드 회로인데, 입력 신호의 양(+)전압 부분을 잘라내고 있다. 입력 신호가 양(+)전압으로 올라가면, 다이오드는 순방향 바이어스가 된다. 캐소드는 접지(0 V) 전압에 연결되어 있으므로, 다이오드의 애노드 전압은 0.7 V(실리콘 다이오드)를 넘어갈 수 없다. 따라서 A점에서 입력전압이 0.7 V를 넘어서면 0.7 V에서 차단된다.

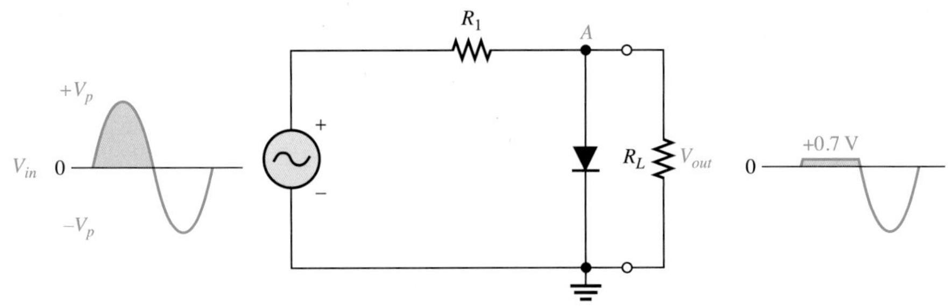

(a) 교류의 양(+)전압 리미터 회로: 다이오드는 교류의 (+)전압 동안에서 단락된다.

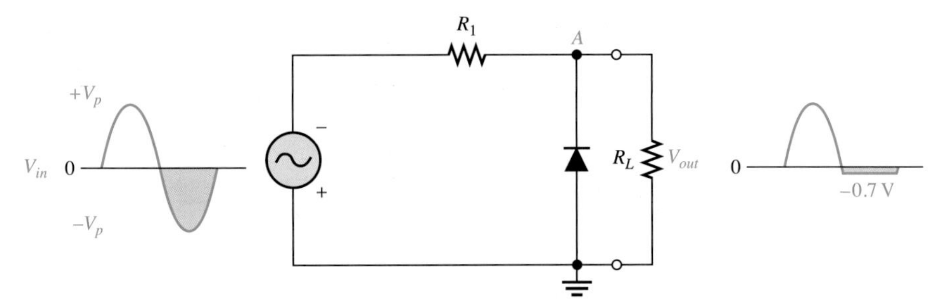

(b) 교류의 음(−)전압 리미터 회로: 다이오드는 교류의 (−)전압 동안에서 단락된다.

그림 12-30 다이오드의 리미터(클리핑 회로) 동작

입력이 0.7 V 이하로 내려가면, 다이오드는 역방향 바이어스가 되고 끊어진 회로로 동작한다. 따라서 출력 전압은 입력의 음(−)전압과 같은 형태를 띠게 된다. 단, 전압의 크기는 저항 R_1과 R_L에 의해 배분되어 다음의 식과 같이 나타난다.

$$V_{out} = \left(\frac{R_L}{R_1 + R_L}\right)V_{in}$$

저항 R_1이 R_L에 비해 매우 작다면, $V_{out} \cong V_{in}$이 된다. 만약 다이오드를 그림 12–30(b)와 같이 방향을 바꾸면, 입력의 음(−)전압 부분이 잘리게 된다. 입력의 (−)전압 동안 다이오드는 순방향 바이어스가 되고, A점의 전압은 다이오드의 전압 강하로 인해 −0.7 V로 유지된다. 입력이 −0.7 V 이상으로 올라가게 되면, 다이오드는 더 이상 순방향 바이어스가 아니다. 그래서 R_L의 양단에는 입력에 비례한 전압이 나타나게 된다.

리미터 회로의 응용 그림 12–31은 리미트 회로의 응용을 보여준다. 컴퓨터 작동을 교류 전원과 동기화시키기 위해 전력선을 사용하려 한다고 가정해 보자. 그림에 보인 경우처럼, 반파 정류기가 변압기 출력 전압 6.3 V에 연결되어 있다. 정류기의 피크 전압은 대략 9 V 정도로서 컴퓨터의 입력으로는 다소 높은 전압이다. 컴퓨터를 비롯한 기타 논리회로들은 심각한 손상을 방지하기 위해서 미리 정해진 최대 전압(보통 5 V) 내에서 사용되도록 설계되어 있다. 여기서 보여주는 리미터 회로는 컴퓨터의 신호 전압이 4.7 V를 넘지 않도록 되어 있다.

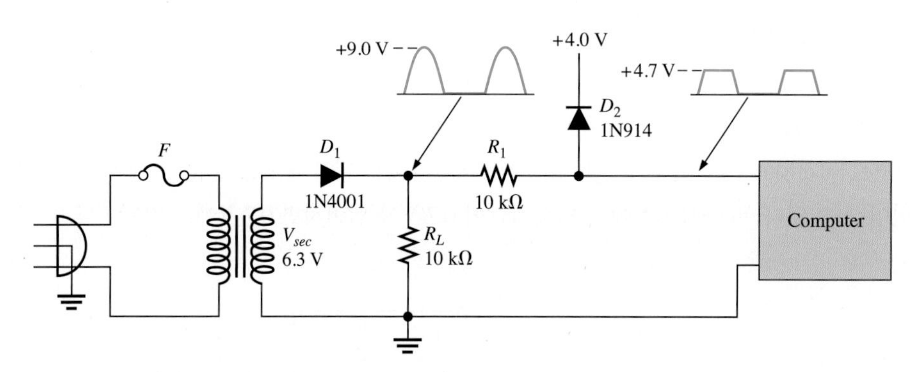

그림 12–31 컴퓨터로 입력되는 신호를 제한하는 동작

예제 12–5

그림 12–32에 보인 오실로스코프의 화면에 어떤 파형이 나타날 것으로 생각되는가? 오실로스코프의 시간축은 입력 신호의 1과 1/2주기 동안을 표시하도록 세팅되어 있다.

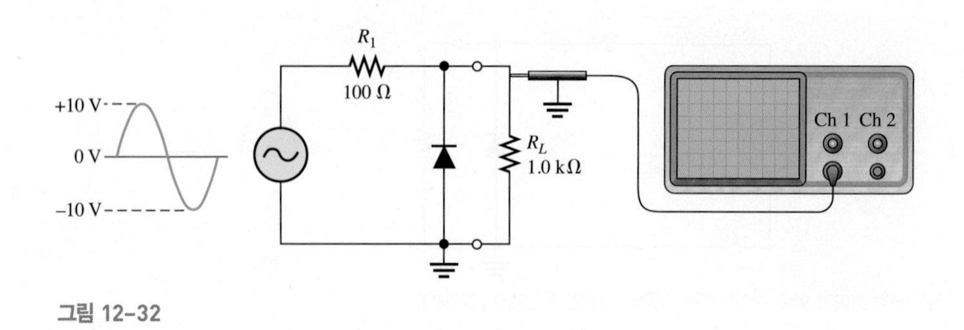

그림 12–32

풀이

입력 전압이 −0.7 V이하로 내려가면, 다이오드는 순방향으로 바이어스가 되어 단락이 된다. 따라서 음(−)전압 리미터 회로의 저항 R_L 양단의 피크 전압은 다음의 식처럼 계산할 수 있다.

$$V_{p(out)} = \left(\frac{R_L}{R_1 + R_L}\right)V_{p(in)} = \left(\frac{1.0\ \text{k}\Omega}{1.1\ \text{k}\Omega}\right)10\ \text{V} = \mathbf{9.1\ V}$$

스코프의 화면에는 다음의 그림 12-23과 같은 출력 파형이 나타날 것이다.

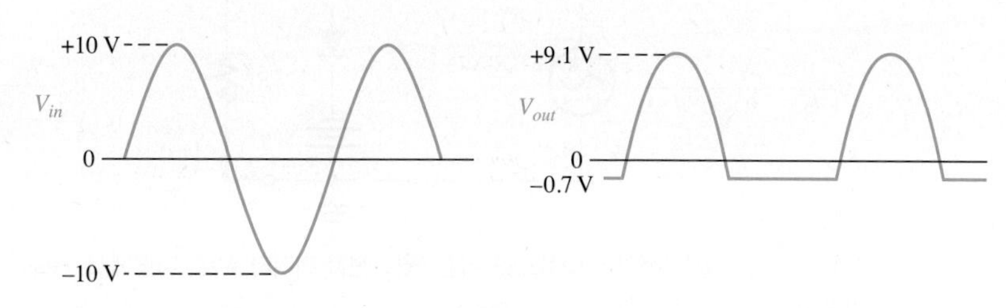

그림 12-33 그림 12-32 회로의 출력 파형

관련문제

그림 12-32에서 R_L이 680 Ω으로 변경되었을 때 출력 파형을 기술하라.

리미터 레벨의 조정 리미터 회로에서 리미팅 전압 레벨을 조정하려면 그림 12-34와 같이 다이오드에 직렬로 바이어스 전압을 연결하면 된다. 다이오드가 순방향 바이어스가 되어 단락이 되려면 점 A에서 전압은 V_{BB} + 0.7 V에 도달해야 한다. 일단 다이오드가 단락이 되면, A점에서의 전압은 V_{BB} + 0.7 V로 차단 설정되어 이 이상의 모든 입력 전압은 그림에서와 같이 잘려진다.

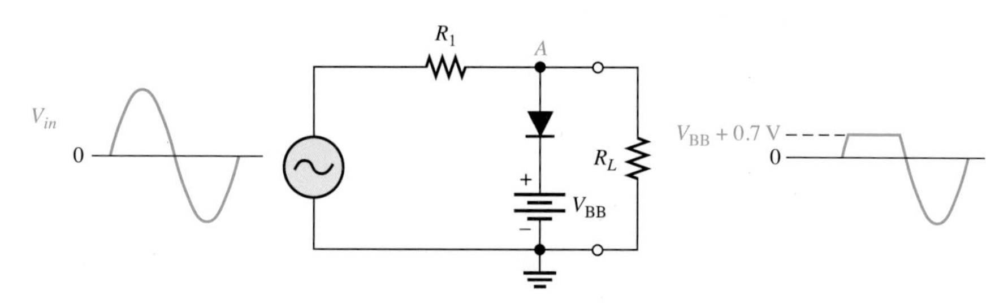

그림 12-34 양(+)전압 바이어스를 가진 양(+)전압 리미터 회로

만약 바이어스 전압이 그림 12-35와 같이 상하로 가변된다면, 그에 맞게 클리핑되는 전압도 상응하게 달라진다. 만약 그림 12-36과 같이 바이어스 전압의 극성이 반대로 바뀐다면, 그림에서처럼 $-V_{BB}$ + 0.7 V 이상의 전압은 클리핑된다. A 지점의 전압이 $-V_{BB}$ + 0.7 V 이하로 떨어질 때, 다이오드는 역방향 바이어스가 된다.

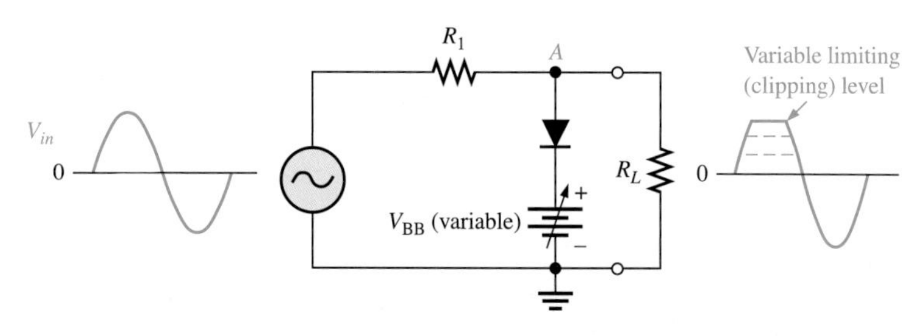

그림 12-35 가변되는 양(+)전압 바이어스를 가진 리미터 회로

특정한 음(−)전압 레벨 이하로 클리핑을 하려면, 다이오드와 바이어스 전압은 그림 12-37과 같이 연결되어야 한다. 이 경우, A점에서 전압은 $-V_{BB}$ − 0.7 V 이하로 내려가야만 순방향 바이어스가 되고 클리핑이 이루어진다.

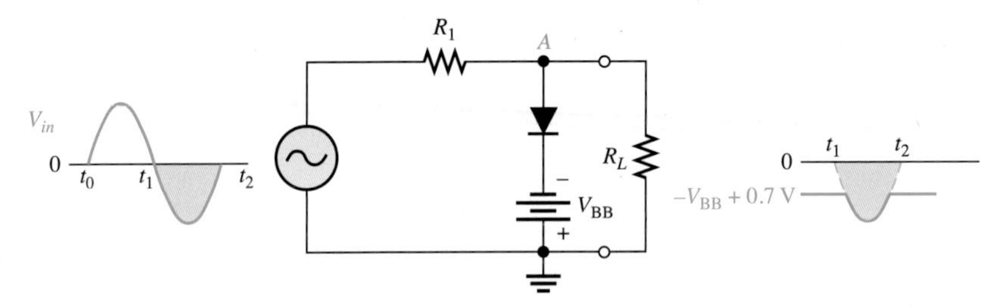

그림 12-36 음(−)전압 바이어스를 가진 양(+)전압 리미터 회로. 파형에서 $-V_{BB}$ +0.7 V 이상의 양(+)전압 부분은 제한됨을 유의하라.

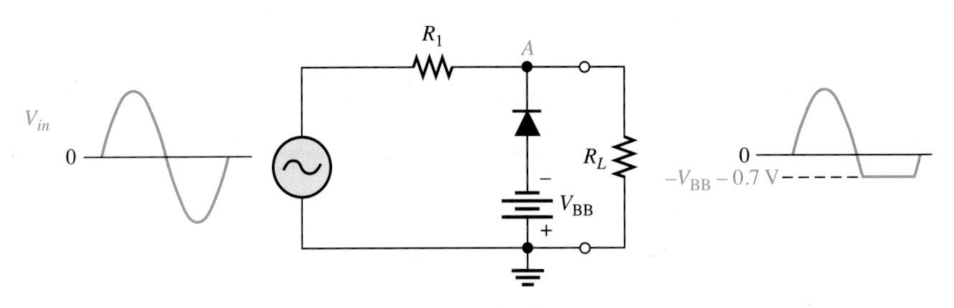

그림 12-37 음(−)전압 바이어스를 가진 음(−)전압 리미터 회로

예제 12-6

그림 12-38은 양(+)전압 바이어스된 리미트 회로와 음(−)전압 바이어스된 리미트 회로의 조합으로 이루어져 있다. 출력 파형을 그려 보시오.

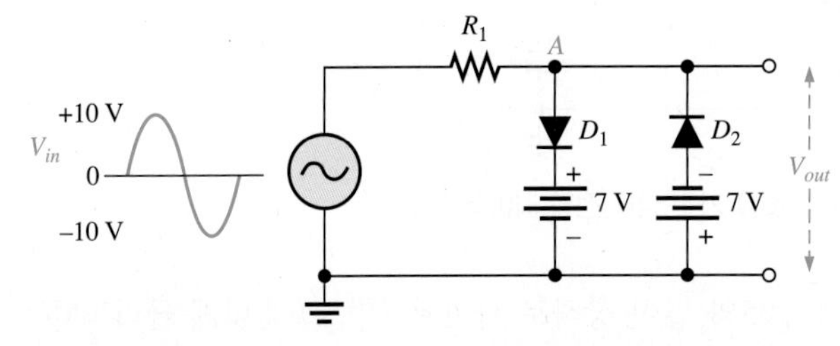

그림 12-38

풀이

A점의 전압이 +7.7 V에 도달하면, 다이오드 D_1은 단락되어 +7.7 V 이상의 전압을 제한한다. 다이오드 D_2는 +7.7 V에 도달할 때까지 단락되지 않는다. 따라서 7.7 V 이상의 양(+)전압과 −7.7 V 이하의 음 전압은 클리핑된다. 그림 12-39에 파형 결과를 나타내었다.

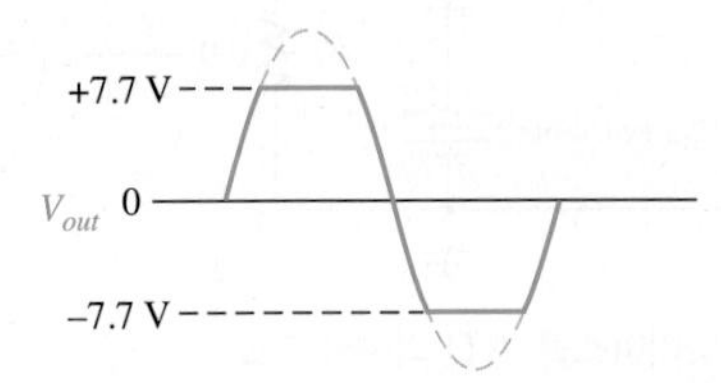

그림 12-39 그림 12-38의 출력 파형

관련문제

그림 12-38에서 직류 전압이 모두 10 V이고 입력은 20 V 피크 전압이라면 출력 파형은 어떻게 되는가?

다이오드 클램퍼

다이오드 **클램퍼(clamper)**는 교류 신호에 직류 전압 레벨을 더해 주는 회로이다. 클램퍼 회로는 **직류 복원회로**(*dc restorer*)라고도 불린다. 그림 12–40은 다이오드 클램퍼 회로를 설명하고 있는데, 출력 파형에 직류 전압이 더해진 것을 볼 수 있다. 이 회로의 동작은 다음과 같다. 그림 12–40(a)와 같이 입력의 초기 1/2주기 동안, 입력 전압은 음(−)전압으로 내려가고 있다. 이 동안 다이오드는 순방향 바이어스가 되어 커패시터는 입력신호의 최대 전압($V_{P(in)}$ − 0.7 V) 근처까지 충전된다. 음(−)전압 피크를 지나자마자 다이오드는 역방향 바이어스가 된다. 이유는 캐소드의 전압은 커패시터의 충전에 의해 $V_{P(in)}$ 근처까지 유지되기 때문이다.

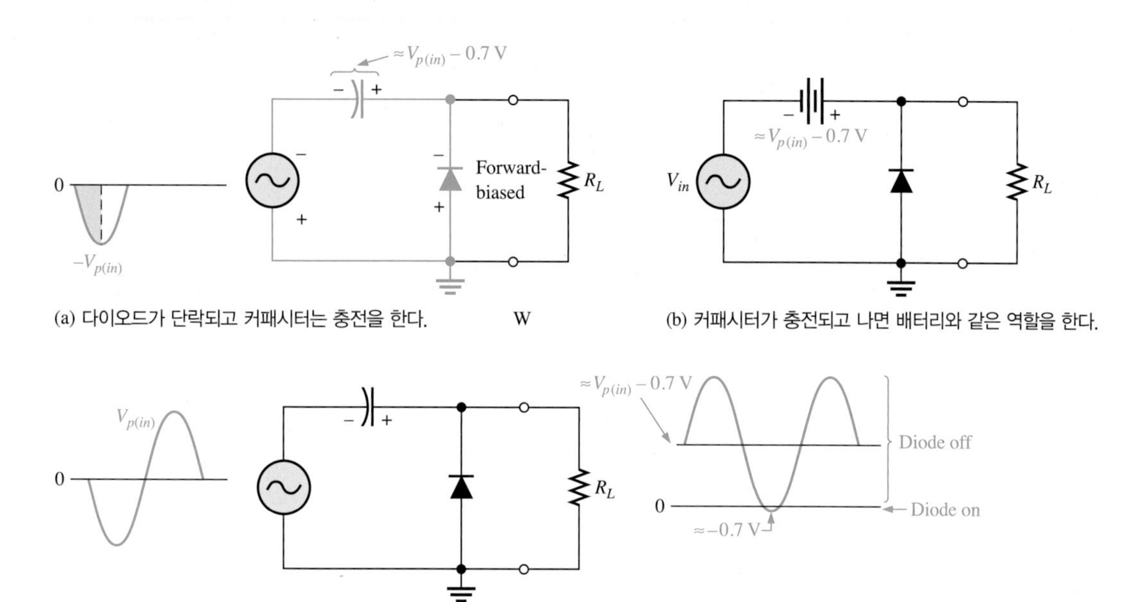

(a) 다이오드가 단락되고 커패시터는 충전을 한다.

(b) 커패시터가 충전되고 나면 배터리와 같은 역할을 한다.

(c) 커패시터 전압은 다시 입력 교류전압에 더해진다.

그림 12–40 양(+)전압 클램핑 동작. 다이오드는 커패시터를 급속 충전시키고, 커패시터는 R_L을 통해서만 방전한다.

커패시터는 오직 높은 저항값을 가진 R_L을 통해서만 방전을 한다. 따라서 다음 주기의 음(−)전압 1/2주기 내에서 피크 전압에서 커패시터는 매우 작은 양을 방전한다. 물론 방전되는 양은 저항 R_L에 의해 달라진다. 좋은 클램핑 동작이 이루어지려면, *RC* 시정수값은 적어도 입력신호 주기의 10배 이상이어야 한다.

클램핑 동작의 효과를 정리하면, 커패시터는 입력신호의 피크 전압에 다이오드 전압 강하를 뺀 정도의 전압까지 충전을 해서 유지한다는 것이다. 즉, 그림 12–40(b)처럼 커패시터의 전압은 입력에 전원을 직렬로 연결한 것과 같다. 커패시터의 직류 전압은 입력 전압에 중첩되어 그림 12–40(c)와 같이 나타나게 된다.

만일 그림 12–41과 같이 다이오드가 반대 방향이 된다면, 음(−)전압이 입력신호에 더해져서 출력으로 나타나게 된다. 필요하다면, 다이오드에 바이어스를 부가하여 클램핑 레벨을 조정해 줄 수도 있다.

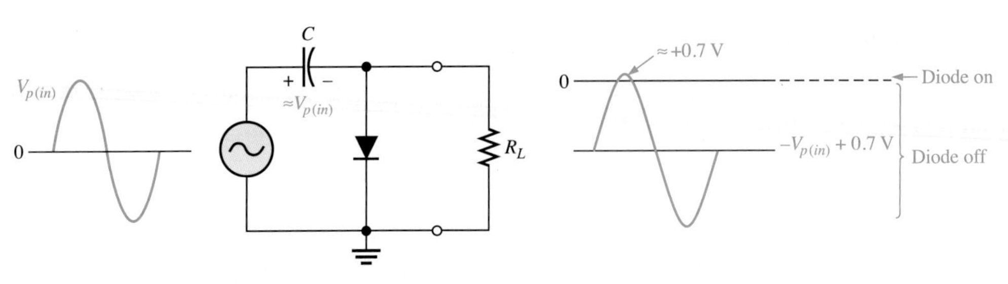

그림 12-41 음(−)전압 클램핑

예제 12-7

그림 12–42의 클램핑 회로에서 저항 R_L의 양단에 나타나는 출력 전압이 얼마나 될 것인가? RC 값은 커패시터가 방전을 거의 하지 않을 정도로 충분히 큰 값이라고 가정한다.

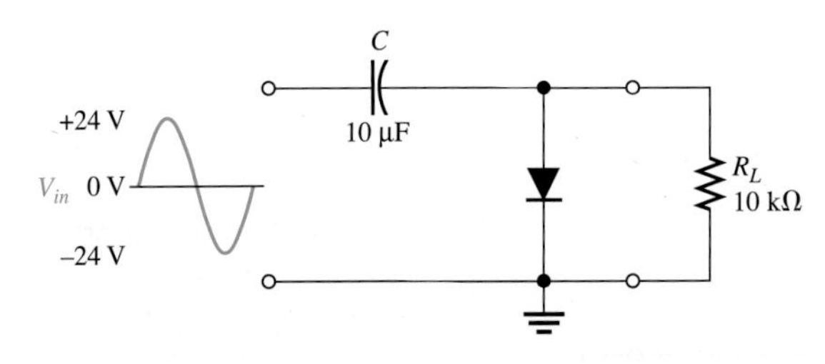

그림 12-42

풀이

이상적으로, 음(−)의 직류 전압값은 입력 피크값에 다이오드 전압강하를 뺀 값이다.

$$V_{DC} \cong -(V_{p(in)} - 0.7\text{ V}) = -(24\text{ V} - 0.7\text{ V}) = \mathbf{-23.3\text{ V}}$$

실제로는, 커패시터는 피크 사이에 약간 방전을 하고, 그 결과로 출력 전압은 평균적으로 앞에서 계산된 값보다 약간 작은 값이 될 것이다. 출력 파형은 그림 12–43과 같이 접지에 대해 대략 0.7 V 정도 올라간다.

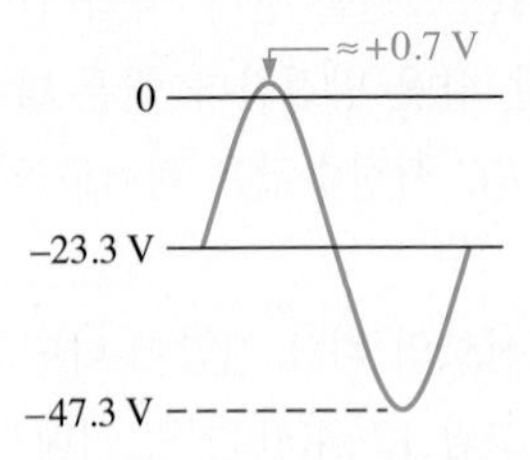

그림 12-43 그림 12–42의 출력 전압 파형

관련문제

그림 12–42의 클램핑 회로에서 다이오드와 커패시터의 극성이 반대로 된다면, 저항 R_L의 양단에 나타나는 출력 전압은 어떻게 될 것인가?

12-7절 복습 문제

1. 다이오드 리미터회로와 클램퍼회로가 기능적인 측면에서 어떻게 다른지를 설명하시오.
2. 리미터회로에서 다이오드가 반대로 연결된다면 어떤 일이 발생하는가?
3. +10 V의 피크 전압이 입력되는 경우에, 양(+) 리미터 출력전압을 +5 V로 제한하려고 한다. 바이어스 전압은 얼마가 되어야 하는가?
4. 클램퍼 회로에서 어떤 소자가 배터리처럼 동작하는가?

12-8 특수 목적용 다이오드

앞 절에서는 다이오드가 한쪽 방향으로만 전류를 흘린다는 점에 중점을 두고 여러 가지 응용 회로들을 알아보았다. 그런데 실제로는 다양한 종류의 다이오드들이 여러 응용분야에서 현재 사용되고 있다. 이 절에서는 특수 목적용 다이오드들, 즉 제너 다이오드, 버랙터 다이오드, 포토 다이오드, 발광 다이오드 등에 대해서 알아볼 것이다.

이 절을 마친 후 다음의 내용을 할 수 있어야 한다.

- 네 가지 서로 다른 특수 목적 다이오드들의 특성을 설명한다.
- 제너 다이오드의 특성 곡선을 설명한다.
- 제너 다이오드가 어떻게 전압 조정기로서 사용될 수 있는지를 설명한다.
- 버랙터 다이오드가 어떻게 가변 커패시터로 사용될 수 있는지를 설명한다.
- 발광 다이오드(LED, Light Emitting Diode)와 포토 다이오드(Photo diode)의 기본 원리를 설명한다.

제너 다이오드

그림 12-44는 제너 다이오드의 기호이다. **제너 다이오드(zener diode)**가 실리콘 *pn* 접합인 점은 일반 다이오드와 동일하나 보통의 정류 다이오드와는 다르게 역방향 바이어스에서 동작되도록 설계되어 있다. 제너 다이오드의 역방향 항복전압은 임의로 1.8 V에서 200 V 사이에 있도록 다이오드 제작 과정에서 도핑을 정밀하게 조절하여 만들어진다. 12-4절의 다이오드 특성곡선에서 보면, 역방향 항복전압에 이르면 역으로 흐르는 전류의 양이 급격히 증가하여도 다이오드 양단 전압은 거의 일정하다. 그림 12-45에 정류용 다이오드의 전압-전류 특성 곡선을 다시 보여주고 있다. 제너 다이오드의 주요 사용 용도는 기준 전압원 또는 저전류 전압 조정기로 사용하는 것이다. 전압 조정기로 사용할 경우에는 한계가 있는데, 앞서 설명한 전압 조정기와는 달리 맥동 전압 제거비가 그리 좋지 않다는 것이다. 그래서 큰 전류를 다루기에는 부적합하다. 제너 다

그림 12-44 제너 다이오드 기호 표시

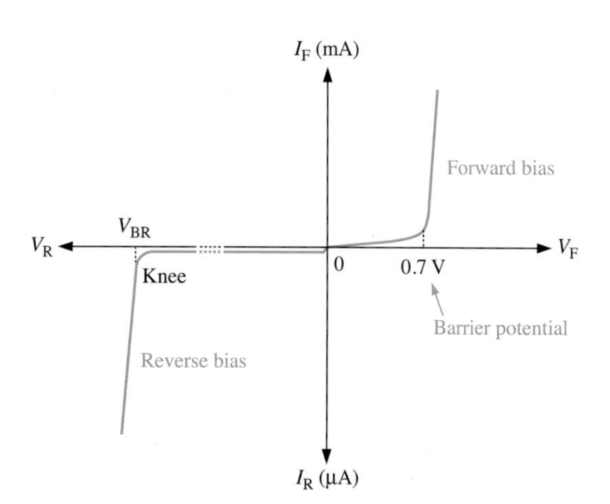

그림 12-45 다이오드의 전압-전류 특성 곡선

이오드와 트랜지스터 또는 연산증폭기 같은 부품들과 조합 사용해야 적절한 전압 조정기 기능을 할 수 있다.

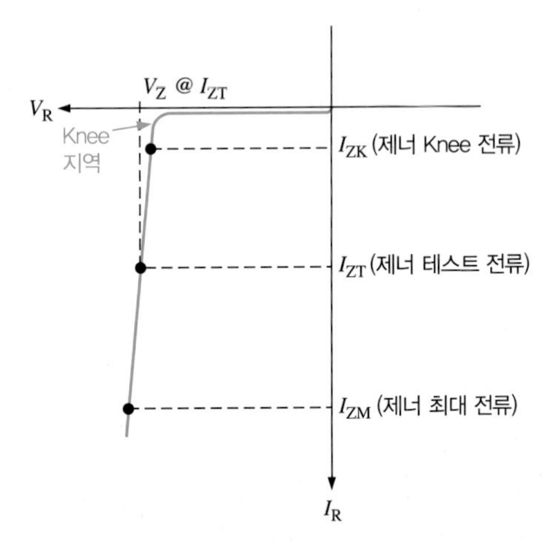

그림 12-46 제너 다이오드의 역방향 바이어스 특성. 항복 전압 V_Z은 보통 테스트 전류 I_{ZT}에서의 전압인데, 제너 전압 V_{ZT}로도 표시한다.

그림 12-46은 제너 다이오드의 역방향 바이어스 부분만 보였다. 역전압(V_R)이 증가하면, 역전류(I_R)는 Knee 위치까지는 매우 작은 양으로 일정하게 유지된다. 이 지점에서 항복현상이 시작된다. 제너의 내부 교류 저항은 역전류가 증가함에 따라 급격히 작아진다. 이 저항은 데이터시트 상에서 임피던스로 Z_Z 표시되어 있다. 제너 역방향 항복전압(V_Z)은 전류 I_Z가 증가하면 조금씩 증가하기도 하지만, Knee지점의 아래에서 거의 일정하게 유지된다. 특성 곡선에서 일정한 전압 영역은 제너 다이오드가 전압을 조절할 수 있는 능력이 있음을 보여 주는 것이다.

제너 다이오드가 레귤레이션 영역에 유지되도록 하려면, 역방향 전류는 최소 전류 I_{ZK}보다 크게 유지되어야 한다. 그림 12-46에서 보듯이 전류가 최소 전류보다 작아지게 되면, 전압은 급격히 작아져서 레귤레이션 동작을 하지 않게 된다. 또한 최대 전류값 I_{ZM}보다 크게 되면 제너 다이오드에 물리적 손상을 일으킬 수 있다. 따라서 역전류는 I_{ZK}와 I_{ZM} 사이에 적절한 값이 되어야 제너 다이오드가 거의 일정한 전압을 유지시킬 수 있다. 이러한 제너 전압(V_{ZT})은 데이터시트 상에 표시되어 있고, 제너 테스트 전류(I_{ZT})에 해당하는 값이다.

제너 등가회로 그림 12-47(a)는 이상적인 제너 다이오드가 역방향 바이어스 상태일 때의 등가회로이다. 제너 다이오드는 단순히 제너 전압과 같은 크기의 전원으로 대치한 것과 같다. 그림 12-47(b)는 보다 실제적인 등가회로로 제너 임피던스(Z_Z)를 포함하고 있다. 실제 전압 곡선은 이상적인 수직선이 아니므로 제너 전류 변화(ΔI_Z)에 따라 그림 12-47(c)와 같이 작은 제너 전압의 변화(ΔV_Z)를 유발한다.

옴의 법칙에 의해서 제너 임피던스는 전류에 대한 전압의 변화율이므로, 다음과 같이 표시된다.

$$Z_Z = \frac{\Delta V_Z}{\Delta I_Z} \quad (12-5)$$

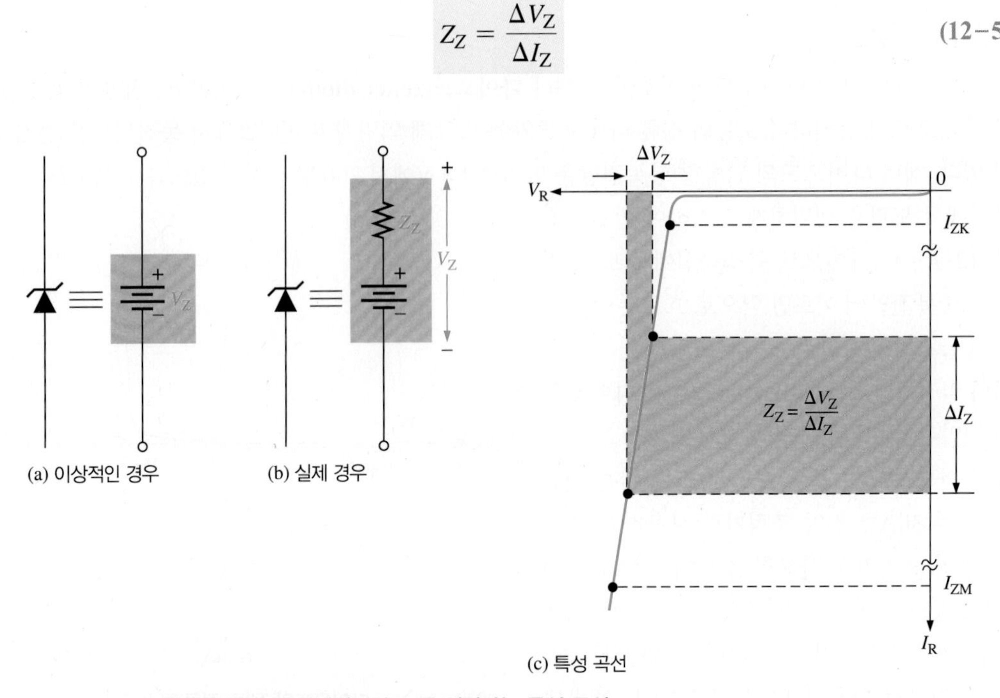

그림 12-47 제너 다이오드의 등가회로와 Z_Z를 설명하는 특성 곡선

일반적으로, Z_Z는 제너 테스트 전류 I_{ZT}에서 값이다. 대부분의 경우, Z_Z는 제너 전류의 변동에 대해 거의 일정하다고 가정할 수 있다.

예제 12-8

어떤 제너 다이오드가 선형적 특성을 보이는 역방향 바이어스 I_{ZK}와 I_{ZM} 영역에서 2 mA의 전류(I_Z) 변화에 50 mV의 전압(V_Z) 변화가 생겼다. 이 경우 제너 임피던스는 얼마인가?

풀이

$$Z_Z = \frac{\Delta V_Z}{\Delta I_Z} = \frac{50\text{ mV}}{2\text{ mA}} = \mathbf{25\ \Omega}$$

관련문제

15 mA의 전류 변화에 120 mV의 전압이 변하는 제너 다이오드의 임피던스를 계산하여라.

제너 전압 조정 제너 다이오드는 비교적 간단한 용도의 **전압조정**용으로 사용될 수 있다. 그림 12-48은 입력 직류 전압의 변동에 대해 어떻게 전압을 일정하게 유지할 수 있는 용도로 사용할 수 있는지를 설명해 주는 그림이다. 앞서 설명한 바와 같이, 이런 동작을 라인 레귤레이션이라고 한다.

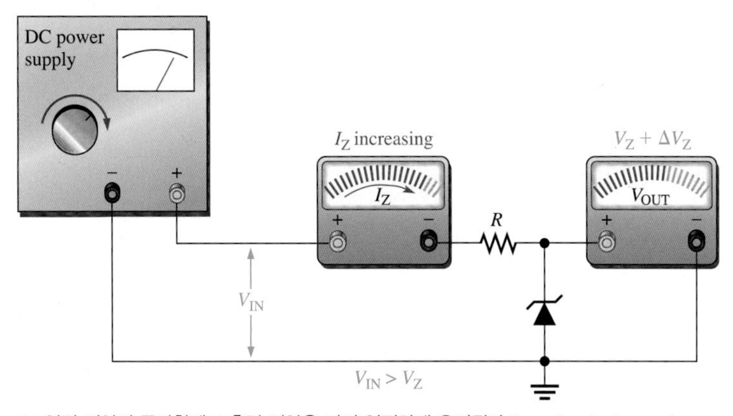

(a) 입력 전압이 증가함에도 출력 전압은 거의 일정하게 유지된다 ($I_{ZK} < I_Z < I_{ZM}$).

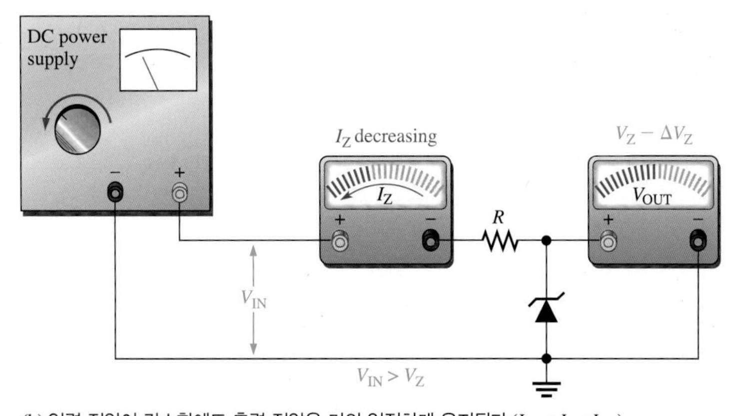

(b) 입력 전압이 감소함에도 출력 전압은 거의 일정하게 유지된다 ($I_{ZK} < I_Z < I_{ZM}$).

그림 12-48 입력 전압의 변동에 대한 제너 전압 조정

입력 전압의 변동에 대해서 제너 다이오드는 양단의 출력 전압을 일정하게 유지한다. 그러나 V_{IN}이 변하면, I_Z는 비례적으로 변하므로, 입력 전압의 변동 범위는 최소 전류와 최대 전류 사이에 있어야 한다($I_{ZK} < I_Z < I_{ZM}$). 물론 제너 다이오드는 $V_{IN} > V_Z$이라는 조건을 만족해야 전압 조정을 수행한다. R은 전류를 제한하는 저항으로서 직렬 연결되어 있다. DMM(디지털 멀티 미터)의 바(bar) 그래프 표시는 상대값과 경향을 표시한다. 대다수 DMM은 디지털 숫자 표시와 동시에 아날로그적인 바 그래프 표시도 함께 해 준다.

예제 12-9

그림 12-49는 출력 전압을 10 V로 유지시켜 주기 위해 설계된 제너 다이오드 회로이다. 제너의 임피던스는 0 Ω이고, 제너 최소 전류(I_{ZK})와 최대 전류(I_{ZM})는 각각 4 mA와 40 mA이라고 가정한다. 이 조건에서 입력 최소 전압과 최대 전압은 얼마인가?

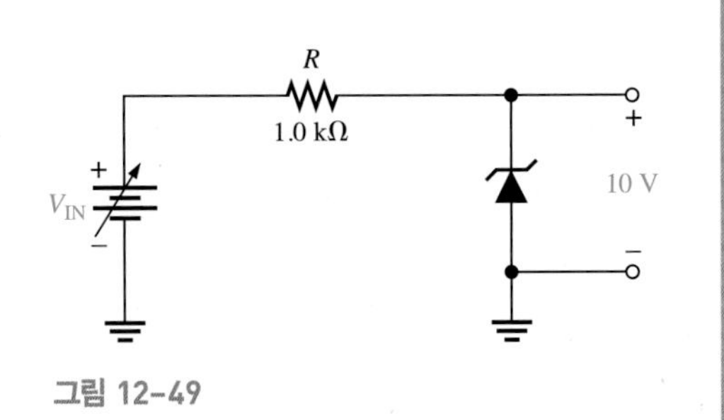

그림 12-49

풀이

먼저, 최소 전류로부터 1.0 kΩ 저항의 양단에 걸리는 전압은 다음과 같다.

$$V_R = I_{ZK}R = (4\text{ mA})(1.0\text{ k}\Omega) = 4\text{ V}$$

$V_R = V_{IN} - V_Z$이므로,

$$V_{IN} = V_R + V_Z = 4\text{ V} + 10\text{ V} = \mathbf{14\text{ V}}$$

최대 전류 조건으로부터, 1.0 kΩ 저항의 양단에 걸리는 전압은 다음과 같다.

$$V_R = (40\text{ mA})(1.0\text{ k}\Omega) = 40\text{ V}$$

따라서 전압은 다음과 같이 계산된다.

$$V_{IN} = 40\text{ V} + 10\text{ V} = \mathbf{50\text{ V}}$$

이 결과로부터 입력 전압이 14 V에서 50 V 사이일 경우, 제너 다이오드는 선전압 조정 동작을 하여 출력 전압을 거의 10 V 근처로 유지시켜 줄 수 있다는 것을 알 수 있다. 출력 전압은 제너의 임피던스로 인하여 조금은 변동하게 된다.

관련문제

그림 12-50에서 최소 전류와 최대 전류가 각 2.5 mA, 35 mA인 어느 제너 다이오드에 대해 전압 조정 동작을 할 수 있는 최소 및 최대 입력 전압을 구하시오.

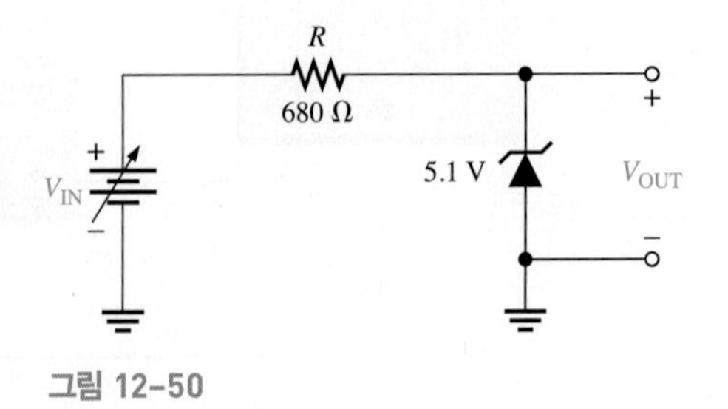

그림 12-50

버랙터 다이오드

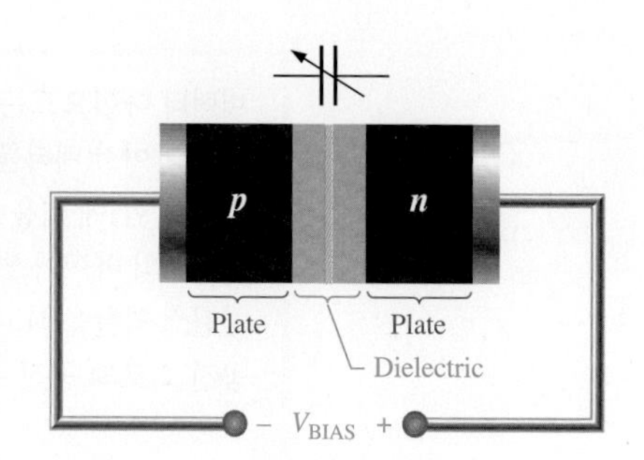

그림 12-51 역방향으로 바이어스된 다이오드는 가변 커패시터로 동작한다.

버랙터 다이오드(Varactor Diode)는 역방향 바이어스의 전압 크기에 따라 접합 커패시턴스 용량이 변화하므로 가변 커패시턴스 다이오드(variable capacitance diode)라고 부른다. 이 버랙터는 가변 커패시턴스의 특성을 이용하기 위해 특별히 제작된 다이오드이다. 즉, 역방향 전압을 변화시켜 커패시턴스를 변화시킬 수 있다. 이러한 다이오드는 통신시스템에서 사용되는 전자 동조회로에 자주 이용된다.

버랙터(varactor)는 기본적으로 공핍층에서 발생된 커패시턴스를 이용하는 역방향 바이어스 된 *pn* 접합 다이오드이다. 역방향 바이어스에 의해 생성된 공핍층은 절연 특성 때문에 커패시터의 유전체와 같은 역할을 한다. 그림 12-51에서 보듯이 *p*와 *n* 영역은 각각 도체로 커패시터의 평행판과 같은 역할을 한다.

커패시턴스는 마주보고 있는 판의 면적(*A*), 유전율 및 두께(*d*)에 의해 다음과 같은 식으로 표현된다.

$$C = \frac{A\epsilon}{d}$$

역방향 바이어스 전압이 증가하면, 공핍층의 폭은 넓어지게 되고 유전체의 두께(*d*)는 증가하는 효과를 가져서 커패시턴스는 감소하게 된다. 반대로 역방향 바이어스가 감소하면, 공핍층이 줄어들어 커패시턴스가 증가하게 된다. 그림 12-52(a)와 12-52(b)는 이 원리를 설명한 것이다. 일반적인 전압과 커패시턴스와의 관계를 나타내는 그림이 12-52(c)이다.

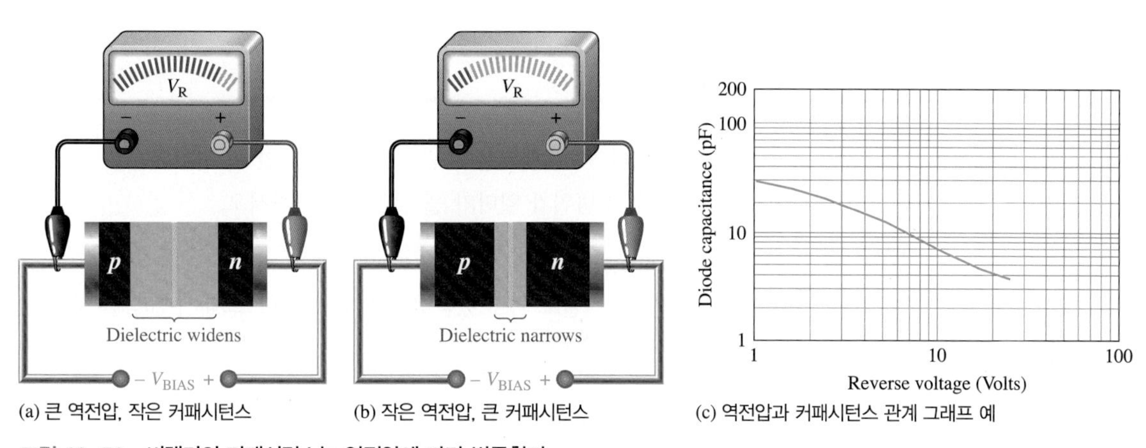

(a) 큰 역전압, 작은 커패시턴스 (b) 작은 역전압, 큰 커패시턴스 (c) 역전압과 커패시턴스 관계 그래프 예

그림 12-52 버랙터의 커패시턴스는 역전압에 따라 변동한다.

버랙터 다이오드에서는 공핍층의 도핑과 다이오드의 기하학적 구조 및 크기에 따라 커패시턴스가 결정된다. 그림 12-53(a)는 버랙터 다이오드의 기호이며, (b)는 단순화한 등가회로이다. r_S는 역바이어스 때문에 생기는 직렬저항, C_V는 가변 커패시턴스이다.

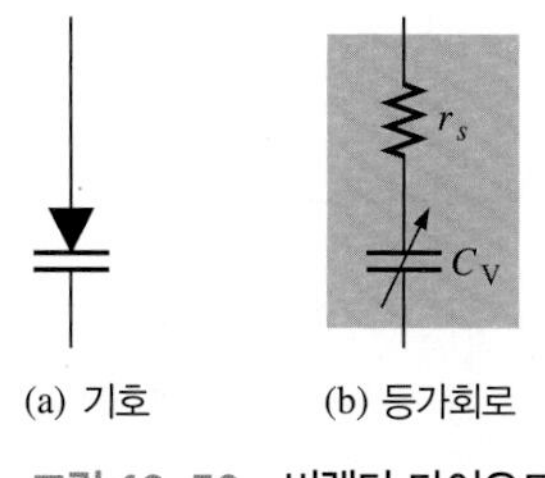

(a) 기호 (b) 등가회로

그림 12-53 버랙터 다이오드

버랙터 다이오드는 주로 통신장비의 동조 회로에 이용된다. 예로서 TV의 전자 튜너와 기타 다른 수신기 장치들은 이 버렉터를 중요한 부품으로서 이용한다. 그림 SN12-1과 같이 공진 회로(탱크 회로, tank circuit이라고도 함)에 이용이 될 경우, 버렉터는 전압에 의해 제어되는 커패시터처럼 동작하는데, 원하는 주파수를 버렉터의 바이어스 전압을 변화시킴으로써 얻을 수 있다. 여기서 두 버랙터는 병렬 공진 회로에서 가변 커패시턴스 역할을 하고 있다. V_C는 가변 직류 전압으로서 역전압을 제어하여 버랙터의 커패시턴스를 조정한다. 공진 회로의 공진 주파수는 다음과 같다는 것을 기억해 보라.

$$f_r \cong \frac{1}{2\pi\sqrt{LC}}$$

이 근사식은 Q > 10인 경우에 유효하다.

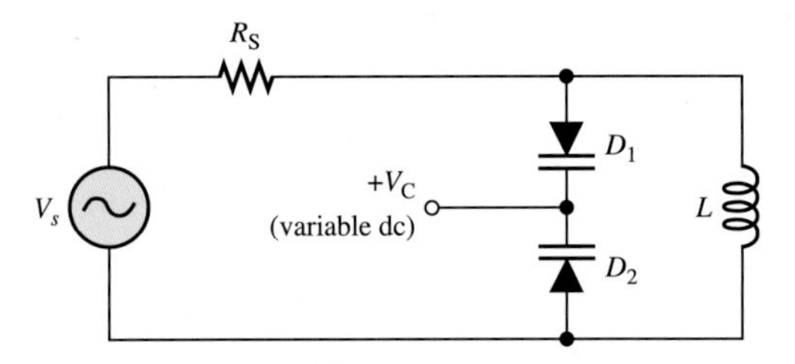

그림 SN12-1 공진 회로에서 버랙터의 사용

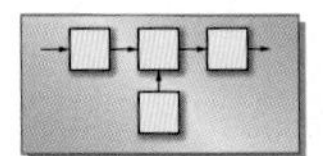

시스템 노트

예제 12-10

어떤 버랙터의 정전용량이 5 pF에서 50 pF까지 가변이 된다. 이 버랙터는 그림 SN12-1에 보인 회로와 유사한 동조회로에 사용된다. 만약 $L = 10$ mH이라면, 공진 주파수의 범위가 얼마가 될 것인지 계산하시오.

풀이

등가회로를 그림 12-54에 나타내었다. 버랙터의 정전용량은 직렬로 되어 있음을 유의해야 한다. 그래서 합성된 정전용량의 최소값은 개별 커패시터의 최소값의 직렬 합성값이 된다.

$$C_{T(min)} = \frac{C_{1(min)}C_{2(min)}}{C_{1(min)} + C_{2(min)}} = \frac{(5\text{ pF})(5\text{ pF})}{5\text{ pF} + 5\text{ pF}} = 2.5\text{ pF}$$

따라서, 최대 공진 주파수는 다음과 같다.

$$f_{r(max)} = \frac{1}{2\pi\sqrt{LC_{T(min)}}} = \frac{1}{2\pi\sqrt{(10\text{ mH})(2.5\text{ pF})}} \cong \mathbf{1\ MHz}$$

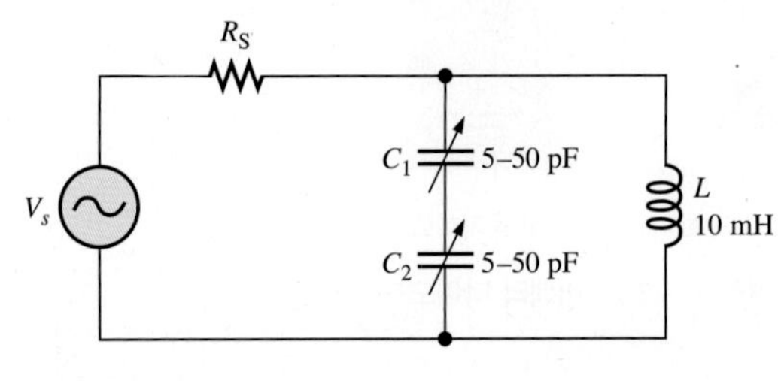

그림 12-54

합성된 정전용량의 최대값은 다음과 같다.

$$C_{T(max)} = \frac{C_{1(max)}C_{2(max)}}{C_{1(max)} + C_{2(max)}} = \frac{(50\text{ pF})(50\text{ pF})}{50\text{ pF} + 50\text{ pF}} = 25\text{ pF}$$

따라서, 최소 공진주파수는 다음과 같다.

$$f_{r(min)} = \frac{1}{2\pi\sqrt{LC_{T(max)}}} = \frac{1}{2\pi\sqrt{(10\text{ mH})(25\text{ pF})}} \cong \mathbf{318\text{ kHz}}$$

관련문제

그림 12–54에서 $L = 2.7$ mH인 경우, 공진 주파수 범위를 구하시오.

발광 다이오드

명칭에서 알 수 있듯이, **발광 다이오드(Light Emitting Diode, LED)**는 빛을 방출하는 다이오드이다. 발광 다이오드는 이미 우리 주위에서 많이 볼 수 있듯이 다양한 용도의 표시 장치로 많이 사용이 되고 있다. 적외선 다이오드는 리모콘 등의 광통신용으로 많이 사용된다.

발광 다이오드의 기본 원리는 다음과 같다. 다이오드가 순방향 바이어스가 되었을 때, *pn* 접합을 가로지르는 전자들은 *p* 영역에서 정공들과 재결합한다. 이런 자유전자들은 전도대에 속하는 전자들인데, 정공과 결합한 가전자들보다 더 높은 에너지를 가지고 있다. 재결합이 일어날 때, 재결합한 전자들은 가지고 있던 에너지를 방출하게 되는데, 이때 빛과 열의 형태로 에너지가 방출된다. 이 과정에서 반도체 재료 중 하나의 층이 넓게 노출되어 있으면, 광자들이 가시광의 형태로 방출된다. 그림 12–55는 이러한 **전자 발광(electro luminescence)** 현상을 설명한 것이다.

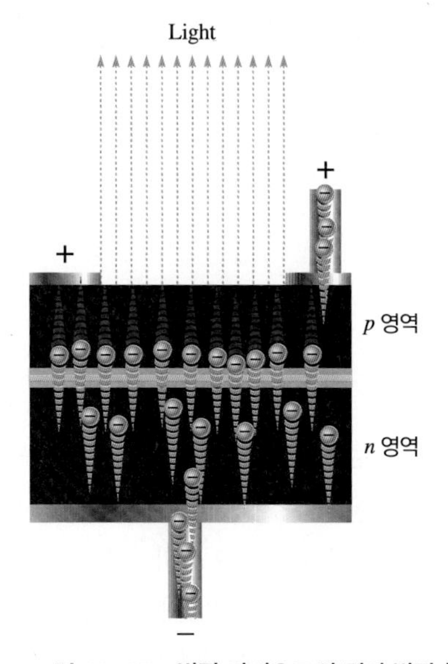

그림 12–55 발광 다이오드의 전자 발광 현상

발광 다이오드에 사용되는 반도체 물질들은 갈륨아세나이드(GaAs), 갈륨아세나이드포스파이드(GaAsP), 갈륨포스파이드(GaP) 등이 사용된다. 실리콘과 게르마늄은 사용되지 않는데, 이유는 이 물질들은 근본적으로 열발생 물질이기 때문에 빛을 발생시키는 기능은 거의 없기 때문이다. GaAs

그림 12-56
발광 다이오드의 기호

발광 다이오드는 적외선을 방출하는데, 이 빛은 볼 수가 없다. GaAsP 발광 다이오드는 적색 또는 황색 가시광선을 만들고, GaP 발광 다이오드는 적색 또는 녹색 광을 방출한다. 청색 발광 다이오드도 이미 시중에서 구입이 가능하다. 그림 12-56은 발광 다이오드의 기호를 표시한 것이다. 발광 다이오드는 순방향 바이어스 전류(I_F)가 충분해지면 그림 12-57(a)와 같이 빛을 발생시킨다. 빛의 양은 그림 12-57(b)와 같이 전류 크기에 비례한다. 그림 (c)와 (d)는 여러 가지 형태의 발광 다이오드 모양이다.

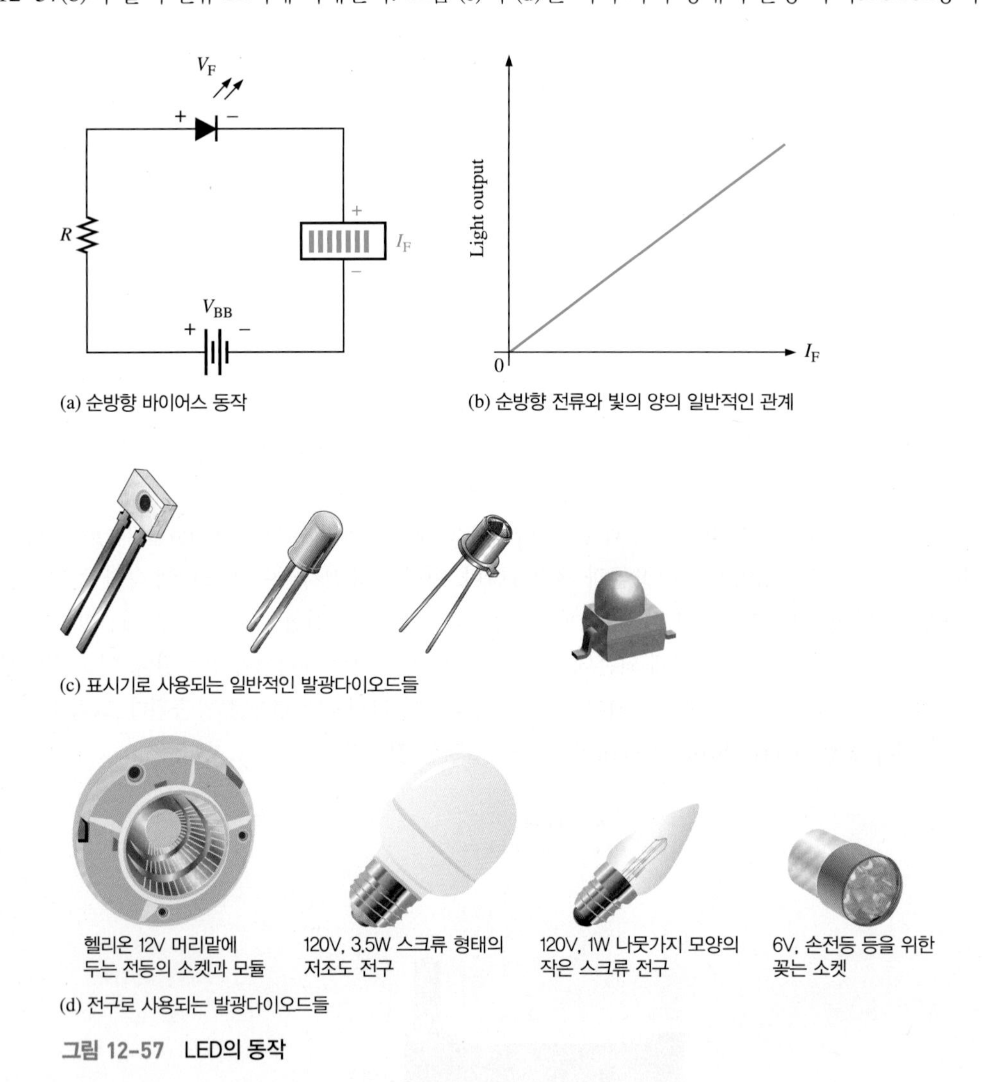

(a) 순방향 바이어스 동작

(b) 순방향 전류와 빛의 양의 일반적인 관계

(c) 표시기로 사용되는 일반적인 발광다이오드들

(d) 전구로 사용되는 발광다이오드들

그림 12-57 LED의 동작

발광 다이오드의 응용

표준 발광 다이오드들은 표시 램프 용도로 사용되는데, 일반 공산품뿐만 아니라 과학 실험 장치 등의 각종 계측기의 화면 표시에 주로 사용된다. 화면 표시용으로 일반적인 형태가 7 세그먼트 표시기이다. 그림 12-58에 십진수 표시기 내의 발광 다이오드의 조합을 보여주고 있다. 내부의 각 세그멘트들은 하나의 발광 다이오드들이다. 세그멘트들을 선택해서 순방향 전류를 흘리면, 어떤 숫자나 소수점 등도 표시할 수 있다. 그림에서 애노드 공통형와 캐소드 공통형 등으로 제작되는 2종의 발광 다이오드 회로 배열을 볼 수 있다.

적외선 발광 다이오드의 흔한 용도는 TV, DVD, 자동문 등의 리모콘 용도이다. 예를 들어 적외선 발광 다이오드는 보이지 않는 빔 형태로 빛을 보내서 TV 수신기에서 감지하도록 한다. 리모콘 장치의 각 버튼들은 각자 자신의 고유 코드를 가지고 있다. 특정 버튼을 누르면 코드에 해당하는 신호가 발생되어 적외선 다이오드로 전달되는데, 적외선 다이오드는 이 신호를 그대로 적외선 광신호로 바꾼다. TV 수신기는 그 코드를 인지하고 그에 해당하는 동작, 즉 채널 변경 또는 소리 크기를 높이든가 낮추는 등의 동작을 수행한다.

또한, 적외선 다이오드는 광섬유 등의 광학관련 통신 분야에서도 사용되고 있는데, 적용 분야에는 산업계, 제어 장치, 위치 인코더, 바코드 입력, 광학 스위치 등이 포함된다.

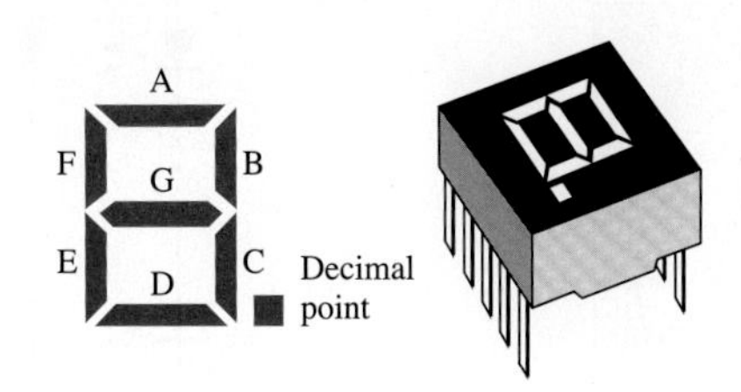

(a) LED 세그멘트 배열과 일반적인 외관

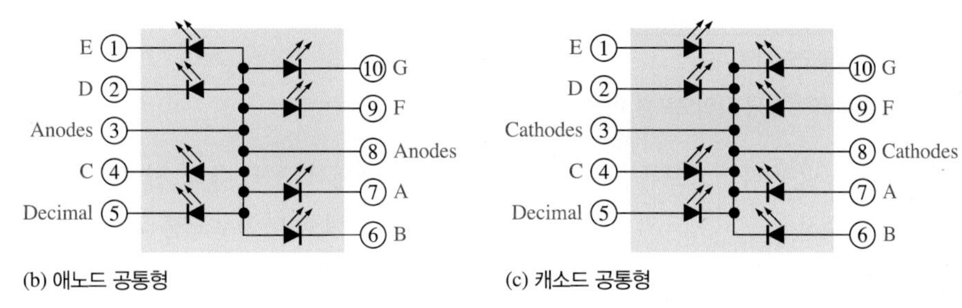

(b) 애노드 공통형 (c) 캐소드 공통형

그림 12-58 7-세그멘트 발광 다이오드 표시기

고휘도 발광 다이오드

일반 발광 다이오드보다 훨씬 많은 빛을 발하는 고휘도 발광 다이오드들이 교통 신호등, 자동차 전조등, 야외 광고, 실내 조명 등의 분야에 사용되고 있다.

교통신호등 발광 다이오드들이 현재 사용되고 있는 교통신호등의 일반램프를 급격히 대체하여 사용되고 있다. 초소형 발광 다이오드들을 배열로 만들어 신호등 내의 적색, 황색, 녹색 빛을 발생시키도록 제작된다. 발광 다이오드 램프의 사용은 세 가지 주요한 이득을 주고 있는데, 밝기 증가, 수명 연장(수 년 이상), 저전력 소비(약 90% 이상 절감) 등의 효과이다.

발광 다이오드 신호등은 빛을 직접 출력하는데 최적화된 렌즈와 함께 배열된다. 그림 12-59(a)는 적색 발광 다이오드의 배열을 이용한 신호등의 예를 보여 주고 있다. 설명을 쉽게 하기위해서 다소 낮은 밀도의 발광 다이오드 배열을 예로 들었다. 실제 다이오드의 수와 간격은 신호등의 크기, 렌즈 형태, 색상, 요구 광량 등에 따라 달라진다. 적절한 발광 다이오드 밀도와 렌즈 한 개, 8-12인치 크기의 신호등은 하나의 원 형태의 컬러로 나타난다.

배열 내의 발광 다이오드들은 일반적으로 직렬-병렬 또는 병렬 등의 배열 형태로 연결되어 있다. 직렬 연결은 실제 적용에서는 적절치 못한데, 그 이유는 단 한 개의 발광 다이오드라도 끊어지면 모든 발광 다이오드는 전류가 흐르지 않기 때문이다. 병렬 연결인 경우에는 각각의 모든 발광 다이오드에 전류 제한용 저항을 직렬로 연결해야 한다. 이런 저항의 수를 줄이려면 그림 12-59(b)와 같이 직렬-병렬 조합 연결이 그 대안이 된다.

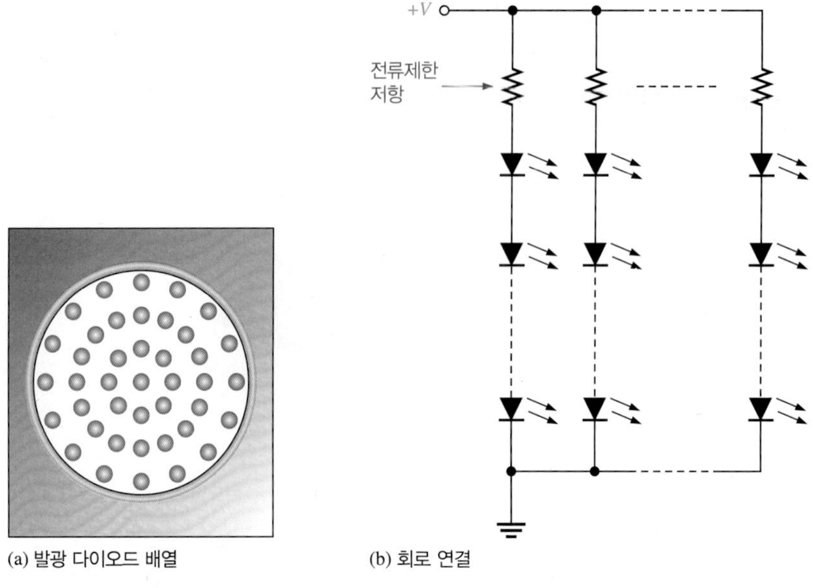

(a) 발광 다이오드 배열 (b) 회로 연결

그림 12-59 발광 다이오드를 이용한 신호등

LED 디스플레이 발광 다이오드들은 다양한 크기의 전광판에서 단색, 다색, 천연색 등으로 폭넓게 사용된다. 천연색 스크린은 고휘도의 적색, 녹색, 청색 세 가지 발광 다이오드를 그룹으로 만들어 하나의 **픽셀(pixel)**로 사용한다. 보통의 스크린은 수천 개의 RGB 픽셀로 만들어지는데, 정확한 수는 스크린의 크기와 픽셀 수에 의해 결정된다.

적색(R), 녹색(G), 청색(B)은 빛의 삼원색인데, 각 빛의 밝기를 바꾸어 가며 혼합하면 가시 광선으로 다양한 색상을 만들어 낼 수 있다. 그림 12-60에 이런 기본 세 개의 발광 다이오드로 구성된 하

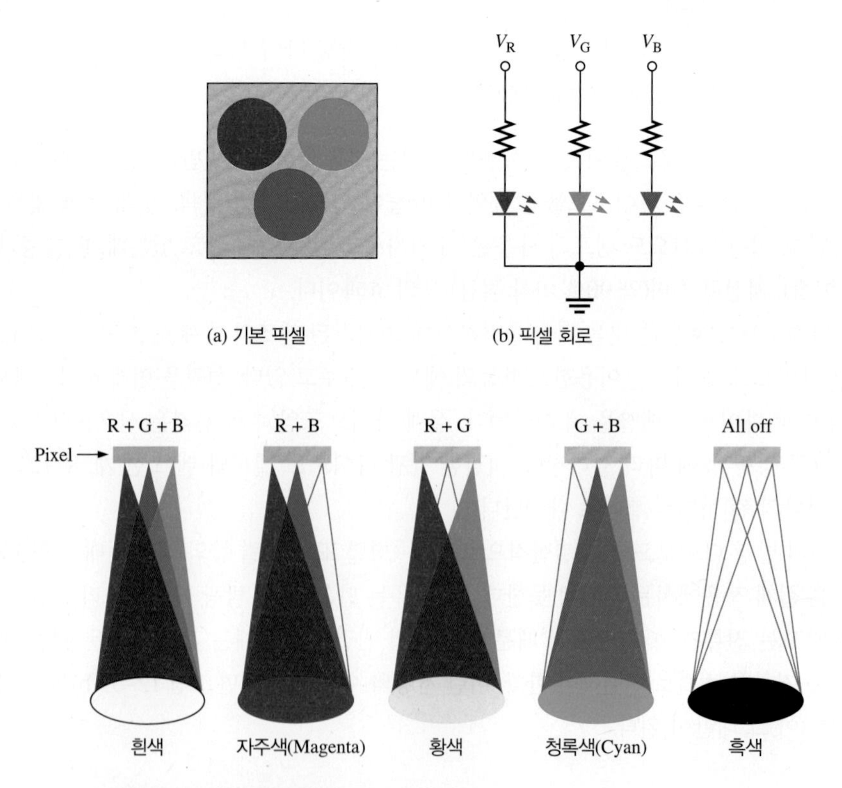

(a) 기본 픽셀 (b) 픽셀 회로

(c) 삼원색을 같은 양으로 다르게 혼합할 경우의 예

그림 12-60 LED 스크린에 사용되는 RGB 픽셀의 개념

나의 픽셀을 보여준다. 각 세 개의 다이오드에서 나오는 빛의 양은 개별적으로 순방향 전류량 제어를 통해 조절이 가능하다. 어떤 TV 화면에는 황색이 삼원색에 더해져서 RGBY로 사용되기도 한다.

기타 응용 고휘도 발광 다이오드들은 후미등, 브레이크등, 조향등, 보조등, 실내등 등의 자동차 조명 분야에서도 점차적으로 넓게 사용되고 있다. 발광 다이오드는 자동차에서 기존의 백열전구들을 거의 대부분 대체할 것으로 보인다. 결국, 전조등도 발광 다이오드의 배열로 대체될 것이다. 발광 다이오드는 나쁜 날씨에서도 잘 보이고 기존 백열전구보다 100배 이상의 수명을 가진다.

발광 다이오드는 실내 가정용 및 사무용 용도로의 적용 방향이 모색되고 있다. 백색 발광 다이오드는 결국 실내와 업무 인테리어용 형광등과 백열등을 대체할 것이다. 대부분 백색 발광 다이오드는 점도성 접착제에 파우더로 섞어서 만든 형태의 결정체로 코팅된 황색 인으로 덧씌운 고휘도 청색 GaN(gallium nitride)를 사용하여 구성된다. 황색은 눈의 적색과 녹색 시신경 세포들을 자극하기 때문에 청색과 황색의 혼합된 빛은 백색으로 나타난다.

유기 발광 다이오드(Organic LED, OLED)

OLED는 전압을 가할 때 빛을 내는 유기 분자 또는 폴리머들로 구성된 물질을 두 개 내지는 세 개의 층으로 구성한 것이다. OLED는 인광발광현상(electrophosphorescence)을 이용하여 빛을 만들어낸다. 빛의 색상은 발광층의 유기 분자의 종류에 따라 달라진다. 그림 12-61은 두 개의 층으로 구성된 OLED의 내부 기본 구조를 보여준다.

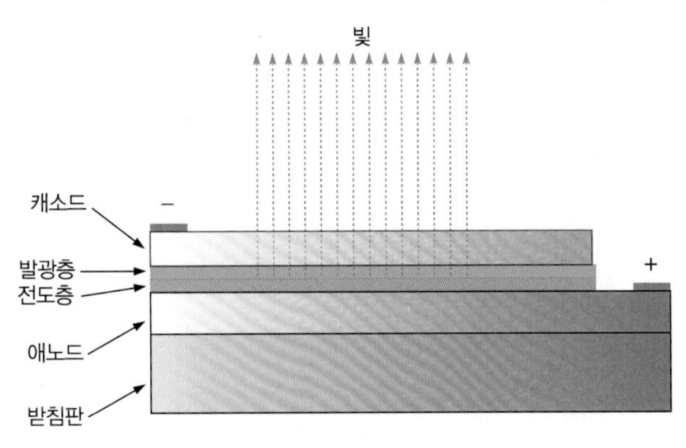

그림 12-61 두 개의 층으로 구성된 OLED의 내부 구조

캐소드와 애노드 사이에 전류가 흐르면 전자들은 발광층으로 이동이 되면서 전도층에서는 사라진다. 전도층에서 전자들이 없어지면 정공을 남긴다. 발광층에서 온 전자들은 두 층의 경계에서 전도층의 정공들과 재결합한다. 이런 재결합이 일어날 때, 에너지는 빛의 형태로 방출되어 투명한 캐소드층을 통과한다. 만일 애노드와 받침판 등도 투명 물질로 제작된다면, 빛은 양방향으로 방출되는데, 이 경우 헤드업 디스플레이(heads-up display) 용도로 매우 적합하게 된다.

OLED는 프린트할 때 종이에 잉크를 분사하는 것처럼 기판에 스프레이할 수 있다. 잉크젯 기술이 OLED의 제조 비용을 크게 낮추었는데, 이로서 80인치 TV 화면이나 전광판처럼 큰 대형 화면용으로 제작되는 넓은 필름 위에 프린팅하여 만들 수 있게 되었다.

OLED는 Eastman Kodak이라는 사람에 의해 개발되었다. 처음에 휴대폰이나 PDA에 사용되는 휴대용 장치에 LCD 기술을 대체하기 위해 시작되었다. OLED는 기존의 LCD나 LED 등에 비해 더 밝고, 얇고, 빠르고, 가볍다. 또한 전력 소비가 더욱 작으면서도 제조비용은 저가이다.

시스템 노트

광 다이오드

광 다이오드(photodiode)는 그림 12–62과 같이 역방향 바이어스에서 동작되는 *pn* 접합 다이오드인데, I_λ는 역방향 전류이다. 광다이오드의 기호에 주의해야 한다. 광다이오드는 작은 투명 창(window)을 갖고 있어 *pn* 접합에 빛이 도달하도록 되어 있다.

역방향 바이어스가 되었을 때, 정류 다이오드는 매우 작은 역방향 전류가 흐른다는 것을 기억할 것이다. 광다이오드도 마찬가지이다. 공핍층에서 열에너지에 의해 전자와 정공이 분리된 후, 전자는 역방향 전압에 의해 만들어진 전기장에 이끌려 이동하여 역전류가 발생되는 것이다. 정류 다이오드에서 이 역전류는 온도에 의해 전자와 정공이 분리되는 쌍이 많아지면 증가하는 특성을 보인다.

광다이오드에서도 노출된 *pn* 접합에 빛을 증가시키면 역방향 전류가 증가한다. 들어오는 빛이 없으면 역방향 전류(I_λ)는 거의 존재하지 않는데, 이를 **암전류**(*dark current*)라 부른다.

빛 에너지(lm/m^2, lumens per square meter)가 증가하면 역전류도 그림 12–63(a)와 같이 증가한다. 그림 12–63(b)는 역 바이어스 전압에 대한 광다이오드의 특성 곡선을 보여준다.

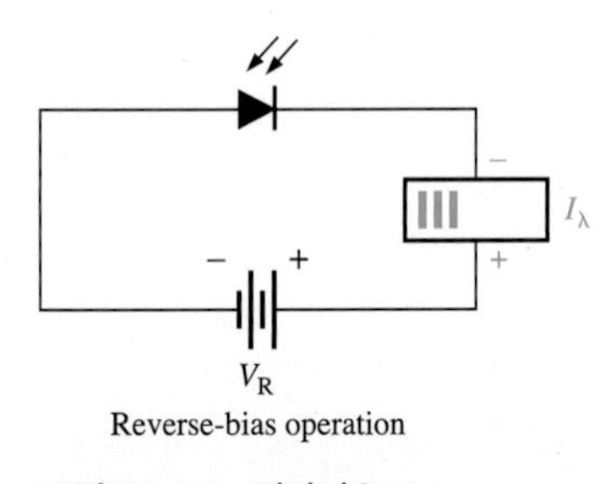

그림 12–62 광다이오드

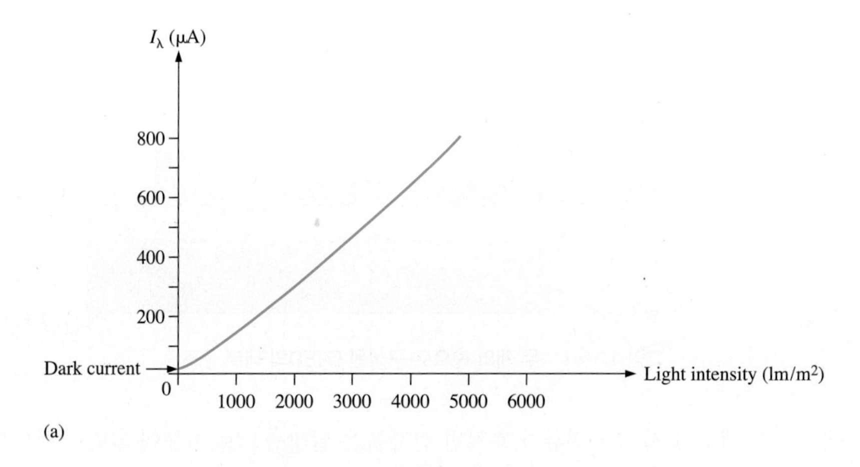

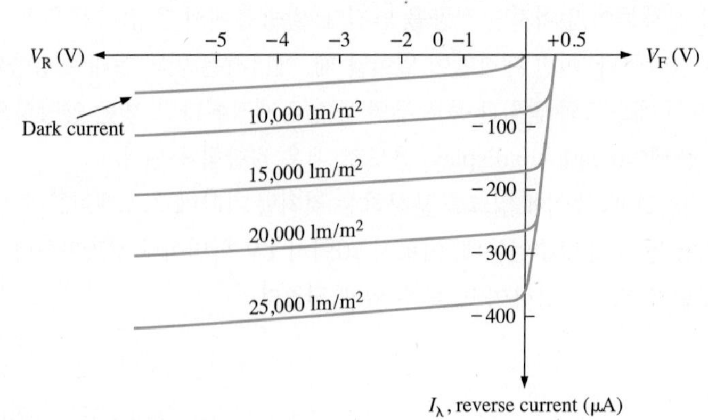

그림 12–63 일반적인 광다이오드의 특성

그림 12-63(b)의 특성 곡선에서 보면, −3 V의 역방향 바이어스 전압일 때 이 광다이오드의 암전류가 약 35 μA 정도이다. 따라서 빛이 없을 때, 이 다이오드의 역방향 저항은 다음과 같다.

$$R_R = \frac{V_R}{I_\lambda} = \frac{3\ \text{V}}{35\ \mu\text{A}} = 86\ \text{k}\Omega$$

빛이 25,000 lm/m^2 일 때, −3 V에서 전류는 약 400 μA이다. 이 조건에서 저항은 다음과 같다.

$$R_R = \frac{V_R}{I_\lambda} = \frac{3\ \text{V}}{400\ \mu\text{A}} = 7.5\ \text{k}\Omega$$

이 계산은 광다이오드가 빛의 세기를 통해 가변 저항으로 사용될 수 있음을 보여주는 결과이다.

그림 12-64는 광다이오드가 빛이 없을 때 기본적으로 역전류가 거의 없음(매우 작은 암전류를 제외)을 설명해 준다. 또한 빛이 비추면, 빛의 세기에 비례하여 역전류가 흐른다는 것을 알 수 있다.

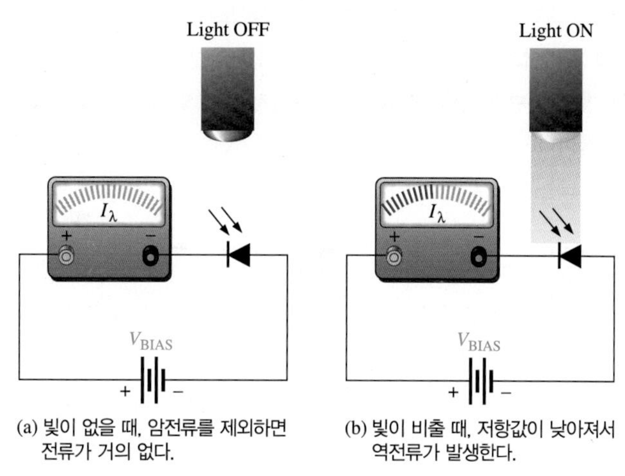

(a) 빛이 없을 때, 암전류를 제외하면 전류가 거의 없다.

(b) 빛이 비출 때, 저항값이 낮아져서 역전류가 발생한다.

그림 12-64 광다이오드의 동작

12-8절 복습 문제

1. 일반적으로 제너 다이오드는 어떻게 동작하는가?
2. 파라미터 I_{ZM}은 무엇을 의미하는가?
3. 버랙터 다이오드의 사용 목적은 무엇인가?
4. 그림 12-52(c)의 일반적인 곡선에 의거하여 볼 때, 역전압을 증가시키면 다이오드의 정전용량은 어떻게 되는가?
5. 발광 다이오드에 사용되는 반도체 물질을 열거해 보라.
6. 빛이 없을 때 광다이오드에 약간의 전류가 흐른다. 이 전류를 무엇이라 부르는가?

요약

- 보어의 원자 모델은 (+)극성으로 된 양성자와 중성인 중성자로 구성된 원자핵 주위를 음(−)극성의 전자가 공전하는 것이다.
- 원자의 전자각은 에너지 준위이다. 전자를 가진 최외곽의 전자각이 바로 가전자대이다.
- 실리콘은 반도체 물질의 주된 재료이다.
- 반도체 결정 구조 속의 원자들은 공유 결합으로 상호 묶여 있다.
- 전자−정공 쌍은 열에 의해서 생성된다.
- *p*형 반도체란 진성 반도체에 3가 원자들을 도핑하여 만든다.
- *n*형 반도체란 진성 반도체에 5가 원자들을 도핑하여 만든다.
- 진성 반도체에 불순물을 섞어 전도성을 증가시키거나 조절하도록 하는 과정을 도핑이라 한다.
- 공핍층은 *pn* 접합에 근접해 있는 영역으로서 다수 캐리어가 존재하지 않는다.
- 순방향 바이어스는 다수 캐리어에 의한 전류가 *pn* 접합을 통과하도록 하는 것이다.
- 역방향 바이어스는 다수 캐리어에 의한 전류가 흐르지 못하도록 한다.
- 역방향 항복은 역방향 바이어스 전압이 특정한 값을 넘어가면 발생한다.
- 세 가지 종류의 정류 방식은 반파 정류, 전파 정류, 브리지 정류 방식 등이다. 중간 탭 방식과 브리지 방식은 둘 다 전파 정류 방식이다.
- 반파정류기에서 다이오드는 입력의 반 주기 동안만 동작한다. 반파정류기의 출력주파수는 입력주파수와 같다.
- 중간 탭 방식과 브리지 방식의 전파 정류기에서 각 다이오드는 입력의 반 주기 동안만 동작한다. 그러나 전체 전류를 나누어 갖는다. 전파 정류기의 출력주파수는 입력주파수의 두 배이다.
- 피크 역전압(PIV)이란 역바이어스 시 다이오드에 걸리는 전압이다.
- 커패시터 입력필터는 입력의 피크값과 거의 같은 직류 전압을 출력한다.
- 맥동전압은 필터 커패시터의 충 방전 때문에 발생한다.
- 3단자 전압조정기는 조정되지 않은 직류 입력 전압을 거의 일정한 전압으로 만들어 출력한다.
- 입력전압의 범위 내에서 출력전압의 조정을 입력 또는 라인 레귤레이션(input or line regulation)이라 부른다.
- 부하전류의 범위 내에서 출력전압의 조정을 부하 레귤레이션(load regulation)이라고 부른다.
- 다이오드 리미터회로는 정해진 전압 레벨보다 높거나 낮은 전압을 차단한다.
- 다이오드 클램퍼 회로는 교류 신호에 직류 전압을 중첩시켜 준다.
- 제너 다이오드는 역방향 항복 전압에서 동작한다.
- 제너 다이오드는 제너 전류의 특정 범위 내에서는 양단의 전압을 일정하게 유지한다.
- 제너 다이오드는 여러 종류의 회로에서 기준 전압을 제공하는 데 사용된다.
- 버랙터 다이오드는 역방향 바이어스된 상태에서 가변 커패시터와 같이 동작한다.
- 버랙터 다이오드의 커패시턴스는 역 바이어스와 반비례한다.

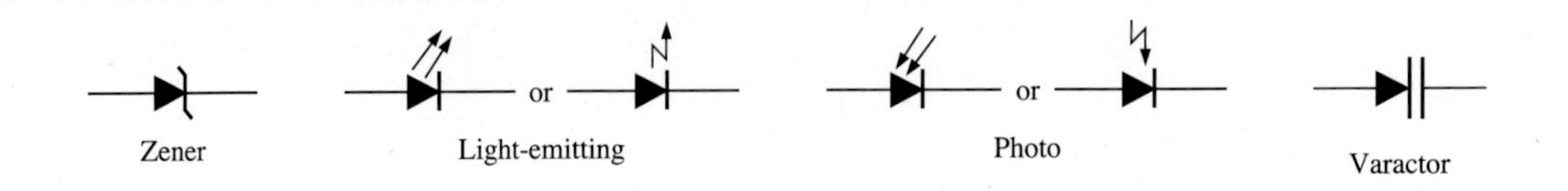

핵심 용어 핵심용어 및 볼드체로 된 용어는 책 뒷부분의 용어사전에도 정의되어 있다.

다이오드 한쪽 방향으로만 전류가 흐르게 하는 소자

리미터 정해진 전압 레벨보다 높거나 낮은 전압을 차단시키는 회로, 클리퍼라고도 부름.

바이어스 다이오드 또는 장치에 원하는 동작 모드가 되도록 가해 주는 직류 전압

반도체 절연체와 도체 사이의 전도도를 가지는 물질. 실리콘과 게르마늄이 대표적이다.

순방향 바이어스 다이오드에 전류가 흐를 수 있도록 연결해 준 전압 조건

에너지 일을 할 수 있는 능력

역방향 바이어스 다이오드에 전류가 흐르지 못하도록 연결해 준 전압 조건

전자 물질에서 음(−)극성을 띠는 기본 입자

정류기 교류 전압을 직류 전압으로 바꾸어 주는 회로 소자

집적 회로 실리콘의 작은 칩 속에 모든 종류의 회로 소자들이 구성되어 있는 회로의 종류

클램퍼 교류 신호에 직류 전압을 중첩시켜 주는 회로 또는 직류 복원기

필터 특정 주파수의 신호만을 통과시키고 나머지는 차단하는 회로의 종류

***PN* 접합** 다이오드의 n형과 p형 반도체 물질 사이의 경계

주요 공식

(12-1) $V_{p(out)} = V_{p(in)} - 0.7\ \text{V}$ 반파, 전파 정류기의 최대 출력 전압

(12-2) $V_{out} = V_{sec} - 1.4\ \text{V}$ 브리지 전파정류기 출력의 최대값

(12-3) $\text{Line regulation} = \left(\dfrac{\Delta V_{\text{OUT}}}{\Delta V_{\text{IN}}}\right)100\%$ 라인 레귤레이션(단위: %)

(12-4) $\text{Load regulation} = \left(\dfrac{V_{\text{NL}} - V_{\text{FL}}}{V_{\text{FL}}}\right)100\%$ 부하 레귤레이션(단위: %)

(12-5) $Z_Z = \dfrac{\Delta V_Z}{\Delta I_Z}$ 제너 임피던스

자습문제 해답은 이 장의 끝에 있다.

1. 중성인 원자가 가전자를 잃거나 얻으면, 그 원자는 무엇이 되는가?
(a) 공유결합 **(b)** 금속 **(c)** 결정 **(d)** 이온

2. 결정체 내의 원자들은 다음 어느 것에 의해 결합되는가?
(a) 원자접착제 **(b)** 원자보다 작은 입자들
(c) 공유결합 **(d)** 가전자대

3. 자유전자는 다음 어디에 존재하는가?
(a) 가전자대 **(b)** 전도대
(c) 제일 낮은 대역 **(d)** 재결합대

4. 정공이란?
(a) 전자가 떠나간 가전자대의 빈 자리 **(b)** 전도대의 빈 자리
(c) 양전하를 가진 전자 **(d)** 전도대의 전자

5. 가전자대와 전도대 사이에 가장 넓은 에너지 갭은 어디서 일어나는가?
(a) 반도체 **(b)** 절연체 **(c)** 전도체 **(d)** 진공

6. 진성 반도체에 불순물을 첨가하는 과정은?
(a) 재결합 **(b)** 결정체화 **(c)** 결합 **(d)** 도핑

7. 반도체 다이오드에서 음과 양이온들로 구성되어 있는 *pn*접합 근처를 무엇이라 부르는가?
(a) 중성 영역 **(b)** 재결합 지역 **(c)** 공핍층 **(d)** 확산지역

8. 반도체에서 2가지 종류의 전류는?
(a) 양과 음전류 **(b)** 전자전류와 대류전류
(c) 전자전류와 정공전류 **(d)** 순방향과 역방향 전류

9. 순방향 바이어스된 Si 다이오드의 전압강하는 대략 얼마인가?
(a) 0.7 V **(b)** 0.3 V **(c)** 0 V **(d)** 바이어스 전압에 비례

10. 그림 12–72에서 순방향 바이어스된 다이오드는?
(a) D_1 **(b)** D_2 **(c)** D_3 **(d)** D_1 과 D_3

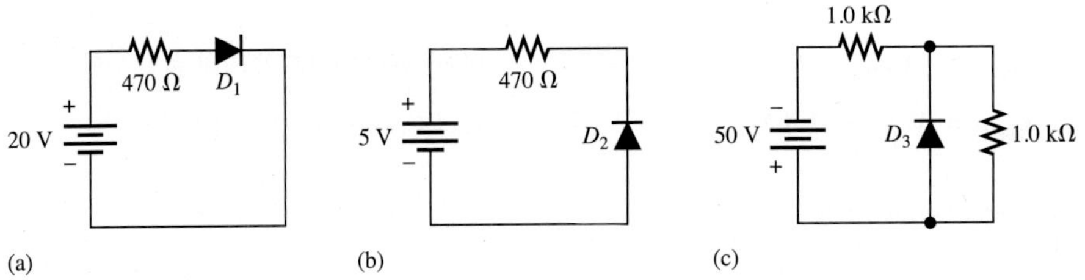

그림 12–72

11. 저항계의 (+)리드선을 다이오드의 캐소드에 연결하고 (−)리드선을 애노드에 연결하였을 때, 미터는 무엇을 나타내는가?
(a) 매우 낮은 저항값 **(b)** 무한대의 저항값
(c) 초기에 무한대에서 나중에 100 Ω으로 변한다. **(d)** 저항이 서서히 변함

12. 60 Hz의 정현파 입력을 갖는 반파정류기의 출력주파수는?
(a) 30 Hz **(b)** 60 Hz **(c)** 120 Hz **(d)** 0 Hz

13. 중간 탭 정류기에서 하나의 다이오드가 단선될 때 출력은?
(a) 0 V **(b)** 반파정류 **(c)** 진폭 감소 **(d)** 아무런 영향 없음

14. 브리지 정류기에서 입력의 (+) 반 주기 동안에,
(a) 1개의 다이오드가 순방향 **(b)** 모든 다이오드가 순방향
(c) 모든 다이오드가 역방향 **(d)** 2개의 다이오드가 순방향

15. 반파나 전파 정류된 전압을 일정한 직류로 바꾸는 과정을 무엇이라 하는가?
(a) 필터링 **(b)** 교류를 직류로 바꿈
(c) 감소 **(d)** 맥동 억제

16. 특정 IC 전압조정기가 입력 맥동을 60dB 감쇠시키다고 가정할 때, 출력 맥동은 얼마나 감쇠되는가?
(a) 60 **(b)** 600 **(c)** 1000 **(d)** 1,000,000

17. IC 전압 조정기의 출력 양단에 커패시터를 병렬로 접속하는 이유는?
(a) 과도 응답을 개선하기 위해 **(b)** 출력 신호를 부하에 연결
(c) 교류를 필터링 **(d)** IC 전압조정기 보호

18. 다이오드 리미터 회로는?
(a) 파형의 일부를 제거 **(b)** 직류 레벨을 중첩
(c) 입력의 평균값이 출력되도록 한다 **(d)** 입력의 피크값을 증가시킨다.

19. 클램핑 회로의 별칭은?
(a) 평균 회로 **(b)** 인버터 **(c)** 직류 복원기 **(d)** 교류 복원기

20. 제너 다이오드는 다음 어느 조건에서 동작하는가?
(a) 제너 항복 **(b)** 순방향 바이어스
(c) 역방향 바이어스 **(d)** 애벌란시 항복

21. 제너 다이오드는 어디에 주로 사용되는가?
(a) 전류 제한 **(b)** 전력 분산 **(c)** 전압 조정 **(d)** 가변 저항

22. 버랙터 다이오드가 사용되는 것은?
(a) 가변 저항 **(b)** 가변 전류원 **(c)** 가변 인덕터 **(d)** 가변 커패시터

23. 발광 다이오드의 원리는?
(a) 순방향 바이어스 **(b)** 전기 발광 **(c)** 광감도 **(d)** 전자 정공 재결합

24. 광 다이오드 특성상 외부로부터 빛을 받게 되면 무엇이 만들어지는가?
(a) 역방향 전류 **(b)** 순방향 전류 **(c)** 전기 발광 **(d)** 암전류

연습문제 선별된 일부 문제의 해답은 이 책의 끝에 있다.

기초문제

12-5 정류기

1. 그림 12-73의 회로에서 부하전류 및 전압의 파형을 그리고 피크값도 표시하여라.

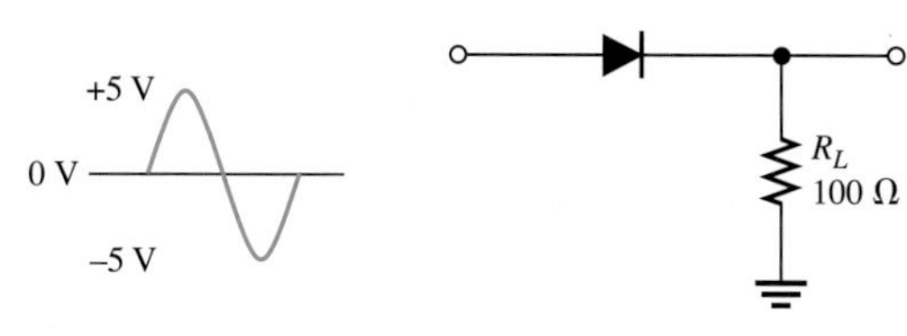

그림 12-73

2. 그림 12-74에서 부하저항 R_L에 전달되는 피크 전압과 피크 전력을 계산하라.

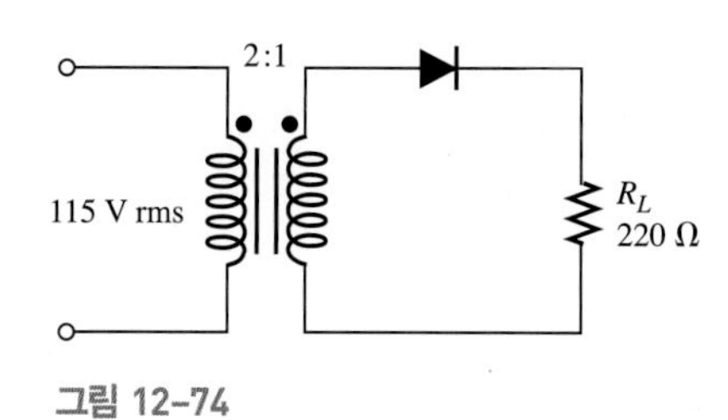

그림 12-74

3. 그림 12–75의 회로를 이용하여 다음 문제를 풀어라.
   (a) 이 회로는 어떤 종류의 회로인가?
   (b) 2차 권선의 총 피크 전압은?
   (c) 2차 권선의 중간 탭을 기준으로 한 변압기의 출력전압의 크기는?
   (d) 부하저항 R_L에 걸리는 전압 파형을 그려라.
   (e) 각 다이오드를 통하여 흐르는 피크 전류는?
   (f) 각 다이오드의 PIV는?

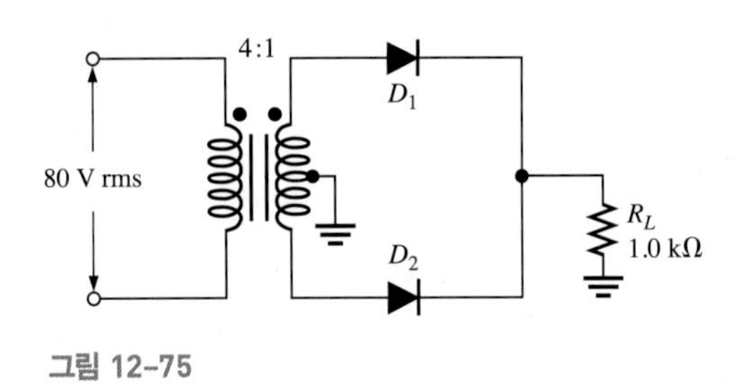

그림 12–75

4. 부하저항에 음(−)극성의 전파 정류된 전압을 얻기 위해서는 중간 탭 정류기의 다이오드를 어떻게 연결해야 하는가?
5. 평균 출력전압이 50 V인 브리지 정류기에서 요구되는 다이오드의 PIV는 얼마인가?

12–6 정류 필터와 IC 전압조정기

6. 커패시터–입력 필터의 이상적인 직류 출력 전압은 정류된 입력의 (피크, 평균)값이다.
7. 7805 전압조정기의 맥동제거비가 68 dB이다. 입력에 150 mV의 맥동이 있다면 출력전압의 맥동을 계산하시오.
8. 전압조정기의 무부하 시의 출력 전압이 15.5 V이고, 최대 부하 시에 14.9 V이다. 부하 레귤레이션은 얼마인가?
9. 전압조정기가 부하 레귤레이션이 0.5%이다. 무부하 시 전압이 12.0 V라면 최대 부하 시의 전압은 얼마인가?
10. 그림 12–29의 가변 전압원에서 출력 전압이 5.0 V가 되려면 R_2를 얼마로 해야 하는가?
11. 그림 12–29의 가변 전압원에서 R_2가 1.5 kΩ으로 대체되었다면 최대 출력 전압은 얼마가 되는가?

12–7 다이오드 리미팅과 클램핑 회로

12. 그림 12–76의 각 회로에 대해 출력 전압을 스케치해 보시오.

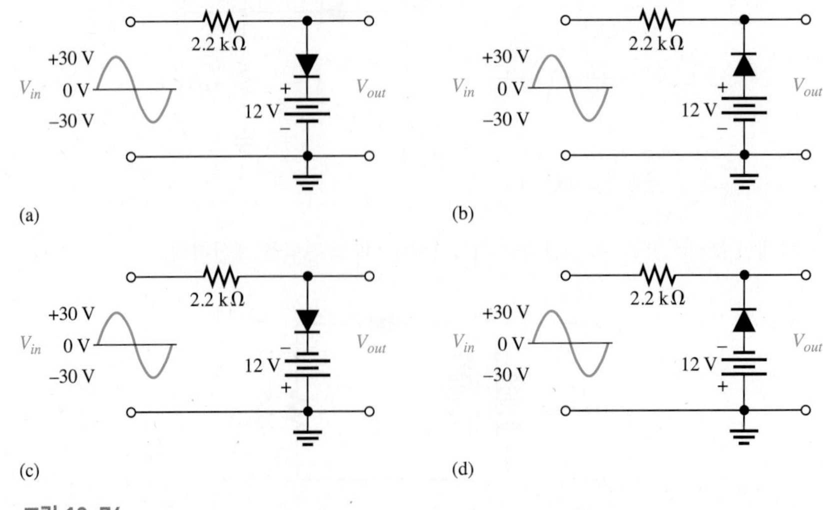

그림 12–76

13. 그림 12-77의 각 회로에서 출력 파형을 설명하시오. RC 시정수는 입력 주기 시간보다 매우 길다고 가정한다.

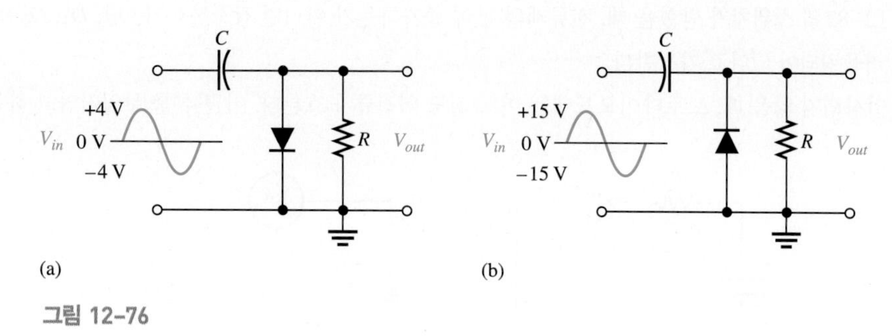

그림 12-76

12-8 특수 목적용 다이오드

14. 그림 12-78은 제너 다이오드의 출력 전압이 5.0 V가 되도록 설계된 회로이다. 제너의 저항을 0이라고 가정하고 제너 전류의 범위는 최소 2 mA(I_{ZK})에서 최대 30 mA이다. 이러한 전류 범위를 만족할 수 있는 입력 전원 전압의 최소값과 최대값은 얼마인가?

15. 어떤 제너 다이오드가 어떤 전류에서 $V_Z = 7.5$ V이고, $Z_Z = 5\Omega$이다. 등가 회로를 그려보시오.

16. 그림 12-79에서 $I_Z = 40$ mA가 되려면 저항 R값은 얼마로 해야 하는가? 단, 30 mA에서 $V_Z = 12$ V이고 $Z_Z = 30\Omega$이다.

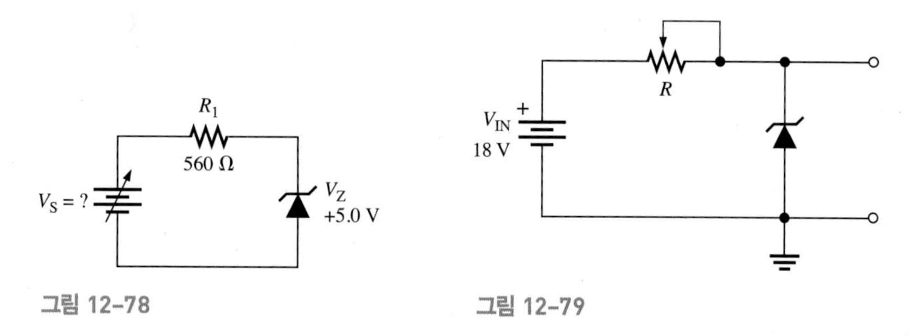

그림 12-78

그림 12-79

17. 어떤 제너 전압조정기의 출력이 무부하 8.0 V에서 500 Ω 부하 시 7.8 V로 떨어졌다. 부하 레귤레이션은 몇 퍼센트인가?

18. 그림 12-80은 어떤 버랙터의 역전압 대 커패시턴스의 관계 곡선이다. V_R이 5 V에서 20 V로 변할 때, 커패시턴스의 변화를 계산하시오.

19. 그림 12-80을 참고하여 커패시턴스가 25 pF의 값이 되기 위한 V_R 값을 계산하시오.

20. 그림 12-81에서 공진 주파수 1 MHz를 만들기 위해 각 버랙터에서 필요한 커패시턴스 값을 계산하시오.

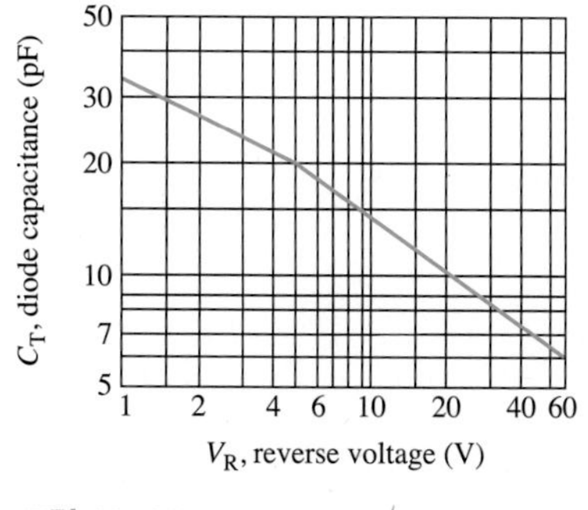

그림 12-80

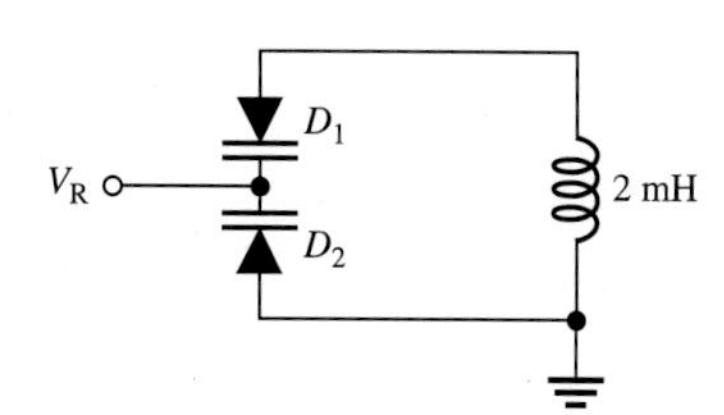

그림 12-81

21. 버랙터가 그림 12–80의 특성을 갖는다면, 문제 20에서 제어 전압은 얼마로 세팅되어야 하는가?

22. 그림 12–82의 스위치가 닫혔을 때, 전류계의 값이 증가하는가 아니면 감소하는가? 단, D_1, D_2는 광학적으로 커플링되어 있다고 가정한다.

23. 빛이 입사되지 않을 때, 포토다이오드에는 어느 정도 역전류가 흐른다. 이 전류를 무엇이라고 하는가?

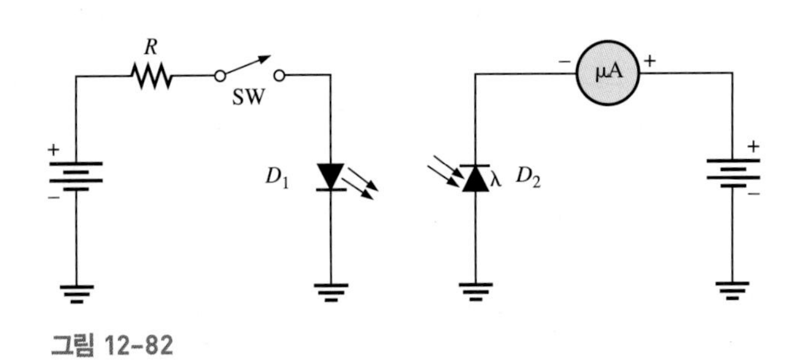

그림 12–82

복습문제 해답

12–1

1. 전도대; 가전자대
2. 전자는 열에 의해 전도대로 이동하고 빈 자리(정공)를 가전자대에 남긴다.
3. 가전자대와 전도대 사이의 갭은 절연체보다 반도체에서 더 좁다.

12–2

1. 5가 불순물 원소를 반도체 물질에 첨가한다.
2. 3가 불순물 원소를 반도체 물질에 첨가한다.
3. p 물질과 n 물질 사이의 경계
4. 0.7 V

12–3

1. 순방향, 역방향
2. 순방향
3. 역방향
4. 다이오드에 충분한 역방향 바이어스가 가해졌을 때 전류가 급격히 증가

12–4

1. 순방향 바이어스와 역방향 바이어스
2. 역방향 항복 영역
3. 스위치로서
4. 장벽 전위와 순방향 저항

12–5

1. 브리지
2. 적다
3. 음(−) 변동 피크
4. 50%(필터 없이)

12-6

1. 커패시터의 충, 방전
2. 맥동 증가
3. 더욱 좋은 맥동 제거, 선 및 부하 조정, 열적 보호
4. 라인 레귤레이션 : 입력 변동에 대해 일정한 전압 출력
   부하 레귤레이션 : 부하의 변동에 대해 일정한 전압 출력

12-7

1. 리미트 회로는 파형의 일부를 차단 또는 제거. 클램퍼는 직류 레벨을 삽입
2. 다이오드를 반대로 하면 리미터 회로는 파형의 다른 쪽을 차단한다.
3. 바이어스 전압은 5 V − 0.7 V = 4.3 V.
4. 커패시터가 배터리 역할을 한다.

12-8

1. 항복 영역에서
2. 최대 전류, 이 전류보다 클 경우 다이오드는 손상을 입을 수 있다.
3. 가변 커패시터
4. 다이오드의 커패시턴스는 감소.
5. Gallium arsenide, gallium arsenide phosphide, gallium phosphide
6. 암전류

예제의 관련문제 해답

12-1 2.3 V, 3.0 V

12-2 320 V

12-3 39.8 mV

12-4 3.7%

12-5 피크 전압은 8.7 V에서 −0.7 V로 떨어짐.

12-6 출력 전압은 +10.7 V과 −10.7 V에서 차단됨.

12-7 출력은 정현파로서 대략 −0.7 V에서 +47.3 V로 된다.

12-8 8 Ω

자습문제 해답

1. (d)	**2.** (c)	**3.** (b)	**4.** (a)	**5.** (b)	**6.** (d)	**7.** (c)	**8.** (d)
9. (a)	**10.** (d)	**11.** (b)	**12.** (c)	**13.** (b)	**14.** (d)	**15.** (a)	**16.** (c)
17. (a)	**18.** (a)	**19.** (c)	**20.** (a)	**21.** (c	**22.** (d)	**23.** (b)	**24.** (a)

CHAPTER 13

쌍극성 트랜지스터와 전기장 효과 트랜지스터

차례

목적

- 쌍극성 접합 트랜지스터의 기본 구조 및 동작원리를 이해한다.
- 트랜지스터의 스위칭 회로를 해석한다.
- 트랜지스터 고장을 진단한다.
- FET의 기본 분류를 설명한다.
- JFET의 구조와 동작을 이해한다.
- MOSFET의 동작을 설명한다.
- MOSFET를 이용한 아날로그 및 디지털 스위치 회로를 설명한다.

핵심 용어

공핍 모드
드레인
게이트
베이스
소스
직류 증폭률
쌍극성 접합 트랜지스터
차단
오믹 영역
컬렉터
이미터
트랜스컨덕턴스
전계 효과 트랜지스터
포화
정전류 영역
핀치오프 전압
증식 모드
JFET

서론

트랜지스터의 두 가지 기본 형태는 쌍극성 접합 트랜지스터(BJT)와 전기장 효과 트랜지스터(FET)이다. 먼저 BJT를 소개하고, 직류 동작과 바이어스 회로에 대해 설명한다. 그리고 바이어스 회로가 어떻게 동작하는지와 스위칭 회로에 대해 공부한다.

후반부에서는 전기장 효과 트랜지스터(FET)를 소개한다. FET는 BJT와는 완전히 다른 원리로 작동하는 부품이다. FET에 대한 아이디어는 BJT보다 수십 년 앞서 있었지만, 상업적 양산이 된 것은 1960년대에 와서야 가능해졌다. 어떤 응용분야에서는 FET가 BJT보다 훨씬 우수하다. 다른 응용분야에서는 BJT와 FET의 혼용이 최적의 특성이 되기도 한다. FET에는 기본적으로 JFET와 MOSFET라는 두 가지 형태가 있다.

MOSFET가 좀 더 일반적으로 사용되고 있으나, 여기에서는 JFET부터 설명한다. JFET는 구조가 좀 더 단순하고

MOSFET와 특성 면에서 공유점이 많다. 이 장에서는 또한 JFET와 MOSFET가 각기 다른 두 가지 소형 시스템에서 사용되는 예를 소개된다. 각 시스템은 각 트랜지스터의 고유 특성을 잘 살리는 예를 설명하고 있다. 더욱이 각 시스템의 예제들은 각기 다른 응용분야를 설명하는데, 선형 회로와 스위칭 회로의 응용을 포함한다. 마지막에 MOSFET 스위칭 트랜지스터의 태양광 추적 시스템을 다루면서 마친다.

13-1 쌍극성 접합 트랜지스터의 구조

쌍극성 접합 트랜지스터(BJT)의 기본 구조에 따라 트랜지스터의 동작 특성이 결정된다. 이 절에서는 반도체 물질을 이용하여 어떻게 트랜지스터를 만드는가를 설명하고, 트랜지스터의 표준 기호를 다룬다. 또한 기본적인 트랜지스터 회로에 부하선 적용을 위해 필요한 바이어스 전류 및 전압에 대해서도 배우게 될 것이다.

이 절을 마친 후 다음을 할 수 있어야 한다.

- 쌍극성 접합 트랜지스터의 기본 구조와 동작을 설명한다.
- *npn* 트랜지스터와 *pnp* 트랜지스터를 구별한다.
- BJT의 전류들과 그 사이의 관계를 설명한다.
- 트랜지스터의 특성 곡선을 설명한다.
- 트랜지스터 회로에서 직류 부하선을 어떻게 그리는지 설명한다.
- *컷오프*와 *포화상태*를 정의한다.

쌍극성 접합 트랜지스터(BJT, Bipolar Junction Transistors)는 **이미터(emitter)**, **베이스(base)** 그리고 **컬렉터(collector)**라고 불리는 세 개의 도핑된 반도체 영역으로 구성된다. 세 영역은 두 개의 *pn* 접합으로 분리된다. 그림 13-1은 두 종류의 트랜지스터를 보여준다. 한 종류는 하나의 얇은 *p* 영역에 의해 분리된 두 개의 *n* 영역으로 이루어진 *npn*형이고, 다른 한 종류는 얇은 *n* 영역에 의해 분리된 두 개의 *p* 영역을 가지는 *pnp*형이다. 두 종류 모두 많이 사용되고 있지만, *npn*형이 더 널리 사용되고 있기 때문에 이 책에서는 *npn*을 기준으로 설명을 진행할 것이다.

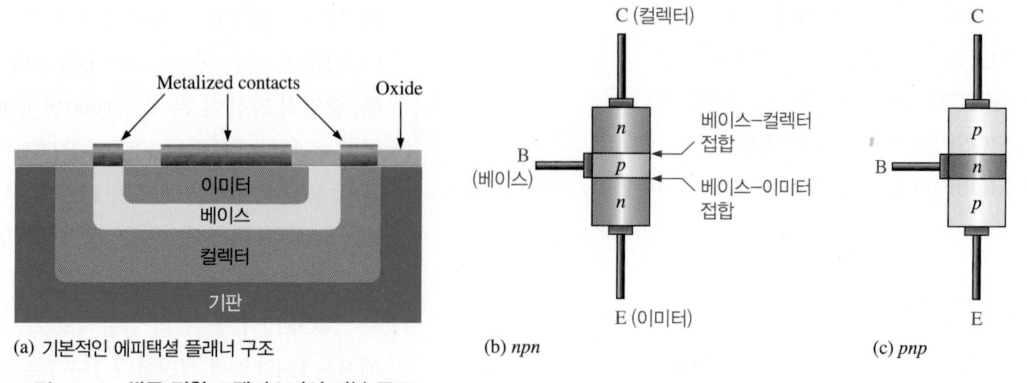

(a) 기본적인 에피택셜 플래너 구조 (b) *npn* (c) *pnp*

그림 13-1 쌍극 접합 트랜지스터의 기본 구조

베이스 영역과 이미터 영역을 연결하는 *pn* 접합을 **베이스-이미터 접합**이라 부른다. 그림 13-1(b)

에 보인 바와 같이 베이스 영역과 컬렉터 영역을 연결하는 접합은 **베이스-컬렉터 접합**이라 부른다. 이 접합부들은 12장에서 배운 것처럼 다이오드로 작용하는데, 각각을 베이스-이미터 다이오드와 베이스-컬렉터 다이오드라고 부르기도 한다. 이미터와 컬렉터는 같은 종류의 물질이지만, 도핑의 양과 기타 특성들이 다르다.

그림 13-2에는 *npn* 및 *pnp* 쌍극 트랜지스터의 기호를 나타내었다. 이미터 단자는 화살표로 나타낸다(*npn*형에서 화살표는 안쪽 방향이 아님을 주의하라). **쌍극(bipolar)**이란 말은 트랜지스터에서 정공과 전자가 모두 전하를 운반하는 캐리어로 이용된다는 것을 의미한다.

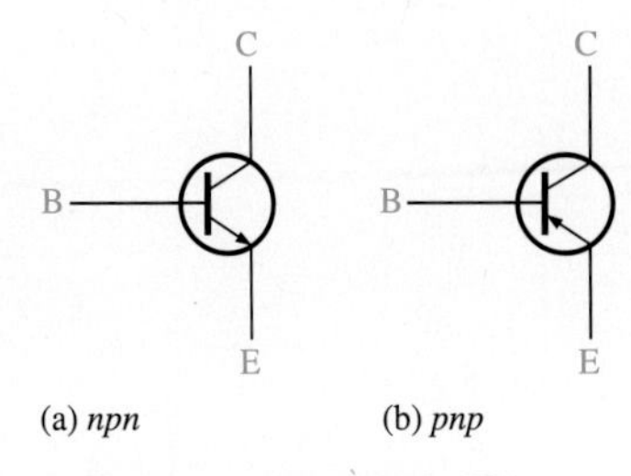

그림 13-2 표준 쌍극성 접합 트랜지스터 기호

트랜지스터 동작

트랜지스터를 적절히 동작시키기 위해서는 두 *pn* 접합이 외부 직류전압에 의해서 적당하게 바이어스 되어야 한다. 그림 13-3에서는 *npn*과 *pnp* 트랜지스터의 적절한 바이어스 전압 배치를 나타내었다. 양쪽 모두 베이스-이미터(BE) 접합은 순방향 바이어스이고, 베이스-컬렉터(BC) 접합은 역방향 바이어스이다. 이를 **순방향-역방향 바이어스**라고 부른다. 보통의 경우 *npn*과 *pnp* 모두 이러한 순방향-역방향 바이어스를 사용하지만, 바이어스 전압의 극성과 전류 방향은 상호 반대로 되어 있음을 유의해야 한다.

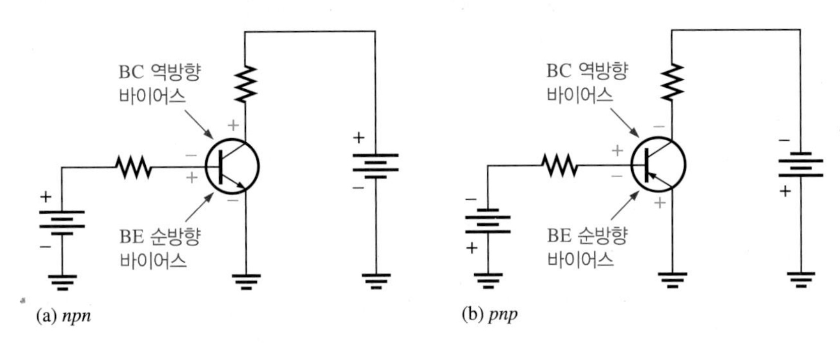

그림 13-3 BJT의 순방향-역방향 바이어스

트랜지스터의 동작을 설명하기 위해서 *pn* 접합부가 순방향-역방향 바이어스가 되었을 때, *npn* 트랜지스터의 내부에서 어떤 일이 일어나는지를 조사해 보자(*pnp*형에 대해서도 동일하게 적용시킬 수 있다). 그림 13-4에 나와 있듯이 베이스에서 이미터로 순방향 바이어스는 BE 사이의 공핍층을 줄이게 되고 베이스에서 컬렉터 사이의 역방향 바이어스는 BC 사이의 공핍층을 더욱 넓게 만든다. *n*형으로 강하게 도핑된 이미터 영역에 가득찬 전도대 전자는 순방향 바이어스 된 BE 영역을 쉽게 통과하여 베이스 *p* 영역으로 확산되는데, 이것은 *pn* 접합 다이오드와 같은 현상이다.

베이스 영역은 가볍게 도핑되어 있고, 매우 얇게 되어 있어 정공의 수는 제한적이다. 따라서 BE 접합을 통과한 전자의 일부분만 재결합이 일어날 수 있다. 상대적으로 적은 수의 재결합 전자는 가전자로서 베이스 단자를 통해 흘러나오는데, 이것이 그림 13-4에 있는 작은 양의 베이스 전류를 형성한다.

베이스 단자로 흘러온 대부분의 전자들은 재결합을 하지 못하는 대신에 BC 접합부의 공핍층으로 확산된다. 일단 이 영역에 들어오면, 양이온과 음이온 사이의 인력에 의해 형성된 전기장에 의해 역방향 바이어스 된 BC 접합부를 통과하여 끌려 들어가게 된다. 실제로, 컬렉터에 가해진 전압의 인력에 의해 역방향 바이어스된 BC 접합을 가로질러 전자가 끌려 들어간다고 생각할 수 있다. 이제 전자는 컬렉터 영역을 지나 움직이고, 컬렉터 단자를 통해 외부 전원 장치의 양(+)극으로 흘러 들어가는데, 이것이 그림에서 나타낸 컬렉터 전류가 된다. 컬렉터 전류의 양은 베이스 전류에 직접적으로 의존하지만, 외부에서 걸어준 컬렉터 전압과는 관계가 없다.

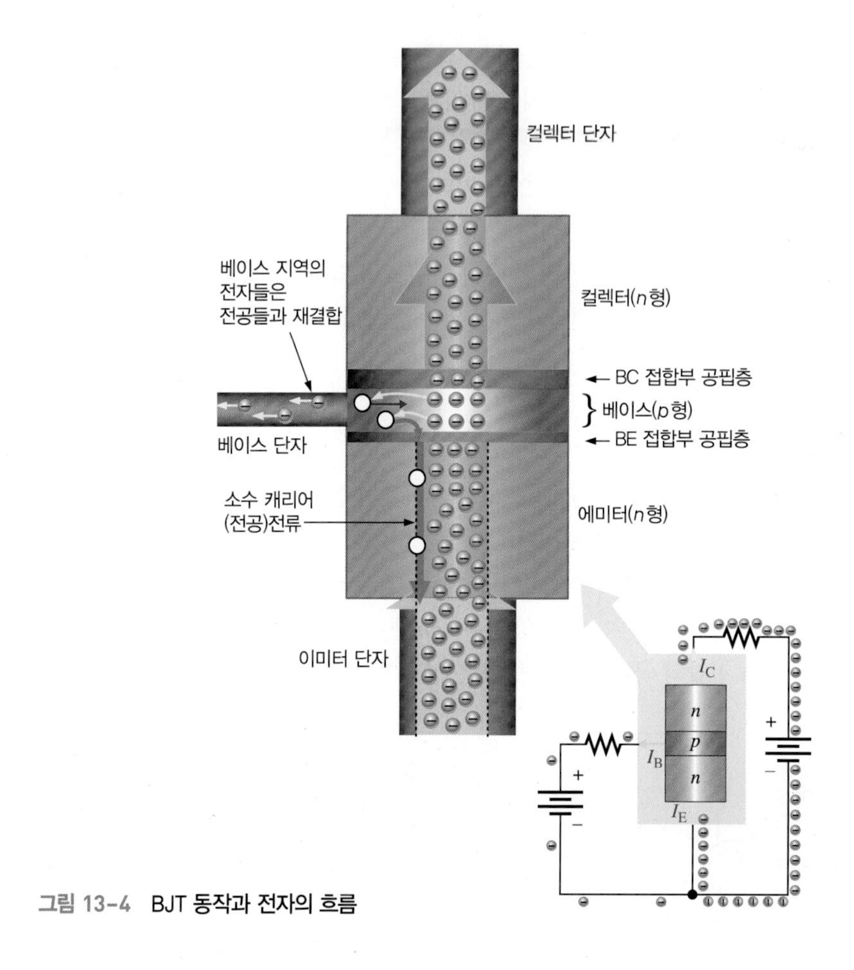

그림 13-4 BJT 동작과 전자의 흐름

정리하면 다음과 같다. 작은 베이스 전류는 큰 컬렉터 전류를 제어할 수 있다. 즉, 제어 요소는 베이스 전류이고, 이로 인해 큰 컬렉터 전류를 제어할 수 있기 때문에, 쌍극성 트랜지스터는 근본적으로 전류 증폭기이다. 작은 전류로 큰 전류를 제어하는 개념은 deForest의 제어 그리드에 비유할 수 있다.

트랜지스터 전류

키르히호프의 전류법칙에 따르면 접합부에 흘러 들어가는 전체 전류는 접합부를 흘러나오는 전류의 전체 합과 같아야 한다. 이 법칙을 *npn*과 *pnp* 트랜지스터에 적용시키면, 다음의 식과 같이 이미터 전류(I_E)는 컬렉터 전류(I_C)와 베이스 전류(I_B)의 합과 같아야 한다.

$$I_E = I_C + I_B \tag{13-1}$$

I_B는 I_C와 I_E에 비해 매우 작기 때문에 I_C는 I_E와 거의 동일하다고 해도 무방한데, 이것은 트랜지스터 회로 해석에 유용하게 사용된다. 소형 *npn*, *pnp* 트랜지스터의 대표적인 전류 측정 예를 그림 13-5(a)에 나타내었다. *npn*, *pnp* 각각의 전류계의 극성과 공급 전원은 상호 반대임을 유의해야 한다. 대문자로 쓴 아래첨자는 직류를 표시한다.

직류 전류이득(β_{DC})

트랜지스터가 제한된 사용 범위 내에서 컬렉터 전류는 베이스 전류에 비례한다. **직류 전류이득(β_{DC})**은 직류 베이스 전류에 대한 컬렉터 전류의 비이다.

$$\beta_{DC} = \frac{I_C}{I_B} \tag{3-2}$$

직류베타(β_{DC})는 전류 이득이라고 불리는 비례상수를 의미하는데, 일반적으로 트랜지스터 데이터시트 상에는 h_{FE}로 표시되어 있다. 이 값은 트랜지스터가 선형영역에서 작동하는 동안은 유효하다. 이 경우, 컬렉터 전류는 β_{DC}에 베이스 전류를 곱한 값과 같다. 그림 13-5는 $\beta_{DC} = 100$일 때의 예를 보여준다.

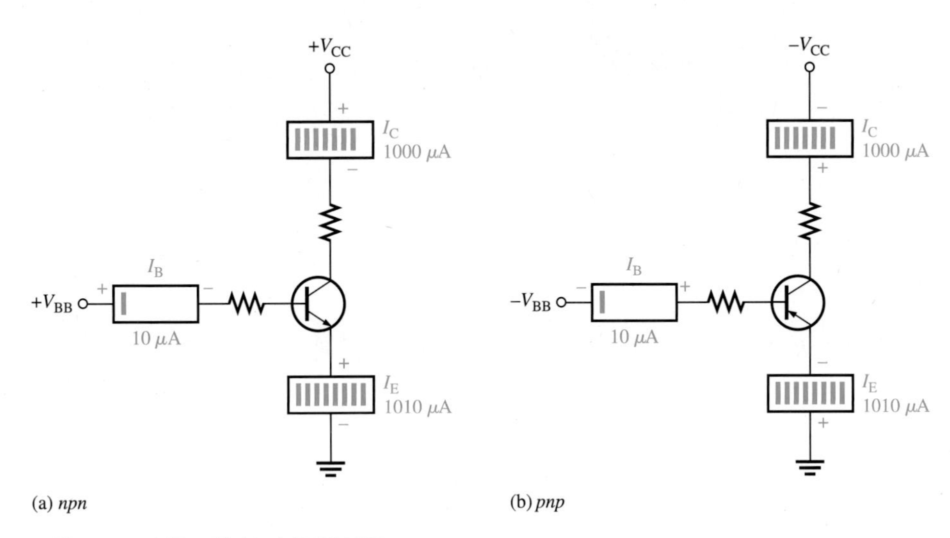

그림 13-5 소형 트랜지스터에서의 전류

β_{DC} 값은 다소 큰 범위에서 변동하는데, 트랜지스터의 종류에 따라 달라진다. 보통 20(파워 트랜지스터)에서 200(소신호 트랜지스터)의 범위이다. 같은 종류의 트랜지스터라고 할지라도 개별적으로 전류이득은 차이가 클 수 있다. 전류이득은 증폭기로서 동작하기 위해 반드시 필요하기는 하나, 훌륭한 설계가 이루어진 경우에는 전류 이득의 특정값에 의존하지 않는다.

트랜지스터 전압

그림 13-6은 바이어스되어 있는 트랜지스터의 세 가지 직류전압을 표시해 주고 있는데, 각각 이미터 전압(V_E), 컬렉터 전압(V_C), 베이스 전압(V_B)이다. 이 전압들은 접지에 대한 전압이다. 컬렉터 쪽에 전류를 공급해 주는 직류전원은 V_{CC}로 표시되어 있다. 따라서 컬렉터 전압은 전원전압(V_{CC})에서 저항(R_C)에 걸리는 전압을 뺀 값이 된다.

$$V_C = V_{CC} - I_C R_C$$

키르히호프의 전압법칙은 폐회로에 대해 전압의 증가와 감소를 모두 합하면 0이 되어야 하는 것이다. 위 식은 이 법칙을 적용한 것이다.

앞서 설명한 바와 같이 트랜지스터가 정상적인 동작을 하려면 베이스-이미터 사이는 순방향 바이어스이어야 한다. 순방향 베이스-이미터 전압 V_{BE}는 대략 0.7 V이다. 이것은 베이스 전압은 이미터 전압보다 다이오드 순방향 전압만큼 높아야 된다는 것을 의미한다. 따라서 식은

$$V_B = V_E + V_{BE} = V_E + 0.7\ \text{V}$$

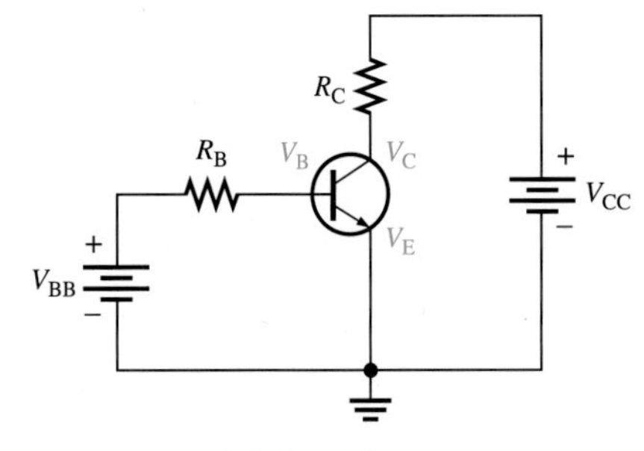

그림 13-6 바이어스 전압들

그림 13–6의 회로에서 이미터는 접지에 연결되어 있으므로, $V_E = 0$ V가 되고, V_B는 0.7 V가 된다.

예제 13 – 1

그림 13–7에서 β_{DC} 값이 50 정도일 때, I_B, I_C, I_E, V_B, 그리고 V_C의 값을 계산하시오.

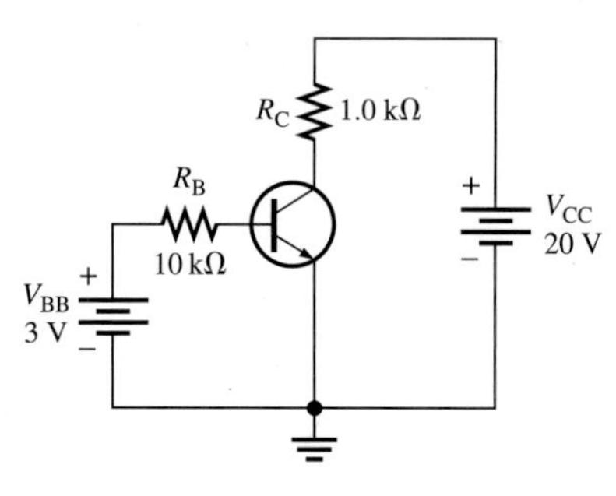

그림 13–7

풀이

V_E가 접지이므로 V_B = **0.7 V**이다. R_B에 걸리는 전압은 $V_{BB} - V_B$이다. I_B는 다음과 같이 계산된다.

$$I_B = \frac{V_{BB} - V_B}{R_B} = \frac{3\text{ V} - 0.7\text{ V}}{10\text{ k}\Omega} = \mathbf{0.23\text{ mA}}$$

이제, I_C, I_E, V_C를 계산할 수 있다.

$$I_C = \beta_{DC} I_B = 50(0.23\text{ mA}) = \mathbf{11.5\text{ mA}}$$
$$I_E = I_C + I_B = 11.5\text{ mA} + 0.23\text{ mA} = \mathbf{11.7\text{ mA}}$$
$$V_C = V_{CC} - I_C R_C = 20\text{ V} - (11.5\text{ mA})(1.0\text{ k}\Omega) = \mathbf{8.5\text{ V}}$$

관련문제*

그림 3–7에서 $R_B = 22$ kΩ, $R_C = 220$ Ω, $V_{BB} = 6$ V, $V_{CC} = 9$ V 그리고 $\beta_{DC} = 90$일 때 I_B, I_C, I_E, V_{CE} 및 V_{CB}의 값을 계산하시오.

*해답은 이 장의 끝에 있다.

BJT의 특성 곡선

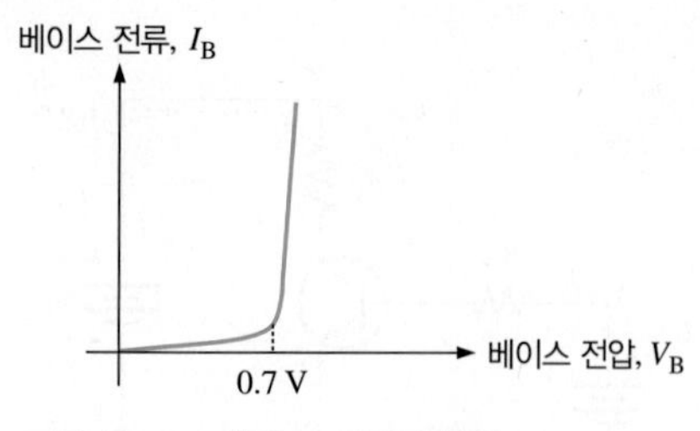

그림 13–8 베이스–이미터 특성

베이스–이미터 특성 베이스–이미터 간의 전류–전압 특성 곡선을 그림 13–8에 나타내었다. 그림에서 보면, 보통의 다이오드와 동일함을 알 수 있다. 12장에 있는 세 가지 다이오드 모델 중 어느 것이라도 사용 가능하다. 대부분의 경우 오프셋 모델만 사용해도 충분하다. 즉, BJT에서 문제가 발생한 경우 일단 베이스-이미터 간의 전압이 0.7 V인지를 조사해 보는 것이 트랜지스터의 작동 여부 판단에 중요하다는 것을 의미한다. 만약 전압이 0 V라면, 트랜지스터는 동작하지 않는 것이다. 만약 0.7 V보다 훨씬 크다면, 베이스–이미터 사이의 연결이 끊어진 것이다.

컬렉터 특성 컬렉터 전류는 베이스 전류에 비례한다는 것($I_C = \beta_{DC} I_B$)을 기억해 보기 바란다. 만약 베이스전류가 0이라면, 컬렉터 전류도 0이 된다. 컬렉터 전류의 특성을 그리려면, 베이스 전류를 일단 정해서 일정하게 유지시켜 주어야 한다. 그림 13-9(a)의 회로는 주어진 베이스 전류에 대해 V_{CE}와 I_C 간의 관계를 알아보는 데 사용될 수 있다. 이 곡선들을 **컬렉터 전류 특성 곡선(collector characteristic curve)**이라고 부른다.

V_{BB}와 V_{CC}는 모두 가변 전압원이다. 만일 V_{BB}는 특정 I_B를 만들기 위해 세팅되었고, V_{CC}를 0으로 하였다면, $I_C = 0$이고, $V_{CE} = 0$이다. 이제 V_{CC}를 서서히 증가시킨다면, 그림 13-9(b)의 A 점과 B 점 사이의 어둡게 칠해진 부분에 그려진 곡선으로 나타낸 것처럼 V_{CE}와 I_C는 증가할 것이다. V_{CE}가 0.7 V에 도달하면, 베이스 컬렉터 사이는 역방향 바이어스가 되고, I_C는 거의 $\beta_{DC}I_B$에 의한 전류값에 도달하게 된다. 이상적으로는, V_{CE}가 계속 증가하더라도 I_C는 거의 일정한 값으로 유지된다. 이러한 동작 특성은 B점의 오른쪽 편에 나타나고 있다. 실제로는, V_{CE}가 증가함에 따라 베이스 컬렉터 간 공핍층의 확대로 인해 베이스 영역에서 재결합할 수 있는 정공의 수가 줄어드는 결과를 가져오게 되므로 I_C는 약간의 증가를 보인다. 이러한 증가 기울기는 J. M. Early의 이름을 따서 만든 순방향 얼리(*early*) 전압이라고 부르는 요소에 의해 결정된다.

I_B를 다른 값으로 바꾸어 일정하게 유지하면, 그림 13-9(c)에 그려 놓은 것처럼 V_{CE}에 대한 또 다른 I_C 곡선을 만들어 낼 수 있다. 이 곡선들은 주어진 트랜지스터에 대해 컬렉터 곡선들의 모임을 구성한다. 이 곡선 모임은 세 가지 변수들이 상호 작용하는 복잡한 경우를 시각적으로 보여 주는 것이다. 세 변수 중에 한 가지(I_B)를 일정하게 유지시키면 다른 두 변수(V_{CE}, I_C) 사이의 관계를 알 수 있다.

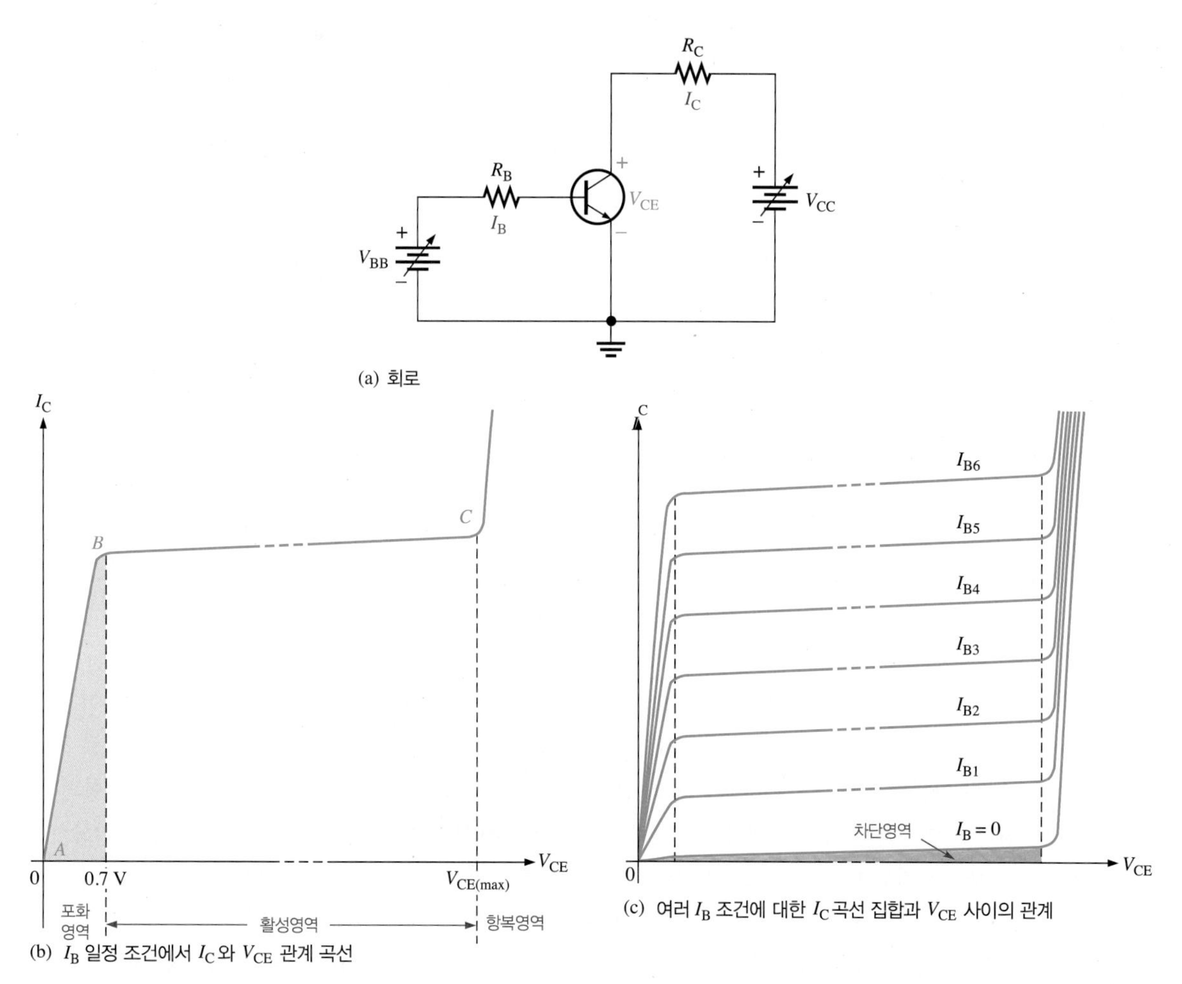

그림 13-9 컬렉터 특성 곡선

예제 13-2

그림 13–10의 회로에서 I_B가 5 μA에서 25 μA까지 5 μA 간격으로 변할 때 컬렉터 곡선의 집합을 그려 보시오. 여기서 β_{DC} = 100으로 가정한다.

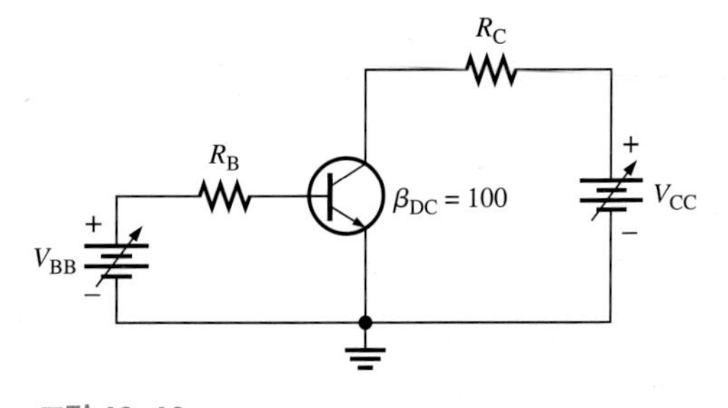

그림 13–10

풀이

표 13–1은 $I_C = \beta_{DC} I_B$ 관계를 이용하여 I_C 를 계산한 것이다. 결과를 그림 13–11의 그래프로 나타내었다. 앞서 설명한 순방향 얼리 전압을 표현하기 위해 곡선들은 오른쪽-위쪽 방향으로 임의로 정한 약간의 기울기를 가지도록 그렸다.

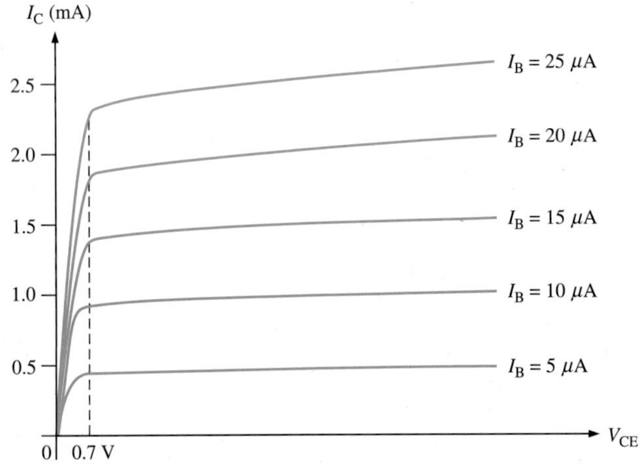

그림 13–11

표 13–1

I_B	I_C
5 μA	0.5 mA
10 μA	1.0 mA
15 μA	1.5 mA
20 μA	2.0 mA
25 μA	2.5 mA

관련문제

이상적으로 볼 때, 그래프 상에서 I_B = 0인 경우의 곡선은 어디에 나타나는가?

차단과 포화

I_B = 0인 경우 트랜지스터는 **차단(cutoff)**되었다고 하고, I_C는 근본적으로는 매우 적은 양의 누설 전류 , I_{CEO}만 흐르는데, 이 양은 무시할 만한 정도이다. 차단 영역에서 베이스–컬렉터 사이와 베이스–이미터 사이는 모두 역방향 바이어스가 되어 있다. 결국 차단영역에서의 컬렉터 전류는 0이라고 보면 된다. 따라서 컬렉터에 연결된 저항의 양단 전압은 0이 되어야 한다. 그 결과, 컬렉터–이미터 전압은 거의 전원 전압과 같게 된다.

이제 반대의 경우를 고려해 보자. 그림 13–9에서 베이스–이미터는 순방향 바이어스가 되어 있고 베이스 전류를 증가시켜 보면, 컬렉터의 전류는 증가하면서 저항 양단의 전압은 증가하게 되므로 전압 V_{CE}는 줄어들게 된다. 즉, 키르히호프의 전압법칙에 따라 전원의 전압이 일정한 상태에서 저항의 양단 전압이 증가하게 되면 트랜지스터 컬렉터–이미터 사이의 전압은 당연히 감소해야 한다. 이상적인 경우, 베이스 전류가 충분히 크다면, V_{CC} 전체 전압은 모두 저항에게 걸리고 컬렉터-이미터 사이 전압은 0이 되어야 한다. 이런 상태를 **포화(saturation)** 상태라고 한다. 포화상태는 전원 공급 전압 V_{CC}가 컬렉터 회로의 저항 R_C에 모두 집중되어 있을 때이다. 이러한 포화상태라는 특별한 경우에 있어서, 전류 I_C는 다음과 같이 옴의 법칙에 의해 계산된다.

$$I_{C(sat)} = \frac{V_{CC}}{R_C}$$

일단 베이스 전류가 포화상태를 만들 만큼 충분히 크다면, 베이스 전류를 더 증가시키더라도 컬렉터 전류에는 아무런 변화(증가)가 일어나지 않고 그대로 유지된다. 이 상태에서는 $I_C = \beta_{DC}I_B$라는 식이 더 이상 성립하지 않는다. V_{CE}가 포화상태의 전압 $V_{CE(sat)}$(이상적으로는 0 V임)에 도달하면 베이스 컬렉터 접합은 순방향 바이어스가 된다.

트랜지스터 회로의 고장을 찾을 때 트랜지스터가 차단상태인지 포화상태인지를 빨리 확인해 보는 것이 문제 해결의 지름길이다. 트랜지스터가 차단상태라면 전원 전체 전압이 모두 컬렉터와 이미터 사이에 걸린다는 점과 트랜지스터가 포화상태라면 컬렉터-이미터 사이의 전압이 거의 0(보통의 경우 0.1 V)에 가깝다는 점을 명심해야 한다.

직류 부하선

테브난 정리에서 어떤 회로의 등가는 전압원 하나와 저항 하나가 직렬로 연결된다는 것을 상기해 보자. 그리고 그림 13-12(a)의 회로를 한 번 보면, 컬렉터 전원 V_{CC}와 저항 R_C는 바로 테브난 전원을 구성하고 있다는 것을 알 수 있다. 또한, 트랜지스터가 이때 외부 부하가 된다. 전원으로부터 트랜지스터에 공

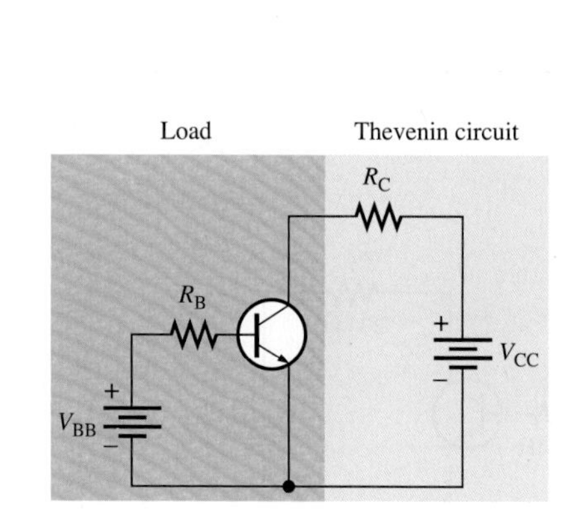

(a) 컬렉터 회로(청색 사각형)는 테브닌 회로이다. 트랜지스터회로(회색 사각형)은 부하를 표시한다.

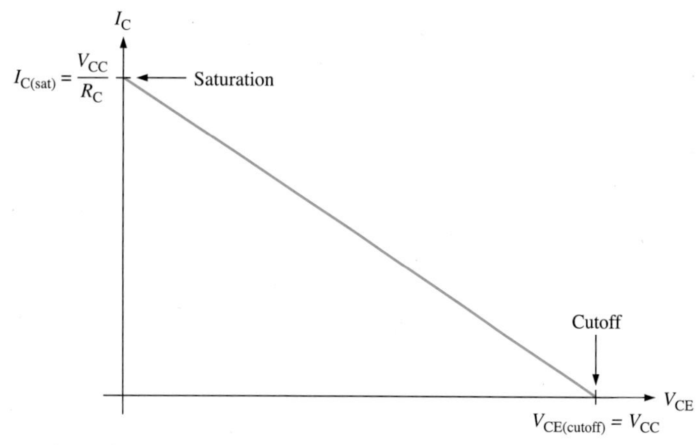

(b) 테브닌 회로(a)에 대한 직류 부하선

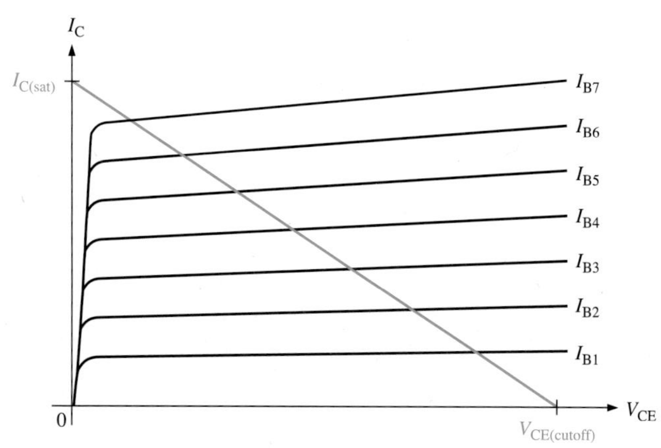

(c) 컬렉터 전류 특성 곡선과 직류 부하선의 중첩

그림 13-12

급할 수 있는 최소 전류와 최대 전류는 각각 0과 V_{CC}/R_C가 된다. 당연히, 이 값들이 앞에서 설명한 차단전류와 포화전류가 된다. 포화 지점과 차단 지점 둘 모두는 테브난 회로에 의해 결정될 뿐, 트랜지스터가 이 두 지점의 계산에 영향을 줄 수는 전혀 없다. 그림 13-12(b)에 나타낸 바와 같이 포화 지점과 차단 지점 두 점을 연결한 직선을 직류 부하선(dc load line)이라고 정의한다. 이 직선이 바로 이 회로에서 동작 가능한 모든 점들의 집합이 된다. 어떠한 임의의 전류-전압 곡선을 직류 부하선과 동일한 그래프 상에 겹쳐 그릴 수 있는데, 그렇게 하면 회로의 동작점을 시각적으로 잘 알아 볼 수 있게 된다. 그림 13-12(c)는 이상적인 컬렉터 특성 전류들을 나타내는 곡선들 위에 부하선을 겹쳐서 그린 것이다.

트랜지스터가 동작을 할 수 있는 I_C 값과 여기에 해당하는 V_{CE} 전압들은 수많은 조합이 가능하지만, 이들의 조합은 반드시 직류 부하선 상에 있어야 한다.

이제 부하선과 특성 곡선이 트랜지스터의 동작을 설명하는 데 어떻게 사용될 수 있는지 알아보자. 그림 13-13(a)에 보인 특성 곡선을 가지는 어떤 트랜지스터를 하나 가지고 있는데, 그림 13-13(b)에 보인 직류회로에 설치했다고 가정해 보자. 부하선을 그래프 위에 그린다면 전압과 전류를 시각적으로 찾을 수 있다. 첫 단계로, 차단점을 결정한다. 트랜지스터가 차단 상태이면 컬렉터 전류는 원천적으로 0이다. 그래서 컬렉터-이미터 전압과 전류는

$$V_{CE(cutoff)} = V_{CC} = 12 \text{ V}$$

그리고

$$I_{C(cutoff)} = 0 \text{ mA}$$

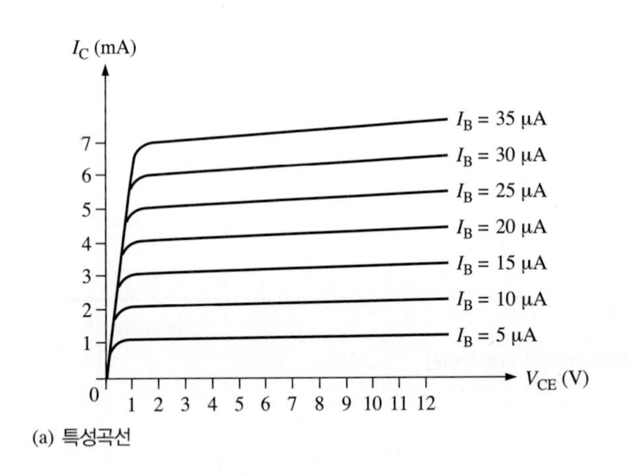

(a) 특성곡선

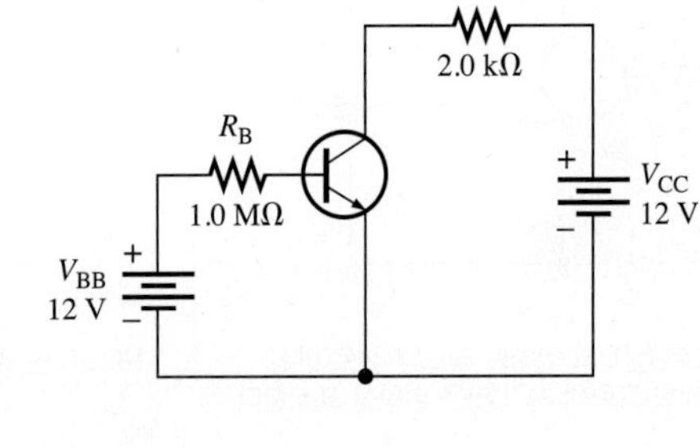

(b) 직류 테스트 회로

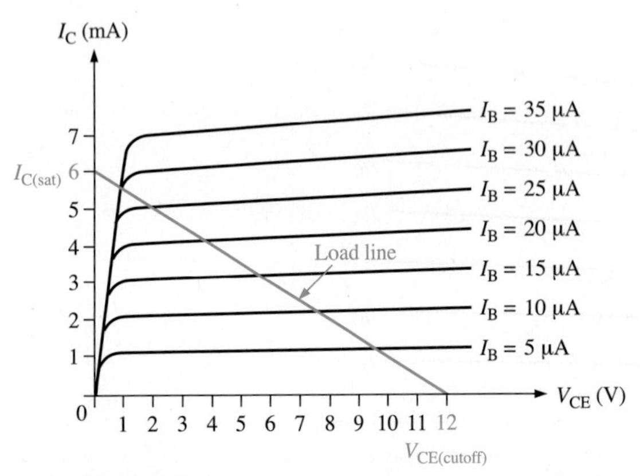

(c) 부하선과 특성 곡선

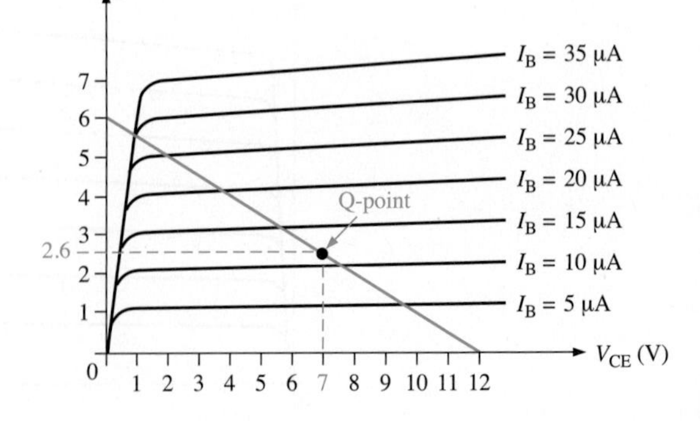

(d) 동작점(Q)의 표시

그림 13-13

이다. 다음 단계로, 포화상태를 결정해야 한다. 트랜지스터가 포화상태일 경우, V_{CE}는 거의 0이다. 따라서 V_{CC}는 R_C의 양단에 모두 걸리게 된다. 포화상태의 컬렉터 전류, $I_{C(sat)}$는 컬렉터 저항에 대해 옴의 법칙을 적용해서 계산할 수 있다.

$$I_{C(sat)} = \frac{V_{CC}}{R_C} = \frac{12\text{ V}}{2.0\text{ k}\Omega} = 6.0\text{ mA}$$

이 값은 I_C의 최대값이다. 이 값은 V_{CC}나 R_C를 바꾸지 않고서는 증가시킬 수 없다. 다음으로, 차단상태와 포화상태를 특성 곡선 그래프 상에 두 점으로 표시하여 직선으로 연결하여 그려본다. 이 직선은 동작이 가능한 모든 점들을 표현한 것이다. 그림 13–13(c)는 이렇게 부하선과 특성곡선을 한 번에 표시한 그림이다.

동작점(Q-point)

일단 컬렉터 전류를 찾기 전에, 베이스 전 류 I_B를 먼저 계산해야 한다. 원래의 회로를 참고하면, 베이스 저항 R_B와 순방향 바이어스된 베이스–이미터 접합부는 직렬연결이 되어 있는데, 여기에 베이스 전원 전압 V_{BB}도 직렬로 연결되어 있다. 따라서 베이스 저항의 양단 전압은 다음과 같이 된다.

$$V_{R_B} = V_{BB} - V_{BE} = 12\text{ V} - 0.7\text{ V} = 11.3\text{ V}$$

옴의 법칙을 적용하면, 베이스 전류는 다음과 같다.

$$I_B = \frac{V_{R_B}}{R_B} = \frac{11.3\text{ V}}{1.0\text{ M}\Omega} = 11.3\ \mu\text{A}$$

베이스 전류 곡선과 부하선이 교차하는 지점이 동작점(Q-point)이 된다. 동작점은 베이스 전류 10 μA와 15 μA 사이를 보간법으로 찾을 수 있다. 그림 13–13(d)에서 설명하는 바와 같이 동작점에서 x, y축 좌표가 바로 I_C와 V_{CE}가 된다. 이 값들을 읽어 보면, I_C값이 대략 2.6 mA이고, 그에 해당하는 V_{CE} 값이 약 7.0 V이다.

그림 13–13(d)의 그래프는 직류 증폭회로의 동작점에 대해 전체를 서술해 주는 그림이다. 그런데, 회로 문제를 해결하려고 할 때, 부하선을 일일이 그리는 것이 경우에 따라서는 시간 낭비가 될 수도 있다. 그래서 그보다는 간단한 산술 계산으로 주어진 회로의 동작점을 쉽게 계산하는 것이 필요하기도 한다. 그렇지만, 부하선 방법은 나름대로 트랜지스터의 직류 동작 조건에 대해 유용한 정보를 제공해 준다.

13–1절 복습 문제*

1. BJT의 전류 세 가지는 무엇인가?

2. 포화 상태와 차단 상태의 차이점에 대해 설명하시오.

3. β_{DC}의 정의는 무엇인가?

*해답은 이 장의 끝에 있다.

13-2 스위치로 사용되는 BJT 회로

트랜지스터는 기본적으로 증폭기 용도로서 사용되었으나, 요즈음 디지털 시대에 와서는 제어를 위해 스위칭 회로에 응용을 하는 경우가 대부분이다. 초창기 스위치용 디지털 회로는 통신분야에서만 주로 사용되었다. 그러나 요즘에 와서는 컴퓨터가 스위칭 소자로 구성된 집적회로(IC)를 이용하는 중요한 디지털 시스템을 이루고 있다. 또한 트랜지스터는 높은 전류를 공급해 주거나 IC와는 다른 전압을 사용하는 경우 등, 개별적으로 스위칭 동작이 필요한 응용 분야에 많이 사용되고 있다.

이 절을 마친 후 다음을 할 수 있어야 한다.

- 트랜지스터가 스위치로서 어떻게 사용될 수 있는지를 설명한다.
- 포화 전류를 계산한다.
- 히스테르시스 변동 상태의 스위칭 회로에 대해 설명한다.

그림 13–14는 **스위치(switch)** 로서 트랜지스터의 기본 동작을 설명하고 있다. 스위치는 닫힘 또는 열림이라는 두 가지 상태를 갖는 회로 소자이다. 그림 (a)에서는 베이스–이미터 접합이 순방향 바이어스가 아니기 때문에 트랜지스터는 차단상태에 있다. 이상적인 경우, 이 조건에서는 그림의 오른쪽에 있는 열린 스위치 회로처럼 컬렉터와 이미터 사이는 열림 또는 개방된다. 그림 (b)에서는 베이스–이미터 및 베이스–컬렉터 접합이 순방향 바이어스이고, 베이스 전류가 충분히 커서 컬렉터 전류를 포화값에 도달하도록 하기 때문에 트랜지스터는 포화 상태에 있다. 이상적인 경우, 이 조건에서 그림의 오른쪽에 있는 스위치로 나타낸 것처럼 컬렉터와 이미터 사이는 닫힘 상태가 된다. 그러나 실제로는 수백 mV의 전압이 컬렉터와 이미터 사이에 필요로 한다.

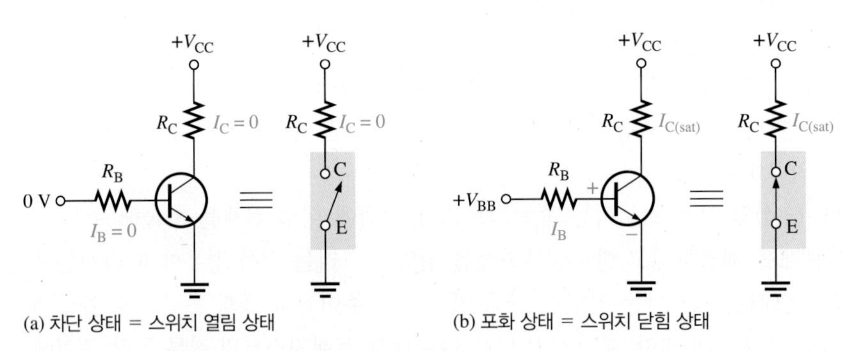

(a) 차단 상태 = 스위치 열림 상태 (b) 포화 상태 = 스위치 닫힘 상태

그림 13–14 트랜지스터의 이상적인 스위칭 동작

차단 상태 조건

앞에서 설명한 바와 같이 베이스–이미터 접합이 순방향 바이어스가 아닐 때, 트랜지스터는 차단된다. 매우 미세한 누설 전류를 무시하면 모든 전류는 거의 0이고, V_{CE}는 거의 V_{CC}와 같다.

$$V_{CE(cutoff)} = V_{CC}$$

포화 상태의 조건

베이스-이미터 접합이 순방향 바이어스이고, 베이스 전류가 충분히 커서 컬렉터 전류를 최대로 할 수 있을 때 트랜지스터는 포화 상태가 된다. $V_{CE(sat)}$는 V_{CC}에 비해서 매우 작으므로 무시할 수 있으며, 따라서 대략적인 컬렉터 전류는

$$I_{C(sat)} \cong \frac{V_{CC}}{R_C}$$

이 된다. 그리고 포화상태를 만들기 위해 필요한 최소한의 베이스 전류는 다음의 식과 같다.

$$I_{B(min)} \cong \frac{I_{C(sat)}}{\beta_{DC}}$$

트랜지스터가 포화상태로 유지되기 위해서, 그리고 전류증폭률이 다른 트랜지스터가 사용되는 경우를 대비하기 위해 I_B 전류는 $I_{B(min)}$보다 충분히 크도록 설계하여야 한다.

예제 13-3

(a) 그림 13-15의 트랜지스터 스위칭 회로에 대해서, $V_{IN} = 0$ V일 때 V_{CE}는 얼마인가?

(b) β_{DC}가 200이고 $V_{CE(sat)} = 0$ V라면, 이 트랜지스터를 포화시키기 위해 필요한 I_B의 최소값은 얼마인가?

(c) $V_{IN} = 5$ V일 때 R_B의 최대값을 계산하라.

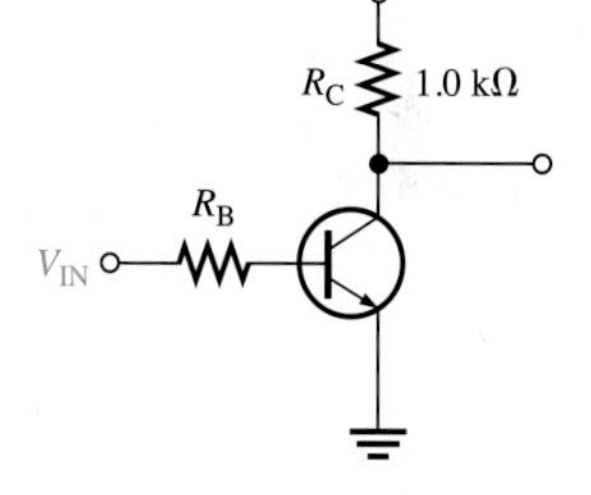

그림 13-15

풀이

(a) $V_{IN} = 0$ V일 때, 트랜지스터는 차단상태(열린 스위치)가 되고, $V_{CE} = V_{CC} = $ **10 V** 이다.

(b) 포화상태이면 $V_{CE} = 0$ V이다.

$$I_{C(sat)} \cong \frac{V_{CC}}{R_C} = \frac{10\text{ V}}{1.0\text{ k}\Omega} = 10\text{ mA}$$

$$I_{B(min)} = \frac{I_{C(sat)}}{\beta_{DC}} = \frac{10\text{ mA}}{200} = \mathbf{0.05\text{ mA}}$$

(b) 이 I_B 값은 트랜지스터가 포화상태가 되기 위해 필요한 값이다. I_B가 더 증가하면 트랜지스터는 더 깊이 포화되지만, I_C가 증가하지는 않는다.

(c) 트랜지스터가 포화될 때, $V_{BE} = 0.7$ V이다. R_B에 걸리는 전압은

$$V_{R_B} = V_{IN} - V_{BE} = 5\text{ V} - 0.7\text{ V} = 4.3\text{ V}$$

가 된다. 최소 I_B를 0.05 mA가 되도록 만드는 데 필요한 R_B의 최대값은 옴의 법칙에 의해 다음과 같이 계산된다.

$$R_B = \frac{V_{R_B}}{I_B} = \frac{4.3\text{ V}}{0.05\text{ mA}} = \mathbf{86\text{ k}\Omega}$$

관련문제

그림 13-15에서 β_{DC}가 125이고 $V_{CE(sat)}$가 0.2 V일 때, 트랜지스터를 포화시키는 데 필요한 I_B의 최소값을 구하라.

BJT 스위칭 회로의 보편적인 적용분야는 디지털 시스템이다. BJT를 기본 회로로 사용하는 두 종류의 로직 게이트들은 TTL(트랜지스터-트랜지스터 논리회로)과 ECL(이미터 결합 논리회로)이다. 둘 중에서 TTL이 더 많이 사용된다. 디지털 로직에 CMOS가 현재 많이 사용되고는 있으나 TTL은 1990년대까지 중, 소형 집적회로를 이끄는 선두 주자였다. TTL은 CMOS에 비해 한 가지 장점이 있다. 그것은 TTL IC들이 CMOS에 비해 정전기에 대해 강하다는 것인데, 그래서 실험 차원의 작업과 시작품들을 만드는 회로에 많이 사용되고 있다.

시스템 노트

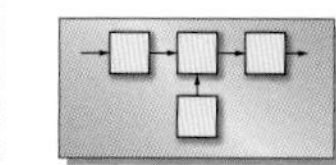

단수 트랜지스터 스위칭 회로의 개선

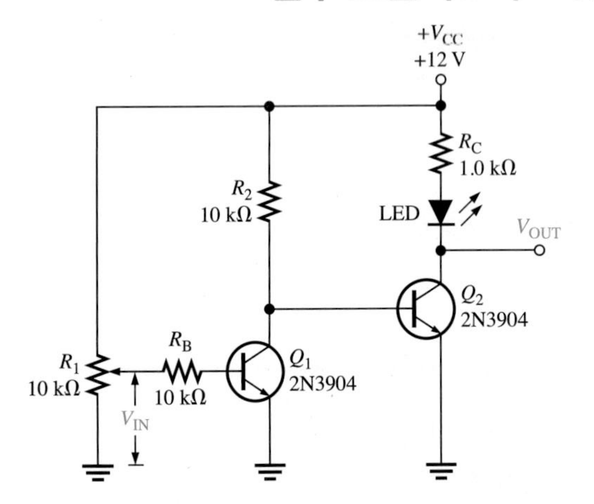

그림 13-16 매우 급격한 문턱전압 특성을 가지는 2단 트랜지스터 스위칭 회로

그림 13-14에 기본 스위칭 회로를 소개하였는데, 이 회로에서는 ON과 OFF 상태를 상호 전환시키는 트랜지스터 문턱 전압(threshold voltage)이라는 것이 있다. 트랜지스터가 차단과 포화상태 사이에서 동작할 수 있으므로, 이 문턱 전압은 절대적인 순간값이 될 수 없고, 이 사실은 스위칭 회로에서 바람직한 것이 아니다. 다른 트랜지스터를 하나 더 사용하여 매우 급격한 (고정적인) 문턱전압을 가지게 만들면 스위칭 동작을 획기적으로 개선시킬 수 있다. 그림 13-16에 그러한 회로를 나타내었는데, 발광 다이오드 출력 회로를 사용하여 스위칭 동작을 관찰할 수 있는 회로이다. 이 회로는 다음과 같이 동작한다.

V_{IN}이 매우 낮을 때, Q_1은 충분한 베이스 전류가 흐르지 않으므로 OFF 상태이다. 이때 Q_2는 R_2를 통해 충분한 베이스 전류를 흘릴 수 있어서 포화상태가 되고, 발광 다이오드는 ON이 된다. 이제 Q_1의 베이스 전압을 증가시켜 가면, Q_1에 전류가 흐르기 시작한다. Q_1이 포화 상태에 가까이 가면, Q_2의 베이스 전압은 갑자기 낮아지는데, 이렇게 되면 포화상태에서 차단상태로 조건이 아주 빨리 바뀌게 되는 효과를 준다. Q_2의 출력 전압은 증가하고 발광 다이오드는 OFF 상태가 된다.

기본 스위칭회로의 또 다른 개선안은 히스테르시스를 부여하는 방법이다. 스위칭 회로에서 히스테르시스의 의미는 트랜지스터의 출력이 현재 높은가 또는 낮은가에 따라 서로 다른 문턱 전압을 가지도록 하는 개념이다. 그림 13-17에 이 상황을 설명하였다.

그림을 보면, 입력 신호 전압이 올라가는 경우, 입력 전압은 상위(upper) 문턱전압을 넘어가야 스위칭이 이루어진다. 즉, *A* 또는 *B*점에서는 하위 문턱전압이 비활성 상태이므로 스위칭이 일어나지 않는다. 신호가 상위 문턱 전압인 *C*점을 지나가는 순간 스위칭이 일어난다. 동시에 문턱전압은 즉각적으로 하위 문턱전압으로 바뀌게 된다. 이렇게 되면 *D*점과 같은 레벨에서는 반대로 스위칭이 일어나지 않게 되고 대신에 *E*점의 문턱전압을 지나야 원래의 상태로 되돌아 갈 수 있다. *E*점을 지나면, 문턱 전압은 다시 상위 문턱전압으로 바뀌게 되어 *F* 위치에서는 스위칭이 일어나지 않게 된다. 이러한 히스테르시스의 큰 장점은 스위칭회로가 노이즈에 강해진다는 것이다. 이 그림을 통해 볼 수 있는 바와 같이, 매우 노이즈가 심한 상태임에도 불구하고 출력은 단지 두 번만 바뀌었을 뿐이다.

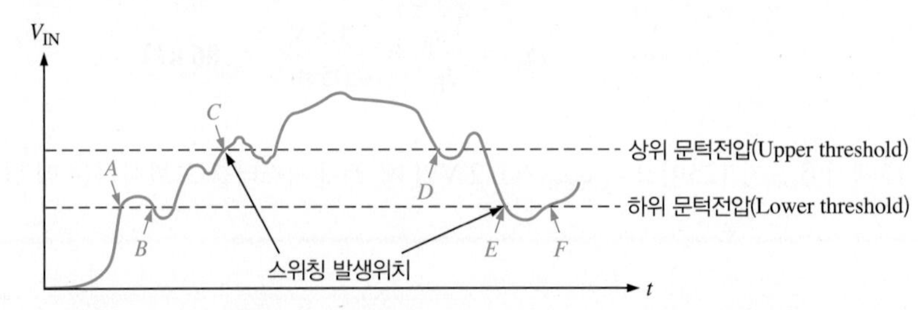

그림 13-17 히스테르시스는 다른 점을 제외한 *C*점과 *E*점에서만 스위칭이 이루어지도록 만든다.

그림 13-18에 히스테르시스가 포함된 트랜지스터 회로도를 나타내었다. V_{IN} 전압이 높아지는 방향으로 포텐쇼미터를 계속 돌리다 보면, 출력에 스위칭이 일어나게 되는데, 이때 포텐쇼미터에 노이즈가 있어서 V_{IN}전압이 스위칭 전압에서 어느 정도 변동하더라도 출력은 한 번만 스위칭된다. 그 이유는 출력이 일단 스위칭되었을 때, 이미터 공통 저항 R_E가 문턱 전압을 바꾸는 역할을 하기 때문이다. 즉,

이후에 다시 원래 상태로 스위칭이 일어나도록 하려면 포텐쇼미터를 반대 방향으로 상당히 돌려 V_{IN} 전압이 많이 낮아지도록 해야한다. 이것은 두 트랜지스터가 교대로 포화 상태가 될 때마다 각기 다른 포화 전류를 가지기 때문이다. 그래서 문턱전압은 출력이 차단상태일 때와 포화상태일 때 각각 달라진다.

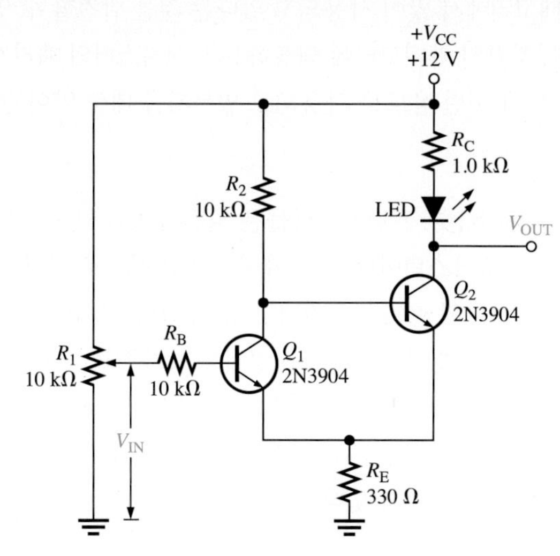

그림 13-18 히스테르시스를 가지는 트랜지스터 스위칭 회로

13-2절 복습 문제

1. 트랜지스터가 스위칭용으로 사용될 때, 동작에 사용되는 두 가지 상태는 무엇인가?
2. 컬렉터 전류는 어떤 상태에서 최대값에 도달하는가?
3. 컬렉터 전류는 어떤 상태에서 대략 0이 되는가?
4. V_{CE}가 V_{CC}와 같아지는 상태 또는 조건은?
5. 스위칭회로에서 히스테르시스는 어떤 의미를 가지는가?

13-3 트랜지스터 패키지와 단자 설명

트랜지스터는 사용 용도에 따라서 여러 형태로 제작되어 시장에서 판매되고 있다. 고정용 홀 또는 방열판이 달린 형태가 일반적으로 파워 트랜지스터의 형상이다. 저/중 전력용 트랜지스터는 보통 작은 금속 또는 플라스틱 케이스로 제작된다. 다른 형태로는 고주파용으로 분류되는 것들이 있다. 기술자가 되려면 상용으로 사용되는 일반적인 트랜지스터의 형상과 친숙해져야 하고 이미터, 베이스, 컬렉터 단자들을 구별할 수 있어야 한다. 이 절에서는 트랜지스터의 외형과 단자 구별에 대해 설명한다.

이 절을 마친 후 다음을 할 수 있어야 한다.

- 여러 가지 종류의 트랜지스터 패키지를 구별한다.
- 트랜지스터를 크게 구분하는 세 가지 카테고리를 설명한다.
- 케이스의 여러 형태 구별과 단자들의 구성을 설명한다.

트랜지스터 카테고리

제조사들은 일반적으로 BJT를 범용/소신호용, 전력용(파워), RF(무선용/초단파)용 등의 세 가지로 크게 구분한다. 큰 범위에서 보면, 각각의 카테고리들은 각기 고유한 외형을 가지고 있기는 하지만, 어떤 패키지는 다양한 여러 카테고리에서 많이 사용되고 있다는 것을 발견할 수 있다. 이렇게 겹치는 패키지도 있다는 것을 명심하고, 각각의 카테고리에 해당하는 트랜지스터의 패키지를 이해해야 한다. 어떤 보드에서 보이는 트랜지스터가 어떤 용도로 사용되고 있는지를 대충 알아 볼 수 있는 능력을 키우는 것은 중요하다.

범용/소신호 트랜지스터 범용/소신호 트랜지스터들은 일반적으로 저/중 전력 증폭용이나 스위칭 회로에 사용된다. 이 패키지들은 플라스틱이나 금속 케이스를 외형으로 사용한다. 어떤 종류의 패키지는 여러 개의 트랜지스터들을 하나의 패키지에 가지고 있다. 그림 13–19는 일반적인 플라스틱 케이스 형태를 보여준다. 그림 13–20은 금속캔(*metal can*) 형태를 보여주고, 그림 13–21은 복수의 트랜지스터를 가지는 패키지의 외관을 보여준다. 멀티형(복수) 트랜지스터 패키지 중에서는 딥(DIP) 형태와 에스오(SO) 형태는 집적회로(IC)에 많이 사용되는 것과 같은 형태이다. 그림에서 이미터, 베이스, 컬렉터 핀들의 전형적인 핀 배치를 잘 보여주고 있다.

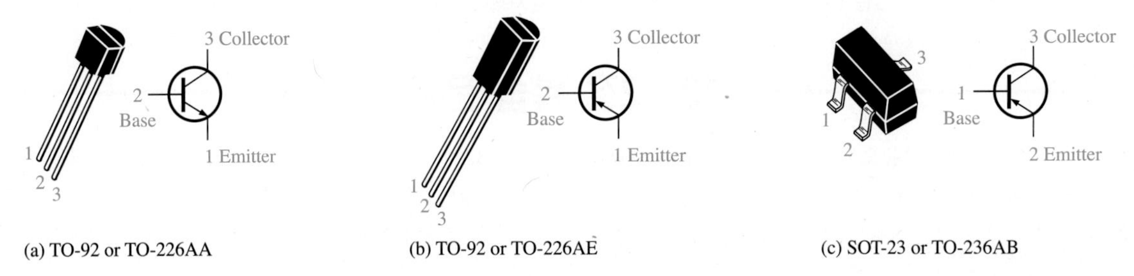

(a) TO-92 or TO-226AA (b) TO-92 or TO-226AE (c) SOT-23 or TO-236AB

그림 13–19 범용/소신호용 플라스틱 케이스 트랜지스터. 핀 배치는 다를 수 있으므로 데이터 시트를 참고해야 함. JEDEC(Joint Electron Device Engineering Council, 국제반도체표준협의기구) TO번호를 나타내었음.

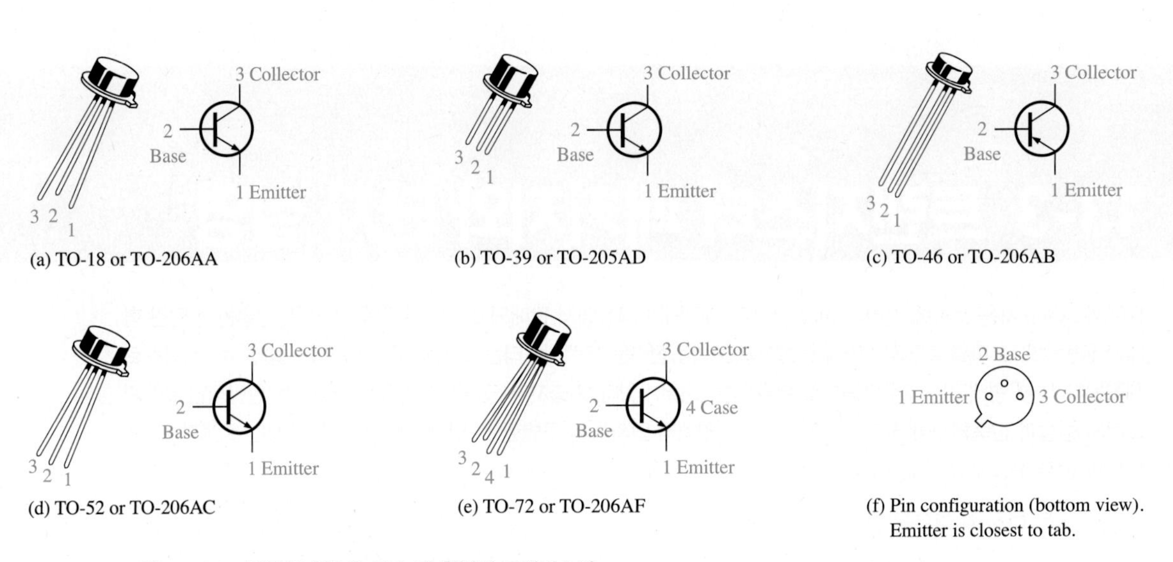

(a) TO-18 or TO-206AA (b) TO-39 or TO-205AD (c) TO-46 or TO-206AB

(d) TO-52 or TO-206AC (e) TO-72 or TO-206AF (f) Pin configuration (bottom view). Emitter is closest to tab.

그림 13–20 범용/소신호용 금속 캔 형태의 트랜지스터

파워 트랜지스터 파워 트랜지스터(power transistor)는 큰 전류(보통 1 A 이상)나 큰 전압을 다루는 데 사용된다. 예를 들면 오디오의 마지막 단계에서 스프커를 구동하기 위해서는 파워 트랜지스터를 증폭기로 사용한다. 그림 13-22는 보편적인 패키지 형태를 보여주고 있다. 대부분의 응용 회로에서 금속탭(metal tab) 또는 금속 케이스가 컬렉터에 연결되고 열방출을 위해 방열판이 부착되는 것이 일반적이다. 그림 (g)에서는 작은 트랜지스터 칩이 어떻게 커다란 외형 패키지에 부착되어 있는지 그 내부를 보여준다.

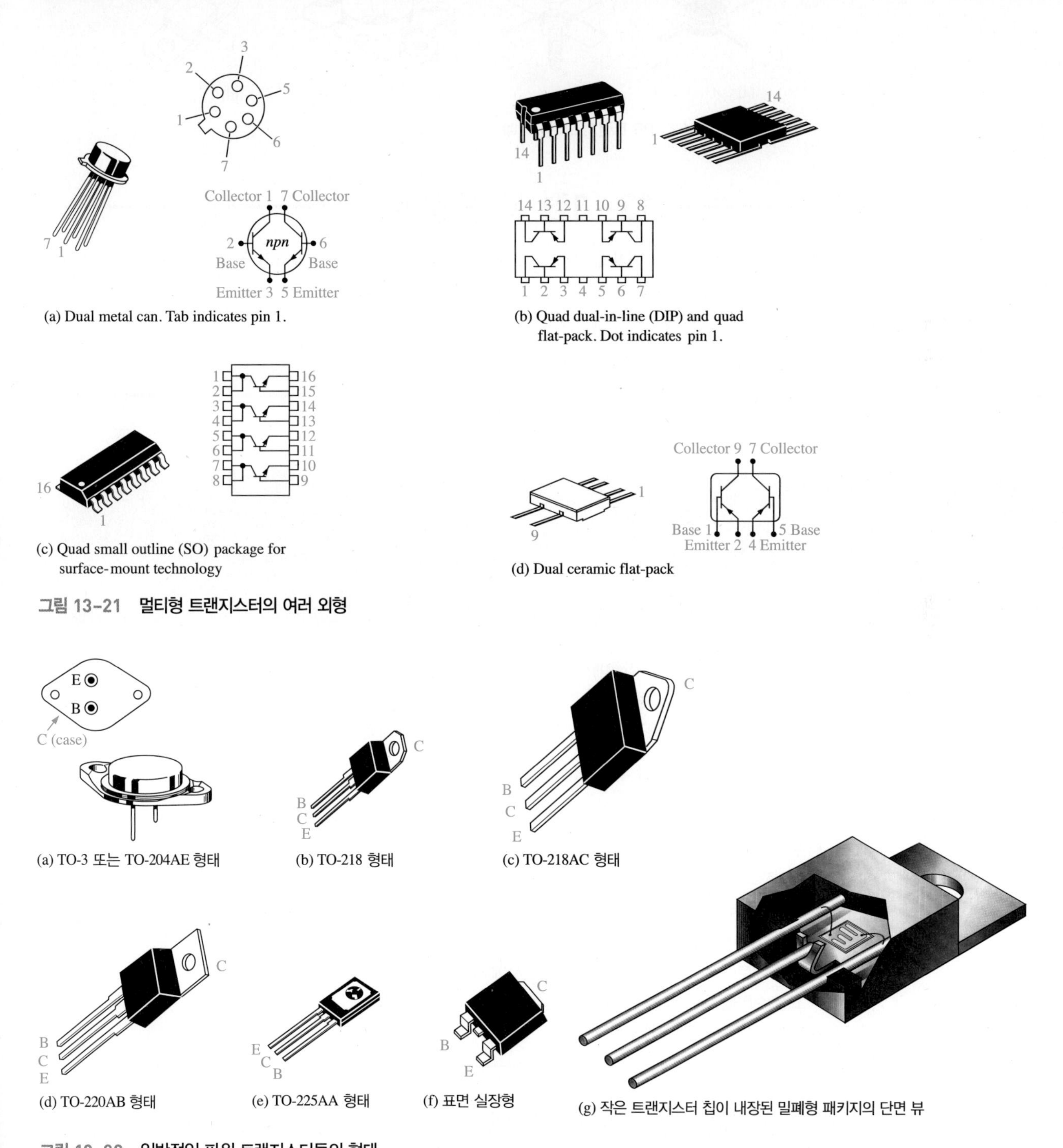

그림 13-21 멀티형 트랜지스터의 여러 외형

그림 13-22 일반적인 파워 트랜지스터들의 형태

RF 트랜지스터 RF 트랜지스터는 매우 높은 주파수에서 동작되도록 설계된 트랜지스터인데, 통신 시스템 또는 다른 고주파 응용 분야에서 여러 가지 용도를 위해 흔히 사용된다. 특이한 형태와 핀 배

치는 특정 고주파 파라미터들의 최적화를 위해 설계되어 있다. 그림 13–23은 RF 트랜지스터들의 예를 소개해 주고 있다.

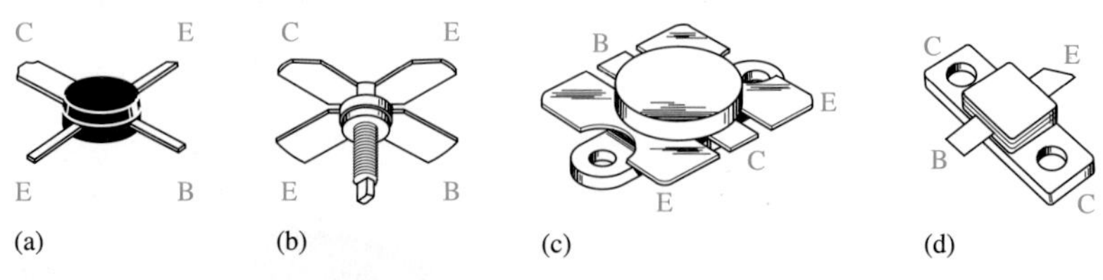

그림 13–23 RF 트랜지스터들의 예

13-3절 복습 문제

1. BJT를 크게 세 가지 카테고리로 분류할 때 그 내용을 열거하라.
2. 금속 케이스 형태의 트랜지스터에서 단자들은 어떻게 구분하는가?
3. 파워 트랜지스터에서 금속탭이나 케이스는 트랜지스터의 어느 단자와 연결되어 있는가?

13-4 고장 진단

예상할 수 있는 바와 같이, 전자회로에서 중요한 기술 중 하나는 회로의 오동작을 파악하는 기술일 것이다. 그것도 가능하다면 고장이 의심되는 부품을 큰 시행오차 없이 단번에 찾아내는 기술일 것이다. 이 절에서는 트랜지스터 바이어스 회로의 기본적인 문제 해결 방법과 개별 부품의 검사를 다루게 된다.

이 절을 마친 후 다음을 할 수 있어야 한다.

- 트랜지스터 회로에서 발생하는 여러 가지 고장을 진단하고 수리한다.
- *부동점(floating point)*을 정의한다.
- 트랜지스터 회로에서 전압 측정을 통해 고장을 확인한다.
- 디지털 멀티미터(DMM)를 이용해 트랜지스터를 검사한다.
- 트랜지스터를 다이오드 등가회로로 변환하는 방법을 설명한다.
- 회로 내부에서 검사와 회로 외부에서 검사에 대해 설명한다.
- 고장 수리를 위한 측정 위치에 대해 설명한다.
- 누설과 이득 측정에 대해 설명한다.

바이어스되어 있는 트랜지스터의 고장 수리

간단하지만 트랜지스터 바이어스 회로에서는 여러 가지 고장이 발생할 수 있다. 바이어스 저항의 연결 불량, 전선 접촉 불량, 단락(쇼트 또는 합선), 그리고 트랜지스터 자체 내부의 단락이나 단선 등이 원인이 될 수 있다. 그림 13–24는 기본 바이어스 회로에 대해서 각 위치마다 전압을 측정(접지를 0 V 기준으로)하여 표시하고 있다.

두 가지 바이어스 전압은 각각 $V_{BB} = 3\text{ V}$, $V_{CC} = 9\text{ V}$이다. 베이스와 컬렉터의 정상적인 전압을 그림에 표시하였다. 이렇게 되는 것을 분석하여 설명해 보면 다음과 같다. 2N3904의 데이터시트를 찾아보면, 전류 증폭률 $h_{FE}(\beta_{DC})$값의 최소값과 최대값을 알 수 있는데, 여기서는 중간값으로 $\beta_{DC} = 200$을 선택하였다. 물론, 다른 $h_{FE}(\beta_{DC})$ 값을 선택한다면 다른 결과가 나올 수도 있다.

그림 13-24 기본 트랜지스터 바이어스 회로

$$V_B = V_{BE} = 0.7\text{ V}$$
$$I_B = \frac{V_{BB} - V_{BE}}{R_B} = \frac{3\text{ V} - 0.7\text{ V}}{56\text{ k}\Omega} = \frac{2.3\text{ V}}{56\text{ k}\Omega} = 41.1\ \mu\text{A}$$
$$I_C = \beta_{DC}I_B = 200(41.1\ \mu\text{A}) = 8.2\text{ mA}$$
$$V_C = V_{CC} - I_CR_C = 9\text{ V} - (8.2\text{ mA})(560\ \Omega) = 4.4\text{ V}$$

이 회로에 여러 고장을 가정할 수 있는데, 그 때 동반되는 증상을 그림 13-25에 설명하였다. 증상들을 측정된 전압으로 표시하였는데, 모두 비정상 값들이다. **부동점(floating point)**이라고 언급된 부분은 전기적으로 접지나 고정된 전압에 아무런 연결이 되어 있지 않는 회로의 위치를 의미한다. 일반적으로 부동점에서는 μV에서 mV 정도의 매우 낮은 전압이나 때때로 의미없는 전압 진동이 측정된다. 그림 13-26의 고장은 대부분의 일반적인 경우이고, 이것들이 가능성 있는 모든 고장을 나타내는 것은 아니다.

(a) **고장**: 베이스 저항 연결 불량(개방).
증상: 베이스 단자는 부동점이 되므로 μV에서 mV 정도의 매우 낮은 전압이 측정됨. 차단 상태가 되므로 컬렉터에는 9 V의 전압이 측정됨.

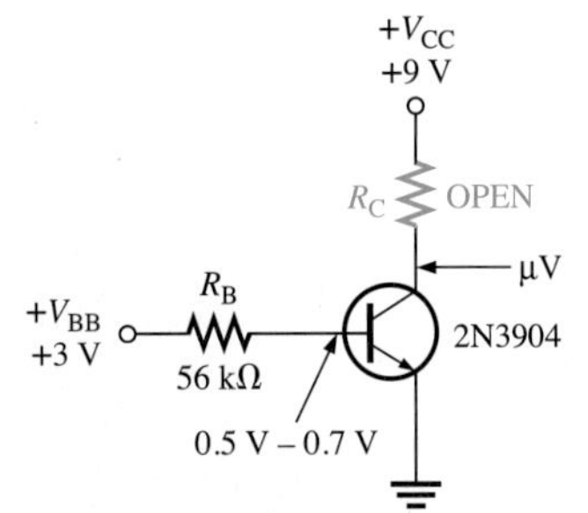

(b) **고장**: 컬렉터 저항 연결 불량(개방).
증상: 컬렉터 단자는 부동점이 되므로 μV에서 mV 정도의 매우 낮은 전압이 측정됨. 베이스 단자는 순방향 바이어스로 인해 0.5 V∼ 0.7 V가 측정됨.

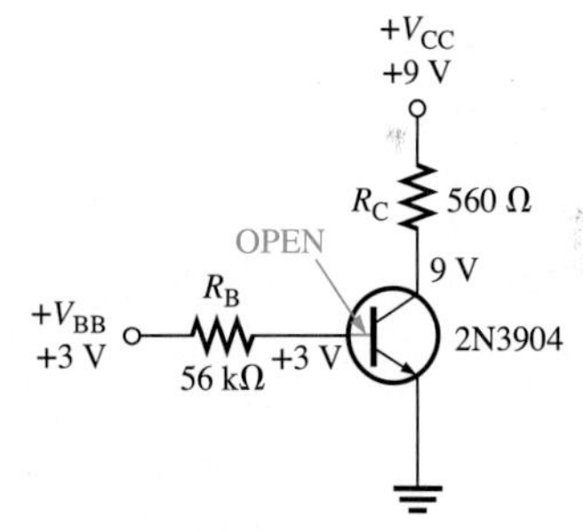

(c) **고장**: 베이스단자 내부 단선(개방).
증상: 3 V 전압이 그대로 베이스 단자에 나타남. 차단 상태가 되므로 컬렉터에는 9 V의 전압이 측정됨.

(d) **고장**: 컬렉터단자 내부 단선(개방).
증상: 베이스 단자는 순방향 바이어스로 인해 0.5 V∼ 0.7 V가 측정됨. 그러나 컬렉터단자를 통해 전류가 흐르지 못하므로 9 V의 전압이 측정됨.

(e) **고장**: 에미터 단자 내부 단선(개방).
증상: 3 V 전압이 그대로 베이스 단자에 나타남. 컬렉터단자는 역시 전류가 흐르지 못하므로 9 V의 전압이 측정됨. 에미터 단자 연결 자체는 접지이므로 0 V 측정됨.

(f) **고장**: 에미터 접지선 단선(개방).
증상: 3 V 전압이 그대로 베이스 단자에 나타남. 컬렉터 단자는 역시 전류가 흐르지 못하므로 9 V의 전압이 측정됨. 에미터 단자는 2.5 V 또는 그 이상이 측정되는데, 그 이유는 3 V 전압이 베이스-에미터 사이의 순방향 전압 강하를 제외하고 전압계에 나타나기 때문임. 이때 전압계 내부가 아주 작지만 전류 통로를 제공함.

그림 13-25 트랜지스터 바이어스 기본 회로에서 발생하는 일반적인 고장 사례와 증상

디지털 멀티미터(DMM)를 이용한 트랜지스터의 검사방법

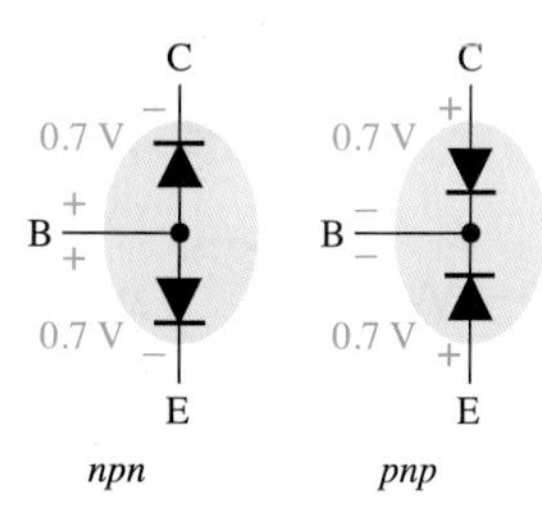

(a) 순방향일 때 두 접합부 모두 0.7 V ± 0.2 V가 되어야 한다.

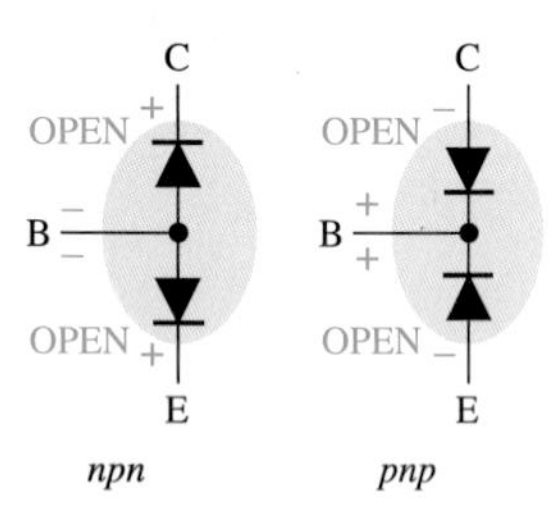

(b) 역방향일 때 두 접합부 모두 단선(개방)된 것으로 나타나야 한다.

그림 13-26 트랜지스터를 두 개의 다이오드로 보기

디지털 멀티미터를 사용하면 트랜지스터 내부의 합선이나 단선을 매우 빠르고 간단하게 확인할 수 있다. 그림 13-26에 보인 것처럼 *pnp*형이나 *npn*형 트랜지스터는 기본적으로 모두 다이오드 2개를 붙여 놓았다는 점에 착안하여 검사한다. 베이스-컬렉터가 하나의 다이오드이고, 베이스-이미터가 다른 하나의 다이오드이다.

정상적인 다이오드는 역방향 바이어스일 때 매우 높은 저항값(거의 단선)을 나타내고 순방향일 때에는 매우 낮은 저항값을 보인다는 것을 알고 있을 것이다. 파손이 되어 내부에서 단선이 된 다이오드는 순방향과 역방향 모두 높은 저항값을 보인다. 파손이 되어 내부에서 합선이 일어난 다이오드는 순방향과 역방향 모두 낮은 저항값을 보인다. 다이오드 고장 형태 중 대부분은 단선이 된 형태를 보인다. 트랜지스터의 *pn* 접합은 다이오드와 같은 특성을 보이므로 같은 논리를 적용하면 된다.

DMM 다이오드 테스트 항목 대부분 멀티미터들은 트랜지스터의 검사를 쉽게 해 주는 다이오드 검사 항목을 제공한다. 그림 13-27에 일반적인 멀티미터를 보이고 있는데, 기능 선택 레버 위치 중에 다이오드 기호가 그려진 부분이 있다. 다이오드 검사 위치로 선택하면 트랜지스터 접합부의 순방향과 역방향을 검사할 수 있는 충분한 전압을 내부에서 만들어 내 보낸다. 이 내부 전압은 제조사마다 조금씩 다르나 대략 2.5 V에서 3.5 V 사이가 된다. 멀티미터에 표시되는 수치는 검사하는 트랜지스터 접합부의 전압 조건을 나타낸다.

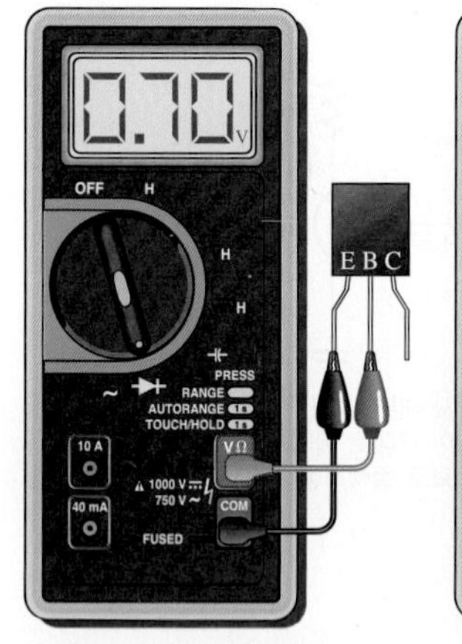

(a) BE 사이의 순방향 검사

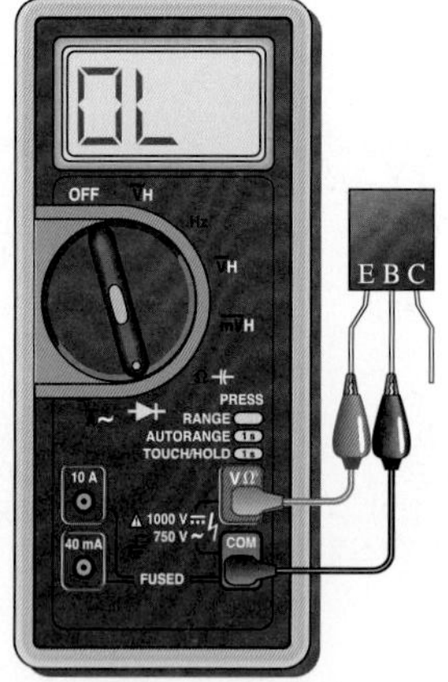

(b) BE 사이의 역방향 검사

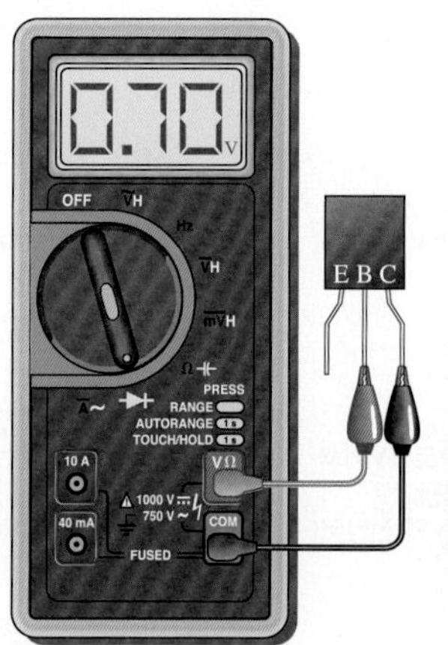

(c) BC 사이의 순방향 검사

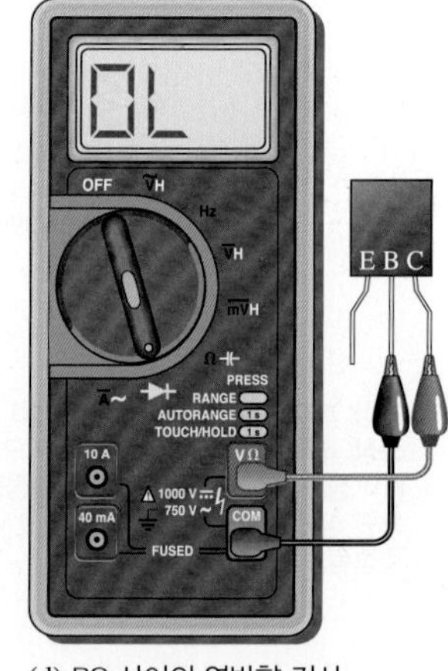

(d) BC 사이의 역방향 검사

그림 13-27 정상적인 *npn* 트랜지스터에 대한 멀티미터 검사 결과. *pnp* 형에 대해서는 리드선을 반대로 생각하면 됨.

정상적인 트랜지스터의 경우 그림 13-27(a)에서 멀티미터의 (+)단자를 *npn* 트랜지스터의 베이스에 연결하고 (−)단자를 이미터에 연결하여 순방향 연결이 되도록 하였다. 정상적인 상태라면 전압은 0.5 ~ 0.9 V 범위가 되는데, 보통은 0.7 V가 된다.

그림 13-58(b)에서 멀티미터의 (+), (−)단자를 반대로 연결하여 역방향 연결이 되도록 하였다. 정상적인 상태라면 개방(단선) 표시(OL)가 나타난다. OL 표시는 접합에서 매우 높은 역저항(reverse resistance)이 있음을 나타낸다.

이러한 과정을 베이스-컬렉터 사이에 동일하게 적용한 것이 그림 13-27(c)와 (d)이다. *pnp*형에 대해서는 멀티미터의 리드선 극성을 반대로 적용하면 된다.

비정상적인 트랜지스터의 경우 트랜지스터가 파손이 된 경우 내부 단선이나 합선이 나타난다. 단선이 된 경우는 그림 13-28(a)에 설명된 바와 같이 순방향과 역방향 검사에서 모두 개방(단선) 표시가 나타난다. 만일 내부에 합선이 일어났다면, 그림 13-28(b)와 같이 순방향과 역방향 모두 멀티미터의 전압은 0 V를 표시할 것이다.

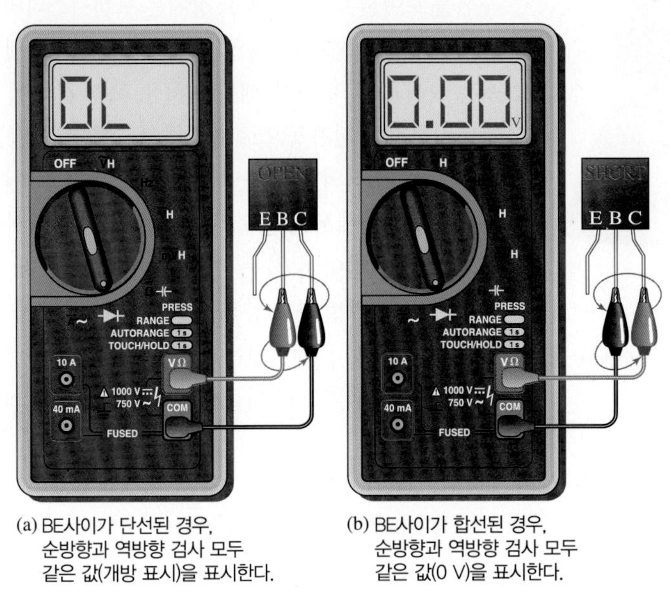

(a) BE사이가 단선된 경우, 순방향과 역방향 검사 모두 같은 값(개방 표시)을 표시한다.

(b) BE사이가 합선된 경우, 순방향과 역방향 검사 모두 같은 값(0 V)을 표시한다.

그림 13-28 파손된 *npn* 트랜지스터의 검사. *pnp* 형인 경우에는 리드선을 반대로 한다.

때때로 파손된 상태에서 완전히 합선이 아니고 순방향과 역방향 모두 작은 저항값을 가지는 경우도 있을 수 있다. 이 경우 개방 전압(3.5 V)보다 작은 전압을 나타낼 수 있다. 예를 들어, 저항 성분만 남아 있는 *pn* 접합은 순방향 전압 0.7 V와 개방표시전압 3.5 V 사이의 중간인 1.1 V 정도의 전압이 순방향과 역방향 모든 방향에서 나타날 수 있다.

어떤 멀티미터 종류는 트랜지스터의 전류증폭률 $h_{FE}(\beta_{DC})$을 측정하는 소켓이 별도로 있는 경우도 있다. 만약 소켓에 트랜지스터를 잘못 삽입하거나 트랜지스터가 파손이 된 경우, 멀티미터에는 1 또는 0이 깜박이며 표시된다. 만일 전류 증폭률이 데이터시트 상에 나와 있는 것과 비슷한 범위의 값을 나타낸다면, 트랜지스터는 정상적인 상태로 볼 수 있다.

트랜지스터를 저항 측정으로 검사하기 멀티미터가 다이오드 검사 항목을 갖추고 있지 않는 경우에는 저항 측정 범위에 두고 단선과 합선을 검사할 수 있다. 정상적인 *pn* 접합인 경우, 순방향 검사를 해 보면 멀티미터의 내부 전원 상태에 따라서 변동하는 값을 볼 수 있다. 대부분의 멀티미터는 저항 검사 시에 다이오드의 순방향에 필요한 전압만큼 높은 전압을 출력하지 않는다. 따라서 저항값은 수백 옴이나 수천 옴이 될 수 있다.

정상적인 트랜지스터의 역방향 검사를 해 보면, 대부분 검사 범위 밖이라는 표시를 볼 수 있는데, 그 이유는 역방향 저항값은 너무 높아서 측정이 안 되기 때문이다.

멀티미터를 이용해서 순방향과 역방향 저항값을 정확히 측정하지는 못한다고 할지라도 상대적인 값만으로도 *pn* 접합 상태를 충분히 판단할 수 있다. 범위 밖이라는 표시는 역방향인 경우, 예상할 수 있는 바와 같이 저항이 매우 높다는 것이다. 역시 순방향에 대해서도 수백 옴이나 수천 옴의 저항값은, 예상할 수 있는 바와 같이, 순방향 저항이 역방향에 비해 매우 작다는 것을 의미한다.

트랜지스터 검사기

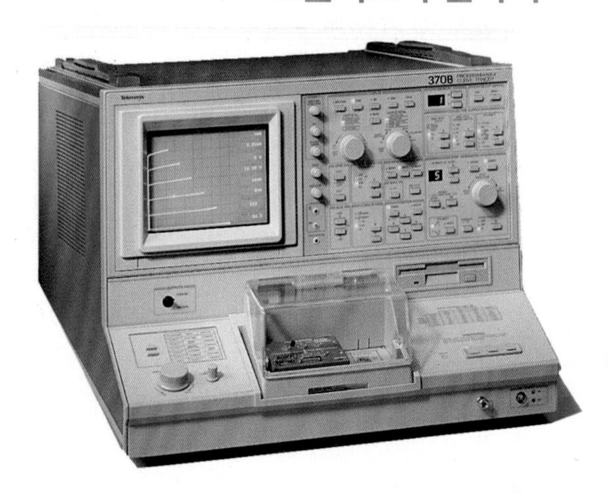

그림 13-29 트랜지스터 특성 곡선 트레이서.

보다 폭 넓은 트랜지스터의 검사는 그림 13-29에서 보인 것과 같이 트랜지스터의 특성 곡선 검사 장치를 이용할 수 있다.

특성 곡선 트레이서는 트랜지스터의 어떤 종류에 대해서도 특성 곡선을 보여줄 수 있다. 또한 장치는 트랜지스터의 중요한 파라미터들에 대해서도 대부분 측정을 수행할 수 있다. 몇몇의 첨단 트레이서는 여러 종류의 측정, 데이터 저장, 측정 결과에 대한 문서 출력에 이르기까지를 전자동으로 설정하고 수행하는 기능도 가지고 있다.

트랜지스터의 특성을 측정하는 이유에는 여러 가지가 있다. 엔지니어링 측면에서는 회로의 성능을 알기 위해서 어떤 파라미터에 대해 정확히 알아야 하는 경우도 있다. 부품 제조사들은 더 성능 좋은 부품을 개발하고 양산을 하기 위해 특성을 측정해야만 한다. 가끔 특성 곡선 트레이서는 부품 입고 검사, 품질 관리, 부품 분류를 위해 사용되기도 한다. 물론, 교육적 목적으로 여러 가지 능동 부품들을 연구하기 위한 이유도 있다.

특성 곡선 트레이서는 최상의 트랜지스터 검사기이기는 하지만, 실질적으로는 트랜지스터가 기판에 납땜이 되어 있다면, 사용이 불가능하므로 회로에 연결된 상태에서 검사하는 것이 더욱 바람직할 것이다. 즉, 훌륭한 고장수리는 부품을 떼어내지 않고 부품의 이상 유무를 파악해 내거나 다른 방법으로 고장을 수리할 수 있어야 한다. 작동이 되지 않은 회로에서는 트랜지스터가 불량인 경우와 트랜지스터가 아닌 다른 원인으로 인한 고장인 경우로 나누어 생각할 수 있다.

경우 1 회로 내의 트랜지스터가 불량이라면, 그것을 조심스럽게 제거하고 양품의 것으로 교체해야 한다. 새로운 부품을 회로 밖에서 검사하는 것은 그 부품이 양품임을 확신할 수 있는 좋은 방법이다. 트랜지스터를 검사기 소켓에 꽂아서 회로 밖 검사를 실시한다.

경우 2 만약 회로 내에서 트랜지스터 검사가 정상으로 나왔지만 회로 동작이 제대로 되지 않는다면, 기판의 납땜 불량이나 연결선의 단선 등의 불량을 조사해 보아야 한다. 불량 납땜은 때때로 단선이나 매우 높은 저항접촉을 초래한다. 고장 수리기사는 전압 측정을 통해 문제를 찾을 수 있다. 이 경우에 실제 전압 측정 위치가 매우 중요하다. 예를 들면 컬렉터 단자기 납땜되는 기판의 면(패드)에 불량으로 납땜되어서 단선(개방)이 발생한 경우에 컬렉터 단자를 검사하면 부동점 현상이 나타난다. 이런 경우에 R_C 단자 또는 연결선 위에 전압을 측정을 해 보면, V_{CC}가 나올 것이다. 이런 상황을 그림 13-30에 나타내었다.

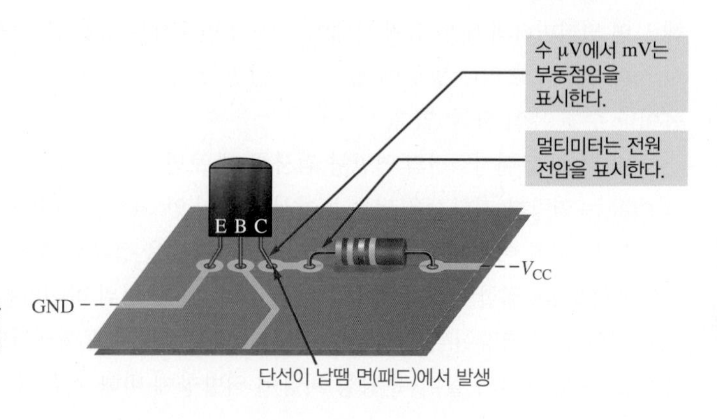

그림 13-30 외부 회로에 단선이 있는 경우, 측정 위치가 중요함. 측정 결과 어딘가 단선이 있는 것을 나타내고 있음.

고장 수리에 있어서 측정 위치의 중요성 경우 2에 있어서, 만일 트랜지스터의 컬렉터 단자에 측정을 수행할 때, 그림 13–31과 같이 트랜지스터 내부에 단선이 있는 경우에는 V_{CC} 전압이 측정될 것이다. 트랜지스터를 기판에서 분리하여 검사하기에 앞서 벌써 트랜지스터 불량임을 나타내 주고 있는 것이다. 이런 단순한 개념들은 고장 상황에서 측정 위치에 따른 판단의 중요성을 보여 주는 것이다.

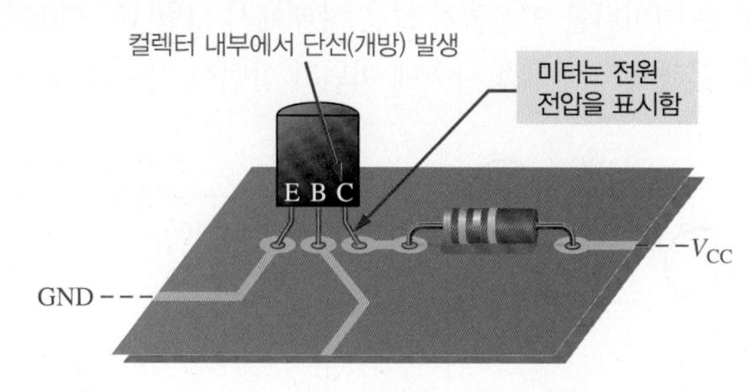

그림 13–31 내부 단선이 발생한 경우. 그림 13–30과 비교해 보기 바람.

예제 13–4

어떤 고장이 그림 13–32에서와 같은 측정값을 보일 수 있는가?(측정 위치는 서로 다른 세 군데이다.)

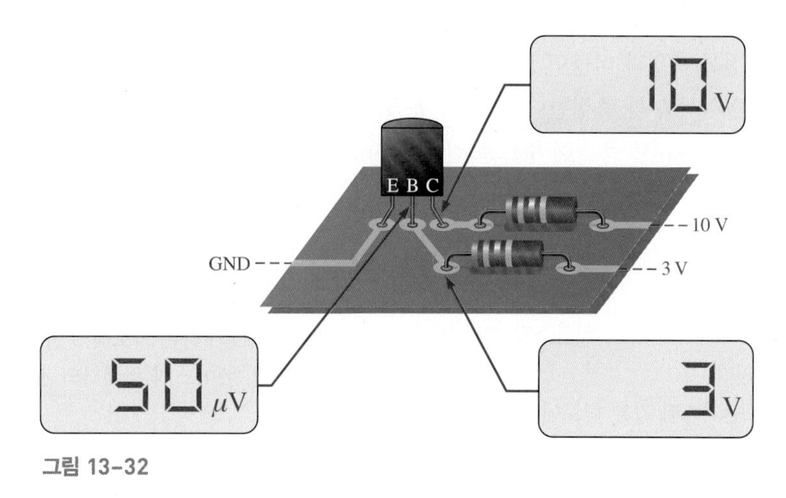

그림 13–32

풀이

컬렉터의 전압이 10 V를 표시하는 것으로 보아 트랜지스터는 차단 상태에 있다. 베이스의 바이어스 전압은 기판 연결 부위에서 3 V를 나타내고 있으나 베이스 단자 자체에는 부동점의 전압이 표시되고 있다. 이것은 트랜지스터 외부 연결 불량 상황으로서 두 측정 위치 사이에 어딘가 단선이 있다는 것을 나타낸다. 베이스 단자의 납땜 부위를 조사해 보아야 한다. 만약 내부적으로 단선이 있다면, 베이스 단자는 3 V로 나타난다.

관련문제

그림 13–32의 그림에서 베이스 단자의 납땜 부위에 손을 눌러 보니, 베이스의 부동 전압 위치에서 멀티미터 전압이 3 V로 바뀌어 나타난다면 어떤 고장이 의심되는가?

누설 측정

모든 트랜지스터에는 매우 작은 누설 전류(leakage current)가 존재한다. 대부분의 경우 너무 작아서(보통 nA) 무시할 만하다. 그림 13–33(a)와 같이 베이스에 전압이 없는 상태로 트랜지스터를 연결한다면,

차단 상태가 된다. 이상적으로는 $I_C = 0$이지만, 실제적으로는 앞서 언급한 바와 같이, I_{CEO}로 불리는 컬렉터-이미터 사이의 매우 작은 전류가 발생한다. 실리콘 재료인 경우, 이 전류는 보통 nA 정도이다. 불량인 트랜지스터는 흔히 이 전류가 매우 크게 나타나므로, 그림 13–33(a)에서와 같이 전류계를 연결하여 검사기로 측정을 해 볼 필요가 있다. 또 다른 누설 전류는 I_{CBO}라고 불리는 컬렉터에서 베이스로 흐르는 전류이다. 이 전류는 이미터를 연결하지 않은 상태에서 그림 13–33(b)와 같이 측정할 수 있다. 이 값이 지나치게 크다면, 컬렉터와 베이스 사이에 어딘가 합선이 일어난 것이 분명하다.

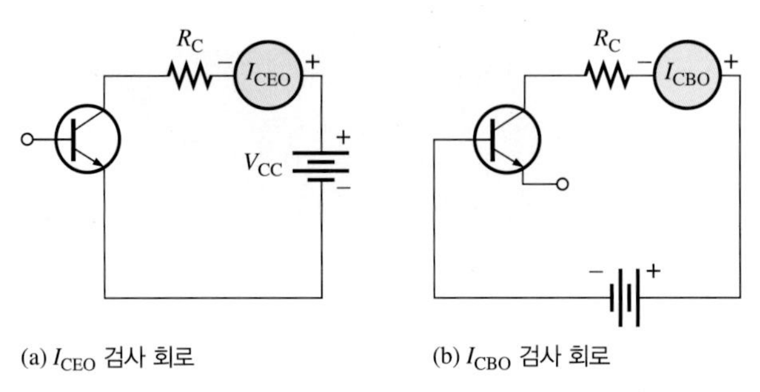

(a) I_{CEO} 검사 회로 (b) I_{CBO} 검사 회로

그림 13–33 누설 전류 검사 회로

이득 측정

누설 전류 측정과 더불어 트랜지스터 검사기는 $h_{FE}(\beta_{DC})$도 또한 측정할 수 있다. 미리 결정되어 있는 I_B를 흘려서 I_C를 측정한다. 측정 후 I_C/I_B 비를 표시해 준다. 대부분의 검사기는 회로에 연결된 상태에서 $h_{FE}(\beta_{DC})$를 측정해 주므로 굳이 검사를 위해 회로에서 분리해 낼 필요는 없다.

13-4절 복습 문제

1. 만약 회로에 있는 트랜지스터의 고장이 의심스럽다면, 여러분은 무엇을 해야 할 것인가?
2. 그림 13–24에 나타낸 트랜지스터 기본 회로에서 R_B가 단선이 된다면, 어떤 현상이 발생하는가?
3. 그림 13–24와 같은 회로에서 이미터와 접지 사이에 단선이 발생한다면, 베이스와 컬렉터의 전압은 어떻게 되는가?

13-5 전계 효과 트랜지스터의 구조

BJT는 전류로 제어되는 장치임을 알고 있을 것이다. 즉, 베이스 전류는 콜렉터 전류의 양을 제어한다. 반면 FET는 전압에 의해 제어되는 장치인데, 게이트 단자에 가해지는 전압은 장치에 흐르는 전류를 제어한다. BJT와 FET 모두 증폭기로서 사용될 수도 있고, 스위칭 용도로 사용될 수도 있다.

이 절을 마친 후 다음을 할 수 있어야 한다.

- FET에 대한 기본적인 분류를 설명한다.
- FET와 BJT의 원리상의 차이점에 대해 논의한다.

FET 계열

전계 효과 트랜지스터(FET, Field-Effect Transistor)는 BJT와는 완전히 다른 원리로 동작하는 반도체의 한 부류이다. FET에서는 좁은 전도성 채널(channel)이 **드레인(drain)**과 **소스(source)**라고 불리는 단자 사이를 연결해 주고 있다. 이 채널은 *n*형이나 *p*형으로 만들어진다. 전계 효과라는 이름에서 암시하는 바와 같이 채널의 전도도는 **게이트(gate)**라고 불리는 세 번째 단자에 가해주는 전압에 의해서 발생되는 전기장의 세기로 제어된다. JFET(Junction FET, 접합 FET)에서는 게이트가 채널과 결합하여 *pn* 접합을 형성한다. 다른 종류인 MOSFET(*Metal Oxide* Semiconductor *FET*, 금속산화-반도체 FET)는 절연된 게이트가 채널의 전도도를 제어한다(절연된 게이트와 MOSFET는 같은 종류의 디바이스를 지칭한다). 절연층은 극히 얇은 박막(1 μm 이하)의 유리(일반적으로 SiO_2)이다. 그림 13–34는 FET 계열의 전체 요약인데, 여러 종류가 제작되는 것을 알 수 있다.

FET에 관한 아이디어는 BJT보다 훨씬 이전에 있었다. J. E. Lilienfeld는 1925년에 특허를 출원(1930년 등록)했으나 1960년대에 와서야 상업적으로 이용되기 시작했다. 오늘날, MOSFET는 대부분의 집적회로(IC)에 사용되고 있는데, 그 이유는 BJT에 비해 여러 가지 면에서 장점을 가지고 있기 때문이며, 특히 큰 규모의 집적회로를 만드는 경우에 유리하다. MOSFET가 디지털회로에서 지배적인 트랜지스터가 된 이유에는 몇 가지가 있다. BJT보다 더욱 작은 면적으로 제작될 수 있어서 상대적으로 IC를 만드는 것이 용이하다. 또한 다이오드나 저항 등이 없이도 쉽게 회로를 구성할 수 있다. 모든 마이크로프로세서와 컴퓨터 메모리들은 FET 기술을 이용한다. 13–8절에서 FET가 어떻게 IC에 사용되는지 간략히 살펴본다.

BJT와 비교해 보면, FET 계열은 훨씬 다양하다. 여러 FET 종류들은 직류 동작에 있어서 각기 다른 특성들을 가지고 있다. 예를 들면 JFET는 입력 저항값이 매우 높은데 그 이유는 입력 *pn* 접합이 항상 역방향 바이어스로 동작하기 때문이다. MOSFET의 입력 저항이 높은 이유는 게이트 입력단이 절연체로 분리되어 있기 때문이다.

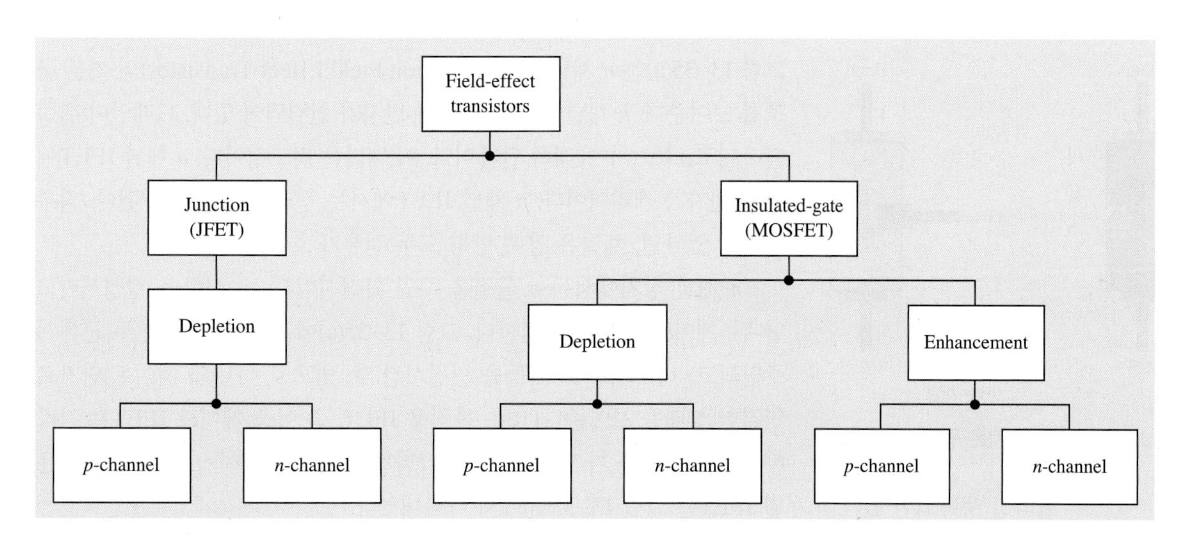

그림 13–34 FET의 분류

모든 FET들은 높은 입력 저항을 가지지만, BJT처럼 높은 증폭률을 가지지는 않는다. BJT들은 또한 FET보다 선천적으로 훨씬 선형적이다. 어떤 응용 분야에서는 FET가 훨씬 우수하고, 다른 분야에서는 BJT가 우수하다. 많은 설계자들은 두 종류의 장점을 택해서 FET와 BJT를 혼용하기도 한다. 따라서 이러한 두 종류의 트랜지스터들을 모두 잘 이해하고 있어야 한다.

13-5절 복습 문제

1. FET의 단자 세 개의 이름은 각각 무엇인가?
2. 게이트가 절연된 FET의 별칭은 무엇인가?
3. 왜 MOSFET 트랜지스터가 집적회로에 많이 사용되는가?
4. BJT와 FET의 중요한 차이점에는 어떤 것들이 있는가?

13-6 JFET의 특성

이 절에서는 JFET가 전압 제어형 정전류 장치로 어떻게 동작하는지와 드레인 전류 특성 곡선, 트랜스컨덕턴스 특성 곡선 등에 대해 공부하게 된다. 또한 JFET의 입력 저항과 커패시턴스 특성, 차단 상태와 핀치오프(pinch off) 상태 등에 대해서도 공부한다.

이 절을 마친 후 다음을 할 수 있어야 한다.

- JFET(Junction Field Effect Transistor)의 구성과 동작을 설명한다.
- *n* 채널과 *p* 채널의 기호를 설명한다.
- 오믹(ohmic) 영역, 정전류 영역 등을 포함한 JFET의 드레인 특성 곡선을 해석한다.
- g_m, I_{DSS}, I_{GSS}, C_{iss}, $V_{GS(off)}$, V_P 등의 파라미터에 대해 설명한다.
- JFET의 트랜스컨덕턴스 곡선과 드레인 특성 곡선에 대해 설명한다.

JFET의 동작

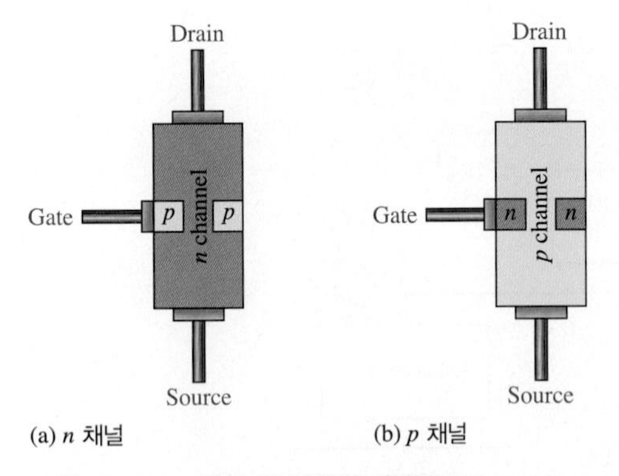

그림 13-35 JFET 두 종류의 기본 구조

그림 13-35(a)는 *n* 채널 JFET(Junction Field Effect Transistor)의 기본 구조를 보여준다. *n* 채널의 양쪽 끝단에 단자가 연결되어 있다. 드레인이 위쪽 단자이고, 소스가 아래쪽 단자이다. 이 채널은 전도성이다. *n* 채널 JFET에서는 전자가 캐리어이다. *p* 채널 JFET에서는 정공이 캐리어가 된다. 외부 전압이 없다면, 채널은 양쪽 방향 모두 전류가 흐를 수 있다.

n 채널 장치에서는 *p* 물질을 주입 확산시켜서 *pn* 접합을 형성시키고 난 뒤, 게이트 단자로 연결한다. 그림 13-35(a)에 *p* 물질이 양쪽 두 군데서 주입되고, 내부적으로 이들을 연결시킨 후, 밖으로 하나의 게이트 단자로 연결한 상태를 보여준다(특수 목적용 JFET, 즉 이중 게이트 JFET는 각각 분리된 게이트를 가진다). 구조를 나타낸 그림에서, 양쪽 *p* 영역의 연결은 편의상 생략되어 있다. *p* 채널 JFET는 그림 13-35(b)에서 나타내었다.

앞서 언급된 바와 같이, JFET의 채널은 게이트와 소스 사이에 좁은 전도 통로가 있을 뿐이다. 채널의 폭은, 전류를 흘릴 수 있는 능력을 표시하는데, 게이트 전압에 의해 제어된다. 게이트에 전압이 없을 때, 채널은 최대 전류를 흘릴 수 있다. 게이트에 역전압 바이어스가 가해지면, 채널의 폭은 줄어들게 되어 전도성이 떨어지게 된다. 이런 동작을 설명하기 위해 *n* 채널에 정상적인 동작 전압이 가해졌을 때를 그림 13-36(a)에서 보여준다. V_{DD}는 양(+)의 드레인-소스 전압을 공급하는데, 이로 인해 전자가 소스에서 드레인으로 흐르도록 만든다. *n* 채널 JFET에서 게이트-소스 접합 사이의 역방향 바이어스는 음(−)전압으로 가능하다. 그림에서 V_{GG}는 역방향 바이어스 전압임을 알 수 있다. FET에서 순방향 바이어스라는 것은 절대 없음을 유의해야 한다. 이 점이 FET와 BJT 사이의 주요한 차이점 중의 하나이다.

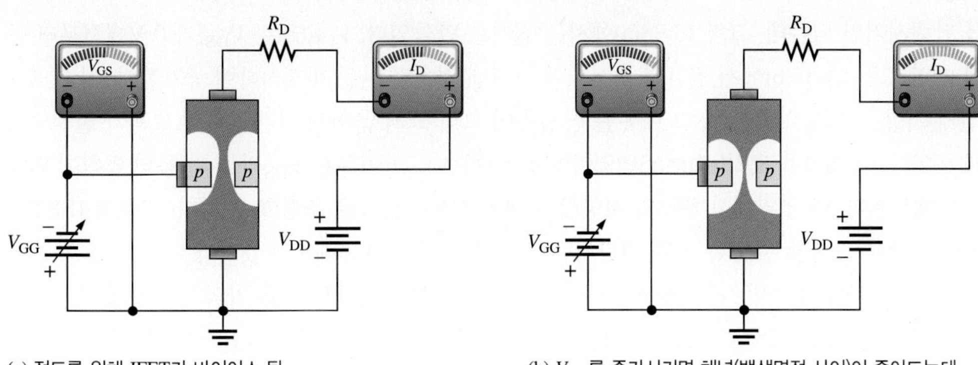

(a) 전도를 위해 JFET가 바이어스 됨.

(b) V_{GG}를 증가시키면 채널(백색면적 사이)이 줄어드는데, 채널의 저항을 증가시켜 전류 I_D를 감소시킨다.

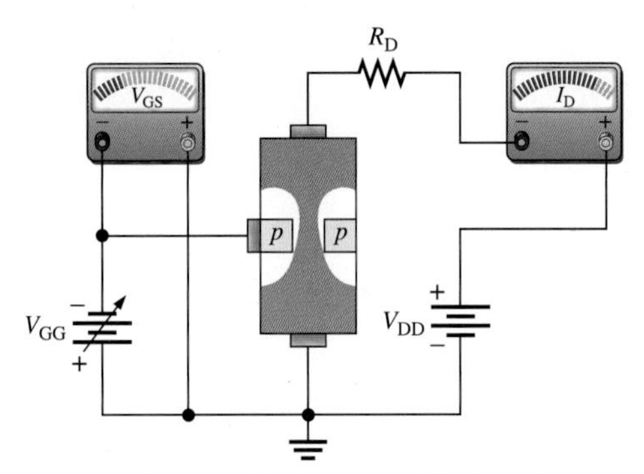

(c) V_{GG}가 줄어들면 채널(백색면적 사이)을 확장시키는데, 이것은 채널의 저항을 줄여서 I_D를 증가시킨다.

그림 13-36 채널 폭, 저항, 드레인 전류 등에 대한 V_{GG}의 효과($V_{GG} = V_{GS}$).

채널 폭, 즉 채널 저항은 게이트 전압에 의해 제어되는데, 결국 드레인 전류량 I_D를 제어하게 된다. 이러한 개념을 그림 13-36(b)와 (c)에 설명해 놓았다. 백색 면적은 역방향 바이어스에 의한 공핍층을 나타낸다. 이 공핍층은 채널의 드레인 끝 부분까지 확장되는데, 그 이유는 게이트와 드레인 사이의 역방향 바이어스 전압이 게이트와 소스 사이의 전압보다 훨씬 크기 때문이다.

JFET의 기호

n 채널과 *p* 채널 JFET 두 종류 각각의 회로 기호를 그림 13-37에 나타내었다. 게이트의 화살표 방향이 *n* 채널에서는 안쪽, *p* 채널에서는 바깥쪽으로 향하고 있다.

드레인 특성 곡선

드레인 특성 곡선은 드레인 전류, I_D와 드레인-소스 사이의 전압, V_{DS} 사이의 관계를 나타낸 그래프인데, 이것은 BJT에서 컬렉터 전류, I_C와 컬렉터-이미터 사이 전압 V_{CE}와의 관계에 해당한다. 그러나 BJT 특성과 FET 특성 사이에는 몇 가지 중요한 차이점이 있다. FET는 전압 제어 장치이기 때문에 FET의 세 번째 변수 V_{GS}는 전압 단위를 가진다(BJT의 세 번째 변수 I_B는 전류이다). *n* 채널 FET의 특성을 이 절에서 소개한

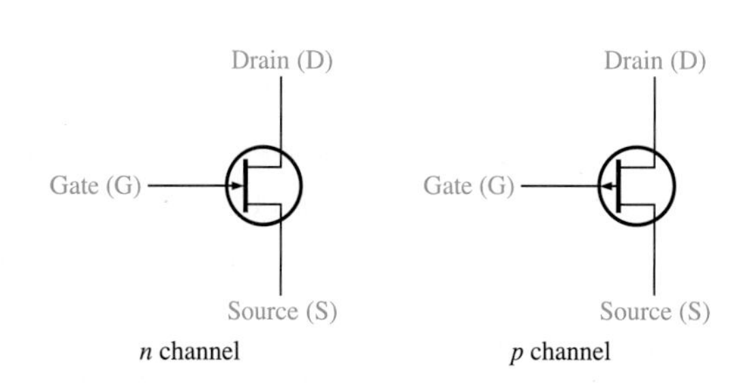

그림 13-37 JFET의 회로 기호

다. p 채널 FET도 역시 동일한 방식으로 동작하지만 극성만 반대가 된다. 일반적으로 n 채널 JFET는 p 채널형 보다 더 나은 전기적 사양을 나타내기 때문에 더욱 널리 사용된다.

게이트-소스 사이의 전압이 0 V일 때 n 채널 JFET를 한 번 고려해 보자. 이 0 V는 게이트와 소스 사이를 단락시키면 되는데, 그림 13-38(a)에서는 접지로 만들었다. V_{DD}(또는 V_{DS})가 0 V에서부터 증가함에 따라 그림 13-38(b)에서 점 A와 B 사이에 나타낸 것처럼 I_D는 비례적하여 증가한다. 이 영역에서 채널의 저항은 거의 일정한데, 그 이유는 공핍층이 그리 크지 않아서 다른 중요한 효과가 발생하지 않기 때문이다. 이 영역을 **오믹(ohmic)영역**이라고 부르는데, 그 이유는 V_{DS}와 I_D가 옴의 법칙에 의해 결정되기 때문이다. 이 영역에서 채널의 저항값은 게이트의 전압으로 조정할 수 있다. 그래서 JFET를 전압으로 저항을 조정할 수 있는 가변 저항처럼 사용하는 것이 가능해지는 것이다.

그림 13–38(b)에서 보면, 지점 B에서 곡선의 기울기는 떨어지면서 I_D는 거의 일정하게 유지되는 것을 알 수 있다. B 지점에서 C 지점까지 V_{DS}를 증가시키면 게이트-드레인(V_{GD}) 사이의 역방향 바이어스는 V_{DS}의 증가에 따라 공핍층을 넓혀주는 효과를 가지므로 I_D를 상대적으로 일정하게 유지하게 된다. 이 영역을 **정전류(constant-current) 영역**이라고 부른다.

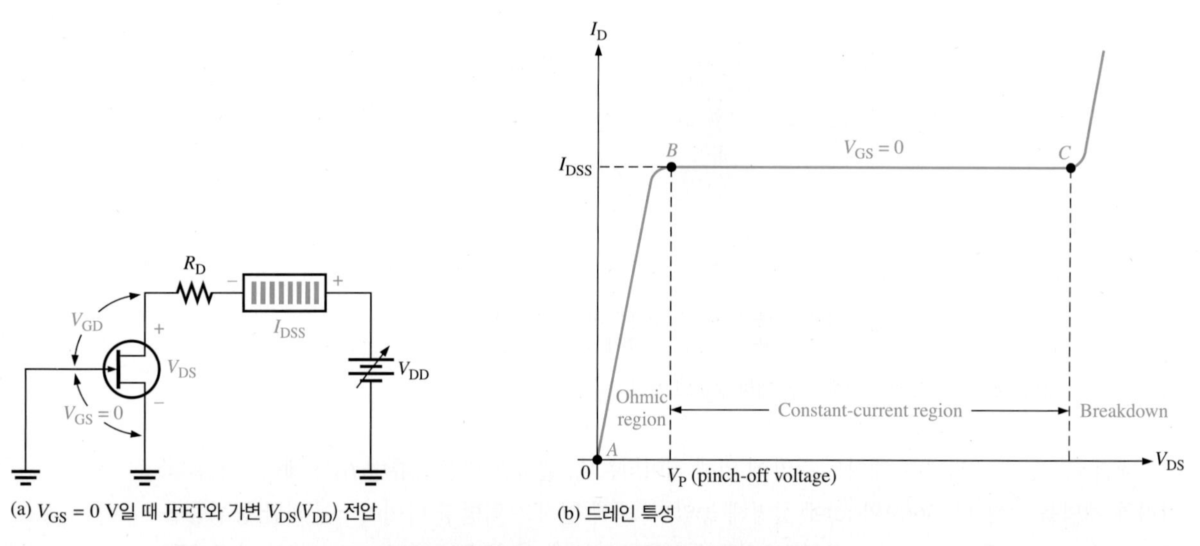

(a) V_{GS} = 0 V일 때 JFET와 가변 $V_{DS}(V_{DD})$ 전압

(b) 드레인 특성

그림 13–38 V_{GS} = 0 V일 때 핀치오프를 보여주는 JFET의 드레인 특성 곡선

핀치 오프(Pinch-Off) 전압

그림 13–38(b)에서 V_{GS} = 0 V일 때, I_D가 일정한 값을 보이기 시작할 때의 V_{DS}의 전압을 **핀치오프(Pinch-Off) 전압**, V_P라고 부른다(B점). 이 핀치오프 전압은 n 채널 JFET에 대해서 양(+)극성임을 주의해야 한다. 주어진 JFET에 대해서 V_P는 고정된 값을 가진다. 설명한 바와 같이 V_{DS}를 V_P 이상으로 증가시키면 I_D는 일정하게 된다. 이 드레인 전류값을 $\boldsymbol{I_{DSS}}$(게이트가 0 V일 때, 드레인에서 소스로 흐르는 전류)라고 하는데, JFET 데이터시트에 표시되어 있다. I_{DSS}는 각 JFET에 있어서 외부의 회로에 관계 없이 흐를 수 있는 최대 드레인 전류인데, 항상 V_{GS} = 0 V의 조건으로 명시되어 있다.

그림 13–38(b)의 곡선을 따라가면, C 지점에서 V_{DS}에 비례하여 I_D가 갑자기 증가하는 것을 볼 수 있는데, 여기가 항복점이다. 항복이 한 번 일어나면 내부 손상으로 인해 원상태로 돌이킬 수 없으므로 JFET는 항상 항복 전압 이하(그래프에서 B 점과 C 점 사이)에서 동작이 되도록 해야 한다. 이러한 이유로 일정한 전류 영역은 활성(active)영역이라고도 알려져 있다.

V_{GS}가 I_D를 제어

그림 13–39(a)와 같이 게이트와 소스 사이에 바이어스 전압 V_{GG}를 연결하는 경우를 보자. V_{GS}는 V_{GG}를 조정하여 음(−)전압으로 증가됨에 따라 그림 13–39(b)와 같이 드레인 전류 특성에 대한 전체 그래프가 완성이 된다. V_{GS}가 음(−)전압 쪽으로 높아질수록 I_D의 크기는 줄어드는 것을 볼 수 있는데, 이것은 채널의 폭이 줄어들기 때문이다. 또한 V_{GS}의 음(−)전압이 증가함에 따라서 각 곡선마다 핀치오프 전압은 V_P보다 낮은 전압에서 나타나는 것을 주의해야 한다. 결국 V_{GS}에 의해 드레인 전류량은 제어가 된다.

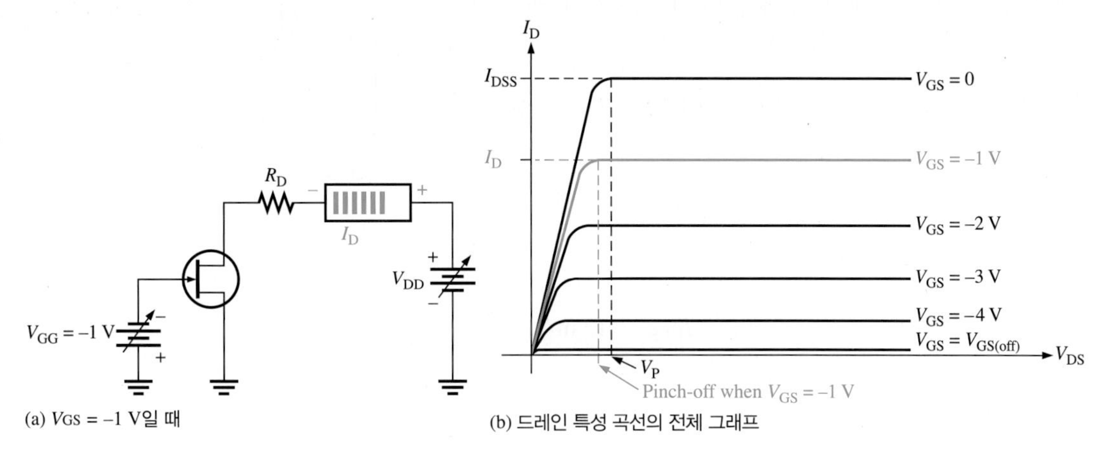

(a) $V_{GS} = -1$ V일 때

(b) 드레인 특성 곡선의 전체 그래프

그림 13-39 V_{GS} 전압이 음(−)으로 증가함에 따라 핀치오프 전압은 낮아지는 것을 보여준다.

차단(CutOff) 전압

드레인 전류를 거의 0으로 만들 때의 V_{GS}의 값을 차단전압, $V_{GS(off)}$라고 부른다. JFET의 V_{GS}는 0 V와 $V_{GS(off)}$ 사이가 되어야 한다. 이 게이트-소스 전압 범위에 대해서 드레인 전류는 최대값(I_{DSS})에서 거의 0인 최소값까지 변할 수 있는 것이다.

앞서 알아본 바와 같이, *n* 채널 JFET에 대해 V_{GS}가 더욱 음(−)전압이 될수록 정전류 영역에서 I_D의 크기는 더욱 작아진다. V_{GS}가 충분히 큰 음의 전압이 되면, I_D는 거의 0이 된다. 이러한 차단 효과는 공핍층의 확대에 의해 그림 13–40과 같이 채널이 완전히 닫힐 때 일어난다.

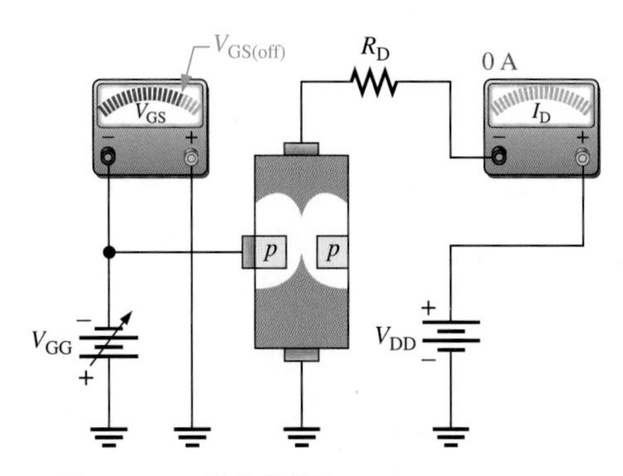

그림 13-40 차단 상태의 JEET.

핀치오프 전압과 차단 전압의 비교

핀치오프 전압은 드레인 특성 그래프에서 찾을 수 있다. *n* 채널의 경우, $V_{GS} = 0$ V에서 드레인 전류가 일정하게 되는 그 때의 전압이다. 차단 전압 역시 특성 그래프에서 찾을 수 있는데, 드레인 전류가 거의 0이 되는 게이트-소스 사이의 음의 전압을 말한다.

$V_{GS(off)}$와 V_P는 크기는 항상 같지만 극성은 반대이다. 데이터시트에서 대부분의 경우, $V_{GS(off)}$와 V_P 중의 하나만 제시하고 둘 다 나타내지는 않는다. 그러나, 둘 중에 하나만 안다면, 나머지 하나는 자명하게 알 수 있다. 예를 들어 만약 $V_{GS(off)} = -5$ V라면, $V_P = +5$ V가 된다.

예제 13-5

그림 13-41의 n 채널 JFET의 경우, $V_{GS(off)} = -4$ V이고, $I_{DSS} = 12$ mA이다. 이 JFET가 정전류 영역에 있기 위해 필요한 V_{DD}의 최소값을 구하라.

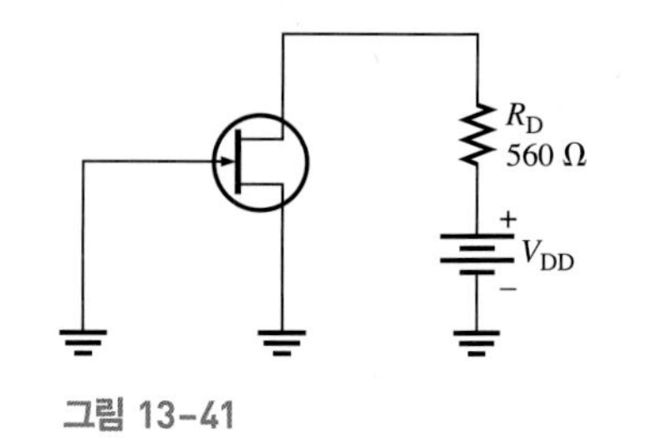

그림 13-41

풀이

$V_{GS(off)} = -4$ V이므로, $V_P = 4$ V이다. 따라서 이 JFET가 정전류 영역에 있기 위해 필요한 V_{DS} 최소값은

$$V_{DS} = V_P = 4\text{ V}$$

이다. $V_{GS} = 0$ V인 정전류 영역에서

$$I_D = I_{DSS} = 12\text{ mA}$$

이다. 따라서 드레인 저항의 양단에 걸리는 전압은

$$V_{R_D} = (12\text{ mA})(560\ \Omega) = 6.7\text{ V}$$

이다. 최종적으로 키르히호프의 전압법칙에 의해

$$V_{DD} = V_{DS} + V_{R_D} = 4\text{ V} + 6.7\text{ V} = \mathbf{10.7\ V}$$

이다. 이 값이 정전류 영역에서 $V_{DS} = V_P$이 되도록 하는 V_{DD}의 최소값이다.

관련문제

만약 V_{DD}가 15 V로 증가된다면, 드레인 전류는 어떻게 되는가?

JFET의 트랜스컨덕턴스 곡선

회로를 보는 좋은 방법 중의 하나는 주어진 입력에 대해 출력을 보는 것이다. 이 특성을 전달 곡선(transfer curve)이라고 부른다.

JFET는 게이트 입력 단자에 음(−)전압으로 제어되고 출력이 드레인 전류이기 때문에, 전달 곡선은 V_{GS} 입력을 x축으로 하고 I_D를 y축으로 하는 함수 그래프가 된다. 출력 단위(mA)를 입력 단위(V)로 나누면, 그 결과는 전도도(conductance) 단위(mS)가 된다. 전압을 입력으로 전달하여 출력이 전류로 된다고 생각하면 된다. 따라서 접두사 'trans'가 'conductance'에 합해져서 **트랜스컨덕턴스(transconductance)**라는 용어가 되었다. 트랜스컨덕턴스 곡선은 FET의 전달(V_{GS}에 대한 I_D) 특성을 그린 것이다. 트랜스컨덕턴스는 데이터시트에 g_m 또는 y_{fs} 라고 표시되어 있다.

n 채널 JFET의 대표적인 곡선을 그림 13-42(a)에 나타내었다. 일반적으로 모든 종류의 FET들은 트랜스컨덕턴스 곡선이 대부분 동일한 기본 형태를 가지고 있다.

그림 13-42(b)에 나타낸 바와 같이 트랜스컨덕턴스 특성은 드레인 특성에 직접적으로 관련이 있다. 두 그림 모두 같은 수직 축을 가지고 있는데, I_D를 나타낸다는 점을 유의해야 한다. 트랜스컨덕턴스는 교류 파라미터 중의 하나인데, 이 값은 게이트-소스 전압의 작은 변동에 대한 드레인 전류의 작은 변동을 나눈 값으로서 곡선의 모든 점에 존재한다.

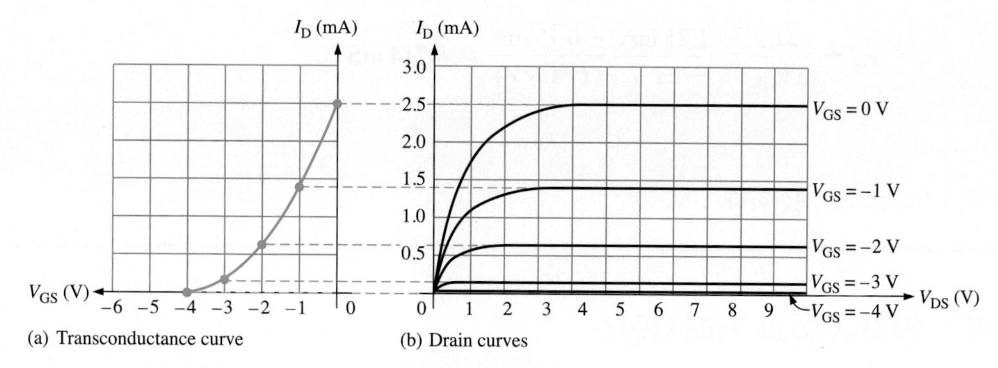

그림 13-42 MPF102 *n* 채널 JFET의 대표적인 특성 곡선들

$$g_m = \frac{\Delta I_D}{\Delta V_{GS}}$$

이 식은 다음과 같이 교류 기호를 사용하여 간단히 나타낼 수 있다.

$$g_m = \frac{I_d}{V_{gs}} \qquad (13-2)$$

트랜스컨덕턴스 곡선은 직선이 아니다. 즉, 출력 전류와 입력 전압 사이가 비선형적이라는 뜻이다. 이 점은 매우 중요한 점이다. 즉, FET는 비선형적인 트랜스컨덕턴스 곡선을 가진다. 이 의미는 입력 신호에 대해 왜곡이 발생한다는 것이다. 왜곡이 반드시 나쁜 것만은 아니다. 예를 들면 라디오 주파수 믹서에서 JFET들은 BJT보다 우수한 특성을 가지고 있는데, 바로 이런 특성 때문이다. 그러나 어떤 JFET(예를 들면 2N4339)들은 오디오 분야 적용을 위해 왜곡을 최소화하는 기하 물리적 구조로 설계되었다. 또한 설계자들은 신호의 크기를 작게 하여(100 mV 이하) 왜곡을 최소화할 수도 있다. 또 다른 설계 기술들(바이어스 방법)이 왜곡의 최소화를 위해 사용되기도 한다.

예제 13-6

그림 13-43의 곡선에서 $I_D = 1.0$ mA일 때 트랜스컨덕턴스를 계산하시오.

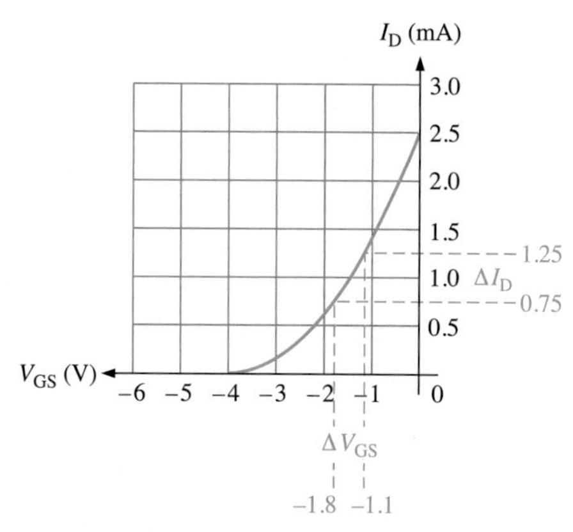

그림 13-43

풀이

I_D = 1.0 mA에서 I_D의 변동을 작게 선택하고, 해당하는 V_{GS}의 변동을 나누면 된다. 그림 13-43에서 그래프를 이용한 방법을 나타내었다. 그래프로부터 트랜스컨덕턴스는

$$g_m = \frac{\Delta I_D}{\Delta V_{GS}} = \frac{1.25\text{ mA} - 0.75\text{ mA}}{-1.1\text{ V} - (-1.8\text{ V})} = \mathbf{0.714\text{ mS}}$$

이 된다.

관련문제

$I_D = 1.5$ mA에서 트랜스컨덕턴스를 계산하라.

JFET 입력 저항과 커패시턴스

다이오드에서 다루었듯이, *pn* 접합은 역방향 바이어스가 되면 매우 높은 저항을 가진다. JFET도 게이트-소스 접합이 역방향 바이어스로 동작한다. 따라서 게이트 단자의 입력 저항값은 매우 높다고 할 수 있다. 베이스-이미터 사이가 순방향 바이어스인 BJT와 비교해 볼 때, JFET의 매우 높은 입력저항은 주요한 장점 중 하나이다.

JFET의 데이터시트는 대부분 어느 특정한 게이트-소스 전압에서 게이트의 역전류, 즉 $\boldsymbol{I_{GSS}}$를 이용하여 입력 저항값을 표시하고 있다. 입력 저항은 다음과 같은 식에 의해 결정된다. 식 양쪽의 수직선은 절대값 기호를 나타낸 것이다.

$$R_{IN} = \left|\frac{V_{GS}}{I_{GSS}}\right| \tag{13-3}$$

예를 들면 2N5457 데이터시트는 온도가 25°C, $V_{GS} = -15$ V일 때, I_{GSS}의 최대값을 -1 nA로 표시하고 있다. 이것을 이용하여 저항을 계산하면 다음과 같이 된다.

$$R_{IN} = \left|\frac{V_{GS}}{I_{GSS}}\right| = \frac{15\text{ V}}{1\text{ nA}} = 15\text{ G}\Omega$$

이 결과를 통해서 JFET의 입력 저항은 믿기 어려울 정도로 높다는 것을 알 수 있다. 그러나 R_{IN}은 온도가 상승하면 급격히 감소한다(예제 13–7 참조).

입력의 역방향 바이어스 *pn* 접합은 역방향 바이어스 된 다이오드과 관련되어 높은 저항을 나타내지만, 이것은 JFET가 일반적으로 BJT보다 더 높은 커패시턴스를 가진다는 것을 의미하기도 한다. 역방향 바이어스된 *pn* 접합은 역방향 전압에 달라지는 커패시턴스를 가지는 커패시터로 역할을 할 수 있다라는 것을 이미 알고 있다(버랙터 다이오드). JFET의 입력 커패시턴스인 C_{iss}는 BJT의 것과 비교해서 볼 때 매우 크다. 예를 들면 $V_{GS} = 0$ V일 때, 2N5457의 최대 C_{iss} 값은 7 pF이다.

예제 13-7

어떤 *n* 채널 JFET의 데이터시트에 나타나 있는 사양이 다음과 같다.

1. 온도 25°C 조건, $V_{GS} = -30$ V일 때, I_{GSS} 최대값이 -0.1 nA.
2. 온도 150°C 조건, $V_{GS} = -30$ V, I_{GSS} 최대값이 -100 nA.

그렇다면, 온도 25°C 조건에서 입력 최소 저항값은 얼마인가?

풀이

$$R_{IN} = \left|\frac{V_{GS}}{I_{GSS}}\right| = \frac{30\text{ V}}{0.1\text{ nA}} = \mathbf{300\text{ G}\Omega}$$

관련문제

온도 150°C 조건에서 입력 최소 저항값은 얼마인가?

13-6절 복습 문제

1. JFET에서 전달 곡선의 다른 별칭은 무엇인가?
2. p 채널 JFET는 V_{GS} 전압으로서 양(+)전압을 필요로 하는가 아니면 음(−)전압을 필요로 하는가?
3. JFET의 드레인 전류는 어떻게 제어되는가?
4. 어떤 JFET의 핀치오프에서 드레인-소스 전압이 7 V이다. 게이트-소스 전압이 0 V라면, V_P는 얼마인가?
5. 어떤 n 채널 JFET의 V_{GS}가 음(−)전압 방향으로 증가되었다. 드레인 전류는 증가하는가 아니면 감소하는가?
6. 어떤 p 채널 JFET에서 $V_P = -3$ V일 때, 차단영역이 되기 위해서 V_{GS}의 전압은 얼마가 되어야 하는가?

13-7 MOSFET의 특성

금속-산화물 반도체 전기장 효과 트랜지스터(MOSFET, Metal-Oxide Semiconductot FET)는 전계 효과 트랜지스터 카테고리 중의 중요한 한 종류이다. MOSFET는 pn 접합이 없다는 점 때문에 JFET와는 다른 종류의 FET이다. 대신에 MOSFET의 게이트는 매우 얇은 실리콘 산화막(SiO_2)에 의해 내부적으로는 본체와 절연이 되어 있다. MOSFET의 두 가지 기본 종류로는 공핍형(Depletion, D)과 증식형(Enhancement, E)이 있다. 두 종류 중에서 증식형이 좀 더 널리 사용된다. 게이트를 금속 대신에 다결정 실리콘을 사용하기 때문에 MOSFET는 때때로 IGFET(insulated-gate FET)라고도 불린다.

이 절을 마친 후 다음을 할 수 있어야 한다.

- MOSFET의 동작을 설명한다.
- MOSFET들 사이의 구조적 차이점을 설명한다.
- n 채널형과 p 채널형 D-MOSFET와 E-MOSFET의 기호를 구별한다.
- 공핍형과 증식형에서 MOSFET의 기능을 설명한다.
- MOSFET의 트랜스컨덕턴스 곡선 및 드레인 전류 특성과 관련성을 설명한다.
- MOSFET들의 취급 시 주의사항을 설명한다.

공핍형(Depletion) MOSFET

MOSFET 중 한 종류인 공핍형(D-MOSFET)에 대해 그 기본 구조를 그림 13-44에 설명하였다. 드레인과 소스는 서브스트레이트(기판, substrate) 물질 속에 확산되어 있고 절연된 게이트 주변의 좁은 채

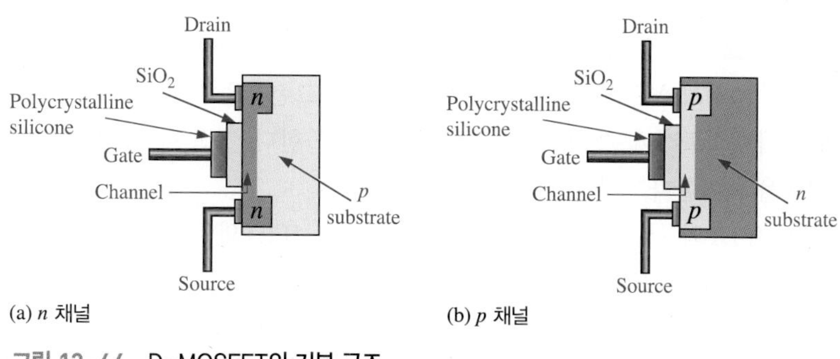

그림 13-44 D-MOSFET의 기본 구조

널에 의해 연결되어 있다. n 채널과 p 채널 모두를 그림에 설명해 놓았다. 그러나 p 채널 D-MOSFET는 널리 사용되지는 않는다. 기본 동작은 모두 동일하나, p 채널의 전압 극성은 n 채널과는 반대 극성이다. 간단히 설명하기 위해 여기서는 n 채널에 대하여 설명한다.

D-MOSFET는 공핍 모드(depletion mode)와 증식 모드(enhancement mode) 두 가지 모두 작동이 가능하므로 때로는 D-E MOSFET라고도 불린다. 게이트는 채널에 대해 절연이 되어 있으므로, 양(+)전압이나 음(−)전압 모두 사용이 가능하다. n 채널 D-MOSFET는 음(−)전압이 가해지면 공핍 모드로 동작하고 양(+)전압이 가해지면 증식 모드로 동작한다. 이 FET는 보통 공핍 모드에서 동작한다.

공핍 모드 게이트는 커패시터의 한쪽 극판으로 묘사가 되고 채널은 또 다른 한쪽 극판으로 묘사된다. 실리콘 산화막은 유전체로 된 절연층이다. 음(−)전압이 가해진 경우, 게이트의 음(−)전하는 채널의 전도 전자들을 밀어내어 그 자리에 양이온들만 남긴다. 그래서 n 채널은 전자들이 공핍된 상태가 되고 채널의 전도성은 감소하게 된다. 음전압을 더욱 가하게 되면, n 채널의 전자들은 더욱 공핍하게 만든다. 게이트-소스의 음(−)전압, $V_{GS(off)}$을 충분히 높여주면, 채널은 완전히 공핍하게 되어 드레인 전류는 0이 된다. 이러한 공핍 모드는 그림 13–45(a)에 설명이 되어 있다. n 채널 JFET와 같이, n 채널 D-MOSFET의 드레인 전류는 게이트-소스 사이의 전압이 $V_{GS(off)}$에서 0 V 사이일 때 흐른다. 또한, D-MOSFET는 V_{GS}가 0 V 이상인 경우에도 전류를 흘린다.

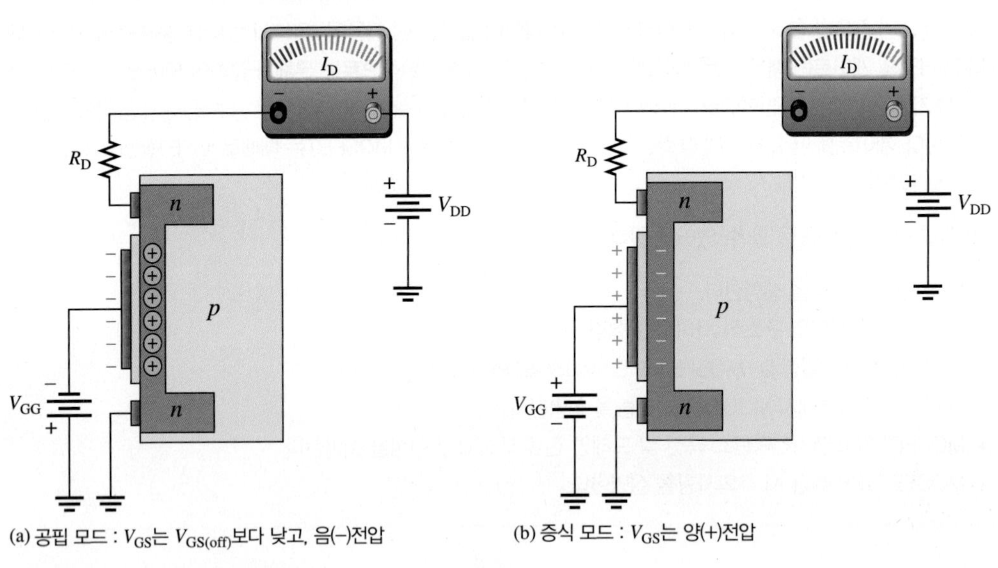

(a) 공핍 모드 : V_{GS}는 $V_{GS(off)}$보다 낮고, 음(−)전압

(b) 증식 모드 : V_{GS}는 양(+)전압

그림 13–45 n 채널 D-MOSFET

증식 모드 n 채널형에 양(+)의 게이트 전압을 주면, 전도 전자들은 채널 속으로 이끌려온다. 따라서 그림 13–45(b)와 같이 채널의 전도도는 증가된다.

D-MOSFET의 기호 그림 13–46은 n 채널형과 p 채널형의 D-MOSFET 회로 기호를 나타낸 것이다. 화살표로 표시된 서브스트레이트는 거의 대부분(항상 그런것은 아님) 소스에 내부적으로 연결되어 있다. 때때로 서브스트레이트는 다른 단자로 사용되기도 한다. 안쪽 화살표는 n 채널형, 바깥쪽 화살표는 p 채널형을 의미한다.

MOSFET는 JFET와 같은 전계 효과 디바이스이므로, JFET와 유사한 특성을가질 것이라 예상할 수 있다. n 채널 D-MOSFET의 전달 특성(I_D와 V_{GS}의 관계)을 그림 13–47에 나타내었다. n 채널형 JFET와 거의 같은 형태를 보여준다(그림 13–42(a) 참고). 다만, V_{GS}의 음(−)전압과 양(+)전압은 각각

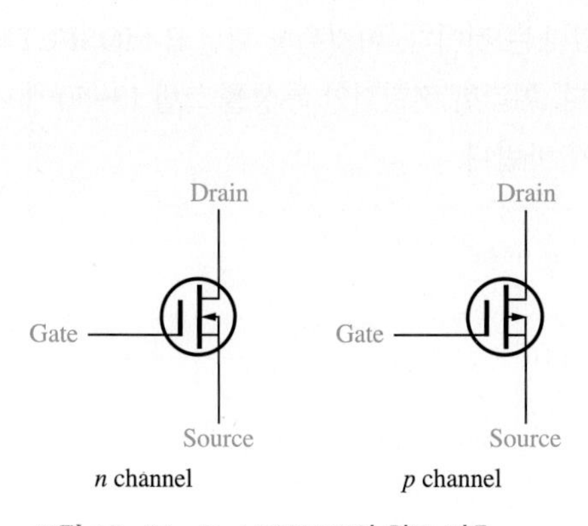

그림 13-46 D-MOSFET의 회로 기호

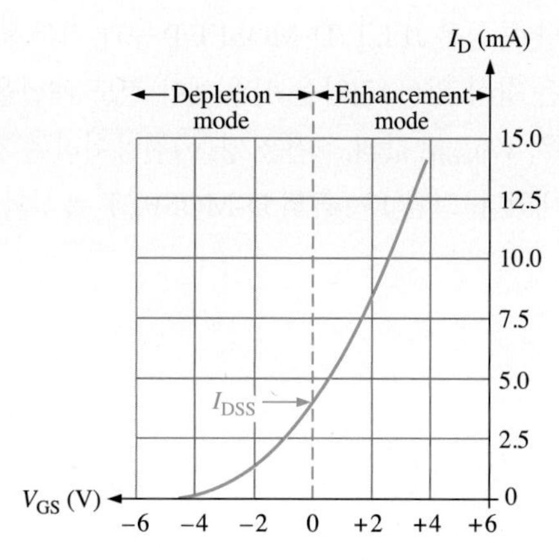

그림 13-47 D-MOSFET의 전달 특성 그래프

공핍 모드와 증식 모드에서 동작하는 것을 나타낸다.

이 특별한 곡선은 V_{GS}가 0 V일 때 대략 드레인 전류가 4.0 mA 정도임을 나타내고 있다. V_{GS}가 0 V이므로, 이 지점은 I_{DSS}이다. I_{DSS}보다 더 큰 전류를 흘리는 것은 JFET에서는 불가능하지만, D-MOSFET에서는 가능하다.

증식형(Enhancement) MOSFET(E-MOSFET)

이 종류의 E-MOSFET는 증식 모드에서만 동작하고 공핍 모드에서 동작은 전혀 없다. D-MOSFET와는 구조에서부터 다른데, 물리적으로 채널이라는 것이 없다. 그림 13-48(a)에서 보면, 서브스트레이트는 실리콘 산화막(SiO_2)까지 완전히 확장되어 있다.

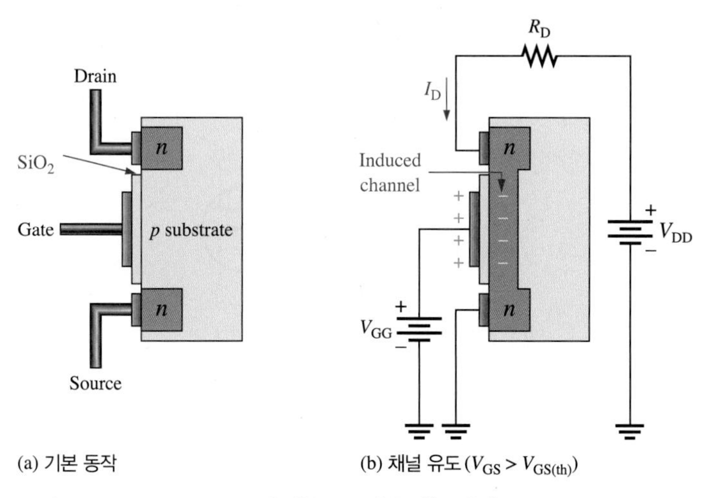

그림 13-48 E-MOSFET의 기본 구조와 동작(*n* 채널)

n 채널의 경우, 그림 13-48(b)에 보이는 것처럼, 문턱치 전압, $V_{GS(th)}$보다 높은 양(+)의 게이트 전압을 가하면 실리콘 산화막 근처의 서브스트레이트 내부에는 음전하들로 이루어진 얇은 막이 만들어지면서 채널을 형성한다. 이 채널의 전도도는 게이트-소스 전압을 증가시키면 더욱 많은 전자들을 채널 안으로 끌어서 당기면서 향상된다. 문턱전압보다 낮은 게이트 전압이 되면 채널은 형성되지 않는다.

n 채널형과 *p* 채널형 E-MOSFET의 회로 기호를 그림 13-49에 나타내었다. 점선은 물리적인 채널이 없다는 것을 기호화한 것이다.

게이트에 전압을 가하지 않는다면 채널은 없기 때문에 E-MOSFET는 기본적으로 OFF 상태이다.

전달 특성은 JFET, D-MOSFET 등과 기본적으로 같은 형태를 가지나, 다른 점은 n 채널의 게이트 전압은 항상 양(+)전압을 사용해야 전도 채널을 만들 수 있다는 것이다. 이것은 n 채널 E-MOSFET의 경우, $V_{GS(off)}$ 값의 조건은 양(+)전압이라는 것을 의미한다. 이러한 전형적인 특성을 그림 13-50에 나타내었다. 그림 13-47의 D-MOSFET 특성과 비교해 보기 바란다.

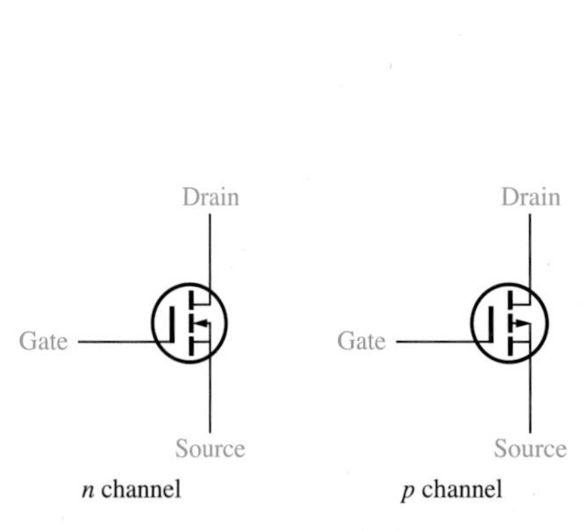

그림 13-49 E-MOSFET의 회로 기호

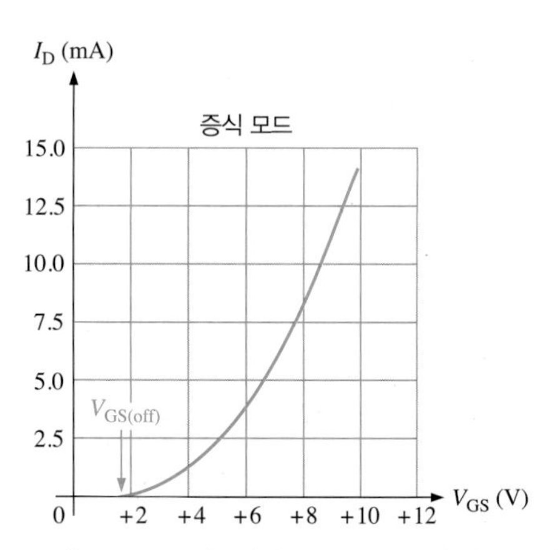

그림 13-50 대표적인 E-MOSFET의 전달 특성

이중-게이트 MOSFET

이중-게이트(dual-gate) MOSFET는 공핍형이나 증식형 어느 것이나 될 수 있다. 보통 FET와 단 하나 차이점은 그림 13-51에 나타낸 것과 같이 게이트를 두 개 가지고 있다는 것이다. FET의 한 가지 단점은 입력 커패시턴스가 높다는 것인데, 이 점은 고주파 영역에서 사용하는 것을 힘들게 만든다. 이중-게이트를 사용하여 입력 커패시턴스를 낮출 수 있는데, 이로 인해 고주파 영역에서 RF 증폭기용으로서 사용을 더욱 용이하게 한다. 이중-게이트형의 또 다른 장점은 RF 증폭기에서 자동이득 제어 장치(automatic gain control, AGC)의 입력으로서 사용할 수 있다는 것이다.

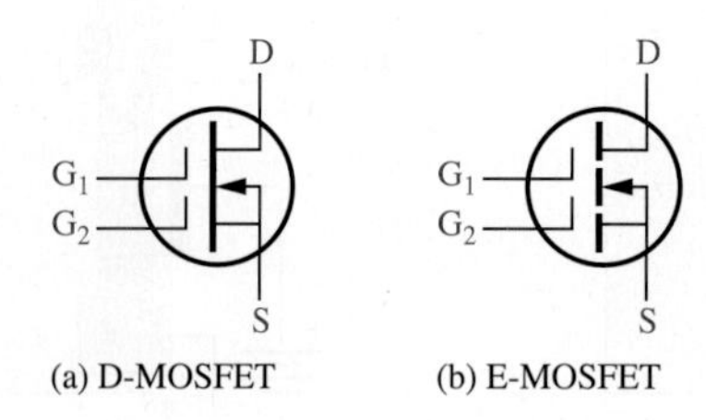

그림 13-51 이중-게이트 n채널 MOSFET 기호

취급 시 주의할 점

MOSFET의 게이트는 채널에서 절연되어 있으므로 입력 저항이 극히 높다(이상적으로는 무한대). 보통 MOSFET의 게이트 누설 전류, I_{GSS}는 pA 범위인데, 보통의 JFET의 경우 게이트 역전류는 nA 범위이다. 물론 입력 커패시턴스는 게이트의 절연 구조에서 비롯된다. 입력 커패시턴스는 높은 입력 저항과 결합되어 게이트에 과도한 정전하가 축적이 될 수 있는데, 이로 인해 정전기 방전(Electrostatic Discharge, ESD)에 의해 FET에 손상을 줄 수 있다. 실제로 ESD는 MOSFET 부품들에 대해 큰 손상를 발생시키는 유일한 원인이다. ESD의 손상을 피하려면, 다음과 같은 취급 전 주의 사항을 따라야 한다.

1. 금속-산화물 반도체(MOS) 디바이스들은 포장과 운송에 있어서 전도성 포장을 사용해야 한다.

2. 모든 측정과 조립, 검사 등에 사용되는 금속체들은 반드시 접지되어야 한다.
3. 조립원 또는 취급자 들의 허리는 배선과 큰 값의 저항과 직렬로 접지에 연결되어야 한다.
4. 파워가 ON인 상태에서, MOS 디바이스들을 회로에서 분리시키면 안 된다.
5. 직류 전원이 OFF인 상태에서 MOS 디바이스들에게 신호를 가하면 안 된다.

13-7절 복습 문제

1. MOSFET의 두 가지 종류의 명칭은 각각 무엇이고, 구조에 있어서 주요 차이점을 설명하시오.
2. 만일 D-MOSFET에서 게이트-소스 전압이 0이면, 드레인에서 소스로 전류가 흐르는가?
3. 만일 E-MOSFET에서 게이트-소스 전압이 0이면, 드레인에서 소스로 전류가 흐르는가?
4. D-MOSFET는 사양에 있는 드레인 전류 범위 내에서 I_{DSS}보다 높은 전류를 가질 수 있는가?

13-8 MOSFET의 스위칭 회로

BJT와 FET 모두 스위칭 회로에 사용될 수 있으나, 요즘에는 MOSFET를 스위칭용으로 더 선호하고 있다. MOSFET는 스위칭 소자로 특성이 우수한데, 그 이유는 ON 상태 시 저항이 매우 작고, OFF 시 저항이 매우 크며, 스위칭 동작 시간이 빠르기 때문이다. MOSFET를 스위칭용으로 사용하는 방식으로는 아날로그 방식과 디지털 방식의 두 가지가 있다. 이 절에서는 두 방식 모두에 대해 다룬다.

이 절을 마치고 나면 다음과 같은 내용을 할 수 있어야 한다.

- MOSFET가 어떤 방식으로 아날로그 및 디지털 응용분야에 사용되고 있는지를 서술한다.
- MOSFET가 어떻게 스위치로서 동작하는지를 설명한다.
- MOSFET 아날로그 스위치를 설명한다.
- 아날로그 스위치 응용분야를 설명한다.
- 스위치 커패시터 회로를 설명한다.
- MOSFET이 디지털 스위칭 분야에서 어떻게 사용되는지를 설명한다.
- 상보형 MOS 로직을 설명한다.
- 여러 가지 CMOS 디지털 게이트의 동작을 설명한다.
- 여러 가지 전력용 MOSFET의 구조를 설명한다.

스위칭 용도로는 주로 E-MOSFET가 사용되는데, 그 이유는 문턱 전압, $V_{GS(th)}$의 특성과 관련이 있다. 게이트-소스 전압이 문턱 전압보다 낮은 경우, MOSFET는 OFF 상태가 된다. 게이트-소스 전압이 문턱 전압보다 높은 경우, MOSFET는 ON 상태가 된다. 게이트-소스 전압이 $V_{GS(th)}$값과 $V_{GS(on)}$, 사이를 변할 때 그림 13-52에 나타낸 것처럼 MOSFET는 스위칭 동작 상태에 있게 된다. OFF 상태에서 즉, $V_{GS} < V_{GS(th)}$일 때, FET의 상태는 부하선 상에서 제일 낮은 위치에 있게 되고 열린 스위치와 같은 역할을 하게 된다(매우 큰 R_{DS}). V_{GS}가 $V_{GS(th)}$보다 충분히 클 때, FET는 부하선 상에서 제일 높은 위치에 있는 오믹 영역에 있게 되고, 닫힌 스위치와 같은 역할을 하게 된다(매우 작은 R_{DS}).

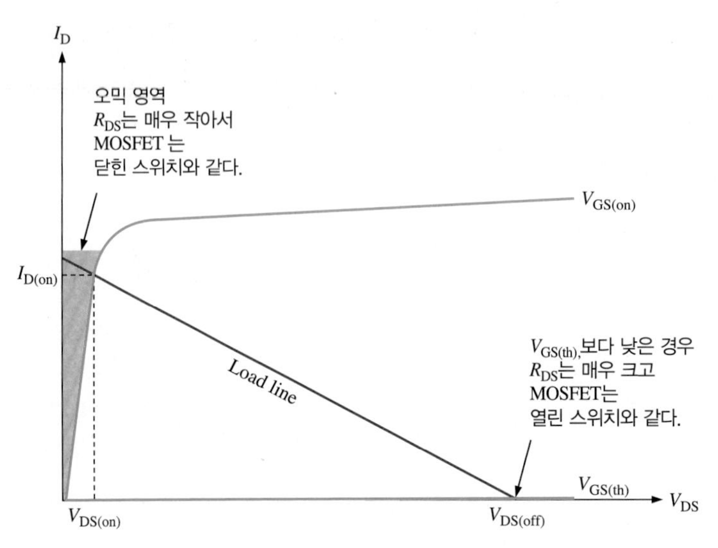

그림 13-52 부하선 상에서 본 스위칭 동작

이상적인 스위치 그림 13-53(a)를 보면, n 채널 MOSFET의 게이트 전압이 $+V$일때, 게이트는 소스보다 $V_{GS(th)}$를 초과하는 전압만큼 높은 전압이 된다. MOSFET는 ON이 되고 드레인과 소스 사이는 닫힌 스위치와 같게 된다. 게이트 전압이 0이 되면, 게이트-소스 사이의 전압도 0이 된다. MOSFET는 OFF 상태가 되고, 드레인과 소스 사이는 열린 스위치와 같게 된다.

그림 13-53(b)를 보면, p 채널 MOSFET에서 게이트 전압이 0 V일 때, 게이트는 소스의 전압보다 $V_{GS(th)}$를 초과한 만큼 전압이 낮아진다. MOSFET는 ON 상태가 되고 드레인- 소스 사이는 닫힌 스위치와 같게 된다. 게이트 전압이 $+V$일때, 게이트-소스 전압은 0 V이다. MOSFET는 OFF 상태가 되고 드레인-소스 사이는 열린 스위치와 같게 된다.

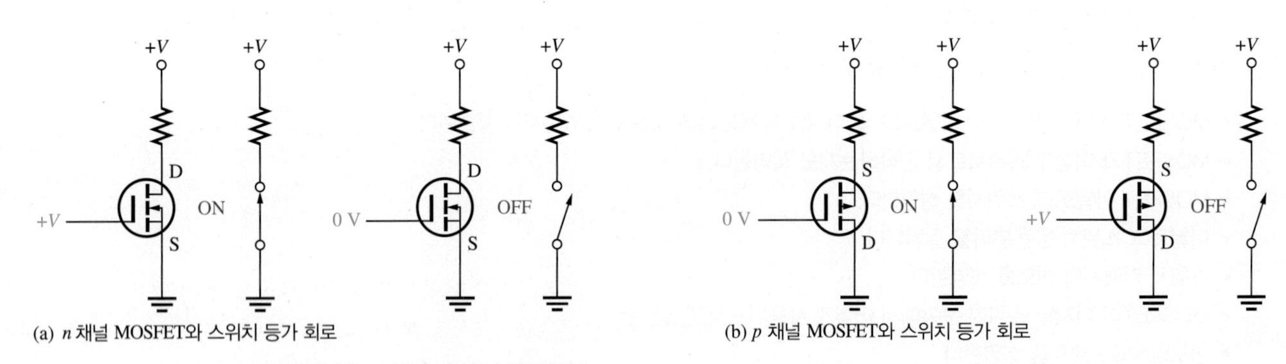

그림 13-53 MOSFET의 스위치 동작

아날로그 스위치

MOSFET는 아날로그 스위치로도 많이 사용된다. 기본적으로, 게이트의 전압에 의해 드레인 단자에 가해 준 신호는 소스 단자로 스위칭될 수 있다. 중요한 제한 조건은 소스의 신호 전압으로 인해 게이트-소스 전압이 $V_{GS(th)}$ 아래로 떨어지지 않도록 해야 한다는 것이다. 그림 13-54에 n 채널 MOSFET 아날로그 스위치의 기본 회로를 나타내었다. 양(+)의 V_{GS} 전압에 의해 MOSFET가 ON이 되었을 때, 드레인에서 신호는 소스로 연결되고, V_{GS} 전압이 0이 되면 연결이 끊어진다.

그림 13-55에서 아날로그 스위치가 ON이 되었을 때, 게이트-소스 사이의 최소 전압은 신호의 음(−)전압 피크에서 나타난다. V_G와 $-V_{p(out)}$의 차이는 음(−)전압 피크 순간의 게이트-소스 사이의 전압과 같은 값인데, 이 값은 $V_{GS(th)}$보다 같거나 커야 한다.

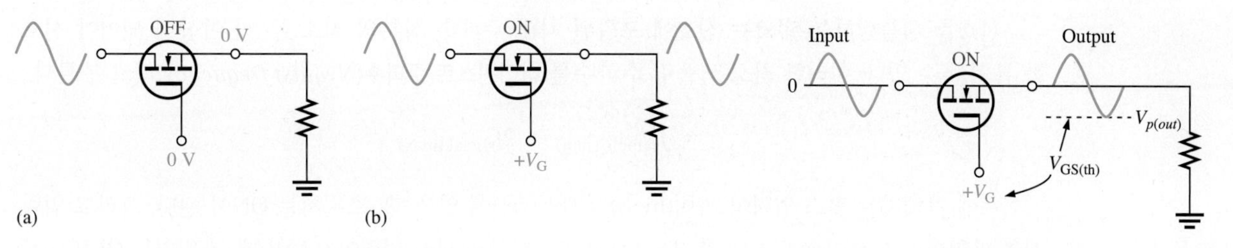

그림 13-54 *n* 채널 MOSFET의 아날로그 스위치 동작

그림 13-55 신호의 진폭은 $V_{GS(th)}$에 의해 제한된다.

$$V_{GS} = V_G - V_{p(out)} \geq V_{GS(th)}$$

예제 13-8

그림 13-55와 유사한 어떤 아날로그 스위치는 $V_{GS(th)} = 2\text{ V}$인 *n* 채널 MOSFET를 사용한다. +5 V의 전압이 게이트에 가해져서 스위치가 ON이 되었다. 입력 신호의 최대 진폭(peak-to-peak)의 크기는 얼마나 가능한지를 계산하시오. 스위치 양단의 전압 강하는 없다고 가정한다.

풀이

게이트 전압과 음(−)피크 전압의 전압 차이는 문턱 전압보다 같거나 높아야 한다.

$$V_G - V_{p(out)} = V_{GS(th)}$$
$$V_{p(out)} = V_G - V_{GS(th)} = 5\text{ V} - 2\text{ V} = 3\text{ V}$$
$$V_{pp(in)} = 2V_{p(out)} = 2(3\text{ V}) = \mathbf{6\text{ V}}$$

관련문제

만일 $V_{p(\text{in})}$이 최대값을 넘어가는 경우에는 어떤 일이 발생되는가?

아날로그 스위치의 응용

샘플링 회로 아날로그 스위치의 응용 분야 중 하나는 A/D 컨버터이다. 아날로그 스위치는 컨버터 내에서 입력 신호를 일정한 간격으로 샘플링 하는 **샘플-홀드**(*sample-and-hold*)의 회로에 사용된다. 각 샘플링 된 신호는 임시로 커패시터에 저장되었다가 디지털 코드로 변환이 된다. 이러한 작업을 수행하기 위해, MOSFET는 게이트에 입력되는 펄스에 의해 입력 신호 한 사이클 중 짧은 시간 동안 ON이 된다. 그림 13-56에 이러한 동작을 설명하기 위해 샘플링 과정을 보여준다.

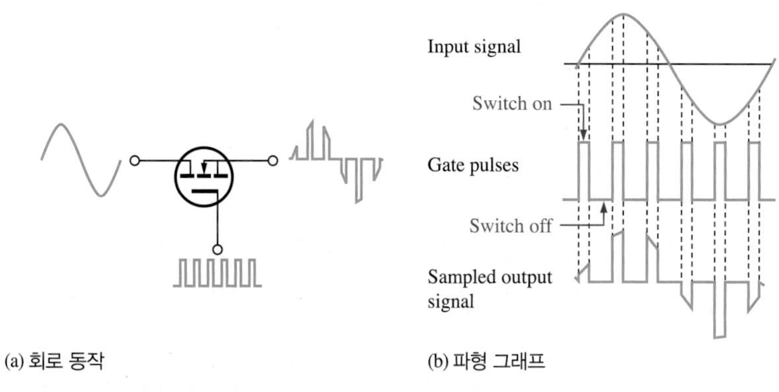

(a) 회로 동작　　(b) 파형 그래프

그림 13-56 샘플링 회로에 사용되는 아날로그 스위치의 동작

신호를 샘플링하는 속도는 신호에 포함된 최대 주파수 성분의 최소 두 배 이상이 되어야 신호를 복원할 수 있다. 이러한 최소 샘플링 주파수를 **나이퀴스트 주파수**(*Nyquist frequency*)라고 부른다.

$$f_{\text{sample (min)}} > 2f_{\text{signal (max)}}$$

게이트에 가해지는 펄스 입력이 하이(high) 레벨(level)에 있을 때, 스위치는 ON이 된다. 그리고 입력 신호 파형의 일부분이 스위치의 출력에 나타난다. 게이트 펄스 입력이 0 V일 때, 스위치는 OFF가 되고, 스위치 출력 전압 역시 0 V가 된다.

아날로그 멀티플렉서 아날로그 멀티플렉서(analog multiplexer)는 둘 이상의 신호가 같은 목적지로 연결이 되어야 할 때 사용된다. 예로써 2채널 아날로그 샘플링 멀티플렉서를 그림 13-57에서 보여주고 있다. MOSFET는 교대로 ON과 OFF를 하면서 첫 번째 신호 샘플이 출력으로 연결되었다가 그 다음에는 두 번째 신호가 연결된다. 스위치 A의 게이트에 가해지는 펄스는 반대로 바뀌어 스위치 B의 게이트에 가해진다. 인버터(inverter)라고 불리는 디지털 회로가 이 동작을 위해 사용되었다. 펄스가 하이(high) 상태일 때 스위치 A는 ON이 되고 스위치 B는 OFF가 된다. 펄스가 로우(low) 상태일 때 스위치 A는 OFF가 되고 스위치 B는 ON이 된다. 이것을 **시분할 멀티플렉싱**이라고 하는데, 펄스가 하이 상태일 때 신호 A가 출력에 나타나고, 펄스가 로우 상태일 때 신호 B가 출력에 나타난다. 즉, 하나의 배선에 시간을 기준으로 하여 신호를 상호 교차해서 전달하는 것이다.

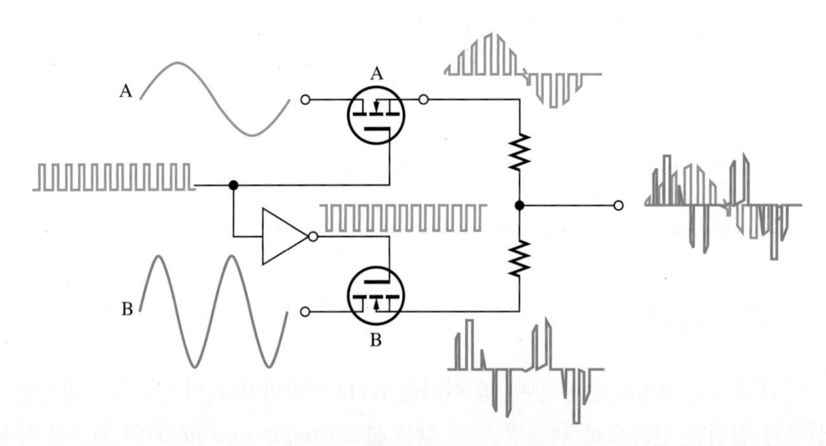

그림 13-57 아날로그 멀티플렉서는 교대로 두 신호를 샘플링하여 하나의 출력 라인으로 보낸다.

스위치-커패시터 회로 또 다른 MOSFET의 응용 분야는 스위치-커패시터 회로(switched-capacitor circuit)이다. 스위치-커패시터는 **아날로그 시그널 프로세서**라고 알려진 프로그래머블 아날로그 집적회로 부품에서 주로 사용된다. 커패시터는 집적회로에서 저항보다 쉽게 구현할 수 있기 때문에 저항을 대행하는 데 사용된다. 또한 커패시터는 IC에서 저항보다 공간을 더 적게 차지하고 전력 소모가 없다. 많은 종류의 아날로그 회로는 저항을 이용하여 전압 이득을 비롯한 다른 특성을 결정하는데, 스위치-커패시터를 이용하여 저항을 대행하고, 동적인 아날로그 회로의 프로그래밍을 가능하게 한다.

예를 들면 그림 13-58과 같이 어떤 종류의 IC 증폭기 회로에서는 두 개의 저항이 필요하다. 이 저항들은 증폭기의 증폭비, $A_v = R_2/R_1$를 결정한다(자세한 내용은 14장 참고).

스위치-커패시터는 그림 13-59와 같이 기계적인 스위치 기능(MOSFET는 스위치로 사용됨)과 커패시터를 이용하여 저항의 역할을 대신하여 사용할 수 있다. 즉, 스위치 1과 스위치 2는 일정한 주파수로 교대로 ON과 OFF를 반복하여 C를 충전 또는 방전을 시킨다. 그림 13-58에 있는 R_1의 경우, V_{in}

과 V_1은 그림 13-59에서 각각 V_A, V_B로 대응된다. R_2에 대한 V_1과 V_{out}은 각각 V_A와 V_B에 대응된다.

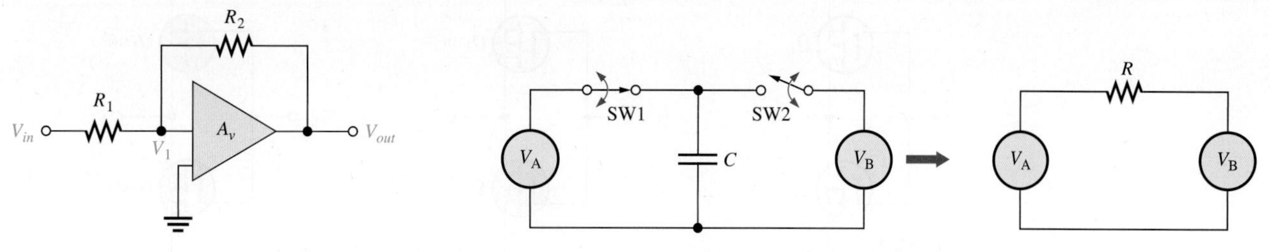

그림 13-58 IC 증폭기의 한 종류

그림 13-59 스위치-커패시터는 저항을 대행한다.

다음의 식과 같이 커패시터의 크기와 스위치를 ON, OFF하는 주파수에 의해 저항을 대행할 수 있다.

$$R = \frac{1}{fC}$$

주파수를 변경하여, 유효 저항값을 변경할 수 있다.

즉, 그림 13-60과 같이 상보형 E-MOSFET와 커패시터를 증폭기에서 저항 대신 사용할 수 있다. Q_1이 ON일 때 Q_2는 OFF가 된다. 반대로 될 수도 있다. 주파수 f_1과 C_1은 R_1을 대신하도록 값을 정한다. 마찬가지로 f_2와 C_2도 R_2를 대신하도록 결정한다. 다른 증폭비를 만들기 위해 다시 프로그래밍을 해야 한다면, 주파수를 바꾸면 된다.

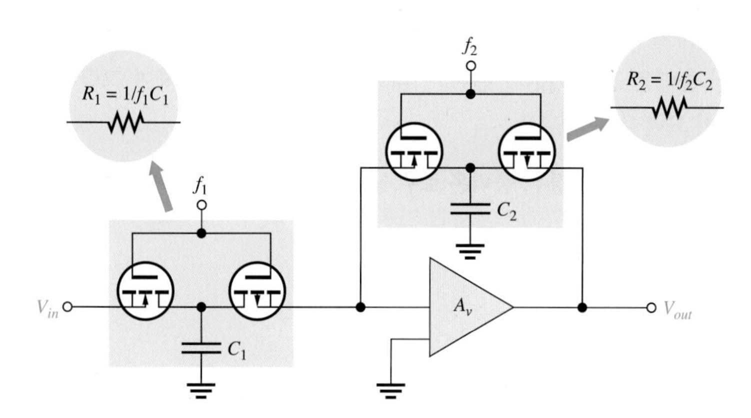

그림 13-60 그림 13-57의 IC 증폭기와 저항을 대신하는 스위치-커패시터 회로

CMOS: 디지털 스위칭 응용

CMOS는 n 채널과 p 채널 E-MOSFET를 그림 13-61(a)와 같이 직렬로 배열한 것이다. 게이트의 입력 전압은 0 V 또는 V_{DD}이다. V_{DD}와 접지는 트랜지스터의 소스 단자에 하나씩 연결되어 있다. 혼동을 피하기 위해서 양(+) 전압을 표시하기 위해 V_{DD}라는 용어를 사용하였다. 이것은 p 채널의 소스단자에 연결되어 있다. V_{in} = 0 V일 때, (b)에서 나타낸 것과 같이 Q_1은 ON이고, Q_2는 OFF이다. Q_1이 닫힌 스위치와 같이 동작하므로, 출력은 대충 V_{DD}와 같다. $V_{in} = V_{DD}$일 때, (c)에서 나타낸 것과 같이 Q_2은 ON이고 Q_1는 OFF이다. Q_2가 닫힌 스위치와 같이 동작하므로, 출력은 접지(0 V)와 같다.

CMOS의 주요한 장점은 전력 소비가 매우 작다는 것이다. MOSFET는 직렬로 되어서 하나는 반드시 OFF되어 있으므로, 평상 상태에서는 기본적으로 전원으로부터 전류가 흐르지 않는 것이다. MOSFET가 스위칭할 때 매우 짧은 시간 동안만 전류가 흐르는데, 그 이유는 두 트랜지스터가 하나의 상태에서 다른 상태로 바뀔 때 모두 다 ON이 되는 순간이 짧게 발생하기 때문이다.

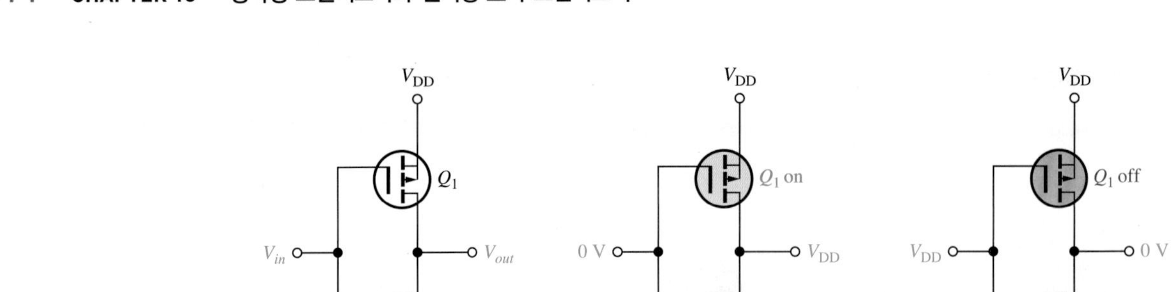

그림 13-61 CMOS 인버터 동작

인버터 그림 13-61의 회로에서 인버터는 입력을 반대로 출력한다. 입력 전압이 0 V 또는 로우일 때 출력은 V_{DD} 또는 하이 상태가 된다. 이러한 이유로, 이 회로는 디지털 회로에서 인버터(inverter)라고 불리고 있다.

NAND 게이트 그림 13-62(a)에서는 두 개의 추가적인 MOSFET와 두 번째 입력 신호가 CMOS 쌍에 추가되어 NAND 게이트라는 디지털 회로를 구성한다. Q_4는 Q_1과 병렬로 연결되고 Q_3은 Q_2와 직렬로 연결된다. 입력 V_A, V_B가 모두 0일 때, Q_1, Q_4는 ON이 되는 반면, Q2, Q3은 OFF가 되는데, 결국 출력 $V_{out} = V_{DD}$를 만든다. 입력 V_A, V_B가 모두 V_{DD}일 때, Q_1, Q_4는 OFF가 되는 반면, Q_2, Q_3은 ON이 되는데, 결국 출력 $V_{out} = 0$ V를 만든다. 입력이 서로 다른 경우, 하나는 V_{DD}가 되고 다른 하나는 0 V가 되어 출력은 결국 V_{DD}가 된다. 이러한 동작 내용을 정리하여 그림 13-62(b)에 나타내었는데, 다음과 같이 요약할 수 있다.

V_A와 V_B가 모두 하이 상태일 경우, 출력은 로우 상태가 된다. 다른 경우에는 출력은 하이 상태가 된다.

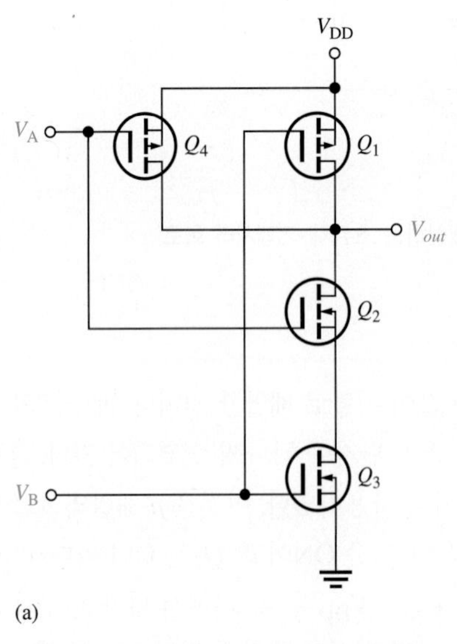

(a)

V_A	V_B	Q_1	Q_2	Q_3	Q_4	V_{out}
0	0	on	off	off	on	V_{DD}
0	V_{DD}	off	off	off	on	V_{DD}
V_{DD}	0	on	off	off	off	V_{DD}
V_{DD}	V_{DD}	off	on	on	off	0

(b)

그림 13-62 CMOS NAND 게이트 동작

NOR 게이트 그림 13-63(a)에서는 두 개의 추가적인 MOSFET와 두 번째 입력 신호가 CMOS 쌍에 추가되어 NOR 게이트라는 디지털 회로를 구성한다. Q_4는 Q_2와 병렬로 연결되고 Q_3은 Q_1과 직렬로 연결된다. 입력 V_A, V_B가 모두 0일 때, Q_1, Q_3은 ON이 되는 반면, Q_2, Q_4는 OFF가 되는데, 결국 출력 $V_{out} = V_{DD}$를 만든다. 입력 V_A, V_B가 모두 V_{DD}일 때, Q_1, Q_3은 OFF가 되는 반면, Q_2, Q_4는 ON이 되는데, 결국 출력 V_{out} = 0 V를 만든다. 입력이 서로 다른 경우, 하나는 V_{DD}가 되고 다른 하나는 0 V가 되어 출력은 결국 0 V가 된다. 이러한 동작 내용을 정리하여 그림 13-63(b)에 나타내었는데, 다음과 같이 요약할 수 있다.

V_A 또는 V_B 또는 모두가 하이 상태일 경우, 출력은 로우 상태가 된다. 다른 경우에는 출력은 하이 상태가 된다.

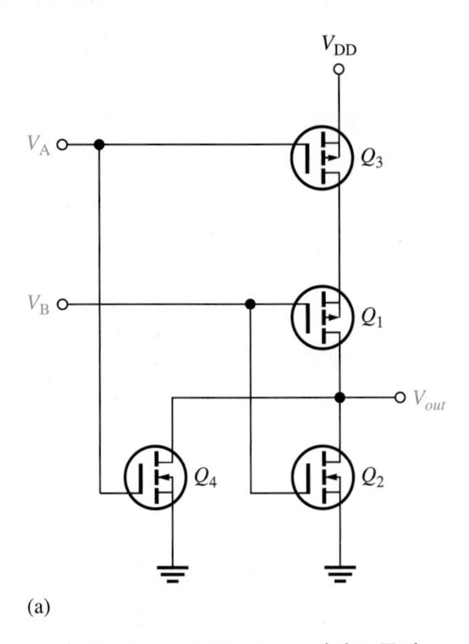

(a)

V_A	V_B	Q_1	Q_2	Q_3	Q_4	V_{out}
0	0	on	off	on	off	V_{DD}
0	V_{DD}	off	on	on	off	0
V_{DD}	0	on	off	on	off	0
V_{DD}	V_{DD}	off	on	off	on	0

(b)

그림 13-63 CMOS NOR 게이트 동작

파워 스위칭 용도의 MOSFET

파워 MOSFET는 여러 가지 이유로 인해서 대용량 파워 스위칭 응용분야에서도 BJT를 크게 대체하고 있다. MOSFET는 스위칭 속도가 빠르고, 구동 전류가 필요없고, ON 상태 저항이 더욱 작고(전력소모가 더 적음), 온도에 따라 저항이 증가하는 정(positive) 온도 계수 특성을 갖는다. 이것은 MOSFET들이 부(negative) 온도 계수 특성을 갖는 BJT에 비해 열폭주(thermal runaway) 발생이 덜하다는 것을 의미한다. 파워 MOSFET들은 모터 제어, 직류-교류 및 직류-직류 변환기, 부하 스위칭 등과 같이 높은 전력의 스위칭이 필요한 분야와 정밀디지털 제어에 이용된다. 예를 들어 2SK4124는 드레인-소스 전압 정격(V_{DSS})이 500 V이고, 정격 드레인 연속전류는 20 A, 펄스 전류는 60 A까지 가능하다. 방열판을 적절히 사용하면 170 W까지 전력 소모도 가능하다.

파워 MOSFET 구조

일반적인 E-MOSFET들은 그림 13-64에 나타낸 것과 같이 길고 얇은 채널 구조를 갖는다. 적색 화살표는 소스에서 드레인으로 움직이는 주 캐리어들의 방향을 표시한다. 이것은 상대적으로 높은 드레인-소스 저항을 가지게 되고 E-MOSFET들은 저전력 응용분야로 제한된다.

게이트가 (+)전압이 되면, 그림과 같이 소스와 드레인 사이의 채널은 게이트에 가까이 형성된다.

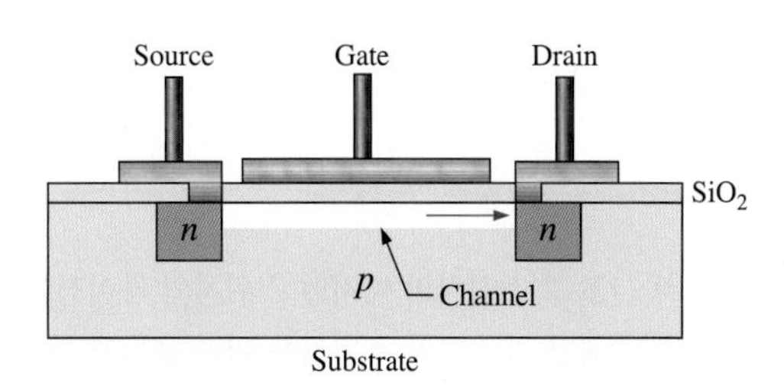

그림 13-64 일반적인 E-MOSFET의 구조. 채널은 백색으로 표시됨.

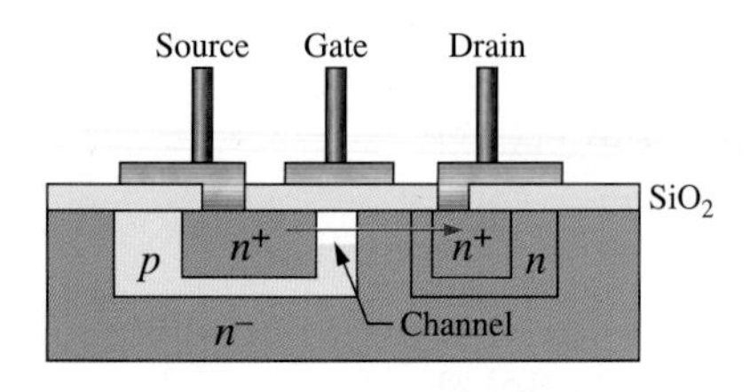

그림 13-65 LDMOSFET의 채널 구조 단면도

종방향 확산형 MOSFET(Laterally Diffused FET, LDMOSFET) LDMOSFET는 전력 응용 분야를 위해 설계된 E-MOSFET의 한 종류로서 측방향 채널 구조를 갖는다. 이 FET는 드레인과 소스 사이가 일반적인 MOSFET보다 짧게 설계되어 있는데, 이것은 저 저항을 갖게 하여 높은 전류와 전압을 가능하게 한다.

그림 13-65는 LDMOSFET의 기본 구조를 보여준다. 게이트가 (+)전압일 때, 매우 짧은 n^- 채널이 약하게 도핑된 소스와 n 영역 사이에 있는 p층에 유도된다. 다수 캐리어는 소스에서 드레인까지 이렇게 유도된 채널영역과 n 영역을 통과하여 이동하게 된다.

VMOSFET V-그루브(groove) MOSFET는 E-MOSFET를 이용하여 고전력이 가능하도록 설계된 또 다른 형태 중 하나이다. 드레인과 소스 사이에 채널을 짧고도 넓게 만들어 저항을 더욱 낮게 하고자 수직 채널 구조를 이용한 것이다. 더 짧고, 더 넓은 채널은 더 큰 전류를 흐를 수 있도록 하므로 더 큰 전력소모가 필요한 곳에 사용될 수 있다. 주파수 응답도 또한 개선된다.

VMOSFET는 소스단자의 연결을 두 개 가진다. 그림 13-66에 나타낸 것처럼 위층의 게이트와 연결을 하나 가지면서 바닥층의 드레인과의 연결을 또 하나 가진다. 채널은 드레인과 소스 연결 사이에 있는 V자 모양 홈의 양쪽 면을 따라서 수직으로 유도된다. 채널의 길이는 층들의 두께에 의해 결정되는데, 이것들은 도핑 밀도와 확산 시간에 의해 제어된다.

TMOSFET TMOSFET의 수직 채널의 구조는 그림 13-67에 설명이 되어 있다. 게이트의 구조는 산화실리콘 층 속에 내재되어 있고, 소스와의 접촉은 표면적 전체에 걸쳐서 연속적으로 이루어진다. 드레인은 바닥에 놓여 있다. TMOSFET는 짧은 수직 채널의 장점을 가지면서 더불어 VMOSFET보다 집적 밀도가 더 높게 제작된다.

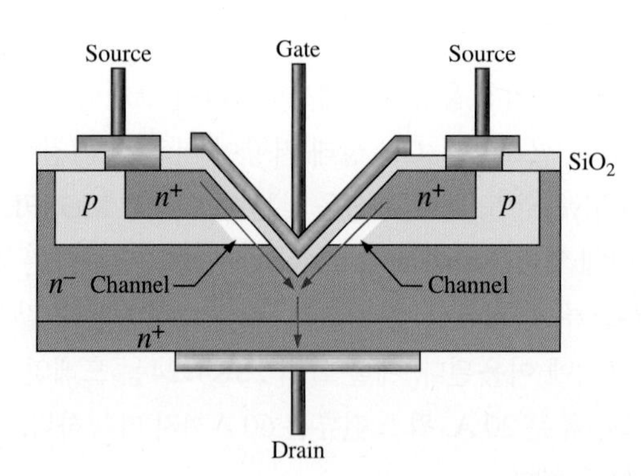

그림 13-66 VMOSFET의 수직 채널 구조를 보여주는 단면도

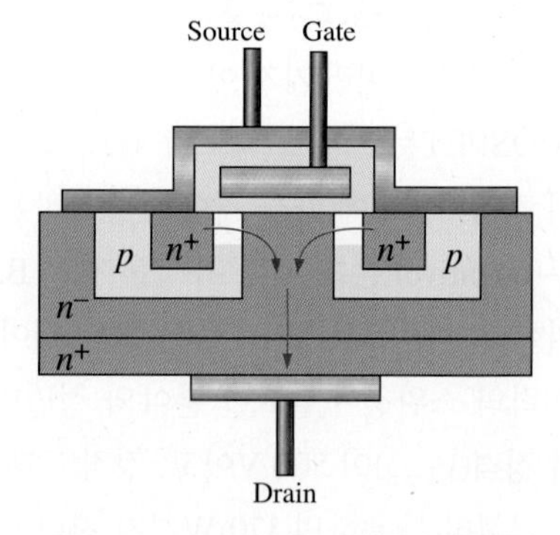

그림 13-67 TMOSFET의 수직 채널 구조를 보여주는 단면도

13-8절 복습 문제

1. 아날로그 스위치와 디지털 스위치의 차이점은 무엇인가?
2. 이상적인 아날로그 스위치는 어떤 용도에 기여하는가?
3. 디지털 스위치에 대해 MOSFET의 장점은 무엇인가?
4. CMOS 인버터는 어떻게 작동하는가?
5. 고전력 MOSFET의 종류에는 어떤 것들이 있는가?

13-9 시스템

MOSFET는 제어 시스템에 자주 사용된다. 모터 제어 회로는 많은 시스템에 있어서 중요한 제어 회로이다. 여기 소개되는 응용 분야는 비록 태양전지판의 추적 장치에 사용되는 회로에만 초점을 맞추었지만, 이 시스템의 아이디어는 다른 시스템에도 적용이 가능하다는 점을 명심해야 한다.

이 절을 마치고 나면, 다음의 내용을 할 수 있어야 한다.

- MOSFET 트랜지스터들이 소형 시스템에서 어떻게 사용되는지를 설명한다.
- 모터 제어에 사용되는 H-브리지의 동작을 설명한다.
- 태양광 추적 시스템에서 각 블록의 목적을 설명한다.

여기 소개되는 예제는 광다이오드 센서와 MOSFET 기반의 모터 제어기를 포함하는 태양광 추적 시스템이다. 태양광 추적에 관한 논의부터 시작한다.

태양광 추적은 남쪽 하늘에 있는 태양의 계절적 변화와 매일 태양의 움직임을 따라가는 태양광 패널의 움직임을 제어하는 것이다. 태양광 추적의 목적은 시스템을 통해 모을 수 있는 태양 에너지의 양을 증가시키는 것이다. 평판형 집광기의 경우, 추적을 통해서 고정된 집광패널보다 30%~50% 이상 포집 에너지의 증가를 실현할 수 있다.

추적 방법을 알아보기 전에, 태양은 어떻게 하늘을 지나가는지를 알아보자. 매일의 운동은 북극성 위치 근처에 있는 북쪽을 가리키는 축을 중심으로 동쪽에서 서쪽으로 향하는 원호를 따라간다. 동지에서 하지로 계절이 바뀌면, 태양은 조금씩 날마다 북쪽으로 이동한다. 하지에서 동지 사이에는 태양은 다시 남쪽으로 조금씩 내려간다. 북쪽과 남쪽으로 이동하는 움직임의 양은 측정 위치에서 적도까지 떨어진 거리에 따라 다르다.

1-축 태양 추적

평판 태양광 집광기에서 가장 경제적이고 보편적이면서, 가장 실용적인 방법은 연간으로 북쪽과 남쪽을 따라가는 것이 아니라 매일 동쪽에서 서쪽으로 움직이는 것을 따라가는 것이다. 매일 동쪽에서 서쪽으로 움직임은 1-축 추적 시스템으로 가능하다. 기본적인 1-축 시스템으로는 극좌표 방식과 방위각 방식의 두 가지 방식이 있다. 극좌표 방식에서는 그림 13-68(a)와 같이 주축이 북극을 가리키는 것이다. 이 방식의 장점은 집광판이 태양을 바라보는 각이 항상 고정되어 있는데, 그 이유는 태양을 동쪽에서 서쪽으로 따라가므로 남쪽 하늘을 향해야 한다는 것이다. 방위각 방식에서 모터는 집광판을

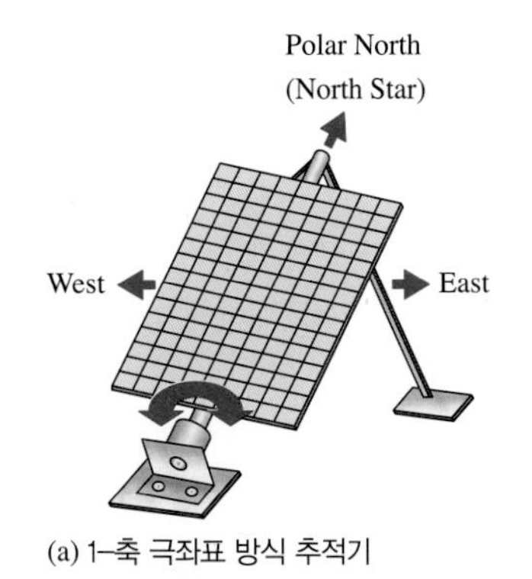

(a) 1-축 극좌표 방식 추적기

(b) 1-축 방위각 방식 추적기

그림 13-68 1-축 태양광 추적 장치

구동한다. 패널은 수평으로 배열하여 태양의 동서 움직임을 따라간다. 이 방식은 연간으로 햇볕을 최대로 받을 수는 없지만, 태양판이 길게 배열되는 경우에 실용적이고 바람의 영향을 덜 받는다는 점이 있다. 그림 13-68(b)는 수평 방향으로 배치되어 회전축은 북쪽을 향하는 집광판 배열을 보여준다. 햇빛은 극좌표 방식이 수평 방향의 방위각 방식보다 더 직접적으로 잘 받을 수 있다.

어떤 추적 시스템은 방위각 방식과 고도 추적을 혼합하기도 하는데, 이 경우는 2-축 추적 시스템으로 알려져 있다. 이상적으로는 태양광 패널은 태양과 항상 수직으로 대면해야 한다. 2-축 추적에서는 매일 동쪽에서 서쪽으로 이동하는 움직임과 북쪽-남쪽의 연간 움직임까지 태양을 따라간다. 이것은 집광판 집중을 위해 특히 중요한데, 활동 영역에 태양을 정확하게 집중시키기 위해 필요하다.

그림 13-69는 일반적인 평면 태양광 집광판의 고정식에 대비해서 에너지 집광의 개선된 예를 보여준다. 보는 바와 같이, 추적은 주어진 출력이 유지되는 시간을 연장시켜 주는 역할을 한다.

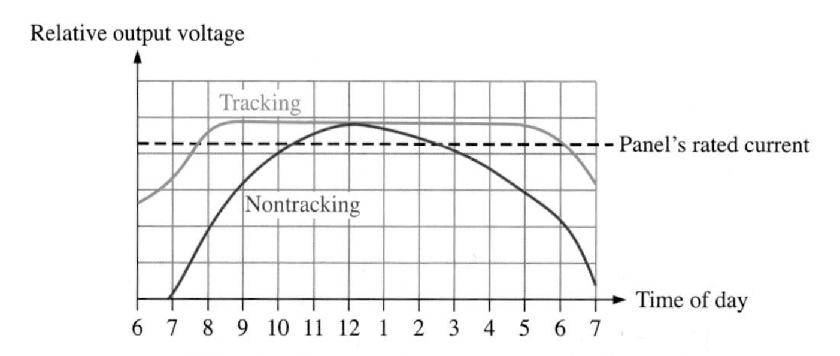

그림 13-69 태양광 패널의 추적 방식과 고정 방식의 전압 비교

센서에 의해 제어되는 태양광 추적

이 방식의 추적 제어는 광다이오드와 같은 광센서를 사용한다. 방위각 제어 방식을 위해 두 개의 광센서와 고도 제어를 위해 두 개의 센서를 사용한다. 각 쌍의 센서들은 태양으로부터 빛의 방향을 감지하고 모터를 제어하여 태양패널을 태양 빛과 수직으로 정렬되도록 한다.

그림 13-70은 센서 제어 추적의 기본 아이디어를 보여준다.

만약 태양전지판이 태양을 똑바로 향하지 않는다면, 그림 4-70(a)에서와 같이 빛은 패널과 광다

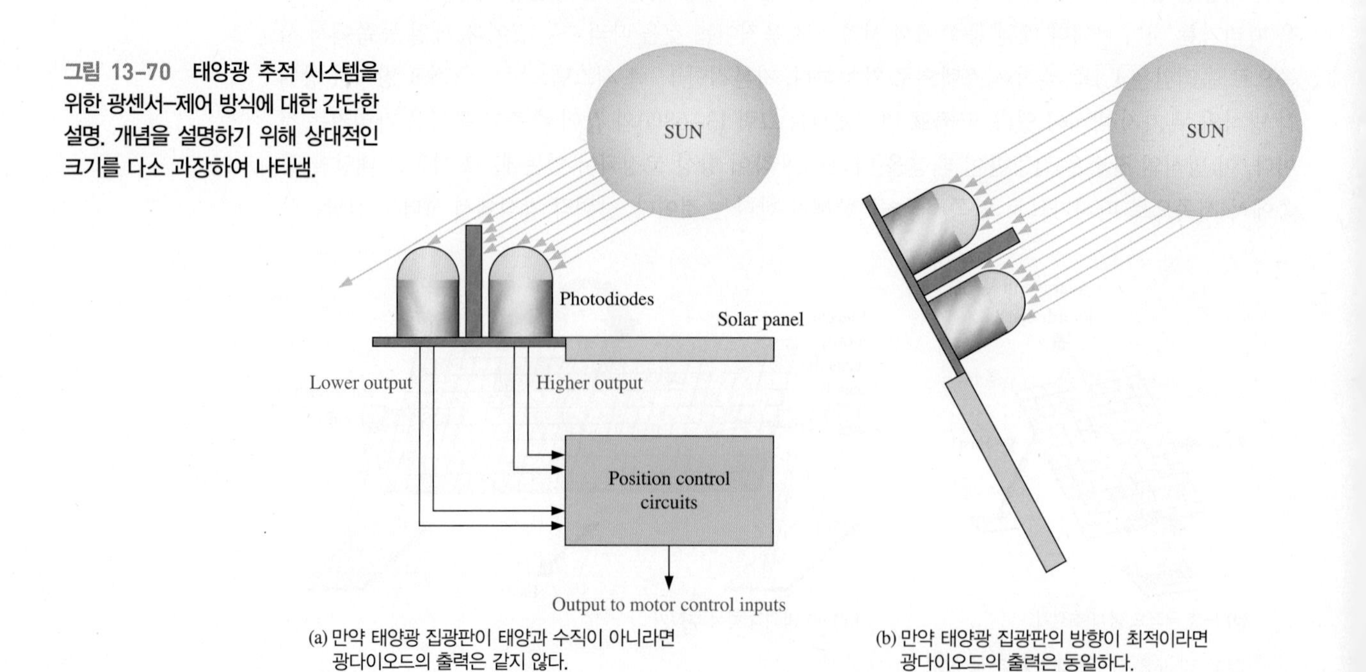

그림 13-70 태양광 추적 시스템을 위한 광센서-제어 방식에 대한 간단한 설명. 개념을 설명하기 위해 상대적인 크기를 다소 과장하여 나타냄.

(a) 만약 태양광 집광판이 태양과 수직이 아니라면 광다이오드의 출력은 같지 않다.

(b) 만약 태양광 집광판의 방향이 최적이라면 광다이오드의 출력은 동일하다.

이오드를 어느 일정 각도에서 비추게 되고, 가림막 때문에 다이오드 중의 하나는 완전히 또는 일부가 그림자로 덮이게 되어 빛을 덜 받게 된다. 그 결과, 빛을 많이 받는 광다이오드는 더 많은 전류를 만들어 낸다. 두 다이오드 사이의 전류 차이는 위치 제어 회로에서 프로세싱되어 모터 제어 회로의 제어 신호로 보내진다. 그림 13-70(b)에 설명된 바와 같이 모터는 두 포토다이오드가 같은 전류를 만들어 낼 때까지 태양전지판을 회전시킨 후 멈춘다. 두 광다이오드 사이의 가림막은 방위각 추적을 위해서 수직으로, 고도 추적을 위해 수평으로 향해 있다. 광다이오드 모듈은 태양전지판과 같은 방향으로 향해야 한다. 따라서 센서 모듈은 태양전지판의 프레임에 부착되어야 한다.

2-축 태양광 추적 앞서 언급한 바와 같이, 2-축 시스템은 태양을 방위각 변화와 고도 변화 두 가지에 대해 모두 추적한다. 이 시스템은 그림 13-71에 보인 바와 같이 두 개의 광센서 부품과 두 개의 모터를 필요로 한다. 두 쌍의 센서로부터 출력은 위치 제어 회로로 입력된다. 회로는 두 센서의 출력 차이를 감지하여, 만약 차이가 충분하면, 방위각 모터는 두 센서 사이의 균형이 맞을 때까지 서쪽으로 전진한다. 유사하게, 또 다른 회로는 두 고도 센서의 출력을 감지하여 태양전지판을 위나 아래로 움직여서 센서의 사이에 균형이 맞을 때까지 모터를 회전시킨다. 어둠이 내려서 태양전지판이 최대한 서쪽 위치에 도달하면, 위치 제어 회로는 방위각 센서로부터 출력을 감지할 수 없을 때, 리셋 명령을 방위각 모터에 보내어 태양전지판을 동쪽 최대한으로 다시 보내어 다음 날 해가 뜰 때까지 기다린다. 시스템은 광다이오드의 출력에서 작은 차이를 감지할 수 있을 정도로 아주 민감해야 하는데, 그 이유는 태양을 더욱 정밀하게 추적 할수록 에너지 포집 효율이 더 향상되기 때문이다.

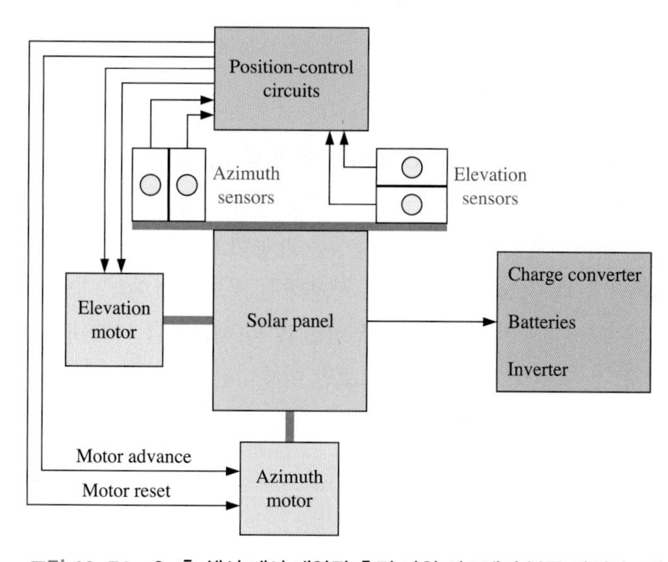

그림 13-71 2-축 센서 제어 태양광 추적 파워 시스템의 블록 다이아그램

H-브리지 모터 제어 회로

어떤 기구를 이동시키기 위해 사용 가능한 모터 제어 회로는 그림 13-72에서 보인 것처럼 MOSFET를 기반으로 하는 H-브리지 회로이다. 모터 제어는 두 쌍의 n형과 p형 MOSFET을 사용한다.

한 쌍이 브리지의 한쪽 기둥에 각각 위치하는 형태이다. 브리지 회로는 전기자 또는 계자 코일에 연결되는데, 둘 다 동시에 사용하지는 않는다. 일반 DC모터는 입력 전압의 극성을 반대로 하면 회전 방향을 바꿀 수 있다. 모터 구동을 위해 필요한 브리지 회로의 제어 신호는 위치 제어 회로에 의해 입력된다.

만약 입력 1이 하이 상태이고, 입력 2가 로우 상태이면, Q_1, Q_4가 바이어스가 되어 ON이 되고, Q_2, Q_3는 바이어스가 없어서 OFF가 된다. 이 경우 모터로 흐르는 전류는 모터를 어느 한쪽 방향으로

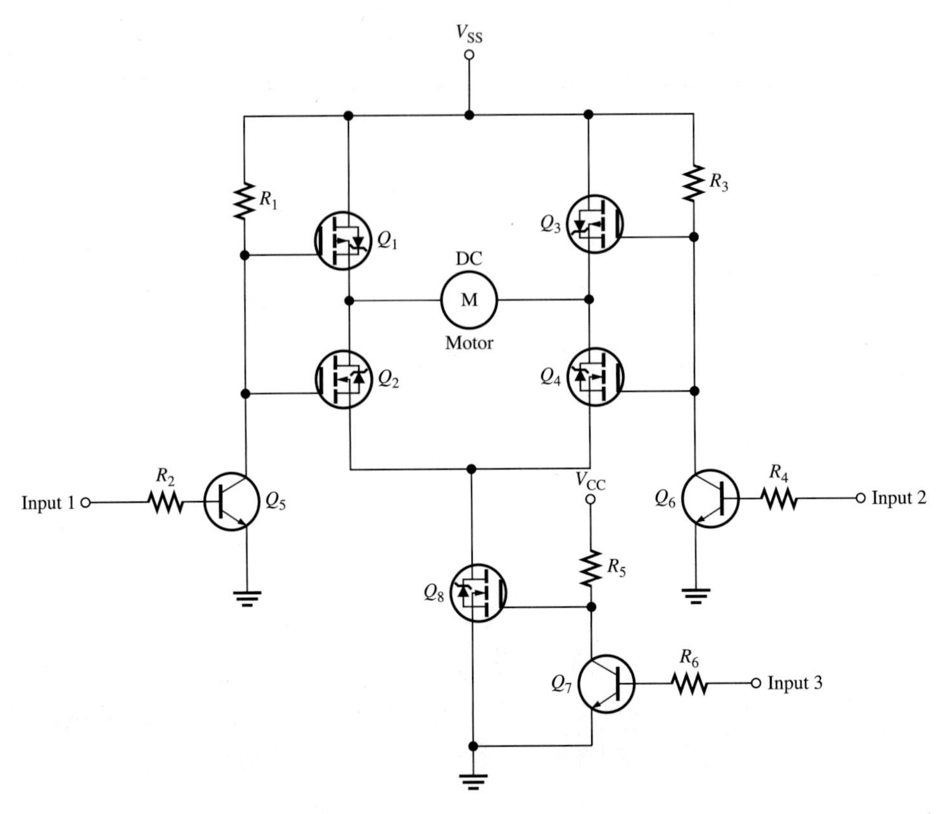

그림 13-72 H-브리지 모터 제어 회로

만 회전하게 만든다. 입력 1, 2가 모두 하이 상태이거나 로우 상태이면, 모터에 브레이크가 걸리고 정지된다. 입력 3에 하이 신호를 보내면 Q_8은 OFF가 되어 입력 1,2에 관계 없이 브리지의 작동을 불능으로 만들어 모터는 OFF가 된다. 이 관계가 표 13–1에 요약되어 있다.

정밀한 모터 제어를 원한다면 트랜지스터의 특성은 가능한 한 비슷하게 매칭이 되도록 해야 한다. 한 가지 방법은 MOSFET 트랜지스터를 단품으로 사용하는 것보다는 여러 개의 어레이로 된 IC를 사용하는 것이다. 그림 13–73에 4개가 1세트로 이루어진 IC의 배치도를 나타내었다. 이것을 일반적으로 풀-브리지 구성이라고 한다. MOSFET 한 쌍으로만 이루어진 해프-브리지 구성도 또한 구할 수 있다. 어레이로 된 FET들은 단품으로 구성한 FET보다 상호 간의 특성이 더욱 가깝기 때문에 제어 특성에 일관성을 가진다.

표 13–1 • 위치제어 회로의 입력

INPUT 1	INPUT 2	INPUT 3	RESULT
0	0	0	N 채널 브레이크
1	1	0	P 채널 브레이크
1	0	0	정회전
0	1	0	역회전
X	X	1	모터 Off

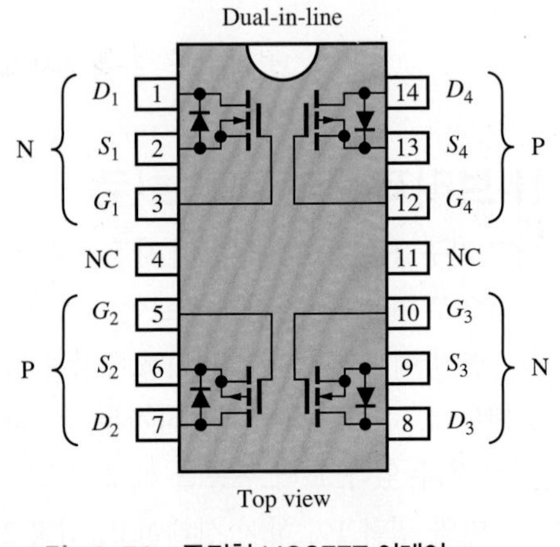

그림 13-73 증진형 MOSFET 어레이

13-9절 복습 문제

1. 극좌표 추적기와 고도-방위각 추적기의 차이점은 무엇인가?
2. 모터 추적을 위한 H-브리지의 장점은 무엇인가?
3. H-브리지를 위해 MOSFET 트랜지스터를 사용할 때 좋은 점은 무엇인가?

요약

- BJT는 세 영역으로 구성되어 있다. 이미터, 베이스, 컬렉터. 쌍극이라는 용어는 트랜지스터에서는 정공과 전자가 모두 캐리어로 이용된다는 것을 의미한다.
- BJT의 세 영역은 두 개의 *pn* 접합으로 분리된다.
- 두 종류의 BJT는 *npn*형과 *pnp*형이다.
- 정상적인 경우 베이스-이미터(BE) 접합은 순방향 바이어스이고, 베이스-컬렉터(BC) 접합은 역방향 바이어스이다.
- BJT의 세 전류는 이미터 전류, 컬렉터 전류, 베이스 전류이다. 그리고 이 세 전류는 다음과 같은 식을 만족한다: $I_E = I_C + I_B$.
- 컬렉터 특성 곡선은 주어진 베이스 전류에 대해 I_C와 V_{CE}의 관계를 보여준다.
- BJT가 차단되었을 때, 매우 적은 양의 누설 전류, I_{CEO}를 제외하면 컬렉터 전류는 0이다. V_{CE}는 최대가 된다.
- BJT가 포화되었을 때, 외부 회로에 의해 최대 컬렉터 전류가 흐른다.
- 부하선 그래프는 차단과 포화 상태를 포함하여 회로의 동작이 가능한 모든 점을 나타낸다. 실제 베이스 전류에 의한 컬렉터 특성 곡선과 교차하는 점이 회로의 동작점이 된다.
- 스위칭 회로에서 트랜지스터는 차단 또는 포화 상태 중의 하나에서 동작하도록 설계한다. 이는 스위치가 열리거나 닫힌 상태와 동일하다.
- FET는 크게 JFET와 MOSFET 로 나눌 수 있다. JFET는 입력단에 역방향 바이어스된 게이트-소스 *pn* 접합을 가진다. MOSFET는 절연된 게이트 입력을 가진다.
- MOSFET는 공핍 모드 또는 증식 모드로 분류된다. D-MOSFET는 드레인과 소스 사이에서 물리적인 실제의 채널을 갖는다. E-MOSFET는 물리적인 채널을 갖고 있지 않다.
- 모든 FET는 *n* 채널 또는 *p* 채널이다.
- FET는 3개의 단자를 갖는다. 소스, 드레인, 게이트. 이것들은 BJT에서 이미터, 컬렉터, 베이스에 해당한다.
- 접합 전계효과 트랜지스터(JFET)는 게이트-소스 *pn* 접합이 역방향 바이어스 되어 있어 매우 높은 입력 저항값을 가진다.
- JFET는 기본적으로 전류가 흐를 수 있는 ON 상태의 소자이다. 드레인 전류는 게이트-소스 *pn* 접합의 역방향 바이어스 양에 의해 제어된다.
- D-MOSFET는 기본적으로 전류가 흐를 수 있는 on 상태의 소자이다. 드레인 전류는 게이트-소스 *pn* 접합의 바이어스 양에 의해 제어된다. D-MOSFET는 게이트-소스 *pn* 접합에 순방향 또는 역방향 바이어스를 줄 수 있다.
- E-MOSFET는 기본적으로 전류가 흐르지 않는 OFF 상태의 소자이다. 드레인 전류는 게이트-소스 *pn* 접합의 순방향 바이어스 양에 의해 제어된다.
- FET의 드레인 특성 곡선은 오믹 영역과 정전류 영역으로 나뉜다.
- 트랜스컨덕턴스 커브는 드레인 전류 대 게이트-소스 전압의 관계 그래프이다.
- MOSFET 소자는 정전기에 의한 파손을 방지하기 위해 특별한 취급 주의가 필요하다.

- 아날로그 스위치는 신호를 통과시키거나 차단시킨다.
- 디지털 스위치는 포화 또는 차단 영역에서만 동작하도록 설계되었다.
- MOSFET는 디지털 스위치와 같은 중요한 장점을 가지는데, 특히 고 전류 분야에서 더욱 그렇다.

핵심 용어

핵심용어 및 볼드체로 된 용어는 책 뒷부분의 용어사전에도 정의되어 있다.

게이트 FET의 세 단자 중의 하나. 전압을 이용하여 전류를 제어하는 단자

공핍 모드 게이트 전압이 0 V일 때 ON이 되고, 게이트 전압이 상승함에 따라 OFF가 되는 특성을 가지는 FET. 모든 JFET와 일부 MOSFET가 여기에 해당된다.

드레인 FET의 세 단자 중의 하나. 채널의 한쪽 끝단을 이룬다.

베이스 BJT를 구성하는 영역 중의 하나

쌍극성 접합 트랜지스터 BJT 두 pn 접합 다이오드로 구성된 반도체

소스 FET의 세 단자 중의 하나. 채널의 한 쪽 끝단을 이룬다.

오믹 영역 V_{DS}가 낮은 영역에서, 게이트의 전압에 의해 채널의 저항이 제어 되는 FET의 드레인 특성 영역 중 일부. 이 영역에서 FET는 전압에 의해 가변 저항으로 동작한다.

이미터 BJT를 구성하는 영역 중의 하나

정전류 영역 드레인 −소스 사이의 전압에 관계 없이 드레인 전류가 일정하게 유지되는 드레인 특성 곡선 상의 영역

증식 모드 게이트 전압에 의해 채널이 형성되는 MOSFET

직류 베타 β_{DC} BJT에서 직류 베이스 전류에 대한 직류 컬렉터 전류의 비

차단 상태 트랜지스터에서 컬렉터 전류가 0인 상태

컬렉터 BJT를 구성하는 영역 중의 하나

트랜스컨덕턴스 FET의 이득; 드레인 전류 변동을 게이트−소스 전압 변동으로 나눈 값

포화 상태 베이스 전류에 상관없이 컬렉터 전류가 최대로 흐르고 있는 상태

핀치오프 전압 게이트−소스 전압이 0 V일 때, 드레인 전류가 일정하게 되는 FET의 드레인−소스 전압값

FET 게이트 단자의 전압에 의해 흐르는 전류를 제어할 수 있도록 만들어진 전압−제어 소자

JFET 역방향 바이어스 *pn* 접합이 채널 내의 전류를 제어하여 동작하는 FET의 종류로서 공핍 모드로 동작하는 소자

MOSFET 금속 산화막 반도체를 이용한 전계 효과 트랜지스터; FET의 주요한 두 종류 중의 하나로서 게이트 단자와 채널 사이에 산화실리콘막을 이용하여 절연한다. MOSFET는 공핍 모드와 증식 모드 두 방식의 사용이 모두 가능하다.

주요 공식

(13–1) $I_E = I_C + I_B$ 트랜지스터 전류들의 관계식

(13–2) $\beta_{DC} = \dfrac{I_C}{I_B}$ β_{DC}에 대한 정의

(13–3) $g_m = \dfrac{I_d}{V_{gs}}$ FET의 트랜스컨덕턴스

(13–4) $R_{IN} = \left|\dfrac{V_{GS}}{I_{GSS}}\right|$ 입력 저항. 게이트−소스 전압을 게이트 역전류로 나눈값

자습문제 해답은 이 장의 끝에 있다.

1. *npn* 쌍극성 접합 트랜지스터에서 *n*형 영역은?
   (a) 컬렉터와 베이스 **(b)** 컬렉터와 이미터
   (c) 베이스와 이미터 **(d)** 컬렉터, 베이스 및 이미터

2. *pnp* 트랜지스터에서 *n*형 영역은?
   (a) 베이스 **(b)** 컬렉터 **(c)** 이미터 **(d)** 케이스

3. *npn* 트랜지스터의 정상적인 동작을 위해서 베이스는?
   (a) 끊어져 있어야 한다. **(b)** 이미터에 비해서 음이어야 한다.
   (c) 이미터에 비해서 양이어야 한다. **(d)** 컬렉터에 비해서 양이어야 한다.

4. 베타(β)는 무엇에 대한 무엇의 비율인가?
   (a) 이미터 전류에 대한 컬렉터 전류 **(b)** 베이스 전류에 대한 컬렉터 전류
   (c) 베이스 전류에 대한 이미터 전류 **(d)** 입력전압에 대한 출력전압

5. 정상 동작 시에 다음 중 두 개의 전류는 거의 동일하다.
   (a) 컬렉터와 베이스 (b)컬렉터와 이미터
   (c)베이스와 이미터 (d)입력과 출력

6. 포화 상태 아래에서 베이스 전류가 증가하면,
   (a) 컬렉터 전류는 증가하고, 이미터 전류는 감소한다.
   (b) 컬렉터 전류는 감소하고, 이미터 전류도 감소한다.
   (c) 컬렉터 전류는 증가하고, 이미터 전류는 변화하지 않는다.
   (d) 컬렉터 전류는 증가하고, 이미터 전류도 증가한다.

7. 포화된 쌍극성 접합 트랜지스터는 어떻게 알 수 있는가?
   (a) 컬렉터와 이미터 사이의 매우 작은 전압
   (b) 컬렉터와 이미터 사이가 V_{CC}
   (c) 베이스 이미터 사이의 0.7 V
   (d) 베이스 전류가 없음.

8. 보통의 트랜지스터 스위치와 비교해서 히스테르시스를 갖는 트랜지스터는 어떤 특징이 있는가?
   (a) 높은 입력 임피던스 **(b)** 빠른 스위칭 시간
   (c) 더 높은 출력 전류 **(d)** 두 개의 스위칭 문턱 전압

9. 정상 동작 시, 게이트-소스 사이의 전압이 0 V일 때, ON이 되는 트랜지스터는?
   (a) JFET **(b)** D-MOSFET
   (c) E-MOSFET **(d)** (a)와 (b) **(e)** (c)와 (d)

10. 정상 동작 시, JFET의 게이트-소스 pn 접합은?
    (a) 역방향 바이어스 **(b)** 순방향 바이어스
    (c) (a) 또는 (b) **(d)** (a),(b) 모두 아님.

11. JFET의 게이트와 소스 사이의 전압이 0 V일 때, 드레인 전류는?
    (a) 0 **(b)** I_{DSS}
    (c) I_{GSS} **(d)** 이 중에 답이 없음.

12. BJT에 비해 FET의 특성이 우수한 이유는?
(a) 높은 이득 **(b)** 낮은 왜곡
(c) 높은 입력 저항 **(d)** 모두 해당

13. 게이트에 전압이 가해지지 않을 때, 채널이 닫히는 트랜지스터는?
(a) JFET **(b)** D-MOSFET
(c) E-MOSFET **(d)** 모두 해당 **(e)** 모두 해당 없음

14. 게이트–소스 전압이 0 V일 때, 드레인 전류가 일정하게 되는 FET의 드레인–소스 전압값을 무엇이라고 하나?
(a) 바이어스 전압 **(b)** 핀치오프 전압
(c) 포화 전압 **(d)** 차단 전압

15. A/D 컨버터의 입력에 신호를 연결해 주는 전자 스위치 회로를 무엇이라고 하나?
(a) 아날로그 스위치 **(b)** 디지털 스위치
(c) 로직 스위치 **(d)** 쌍극 스위치

16. 그림 13–74에서 *p* 채널 E–MOSFET의 기호는?
(a) a **(b)** b **(c)** c **(d)** d **(e)** e **(f)** f

(a) (b) (c) (d) (e) (f)

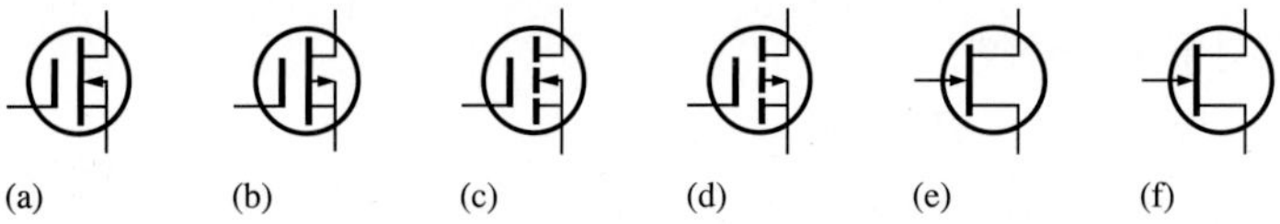

그림 13-74

17. 그림 13–74에서 *n* 채널 D–MOSFET의 기호는?
(a) a **(b)** b **(c)** c **(d)** d **(e)** e **(f)** f

18. CMOS 스위칭 회로에 사용되는 트랜지스터는?
(a) *n* 채널 D–MOSFET **(b)** p 채널 D–MOSFET
(c) (a)와 (b) **(d)** (a)와 (b) 모두 아님

연습문제 선별된 일부 문제의 해답은 이 책의 끝에 있다.

13-1 BJT의 구조

1. $I_E = 5.34$ mA, $I_B = 47.5\ \mu$A이면, I_C 값은 얼마인가?
2. 어느 트랜지스터에서 $I_C = 25$ mA, $I_B = 200\ \mu$A일 때 β_{DC}를 구하라.
3. 트랜지스터 회로에서 베이스 전류는 이미터 전류 30 mA의 2%이다. 컬렉터 전류를 구하라.
4. 그림 13–75에서 V_E, I_C를 구하시오.

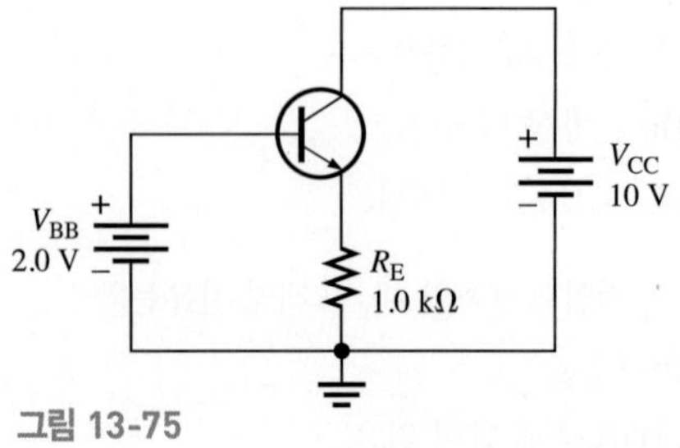

V_{BB} 2.0 V
V_{CC} 10 V
R_E 1.0 kΩ

그림 13-75

5. 그림 13–76에서 I_B, I_C, V_C를 구하시오. 단, $\beta_{DC} = 75$이다.

6. 그림 13–77의 회로에 대해 직류 부하선을 그리시오.

7. 그림 13–77의 회로에 대해 I_B, I_C, V_C를 구하시오.

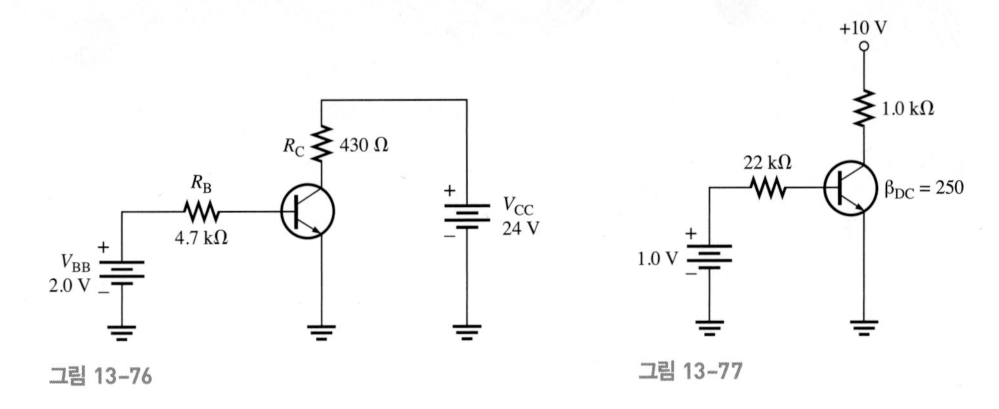

그림 13–76

그림 13–77

13–2 스위치용도의 BJT

8. 그림 13–78에서 트랜지스터 Q_1과 Q_2에 대해 $I_{C(sat)}$을 계산하시오.

9. 그림 13–79에서 트랜지스터의 $\beta_{DC} = 100$이다. V_{IN} 이 5 V일 때 트랜지스터가 포화 상태가 될 수 있는 R_B의 최대값을 계산하시오.

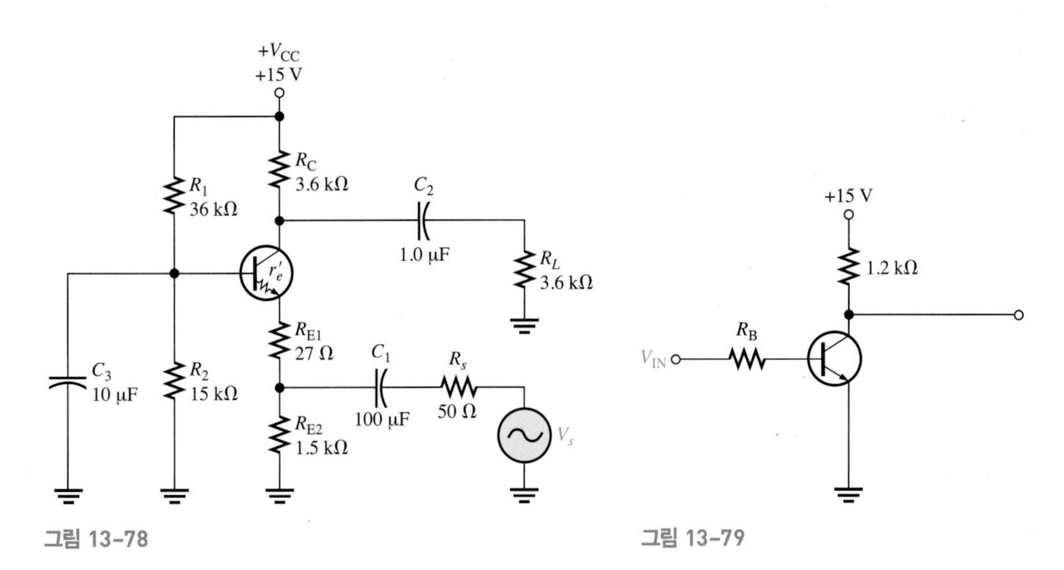

그림 13–78

그림 13–79

13–3 트랜지스터 패키지와 단자 구별

10. 그림 13–80의 트랜지스터들에 대해 단자 명칭들을 나타내시오. 그림은 부품을 바닥에서 본 그림을 나타낸 것이다.

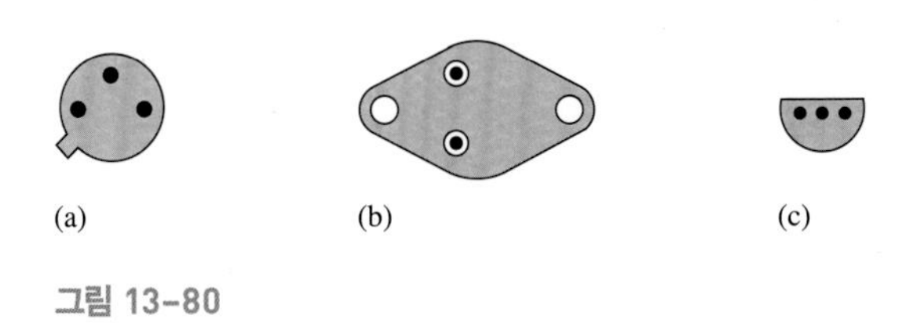

그림 13–80

11. 그림 13-81의 각 트랜지스터들은 어느 카테고리에 속하는 지 구별해 보시오.

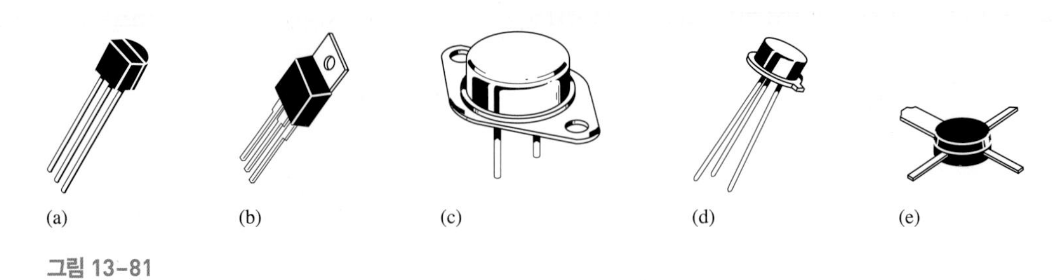

그림 13-81

13-5 FET의 구조

12. 트랜지스터 중에서 입력이 *pn* 역방향 접합으로 될 때 동작하는 종류는?

13. 게이트가 절연되어 있는 트랜지스터 종류는?

13-6 JFET의 특성

14. *p* 채널 JFET의 V_{GS}가 +1 V에서 +3 V로 증가되었을 때 다음 물음에 답하시오.

(a) 공핍층은 줄어드는가? 아니면 넓어지는가?

(b) 채널의 저항은 커지는가? 작아지는가?

(c) 트랜지스터는 전류를 더 많이 흘리는가? 작게 흘리는가?

15. 왜 *n* 채널 JFET의 게이트-소스 전압은 0이거나 (−)전압이어야 하는가?

16. JFET의 핀치오프 전압이 −5 V이다. $V_{GS} = 0$일 때, I_D가 일정하게 되는 점에서 V_{DS} 값은?

17. 어떤 JFET가 25°C에서 $V_{GS(off)} = -8$ V, $I_{DSS} = 10$ mA, $I_{GSS} = 1.0$ nA이다.

(a) $V_{GS} = 0$ V일 때, 핀치오프 전압보다 V_{DS}가 높을 때 I_D 값은?

(b) 25°C에서 $V_{GS} = -4$ V일 때, R_{IN} 값은?

(c) 온도가 올라가면, R_{IN} 값은 어떻게 되는가?

18. 어떤 *p* 채널 JFET가 $V_{GS(off)} = +6$ V이다. $V_{GS} = +8$ V일 때, I_D 값은?

19. 그림 13-82의 JFET가 $V_{GS(off)} = -4$ V이고, $I_{DSS} = 2.5$ mA이다. 전류계가 0에서 일정한 값이 될 때까지 전원 전압 V_{DD}을 올린다고 가정한다. 이 점에서 다음 물음에 답하시오.

(a) 전압계의 표시값은 ?

(b) 전류계의 표시값은 ?

(c) V_{DD} 값은?

20. 어떤 JFET의 트랜스컨덕턴스 곡선이 그림 13-83과 같다.

(a) I_{DSS} 값은?

(b) $V_{GS(off)}$ 값은?

(c) 드레인 전류가 2.0 mA일 때, 트랜스컨덕턴스 값은?

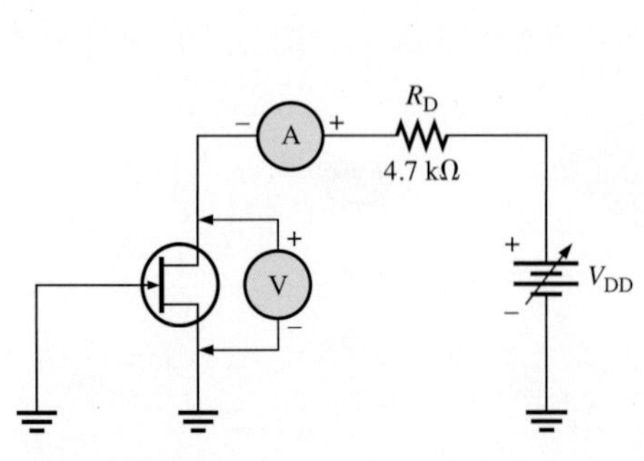

그림 13-82

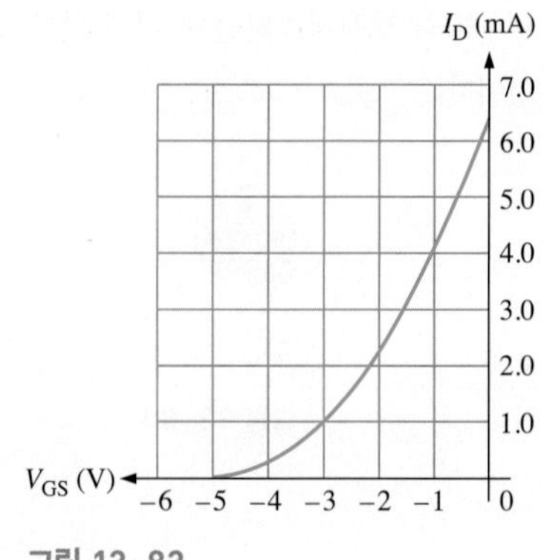

그림 13-83

13-7 MOSFET의 특성

21. n 채널과 p 채널의 D−MOSFET와 E−MOSFET의 기호를 그려 보시오.

22. 왜 MOSFET의 게이트는 극히 높은 입력 저항값을 갖는지 설명하시오.

23. 양(+)전압의 V_{GS}가 필요한 n 채널 D−MOSFET는 어떤 모드일 때인가?

24. 어떤 E−MOSFET가 $V_{GS(off)} = 3$ V이다. 소자가 ON이 되기 위한 최소 V_{GS}는 얼마인가?

13-8 MOSFET의 스위칭 회로

25. 아날로그 스위치에서 $r_{DS(on)}$이 왜 가장 중요한 사양 중의 하나인지 설명하시오.

26. 어떤 MOSFET가 $V_{GS(th)} = 1.3$ V이다. 아날로그 스위치로 ON하기 위해 3.8 V가 게이트에 가해졌다. 소스 단자에 가해 줄 수 있는 입력 신호의 최대 피크−피크 전압은 얼마인가?

27. CMOS 디지털 스위치가 낮은 전력소모를 갖는 이유는 무엇인가?

28. MOSFET가 BJT 파워 스위치보다 열폭주될 확률이 작은 이유를 설명하시오.

복습문제 해답

13-1

1. 이미터, 베이스, 컬렉터

2. 포화는 최대 전도 상태로서 컬렉터에서 이미터 사이의 전압이 0에 가까운 상태이다. 차단 상태는 컬렉터 전류가 0인 상태로서 전원의 전압이 컬렉터와 이미터 사이에 나타난다.

3. BJT에서 베이스 전류에 대한 컬렉터 전류의 비율

13-2

1. 포화(ON), 차단(OFF) 상태

2. 포화 상태

3. 차단 상태

4. 차단 상태

5. 두 개의 다른 스위칭 문턱 전압

13-3

1. BJT의 세 가지 카테고리는 소형/범용, 파워용, RF용 등이다.

2. 탭을 기준으로 시계 방향으로 가면서 이미터, 베이스, 켈렉터 (아래 면에서 볼 때)

3. 파워 트랜지스터에서 금속 고정 탭 또는 케이스는 컬렉터 단자에 연결되어 있다.

13-4

1. 첫 번째, 회로 내에서 검사

2. R_B가 단선되었다면, 트랜지스터는 차단 상태에 있다.

3. 베이스 전압이 +3 V이고, 컬렉터 전압은 +9 V이다.

13-5

1. 드레인, 소스, 게이트

2. MOSFET

3. BJT보다 작은 면적을 차지하고, IC로 만들기 쉬우며, 회로가 단순하다.

4. BJT는 전류로 제어되고, FET는 전압으로 제어된다. BJT는 높은 이득을 가지지만 낮은 입력 저항값을 보인다.

13–6

1. 트랜스컨덕턴스 곡선
2. 양(+)극 Positive
3. 게이트–소스 전압에 의해
4. 7 V
5. 감소
6. +3 V

13–7

1. 공핍 MOSFET와 증식 MOSFET. D–MOSFET는 물리적 채널을 가지지만, E–MOSFET는 없다.
2. 그렇다. 전류는 I_{DSS}.
3. 아니다.
4. 그렇다.

13–8

1. 아날로그 스위치는 교류 신호를 통과시키거나 차단한다. 디지털 스위치는 장치를 단순히 ON, OFF만 시킨다.
2. 닫혔을 때, 신호에 저항이 없다. 열렸을 때, 저항값은 무한대이다.
3. 전압에 의해 제어되고 전류를 전혀 흘리지 않는다. 장치에 큰 전류를 제어할 수 있고 열폭주에 강하다.
4. n채널과 p채널 E–MOSFET의 게이트가 공통으로 연결되어 있고, 출력은 드레인에 연결되어 있다. n채널 소스단자는 접지에 연결되고, p 채널 소스는 (+)전원에 연결된다. 입력 신호가 전원 전압의 1/2보다 크다면, n 채널 소자는 ON이 되고, 출력은 접지 근처로 떨어진다. 입력이 전원 전압의 1/2 이하가 되면, p 채널 MOSFET가 ON이 된다.
5. LDMOSFET, VMOSFET, TMOSFET.

13–9

1. 극좌표 추적 방식은 북–남 축에 정렬되어 있고, 태양의 동–서 움직임만 따라간다(계절적 변동을 고려하면 북–남 조절이 필요하다). 고도–방위각 방식은 지구의 표면에 대해 정렬되어 있어 태양의 매일 움직임과 계절적 변동을 따라가기 위해서는 이중 추척 장치가 필요하다.
2. H– 브리지는 간단한 제어를 통해 역회전과 브레이크 기능도 가능하다.
3. MOSFETS는 낮은 ON 저항값을 가지고, 구동 전류가 필요 없어 제어가 간단하다. 이 트랜지스터들은 고전력 스위칭용으로도 시중에서 구할 수 있다.

예제의 관련문제 해답

13–1 $I_B = 0.241$ mA, $I_C = 21.7$ mA, $I_E = 21.9$ mA, $V_{CE} = 4.23$ V, $V_{CB} = 3.53$ V

13–2 x축을 따라서

13–3 78.4 mA

13–4 R_B가 단선(접촉 불량이나 PCB 배선이 중간에 끊어짐).

13–5 I_D는 약 12 mA

13–6 약 1.0 mS

13–7 300 MΩ

13–8 트랜지스터는 OFF 된다. 따라서 출력 파형의 아래 쪽 반 정도는 차단된다.

자습문제 해답

1. (b) **2.** (a) **3.** (c) **4.** (b) **5.** (b) **6.** (d) **7.** (a) **8.** (d)
9. (a) **10.** (a) **11.** (b) **12.** (c) **13.** (c) **14.** (b) **15.** (a) **16.** (d)
17. (a) **18.** (d)

CHAPTER 14

연산 증폭기

차례

목적

- 연산 증폭기의 기본적인 특성을 설명한다.
- 차동 증폭기와 그 동작을 설명한다.
- 연산 증폭기의 파라미터를 설명한다.
- 연산 증폭기 회로의 부궤환을 설명한다.
- 세 가지 연산 증폭기의 구조를 분석한다.
- 세 가지 연산 증폭기의 임피던스를 설명한다.
- 연산 증폭기 응답의 기본적인 사항을 설명한다.
- 비교기 회로의 기본 동작을 이해한다.
- 가산 증폭기 회로의 동작을 이해한다.
- 적분기와 미분기의 동작을 이해한다.
- 몇 가지 특별한 연산 증폭기 회로의 동작을 이해한다.
- 연산 증폭기 회로의 고장진단한다.

핵심 용어

가산 증폭기
개루프 전압이득
공통 모드
공통 모드 신호 제거비
단일 입력 모드
대역폭
미분기
바운딩
반전 증폭기
부궤환
비교기
비반전 증폭기
슈미트 트리거
슬루 레이트
연산 증폭기
위상 천이
전류전압변환기
전압 폴로어
전압전류변환기
적분기
정전류원
차동 모드
차동 증폭기
피크 검출기
폐루프 전압이득
히스테르시스

서론

지금까지 다수의 중요한 전자 디바이스를 공부하였다. 다이오드와 트랜지스터와 같은 디바이스는 개별적으로 패키지된 디바이스로 만들어져, 다른 디바이스와 연결되어 완전한 기능을 하는 유닛을 형성한다. 그러한 디바이스를 개별 부품(discrete component)이라고 한다.

이 장에서는 수많은 트랜지스터, 다이오드, 저항, 그리고 커패시터가 하나의 작은 반도체 칩 상에 만들어져 기능성 회로를 형성하도록 하나의 케이스로 된 패키지인 아날로그(선형) 집적회로에 대하여 배우게 된다. 선형 집적 회로에서 광범위하게 사용되고 다기능 범용 IC인 연산 증폭기(op-amp)에 관해서 소개한다. 실제로 연산 증폭기는 많은 트랜지스터, 다이오드, 저항으로 구성되지만, 하나의 디바이스로 취급한다. 연산 증폭기 내부에 있는 소자 수준의 관점보다는 외부적으로 어떤 동작을 수행하는가에 더 큰 관심을 둔다는 의미이다. 그리고, 기본적인 연산 증폭기 회로를 살펴보고 연산 증폭기 회로를 응용하는 토대를 다진다.

14-1 연산 증폭기 소개

초기의 연산 증폭기(op-amp)는 주로 가산, 감산, 적분 및 미분과 같은 수학적 연산을 주로 수행하도록 사용되었기 때문에 "연산(operational)"이라는 용어가 증폭기에 붙게 되었다. 처음에는 진공관으로 제작되었고 고전압으로 동작하였다. 오늘날에는 연산 증폭기가 상대적으로 저전압으로 구동되며, 신뢰도 높은 저가의 선형 집적회로로 제작되고 있다.

이 절을 마친 후 다음을 할 수 있어야 한다.

- 기본적인 연산 증폭기와 그 특성을 설명한다.
- 연산 증폭기 기호를 구분/인식한다.
- 연산 증폭기 패키지의 단자를 식별한다.
- 이상적인 연산 증폭기를 설명한다.
- 실제적인 연산 증폭기를 설명한다.

기호와 단자

표준적인 **연산 증폭기(operational amplifier, op-amp)**의 기호를 그림 14-1(a)에 나타내었다. 반전 입력(−)과 비반전 입력(+)의 두 개의 입력 단자와 하나의 출력 단자를 가지고 있다. 전형적인 연산 증

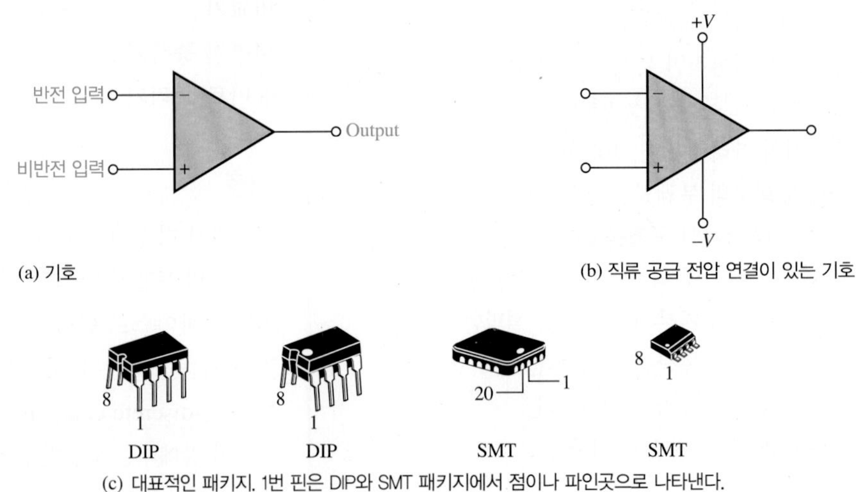

(c) 대표적인 패키지. 1번 핀은 DIP와 SMT 패키지에서 점이나 파인곳으로 나타낸다.

그림 14-1 연산 증폭기 기호와 패키지

폭기는 그림 14-1(b)에 나타낸 것과 같이, 두 개의 직류 전원이 필요하며, 하나는 양의 전압이며, 다른 하나는 음의 전압이다. 보통 이러한 직류 전압 단자는 회로 기호에서 생략하고 표시하지 않으나, 그 단자들이 실제에는 항상 있어야 하는 것을 알아야 한다. 그림 14-1(c)에 전형적인 연산 증폭기 IC 패키지를 나타내었다.

이상적인 연산 증폭기

연산 증폭기가 실제로 무엇인지를 설명하기 위해, 먼저 이상적인 특성을 먼저 생각해 보자. 물론 실제의 연산 증폭기는 이러한 이상적인 특성과 차이가 있지만, 이상적인 관점에서 디바이스를 이해하고 분석하는 것이 훨씬 더 용이하다.

이상적인 연산 증폭기는 무한대의 전압이득과 무한대의 입력 임피던스(개방 상태)를 가지고 있어, 구동전원에 부하를 주지 않는다. 또한 출력 임피던스는 0이다. 이러한 특성은 그림 14-2에 나타내었다. 입력 전압 V_{in}은 두 개의 입력 단자 사이에 나타나는 전압이고, 출력 전압은 $A_v V_{in}$으로 내부에 전압원 기호로 표시되어 있다. 무한대의 입력 임피던스로 가정하는 개념은 14-5절의 여러 가지 연산 증폭기 구조에 따른 해석에 있어 귀중한 도구가 된다.

실제적인 연산 증폭기

최근의 집적 회로로 제작된 연산 증폭기의 파라미터는 이상적인 경우로 취급할 수 있을 정도로 접근하였지만, 어떠한 실제 연산 증폭기도 이상적인 것은 아니다. 따라서 어떠한 디바이스라도 한계를 가지며, IC 연산 증폭기도 예외가 될 수는 없다. 연산 증폭기는 전압과 전류에 제한을 가지고 있다. 예를 들면 피크-투-피크 출력 전압은 두 개 공급 전압원의 전압차보다 약간 작게 제한된다. 출력 전류도 전력 소모 및 소자 정격과 같은 내부의 제약조건에 의해 제한된다.

실제적인 연산 증폭기의 특성은 **높은 전압이득, 높은 입력 임피던스, 낮은 출력 임피던스,** 그리고 **넓은 대역폭**이며, 그림 14-3에 나타내었다.

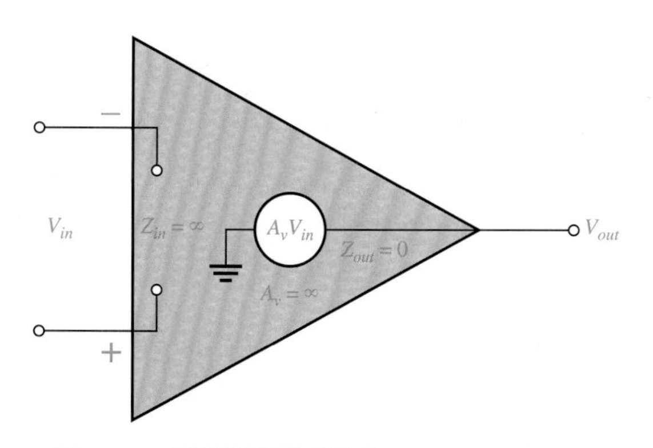

그림 14-2 이상적인 연산 증폭기

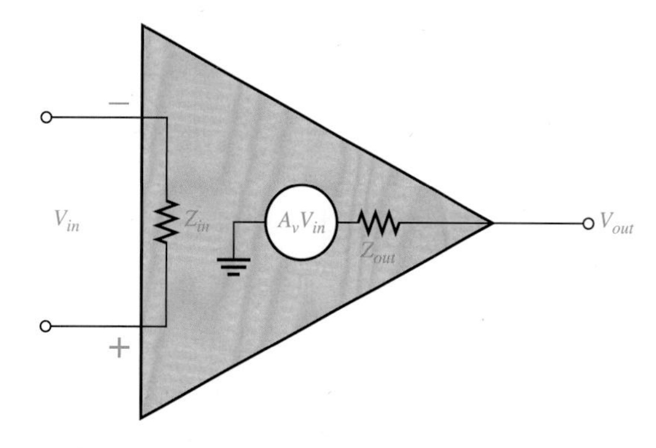

그림 14-3 실제적인 연산 증폭기

14-1절 복습 문제*

1. 기본적으로 연산 증폭기에 연결되는 것은 무엇인가?
2. 실제적인 연산 증폭의 특성에 관하여 설명하시오.

*해답은 이 장의 끝에 있다.

14-2 차동 증폭기

연산 증폭기는 보통 적어도 하나의 차동 증폭단이 있다. 차동 증폭기(diff–amp)는 연산 증폭기의 입력단이므로, 연산 증폭기의 내부 동작을 이해하는 데 기본이 된다. 따라서 차동 증폭기의 기본적 이해가 필요하다.

이 절을 마친 후 다음을 할 수 있어야 한다.

- 차동 증폭기의 기본적인 동작을 설명한다.
- 단일 입력 동작을 설명한다.
- 차동 입력 동작을 설명한다.
- 공통 모드 동작을 설명한다.
- 공통 모드 신호 제거비를 정의한다.
- 연산 증폭기에서 차동 증폭기의 사용을 설명한다.

그림 14–4에 기본적인 **차동 증폭기(differential amplifier, diff-amp)** 회로와 기호를 나타내었다. 연산 증폭기의 한 부분을 구성하는 차동 증폭단은 높은 전압이득과 공통 모드 신호 제거비를 가진다(이 절의 후반부에 설명한다).

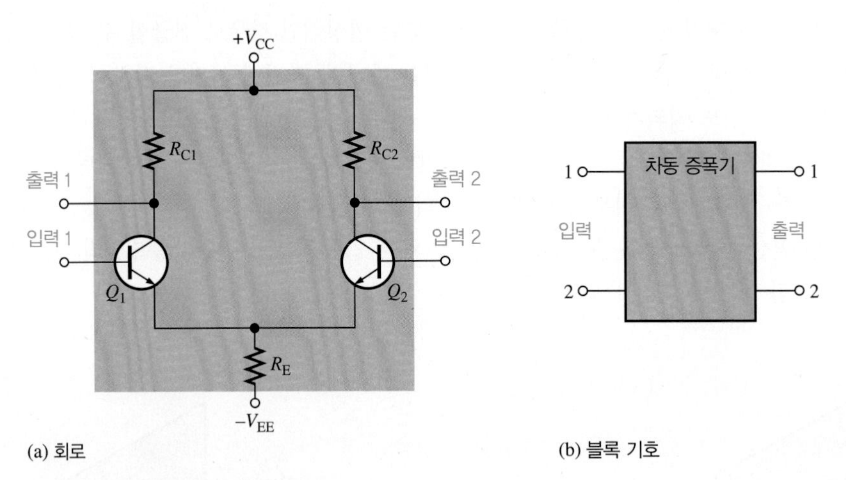

그림 14–4 기본적인 차동 증폭기

기본 동작

그림 14–5와 관련하여 차동 증폭기 동작의 기초적인 직류 해석을 해보자.

먼저, 두 개의 입력이 모두 접지와 연결되어 있을 때는(0 V), 이미터 전압은 그림 14–5(a)와 같이 −0.7 V를 가지게 된다. 트랜지스터 Q_1과 Q_2는 세심한 제조 공정 관리에 의해 동일한 특성을 가져 입력신호가 없을 때 동일한 직류 이미터 전류가 흐른다고 가정한다. 따라서,

$$I_{E1} = I_{E2}$$

저항 R_E를 통해 두 이미터 전류는 합쳐지므로,

$$I_{\mathrm{E1}} = I_{\mathrm{E2}} = \frac{I_{R_{\mathrm{E}}}}{2}$$

여기서

$$I_{R_E} = \frac{V_E - V_{EE}}{R_E}$$

가 성립한다. $I_C \cong I_E$라는 근사화를 이용하면,

$$I_{C1} = I_{C2} \cong \frac{I_{R_E}}{2}$$

가 된다. 두 컬렉터 전류와 컬렉터 저항은 동일하므로(입력 전압이 0일 때),

$$V_{C1} = V_{C2} = V_{CC} - I_{C1}R_{C1}$$

이 되며, 그림 14–5(a)에 나타내었다.

다음으로, 그림 14–5(b)에 나타낸 것과 같이 입력 2를 접지시키고, 입력 1에 양의 바이어스 전압을 인가한 경우를 살펴보자. 트랜지스터 Q_1의 베이스가 양의 전압이므로, 컬렉터 전류 I_{C1}이 증가하여, 이미터 전압은

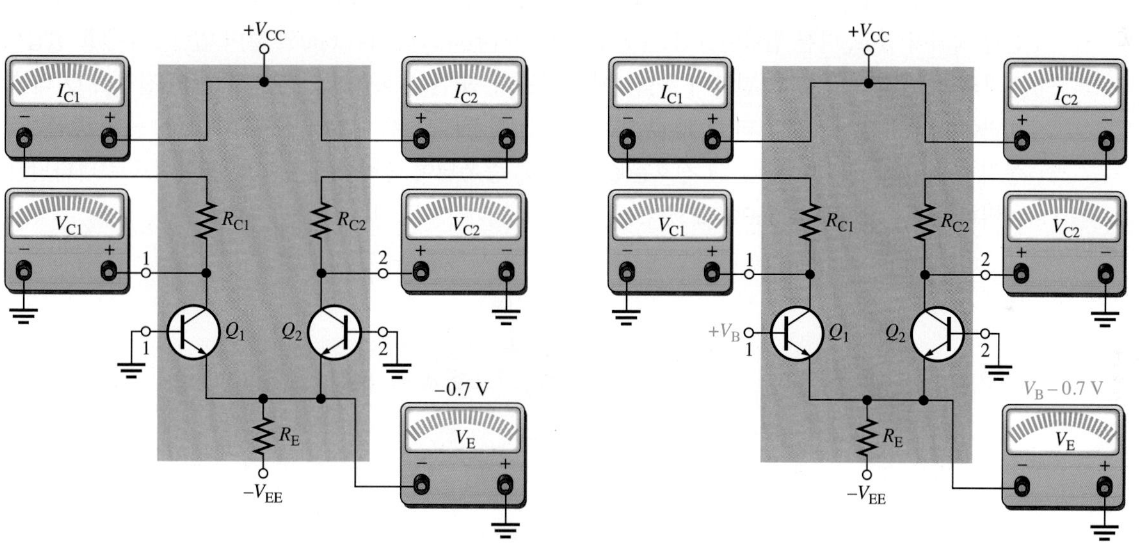

(a) 두 입력이 접지됨

(b) 입력 1은 바이어스 전압, 입력 2는 접지됨

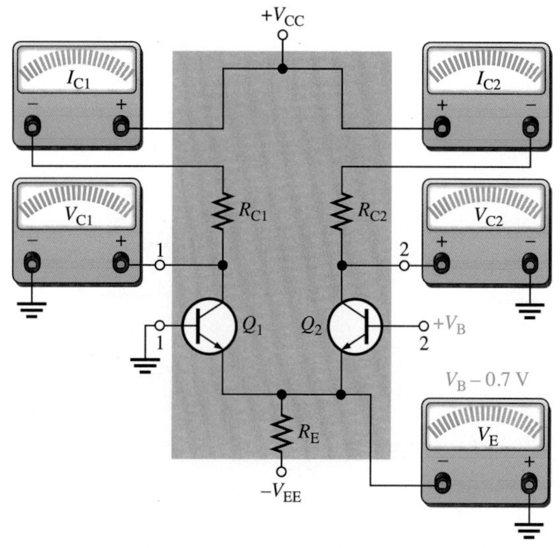

(c) 입력 2는 바이어스 전압, 입력 1은 접지됨

그림 14–5 전류와 전압의 상대적인 변화를 보여주는 차동 증폭기의 기본적인 동작(접지는 0 V이다)

$$V_E = V_B - 0.7$$

이 되도록 증가된다. 따라서 이러한 동작은 트랜지스터 Q_2의 순방향 바이어스 (V_{BE})를 감소시키고 I_{C2}를 줄이게 되는데, 그 이유는 Q_2의 베이스가 접지되어 있기 때문이다. 최종적으로, 그림 14–5(b)에 보인 것과 같이 I_{C1}의 증가는 V_{C1}을 감소시키고, I_{C2}의 감소는 V_{C2}를 증가시킨다.

마지막으로, 그림 14–5(c)에 나타낸 것과 같이 입력 1을 접지시키고, 입력 2에 양의 바이어스 전압을 인가한 경우를 살펴보자. 트랜지스터 Q_2는 양의 바이어스 전압으로 인해 전도가 잘되므로 I_{C2}가 증가하게 된다. 마찬가지로 이미터 전압이 증가하게 되어, 베이스가 접지되어 있는 Q_1의 순방향 바이어스가 감소하게 되어, I_{C1}이 감소한다. 최종적으로 I_{C2}의 증가는 V_{C2}를 감소시키고, I_{C1}의 감소는 V_{C1}을 증가시킨다.

신호 동작 모드

단일 입력 그림 14–6에 보인 바와 같이 **단일 입력 모드(single-ended mode)**에서는 하나의 입력은 접지되어 있고, 다른 입력단에만 신호 전압이 인가된다. 그림 14–6(a)와 같이 입력 1에 신호 전압이 인가되면, 반전 증폭 신호 전압이 출력 1에 나타난다. 또한 신호 전압과 같은 위상의 전압이 Q_1의 이미터에 나타난다. 트랜지스터 Q_1과 Q_2의 이미터는 공통이므로, 이미터 신호는 베이스 공통 증폭기로 동작하는 Q_2의 입력이 된다. 그 신호는 Q_2에 의해 증폭되어 출력 2에 비반전 증폭 신호로 나타난다. 이러한 동작은 그림 14–6(a)에 보였다.

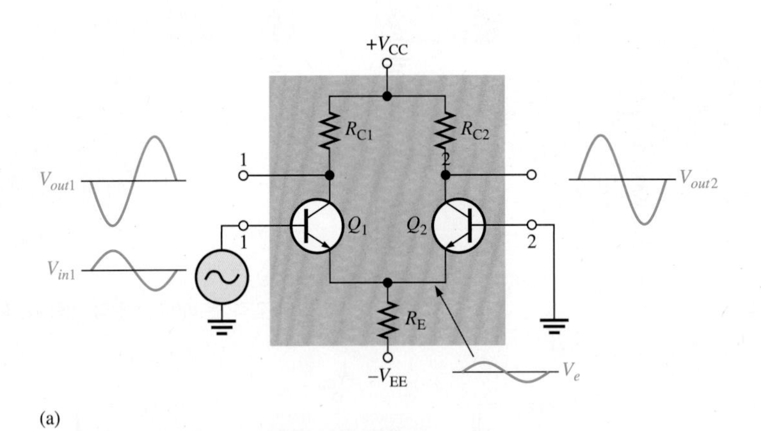

(a)

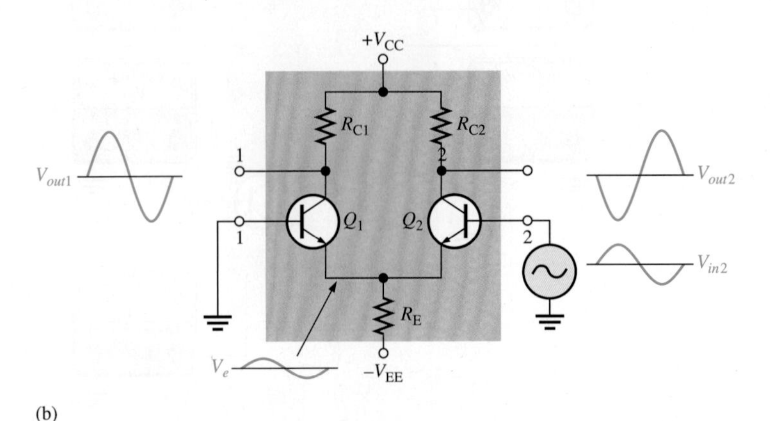

(b)

그림 14–6 차동 증폭기의 단일 입력 동작

그림 14-6(b)와 같이 입력 1은 접지에 연결되고, 입력 2에 신호 전압이 인가되면, 반전 증폭 신호 전압이 출력 2에 나타난다. 이 경우에는 Q_1이 베이스 공통 증폭기로 동작하여, 비반전 증폭 신호가 출력 1에 나타난다.

차동 입력 **차동 모드(differential mode)**에서는 그림 14-7(a)에 나타낸 것과 같이 극성이 반대인 (위상이 다른) 신호가 입력단에 인가된다. 이러한 유형의 동작을 **이중 입력**(*double-ended*)이라고도 한다. 다음에 설명하겠지만, 각각의 입력이 출력에 영향을 미침을 알 수 있다.

그림 14-7(b)는 입력 1에 인가된 신호에 의해서만, 단일 입력 모드로 동작할 때 출력 신호를 보여준다. 그림 14-7(c)는 입력 2에 인가된 신호에 의해서만 단일 입력 모드로 동작할 때 출력 신호를 보여준다. (b)와 (c) 모두 출력 1의 신호는 같은 극성을 가지고 있으며, 출력 2에서도 마찬가지이다. 따라서 (b)와 (c)의 두 경우의 해당하는 출력신호끼리 중첩하면 그림 14-7(d)에 나타낸 전체 차동 동작을 얻게 된다.

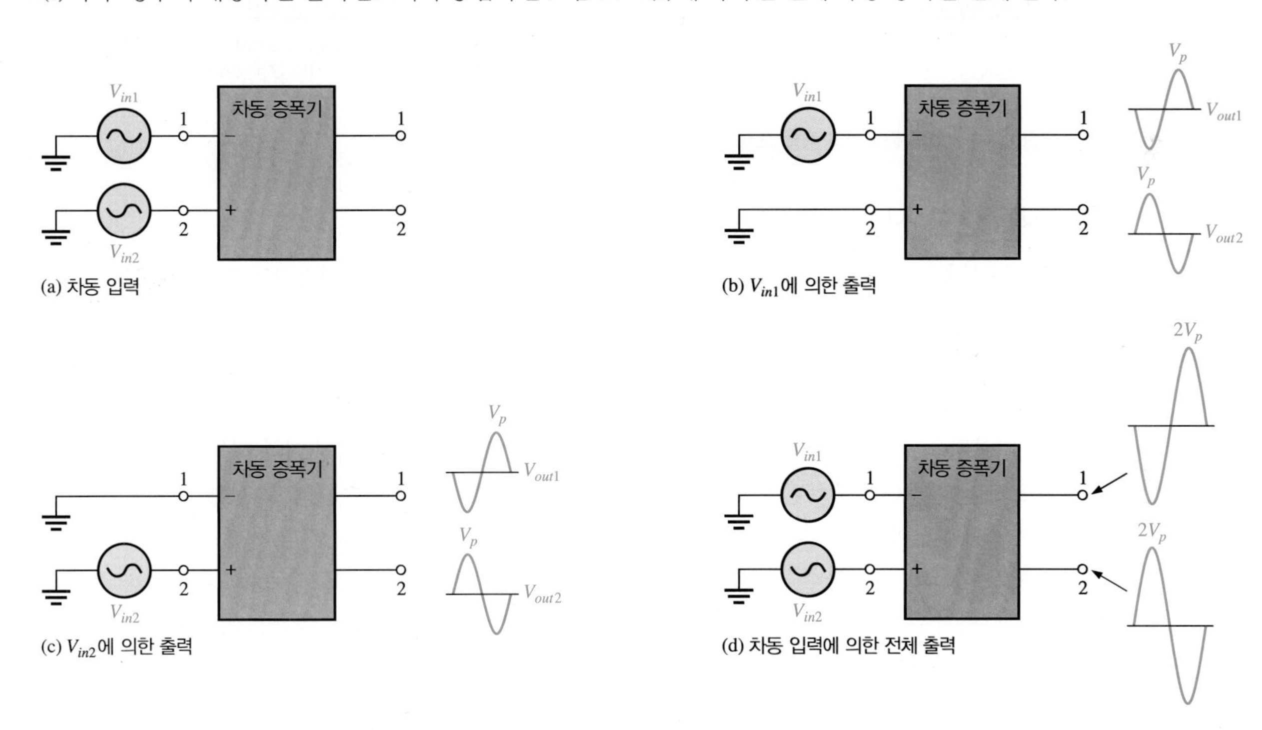

그림 14-7 **차동 증폭기의 차동 모드 동작**

공통 모드 입력 차동 증폭기의 동작에서 가장 중요한 측면 중 하나가 그림 14-8(a)에 보인 것과 같이 위상, 주파수 및 진폭이 같은 신호 전압이 두 입력에 인가될 때인 **공통 모드(common mode)**이다. 각 입력 신호가 각각 독립적으로 동작하는 것처럼 다시 해석하여 기본적인 동작을 이해해 보자.

그림 14-8(b)는 입력 1에 의해서만 나타나는 출력 신호를 보여주며, 그림 14-8(c)는 입력 2에 의해서만 나타나는 출력 신호를 보여준다. 두 경우에서 출력 1과 출력 2에서 해당하는 신호는 극성이 서로 반대임을 알 수 있다. 두 입력이 모두 인가될 때는 출력을 중첩하여 구할 수 있고, 이때 서로 상쇄되어 그림 14-8(d)에 나타낸 것과 같이 출력 전압이 0이다.

이러한 동작을 **공통 모드 신호 제거**(*common-mode rejection*)라고 한다. 이것은 원하지 않는 신호가 차동 증폭기의 두 입력에 공통으로 나타나는 경우에 중요한 특성이 된다. 공통 모드 신호 제거는 원하지 않는 신호가 출력에 나타나지 않도록 하여, 원하는 신호의 왜곡을 방지하는 것을 의미한다. 공통 모드 신호(잡음)는 보통 인접한 라인, 60 Hz 전원선, 또는 다른 곳에서 방출된 에너지가 입력선에 흡수된 결과이다.

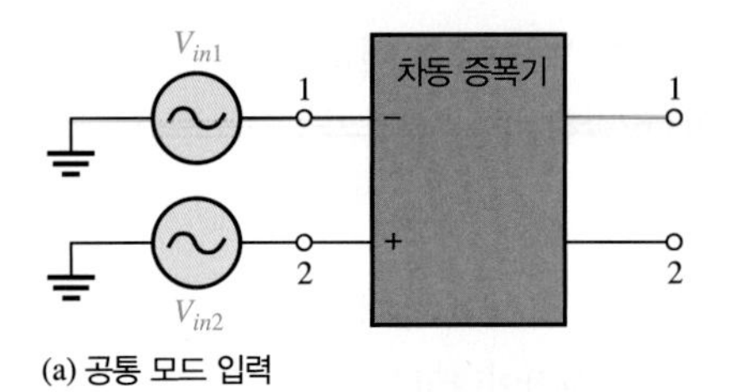

(a) 공통 모드 입력

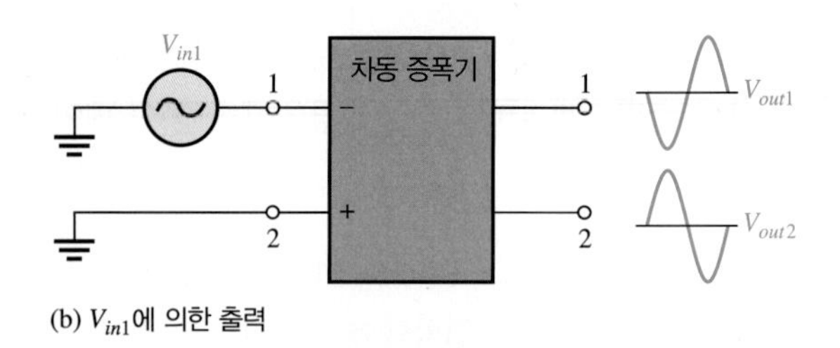

(b) V_{in1}에 의한 출력

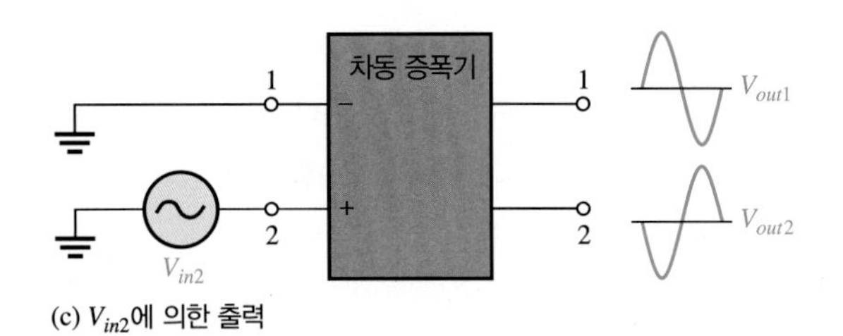

(c) V_{in2}에 의한 출력

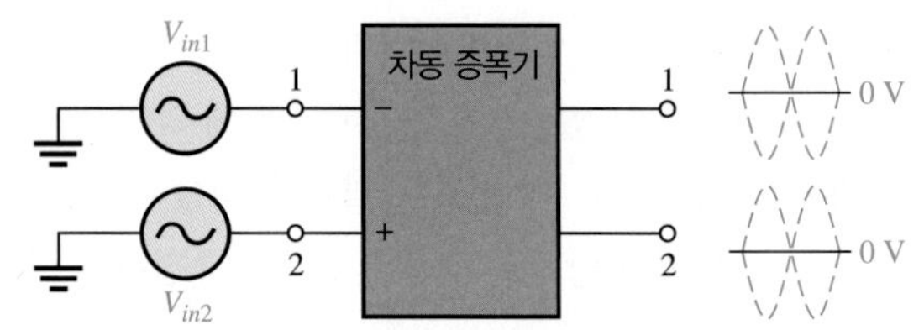

(d) 공통 모드 신호가 인가 되었을 때 출력이 상쇄된다. 진폭이 같고 위상이 반대인 출력 신호는 서로 상쇄되어 각 출력에는 0 V가 나타난다.

그림 14-8 차동 증폭기의 공통 모드 동작

공통 모드 신호 제거비

원하는 신호는 한 개의 입력에만 인가되거나, 반대 극성으로 두 입력에 인가되어 증폭된 후 출력 신호로 나타난다. 원하지 않는 신호(잡음)는 두 입력에 같은 극성으로 인가되며, 차동 증폭기에 의해 상쇄되어 출력에 나타난지 않는다. 공통 모드 신호를 제거하는 증폭기의 특성 판단 척도가 소위 **공통 모드 신호 제거비(common-mode rejection ratio, CMRR)**라고 하는 파라미터이다.

이상적으로 차동 증폭기는 원하는 신호(단일 입력 또는 차동 입력)에 대한 이득은 매우 크고, 공통 모드 신호에 대한 이득은 0이다. 그러나 실제의 차동 증폭기는 매우 큰 차동 전압 이득(보통 수천)을 가짐에 반하여, 공통 모드 이득은 매우 작은 (보통 1보다 작음) 값을 가진다. 공통 모드 이득에 비하여 차동 이득이 크면 클수록, 차동 증폭기의 공통 모드 신호 제거에 있어서 성능이 우수하다고 할 수 있다. 따라서 원하지 않는 공통 모드 신호를 제거하는 차동 증폭기의 성능 지표를 공통 모드 이득, A_{cm}에 대한 차동 이득, $A_{v(d)}$의 비로 나타낼 수 있다. 이 비율을 공통 모드 신호 제거비(CMRR)라고 한다.

$$\mathrm{CMRR} = \frac{A_{v(d)}}{A_{cm}} \tag{14-1}$$

CMRR이 크면 클수록 더 좋다. CMRR이 매우 큰 것은 차동 이득 $A_{v(d)}$이 크고, 공통 모드 이득 A_{cm}이 작은 것을 의미한다.

CMRR은 흔히 데시벨(dB)로 다음과 같이 표현된다.

$$\mathrm{CMRR}' = 20\log\left(\frac{A_{v(d)}}{A_{cm}}\right) \tag{14-2}$$

예를 들면 CMRR이 10,000이면, 원하지 않는 잡음(공통 신호)보다 원하는 신호(차동 신호)를 10,000배 더 증폭한다는 뜻이다. 즉, 차동 입력 신호와 공통 모드 잡음의 진폭이 같다고 가정하면, 원하는 신호는 잡음보다 10,000배 더 증폭되어 출력에 나타날 것이다. 이렇게 하여 잡음 또는 간섭 신호는 본질적으로 제거된다.

예제 14-1

어떤 차동 증폭기는 차동 전압이득이 2000이며, 공통 모드 이득이 0.2이다. CMRR을 구하고, 데시벨로 표현하시오.

풀이

$A_{v(d)} = 2000$이고, $A_{cm} = 0.2$이므로,

$$\text{CMRR} = \frac{A_{v(d)}}{A_{cm}} = \frac{2000}{0.2} = \mathbf{10{,}000}$$

이다. 데시벨로 나타내면,

$$\text{CMRR}' = 20\log(10{,}000) = \mathbf{80\ dB}$$

이 된다.

관련문제*

차동 전압 이득이 8500이고, 공통 모드 이득이 0.25인 증폭기에 대하여, CMRR을 구하고 데시벨로 표현하시오.

*해답은 이 장의 끝에 있다.

예제 14-2는 일반적인 신호에 대한 차동 증폭기의 동작과 공통 모드 제거에 관하여 좀 더 깊이 설명한다.

예제 14-2

그림 14-9에 보인 차동 증폭기는 차동 전압 이득이 2500이고, CMRR이 30,000이다. 그림 14-9(a)에는 단일 입력 신호 500 μV rms가 인가되고 있다. 교류 전원 시스템의 영향에 의해 발생한 1 V, 60 Hz의 공통 모드 간섭 신호가 동시에 두 입력단에 나타난다. 그림 14-9(b)는 차동 입력 신호 500 μV rms가 인가되고 있으며, 공통 모드 간섭은 (a)와 같다.

(a) 공통 모드 이득을 구하시오.
(b) CMRR을 데시벨로 표현하시오.
(c) 그림 14-9(a)와 (b)에 대한 출력 신호의 실효값(rms)을 구하시오.
(d) 출력에 나타나는 간섭 전압의 실효값(rms)을 구하시오.

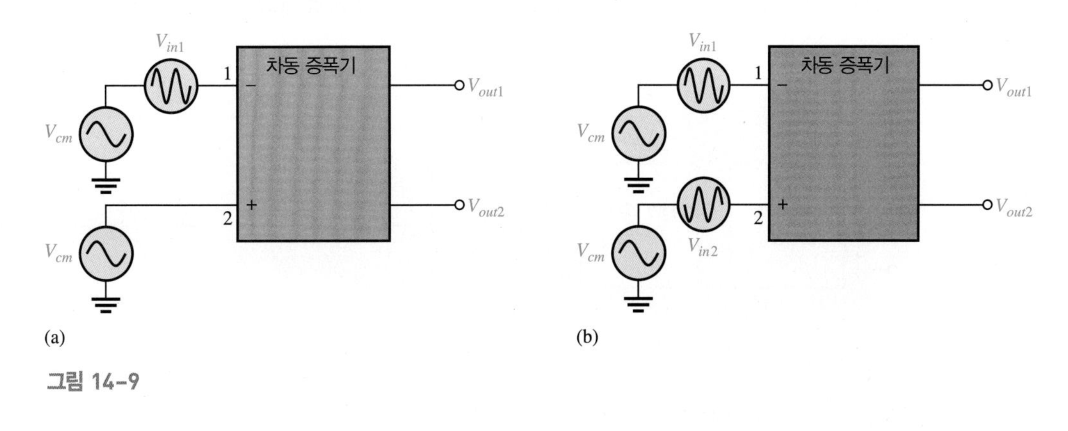

그림 14-9

풀이

(a) $\text{CMRR} = \dfrac{A_{v(d)}}{A_{cm}}$로부터, $A_{cm} = \dfrac{A_{v(d)}}{\text{CMRR}} = \dfrac{2500}{30{,}000} = \mathbf{0.083}$

(b) $\text{CMRR}' = 20\log(30{,}000) = \mathbf{89.5\ dB}$

(c) 그림 14–9(a)에서, 차동 입력 전압은 입력 1과 입력 2의 전압차이다. 입력 2는 접지되어 있으므로 그 전압은 0이다. 따라서

$$V_{in(d)} = V_{in1} - V_{in2} = 500\ \mu\text{V} - 0\ \text{V} = 500\ \mu\text{V}$$

이 경우 출력 신호 전압은 출력 1에서 구한다.

$$V_{out1} = A_{v(d)}V_{in(d)} = (2500)(500\ \mu\text{V}) = \mathbf{1.25\ V\ rms}$$

그림 14–9(b)에서, 차동 입력 전압은 반대 극성을 가진 500 μV 신호의 차이므로,

$$V_{in(d)} = V_{in1} - V_{in2} = 500\ \mu V - (-500\ \mu\text{V}) = 1000\ \mu\text{V} = 1\ \text{mV}$$

출력 신호 전압은

$$V_{out1} = A_{v(d)}V_{in(d)} = (2500)(1\ \text{mV}) = \mathbf{2.5\ V\ rms}$$

이다. 이 결과는 차동 입력(극성이 반대인 두 신호)은 단일 입력의 경우보다 이득이 2배임을 보여준다.

(d) 공통 모드 입력은 1 V rms이고, 공통 모드 이득 A_{cm}은 0.083이다. 출력에 미치는 간섭 (공통 모드) 신호는

$$A_{cm} = \frac{V_{out(cm)}}{V_{in(cm)}}$$

$$V_{out(cm)} = A_{cm}V_{in(cm)} = (0.083)(1\ \text{V}) = \mathbf{0.083\ V}$$

관련문제

그림 14–9에 보인 차동 증폭기는 차동 전압 이득이 4200이고, CMRR이 25,000이다. 위 예제에서 기술한 단일 입력 신호와 차동 입력 신호에 대하여, **(a)** 공통 모드 이득을 구하시오. **(b)** CMRR을 데시벨로 표현하시오. **(c)** 그림 14–9 (a)와 (b)에 대한 출력 신호의 실효값(rms)을 구하시오. **(d)** 출력에 나타나는 간섭 전압의 실효값(rms)을 구하시오.

연산 증폭기의 내부 블록도

전형적인 연산 증폭기는 3가지 형태의 증폭 회로로 구성되며, 그림 14–10과 같이 **차동 증폭기**(*differential amplifier*), **전압 증폭기**(*voltage amplifier*), 그리고 **푸쉬–풀 증폭기**(*push–pull amplifier*)이다.

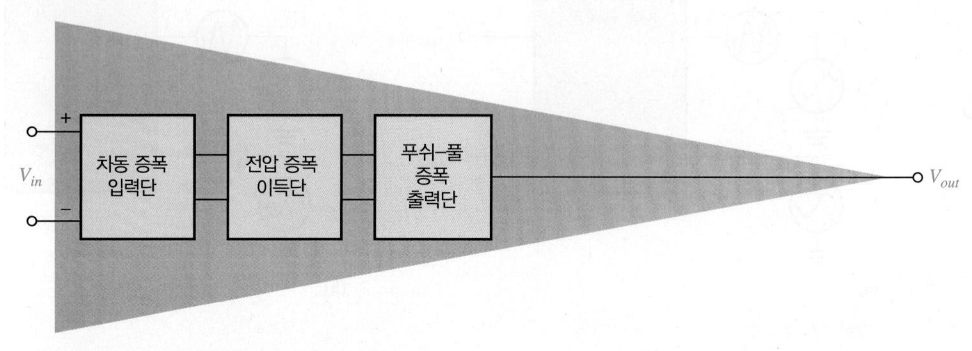

그림 14–10 연산 증폭기의 기본적인 내부 배치

차동 증폭기는 연산 증폭기의 입력단이며, 2개의 입력을 받아 전압차를 증폭한다. 전압 증폭기는 보통 A급 증폭기(class A amplifier)를 사용하여 전체 전압 이득을 추가적으로 높이다. 일부 연산 증폭기는 여러 단의 전압 증폭단을 가진 것도 있다. 푸쉬-풀 B급 증폭기는 출력단에 사용된다.

14-2절 복습 문제

1. 차동입력과 단일입력의 차이를 설명하시오.
2. 공통 모드 신호 제거란 무엇인가?
3. 주어진 차동 이득에 대하여, CMRR이 커지면, 공통 모드 이득은 커지는가? 작아지는가?

14-3 연산 증폭기 파라미터

이 절에서는 여러 가지 중요한 연산 증폭기 파라미터를 정의한다(파라미터의 종류는 아래에 나열되어 있다). 또한, 이러한 파라미터를 통해 몇 가지 연산 증폭기 IC들을 비교한다.

이 절을 마친 후 다음을 할 수 있어야 한다.

- 여러 가지 연산 증폭기 파라미터를 설명한다.
- 입력 오프셋 전압을 정의한다.
- 온도 변화에 따른 입력 오프셋 전압의 드리프트(drift)를 설명한다.
- 입력 바이어스 전류를 정의한다.
- 입력 임피던스를 정의한다.
- 입력 오프셋 전류를 정의한다.
- 출력 임피던스를 정의한다.
- 공통 모드 입력 전압의 범위를 설명한다.
- 개루프 전압이득을 설명한다.
- 공통 모드 신호 제거비를 정의한다.
- 슬루 레이트(slew rate, 회전율)를 정의한다.
- 주파수 응답을 설명한다.
- 몇 가지 연산 증폭기 IC들의 파라미터를 비교한다.

입력 오프셋 전압

이상적인 연산 증폭기는 입력에 0 V를 인가하면 출력도 0 V가 되어야 한다. 그러나 실제의 연산 증폭기는 차동 입력 전압이 인가되지 않아도 출력에 작은 직류전압 $V_{OUT(error)}$가 나타난다. 주된 원인은 그림 14-11(a)에 표시한 것과 같이, 연산 증폭기의 차동 입력단의 베이스-이미터 전압이 약간 부정합되어 있기 때문이다.

차동 입력단의 출력전압은 다음과 같이 표현된다.

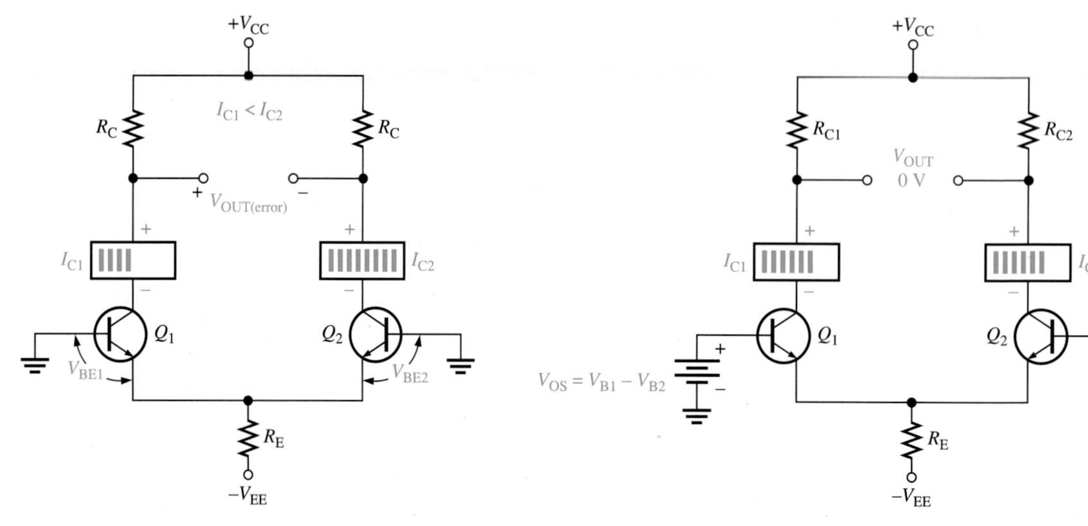

(a) A V_{BE}의 부정합(V_{BE1}이 V_{BE2}와 다른 경우)은 출력의 오차 전압을 유발한다.

(b) 입력 오프셋 전압은 출력의 오차 전압을 제거하는데 (V_{OUT} = 0) 필요한 두 입력단 사이의 전압 차이이다.

그림 14–11 입력 오프셋 전압, V_{OS}

$$V_{OUT(error)} = I_{C2}R_C - I_{C1}R_C$$

트랜지스터 Q_1과 Q_2의 베이스–이미터 전압에서 약간이 차이가 발생하면, 각각의 트랜지스터의 컬렉터 전류에 차이가 발생하게 된다. 그 결과 발생하는 오차 전압이 0이 아닌 V_{OUT}으로 발생한다(컬렉터 저항들은 둘 다 동일하다).

연산 증폭기 데이터 시트에 명시된 **입력 오프셋 전압(input offset voltage, V_{OS})**은 차동 출력 전압을 강제적으로 0V로 만들기 위해 필요한 입력단에서 요구되는 차동 직류전압을 의미한다. 그림 14–11(b)에 V_{OS}를 도식화하였다. 입력 오프셋 전압은 보통 2 mV 이내의 값을 가지며, 이상적인 경우는 0V이다.

온도에 따른 입력 오프셋 전압 드리프트

입력 오프셋 전압 드리프트(input offset voltage drift)는 V_{OS}에 관련된 파라미터로서 온도가 1도 변화할 때 입력 오프셋 전압의 변화가 얼마나 발생하는지를 나타낸다. 섭씨 1도의 변화에 대하여 약 5 μV에서 50 μV의 범위 내의 값이 대표적이다. 보통 높은 입력 오프셋 전압을 가진 연산 증폭기는 드리프트도 크다.

입력 바이어스 전류

바이폴라 차동 증폭기의 입력단은 트랜지스터 베이스 단자이므로, 입력 전류는 베이스 전류가 된다.

입력 바이어스 전류(input bias current)는 첫 번째 단을 정상적으로 동작시키기 위해 증폭기의 입력이 필요로 하는 직류 전류를 의미한다. 정의에 따르면, 입력 바이어스 전류는 두 단자 입력전류의 평균값으로 다음과 같이 계산된다.

$$I_{BIAS} = \frac{I_1 + I_2}{2}$$

입력 바이어스 전류의 개념은 그림 14–12에 나타내었다.

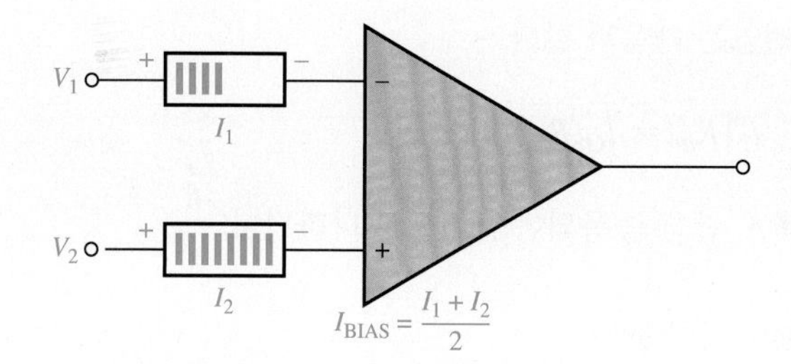

그림 14-12 입력 바이어스 전류는 연산 증폭기의 두 입력 전류의 평균이다.

입력 임피던스

연산 증폭기의 입력 임피던스(Input Impedance)를 명시하는 두 가지 방법은 차동모드와 공통모드이다. **차동 입력 임피던스(differential input impedance)**는 그림 14-13(a)에 보인 바와 같이 반전입력과 비반전입력 사이의 전체 저항이다. 차동 입력 임피던스는 차동 입력전압의 변화에 대한 바이어스 전류의 변화를 측정하여 구한다. **공통 모드 입력 임피던스(common mode input impedance)**는 각 입력들과 접지 사이의 저항이며, 공통 입력 전압의 변화에 대한 바이어스 전류의 변화를 측정하여 구한다. 이를 그림 14-13(b)에 보였다.

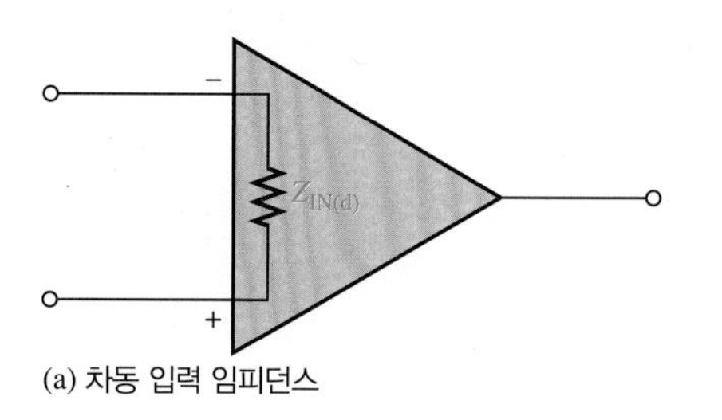

(a) 차동 입력 임피던스

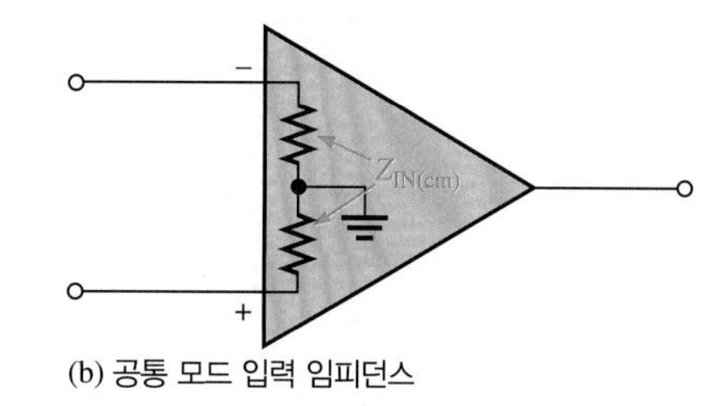

(b) 공통 모드 입력 임피던스

그림 14-13 연산 증폭기 입력 임피던스

입력 오프셋 전류

이상적으로 두 입력 바이어스 전류는 같아야 하므로, 그 차이는 0이어야 한다. 그러나 실제의 연산 증폭기는 바이어스 전류가 정확히 일치하지는 않는다.

입력 오프셋 전류(input offset current), I_{OS}는 입력 바이어스 전류의 차이로 정의되며, 다음과 같이 절대값으로 표현한다.

$$I_{OS} = |I_1 - I_2|$$

오프셋 전류의 실제 크기는 보통 바이어스 전류의 10분의 1이하이다. 많은 응용회로에서 오프셋 전류는 무시할 수 있으나, 높은 이득과 큰 입력 임피던스를 가지는 증폭기에서는 I_{OS}가 가능한 한 작아야 한다. 그 이유는 그림 14-14에 나타낸 것과 같이 큰 입력 저항을 통해 흐르는 전류의 차이가 상당한 크기의 오프셋 전압을 생성할 수 있기 때문이다.

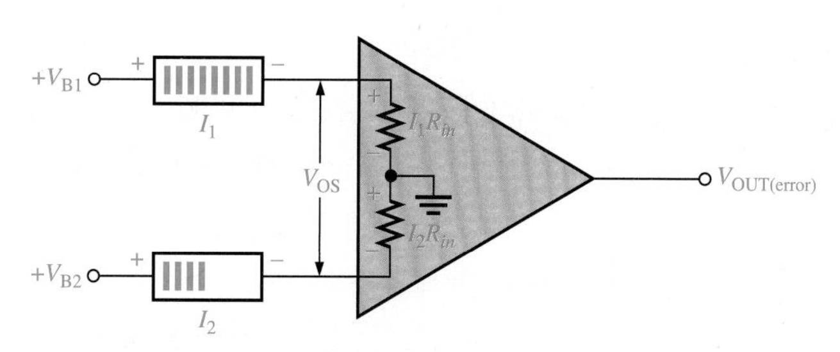

그림 14-14 입력 오프셋 전류의 영향

입력 오프셋 전류에 의해 발생하는 오프셋 전압은 다음과 같다.

$$V_{OS} = |I_1 - I_2|R_{in} = I_{OS}R_{in}$$

I_{OS}에 의해 발생한 오차는 연산 증폭기 이득 A_v 만큼 증폭되어 출력으로 나타난다.

$$V_{OUT(error)} = A_v I_{OS} R_{in}$$

온도에 따른 오프셋 전류의 변화도 오차 전압에 영향을 미치며, 보통 0.5 nA/℃의 온도 계수를 가진다.

출력 임피던스

출력 임피던스(output impedance)는 그림 14–15에 나타낸 것과 같이 연산 증폭기의 출력 단자에서 바라본 저항을 의미한다.

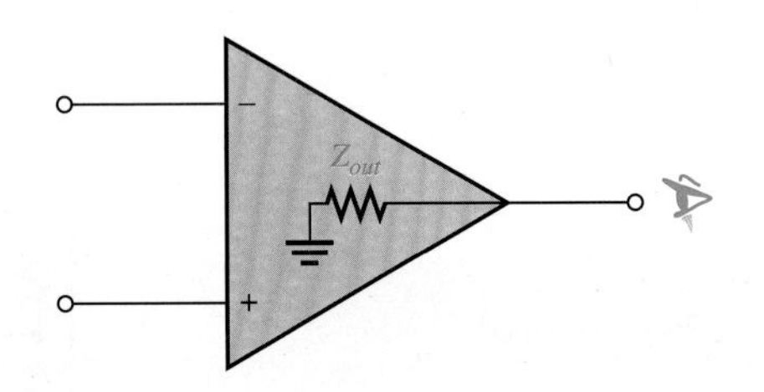

그림 14–15 연산 증폭기 출력 임피던스

공통 모드 입력 전압 범위

모든 연산 증폭기는 동작하는 전압의 범위에 제한이 있다. **공통 모드 입력 전압 범위(common-mode input voltage range)**는 입력 전압으로 인가되었을 때 출력이 잘리거나(clipping) 왜곡되지 않는 범위를 의미한다. 직류 공급 전압이 ±15 V인 경우, 대부분의 연산 증폭기는 공통 모드 입력 전압 범위가 ±10 V 이내이지만, 어떤 경우는 공급 전압보다 출력 전압이 더 클 수도 있다(이것을 레일투레일(rail–to–rail)이라고 한다).

개루프 전압 이득

연산 증폭기의 **개루프 전압 이득(open-loop voltage gain)**, A_{ol}은 디바이스의 내부 전압 이득으로, 외부에 어떠한 소자도 연결되지 않았을 때 입력 전압에 대한 출력 전압의 비율을 의미한다. 개루프 전압 이득은 전적으로 내부 설계에 의해 결정되고, 200,000 이상의 이득을 보이는 것이 보통이지만, 마음대로 조절할 수 있는 파라미터는 아니다. 데이터 시트에서 개루프 전압 이득을 종종 대신호 전압 이득(*large–signal voltage gain*)으로 표시하기도 한다.

연산 증폭기의 공통 모드 신호 제거비

차동 증폭기에서 논의한 것과 같이 **연산 증폭기의 공통 모드 신호 제거비**(*common–mode rejection ratio*), CMRR은 공통 모드 신호를 제거하는 능력에 관한 척도이다. CMRR이 무한대라는 것은 두 입력에 같은 신호가 인가될 때(공통 모드), 출력이 0이라는 것을 의미한다.

실제로 무한대의 CMRR은 구현이 불가능하지만, 좋은 연산 증폭기는 매우 높은 값을 가진다. 앞에서 언급한 것과 같이 공통 모드 신호는 60Hz 전원 공급 장치의 맥동(ripple) 전압과 다른 소자에서 방출된 에너지의 흡수 등에 의한 원하지 않는 간섭 잡음들이다. 높은 CMRR은 이러한 간섭 신호가 출력에 거의 나타나지 않도록 한다.

일반적으로 용인되는 CMRR의 정의는 개루프 전압 이득 (A_{ol})을 공통 모드 이득으로 나눈 값이다.

$$\text{CMRR} = \frac{A_{ol}}{A_{cm}} \tag{14-3}$$

CMRR은 보통 다음과 같이 데시벨로 나타낸다.

$$\text{CMRR}' = 20\log\left(\frac{A_{ol}}{A_{cm}}\right) \tag{14-4}$$

예제 14-3

어떤 연산 증폭기의 개루프 전압 이득이 100,000이고, 공통 모드 이득은 0.25이다. CMRR을 구하고 데시벨로 표현하시오.

풀이

$$\text{CMRR} = \frac{A_{ol}}{A_{cm}} = \frac{100{,}000}{0.25} = \mathbf{400{,}000}$$

$$\text{CMRR}' = 20\log(400{,}000) = \mathbf{112\ dB}$$

관련문제

만약 연산 증폭기의 CMRR′이 90 dB이고, 공통 모드 이득이 0.4이면, 개루프 전압 이득은 얼마인가?

슬루 레이트

계단 입력 전압에 대한 출력 전압의 최대 변화율을 연산 증폭기의 **슬루 레이트(slew rate)**라고 한다. 슬루 레이트는 연산 증폭기 내에 있는 증폭단의 고주파 응답에 의해 좌우된다.

그림 14-16(a)와 같이 연산 증폭기를 연결하여 슬루 레이트를 측정할 수 있다. 이러한 연산 증폭기의 연결은 단위 이득(unity-gain) 비반전 구조로 가장 좋지 못한 (가장 느린) 슬루 레이트를 보여준다. 계단 전압의 고주파 성분은 상승에지(rising edge)에 포함되어 있으며, 증폭기의 상위 임계 주파수(upper critical frequency)에 의해 계단 입력에 대한 반응이 제약을 받는다. 임계 주파수의 상한값이 작을수록 계단 입력에 대한 출력의 기울기는 완만하게 된다.

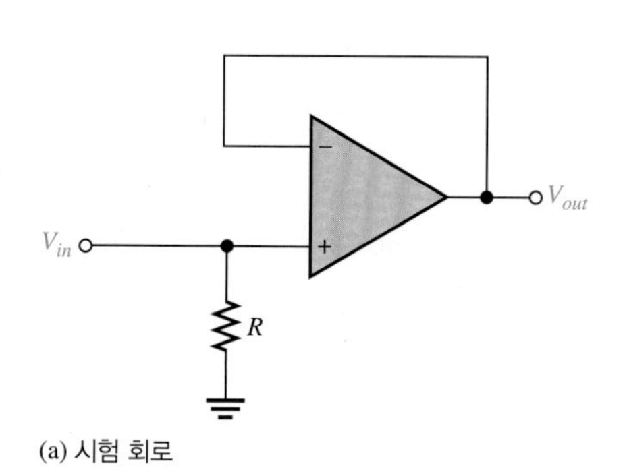

(a) 시험 회로

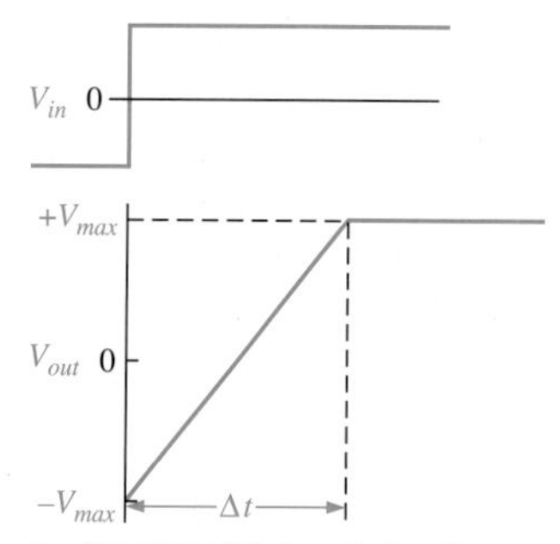

(b) 계단 입력 전압과 그에 따른 출력 전압

그림 14-16 슬루 레이트 측정

펄스가 입력될 때 이상적인 출력 전압은 그림 14–16(b)에 나타낸 것과 같이 측정된다. 입력 펄스의 폭은 출력이 하한에서 상한까지 변할 수 있도록 충분히 넓어야 한다. 계단 입력이 인가되었을 때, 출력 전압이 하한인 $-V_{\max}$에서 상한인 $+V_{\max}$까지 변하는 데 걸리는 시간 간격 Δt가 필요함을 그림에서 알 수 있다. 슬루 레이트는 다음과 같이 표현된다.

$$\text{Slew rate} = \frac{\Delta V_{out}}{\Delta t} \tag{14-5}$$

여기서, $\Delta V_{out} = +V_{max} - (-V_{max})$이다. 슬루 레이트의 단위는 V/$\mu$s이다.

예제 14-4

어떤 연산 증폭기의 계단입력에 대한 출력 전압이 그림 14–17과 같다고 하자. 슬루 레이트를 구하시오.

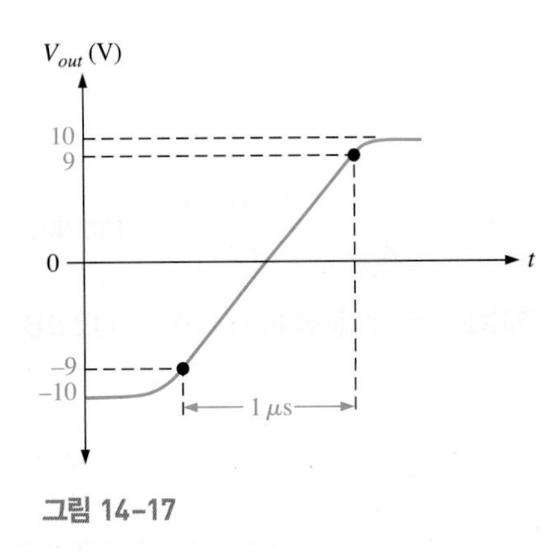

그림 14-17

풀이

출력이 하한에서 상한까지 도달하는 데 1μs가 걸렸다. 이 응답 곡선은 이상적이지 않으므로, 한계점을 그림과 같이 90% 지점으로 선택하였다. 따라서 상한은 +9V이며, 하한은 −9V이다. 슬루 레이트는 다음과 같이 계산된다.

$$\text{Slew rate} = \frac{\Delta V}{\Delta t} = \frac{+9\text{ V} - (-9\text{ V})}{1\ \mu\text{s}} = \mathbf{18\ V/\mu s}$$

관련문제

어떤 연산 증폭기에 펄스가 인가되었을 때, 출력 전압이 −8 V에서 +7 V까지 0.75 μs 동안 변화하였다. 슬루 레이트는 얼마인가?

주파수 응답

연산 증폭기를 구성하는 내부의 증폭단은 접합 커패시턴스(junction capacitance)에 의해 전압 이득이 제한된다. 연산 증폭기에 사용되는 차동 증폭기는 기본 증폭기와 약간 차이가 있지만 같은 원리가 적용되며, 연산 증폭기는 내부에 결합 커패시터(coupling capacitor)가 없다. 따라서 저주파 응답은 직류(0 Hz)까지 가능하다. 연산 증폭기의 주파수 응답(Frequency Response) 특성은 다음에 조금 다루기로 한다.

연산 증폭기 파라미터의 비교

표 14-1은 자주 사용되는 몇 가지 연산 증폭기 IC에 대하여 앞에서 설명한 파라미터를 비교한 것이다. 표에서 알 수 있듯이 파라미터별로 많은 차이가 있다. 모든 시스템 설계는 어느 정도 절충을 수반하므로, 한 가지 특정한 파라미터를 최적화하기 위해서는 다른 파라미터의 희생을 감수해야 한다. 특정한 응용에 필요한 연산 증폭기를 선택하는 데 있어 어떤 파라미터가 중요한지가 선정의 주된 요소가 된다. 더욱 자세한 파라미터에 대한 정보는 각 소자별 데이터 시트를 참고하기 바란다.

표 14-1

연산 증폭기	CMRR (dB) (표준값)	개루프 이득(dB) (표준값)	이득-대역폭 곱 (MHz)(표준값)	입력 오프셋 전압(mV) (최대값)	입력 바이어스 전류(nA) (최대값)	슬루레이트 (V/μs) (표준값)	비고
AD8009	50	N/A	320 (이득이 10일 때)	5	150	5500	초고속, 저왜곡, 전류궤환
AD8055	82	71	N/A	5	1200	1400	저잡음, 고속 광대역, 이득 평탄도 0.1dB, 비디오 드라이버
ADA4891	68	90 (이득이 2일 때)	N/A	2500	0.002	170	CMOS, 극저 바이어스 전류, 고속, 영상 증폭기
ADA4092	85	118	1.3	0.	50	0.4	단일 전압(2.7V~36V) 또는 이중전압 동작, 저전력
FAN4931	73	102	4	6	0.005	3	저가 CMOS, 저전력, 출력 스윙은 레일(rail)의 10mV 이내까지 가능, 초고입력저항
FHP3130	95	100	60	1	1800	110	고전류출력(100mA까지)
FHP3350	90	55	190	1	50	800	고속, 영상 증폭기
LM741C	70	106	1	6	500	0.5	범용, 과부하 방지, 산업표준
LM7171	110	90	100	1.5	1000	3600	고속, 높은 CMRR, 계측 증폭기
LMH6629	87	79	800 (소신호)	0.15	23000	530	고속, 극저잡음, 저전압
OP177	130	142	N/A	0.01	1.5	0.3	초정밀, 초고CMRR, 안정도
OPA369	114	134	0.012	0.25	0.010	0.005	극저전력, 저전압, 레일투레일(rail-to-rail)
OPA378	100	110	0.9	0.02	0.15	0.4	정밀, 극저드리프트, 저잡음
OPA847	110	98	3900	0.1	42,000	950	극저잡음, 광대역 증폭, 전압궤환

기타 특징

대부분의 연산 증폭기는 3가지 특징을 가지고 있다. 단락 회로 보호, 래치 업(latch-up) 방지, 그리고 입력 오프셋 제거 기능이다. 단락 회로 보호 기능은 출력이 단락되었을 때 회로가 손상되는 것을 방지하는 것이며, 래치 업 방지는 특정한 입력 조건에서 연산 증폭기의 출력이 하나의 출력 상태(높은 전압 또는 낮은 전압 레벨)에서 빠져나오지 못하는 것을 막는 기능이다. 입력 오프셋 제거 기능은 입력이 0일 때 출력 전압이 0이 되도록 외부에 포텐쇼미터(potentiometer)를 연결하여 설정할 수 있는 기능이다.

스위치 커패시터(switched capacitor)는 13장에서 논의하였다(그림 13-60 참고). 스위치 커패시터는 저항(resistor)처럼 동작하며, 연산 증폭기와 함께 결합할 때 매우 낮은 전압에서 구동될 수 있다. 연산 증폭기 스위치 커패시터 시스템의 흥미로운 응용예로 심박 조절기(pacemaker)를 들 수 있다. 이득이 40 dB인 CMOS SO-SC(switched-opamp switched capacitor) 프리앰프가 사용되고 있다. 연산 증폭기와 스위치 커패시터를 결합할 때 환자를 위한 핵심적인 장점은 아주 낮은 공급 전압을 사용할 수 있고, 전력 소모량이 매우 적다는 것이다. 전체 시스템이 0.8 V의 공급 전압으로 구동될 수 있으며, 단지 420 nW의 전력소모만 발생하므로 심박 조절기를 사용하는 환자에게 유용하다.

시스템 노트

14-3절 복습 문제

1. 연산 증폭기 파라미터를 10개 이상 나열하시오.
2. 주파수 응답을 제외하고, 주파수에 의존하는 파라미터 두 가지는 무엇인가?

14-4 부궤환

부궤환(negative feedback)은 전자공학, 특히 연산 증폭기의 응용에서 매우 중요한 개념 중 하나이다. 부궤환은 증폭기의 출력 전압의 일부가 입력 신호에 반하는 (또는 빼는) 형태의 위상을 가지고 입력으로 되돌아가는 과정을 말한다.

이 절을 마친 후 다음을 할 수 있어야 한다.

- 연산 증폭기 회로에서 부궤환을 설명한다.
- 부궤환의 효과를 설명한다.
- 부궤환이 사용되는 이유를 설명한다.

부궤환(Negative feedback)은 그림 14-18에 나타내었다. 반전 입력 (−)단자에서는 입력 신호를 180°위상차이가 나는 신호로 바꾼다. 연산 증폭기는 반전 및 비반전 입력에 인가된 신호의 차이를 매우 높은 이득으로 증폭한다. 이러한 두 신호의 아주 미세한 차이가 충분히 연산 증폭기의 원하는 출력을 만드는 데 충분하다. **부궤환이 존재할 때 반전 및 비반전 입력은 거의 동일하게 된다.** 이러한 개념은 많은 연산 증폭기 회로에서 형성되는 신호를 파악하는 데 도움을 준다.

이제 부궤환이 어떻게 동작하는지와 부궤환이 있을 때 반전 및 비반전 단자의 신호가 왜 동일하게 되는지 알아보자. 비반전입력 단자에 1.0 V의 입력신호가 인가되었고, 연산 증폭기의 개루프 이득이 100,000이라고 가정하자. 증폭기는 비반전 입력 단자의 전압에 반응하여 출력을 포화상태로 만든다. 이때 출력의 일부는 궤환 경로를 통해 반전 입력 단자에 유입된다. 그러나 궤환 신호가 1.0 V가 된다면, 연산 증폭기가 증폭할 신호가 없어지게 된다. 이처럼 궤환 신호는 입력 신호와 같아지려고 하지만 결코 같아지지는 않는다. 연산 증폭기 회로의 이득은 궤환되는 양에 의해 결정된다. 부궤환이 있는 연산 증폭기 회로의 고장 진단 시에 두 개의 입력 신호는 같아 보이지만, 사실 약간의 차이가 있는 신호임을 기억해야 한다.

연산 증폭기의 내부 이득이 감소한 상황을 가정해 보자. 이렇게 된 경우에는 출력 신호를 약간 작게 만들어 궤환 경로를 통해 반전 입력으로 유입되는 신호가 약간 작아지게 된다. 앞의 경우보다 두 입력 신호의 차이는 더 커지게 되며, 출력신호는 증가하게 되어 원래 이득의 감소를 보상하는 효과가 발생한다. 따라서 출력의 순수한 변화는 매우 작으므로, 측정에 의해 그것을 매우 알기가 어렵다. 중요한 점은 부궤환은 증폭기의 어떠한 변동을 즉시 보상하여 매우 안정되고 예측 가능한 출력을 내도록 만든다는 것이다.

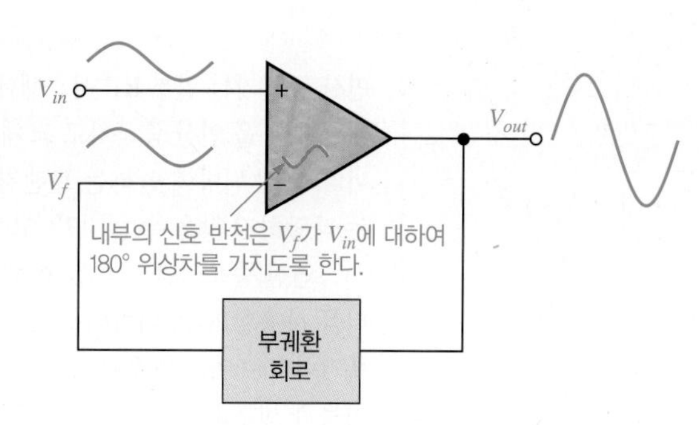

그림 14-18 부궤환의 개념 설명

왜 부궤환을 사용하는가?

연산 증폭기의 개루프 이득은 매우 크다(보통 100,000 이상). 그러므로 두 입력 전압의 아주 작은 차이도 연산 증폭기의 출력을 포화상태로 만든다. 사실 입력 오프셋 전압도 연산 증폭기를 포화상태로 만들 수 있다. 예를 들어 $V_{in} = 1$ mV이고, $A_{ol} = 100{,}000$이라고 가정하면,

$$V_{in}A_{ol} = (1\text{ mV})(100{,}000) = 100\text{ V}$$

이다. 연산 증폭기의 출력 레벨은 100 V가 될 수 없으므로, 포화상태가 되어 출력이 최대 레벨로 제한된다. 그림 14-19는 입력 전압이 +1 mV와 −1 mV일 때 출력을 나타내었다.

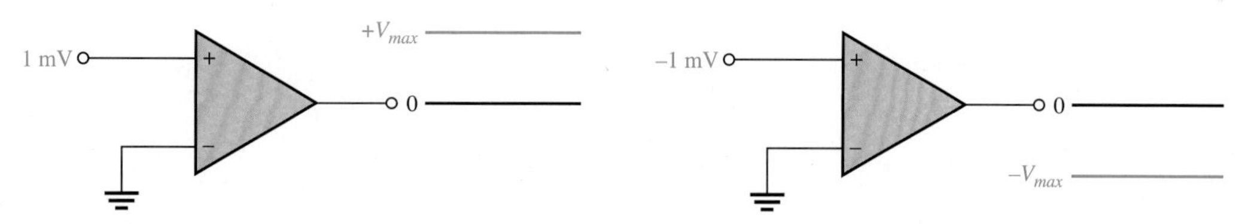

그림 14-19 부궤환이 없다면, 두 입력 전압의 아주 작은 차이라도 연산 증폭기의 출력을 한계값까지 나타내도록 하여 비선형으로 동작하게 한다.

이러한 방식으로 동작하는 연산 증폭기는 비교기(14-8절에서 공부한다)와 같은 것에 응용되며 다른 곳에서는 거의 사용하지 않는다. 부궤환을 갖는 연산 증폭기는 전체 폐루프 이득 (A_{cl})이 작아지며 조절할 수 있기 때문에 선형 증폭기로 사용할 수 있다. 부궤환을 통해 안정되고 조절 가능한 전압 이득을 얻을 수 있는 것 이외에 입력 및 출력 임피던스와 증폭기의 대역폭도 조절할 수 있다. 표 14-2는 연산 증폭기 성능에 미치는 부궤환의 일반적인 효과를 요약하였다.

표 14-2

	전압 이득	입력 임피던스	출력 임피던스	대역폭
부궤환이 없는 경우	A_{ol}이 너무 커서 선형 증폭기로 사용할 수 없음	상대적으로 높음 (표 14-1 참고)	상대적으로 낮음	상대적으로 좁음 (이득이 너무 크므로)
부궤환이 있는 경우	궤환 회로를 통해 A_{cl}을 원하는 값으로 설정할 수 있음	회로의 유형에 따라 원하는 값으로 증감시킬 수 있음	원하는 값으로 낮출 수 있음	아주 넓음

연산 증폭기는 일부 RF 시스템에 사용될 수 있으며, 물론 고속 디바이스이어야 한다. RF 회로에서 기존의 개별 부품을 연산 증폭기로 교체할 때는 몇 가지 장점과 한 가지 중요한 단점이 발생한다. 주요 단점은 가격이다. 몇십 원밖에 안하는 트랜지스터가 수천 원에 달하는 IC로 교체되기 때문이다. 이것은 대량 생산에서는 타당하지 않을 수 있지만, 고성능 RF 장비에서는 연산 증폭기를 사용하는 것이 의미가 있다.

연산 증폭기를 이용한 회로 설계는 기존의 개별 부품을 사용할 때보다 유연성이 있다. 개별 트랜지스터를 사용할 때는 디바이스의 바이어스와 동작점이 증폭단의 이득과 세부조정에 영향을 끼친다. 연산 증폭기의 바이어스를 위해서는 단순히 적절한 전원 전압을 연결하기만 하면 되며, 이 바이어스는 증폭단의 이득과 세부조정에 영향을 주지 않는다. 또한, 연산 증폭기는 열(熱)에 보다 안정적이며, 시스템의 동작 온도 범위에서 "드리프트"가 적다.

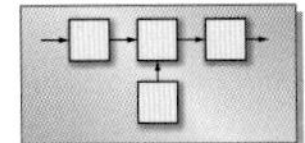

시스템 노트

14-4절 복습 문제

1. 연산 증폭기 회로에서 부궤환의 장점은 무엇인가?
2. 연산 증폭기의 이득을 개루프 이득보다 작게 하는 것이 왜 필요한가?
3. 부궤환을 갖는 연산 증폭기 회로의 고장진단 시에 두 입력 단자의 값은 어떻게 관찰되어야 하는가?

14-5 부궤환 연산 증폭기 구조

이 절에서는 이득을 안정화시키고 주파수 응답 특성을 향상시키기 위하여 부궤환을 사용하는 3가지 기본적인 연산 증폭기 구성방법을 논의한다. 앞에서 언급한 것과 같이, 연산 증폭기의 매우 큰 개루프 이득은 불안정한 상황을 만들 수 있는데, 그 이유는 입력단에 인가된 작은 잡음 신호가 증폭되어 연산 증폭기의 동작이 선형구간을 벗어나도록 할 수 있다. 또한 원하지 않는 오실레이션(oscillation)도 발생할 수 있다. 그리고 개루프 이득값은 연산 증폭기 소자마다 많은 차이를 보일 수 있다. 부궤환은 출력신호의 일부를 위상이 차이가 나도록 하여 다시 입력으로 인가하므로 실질적으로 이득을 감소시키는 역할을 수행한다. 이러한 폐루프 이득은 보통 개루프 이득보다 아주 작은 값이며, 개루프 이득과 무관하다.

이 절을 마친 후 다음을 할 수 있어야 한다.

- 세 가지 연산 증폭기 구조를 분석한다.
- 비반전 증폭기 구조를 이해한다.
- 비반전 증폭기의 전압 이득을 결정한다.
- 전압 폴로어 구조를 이해한다.
- 반전 증폭기 구조를 이해한다.
- 반전 증폭기의 전압 이득을 결정한다.

폐루프 전압 이득

폐루프 전압 이득(closed-loop voltage gain, A_{cl})은 부궤환을 가지는 연산 증폭기의 전압 이득이다. 증폭기의 구조는 연산 증폭기와 외부의 궤환 회로로 이루어지며, 연산 증폭기의 출력과 반전 입력이 궤환 회로에 의해 연결된다. 폐루프 전압 이득은 궤환 회로의 소자 값에 의해 결정되며, 소자 값을 변경함으로 조절할 수 있다.

비반전 증폭기

그림 14-20에는 **비반전 증폭기(noninverting amplifier)**로 불리는 연산 증폭기 폐루프 회로를 보였다. 입력 신호는 비반전 (+) 입력 단자에 인가된다. 출력의 일부는 궤환 회로를 통하여 반전 (−) 입력으로 되먹임된다. 이것이 바로 부궤환이다. 궤환 비율 B는 출력이 반전 입력단자로 되돌아가는 부분의 크기이며, 앞으로 알게 될 증폭기의 이득을 결정하는 값이다. 이 궤환 전압, V_f는 다음과 같이 표현된다.

$$V_f = BV_{out}$$

연산 증폭기의 입력 단자들 사이의 차동 전압 V_{diff}는 그림 14-21에 나타낸 것과 같으며, 다음과 같이 표현된다.

$$V_{diff} = V_{in} - V_f$$

이 차동 입력 전압은 매우 큰 개루프 이득, A_{ol}과 부궤환으로 인해 매우 작은 값으로 된다. 따라서, 다음과 같이 근사할 수 있다.

$$V_{in} \cong V_f$$

위 식에서 V_f를 치환하면,

$$V_{in} \cong BV_{out}$$

다시 정리하면,

$$\frac{V_{out}}{V_{in}} \cong \frac{1}{B}$$

입력 전압에 대한 출력 전압의 비율이 폐루프 이득이 된다. 이 결과는 비반전 증폭기의 폐루프 이득, $A_{cl(\mathrm{NI})}$은 근사적으로 다음과 같다.

$$A_{cl(\mathrm{NI})} = \frac{V_{out}}{V_{in}} \cong \frac{1}{B}$$

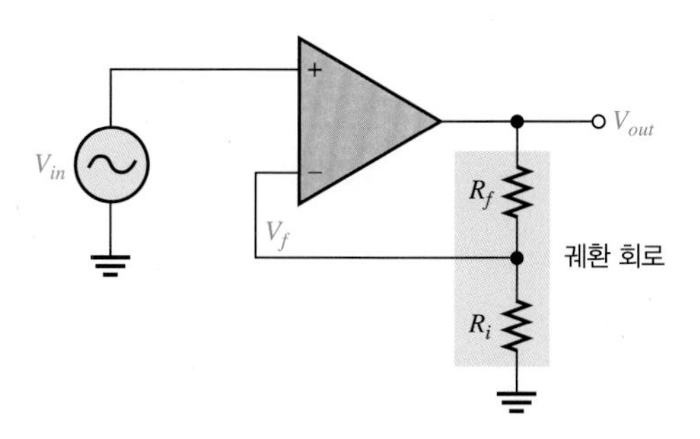

그림 14-20 비반전 증폭기

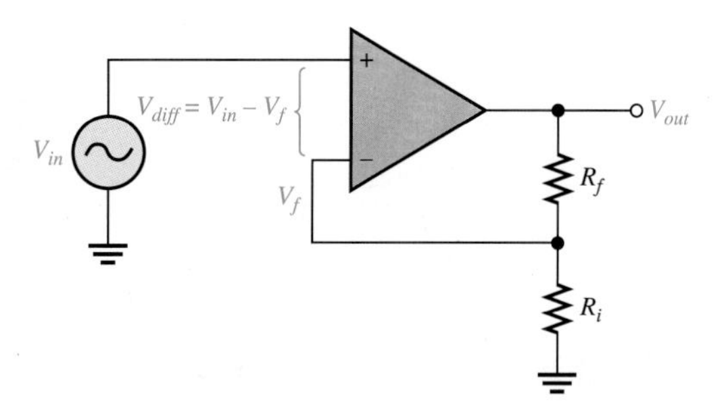

그림 14-21 차동 입력, $V_{in} - V_f$

궤환되는 양은 전압 분배 회로로부터 R_i와 R_f에 의해 결정된다. 출력 전압 V_{out}의 일부가 반전 입력 단자로 되돌아가며, 궤환회로에 전압 분배식을 적용하여 구할 수 있다.

$$V_{in} \cong BV_{out} \cong \left(\frac{R_i}{R_i + R_f}\right)V_{out}$$

정리하면,

$$\frac{V_{out}}{V_{in}} = \left(\frac{R_i + R_f}{R_i}\right)$$

위 식으로부터 다음과 같은 관계식을 구할 수 있다.

$$A_{cl(\mathrm{NI})} = \frac{R_f}{R_i} + 1 \tag{14-6}$$

식 14–6에서, 비반전(NI) 증폭기의 폐루프 이득, $A_{cl(\mathrm{NI})}$는 연산 증폭기의 개루프 이득과는 관계가 없고, R_i와 R_f의 값을 선택함으로 결정된다. 이 식은 궤환 저항의 비율에 비해서 개루프 이득이 매우 커서 입력 차동 전압 V_{diff}이 매우 작다는 가정에 근거하고 있다. 거의 모든 실제 회로에서 잘 성립하는 훌륭한 가정이다.

드물게 좀 더 정확한 관계식이 필요한 경우에는 출력 전압이 다음과 같이 표현될 수 있다.

$$V_{out} = V_{in}\left(\frac{A_{ol}}{1 + A_{ol}B}\right)$$

다음 공식은 폐루프 이득의 정확한 해를 나타낸다.

$$A_{cl(\mathrm{NI})} = \frac{V_{out}}{V_{in}} = \left(\frac{A_{ol}}{1 + A_{ol}B}\right)$$

예제 14–5

그림 14–22에서 증폭기의 폐루프 전압 이득을 구하시오.

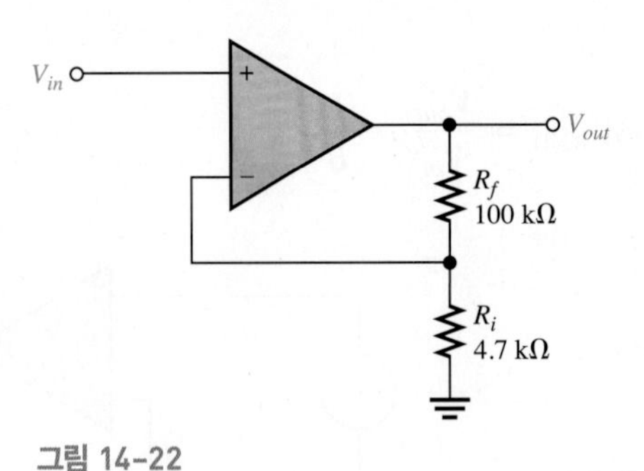

그림 14–22

풀이

이 회로는 비반전 연산 증폭기 구조이다. 따라서 폐루프 전압 이득은

$$A_{cl(NI)} = \frac{R_f}{R_i} + 1 = \frac{100\ \text{k}\Omega}{4.7\ k\Omega} + 1 = \mathbf{22.3}$$

관련문제

그림 14-22에서 R_f가 150 kΩ로 증가되면, 폐루프 이득이 어떻게 되겠는가?

전압 폴로어 **전압 폴로어(Voltage-Follower)** 구조는 그림 14-23에 보인 것과 같이 비반전 증폭기의 특수한 경우로, 모든 출력 전압이 반전 입력단으로 직접 연결되어 궤환된다. 직접 궤환 연결은 전압 이득이 거의 1이 됨을 알 수 있다. 비반전 증폭기의 폐루프 전압 이득은 앞에서 유도한 것과 같이 $1/B$이다. 이 경우는 $B = 1$이므로, 전압 폴로어의 폐루프 이득은 다음과 같다.

$$A_{cl(VF)} = 1 \tag{14-7}$$

전압 폴로어 구조의 가장 중요한 특징은 매우 높은 입력 임피던스와 매우 낮은 출력 임피던스이다. 이러한 특성으로 높은 임피던스를 가지는 소스와 낮은 임피던스를 가지는 부하를 연결해 주는 거의 이상적인 버퍼(buffer) 증폭기로 활용될 수 있다. 이것에 관하여 다음 14-6절에서 좀 더 설명하기로 한다.

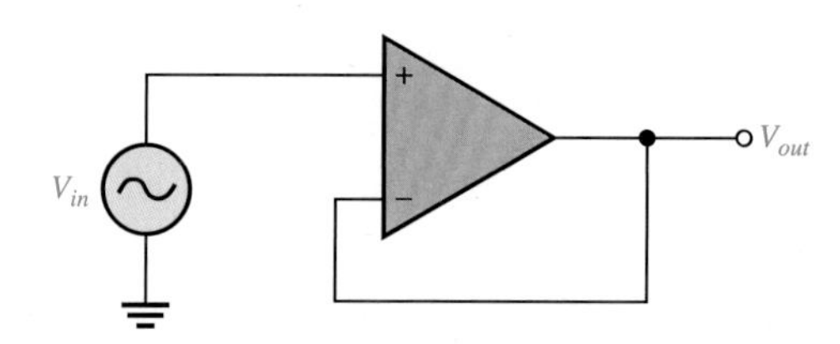

그림 14-23 연산 증폭기 전압 폴로어

반전 증폭기

전압 이득 조절이 가능한 **반전 증폭기(inverting amplifier)** 구조의 연산 증폭기 회로를 그림 14-24에 보였다. 입력 신호는 직렬 입력 저항(R_i)를 통해 반전 입력에 인가된다. 또한 출력은 R_f를 통하여 반전 입력으로 궤환된다. 비반전 입력은 접지되어 있다.

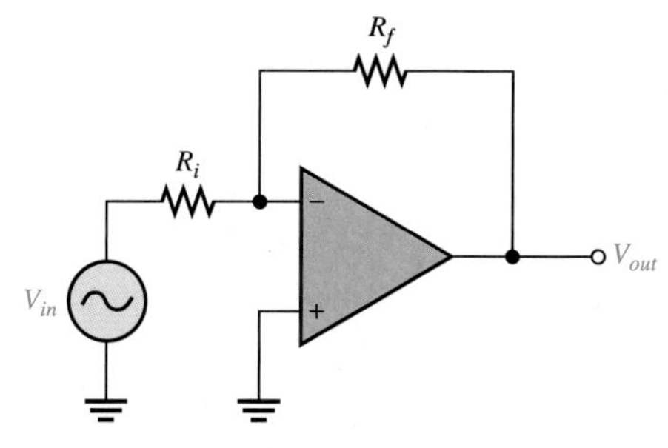

그림 14-24 반전 증폭기

앞에서 언급한 이상적인 연산 증폭기 파라미터가 이 회로의 해석을 간략하게 하는 데 유용하다. 특히 무한대의 입력 임피던스라는 개념이 중요하며, 반전 입력으로부터 나오는 전류가 없다는 것을 의미한다. 입력 임피던스를 통해 흐르는 전류가 없다면, 반전 입력과 비반전 입력 사이에 전압 강하가 없어야 한다. 따라서 비반전 (+) 입력이 접지되어 있으므로, 반전(−) 입력의 전압은 0이 됨을 의미

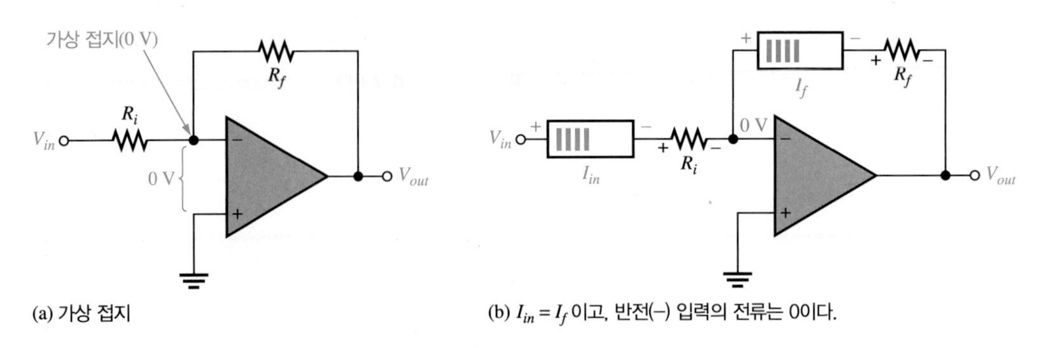

(a) 가상 접지

(b) $I_{in} = I_f$ 이고, 반전(−) 입력의 전류는 0이다.

그림 14–25 가상 접지 개념과 반전 증폭기의 폐루프 전압 이득

한다. 반전 입력 단자의 제로(0) 전압을 **가상 접지**(*virtual ground*)라고 한다. 그림 14–25(a)에 가상 접지를 설명하였다.

반전 입력에 전류가 없으므로, R_i를 통해 흐르는 전류와 R_f를 통해 흐르는 전류는 그림 14–25(b)에 나타낸 것과 같이 서로 같다.

$$I_{in} = I_f$$

저항 R_i의 한쪽은 가상 접지이므로, R_i에 걸리는 전압은 V_{in}이다. 따라서,

$$I_{in} = \frac{V_{in}}{R_i}$$

또한, 가상 접지를 고려하면, R_f에 걸리는 전압은 $-V_{out}$이 된다. 따라서,

$$I_f = \frac{-V_{out}}{R_f}$$

$I_f = I_{in}$ 이므로,

$$\frac{-V_{out}}{R_f} = \frac{V_{in}}{R_i}$$

항들을 정리하면,

$$\frac{V_{out}}{V_{in}} = -\frac{R_f}{R_i}$$

물론, V_{out} / V_{in}은 반전 증폭기의 총 이득이다.

$$A_{cl(\mathrm{I})} = -\frac{R_f}{R_i} \qquad \textbf{(14–8)}$$

식 14–8은 반전 증폭기의 폐루프 전압 이득 $A_{cl(\mathrm{I})}$이 입력 저항 R_i에 대한 궤환 저항 R_f의 비율이라는 것을 보여준다. **폐루프 이득은 연산 증폭기의 내부 개루프 이득과는 무관하다.** 이처럼 부궤환은 전압 이득을 안정화시키게 된다. 음의 부호는 신호가 반전됨을 의미한다.

예제 14-6

그림 14–26과 같은 연산 증폭기 구조에서, 폐루프 전압 이득이 −100이 되도록 R_f의 값을 구하시오.

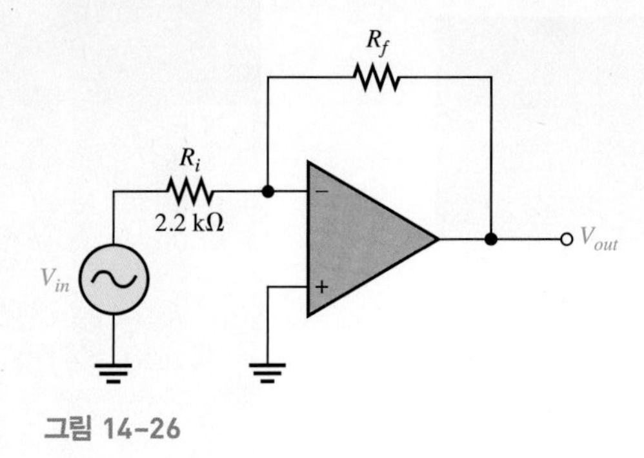

그림 14–26

풀이

$R_i = 2.2\ \text{k}\Omega$이고, $A_{cl(\text{I})} = -100$을 알고 있으므로, R_f는 다음과 같이 계산된다.

$$A_{cl(\text{I})} = -\frac{R_f}{R_i}$$

$$R_f = -A_{cl(\text{I})}R_i = -(-100)(2.2\ \text{k}\Omega) = \mathbf{220\ k\Omega}$$

관련문제

(a) 그림 14–26에서 R_i가 2.7 kΩ으로 바뀌었다면, 폐루프 전압 이득 −25가 되도록 하는 R_f의 값을 구하시오.

(b) 만약 R_f가 고장이 나서 개방되었다면, 출력이 어떻게 될 것으로 예상되는가?

시스템 예제 14-1

분광 광도계

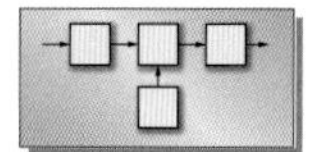

임상병리 실험실에는, 파장 영역에 대해 얼마만큼의 빛이 흡수되는지를 결정하여 용액에 들어 있는 화학성분을 분석하는 데 사용하는 분광 광도계(spectrophotometer)라는 기구가 사용되고 있다. 연산 증폭기 회로는 광전지(photocell)의 출력을 증폭하는 데 사용되어, 그 신호는 프로세서와 표시장치에 전송된다. 모든 화학물질과 화학혼합물은 빛을 흡수하는 정도의 차이가 있으므로, 분광 광도계의 출력은 용액의 성분을 정확하게 알아내는 데 사용될 수 있다. 또한 분광 광도법은 (유리와 같은) 투명하거나 불투명한 고체, 또는 가스 등에도 사용될 수 있다.

이러한 형태의 시스템은 많은 다른 분야에서와 마찬가지로 임상병리실에서 보편적이다. 특정한 기능을 수행하기 위해 기계 또는 광학 시스템과 같은 다른 유형과 인터페이스하는 전자 회로가 내장된 혼합 시스템의 예라고 할 수 있다. 산업체에서 근무하는 기술자(기사) 또는 전문기술자는 여러 다른 유형의 혼합 시스템을 다루며 일하는 경우가 많다.

분광 광도계 시스템의 간단한 설명

그림 14–27에 나타낸 광원은 광범위의 파장 스펙트럼을 가진 가시광선 빔(beam)을 만든다. 그림에 나타낸 것과 같이 빛은 프리즘에 의해서 각 파장별로 서로 다른 각도로 굴절된다. 피봇 각도 제어기(pivot angle controller)에 설정된 플랫폼의 각도에 따라서, 특정한 파장을 가진 빛이 가는 슬릿을 통과하게 되어 분석하고자 하는 용액에 투사된다. 광원과 프리즘을 미세하게 조절하면, 특정한 파장을 가진 빛만

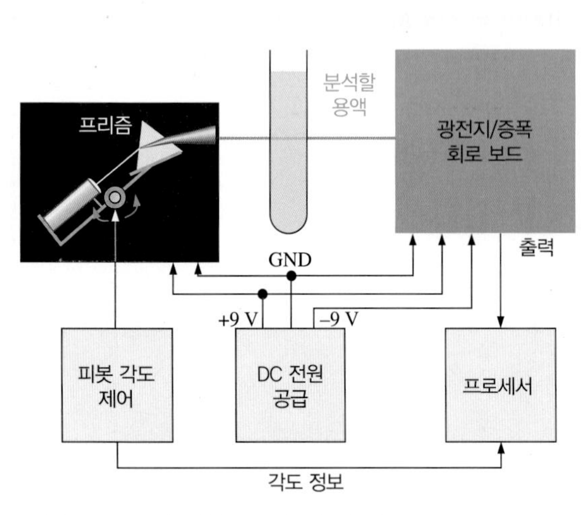

그림 14-27 간단한 분광 광도계 시스템

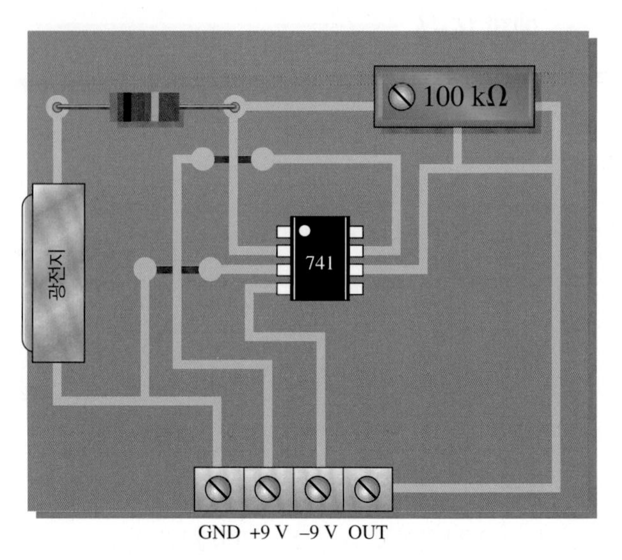

그림 14-28 광전지/증폭기 PCB 레이아웃

전송할 수 있다. 모든 화학물질과 화학혼합물은 파장이 다른 빛에 대하여 다르게 흡수하므로, 용액을 통과하여 나오는 빛은 용액 내의 화학물질을 결정하는 데 사용할 수 있는 고유의 "특징"을 가지고 있다.

광전지는 빛의 세기와 파장에 비례하는 전압을 발생시킨다. 연산 증폭기 회로는 광전지 출력을 증폭하여 그 신호를 처리하여 표시하는 유닛으로 전송하고, 용액 내의 화학 물질을 판별하게 된다. 본 시스템 예제에서는 광전지/증폭 회로 보드에 중점을 두고 있다. 이 회로에 대한 인쇄 기판 보드 레이아웃이 그림 14-28에 나타나 있다.

LM741 연산 증폭기의 핀 배치도는 데이터시트를 참조하기 바란다. PCB의 연결선을 주의깊게 따라가면 이것은 반전 증폭기임을 알 수 있다. 이 연산 증폭기는 표면 실장 SO-8 패키지에 내장되어 있다. 보드 뒷면에 있는 두 개의 연결선은 어두운 색으로 표시되어 있음에 주의한다. 부품이 연결되어 있는 패드(pad)는 보드의 양쪽이 연결되어 있는 피드스루(feed-through)를 나타낸다. 가변저항은 기준 용액을 사용하여 시스템을 캘리브레이션하는 데 사용된다.

시스템의 광원은 가시광선의 보라색에서 빨강색의 거의 전 영역에 해당하는 400 nm에서 700 nm 범위의 파장을 가진 빛을 생성한다. 광전지 응답 특성 곡선은 그림 14-29에 나타내었다. 광전지로부터 증폭된 신호와 피봇 각도 제어기의 정보를 사용하여 프로세서가 시험 중인 용액의 유형을 판별한다.

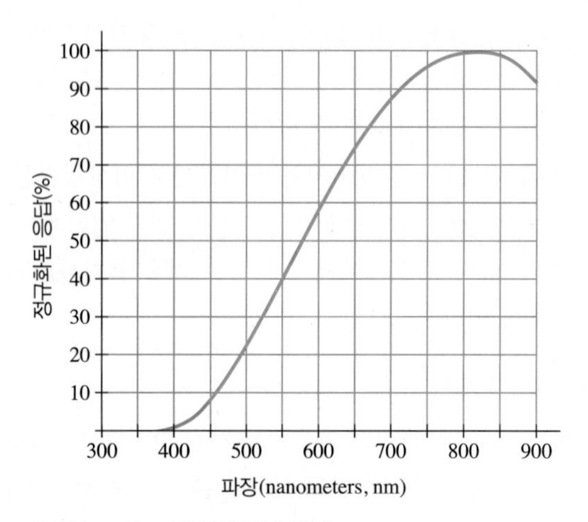

그림 14-29 광전지 응답 곡선

14-5절 복습 문제

1. 부궤환의 주된 목적은 무엇인가?
2. 이 절에서 설명한 연산 증폭기 구조들의 폐루프 전압 이득은 연산 증폭기 내부 개루프 이득에 의해 결정된다. (O/X)
3. 비반전 증폭기 구조의 부궤환 회로의 감쇠가 0.02이다. 증폭기의 폐루프 이득은 얼마인가?
4. 그림 14–28의 인쇄기판회로에서, 100 kΩ의 가변저항이 중간 지점으로 설정되었다면, 증폭기의 이득은 얼마인가?

14-6 연산 증폭기 임피던스와 노이즈

이 절에서는 부궤환이 연산 증폭기의 입력 및 출력 임피던스에 어떻게 영향을 미치는지를 설명한다. 반전 및 비반전 증폭기에서의 영향에 대해 살펴본다.

이 절을 마친 후 다음을 할 수 있어야 한다.

- 세 가지 연산 증폭기 구조의 임피던스를 설명한다.
- 비반전 증폭기의 입력 및 출력 임피던스를 결정한다.
- 전압 폴로어의 입력 및 출력 임피던스를 결정한다.
- 반전 증폭기의 입력 및 출력 임피던스를 결정한다.

비반전 증폭기의 입력 임피던스

부궤환은 궤환 전압 V_f이 입력 전압 V_{in}과 거의 동일하도록 만드는 것을 상기하자. 입력과 궤환 전압의 차이 V_{diff}는 거의 0이며, 이상적으로 그렇게 가정할 수 있다. 이 가정은 또한 연산 증폭기의 입력 신호 전류가 0이라는 것을 암시한다. 입력 임피던스는 입력 전류에 대한 입력 전압의 비율이므로, 비반전 증폭기의 입력 임피던스는 다음과 같다.

$$Z_{in} = \frac{V_{in}}{I_{in}} \cong \frac{V_{in}}{0} = \text{infinity}\ (\infty)$$

이것은 많은 실제 회로에 대하여 동작을 이해하는 데 좋은 가정이다. 더 정확한 해석을 위해서는 입력 신호 전류가 0이 아니라는 사실을 고려하여야 한다.

비반전 연산 증폭기의 정확한 입력 임피던스는 그림 14–30을 사용하여 유도할 수 있다. 여기서는 두 입력 사이에 작은 차동 전압, V_{diff}가 그림에 표시된 것과 같이 존재한다고 가정한다. 이것은 연산 증폭기의 입력 임피던스가 무한대이거나 입력 전류가 0이라고 가정할 수 없음을 의미하는 것이다. 입력 전압은 다음과 같다.

$$V_{in} = V_{diff} + V_f$$

V_f를 BV_{out}으로 교체하면 다음과 같다.

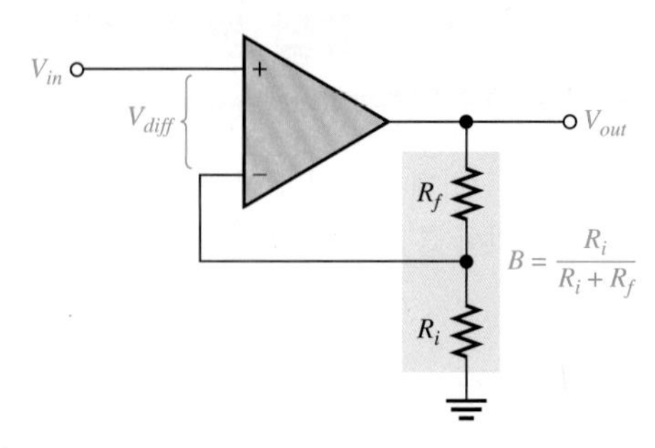

그림 14-30

$$V_{in} = V_{diff} + BV_{out}$$

$V_{out} \cong A_{ol}V_{diff}$이므로($A_{ol}$은 연산 증폭기의 개루프 이득이다)

$$V_{in} = V_{diff} + A_{ol}BV_{diff} = (1 + A_{ol}B)\, V_{diff}$$

이고, $V_{diff} = I_{in}Z_{in}$이므로,

$$V_{in} = (1 + A_{ol}B)\, I_{in}Z_{in}$$

이며, Z_{in}은 연산 증폭기의 개루프 입력 임피던스(궤환 연결이 없는 경우)이다.

$$\frac{V_{in}}{I_{in}} = (1 + A_{ol}B)Z_{in}$$

V_{in} / I_{in}은 폐루프 비반전 구조의 총 입력 임피던스이다.

$$Z_{in(\text{NI})} = (1 + A_{ol}B)Z_{in} \tag{14-9}$$

이 식은 부궤환을 가진 연산 증폭기 구조의 입력 임피던스가 연산 증폭기 자체의 입력 임피던스(궤환이 없는 경우)보다 매우 크다는 것을 보여준다.

비반전 증폭기의 출력 임피던스

부궤환은 입력 임피던스뿐만 아니라, 연산 증폭기의 출력 임피던스에 대해서도 장점을 가진다. 궤환이 없는 증폭기의 출력 임피던스는 상대적으로 작다. 궤환이 있을 경우에는 출력 임피던스가 더욱 작아지게 된다. 많은 경우에, 궤환이 있는 증폭기의 출력 임피던스가 0이라는 가정은 충분히 정확하다. 즉,

$$Z_{out(\text{NI})} \cong 0$$

궤환이 있는 경우의 출력 임피던스를 계산하는 정확한 해석은 그림 14-31을 사용하여 가능하다. 출력 회로에 대하여 키르히호프의 법칙을 적용하면 다음과 같다.

$$V_{out} = A_{ol}V_{diff} - Z_{out}I_{out}$$

차동 입력 전압은 $V_{in} - V_f$이며, $A_{ol}V_{diff} \gg Z_{out}I_{out}$을 가정하면, 출력 전압은 다음과 같이 표현된다.

$$V_{out} \cong A_{ol}(V_{in} - V_f)$$

V_f대신 BV_{out}으로 대체하면,

$$V_{out} \cong A_{ol}(V_{in} - BV_{out})$$

으로 표현되며, B는 부궤환 회로의 감쇠율이다. 식을 전개하고, 공통인수를 모아 정리하면,

$$A_{ol}V_{in} \cong V_{out} + A_{ol}BV_{out} = (1 + A_{ol}B)V_{out}$$

비반전 구조의 출력 임피던스는 $Z_{out(NI)} = V_{out} / I_{out}$이므로, V_{out}을 $I_{out}Z_{out(NI)}$으로 대체할 수 있다. 따라서,

$$A_{ol}V_{in} = (1 + A_{ol}B)I_{out}Z_{out(NI)}$$

위 식의 양변을 I_{out}으로 나누면 다음과 같은 식을 얻을 수 있다.

$$\frac{A_{ol}V_{in}}{I_{out}} = (1 + A_{ol}B)Z_{out(NI)}$$

궤환이 없는 경우에는 $A_{ol}V_{in} = V_{out}$이므로, 좌변은 연산 증폭기의 내부 출력 임피던스(Z_{out})이다. 따라서,

$$Z_{out} = (1 + A_{ol}B)Z_{out(NI)}$$

이 성립하므로 다음과 같은 관계가 된다.

$$Z_{out(NI)} = \frac{Z_{out}}{1 + A_{ol}B} \quad (14\text{–}10)$$

이 식은 부궤환을 가진 연산 증폭기 구조의 출력 임피던스가 연산 증폭기 자체의 출력 임피던스(궤환이 없는 경우)보다 $1 + A_{ol}B$로 나누어지므로, 매우 작다는 것을 보여준다.

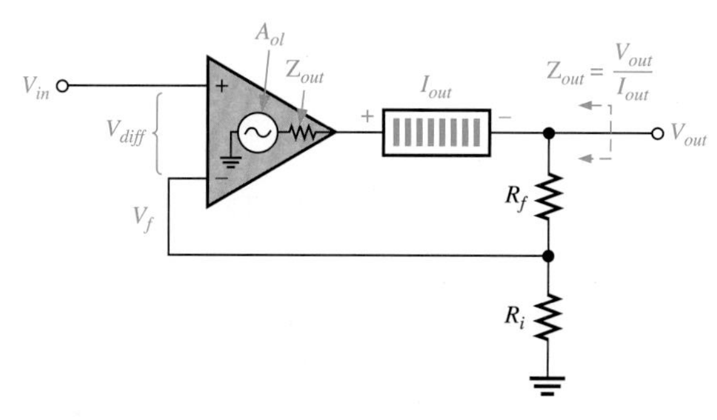

그림 14-31

예제 14-7

(a) 그림 14-32에 보인 증폭기의 입력 및 출력 임피던스를 구하시오. 연산 증폭기 데이터시트에서 파라미터는 Z_{in} 2 MΩ, Z_{out} 75 Ω이고, A_{ol} 200,000이다.

(b) 폐루프 전압 이득을 구하시오.

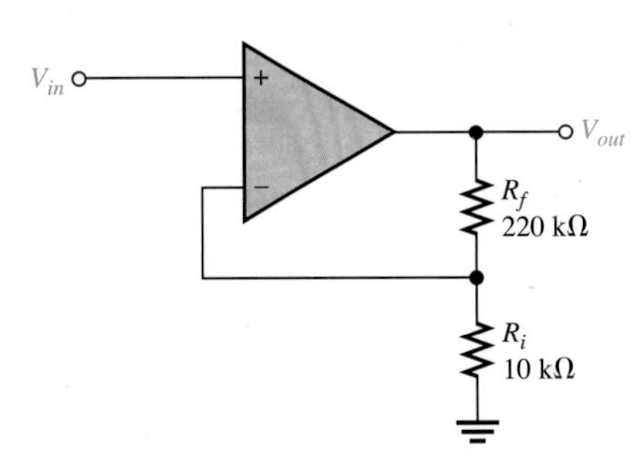

그림 14-32

풀이

(a) 궤환 회로의 감쇠율 B,는

$$B = \frac{R_i}{R_i + R_f} = \frac{10\,\text{k}\Omega}{230\,\text{k}\Omega} = 0.0435$$

$$Z_{in(\text{NI})} = (1 + A_{ol}B)Z_{in} = [1 + (200{,}000)(0.0435)](2\,\text{M}\Omega)$$

$$= (1 + 8700)(2\,\text{M}\Omega) = 17{,}402\,\text{M}\Omega = \mathbf{17.4\,G\Omega}$$

$$Z_{out(\text{NI})} = \frac{Z_{out}}{1 + A_{ol}B} = \frac{75\,\Omega}{1 + 8700} = 0.0086\,\Omega = \mathbf{8.6\,m\Omega}$$

(b) $A_{cl(\text{NI})} = \dfrac{1}{B} = \dfrac{1}{0.0435} \cong \mathbf{23}$

관련문제

(a) 그림 14-32에 있는 연산 증폭기의 파라미터는 Z_{in} 3.5 MΩ, Z_{out} 82 Ω이고, A_{ol} 135,000일 때, 증폭기의 입력 및 출력 임피던스를 구하시오.

(b) A_{cl}을 구하시오.

전압 폴로어 임피던스

전압 폴로어는 비반전 구조의 특별한 경우이므로, $B = 1$로 하여 같은 임피던스 공식을 사용할 수 있다.

$$Z_{in(\text{VF})} = (1 + A_{ol})Z_{in} \tag{14-11}$$

$$Z_{out(\text{VF})} = \frac{Z_{out}}{1 + A_{ol}} \tag{14-12}$$

주어진 A_{ol}과 Z_{in}에 대하여, 전압 분배 궤환 회로를 가진 비반전 구조보다 전압 폴로어의 입력 임피던스가 더 크다. 또한 비반전 구조의 B는 대체적으로 1보다 훨씬 작은 값이므로, 전압 폴로어의 출력 임피던스는 비반전 구조보다 더욱 작다.

예제 14-8

예제 14-7에 사용된 것과 같은 연산 증폭기를 전압 폴로어로 구조로 만들었다. 입력 및 출력 임피던스를 구하시오.

풀이

$B = 1$이므로,

$$Z_{in(\mathrm{VF})} = (1 + A_{ol})Z_{in} = (1 + 200{,}000)(2\ \mathrm{M\Omega}) = \mathbf{400\ G\Omega}$$

$$Z_{out(\mathrm{VF})} = \frac{Z_{out}}{1 + A_{ol}} = \frac{75\Omega}{1 + 200{,}000} = \mathbf{375\ \mu\Omega}$$

예제 14-7의 결과와 비교하여, $Z_{in(\mathrm{VF})}$는 $Z_{in(\mathrm{NI})}$보다 매우 크고, $Z_{out(\mathrm{VF})}$는 $Z_{out(\mathrm{NI})}$보다 매우 작음에 주목한다.

관련문제

이 예제에서 사용한 연산 증폭기가 더 큰 개루프 이득을 가진 것으로 교체된다면, 입력 및 출력 임피던스는 어떻게 되겠는가?

반전 증폭기의 임피던스

반전 증폭기의 입력 및 출력 임피던스는 그림 14-33을 사용하여 구할 수 있다. 입력 신호와 부궤환이 저항을 통해 반전 입력 단자에 인가되고 있음을 보여주고 있다.

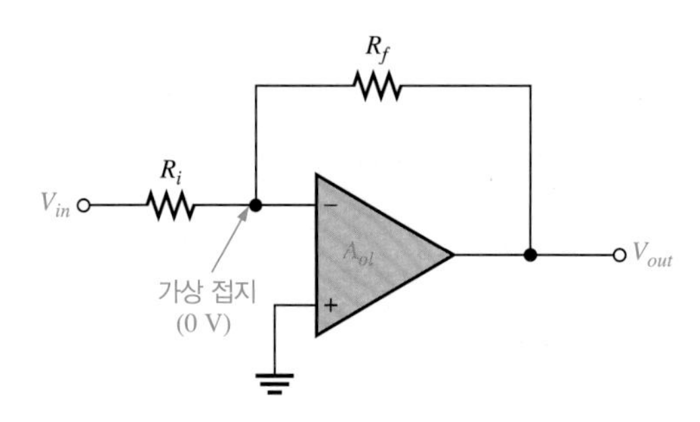

그림 14-33 반전 증폭기

입력 임피던스 반전 증폭기의 입력 임피던스는 다음과 같다.

$$Z_{in(\mathrm{I})} \cong R_i \qquad (14\text{-}13)$$

연산 증폭기의 반전 입력 단자가 가상 접지 (0 V)이므로, 그림 14-34에 나타낸 것과 같이 입력 소스는 R_i가 접지에 연결되어 있는 것으로 보게 된다.

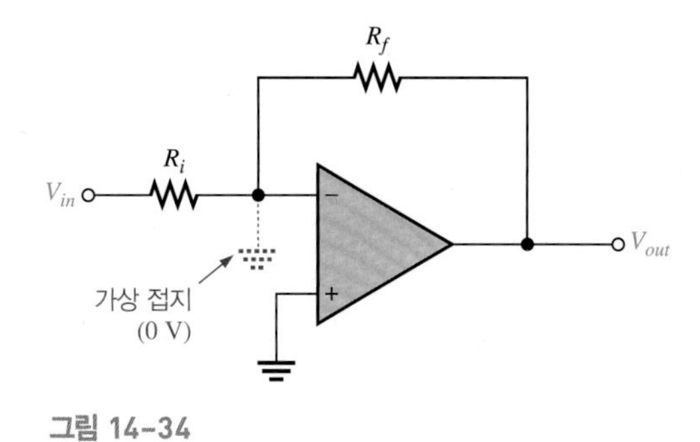

그림 14-34

출력 임피던스 비반전 증폭기와 마찬가지로, 반전 증폭기의 출력 임피던스는 부궤환에 의해 작아지게 된다. 사실 비반전 증폭기의 경우와 같은 표현식으로 나타난다.

$$Z_{out(I)} \cong \frac{Z_{out}}{1 + A_{ol}B} \tag{14-14}$$

비반전 및 반전 구조 모두 출력 임피던스는 매우 작다. 사실 실제적 경우에 거의 0이다. 이렇게 거의 0에 가까운 출력 임피던스를 가지므로, 연산 증폭기의 출력단에 연결될 수 있는 부하의 임피던스는 매우 다양하며, 출력 전압을 거의 변경시키지 않는다.

예제 14-9

그림 14–35에 보인 증폭기의 입력 및 출력 임피던스와 폐루프 전압 이득을 구하시오. 연산 증폭기는 다음과 같은 파라미터를 가지고 있다. $A_{ol} = 50{,}000$; $Z_{in} = 4\ \text{M}\Omega$, $Z_{out} = 50\ \Omega$.

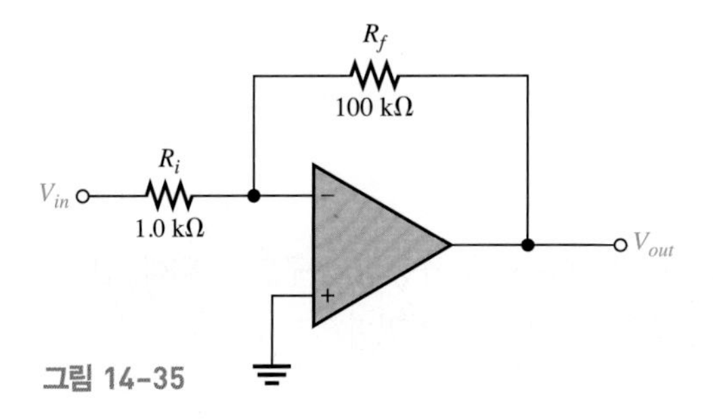

그림 14-35

풀이

$$Z_{in(I)} \cong R_i = \mathbf{1.0\ k\Omega}$$

궤환 회로의 감쇠율, B는

$$B = \frac{R_i}{R_i + R_f} = \frac{1.0\ \text{k}\Omega}{101\ \text{k}\Omega} = 0.0099$$

$$Z_{out(I)} = \frac{Z_{out}}{1 + A_{ol}B} = \frac{50\ \Omega}{1 + (50{,}000)(0.0099)} = \mathbf{101\ m\Omega}$$ (실제의 경우 거의 0으로 본다)

$$A_{cl(I)} = -\frac{R_f}{R_i} = -\frac{100\ \text{k}\Omega}{1.0\ \text{k}\Omega} = \mathbf{-100}$$

관련문제

그림 14–35에 보인 증폭기의 입력 및 출력 임피던스와 폐루프 전압 이득을 구하시오. 연산 증폭기는 다음과 같은 파라미터를 가지고 있다. $A_{ol} = 100{,}000$; $Z_{in} = 5\ \text{M}\Omega$, $Z_{out} = 75\ \Omega$, $R_i = 560\ \Omega$, $R_f = 82\ \text{k}\Omega$

시스템 예제 14-2

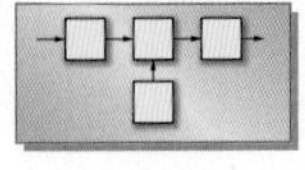

양방향 무전기와 같은 통신 시스템은 일반적으로 10 MHz보다 더 큰 주파수에서 동작하며, 대부분의 범용 연산 증폭기가 동작하기 어려운 높은 주파수이다. RF 및 IF 주파수를 위해 특별한 고주파 전압 궤환 연산 증폭기가 있지만, 약 10 MHz부터 주파수가 커질수록 효율이 떨어지기 시작한다(전류

궤환 증폭기는 더 높은 주파수에서 동작이 가능하다). FM 수신기와 같은 시스템에서는 무선 주파수를 처리하기 위해 더 낮은 IF(중간 주파수)로 변환한다. FM 방송 수신기는 88 MHz에서 108 MHz에서 사용하도록 설계되고, 전통적으로 10.7 MHz를 첫 번째 중간 주파수로 사용한다. 이것은 고주파용 연산 증폭기를 사용하여 처리할 수 있기 때문이다(또한 더 낮은 주파수를 가지는 두 번째 중간 주파수를 사용할 수도 있다). 현재 대부분의 시스템은 디지털 처리 기술을 사용하지만, 그런 시스템에서도 중간 주파수는 아날로그 증폭기에 의해 만들어지고 증폭된다. 전통적인 FM 수신기의 프런트 엔드(front end, 중간 주파수 변환부)는 그림 14-36에 있는 블록도와 같다.

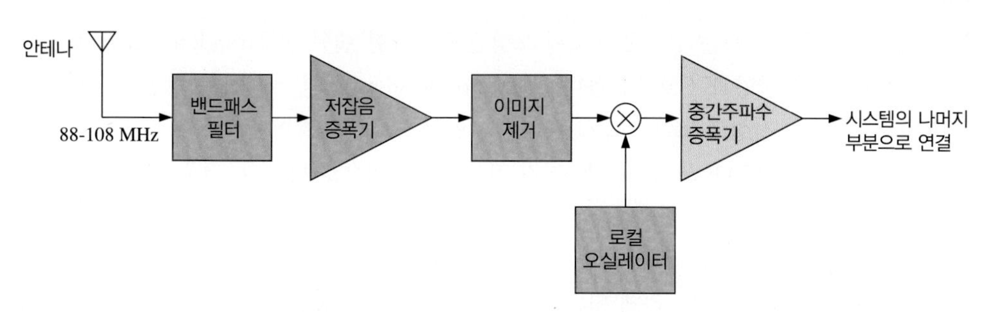

그림 14-36 FM 수신기의 프런트 엔드

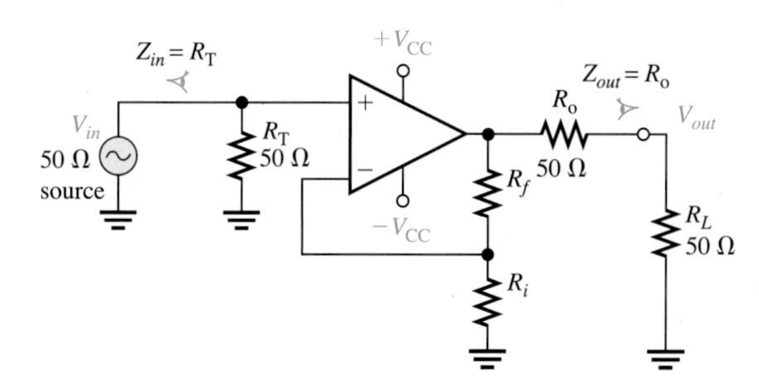

그림 14-37 IC IF 증폭기

그림 14-37는 THS4001과 같은 고주파 연산 증폭기를 사용한 대표적인 아날로그 IF 증폭기를 보여준다. 증폭기를 들여다 보거나 부하쪽에서 증폭기를 되돌아볼 때의 입력 및 출력 임피던스는 소스와 정합(match)되어야 한다. 이 경우에는 그림에서 보듯이 50 Ω으로 정합되어야 한다. 고주파 증폭기에서는 신호를 감쇠시킬 수 있는 반사를 방지하기 위해, 신호를 시스템의 특성 임피던스로 성단(termination, 成端)[1]하는 것이 필요하다. 이를 위해 그림에 나타낸 것과 같이 전통적인 비반전 구조와 입력 및 출력 임피던스를 50 Ω으로 설정하기 위해 특정한 입력 및 출력 저항(R_T와 R_O)을 사용할 수 있다(궤환을 가진 연산 증폭기는 매우 높은 입력 임피던스와 거의 0에 가까운 출력 임피던스를 가지고 있음을 상기하라). 증폭기의 이득은 비반전 증폭기와 같이 R_f와 R_i에 의해 결정된다.

고주파 회로를 다루는 회로 설계자와 기술자는 문제발생을 방지하기 위해 특별한 예방 조치를 기울여야 한다. 고주파 회로와 관련된 하나의 예방조치는 부유 용량 및 전기 유도 현상을 최소화하기 위해 부품 리드(component lead)와 배선을 가능한 한 짧게 유지하는 것을 들 수 있다. 인쇄 기판의 연결선(trace)도 고주파에서는 유도용량(inductance)을 가져 RF 신호를 감쇠시킬 수 있다. 만약 고주파 회로에서 부품을 교체할 때도 자기공진효과(self-resonating effect)를 피하기 위해서 지정된 사양을 만

1 전송계나 전송 기기의 단말은 반사 현상을 피하도록 각각 특성 임피던스에 가까운 임피던스로 종단하여 동작하게 되어 있다. 또 이런 시험은 항상 반사 현상을 수반하지 않도록 종단할 필요가 있다. 이와 같이 전송계와 전송 기기에 큰 반사 현상이 생기지 않도록 특성 임피던스에 가까운 임피던스로 종단하는 것을 성단이라고 한다(전기용어사전, 2011.1.10, 일진사).

족하는 것으로 하여야 한다. 흔히 커패시터는 리드가 없는 세라믹 칩 커패시터가 사용된다. 전원 장치를 포함하는 RF 회로는 전자기 복사 또는 노이즈 문제를 방지하기 위해 엔클로저(enclosure)로 차폐한다. 고주파 회로를 탐침(probing)할 때는 부하 효과(loading effect)에 주의하여 정전 용량이 작은 프로브를 사용하여야 한다.

노이즈

전자공학에서 노이즈(noise)는 전기적 신호에 포함된 불필요한 랜덤 변동(random fluctuation)이다. 연산 증폭기의 노이즈 사양과 신호대잡음비(signal–to–noise ratio)를 계산하는 방법을 알아볼 것이다. 외부 소스로부터의 간섭도 노이즈로 작용하지만, 연산 증폭기 내부에서 발생한 잡음만 연산 증폭기 노이즈 사양에서 고려된다. 노이즈는 두 가지 기본적인 유형으로 나눈다. 저주파에서는 노이즈가 주파수에 반비례하고, 이러한 노이즈를 $1/f$ 노이즈 또는 "분홍색 잡음(pink noise)"이라고 한다. 임계 노이즈 주파수(critical noise frequency, $1/f$ 코너 주파수라고도 함)보다 큰 영역에서 노이즈 레벨이 주파수 스펙트럼상에서 평탄(flat)하게 되는데, 이것을 "백색 잡음(white noise)"이라고 한다. 임계 노이즈 주파수는 연산 증폭기의 성능지수 중 하나이며, 낮은 값일수록 더 좋다.

연산 증폭기의 노이즈

시스템 설계가 친환경적인 것은 저전압, 저전류로 구동되는 회로이다. 동작 전압이 줄어들면, 정확도 요구사항은 증가하여 시스템의 노이즈가 중대한 관심사항이 된다. 노이즈는 원하는 신호의 질적 특성에 영향을 끼치는 불필요한 신호로 정의된다. 이러한 관계를 신호대잡음비라는 비율로 다음과 같이 표현한다.

$$\frac{S_f}{N_f} = \frac{\text{rms signal}}{\text{rms noise}}$$

신호와 잡음에 관한 실제적인 예로 전축을 들어 설명할 수 있다. 만약 음악을 크게 틀어놓고 있으면, 신호(음악)가 시스템 노이즈를 압도하므로, 시스템의 노이즈를 알아차릴 수 없다. 이 경우에는 신호대잡음비가 매우 높다. 이번에는 음악을 멈추고 앰프(증폭기)를 켜 두면, 시스템 노이즈를 들을 수 있게 된다. 이 경우는 신호대잡음비가 매우 낮다. 신호대잡음비는 레코드판과 카세트 테이프 대신에 대부분 CD를 사용하는 이유들 중 하나이다. 레코드판과 카세트 테이프는 CD보다 신호대잡음비가 매우 작다. 대부분 현대의 스테레오 시스템에서 들리는 노이즈는 저장매체에서가 아니라 전자장치로부터 발생한다.

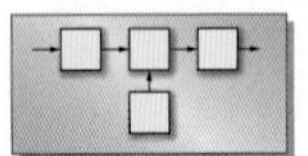

시스템 노트

노이즈의 전력 분포 (power distribution)는 와트/헤르츠 (W/Hz)로 측정한다. 전력은 전압의 제곱에 비례하므로, 노이즈 전압 밀도는 노이즈 전력 밀도의 제곱근으로 구할 수 있으므로, 단위는 $\frac{\text{V}}{\sqrt{\text{Hz}}}$이다. 연산 증폭기에서는 특정한 주파수에서 $\frac{\text{nV}}{\sqrt{\text{Hz}}}$를 단위로 사용한다. 그러나 저잡음 연산 증폭기에서도 분홍색 잡음이 있기 때문에 10 Hz 이하의 $\frac{\mu\text{V}}{\sqrt{\text{Hz}}}$단위 정도의 노이즈가 발생할 수 있다. 백색 잡음은 $\frac{1\text{ nV}}{\sqrt{\text{Hz}}}$에서 $\frac{20\text{ nV}}{\sqrt{\text{Hz}}}$ 또는 그 이상의 범위를 가진다. 쌍극성 연산 증폭기는 JFET 연산 증폭기보다 더 낮은 전압 노이즈를 가지는 경향이 있다. 저잡음 JFET 연산 증폭기를 만들 수는 있지만, 입력 정

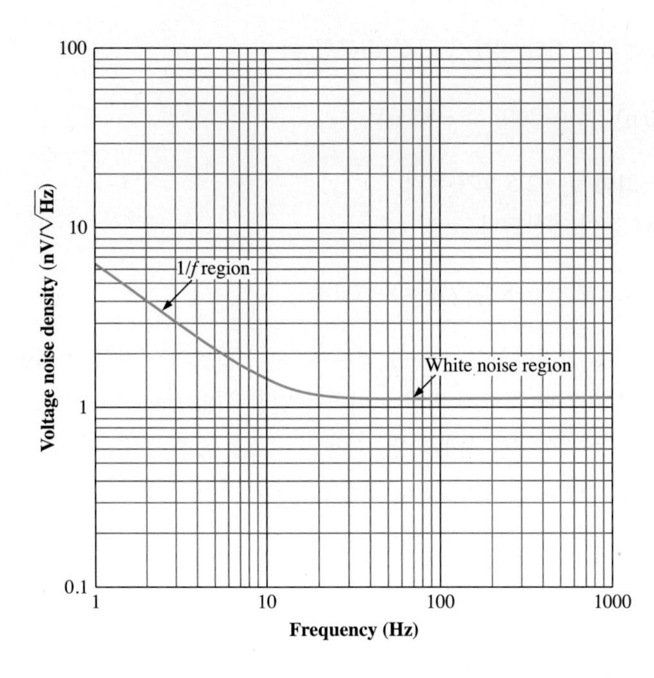

그림 14-38 주파수에 대한 전압 노이즈

전용량이 반대급부로 커지게 되어 대역폭이 제한된다.

그림 14-38에는 저잡음 연산 증폭기의 전압 노이즈 레벨을 그래프로 그렸다. 1 kHz에서 연산 증폭기의 입력 전압 노이즈 밀도는 $\frac{1.1\text{ nV}}{\sqrt{\text{Hz}}}$로 매우 작은 값이다. 그래프에서 알 수 있듯이, 저주파 영역에서는 $1/f$ 노이즈로 인하여 노이즈 밀도가 증가된다.

신호대잡음비의 계산

계산을 간단히 하기 위해, 연산 증폭기에 의한 노이즈 기여도만 고려한다. 그림 14-39에 나타낸 회로의 연산 증폭기는 $1/f$ 코너 주파수보다 큰 20 Hz에서 20 kHz 사이의 음성 대역에서 동작한다고 가정하자. 백색 잡음 정격은 $\frac{2.9\text{ nV}}{\sqrt{\text{Hz}}}$이고, 입력 신호의 크기는 12.5 mV라고 한다.

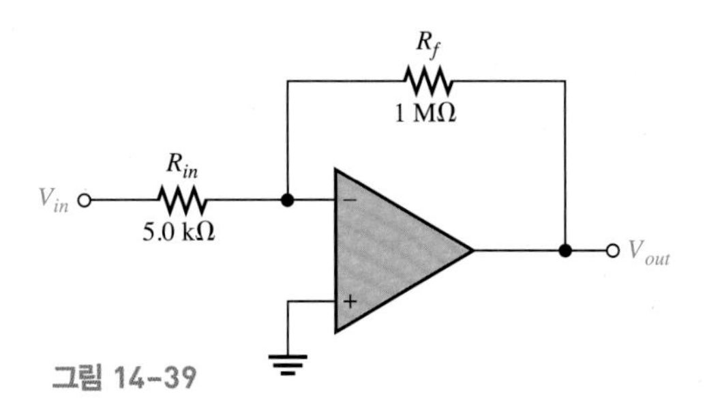

그림 14-39

첫 번째 단계는 $\sqrt{\text{Hz}}$파트를 다음과 같이 계산한다.

$$\sqrt{20{,}000 - 20} = 141.4$$

노이즈 입력값은 위의 결과값을 노이즈 사양인 $\frac{2.9\text{ nV}}{\sqrt{\text{Hz}}}$과 곱하여 구할 수 있다.

$$\frac{2.9\text{ nV}}{\sqrt{\text{Hz}}} \times 141.4\sqrt{\text{Hz}} = 410\text{ nV}$$

노이즈 출력값은 노이즈 입력값과 폐루프 전압 이득을 곱하여 구할 수 있다.

$$410\ \text{nV} \times (-200) = -82\ \mu\text{V}$$

그리고 출력 신호는 12.5 mV × (−210) = −2.5 V가 된다.

따라서 신호대잡음비(dB)는 다음과 같이 계산된다.

$$20 \log (-2.5\ \text{V} \div (-82\ \mu\text{V})) = 89.7\ \text{dB}$$

위의 계산에서는 연산 증폭기 자체만을 고려하였다는 것을 염두에 둔다. 회로의 저항들에 의한 노이즈도 연산 증폭기 노이즈에 추가되며, 이러한 저항에 의한 노이즈를 열잡음(thermal noise) 또는 존슨 잡음(Johnson noise)이라고 한다. 작은 저항값을 사용하면, 전체 노이즈를 감소시킬 수 있으나, 회로의 전류가 증가되어 시스템의 효율성이 떨어지게 된다. 항상 트레이드오프가 존재한다. 열잡음은 백색잡음이며, 저항, 온도, 대역폭에 비례하고 다음과 같이 계산된다.

$$E_{\text{th}} = \sqrt{4kTRB}$$

여기서, E_{th}는 열잡음이고, 실효값(V_{rms})으로 나타낸다.

k는 상수값으로 1.38×10^{-23}이다.

T는 절대온도(K)를 의미한다.

R은 저항(Ω)이며, B는 대역폭(Hz)이다.

하나 이상의 노이즈 소스가 있을 때, 전체 노이즈(N_T)는 모든 노이즈 소스의 기하학적인 합으로 계산한다.

$$N_T = \sqrt{N_1^2 + N_2^2 + \cdots N_n^2}$$

실제 연산 증폭기 회로의 완전한 노이즈 해석은 복잡하며 본 교재의 범위를 초과한다.

14-6절 복습 문제

1. 비반전 증폭기 구조의 입력 임피던스는 연산 증폭기 자체의 입력 임피던스와 비교하면 어떠한지 설명하시오.
2. 연산 증폭기를 전압 폴로어 구조로 연결하면, 입력 임피던스는 증가하는가 아니면 감소하는가?
3. $R_f = 100\ \text{k}\Omega$, $R_i = 2.0\ \text{k}\Omega$, $A_{ol} = 120{,}000$, $Z_{in} = 2\ \text{M}\Omega$, 그리고 $Z_{out} = 60\ \Omega$일 때, 반전 증폭기 구조에 대하여, $Z_{in(\text{I})}$과 $Z_{out(\text{I})}$을 구하시오.
4. 연산 증폭기의 노이즈를 측정할 때 사용하는 대표적인 단위는 무엇인가?

14-7 연산 증폭기 응답의 기본 개념

이 절에서는 앞에서 학습한 개루프 전압 이득과 폐루프 전압 이득을 다시 살펴보고, 연산 증폭기 응답에서 중요한 여러 가지 기본 개념의 정의를 알아본다.

이 절을 마친 후 다음을 할 수 있어야 한다.

- 연산 증폭기 응답의 기본 사항을 논의한다.
- 개루프 이득을 설명한다.
- 폐루프 이득을 설명한다.
- 이득값의 주파수 의존성을 논의한다.
- 개루프 대역폭을 설명한다.
- 단위 이득 대역폭을 설명한다.
- 위상 천이를 결정한다.

개루프 이득

연산 증폭기의 **개루프 이득**(A_{ol})은 디바이스의 내부 전압 이득이며, 그림 14–40(a)에 나타낸 것과 같이 입력 전압에 대한 출력 전압의 비로 표현한다. 그림에서는 외부 소자가 아무것도 연결되어 있지 않으므로, 개루프 이득은 디바이스의 내부 설계에 의해 결정되는 것에 주의한다. 개루프 전압 이득은 연산 증폭기마다 광범위하게 다른 값을 가지고 있다. 표 14–1에 몇 가지 대표적인 연산 증폭기의 개루프 이득을 정리하였다. 데이터시트에는 개루프 이득을 대신호 전압 이득(large–signal voltage gain)으로 표기하기도 한다.

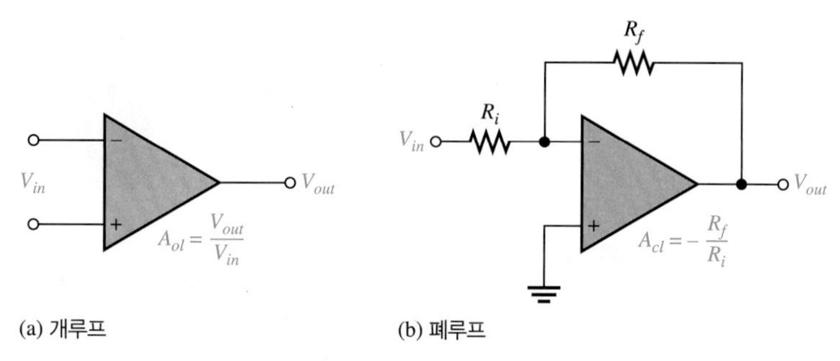

그림 14–40 연산 증폭기 구조의 개루프와 폐루프

폐루프 이득

폐루프 이득(A_{cl})은 외부 궤환을 가지는 연산 증폭기의 전압이득이다. 증폭기 구조는 연산 증폭기와 출력을 반전(–) 입력으로 연결하는 외부의 부궤환 회로로 구성된다. 반전 증폭기 구조에 대한 그림 14–40(b)에 나타낸 것과 같이 폐루프 이득은 외부의 소자값에 의해 결정된다. 따라서 폐루프 이득은 외부의 소자값을 사용하여 미세하게 조절될 수 있다.

프로그래머블 이득 증폭기 프로그래머블 이득 증폭기(programmable gain amplifier, PGA)는 디지털 입력으로 이득값을 선택할 수 있는 연산 증폭기의 유형을 의미한다. 신호의 레벨이 다른 다양한 입력 신호를 다루는 데이터 획득 시스템에 자주 사용된다. 컴퓨터나 컨트롤러에서 나오는 디지털 신호에 의해 특정한 채널이 선택되며, PGA는 보통 2개에서 10개 또는 그 이상의 입력을 가진다. PGA의 종류, 또는 구성방법에 따라 각각의 채널은 해당되는 센서 입력에 대해 최적의 이득을 가지도록 설정될 수 있고, 사전에 결정되어 있는 이득이 되도록 디지털 입력에 의해 프로그램할 수 있다. 예를 들면 PGA116은 10개의 아날로그 입력을 가지며, 각 채널은 8가지의 이진화된 이득값 (1, 2, 4, 8, 16, 32, 64, 128) 중에서 선택할 수 있다. PGA116과 동종계열인 PGA117은 내부에 멀티플렉서(채널 선택 회로)를 가지고 있으며 캘리브레이션 등의 특징이 있다.

시스템 예제 14-3

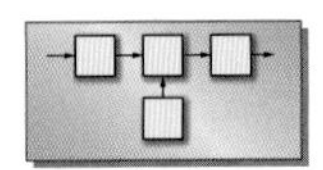

다중 트랜스듀서를 위한 계장 시스템

시스템 예제 14-1에서, 아날로그 전자회로와 기계 및 광학 부품이 결합된 혼합 시스템을 살펴보았다. 본 예제에서는 동일한 시스템 내에 아날로그 회로와 디지털 회로가 함께 내장된 산업용 계장 시스템을 살펴본다.

그림 14-41은 간략화된 시스템 블록도를 보여준다. 비행기 날개를 제조하는 회사는 풍동에서 날개를 시험할 필요가 있다. 시험에 사용되는 날개는 스트레스를 측정하기 위한 스트레인 게이지, 풍속을 측정하는 유속 센서, 그리고 온도 센서 등을 포함한 다양한 센서가 설치되어 있다. 센서의 입력 신호는 센서의 종류와 민감도(sensitivity)에 따라 다르다. 따라서 이러한 이유로 각 채널은 다른 이득값을 가질 필요가 있다. PGA의 출력은 AD 변환기 (시스템 예제 14-5에서 설명한다)에 의해 이진화된다. 각 채널들은 컨트롤러에 의해 빠르게 순환되어 읽혀 컴퓨터가 처리하게 된다.

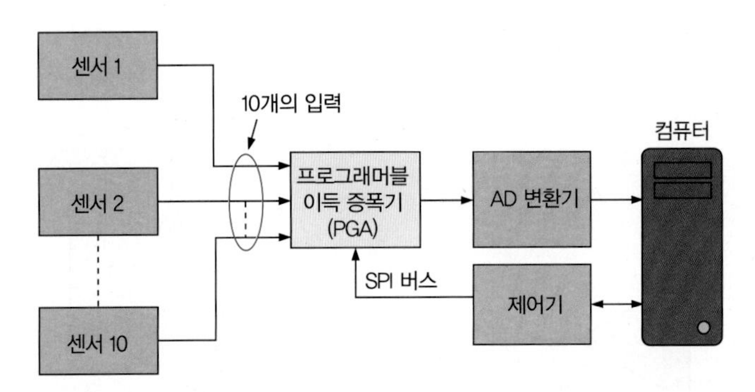

그림 14-41 프로그래머블 이득 증폭기를 가지는 계장 시스템

이 예제의 핵심은 PGA이다. 본 시스템에서 PGA117을 선택하였고, 그 이유는 10개의 아날로그 채널을 가지고 있으며, 각 채널은 오실로스코프의 1-2-5 스케일 변환순서(1에서 200 범위의 이득)를 따르는 이득으로 선택할 수 있기 때문이다. 등가 아날로그 입력 회로는 그림 14-42에 나타내었다. PGA117은 삼선식 직렬 주변장치 인터페이스(serial peripheral interface, SPI) 버스를 가지고 있어, 채널과 이득의 선택을 컨트롤러에서 할 수 있다. 채널 선택과 이득값에 관한 데이터는 회로의 디지털 부분으로 직렬 클록 신호와 동기화된다. 채널이 선택되었을 때, MUX 스위치가 닫히고, R_f의 값이 컴퓨터에 의해 프로그램된다. PGA를 구동하는 아날로그 전원(AV_{DD})는 +2.2에서 +5.5 V 범위이다. 전체 집적회로는 복잡하지만, 기본적인 연산 증폭기는 표준 단일 입력 모드, 비반전 증폭기로 동작하며, 폐루프 이득은 $A_v = \dfrac{R_f}{R_i} + 1$로 가진다.

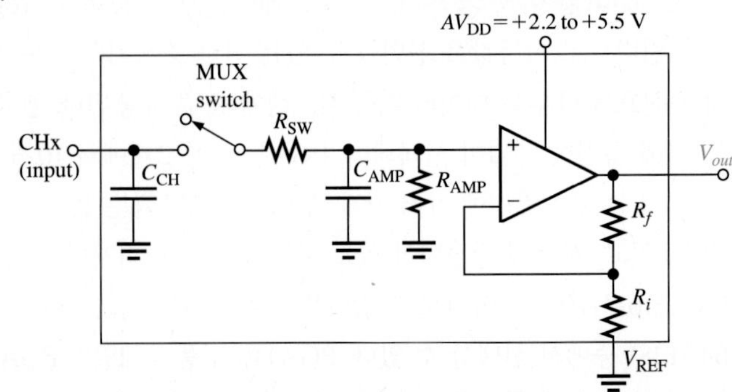

그림 14-42 PGA116과 PGA117의 등가 입력단 회로

이득값은 주파수에 의존한다

앞에서, 모든 이득 표현식은 미드레인지(midrange)에서의 이득이며, 주파수에 무관한 것으로 고려하였다. 연산 증폭기의 미드레인지 개루프 이득은 주파수가 0 (dc)에서 임계 주파수까지의 범위에 해당하며, 임계 주파수는 미드레인지 이득보다 3 dB 작은 이득을 가지는 주파수이다. 여기서 연산 증폭기는 직류(dc) 증폭기 (증폭단 사이에 커패시터 커플링이 없다)이므로, 하위 임계 주파수가 없다. 따라서, 미드레인지 이득은 주파수가 0 (dc)인 신호까지 확장되며, 직류(dc) 전압도 미드레인지 주파수에서와 같이 증폭된다는 것을 의미한다.

어떤 연산 증폭기의 개루프 응답 곡선(보드 선도)을 그림 14-43에 나타내었다. 대부분의 연산 증폭기 데이터시트는 이러한 유형의 곡선을 보이며, 미드레인지 개루프 이득을 지정하고 있다. 이득은 디케이드(decade) 마다 −20 dB로 감소 (옥타브(octave)마다 −6 dB)하는 것에 주의한다. 그림에서 미드레인지 이득은 200,000으로 106 dB이고, 임계(컷오프) 주파수는 약 10 Hz이다.

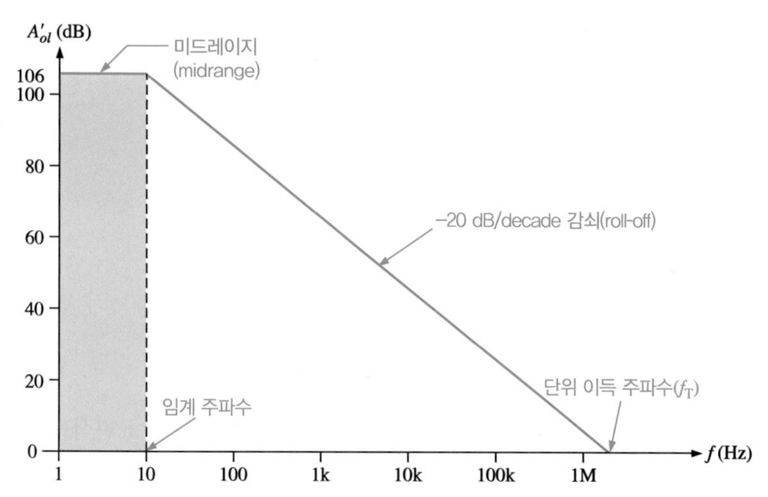

그림 14-43 대표적인 연산 증폭기에 대한 주파수 대 개루프 전압 이득의 이상적 그래프. 주파수는 로그 스케일이다.

3 dB 개루프 대역폭

교류(ac) 증폭기의 **대역폭(bandwidth)**은 미드레인지 이득보다 3 dB 작은 주파수 지점들 사이 범위를 의미한다. 일반적으로 대역폭은 상위 임계 주파수 (f_{cu})와 하위 임계 주파수 (f_{cl})의 차이이다.

$$BW = f_{cu} - f_{cl}$$

연산 증폭기의 f_{cl}은 0이므로, 대역폭은 간단히 상위 임계 주파수와 같다.

$$BW = f_{cu} \tag{14-15}$$

지금부터, f_{cu}를 간단히 f_c로 나타낼 것이다. 그리고 개루프를 나타내는 ol 과 폐루프를 나타내는 cl을 아래첨자 지시어로 사용한다. 예를 들면 $f_{c(ol)}$은 개루프 상위 임계 주파수를 나타내고, $f_{c(cl)}$은 폐루프 상위 임계 주파수를 의미한다.

단위 이득 대역폭

그림 14-43에서 이득은 점점 줄어들어 1(0 dB)인 곳까지 감소함을 알 수 있다. 단위 이득을 가지는 주파수 값을 단위 이득 대역폭(unity-gain bandwidth)이라고 한다.

이득 대 주파수 분석

연산 증폭기 내의 RC 지연(저역 통과) 회로는 주파수가 증가함에 따른 이득의 감소를 발생시킨다. 기초적인 교류(ac) 회로 이론으로부터, 그림 14-44에 나타낸 RC 지연 회로의 감쇠는 다음과 같이 표현된다.

$$\frac{V_{out}}{V_{in}} = \frac{X_C}{\sqrt{R^2 + X_C^2}}$$

우변의 분자와 분모를 X_C로 나누면,

$$\frac{V_{out}}{V_{in}} = \frac{1}{\sqrt{1 + R^2/X_C^2}}$$

가 된다. RC 회로의 임계 주파수는

$$f_c = \frac{1}{2\pi RC}$$

이며, 양변을 f로 나누어 정리하면 다음과 같다.

$$\frac{f_c}{f} = \frac{1}{2\pi RCf} = \frac{1}{(2\pi fC)R}$$

$X_C = 1/(2\pi fC)$이므로, 위의 표현식은 다음과 같이 쓸 수 있다.

$$\frac{f_c}{f} = \frac{X_C}{R}$$

이 결과식을 두 번째 식에 대입하면, RC 지연 회로의 감쇠에 관한 다음 표현식을 얻을 수 있다.

$$\frac{V_{out}}{V_{in}} = \frac{1}{\sqrt{1 + f^2/f_c^2}}$$

만약 연산 증폭기가 그림 14-45에 나타낸 것과 같이, 이득으로 $A_{ol(mid)}$를 가진 전압 이득 소자와 하나의 RC 지연 회로로 표현되면, 연산 증폭기의 전체 개루프 이득은 미드레인지 개루프 이득, $A_{ol(mid)}$, 과 RC 회로의 감쇠를 곱한 것이 된다.

$$A_{ol} = \frac{A_{ol(mid)}}{\sqrt{1 + f^2/f_c^2}} \quad (14\text{-}16)$$

식 14-16에서 알 수 있듯이, 개루프 이득은 신호 주파수 f가 임계 주파수 f_c보다 매우 작을 때 미

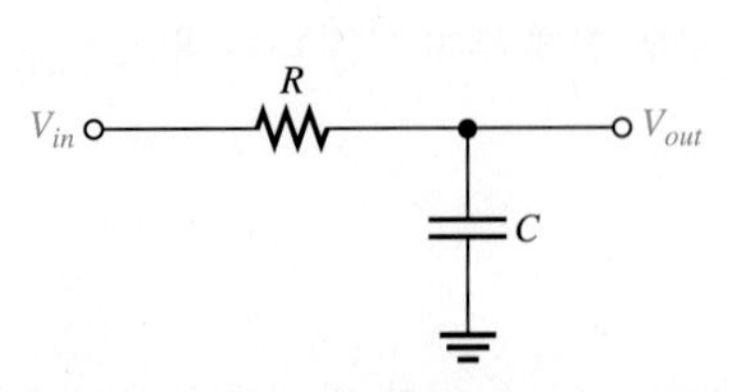

그림 14-44 RC 지연 회로

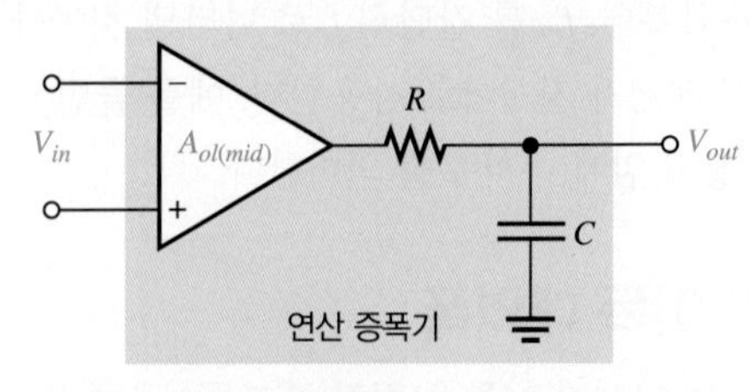

그림 14-45 이득을 가진 소자와 내부의 RC 회로로 표현한 연산 증폭기

드레인지 값과 같으며, 주파수가 증가하면서 감소한다. f_c는 연산 증폭기의 개루프 응답에 관한 부분이므로, 그것을 $f_{c(ol)}$을 지칭한다.

다음 예제는 주파수가 $f_{c(ol)}$보다 증가되면서 개루프 이득이 어떻게 감소하는지를 보여준다.

예제 14-10

다음 주파수 f에 대하여 A_{ol}을 구하시오. $f_{c(ol)} = 100$ Hz, $A_{ol(mid)} = 100{,}000$으로 가정한다.

(a) $f = 0$ Hz **(b)** $f = 10$ Hz **(c)** $f = 100$ Hz **(d)** $f = 1000$ Hz

풀이

(a) $$A_{ol} = \frac{A_{ol(mid)}}{\sqrt{1 + f^2/f_{c(ol)}^2}} = \frac{100{,}000}{\sqrt{1 + 0}} = \mathbf{100{,}000}$$

(b) $$A_{ol} = \frac{100{,}000}{\sqrt{1 + (0.1)^2}} = \mathbf{99{,}500}$$

(c) $$A_{ol} = \frac{100{,}000}{\sqrt{1 + (1)^2}} = \frac{100{,}000}{\sqrt{2}} = \mathbf{70{,}700}$$

(d) $$A_{ol} = \frac{100{,}000}{\sqrt{1 + (10)^2}} = \mathbf{9950}$$

관련문제

다음 주파수 f에 대하여 A_{ol}을 구하시오. $f_{c(ol)} = 200$ Hz, $A_{ol(mid)} = 80{,}000$으로 가정한다.

(a) $f = 2$ Hz **(b)** $f = 10$ Hz **(c)** $f = 2500$ Hz

프로그래머블 이득 증폭기 응답

프로그래머블 이득 증폭기를 사용하는 시스템에서는 이득이 증가하면서 대역폭이 줄어든다. 이득이 설정된 경우의 대역폭을 결정하기 위해서는 제조사의 데이터시트를 참조하는 것이 최상이다. 관련정보가 그래프나 표로 주어진다. 예를 들어 PGA117은 이득이 1인 경우에 10 MHz의 대역폭이 지정되어 있으나, 이득이 128인 경우에는 0.35 MHz로 줄어든다.

시스템 노트

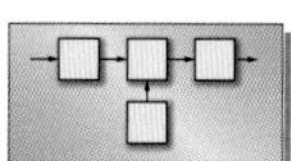

위상 천이

알다시피, RC회로는 입력에서 출력으로 전달 지연을 일으키므로, 입력 신호와 출력 신호 사이에 **위상 천이(phase shift)**가 발생한다. 연산 증폭단의 RC 지연 회로는 그림 14-46에 나타낸 것과 같이 출력 신호가 입력 신호에 대비하여 지연되도록 한다. 기초적인 교류 회로 이론에 따르면, 위상 천이 ϕ,는 다음과 같다.

$$\phi = -\tan^{-1}\left(\frac{R}{X_C}\right)$$

$R/X_C = f/f_c$이므로 다음과 같이 쓸 수 있다.

$$\phi = -\tan^{-1}\left(\frac{f}{f_c}\right) \tag{14-17}$$

음의 부호는 출력이 입력에 대하여 지연됨을 의미한다. 이 식은 주파수가 증가함에 따라 위상 천이가 증가됨을 보여주며, f가 f_c보다 매우 클 경우에 $-90°$에 접근함을 알 수 있다.

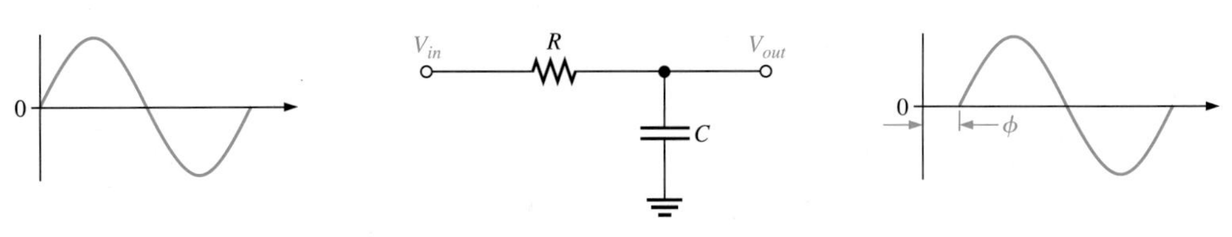

그림 14-46 출력 신호가 입력 신호보다 지연된다.

예제 14-11

다음 각 주파수에 대하여 RC 지연 회로의 위상 천이를 구하고, 주파수에 대하여 위상 천이 그래프를 그리시오. $f_c = 100$ Hz라고 가정한다.

(a) $f = 1$ Hz **(b)** $f = 10$ Hz **(c)** $f = 100$ Hz **(d)** $f = 1000$ Hz **(e)** $f = 10$ kHz

풀이

(a) $\phi = -\tan^{-1}\left(\frac{f}{f_c}\right) = -\tan^{-1}\left(\frac{1\text{ Hz}}{100\text{ Hz}}\right) = \mathbf{-0.6°}$

(b) $\phi = -\tan^{-1}\left(\frac{10\text{ Hz}}{100\text{ Hz}}\right) = \mathbf{-5.7°}$

(c) $\phi = -\tan^{-1}\left(\frac{100\text{ Hz}}{100\text{ Hz}}\right) = \mathbf{-45.0°}$

(d) $\phi = -\tan^{-1}\left(\frac{1000\text{ Hz}}{100\text{ Hz}}\right) = \mathbf{-84.3°}$

(e) $\phi = -\tan^{-1}\left(\frac{10\text{ kHz}}{100\text{ Hz}}\right) = \mathbf{-89.4°}$

주파수에 대한 위상 천이 그래프는 그림 14-47에 나타내었다. 주파수 축은 로그 스케일임에 주의한다.

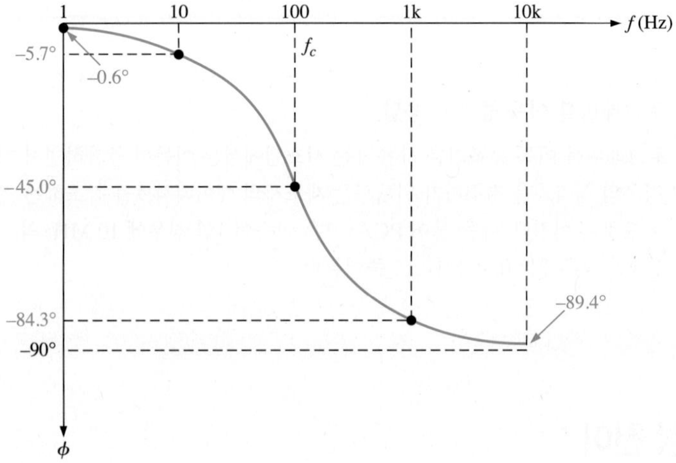

그림 14-47

관련문제

이 예제에서 위상 천이가 $-60°$인 주파수는 얼마인가?

14-7절 복습 문제

1. 연산 증폭기의 개루프 이득과 폐루프 이득은 어떤 차이점이 있는가?
2. 어떤 연산 증폭기의 상위 임계 주파수가 100 Hz이다. 개루프 3 dB 대역폭은 얼마인가?
3. 주파수가 임계 주파수보다 커질 때, 개루프 이득은 증가하는가 아니면 감소하는가?
4. PGA117에서 SPI 버스의 용도(목적)는 무엇인가?

14-8 비교기

연산 증폭기는 어떤 전압의 크기를 다른 전압과 비교하기 위한 비선형 디바이스로 종종 사용된다. 이 응용에서는 연산 증폭기를 개루프 구조로 사용하며, 하나의 입력단자는 입력 전압에 연결하고, 다른 단자에는 기준 전압을 연결한다.

이 절을 마친 후 다음을 할 수 있어야 한다.

- 몇 가지 비교기 회로의 동작을 이해한다.
- 영준위 (zero-level) 검출기의 동작을 설명한다.
- 비영준위(nonzero-level) 검출기의 동작을 설명한다.
- 입력 노이즈가 비교기 동작에 어떤 영향을 주는지 논의한다.
- 히스테르시스(hyseresis)를 정의한다.
- 히스테르시스가 노이즈 영향을 어떻게 감소시키는지 설명한다.
- 슈미트 트리거(Schmitt trigger) 회로를 설명한다.
- 바운드 비교기 (bounded comparator)의 동작을 설명한다.
- AD변환기를 포함한 시스템에서 비교기의 응용을 논의한다.

영준위 검출

연산 증폭기의 한 가지 응용은 입력 전압이 특정한 레벨을 초과할 때를 결정하는 **비교기(comparator)**로 사용하는 것이다. 그림 14-48(a)는 영준위 검출기를 보여준다. 반전(−) 입력은 영준위를 만들기 위해 접지되어 있고, 입력 신호 전압은 비반전(+) 입력에 가해진다. 높은 개루프 전압 이득으로 인해, 두 입력 사이의 매우 작은 차이라도 증폭기가 포화되도록 하여 출력이 한계 전압으로 나타나게 된다.

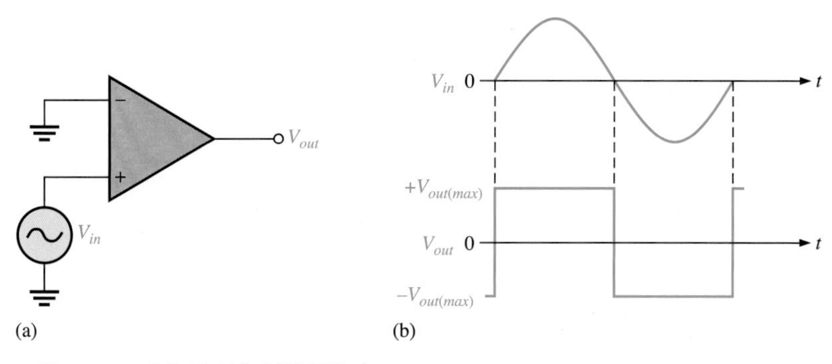

그림 14-48 영준위 검출 연산 증폭기

예를 들어, A_{ol} = 100,000인 연산 증폭기를 생각하여 보자. 입력단 사이의 단지 0.25 mV 전압 차이도, 출력 전압은 연산 증폭기가 낼 수 있다면(0.25 mV)(100,000) = 25 V가 된다. 그러나 대부분의 연산 증폭기는 출력 전압의 한계가 ±15 V 또는 그 이하이므로, 디바이스는 포화상태가 될 것이다. 비교 동작을 위해서 특별한 연산 증폭기 비교기를 선택할 수 있다. 이러한 IC들은 속도를 최대화하기 위해 일반적으로 비보상(uncompensated)되어 있다. 비교적 덜 엄격한 응용에서는 범용 연산 증폭기도 비교기로 잘 동작한다.

그림 14–48(b)는 영준위 검출기의 비반전 입력에 정현파 입력 전압을 가한 결과를 보여준다. 정현파가 음일 때는 출력이 음의 최대 레벨이 된다. 정현파가 0을 지날 때, 증폭기는 반대 상태로 되며 출력은 양의 최대 레벨로 그림과 같이 된다. 영준위 검출기는 정현파로부터 구형파를 만드는 데 이용할 수 있음을 알 수 있다.

비영준위 검출

그림 14–48에서 보인 영준위 검출기는 그림 14–49(a)와 같이 고정된 기준 전압을 반전(−) 입력에 연결하여 0 V가 아닌 양 또는 음의 전압을 검출하도록 수정될 수 있다. 그림 14–49(b)는 기준 전압을 설정하기 위해 전압 분배기를 사용한 좀 더 실용적인 회로를 나타낸다.

$$V_{\text{REF}} = \frac{R_2}{R_1 + R_2}(+V) \tag{14-18}$$

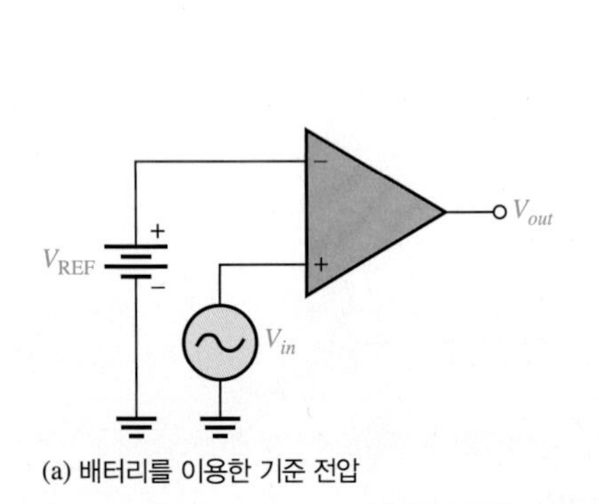

(a) 배터리를 이용한 기준 전압

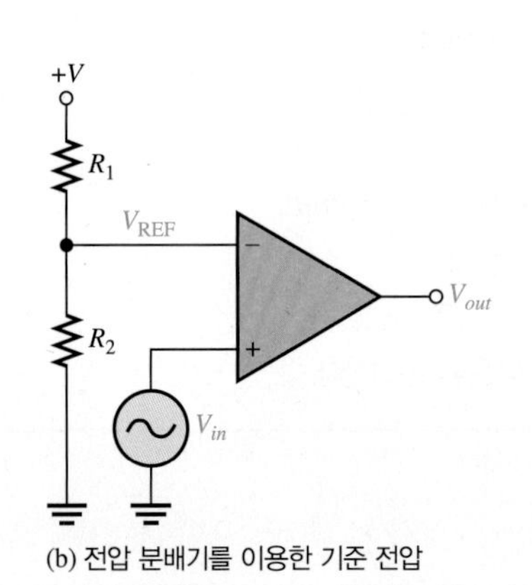

(b) 전압 분배기를 이용한 기준 전압

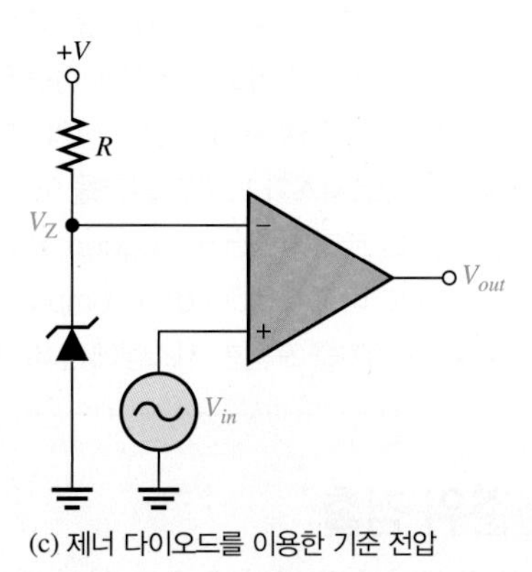

(c) 제너 다이오드를 이용한 기준 전압

V_{REF}

V_{in} 0 — t

$+V_{out(max)}$

V_{out} 0 — t

$-V_{out(max)}$

(d) 파형

그림 14–49 비영준위 검출기

여기서 $+V$는 연산 증폭기에 인가되는 양의 공급 전압이다. 그림 14-49(c)는 기준 전압($V_{REF} = V_Z$)을 설정하기 위해 제너 다이오드를 사용하고 있다. 입력 전압 V_{in}이 V_{REF}보다 작은 동안에 출력은 음의 최대 레벨로 유지된다. 입력 전압이 기준 전압을 초과할 때, 정현파 입력에 대하여 그림 14-49(d)에 보인 것과 같이 출력은 양의 최대 상태로 변화한다.

예제 14-12

그림 14-50(a)의 입력신호가 그림 14-50(b)의 비교기 회로에 인가된다. 입력신호에 대한 적절한 관계를 보여주는 출력파형을 그리시오. 연산 증폭기의 최대 출력 레벨은 ±12 V라고 가정한다.

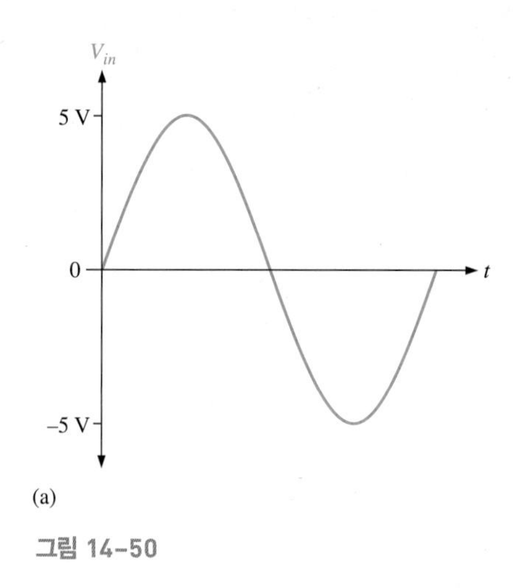

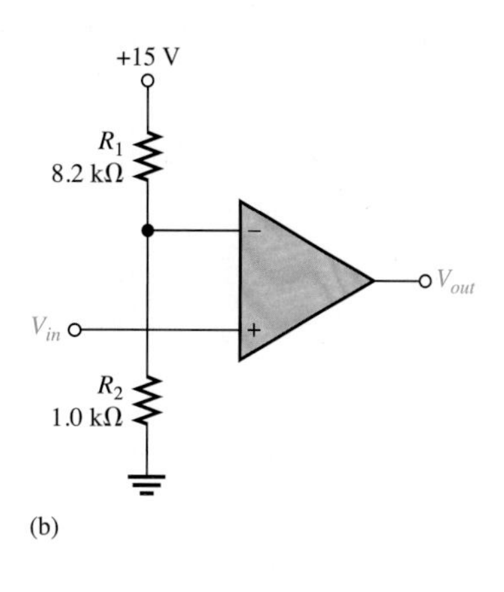

그림 14-50

풀이

기준 전압은 R_1과 R_2에 의해서 다음과 같이 설정된다.

$$V_{REF} = \frac{R_2}{R_1 + R_2}(+V) = \frac{1.0\,\text{k}\Omega}{8.2\,\text{k}\Omega + 1.0\,\text{k}\Omega}(+15\text{ V}) = 1.63\text{ V}$$

그림 14-51에 보인 것과 같이 입력이 +1.63 V를 초과할 때마다 출력 전압은 +12 V레벨로 바뀌며, +1.63 V 이하가 될 때마다 출력은 −12 V로 다시 바뀐다.

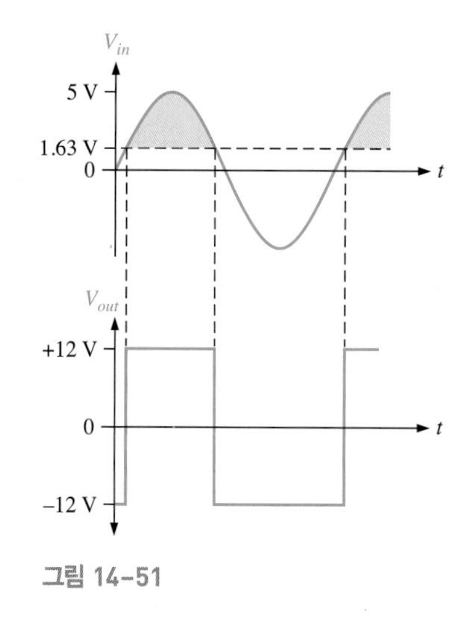

그림 14-51

관련문제

만약 R_1 = 22kΩ, R_2 = 3.3 kΩ이라면, 그림 14-50의 회로에서 기준 전압을 구하시오.

비교기 동작에서 입력 노이즈의 영향

많은 실제적인 상황에서는 **노이즈**(원하지 않는 전압 또는 전류의 변동)가 입력 라인에 나타날 수 있다. 이러한 노이즈 전압은 그림 14-52에 나타낸 것과 같이 입력 전압에 중첩되어 비교기가 출력 상태를 잘못 변경시킬 수 있다.

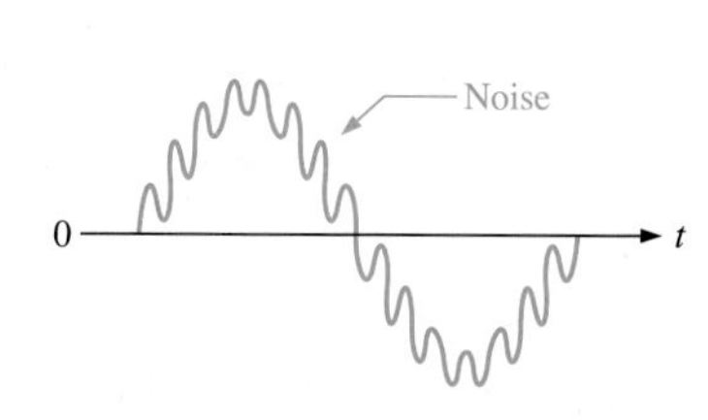

그림 14-52 노이즈가 중첩된 정현파

노이즈 전압이 끼칠 수 있는 잠재적인 영향을 이해하기 위해서, 그림 14-53(a)에 보인 것과 같이 영준위 검출기로 사용된 연산 증폭기 비교기의 비반전 (+) 입력에 저주파 정현파가 인가되었다고 가정하여 보자. 그림 14-53(b)는 노이즈가 더해진 입력 정현파와 그 출력을 나타낸다. 그림에서 알 수 있듯이, 정현파가 0에 근접할 때, 노이즈에 의한 변동이 전체 입력 신호가 0 위아래로 몇차례 변화시키게 되어 잘못된 출력 전압을 생성하게 된다.

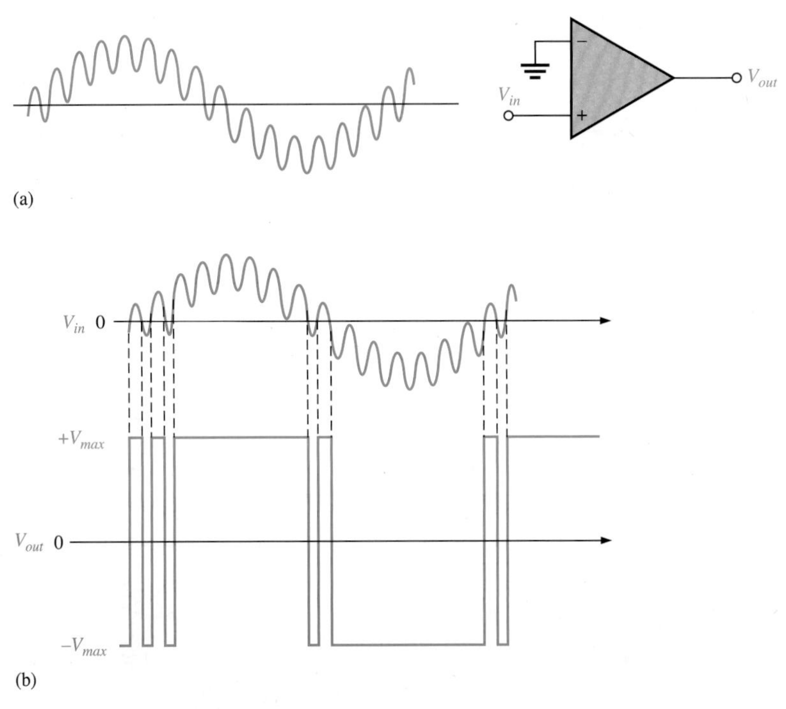

그림 14-53 비교기에 대한 노이즈의 영향

히스테리시스를 사용하여 노이즈 영향 줄이기

어떤 입력에 대하여 노이즈에 의해서 기인하는 잘못된 출력 전압은, 양의 출력 상태에서 음의 출력 상태로 변경시키는 입력 전압 레벨에 대하여 연산 증폭기 비교기가 음의 출력 상태에서 양의 출력 상태로 변경시킬 수 있는 반대의 작용을 할 수 있기 때문이다. 이러한 불안정한 상태는 입력 전압이 기준 전압 근처를 맴돌 때 발생하며, 어떤 작은 노이즈에 의한 변동이 비교기를 한쪽으로 또는 반대쪽으로 변동시키게 한다.

비교기를 노이즈에 덜 민감하도록 만들기 위해, **히스테리시스(hysteresis)**라고 부르는 정궤환(positive feedback) 기법을 이용할 수 있다. 기본적으로 히스테리시스는 입력 전압이 높은 값에서 낮은 값으로 변할 때보다 낮은 값에서 높은 값으로 변할 때 더 높은 기준 레벨이 있다는 것을 의미한다. 히스테리시스의 좋은 예는 특정 온도에서 보일러를 가동하고 다른 온도에서 보일러를 정지시키는 일반 가정용 온도조절장치를 들 수 있다.

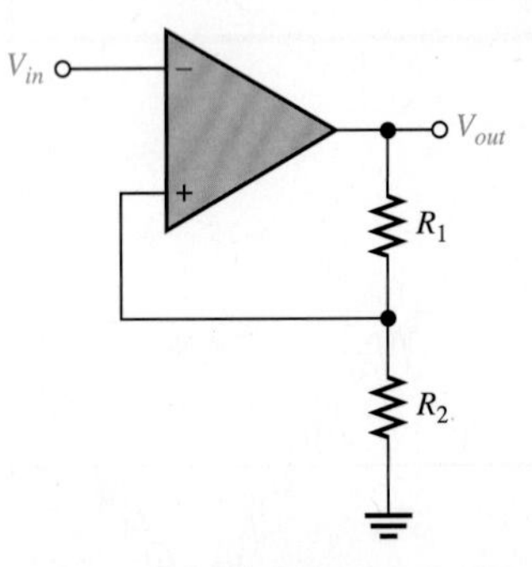

그림 14-54 히스테리시스를 위해 정궤환을 가진 비교기

두 개의 기준 레벨을 상위 트리거 포인트(upper trigger point, UTP)와 하위 트리거 포인트(lower trigger point, LTP)라고 부른다. 이러한 2레벨 히스테리시스는 그림 14-54에 보인 것과 같이 정궤환을 사용하여 구성할 수 있다. 비반전(+) 입력은 저항으로 구성된 전압 분배기와 연결되어 출력 전압의 일부가 입력으로 궤환된다. 이 경우에 입력 신호는 반전(−) 입력에 인가된다.

히스테리시스를 가진 비교기의 기본 동작은 다음과 같으며, 그림 14-55에 나타나 있다. 출력 전압이 양의 최대값, $+V_{out(max)}$이라고 가정하자. 비반전 입력으로 궤환되는 전압은 V_{UTP}이며 다음과 같이 표현된다.

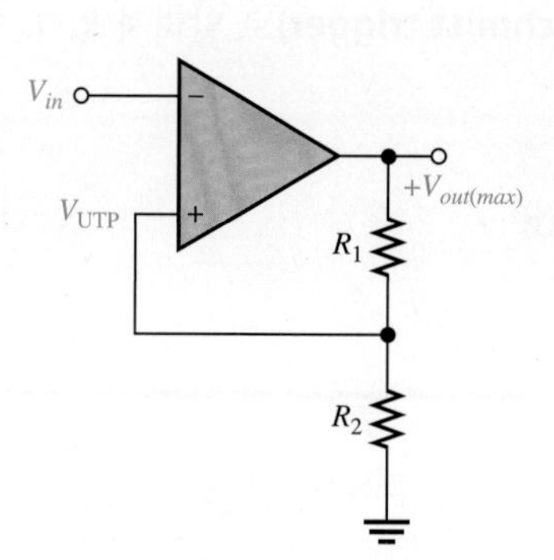

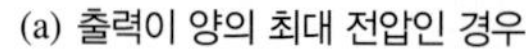
(a) 출력이 양의 최대 전압인 경우

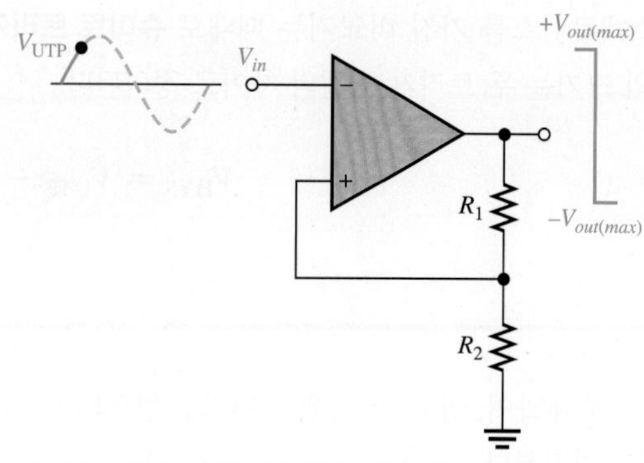

(b) 입력이 UTP를 초과할 때, 출력은 양의 최대 전압에서 음의 최대 전압으로 변화된다.

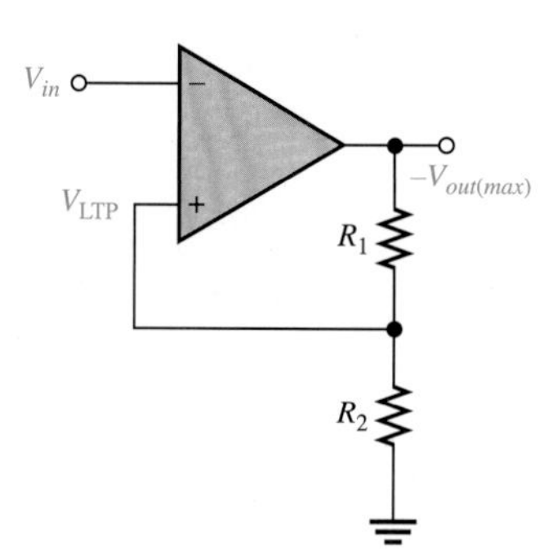

(c) 출력이 음의 최대 전압인 경우

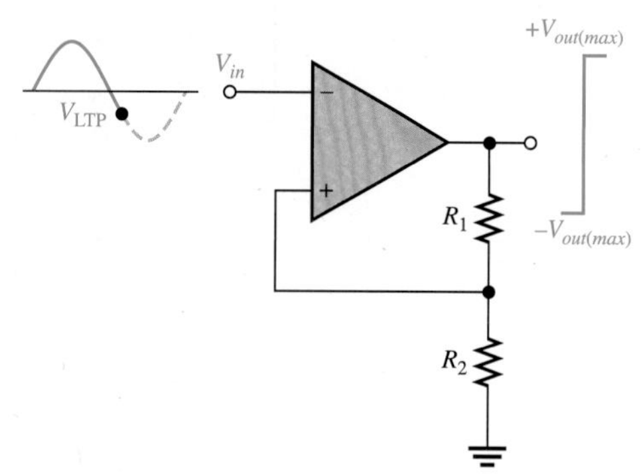

(d) 입력이 LTP보다 작아질 때, 출력은 음의 최대 전압에서 양의 최대 전압으로 다시 되돌아간다.

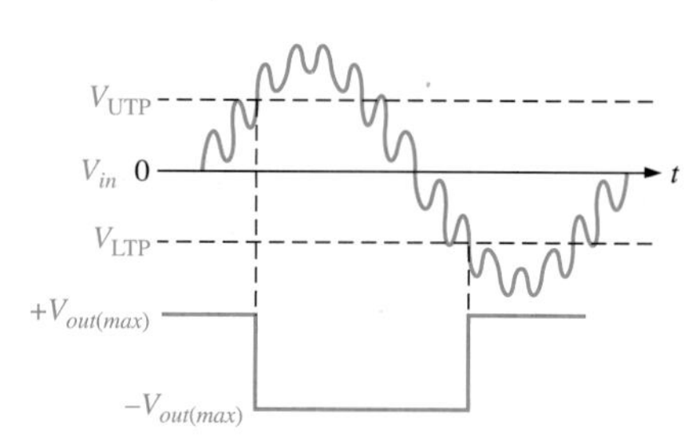

(e) 디바이스는 입력이 UTP 또는 LTP 전압에 도달할 때만 트리거되므로, 입력 신호에 포함된 노이즈에 대한 영향을 덜 받게 된다.

그림 14-55 히스테르시스를 가진 비교기의 동작

$$V_{\text{UTP}} = \frac{R_2}{R_1 + R_2}(+V_{out(max)})$$

입력 전압 V_{in}이 V_{UTP}를 초과할 때, 출력 전압은 음의 최대값인 $-V_{out(max)}$으로 떨어진다. 이때, 비반전 입력으로 궤환되는 전압은 V_{LTP}이며 다음과 같이 표현된다.

$$V_{\text{LTP}} = \frac{R_2}{R_1 + R_2}(-V_{out(max)})$$

이때 디바이스가 현재와 다른 전압 레벨로 복귀하기 위해서는 입력 전압이 V_{LTP}보다 더 아래로 떨어져야 한다. 이것은 그림 14-55에 나타낸 것과 같이 작은 노이즈 전압이 출력에 영향을 끼치지 않음을 의미한다.

히스테르시스를 가진 비교기는 때때로 **슈미트 트리거(Schmitt trigger)**로 알려져 있다. 히스테르시스의 크기는 두 트리거 레벨의 차이로 정의된다.

$$V_{\mathrm{HYS}} = V_{\mathrm{UTP}} - V_{\mathrm{LTP}} \tag{14-19}$$

예제 14-13

그림 14-56의 비교기 회로에 대하여, 상위 및 하위 트리거 포인트와 히스테르시스를 구하시오. $+V_{out(max)} = +5$ V와 $-V_{out(max)} = -5$ V로 가정한다.

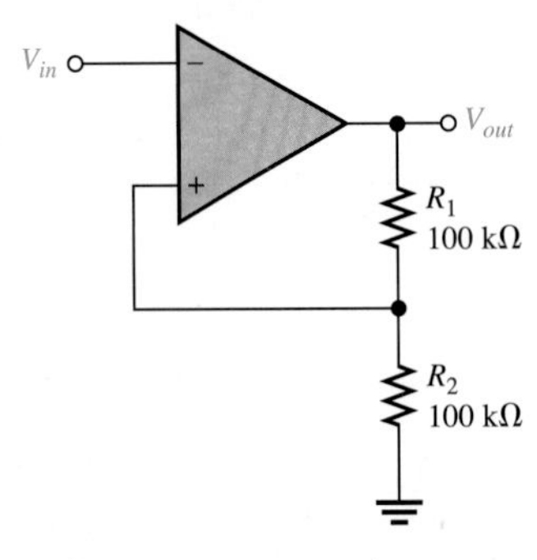

그림 14-56

풀이

$$V_{\mathrm{UTP}} = \frac{R_2}{R_1 + R_2}(+V_{out(max)}) = 0.5(5\text{ V}) = \mathbf{+2.5\ V}$$

$$V_{\mathrm{LTP}} = \frac{R_2}{R_1 + R_2}(-V_{out(max)}) = 0.5(-5\text{ V}) = \mathbf{-2.5\ V}$$

$$V_{\mathrm{HYS}} = V_{\mathrm{UTP}} - V_{\mathrm{LTP}} = 2.5\text{ V} - (-2.5\text{ V}) = \mathbf{5\ V}$$

관련문제

그림 14-56에서 R_1 = 68 kΩ, R_2 = 82 kΩ이라면, 상위 및 하위 트리거 포인트와 히스테르시스는 얼마일까? 최대 출력 전압 레벨은 ±7 V이다.

출력 바운딩

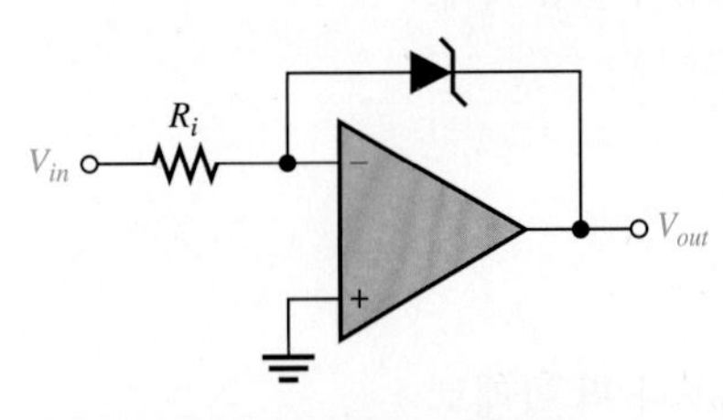

그림 14-57 히스테르시스를 가진 비교기의 동작

비교기의 출력 전압 레벨을 포화된 연산 증폭기에 의해 제공되는 전압보다 작은 값으로 제한하는 것이 필요한 경우가 있다. 그림 14-57에 보인 것과 같이 하나의 제너 다이오드를 사용하여 출력 전압을 한쪽으로는 제너 전압으로, 다른 한쪽으로는 순방향 다이오드 전압으로 제한할 수 있다.

그 동작은 다음과 같다. 제너 다이오드의 애노드(anode)가 반전(−) 입력에 연결되어 있으므로, 통전 경로를 가지고 있을 때 애노드는 가상 접지 (≅0 V)가 된다. 따라서 출력 전압이 제너 전압과 동일한 양의 값에 도달하게 되면 그림 14-58에 나타낸 것과 같이 그 값으로 제한된다. 출력이 음의 값으로 변경되었을 때는 제너 다이오드가 보통의 다이오드로 동작하게 되므로, 0.7 V 전압으로 순방향 바이어스가 되며, 그림과 같이 음의 출력 전압이 제한된다. 제너 다이오드의 방향을 반대로 돌리면 출력 전압의 파형도 반대로 된다.

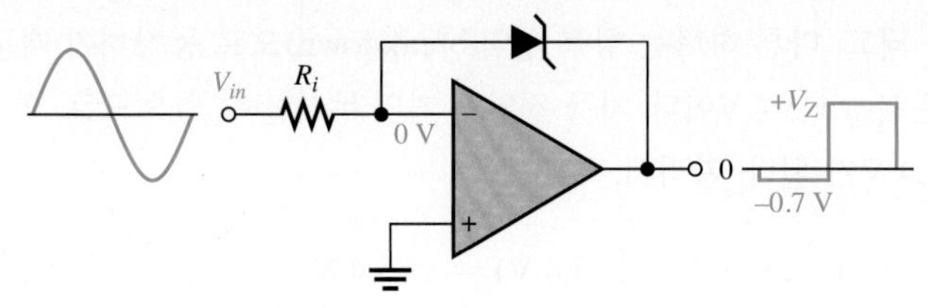

(a) 양의 값으로 제한된 경우

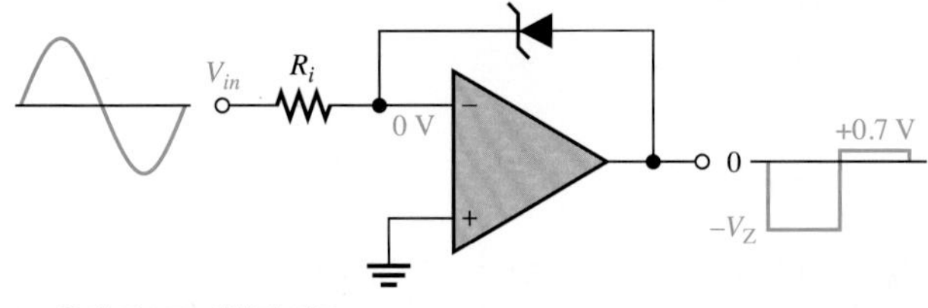

(b) 음의 값으로 제한된 경우

그림 14-58 바운드 비교기의 동작

두 개의 제너 다이오드를 그림 14-59와 같이 배열하면, 출력 전압은 제너 전압과 순방향 바이어스된 제너 다이오드의 순방향 전압 강하(0.7 V)를 더한 값으로 양의 방향 및 음의 방향 모두 제한된다.

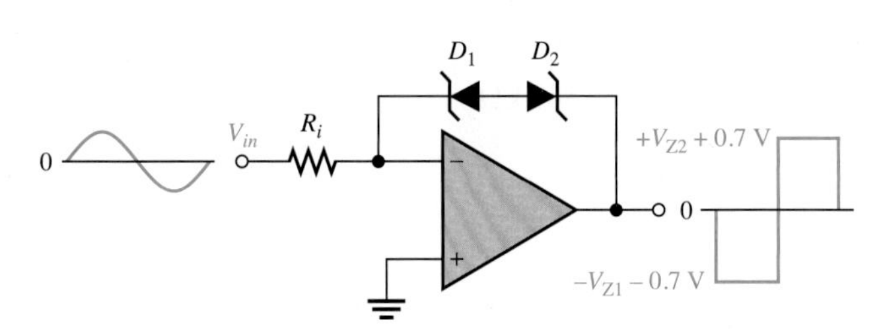

그림 14-59 이중 바운드 비교기

예제 14-14

그림 14-60의 회로에 대한 출력 전압의 파형을 구하시오.

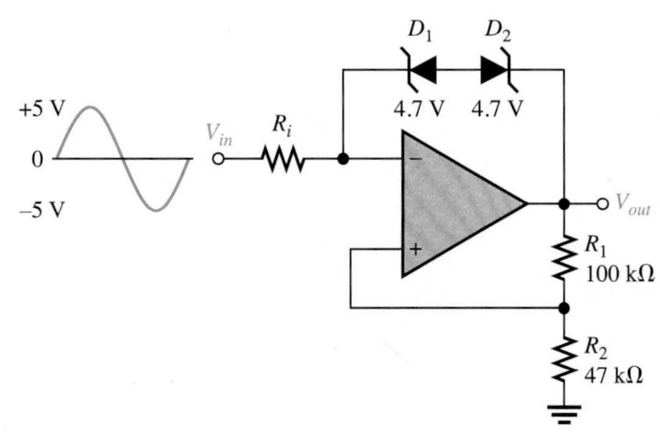

그림 14-60

풀이

이 비교기는 히스테르시스와 제너 다이오드에 의한 출력 바운딩을 모두 포함하고 있다.

D_1과 D_2 전체에 걸친 전압은 어떤 방향이든 4.7 V + 0.7 V = 5.4 V이다. 이것은 하나의 제너 다이오드는 0.7 V 전압 강하를 가진 순방향 바이어스가 되고, 다른 하나는 항복 영역(breakdown)으로 동작하기 때문이다.

연산 증폭기의 반전 (−) 단자의 전압은 $V_{out} \pm 5.4$ V이다. 차동 전압은 거의 무시할 수 있으므로, 연산 증폭기의 비반전 (+) 단자의 전압도 거의 $V_{out} \pm 5.4$ V가 된다. 따라서,

$$V_{R1} = V_{out} - (V_{out} \pm 5.4\text{ V}) = \pm 5.4\text{ V}$$

$$I_{R1} = \frac{V_{R1}}{R_1} = \frac{\pm 5.4\text{ V}}{100\text{ k}\Omega} = \pm 54\ \mu\text{A}$$

비반전 입력단에서의 전류는 무시할 수 있으므로,

$$I_{R2} = I_{R1} = \pm 54\ \mu\text{A}$$

$$V_{R2} = R_2 I_{R2} = (47\text{ k}\Omega)(\pm 54\ \mu\text{A}) = \pm 2.54\text{ V}$$

$$V_{out} = V_{R1} + V_{R2} = \pm 5.4\text{ V} \pm 2.54\text{ V} = \pm 7.94\text{ V}$$

상위 트리거 포인트(UTP)와 하위 트리거 포인트(LTP)는 다음과 같다.

$$V_{\text{UTP}} = \left(\frac{R_2}{R_1 + R_2}\right)(+V_{out}) = \left(\frac{47\text{ k}\Omega}{147\text{ k}\Omega}\right)(+7.94\text{ V}) = +2.54\text{ V}$$

$$V_{\text{LTP}} = \left(\frac{R_2}{R_1 + R_2}\right)(-V_{out}) = \left(\frac{47\text{ k}\Omega}{147\text{ k}\Omega}\right)(-7.94\text{ V}) = -2.54\text{ V}$$

주어진 입력 전압에 대한 출력 파형은 그림 14−61에 나타내었다.

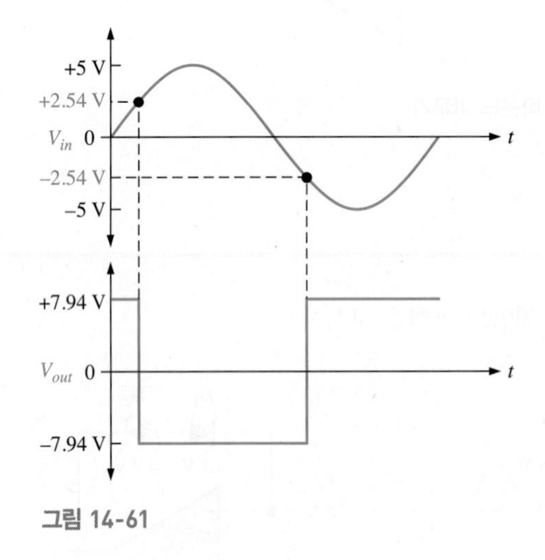

그림 14-61

관련문제

만약 $R_1 = 150$ kΩ, $R_2 = 68$ kΩ이고, 제너 다이오드가 3.3 V 소자이면, 그림 14−60의 회로에 대한 상위 및 하위 트리거 포인트를 구하시오.

윈도우 비교기

두 개의 독립된 연산 증폭기 비교기를 그림 14-62와 같은 형태로 배열한 것을 윈도우 비교기(window comparator)라고 한다. 이 회로는 입력 전압이 "윈도우(window)"라고 부르는 상한과 하한의 두 한계점 사이에 있을 때를 검출한다.

기준 전압에 의해 설정되는 상한과 하한을 각각 V_U, V_L로 표시한다. 이러한 전압은 전압 분배기, 제너 다이오드, 또는 어떤 형태의 전압원 등으로 설정된다. 입력 전압 V_{in}이 윈도우의 범위 내에 있다면 (V_U보다 작고, V_L보다 큰 경우), 각 비교기의 출력은 낮은 포화 레벨이 된다. 이 조건 하에서는 두 개의 다이오드가 모두 역방향 바이어스가 되어 접지에 연결된 저항에 의해서 V_{out}은 0으로 유지된다. 입력 전압 V_{in}이 V_U보다 커지거나 V_L보다 작아지는 경우, 관련된 비교기의 출력은 높은 포화 레벨로 나타나게 된다. 이것은 해당 비교기에 연결된 다이오드를 순방향 바이어스로 만들어 하이레벨 V_{out}을 생성한다. 임의로 변하는 V_{in}에 대한 출력을 그림 14-63에 도식화하였다.

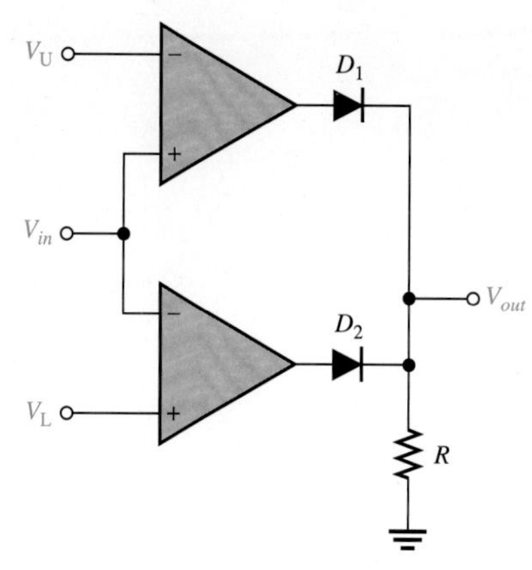

그림 14-62 기본적인 윈도우 비교기

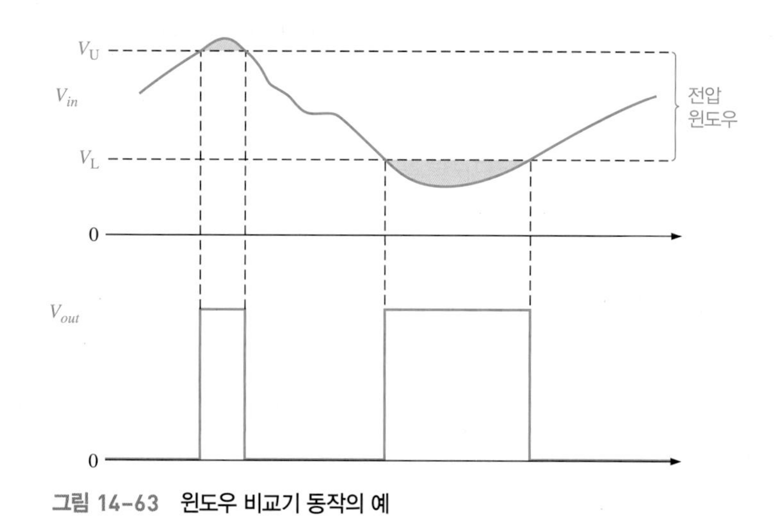

그림 14-63 윈도우 비교기 동작의 예

시스템 예제 14-4

비교기 응용: 온도초과 검출 회로

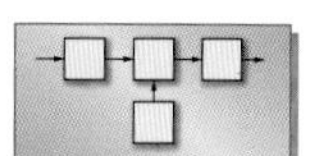

식품 가공과 같은 산업용 시스템에서 특정 용액의 온도가 정해진 제한값 아래로 유지되어야 하는 경우가 많다. 이 예제에서는 온도가 초과하는 것을 모니터링하는 데 사용되는 회로를 살펴볼 것이다. 그림 14-64은 온도가 어떤 임계값에 도달했는지를 결정하기 위한 정밀 온도초과 감지 회로에 사용된 비교기를 보여주고 있다. 그림의 회로는 휘트스톤 브리지(Wheatstone bridge)와 비교기로 구성되어 있으며, 브리지 회로가 밸런스될 때를 감지한다. 브리지의 한쪽은 부온도계수(온도가 증가함에 따라 저항값이 감소하는 것)를 가진 온도 감지 저항인 서미스터(thermistor, R_1)를 포함하고 있다. 포텐쇼미터(R_2)는 임계 온도에서의 서미스터 저항값과 동일하게 설정되어 있다. 정상적인 온도(임계값보다 낮은 경우)에서는 R_1이 R_2보다 크므로, 브리지는 언밸런스 상태가 되어 비교기의 출력은 낮은 포화값이 되며 트랜지스터 Q_1이 꺼진(OFF) 상태로 유지된다.

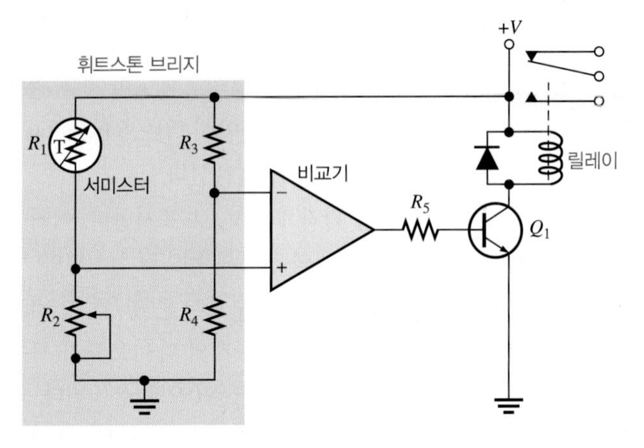

그림 14-64

온도가 증가됨에 따라, 서미스터의 저항값은 작아지게 된다. 온도가 임계값이 되었을 때, R_1은 R_2와 같게 되고, 브리지는 밸런스 상태가 된다(왜냐하면, $R_3 = R_4$이므로). 이때 비교기는 높은 포화값으로 출력이 바뀌게 되어, Q_1을 켜진(ON) 상태로 만든다. 그 결과 릴레이에 전력을 공급하여 동작을 시키고 온도 초과 상태에 대한 적절한 응답을 하거나 경고음을 발생시킨다.

시스템 예제 14-5

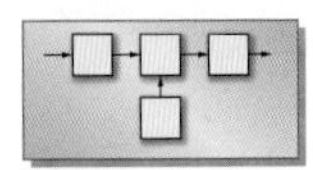

비교기 응용: AD 변환기

AD 변환(A/D conversion)은 선형 아날로그 시스템이 디지털 시스템에 어떤 입력값을 제공해야 할 때 자주 사용되는 인터페이스 과정이다. 시스템 예제 14-3이 그러한 예이며, 그림 14-65에서 AD 변환기 부분에 중점을 두어 다시 나타내었다. 데이터는 트랜스듀서로부터 발생하는 아날로그 형태의 신호이며 PGA를 사용하여 증폭되고, 이 신호는 컴퓨터에 의해 처리되어야 한다. 컴퓨터로 데이터를 보내기 전에 AD변환기에 의해 디지털 형태로 변환되어야 한다. 다양한 AD 변환기법은 CD에 수록된 15장을 참고하길 바란다. 여기서는 본 시스템에 사용된 개념을 보여주기 위해 하나의 유형만 사용하였다.

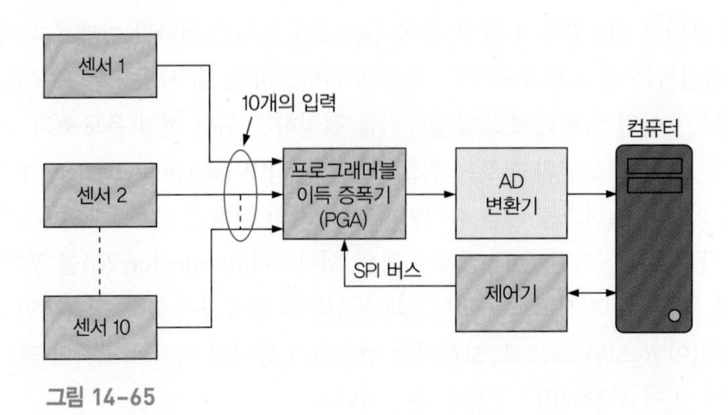

그림 14-65

병렬 비교형(*simultaneous*) 또는 **플래시형**(*flash*) AD 변환 방법은 선형 입력 신호를 전압 분배기에 의해 만들어지는 여러 가지 기준 전압과 비교하기 위해 병렬로 배치된 비교기를 사용한다. 입력 전압이 비교기의 기준전압보다 높을 경우 비교기의 출력은 하이-레벨이 된다. 그림 14-66은 변화하는 아날로그 입력 전압에 해당하는 3비트 이진값으로 된 출력을 발생하는 AD 변환기를 보여주고 있다. 이 변환기는 7개의 비교기를 필요로 한다. 일반적으로 n 비트 이진값으로 변환하기 위해 $2^n - 1$개의 비교기가 사용된다. 이러한 유형의 AD 변환기의 단점은 타당한 크기의 이진값에 대해 많은 수의 비교기를 필요로 하는 것이다. 주요 장점으로는 변환 시간이 빠르므로, 변환할 채널이 많을 때 유리하다.

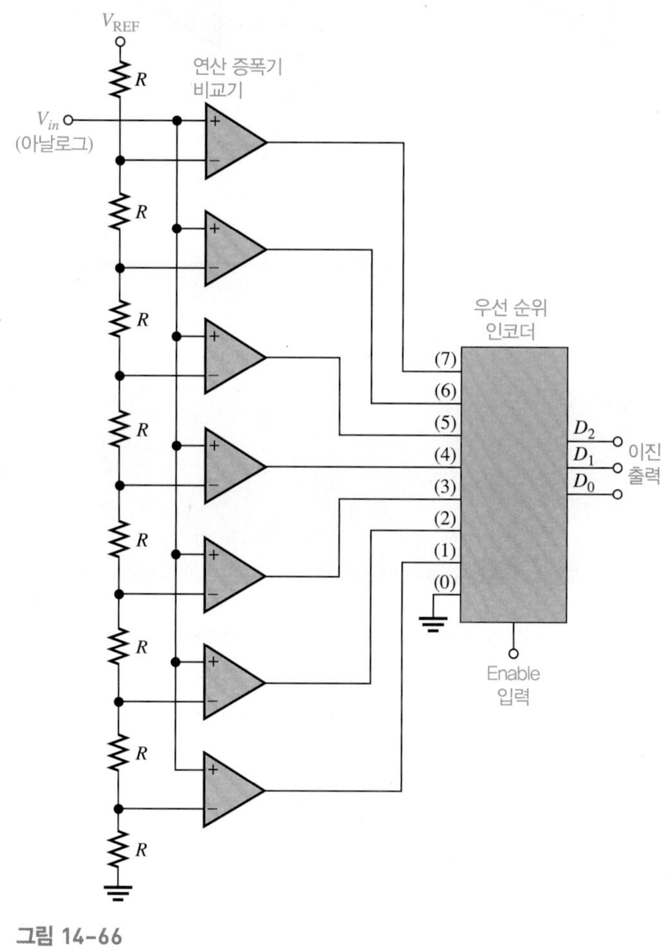

그림 14-66

각 비교기의 기준 전압은 저항 전압 분배기와 V_{REF} 전압을 사용하여 설정된다. 각 비교기의 출력은 **우선 순위 인코더**(*priority encoder*)의 입력으로 연결된다. 우선 순위 인코더는 가장 높은 입력값을 표현하는 이진수를 생성하여 제공하는 디지털 디바이스이다.

인에이블(enable) 라인에 펄스(샘플링 펄스)가 입력될 때, 우선 순위 인코더는 입력을 샘플링하여 입력 신호에 비례하는 3비트 이진수를 출력으로 낸다. 샘플링 레이트(sampling rate)는 정확도를 결정하며, 그것은 변하는 입력신호를 이진수 시퀀스로 표현할 때 얼마나 정확한지를 나타낸다. 단위 시간에 많은 샘플을 취할수록, 아날로그 신호는 디지털 형태로 더욱 정확하게 표현될 수 있다.

14-8절 복습 문제

1. 그림 14-67의 각 비교기에 대한 기준 전압을 구하시오.
2. 비교기에서 히스테르시스의 목적은 무엇인가?
3. 비교기의 출력과 관련한 용어 바운딩(bounding)을 정의하시오.
4. 병렬비교형(플래시형) AD 변환기에서 일련의 저항 분배기는 어떤 목적인가?

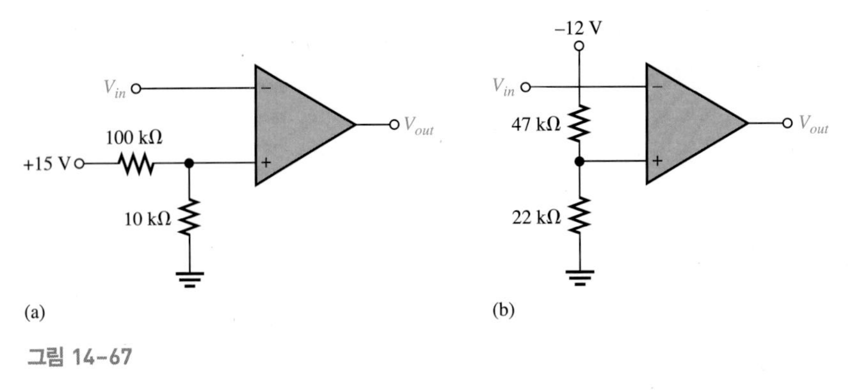

그림 14-67

14-9 가산 증폭기

가산 증폭기는 반전 증폭기 구조를 변형한 것으로, 두 개 이상의 입력을 가지며, 출력 전압은 입력 전압의 대수적인 합에 대한 음의 값에 비례한다. 이 절에서는 가산 증폭기가 어떻게 동작하는지 살펴보고, 가산 증폭기를 변형한 평균 증폭기(averaging amplifier)와 배율 증폭기(scaling amplifier)에 대하여 공부한다.

이 절을 마친 후 다음을 할 수 있어야 한다.

- 가산 증폭기의 몇 가지 유형에 대한 동작을 이해한다.
- 단위 이득 가산 증폭기의 동작을 설명한다.
- 단위 이득보다 큰 특정한 이득을 어떻게 구현하는지 논의한다.
- 평균 증폭기의 동작을 설명한다.
- 배율 증폭기의 동작을 설명한다.
- DA 변환기로 사용되는 배율 가산기를 논의한다.
- 가산 증폭기가 중요한 역할을 하는 아날로그 시스템을 논의한다.

단위 이득을 가지는 가산 증폭기

두 개의 입력을 가지는 **가산 증폭기(summing amplifier)**를 그림 14-68에 나타내었으며, 입력의 수에는 사실 제한이 없다.

회로의 동작과 출력의 표현식 유도는 다음과 같다. 두 개의 전압, V_{IN1}과 V_{IN2}이 입력에 인가되어 전류 I_1과 I_2를 그림과 같이 생성한다. 무한대의 입력 임피던스와 가상 접지의 개념으로부터, 연산 증폭기의 반전(−) 입력단에서의 전압은 거의 0 V이므로 입력단으로 전류가 흐르지 않는다. 이것은 두 전류 I_1과 I_2가 가합점(summing point)에서 합쳐져 전체 전류가 형성되어 R_f를 통해 흐르는 것($I_T = I_1 + I_2$)을 의미한다. $V_{OUT} = -I_T R_f$이므로, 다음과 같이 정리된다.

$$V_{OUT} = -(I_1 + I_2)R_f = -\left(\frac{V_{IN1}}{R_1} + \frac{V_{IN2}}{R_2}\right)R_f$$

만약 모든 세 개의 저항이 같은 값이면 ($R_1 = R_2 = R_f = R$),

$$V_{OUT} = -\left(\frac{V_{IN1}}{R} + \frac{V_{IN2}}{R}\right)R = -(V_{IN1} + V_{IN2})$$

위 식은 출력 전압이 두 입력 전압의 합과 같은 크기이며, 부호가 음인 것을 보여준다. 모든 저항값이 동일하고, n개의 입력을 가지는 가산 증폭기를 그림 14-69에 나타내었고, 일반적인 출력식은 식 14-20과 같다.

$$V_{OUT} = -(V_{IN1} + V_{IN2} + \cdots + V_{INn}) \tag{14-20}$$

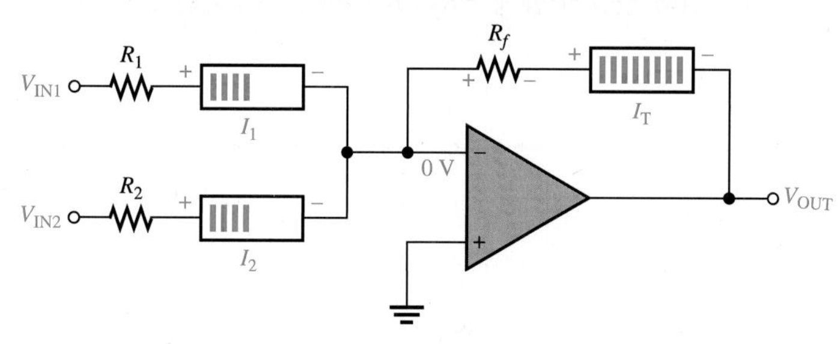

그림 14-68 입력이 두 개인 반전 가산 증폭기

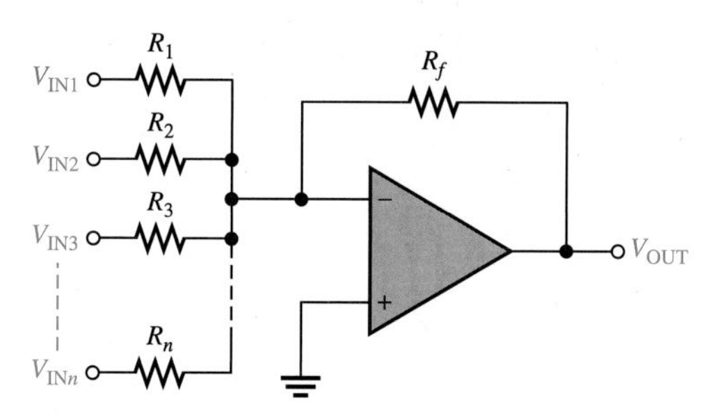

그림 14-69 n개의 입력을 가진 가산 증폭기

예제 14-15

그림 14-70의 회로에 대한 출력 전압을 구하시오.

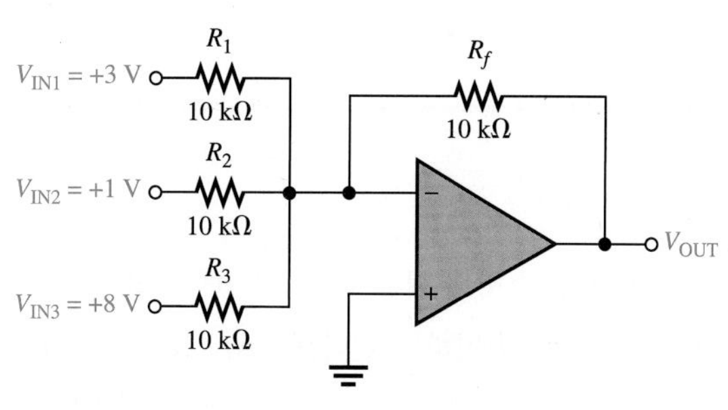

그림 14-70

풀이

$$V_{OUT} = -(V_{IN1} + V_{IN2} + V_{IN3}) = -(3\text{ V} + 1\text{ V} + 8\text{ V}) = \mathbf{-12\text{ V}}$$

관련문제

만약, 그림 14–70에 10 kΩ 저항을 통해 +0.5 V가 네 번째 입력으로 가해지면, 출력 전압은 얼마인가?

이득이 1보다 큰 가산 증폭기

R_f가 입력 저항보다 클 때, 증폭기의 이득은 $-R_f / R$을 가지며, 여기서 R은 각 입력 저항값이다. 출력에 대한 일반적인 표현식은 다음과 같다.

$$V_{OUT} = -\frac{R_f}{R}(V_{IN1} + V_{IN2} + \cdots + V_{INn}) \quad (14\text{–}21)$$

위 식에서 출력은 모든 입력 전압의 합에 $-R_f / R$에 의해 결정되는 상수를 곱한 것과 같은 크기를 가지게 됨을 알 수 있다.

예제 14–16

그림 14–71에 나타낸 가산 증폭기의 출력 전압을 구하시오.

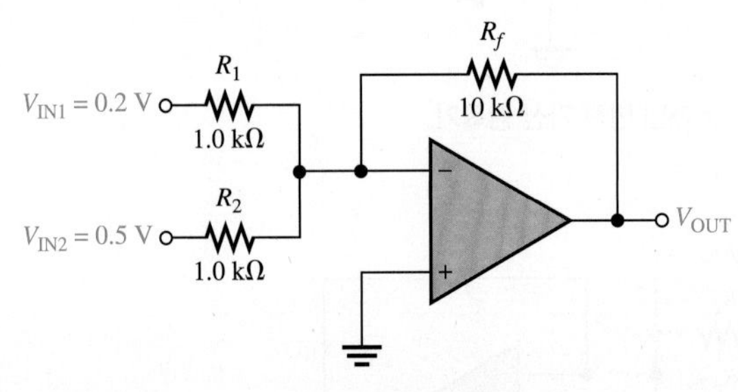

그림 14–71

풀이

R_f = 10 kΩ이고, $R = R_1 = R_2$ = 1.0 kΩ 이므로,

$$V_{OUT} = -\frac{R_f}{R}(V_{IN1} + V_{IN2}) = -\frac{10\text{ k}\Omega}{1.0\text{ k}\Omega}(0.2\text{ V} + 0.5\text{ V}) = -10(0.7\text{ V}) = \mathbf{-7\text{ V}}$$

관련문제

두 개의 입력 저항은 2.2 kΩ이고, 궤환 저항은 18 kΩ일 때, 그림 14–71의 출력 전압을 구하시오.

평균 증폭기

가산 증폭기는 입력 전압의 수학적 평균을 구하는 데 사용될 수 있다. 이를 위해서 R_f / R의 비율을 입력의 수 (n)의 역수인 값으로 설정하면 된다. 즉, $R_f / R = 1/n$이 된다. 수를 모두 더한 다음 수의 개수로 나누면 평균이 구해진다. 식 14–21을 잘 살펴보면, 가산 증폭기가 평균을 구할 수 있음을 쉽게 알 수 있다. 다음의 예제가 평균 증폭기(averaging amplifier)에 대하여 설명한다.

예제 14-17

그림 14-72에 나타낸 증폭기가 입력 전압의 평균을 출력함을 보이시오.

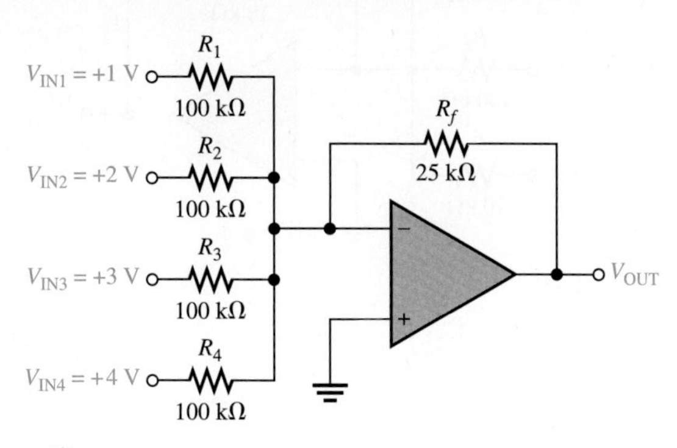

그림 14-72

풀이

입력 저항들은 모두 같으므로, $R = 100\ \text{k}\Omega$이다. 출력 전압은 다음과 같다.

$$V_{OUT} = -\frac{R_f}{R}(V_{IN1} + V_{IN2} + V_{IN3} + V_{IN4})$$

$$= -\frac{25\ \text{k}\Omega}{100\ \text{k}\Omega}(1\ \text{V} + 2\ \text{V} + 3\ \text{V} + 4\ \text{V}) = -\frac{1}{4}(10\ \text{V}) = \mathbf{-2.5\ V}$$

간단한 계산으로 입력의 평균값은 V_{OUT}의 크기와 같으나 부호가 반대임을 알 수 있다.

$$V_{IN(avg)} = \frac{1\ \text{V} + 2\ \text{V} + 3\ \text{V} + 4\ \text{V}}{4} = \frac{10\ \text{V}}{4} = 2.5\ \text{V}$$

관련문제

그림 14-72의 평균 증폭기가 5개의 입력을 다루기 위해서 어떤 변화가 필요한지 열거하시오.

배율 가산기

간단히 입력 저항의 값을 조정함으로 가산 증폭기의 각 입력에 서로 다른 가중치를 할당할 수 있다. 따라서 출력 전압은 다음과 같이 표현된다.

$$V_{OUT} = -\left(\frac{R_f}{R_1}V_{IN1} + \frac{R_f}{R_2}V_{IN2} + \cdots + \frac{R_f}{R_n}V_{INn}\right) \qquad (14\text{-}22)$$

특정한 입력의 가중치는 그 입력에 해당하는 입력 저항에 대한 궤환저항 R_f의 비율로 정해진다. 예를 들면, 어떤 입력의 가중치를 1로 하고 싶을 때는 $R = R_f$이면 된다. 또는 가중치로 0.5가 필요하다면, $R = 2R_f$로 설정한다. R의 값이 작으면 작을수록, 가중치는 커지게 된다. 이것이 배율가산기(Scaling Adder)이다.

예제 14-18

그림 14-73에 나타낸 배율 가산기에서 각 입력에 대한 가중치를 결정하고, 출력 전압을 구하시오.

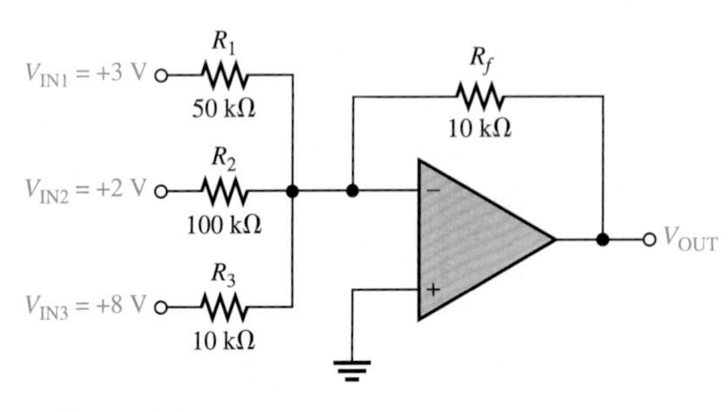

그림 14-73

풀이

입력 저항들은 모두 같으므로, R = 100 kΩ이다. 출력 전압은 다음과 같다.

입력 1의 가중치: $\dfrac{R_f}{R_1} = \dfrac{10\text{ k}\Omega}{50\text{ k}\Omega} = \mathbf{0.2}$

입력 2의 가중치: $\dfrac{R_f}{R_2} = \dfrac{10\text{ k}\Omega}{100\text{ k}\Omega} = \mathbf{0.1}$

입력 3의 가중치: $\dfrac{R_f}{R_3} = \dfrac{10\text{ k}\Omega}{10\text{ k}\Omega} = \mathbf{1}$

출력 전압은 다음과 같다.

$$V_{OUT} = -\left(\frac{R_f}{R_1}V_{IN1} + \frac{R_f}{R_2}V_{IN2} + \frac{R_f}{R_3}V_{IN3}\right)$$
$$= -[0.2(3\text{ V}) + 0.1(2\text{ V}) + 1(8\text{ V})] = -(0.6\text{ V} + 0.2\text{ V} + 8\text{ V})$$
$$= \mathbf{-8.8\text{ V}}$$

관련문제

그림 14-73에서 R_1 = 22 kΩ, R_2 = 82 kΩ, R_3 = 56 kΩ, 그리고 R_f = 10 kΩ일 때, 각 입력 전압에 대한 가중치를 결정하시오. 또한 V_{OUT}을 구하시오.

시스템 예제 14-6

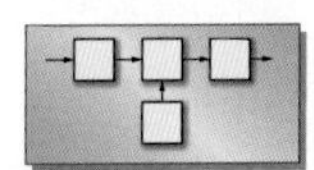

DA 변환기

DA 변환(D/A conversion)은 많은 오디오 시스템에서 디지털 신호를 아날로그 (선형) 신호로 변환하는 중요한 인터페이스 과정이다. 예를 들면 음성신호는 저장, 처리, 전송을 위해 디지털화되며, 이러한 디지털 음성 신호는 스피커를 통해 원래 음성을 근사화하여 재현되어야 한다. 이번 예시는 음성 신호를 디지털 데이터로 저장하고, 나중에 그것을 읽어 음성으로 다시 변환하는 시스템을 살펴본다. 그림

14–74에 다이어그램으로 나타내었고, DA 변환을 중점적으로 살펴본다. DA변환과 관련된 좀 더 깊이 있는 내용은 CD에 수록된 15장을 참고하기 바란다.

이 시스템에 사용된 DA 변환 기법은 디지털 입력 코드의 이진 가중치를 나타내기 위해 입력 저항을 가진 배율 가산기를 사용하는 것이다. 대부분의 실제 변환기는 10비트 이상의 것이지만, 간단히 4비트 변환기를 살펴보자. 그림 14–75는 이러한 유형 (**이진 가중 저항** *DAC*)의 4비트 DA 변환기를 나타낸다. 스위치 기호는 트랜지스터 스위치를 나타내며, 각각의 이진 자리수에 해당하는 입력의 인가 여부를 결정한다.

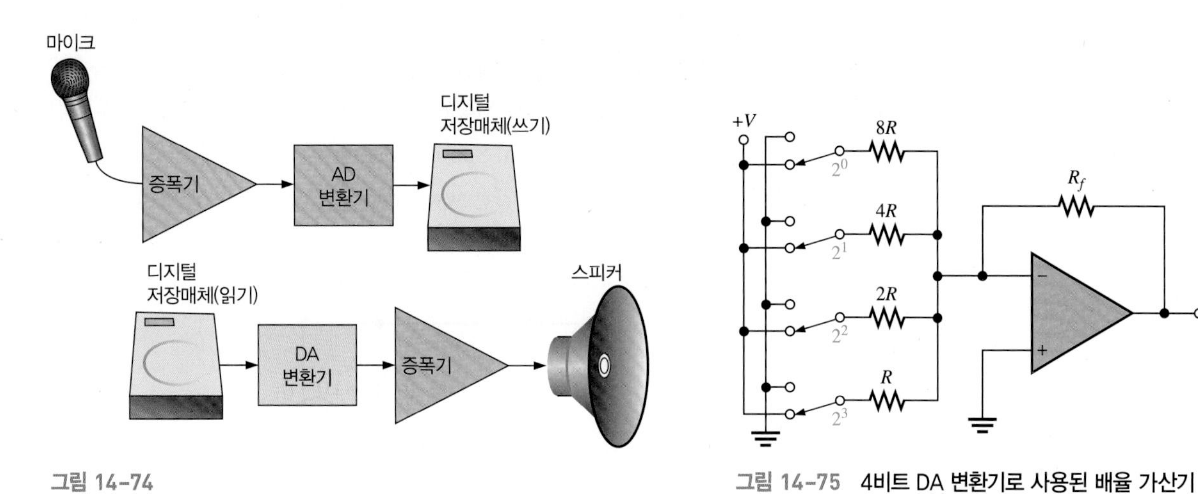

그림 14–74

그림 14–75 4비트 DA 변환기로 사용된 배율 가산기

반전 (–) 입력단은 가상 접지이므로, 출력 전압은 궤환 저항 R_f를 통해 흐르는 전류(입력 전류의 합)에 비례하게 된다. 가장 낮은 저항값 R은 가장 높은 가중치를 가진 입력 (2^3)에 해당한다. 그리고 다른 R의 배수들은 각각 2^2, 2^1, 그리고, 2^0에 대응한다.

시스템 예제 14-7

25와트 4채널 믹서/앰프

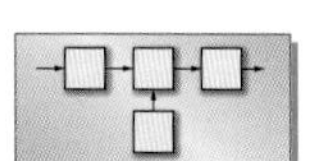

거의 모든 음향 증폭 시스템(sound reinforcement system)은 믹서(mixer)라고 하는 장치를 갖고 있다. 믹서는 여러 가지 악기들의 소리 및 가수의 목소리 등 다른 소스로부터 전달되는 신호를 받아서 합치는 장치이다. 각 입력의 레벨은 상당히 다르므로, 각각의 입력은 자신만을 위한 볼륨 제어가 필요하다. 이를 통해 사운드 기술자는 여러 소리들의 균형을 맞추어 악기소리와 가수의 소리가 명확하게 들리도록 한다. 또한 마스터 볼륨 제어는 전체 사운드 레벨을 높이거나 낮추는데 사용한다. 4채널 믹서의 전면 패널이 그림 14–76에 나타내었다.

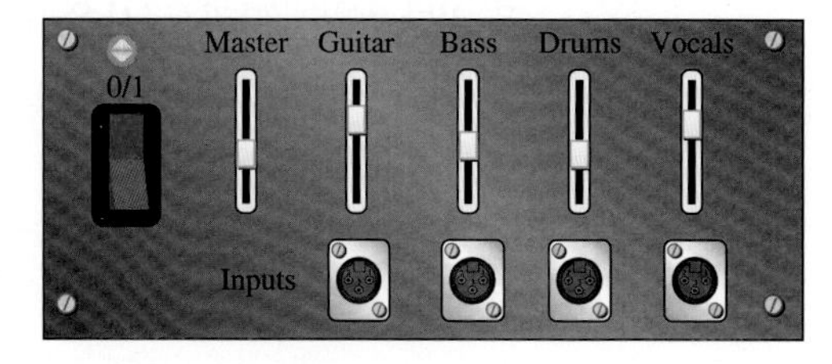

그림 14–76 믹서 전면 패널

입력은 XLR 암 커넥터(female connector)로 연결됨에 주의한다. XLR 커넥터는 전문 오디에 시스템에 주로 사용되며, 때때로 조명 제어 등 다른 분야에서도 사용된다. XLR 커넥터는 제임스 캐논(James Cannon)에 의해 발명되었기 때문에 가끔 캐논 커넥터(cannon connector)라고도 한다. 그림에 나타난 3핀 커넥터가 가장 보편적인

것이나, 응용분야에 따라 XLR 커넥터는 7개의 핀을 가질 수도 있다. 센터 핀(center pin)은 접지 핀이며, 다른 핀들보다 약간 길어서 가장 먼저 접촉하도록 되어 있다.

그림 14–77에 보인 회로도를 참고하자. 이 회로에서 연산 증폭기는 가산 증폭기와 프리앰프(preamp)로 사용되고 있다. 먼저, 각 입력에는 포텐쇼미터와 고정 저항이 있음에 주의한다. 포텐쇼미터는 마이크로부터 들어오는 입력신호의 이득을 제어한다. 포텐쇼미터의 저항이 작아짐에 따라, 입력 신호의 이득은 증가하게 된다. 고정 저항이 필요한 이유는 포텐쇼미터의 저항값이 0 Ω이 되면 마스터 볼륨 제어기의 설정에 상관없이 연산 증폭기가 포화상태로 되기 때문이다.

궤환 포텐쇼미터는 마스터 볼륨 제어기로 작동한다. 저항값이 증가함에 따라 가산 입력의 이득은 증가한다. 여기서는 고정 궤환 저항이 필요하지 않다. 궤환 저항이 0 Ω으로 되면, 회로의 이득은 0이 되고, 어떠한 소리도 들리지 않게 된다. 믹서를 위해 LM4562 연산 증폭기로 선택하였음에 주의한다. 이 연산 증폭기 시리즈는 내셔널 세미컨덕터(National Semiconductor)사의 초저왜곡 증폭기로 고충실도를 위한 응용에 최적화되어 있다. LM4562의 사양은 www.national.com에서 찾아 볼 수 있다.

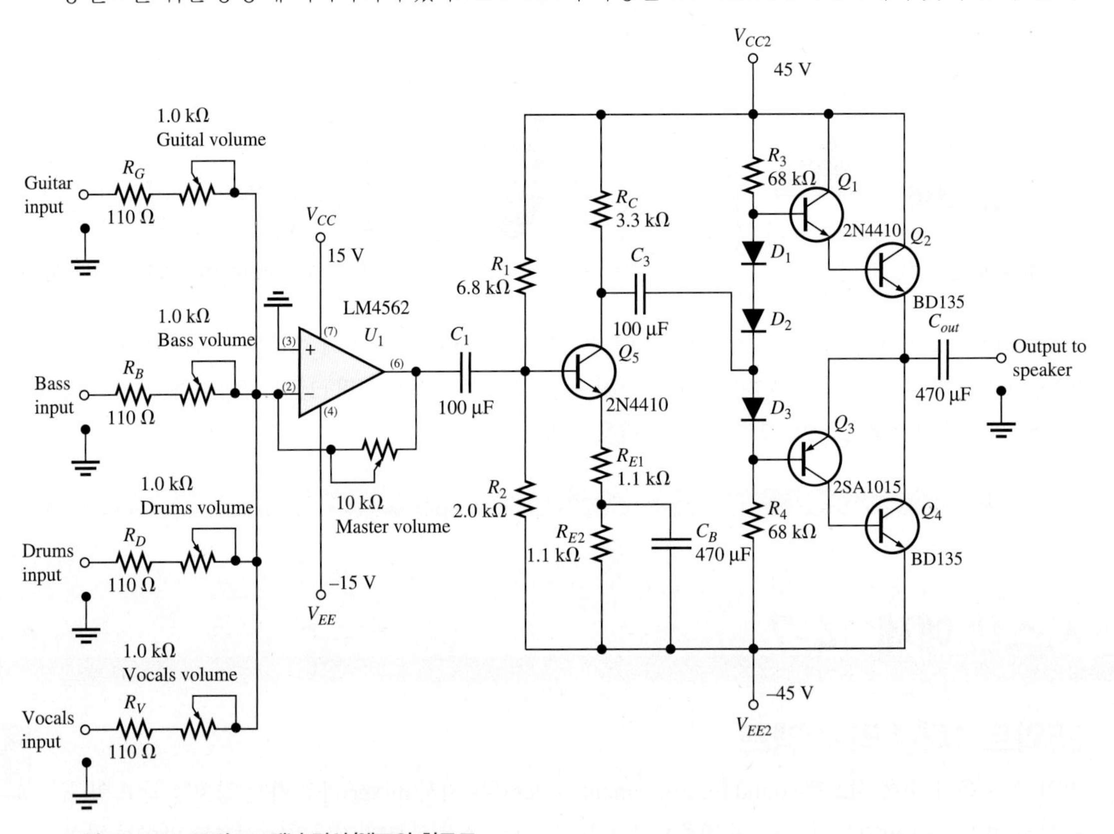

그림 14–77 25와트 4채널 믹서/앰프의 회로도

많은 믹서들은 파워 앰프(power amplifier)를 포함하고 있다. 고출력을 내기 위해 전원 공급 레일(rail)은 ±45 V를 사용하였다. 주어진 시스템에서는 하나 이상의 전원 공급 레일을 사용하는것이 매우 일반적이다. 따라서, 사용된 트랜지스터의 컬렉터-이미터 전압 규격이 만족하는 것으로 선정하여야 한다. 버퍼 단(buffer stage) 대신에, 고출력을 내기 위해 클래스 A 증폭기가 사용되었다. LM4562는 출력 임피던스가 낮으므로, 클래스 A 증폭기를 쉽게 구동할 수 있으므로 버퍼 단이 필요하지는 않다. 설계된 대로 이 믹서/앰프는 연속된 25와트 음성신호를 8 Ω 스피커로 신호의 잘림(clipping)없이 전달할 수 있다. 만약 더욱 높은 파워가 필요하면, 회로의 출력 단을 여러 개 병렬로 추가하면 된다.

14-9절 복습 문제

1. 가합점(*summing point*)을 정의하시오.
2. 5개의 입력을 가지는 평균 증폭기에서 R_f/R의 값은 무엇인가?
3. 어떤 배율 가산기가 2개의 입력을 가지고 있으며, 하나는 다른 것보다 2배의 가중치를 가진다고 하자. 낮은 가중치에 해당하는 저항이 10 kΩ이라면, 다른 입력의 저항은 무엇인가?
4. 그림 14-77에서, 믹서 각 채널의 고정 저항들의 목적은 무엇인가?

14-10 적분기와 미분기

연산 증폭기 적분기는 수학적인 적분을 모사하며, 어떤 함수의 곡선 아래 부분의 전체 면적을 구한다. 연산 증폭기 미분기는 수학적인 미분을 모사하며, 어떤 함수의 순간적인 변화율을 결정한다. 이 절에서 설명하는 적분기와 미분기는 기본적인 원리만 보여주는 이상적인 것이다. 실제적인 적분기는 포화상태를 방지하기 위해 추가적인 저항과 궤환 커패시터에 병렬로 연결된 다른 회로를 가지고 있다. 그리고, 실제적인 미분기는 고주파 노이즈를 감소하기 위해 직렬로 연결된 저항을 포함할 수도 있다.

이 절을 마친 후 다음을 할 수 있어야 한다.

- 적분기와 미분기의 동작을 이해한다.
- 적분기를 구분한다.
- 커패시터가 충전되는 과정을 논의한다.
- 적분기의 출력의 변화율을 결정한다.
- 미분기를 구분한다.
- 미분기의 출력 전압을 결정한다.

연산 증폭기 적분기

이상적인 **적분기(integrator)**를 그림 14-78에 나타내었다. 궤환 소자는 입력 저항과 함께 *RC* 회로를 형성하는 커패시터임에 주목한다.

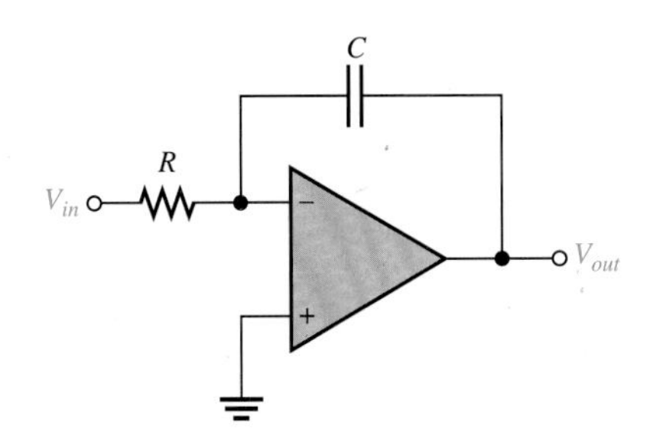

그림 14-78 이상적인 연산 증폭기 적분기

커패시터의 충전 적분기가 어떻게 동작하는지 이해하기 위해서는 커패시터가 충전하는 과정을 살펴보아야 한다. 커패시터의 전하량 Q는 충전 전류 (I_C)와 시간(t)에 비례하는 것을 상기하자.

$$Q = I_C t$$

또한, 전압의 관점에서는, 커패시터의 전하량은

$$Q = CV_C$$

이다. 이 두 관계식으로부터, 커패시터의 전압은 다음과 같이 나타낼 수 있다.

$$V_C = \left(\frac{I_C}{C}\right)t$$

이 식은 0에서 시작하여 일정한 기울기, I_C/C를 가지는 직선의 방정식 형태이다. (대수학에서 직선의 방정식은 일반적으로 $y = mx + b$의 형태이며, 이 경우는, $y = V_C$, $m = I_C/C$, $x = t$, 그리고, $b = 0$이다.)

간단한 *RC* 회로의 커패시터 전압은 선형이 아니라 지수적임을 상기하자. 이것은 커패시터가 충전함에 따라 충전 전류가 연속적으로 감소하여 전압의 변화율이 연속적으로 줄어들기 때문이다. 연산 증폭기와 *RC* 회로를 사용한 적분기에서 중요한 사항은 커패시터의 충전 전류를 상수로 일정하게 만들어 지수적인 전압이 아닌 직선(선형) 전압을 만든다는 것이다. 이것이 사실인지 살펴보도록 하자.

그림 14–79에서, 연산 증폭기의 반전 입력은 가상 접지 (0 V)이므로, R_i에 걸리는 전압은 V_{in}과 같다. 따라서 입력 전류는

$$I_{in} = \frac{V_{in}}{R_i}$$

이다.

만약 V_{in}이 상수 전압이면, 반전 입력은 항상 0 V이므로, R_i에 걸리는 전압이 상수이고, I_{in}도 또한 상수가 된다. 연산 증폭기의 입력 임피던스는 매우 크므로, 반전 입력단으로 흐르는 전류는 무시할 수 있다. 따라서 모든 입력 전류가 커패시터를 충전하는 데 사용된다. 따라서,

$$I_C = I_{in}$$

이다.

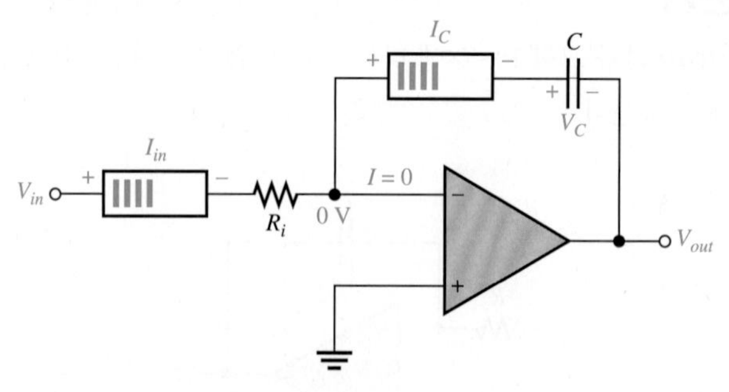

그림 14–79 적분기 전류

커패시터 전압 I_{in}은 상수이므로, I_C도 상수가 된다. 일정한 I_C는 커패시터를 선형적으로 충전시키며, 커패시터 *C* 양단의 선형적인 전압을 만든다. 커패시터의 양의 단자가 연산 증폭기의 가상 접지에 의해 0 V로 고정된다. 커패시터의 음의 단자 전압은 그림 14–80에 나타낸 것과 같이 커패시터가 충전하면서 0에서부터 선형적으로 감소한다. 이 전압을 음램프(*negative ramp*)라고 부르며, 일정한 양의 입력이 인가되는 결과로 볼 수 있다.

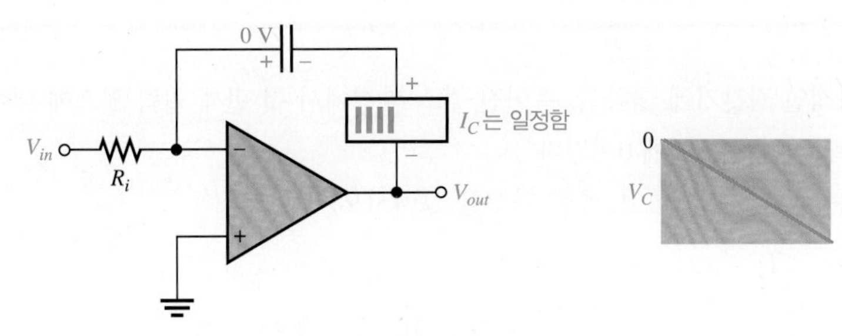

그림 14-80 일정한 충전 전류에 의해 생성되는 커패시터의 선형 램프 전압 (linear ramp voltage)

출력 전압 V_{out}은 커패시터의 음의 단자에서의 전압과 같다. 일정한 양의 입력 전압이 계단 또는 펄스 (펄스는 하이(High) 상태에서 일정한 진폭을 가진다) 형태로 인가되었을 때, 출력 램프는 음으로 감소하여 연산 증폭기의 음의 최대값이 될 때까지 진행한다. 이것을 그림 14-81에 나타내었다.

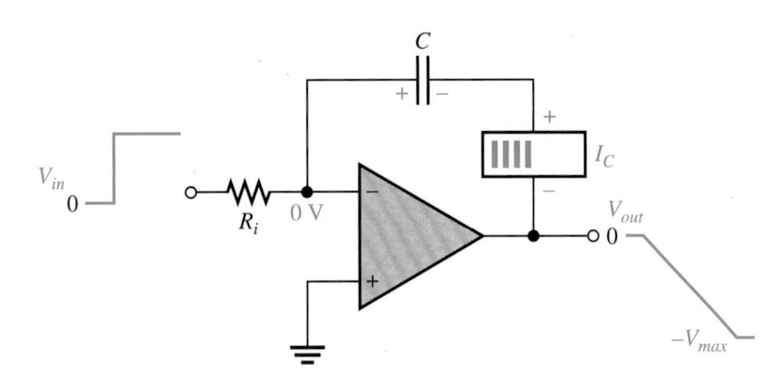

그림 14-81 일정한 입력 전압이 적분기의 출력에 램프를 만든다.

출력의 변화율 커패시터가 충전하는 비율, 즉 출력 램프의 기울기는 I_C/C에 의해 설정된다. $I_C = V_{in}/R_i$이므로, 적분기 출력 전압의 변화율 또는 기울기는 다음과 같다.

$$\frac{\Delta V_{out}}{\Delta t} = -\frac{V_{in}}{R_i C} \quad (14-23)$$

적분기는 특히, 삼각파형(triangular wave)을 생성하는 데 유용하다.

그림 14-78에 보인 이상적인 적분기는 이론적으로 잘 동작하지만, 실제에서는 잘 동작하지 않는다. 연산 증폭기 입력에 약간의 직류 오프셋(dc offset)이 있어도 출력은 결국 포화상태로 만들게 된다. 그 이유는 커패시터는 직류 전압에 대하여 거의 무한대의 저항으로 작용하여, 직류 전압 이득이 결국 매우 크게 되기 때문이다. 입력 신호에 직류 성분이 존재하지 않더라도, 연산 증폭기 자체의 입력 오프셋 전류가 출력 오프셋 전압을 만든다.

이것을 해결하는 하나의 방법은 그림 14-82에 나타낸 것과 같이 커패시터와 병렬로 아주 높은 저항을 추가하는 것이다. 이 회로는 이동 평균(running average) 또는 **밀러 적분기**라고 불리운다. 고주파에서는 저항은 거의 없는 것과 같이 어떠한 효과도 주지 않는다. 저주파에서는 커패시터가 방전하는 경로는 생성하게 하여, 적분기의 직류 이득을 낮추게 된다.

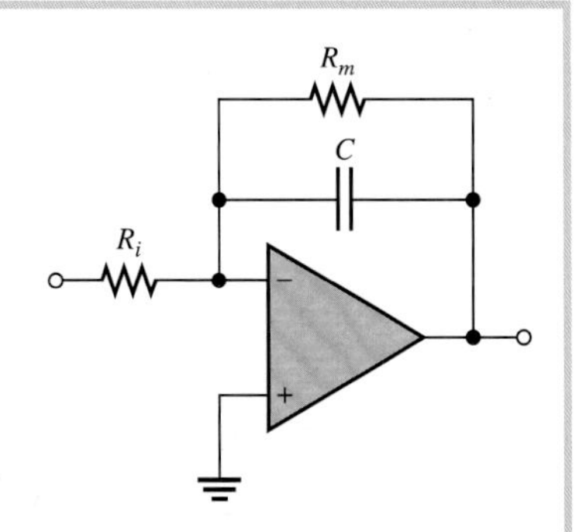

그림 14-82 밀러 적분기 (Miller Integrator)

예제 14-19

(a) 그림 14-83(a)에 나타낸 이상적인 적분기에 대하여, 주어진 펄스 파형에서 첫 번째 입력 펄스에 대한 출력 전압의 변화율을 구하시오. 출력 전압은 초기에 0이었다.

(b) 첫 번째 펄스 이후에 나타나는 출력을 설명하고, 출력 파형을 그리시오.

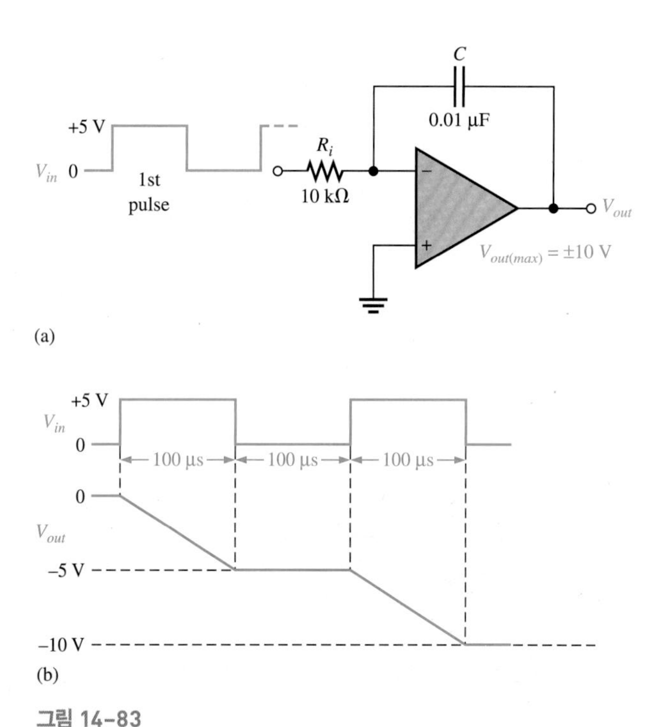

그림 14-83

풀이

(a) 입력 펄스가 하이(high)일 때 출력 전압의 변화율은 다음과 같다.

$$\frac{\Delta V_{out}}{\Delta t} = -\frac{V_{in}}{R_i C} = -\frac{5\text{ V}}{(10\text{ k}\Omega)(0.01\ \mu\text{F})} = -50\text{ kV/s} = \mathbf{-50\ mV/\mu s}$$

(b) 파트(a)에서 변화율은 -50 mV/μs이었다. 입력이 +5 V일 때, 출력은 음의 기울기를 갖는 램프이다. 입력이 0 V일 때는 출력이 일정한 레벨을 유지한다. 100 μs 동안 전압은 줄어들게 된다.

$$\Delta V_{out} = (-50\text{ mV}/\mu\text{s})(100\ \mu\text{s}) = \mathbf{-5\ V}$$

따라서, 음의 기울기 램프는 펄스의 마지막에서 −5 V에 도달하게 된다. 입력이 0인 동안에 출력 전압은 −5 V로 일정하게 유지된다. 그 다음 펄스에서는 출력 전압이 −10 V에 도달하도록 된다. 이 값이 최대 한계이므로 출력은 펄스가 가해지는 한 −10 V로 유지된다. 그림 14-68(b)에 출력 파형을 나타내었다.

관련문제

그림 14-83에 있는 적분기를 수정하여 같은 입력에 대하여, 50 μs 동안 출력이 0에서 −5 V로 변하도록 하시오.

연산 증폭기 미분기

그림 14-84는 이상적인 **미분기(differentiator)**를 나타내고 있다. 커패시터와 저항의 위치가 적분기와 다르게 배치되어 있음에 주목한다. 여기서 커패시터는 입력 소자이다. 미분기는 입력 전압의 변화율에 비례한 출력을 만들어 낸다. 이득을 제한하기 위해 커패시터와 직렬로 연결된 작은 저항이 사용될 수도 있다. 이 저항은 미분기의 기본적은 동작에 큰 영향을 주지 않으며, 해석의 편의를 위해 그림에는 표시하지 않았다.

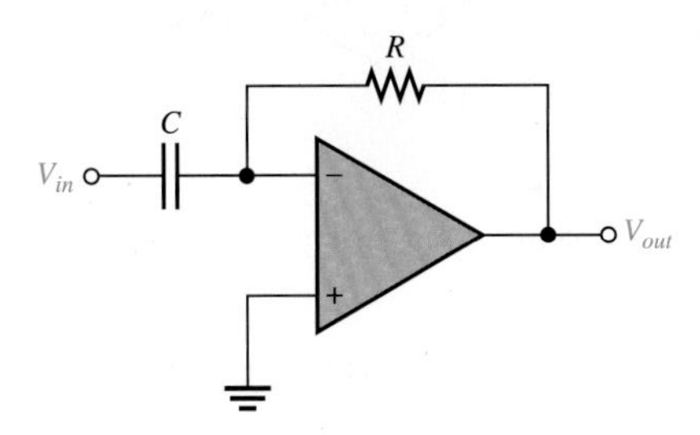

그림 14-84 이상적인 연산 증폭기 미분기

미분기가 어떻게 동작하는지 살펴보기 위해, 양으로 변하는 램프 전압을 그림 14-85와 같이 인가해보자. 이 경우에, $I_C = I_{in}$이며, 반전 입력은 가상 접지이므로, 커패시터 양단의 전압은 항상 V_{in}과 같다($V_C = V_{in}$).

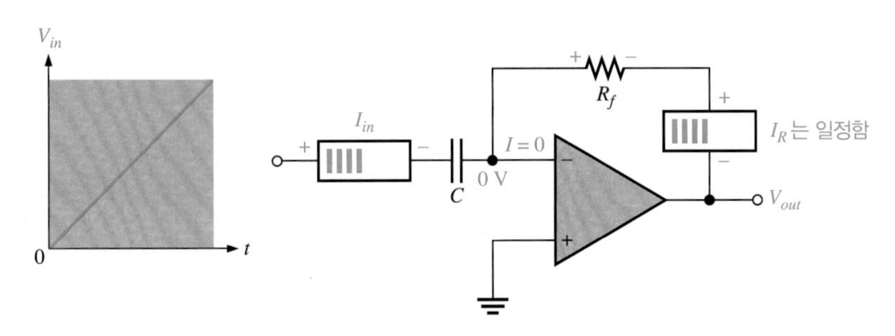

그림 14-85 램프 입력을 가진 미분기

커패시터에 관한 기본 관계식, $V_C = (I_C/C)t$로부터,

$$I_C = \left(\frac{V_C}{t}\right)C$$

이며, 반전 입력단으로 유입하는 전류는 무시할 수 있으므로, $I_R = I_C$이다. 커패시터 전압의 기울기 (V_C/t)가 상수이므로, 이 두 전류는 일정하다. 출력 전압도 마찬가지로 상수이며, 궤환 저항의 한쪽이 항상 0 V(가상 접지)이므로 R_f 양단에 걸린 전압과 같다.

$$V_{out} = I_R R_f = I_C R_f$$

$$V_{out} = -\left(\frac{V_C}{t}\right)R_f C \qquad (14\text{-}24)$$

출력 전압은 그림 14-86에 나타낸 것과 같이 양으로 증가하는 램프 입력일 때는 음의 값이고, 음으로 줄어드는 입력일 때는 양의 값이 된다. 입력전압의 기울기가 양일 때는 커패시터는 궤환 저항을 통해 일정한 전류를 흐르게 하는 입력 소스로부터 충전이 이루어진다. 입력이 음의 기울기를 가질 때는 커패시터가 방전을 하므로 반대방향으로 일정한 전류가 흐르게 된다.

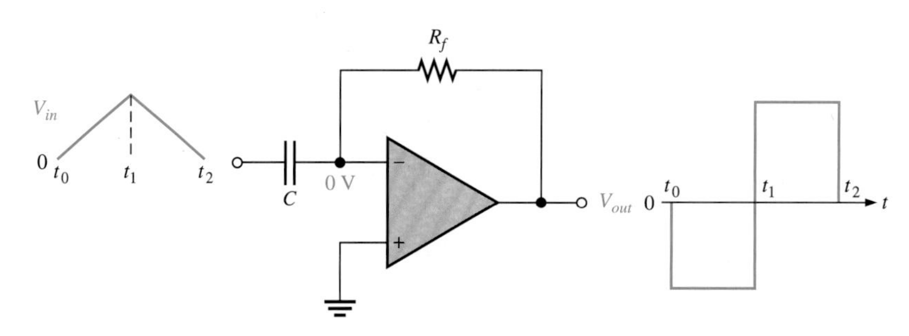

그림 14-86 연속으로 양의 램프와 음의 램프를 가지는(삼각파형) 입력에 대한 미분기의 출력

식 14-24에서 V_C/t는 입력의 기울기임에 주의한다. 입력의 기울기가 양의 값이면, V_{out}은 음의 값으로 변하게 되며, 만약 기울기가 음의 값이 되면, V_{out}은 양의 값으로 변하게 된다. 따라서 출력 전압은 입력의 음의 기울기(변화율)에 비례한다. 비례상수는 시정수인 R_fC이다.

미분기의 출력은 입력 신호의 변화율에 대한 함수이다. 이 미분기의 대표적 응용분야는 공정 시스템의 계장(process instrumentation)에 활용된다. 산업용 용광로가 최고의 동작 온도로 가열되고 있다고 가정하자. 만약, 용광로의 온도만 모니터링한다면, 실제로 정해진 온도보다 과열되지 않는 한 어떠한 경고음도 발생시키지 않게 된다. 좀 더 안전한 제어 시스템은 용광로가 가열되는 변화율을 모니터링할 것이다. 용광로가 너무 빨리 가열된다면, 어떤 장치에 고장이 발생하였음을 나타내므로, 실제로 용광로가 과열되기 전에 조치를 취할 수 있을 것이다.

만약 센서가 적분기에 입력으로 연결되어 온도에 비례한 직류 전압을 만들어 낸다면, 미분기는 온도가 증가하는 변화율에 비례한 출력을 생성한다. 미분기의 출력이 비교기를 동작시키도록 할 수 있다. 비교기의 기준전압을 캘리브레이션하고, 온도의 변화율이 사전에 지정한 값보다 초과하면, 비교기의 출력에 따라 경고를 발생시켜 가열공정을 중단하게 할 수 있을 것이다.

시스템 노트

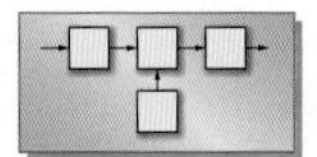

예제 14-20

그림 14-87에 나타낸 삼각파형 입력에 대하여 이상적인 연산 증폭기 미분기의 출력 전압을 구하시오.

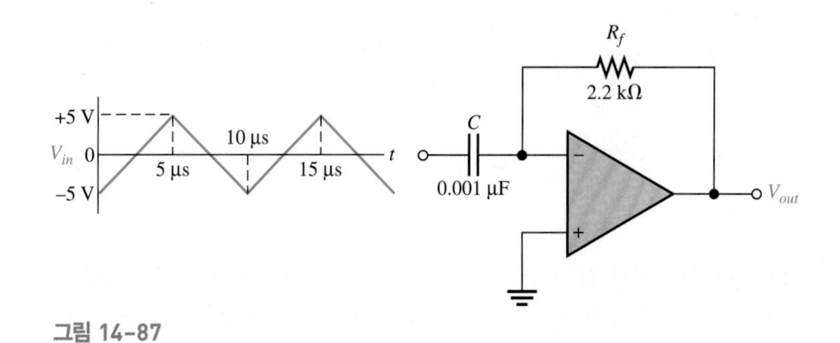

그림 14-87

풀이

시간 $t = 0$에서 시작하여, 입력 전압은 5 μs 동안 −5 V에서 +5 V까지 (+10 V 변화) 양으로 변하는 램프로 변한다. 그리고 나서, 5 μs 동안 +5 V에서 −5 V까지 (−10 V 변화) 음으로 변하는 램프로 변한다.

식 14-24에 대입하면, 양의 램프에 대한 출력 전압은 다음과 같다.

$$V_{out} = -\left(\frac{V_C}{t}\right)R_fC = -\left(\frac{10\text{ V}}{5\ \mu\text{s}}\right)(2.2\text{ k}\Omega)(0.001\ \mu\text{F}) = \mathbf{-4.4\text{ V}}$$

음의 램프에 대한 출력 전압도 같은 방법으로 계산된다.

$$V_{out} = -\left(\frac{V_C}{t}\right)R_fC = -\left(\frac{-10\text{ V}}{5\ \mu\text{s}}\right)(2.2\text{ k}\Omega)(0.001\ \mu\text{F}) = \mathbf{+4.4\text{ V}}$$

따라서, 입력에 대한 출력 전압의 파형은 그림 14-88에 나타내었다.

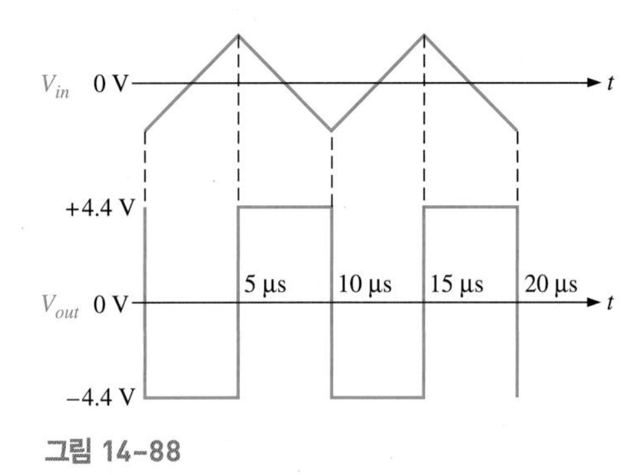

그림 14-88

앞에서도 말했듯이, 만약 이 회로가 실제적인 미분기라면, 작은 저항이 커패시터와 직렬로 연결되어 있을 것이다. 해석은 본질적으로 같다.

관련문제

그림 14-87의 궤환 저항이 3.3 kΩ으로 바뀐다면 출력 전압은 어떻게 되겠는가?

14-10절 복습 문제

1. 연산 증폭기 적분기의 궤환 소자는 무엇인가?

2. 적분기에 일정한 입력 전압이 인가될 때, 커패시터 양단의 전압이 선형이 되는 이유는 무엇인가?

3. 연산 증폭기 미분기의 궤환 소자는 무엇인가?

4. 미분기의 출력은 입력과 어떤 관계가 있는가?

14-11 컨버터와 응용 회로

이 절에서는 연산 증폭기를 활용한 몇 가지 응용회로를 소개한다. 정전류원, 전류–전압 컨버터, 그리고 피크 검출기에 관해서 살펴본다. 물론 연산 증폭기를 사용한 모든 회로를 심도있게 다루지는 않지만, 몇 가지 기본적이고 공통된 사용법을 소개한다.

이 절을 마친 후 다음을 할 수 있어야 한다.

- 몇 가지 연산 증폭기 응용 회로의 동작을 이해한다.
- 연산 증폭기 정전류원 회로를 구분하고, 동작을 설명한다.
- 연산 증폭기 전류–전압 컨버터 회로를 구분하고, 동작을 설명한다.
- 연산 증폭기 전압–전류 컨버터 회로를 구분하고, 동작을 설명한다.
- 연산 증폭기가 피크 검출기로 어떻게 활용될 수 있는지 설명한다.

정전류원

정전류원(constant-current source)은 부하의 저항이 변하더라도 일정한 부하 전류를 공급한다. 그림 14–89는 안정된 전압원(V_{IN})이 입력 저항(R_i)을 통해 일정한 전류(I_i)를 공급하는 기본 회로를 나타낸다. 연산 증폭기의 반전 입력은 가상 접지 (0 V)이므로, I_i의 크기는 V_{IN}과 R_i에 의해 다음과 같이 결정된다.

$$I_i = \frac{V_{\text{IN}}}{R_i}$$

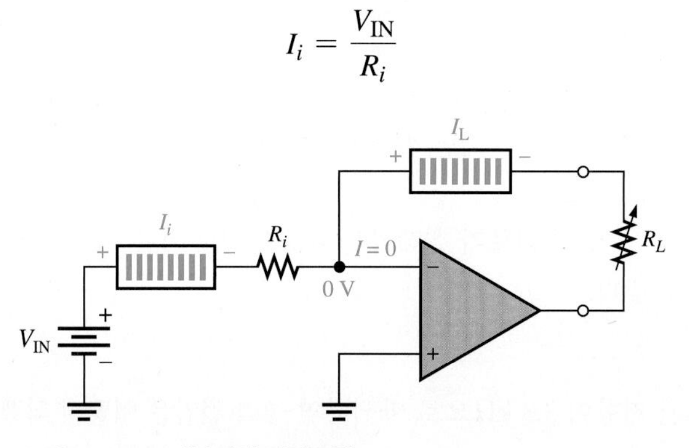

그림 14–89 기본적인 정전류원

연산 증폭기의 내부 입력 임피던스는 매우 높으므로(이상적으로 무한대), 실제적으로 I_i의 모든 전류가 궤환 경로를 따라 연결된 R_L을 통해 흐른다. $I_i = I_{\text{L}}$이므로,

$$I_{\text{L}} = \frac{V_{\text{IN}}}{R_i} \qquad (14\text{–}25)$$

만약, R_L이 변하더라도, V_{IN}과 R_i가 일정하게 유지되면, I_{L}은 상수로 일정하다.

전류 – 전압 컨버터

전류–전압 컨버터(current-to-voltage converter)는 가변 입력 전류를 변환하여 그에 비례하는 출력 전압으로 생성한다. 기본적 구현 회로는 그림 14–90(a)에 나타내었다. 실제적으로 I_i의 모든 전류가 궤환 경로를 따라 흐르며, R_f 양단의 전압강하는 I_iR_f이다. R_f의 좌측은 가상 접지 (0 V)이므로, 출력 전압은 R_f 양단의 전압과 같으며, I_i에 비례한다.

$$V_{OUT} = I_i R_f \quad (14\text{–}26)$$

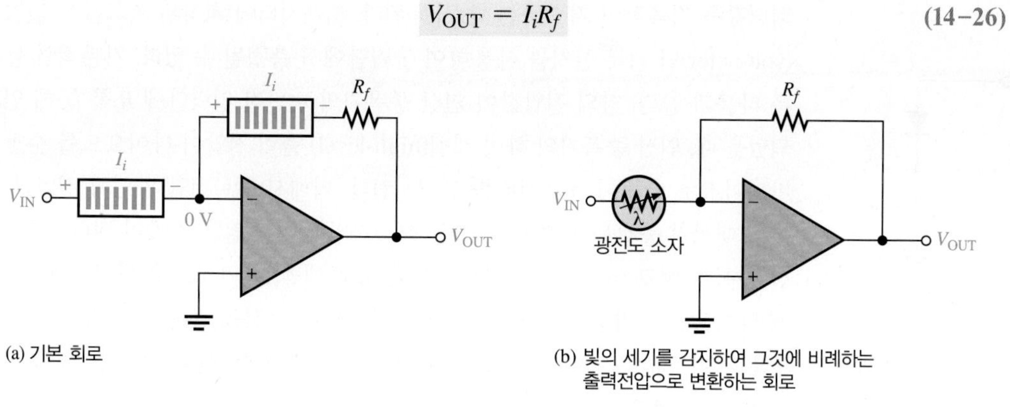

(a) 기본 회로

(b) 빛의 세기를 감지하여 그것에 비례하는 출력전압으로 변환하는 회로

그림 14–90 전류–전압 컨버터

이 회로의 응용 사례로 광전도 소자가 빛의 세기의 변화를 감지하는 데 사용된 회로를 그림 14–90(b)에 나타내었다. 빛의 양이 변함에 따라 광전도 소자에 흐르는 전류의 양이 소자의 저항이 변하면서 바뀌게 된다. 이러한 저항의 변화가 출력 전압의 변화를 비례적으로 일으킨다($\Delta V_{OUT} = \Delta I_i R_f$).

전압–전류 컨버터

기본적인 **전압–전류 컨버터(voltage-to-current converter)**를 그림 14–91에 나타내었다. 이 회로는 입력 전압에 의해 제어되는 출력(부하) 전류가 필요한 응용분야에 사용된다.

입력 오프셋 전압을 무시하면, 연산 증폭기의 반전 및 비반전 단자는 같은 전압, V_{IN}을 가진다. 따라서 R_1 양단의 전압은 V_{IN}과 같다. 반전 입력에 대한 전류는 무시할 수 있으므로, R_1을 통해 흐르는 전류는 R_L을 통해 흐르는 전류와 같다. 따라서 다음과 같은 관계가 성립한다.

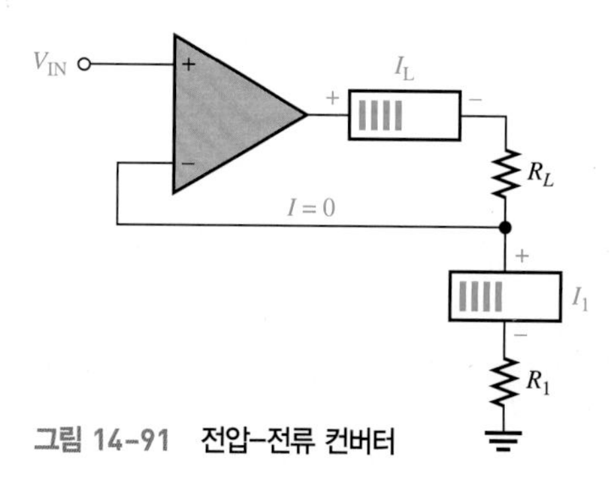

그림 14–91 전압–전류 컨버터

$$I_L = \frac{V_{IN}}{R_1} \quad (14\text{–}27)$$

계장 시스템에서 대부분 물리량의 측정(온도, 무게, 압력 등)은 센서를 사용하여 아날로그 직류 전압 신호로 표현된다. 그러나 직류 전류 신호가 직류 전압 신호보다 더 선호되는 이유는 직류 전류가 직렬 회로(센서와 측정/기록 장치 사이)에서 신호가 흐르는 경로 어디에서나 같은 양을 나타내기 때문이다. 직류 전압 신호는, 병렬 배치에서 조차도, 배선 손실(wiring loss)로 인해 회로의 측정 지점마다 차이가 날 수 있다. 또한 전류 감지 기구는 전압 감지 기구보다 더 작은 임피던스를 가지므로 노이즈에 덜 민감하다.

연산 증폭기 전압-전류 컨버터는 이러한 응용분야에 이상적인 디바이스이다. 측정하는 디바이스에 대한 경로의 저항을 모르는 경우에도 주어진 센서의 입력 전압에 대한 정밀한 전류값을 만들어 낸다.

시스템 노트

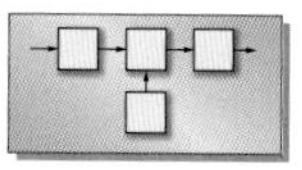

피크 검출기

연산 증폭기의 흥미로운 응용 중 하나가 **피크 검출기(peak detector)** 회로이며 그림 14–92에 나타내었다. 이 경우에 연산 증폭기는 비교기로 사용되었다. 이 회로의 목적은 입력 전압의 피크를 검출하여, 커패시터에 피크 전압을 저장하는 것이다. 예를 들어 이 회로는 서어지 전압(voltage surge)의

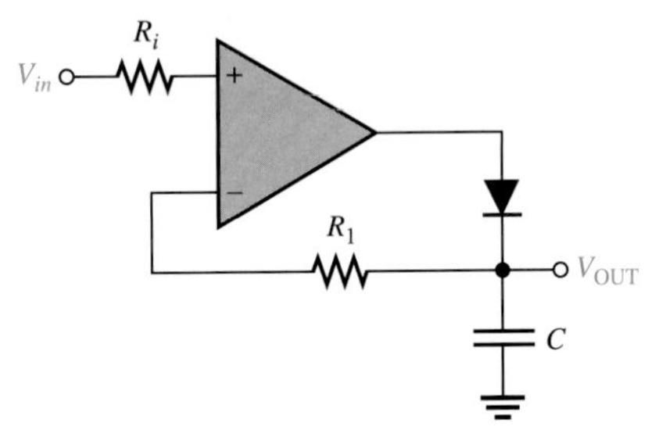

그림 14-92 기본적인 피크 검출기

최대값을 검출하여 저장하는 데 사용된다. 커패시터에 저장된 피크값은 전압계(voltmeter)나 기록 장치를 사용하여 출력단에서 측정될 수 있다. 기본적인 동작은 다음과 같다. 양의 전압값이 연산 증폭기의 비반전 입력단에 R_i를 통해 인가되었을 때, 연산 증폭기의 하이 레벨(high-level) 출력 전압이 다이오드를 순방향 바이어스로 만들어 커패시터를 충전시킨다. 커패시터는 전압이 입력 전압과 같아질 때까지 충전을 계속하여, 연산 증폭기의 입력과 같은 전압이 된다. 이때 연산 증폭기 비교기는 스위치되어 출력이 로우 레벨(low-level)로 변하게 된다. 이제 다이오드는 역방향 바이어스되어 커패시터는 충전을 멈춘다. 커패시터는 V_{in}의 피크 전압에 도달하였고, 이 전압은 전하가 누설될 때까지 유지하게 된다. 만약 더 높은 입력 피크가 발생하게 되면, 커패시터는 새로운 피크값으로 충전된다.

14-11절 복습 문제

1. 그림 14–89의 정전류원에 대하여, 입력 기준 전압이 6.8 V이고, R_i는 10 kΩ이다. 1 kΩ 부하에 이 회로가 공급하는 정전류는 얼마인가? 5 kΩ 부하에는 얼마인가?
2. 전류–전압 컨버터에서 입력 전류와 출력 전압 사이의 비례 상수를 결정하는 소자는 무엇인가?

14-12 고장 진단

집적회로 연산 증폭기는 매우 신뢰성이 높고 고장이 잘 발생하지 않으나, 가끔 고장이 생기기도 한다. 전자회로 기술자라면 연산 증폭기 또는 관련 회로가 정상적으로 동작하지 않는 상황을 접하는 것은 어렵지 않다. 연산 증폭기는 복잡한 집적 회로이며, 많은 유형의 내부 고장이 가능하다. 내부적인 고장의 한 가지 유형은 연산 증폭기의 출력이 입력에 무관하게 하이 또는 로우 레벨로 일정한 포화상태로 고착된(stuck) 경우이다. 또한, 외부 소자의 고장으로 인한 경우도 있다. 그러나 연산 증폭기의 내부를 고장진단할 수 없으므로, 단지 외부와 몇 개의 연결을 가진 하나의 소자로 연산 증폭기를 다룬다. 따라서 만약 연산 증폭기가 고장나면, 저항, 커패시터, 또는 트랜지스터와 같이 그냥 새것으로 교체하면 된다.

이 절을 공부한 후 다음 사항을 할 수 있게 된다.

- 연산 증폭기 회로의 고장진단을 한다.
- 비반전 증폭기의 고장을 분석한다.
- 전압 폴로어의 고장을 분석한다.
- 반전 증폭기의 고장을 분석한다.
- 비교기 회로의 고장을 찾아낸다.
- 가산 증폭기의 고장을 찾아낸다.

연산 증폭기 회로에서 고장이 발생할 수 있는 부품은 몇 가지 밖에 없다. 반전 및 비반전 증폭기는 모두 궤환 저항, R_f와 입력 저항, R_i을 포함하고 있다. 증폭 회로에 따라 부하 저항, 바이패스 커패시터,

전압 보상 저항도 존재한다. 이러한 부품들은 회로에서 개방 또는 단락될 수 있다. 부품의 개방은 거의 부품 자체의 원인에 의한 것이 아니라, 납땜 불량이거나 연산 증폭기의 핀이 구부러진 것에 의해 발생한다. 유사하게, 부품의 단락은 납땜의 퍼짐과 과잉공급에 의한 솔더 브리지(solder bridge)에 의해 발생할 수 있다. 물론 연산 증폭기 자체의 불량이 있을 수 있다. 이 절에서는 궤환 저항과 입력 저항의 불량만을 고려하여 어떤 증상이 나타나는지 기본적인 연산 증폭기 구조별로 살펴보자.

비반전 증폭기의 고장

회로에 고장이 있다고 의심이 될 때 가장 처음 점검할 것은 전원 공급이 적절한지 여부이다. 회로의 접지에 대하여 양의 공급 전압 및 음의 공급 전압이 연산 증폭기의 해당 핀에 측정되는지 살펴보아야 한다. 만약 어느 하나라도 잘못되었다면 다른 것을 점검하기 전에 전원 공급 연결을 추적하여 살펴야 한다. 접지경로가 개방되어 전원값에 이상이 있는지 여부를 점검한다. 공급전압과 접지경로를 모두 점검하였다면, 기본 증폭회로에서 가능한 고장은 다음과 같다.

궤환 저항의 개방 그림 14-93의 회로에서 궤환 저항 R_f가 개방되었다면, 연산 증폭기는 매우 높은 개루프 이득을 가진 증폭기로 동작하게 되어 입력 신호는 연산 증폭기를 비선형 동작으로 만들어 파트 (a)에 보인 출력신호와 같이 심하게 잘린 파형으로 나오게 된다.

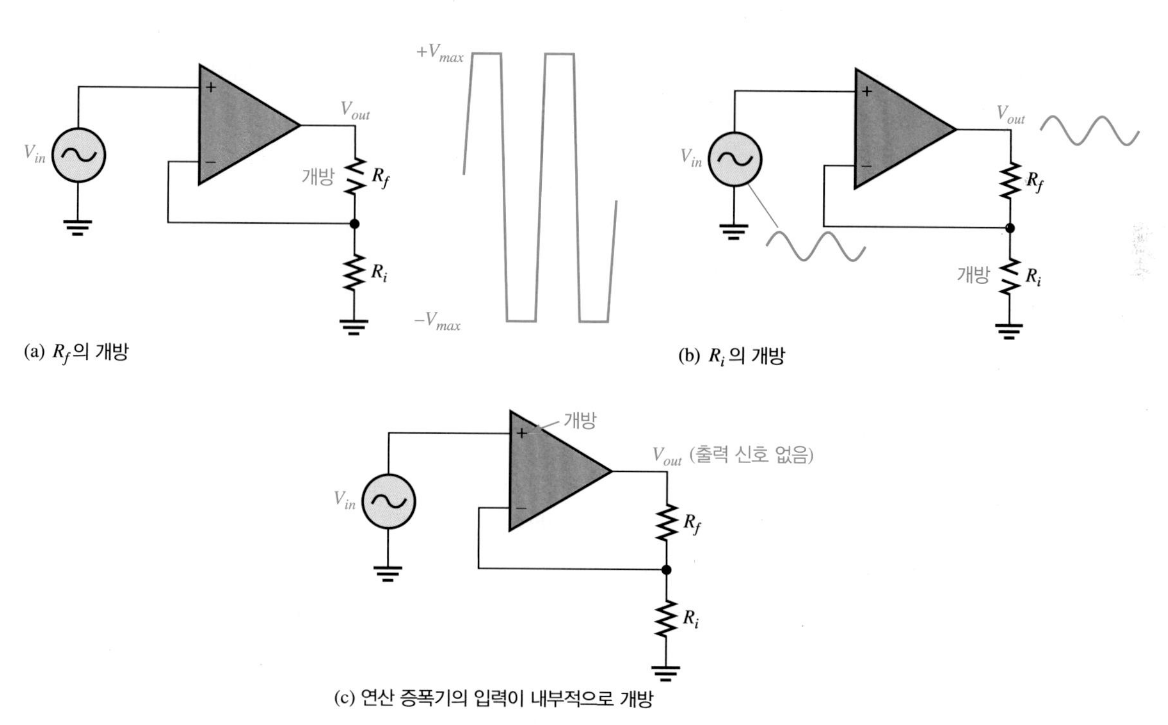

그림 14-93 비반전 증폭기의 고장

입력 저항의 개방 이 경우에는 폐루프 구조가 유지되지만 R_i가 개방되어 있으므로 거의 무한대(∞)와 같으며, 식 14-6에 의한 폐루프 이득은 다음과 같다.

$$A_{cl(\mathrm{NI})} = \frac{R_f}{R_i} + 1 = \frac{R_f}{\infty} + 1 = 0 + 1 = 1$$

따라서 이 경우는 전압 폴로어처럼 동작하게 된다. 그림 14-93(b)에 나타낸 것과 같이 출력 신호는 입력 신호와 같게 나온다.

연산 증폭기 내부적으로 개방된 비반전 입력 단자 이 경우에는 연산 증폭기에 입력이 전달되지 않으므로 출력은 0이 된다. 그림 14–93(c)에 나타내었다.

연산 증폭기의 그 외 고장 일반적으로 연산 증폭기의 내부적인 고장은 출력신호가 없거나 왜곡되어 나타나게 된다. 가장 좋은 방법은 연산 증폭기 외부에 고장이나 잘못된 조건이 없는지 먼저 확실히 검증하는 것이다. 다른 모든 것이 양호하면 연산 증폭기의 고장이 분명하다.

전압 폴로어의 고장

전압 폴로어는 비반전 증폭기의 특별한 경우이다. 잘못된 전원 공급, 고장난 연산 증폭기 또는 개방/단락된 연결을 제외하면, 전압 폴로어에서 발생 가능한 것은 궤환 루프가 개방된 상태이다. 이 경우는 앞에서 설명한 궤환 저항이 개방된 경우와 같은 효과가 나타난다.

반전 증폭기의 고장

공급 전원 비반전 증폭기의 경우와 마찬가지로, 공급된 전원의 전압을 먼저 점검하여야 한다. 접지에 대하여 연산 증폭기의 전원 공급 핀의 전압을 점검한다.

궤환 저항의 개방 그림 14–94(a)에 나타낸 것과 같이 R_f가 개방되면, 입력 신호는 입력 저항을 통해 증폭기에 입력되어, 높은 개루프 이득에 의해 증폭된다. 따라서 연산 증폭기는 비선형 동작을 하게 되고, 출력 신호는 그림과 같이 나타난다. 이것은 비반전 증폭기 구조의 동일한 상황과 같다.

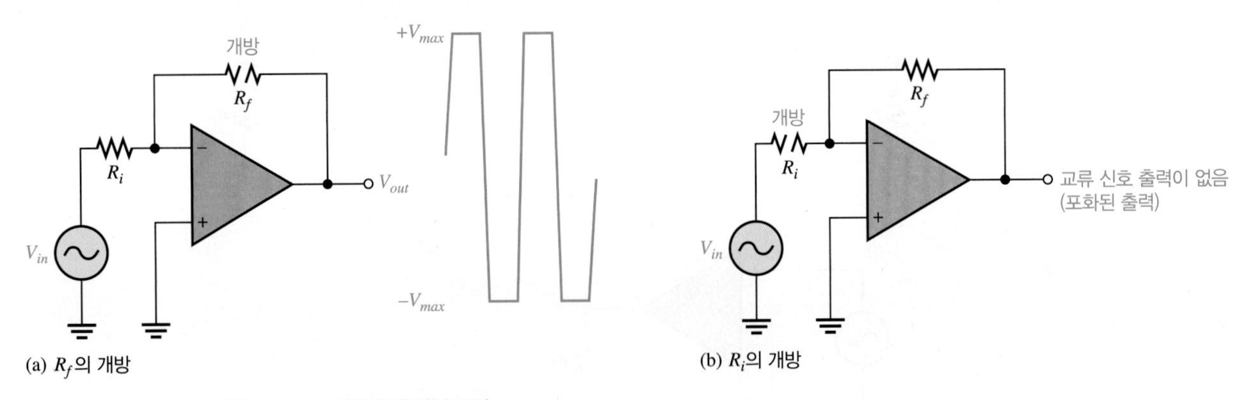

그림 14–94 반전 증폭기의 고장

입력 저항의 개방 이 경우에는 입력 신호가 연산 증폭기의 입력에 인가되지 못하므로, 그림 14–94에 나타낸 것과 같이 출력 신호가 없을 것이다.

연산 증폭기 자체의 고장은 앞에서 설명한 비반전 증폭기의 경우와 같은 결과를 나타낸다.

비교기 회로의 고장 증상

그림 14–95는 비교기의 내부 고장으로 인해 출력이 하나의 상태로 고착된 경우를 보여준다.

제너 바운딩을 사용한 비교기를 그림 14–96에 나타내었다. 연산 증폭기 자체의 고장뿐만 아니라 제너 다이오드 또는 저항도 고장이 생겼을 수 있다. 예를 들어 제너 다이오드가 개방된 상태라고 가정하면, 제너 다이오드를 모두 제거한 것과 같은 회로가 된다. 따라서 회로는 그림 14–97(a)와 같이 바운드되지 않은 비교기로 동작한다. 제너 다이오드가 단락되었다면, 출력은 그림 14–97(b)에 표시한 것과 같이, 정상적으로 동작하고 있는 제너 다이오드에 따라 한쪽 방향에서만 제너 전압으로 제한되어 나타난다. 다른 방향에서는 출력이 순방향 다이오드 전압으로 유지된다.

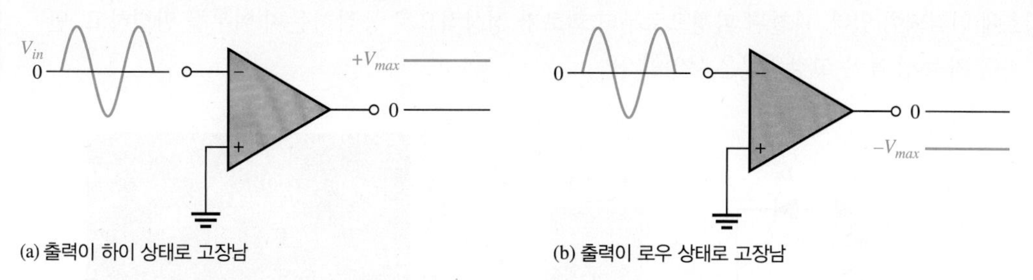

그림 14-95 비교기의 내부 고장은 전형적으로 출력이 하이 또는 로우 상태로 고착되어 나타난다.

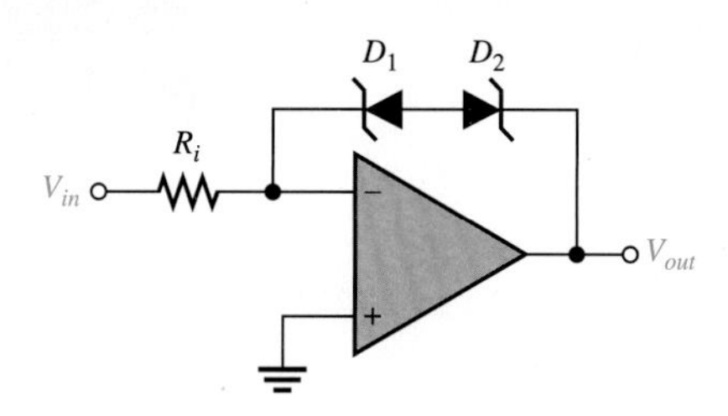

그림 14-96 바운드 비교기

그림 14-97의 (c)와 (d)에 나타낸 히스테르시스 비교기에서는 R_1과 R_2가 UTP와 LTP를 설정함을 상기하자. 이제 R_2가 개방되었다고 가정하면, 모든 출력 전압이 비반전 입력으로 궤환된다. 입력 전압은 출력을 넘어서지 못하므로 디바이스는 포화된 상태 중 하나로 남아있게 된다. 이 증상은 앞서 말한 것과 같이 연산 증폭기가 고장났을 때도 같은 현상이 나타난다. 이번에는 R_1이 개방되었다고 가정하자. 이것은 비반전 입력이 거의 접지와 유사한 전위를 나타내므로 회로가 영준위 검출기로 동작하도록 한다.

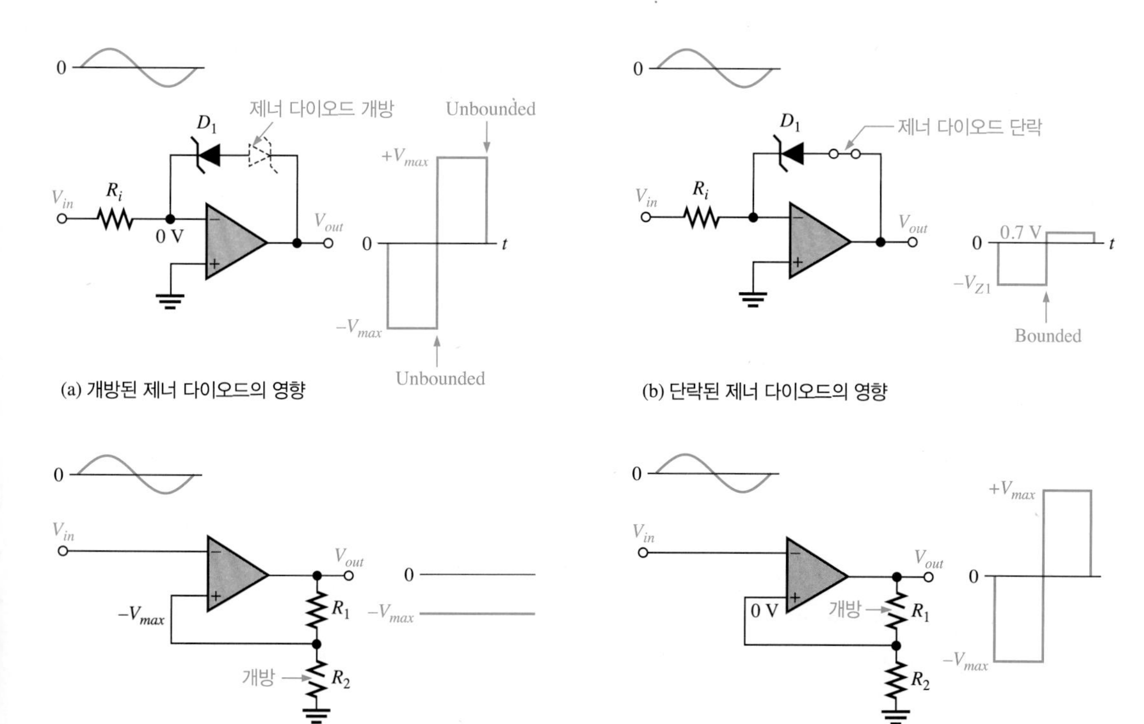

그림 14-97 비교기 회로의 고장과 그 증상의 예

예제 14-21

그림 14-98과 같이 듀얼 트레이스(dual-trace) 오실로스코프의 한 채널은 비교기의 출력에 연결되어 있으며, 다른 채널은 입력 신호에 연결되어 있다. 관찰된 파형으로부터 회로가 정상적으로 동작하는지 여부를 판별하고, 만약 그렇지 않다면 가장 가능성 높은 고장원인은 무엇인가?

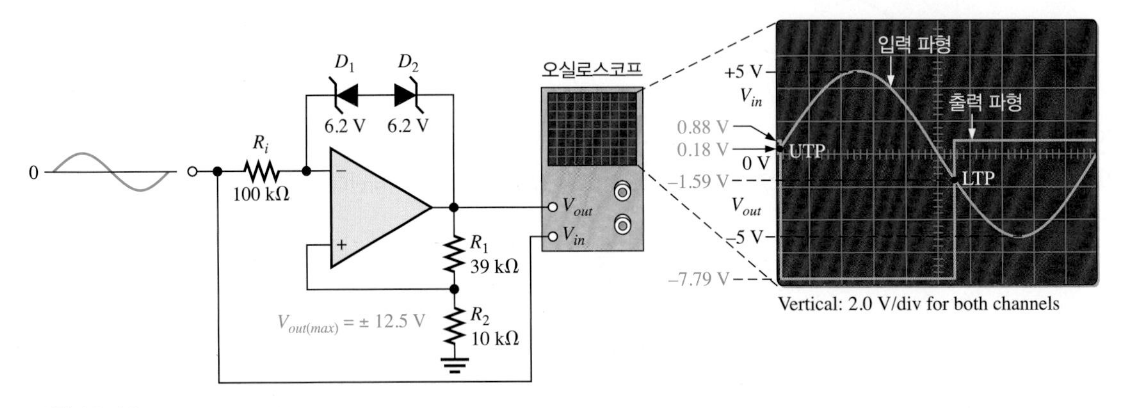

그림 14-98

풀이

출력은 ±8.67 V로 제한되어야 한다. 그러나 양의 최대값은 +0.88 V이고, 음의 최대값은 −7.79 V이다. 이것은 D_2가 단락되었음을 의미한다. 바운드 비교기의 해석을 위해서는 예제 14-14를 참고하길 바란다.

관련문제

D_2가 아니라 D_1이 단락되었다면, 출력 전압은 어떻게 나타나는가?

가산 증폭기의 고장 증상

단위 이득 가산 증폭기의 입력 저항 중 하나가 개방되었다면, 출력은 개방된 입력단에 인가된 전압의 크기만큼 줄어든 값으로 나타나게 된다. 다르게 말하면, 출력은 개방되지 않은 나머지 입력 전압의 합과 같을 것이다.

만약, 가산 증폭기의 이득이 1이 아니라면, 개방된 입력 저항으로 인해 출력은 개방된 입력단에 인가된 전압과 이득의 곱만큼 줄어든다.

다른 예로 평균 증폭기를 살펴보자. 입력 저항이 개방되면, 출력은 개방된 입력을 0으로 한 모든 입력의 평균이 된다.

예제 14-22

(a) 그림 14-99에서 정상적인 출력 전압은 얼마인가?
(b) 만약 R_2가 개방된다면 출력 전압은 얼마인가?
(c) 만약 R_5가 개방되면 어떤 현상이 나타나는가?.

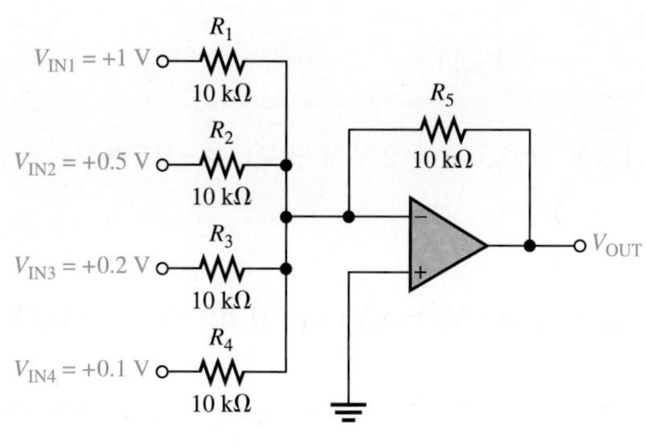

그림 14-99

풀이

(a) $V_{OUT} = -(V_{IN1} + V_{IN2} + \cdots + V_{INn})$

$= -(1\text{ V} + 0.5\text{ V} + 0.2\text{ V} + 0.1\text{ V}) = \mathbf{-1.8\text{ V}}$

(b) $V_{OUT} = -(1\text{ V} + 0.2\text{ V} + 0.1\text{ V}) = \mathbf{-1.3\text{ V}}$

(c) 만약 R_5가 개방되면 회로는 비교기가 되어 출력은 $-V_{max}$가 될 것이다.

관련문제

그림 14-99에서, $R_5 = 47\text{ k}\Omega$으로 가정하자. 만약 R_1이 개방되면 출력 전압은 얼마인가?

예제 14-23

(a) 그림 14-100의 평균 증폭기에 대한 정상적인 출력 전압은 얼마인가?

(b) 만약 R_4가 개방되면 출력 전압은 무엇인가? 출력 전압이 나타내는 것은 무엇인가?

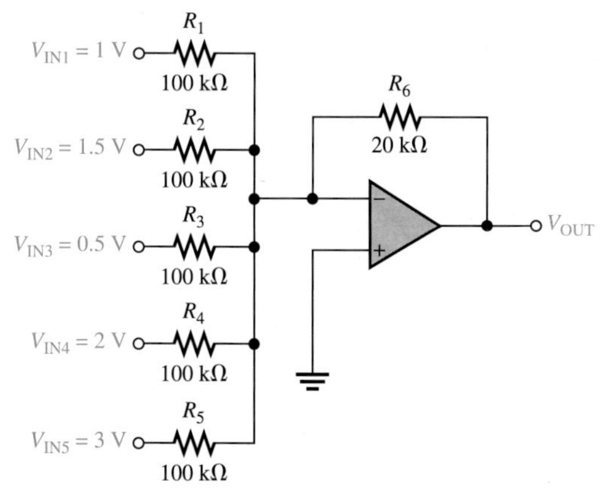

그림 14-100

풀이

입력 저항은 모두 동일하고, R = 100 kΩ, $R_f = R_6$ 이므로,

(a) $V_{OUT} = -\frac{R_f}{R}(V_{IN1} + V_{IN2} + \cdots + V_{INn})$

$= -\frac{20\text{ k}\Omega}{100\text{ k}\Omega}(1\text{ V} + 1.5\text{ V} + 0.5\text{ V} + 2\text{ V} + 3\text{ V}) = -0.2(8\text{ V})$

$= \mathbf{-1.6\text{ V}}$

(b) $V_{OUT} = -\frac{20\text{ k}\Omega}{100\text{ k}\Omega}(1\text{ V} + 1.5\text{ V} + 0.5\text{ V} + 3\text{ V}) = -0.2(6\text{ V}) = \mathbf{-1.2\text{ V}}$

1.2 V 결과는 2 V를 0 V로 바꾼 5개 전압의 평균이다. 출력이 4개의 남은 입력 전압의 평균이 아님에 주의한다.

관련문제

이 예제와 같이 R_4가 개방되었다면, 출력이 4개의 남은 입력 전압의 평균과 같도록 하기 위해서 무엇을 해야 하는가?

14-12절 복습 문제

1. 연산 증폭기의 출력이 포화되었다면, 무엇을 먼저 점검하여야 하는가?
2. 입력 신호가 인가되는 것을 확인하였고, 연산 증폭기의 출력이 없을 경우에는 무엇을 뭔저 점검하여야 하는가?
3. 연산 증폭기의 내부 고장을 발생시키는 경우는 어떤 것이 있는가?
4. 만약 어떤 오동작이 여러 가지의 고장 원인이 가능하다면, 문제를 구분하기 위해서 무엇을 해야 하는가?

요약

- 기본적인 연산 증폭기는 전원과 접지를 제외하고 3개의 단자가 있다. 반전(–) 입력, 비반전(+) 입력, 그리고 출력이다.
- 대부분의 연산 증폭기는 양과 음의 직류 공급 전압을 필요로 한다.
- 이상적인 (완벽한) 연산 증폭기는 무한대의 입력 임피던스, 0의 출력 임피던스, 무한대의 개루프 전압 이득, 무한대의 대역폭, 그리고 무한대의 CMRR을 갖는다.
- 실제의 연산 증폭기는 높은 입력 임피던스, 낮은 출력 임피던스, 높은 개루프 전압 이득 및 넓은 대역폭을 갖는다.
- 차동 증폭기는 보통 연산 증폭기의 입력단에 사용된다.
- 차동 입력 전압은 차동 증폭기의 반전 입력과 비반전 입력 사이에 나타난다.
- 단일 입력 전압은 하나의 입력과 접지 (다른 입력은 접지되어 있다) 사이에 나타난다.
- 차동 출력 전압은 차동 증폭기의 두 출력 단자 사이에 나타난다.
- 단일 출력 전압은 차동 증폭기의 출력과 접지 사이에 나타난다.
- 공통 모드는 두 개의 입력 단자에 동상의 전압이 인가될 때 나타난다.
- 입력 오프셋 전압은 출력 오차 전압(입력 전압이 없을 때에도)을 발생시킨다.
- 입력 바이어스 전류도 또한 출력 오차 전압(입력 전압이 없을 때에도)을 발생시킨다.
- 입력 오프셋 전류는 두 바이어스 전류 사이의 차이다.
- 개루프 전압 이득은 외부의 궤환 연결이 없을 때의 연산 증폭기 이득이다.
- 폐루프 전압 이득은 외부의 궤환이 있을 때 연산 증폭기의 이득이다.

- 공통 모드 신호 제거비(CMRR)는 공통 모드 입력을 제거하는 연산 증폭기의 성능에 관한 척도이다.
- 슬루 레이트는 연산 증폭기의 출력 전압이 계단 입력에 대한 반응으로 변할 수 있는 비율로 V/μs단위이다.
- 그림 14–101은 연산 증폭기의 기호와 세 가지 기본적인 구조를 나타낸다.

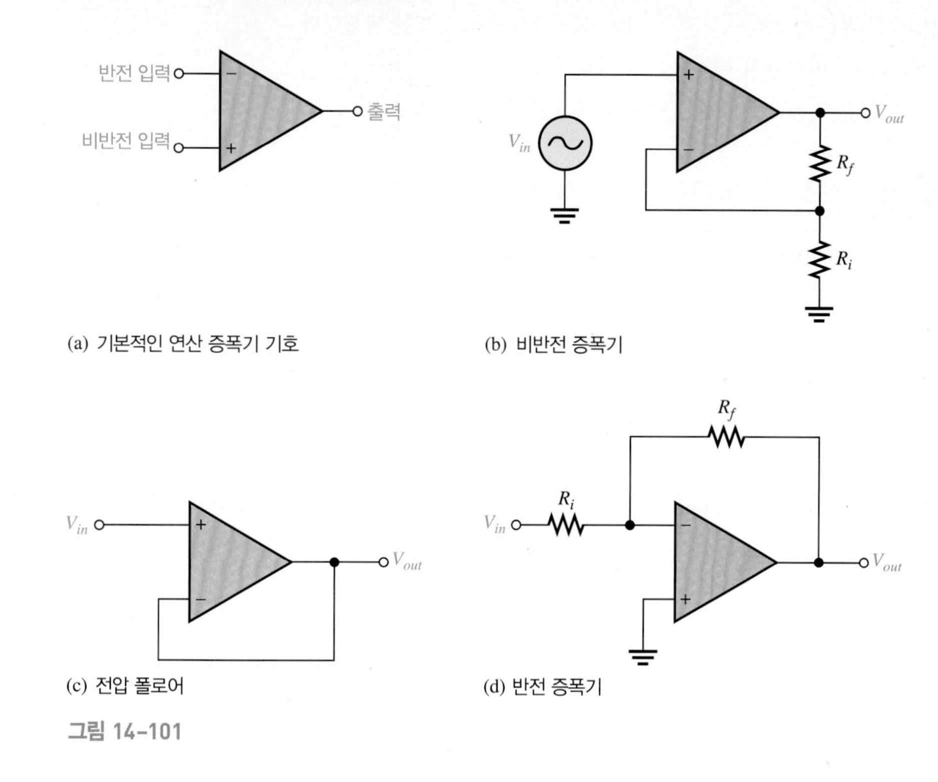

(a) 기본적인 연산 증폭기 기호

(b) 비반전 증폭기

(c) 전압 폴로어

(d) 반전 증폭기

그림 14–101

- 제시된 모든 연산 증폭기 구조는 부궤환을 사용한다. 부궤환은 출력 전압의 일부가 반전 입력으로 다시 연결되어 입력 전압에서 궤환 전압이 공제되어 전압을 줄이고 안정도와 대역폭을 증가시킨다.
- 비반전 증폭기 구조는 연산 증폭기 자체(궤환이 없는)보다 더 높은 입력 임피던스와 더 낮은 출력 임피던스를 가진다.
- 반전 증폭기 구조는 입력 저항 R_i와 거의 같은 크기의 입력 임피던스를 가지고, 연산 증폭기 자체(궤환이 없는)보다 더 낮은 출력 임피던스를 가진다.
- 전압 폴로어는 세 가지 연산 증폭기 구조에서 가장 높은 입력 임피던스와 가장 낮은 출력 임피던스를 가진다.
- 폐루프 이득은 항상 개루프 이득보다 작다
- 연산 증폭기의 미드레인지 이득은 직류(dc)까지 확장된다.
- 임계 주파수보다 큰 영역에서 연산 증폭기의 이득은 감소한다.
- 증폭 단에 내장되어 있는 내부 *RC* 지연 회로는 주파수가 증가하면서 이득이 줄어들게 만든다.
- 내부 *RC* 지연 회로는 또한 입력과 출력 신호 사이에 위상 천이를 발생시킨다.
- 연산 증폭기 비교기에서, 입력 전압이 지정된 기준 전압을 초과하면, 출력 상태가 바뀌게 된다.
- 히스테리시스는 연산 증폭기가 노이즈에 덜 민감하게 만든다.
- 비교기는 입력이 상위 트리거 포인트(UTP)에 도달했을 때 하나의 상태로 스위치되고, 입력이 하위 트리거 포인트(LTP)보다 낮아질 때 다른 상태로 되돌아간다.
- UTP와 LTP 사이의 차이가 히스테리시스 전압이다.
- 바운딩은 비교기의 출력 진폭을 제한한다.
- 가산 증폭기의 출력 전압은 입력 전압의 합에 비례한다.
- 평균 증폭기는 폐루프 이득이 입력 개수의 역수와 같은 가산 증폭기이다.

- 배율 가산기에서, 각 입력마다 다른 가중치를 할당할 수 있으므로 입력이 출력에 더 많게 또는 더 적게 영향을 끼치도록 할 수 있다.
- 적분은 곡선의 아래 영역 면적을 결정하는 수학적 과정이다.
- 계단입력의 적분은 진폭에 비례한 기울기를 가진 램프 신호를 생성한다.
- 미분은 함수의 변화율을 결정하는 수학적 과정이다.
- 램프의 미분은 기울기에 비례한 진폭을 가진 계단 신호를 생성한다.

핵심 용어 핵심용어 및 볼드체로 된 용어는 책 뒷부분의 용어사전에도 정의되어 있다.

가산 증폭기 Summing amplifier 입력 전압의 대수적인 합의 크기에 비례하는 출력 전압을 생성하기 위해 두 개 이상의 입력을 가지도록 변경된 비교기 회로

개루프 전압이득 Open-loop voltage gain 외부의 궤환이 없을 때 연산 증폭기의 내부 이득

공통 모드 Common mode 연산 증폭기의 두 입력에 같은 신호가 인가되는 상태

공통 모드 신호 제거비 Common-mode rejection ratio, CMRR 공통 모드 이득에 대한 개루프 이득의 비; 공통 모드 신호를 제거하는 연산 증폭기의 성능 지수

단일 입력 모드 single-ended mode 하나의 입력은 접지되어 있고, 다른 입력에 신호 전압이 인가되는 연산 증폭기의 입력 상태

대역폭 Bandwidth 하위 임계 주파수와 상위 임계 주파수 사이의 주파수 대역

미분기 Differentiator 입력 함수의 변화율을 근사한 반전 출력을 생성하는 회로

바운딩 Bounding 증폭기 또는 다른 회로의 출력 범위를 제한하는 과정

반전 증폭기 Inverting amplifier 입력 신호가 반전 입력에 가해질 때의 연산 증폭기 폐루프 구조

부궤환 Negative Feedback 증폭기 출력신호의 일부가 입력으로 되돌아가서 입력 신호와 다른 위상으로 인가되는 과정

비교기 Comparator 두 개의 입력 전압을 비교하여 크거나 작은 두 개의 상태에 따른 출력 전압을 생성하는 회로

비반전 증폭기 Noninverting amplifer 입력 신호가 비반전 입력에 가해질 때의 연산 증폭기 폐루프 구조

슈미트 트리거 Schmitt trigger 히스테리시스를 가진 비교기

슬루 레이트 Slew rate 계단 입력에 대한 연산 증폭기의 출력 전압의 변화율

연산 증폭기 Operational amplifier, op-amp 매우 높은 전압 이득, 매우 높은 입력 임피던스, 매우 낮은 출력 임피던스 및 양호한 공통 모드 신호 제거비를 가지는 증폭기

위상 천이 Phase shift 시변 함수의 기준 함수에 대한 상대적인 각도 변위

적분기 Integrator 입력 함수의 곡선 아래 면적을 근사하는 반전 출력을 생성하는 회로

전류전압변환기 Current-to-voltage converter 가변 입력 전류를 그것에 비례하는 출력 전압으로 변환하는 회로

전압전류변환기 Voltage-to-current converter 가변 입력 전압를 그것에 비례하는 출력 전류로 변환하는 회로

전압 폴로어 Voltage follower 전압 이득이 1인 폐루프 비반전 연산 증폭기

정전류원 Constant-current source 부하 저항이 변하더라도 일정한 부하 전류를 공급하는 회로

차동 모드 Differential mode 두 개의 입력에 극성이 반대인 신호가 입력될 때의 연산 증폭기 입력 상태

차동 증폭기 Differential amplifier, diff-amp 두 개의 입력 전압의 차이에 비례하는 출력 전압을 생성하는 증폭기

폐루프 전압이득 Closed-loop voltage gain 부궤환이 포함된 증폭기의 최종 전압 이득

피크 검출기 Peak detector 입력 전압의 피크를 검출하여 커패시터에 피크값을 저장하는 회로

히스테리시스 Hysteresis 회로가 어떤 전압 레벨에서 하나의 상태에서 다른 상태로 변하고, 그 보다 더 낮은 전압 레벨에서 원래 상태로 되돌아가는 특성

주요 공식

차동 증폭기

(14-1) $\text{CMRR} = \dfrac{A_{v(d)}}{A_{cm}}$ 공동 모드 신호 제거비 (차동 증폭기)

(14-2) $\text{CMRR}' = 20\log\left(\dfrac{A_{v(d)}}{A_{cm}}\right)$ 공동 모드 신호 제거비(dB) (차동 증폭기)

연산 증폭기 파라미터

(14-3) $\text{CMRR} = \dfrac{A_{ol}}{A_{cm}}$ 공동 모드 신호 제거비 (연산 증폭기)

(14-4) $\text{CMRR}' = 20\log\left(\dfrac{A_{ol}}{A_{cm}}\right)$ 공동 모드 신호 제거비(dB) (연산 증폭기)

(14-5) $\text{Slew rate} = \dfrac{\Delta V_{out}}{\Delta t}$ 슬루 레이트

연산 증폭기 구조

(14-6) $A_{cl(\text{NI})} = \dfrac{R_f}{R_i} + 1$ 전압 이득 (비반전)

(14-7) $A_{cl(\text{VF})} = 1$ 전압 이득 (전압 폴로어)

(14-8) $A_{cl(\text{I})} = -\dfrac{R_f}{R_i}$ 전압 이득 (반전)

연산 증폭기 임피던스

(14-9) $Z_{in(\text{NI})} = (1 + A_{ol}B)Z_{in}$ 입력 임피던스 (비반전)

(14-10) $Z_{out(\text{NI})} = \dfrac{Z_{out}}{1 + A_{ol}B}$ 출력 임피던스 (비반전)

(14-11) $Z_{in(\text{VF})} = (1 + A_{ol})Z_{in}$ 입력 임피던스 (전압 폴로어)

(14-12) $Z_{out(\text{VF})} = \dfrac{Z_{out}}{1 + A_{ol}}$ 출력 임피던스 (전압 폴로어)

(14-13) $Z_{in(\text{I})} \cong R_i$ 입력 임피던스 (반전)

(14-14) $Z_{out(\text{I})} \cong \dfrac{Z_{out}}{1 + A_{ol}B}$ 출력 임피던스 (반전)

연산 증폭기 응답

(14-15) $BW = f_{cu}$ 연산 증폭기 대역폭

(14-16) $A_{ol} = \dfrac{A_{ol(mid)}}{\sqrt{1 + f^2/f_c^2}}$ 개루프 이득

(14-17) $\phi = -\tan^{-1}\left(\dfrac{f}{f_c}\right)$ RC 위상 천이

비교기

(14-18) $V_{\text{REF}} = \dfrac{R_2}{R_1 + R_2}(+V)$ 비교기 기준 전압

(14-19) $V_{\text{HYS}} = V_{\text{UTP}} - V_{\text{LTP}}$ 히스테르시스 전압

가산 증폭기

(14-20) $V_{\text{OUT}} = -(V_{\text{IN1}} + V_{\text{IN2}} + \cdots + V_{\text{IN}n})$ n-입력 가산기

(14-21) $V_{\text{OUT}} = -\dfrac{R_f}{R}(V_{\text{IN1}} + V_{\text{IN2}} + \cdots + V_{\text{IN}n})$ 이득을 가진 배율 가산기

(14-22) $$V_{OUT} = -\left(\frac{R_f}{R_1}V_{IN1} + \frac{R_f}{R_2}V_{IN2} + \cdots + \frac{R_f}{R_n}V_{INn}\right)$$ 배율 가산기

적분기와 미분기

(14-23) $$\frac{\Delta V_{out}}{\Delta t} = -\frac{V_{in}}{R_iC}$$ 적분기 출력의 변화율

(14-24) $$V_{out} = -\left(\frac{V_C}{t}\right)R_fC$$ 램프 입력을 갖는 미분기 출력 전압

기타

(14-25) $$I_L = \frac{V_{IN}}{R_i}$$ 정전류원

(14-26) $$V_{OUT} = I_iR_f$$ 전류전압 컨버터

(14-27) $$I_L = \frac{V_{IN}}{R_1}$$ 전압전류 컨버터

자습문제 해답은 이 장의 끝에 있다.

1. 집적회로 연산 증폭기에 있는 것은 무엇인가?
(a) 두 개의 입력과 두 개의 출력
(b) 하나의 입력과 하나의 출력
(c) 두 개의 입력과 하나의 출력

2. 다음 중 연산 증폭기의 특징으로 반드시 그렇지 않은 것은 무엇인가?
(a) 높은 이득
(b) 저전력
(c) 높은 입력 임피던스
(d) 낮은 출력 임피던스

3. 차동 증폭기에 대해 옳은 것은?
(a) 연산 증폭기의 일부이다.
(b) 하나의 입력과 하나의 출력이 있다.
(c) 두 개의 출력이 있다.
(d) (a)와 (c)가 모두 맞다.

4. 차동 증폭기가 단일 입력으로 동작할 때 옳은 것은?
(a) 출력은 접지되어 있다.
(b) 하나의 입력은 접지되어 있고, 신호는 다른 입력에 인가된다.
(c) 두 입력이 서로 연결되어 있다.
(d) 출력이 반전되지 않는다.

5. 차동 모드에서 옳은 것은?
(a) 입력에 반대 극성을 가지는 신호가 인가된다.
(b) 이득이 1이다.
(c) 출력이 서로 다른 진폭을 가진다.
(d) 단지 하나의 전원 공급 전압만 사용된다.

6. 공통모드에 대하여 옳은 것은?
(a) 두 개 입력이 모두 접지되어 있다.
(b) 출력단자들이 서로 연결되어 있다.
(c) 동일한 신호가 두 입력단에 나타난다.
(d) 출력 신호가 모두 같은 위상이다.

7. 공통 모드 이득에 대하여 옳은 것은?
(a) 매우 높다. **(b)** 매우 낮다. **(c)** 항상 1이다. **(d)** 예측할 수 없다.

8. 차동 이득에 대하여 옳은 것은?
(a) 매우 높다. **(b)** 매우 낮다.
(c) 입력 전압에 따라 다르다. **(d)** 약 100이다.

9. 만약 $A_{v(d)} = 3500$이고, $A_{cm} = 0.35$이라면, CMRR은 얼마인가?
(a) 1225 **(b)**10,000 **(c)** 80 dB **(d)** (b)와 (c)가 모두 맞다.

10. 두 개의 입력에 모두 0 V를 인가하면, 이상적으로 연산 증폭기의 출력은 무엇과 같은가?
(a) 양의 공급 전압 **(b)** 음의 공급 전압 **(c)** 0 **(d)** CMRR

11. 다음 중 연산 증폭기의 개루프 이득으로 가장 현실적인 값은 무엇인가?
(a) 1 **(b)** 2000 **(c)** 80 dB **(d)** 100,000

12. 어떤 연산 증폭기가 바이어스 전류로 50 μA와 49.3 μA를 가진다. 입력 오프셋 전류는 얼마인가?
(a) 700 nA **(b)** 99.3 μA **(c)** 49.65 μA **(d)** 모두 아님

13. 어떤 연산 증폭기의 출력이 12 μs동안에 8 V로 증가하였다. 슬루 레이트는 얼마인가?
(a) 96 V/μs **(b)** 0.67 V/μs **(c)** 1.5 V/μs **(d)** 모두 아님

14. 부궤환을 가진 연산 증폭기에 대한 출력으로 옳은 것은?
(a) 출력은 입력과 같다. **(b)** 출력이 증가한다.
(c) 출력이 반전 입력으로 궤환된다. **(d)** 출력이 비반전 입력으로 궤환된다.

15. 부궤환을 사용하였을 때 다음 중 옳은 것은?
(a) 연산 증폭기의 전압 이득을 낮춘다.
(b) 연산 증폭기가 진동하게 만든다.
(c) 선형 동작을 가능하게 만든다.
(d) (a)와 (c)가 모두 맞다.

16. 부궤환에 관하여 옳은 것은?
(a) 입력 및 출력 임피던스를 증가시킨다.
(b) 입력 임피던스와 대역폭을 증가시킨다.
(c) 출력 임피던스와 대역폭을 감소시킨다.
(d) 임피던스와 대역폭에 영향을 끼치지 않는다.

17. 어떤 비반전 증폭기가 R_i는 1.0 kΩ이고, R_f는 100 kΩ이다. 폐루프 이득은 얼마인가?
(a) 100,000 **(b)** 1000 **(c)** 101 **(d)** 100

18. 문제 17에서 궤환 저항이 개방되면, 전압 이득은 어떻게 되는가?
(a) 증가한다. **(b)** 감소한다. **(c)** 영향이 없다. **(d)** R_i에 의존한다.

19. 어떤 반전 증폭기의 폐루프 이득이 25이다. 연산 증폭기의 개루프 이득이 100,000이다. 만약, 개루프 이득이 200,000인 다른 연산 증폭기로 대체하면, 폐루프 이득은 얼마가 되는가?
(a) 두 배가 된다. **(b)** 12.5로 줄어든다.
(c) 25로 유지된다. **(d)** 약간 증가한다.

20. 전압 폴로어에 대하여 옳은 것은?
(a) 이득이 1이다. **(b)** 비반전 동작이다.
(c) 궤환 저항이 없다. **(d)** (a),(b),(c) 모두 맞다.

21. 연산 증폭기의 개루프 이득은 항상 다음 중 어떤 값인가?
(a) 폐루프 이득보다 작다.
(b) 폐루프 이득과 같다.
(c) 폐루프 이득보다 크다.
(d) 주어진 연산 증폭기에 대하여 매우 안정적이고 일정한 상수값이다.

22. 하위 임계 주파수가 1 kHz이고 상위 임계 주파수가 10 kHz인 교류 증폭기의 대역폭은 얼마인가?
(a) 1 kHz **(b)** 9 kHz **(c)** 10 kHz **(d)** 11 kHz

23. 상위 임계 주파수가 100 kHz인 직류 증폭기의 대역폭은 얼마인가?
(a) 100 kHz **(b)** 모른다 **(c)** 무한대 **(d)** 0 kHz

24. 연산 증폭기의 미드레인지 개루프 이득에 관하여 옳은 것은?
(a) 하위 임계 주파수에서 상위 임계 주파수까지 범위이다.
(b) 0 Hz에서 상위 임계 주파수까지 범위이다.
(c) 0 Hz에서 시작하여 −20 dB/decade로 감쇠한다.
(d) (b)와 (c)가 모두 맞다.

25. 개루프 이득이 1이 되는 주파수를 무엇이라고 하는가?
(a) 상위 임계 주파수 **(b)** 차단 주파수
(c) 노치 주파수 **(d)** 단위 이득 주파수

26. 연산 증폭기의 위상 천이는 무엇에 의해 발생하는가?
(a) 내부 *RC* 회로 **(b)** 외부 *RC* 회로 **(c)** 이득 감쇠 **(d)** 부궤환

27. 연산 증폭기의 *RC* 회로에 대하여 옳은 것은?
(a) 이득을 −6 dB/octave로 감쇠시킨다.
(b) 이득을−20 dB/decade로 감쇠시킨다.
(c) 미드레인지 이득을 3 dB만큼 줄인다.
(d) (a)와 (b)가 모두 맞다.

28. 영준위 검출기에서 출력 상태가 변하는 경우는 입력이 무엇일 때인가?
(a) 양의 값 **(b)** 음의 값
(c) 0을 지날 때 **(d)** 변화율이 0일 때

29. 영준위 검출기가 응용될 수 있는 것은 무엇인가?
(a) 비교기 **(b)** 미분기 **(c)** 가산 증폭기 **(d)** 다이오드

30. 비교기의 입력에 노이즈가 있을 때 출력은 어떻게 되는가?
(a) 하나의 상태로 걸린다.
(b) 0으로 된다.
(c) 두 개의 상태로 왔다 갔다 한다.
(d) 증폭된 노이즈 신호를 만든다.

31. 노이즈 효과를 감소시키기 위한 방법은 무엇인가?

(a) 공급 전압을 낮춘다. **(b)** 정궤환을 사용한다.
(c) 부궤환을 사용한다. **(d)** 히스테르시스를 사용한다.
(e) (b)와 (d)가 모두 맞다.

32. 히스테르시스를 가진 비교기에 관하여 옳은 것은?

(a) 하나의 트리거 포인트가 있다. **(b)** 두 개의 트리거 포인트가 있다.
(c) 가변 트리거 포인트가 있다. **(d)** 자기회로와 유사하다.

33. 히스테르시스를 가진 비교에서 다음 중 옳은 것은?

(a) 바이어스 전압은 두 개의 입력 사이에 인가된다.
(b) 단지 하나의 공급 전압만 사용된다.
(c) 출력의 일부가 반전 입력으로 궤환된다.
(d) 출력의 일부가 비반전 입력으로 궤환된다.

34. 비교기에서 출력 바운딩에 관하여 옳은 것은?

(a) 더 빨리 동작하게 한다. **(b)** 출력은 양의 값으로 유지한다.
(c) 출력 레벨을 제한한다. **(d)** 출력을 안정화시킨다.

35. 윈도우 비교기는 다음 중 어느 것일 때 검출되는가?

(a) 입력이 두 개의 설정된 한계값 사이에 있을 때
(b) 입력이 변하지 않을 때
(c) 입력이 너무 빨리 변할 때
(d) 빛의 양이 특정한 값을 초과할 때

36. 가산 증폭기에 관하여 옳은 것은?

(a) 단지 하나의 입력이 있다.
(b) 단지 두 개의 입력이 있다.
(c) 입력의 수에 제한이 없다.

37. 4.7 kΩ 궤환 저항을 가진 가산 증폭기의 각 입력에 대한 전압 이득이 1일 때, 입력 저항은 얼마여야 하는가?

(a) 4.7 kΩ
(b) 4.7 kΩ을 입력의 개수로 나눈 값
(c) 4.7 kΩ에 입력의 개수를 곱한 값

38. 평균 증폭기가 5개의 입력을 가지고 있다. R_f / R_{in}의 비는 얼마여야 하는가?

(a) 5 **(b)** 0.2 **(c)** 1

39. 배율 가산기에서 입력 저항에 관하여 옳은 것은?

(a) 모두 같은 값을 가진다. **(b)** 모두 다른 값을 가진다.
(c) 입력의 가중치에 비례한다. **(d)** 서로 2의 인수로 관련된다.

40. 적분기에서 궤환 소자는 무엇인가?

(a) 저항 **(b)** 커패시터
(c) 제너 다이오드 **(d)** 전압 분배기

41. 계단 입력에 대하여 적분기의 출력은 무엇인가?
(a) 펄스 **(b)** 삼각 파형 **(c)** 스파이크 **(d)** 램프

42. 계단 입력에 대하여 적분기의 출력 전압의 변화율은 무엇에 의해 결정되는가?
(a) *RC* 시정수 **(b)** 계단 입력의 진폭
(c) 커패시터를 통해 흐르는 전류 **(d)** 이것들 모두 맞음

43. 미분기에서 궤환 소자는 무엇인가?
(a) 저항 **(b)** 커패시터
(c) 제너 다이오드 **(d)** 전압 분배기

44. 미분기의 출력은 무엇에 비례하는가?
(a) *RC* 시정수 **(b)** 입력이 변하는 비율
(c) 입력의 진폭 **(d)** (a)와 (b)가 모두 맞음

45. 삼각파형을 미분기의 입력으로 인가하였을 때, 출력은 무엇인가?
(a) 직류(dc) 레벨 **(b)** 반전된 삼각파형
(c) 구형파형 **(d)** 삼각파형의 첫 번째 고조파

고장진단: 증상과 원인

이 연습의 목적은 고장진단에 중요한 사고력 개발을 돕기 위한 것이다. 해답은 이 장의 끝에 있다.

그림 14–103을 참고하여 답하시오.

- 만약 $Q1$의 컬렉터가 개방되었다면,

1. 직류 출력 전압은 어떻게 되겠는가?
(a) 증가한다. **(b)** 감소한다. **(c)** 변함없다.

2. R_3를 통해 흐르는 전류는 어떻게 되겠는가?
(a) 증가한다. **(b)** 감소한다. **(c)** 변함없다.

그림 14–110을 참고하여 답하시오.

- 만약 R_i가 개방되었다면,

3. 폐루프 이득은 어떻게 되겠는가?
(a) 증가한다. **(b)** 감소한다. **(c)** 변함없다.

4. 주어진 입력 신호에 대하여, 출력 신호는 어떻게 되겠는가?
(a) 증가한다. **(b)** 감소한다. **(c)** 변함없다.

- 만약 R_f가 개방되었다면,

5. 출력 전압은 어떻게 되겠는가?
(a) 증가한다. **(b)** 감소한다. **(c)** 변함없다.

6. 개루프 이득은 어떻게 되겠는가?
(a) 증가한다. **(b)** 감소한다. **(c)** 변함없다.

7. 폐루프 이득은 어떻게 되겠는가?
(a) 증가한다. **(b)** 감소한다. **(c)** 변함없다.

그림 14–114를 참고하여 답하시오.

- 만약 R_i가 단락되었다면,

8. 폐루프 이득은 어떻게 되겠는가?

(a) 증가한다. **(b)** 감소한다. **(c)** 변함없다.

9. 입력 임피던스는 어떻게 되겠는가?

(a) 증가한다. **(b)** 감소한다. **(c)** 변함없다.

- 만약 R_f가 개방되었다면,

10. 개루프 이득은 어떻게 되겠는가?

(a) 증가한다. **(b)** 감소한다. **(c)** 변함없다.

- 만약 R_f가 지정된 값보다 작아지게 된다면,

11. 폐루프 이득은 어떻게 되겠는가?

(a) 증가한다. **(b)** 감소한다. **(c)** 변함없다.

12. 개루프 이득은 어떻게 되겠는가?

(a) 증가한다. **(b)** 감소한다. **(c)** 변함없다.

그림 14–117을 참고하여 답하시오.

- 만약 R_1이 지정된 값보다 크게 되었다면,

13. 히스테르시스 전압은 어떻게 되겠는가?

(a) 증가한다. **(b)** 감소한다. **(c)** 변함없다.

14. 입력에 유입하는 노이즈에 대한 민감도는 어떻게 되겠는가?

(a) 증가한다. **(b)** 감소한다. **(c)** 변함없다.

그림 14–120을 참고하여 답하시오.

- 만약 D_2가 개방되었다면,

15. 출력 전압은 어떻게 되겠는가?

(a) 증가한다. **(b)** 감소한다. **(c)** 변함없다.

16. 상위 트리거 포인트는 어떻게 되겠는가?

(a) 증가한다. **(b)** 감소한다. **(c)** 변함없다.

17. 히스테르시스 전압은 어떻게 되겠는가?

(a) 증가한다. **(b)** 감소한다. **(c)** 변함없다.

그림 14–122를 참고하여 답하시오.

- 만약 저항 R_1의 값이 지정된 값보다 작아지게 되었다면,

18. 출력 전압은 어떻게 되겠는가?

(a) 증가한다. **(b)** 감소한다. **(c)** 변함없다.

19. 반전 입력의 전압은 어떻게 되겠는가?

(a) 증가한다. **(b)** 감소한다. **(c)** 변함없다.

그림 14–124를 참고하여 답하시오.

- 만약 C가 개방되었다면,

20. 계단 입력에 대한 출력 전압의 변화율은 어떻게 되겠는가?

(a) 증가한다. (b) 감소한다. (c) 변함없다.

21. 출력에서의 최대 전압은 어떻게 되겠는가?

(a) 증가한다. (b) 감소한다. (c) 변함없다.

그림 14-125를 참고하여 답하시오.

- 만약 C가 개방되었다면,

22. 주기적인 삼각 파형이 입력될 때 출력 신호 전압은 어떻게 되겠는가?

(a) 증가한다. (b) 감소한다. (c) 변함없다.

- 만약 저항 R의 값이 지정된 값보다 크게 되었다면,

23. 주기적인 삼각 파형이 입력될 때 출력 전압은 어떻게 되겠는가?

(a) 증가한다. (b) 감소한다. (c) 변함없다.

24. 출력의 주기는 어떻게 되겠는가?

(a) 증가한다. (b) 감소한다. (c) 변함없다.

연습문제 선별된 일부 문제의 해답은 이 책의 끝에 있다.

14-1 연산 증폭기 소개

1. 실제적인 연산 증폭기와 이상적인 연산 증폭기를 비교하시오.

2. 두 개의 IC 연산 증폭기가 당신에게 주어졌다. 특성은 아래와 같을 때 어느 것이 더 좋다고 생각하는가?

연산 증폭기 1: $Z_{in} = 5\ \text{M}\Omega$, $Z_{out} = 100\ \Omega$, $A_{ol} = 50{,}000$

연산 증폭기 2: $Z_{in} = 10\ \text{M}\Omega$, $Z_{out} = 75\ \Omega$, $A_{ol} = 150{,}000$

14-2 차동 증폭기

3. 그림 14-102에 있는 기본적인 차동 증폭기에 대하여 입력과 출력의 모드를 구분하시오.

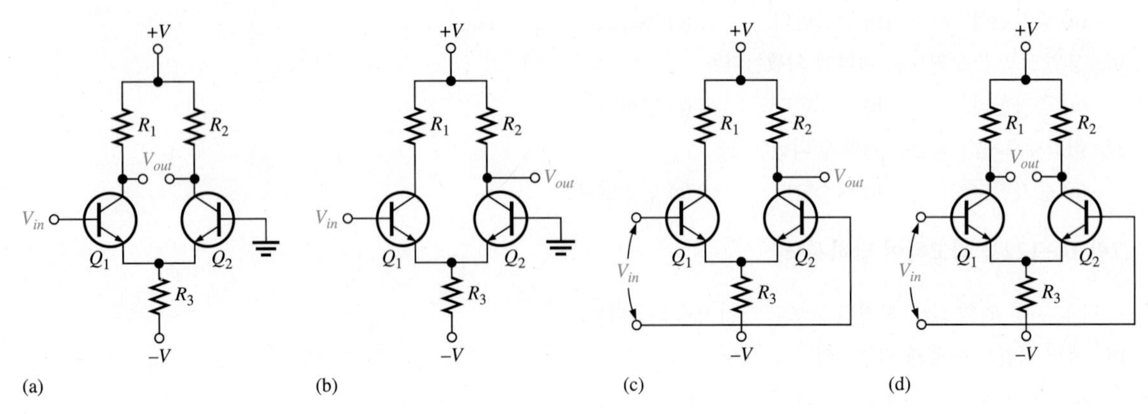

그림 14-102

4. 그림 14-103의 직류 베이스 전압은 0V이다. 트랜지스터 해석에 관한 지식을 사용하여 직류 차동 출력 전압을 결정하시오. Q_1에 대하여 $I_C/I_E = 0.98$이고, Q_2에 대하여 $I_C/I_E = 0.975$ 이다.

5. 그림 14-104에 있는 각 측정기에서 읽혀지는 양을 구하시오.

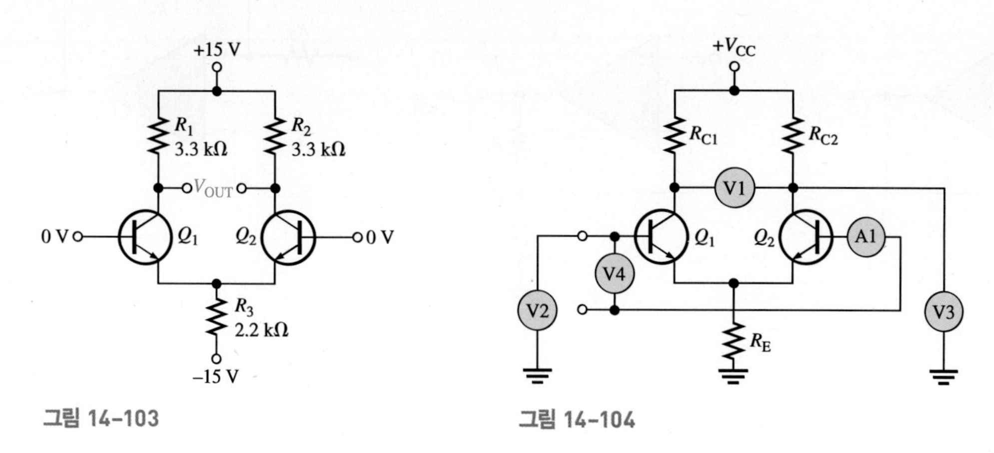

그림 14-103

그림 14-104

6. 차동 증폭단은 컬렉터 저항으로 5.1 kΩ을 각각 사용하였다. 만약 I_{C1} = 1.35 mA이고, I_{C2} = 1.29 mA라고 하면, 차동 출력 전압은 얼마인가?

14-3 연산 증폭기 파라미터

7. 연산 증폭기의 입력 전류가 8.3 μA와 7.9 μA일 때, 바이어스 전류, I_{BIAS}를 구하시오.

8. 입력 바이어스 전류와 입력 오프셋 전류를 구별하고, 문제 7에서 입력 오프셋 전류를 계산하시오.

9. 어떤 연산 증폭기의 CMRR이 250,000이다. 이 값을 dB로 변환하시오.

10. 어떤 연산 증폭기의 개루프 이득이 175,000이다. 공통 모드 이득이 0.18이라고 한다. CMRR을 dB로 구하시오.

11. 연산 증폭기의 데이터시트에 CMRR이 300,000으로 지정되어 있고, A_{ol}은 90,000이다. 공통 모드 이득은 얼마인가?

12. 그림 14-105는 계단 입력에 대한 연산 증폭기의 출력 전압을 보이고 있다. 슬루 레이트는 얼마인가?

13. 만약 슬루 레이트가 0.5 V/μs이라면, 연산 증폭기의 출력 전압이 −10 V에서 +10 V까지 증가하는 데 얼마만큼의 시간이 걸리겠는가?

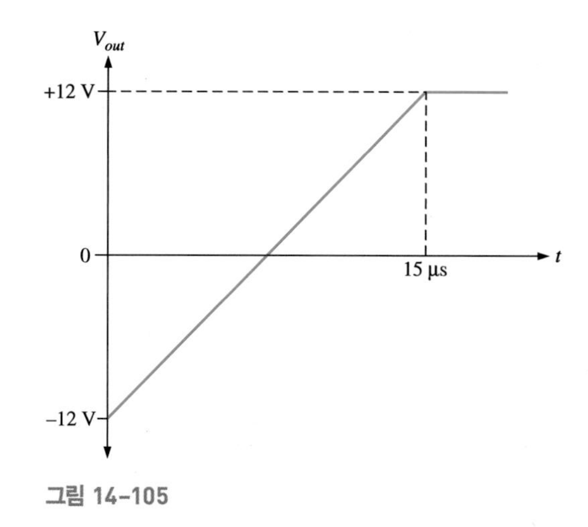

그림 14-105

4-5 부궤환 연산 증폭기 구조

14. 그림 14-106에 있는 연산 증폭기 구조의 종류는 무엇인가?

15. 비반전 증폭기의 R_i는 1.0 kΩ이고, R_f는 100 kΩ이다. 만약 V_{out} = 5 V이면, V_f와 B는 얼마인가?

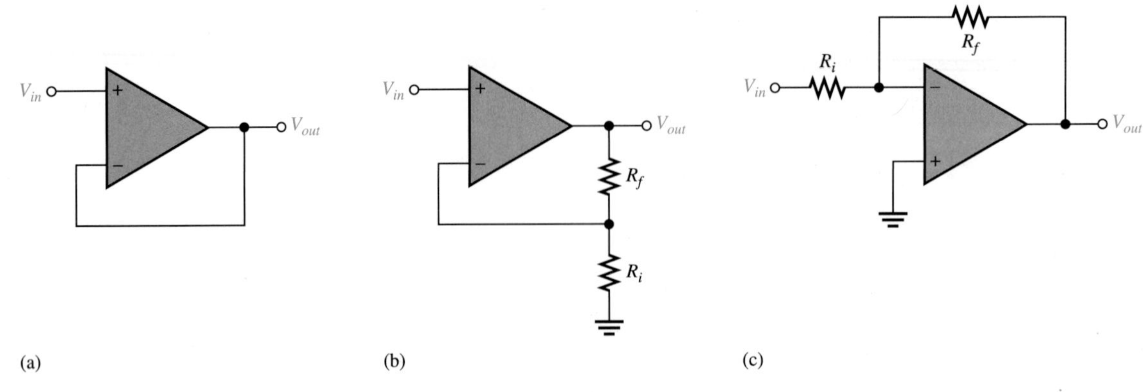

그림 14-106

16. 그림 14-107에 있는 증폭기에 대하여 다음을 결정하시오.

(a) $A_{cl(NI)}$ **(b)** V_{out} **(c)** V_f

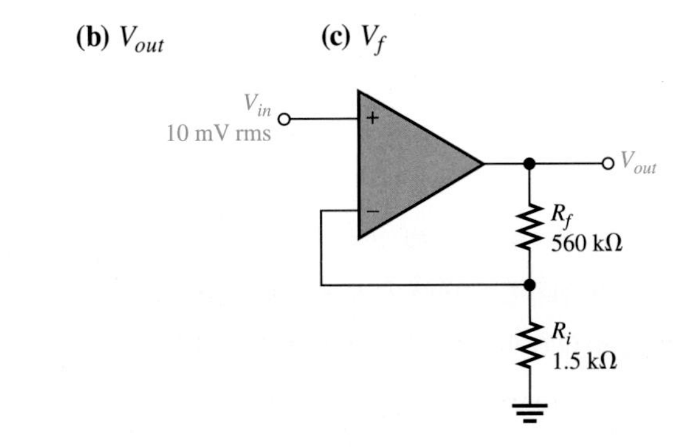

그림 14-107

17. 그림 14-108에 있는 각 증폭기의 폐루프 이득을 구하시오.

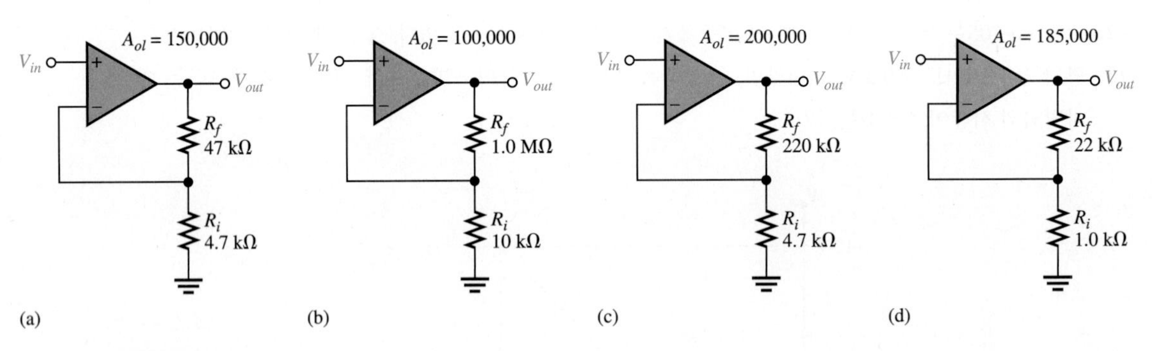

그림 14-108

18. 그리 14-109의 각 증폭기에서 표시된 폐루프 이득을 나타내기 위한 R_f의 값을 결정하시오.

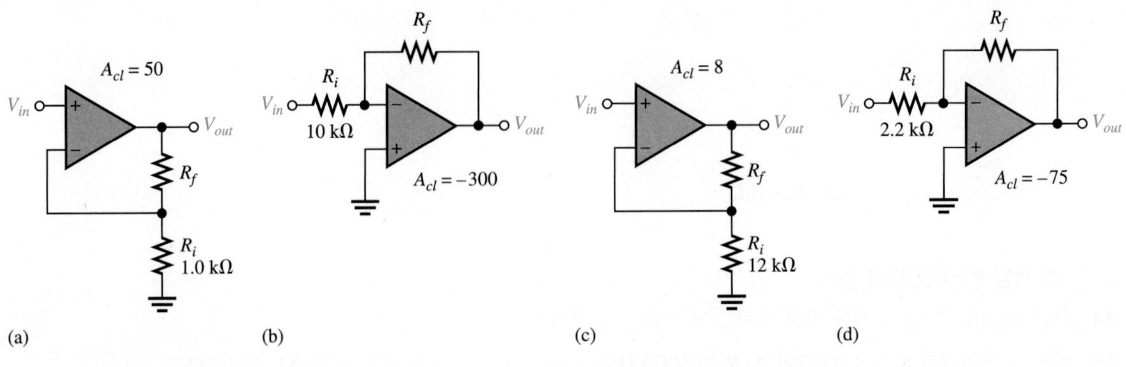

그림 14-109

19. 그림 14–110의 각 증폭기의 이득을 구하시오.

20. 그림 14–110의 각 증폭기에 신호 전압이 10 mV가 인가되었다면, 출력 전압은 얼마이며, 입력과 위상 관계는 어떻게 되는가?

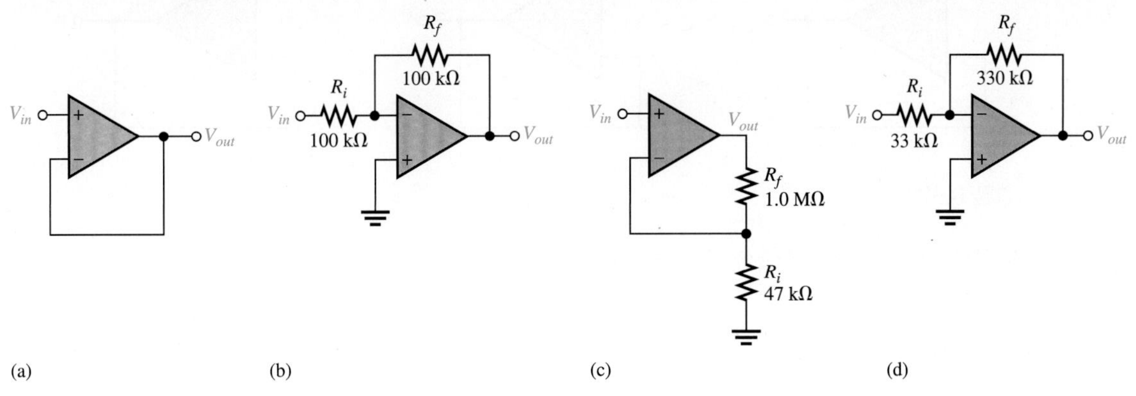

그림 14–110

21. 그림 14–111에서 다음의 값들을 대략적으로 구하시오.

(a) I_{in} **(b)** I_f **(c)** V_{out} **(d)** 폐루프 이득

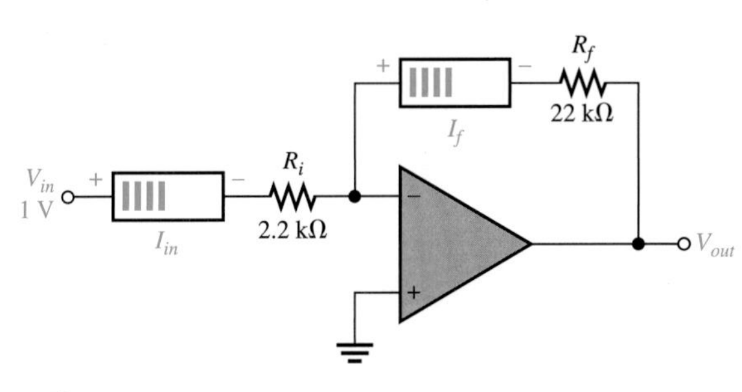

그림 14–111

14–6 연산 증폭기 임피던스

22. 그림 14–112의 각 증폭기 구조에 대하여 입력 및 출력 임피던스를 구하시오.

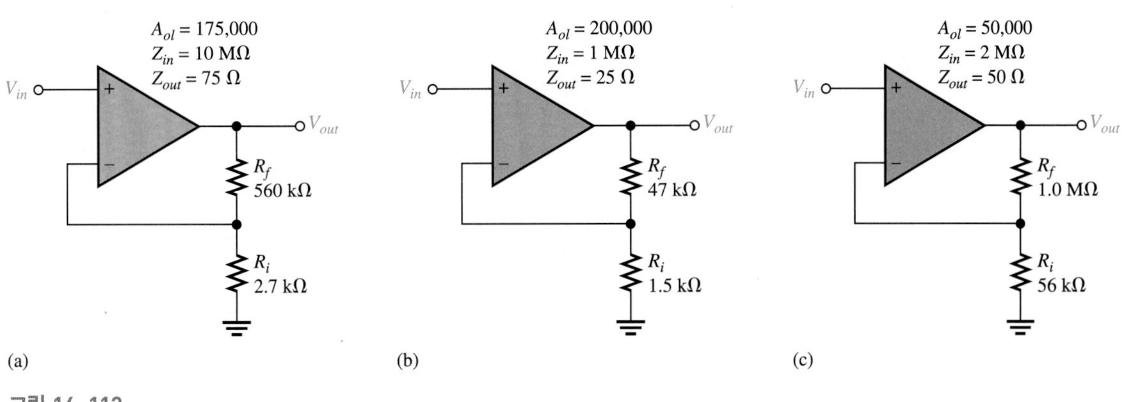

그림 14–112

23. 그림 14–113에 대하여 문제 22를 반복하시오.

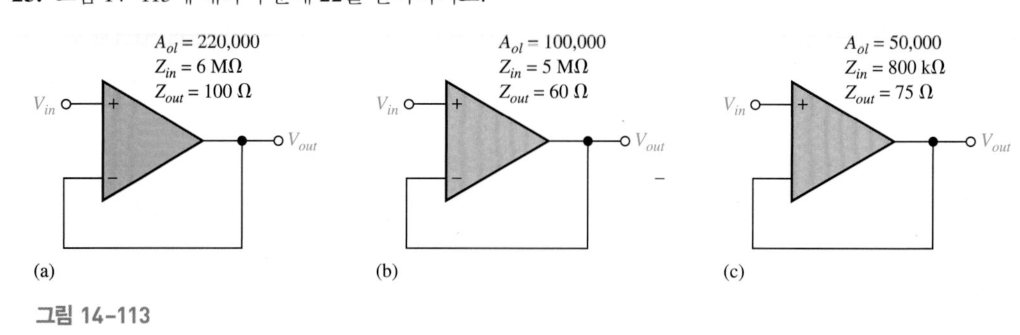

그림 14–113

24. 그림 14–114에 대하여 문제 22를 반복하시오.

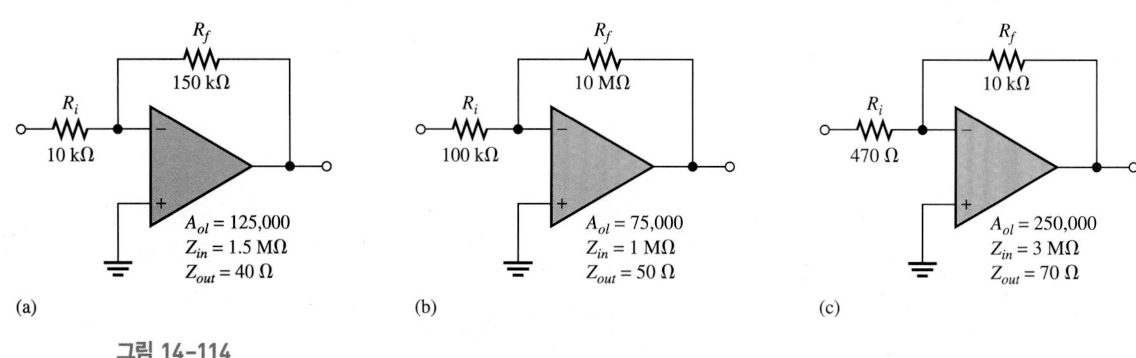

그림 14–114

14–7 연산 증폭기 응답의 기본 개념

25. 어떤 연산 증폭기의 미드레인지 개루프 이득이 120 dB이다. 부궤환을 통해 이 이득을 50 dB 만큼 줄였다. 폐루프 이득은 얼마인가?

26. 연산 증폭기의 개루프 응답에서 상위 임계 주파수가 200 Hz이었다. 만약 미드레인지 이득이 175,000이면, 200 Hz에서 이상적인 이득은 얼마인가? 실제 이득은 얼마인가? 연산 증폭기의 개루프 대역폭은 얼마인가?

27. *RC* 지연 회로의 임계 주파수가 5 kHz이다. 만약 저항값이 1.0 kΩ이라면, f = 3 kHz일 때, X_C는 얼마인가?

28. 다음의 각 주파수에 대하여 f_c = 12 kHz를 가지는 *RC* 지연 회로의 감쇠율을 구하시오.

(a) 1 kHz **(b)** 5 kHz **(c)** 12 kHz **(d)** 20 kHz **(e)** 100 kHz

29. 연산 증폭기의 미드레인지 개루프 이득이 80,000이다. 만약 개루프 임계 주파수가 1 kHz라면, 다음 각 주파수에 대하여 개루프 이득은 얼마인가?

(a) 100 Hz **(b)** 1 kHz **(c)** 10 kHz **(d)** 1 MHz

30. 2 kHz에서 그림 14–115에 나타낸 각 회로를 통한 위상 천이는 얼마인가?

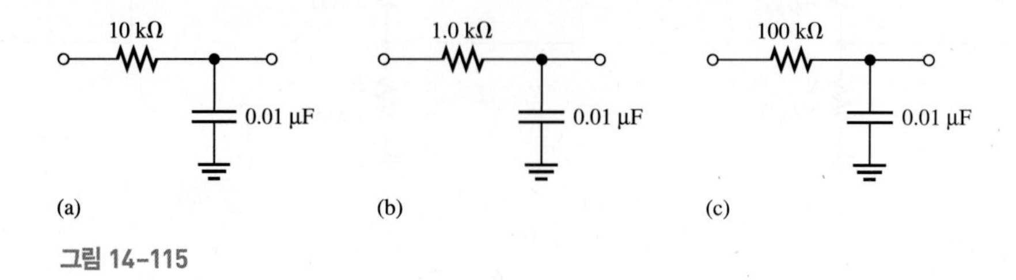

그림 14–115

31. *RC* 지연 회로의 임계 주파수가 8.5 kHz이다. 다음 각 주파수에서의 위상을 구하고, 주파수에 대한 위상각을 그래프로 그리시오.

(a) 100 Hz **(b)** 400 Hz **(c)** 850 Hz
(d) 8.5 kHz **(e)** 25 kHz **(f)** 85 kHZ

14-8 비교기

32. 어떤 연산 증폭기의 개루프 이득이 80,000이다. 이 디바이스는 직류 공급 전압이 ± 15 V일 때, 최대 포화 출력 레벨이 ± 12 V이다. 입력단에 차동 전압 0.15 mV가 인가될 때, 출력의 피크-투-피크값은 얼마인가?

33. 그림 14-116에 있는 각 비교기에 대하여 출력 레벨(최대 양의 값과 최대 음의 값)을 결정하시오.

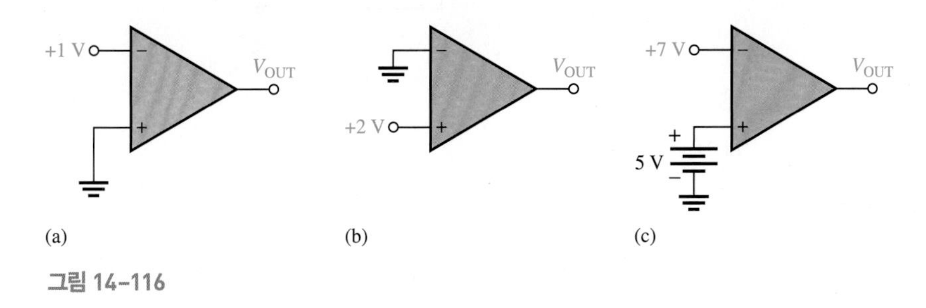

그림 14-116

34. 그림 14-117에서 V_{UTP}와 V_{LTP}를 계산하시오. $V_{out(max)} = -10$ V

35. 그림 14-117에서 히스테르시스 전압을 얼마인가?

36. 그림 14-118의 각 회로에 대하여 입력에 대한 출력 전압의 파형을 스케치하고, 전압 레벨을 표시하시오.

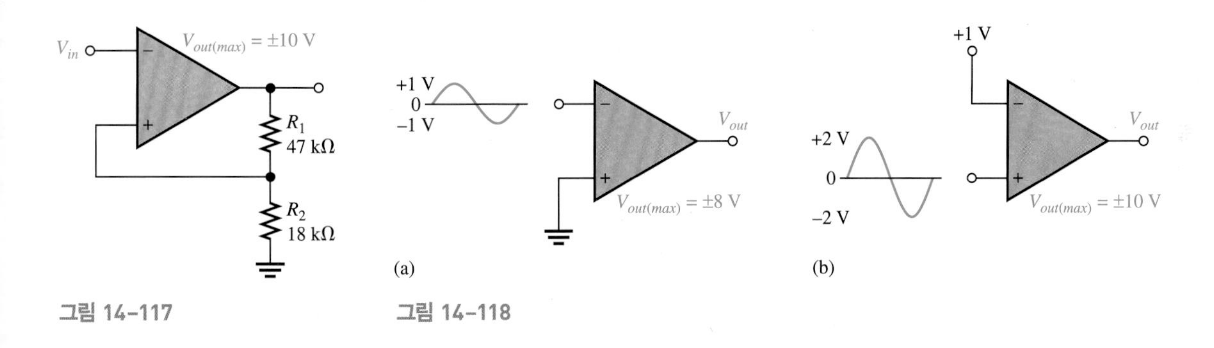

그림 14-117 그림 14-118

37. 그림 14-119의 각 비교기에 대하여 히스테르시스 전압을 결정하시오. 최대 출력 레벨은 ± 11 V이다.

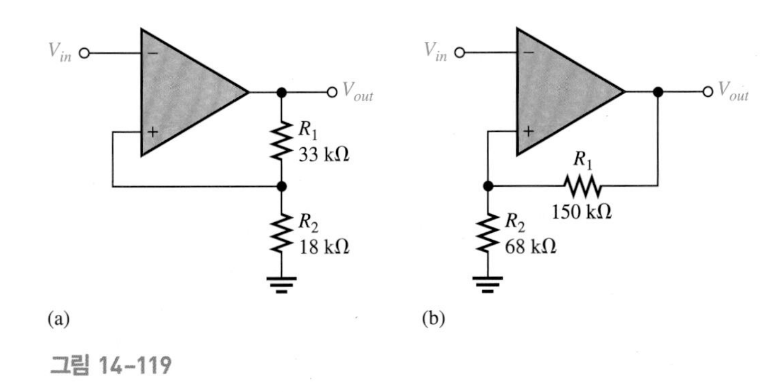

그림 14-119

38. 그림 14-117의 회로에서 6.2 V 제너 다이오드가 출력에서 반전 입력으로 연결되었고, 캐소드(cathode)는 출력쪽이다. 양의 출력 레벨과 음의 출력 레벨은 무엇인가?

39. 그림 14–120의 출력 전압 파형을 구하시오.

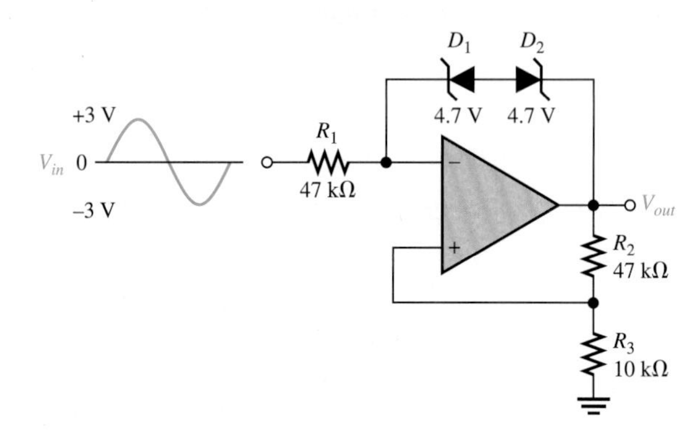

그림 14–120

14–9 가산 증폭기

40. 그림 14–121의 각 회로에 대하여 출력 전압을 구하시오.

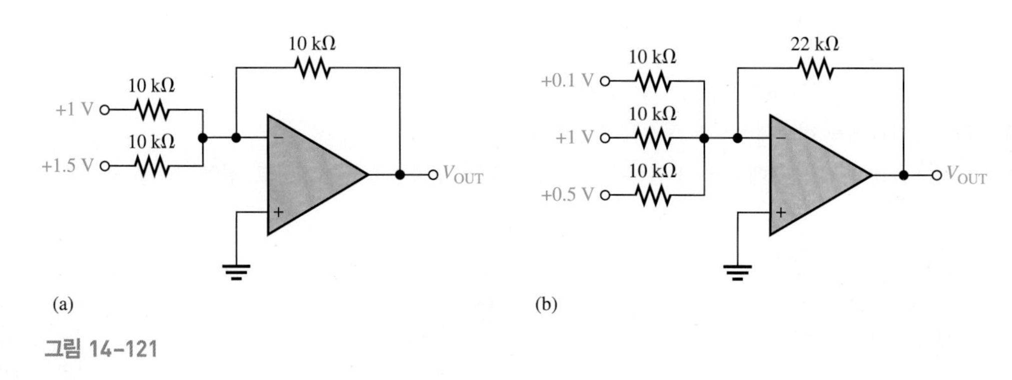

그림 14–121

41. 그림 14–122를 참고하여 다음을 구하시오.

(a) V_{R1}과 V_{R2} **(b)** R_f를 통해 흐르는 전류 **(c)** V_{OUT}

42. 그림 14–122에서 입력의 합보다 5배 큰 출력을 내기 위한 R_f의 값을 구하시오.

43. 8개의 입력 전압의 평균을 출력하는 가산 증폭기를 설계하시오. 입력 저항은 각각 10 kΩ을 사용하시오.

44. 그림 14–123에 보인 입력 전압이 배율 가산기에 인가되었을 때, 출력 전압을 구하시오. R_f를 통해 흐르는 전류는 얼마인가?

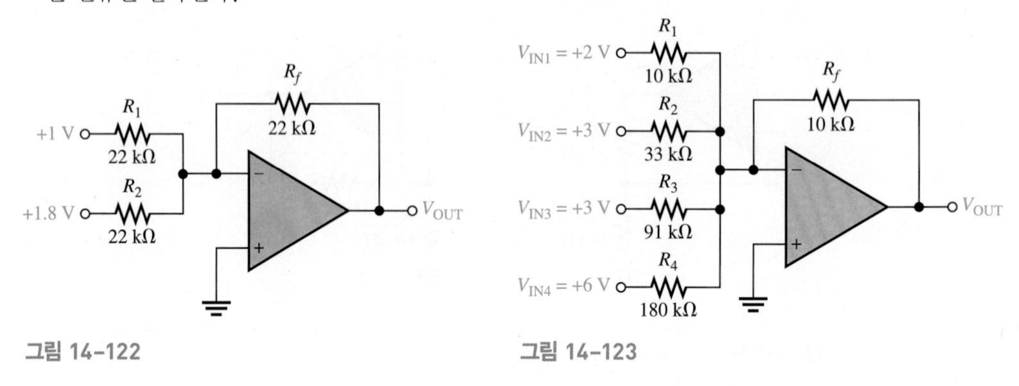

그림 14–122 그림 14–123

45. 6개의 입력을 가지는 배율 가산기에서 가장 낮은 가중치가 1이고, 연속된 입력은 이전 입력보다 2배씩 가중치가 커질 때 필요한 입력 저항의 값을 결정하시오. R_f = 100 kΩ을 사용하시오.

14-10 적분기와 미분기

46. 그림 14–124의 적분기에 계단 입력이 가해졌을 때, 출력 전압의 변화율을 구하시오.

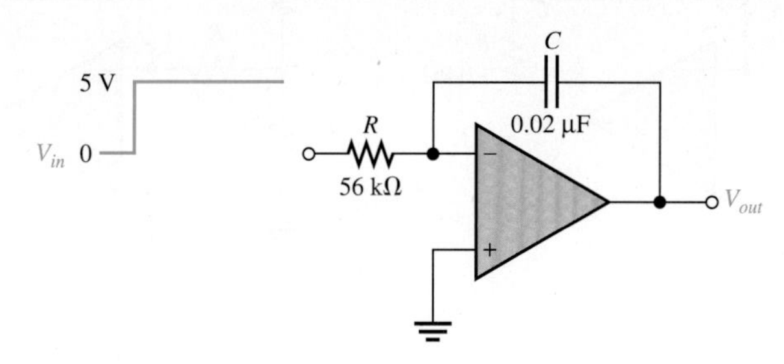

그림 14–124

47. 삼각 파형이 그림 14–125의 회로에 입력으로 인가되었다. 출력이 어떠해야 하는지 결정하고, 입력에 대하여 파형을 스케치하시오.

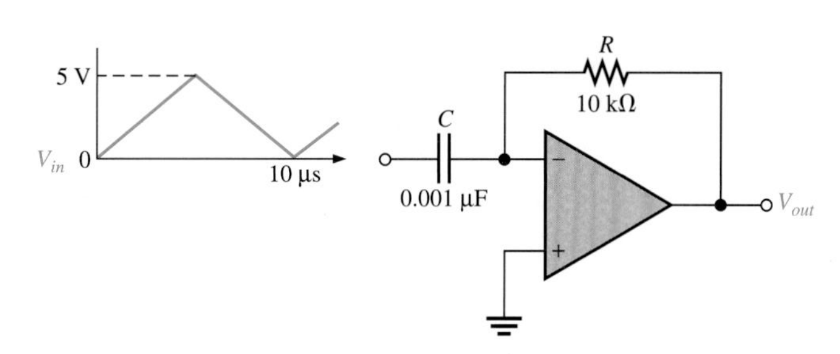

그림 14–125

48. 문제 47에서 커패시터 전류의 크기는 얼마인가?

49. 피크–투–피크 전압이 2 V이고, 주기가 1ms인 삼각파형이 그림 14–126(a)의 미분기에 인가되었다. 출력 전압은 무엇인가?

50. 그림 14–126(b)에서 1번 위치에서 시작하여, 2번 위치로 스위치가 동작하여 10 ms 동안 유지된 후, 다시 1번 위치로 되돌아가 10 ms 동안 유지한 후 계속 같은 동작을 반복한다. 이 결과 나타나는 출력 파형을 스케치하시오. 연산 증폭기의 포화 출력 레벨은 ± 12 V이다.

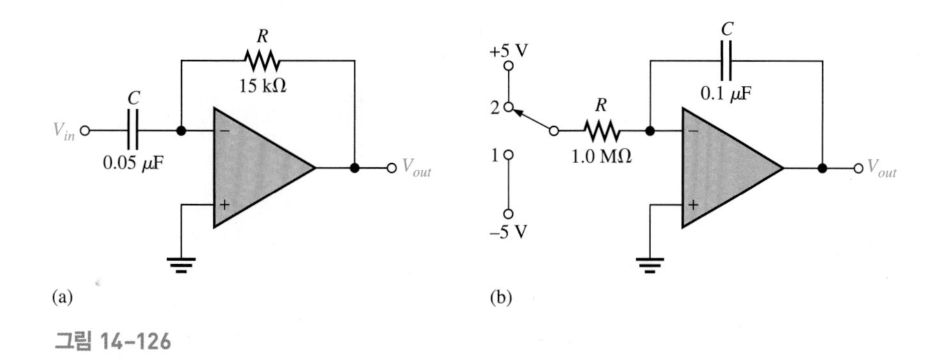

그림 14–126

14-11 컨버터와 응용 회로

51. 그림 14–127의 각 회로에서 부하 전류를 구하시오(힌트: R_i의 좌측부분 회로를 테브냉 등가회로로 나타내어 생각하시오).

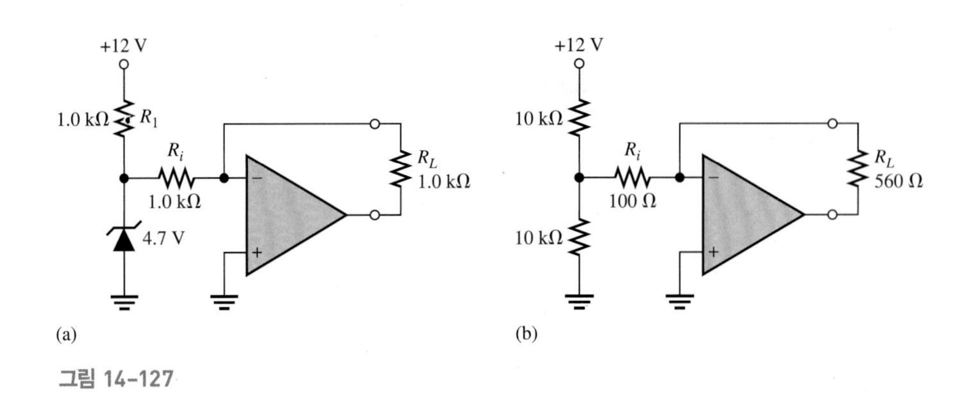

그림 14-127

52. 온도를 원격으로 감지하여 표시를 위해 디지털 값으로 변환할 수 있도록 온도에 비례하는 전압을 생성하는 회로를 고안하시오. 온도를 감지하는 소자로 서미스터가 사용될 수 있다.

14-12 고장 진단

53. 100 mV의 신호가 인가된 그림 14-128의 회로에서 다음과 같은 증상이 나타날 때, 가장 가능성 높은 고장이 무엇인지 구하시오.

(a) 출력 신호가 없다

(b) 출력 신호가 양의 진폭 및 음의 진폭 모두에서 심하게 잘려져 있다.

54. 만약 그림 14-128의 회로가 다음과 같은 고장(한 번에 한 개의 고장)이 발생하였다면 출력은 어떻게 되겠는가?

(a) 출력 핀이 반전 입력에 단락되었다.

(b) R_3가 개방되었다.

(c) R_3의 저항이 910 Ω 대신 10 kΩ가 사용되었다.

(d) R_1과 R_2가 서로 바뀌었다.

55. 그림 14-129에 보인 회로 보드에서 100 kΩ 포텐쇼미터의 중간 리드 (와이퍼)가 깨어졌다면 어떤 상황이 발생하겠는가?

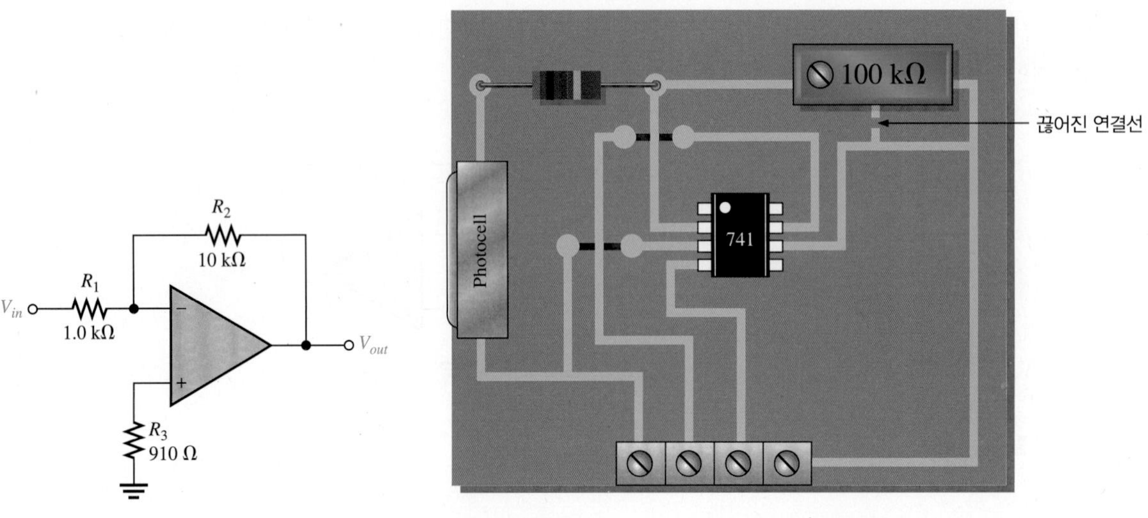

그림 14-128

그림 14-129

56. 그림 14-130(a)에 주어진 파형은 그림 14-130(b)의 표시된 지점에서 관찰된 것이다. 이 회로는 정상적으로 동작하는가? 만약 아니라면, 가장 가능성 있는 고장원인은 무엇인가?

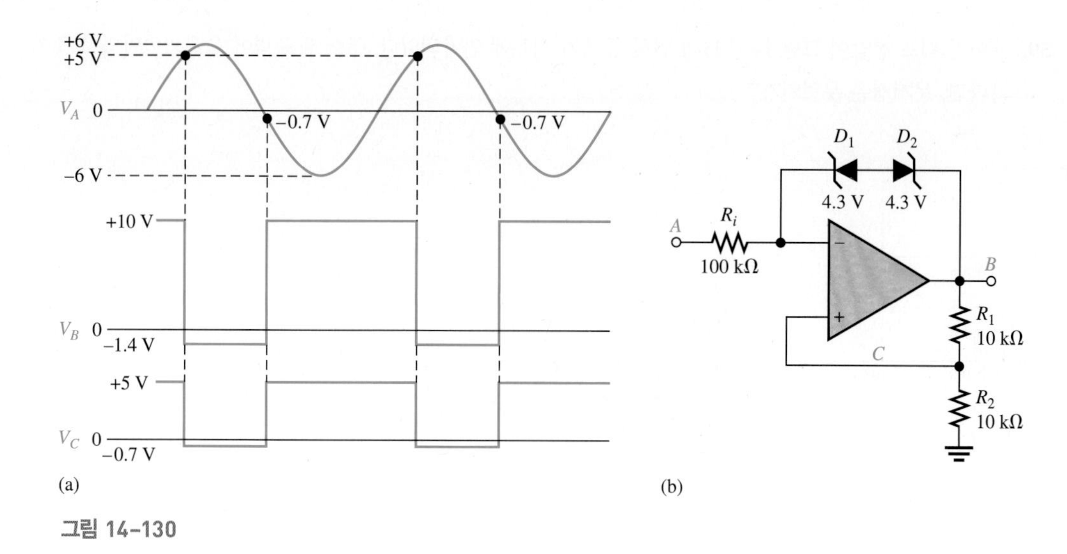

그림 14-130

57. 그림 14-131의 윈도우 비교기에 대한 파형이 측정되었다. 출력 파형이 옳은지 여부를 결정하고, 만약 그렇지 않다면, 가능한 고장원인을 파악하시오.

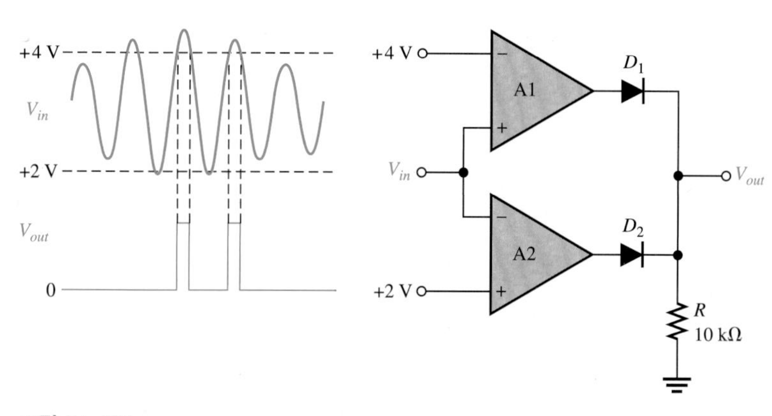

그림 14-131

58. 그림 14-132에 보여진 전압 레벨의 시퀀스가 가산 증폭기에 인가되었고, 표시된 출력값이 관찰되었다. 먼저 이 출력이 옳은지 여부를 결정하시오. 만약 옳지 않다면, 고장원인을 파악하시오.

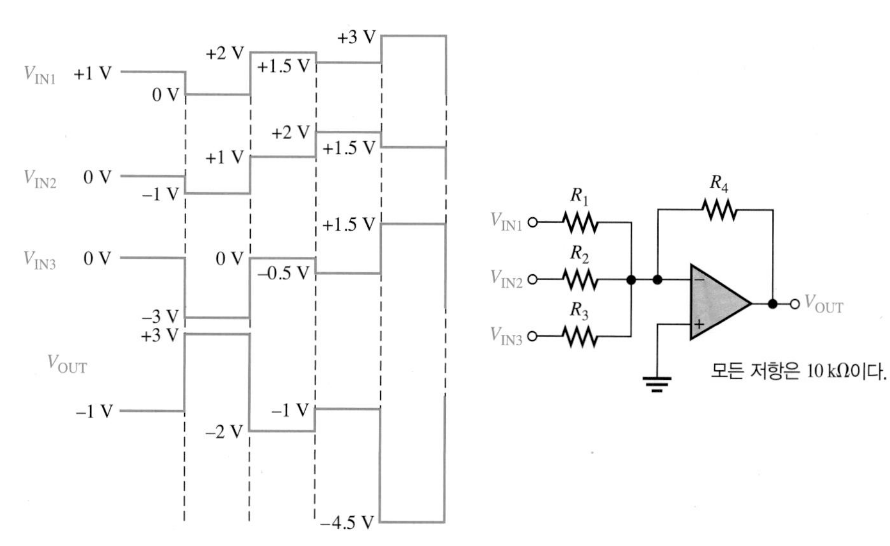

그림 14-132

59. 주어진 램프 전압이 그림 14–133의 연산 증폭기 회로에 인가되었다. 주어진 출력이 옳은가? 만약 그렇지 않다면, 문제점은 무엇인가?

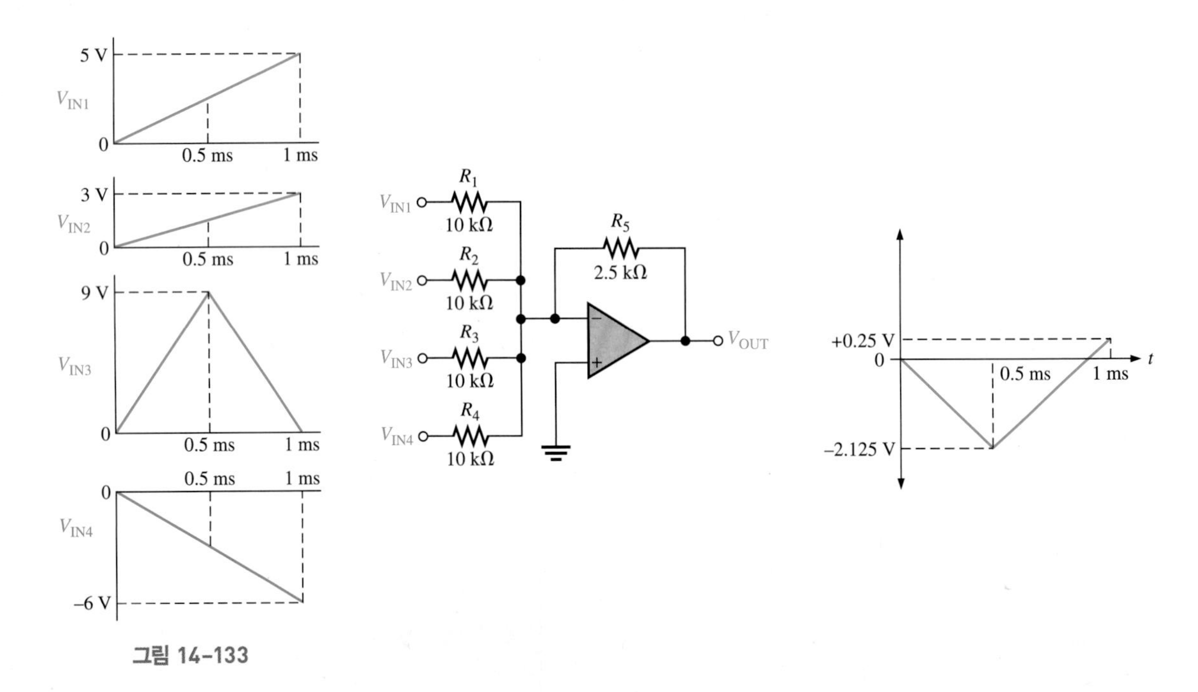

그림 14-133

60. 시스템 예제 14–5의 ADC 보드가 조립 라인에서 방금 제작되었고, 합격/불합격 검사(pass/fail test) 결과 동작하지 않는 것으로 판명되었다. 그 보드의 고장 진단을 위해 당신에게 주어졌다. 가장 처음 무엇을 하여야 하는가? 이 경우 첫 번째 단계에 의해서 문제점들을 분리할(isolate) 수 있는가?

복습문제 해답

14–1

1. 반전 입력, 비반전 입력, 출력, 양/음의 전원 공급 전압
2. 실제적인 연산 증폭기는 높은 입력 임피던스, 낮은 출력 임피던스, 높은 전압 이득, 그리고 넓은 대역폭을 가진다.

14–2

1. 차동 입력은 두 입력 단자 사이의 전압이다. 단일 입력은 하나의 입력 단자와 접지 사이의 입력값이다(다른 입력 단자는 접지되어 있다).
2. 공통 모드 신호 제거는 두 입력 단자에 동일한 신호가 인가되었을 때, 연산 증폭기가 매우 작은 출력을 내는 능력을 말한다.
3. 더 높은 CMRR이 되면, 공통 모드 이득이 더 작아진다.

14–3

1. 입력 바이어스 전류, 입력 오프셋 전압, 드리프트, 입력 오프셋 전류, 입력 임피던스, 출력 임피던스, 공통 모드 입력 전압 범위, CMRR, 개루프 전압 이득, 슬루 레이트, 주파수 응답
2. 슬루 레이트와 전압 이득은 모두 주파수에 의존한다.

14–4

1. 부궤환은 안정된 전압 이득의 제어, 입력 및 출력 임피던스의 제어, 그리고 넓은 대역폭을 가능하게 한다.

2. 개루프 이득은 매우 높기 때문에 입력에서의 아주 작은 신호라도 연산 증폭기를 포화상태로 만든다.
3. 두 개의 입력이 모두 같을 것이다.

14-5

1. 부궤환의 주목적은 이득을 안정화시키는 것이다.
2. X
3. $A_{cl} = 1/0.02 = 50$
4. $A_{CL} = 50$

14-6

1. 비반전 구조는 연산 증폭기 자체보다 더 높은 Z_{in}을 가진다.
2. 전압 폴로어에서는 Z_{in}이 증가한다.
3. $Z_{in(\mathrm{I})} \cong R_i = 2.0\ \mathrm{k\Omega}$, $Z_{out(\mathrm{I})} \cong Z_{out} = 26\ \mathrm{m\Omega}$.
4. $\dfrac{\mathrm{nV}}{\sqrt{\mathrm{Hz}}}$

14-7

1. 개루프 이득은 궤환이 없을 때이며, 폐루프 이득은 부궤환이 있을 때의 이득이다. 개루프 이득이 더 크다.
2. $BW = 100\ \mathrm{Hz}$
3. A_{ol}은 감소한다.
4. SPI 버스는 디지털 정보를 전달하는 통로이다. PGA에서는 컴퓨터나 제어기로부터 명령을 받아 채널을 선택하고 이득을 설정할 수 있다.

14-8

1. **(a)** $V = (10\ \mathrm{k\Omega}/110\ \mathrm{k\Omega})15\ \mathrm{V} = 1.36\mathrm{V}$
   (b) $V = (22\ \mathrm{k\Omega}/69\ \mathrm{k\Omega})/(-12\ \mathrm{V}) = -3.83\ \mathrm{V}$
2. 히스테르시스는 비교기에서 노이즈로부터 오동작을 제거하는 역할을 수행한다.
3. 바운딩은 출력 진폭을 지정된 레벨로 제한한다.
4. 저항 분배기는 각 비교기의 임계 전압을 따로따로 설정한다.

14-9

1. 가합점은 입력 저항이 공통으로 연결되는 지점이다.
2. $R_f/R = 1/5 = 0.2$
3. $5\ \mathrm{k\Omega}$
4. 고정 저항은 채널의 최대 이득을 설정한다.

14-10

1. 적분기의 궤환 요소는 커패시터이다.
2. 커패시터 전류가 일정하므로 커패시터 전압은 선형이다.
3. 미분기의 궤환 요소는 저항이다.
4. 미분기의 출력은 입력의 변화율에 비례한다.

14-11

1. $I_L = 6.8\ \mathrm{V}/10\ \mathrm{k\Omega} = 0.68\ \mathrm{mA}$; 부하가 $5\ \mathrm{k\Omega}$일 때도 같은 값이다.
2. 궤환 저항이 비례 상수 역할을 한다.

14-12

1. 접지에 대하여 전원 공급 전압을 점검한다. 접지의 연결을 확인한다. 궤환 저항이 개방되었는지 확인한다.
2. 전원 공급 전압과 접지 리드를 점검한다. 반전 증폭기에 대하여 R_i가 개방되었는지 확인한다. 비반전 증폭기에 대하여 V_{in}이 (+) 핀에 연결되었는지 확인하고, 만약 그렇다면, (−)핀에도 같은 전압 신호가 되는지 점검한다.
3. 출력이 단락되었을 때 연산 증폭기 자체가 고장날 수 있다.
4. 의심이 되는 소자를 하나씩 교체하여 본다.

예제의 관련문제 해답

14–1 34,000; 90.6dB

14–2 **(a)** 0.168 **(b)** 87.96dB **(c)** 2.1 V rms; 4.2 V rms **(d)** 0.168 V

14–3 12,649

14–4 20 V/μs

14–5 32.9

14–6 **(a)** 67.5 kΩ **(b)** 증폭기는 개루프 이득을 가지게 되어, 출력이 구형파가 된다.

14–7 **(a)** 20.6 GΩ, 14 mΩ **(b)** 23

14–8 입력 임피던스는 증가하고, 출력 임피던스는 감소한다.

14–9 $Z_{in(I)} = 560\ \Omega$, $Z_{out(I)} = 110\ \text{m}\Omega$, $A_{cl} = -146$

14–10 **(a)** 80,000 **(b)** 79,000 **(c)** 6400

14–11 173 Hz

14–12 1.96 V

14–13 + 3.83 V, − 3.83 V, $V_{HYS} = 7.65$ V

14–14 + 1.81 V, − 1.81 V

14–15 − 12.5 V

14–16 − 5.73 V

14–17 100 kΩ 저항을 입력저항으로 추가하고, R_f를 20 kΩ로 바꾸어야 한다.

14–18 0.45, 0.12, 0.18; $V_{OUT} = -3.03$ V

14–19 C를 5000 pF으로 바꾸거나, R을 5.0 kΩ로 바꾼다.

14–20 진폭이 6.6 V로 된 같은 파형이 나온다.

14–21 − 0.88 V에서 + 7.79 V로 변하는 펄스가 된다.

14–22 − 3.76 V

14–23 R_6를 25 kΩ로 바꾼다.

자습문제 해답

1. (c)	**2.** (b)	**3.** (d)	**4.** (b)	**5.** (a)	**6.** (c)	**7.** (b)	**8.** (a)	**9.** (d)	**10.** (c)
11. (d)	**12.** (a)	**13.** (b)	**14.** (c)	**15.** (d)	**16.** (b)	**17.** (c)	**18.** (a)	**19.** (c)	**20.** (d)
21. (c)	**22.** (b)	**23.** (a)	**24.** (b)	**25.** (d)	**26.** (a)	**27.** (d)	**28.** (c)	**29.** (a)	**30.** (c)
31. (e)	**32.** (b)	**33.** (d)	**34.** (c)	**35.** (a)	**36.** (c)	**37.** (a)	**38.** (b)	**39.** (c)	**40.** (b)
41. (d)	**42.** (d)	**43.** (a)	**44.** (d)	**45.** (c)					

고장진단 해답

1. 증가한다. **2.** 변함없다. **3.** 감소한다. **4.** 감소한다.
5. 증가한다. **6.** 변함없다. **7.** 증가한다. **8.** 증가한다.
9. 감소한다. **10.** 변함없다. **11.** 감소한다. **12.** 변함없다.
13. 감소한다. **14.** 증가한다. **15.** 증가한다. **16.** 증가한다.
17. 증가한다. **18.** 증가한다. **19.** 변함없다. **20.** 증가한다.
21. 변함없다. **22.** 감소한다. **23.** 증가한다. **24.** 변함없다.

APPENDIX A

표준 저항값

저항 오차 (±%)

0.1% 0.25% 0.5%	1%	2% 5%	10%	0.1% 0.25% 0.5%	1%	2% 5%	10%	0.1% 0.25% 0.5%	1%	2% 5%	10%	0.1% 0.25% 0.5%	1%	2% 5%	10%	0.1% 0.25% 0.5%	1%	2% 5%	10%	0.1% 0.25% 0.5%	1%	2% 5%	10%
10.0	10.0	10	10	14.7	14.7	—	—	21.5	21.5	—	—	31.6	31.6	—	—	46.4	46.4	—	—	68.1	68.1	68	68
10.1	—	—	—	14.9	—	—	—	21.8	—	—	—	32.0	—	—	—	47.0	—	47	47	69.0	—	—	—
10.2	10.2	—	—	15.0	15.0	15	15	22.1	22.1	22	22	32.4	32.4	—	—	47.5	47.5	—	—	69.8	69.8	—	—
10.4	—	—	—	15.2	—	—	—	22.3	—	—	—	32.8	—	—	—	48.1	—	—	—	70.6	—	—	—
10.5	10.5	—	—	15.4	15.4	—	—	22.6	22.6	—	—	33.2	33.2	33	33	48.7	48.7	—	—	71.5	71.5	—	—
10.6	—	—	—	15.6	—	—	—	22.9	—	—	—	33.6	—	—	—	49.3	—	—	—	72.3	—	—	—
10.7	10.7	—	—	15.8	15.8	—	—	23.2	23.2	—	—	34.0	34.0	—	—	49.9	49.9	—	—	73.2	73.2	—	—
10.9	—	—	—	16.0	—	16	—	23.4	—	—	—	34.4	—	—	—	50.5	—	—	—	74.1	—	—	—
11.0	11.0	11	—	16.2	16.2	—	—	23.7	23.7	—	—	34.8	34.8	—	—	51.1	51.1	51	—	75.0	75.0	75	—
11.1	—	—	—	16.4	—	—	—	24.0	—	24	—	35.2	—	—	—	51.7	—	—	—	75.9	—	—	—
11.3	11.3	—	—	16.5	16.5	—	—	24.3	24.3	—	—	35.7	35.7	—	—	52.3	52.3	—	—	76.8	76.8	—	—
11.4	—	—	—	16.7	—	—	—	24.6	—	—	—	36.1	—	36	—	53.0	—	—	—	77.7	—	—	—
11.5	11.5	—	—	16.9	16.9	—	—	24.9	24.9	—	—	36.5	36.5	—	—	53.6	53.6	—	—	78.7	78.7	—	—
11.7	—	—	—	17.2	—	—	—	25.2	—	—	—	37.0	—	—	—	54.2	—	—	—	79.6	—	—	—
11.8	11.8	—	—	17.4	17.4	—	—	25.5	25.5	—	—	37.4	37.4	—	—	54.9	54.9	—	—	80.6	80.6	—	—
12.0	—	12	12	17.6	—	—	—	25.8	—	—	—	37.9	—	—	—	56.2	—	—	—	81.6	—	—	—
12.1	12.1	—	—	17.8	17.8	—	—	26.1	26.1	—	—	38.3	38.3	—	—	56.6	56.6	56	56	82.5	82.5	82	82
12.3	—	—	—	18.0	—	18	18	26.4	—	—	—	38.8	—	—	—	56.9	—	—	—	83.5	—	—	—
12.4	12.4	—	—	18.2	18.2	—	—	26.7	26.7	—	—	39.2	39.2	39	39	57.6	57.6	—	—	84.5	84.5	—	—
12.6	—	—	—	18.4	—	—	—	27.1	—	27	27	39.7	—	—	—	58.3	—	—	—	85.6	—	—	—
12.7	12.7	—	—	18.7	18.7	—	—	27.4	27.4	—	—	40.2	40.2	—	—	59.0	59.0	—	—	86.6	86.6	—	—
12.9	—	—	—	18.9	—	—	—	27.7	—	—	—	40.7	—	—	—	59.7	—	—	—	87.6	—	—	—
13.0	13.0	13	—	19.1	19.1	—	—	28.0	28.0	—	—	41.2	41.2	—	—	60.4	60.4	—	—	88.7	88.7	—	—
13.2	—	—	—	19.3	—	—	—	28.4	—	—	—	41.7	—	—	—	61.2	—	—	—	89.8	—	—	—
13.3	13.3	—	—	19.6	19.6	—	—	28.7	28.7	—	—	42.2	42.2	—	—	61.9	61.9	62	—	90.9	90.9	91	—
13.5	—	—	—	19.8	—	—	—	29.1	—	—	—	42.7	—	—	—	62.6	—	—	—	92.0	—	—	—
13.7	13.7	—	—	20.0	20.0	20	—	29.4	29.4	—	—	43.2	43.2	43	—	63.4	63.4	—	—	93.1	93.1	—	—
13.8	—	—	—	20.3	—	—	—	29.8	—	—	—	43.7	—	—	—	64.2	—	—	—	94.2	—	—	—
14.0	14.0	—	—	20.5	20.5	—	—	30.1	30.1	30	—	44.2	44.2	—	—	64.9	64.9	—	—	95.3	95.3	—	—
14.2	—	—	—	20.8	—	—	—	30.5	—	—	—	44.8	—	—	—	65.7	—	—	—	96.5	—	—	—
14.3	14.3	—	—	21.0	21.0	—	—	30.9	30.9	—	—	45.3	45.3	—	—	66.5	66.5	—	—	97.6	97.6	—	—
14.6	—	—	—	21.3	—	—	—	31.2	—	—	—	45.9	—	—	—	67.3	—	—	—	98.8	—	—	—

주: 일반적으로 이 값들은 0.1, 1, 10, 100, 1k, 그리고 1M의 곱으로 나타낼 수 있다.

APPENDIX B

커패시터 컬러 코드 및 표시

커패시터 컬러

어떤 커패시터들은 컬러 코드를 지정하여 용량을 나타낸다. 커패시터에 사용되는 컬러 코드는 저항에 사용된 것과 기본적으로 같다. 오차(공차)를 나타내는 방법에 약간의 차이점이 있다. 기본적인 컬러 코드를 표 B-1에 나타내었고, 전형적인 컬러 코드를 사용한 커패시터를 그림 B-1에 보였다.

표 B-1 • 전형적인 커패시터 컬러 코드 (단위: pF)

컬러(색)	숫자	승수	허용오차
검정	0	1	20%
갈색	1	10	1%
빨강	2	100	2%
주황	3	1000	3%
노랑	4	10000	
초록	5	100000	5% (EIA)
파랑	6	1000000	
보라	7		
회색	8		
흰색	9		
금색		0.1	5% (JAN)
은색		0.01	10%
색없음			20%

주: EIA(Electronic Industries Association, 전자산업협의회), JAN(Joint Army–Navy, 육해군 합동 국방표준)

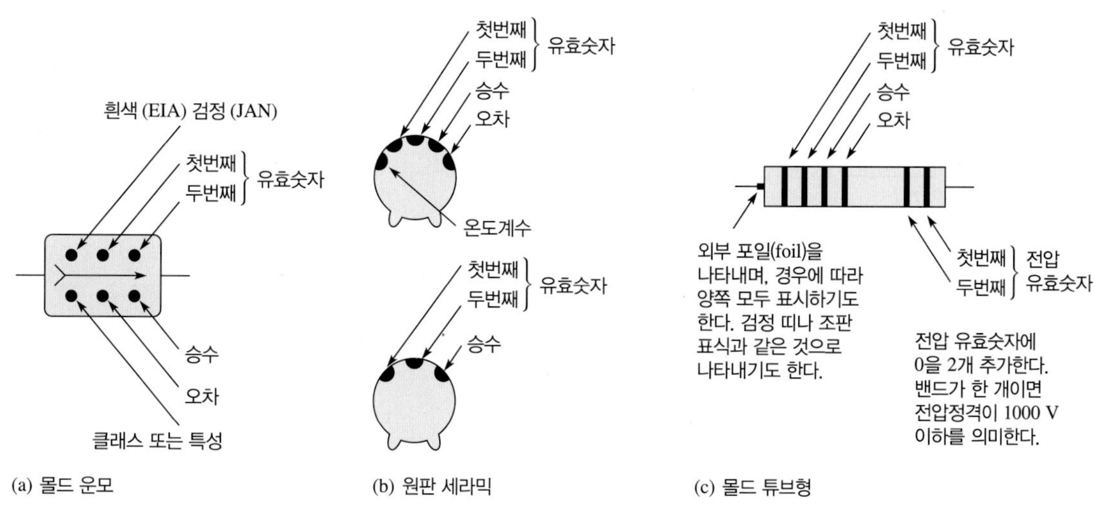

그림 B-1 전형적인 커패시터 컬러 코드

표시 체계

그림 B-2에 나타낸 커패시터는 다음과 같은 식별 특징이 있다.

- 단색으로 된 몸체(황백색, 베이지색, 회색, 황갈색 또는 갈색)
- 전극은 부품의 끝을 완전히 둘러싸고 있다.
- 다음과 같은 다양한 크기가 있다

1. 1206 타입: 0.125인치 길이와 0.063인치 폭(3.2 mm × 1.6 mm)으로 다양한 두께와 색상이 있음
2. 0805 타입: 0.080인치 길이와 0.050인치 폭(2.0 mm × 1.25 mm)으로 다양한 두께와 색상이 있음
3. 단색(보통 반투명 황갈색 또는 갈색)으로 된 다양한 크기가 있으며, 길이는 0.059인치(1.5 mm)에서 0.220인치(5.6 mm) 범위이고, 폭은 0.032인치(0.8 mm)에서 0.197인치(5.0 mm) 범위를 가진다.

- 세 가지의 표시 체계가 있다

1. 두 자리 코드(문자와 숫자)
2. 두 자리 코드(문자와 숫자 또는 두 개의 숫자)
3. 한 자리 코드(컬러 문자)

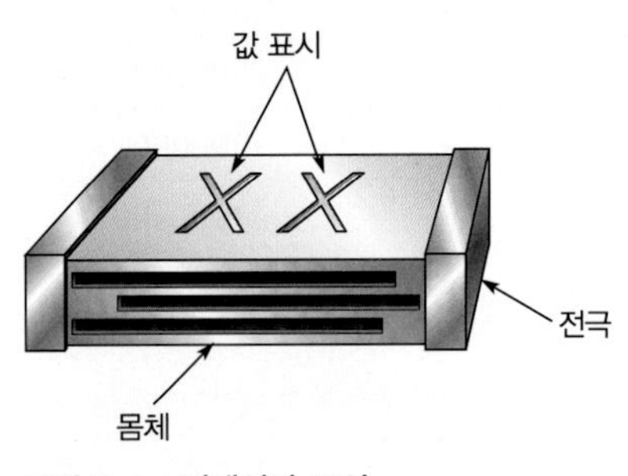

그림 B-2 커패시터 표시

표준 두 자리 코드

표 B–2를 참고하시오.

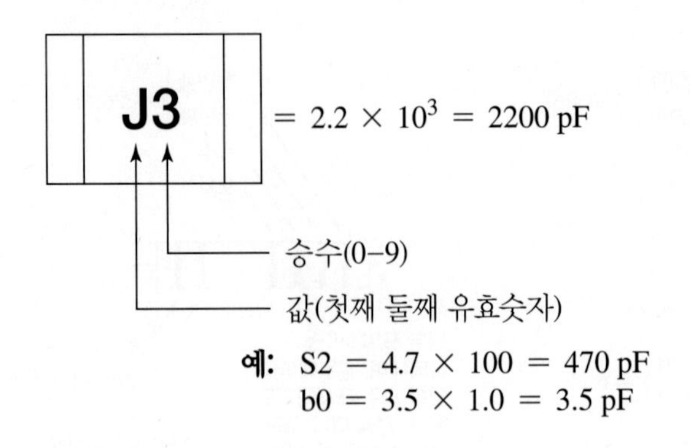

예: S2 = 4.7 × 100 = 470 pF
b0 = 3.5 × 1.0 = 3.5 pF

표 B-2

값*						승수
A	1.0	L	2.7	T	5.1	0 = × 1.0
B	1.1	M	3.0	U	5.6	1 = × 10
C	1.2	N	3.3	m	6.0	2 = × 100
D	1.3	b	3.5	V	6.2	3 = × 1000
E	1.5	P	3.6	W	6.8	4 = × 10000
F	1.6	Q	3.9	n	7.0	5 = × 100000
G	1.8	d	4.0	X	7.5	etc.
H	2.0	R	4.3	t	8.0	
J	2.2	e	4.5	Y	8.2	
K	2.4	S	4.7	y	9.0	
a	2.5	f	5.0	Z	9.1	

* 대문자 또는 소문자

대체 두 자리 코드

표 B-3을 참고하시오.

- 100 pF 미만–값을 직접 표시

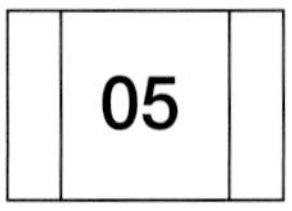

05 = 5 pF　　82 = 82 pF

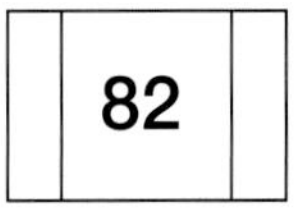

- 100 pF 이상–문자/숫자 코드

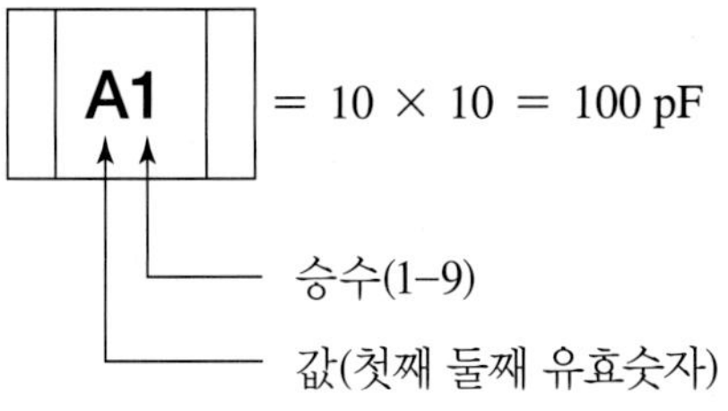

A1 = 10 × 10 = 100 pF　　N3 = 33 × 1000 = 33000 pF = .033 μF

승수(1–9)

값(첫째 둘째 유효숫자)

표 B-3

값*						승수
A	10	J	22	S	47	1 = × 10
B	11	K	24	T	51	2 = × 100
C	12	L	27	U	56	3 = × 1000
D	13	M	30	V	62	4 = × 10000
E	15	N	33	W	68	5 = × 100000
F	16	P	36	X	75	etc.
G	18	Q	39	Y	82	
H	20	R	43	Z	91	

* 대문자만 가능

표준 한 자리 코드

표 B–4를 참고하시오.

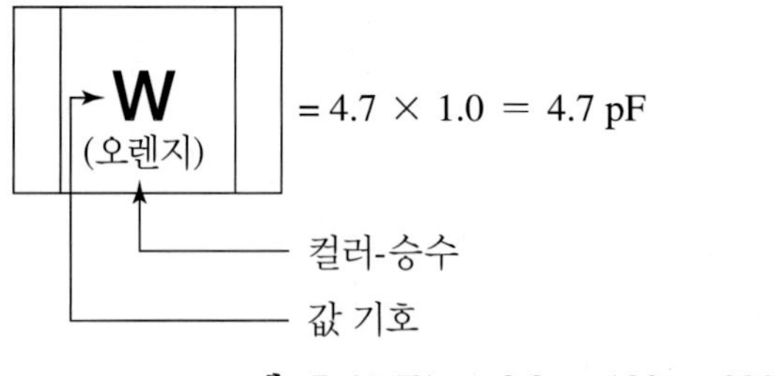

예: R (초록) = 3.3 × 100 = 330 pF
7 (파랑) = 8.2 × 1000 = 8200 pF

표 B-4

값						승수 (색)
A	1.0	K	2.2	W	4.7	주황 = × 1.0
B	1.1	L	2.4	X	5.1	검정 = × 10
C	1.2	N	2.7	Y	5.6	초록 = × 100
D	1.3	O	3.0	Z	6.2	파랑 = × 1000
E	1.5	R	3.3	3	6.8	보라 = × 10000
H	1.6	S	3.6	4	7.5	빨강 = × 100000
I	1.8	T	3.9	7	8.2	
J	2.0	V	4.3	9	9.1	

APPENDIX C

노턴의 정리와 밀만의 정리

노턴의 정리 (Norton's Theorem)

테브난의 정리와 마찬가지로, 노턴의 정리는 복잡한 회로를 간단한 형태로 줄이는 방법이다. 노턴의 정리에서는 주어진 회로를 등가저항과 병렬로 연결된 등가 전류원으로 나타내는 것이 테브난의 정리와 기본적인 차이점이다. 노턴 등가 회로의 형태를 그림 C-1에 나타내었다. 원회로가 아무리 복잡하여도 항상 이러한 등가 형태로 바꿀 수 있다. 등가 전류원은 I_N으로 나타내고, 등가 저항은 R_N으로 지정된다.

노턴의 정리를 적용하기 위해서는 이 두 가지 양인 I_N과 R_N을 구할 수 있어야 한다. 주어진 회로에 대하여 이 두 값들을 알면, 간단히 병렬로 연결하여 완전한 노턴 회로를 구성할 수 있다.

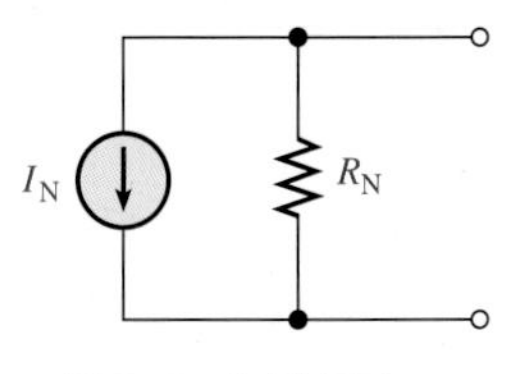

그림 C-1 노턴 등가 회로의 형태

노턴 등가 전류(I_N) 완전한 노턴 등가 회로는 I_N과 R_N으로 구성된다. I_N은 회로의 두 지점 사이의 단락 전류로 정의된다. 이 두 지점 사이에 연결된 어떠한 소자도 R_N과 병렬로 연결된 전류원 I_N을 실질적으로 바라본다.

설명을 위해서, 그림 C-2(a)에 나타낸 저항 회로를 생각하자. 여기서 하나의 저항이 회로의 두 지점 사이에 연결되어 있다. R_L에 의해 보여지는 회로와 등가인 노턴 회로를 구하고자 한다. I_N을 구하기 위해 그림 C-2(b)와 같이 A와 B 두 지점을 단락시켰을 때 전류를 계산한다. 예제 C-1은 I_N을 구하는 방법을 보여준다.

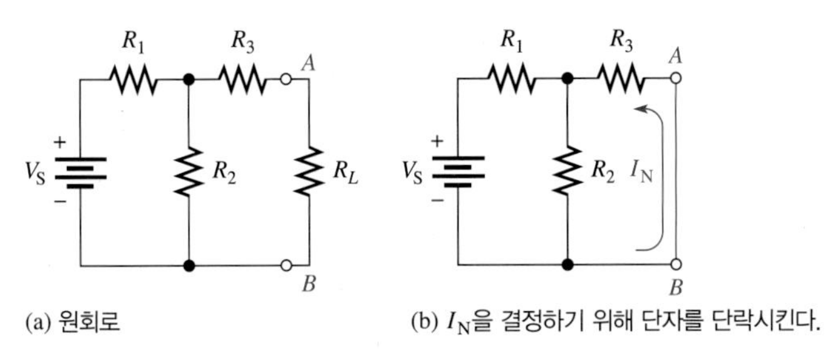

그림 C-2 노턴 등가 전류 I_N을 결정한다.

예제 C-1

그림 C-3(a)의 음영으로 된 영역내의 회로에 대하여 I_N을 구하시오.

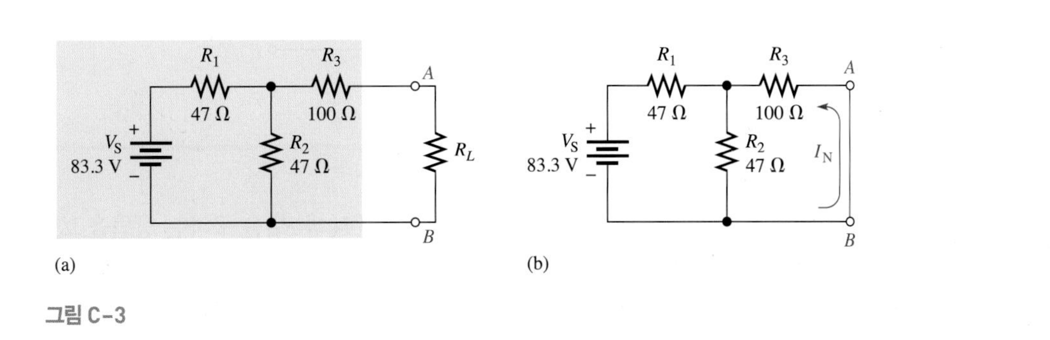

그림 C-3

풀이

그림 C–3(b)와 같이 A와 B 단자를 단락시킨다. I_N은 단락된 경로를 따라 흐르는 전류이며, 다음과 같이 계산된다: 먼저, 전압원이 바라보는 전체 저항은

$$R_T = R_1 + \frac{R_2 R_3}{R_2 + R_3} = 47\ \Omega + \frac{(47\ \Omega)(100\ \Omega)}{147\ \Omega} = 79\ \Omega$$

전원으로부터 나오는 전체 전류는

$$I_T = \frac{V_S}{R_T} = \frac{83.3\ \text{V}}{79\ \Omega} = 1.05\ \text{A}$$

I_N (단락된 곳을 흐르는 전류)을 구하기 위해 전류 분배 공식을 적용한다.

$$I_N = \left(\frac{R_2}{R_2 + R_3}\right) I_T = \left(\frac{47\ \Omega}{147\ \Omega}\right) 1.05\ \text{A} = \mathbf{336\ mA}$$

이것이 등가 노턴 전류원의 값이다.

노턴 등가 저항(R_N) 노턴 등가 저항 R_N은 R_{TH}와 같이 정의한다. 주어진 회로에서 모든 전원을 내부 저항으로 대체하였을 때 두 단자 사이에 나타나는 전체 저항이 R_N이다. 예제 C–2는 R_N을 구하는 방법을 보여준다.

예제 C–2

그림 C–3(a)의 음영으로 된 영역내의 회로에 대하여 R_N을 구하시오. (예제 C–1을 보시오)

풀이

먼저, 그림 C–4에 나타낸 것과 같이 V_S를 단락시킨다.
단자 A와 B에서 바라보면, 저항 R_1과 R_2는 병렬 연결이고, 그것은 R_3와 직렬 연결되어 있음을 알 수 있다. 따라서,

$$R_N = R_3 + \frac{R_1}{2} = 100\ \Omega + \frac{47\ \Omega}{2} = \mathbf{124\ \Omega}$$

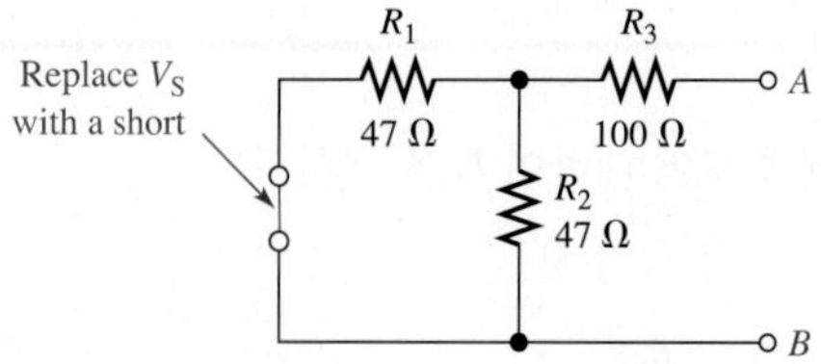

그림 C–4

위의 두 예제는 노턴 등가 회로의 등가 소자인 I_N과 R_N을 구하는 방법을 보여주었다. 이것은 어떠한 선형회로에 대해서도 구할 수 있음을 염두에 두자. 일단 이 값들을 구하면 노턴 등가 회로를 구성하기 위해서, 예제 C–3에 보인것과 같이 I_N과 R_N을 병렬 연결하면 된다.

예제 C-3

그림 C-3의 원회로에 대하여 완전한 노턴 회로를 그리시오. (예제 C-1을 보시오)

풀이

예제 C-1과 C-2에서 $I_N = 336\ \text{mA}$, $R_N = 124\ \Omega$임을 구하였다. 따라서 노턴 등가 회로는 그림 C-5에 보인 것과 같다.

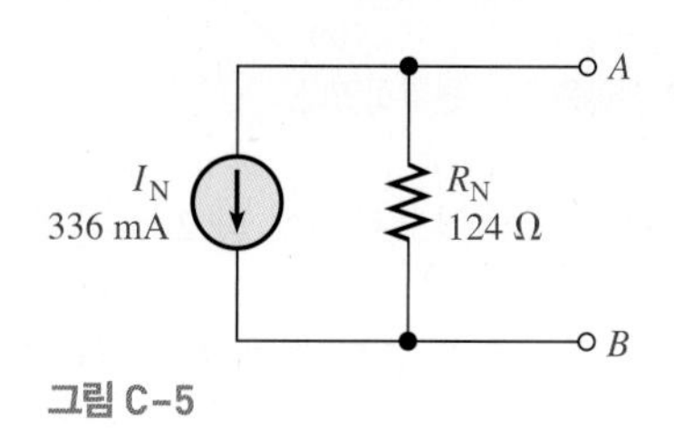

그림 C-5

노턴의 정리 요약 노턴 등가 회로의 단자 사이에 연결된 어떠한 부하 저항도 그것이 원회로의 단자에 연결되었을 때와 동일한 전류를 가지게 된다. 노턴의 정리를 이론적으로 적용하는 단계를 요약하면 다음과 같다:

1. 노턴 등가 회로를 구하는 두 단자를 단락시킨다.
2. 단락된 단자를 통해 흐르는 전류(I_N)를 결정한다.
3. 모든 전압원은 단락시키고, 모든 전류원은 개방시킨 후, 개방된 두 단자 사이의 저항(R_N)을 결정한다. R_N은 R_{TH}와 같다.
4. 원회로에 대한 완전한 노턴 등가 회로를 구성하기 위해, I_N과 R_N을 병렬로 연결한다.

노턴 등가 회로는 소스 변환 방법을 사용하여 테브난 등가 회로로부터 유도될 수도 있다.

밀만의 정리(Millman's Theorem)

밀만의 정리는 어떠한 수의 병렬 전압원들을 하나의 등가 전압원으로 바꿀 수 있도록 한다. 이 정리를 이용하면 부하에 작용하는 전류와 전압을 간단히 구할 수 있다. 밀만의 정리는 테브난 정리가 병렬 전압원에 적용된 경우와 같은 결과를 나타낸다. 밀만의 정리에 의한 변환을 그림 C-6에 나타내었다.

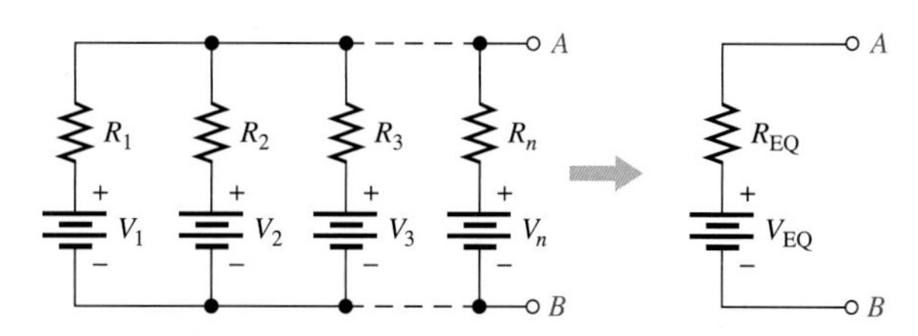

그림 C-6 **병렬 전압원을 하나의 등가 전압원으로 대체한다.**

밀만의 등가 전압(V_{EQ})과 등가 저항 (R_{EQ}) 밀만의 정리는 등가 전압 V_{EQ}를 구하는 공식을 제시한다. V_{EQ}를 구하기 위해, 그림 C-7과 같이 병렬 전압원을 전류원으로 변환한다.

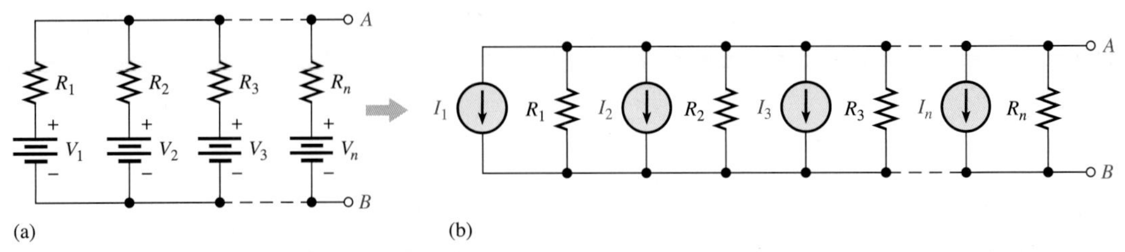

그림 C-7 병렬 전압원은 전류원으로 변환하였다.

그림 C-7(b)에서, 병렬 전류원으로부터 나오는 전체 전류는 다음과 같다.

$$I_T = I_1 + I_2 + I_3 + \cdots + I_n$$

단자 A와 B 사이의 전체 컨덕턴스는

$$G_T = G_1 + G_2 + G_3 + \cdots + G_n$$

이고, $G_T = 1/R_T$, $G_1 = 1/R_1$ 등과 같다. 전류원은 실질적으로 개방된 것과 같다는 것을 상기하자. 따라서, 밀만의 정리에 의해 등가 저항 R_{EQ}는 전체 저항 R_T와 같다.

$$\mathbf{R_{EQ} = \frac{1}{G_T} = \frac{1}{(1/R_1) + (1/R_2) + (1/R_3) + \cdots + (1/R_n)}} \qquad \text{(C-1)}$$

밀만의 정리에 의해 등가 전압은 $I_T R_{EQ}$이고, I_T는 다음과 같이 표현된다.

$$I_T = I_1 + I_2 + I_3 + \cdots + I_n = \frac{V_1}{R_1} + \frac{V_2}{R_2} + \frac{V_3}{R_3} + \cdots + \frac{V_n}{R_n}$$

다음은 등가 전압에 관한 공식이다.

$$\mathbf{V_{EQ} = \frac{(V_1/R_1) + (V_2/R_2) + (V_3/R_3) + \cdots + (V_n/R_n)}{(1/R_1) + (1/R_2) + (1/R_3) + \cdots + (1/R_n)}} \qquad \text{(C-2)}$$

식 C-1과 C-2는 두 개의 밀만 공식들이다. 등가 전압원은 전체 전류가 부하를 통해 흐를 때 원회로에서의 경우와 동일한 방향으로 흐르도록 극성을 가진다.

예제 C-4

밀만의 정리를 사용하여 그림 C-8에서 R_L을 통해 흐르는 전류와 R_L 양단의 전압을 구하시오.

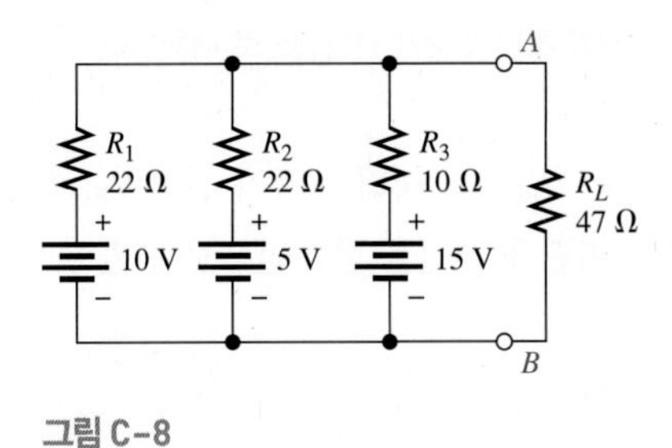

그림 C-8

풀이

밀만의 정리를 사용하면, 다음과 같이 V_{EQ}와 R_{EQ}가 구해진다.

$$R_{\text{EQ}} = \frac{1}{(1/R_1) + (1/R_2) + (1/R_3)}$$

$$= \frac{1}{(1/22\ \Omega) + (1/22\ \Omega) + (1/10\ \Omega)} = \frac{1}{0.19} = 5.24\ \Omega$$

$$V_{\text{EQ}} = \frac{(V_1/R_1) + (V_2/R_2) + (V_3/R_3)}{(1/R_1) + (1/R_2) + (1/R_3)}$$

$$= \frac{(10\ \text{V}/22\ \Omega) + (5\ \text{V}/22\ \Omega) + (15\ \text{V}/10\ \Omega)}{(1/22\ \Omega) + (1/22\ \Omega) + (1/10\ \Omega)} = \frac{2.18\ \text{A}}{0.19\ \text{S}} = 11.5\ \text{V}$$

하나의 등가 전압원은 그림 C–9에 나타내었다.
부하저항에 대한 I_{L}과 V_{L}을 계산하면 다음과 같다.

$$I_L = \frac{V_{\text{EQ}}}{R_{\text{EQ}} + R_L} = \frac{11.5\ \text{V}}{52.2\ \Omega} = \mathbf{220\ mA}$$

$$V_L = I_L R_L = (220\ \text{mA})(47\ \Omega) = \mathbf{10.3\ V}$$

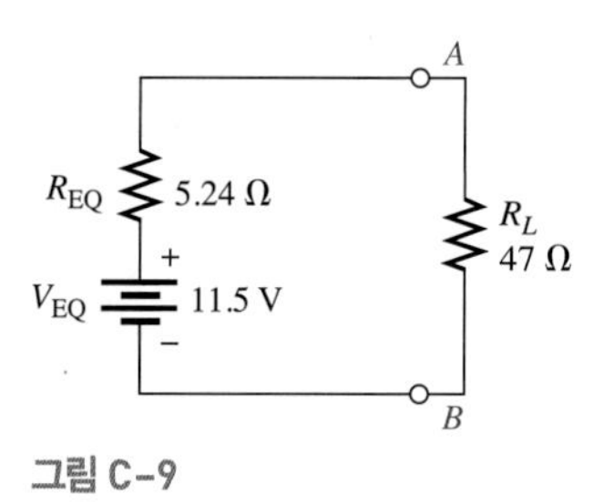

그림 C–9

ANSWERS TO SELECTED PROBLEMS

CHAPTER 1

1. The circuit is first tested with a computer design and simulation program, which can simulate the performance and look for potential problems. When the simulation is satisfactory, a prototype circuit is constructed, tested, and modified as needed before putting it into production.

3. Electronic assemblies have become more complex but also more reliable, so there is less need for repair. It is generally cheaper for manufacturers to replace a board than troubleshoot it to the component level. Skills needed by technicians tend to be broader skills than in the past.

5. Advantages are that the digital signal can be processed and stored easily; it is also less subject to noise.

7. **(a)** An electronic oscillator generates a repetitive electronic signal.
   (b) An oscillator does not have a signal input.

9. A carrier is a high frequency radio wave that can be modulated (changed) by a lower frequency signal.

11. **(a)** 3 **(b)** 2 **(c)** 5 **(d)** 2 **(e)** 3 **(f)** 2

CHAPTER 2

1. 80×10^{12} C

3. 4.64×10^{-18} C

5. **(a)** 10 V **(b)** 2.5 V **(c)** 4 V

7. 20 V

9. 12.5 V

11. **(a)** 75 A **(b)** 20 A **(c)** 2.5 A

13. 2 s

15. **A:** 6800 Ω ± 10%
    B: 33 Ω ± 10%
    C: 47,000 Ω ± 5%

17. **(a)** Red, violet, brown, gold
    (b) B: 330 Ω, D: 2.2 kΩ, A: 39 kΩ, L: 56 kΩ, F: 100 kΩ

19. **(a)** 10 Ω ± 5%
    (b) 5.1 MΩ ± 10%
    (c) 68 Ω ± 5%

21. **(a)** 28.7 kΩ ± 1%
    (b) 60.4 Ω ± 1%
    (c) 9.31 kΩ ± 1%

23. There is current through lamp 2.

25. Ammeter in series with resistors, with its negative terminal to the negative terminal of source and its positive terminal to one side of R_1. Voltmeter placed across (in parallel with) the source (negative to negative, positive to positive).

27. Position 1: V1 = 0, V2 = V_S
    Position 2: V1 = V_S, V2 = 0

29. 250 V

31. **(a)** 200 Ω **(b)** 150 MΩ **(c)** 4500 Ω

33. 33.3 V

35. AWG #27

37. Circuit (b)

CHAPTER 3

1. **(a)** 3 A **(b)** 0.2 A **(c)** 1.5 A

3. 15 mA

5. **(a)** 3.33 mA **(b)** 550 μA **(c)** 588 μA
(d) 550 mA **(c)** 6.60 mA

7. **(a)** 2.50 mA **(b)** 2.27 μA **(c)** 8.33 mA

9. $I = 0.642$ A, so the 0.5 A fuse will blow.

11. **(a)** 10 mV **(b)** 1.65 V **(c)** 14.1 kV
(d) 3.52 V **(e)** 250 mV **(f)** 750 kV
(g) 8.5 kV **(h)** 3.53 mV

13. **(a)** 81 V **(b)** 500 V **(c)** 117.5 V

15. **(a)** 2 kΩ **(b)** 3.5 kΩ **(c)** 2 kΩ
(d) 100 kΩ **(e)** 1 MΩ

17. **(a)** 4 Ω **(b)** 3 kΩ **(c)** 200 kΩ

19. 2.6W

21. 417 mW

23. **(a)** 1 MW **(b)** 3 MW **(c)** 150 MW **(d)** 8.7 MW

25. **(a)** 2,000,000 μW **(b)** 500 μW
(c) 250 μW **(d)** 6.67 μW

27. $P = W/t$ in watts; $V = W/Q$; $I = Q/t$. $P = VI = W/t$, so
(1 V)(1 A) = 1 watt

29. 16.5 mW

31. 1.18 kW

33. 5.81 W

35. 25 Ω

37. 0.00186 kWh

39. 156 mW

41. 1 W

43. **(a)** positive at top **(b)** positive at bottom
(c) positive at right

45. 36 Ah

47. 13.5 mA

49. 4.25 W

51. Five

53. 150 Ω

55. $V = 0$ V, $I = 0$ A; $V = 10$ V, $I = 100$ mA;
$V = 20$ V, $I = 200$ mA; $V = 30$ V, $I = 300$ mA;
$V = 40$ V, $I = 400$ mA; $V = 50$ V, $I = 500$ mA;
$V = 60$ V, $I = 600$ mA; $V = 70$ V, $I = 700$ mA;
$V = 80$ V, $I = 800$ mA; $V = 90$ V, $I = 900$ mA;
$V = 100$ V, $I = 1$ A

57. $R_1 = 0.5\ \Omega$; $R_2 = 1\ \Omega$; $R_3 = 2\ \Omega$

59. 10 V ; 30 V

61. 216 kWh

63. 12 W

65. 2.5 A

67. Power will increase by four times.

CHAPTER 4

1. 그림 ANS–1 참고

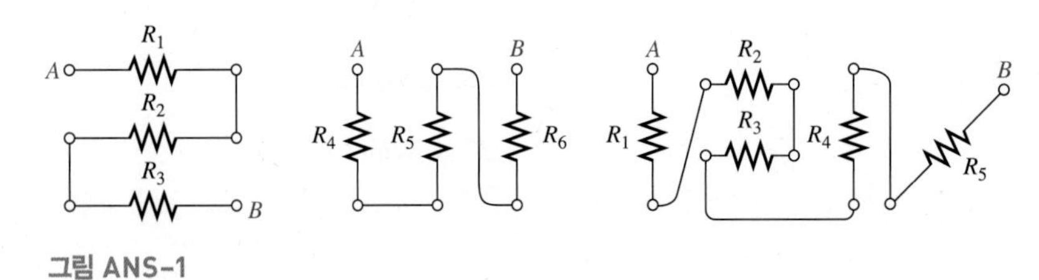

그림 ANS–1

3. 170 kΩ

5. 138 Ω

7. **(a)** 7.9 kΩ **(b)** 33 Ω **(c)** 13.24 MΩ
The series circuit is disconnected from the source, and the ohmmeter is connected across the circuit terminals.

9. 1126 Ω

11. 0.1 A

13. **(a)** 625 μA
(b) 4.26 μA. The ammeter is connected in series.

15. **(a)** 34.0 mA **(b)** 16 V **(c)** 0.543 W

17. 그림 ANS–2 참고

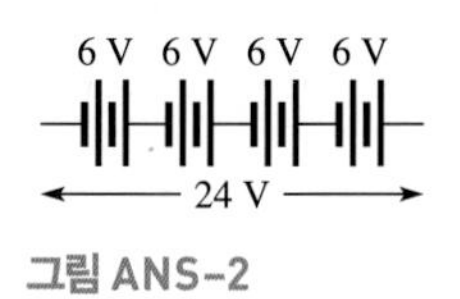

그림 ANS–2

19. 26 V

21. **(a)** $V_2 = 6.8$ V
(b) $V_R = 8$ V, $V_{2R} = 16$ V, $V_{3R} = 24$ V, $V_{4R} = 32$ V
The voltmeter is connected across (in parallel with) each resistor for which the voltage is unknown.

23. **(a)** 3.84 V **(b)** 6.77 V

25. 3.80 V; 9.38 V

27. $V_{5.6\,k\Omega} = 10$ V; $V_{1\,k\Omega} = 1.79$ V; $V_{560\,\Omega} = 1$ V;
$V_{10\,k\Omega} = 17.9$ V

29. 그림 ANS–3 참고

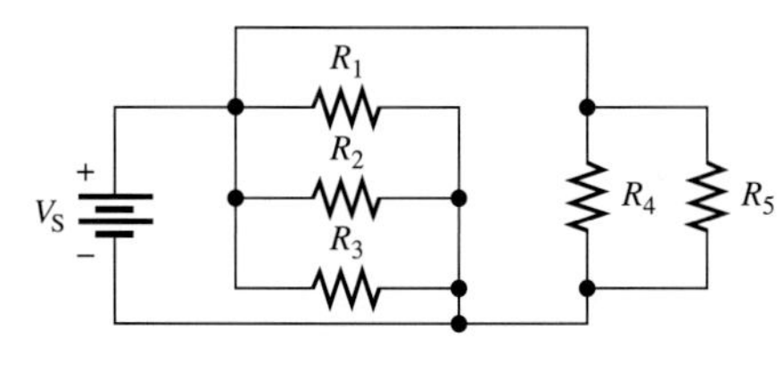

그림 ANS–3

31. 3.43kΩ

33. **(a)** 25.6 Ω **(b)** 359 Ω **(c)** 819 Ω **(d)** 996 Ω

35. 2 kΩ

37. 12 V; 5 mA

39. **(a)** 909 μA **(b)** 76 mA

41. **(a)** $I_1 = 179\ \mu A$; $I_2 = 455\ \mu A$
(b) $I_1 = 444\ \mu A$; $I_2 = 80\ \mu A$

43. 1350 mA

45. $I_2 = I_3 = 7.5$ mA. Connect an ammeter in series with each resistor in each branch.

47. 6.4 A; 6.4 A

49. $I_1 = 2.19$ A; $I_2 = 811$ mA

51. 200 mW

53. 0.625 A; 3.75 A

55. The 1.0 kΩ resistor is open.

57. R_2 is open.

59. 780 Ω

61. $V_A = 10$ V; $V_B = 7.72$ V; $V_C = 6.68$ V;
$V_D = 1.81$ V; $V_E = 0.57$ V; $V_F = 0$ V

63. 500 Ω

65. **(a)** 19.1 mA **(b)** 45.8 V
(c) R(⅛ W) = 343 Ω, R(¼ W) = 686 Ω,
R(½ W) = 1371 Ω

67. 그림 ANS–4 참고

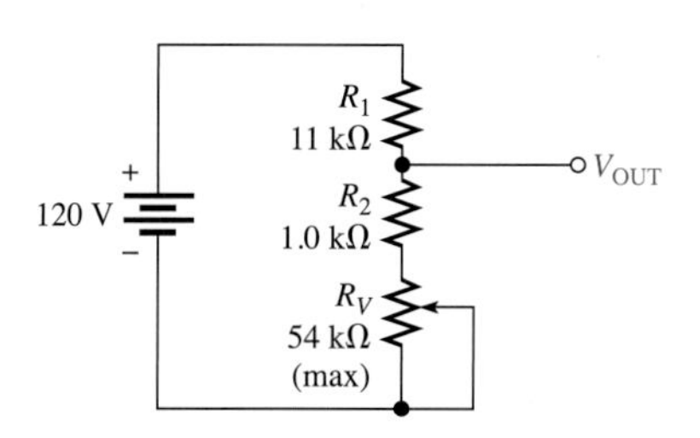

그림 ANS–4

69. $R_1 + R_7 + R_8 + R_{10} = 4.23$ kΩ;
$R_2 + R_4 + R_6 + R_{11} = 23.6$ kΩ;
$R_3 + R_5 + R_9 + R_{12} = 19.9$ kΩ

71. *A*: 5.45 mA; *B*: 6.06 mA; *C*: 7.95 mA; *D*: 12 mA

73. *A*: $V_1 = 6.03$ V, $V_2 = 3.35$ V, $V_3 = 2.75$ V,
$V_4 = 1.88$ V, $V_5 = 4.0$ V;
B: $V_1 = 6.71$ V, $V_2 = 3.73$ V, $V_3 = 3.06$ V, $V_5 = 4.5$ V;
C: $V_1 = 8.1$ V, $V_2 = 4.5$ V, $V_5 = 5.4$ V;
D: $V_1 = 10.8$ V, $V_5 = 7.2$ V

75. Yes, R_3 and R_5 are shorted.

77. $R_2 = 25\ \Omega; R_3 = 100\ \Omega; R_4 = 12.5\ \Omega$

79. $I_R = 4.8$ A; $I_{2R} = 2.4$ A; $I_{3R} = 1.6$ A; $I_{4R} = 1.2$ A

81. **(a)** $R_1 = 100\ \Omega, R_2 = 200\ \Omega, I_2 = 50$ mA

(b) $I_1 = 125$ mA, $I_2 = 74.9$ mA, $R_1 = 80\ \Omega$, $R_2 = 134\ \Omega$, $V_S = 10$ V

(c) $I_1 = 253$ mA, $I_2 = 147$ mA, $I_3 = 100$ mA, $R_1 = 395\ \Omega$

83. 53.7 Ω

85. Yes; total current = 14.7 A

CHAPTER 5

1. R_2, R_3, and R_4 are in parallel, and this parallel combination is in series with both R_1 and R_5.

3. 그림 ANS–5 참고

5. 2003 Ω

7. **(a)** 128 Ω **(b)** 791 Ω

9. **(a)** $I_1 = I_4 = 11.7$ mA, $I_2 = I_3 = 5.85$ mA; $V_1 = 655$ mV, $V_2 = V_3 = 585$ mV, $V_4 = 257$ mV

(b) $I_1 = 3.8$ mA, $I_2 = 618\ \mu$A, $I_3 = 1.27$ mA, $I_4 = 1.91$ mA; $V_1 = 2.58$ V, $V_2 = V_3 = V_4 = 420$ mV

11. 2.22 mA

13. 7.5 V unloaded; 7.29 V loaded

15. 56 kΩ load

17. 22 kΩ

19. 2 V

21. 33%

23. 360 Ω

25. 7.33 kΩ

27. $R_{TH} = 18$ kΩ; $V_{TH} = 2.7$ V

29. 1.06 V; 226 μA

31. 75 Ω

33. 21 mA

35. No, the meter should read 4.39 V. The 680 Ω resistor is open.

37. The 7.62 V and 5.24 V readings are incorrect, indicating that the 3.3 kΩ resistor is open.

39. **(a)** $V_1 = -10$ V, all others 0 V

(b) $V_1 = -2.33$ V, $V_4 = -7.67$ V, $V_2 = -7.67$ V, $V_3 = 0$ V

(c) $V_1 = -2.33$ V, $V_4 = -7.67$ V, $V_2 = 0$ V, $V_3 = -7.67$ V

(d) $V_1 = -10$ V, all others 0 V

41. 그림 ANS–6 참고

43. $R_T = 5.76$ kΩ; $V_A = 3.3$ V; $V_B = 1.7$ V; $V_C = 850$ mV

45. $V_1 = 1.61$ V; $V_2 = 6.77$ V; $V_3 = 1.72$ V; $V_4 = 3.33$ V; $V_5 = 378$ mV; $V_6 = 2.57$ V; $V_7 = 378$ mV; $V_8 = 1.72$ V; $V_9 = 1.61$ V

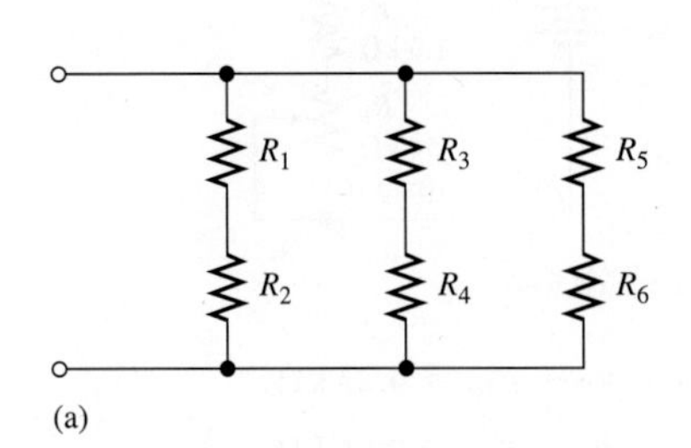

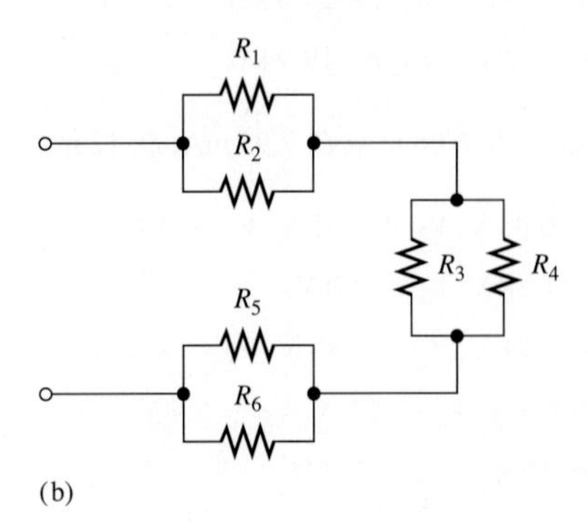

그림 ANS–5

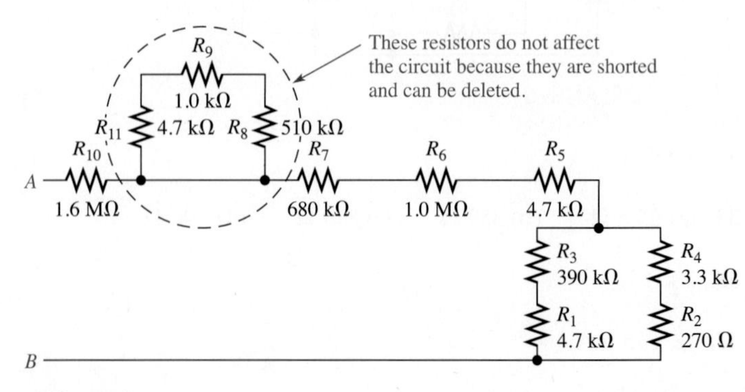

그림 ANS–6

47. 110 kΩ

49. $R_1 = 180\ \Omega$; $R_2 = 60\ \Omega$. Output across R_2.

51. 845 μA

53. Pos 1: $V_1 = 88.0$ V, $V_2 = 58.7$ V, $V_3 = 29.3$ V
Pos 2: $V_1 = 89.1$ V, $V_2 = 58.2$ V, $V_3 = 29.1$ V
Pos 3: $V_1 = 89.8$ V, $V_2 = 59.6$ V, $V_3 = 29.3$ V

55. $V_G = 0$ V

57. The 2.2 kΩ resistor is open.

CHAPTER 6

1. Decrease

3. 37.5 μWb

5. 1000 G

7. 597

9. 1500 At

11. **(a)** Electromagnetic force **(b)** Spring force

13. Electromagnetic force

15. Change the current.

17. Material A

19. 1 mA

21. 3.02 m/s

23. 56.3 W

25. **(a)** 168 W **(b)** 14 W

27. 80.6 %

29. The output voltage has a 10 V dc peak with a 120 Hz ripple.

CHAPTER 7

1. **(a)** 1 Hz **(b)** 5 Hz **(c)** 20 Hz
(d) 1 kHz **(e)** 2 kHz **(f)** 100 kHz

3. 2 μs

5. 10 ms

7. **(a)** 7.07 mA **(b)** 4.5 mA **(c)** 14.14 mA

9. **(a)** 17.7 V **(b)** 25 V **(c)** 0 V **(d)** −17.7 V

11. 15°, *A* leads.

13. 그림 ANS–7 참고

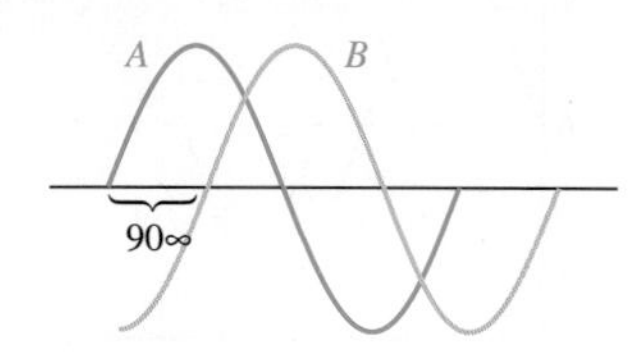

그림 ANS–7

15. **(a)** 22.5° **(b)** 60° **(c)** 90°
(d) 108° **(e)** 216° **(f)** 324°

17. **(a)** 57.4 mA **(b)** 99.6 mA **(c)** −17.4 mA
(d) −57.4 mA **(e)** −99.6 mA **(f)** 0 mA

19. 30°: 13.0 V; 45°: 14.5 V; 90°: 13.0 V; 180°: −7.5 V; 200°: −11.5 V; 300°: −7.5 V

21. **(a)** 7.07 mA **(b)** 0 A **(c)** 10 mA
(d) 20 mA **(e)** 10 mA

23. 7.38 V

25. 4.24 V

27. 250 Hz

29. 200 rps

31. A one phase motor requires a starting winding or other means to produce torque for starting the motor, whereas a three phase motor is self starting.

33. $t_r \cong 3.0$ ms; $t_f \cong 3.0$ ms; $t_W \cong 12.0$ ms; Ampl. $= 5$ V

35. **(a)** −0.375 V **(b)** 3.01 V

37. **(a)** 50 kHz **(b)** 10 Hz

39. 25 kHz

41. 0.424 V; 2 Hz

43. 1.4 V; 120 ms; 30%

45. A modulating signal is a lower frequency waveform that modifies a higher frequency waveform. It can be applied from an external source or it can be generated internally.

47. Burst mode outputs a specific number of cycles of a waveform; gated mode outputs the waveform for a set period of time as set by a gate signal.

49. $I_{max} = 2.38$ A; $V_{avg} = 136$ V; 그림 ANS–8 참고

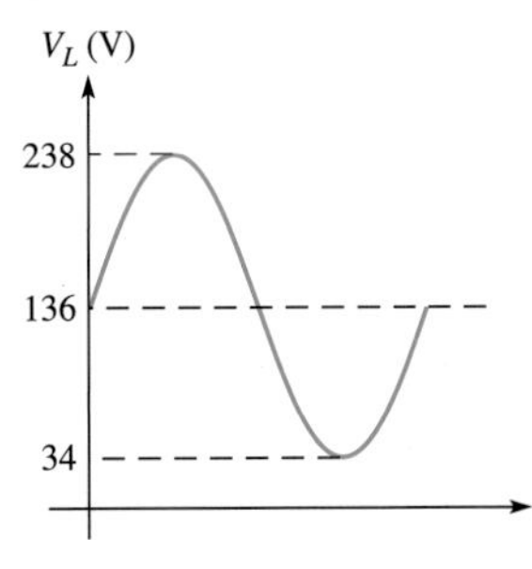

그림 ANS-8

51. **(a)** 2.5 **(b)** 3.96 V **(c)** 12.5 kHz

53. 그림 ANS–9 참고

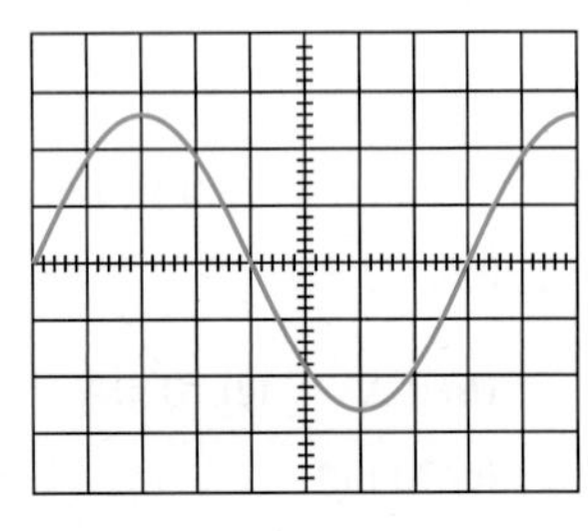

그림 ANS-9

55. $V_{p(in)} = 4.44$ V; $f_{in} = 2$ Hz

CHAPTER 8

1. **(a)** 5 μF **(b)** 1 μC **(c)** 10 V

3. **(a)** 0.001 μF **(b)** 0.0035 μF **(c)** 0.00025 μF

5. 2 μF

7. 88.5 pF

9. 0.0249 μF

11. A 12.5 pF increase

13. Ceramic

15. **(a)** 0.022 μF **(b)** 0.047 μF
(c) 0.001 μF **(d)** 22 pF

17. **(a)** Encapsulation **(b)** Dielectric (ceramic disk)
(c) Plate (metal disk) **(d)** Leads

19. **(a)** 0.69 μF **(b)** 69.7 pF **(c)** 2.6 μF

21. $V_1 = 2.13$ V; $V_2 = 10$ V; $V_3 = 4.55$ V; $V_4 = 1$ V

23. 5.5 μF, 27.5 μC

25. **(a)** 100 μs **(b)** 560 μs **(c)** 22.1 μs **(d)** 15 ms

27. **(a)** 9.48 V **(b)** 13.0 V **(c)** 14.3 V
(d) 14.7 V **(e)** 14.9 V

29. **(a)** 2.72 V **(b)** 5.90 V **(c)** 11.7 V

31. **(a)** 339 kΩ **(b)** 13.5 kΩ
(c) 677 Ω **(d)** 33.9 Ω

33. $X_{C1} = 1.42$ kΩ; $X_{C2} = 970$ Ω; $X_{CT} = 2.39$ kΩ
$V_1 = 5.94$ V; $V_2 = 4.06$ V

35. 200 Ω

37. $P_{true} = 0$ W; $P_r = 3.39$ mVAR

39. 0 Ω

41. 3.18 ms

43. 3.24 μs

45. **(a)** Charges to 3.32 V in 10 ms, then discharges to 0 V in 215 ms.
(b) Charges to 3.32 V in 10 ms, then discharges to 2.96 V in 5 ms, then charges toward 20 V.

47. $C_1 = 1.25$ nF

49. 16 Hz

CHAPTER 9

1. **(a)** 1000 mH **(b)** 0.25 mH
(c) 0.01 mH **(d)** 0.5 mH

3. 3450 turns

5. 50 mJ

7. 155 μH

9. 7.14 μH

11. **(a)** 50 mH **(b)** 57 μH

13. **(a)** 1 μs **(b)** 2.13 μs **(c)** 200 μs

15. **(a)** 5.52 V **(b)** 2.03 V **(c)** 0.747 V
(d) 0.275 V **(e)** 0.101 V

17. **(a)** 157kΩ **(b)** 179 Ω

19. $I_{tot} = 10.1$ mA; $I_{L2} = 6.7$ mA; $I_{L3} = 3.37$ mA

21. 101 mVAR

23. (a) −3.35 V (b) −1.12 V (c) −0.37 V

25. (a) 0.427 mA (b) 0.569 mA

27. $X_{L1} = 69\ \Omega$; $X_{L2} = 1037\ \Omega$; $X_{LT} = 1106\ \Omega$

CHAPTER 10

1. 8 kHz; 8 kHz

3. (a) 288 Ω (b) 1209 Ω

5. (a) 726 kV (b) 155 kV
   (c) 91.5 kV (d) 63.0 kV

13. 15 kHz

15. (a) 1.12 kΩ (b) 1.8 kΩ

17. (a) 17.4 Ω (b) 64 Ω (c) 127 Ω (d) 251 Ω

19. $V_{R1} = 7.92$ V; $V_{R2} = V_L = 20.8$ V

21. $I_{tot} = 36$ mA; $I_L = 33.2$ mA; $I_{R2} = 13.9$ mA

23. $PF = 0.386$; $P_{\text{true}} = 347$ mW; $P_r = 692$ mVAR;
    $P_a = 900$ mVA

45. (a) $I_{L(A)} = 4.8$ A; $I_{L(B)} = 3.33$ A
    (b) $P_{r(A)} = 606$ VAR; $P_{r(B)} = 250$ VAR
    (c) $P_{\text{true}(A)} = 979$ W; $P_{\text{true}(B)} = 758$ W
    (d) $P_{a(A)} = 1151$ VA; $P_{a(B)} = 798$ VA

47. $P_r = 1.32$ kVAR; $P_a = 2$ kVA

49. 0.103 μF

51. (a) 405 mA (b) 228 mA
    (c) 333 mA (d) 335 mA

53. (a) 23.5 ma (b) 그림 ANS−10 참고

55. 1.44 s

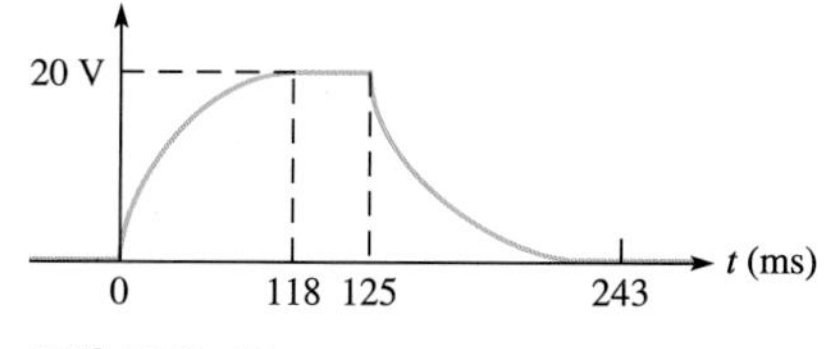

그림 ANS−10

CHAPTER 11

1. 1.5 μH

3. 3

5. (a) In phase (b) Out of phase (c) Out of phase

7. 500 turns

9. (a) Same polarity, 100 V rms
   (b) Opposite polarity, 100 V rms

11. 240 V

13. (a) 6 V (b) 0 V (c) 40 V

15. (a) 10 V (b) 240 V

17. 33.3 mA

19. 27.2 Ω

21. 6.0 mA

23. 0.5

25. 5 kΩ

27. 94.5 W

29. 0.98

31. 25 kVA

33. Secondary 1: 2; Secondary 2: 0.5; Secondary 3: 0.25

35. Top secondary: $n = 100/1000 = 0.1$
    Next secondary: $n = 200/1000 = 0.2$
    Next secondary: $n = 500/1000 = 0.5$
    Bottom secondary: $n = 1000/1000 = 1$

37. Excessive primary current is drawn, potentially burning out the source and/or the transformer, unless the primary is protected by a fuse.

39. (a) $V_{L1} = 35$ V, $I_{L1} = 2.92$ A, $V_{L2} = 15$ V, $I_{L2} = 1.5$ A
    (b) 28.9 Ω

41. (a) 20 V (b) 10 V

43. 0.0141(70.7:1)

45. 0.1 A

CHAPTER 12

1. 그림 ANS–11 참고

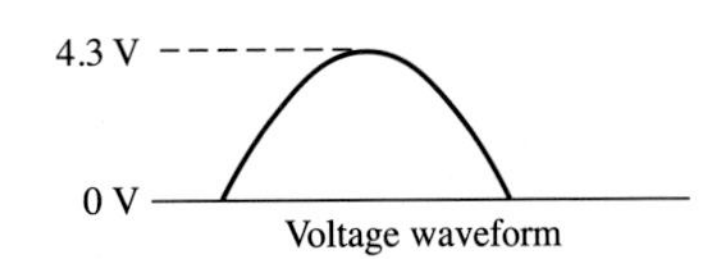

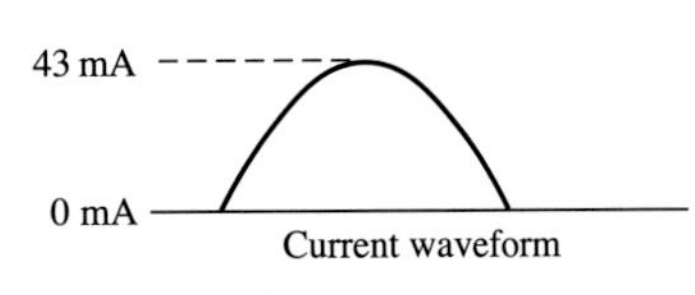

그림 ANS–11

3. **(a)** Full-wave rectifier

(b) 28.3 V (total)

(c) 14.1 V (reference is center tap)

(d) 그림 ANS–12 참고(offset approximation).

(e) 13.4 mA (offset approximation)

(f) 28.3 V (ideal approximation)

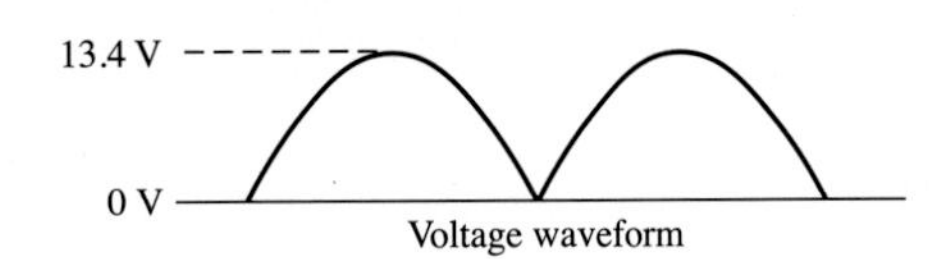

그림 ANS–12

5. V_p = 50 V/0.637 = 78.5 V; PIV = 78.5 V

7. 60 μV

9. 11.94 V

11. 9.06 V

13. 그림 ANS–13 참고

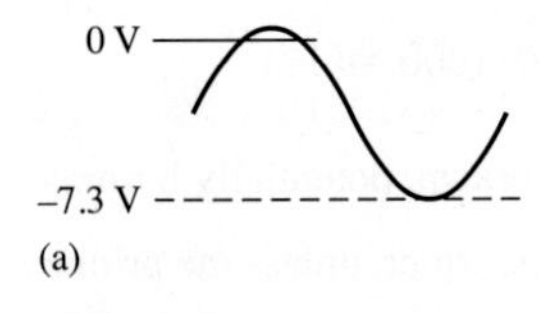

그림 ANS–13

15. 그림 ANS–14 참고

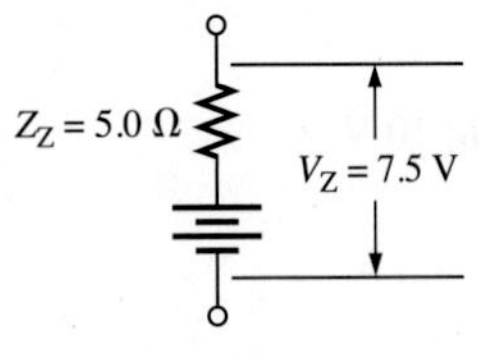

그림 ANS–14

17. 2.6 %

19. 2.0 V. Note: since the plot is logarithmic, 25 pF is 70% of the linear distance between 20 pF and 30 pF.

21. 2.0 V

23. Dark current

CHAPTER 13

1. 5.29 mA

3. 29.4 mA

5. I_B = 0.276 mA; I_C = 20.7 mA; V_C = 15.1 V

7. I_B = 13.6 μA; I_C = 3.4 mA; V_C = 6.6 V

13. JFETs

17. **(a)** 10 mA **(b)** 4 GΩ **(c)** R_{IN} drops

19. **(a)** Approximately +4 V

(b) Approximately 2.5 mA

(c) Approximately +15.8 V

25. It is a resistance that appears to be in series with the signal and indicates how much the FET departs from ideal.

27. In a CMOS switch the transistors are in series and one of them is always off. This means the switch draws almost no current from the supply, except for the brief moments when it is changing states.

CHAPTER 14

1. *Practical op-amp:* High open-loop gain, high input impedance, low output impedance, large bandwidth, high CMRR. *Ideal op-amp:* Infinite open-loop gain, infinite input impedance, zero output impedance, infinite bandwidth, infinite CMRR.

3. **(a)** Single-ended input; differential output

(b) Single-ended input; single-ended output

(c) Differential input; single-ended output

(d) Differential input; differential output

5. V1: differential output voltage

V2: noninverting input voltage

V3: single-ended output voltage

V4: differential input voltage

A1: bias current

7. 8.1 μA

9. 107.96 dB

11. 0.3

13. 40 μs

15. $V_f = 49.5$ mV, $B = 0.0099$

17. **(a)** 11 **(b)** 101 **(c)** 47.81 **(d)** 23

19. **(a)** 1.0 **(b)** −1.0 **(c)** 22.3 **(d)**−10

21. **(a)** 0.45 mA **(b)** 0.45 mA **(c)** −10 V **(d)** −10

23. **(a)** $Z_{in(\text{VF})} = 1.32 \times 10^{12}\ \Omega$; $Z_{out(\text{VF})} = 0.455\ \text{m}\Omega$
(b) $Z_{in(\text{VF})} = 5 \times 10^{11}\ \Omega$; $Z_{out(\text{VF})} = 0.6\ \text{m}\Omega$
(c) $Z_{in(\text{VF})} = 40{,}000\ \text{M}\Omega$; $Z_{out(\text{VF})} = 1.5\ \text{m}\Omega$

25. 70 dB

27. 1.67 kΩ

29. **(a)** 79,603 **(b)** 56,569 **(c)** 7960 **(d)** 80

31. **(a)** −0.67° **(b)** −2.69° **(c)** −5.71°
(d) −45° **(e)** −71.22° **(f)** −84.29°

32. 24 V, with distortion

34. $V_{\text{UTP}} = +2.77$ V ; $V_{\text{LTP}} = -2.77$ V

36. 그림 ANS−15 참고

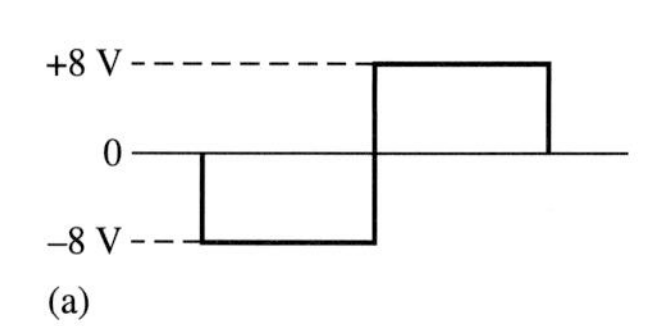

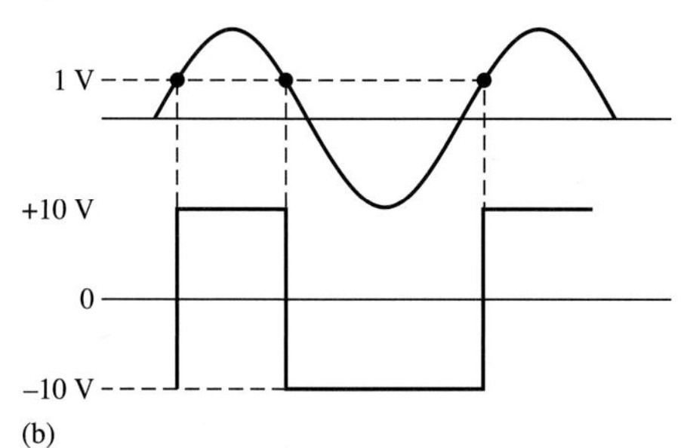

그림 ANS-15

38. +8.57 V and −0.968 V

40. **(a)** −2.5 V **(b)**−3.52 V

42. 110 kΩ

44. $V_{\text{OUT}} = -3.57$ V ; $I_f = -357\mu$A

46. −4.46 mV/μs

48. 1 mA

50. 아래 그림 ANS−16 참고

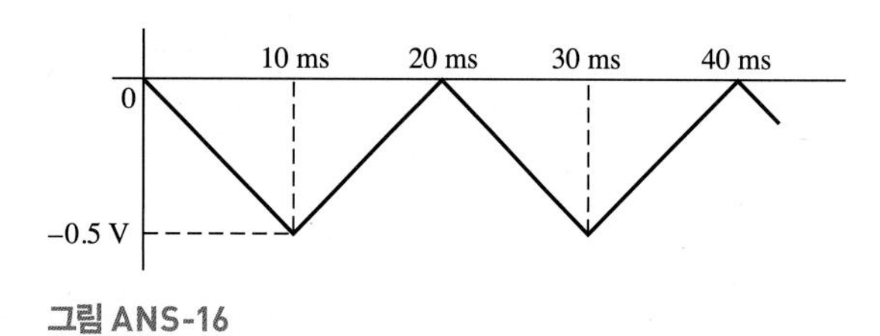

그림 ANS-16

52. 아래 그림 ANS−17 참고

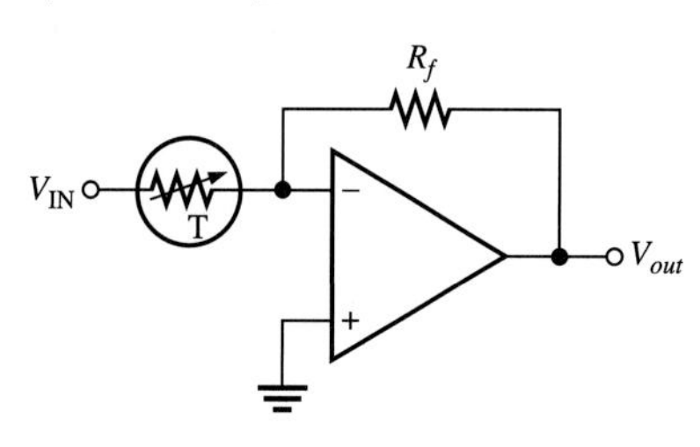

그림 ANS-17

53. **(a)** R_1 open or op-amp faulty
(b) R_2 open

55. The closed-loop gain will become a fixed −100.

57. The output is not correct because the output should also be high when the input goes below +2 V. Possible faults: Op-amp A2 bad, diode D_2 open, noninverting (+) input of op-amp A2 not properly set at +2 V, or V_{in} is not reaching inverting input.

59. Output is not correct. R_2 is open.

GLOSSARY

1차 권선 변압기의 입력 권선. 1차측이라고도 함.

2차 권선 변압기의 출력 권선. 이차측이라고도 함.

가감저항기(Rheostat) 2단자 가변저항기.

가산 증폭기(Summing amplifier) 입력 전압의 대수적인 합의 크기에 비례하는 출력 전압을 생성하기 위해 두 개 이상의 입력을 가지도록 변경된 비교기 회로.

가우스 자속밀도의 CGS 단위.

가지 병렬회로에서 전류 통로.

각도(Degree) 한 회전의 1:360에 해당되는 각을 측정하는 단위.

개루프 전압이득(Open-loop voltage gain) 외부의 궤환이 없을 때 연산 증폭기의 내부 이득.

개방 전류 통로가 차단된 회로의 상태.

개회로 완전한 전류통로가 존재하지 않는 회로.

게이트 FET의 세 단자 중의 하나. 전압을 이용하여 전류를 제어하는 단자.

결합(Coupling) 한 지점에서 다른 지점으로 dc 성분을 막으면서 ac 성분을 통과시키기 위하여 회로상에서 두 지점 사이에 커패시터로 연결하는 방법.

경계선(Boundary) 시스템에 속하는 부분과 주변 환경을 구분하는 라인.

계전기 전기접점이 자화전류에 의해 열리거나 닫히는 전자기적으로 조절되는 기계적 소자.

계측 증폭기(Instrumentation amplifier) 두 개의 입력 단자의 전압 차이를 증폭하는 차동 전압 이득 디바이스.

고장진단(Troubleshooting) 회로나 시스템에서 결함을 격리하고, 확인하고, 수리하는 체계적인 절차.

고조파(Harmonic) 기본 주파수의 정수 배인 주파수가 포함된 합성 파형에서의 주파수들.

공통 모드(Common mode) 연산 증폭기의 두 입력에 같은 신호가 인가되는 상태.

공통 모드 신호 제거비(Common-mode rejection ratio, CMRR) 공통 모드 이득에 대한 개루프 이득의 비; 공통 모드 신호를 제거하는 연산 증폭기의 성능 지수.

공핍 모드 게이트 전압이 0 V일 때 on이 되고, 게이트 전압이 상승함에 따라 off되는 특성을 가지는 FET. 모든 JFET와 일부 MOSFET가 여기에 해당된다.

과도시간(Transient time) 시상수의 약 다섯 배에 해당하는 시간 간격.

교류발전기(Alternator) 기계적인 에너지를 전기적인 에너지로 변환한다.

권선비(n) 1차 권선 수에 대한 2차 권선 수의 비반사된 부하: 1차 회로로 반사되는 2차 회로의 저항.

권선 인덕터에서 도선의 권선 수.

권선저항 코일을 이루는 도선의 저항.

기본 주파수(Fundamental frequency) 파형의 반복 비율.

기자력 단위가 At인 자계의 원인.

기준접지(Reference ground) 공통영역(common) 또는 기준점으로 사용되는 조립품을 싸고 있는 금속 섀시 혹은 PCB에 있는 넓은 전도성 영역(공통영역이라고도 함).

농형(Squirrel cage) 회전전류를 위한 전기적인 도체 형태인 유도 전동기의 회전자 내부의 알루미늄 구조.

능동 소자(Active component) 정상적으로 동작하기 위해 전력을 필요로 하는 소자로 입력 신호로 받은 것보다 더 높은 신호 전력을 제공할 수 있다.

다이오드 한쪽 방향으로만 전류가 흐르게 하는 소자.

단락 두 점 사이의 저항이 0이거나 거의 0이 된 회로의 상태.

단일 입력 모드(single-ended mode) 하나의 입력은 접지되어 있고, 다른 입력에 신호 전압이 인가되는 연산 증폭기의 입력 상태.

단자등가 두 개의 회로가 같은 부하저항으로 회로에 연결되었을 때, 같은 부하전류와 전압이 발생하는 상태.

대역폭(Bandwidth) 하위 임계 주파수와 상위 임계 주파수 사이의 주파수 대역. 회로의 입력으로부터 출력으로 통과되는 주파수 범위.

도체 전류가 쉽게 흐르는 물질. 예를 들어 구리.

동기 전동기(Synchronous motor) 고정자의 회전자장과 같은 비율로 회전자가 움직이는 교류 전동기.

드레인 FET의 세 단자 중의 하나. 채널의 한 쪽 끝단을 이룬다.

디지털(Digital) 이산적인 레벨을 가지는 신호.

디지털-아날로그 컨버터(Digital-to-analog converter, DAC) 디지털 형태로 된 정보를 아날로그 형태로 변환시키는 디바이스.

라디안(radian) 각도 측정의 단위. 완전한 360° 회전에서 2p라디안을 가진다. 1라디안은 57.38와 같다.

램프(Ramp) 전압이나 전류의 선형적인 증가 또는 감소적인 특징을 가지는 파형.

렌츠의 법칙 코일을 통하는 전류가 변화할 때 그로 인한 자계의 변화는 유도전압을 형성하는데 그 유도전압의 극성은 전류의 변화를 방해하는 방향으로 발생한다. 전류는 순간적으로 변할 수 없다.

리미터 정해진 전압 레벨보다 높거나 낮은 전압을 차단시키는 회로, 클리퍼라고도 부름.

마디 두 개 이상의 소자가 연결된 점 또는 접합.

맥동전압(Ripple voltage) 커패시터의 충전, 방전에 기인한 전압에서의 약간의 변동.

메카트로닉스(Mechatronics) 계장 제어 시스템을 포함한 기계공학과 전자공학의 시너지 조합.

무효전력(Reactive power, P_r) 커패시터에 의해 에너지가 교대적으로 충전과 방전을 반복하는 비율. 단위는 VAR.

미분기(Differentiator) 입력 함수의 변화율을 근사한 반전 출력을 생성하는 회로. 출력이 입력의 미분 형태로 나오는 회로.

바운딩(Bounding) 증폭기 또는 다른 회로의 출력 범위를 제한하는 과정.

바이어스 다이오드 또는 장치에 원하는 동작 모드가 되도록 가해 주는 직류 전압.

바이패스(By pass) dc 전압에 영향을 주지 않고 ac 신호만 제거하기 위해 한 지점과 접지에 연결된 커패시터. 디커플링의 특수한 경우.

반도체 컨덕턴스 값이 도체와 절연체 사이에 있는 물질. 실리콘과 게르마늄이 대표적이다.

반분할법(Half-splitting) 고장을 빨리 찾기 위해 회로나 시스템의 절반씩 나누어 점검해 가는 고장진단 방식.

반사저항 2차회로에서의 저항이 1차회로에 반사되는 것.

반올림(Round off) 어떤 수에서 마지막 유효 숫자 우측의 자리를 제거하는 과정.

반전 증폭기(Inverting amplifier) 입력 신호가 반전 입력에 가해질 때의 연산 증폭기 폐루프 구조.

발진기(Oscillator) 직류 입력 전압으로 반복적인 파형의 출력 전압을 만들어 내는 전자회로.

베이스 BJT를 구성하는 영역 중의 하나.

변압기 두 개 이상의 권선으로 자기적으로 서로 연결되어 구성되었으며 하나의 권선으로부터 다른 권선으로 전자기적으로 전력 전송을 제공하는 장치.

변조(Modulation) 원신호에 포함된 정보가 다른 신호에 유지되도록 진폭 주파수 또는 펄스폭 등 신호의 특성을 변경하는 과정.

병렬 두 개 이상의 회로 소자가 똑같은 한 쌍의 짐들에 연결된 관계.

볼트-암페어 리액티브(VAR) 무효전력의 단위 분할(Decoupling). 일반적으로 dc 전원선인 한 지점으로부터 접지까지 dc 전압에 영향을 주지 않고 ac 성분을 단락시키기 위해 커패시터로 연결하는 방법.

볼트 전압 혹은 기전력의 단위.

부궤환(Negative Feedback) 증폭기 출력신호의 일부가 입력으로 되돌아가서 입력 신호와 다른 위상으로 인가되는 과정.

부하전류 부하에 공급된 전체 출력전류.

부하 회로의 출력단자 양단에 연결되어 있으며 전원으로부터 전류를 끌어들이고 일을 행하는 소자(저항 혹은 다른 부품).

부하효과 회로로부터 전류를 공급받은 소자가 출력점 사이에 연결되어 있을 때 회로의 효과.

불평형 브리지 브리지 사이의 전압이 평형 상태로부터 편차에 비례하는 양을 나타내는 불평형 상태의 브리지 회로.

블록도(Block diagram) 그래픽 형태로 시스템의 구조를 표현하는 시스템의 모델이며 라벨이 있는 블록은 기능을 나타내고 연결선은 신호의 흐름을 표현한다.

블리더 전류 회로 내에 공급된 전체 전류에서 전체 부하전류를 빼고 남은 전류.

비교기(Comparator) 두 개의 입력 전압을 비교하여 크거나 작은 두 개의 상태에 따른 출력 전압을 생성하는 회로.

비반전 증폭기(Noninverting amplifer) 입력 신호가 비반전 입력에 가해질 때의 연산 증폭기 폐루프 구조.

비안정 멀티바이브레이터(Astable multivibrator) 오실레이터로 동작할 수 있는 회로의 유형으로 펄스 파형 출력을 만든다.

사이클(Cycle) 주기적인 파형의 한 반복.

상승시간(Rise time, t_r) 펄스가 낮은 준위에서 높은 준위로 전이하는 동안에 필요한 시간.

상호 인덕턴스(L_M) 변압기와 같은 두 개의 분리된 코일 사이의 인덕턴스.

선형 레귤레이터(Linear regulator) 제어 소자가 선형 영역에서 동작하는 전압 레귤레이터.

소스 FET의 세 단자 중의 하나. 채널의 한쪽 끝단을 이룬다.

솔레노이드 축 또는 플런저를 자화전류에 의해 동작시키는 전자기적인 제어소자.

수동 소자(Passive component) 전력을 필요로 하지 않는 소자로 신호의 전력을 증가시킬 수 없다.

수직 조직(Vertical organization) 탑다운 형태로 조직된 중앙 집중형 사업 구조로 전문화되기 어렵다.

수평 조직(Horizontal organization) 분산된 사업 구조로 매니저는 전문성에 중점을 두고 의사 결정을 간소화할 수 있다.

순방향 바이어스 다이오드에 전류가 흐를 수 있도록 연결해 준 전압 조건.

순시값(Instantaneous value) 주어진 순간에서 파형의 전압 또는 전류값.

순시전력(Instantaneous power, *P*) 어떠한 주어진 순간에서의 전력값.

슈미트 트리거(Schmitt trigger) 히스테르시스를 가진 비교기.

스위치 전류의 통로를 열거나 닫아주기 위한 전기 또는 전자소자.

스위칭 레귤레이터(Switching regulator) 제어 소자가 스위칭 디바이스인 전압 레귤레이터.

스피커 전기신호를 음파로 변환하는 전자기소자.

슬루 레이트(Slew rate) 계단 입력에 대한 연산 증폭기의 출력 전압의 변화율.

슬립(Slip) 유도 전동기에서 고정자장과 회전자 속도 사이의 동기 속도 사이의 차이.

시스템(System) 특정한 기능을 수행하기 위해 상호연결된 부품의 그룹.

실효값(rms value) 제곱평균제곱근이며 최대값의 0.707배와 같다.

쌍극성 접합 트랜지스터(BJT) 두 *pn* 접합 다이오드로 구성된 반도체.

아날로그(Analog) 연속된 신호.

아날로그-디지털 컨버터(Analog-to-digital converter, ADC) 아날로그 신호를 일련의 디지털 코드로 변환하는 디바이스.

아이솔레이션 증폭기(Isolation amplifier) 입력단과 출력단이 전기적으로 연결되지 않는 증폭기.

암페어시 정격(Ah rating) 배터리의 정격 용량을 말하며, 전류(A) 곱하기 배터리가 그 전류를 낼 수 있는 시간으로 계산된다.

암페어 전류의 단위.

암페어 횟수(At) 기자력(mmf)의 SI 단위.

양자화(Quantization) 아날로그 양에 대한 값의 결정.

양호도(Quality Factor, *Q*) 유효전력에 대한 무효전력의 비.

어드미턴스(Admittance, *Y*) 유도성 회로에서 전류를 수용할 수 있는 정도를 나타내는 양. 임피던스의 역수. 단위는 지멘스(S).

얼터네이터(Alternator, 교류 발전기) 얼터네이터는 기계적 에너지를 전기 에너지로 변환한다.

에너지 일을 할 수 있는 능력. 단위는 줄(J).

역률(Power factor) 볼트-암페어(VA)와 유효전력, 즉 와트와의 관계. 볼트-암페어와 역률의 곱은 유효전력과 동등하다.

역방향 바이어스 다이오드에 전류가 흐르지 못하도록 연결해 준 전압 조건.

역선 북극에서 남극으로 발산되는 자계 내의 자속선.

연료전지(Fuel cell) 전기화학 에너지를 dc 전압으로 변환하는 장치. 예를 들어 수소연료 전지.

연산 증폭기(Operational amplifier, op-amp) 매우 높은 전압 이득, 매우 높은 입력 임피던스, 매우 낮은 출력 임피던스 및 양호한 공통 모드 신호 제거비를 가지는 증폭기.

오믹 영역 V_{DS}가 낮은 영역에서, 게이트의 전압에 의해 채널의 저항이 제어 되는 FET의 드레인 특성 영역 중 일부. 이 영역에서 FET는 전압에 의해 가변 저항으로 동작한다.

오실레이터(Oscillator) 출력 신호가 내부적으로 생성되는 회로; 출력은 여러 가지 다른 형태를 가지는 연속된 신호이다.

오실로스코프(Oscilloscope) 신호 파형을 스크린에 나타내는 측정기기.

오차(Error) 어떤 양의 참값 또는 가장 좋은 용인된 값과 측정된 값 사이의 차이.

온도계수(Temperature coefficient) 온도의 주어진 변화에 따른 변화량을 정의하기 위한 상수.

옴의 법칙 전류는 전압에 비례하고, 저항에 반비례한다는 법칙.

옴 저항의 단위.

와트의 법칙 전압, 전류 및 저항과 전력의 관계를 나타내는 법칙.

와트 전력의 단위. 1와트는 1 J의 에너지가 1 s 동안 사용될 때의 전력이다.

완화 발진기(Relaxation oscillator) 비정현 파형을 생성하기 위해 RC 타이밍 회로를 사용하는 오실레이터의 유형.

용량성 리액턴스(Capacitive reactance) 정현파 전류의 커패시터 성분. 단위는 ohm.

용량성 서셉턴스(Capacitive susceptance, B_C) 커패시터의 전류를 수용할 수 있는 정도를 나타내는 양. 용량성 리액턴스의 역수. 단위는 지멘스(S).

원숏(one-shot) 입력 트리거 펄스가 인가될 때마다 하나의 출력 펄스를 발생시키는 단안정 멀티바이브레이터.

원자 원소의 독특한 성질을 유지하고 있는 가장 작은 입자.

웨버(Weber; Wb) 자속의 SI 단위이며 108개의 자속선을 나타낸다.

위상(Phase) 시간에 따라 변화하는 파형의 기준에서의 상대적인 측정 각도.

위상각(Phase angle) 유도성 회로에서 입력전압과 전류 사이의 각.

위상 천이(Phase shift) 시변 함수의 기준 함수에 대한 상대적인 각도 변위.

유도성 리액턴스 정현파 전류에서 인덕터 항목, 단위는 옴.

유도 전동기(Induction motor) 변압기 작용에 의해 회전자 자계를 여자시키는 교류 전동기.

유도전류(i_{ind}) 변하는 자계로 인해 도체에 유도된 전류.

유도전압(v_{ind}) 변하는 자계로 인해 도체에 유도된 전압.

유도전압 자기장의 변화에 의해 생성된 정압.

유전강도(Dielectric strength) 절연이 파괴되지 않고 전압을 유지할 수 있는 유전체의 한계값.

유전상수(Dielectric constant) 전기장을 형성시키기 위한 유전체의 유전용량의 값.

유전체(Dielectric) 커패시터의 극판 사이에 있는 절연체.

유효 숫자(Significant digit) 어떤 수에서 맞다고 알려지는 자리 숫자.

유효전력(True power, P_{true}) 일반적으로 회로상에서 열의 형태로 소비되는 전력.

이득(Gain) 증폭기에서 입력에 대한 출력의 비.

이미터 BJT를 구성하는 영역 중의 하나.

인덕터 유도 성분을 가지며 도선으로 감겨진 코어로 구성된 전기소자 코일로 알려져 있음.

인덕턴스 전류의 변화에 저항하는 기전력을 발생시키는 인덕터의 속성.

임피던스(Impedance, Z) 정현파 전류에서 옴으로 표시되는 전체 항.

임피던스 정합 최대 전력을 전송하기 위해 전원 임피던스에 부하 임피던스를 정합시키기 위한 기술.

입력(Input) 원하는 결과를 만들기 위해 전기 회로에 인가되는 전압, 전류 및 전력.

자계의 세기 자기물질의 단위 길이당 기자력의 크기.

자계 자석의 북극에서 남극으로 발산되는 장 또는 계.

자기결합 1차 코일의 자속선이 2차 코일과 분리되도록 하는 두 코일 사이의 자기적인 연결.

자기이력 자화의 변화가 자계의 변화보다 지연되는 자성재료의 특성.

자기저항($\mathscr{R}$) 물질 내에서 자계가 형성되기 어려운 정도.

자속 영구자석 또는 전자석의 북극과 남극 사이의 역선.

자유전자 모원자로 부터 이탈한 가전자. 물질 내에서 원자들 사이를 자유롭게 이동한다.

잔자성 외부의 자계가 없어도 자화된 상태를 유지할 수 있는 능력.

저항계 저항을 측정하기 위한 계기.

저항기(Resistor) 특정한 값의 저항을 갖도록 제조된 전기 부품.

저항 전류를 억제하는 성질. 단위는 옴(Ω).

적분기(Integrator) 입력 함수의 곡선 아래 면적을 근사하는 반전 출력을 생성하는 회로. 출력이 입력의 적분 형태로 나오는 회로.

전기 쇼크(Electrical shock) 신체를 통해 흐르는 전류에 의한 물리적 느낌.

전기적 절연 두 회로 사이에 공통의 도전 통로가 없을 때의 조건.

전달 곡선(Transfer curve) 입력에 대한 출력의 비를 보여주는 그래프.

전력(Power) 에너지 사용률. 단위는 와트(W).

전력 정격(Power rating) 저항이 과열로 손상 받지 않고 발산할 수 있는 최대 전력량.

전류계 전류를 측정하기 위해 이용되는 전기 계기.

전류 분배기 분배기 전류가 병렬 가지 저항에 반비례하여 분배되는 병렬회로.

전류원 여러 부하에 일정한 전류를 공급하는 장치.

전류전압변환기(Current-to-voltage converter) 가변 입력 전류를 그것에 비례하는 출력 전압으로 변환하는 회로.

전류 전하(자유전자)가 흐르는 비율. 전하의 흐름 자체를 전류라고도 한다.

전압강하 에너지 손실로 인한 저항 양단 간의 전압 감소.

전압계 전압 측정을 위한 계기.

전압 분배기 직렬저항기들로 구성되는 회로로, 이 저항기(들) 양단에 하나 또는 여러 개의 출력전압을 택한다.

전압원 여러 부하에 대해 일정한 전압을 공급하는 장치.

전압전류변환기(Voltage-to-current converter) 가변 입력 전압를 그것에 비례하는 출력 전류로 변환하는 회로.

전압 제어 오실레이터(Voltage-controlled oscillator) 주파수가 가변 직류 전압에 의해 제어되는 완화 발진기의 한 유형.

전압 폴로어(Voltage follower) 전압 이득이 1인 폐루프 비반전 연산 증폭기.

전압 회로에서 전자를 한 점에서 다른 점까지 이동시킬 수 있는 단위 전하당 일의 양.

전원장치 유틸리티 전선으로부터 공급되는 교류를 직류 전압으로 변환하는 장치.

전자계 도체에 흐르는 전류에 의해 도체 둘레에 형성되는 자력선 집단.

전자기 도체 내에 흐르는 전류에 의한 자계의 형성.

전자 물질에서 음(−)극성을 띠는 기본 입자.

전자유도 도체와 자기 또는 전자계 간에 상대적 운동이 있을 때, 전압이 도체에 나타나는 현상 또는 작용.

전하 전자가 남거나 부족하기 때문에 생기는 물질의 전기적 상태. 전하는 양(+)이거나 음(−)이다.

절연체 정상 상태에서는 전류가 흐르지 않는 물질.

접지 회로에서의 공통점 혹은 기준점.

정류기 교류 전압을 직류 전압으로 바꾸어 주는 회로 소자.

정밀도(Precision) 연속된 측정의 반복성(또는 일관성)에 대한 척도.

정상상태 초기의 과도 상태가 지난 후 회로가 평형이 되는 상태.

정전류 영역 드레인-소스 사이의 전압에 관계 없이 드레인 전류가 일정하게 유지되는 드레인 특성 곡선 상의 영역.

정전류원(Constant-current source) 부하 저항이 변하더라도 일정한 부하 전류를 공급하는 회로.

정현파(Sine wave) 교류전류와 교류전압의 기본적인 형태로, 사인파 또는 사인곡선이라고도 한다.

정확도(Accuracy) 측정에서 오차의 범위를 나타내는 정도.

주기(Period, T) 주기적인 파형의 완전한 한 사이클의 시간 간격.

주기적(Periodic) 고정된 시간 간격에서 반복에 의한 특성.

주파수(Frequency, *f*) 정현파가 1초 동안에 이루는 사이클의 수. 단위는 헤르츠.

주파수 응답(Frequency response) 전기회로에서 특정 주파수 영역에 대한 출력전압(또는 전류)의 변동.

줄(Joule) 에너지의 SI 단위.

중간 탭 변압기에서 권선의 중앙 지점을 연결.

중첩의 원리 각 전원의 효과를 조사하고 그 효과를 결합하는 식으로 두 개 이상의 전원을 갖는 회로를 분석하는 방법.

증식 모드 게이트 전압에 의해 채널이 형성되는 MOSFET.

지멘스 컨덕턴스의 단위.

지수(Exponential) 자연 로그 밑의 거듭제곱으로 정의되는 수학적 함수.

직렬 전기회로에서 두 점 사이에 하나의 전류 통로로 연결된 소자들의 관계.

직류 베타(β_{DC}) BJT에서 직류 베이스 전류에 대한 직류 컬렉터 전류의 비.

진폭(Amplitude) 전압 혹은 전류의 최대값.

집적 회로(Integrated circuit) 저항, 트랜지스터 및 다른 부품을 포함한 복잡한 능동 회로를 하나의 유닛에 제조한 것으로 다양한 개별 부품의 기능을 수행한다.

집적 회로 실리콘의 작은 칩 속에 모든 종류의 회로 소자들이 구성되어 있는 회로의 종류.

차단 상태 트랜지스터에서 컬렉터 전류가 0인 상태.

차단 주파수(Cutoff frequency) 필터의 출력전압이 최대 출력전압의 70.7%가 되는 주파수.

차동 모드(Differential mode) 두 개의 입력에 극성이 반대인 신호가 입력될 때의 연산 증폭기 입력 상태.

차동 증폭기(Differential amplifier, diff-amp) 두 개의 입력 전압의 차이에 비례하는 출력 전압을 생성하는 증폭기.

첨두값(Peak value) 파형의 양(+)과 음(−)의 최고점에서의 전류 혹은 전압값.

첨두-첨두값(Peak to peak value) 파형의 최소값에서 최대값까지의 크기.

최대 전력 전달 부하저항과 전원저항이 같을 때, 최대 전력이 전원에서 부하로 전달되는 조건.

축차 근사(Successive appproximation) AD 변환의 한 방법.

출력(Output) 입력을 처리한 후 시스템으로부터 얻게 되는 결과.

충격계수(Duty cycle) 한 사이클 동안 펄스가 존재하는 시간의 퍼센트 값을 나타내는 펄스파형의 특성. 분수 또는 퍼센트로 표시되는 펄스폭의 비율.

충전(Charging) 전류가 커패시터의 한 극판으로부터 전하를 제거하여 다른 극판에 침전시켜 한 극판이 다른 극판보다 양극이 되도록 하는 과정.

커패시터(Capacitor) 절연체와 이것에 의해 분리된 두 개의 금속판으로 구성되어 있으며 정전용량의 성분을 가지는 전기 소자.

커패시턴스(Capacitance) 커패시터가 전하를 축적할 수 있는 정도를 나타내는 양.

컨덕턴스 전류를 허용할 수 있는 회로의 능력. 단위는 지멘스 (siemens, S).

컬렉터 BJT를 구성하는 영역 중의 하나.

코일 유도소자(인덕터)에서 전기 도선을 원봉 모양으로 감은 것.

쿨롱의 법칙 두 전하 사이에 존재하는 힘은 두 전하의 곱에 비례하고 두 전하 사이 거리의 제곱에 반비례한다는 법칙.

쿨롱 전하의 단위. 6.25 × 10개의 전자들이 가지는 전하량.

클램퍼 교류 신호에 직류 전압을 중첩시켜 주는 회로 또는 직류 복원기.

키르히호프의 전류법칙 마디로 들어오는 전류의 합은 마디를 나가는 전류의 합과 같다. 즉, 어느 마디에 들어오고 나가는 전류의 합은 0이다.

키르히호프의 전압법칙 (1) 단일 폐경로 내의 전압강하의 합은 그 루프의 전원 전압과 같다. 혹은 (2) 단일 폐경로 내의 모든 전압의 대수적인 합은 0이다.

킬로와트시(Kilowatt- hour, kWh) 주로 전력회사에서 이용하는 에너지의 단위.

테브난의 정리 하나의 등가저항과 등가전압이 직렬로 하여, 2단자 저항성회로를 단순화시키는 회로 정리.

테슬라(Tesla; T) 자속밀도의 SI 단위.

투자율 자계가 어떤 물질에서 형성되기 쉬운 정도.

트랜스듀서(Transducer) 에너지를 다른 형태로 변환하는 디바이스.

트랜스컨덕턴스 FET의 이득; 드레인 전류 변동을 게이트-소스 전압 변동으로 나눈 값.

파형(Waveform) 전압이나 전류가 시간에 따라 어떻게 변하는지를 나타내는 변동의 패턴.

패러데이의 법칙 코일에 유도된 전압은 코일의 권선 수를 자속의 변화율과 곱한 것과 같다는 법칙.

패럿(Farad, F) 전기용량 단위.

펄스(Pulse) 전압 또는 전류에서 시간 간격으로 분리되어 두 개의 서로 마주보고 있는 스텝으로 구성된 파형의 한 종류.

펄스폭(Pulse width, t_w) 시간 간격에 의하여 나누어지는 크기가 같고 반대 방향으로 순간적으로 변화하는 스텝 사이의 경과시간. 비이상적인 펄스의 경우 선단부와 후단부의 50% 되는 지점의 시간.

평형 브리지 브리지 사이의 전압이 영이라는 사실이 보여주듯이 평형 상태에 있는 브리지회로.

폐루프 전압이득(Closed-loop voltage gain) 부궤환이 포함된 증폭기의 최종 전압 이득.

폐회로 완전한 전류 통로를 갖는 회로.

포텐쇼미터(Potentiometer) 3단자(3-terminal) 가변저항기.

포화 상태 베이스 전류에 상관없이 컬렉터 전류가 최대로 흐르고 있는 상태.

퓨즈 회로에 과전류가 흐를 때 녹아서 회로를 개방시켜 보호하는 소자.

플래시(Flash) AD 변환의 한 방법.

피상전력(Apparent power, P_a) 유효전력(소비전력)과 무효전력의 복소 조합.

피상전력 정격 변압기의 전력 전송 능력의 정도를 나타내는 양으로 volt-amperes(VA)로 표시됨.

피크 검출기(Peak detector) 입력 전압의 피크를 검출하여 커패시터에 피크값을 저장하는 회로.

핀치오프 전압 게이트-소스 전압이 0 V일 때, 드레인 전류가 일정하게 되는 FET의 드레인-소스 전압값.

필터(Filter) 특정 주파수만 통과시키고 다른 성분은 차단하는 회로의 일종.

하강시간(Fall time, t_f) 펄스의 진폭 변화가 90%에서 10%로 이르기까지의 시간.

함수 발생기(Function generator) 1가지 이상의 파형을 만드는 기기.

해상도(Resolution) DAC 또는 ADC와 관련하여, 변환에 사용되는 비트의 수를 의미한다. DAC에서는 출력에서 이산적인 단계의 최대 개수의 역수를 말하기도 한다.

헤르츠(Hertz, Hz) 주파수의 단위. 1헤르츠는 초당 한 주기와 같다.

헨리(Henry, H) 인덕턴스의 단위.

홀효과 도체나 반도체 내에서 전류가 자계와 수직방향으로 흐를 때 그 재료의 전류밀도에 변화가 발생하는 현상. 그 재료에서 전류밀도의 변화는 수직방향으로 홀전압이라고 부르는 작은 전위차를 발생시킨다.

회로(Circuit) 원하는 결과를 만들기 위해 설계된 전기 소자의 상호 연결.

회로도 전기 또는 전자회로를 기호화하여 그린 다이어그램.

회로차단기 전기회로에서 과전류를 차단해 주는 재설정이 가능한 보호소자.

효율 회로의 입력전력에 출력전력의 비, 보통은 백분율로 표현한다.

휘트스톤 브리지 미지의 저항을 브리지의 평형 상태를 이용하여 정확히 측정할 수 있는 브리지회로의 4-레그 형태(4-legged type). 저항의 편차는 불평형 상태를 이용하여 측정할 수 있다.

히스테리시스(Hysteresis) 회로가 어떤 전압 레벨에서 하나의 상태에서 다른 상태로 변하고, 그 보다 더 낮은 전압 레벨에서 원래 상태로 되돌아가는 특성.

AWG(American Wire Gaug) 전선 직경을 기준으로 표준화한 번호.

DMMs(Digital multimeter) 전압, 전류와 저항을 측정하는 계측기들을 결합한 전자계기.

FET 게이트 단자의 전압에 의해 흐르는 전류를 제어할 수 있도록 만들어진 전압-제어 소자.

JFET 역방향 바이어스 *pn* 접합이 채널 내의 전류를 제어하여 동작하는 FET의 종류로서 공핍 모드로 동작하는 소자.

MOSFET 금속 산화막 반도체를 이용한 전계 효과 트랜지스터; FET의 주요한 두 종류 중의 하나로서 게이트 단자와 채널 사이에 산화실리콘막을 이용하여 절연한다. MOSFET는 공핍 모드와 증식 모드 두 방식의 사용이 모두 가능하다.

***PN* 접합** 다이오드의 *n*형과 *p*형 반도체 물질 사이의 경계.

***RC* 시정수(*RC* time constant)** RC 직렬회로의 시간적인 응답을 결정하는 R과 C 값에 의해 정해진 고정 시간.

***RC* 지상회로(*RC* lag circuit)** 커패시터 전체를 고려한 출력전압에 있어서 위상천이 회로는 규정된 각도만큼 입력전압에 뒤진다.

***RC* 진상회로(*RC* lead circuit)** 커패시터 전체를 고려한 출력전압에 있어서 위상천이 회로는 규정된 각도만큼 입력전압을 앞선다.

***RL* 시정수** 회로의 시간적인 응답을 결정하는 *L*과 *R*에 의해 정해지는 고정된 시간 간격.

***RL* 지상회로** 출력전압이 입력전압보다 어떤 정해진 각도만큼 뒤쳐지는 위상차를 가진 회로.

***RL* 진상회로** 출력전압이 입력전압보다 어떤 정해진 각도만큼 앞서는 위상차를 가진 회로.

INDEX

라

마

바

사

자

차

카

타

파

하

기타

Q

R

S

T